제 4 판

생명유기화학

GENERAL, ORGANIC & BIOLOGICAL CHEMISTRY

대표역자 이선경
공 저 자 김순영 · 김영균 · 문자영
안주홍 · 조경현 · 조성국

Kenneth W. Raymond
Eastern Washington University

General, Organic and Biological by Kenneth W. Raymond
FOURTH EDITION

생명유기화학 제4판

인 쇄 | 2019년 2월 14일
발 행 | 2019년 2월 20일

저 자 | Kenneth W. Raymond
역 자 | 이선경 · 김순영 · 김영균 · 문자영
안주홍 · 조경현 · 조성국
발 행 인 | 박선진
발 행 처 | (주)도서출판 월드사이언스

주 소 | 서울특별시 서초구 도구로 115, 1층(방배동, 월드빌딩)
등록일자 | 1988년 2월 12일
등록번호 | 제 16-1601호
대표전화 | (02) 581-5811~3
팩 스 | (02) 521-6418

E-mail | worldscience@hanmail.net
U R L | http://www.worldscience.co.kr

정 가 | **36,000원**
I S B N | 978-89-5881-286-9

이 도서의 국립중앙도서관 출판시도서목록(CIP)은 서지정보유통지원시스템 홈페이지(http://seoji.nl.go.kr)와 국가자료공동목록시스템(http://www.nl.go.kr/kolisnet)에서 이용하실 수 있습니다. (CIP제어번호: CIPCIP2019005215)

저자 서문

이 책은 건강 관련 분야를 전공하는 학생들, 즉 간호학, 치위생학, 식품영양학, 직업재활학과, 체육 훈련 및 의학 기술을 전공하는 학생들을 위해 편찬되었다. 이 책은 또한 화학과 생물의 관계를 이해하는 것이 필수인 연관 분야의 학생들에게도 적당하다. 학생들이 화학 지식이 없어도 수학 계산만 할 줄 안다면 책의 내용을 이해할 수 있고 공부할 수 있도록 기술되었다. 또한 수학 계산이 서투른 학생들을 위해서 보조 자료들을 수록하였다. 이 책은 한 학기용 일반화학, 유기화학 및 생화학 과목(GOB)으로 편찬되었지만 "*Chemistry Case studies for Allied Health Students*"를 보조 교재로 사용하면 1년 강의로 사용될 수 있다.

이 책을 교재로 채택한 강의에서는 학생들의 장래 진로와 교재의 내용이 어떻게 부합하는지를 부각시키는 것이 중요하다. 이러한 이유 때문에 이 책은 건강과 관련된 예들을 많이 제시하였다.

구성

통합적 접근 방식

GOB 교재들의 대부분은 일반화학, 유기화학, 생화학의 3부분으로 기술된다. 본 교재에서 사용된 통합적 접근 방식은 관련된 정보가 기술된 장을 적정한 자리에 배치하여 이들 3분야를 통합하였다. 예를 들어, 결합과 화합물을 학습하는 3장은 유기화합물을 보여주는 4장과 무기화학 및 유기화학 반응에 대해 소개하는 5장으로 이어진다. 이러한 장 수준의 통합적 접근 방식의 또 다른 예는 산-염기 화학의 7장이 유기산과 염기를 기술한 8장으로, 알코올, 알데히드, 케톤 화학에 대한 9장, 그리고 탄수화물 화학의 10장으로 이어지는 것을 들 수 있다. 여러 연구 결과는 효과적인 학습은 내용들이 서로의 관계를 나타내 주는 큰 그림으로 나타날 때 효과적이라는 것을 보여준다. 이 책에서 장들의 구성은 학생들이 무기화학과 유기화학이 생화학 및 건강 과학과 같이 자신의 커리어에 중요한 과목과 어떻게 연계되는지를 이해하는 데 큰 도움을 준다.

통합적 접근 방식의 장점

1학기를 가르치든 2학기에 걸쳐 가르치든, GOB는 벅찬 과목이다. 통합적 접근 방식은 화학의 서로 다른 분야로부터 비슷한 주제로 돌아가는 동안에 걸리는 시간을 줄여 준다. 처음 주제가 제시되고 그것이 다시 소개될 때까지의 시간이 짧을수록 학생들이 내용을 더 쉽게 배운다.

GOB를 통합적 접근 방식으로 가르치는 것의 또 하나의 장점은 학생들이 현재 배우고 있는 화학 지식이 자신의 미래 커리어와 어떻게 연관되어 있는지 이해하기 쉽고, 결과적으로 흥미와 동기 부여가 증대된다.

통합적 접근 방식으로의 전환

강의자를 위해서는 전통적 강의법에서 통합적 접근 방식으로의 전환이 문제가 되지 않도록 했다. 내용의 통합은 각 장 별로 이루어져 있으며, 필요한 소개들은 항상 새로운 유기화학이나 생화학 개념이 시작되기 전에 소개되었다. 예를 들어, 카르복실산, 페놀, 아민들을 그들의 전통적 위치, 즉 유기화학을 다루는 장들의 마지막 부분에서 다루는 대신, 산과 염기(제7장) 소개 바로 뒤인 제8장에서 다루어진다. *Chemistry Case Studies for Allied Heath Students*, 강의자를 위한 사용법과 해답, 파워포인트 강의 슬라이드와 문제 은행들과 같은 본문에 대한 보강 내용은 통합적 전환을 돕도록 한다.

제4판의 주요 특색

이 전판의 사용자들로부터의 제안에 따라 내용 정렬에 많은 변화가 있었다. 많은 평가자들은 제4장의 탄수화물 내용을 뒷편으로 보내 주길 추천했고, 이에 제4판에서는 8장으로 자리했다. 현재 제4장의 뒷부분은 이제 주요 유기화학군을 설명하고 있다. 새로운 특색은 각 장에서 다루어지는 화학 내용들과 관련있는 주제를 간단히 강조한 “Did you Know?”이다. 수많은 종합 문제, 예제, 연습 문제가 더해졌다. 그 밖에 다른 변화들은 다음과 같다.

제1장

- “일반화학, 유기화학, 생화학의 측정”으로 명명된 새로운 장은 제1장에서 다루는 주제들이 이들 화학 분야와 연관 있는지를 알려준다.
- 이전 판에서 제6장에서 다루어졌던 동력학적 분자론, 상변화, 융합열, 기화열 등에 대한 토론 내용이 있다.

제2장

- 미량 원소에 관한 내용을 다루는 새로운 장이 추가 되었다.
- 이전 판 제2장에서 다루었던 분열과 융합은 이번 판에서 제외되었다.
- 안정 동위원소와 의약품 검사, 납 및 방사성 동위원소의 상업적 판매에 대한 내용을 각각 다루는 *Health Links* 3개가 새로 추가되었다.

제3장

- “소금 좀 주시겠어요?”로 명명된 *Health Links*가 추가되었다.

제4장

- 각 장의 도입문이 수정되었다.
- 이전 판 4.4~4.8절에서 소개되었던 탄화수소 화학은 이번 판에서는 제8장에서 다루어지며 대신 유기화합물에 대한 내용이 포함되었다.

제5장

- ΔG에 대한 토론 내용과 더불어 이번 판에서는 $\Delta G^{\circ\prime}$의 개념도 함께 소개한다.

제6장

- 흡입 마취제의 혈액 용해도에 대한 토론이 새로 추가되었나.

제7장

- 온도와 압력이 평형상태에 미치는 영향에 대한 내용이 다루어진다.
- 헨더슨-하셀바흐 방정식을 다루는 Biochemistry Link가 추가되었다.

제8장

- 이번 판에 새로 추가된 탄화수소물의 반응으로 명명된 8.8절은 이전 판에서는 앞 장에서 다루어진 여러 가지 내용들을 함께 다룬다. 8.8절은 또한 알칸의 할로겐화 및 방향족 치환반응에 대한 내용도 소개한다.
- 탈산반응(8.9절)과 페놀의 산화(8.8)절은 이번 판에서 제외 되었다.
- 이번 판은 골격 구조식을 보다 깊이 있게 다룬다.

제9장

- 친핵성 치환반응(9.2절)에 대한 내용이 축약되었으며 이번 판에서는 제8장의 알칸 할로겐화 반응과 연계되어 소개되어진다.

제11장

- 에스테르의 구조와 가수분해에 대한 복습에 이어 중성 지방의 비누화에 대한 내용을 차례로 다룬다.

제12장

- 타미플루와 리렌자 그리고 면역 치료에 대한 2개의 *Health Links*가 새로 추가되었다.

제13장

- 루푸스에 관한 *Health Links*가 추가되었다.
- 형광 고양이들에 대한 *Biochemistry Link*가 추가되었다.

제14장

- 몇몇 그림들이 수정되었으며 예제와 연습 문제들이 추가되었다.

문제 해결

무엇인가를 할 수 있게 배우려면 연습이 필요하다. 화학에서 연습은 곧 문제를 풀고 해결하는 것이다. 이 책은 학생들에게 연습할 수 있는 기회를 많이 제공하려고 노력하였다.

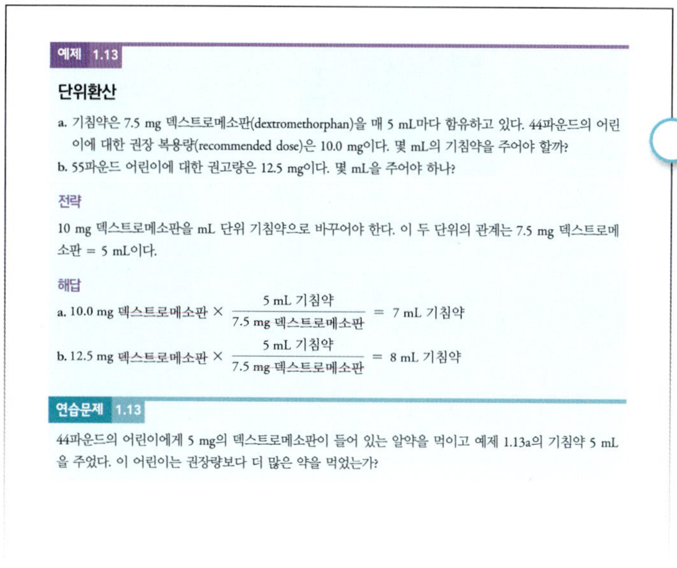

예제 1.13

단위환산

a. 기침약은 7.5 mg 덱스트로메소판(dextromethorphan)을 매 5 mL마다 함유하고 있다. 44파운드의 어린이에 대한 권장 복용량(recommended dose)은 10.0 mg이다. 몇 mL의 기침약을 주어야 할까?
b. 55파운드 어린이에 대한 권고량은 12.5 mg이다. 몇 mL을 주어야 하나?

전략

10 mg 덱스트로메소판을 mL 단위 기침약으로 바꾸어야 한다. 이 두 단위의 관계는 7.5 mg 덱스트로메소판 = 5 mL이다.

해답

$$\text{a. } 10.0\text{ mg 덱스트로메소판} \times \frac{5\text{ mL 기침약}}{7.5\text{ mg 덱스트로메소판}} = 7\text{ mL 기침약}$$

$$\text{b. } 12.5\text{ mg 덱스트로메소판} \times \frac{5\text{ mL 기침약}}{7.5\text{ mg 덱스트로메소판}} = 8\text{ mL 기침약}$$

연습문제 1.13

44파운드의 어린이에게 5 mg의 덱스트로메소판이 들어 있는 알약을 먹이고 예제 1.13a의 기침약 5 mL을 주었다. 이 어린이는 권장량보다 더 많은 약을 먹었는가?

예제와 학습 문제

각 주제를 학습후 예제와 관련 학습 문제를 풀도록 하였고, 각 예제의 해답은 문제를 풀 때 사용할 전략과 함께 제시하였다. 학습 문제의 해답은 각 장 끝에 있다.

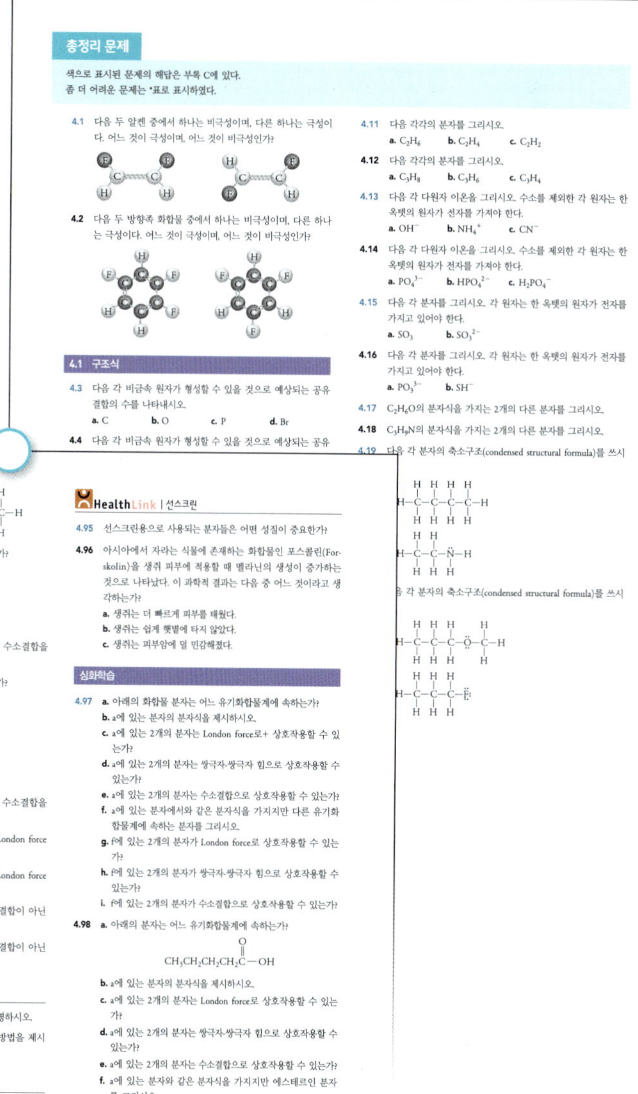

연습 문제

문제들은 짝지워져 있고, 부록 C에는 홀수 문제의 답이 있다. 각 장은 다른 학생들과 협력하도록 구성된 다단계 학습 동아리 문제와 장 도입문에서 제시된 컨셉에서 좀 더 나아가도록 하는 *Thinking It Through* 문제를 담았다.

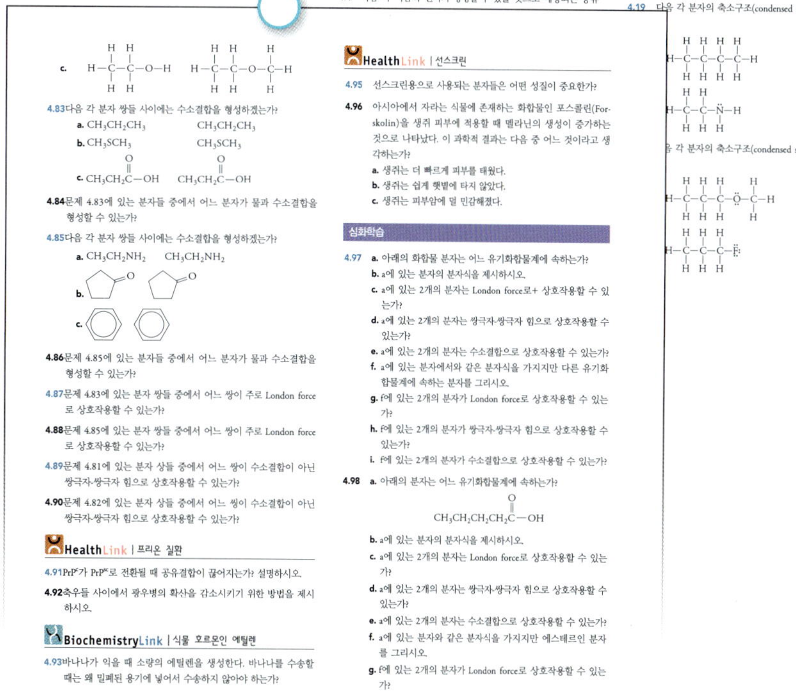

c. H–C(H)(H)–C(H)(H)–O–H H–C(H)(H)–C(H)(H)–O–C(H)(H)–H

4.83 다음 각 분자 쌍들 사이에는 수소결합을 형성하겠는가?
a. $CH_3CH_2CH_3$ $CH_3CH_2CH_3$
b. CH_3SCH_3 CH_3SCH_3
c. $CH_3CH_2C(=O)-OH$ $CH_3CH_2C(=O)-OH$

4.84 문제 4.83에 있는 분자들 중에서 어느 분자가 물과 수소결합을 형성할 수 있는가?

4.85 다음 각 분자 쌍들 사이에는 수소결합을 형성하겠는가?
a. $CH_3CH_2NH_2$ $CH_3CH_2NH_2$
b.
c.

4.86 문제 4.85에 있는 분자들 중에서 어느 분자가 물과 수소결합을 형성할 수 있는가?

4.87 문제 4.83에 있는 분자 쌍들 중에서 어느 쌍이 주로 London force로 상호작용할 수 있는가?

4.88 문제 4.85에 있는 분자 쌍들 중에서 어느 쌍이 주로 London force로 상호작용할 수 있는가?

4.89 문제 4.81에 있는 분자 상들 중에서 어느 쌍이 수소결합이 아닌 쌍극자-쌍극자 힘으로 상호작용할 수 있는가?

4.90 문제 4.82에 있는 분자 상들 중에서 어느 씽이 수소결합이 아닌 쌍극자-쌍극자 힘으로 상호작용할 수 있는가?

HealthLink | 프리온 질환

4.91 PrP^{C}가 PrP^{SC}로 전환될 때 공유결합이 끊어지는가? 설명하시오.

4.92 축우들 사이에서 광우병의 확산을 감소시키기 위한 방법을 제시하시오.

BiochemistryLink | 식물 호르몬인 에틸렌

4.93 바나나가 익을 때 소량의 에틸렌을 생성한다. 바나나를 수송할 때는 왜 밀폐된 용기에 넣어서 수송하지 않아야 하는가?

Health Link 그리고 Biochemistry Link 그리고 Did you know

화학이 건강 관련 분야 및 생명체에서 중요함을 강조하기 위해, 각 장마다 Health links, Biochemistry links, Did you know를 수록하였다.

식물 호르몬인 에틸렌 BiochemistryLink

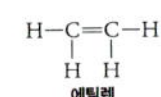

■ 그림 4.13

CT와 MRI 영상 HealthLink

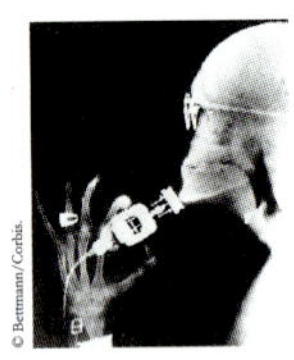

■ 그림 2.33

Did You Know?

분열(fission)과 융합(fusion)은 많은 양의 에너지를 방출하는 핵 변화이다. 원자핵의 분열이 일어나면 더 작은 핵 2개와 중성자, 에너지를 생성한다. 분열 반응의 예로 uranium-235는 barium-142, krypton-91, 중성자 3개로 된다.

$$^{235}_{92}U + ^{1}_{0}n \longrightarrow ^{142}_{56}Ba + ^{91}_{36}Kr + 3\,^{1}_{0}n$$

이것은 연쇄반응의 예인데, 반응하여 생성된 생성물(중성자

Chapter 1
- 과학과 의약품
- 당뇨
- 멕시코만의 기름 유출 사건
- 체중지표
- 체온
- 화성의 기상 관측 위성
- 체중 감량

Chapter 2
- 납
- 최근 원소 이름
- 안정한 동위원소와 약물 시험
- 납
- 생체발광
- X 선 스캐너
- 반감기
- 시중에 판매된 방사성 동위원소들
- CT와 MRI 영상

Chapter 3
- 이온 투과체와 생물 이온 전달
- 염분 섭취
- 자유의 여신상 표면의 녹청
- 소금 좀 건네 주세요
- 치과용 충전제
- 산화질소

Chapter 4
- 몇 가지 유기화학 역사
- 폴드잇
- 프리온 질환
- 식물 호르몬인 에틸렌
- 유기물질명의 기원
- 선스크린

Chapter 5
- 번개
- 프로카인
- 소독제와 산화
- 탄산 탈수효소

Chapter 6
- 일기예보
- 혈압
- 숨쉬기
- 스케일
- 전구물질
- 타액
- 확산과 신장

Chapter 7
- 잠수하는 포유동물, 산소, 미오글로빈
- pH 지시제로서의 식물
- 생선과 아민
- 헨더슨-하셀바흐 등식
- 고도 알칼리증

Chapter 8
- 고추의 진통효과
- 과일맛 껌
- 알파 하이드록실 산
- 아드레날린 및 관련 화합물
- 바이오필름
- 벼룩 퇴치제

Chapter 9
- 스컹크 향
- 부동액 독성 치료
- 알데히드 분해효소
- 보호 효소
- 환경에서 발견되는 약물들

Chapter 10
- 트레할로오스
- 천연 감미료와 인공 감미료
- 스테비아
- 가장 달콤한 화합물
- 루페누론과 키틴

Chapter 11
- 오메가-3 지방산
- 인지질분해효소 A2
- 트랜스 지방
- 올레스트라
- 인간 성장 호르몬
- 단백동화스테로이드

Chapter 12
- 헤모글로빈은 구형 단백질, 콜라겐은 선형 단백질
- 면역치료
- 미라큘린
- OMP 카르복실기 제거효소
- 효소 저해제로서 타미플루와 렐렌자
- 의학에서 단백질

Chapter 13
- 루프스
- 바이러스
- RNA 간섭
- 유방암 원인 유전자
- 빛나는 고양이

Chapter 14
- 미토콘드리아
- 해당작용과 암
- 갈색지방

책의 특이성

© Michel de Nijs/iStockphoto

약물 과다 복용

한 여성이 핸드폰을 꺼내서 음성 메시지를 보고 있다. 다음날에 후속 약속이 있음을 알려주는 위장병 전문의사의 사무실에서보내 온 메시지였다. 그녀는 지난 주에 심한 감기에 걸렸을 때 큰일 날 뻔 했었다. 그녀는 두통으로 인해서 강력한 진통제를 복용하고 있었으며, 감기 증세를 낫게 하기 위해 복합성분의 독감 및 감기약과 잠을 잘 청하기 위해 야간 감기약을 복용하고 있었다. 며칠 동안 복용해야 할 권장 복용량보다 더 많이 복용한 후에 메스꺼움과 구토가 시작되었다. 응급실로 가서 혈액검사를 한 결과 그녀는 아세트아미노펜 중독(acetaminophen poisoning)으로 인하여 간이 손상되어서 고통받고 있음이 밝혀졌다.

장의 도입글

각 장은 실생활에서 일어나는 화학과 연관된 흥미로운 이야기들로 시작한다. 각 장에서 배운 화학 지식이 그 이야기를 끝맺음할 수 있도록 하였다.

4.4 유기화합물계 141

약물 과다 복용 ... 재방문

아세트아미노펜(acetaminophen)은 처방전 없이 이용 가능한 진통제이며 해열제이다. 아세트아미노펜은 미국에서 가장 널리 사용되고 있는 진통제이며, 수백여 종의 다른 의약품에서 유효성분이다. 아세트아미노펜을 함유하는 약물을 1개 이상을 복용할 때와 하루 복용량인 4,000 mg/day 이상을 복용할 때 부주의로 인한 중독이 일어날 수 있다. 아세트아미노펜 중독은 미국에서 급성 간 손상의 가장 일반적인 원인이며, 이식으로까지 이어지게 하는 두 번째로 흔한 간 손상 요인이다.

과량의 아세트아미노펜을 복용하여 유발된 간 손상은 간이 이 약물을 어떻게 대사하는지(화학물질을 변화시킴)와 관련되어 있다. 아세트아미노펜의 경우 신체에서 제거되기 위해 수정되는 두 가지의 주요 경로가 있다. 경로 a에서 아세트아미노펜은 글루쿠론산이라는 분자에 결합하여 무독성 화합물로 전환된다. 경로 b에서 아세트아미노펜은 설페이트 이온과 결합하여 다른 무독성 화합물로 전환된다.

만일 아세트아미노펜이 간에 너무 많이 존재하면 경로 a와 b에 과부하가 발생하여 또 다른 경로인 c에 의해 대사되어 NAPQI (*N*-acetyl-*p*-benzoquinone imine)이 생성된다. 경로 d에서 NAPQI는 글루타티온이라는 화합물과 반응하여 또 다른 무독성 산물을 만든다. 과량의 NAPQI로 인해 이용 가능한 글루타티온이 모두 소비될 때 아세트아미노펜의 해로운 효과가 나타난다. 이 경우에 남아 있는 NAPQI가 간에서 단백질 및 핵산과 반응하여 간을 손상시킨다(경로 e).

여기에서 기술된 생화학이 유기화학과 어떻게 연결되는지를 주목하라. 이들 생화학 분자들은 이 장에서 기술되는 많은 유기화합물계에 속해 있다.

THINKING IT THROUGH

이 페이지에서 보여주는 분자들에서 가능한 한 많은 유기화합물계들을 확인하라.

Acetaminophen

a, b, c, d, e

Nontoxic compound formed by reacting acetaminophen with glucuronic acid

Nontoxic compound formed by reacting acetaminophen with sulfate ion

NAPQI

Reaction of NAPQI with proteins and nucleic acids. Leads to liver damage.

Nontoxic compound formed by reacting NAPQI with glutathione

© Michel de Nijs/iStockphoto

1

과학과 측정

본 장에 관하여

이 책의 첫 번째 장에서는 과학적 방법과 화학에 대하여 훑어볼 것이다. 화학은 건강 과학(health sciences) 학생들에게는 매우 중요한 과목인데, 그 이유는 인체, 질병, 의약 등을 이해하는 데 필수적이기 때문이다. 또한, 측정과 관련된 여러 토픽(topics)에 대하여 논의할 것이다.

CHAPTER 1의 목적

이 장을 끝내고 나면, 여러분들은 다음과 같은 것들을 할 수 있을 것이다. 즉:

1. 과학적 방법, 법칙, 정의, 가설, 그리고 실험과 관련된 용어를 설명할 수 있다.
2. 물질과 에너지에 관한 용어 정의. 물질의 세 가지 상태와 에너지의 두 가지 형태에 대한 설명을 할 수 있다.
3. 물리적 성질과 물리적 변화에 대한 설명 및 예시를 할 수 있다.
4. 단위환산법을 할 수 있다.
5. 과학적 표기법과 미터법 접두사를 이용한 값의 표현을 할 수 있다.
6. 정확성과 정밀성의 차이에 대한 설명을 할 수 있다.
7. 측정값을 올바르게 나타내기 위한 유효숫자 사용법을 알 수 있다.
8. 환산계수의 사용법을 알 수 있다.
9. 밀도, 비중, 비열의 정의를 할 수 있다.
10. 일반화학, 유기화학, 생화학의 차이점을 알 수 있다.

CHAPTER 1의 목적

목표	요약	절	예제와 연습문제	총정리 문제
1. **법칙**(law), **가설**(hypothesis), **실험**(experiment), **이론**(theory)에 대한 설명	**과학법칙**(scientific law)은 관찰한 바를 기술하는 것이지 이것을 설명하려 하는 것은 아니다. 과학적 **이론**(theory)은 반복된 **실험**(experiment)에서도 유지될 수 있는 **가설**(hypothesis; **잠정적인 설명**)이다.	1.1	1.1	1.3~1.6
2. **물질**과 **에너지**에 관한 용어 정의. 물질의 세 가지 상태와 에너지의 두 가지 형태에 대한 설명	**물질**은 질량을 가지고 있고 공간을 차지하는 반면, **에너지(energy)**는 일(work)을 하거나 열을 전달하는 능력으로 표현될 수 있다. 물질의 세 가지 상태는 **고체**(solid; 고정된 형태와 부피), **액체**(liquid; 다양한 모양과 고정된 부피), 그리고 **기체**(gas; 다양한 형태 및 부피)이다. 에너지는 두 가지 형태로 나타나는데, **위치에너지**(potential energy; 저장된 에너지)와 **운동에너지**(kinetic energy; 이동 에너지)이다.	1.2	1.3	1.7, 1.8, 1.13~1.26
3. **물리적 성질**과 **물리적 변화**에 대한 설명 및 예시	냄새나 녹는점과 같은 어떤 물질의 **물리적 특성**(physical properties)은 그 물질의 **화학적 조성**(chemical composition)에 대한 영향 없이 결정될 수 있는 것들이다. 끓거나, 녹거나 또는 부서지거나 하는 물리적 변화는 화학적 조성에 영향을 미치지 않는 것들이다.	1.2	1.2, 1.4	1.9~1.12
4. **미터법**(metric), **영식법**(English), **SI 단위**.	**미터단위**(Metric units)는 그램(grams), 미터(meters), 리터(liters); **영식단위**(English units)는 파운드(pounds, lb), 피트(feet, ft), 쿼트(quarts); **SI 단위**(SI units)는 킬로그램(kg), 미터(meters), 큐빅 미터(cm^3)를 사용한다.	1.3	1.5	1.27~1.30
5. **과학적 표기법**(scientific notation)과 **미터법 접두사**(metric prefix)를 이용한 값(value)의 표현	**과학적 표기법**(scientific notation)에서 값은 1에서 10 사이의 수로 나타내며 10의 승수로 곱한다. 예를 들어, 0.025의 과학적 표기법은 2.5×10^{-2}. **미터법 접두사**(metric prefix; kilo, centi, milli 등)는 다른 크기의 단위를 만들 때 사용될 수 있다. 예를 들어, 2503미터(m)는 2.503킬로미터(km)이다.	1.4	1.6, 1.7	1.31~1.44

학습목표

각 장은 주요 내용이 기술된 학생들의 성취 목표 목록으로 시작한다. 이들에 대한 요약이 각 장 끝에 나타난다.

감사의 글

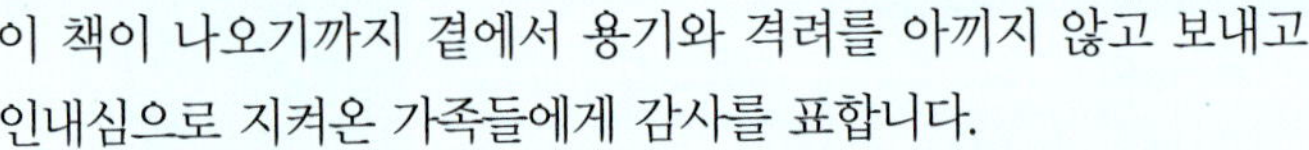

이 책이 나오기까지 곁에서 용기와 격려를 아끼지 않고 보내고 인내심으로 지켜온 가족들에게 감사를 표합니다.

이 제4판을 개정 발간하는 데 많은 기여를 한 Jennifer Yee, Elizabeth Swain, Lisa Gee, Kristine Ruff, Nick Ferrari, Ashley Gayle, Geraldine Osnato, Evelyn Brigandi, Harry Nolan, Thomas Nery와 Wiley사의 그 외 직원들에게 심심한 감사를 전합니다.

끝으로, 이 책을 감수하고 조언을 아끼지 않았던 아래 분들께 나의 고마움을 전합니다.

Tabitha Amora
Ball State University

Tiffany Ardley
Tallahassee Community College

PJ Ball
Northern Kentucky University

Felicia Barbieri
Gwynedd-Mercy College

Dianne Bennett
Sacramento City College

Martin Brock
Eastern Kentucky University

Jeannie Collins
University of Southern Indiana

Stephen Dunham
Moravian College

Andrew Freeman
University of Southern Indiana

Mario Garcia-Rios
Mount Ida College

David Gelormo
Northampton Community College

Michelle Hatley
Sandhills Community College

Ryan Jeske
Ball State University

Konstantinos Kavallieratos
Florida International University

Kristopher Keuseman
Mount Mercy University

Mushtaq Khan
Union County College

Joseph Kremer
Alvernia University

Ronald Loomis
Corning Community College

Edmund O'Connell
Fairfield University

Thomas Olmstead
Grossmont College

Tanea Reed
Eastern Kentucky University

John Singer
Jackson Community College

Emery Shier
Amarillo College

Tara Sirvent
Vanguard University

Nhu Y Stessman
California State University – Stanislaus

Karsten Theis
Westfield State College

저자 소개

Ken Raymond는 1975년에는 워싱톤 주립대학교 분교에서 화학 학사 학위를, 1981년에는 워싱턴 주립대학교에서 유기화학 박사 학위를 취득하였다. 1982년에 워싱턴 주립대학교 분교의 교수로 부임한 후 보건학과 학생들을 대상으로 일반화학, 유기화학, 생화학 및 실험관련 과목들과, 상급 유기화학과 관련 실험 과목들을 강의하였다. Raymond 교수는 매년 수여되는 강의 우수 교수상을 수여받고 있다. 취미 생활로는 만도린과 아코디온을 지역 포크 밴드에서 연주한다.

역자 서문

생명체는 여러 가지 종류의 화합물들(chemical compounds)의 종합적인 화학 반응의 결과로 탄생되고 유지되며 번식합니다. 여러 가지 질병들은 이러한 일련의 화학 반응들의 부조화로 야기되며, 동반되는 여러 가지 질병 증세를 완화하기 위하여 생체내 화학 반응들의 균형을 다시 잡을 수 있는 의약품이라고 하는 여러 가지 화학물질들을 개발하고 사용합니다. 또한, 우리 주변에서는 무수히 많은 화학 반응들이 일어나고 있으며, 그것들을 이용하여 고도로 산업화한 문명사회를 이끌어 나가고 있습니다. 따라서 21세기 현대 대학 교육에서 화학적 지식의 전달과 이해를 도모하는 것은 전공을 불문하고 필수적인 과정이 되어 가고 있습니다. 이러한 시점에서 Kenneth K. Raymond의 General, Organic, & Biological Chemistry 4판의 번역은 융합교육을 지향하는 대한민국의 대학 교육 현장에 일반, 유기, 생화학을 두루 접할 수 있는 유용한 교재를 공급한다는 큰 의미가 있습니다. 본 교재는 화학 전공은 아니지만 기본적이고 체계적이며, 즉시 활용 가능한 화학 지식을 전하고자 하는 과목에 매우 적당합니다. 비전공 학생들의 이해를 돕기 위한 여러 가지 보조 자료와 많은 연습문제는 해당 과목을 강의하는 교수자들에게 이용하기 수월한 강의 자료를 제공할 것입니다. 바쁜 일정에 시간을 내어 번역에 참여하신 김순영, 김영균, 문자영, 안주홍, 조경현, 조성국 교수님께 깊은 감사의 인사를 드립니다. 또한, 용어 감수와 교정을 담당한 월드사이언스 편집부의 정창기 실장님과 편찬 전반을 관리해 주신 임후택 이사님, 그리고 본 교재가 나오기까지 보이지 않는 곳에서 수고의 손길을 얹어 주신 월드사이언스 관계자 여러분께도 마음 깊은 곳으로부터의 감사 말씀을 전합니다. 본 교재를 선택하시고 사용하시는 모든 분들이 화학을 탐구하는 기쁨과 즐거움, 보람을 누리시길 진심으로 기원합니다.

역자 소개

대표역자

이선경 한양대학교 자연과학대학 생명과학과

공역자

김영균 국민대학교 과학기술대학 임상생명공학과

김순영 안동대학교 생명과학대학 생명과학전공

문자영 창원대학교 자연과학대학 생명보건학부

안주홍 한양대학교 자연과학대학 생명과학과

조경현 영남대학교 생명응용과학대학 의생명공학과

조성국 한국교통대학교 보건생명대학 식품생명학부

요약 목차

서로 연관 되어 있는 Chapter들은 같은 색의 별표로 표시되어 있다.

목차

GENERAL, ORGANIC, AND BIOLOGICAL CHEMISTRY

An Integrated Approach

FOURTH EDITION

Kenneth W. Raymond

Eastern Washington University

Media Bakery

클리닉에서

한 환자가 자신의 예정된 화학 요법 치료를 받기 위해 암전문의의 병원을 방문하였지만, 대기실은 사람들로 북적였고, 예상 대기시간은 점점 길어졌다. e-메일을 읽은 다음, 친구들에게 문자 메시지를 보내고서, 8개월이나 지난 *Sports Illustrated* 잡지를 처음부터 끝까지 다 읽고 나서야 자신의 순서가 되었다. 한 간호사가 몸무게, 체온, 혈압을 측정해서 처방약을 준비한 후 손등의 핏줄에 주사 바늘을 찌르는 동안, 다른 간호사는 처방전을 다시 한 번 확인한 후에 IV 주머니를 연결했다. 모든 IV 펌프가 사용 중이라 방울 속도를 수동으로 맞춰야 했다. 흐름을 한 시간당 150 mL에 맞춘 다음, 환자에게 50 mL의 IV 용액이 투여되는 시점인, 20분 후에 사용할 수 있는 펌프가 있는지 알아보도록 기재하였다.

1 과학과 측정

본 장에 관하여

이 책의 첫 번째 장에서는 과학적 방법과 화학에 대하여 훑어볼 것이다. 화학은 건강 과학(Health Sciences) 학생들에게는 매우 중요한 과목인데, 그 이유는 인체, 질병, 의약 등을 이해하는 데 필수적이기 때문이다. 또한, 측정과 관련된 여러 토픽(topics)에 대하여 논의할 것이다.

CHAPTER 1의 목적

이 장을 끝내고 나면, 여러분들은 다음과 같은 것들을 할 수 있을 것이다. 즉:

1. 과학적 방법, 법칙, 정의, 가설, 그리고 실험과 관련된 용어를 설명할 수 있다.
2. 물질과 에너지에 관한 용어 정의. 물질의 세 가지 상태와 에너지의 두 가지 형태에 대한 설명을 할 수 있다.
3. 물리적 성질과 물리적 변화에 대한 설명 및 예시를 할 수 있다.
4. 단위환산법 환산을 할 수 있다. 또는 단위환산법을 사용할 수 있다.
5. 과학적 표기법과 미터법 접두사를 이용한 값의 표현을 할 수 있다.
6. 정확성과 정밀성의 차이에 대한 설명을 할 수 있다.
7. 측정값을 올바르게 나타내기 위한 유효숫자 사용법을 알 수 있다.
8. 환산계수의 사용법을 알 수 있다.
9. 밀도, 비중, 비열의 정의를 할 수 있다.
10. 일반화학, 유기화학, 생화학의 차이점을 알 수 있다.

1.1 과학적 방법

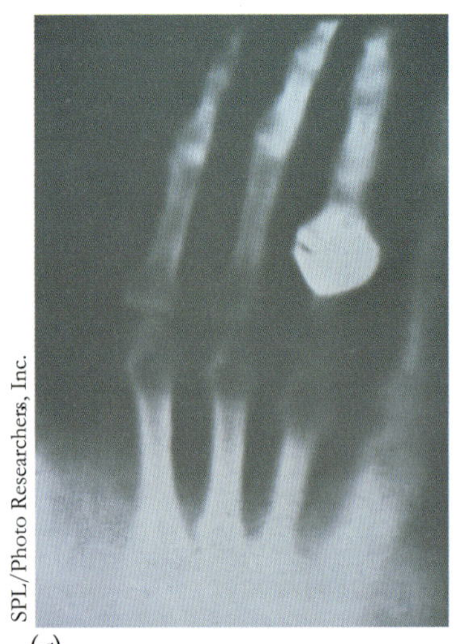

SPL/Photo Researchers, Inc.

(*a*)

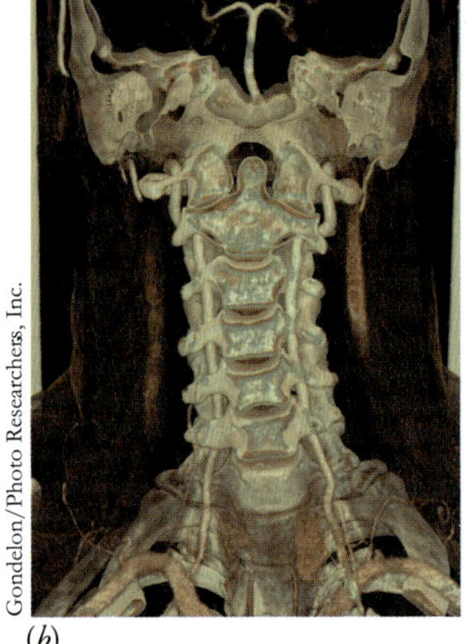

Gondelon/Photo Researchers, Inc.

(*b*)

■ 그림 1.1

의료용 영상 (*a*) 인체에 대한 최초의 x-선은 1895년 x-선의 발견자인 빌헬름 뢴트겐(Wilhelm Roentgen)에 의해 촬영되었다. 이 x-선에서 여러분은 그의 아내의 손뼈와 결혼반지를 볼 수 있다. (*b*) 개선된 x-선 장비를 이용하면 그림에 나타낸 환자의 척추스캔처럼 선명하고 자세한 영상을 얻을 수 있다.

과학이라는 것은 매우 큰 스케일(예를 들어, 어떻게 별이 생성되는가를 이해하는 것)부터 아주 작은 것(예를 들어, 모든 것을 구성하는 아주 작은 입자들의 행동)에 이르기까지 세상이 어떻게 움직이는지 밝혀내려는 접근 방법이라고 할 수 있다. 과학적 연구로 얻은 지식은 우리 생활에 많은 긍정적인 영향을 주었다. 예를 들어, DNA의 발견은 범죄를 해결하는 데 사용되는 DNA 지문(fingerprinting), 해충이나 농약에 저항성이 있는 유전자 변형 작물(genetically engineered crops)의 개발을 이끌었다. 에너지 생산(energy production)에 대한 연구는 수소차, 전기차, 하이브리드카 등 보다 깨끗한 방법으로 차를 움직이게 하는 방법을 개발해 내었다. 또한, 과학은 끊임없이 향상되고 있는 질병퇴치 능력을 확보하는 데 중요한 역할을 하였다. 의료용 스캐너(CT와 MRI 등)와 각종 치료제(단일 항체 암 치료제; anticancer monoclonal antibodies) 등은 과학자들의 정성스런 연구결과로 가능해졌다(그림 1.1).

과학은 매우 광범위한 주제를 다루기 때문에, 화학, 생물, 생화학, 지질학, 우주학, 물리학, 건강 과학 등 매우 다양한 분야로 나뉘어진다. **화학(Chemistry)은 물질과 그의 변화에 대하여 공부하는 학문으로서**, 질병 치료를 위한 인공(artificial) 항체 개발, 식수의 오염물질 분석, 별 주위를 회전하는 행성을 이루는 물질 등을 연구하는 등, 다른 과학 분야의 중요 근간을 이룬다.

과학을 수행함에 있어, **과학적 방법(scientific method)**을 통해 정보를 모으고 해석하게 된다. 일련의 관찰이라고 하는 것은 이러한 과정 중의 일부이다. 관찰의 중요성과 관련된 잘 알려진 이야기의 하나로는 영국 과학자인 Isaac Newton(1642–1727)이 있다. 아는 바와 같이 사과가 사과나무로부터 떨어지는 것을 관찰함으로써 **두 물체(이 경우에는 지구와 사과) 사이에는 인력이 존재한다**는 중력의 법칙(the law of gravity)을 공식화할 수 있었다. 이와 같이 과학 **법칙(law)은 일관된, 그리고 재현성이 있는 사실을 기술**하는 것이라 할 수 있다. 어떤 법칙이라는 것이 왜 이러한 것들이 일어나는가에 대한 이유를 설명해 주는 것은 아니지만, 미래에 무엇이 일어날 것인가를 예측하는 데 이용될 수 있다. 예를 들어, 중력의 법칙은 사물이 왜 떨어지는가에 대하여 설명을 해 주지는 않으나 만일 여러분이 사다리에서 뛰어내린다면 어떤 일이 일어날지를 예측 가능하게 해 준다.

관측한 것을 해석하는 것은 과학적 방법의 중요한 구성요소이다. 과정(process)은 **가설(hypothesis) 즉, 현재 알려진 사실에 기초를 둔 잠정적인 설명(경험에서 나온 추측)**을 구축함으로써 시작된다. 예를 들어, 의사들은 환자를 치료할 때 경험에서 우러난 추측(educated guess)을 한다. 환자들이 위장에 대한 고통을 호소하면 의사들은 문제의 본질에 대하여 가설(진단 diagnosis)을 내리기 전에 몇 가지 질문과 관찰을 할 것이다. 이 가설은 증상과 질병에 대한 지식에 기반을 두고 있다.

과학적 방법의 가장 중요한 부분은 일단 가설이 구축되었을 때 어떤 일이 일어날 수 있는가 하는 것, 즉 그 가설은 주의 깊은 **실험(experiments)**에 의해서 반드시 검증되어야 한다는 것이다. 가설을 검증하기 위해서 의사는 일련의 의학적 테스트(실험)를 요구할 수도 있다. 만일 그 테스트 결과가 진단 내용을 뒷받침하는 것이라면 치료를 시작할 수 있다. 진단 내용을 입증하지 못한다면, 의사는 가설을 수정하고 다른 병인을 찾아야 할 것이다.

실험은 그 결과에 대한 관찰이 바로 주어진 질문에 직접적으로 관련이 있도록 설계되어야 한다. 예를 들어, 환자가 배가 아프다고 할 때, 엄지 발가락 x-선(x-ray)을 찍는 것은 병인을 밝히는 데 도움이 되지 않을 것이다.

일단 가설이 반복된 검증에서도 유지된다면, 가설은 **이론(theory)—관측된 행동을 실험적으로 검증한 설명—**이 된다. 이론이 유지되기 위해서는 현존하는 실험적 증거와 일치하여야 하며, 또한 수행할 실험결과를 정확히 예측할 수 있어야 하고, 추후의 관측을 예측할 수 있어야 한다.

그림 1.2는 관측하고, 가설을 세우고, 실험을 수행하며, 이론을 창출하는 과학적 방법의 여러 부분 간의 상호 연계 고리를 나타내고 있다. 과학자들은 이 단계를 순서대로 따를 필요도 없으며 모든 단계

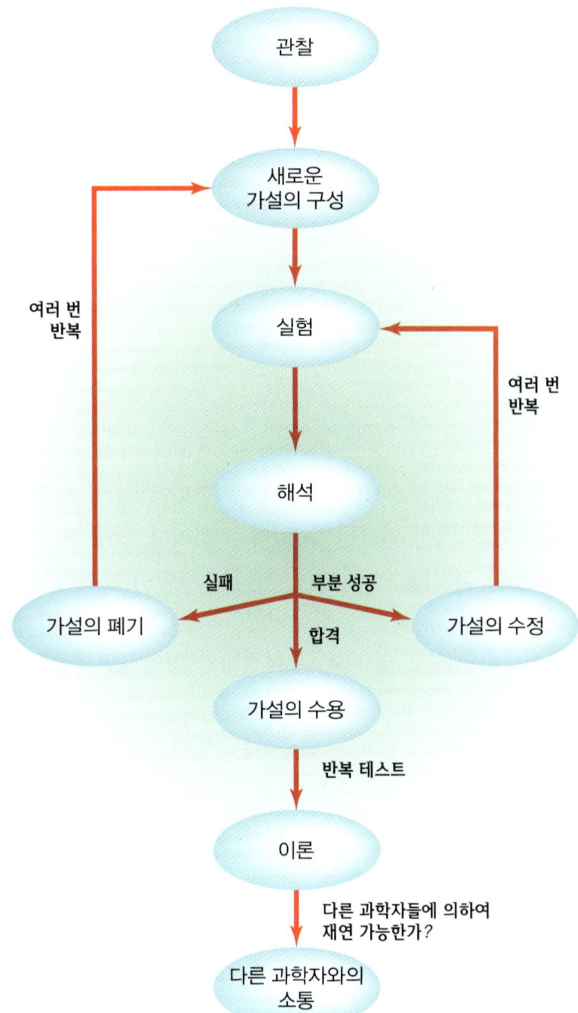

■ 그림 1.2

과학적 방법 과학적 방법에서는 실험이 가설을 폐기, 수정, 혹은 인정하는 데 이용할 수 있는 정보를 제공한다.

를 항상 거쳐야하는 것도 아니다. 현존하는 법칙들이 새로운 실험을 제안할 수도 있으며, 이미 알려진 일군의 여러 실험방법들이 근본적으로 새로운 가설을 제안할 수도 있을 것이다. 창의력이 과학의 핵심이다. 때로는 이전에 수많은 다른 사람들이 보아 왔던, 그러나 설명할 수 없었던 실험결과를 전적으로 새로운 방법으로 해석하는 방법을 발견했을 때 새로운 이론이 등장한다. 창의력에 더하여, 과학자는 실험결과를 해석하고 가설과 실험을 평가할 수 있을 정도로 그 분야에 대한 충분한 지식을 가지고 있어야만 한다.

예제 1.1

과학적 방법

몇 달 전에 방 정리를 하다가 아주 좋아하는 식물의 위치를 바꾸었다. 이제 보니 그 식물이 죽어가고 있다. 다음 중 어느 설명이 시험 가능한 가설인가?

1. 더 어두운 위치로 옮겼기 때문에
2. 식물이 슬퍼져서
3. 더 따뜻한 위치로 옮겼기 때문에

전략

그 서술이 시험 가능한 가설이라면, 그것을 시험할 수 있는 실험을 제시할 수 있어야 한다.

해답

서술 1과 3은 시험 가능한 가설이다. 가설 1은 방 안의 빛의 양을 바꿈으로써, 가설 3은 온도를 변화시킴으로써 시험 가능하다.

연습문제 1.1

당신의 차가 시동이 걸리지 않는다. 이를 설명할 수 있는 두 가지 가설을 세우고, 각각을 시험할 수 있는 실험을 제시하시오.

테크놀로지(Technology)의 발전 역시 과학에 큰 역할을 한다. 이론이 실험적 관찰에 근거한다는 사실은 실험 장비가 발달할수록 이론 역시 변화될 수 있다는 것이다. 물질의 기본적 입자인 원자에 대한 두 가지 이론은 2.1절에서 토론할 것이다. 이 이론 중 하나는 기술이 발전되지 않아 실험으로 오늘날처럼 많은 정보를 얻을 수 없던 1800년대 초반에 정립되었다(그림 1.3). 최초의 원자이론은 1800년대 초반까지 이루어졌던 관측을 설명하였는데, 더 나은 실험결과가 얻어지면서 이 이론에 대한 오류가 밝혀지게 되었다.

과학자들이 원자를 연구하든, 또는 유전병을 연구하든, 이론은 끊임없이 재평가 혹은 새로운 사실에 의해 수정된다. 이러한 변화는 과학의 바람직한 한 부분이기도 하다.

Hulton-Deutsch Collection/© Corbis.

(*a*)

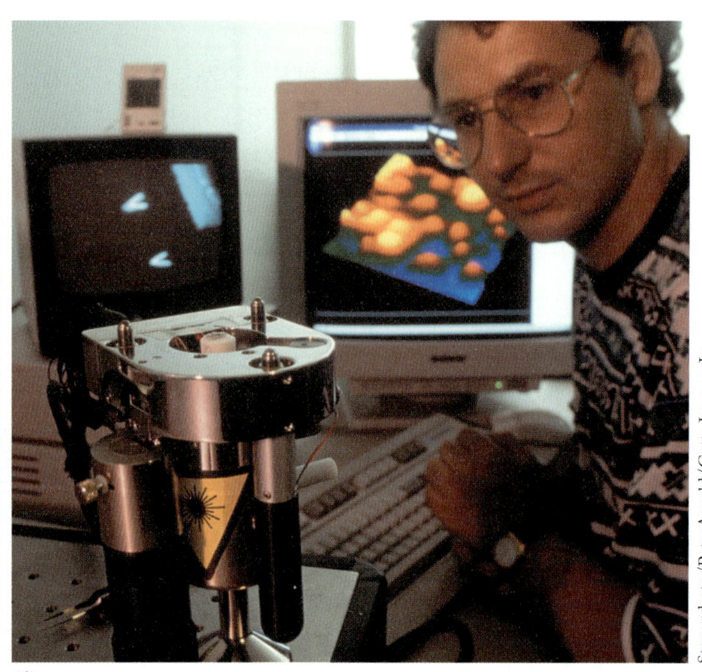
Stegerphoto/PeterArnold/Getty Images, Inc.

(*b*)

■ 그림 1.3

이론의 수정 개선된 과학 장비가 더 나은 실험결과를 얻을 수 있게 하는 경우 이론은 때때로 수정되기도 한다.

과학과 의약품

HealthLink

체내의 포도당(혈당) 농도는 인슐린 호르몬에 의해 조절된다. 당뇨병은 인슐린이 충분히 생산되지 않거나 인체가 인슐린의 영향에 반응하지 않는 경우 일어난다. 과학이 진보됨에 따라 이 병에 대한 지식과 이를 치료하는 능력도 향상되었다. 과다한 포도당 농도가 당뇨병 증상을 일으킨다는 사실을 알기 전까지는 1800년대 중반까지도 몇몇 의사들은 당뇨병 환자들에게 다량의 포도당 섭취를 권유하였다. 어떤 의사들은 단식을 권유했다. 1800년대 후반부터 1900년대 초반까지 행해졌던 과학적 연구로 포도당 대사에서 췌장의 역할을 이해하게 되었으며, 아울러 췌장에서 생산되는 인슐린을 발견하는 계기가 되었다. 인슐린은 1992년에 인간의 당뇨병 치료를 위해 처음으로 사용되었다. 이때 사용된 인슐린은 순수한 것이 아니어서 환자들에게 2 티스푼(약 10 mL)에 해당하는 인슐린을 한 번에 주사하기도 하였다(때로 이 양은 환자들에게 매우 고통스러운 것이었다). 인슐린을 분리, 정제하는 과학이 발전함에 따라 주사량이 10분의 1 이하로 떨어졌다. 당뇨를 치료하기 위한 진보된 기술로는 인슐린 농도를 조절하기 위한 경구용 약품 사용(1995년에 도입), 소와 돼지로부터 정제한 인슐린을 대체하는 유전공학적 인간 인슐린(1982년에 도입) 및 혈당치 측정법 개발 등이 있다(그림 1.4).

© Joel Carillet/iStockphoto.

(*a*)

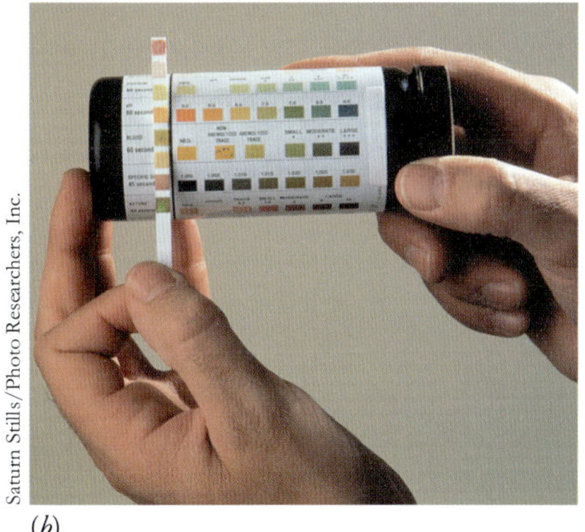

Saturn Stills/Photo Researchers, Inc.

(*b*)

Yoav Levy/Phototake.

(*c*)

■ 그림 1.4

포도당 측정 (*a*) 당뇨병 환자의 소변은 높은 당 치수를 보인다. 수백 년 전에는 개미들이 환자의 소변에 모여드는지를 보고 당량을 확인했다. 어떤 경우에는 의사가 환자의 소변 맛을 보기도 했다. (*b*) 측정용 스트립(test strip)을 소변 시료에 담갔을 때 나타나는 색깔의 배열은 현재 존재하는 포도당의 양을 표시한다. (*c*) 당뇨병 환자의 혈당치를 측정하는 것은 매우 중요하다. 극소량의 혈액만을 필요로 하는 혈당 모니터는 측정용 스트립의 대안이다.

Did You Know

당뇨병은 영어로 Diabetes mellitus, 혹은 diabetes라고 하는데 이는 당뇨병의 증세와 연관된 2개의 그리스어 단어로부터 파생된 말이다. *Disease*는 "과도 소변"을 의미하고 *mellitus*는 "꿀 같이 단맛이 나는 소변"이라는 뜻이다. 이는 환자의 소변 맛을 보는 것이 진단의 한 방법이었던 것임을 보여 주는 것이다.

1.2 | 물질과 에너지

과학의 기본적 사실에 대한 몇 가지를 소개 받았으므로 이제 우리는 화학이 얼마나 중요한지 알아보자. **화학**은 물질과 물질의 변화에 대한 학문이다. 그럼 물질이란 무엇인가? **물질**은 질량을 가지며 공간을 차지하는 그 어떤 것으로 정의된다. 일상적인 말로 하자면, 이 정의는 여러분의 신체, 숨 쉬는 공기, 이 책, 그리고 여러분 주변의 모든 물질을 포함한다고 할 수 있다.

■ 물질은 고체, 액체, 또는 기체 상태로 존재할 수 있다.

물질은 **물리적 성질(physical properties)**로 설명될 수 있는데, 물리적 성질이란 물질의 **화학적 조성**(chemical composition; 그 물질을 만들고 있는 것)을 변화시키지 않고 나타나는 성질이다. 예를 들어, 각설탕은 흰색이고, 단맛이 있으며 냄새가 없다. 위에 열거한 것 외에 녹는점(melting point, 즉 녹는 온도) 등과 같은 물리적 성질을 측정하는 행위는 설탕을 다른 것으로 변화시키지는 않는다—그것은 그대로 여전히 설탕일 뿐인 것이다.

물질은 세 가지 서로 다른 물리적 상태, 또는 상(phase)—즉, **고체(solid)**, **액체(liquid)** 및 **기체(gas)** 중의 하나로 나타난다. 경험상 우리는 다음과 같은 사실을 알고 있다. 즉,

- 고체는 형태와 부피가 변하지 않는다.
- 액체는 부피는 변하지 않지만 형태는 변한다.
- 기체는 형태와 부피가 변한다.

■ 그림 1.5

기체, 액체 및 고체 페인트 통(고체), 페인트(액체) 및 페인트 냄새(가스)는 물질의 세 가지 상태를 표현한다.

만일 뚜껑이 열린 페인트 통이 엎질러졌을 때 어떤 일이 일어날지 생각해 보라(그림 1.5). 세워져 있거나 옆으로 뉘어져 있을 때도 페인트 통은 같은 모양을 하고 있으며 같은 공간을 차지하고 있을 것이다. 페인트(액체)는 원래대로 1갤런의 부피를 유지할 것이나 마루를 가로질러 흩어진 형태로 변할 것이다. 페인트 냄새(가스)는 방 안의 공기로 퍼지면서 형태와 부피가 빠르게 변할 것이다.

이러한 각각의 상태에 있는 물질을 변화시키는 것은 그 입자(particles) 간의 인력의 세기와 연관이 있다. 여기서 입자란 원자, 분자, 그리고 이온 등을 의미하는데, 이들에 대하여는 뒤에 나오는 장들에서 다루어질 것이다. 지금은 물 분자(H_2O)를 생각해 보자. 이는 3개의 작은 입자(2 H 원자와 1 O 원자)로 이루어져 있다.

고체내 입자들은 서로 강하게 끌어당겨 비교적 단단하게 한 군데 뭉쳐 있다. 이는 각각의 물 분자가 얼음을 만들 때에도 사실로 보인다—물 분자들은 고체 내에서 서로 강하게 끌어당겨 한 곳에 갇히게 된다(그림 1.6*a*). 액체 안의 입자들은 비교적 덜 끌어당겨 서로 미끄러질 수 있다(그림 1.6*b*). 기체를 이루는 입자들은 오직 서로 매우 약하게 끌어당길 뿐이고 결국 자유롭게 움직이고 있다(그림 1.6*c*). 다음 장들에서 입자들 사이의 인력의 종류에 대하여 자세히 알아 볼 것이다.

■ 물질의 "본질(substance)"는 물질을 이루고 있는 것들을 지칭한다. 우리는 후에 이들의 성질에 대하여 배우게 될 것이다.

얼음이 물이 되고 증기가 되는 등의 **물리적 상태가 변화**한다고 해서, 물질의 화학성분이 변화하는 것은 아니다(그림 1.7). 각설탕을 부수거나, 증기를 만들기 위해 물을 끓이거나, 혹은 철봉을 녹이는 것은 모두 물리적 변화이다.

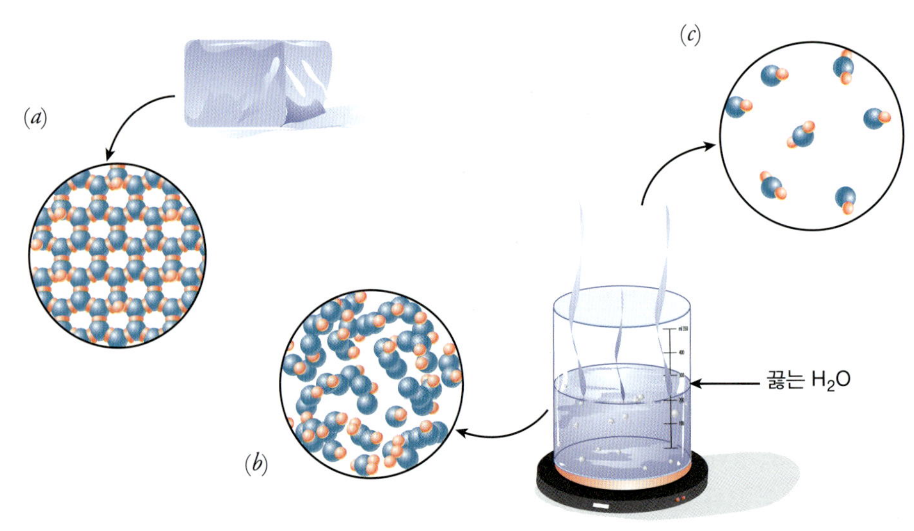

■ 그림 1.6

물의 물리적 변화 (*a*) 얼음 안의 물 분자는 서로 단단히 묶여 있고, 그 움직임은 제한적이다. (*b*) 액체 물 안의 물 분자는 덜 강하게 서로 끌어당기면서 서로 지나다닐 수 있다. (*c*) 증기 안의 분자(가스물, gaseous water)는 서로 매우 약하게 끌어당겨서, 결국 자유롭게 돌아다닌다. 분자는 4장에서 설명될 것이다.

■ 그림 1.7

물리적 변화 봄에 눈이 녹으면 강은 물로 채워진다. 눈이 물로 변하는 것은 물리적 변화이다.

예제 1.2

물리적 변화

다음 중 물리적 변화를 일으킨 것을 고르시오.

a. 종이를 찢는 것

b. 종이를 태우는 것

c. 버터 한 조각이 녹아내리는 것

전략

물리적 변화가 무엇인지 전 단락의 내용을 읽으시오.

해답

물리적 변화로 물질의 화학 조성이 변하지 않는다. 종이가 찢어지거나 버터가 녹는 경우 새로운 물질이 생성되는 것은 아니다. 종이를 태우는 것은 종이 물질을 재, 연기, 열과 같은 뭔가 새로운 것으로 변화시키는 것이다.

연습문제 1.2

베이킹 소다(고체)를 식초(액체)와 섞었을 때, 이산화탄소 거품이 형성된다. 이 현상은 물리적 변화인가, 화학적 변화(화학 조성의 변화)인가? 설명하시오.

물질이 어떤 식으로든 변화할 때는 언제나 **일(work)**이 행해진다. 일은 위에서 언급한 물리적 변화 외에도 걷거나, 뛰거나 혹은 책 페이지를 넘기는 등과 같은 행위들이 포함된다. 이 모든 행위들은 에너지를 수반하는데, **에너지(energy)는 일을 하거나 열로 전환시킬 수 있는 능력이다.**

에너지는 두 가지 형태, 즉 **위치에너지**(*stored energy*; 저장된 에너지) 혹은 **운동에너지**(*the energy of motion*)로 나타난다. 댐에 갇혀 있는 물은 위치에너지를 갖고 있다. 수문이 열려 물이 쏟아지기 시작하면 위치에너지가 운동에너지로 바뀐다.

■ 위치에너지는 저장된 에너지이며, 운동에너지는 움직임과 관련된 에너지이다.

모든 물질은 에너지를 가지며, 따라서 물질의 변화(일)와 에너지의 변화(위치, 혹은 운동)는 서로 연관되어 있다. 예를 들어, 여러분이 자동차를 운전할 때 휘발유의 위치에너지 일부는 엔진의 피스톤을 움직이는 운동에너지로 전환되며, 또 다른 일부는 물질을 구성하는 입자의 운동에너지의 한 형태인 열로 전환된다.

예제 1.3

위치 대 운동에너지

a. 고무 밴드를 집어서 늘린다. 고무줄의 위치에너지는 어떤 변화가 있는가?
b. 늘린 고무 밴드를 놓으면 제 모양으로 튕겨 돌아 간다. 이때 고무줄의 위치에너지는 어떤 변화가 있는가? 운동에너지 변화는 어떠한가?
c. 고무 밴드를 늘렸다 줄이는 것은 물리적 변화인가?

전략

위치에너지는 저장된 에너지이고 운동에너지는 움직임에 대한 에너지이다.

해답

a. 고무 밴드는 더 많은 에너지를 저장하게 되어서, 위치에너지가 증가한다.
b. 본 모양으로 돌아가면 위치에너지가 줄어든다. 튕겨짐에 따라 고무줄의 운동에너지는 처음에는 증가하지만 곧 감소하게 된다.
c. 물리적 변화이다. 새로운 물질이 생성되지 않는다.

연습문제 1.3

a. 커피컵을 허리 높이에서 들고 있는 경우와 어깨 높이에서 들고 있는 경우 중 어느 것의 위치에너지가 더 큰가?
b. 뜨거운 커피가 담겨 있는 컵과 차가운 커피가 담겨 있는 컵 중 어느 것의 운동에너지가 더 큰가?

위에서 본 바와 같이, 입자 간의 인력은 물질(substance)이 고체, 액체, 기체인가를 결정하는 한 요인이 된다. 열 역시 중요하다. 예를 들어, 물을 끓여 증기를 만들려면 열이 필요하다. 물의 세 가지 상태인 얼음, 물, 증기를 결정하는 데 열이 어떤 역할을 하는지 보자. 얼음 안의 물 분자는 낮은 운동에너지를 갖고 제자리에 머문다. 얼음이 녹을 때까지 열을 가하면 물이 되고, 이때 물 분자는 얼음 안에 있었을 때 보다 더 큰 운동에너지를 갖는다(어떤 것의 온도가 높을수록, 그 안의 입자의 운동에너지는 증가한다). 물 속의 분자는 서로 끌어당기기는 하지만 서로 움직이며 같은 장소에 머물지 않는다. 열이 물에 가해지면 증기가 된다. 더욱 더 큰 운동에너지를 갖게 되어 완전히 자유롭게 움직이며 물이 담겨 있던 그릇을 떠나게 된다.

■ 온도를 재는 단위는 섭씨(Celcius, °C)와 화씨(Fahrenheit, °F)가 있는데, 1.3절에서 다루기로 한다.

그림 1.8은 얼음이 물을 거쳐 증기가 되는 과정에서의 온도 변화를 보여준다. 예를 들어, −20°C

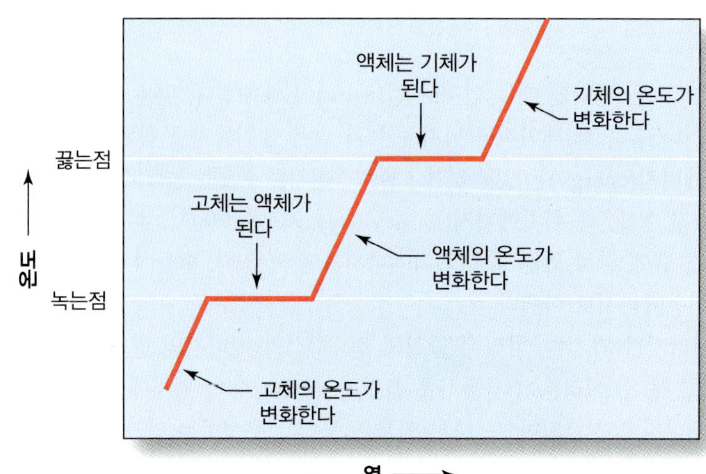

■ **그림 1.8**

물의 상태 변화 얼음을 물로 만들 때 필요한 에너지를 용해열(thc heat of fusion)이라고 한다. 물을 증기로 바꾸는 데 필요한 에너지를 기화열(the heat of vaporization)이라고 한다.

(−4°F)의 얼음에 점진적으로 열을 가해 데우면, 온도가 올라가는 것을 볼 수 있다. 온도가 얼음의 녹는점과 물의 어는점인 0°C(32°F)에 도달하면, 열을 가해도 얼음이 다 녹을 때까지 더 이상 온도가 올라가지 않고 머무는 것을 볼 수 있다. 이러한 녹는 과정에 필요한 열을 **융해열(heat of fusion)**이라고 한다. 계속해서 열을 가하면, 물의 온도는 물의 끓는점인 100°C(212°F)까지 오르게 된다. 열을 계속 가하면 물이 끓으면서 온도는 더 오르지 않고서, 증기로 전환된다. 물을 액체에서 기체인 증기로 바꿀 때 필요한 열을 **기화열(heat of vaporization)**이라고 한다. 물이 다 끓으면, 더해진 열은 증기의 온도를 올리는 데 사용하게 된다.

■ 융해열은 고체를 녹이는 데 필요한 열이다.

■ 기화열은 액체를 날리는 데 필요한 열이다.

이 과정은 반대로 진행이 가능하다. 증기에서 열을 제거하면 그 온도가 떨어진다. 100°C에서 증기는 물로 응결되고, 온도는 오직 물만 존재할 때까지 변화가 없다. 계속해서 열을 잃으면, 물이 얼기 시작하는 0°C가 될 때까지 온도가 내려간다. 다시, 모든 물이 얼 때까지 온도는 변화하지 않는다. 더욱 열을 빼앗으면 얼음의 온도를 낮출 수 있다.

어떤 상황에서는 어떤 물질(substance)는 액체 상태를 건너뛰고 바로 기체가 되기도 한다. 고체가 바로 기체가 되는 것을 **승화(sublimation)**라 하고, 그 반대로 기체가 고체로 바로 형성되는 것을 **증착(deposition)**이라고 한다. 고체 이산화탄소인 드라이아이스(dry ice)가 승화를 일으키는 예이다(그림 1.9)

Charles D. Winters/Photo Researchers, Inc.

■ **그림 1.9**

승화 드라이아이스는 고체 이산화탄소가 바로 기체로 승화한다.

예제 1.4

에너지와 물리적 상태 변화

한 때는 피부에 아이소프로필 알코올(isopropyl alcohol)을 발라 열을 내리는 것이 흔하게 사용되었던 방법이다. 알코올이 기화되면서 피부는 시원하게 된다. 이 과정에서의 열에너지 변화에 대하여 설명하시오. 주석: 이 방법으로 열을 내리는 것은 더 이상 권고되지 않는다.

전략

알코올이 기화할 때 열에너지가 알코올에 더해져야 하는지 제거되어야 하는지를 살펴야 한다.

해답

알코올이 기화할 때 필요한 열에너지가 피부로부터 얻어지고, 그 결과 피부에서 시원함을 느끼게 된다.

연습문제 1.4

물의 끓는점은 100°C이고 에틸 알코올(ethyl alcohol)은 78°C이다. 어느 물질의 입자가 더 강하게 서로를 끌어당기고 있는가?

1.3 | 측정 단위

측정은 우리 일상생활의 일부이다. 강의시간이 얼마나 남았는지 알려고 손목시계를 볼 때마다, 그리고 오늘 아침에 8 km나 뛰었다고 여러분의 친구에게 이야기할 때도, 혹은 가장 낮은 단가로 물건을 사서 돈을 절약했다고 할 때도 여러분은 측정이라는 개념을 사용한다. 측정은 또한 건강과 관련된 전문가의 직업에서도 매우 중요한 부문이다. 간호사들이 맥박, 혈압, 체온 등을 잴 수도 있으며 치위생사들은 잇몸의 깊이를 재거나 작업치료사가 부상으로부터 회복된 정도를 측정하기 위하여 여러분의 악력을 잴 수도 있다(그림 1.10).

Keith Brofsky/Photodisc Green/Getty Images.

■ 그림 1.10

악력의 측정 악력계가 환자의 악력을 측정하기 위해 사용되고 있다.

측정은 두 부분으로 이루어져 있다: 수와 **단위(unit)**이다. 수영을 3 했다고 이야기하는 것은 충분한 정보를 주지 못한다. 즉, 3분, 3시간, 혹은 3마일인지 알 수 없다. 숫자에는 반드시 단위, 즉 측정(시간, 길이, 부피 등) 기준으로 사용되는 양(quantity)이 따라야 한다. **미터법(metric system)**은 세계적으로 가장 널리 쓰이는 측정 방식이다. 이런 맥락에서 우리는 미터단위(metric unit)와 미국에서 사용되는 일반단위(common unit)를 사용할 것이다(표 1.1). 때로는 **SI 단위**(미터법과 연관이 있는 국제단위법)가 도입될 것이다. 표 1.2는 의학적 적용에 일상적으로 사용되는 그 외의 단위를 추가하여 나타내었다.

질량

질량은 물체의 물질 양에 관한 것이다. 물질을 더 많이 함유할수록 질량은 더 커진다. 물질을 측정하는 데 일반적으로 사용되는 단위는 그램(gram, g), 킬로그램(kilogram, kg) 및 파운드(pound, lb)이다. 454 g의 질량은 1 lb에 해당하며 2.205 lb는 1 kg에 해당한다(그림 1.11*a*).

질량(mass)와 무게(weight)는 종종 혼용하여 사용되지만, 정확히 같은 의미는 아니다. 질량은 물체 안의 물질의 양을 지칭하는 반면, 무게는 중력이 물체를 당기는 힘과 연관이 있다. 몸무게가 지구에서

표 | 1.1 측정 단위

양	일반단위	미터단위	SI 단위	관계
질량	파운드(lb)	그램(g)	킬로그램(kg)	1 kg = 2.205 lb 1 kg = 1000 g
길이	피트(ft)	미터(m)	미터(m)	1 m = 3.281 ft
부피	쿼트(qt)	리터(L)	입방미터(m^3)	0.946 L = 1 qt 1 m^3 = 1000 L
에너지	칼로리(cal)	칼로리(cal)	주울(J)	4.184 J = 1 cal
온도	화씨(°F)	섭씨(°C)	켈빈(K)	$°F = (1.8 \times °C) + 32$ $°C = \frac{°F - 32}{1.8}$ $K = °C + 273.15$

표 | 1.2 의학에서 사용되는 몇몇 측정단위

양	관계
질량	1밀리그램(mg) = 1000마이크로그램(mcg 혹은 μg)[a]
	1그레인(gr) = 65밀리그램(mg)
부피	1입방 센티미터(cc 혹은 cm^3) = 1밀리리터(mL)
	15방울(gtt) = 1밀리리터(mL)
	1티스푼(tsp) = 5밀리리터(mL)
	1테이블스푼(T 혹은 tbsp) = 15밀리미터(mL)
	2테이블스푼(T 혹은 tbsp) = 1온스(oz)

[a]전치사 마이크로와 밀리는 1.4절에서 설명

(*a*)

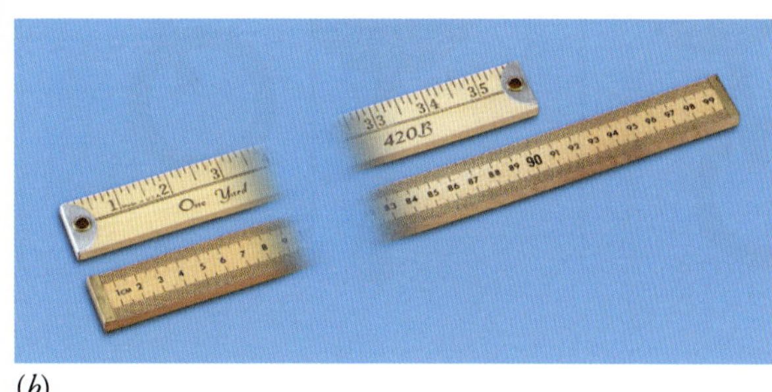

(*b*)

(*c*)

그림 1.11

단위의 비교 (*a*) 1 kg은 2파운드보다 조금 더 무겁다. (*b*) 1 meter(아래)는 1야드보다 조금 더 길다 (위). (*c*) 1쿼트(quart)는 1 리터보다 조금 더 적다.

(*a*), (*b*) Andy Washnik/Wiley Archive; (*c*) Michael Dalton/Fundamental Photographs.

150파운드 나가는 사람은 중력이 지구의 16.5% 밖에 안 되는 달에서는 경우 25파운드 밖에는 안 될 것이다. 몸무게가 지구와 달에서 현저히 다르다고 할 지라도 인체를 이루는 물질의 변화는 없기 때문에 질량은 같다. 이러한 질량과 무게 개념은 지구에서 측정할 때 큰 차이가 없다.

길이

미터법과 SI 단위법에서 길이를 재는 단위는 모두 미터(m)이다. 1 m는 빛이 진공을 1초 동안 통과하는 거리의 1/299,792,458로 정의한다. 1미터는 3.281피트 및 39.37인치와 동일하다. 1미터(m) 길이의 자는 1야드보다 약간 더 길다(그림 1.11*b*).

■ 454 g = 1 lb; 2.205 lb = 1 kg; 1 m = 3.281 ft = 39.37 in, 0.946 L = 1 qt; 32°F = 0°C = 273.15 K; 1 cal = 4.184 J

부피

부피는 물체가 차지하는 공간이다. SI 단위법은 입방 미터(m^3)를 사용한다. 1 m^3는 1 m가 한 모서리인 정사면체가 차지하는 공간이다. 즉, 길이(1 m) × 너비(1 m) × 높이(1 m) = 부피(1 m^3)이다. 1입방미터(1 m^3)는 매우 큰 부피(260갤런)이기 때문에 사용하기 편하게 종종 작은 단위인 1/1,000입방미터인 리터(L)를 사용한다. 1리터는 1쿼트보다 약간 크다(1 qt = 0.946 L).

온도

미터법에서는 온도를 측정하기 위해 섭씨(Celsius, °C) 스케일을 사용한다. 이 스케일에서는 물이 어는 온도가 0°C이며, 끓는 온도가 100°C이다. 미국에서 아직도 사용되고 있는 화씨(Fahrenheit, °F)는 물이 어는점을 32°F로 하고, 끓는점을 212°F로 한다(그림 1.12). 물의 어는점과 끓는점이 서로 다른 수치를 갖는다는 점 외에도 이들 두 온도 스케일은 다른 크기의 도수(degree)를 갖는다. 화씨 스케일에서는 물의 어는점과 끓는점 사이의 도수가 180개로 되어 있는 반면(212°F − 32°F = 180°F), 섭씨 스케일에서는 같은 범위에 100개의 도수가 있을 뿐이다(100°C − 0°C = 100°C). 이는 화씨 단위를 사용하면 물의 끓는점과 어는점의 범위가 섭씨보다 거의 두 배의 도수로 되어 있음을 의미한다(180/100 = 1.8).

Did You Know?

2010년 6월, BP's Deep Water Horizon 기름 유출 사태 때 멕시코만에 유출된 기름의 양은 하루에 약 20,000에서 100,000배럴(1배럴 barrel = 42갤런 gallons)으로 추산된다. 하루에 50,000배럴의 속도로 유출되었을 때, 1천3백만 개의 스타벅스 벤티 컵, 혹은 3.2개의 올림픽 규격 수영장을 채울 수 있는 양이다.

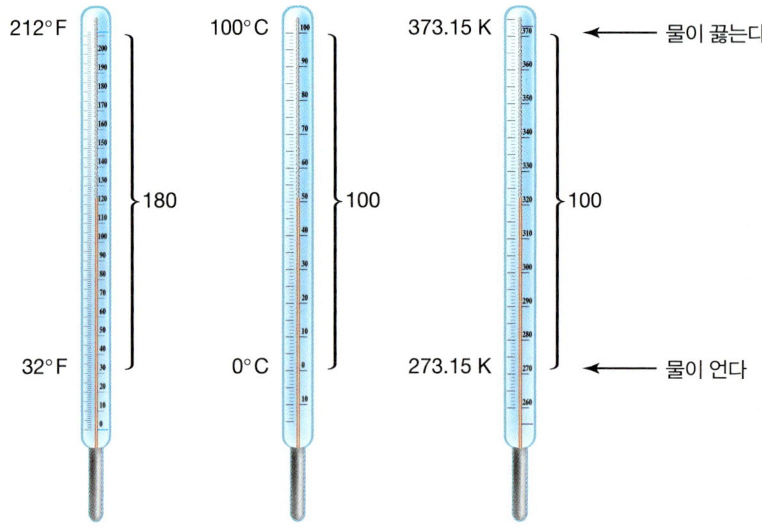

■ 그림 1.12

온도단위 물의 어는점, 끓는점 온도는 화씨, 섭씨, 켈빈 스케일에서 서로 다르다.

과학자들은 자주 켈빈(K)이라고 하는 SI 단위를 이용하여 온도를 측정한다. 0 K라고 하는 온도는 절대 0도로서 어떤 시료에서 모든 열에너지가 제거된 온도를 뜻한다. 켈빈 온도 스케일에서는 어는점(273.15 K)과 끓는점(373.15 K)이 섭씨와 마찬가지로 100개의 도수로 되어 있으므로 켈빈은 섭씨와 같은 크기의 도수를 갖는다.

에너지

에너지의 미터단위인 칼로리(calorie, cal)는 물 1 g의 온도를 1°C 올리는 데 필요한 에너지의 양이다. SI 에너지 단위인 줄(joul, J)은 인간의 심장박동 일회당 소모되는 에너지와 거의 같은데, 이는 1칼로리의 약 4분의 1에 해당한다(1 cal = 4.184 J).

칼로리라는 단어를 듣게 되면 아마도 마음속에 음식을 떠올릴 것이다. 음식물 1칼로리(Cal)는 1000 cal에 해당하며, 80 Cal의 과자는 80,000 cal의 위치에너지를 갖는다는 것을 뜻한다.

예제 1.5

단위의 비교

어떤 것이 더 큰가?

a. 1 m 또는 1 yd **b.** 1 lb 또는 1 g **c.** 1 L 또는 1 m^3 **d.** 1 cal 또는 1 J

전략

문제를 푸는 데는 계산이 필요하지 않다. 이 단위들의 상대적인 크기에 대한 느낌을 얻기 위해 표 1.1에 있는 "관계"를 참고하시오.

해답

a. 1 m **b.** 1 lb **c.** m^3 **d.** 1 cal

연습문제 1.5

어떤 것이 더 따뜻한 온도인가? 계산 불필요함.

a. 273°C 혹은 273 K? **b.** 32°F 혹은 32°C? **c.** 0°F 혹은 0 K?

1.4 | 과학적 표기법과 미터법 접두사

과학적 표기법

측정할 때, 특히 과학에서는 아주 크거나 또는 아주 적은 수를 다루어야 할 때가 많다. 예를 들어, 적혈구의 직경은 약 0.0000075 m이다. **과학적 표기법**(scientific notation; 지수 표기법)에서 이 직경은 7.5×10^{-6} m로 쓴다. 과학적 표기법에서 표현되는 값은 10의 승수로 곱해져 1과 10 사이의 수를 10의 제곱수, 즉 지수로 나타낸다.

양의 지수는 10으로 몇 번을 곱했는가를 나타내며,

$$3.5 \times 10^4 = 3.5 \times 10 \times 10 \times 10 \times 10 = 35000$$
$$6.22 \times 10^2 = 6.22 \times 10 \times 10 = 622$$

음의 지수는 10으로 몇 번을 나누었는가를 나타낸다.

$$3.5 \times 10^{-4} = \frac{3.5}{10 \times 10 \times 10 \times 10} = 0.00035$$
$$6.22 \times 10^{-2} = \frac{6.22}{10 \times 10} = 0.0622$$

표 | 1.3 과학적 표기법

수	과학적 표기법	지수
0.0001	1×10^{-4}	−4
0.001	1×10^{-3}	−3
0.01	1×10^{-2}	−2
0.1	1×10^{-1}	−1
1	1×10^{-0}	0
10	1×10^{1}	1
100	1×10^{2}	2
1000	1×10^{3}	3
10000	1×10^{4}	4

어떤 수를 과학적 표기법으로 바꾸는 쉬운 방법은 소수점을 옮기는 것이다. 10보다 크거나 같은 수는 소수점을 1에서 10 사이의 수가 될 때까지 왼쪽으로 옮기면 소수점 자리를 옮긴 수만큼이 새로운 지수가 된다(표 1.3을 보라).

$$35000 = 3.5 \times 10^4$$
$$285.2 = 2.852 \times 10^2$$
$$8300000 = 8.3 \times 10^6$$

1보다 작은 수에 대해서는 1에서 10까지의 수가 되도록 소수점의 위치를 오른쪽으로 옮긴다. 소수점자리에서 옮긴 수만큼의 수자에 −를 표시하고 이를 새로운 지수로 삼으면 된다.

$$0.00035 = 3.5 \times 10^{-4}$$
$$0.0445 = 4.45 \times 10^{-2}$$
$$0.00000003554 = 3.554 \times 10^{-8}$$

과학적 표기법의 사용은 아주 큰 수와 아주 작은 수를 손쉽게 비교할 수 있다. 예를 들어, 어떤 바이러스가 0.00000010 m 지름인데, 사람의 머리카락 굵기가 0.00010 m(그림 1.13)이라면, 바이러스가 사람 머리카락 보다 얼마나 더 작은가? 과학적 표기를 하면, 바이러스의 지름은 1.0×10^{-7} m이고 사람의 머리카락은 1.0×10^{-4} m로서 10의 3승($10^3 = 1000$)배 만큼 작다.

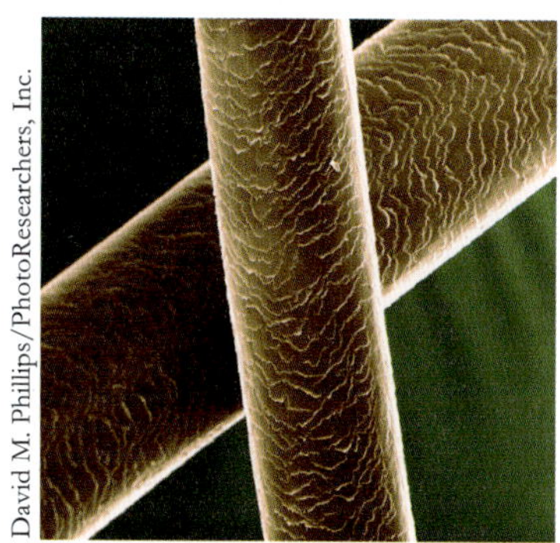

David M. Phillips/PhotoResearchers, Inc.

■ 그림 1.13
사람의 머리카락 사람 머리카락의 굵기는 0.00010 m(1.0×10^{-4} m)이다.

과학적 표기법은 우리에게 비교적 익숙한 매우 큰 수를 표현하는 데도 사용한다. 예를 들어, 인체는 30,000,000,000,000개의 적혈구를 가지고 있고, 이는 3×10^{13}이다.

예제 1.6

과학적 표기법의 사용

다음 각 수를 과학적 표기로 나타내시오.

a. 0.0144 **b.** 144 **c.** 36.32 **d.** 0.0000098

전략

10과 같거나 큰 수는 소수점을 왼쪽으로, 1보다 작은 수는 소수점을 오른쪽으로 옮긴다.

해답

a. 1.44×10^{-2} **b.** 1.44×10^{2} **c.** 3.632×10^{1} **d.** 9.8×10^{-6}

연습문제 1.6

100만분의 1리터에 해당하는 혈액에는 약 500만 개의 적혈구가 있다. 이 혈액의 부피를 미터법 접두사를 사용하여 표현하고 세포수를 과학적 표기법으로 나타내시오.

미터법 접두사

미터법 단위보다 크거나 작은 단위는 새로운 단위가 원래 단위와 어떻게 관련이 있는지를 나타내는 접두사를 붙여 만들어 낼 수 있다(표 1.4를 보라). 예를 들어, 약은 자주 밀리리터(mL) 부피로 투여된

표 | 1.4 SI 및 미터법 접두사

접두사	기호	배수	
giga	G	1,000,000,000	$= 10^{9}$
mega	M	1,000,000	$= 10^{6}$
kilo	k	1000	$= 10^{3}$
hecto	h	100	$= 10^{2}$
deka	da	10	$= 10^{1}$
		1	$= 10^{0}$
deci	d	0.1	$= 10^{-1}$
centi	c	0.01	$= 10^{-2}$
milli	m	0.001	$= 10^{-3}$
micro	μ	0.000001	$= 10^{-6}$
nano	n	0.000000001	$= 10^{-9}$
pico	p	0.000000000001	$= 10^{-12}$

다. 밀리(milli)라고 하는 접두사는 원래의 단위, 즉 이 경우에는 리터의 10^{-3}을 나타낸다.

$$1\text{밀리리터(mL)} = 1 \times 10^{-3}\ \text{L}$$

이와 유사하게, 거리는 킬로미터로 측정할 수 있다. 킬로(kilo)라고 하는 접두사는 길이의 단위인 미터의 10^3을 뜻한다.

$$1\text{킬로미터(km)} = 1 \times 10^{3}\ \text{m}$$

■ SI 단위법이나 미터 접두사를 사용했을 때 어느 방향이 반드시 적당하다고 할 수 없다. 1 mL = 1×10^{-3} L인데, 1000 mL = 1 L라고도 표시한다. 1 km = 1×10^3 m와 0.001 km = 1 m 모두 사용할 수 있다.

표 1.4의 접두사들은 미터법과 SI 단위법에서 자주 사용되어, 센티미터, 마이크로리터, 밀리그램/데시리터 같은 단위들을 자주 볼 수 있다. 그러나 영문 단위 앞에 이러한 접두사가 붙는 경우는 거의 없다. (즉, 밀리쿼트, 킬로인치 등은 사용하지 않는다.)

접두사는 주어진 숫자의 가장 근처에 있는 것으로 사용하는데, 예를 들어, "킬로"는 1천 단위의 숫자를, "센티"는 1/100 단위의 숫자를 표현하는 데 적합하다.

$$5500\text{미터} = 5.5 \times 10^{3}\text{미터} = 5.5\text{킬로미터}$$

$$0.032\text{미터} = 1 \times 10^{-2}\text{미터} = 3.2\text{센티미터}$$

예제 1.7

SI 단위법과 미터법 접두사의 사용

a. 작은 뜨거운 목욕통은 2000 L의 물을 담고 있다. "리터"에 알맞은 접두사를 붙여서 이 부피를 표시하시오.

b. 30방울의 물은 0.002 L이다. "리터"에 알맞은 접두사를 붙여서 이 부피를 표시하시오.

전략

부피의 과학적 표기 방법을 숙지하고 표 1.4의 접두사를 선택하시오.

해답

a. 2000 L = 2×10^3 L = 2 kL **b.** 0.002 L = 2×10^{-3} L = 2 mL

연습문제 1.7

a. 미국 동전 1 페니는 0.02 m의 지름을 갖는다. 이를 적당한 미터법으로 표시하시오.

b. 1천 개의 감기 바이러스 입자의 끝과 끝을 이으면 0.000002 m가 된다. 이를 적당한 미터법으로 표시하시오.

1.5 측정과 유효숫자

우리는 지금까지 측정된 물체의 특성을 알리는 데 이용되는 단위들을 살펴보았다. 지금부터는 측정시에 고려해야할 세 가지 중요한 요소, 즉 정확성, 정밀성 및 유효숫자를 다루고자 한다.

정확성(accuracy)은 측정값(measured value)이 얼마나 참값(true value)에 가까운가와 관련이 있다. 만일 환자의 체온을 두 번 측정하여 각각 98°F와 102°F라는 값이 얻어졌다고 하자. 환자의 실제 온도가 103°F 이면, 두 번째 측정한 값이 참값에 가까우므로 더 정확한 값이 된다.

■ 정확한 측정은 참값에 가깝다.

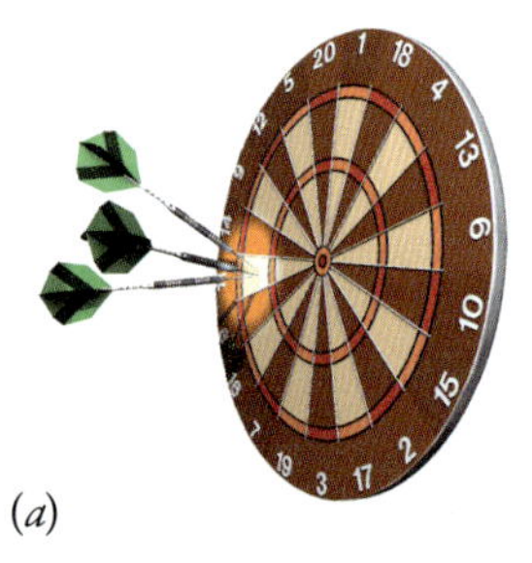
(a)

(b)

(c)

■ 그림 1.14

정확성과 정밀성 (*a*) 다트는 정밀하게(3개의 다트가 서로 가까이 밀집해 있음), 그러나 정확하지 않게 던져졌다. (*b*) 다트는 정확하게(3개의 다트가 과녁의 중심에 가까이 있음), 그러나 정밀하지 않게 던져졌다. (*c*) 다트는 정확하고, 그리고 정밀하게 던져졌다.

■ 정밀한 측정은 서로 가까운 값에 모인다.

정밀성(precision)은 재현성의 척도이다. 각각의 측정치가 서로 가까울수록 이 측정치는 더 정밀하다. 만일 환자의 체온을 세 번 측정하여 98°F, 99°F, 97°F라는 값을 얻었다고 하자. 또 다른 세 번의 측정 결과가 90°F, 100°F 및 96°F이었다면, 처음 세 번 측정한 값이 서로 더 잘 일치하므로 이들이 두 번째 측정한 값보다는 보다 정밀하다고 할 수 있다.

정밀한 측정이라고 해서 반드시 정확하다고 할 수 없으며, 정확한 측정이라고 하여 반드시 정밀하다고 할 수 없다. 이는 그림 1.14에 다트를 예로 들어 나타내었다. 그림 1.10*a*는 정밀하지만 정확하지 않은 세 번의 사격 결과를 나타내며(다트 화살들이 서로 가까이 모여 있지만 과녁의 중심에 있지 않다), 그림 1.14*b*에서는 화살이 과녁의 중심 근처에 있지만 서로 가까이 있지 않으므로 사격이 정확하기는 하나 정밀하지 않다는 것을 나타낸다. 그림 1.10*c*는 3개의 화살이 정확하면서 정밀하다는 것을 보여준다.

유효숫자

정확하고 정밀한 결과를 얻기 위해서는 측정 장비의 품질이 중요한 요소이다. 예를 들어, 그림 1.15와 유사한 저울은 서로 다른 모델이 나오는데, 값이 싼 모델은 ±0.1 g 내의 질량을 나타낼 수 있고 비싼 모델은 ±0.001 g의 질량을 측정할 수 있다.

어떤 저울은 반복 측정해도 항상 ±0.1 g 범위 내의 차이를 보이는 정밀성이 있다고 하자. 이 저울에서 미국 25센트 동전은 5.7 g이라는 질량을 나타낼 것이다. 숫자 5.7은 2개의 **유효숫자(significant figures;** 측정이 반복될 때 재현성이 있는 측정치의 자리수와 첫 번째 의심되는 자리수의 합)를 갖는다. 저울이 ±0.1 g의 오차를 가진 질량값을 나타내기 때문에 5.7에서의 "7"은 의심스럽다. 저울이 정확하다고 가정하면 동전의 실제 질량은 5.7 g보다 조금 무겁거나 가벼울 것이다.

±0.001 g의 질량 정밀성을 나타낼 수 있는 또 다른 저울에서는 같은 동전이 5.671 g의 질량을 나타낼 수 있다. 이 측정 기구를 사용하였을 때 동전의 질량은 4개의 유효숫자로 나타내게 된다.

위의 숫자들(5.7과 5.671)에 대해 유효숫자를 결정하는 것은 쉽다: 즉, 쓰여 있는 모든 자리가 유효하다. 0이 포함되어 있는 경우는 그 0이 측정치의 일부를 의미하는 경우는 유효하나, 단지 자릿수를 규정하기 위하여 사용된 경우는 그렇지 않기 때문에 좀 더 다루기 어렵다. 표 1.5에 어떤 경우에 자릿수가 유효한지를 결정하는 규칙을 요약하였다.

유효숫자는 오직 측정에만 적용한다는 사실에 주목하는 것은 중요한데, 이는 측정은 항상 어떤 정도의 오차를 내포하기 때문이다. 정확한 셈(exact count; 예를 들어, 7명의 환자가 대기실에 앉아 있다 등) 혹은 정의(계란 12개 = 1타스, 1 km = 1000 m 등)에서 얻어지는 경우는 그 수에 오차란 있을 수 없다. 이러한 **정확한 수(exact numbers)**는 무한대의 유효숫자를 갖는다.

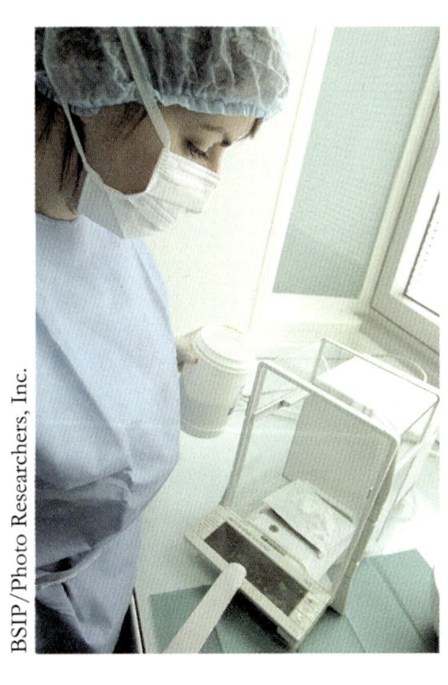
BSIP/Photo Researchers, Inc.

■ 그림 1.15

저울 탑-로딩 방식의 저울은 사물의 질량을 디지털로 나타낸다.

표 | 1.5 유효숫자

	예	유효숫자의 개수
과학적 표기		
a. 0을 포함하는 모든 자릿수[a]	1.55×10^9	3
	7.0×10^{-5}	3
	6.02×10^{23}	3
보통 표기		
a. 0이 없는 자릿수는 유효	3.4	2
	25.85	4
	999,999	6
b. 0이 아닌 자릿수 사이의 0은 유효	5.04	3
	8.0045	5
	20.02	4
c. 소수점이 있는 경우 가장 마지막에 있는 0은 유효	4.0	2
	40	2
	8500.0	5
d. 소수점이 없는 수의 뒤에 놓인 0들은 유효하지 않음	40	1
	6,510	3
	103,000	3
e. 수의 앞에 놓인 0들은 유효하지 않음	0.1	1
	0.453	3
	0.0006	1

[a]과학적 표기를 한 숫자에서 유효숫자를 말할 때 10제곱은 포함하지 않음

예제 1.8

유효숫자의 결정

다음 각 측정값의 유효숫자를 명기하시오.

a. 30.1°C **b.** 0.00730 m **c.** 7.30×10^3 m **d.** 44.50 mL

전략

모든 0이 아닌 자릿수는 유효. 그러나 0은 어떤 조건에서만 유효.

해답

a. 3 **b.** 3 **c.** 3 **d.** 4

연습문제 1.8

각 측정치를 지수 표기법으로 나타내고, 반드시 올바른 유효숫자를 제시하시오.

a. 7032 cal **b.** 88.0 L **c.** 0.00005 g **d.** 0.06430 lb

체중지표

지난 20여 년간 비만인 미국인 비율은 계속해서 증가해 왔다. 1990년에는 미국에 사는 사람의 10~14%가 비만이었다(그림 1.16). 2000년에는 미합중국을 이루는 주의 절반 가량에서 25% 이상의 사람들이 비만이었다. 2010년에 이르러서는 많은 주에서 30%가 넘는 사람이 비만이라고 보고하고 있다. 이 숫자는 건강 전문가들의 관심사가 되었는데, 그 이유는 과체중 또는 비만이 사람들의 건강에 대한 위험성을 높이기 때문이었다. 확인된 것들 중 과체중, 또는 비만 관련 질병으로는 제2형 당뇨병과 심장병, 고혈압, 고콜레스테롤증, 뇌졸중, 암, 그리고 천식 등이 있다.

여러 해 동안, 어떤 사람이 과체중인지를 알기 위해 키-몸무게 차트를 이용해 왔다. 이 차트들은 제한적으로 유용하였는데, 그 이유는 과체중이나 비만과 관련된 질병에 대한 위험을 평가하는 문제라면 체중은 여기서 주된 논점이 아니기 때문이다. 고려해야 할 가장 중요한 요소는 체중 중 지방에 의한 비율이다.

건강 전문가들은 여러 가지 기술을 이용하여 체지방의 비율을 결정할 수 있다. 이들 중 한 가지는 skin-fold measurement(살을 겹치게 하여 두께를 측정하는 법—역자주)인데, 캘리퍼스를 이용하여 신체의 여러 부위의 살을 겹치게 하여 그 두께를 측정한다(그림 1.17). 측정된 값을 계산하면 체지방률을 알려준다. 물속에서 몸무게를 재는 것은 체지방률을 측정하는 또 다른 방법이다. 지방은 근육이나 뼈에 비해 밀도가 낮으므로 지방이 많은 사람일수록 물속에서 무게가 덜 나갈 것이다. 일단 측정이 끝나면 일련의 공식을 이용해 체지방을 계산할 수 있다. 생체 전기적 임피던스(bioelectrical impedance)라는 또 다른 기술에서는 전극을 신체의 서로 다른 부위에 위치시키고 낮은 전류를 흘려보낸다. 지방은 근육과 뼈에 비해 매우 낮은 전도체이므로 체지방률이 높으면 높을수록 전류에 대한 저항, 또는 임피던스가 높아지게 된다.

비록 체지방률을 직접 측정하여 나타낸 방식은 아니지만, Body Mass Index(BMI, 체중지표)는 개인의 과체중, 또는 비만 관련 질병에 대한 위험을 미리 알려주는 좋은 예측값이다. BMI는 사람의 체중과 신장, 그리고 다음과 같은 공식을 이용하여 계산된다.

$$\text{BMI} = 703 \times \frac{\text{weight (lb)}}{[\text{height (in)}]^2}$$

5피트 1인치(61.0인치) 키에 145파운드의 몸무게를 지닌 사람은 BMI 27.4로 계산된다. 성인 BMI 표준(표 1.6)에 의하면 27.4의 수치를 지닌 사람은 과체중이다.

$$\text{BMI} = 703 \times \frac{\text{weight (lb)}}{[\text{height (in)}]^2} = 703 \times \frac{145}{61.0^2} = 27.4$$

BMI 수치는 연령과 성별에 따른 차이로 인해 체지방 비율과 직접 연관되지는 않는다. 평균적으로 같은 BMI를 갖고 있는 경우, 나이든 사람들은 젊은 사람보다

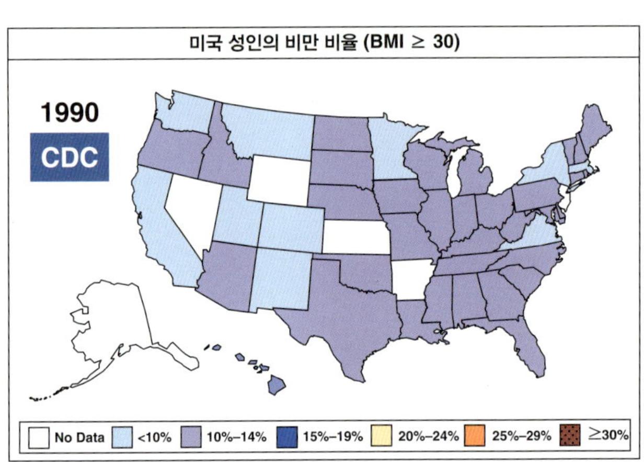

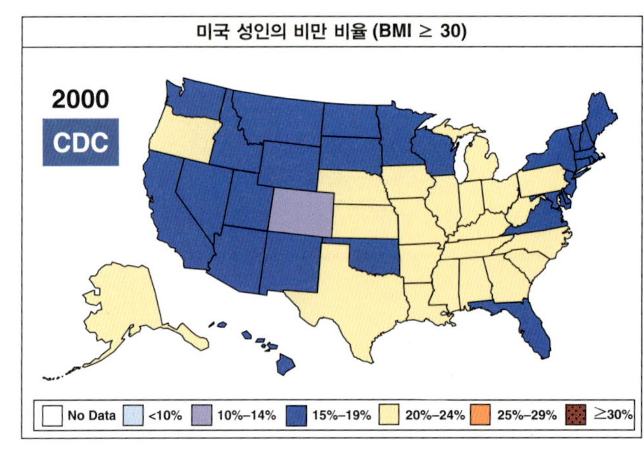

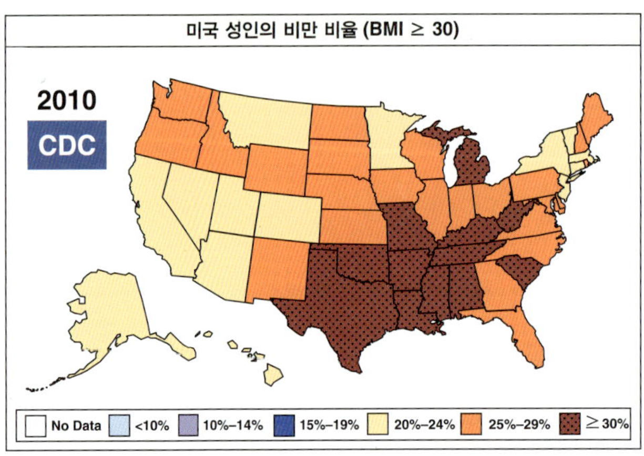

■ 그림 1.16

미합중국의 비만 1990년과 2010년 사이에 비만인 사람의 비율이 급격히 증가하였다.

http://www.cdc.gov/obesity/data/trends.html

■ 그림 1.17

체지방 재는법 (*a*) Skin-fold measurement와 (*b*) 수중 체중계

Image(s) © AccuFitness, LLC-All Rights Reserved-Used With Permission

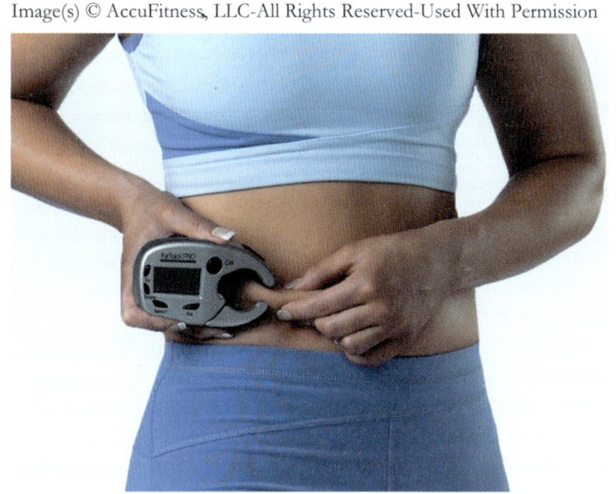

(*a*)

David Madison/Photographer's Choice/Getty Images, Inc.

(*b*)

더 많은 체지방을 갖고 있고, 여자가 남자보다 더 많은 체지방을 가지고 있다. 이러한 변동에도 불구하고, 건강 전문가들은 다른 건강 검진을 권고할지를 결정하는 데 BMI 수치를 사용할 수 있다. 연령과 성별 외에도, 환자의 가족 건강력, 허리둘레, 신체 활동의 정도를 살핌으로써 몸무게가 좀 더 나가는 것이 문제가 될 수 있는지를 판단하는 데 이용한다.

어린이나 청소년들의 BMI도 어른들과 동일하게 계산한다. 그러나 BMI 수치를 달리 해석하는데, 연령과 성별이 체지방에 미치는 영향이 어른에 비하여 높기 때문이다. 예를 들어, 10세 소년의 BMI가 23이면 비만으로 여기지만, 15세 소년이라면 건강한 상태로 본다.

표 | 1.6 성인 체중지표

BMI	상태
18.5 이하	저체중
18.5~24.9	권장체중
25.0~29.9	과체중
30.0 혹은 이상	비만

유효숫자를 포함하는 계산

너무 많거나 너무 적은 유효숫자로 답을 내는 것은 측정치를 계산하는 데 있어 가장 흔히 마주치는 어려움이다. 기억해야 할 가장 중요한 것은 **계산으로 인해 어떤 값의 불확실성의 정도가 바뀌어서는 안 된다는** 것이다.

측정치를 이용하여 곱하거나 나눌 때, **답은 가장 적은 유효숫자의 개수와 같은 유효숫자의 개수를 가져야만 한다.** 만약에 여러분이 직사각형의 넓이를 구하라는 질문을 받았다고 가정하자. 여러분의 측정에 따르면 폭은 5.3 cm이고, 길이는 6.1 cm이다. 넓이는 폭 × 길이이므로 여러분은 계산기를 이용하여 둘을 곱하면 다음과 같은 값을 얻을 것이다.

5.3 cm	유효숫자 2
×6.1 cm	유효숫자 2
32.33 cm^2	계산기의 답 (유효숫자 4)
(32 cm^2)	정답 (유효숫자 2)

여러분의 계산기에 나온 유효숫자는 너무 많다. 각각의 원래의 수(5.3과 6.1)는 유효숫자가 2개이나, 계산기에 나온 값은 유효숫자가 4개이다. 올바른 유효숫자로 다시 숫자를 쓴다는 것은 유효하지 않은 것은 없애야 한다는 것을 의미하며(이 경우에는 소수점에서 오른쪽 2개), 결국 그 수의 마지막 자릿수의 끝수를 버려야 함을 의미한다. 끝수를 버릴 때는 다음과 같은 법칙에 따른다.

- 만일 버려야 할 첫 번째 자릿수가 0, 1, 2, 3 혹은 4인 경우, 나타내야 할 마지막 자릿수는 바꾸지 말고 그대로 놓아 둘 것(3개의 유효숫자가 필요한 경우, 57.42는 57.4로 끝수를 버리고 2개의 유효숫자가 필요한 경우 57로 함[역자주: 반올림의 개념으로 생각할 것])

■ "버려야 하는 첫 번째 수"는 마지막 유효숫자의 바로 오른쪽에 있는 숫자이다.

• 만일 버려야 할 첫 번째 자릿수가 5, 6, 7, 8 혹은 9인 경우, 나타내야 할 마지막 자릿수는 1을 올릴 것(3개의 유효숫자가 필요한 경우, 57.69는 57.7로 나타내고, 2개의 유효숫자가 필요한 경우 58로 나타낼 것)

예제 1.9

반올림

93.4738을 (a) 5 유효숫자, (b) 4 유효숫자, (c) 3 유효숫자, (d) 2 유효숫자, (e) 1 유효숫자로 반올림하시오.

전략

버려야 하는 수의 첫 번째 자리가 5보다 작으면, 마지막에 남는 숫자를 바꾸지 말 것. 버려야 하는 수의 첫 번째 자리가 5와 같거나 크면, 마지막 남기는 숫자를 반올림할 것.

해답

a. 93.474 **b.** 93.47 **c.** 93.5 **d.** 93 **e.** 90

연습문제 1.9

10,938,473을 (a) 5 유효숫자, (b) 4 유효숫자, (c) 3 유효숫자, (d) 2 유효숫자, (e) 1 유효숫자로 반올림하시오.

예제 1.10

유효숫자를 포함하는 곱셈과 나눗셈

아래의 수는 모두 측정값이다. 다음 수를 계산하고 유효숫자에 맞추어 답을 쓰시오.

a. 0.12×1.77

b. $690.4 \div 12$

c. $5.444 \times 0.44 \times 63.8$

d. $(16.5 \times 0.1140) \div 3.5$

전략

여러분은 덧셈, 뺄셈과 곱셈, 나눗셈에 유효숫자 계산법을 다르게 적용해야만 한다.

해답

a. 0.21 **b.** 58 **c.** 150 또는 1.5×10^2(2개 유효숫자) **d.** 0.54

연습문제 1.10

아래의 수는 모두 측정값이다. 다음 수를 계산하고 유효숫자에 맞추어 답을 쓰시오.

a. 53.4×489.6

b. $6.333 \times 10^{-4} \times 5.77 \times 10^3$

c. $(5 \times 989.5) \div 16.3$

d. $(0.45 \times 6) \times 3.14$

측정값을 더하거나 뺄 때, 계산값은 가장 적은 소수점 자리를 갖는 값과 같은 소수점 자리수를 가져야 한다. 예를 들어, 세 질량의 측정치로부터 총질량의 합을 계산하면:

13.5	g	1개의 소수점 자리
2.335	g	3개의 소수점 자리
+ 653	g	0개의 소수점 자리
668.835	g	계산기의 답(3개의 소수점 자리)
(669	g)	정답(0개의 소수점 자리)

예제 1.11

유효숫자를 포함하는 덧셈과 뺄셈

아래의 수는 모두 측정값이다. 다음 수를 계산하고 유효숫자에 맞추어 답을 쓰시오.

a. 4.55 + 1.8
b. 690.4 − 12.67
c. 5.44 − 0.444
d. 16.5 + 0.114 + 3.55

전략

덧셈, 뺄셈 계산에서는 계산하고 있는 수 중 가장 적은 수의 자릿수를 갖는 수와 같은 자릿수의 답이 나오도록 한다.

해답

a. 6.4 **b.** 677.7 **c.** 5.00 **d.** 20.2

연습문제 1.11

아래의 수는 모두 측정값이다. 다음 수를 계산하고 유효숫자에 맞추어 답을 쓰시오.

a. 53.4 + 489.6
b. $5.77 \times 10^{3} - 6.333 \times 10^{-4}$
c. 8.2 + 121 + 16.3
d. 45.32 − 6 + 6.75

체온

건강 검진을 가면 거의 대부분 체온을 재는 것부터 시작한다. 왜냐하면 열이 있다는 것은 병을 앓고 있다는 신호이기 때문이다. 체온은 얼마여야 되는가? 구강 온도가 98.6°F(37.0°C) 이면 정상이라고 본다. 이는 건강한 사람의 구강 온도 (97.2~99.9 °F) 평균이다.

인체에는 몸 속 중앙과 바깥쪽의 두 가지 체온이 있어서, 인체 어느 부분에서 체온을 재는가에 따라 다양한 온도가 측정된다. 인체 안쪽 중앙인 복부, 가슴, 머리 등 기관들(organs)을 갖고 있는 부분은 항상 같은 온도를 유지한다. 피부 근처 바깥쪽은 안쪽 중앙을 보온하는 역할을 한다. 바깥 온도는 인체가 열을 식히거나 보온하고자 함에 따라 변화가 있지만, 대개 중앙부 온도보다 1°F 정도 낮다.

항문 온도는 중앙부 온도를 가장 잘 반영한다. 구강 온도는 중앙부 온도를 나타내지만, 체온계의 구강내 위치가 맞지 않으면, 잘못 측정되는 경우가 있다. 뜨겁고 찬 음료를 마신 후 구강 온도 역시 정확하지 않다.

귓속 고막(*Tympanic membrane*)의 온도는 뇌 중앙부 온도를 알려주고, 겨드랑이(*axillary*), 혹은 관자동맥(*temporal artery*) 온도는 몸 바깥 온도를 알려준다. 구강 측정과 같이 이들 부분의 측정 역시 정확하지 않은 경우가 많다.

체온은 어떻게 재는가?

다양한 방법들이 사용된다. 수많은 부모가 사용하는 간단한 방법은 자녀의 이마가 뜨거운지 짚어 보는 것이다. 예상대로 이 방법은 그 다지 정확하지는 않다.

수백 년 동안, 수은 체온계(*mercury thermomter*)가 사용되어져 왔는데, 수은이 열을 받으면 팽창하여 온도계 내 수은 기둥의 길이가 늘어나는 원리로 작동한다. 수은 체온계는 항문, 구강, 겨드랑이 온도를 측정하는 데 사용되어져 왔으나, 온도를 읽기 어렵고, 깨끗하게 사용하지 않으면 감염 우려가 있으며, 깨진 체온계의 수은 독성 노출 때문에 점점 그 선호도가 줄어들고 있다.

디지털 체온계(*digital thermometer*)는 수은 체온계 대용 중 하나이다. 서미스터(thermistor)라고 하는 기구가 높은 온도에서 더 많은 전류를 흘려 보내는 원리이다. 디지털 체온계 역시 항문, 구강, 겨드랑이 온도를 측정하는 데 사용되고, 디지털 체온계 고무젖꼭지(pacifier)도 어린 아기를 위해 개발되었다.

세 번째 타입의 체온계는 열과 관련된 적외선(infrared) 에너지를 감지함으로써 온도를 측정한다. 고막, 관자동맥 체온계(그림 1.18)는 빠른 측정으로 사용하기 편리하지만, 고막 측정의 경우 정확하지 않을 수 있다.

과열(overheating)은 운동선수에게 문제가 될 수 있어서, 운동하는 중간에 중앙부 온도를 재고자 하는 노력이 있어 왔다. NASA가 개발한 알약 크기의 체온계는 훈련자, 코치 등에게 유용한다. 센서(그림 1.19)를 운동하기 2시간 전에 삼키면 운동할 무렵 장에 도달하게 되고, 운동선수의 등에 부착할 수 있는 수화기에 무선(wireless)으로 신호를 보낼 수 있다. 소화되지 않는 센서가 인체를 완전히 통과하기까지 하루, 그리고 반나절 정도가 소요된다.

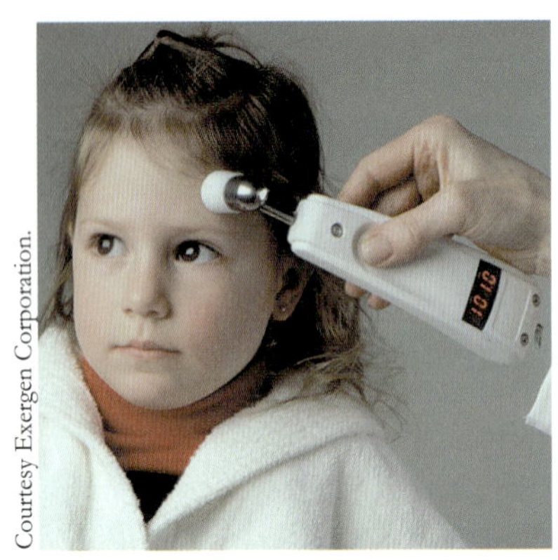

Courtesy Exergen Corporation.

■ 그림 1.18

관자동맥 체온계(Temporal artery thermometer) 관자동맥 체온계는 관자동맥에서 방출한 적외선 에너지를 감지하여 온도를 측정한다.

© AP/Wide World Photos.

■ 그림 1.19

원격 온도 센서(Remote temperature sensor) 소화 불가능한 온도 센서를 삼키면 몸을 통과함에 따라 중앙부 온도를 감지기에 무선 신호로 보낸다.

1.6 | 환산계수와 계수표지법

여러분의 키는 몇 인치인가, 혹은 몇 센티미터인가? 커피 한 잔의 부피는 몇 밀리리터인가? 이 질문에 답하려면 한 단위에서 다른 단위로 환산하여야 한다.

몇몇 **단위환산(unit conversion)**은 너무 간단해서 암산으로 계산할 수도 있을 것이다—예를 들어, 6개의 계란은 반 타스이며, 24인치는 2피트이다. 환산하기 위해서는 하나의 단위를 다른 단위로 바꾸는 **환산계수(conversion factor)**를 이용하는 **계수표지법(factor label method)**을 사용한다. 환산계수는 두 단위 사이의 수적 상관관계로부터 도출된다.

몸무게 185파운드의 환자가 kg 당으로 환산된 권장 투여량 리스트에 따라 약을 처방받는다고 가정하자. 정확한 용량을 투여하기 위해서는 환자의 파운드 무게를 킬로그램으로 환산하여야 한다. 등식 2.205 lb = 1 kg(표 1.1)을 사용하여 파운드를 킬로그램으로 환산할 수 있다. 2개의 서로 다른 환산계수는 이 관계로부터 만들어질 수 있는데, 첫 번째는 등식의 양쪽을 1 kg으로 나눔으로써 만들 수 있다. 이 환산계수를 포함하여 모든 다른 환산계수는 1에 해당된다.

$$2.205\text{ lb} = 1\text{ kg} \qquad \frac{2.205\text{ lb}}{1\text{ kg}} = \frac{1\text{ kg}}{1\text{ kg}} = 1 \qquad \text{환산계수: } \frac{2.205\text{ lb}}{1\text{ kg}}$$

두 번째 환산계수는 등식의 양쪽을 2.205 lb로 나눔으로써 만들 수 있다.

$$1\text{ kg} = 2.205\text{ lb} \qquad \frac{1\text{ kg}}{2.205\text{ lb}} = \frac{2.205\text{ lb}}{2.205\text{ lb}} = 1 \qquad \text{환산계수: } \frac{1\text{ kg}}{2.205\text{ lb}}$$

몸무게가 185파운드인 환자의 몸무게를 킬로그램으로 나타내면 얼마인가? 계수표지법을 이용하여 이 문제의 답을 구하려면, 적당한 환산계수(1에 해당하는)를 185파운드에 곱해 주어야 한다. 이 경우에 사용되는 환산계수는 원하는 새 단위가 분자에 있도록 한다. 이렇게 하면 (바꾸고자 하는) 원래의 단위가 서로 상쇄되어 없어진다(그림 1.20).

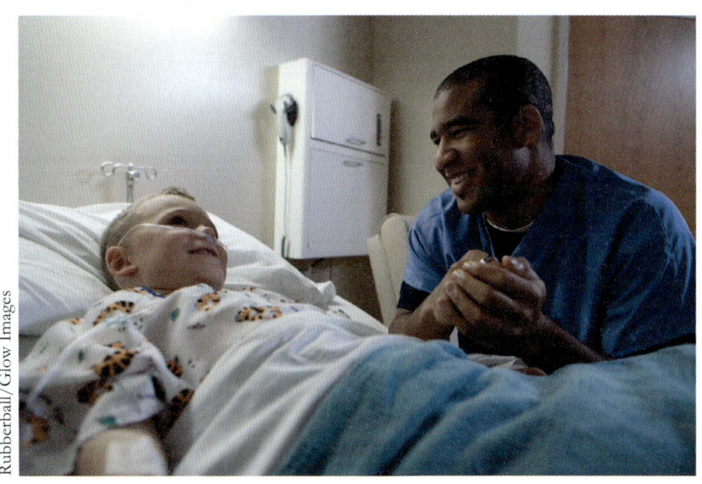
Rubberball/Glow Images

■ 그림 1.20

의료계 단위환산 실수 계산 실수가 환자에게 나쁜 결과를 남긴 여러 가지 경우가 있다. 2008년 *Annals of Internal Medicine*지에 실린 연구에 따르면 14명의 의사들은 5살 환아에게서 땅콩 알러지에 의한 반응이 심각하게 나타났기에 0.12 mg의 에피네프린(epinephrine) 투여가 필요하다고 전달받았다. 1mg/ml의 주사 용액이 주어진 후 정확한 양(0.12 mL)을 계산해 낸 의사는 단 11명이었다.

$$185\ \text{lb} \times \frac{1\ \text{kg}}{2.205\ \text{lb}} = 83.9\ \text{kg}$$

이 답을 들여다보면 여러분은 왜 3개의 유효숫자로 표현하는가라고 의아해 할 수 있다. 등식 1 kg = 2.205 lb에서, “1”은 정확한 숫자(exact number)이며 무한대의 유효숫자를 갖는다. 가장 적은 유효숫자를 갖는 값은 185 lb이다.

다른 예를 하나 더 들어 보자. 어떤 시험관에 15 mL의 혈장이 담겨져 있다. 이 부피를 리터로 환산해 보자. 밀리리터를 리터로 바꾸는 데는 $1\ \text{mL} = 1 \times 10^{-3}\ \text{L}$라는 등식을 사용한다(표 1.4). 이 관계에서 유도된 2개의 환산계수는

$$\frac{1\ \text{mL}}{1 \times 10^{-3}\ \text{L}} \quad \text{and} \quad \frac{1 \times 10^{-3}\ \text{L}}{1\ \text{mL}}$$

이며, 사용할 환산계수는 새로운 단위(L)가 분자에 있도록 해야 하므로

$$15\ \text{mL} \times \frac{1 \times 10^{-3}\ \text{L}}{1\ \text{mL}} = 1.5 \times 10^{-2}\ \text{L}$$

가 된다.

만일 서로 다른 2개의 단위에서 직접적인 관계를 도출할 수 없을 때는 한 단계 이상의 단위환산이 필요할 수 있다. 심장박동 한 번에 배출되는 혈액의 평균부피(0.070 L)를 리터에서 컵으로 환산하라는 질문을 받았다고 가정하자. 컵에 들은 (혈액의) 부피는 얼마인가? 리터와 컵의 직접적인 관계를 모른다 하더라도 0.946 L = 1 qt(표 1.1)이므로, 이 식은 다음과 같은 환산계수를 제공한다.

$$\frac{1\ \text{qt}}{0.946\ \text{L}} \quad \text{and} \quad \frac{0.946\ \text{L}}{1\ \text{qt}}$$

이는 다시

$$0.070\ \text{L} \times \frac{1\ \text{qt}}{0.946\ \text{L}} = 0.074\ \text{qt}$$

로 나타낼 수 있다.

1 qt는 4컵인 것을 알고 있으므로 다음 식을 산출할 수 있다.

$$0.074\ \text{qt} \times \frac{4\text{컵}}{1\ \text{qt}} = 0.30\text{컵}$$

그러므로 0.070 L는 0.30 컵과 같은 부피이다.

이 두 단계 환산은 두 환산계수를 하나의 식으로 통합하여 한 번에 처리할 수 있다.

Did You Know?

1999년 9월, 화성 기상 관측 위성(Mars Climate Orbiter, 1억6천8백만 달러 날씨 관측용 위성)은 화성 주위의 궤도에 낙하할 수 있도록 주엔진을 점화하였다. 불행히도 단위의 혼선으로 인해—위성의 컴퓨터는 SI 단위를 사용했으나 NASA 과학자들은 일반 단위로 정보를 보냈다—이 위성은 공중분해되었다.

$$0.070\ \cancel{L} \times \frac{1\ \cancel{qt}}{0.946\ \cancel{L}} \times \frac{4\text{컵}}{1\ \cancel{qt}} = 0.30\text{컵}$$

예제 1.12

단위환산

a. 어떤 기침약에 성인 권장 용량이 1.5 테이블스푼으로 되어 있다. 이 용량을 밀리리터로 환산하시오.

b. 1개의 아스피린 정제에는 5.0 grain의 아스피린이 함유되어 있다. 이 질량을 그램으로 환산하시오.

전략

이 문제의 각 부분을 풀기 위해서는 적절한 환산계수를 찾아야 한다. a 문제에서 환산계수는 테이블스푼과 밀리리터 간의 상관관계로 만들어졌다는 점에 주목하시오(표 1.2를 보라).

해답

a. $1.5\ \cancel{T} \times \frac{15\ mL}{1\ \cancel{T}} = 23\ mL$

b. $5.0\ \cancel{gr} \times \frac{65\ \cancel{mg}}{1\ \cancel{gr}} \times \frac{1 \times 10^{-3}\ g}{1\ \cancel{mg}} = 0.33\ g$

연습문제 1.12

a. 날록손(Naloxone)은 수면제 과다복용을 치료하기 위해 응급실에서 사용되는 의약품이다. 어린이에게는 날록손의 권장 복용량이 0.010 mg/kg 체중이다. 12 kg인 어린이에게는 얼만큼의 양(mg)이 처방되어야 할까?

b. 날록손은 고체로 0.40 mg/mL의 양으로 들어 있다. 12 kg인 어린이에게 이 약 몇 mL를 투여해야 할까?

예제 1.13

단위환산

a. 기침약은 7.5 mg 덱스트로메소판(dextromethorphan)을 매 5 mL마다 함유하고 있다. 44파운드의 어린이에 대한 권장 복용량(recommended dose)은 10.0 mg이다. 몇 mL의 기침약을 주어야 할까?

b. 55파운드 어린이에 대한 권고량은 12.5 mg이다. 몇 mL을 주어야 하나?

전략

10 mg 덱스트로메소판을 mL 단위 기침약으로 바꾸어야 한다. 이 두 단위의 관계는 7.5 mg 덱스트로메소판 = 5 mL이다.

해답

a. $10.0\ mg\ \cancel{\text{덱스트로메소판}} \times \frac{5\ mL\ \text{기침약}}{7.5\ \cancel{mg\ \text{덱스트로메소판}}} = 7\ mL\ \text{기침약}$

b. $12.5\ mg\ \cancel{\text{덱스트로메소판}} \times \frac{5\ mL\ \text{기침약}}{7.5\ \cancel{mg\ \text{덱스트로메소판}}} = 8\ mL\ \text{기침약}$

연습문제 1.13

44파운드의 어린이에게 5 mg의 덱스트로메소판이 들어 있는 알약을 먹이고 예제 1.13a의 기침약 5 mL을 주었다. 이 어린이는 권장량보다 더 많은 약을 먹었는가?

온도환산

화씨와 섭씨 온도 간의 환산에는 다음 두 식이 이용된다.

$$°F = (1.8 \times °C) + 32 \qquad °C = \frac{°F - 32}{1.8}$$

물의 어는점(32°F, 0°C)과 끓는점(212°F, 100°C) 사이에는 각각 180°F와 100°C의 간격(도수)이 있다. 180/100, 즉 1.8이라는 비율이, 위 공식에 있는 1.8의 근원이 된다. 이는 화씨의 도수(degree)가 섭씨에 비해 1.8배 작기 때문이다. 32는 두 온도 스케일에서 물의 어는점의 차에서 온 것이다.

섭씨 온도와 켈빈 온도 사이의 관계는

$$K = °C + 273.15 \qquad °C = K - 273.15$$

이 공식은 섭씨와 화씨 간의 관계에 사용한 것보다 훨씬 간단한데, 그 이유는 켈빈과 섭씨는 같은 크기의 도수(역자주: 100개의 도수로 구성)를 사용하기 때문이다.

온도 환산을 어떻게 행하는지 알아보자. 어느 따뜻한 여름날 온도가 85°F에 달했다. 화씨로는 몇 도일까?

$$°C = \frac{°F - 32}{1.8} = \frac{85 - 32}{1.8} = 29°C$$

예제 1.14

온도환산

어는점이 −210°C인 액체질소(N_2)는 종종 사마귀를 제거하거나, 전암(前癌) 증상의 피부종양(precancerous skin lesions)을 치료하는 데 사용된다. −210°C를 켈빈 온도로 환산하시오.

전략

이 문제를 풀기 위해서는 °C와 K에 관련된 공식을 사용해야 한다.

해답

$K = °C + 273.15 = -210. + 273.15 = 63\ K$

연습문제 1.14

자기공명영상(MRIs)에 사용되는 액체 헬륨은 온도가 4.1 K이다. 켈빈 온도 4.1 K를 °C와 °F로 환산하시오.

1.7 | 밀도, 비중, 비열

앞에서 우리는 질량과 부피를 나타내는 단위들이 물질의 성질을 나타내는 데 사용되는 것을 보았다. **밀도(Density)**는 질량과 부피 모두와 관련있다. 물질(substance)의 밀도는 주어진 부피 내 담을 수 있는 질량으로 정의한다. 밀도는 고체의 경우 g/cm^3로, 액체는 g/mL, 기체는 g/L로 주로 표시한다(표 1.7). 20°C에서는 1.00 g의 물이 1.00 ml의 부피를 차지하지만, 1.00 g의 소금은 0.461 cm^3을 차지하여, 밀도는 각각 1.00 g/mL과 2.17 g/cm^3이다.

$$\text{물의 밀도} = \frac{\text{질량 (g)}}{\text{부피 (mL)}} = \frac{1.00\ g}{1.00\ mL} = 1.00\ g/mL$$

$$\text{소금의 밀도} = \frac{\text{질량 (g)}}{\text{부피 (cm}^3)} = \frac{1.00\ g}{0.461\ cm^3} = 2.17\ g/cm^3$$

표 | 1.7 질량의 예

고체(20°C)	밀도(g/cm^3)	액체(20°C)	밀도(g/mL)	기체[a](0°C)	밀도[b](g/L)
코르크	0.25	아이소프로필 알코올	0.785	수소(H_2)	0.0899
지방(사람)	0.94	등유	0.82	헬륨(He)	0.179
뼈	1.90	물	1.00	공기	1.29
소금	2.17	혈액	1.06	산소(O_2)	1.43
납	11.35	클로로포름	1.49	염소(Cl_2)	3.21

[a]1기압(atm)에서의 밀도
[b]기체 밀도는 대게 g/L로 표시되어 그 수가 매우 낮다.

온도가 바뀌면 밀도가 변화하기 때문에, 온도는 물질의 밀도를 나타낼 때 표기되어야 한다. 온도와 밀도의 관계는 온도계에 수은을 사용할 때 이용되었다. 0°C에서는 수은의 밀도가 13.60 g/mL이고 100 g의 수은이 7.35 mL이 되지만, 100°C에서는 13/35g/mL이고 7.49 mL이 된다. 이 부피 차이가 온도계 안의 수은주가 오르게 되는 원리이다.

밀도는 질량과 부피 간의 환산에 이용된다. 예를 들어, 20°C에서의 아이소아밀 알코올(피부소독 알코올)의 밀도는 0.785 g/mL이고, 0.785 g은 1.00 ml이 된다. 이 관계에서는 환산계수가 밀도와 같게 된다.

$$0.785\text{ g} = 1.00\text{ mL} \quad \frac{0.785\text{ g}}{1.00\text{ mL}} = \frac{1.00\text{ mL}}{1.00\text{ mL}} = 1 \quad \text{환산 계수: } \frac{0.785\text{ g}}{1\text{ mL}}$$

두 번째 환산계수는 위 식의 양 편을 0.785 g으로 나눔으로써 얻어진다.

$$0.785\text{ g} = 1.00\text{ mL} \quad \frac{0.785\text{ g}}{0.785\text{ g}} = \frac{1.00\text{ mL}}{0.785\text{ g}} = 1 \quad \text{환산 계수: } \frac{1\text{ mL}}{0.785\text{ g}}$$

연구실에서 아이소아밀 알코올 25.0 g이 필요하다고 하자. 액체의 경우 부피를 재는 것이 질량을 재는 것 보다 쉽다. 따라서 위의 두 가지 환산계수를 이용하여 원하는 질량의 원하는 부피를 계산할 수 있다.

$$25.0\ \cancel{\text{g 아이소아밀 알코올}} \times \frac{1\text{ mL 아이소아밀 알코올}}{0.785\ \cancel{\text{g 아이소아밀 알코올}}} = 31.8\text{ mL 아이소아밀 알코올}$$

비슷하게 부피를 질량으로 환산 가능하다. 2.15 L의 아이소아밀 알코올은 몇 g 인가? 이는 부피(L)를 부피단위(mL)로 바꾼 후 환산계수를 곱하면 된다.

$$2.15\ \cancel{\text{L}} \times \frac{1\text{ mL}}{1 \times 10^{-3}\ \cancel{\text{L}}} = 2.15 \times 10^3\text{ mL}$$

$$2.15 \times 10^3\ \cancel{\text{mL}} \times \frac{0.785\text{ g}}{1\ \cancel{\text{mL}}} = 1.69 \times 10^3\text{ g}$$

예제 1.15

밀도를 사용한 계산

수은의 밀도는 0°C에서 13.60 g/mL이고, 100°C에서는 13.35 g/mL이다. 55.0 g인 수은의 각 온도에서의 부피는 얼마인가?

전략

밀도에 기반한 환산계수를 계산한다.

해답

0°C에서는 4.04 mL이다.

$$55.0\ \text{g 수은} \times \frac{\text{mL 수은}}{13.60\ \text{g 수은}} = 4.04\ \text{mL 수은}$$

100°C에서는 4.12 mL이다.

$$55.0\ \text{g 수은} \times \frac{\text{mL 수은}}{13.35\ \text{g 수은}} = 4.12\ \text{mL 수은}$$

연습문제 1.15

a. 0°C에서 2.51×10^{-2} L의 수은 질량은?
b. 100°C에서 같은 부피의 질량은?

비중(Specific gravity)은 물질의 밀도를 물의 밀도와 비교하는 개념이다.

$$\text{비중} = \frac{\text{물질의 밀도}}{\text{물의 밀도}}$$

20°C에서 아이소아밀 알코올의 밀도는 0.785 g/mL이고 물은 1.00 g/mL이다. 따라서 아이소아밀 알코올의 비중은 0.785이다.

$$\text{비중} = \frac{\text{물질의 밀도}}{\text{물의 밀도}} = \frac{0.785\ \text{g/mL}}{1.00\ \text{g/mL}} = 0.785$$

비중은 온도에 따라 다를 가능성이 높다. 왜냐하면, 온도는 밀도에 영향을 미치기 때문이다. 다만 그 영향력은 여러 물질에 대해서 반드시 같은 정도로 미치지는 않을 것이다.

비중이 1 이하인 물질은 물에 뜨고, 1보다 크면 물에 가라앉는다. 코르크(cork)는 비중이 0.25, 사과는 0.74, 철은 7.2이다.

비중을 측정하려면 주어진 온도에서의 질량과 부피를 알아야 한다. 비중 측정은 굴절률 측정기(refractometer), 액체비중계(hydrometer), 시험 종이(test strip) 등이 필요하다(그림 1.21).

비중 측정은 자동차 배터리 내 산도, 자동차 냉각기 내 부동액, 술 안에 들어 있는 알코올의 양 등을 측정하는 데 유용하다. 소변의 비중은 신장 이상을 진단하는 데 이용된다. 비중이 높은 소변은 너무 많은 폐기물이 있음을 의미하고, 탈수(dehydration)나 혈액 내 물의 양을 조절하는 항이뇨호르몬(antiuretic hormone, ADH)의 과도 생성 등을 의미할 수 있다. ADH 수준이 높으면 스트레스나 외상

Courtesy of MISCO.

(*a*)

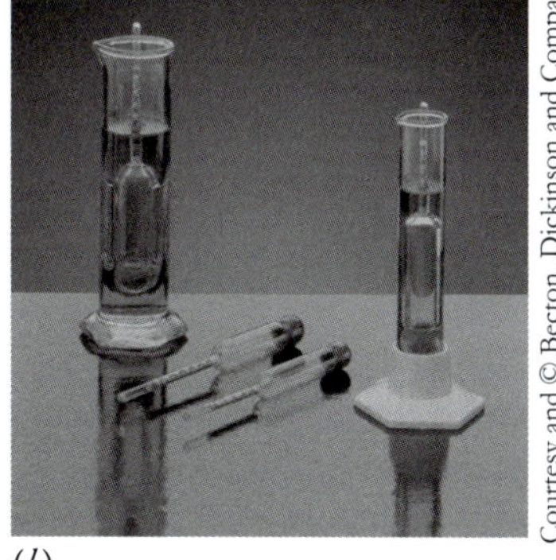

Courtesy and © Becton, Dickinson and Company.

(*b*)

그림 1.21

비중 측정 (*a*) 굴절률 측정기(refractometer)는 빛이 액체를 통과할 때 얼마나 굴절되는지를 측정한다. (*b*) 액체비중계(hydrometer)의 공(bulb)이 액체 안에서 뜨는 수준으로 비중을 정한다.

체중 감량

레슬링, 권투, 역도, 유도 같은 스포츠에서는 몸무게가 서로 비슷한 선수들 끼리 경쟁한다. "체중 감량"은 체급을 맞추기 위하여 빠른 시간 안에 몸무게를 줄이는 것을 일컫는 말이다(그림 1.22). 이런 빠른 체중 감소는 대개 체내 수분을 빼는 일을 하게 된다(한 컵의 물이 거의 1/2파운드 정도이다). 빠른 수분 소실 기술은 음료를 마시는 것을 줄이는 것부터 사우나에서 땀 내기, 땀복 입고 뜨거운 방에서 운동하기 등을 포함한다. 계체량을 통과하면 주요 관건은 경기 전 다시 수분을 공급하는 것이다. 이 과정을 성공적으로 마치면 선수는 더 무거워지고, 상대방보다 더 강할 것이라고 본다.

체중 감량이 선수에게 더 유리하게 작용하는지는 확실하지 않다. 탈수는 지구력(endurance), 내구력(strength), 에너지, 동기(motivation) 등에 악영향을 끼친다고 알려져 있다. 극단적 탈수 상태는 신장과 심장을 멈추게 할 수도 있다. 1997년 3명의 대학 레슬링 선수가 탈수를 통하여 체중 감량을 하였다가 사망한 경우도 있다.

이들의 죽음에 직면하여, NCAA는 빠른 체중 감량을 하려는 의욕을 꺾는 새로운 규칙을 제정했다. 이들 규칙은 사우나 사용과 땀복 착용을 금지한 것이다. 계체전 선수에게 수분이 적당함을 증명하는 규칙도 제정했다. 소변의 비중(specific gravity)이 1.025가 넘으면 (정상치 1.002 – 1.0035) 탈수로 정의하고 계체량을 통과할 수 없다.

■ 그림 1.22

체중 감량 탈수를 통한 빠른 체중 감소는 선수가 더 낮은 체급에서 경쟁할 수 있도록 한다.

표 | 1.8 비열

물질	비열(cal/g°C)
물	1.000
얼음[a]	0.500
증기[b]	0.480
아이소아밀 알코올	0.612
알루미늄	0.215
구리	0.0924
금	0.0310

[a] −10°C부터 0°C까지
[b] 일정한 압력하에서

(trauma)을 의미하고 큰 수술 이후에도 관측될 수 있다. 비중이 낮은 소변은 신장병, 너무 많은 수분 섭취, ADH의 저하 등이 원인일 수 있다.

비열(Specific heat)은 에너지(calories), 질량(grams), 온도(섭씨)와 관련있다. 비열은 1 g의 물질(*substance*)을 1°C 올리는 데 필요한 열로서 정의된다. 물의 비열은 1.000 cal/g°C이고, 1.000 cal의 열이 1 g의 물을 1°C 올리는 데 필요하다(표 1.8).

$$\text{물의 비열} = \frac{1.000\ \text{cal}}{1\ \text{g} \times 1°\text{C}} = 1.000\ \text{cal/g °C}$$

비열은 질량, 온도, 에너지에 대한 많은 문제를 해결하는 데 도움을 준다. 예를 들어, 2.5 g의 물을 5.0°C 올리는 데 몇 cal의 열이 필요한지 알 수 있다. 인수 표기 방법(Factor label method)을 써서, 비열을 환산계수로 활용할 수 있다(1.6절). 물에 대한 비열 계산을 위한 환산계수는

$$\frac{1.000\ \text{cal}}{\text{g °C}} \quad \text{그리고} \quad \frac{\text{g °C}}{1.000\ \text{cal}} \text{이다.}$$

cal만 남기고 나머지를 모두 취소할 수 있는 환산계수를 선택하면 다음과 같다.

$$2.5\ \text{g} \times 5.0\text{°C} \times \frac{1.000\ \text{cal}}{\text{g °C}} = 13\ \text{cal}$$

이 계산은 2.5 g의 물에 13 cal의 열을 가하면 온도를 5.0°C 올릴 수 있다는 것을 알려준다.

예제 1.16

비열을 이용한 계산

55.0 g의 알루미늄 조각을 불 위에 올려 놓았더니, 알루미늄의 온도가 25.0°C에서 150.0°C으로 올랐다. 에너지가 얼마나 많이 흡수되었는가?

전략

질량과 온도 변화가 주어졌다. 표 1.8의 알루미늄 비열을 이용한 환산계수를 이용한다.

해답

온도 변화는 150.0°C − 25.0°C = 125.0°C이다. cal만 두고 나머지를 모두 제거하는 환산계수는 다음과 같다.

$$55.0\text{ g} \times 125.0°\text{C} \times \frac{0.215\text{ cal}}{\text{g}\cdot°\text{C}} = 1480\text{ cal}$$

연습문제 1.16

다음 시료의 1.5 g에 0.50 cal의 열을 가하면, 온도 변화는 얼마인가?

a. 치아 법랑질(enamel) (비열 = 0.18 cal/g°C)
b. 아말감 채움 (비열 = 0.03 cal/g°C)
c. 수지(composite) 채움 (비열 = 0.20 cal/g°C)

1.8 | 일반화학, 유기화학, 생화학에서의 측정

1.1절에서 본 바와 같이, 화학은 물질과 그 변화에 대하여 공부하는 과학의 한 분야이다. 화학에는 많은 학문 분야가 있는데, 세 가지 중요한 분야는 일반화학, 유기화학, 생화학이다. **일반화학(General Chemistry)**은 화학의 기본 원칙을 공부하는 학문인데, 원자와 화합물의 구조, 화학 반응, 계측의 단위 등의 광범위한 내용이 담겨 있다. **유기화학(Organic Chemistry)**은 탄소의 화학에 대하여 공부한다. 우리가 뒷장에서 다룰 유기화합물들은 대부분 작으나, 이들을 배움으로써 생화학에서 중요한 화합물에 대하여 이해하게 될 것이다. **생화학(Biochemistry)**은 생물의 화학이고, 음식이 소화될 때 어떤 일이 일어나는지 유전 정보는 세대 간에 어떻게 전달되는지를 공부한다.

■ 화합물이란 두 가지 이상의 원소가 결합하여 이루어진 화학물질을 말한다. 원소는 제2장에 설명되어 있다.

일반화학—카드뮴

카드뮴(cadmium)은 푸르스름한 흰 빛을 띠는 비교적 무른 금속이다. 카드뮴을 포함하고 있는 어떤 화합물은 색을 띠는데, 빨강, 주황, 노랑 페인트의 색소로 사용되기도 한다. 또 다른 화합물들은 철이 녹스는 것을 방지하거나 플라스틱 안정제 등으로 쓰인다. 현대 사회의 많은 전자 기기들은 니켈-카드뮴 전지를 사용한다.

카드뮴의 독성이 높아서 최근에는 그 사용이 점차 줄어들고 있다. 카드뮴 중독은 구역, 설사, 빈혈, 약한 뼈, 폐, 신장, 신경, 뇌 등의 장기를 손상시키고, 암을 일으키기도 한다.

(a)

AP/U.S. Consumer Product Safety Commission

(b)

AP Photo/Adam Lau

■ 그림 1.23

카드뮴 함유 제품 리콜 2010년도 리콜 제품 중 독성 금속인 카드뮴을 포함한 것은 (*a*) 클레어(Claire's)가 판매한 "친한 친구들(Best Friends)" 부적(charm) 팔찌와 (*b*) 맥도날드의 슈렉 기념잔

2010년, 몇몇 제품의 리콜(recall)은 카드뮴을 너무 많이 함유하고 있는 것이 그 계기였다. 클레어(Claire's)에서 판매한 "친한 친구들(Best friends)"이라는 이름의 부적(charm) 팔찌도 그 중 하나였다(그림 1.23). 이 팔찌와 다른 값싼 장신구를 만드는 중국 회사가 규제를 받는 납(lead) 대신 카드뮴을 사용한 것이다. 어린이들이 좋아하는 장신구에 카드뮴이 들어있다면, 이는 단순히 피부에 닿는다는 것이 문제가 아니라, 입으로 들어가 섭취될 수도 있다. 같은 해, 맥도날드는 영화 슈렉 포에버(*Shrek Forever After*) 기념잔에 사용된 페인트에 기준치 이상의 카드뮴이 함유되는 바람에 1천 2백만 개의 음료잔을 리콜했다. 2011년에는 몇몇 주에서 어린이 장신구에 카드뮴의 사용을 제한하는 법을 통과시켰고, 미국의 장신구 업계는 최근 그 사용을 제한하는 것에 동의하였다.

카드뮴은 중금속이다. 화학에서는 금속의 밀도가 5 g/cm^{3}보다 높으면 중금속으로 정의한다. 중금속에는 카드뮴(8.65 g/cm^3), 납(11.35 g/cm^3), 아연(Zinc, 7.14 g/cm^3)들이 있다.

예제 1.17

중금속

12.4 g의 카드뮴과 동량의 아연 중 어느 것이 더 부피가 큰가?

전략

각 금속의 밀도를 환산계수로 이용한다.

해답

아연이 더 부피가 크다.

$$12.4\ \cancel{\text{g 카드뮴}} \times \frac{1\ \text{cm}^3\ \text{카드뮴}}{8.65\ \cancel{\text{g 카드뮴}}} = 1.43\ \text{cm}^3\ \text{카드뮴}$$

$$12.4\ \cancel{\text{g zinc}} \times \frac{1\ \text{cm}^3\ \text{zinc}}{7.14\ \cancel{\text{g zinc}}} = 1.74\ \text{cm}^3\ \text{zinc}$$

연습문제 1.17

89.5 cm^{3}의 납과 카드뮴 중 어느것이 더 무거운가?

유기화학—가솔린

주유소에서는, 가솔린의 등급을 옥탄가(Octane rating)에 의하여 정한다(그림 1.24). 이 제도는 유기화합물인 아이소옥탄(isooctane)과 헵탄(heptane)에 기초한다. 순수한 아이소옥탄은 아주 좋은 자동차 연료로서, 100으로 표기하고, 헵탄은 아주 형편 없는 연료로 0으로 표기한다. 가솔린은 원유에서 추출한 여러 유기화합물의 혼합물인데, 옥탄가 93을 옥탄가 87보다 더 좋은 연료로 본다.

아이소옥탄의 물리적 성질은 녹는점(−107°C), 끓는점(98°C), 밀도(0.69 g/mL, 20°C)이고, 이에 따라 일상 생활에서는 항상 액체로 존재한다. 이 액체의 밀도는 그 질량과 부피를 알려준다. 예를 들어, 65 g의 아이소옥탄은 20°C에서 94 mL이다.

$$65\ \cancel{\text{g 아이소옥탄}} \times \frac{1\ \text{mL 아이소옥탄}}{0.69\ \cancel{\text{g 아이소옥탄}}} = 94\ \text{mL 아이소옥탄}$$

가솔린이 가득 찬 자동차가 빈 탱크인 자동차보다 얼마나 무거운지 계산할 수 있다. 가솔린의 밀도는 옥탄가에 따라 조금 다르므로 평균 밀도값(0.73 g/mL, 20°C)을 사용하고 온도는 20°C라고 가정한다. 자동차 연료 탱크에 15갤런의 가솔린을 싣고 있다면, 가솔린의 무게(파운드 값)은 얼마인가? 액체의 밀도는 그램과 밀리리터로 나타내기 때문에, 그램과 파운드, mL와 갤런 사이의 전환이 필요하다. 15갤런은 5.7×10^4 mL이다.

$$15\ \cancel{\text{gal}} \times \frac{4\ \cancel{\text{qt}}}{\cancel{\text{gal}}} \times \frac{0.946\ \cancel{\text{L}}}{\cancel{\text{qt}}} \times \frac{1\ \text{mL}}{1 \times 10^{-3}\ \cancel{\text{L}}} = 5.7 \times 10^4\ \text{mL}$$

밀도를 환산계수로 삼아, 가솔린 5.7×10^4 mL는 7.8×10^4 g의 질량을 갖고 있다는 것을 보여준다.

$$5.7 \times 10^4\ \cancel{\text{mL 가솔린}} \times \frac{0.73\ \text{g 가솔린}}{\cancel{\text{mL 가솔린}}} = 4.2 \times 10^4\ \text{g 가솔린}$$

이 가솔린 질량은 93파운드와 맞먹는다.

$$4.2 \times 10^4\ \cancel{\text{g}} \times \frac{1\ \text{lb}}{454\ \cancel{\text{g}}} = 93\ \text{lb}$$

© Michael Krinke/iStockphoto

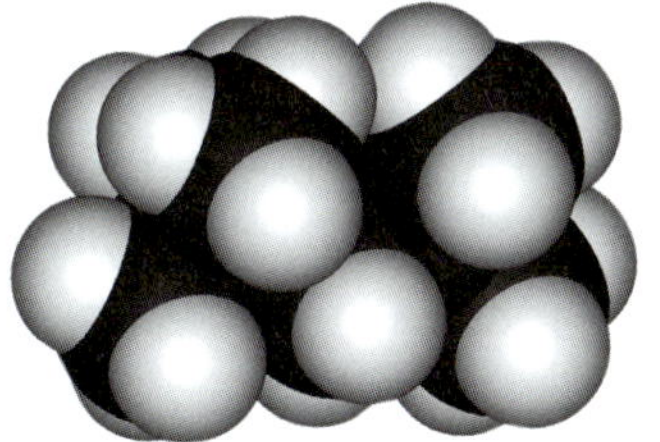

아이소옥탄

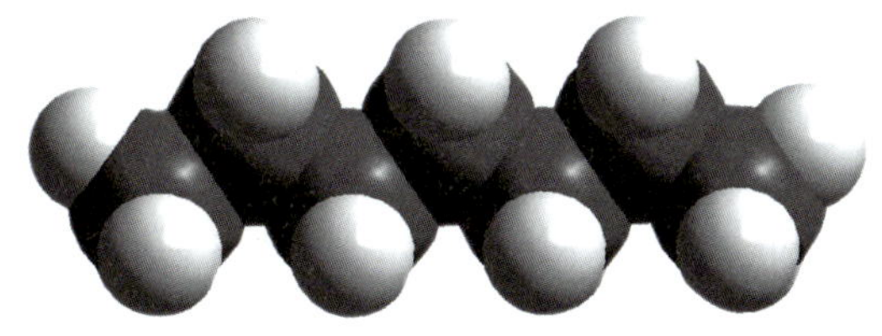

헵탄

■ **그림 1.24**

옥탄가 가솔린의 옥탄가는 아이소옥탄을 100, 헵탄을 0으로 값을 매기는 평가 시스템에 근거한다. 아이소옥탄과 헵탄이 공간채움모형(space-filling model)으로 표현되어 있는데, 구성 원자의 상대적 크기대로 표현되어 있다.

예제 1.18

가솔린의 밀도와 온도를 포함하는 계산

온도 변화는 대부분의 액체 밀도를 변화시킨다. 가솔린의 밀도는 8°F에서 0.76 g/mL이고, 98°F에서 0.71 g/mL이다. 겨울에 기온이 8°F인 날 1갤런의 가솔린을 채우면 몇 파운드가 되겠는가?

전략

밀도를 환산계수로 삼아 가솔린의 부피를 질량으로 전환하시오.

해답

밀도는 g/mL로 표기되므로, 1갤런(gal)을 같은 단위로 전환한다.

$$1.0\ \text{gal} \times \frac{4\ \text{qt}}{\text{gal}} \times \frac{0.946\ \text{L}}{\text{qt}} \times \frac{1\ \text{mL}}{1 \times 10^{-3}\ \text{L}} = 3.8 \times 10^3\ \text{mL}$$

8°F에서의 밀도를 환산계수로 활용하여 1갤런의 가솔린 질량을 알아낸다.

$$3.8 \times 10^3\ \text{mL} \times \frac{0.76\ \text{g}}{\text{mL}} = 2.9 \times 10^3\ \text{g}$$

파운드와 그램의 관계를 환산계수로 활용한다.

$$2.9 \times 10^3\ \text{g} \times \frac{1\ \text{lb}}{454\ \text{g}} = 6.4\ \text{lb}$$

연습문제 1.18

a. 예제 1.18의 경우가 98°F인 여름날 일어난다면 가솔린은 몇 파운드가 되겠는가?

b. 가솔린 펌프는 온도에 따라 가솔린 양이 달리 나온다. "1갤런"의 가솔린을 펌핑할 때, 추운 겨울에는 더운 여름보다 적은 양이 나올 것이다. 이유를 추정하시오.

비중은 고려해야 할 가솔린의 성질이다. 1.17절에서 물질의 비중은 같은 온도에서 물질의 밀도를 물의 밀도로 나누는 것임을 알려준다. 20°C에서 가솔린의 밀도는 0.73 g/mL이고 물의 밀도는 1.00이다. 따라서 가솔린의 비중은 20°C에서 0.73이다.

$$\text{비중} = \frac{\text{아이소옥탄의 밀도}}{\text{물의 밀도}} = \frac{0.73\ \text{g/mL}}{1.00\ \text{g/mL}} = 0.73$$

가솔린의 비중은 1보다 작기 때문에 물과 섞이지 않고 뜬다. 이러한 성질은 가솔린이 엎질러졌을 때 한 켠으로 몰아 가둘 수 있게 한다(그림 1.25).

생화학—DNA

홍채의 색, 혈액형, 혀말이 등은 세대 사이에 전해지는 유전적 소양의 예들이다. DNA(Deoxyribonucleic acid)은 이러한 유전 정보를 가지고 있다. DNA는 네 가지 구성 요소(building block)인 뉴클레오티드(nucleotide)로 구성되어 있다. 각각의 뉴클레오티드는 비교적 납작한 모양인데, 0.34 nm의 두께와 1 nm의 너비이다(그림 1.26*a*). 구성 요소들은 체인을 이루고(그림 1.26*b*), 서로 다른 체인의 구성 요소와의 결합을 통해 짝을 이룬다(그림 1.26*c*). 두 가닥(double-stranded)의 DNA가 꼬인 나선(helix)을 이룬다(그림 1.26*d*).

■ 그림 1.25

가솔린 유출 후의 제거 가솔린의 비중은 1보다 작아서 물에 뜨게 된다. 이는 유출된 가솔린을 제거하는 것을 돕는다.

그림 1.26c는 단 4 뉴클레오티드 길이인 두 가닥 DNA를 보여준다. 사람 DNA는 모두 3백만 뉴클레오티드 짝을 이룬다. 각 뉴클레오티드가 0.34 nm라고 한다면 전체 길이는 약 1 m가 되는데, 그 너비는 2.0 nm(2×10^{-9} m)이다.

$$3 \times 10^9 \text{ 뉴클레오티드 짝} \times \frac{0.34 \text{ nm}}{\text{뉴클레오티드 짝}} \times \frac{1 \times 10^{-9} \text{ m}}{1 \text{ nm}} = 1.0 \text{ m}$$

사람 DNA의 규모를 가늠하기 위하여 그 길이와 너비를 비교해 보자. 전체 DNA의 길이(1.0 m)를 그 너비(2×10^{-9} m)로 나누면 DNA의 길이는 너비의 5.0×10^8(5백만)배라는 것을 알 수 있다.

$$\frac{1.0 \text{ m}}{2.0 \times 10^{-9} \text{ m}} = 5.0 \times 10^8$$

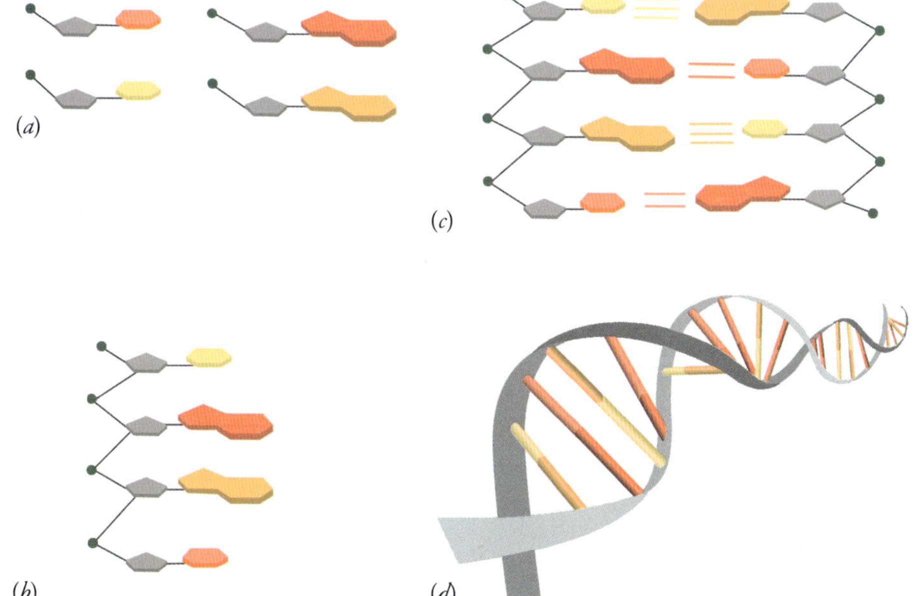

■ 그림 1.26

DNA(Deoxyribonucleic acid)
(*a*) 4개의 구성 요소가 DNA를 이룬다. (*b*) 구성 요소는 줄을 이루고, (*c*) 구성 요소들이 서로 결합하여 두 가닥을 이룬다. (*d*) 두 가닥 DNA는 꼬인 나선을 이룬다.

(*a*), (*b*), and (*c*) inspired by http://ddsdtv.blogspot.com/2011/01/aia-maninam-aia-about-human-dna.html; (*d*) inspired by http://www.biol.unt.edu/~jajohnson/DNA_sequencing_process.

예제 1.19

DNA의 길이와 너비

거리가 2462마일인 로스앤젤레스에서 뉴욕까지 연결한 밧줄이 있다. 이것이 사람 DNA의 길이와 너비와 같은 비율을 갖고 있다면 그 밧줄의 굵기는 몇 인치(inches)일까?

전략

바로 위의 문단에 있는 DNA의 길이와 너비 비율을 2462마일의 길이에 적용시킨다.

해답

DNA는 길이가 너비의 5.0×10^8배이다. 2462마일을 5.0×10^8로 나누면 밧줄의 굵기가 마일로 계산된다.

$$\frac{2462 \text{ mi}}{5.0 \times 10^8} = 4.9 \times 10^{-6} \text{ mi}$$

환산계수를 이용하여 인치로 전환한다.

$$4.9 \times 10^{-6} \text{ mi} \times \frac{5280 \text{ ft}}{\text{mi}} \times \frac{12 \text{ in}}{\text{ft}} = 0.31 \text{ in}$$

연습문제 1.19

위와 같은 조건에서 사람 DNA의 너비가 5.0 인치라면, 그 길이는 몇 km가 되겠는가?

놀라운 것은 이 1 m의 DNA가 겨우 0.024 mm 너비의 세포핵(cell nucleus)에서 발견된다는 것이다. 이는 DNA가 단백질로 이루어진 공 주위를 두른 후 다시 매우 콤팩트한 모양으로 코일을 이루며 조립되는 생화학의 마술적 손놀림(sleight-of-hand) 과정으로 이루어진다(그림 1.27). 결국 DNA는 자신의 길이보다 80,000배 작은 지름을 갖고 있는 핵 안에 찌그러뜨려서 넣어져 있는 것이다.

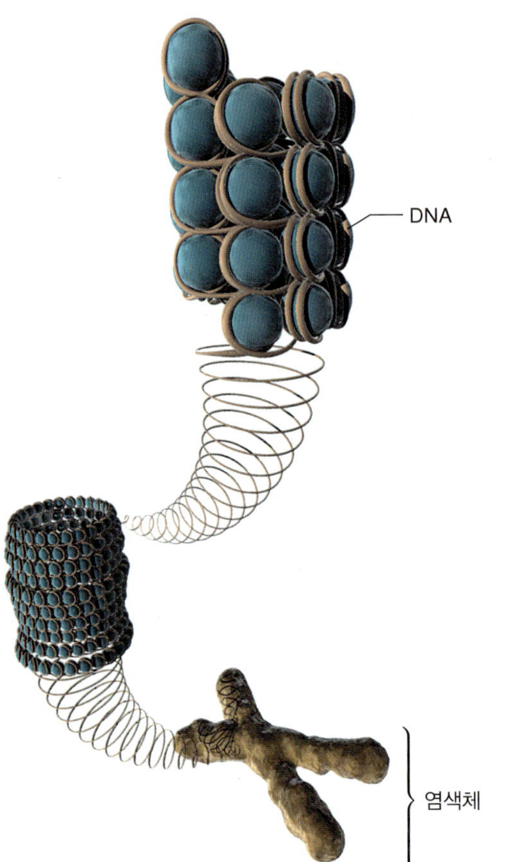

그림 1.27

콤팩트한 DNA DNA의 전체 길이와 대비하여 80,000배 작은 세포핵 안으로 들어가기 위하여, DNA의 이중나선은 단백질(파랑) 주위를 감고, 염색체(chromosome)에 단단히 감겨져서 들어간다.

클리닉에서 ... 재방문

이 장은 클리닉에서 환자를 치료하기 위하여 해야 하는 계산을 들여다 것으로 시작했다. 화학 교과서의 첫 장이 왜 이 이야기로 시작하고 측정과 단위를 다루는 몇 개의 절들을 다루게 되었을까? 측정과 단위는 일상에서 매우 중요한 부분이다. 식료품점에서 32온스의 사과 주스가 $1.89이고, 1/2갤런이 $3.52라고 할 때, 어느 상품이 양대비 가격(unit price)이 더 나은지를 알고 싶어 할 것이다. 길에서는 "다음 주유소는 41마일" 같은 표지를 볼 수도 있다. 타고 가는 차가 1갤런에 25마일을 간다면, 1/4탱크를 채운 가솔린의 양이 다음 주유소까지 갈 수 있을까? 의료인은 IV 방울이 떨어지는 속도(역자주: 정맥주사시 방울이 떨어지는 속도)를 계산하거나(한 시간에 150 mL이 흐른다면, 50 mL을 주입하는 데 몇 분 걸리겠는가?), 약 용량을 계산해야 할 경우도 있다(30 mg이 처방된 양이라면, 50 mg/ml이 들어 있는 약 병에서 몇 밀리리터를 덜어야 하는가?).

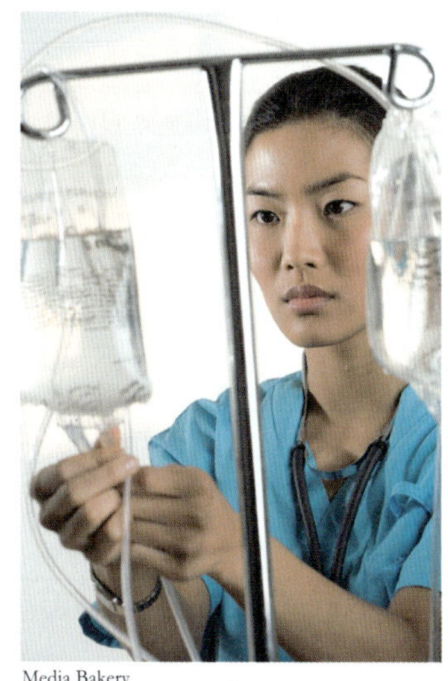
Media Bakery

THINKING IT THROUGH

1. 클리닉에서 서로 다른 측정에 주로 사용한 단위는 무엇인가?
2. 일상 생활에서 사용할 수 있는 측정, 단위, 단위 전환의 예들을 적어보자.

CHAPTER 1의 목적

목표		요약	절	예제와 연습문제	총정리 문제
1.	**법칙**, **가설**, **실험**, **이론**에 관련된 용어를 설명하시오.	**과학법칙(scientific law)**은 관찰한 바를 기술하는 것이지 이것을 설명하려 하는 것은 아니다. 과학적 **이론(theory)**은 반복된 **실험(experiment)**에서도 유지될 수 있는 **가설(hypothesis; 잠정적인 설명)**이다.	1.1	1.1	1.3~1.6
2.	**물질**과 **에너지**에 관한 용어를 정의하시오. 물질의 세 가지 상태와 에너지의 두 가지 형태에 대해 설명하시오.	**물질**은 질량을 가지고 있고 공간을 차지하는 반면, **에너지(energy)**는 일(work)을 하거나 열을 전달하는 능력으로 표현될 수 있다. 물질의 세 가지 상태는 **고체(solid**; 고정된 형태와 부피), **액체(liquid**; 다양한 모양과 고정된 부피), 그리고 **기체(gas**; 다양한 형태 및 부피)이다. 에너지는 두 가지 형태로 나타나는데, **위치에너지(potential energy**; 저장된 에너지)와 **운동에너지(kinetic energy**; 이동 에너지)이다.	1.2	1.3	1.7, 1.8, 1.13~1.26
3.	**물리적 성질**과 **물리적 변화**에 대해 설명 및 예시하시오.	냄새나 녹는점과 같은 어떤 물질의 **물리적 특성(physical properties)**은 그 물질의 **화학적 조성(chemical composition)**에 대한 영향 없이 결정될 수 있는 것들이다. 끓거나, 녹거나 또는 부서지거나 하는 물리적 변화는 화학적 조성에 영향을 미치지 않는 것들이다.	1.2	1.2, 1.4	1.9~1.12
4.	**미터법**, **영식법**, **SI 단위**를 사용하시오.	**미터단위(Metric units)**는 그램(grams), 미터(meters), 리터(liters); **영식단위(English units)**는 파운드(pounds, lb), 피트(feet, ft), 쿼트(quarts); **SI 단위(SI units)**는 킬로그램(kg), 미터(meters), 큐빅 미터(cm^3)를 사용한다.	1.3	1.5	1.27~1.30
5.	**과학적 표기법**과 **미터법 접두사**를 이용한 값을 표현하시오.	**과학적 표기법(scientific notation)**에서 값은 1에서 10 사이의 수로 나타내며 10의 승수로 곱한다. 예를 들어, 0.025의 과학적 표기법은 2.5×10^{-2}. **미터법 접두사(metric prefix**; kilo, centi, milli 등)는 다른 크기의 단위를 만들 때 사용될 수 있다. 예를 들어, 2503미터(m)는 2.503킬로미터(km)이다.	1.4	1.6, 1.7	1.31~1.44

목표	요약	절	예제와 연습 문제	총정리 문제
6. **정확성**과 **정밀성**의 차이에 대해 설명하시오.	**정확한**(accurate) 측정은 참값에 가까운 것이다. **정밀한**(precise) 측정은 측정값이 서로 근접하게 군락을 이룬 것이다.	1.5		1.45, 1.46
7. 측정값을 올바르게 나타내기 위한 **유효숫자** 사용법을 나타내시오.	측정 결과를 나타낼 때, 값은 올바른 **유효숫자**(**significant figures**)로 나타내야 한다(모든 확실한 자리 수 + 첫 번째 불확실한 자리 수). **정확한 수**(exact number; 정확한 셈, 또는 정의로부터 나옴)는 불확실한 자리수가 없다. 측정값을 계산할 때, 답은 반드시 올바른 유효숫자를 가지도록 끝자리를 **반올림**(**rounded off**)한다. 예를 들어, 5.5 g + 23.44 g + 0.225 g = 29.2 g, 88 cm × 62.33 cm = 5.5×10^3 cm^2.	1.5	1.8, 1.9, 1.10, 1.11	1.47, 1.52
8. **단위환산법**을 숙지하고 사용하시오.	단위 간의 환산은 두 단위 사이의 관계에 기초한 **환산계수**(**conversion factor**)를 이용할 수 있다. 단위 전환시 원래의 단위(lb)를 없애는 환산계수로 곱한다.	1.6	1.12, 1.13, 1.14	1.53~1.78
9. **밀도**, **비중**, **비열**에 대해 설명하시오.	**밀도**(**density**)는 주어진 부피 내의 물질의 질량이고, **비중**(**specific gravity**)은 물질의 밀도를 물의 밀도로 나눈 것이다. **비열**(**specific activity**)이 1 g의 물질을 1°C 올리는 데 필요한 열이다.	1.7	1.15, 1.16	1.79~1.92
10. **일반화학**, **유기화학**, **생화학**의 차이를 설명 하시오.	**일반화학**(**General Chemistry**)은 화학의 기본 원칙을 공부하는 학문, **유기화학**(**Organic Chemistry**)은 탄소(carbon)의 화학, **생화학**(**Biochemistry**)은 생물의 화학이다.	1.8	1.17, 1.18, 1.19	1.93~1.100

총정리 문제

색으로 표시된 문제의 해답은 부록 C에 있다.
좀 더 어려운 문제는 *표로 표시하였다.

1.10* 다음 그림 중 파운드(lb)와 킬로그램(kg)의 관계를 옳게 표시한 것은?

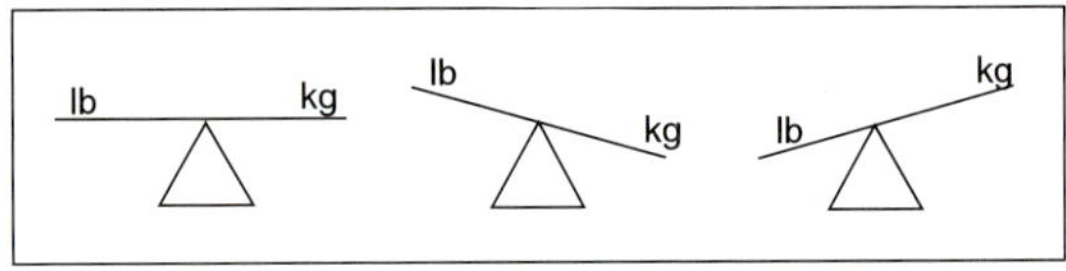

1.2 다음 그림 중 데시그램(dg)와 그램(g)의 관계를 옳게 표시한 것은?

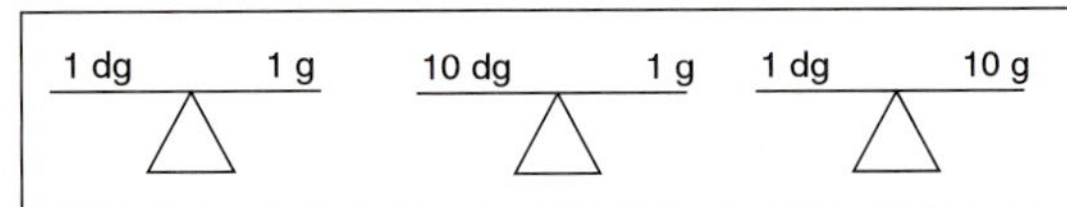

1.1 과학적 방법

1.3 "올라간 것은 반드시 내려온다"라는 기술은 과학적 법칙인가 혹은 과학적 이론인가에 대해 설명하시오.

1.4 수세기 전 모종의 실험이 행해졌고, 철학자들은 원자의 존재를 제안하였다. 이 철학자들의 제안은 왜 이론으로 간주되지 않는가?

1.5 이론과 가설은 어떻게 다른가?

1.6 법칙과 가설은 어떻게 다른가?

1.2 물질과 에너지

1.7 "물질"과 "에너지"를 정의하시오.

1.8 물질의 세 가지 상태는 무엇인가?

1.9 더운 날, 아이스 티 한 잔이 테이블 위에 놓여 있다.

a. 얼음의 물리적 성질은 무엇인가?

b. 아이스 티가 햇볕 아래 장시간 놓여 있을 때 기대되는 물리적 상태 변화는 무엇인가?

1.10 **a.** 구리선 조각의 물리적 성질 몇 가지를 열거하시오.

b. 구리선 조각이 겪을 수 있는 몇 가지 물리적 변화를 제시하시오.

1.11 액체로 시작해서 기체로 끝나는 물리적 성질 변화의 예를 드시오.

1.12 액체로 시작해서 기체로 끝나는 화학적 변화(화학적 조성이 변화하는)의 예를 드시오.

1.13 위치에너지란?

1.14 운동에너지란?

1.15 물체의 위치에너지가 그 위치에 따라서 달라지는 상황을 표현하시오.

1.16 물체의 위치에너지가 그 화학적 조성에 따라 달라지는 상황을 표현하시오.

1.17 배터리로 움직이는 원격 조정 장난감 자동차가 언덕 밑에 있다. 자동차가 움직여서 언덕을 올라간다.
a. 자동차의 운동에너지 변화를 설명하시오.
b. 자동차의 위치에너지 변화를 설명하시오. (자동차 위치와 관련 있다.)

1.18 가을에는 나뭇잎이 나무에서 떨어진다.
a. 나뭇잎의 운동에너지에 대한 변화를 표현하시오.
b. 나뭇잎의 위치에너지 변화를 설명하시오. (나뭇잎 위치와 관련 있다.)

1.19 겨울에 야영을 한다고 가정하자. 눈을 녹여 마실 물을 얻으려고 캠핑용 프로판 가스 스토브를 사용했다.
a. 눈이 녹는 것은 물리적 과정인가 혹은 화학적 과정인가?
b. 프로판이 연소하면, 이산화탄소 가스와 물 기체가 생성된다. 이는 물리적 과정인가 혹은 화학적 과정인가?
c. 스토브에서 프로판이 연소할 때 일어나는 위치에너지 변화에 대하여 설명하시오.
d. 스토브에서 프로판이 연소할 때 일어나는 운동에너지 변화에 대하여 설명하시오.

1.20 이전 문제에서 캠핑용 스토브로 눈을 녹이는 대신 한 줌의 눈을 먹었다.
a. 여러분이 삼킨 눈이 녹을 때 일어나는 신체의 위치에너지 변화에 대하여 기술하시오.
b. 여러분이 겨울에 숲 속에 고립되어 있다면, 눈을 녹여 물을 얻는 것이 눈을 먹는 것보다 왜 좋은지 설명하시오.

1.21 a. 융해열(heat of fusion)이란 무엇인가?
b. 기화열(heat of vaporization)이란 무엇인가?

1.22 a. 승화는 어떤 물리적 상태 변화를 말하는가?
b. 승화하는 물질의 예는?

1.23 팔을 얼음물에 담그면 매우 차갑다. 팔로부터 나온 열에너지는 어디로 이동했는가? 그 에너지는 어떤 과정에서 사용되었는가?

1.24 어떤 피부 사마귀 제거제는 에테르(이서, ether)를 함유하고 있다. 사마귀에 몇 방울 떨어뜨리면 에테르가 기화하여 매우 시원하게 느껴진다. 사마귀에서 나온 열은 어디로 갔으며, 어느 과정에 그 에너지가 사용되었는가?

1.25 True or False? 열이 계속해서 끓는 물에 더해진다면, 물이 모두 없어질 때까지 물의 온도는 계속해서 올라간다.

1.26 True or False? 온도가 0°C인 얼음물이 담긴 통을 −30°C에 두었다. 얼음물은 그 안의 모든 물이 다 얼어붙을 때까지 0°C를 유지한다.

1.3 측정 단위

1.27 어느 것이 큰가? (표 1.1 참조)
a. 1 yd 혹은 1 m
b. 1 lb 혹은 1 g
c. 1컵 또는 1 mL

1.28 어느 것이 큰가? (표 1.1 참조)
a. 1 pint 혹은 1 L
b. 1°F 혹은 1°C
c. 1 gal 또는 1 L

1.29 어느 것이 큰가? (표 1.2 참조)
a. 1 mg 혹은 1 μg
b. 1 grain 혹은 1 mg
c. 1 T 혹은 1 tsp
d. 1 T 혹은 1 fl oz

1.30 어느 것이 큰가? (표 1.2 참조)
a. 1 gtt 혹은 1 mL
b. 1 T 혹은 1 mL
c. 1 tsp 혹은 1 fl oz
d. 1 mg 혹은 1 gr

1.4 과학적 표기와 SI 단위와 미터법 접두사

1.31 각 수를 과학적 표기로 바꾸시오.
a. 1,300
b. 6,901,000
c. 0.00013
d. 0.0000006901

1.32 각 수를 과학적 표기로 바꾸시오.
a. 2,000,000,000
b. 850
c. 0.2
d. 0.0085

1.33 각 수를 일반 표기로 바꾸시오.
a. 7×10^{-2}
b. 7×10^{2}
c. 8.3×10^{8}
d. 8.3×10^{-8}

1.34 각 수를 일반 표기로 바꾸시오.
a. 4.23×10^{-4}
b. 4.23×10^{1}
c. 9.66×10^{-6}
d. 9.66×10^{6}

1.35 a. 2000년도에는 세계 인구가 6×10^{9}로 추정되었다. 이 숫자를 일반 표기로 바꾸시오.
b. 1000년도에는 세계 인구가 3×10^{6}로 추정되었다. 이 숫자를 일반 표기로 바꾸시오.

1.36 a. 광학현미경은 0.0000002 m 지름의 물체를 볼 수 있다. 이 숫자를 과학적 표기로 바꾸시오.
b. 전자현미경은 0.0000000002 m 지름의 물체를 볼 수 있다. 이 숫자를 과학적 표기로 바꾸시오.

1.37 적당한 미터법 접두사를 사용하여 각 수를 표시하시오. (예: 10분의 1 = deci 혹은 d). 각각의 접두사에 대한 이름과 약자를 표시하시오.

a. 1000분의 1 m **c.** 10억 m
b. 100만 m

1.38 미터법 접두사를 사용하여 각 수를 표현하시오(예: 10분의 1 = deci 혹은 d). 각각의 접두사에 대한 이름과 약자를 표시하시오.

a. 1000그램 **c.** 10억분의 1그램
b. 100만분의 1그램

1.39 미터법 접두사의 사용 없이 과학적 표기법과 일반 표기법(십진법)에 의한 각각의 거리를 표현하시오. (예: 6.2 cm $=6.2 \times 10^{-2}$ cm = 0.062 m)

a. 1.5 km **c.** 5.67 nm
b. 5.67 mm **d.** 0.3 cm

1.40 미터법 접두사의 사용 없이 과학적 표기법과 일반 표기법(십진법)에 의해 각각의 질량을 표현하시오. (예: 5 μg $= 5 \times 10^{-6}$ g = 0.000005 g)

a. 24 μg **c.** 15 dg
b. 0.716 mg **d.** 412 kg

1.41 어느 것이 더 큰 양의 에너지를 갖는가?

a. 1 kcal 혹은 1 kJ **b.** 4.184 cal 혹은 1 J

1.42 어떤 것이 더 큰 양의 에너지를 갖는가?

a. 100 cal 혹은 100 J **b.** 100 Cal 혹은 100 kJ

1.43 a. 1 km는 몇 미터인가?
b. 5 km는 몇 미터인가?
c. 10 km는 몇 미터인가?

1.44a. 1 kg은 몇 그램인가?
b. 2 kg은 몇 그램인가?
c. 2.5 kg은 몇 그램인가?

1.5 측정과 유효숫자

1.45 여러분은 주 공진회(역자주: 주에서 주최하는 품평, 혹은 박람회)에 있고, 피라미드처럼 쌓아 올린 볼링 핀을 넘어뜨리기 위해 돈을 지불하고서 3개의 야구공을 던질 기회를 받았다. 세 번을 던졌지만, 핀은 그대로 서 있다. 여러분이 공을 던진 사실에 대하여 다음의 기술 중 어떤 것이 옳은가?

a. 정밀하고 정확했다.
b. 정밀하지도 정확하지도 않았다.
c. 정밀했으나 정확하지 않았다.

1.46 과학자들은 온도계를 사서 특정 물질의 녹는점을 측정함으로써 성능을 테스트하였다.

a. 어떠한 결과가 나오면 온도계가 정밀하지 않다고 하겠는가?
b. 어떠한 결과가 나오면 온도계가 정확하지 않다고 하겠는가?

1.47 각 숫자는 몇 개의 유효숫자를 가지는가? 모든 값은 측정치라 가정하시오.

a. 1000000.5 **d.** 45
b. 887.60 **e.** 0.00045
c. 0.668 **f.** 70.

1.48 각 숫자는 몇 개의 유효숫자를 가지는가? 모든 값은 측정치라 가정하시오.

a. 1.466 **e.** 0.001
b. 3.5895 **f.** 2×10^{1}
c. 600.2 **g.** 2.0×10^{1}
d. 4.55×10^{3}

1.49 각각을 계산하고 올바른 유효숫자를 갖는 답을 제시하시오. 모든 값은 측정치라 가정한다.

a. 14×3.6 **c.** $12.567 + 34$
b. $0.0027 \div 6.7784$ **d.** $(1.2 \times 10^{3} \times 0.66) + 1.0$

1.50 각각을 계산하고 올바른 유효숫자를 갖는 답을 제시하시오. 모든 값은 측정치라 가정한다.

a. 0.114×5.2377 **c.** $123.667 - 78.9$
b. 3.11×14.5 **d.** $(6.21 + 0.04) \times 16.72$

1.51 미생물학자가 현미경을 통해 보이는 세포의 원주를 알고자 한다. 세포의 직경을 측정한 결과는 11 μm였고, 원주 = π × 직경(대개 실제로 그렇지는 않지만 세포가 둥글다고 가정하자)이라는 것을 알고 있기 때문에 미생물학자들은 계산기를 사용하여 34.55751919 μm라는 답을 얻어냈다. 유효숫자를 고려하였을 때 어떤 답이 제시되어야 할까? (π = 3.141592654....)

1.52 넓이 = π × 반지름^2 그리고 반지름 = 직경/2라는 식이 주어졌을 때, 문제 1.51에 설명된 세포의 넓이는 어떻게 될까? 올바른 유효숫자로 답을 제시하시오.

1.6 환산계수 및 계수표지법

1.53 각 등식에 기초하여 2개의 환산계수를 제시하시오.

a. 계란 12 개 = 1 타스 **c.** 0.946 L = 1 qt
b. 1×10^{3} m = 1 km

1.54 각 등식에 기초하여 2개의 환산계수를 제시하시오.

a. 2 T = 1 oz **c.** 1 mg = 1000 μg
b. 15 gtt = 1 mL

1.55 환산하시오.

a. 48개의 계란을 타스로 **c.** 2.7 L를 쿼츠로
b. 250 m를 km로

1.56 환산하시오.

a. 15 T를 fl oz로 **c.** 0.33 mg을 마이크로그램으로
b. 45 gtt를 밀리미터로

***1.57** 환신하시오.

a. 92 μg을 그램으로 **c.** 0.33 kg을 밀리그램으로
b. 27.2 ng을 밀리그램으로 **d.** 7.27 mg을 마이크로그램으로

***1.58** 환산하시오.
a. 81.2 g을 킬로그램으로
b. 81.2 kg을 그램으로
c. 29 μg을 밀리그램으로
d. 47.66 μg을 데시그램으로

***1.59** 환산하시오.
a. 1 cm를 킬로미터로
b. 25 pm을 마이크로미터로
c. 3.0×10^{-4} mm를 데시미터로
d. 8.5×10^{-3} mm를 나노미터로

1.60 환산하시오.
a. 0.33 L를 파인트(pints)로
b. 0.33 갤런을 리터로
c. 1.0 컵을 데시리터로
d. 1.0 mL을 쿼츠로

1.61 자신의 몸무게를 파운드에서 킬로그램으로 환산하시오.

1.62 자신의 키를 피트와 인치에서 미터로 환산하시오.

1.63 환산하시오.
a. 91°F를 화씨 온도로
b. 53°C를 섭씨 온도로
c. 0°C를 켈빈 온도로
d. 309 K를 섭씨 온도로

1.64 환산하시오.
a. 103°F를 섭씨 온도로
b. 25°C를 화씨 온도로
c. 35°C를 켈빈 온도로
d. 405 K를 화씨 온도로

1.65 2011년에 미국 워싱턴 주의 Spokane에서 개최된 Bloomsday race에서 51,303명이 12 km를 완주하였다. 이 경주의 거리는 마일로 얼마인가?

1.66 아코디온 연주자는 연주시 분당 9.2 kJ의 에너지를 소비하는 것으로 측정되었다. 이 수치를 칼로리로 환산하시오(1 food Calorie = 1000 calories).

***1.67** Stavudine은 AIDS 치료용으로 테스트된 항바이러스 약이다. Stavudine의 체중 kg당 권장 일일 투여량은 1.0 mg이다. 150파운드인 환자에게 이 약은 그램 단위로 얼마나 투여되어야 하는가?

***1.68** 귀 꼬리표나 입에 하는 문신 대신에 tetracycline(항생제의 일종)이 북극곰의 표식에 사용된다. 이런 식으로 tetracycline을 사용하는 장점은 곰의 치아에 검출가능한 양을 축적시킬 수 있고, 원거리에서 투여할 수 있으며, 동물을 진정시킬 필요가 없다는 점이다. 만일 25 mg/kg이 유효 용량이라면 1000 kg 나가는 북극곰에게 tetracycline을 표식하는 데 몇 그램이나 필요할까?

***1.69** Ivermectin은 개의 장내 기생충을 치료하는 데 사용된다. 이 약의 유효 용량은 10.5 μg/kg 체중이다. 얼마나 많은 양의 ivermectin이 9.0 kg의 개에 투여되어야 할까?

***1.70** Chloroquine은 말라리아 치료제이다. 연구에 의하면 어린이에 대한 유효 용량은 3.5 mg/kg 체중이며, 매 6시간마다 투여한다. 12 kg의 어린이에게는 몇 mg이 24시간 동안 투여되어야 할까?

1.71 신경안정제인 Valium은 1.0 mL의 액체당 50.0 mg을 함유(50.0 mg/1.0 mL)하는 주사제로 판매된다. 만일 의사가 이 약 25 mg을 처방하였다면 몇 밀리리터가 투여되어야 하는가?

1.72 60.0 mg의 약을 함유하는 3 mL의 앰플(60.0 mg/3 mL)로 판매되는 항생제가 있다. 45 mg이 환자에 투여되어야 한다면 앰플로부터 몇 밀리리터의 항생제를 덜어 내야 하는가?

***1.73** **a.** 25 mg/mL의 어떤 특별한 약을 포함하는 바이알이 있다. 이 약 15 mg을 투여하기 위해서는 몇 mL를 바이알에서 덜어 내야 하는가?
b. 한 시간 간격으로 50 cc의 의약품 혼합물을 정맥으로 투여받는 환자가 있다. 대략적인 IV drip rate(역자주: 방울이 떨어지는 속)는 gtt/min으로 얼마인가?

***1.74** **a.** 30파운드 나가는 어린이에 대한 항생제 처방전에 하루 세 번 100 mg씩 투여하도록 되어 있다. 하루 체중 kg당 10~30 mg이 이 약의 적당한 소아 용량 범위라면 위 용량은 안전한가?
b. 환자의 기침 시럽이 250 mL의 병에 담겨져 있다. 만일 하루 세 번 두 티스푼을 복용한다면 얼마나 오래 사용할 수 있을까?

***1.75** Phenobarbital을 3 mg/kg/day(하루에 3 mg을 1kg 몸무게당 투여)로 24 kg의 환자에게 하루 한 번 투여한다. Phenobarbital은 35 mg 정으로 판매된다. 환자는 하루에 몇 정을 먹어야 하는가? (한 정 단위로 반올림하시오.)

***1.76** 편두통을 치료하기 위하여, valproic acid를 15 mg/kg/day(하루에 15 mg을 1kg 몸무게당 투여)로 투여할 수 있다. Valproic acid는 250 mg 캡슐로 판매되는데, 115파운드인 환자에게는 하루 몇 개의 캡슐을 처방해야 하는가?

***1.77** Thioridazine이라는 항정신병 의약품은 0.5 mg/kg/day를 세 번에 나누어 투여한다. 약은 10 mg 정으로 판매된다. 180파운드인 환자가 한 번에 먹을 약은 몇 정인가?

***1.78** 95파운드의 환자에게 항경련제 5 mg/kg/day(하루에 5 mg을 1kg 몸무게당 투여)을 아침에 한 번, 저녁에 한 번 나누어 먹이라는 처방이 내려졌다. 약은 100 mg 정으로 판매된다. 한 번에 몇 정을 먹어야 하는가? (한 정 단위로 반올림하시오.)

1.7 밀도, 비중, 비열

1.79 다음 각 물질의 질량은 20°C에서 몇 그램인가? (표 1.7 참조)
a. 2.0 mL의 물
b. 2.0 mL의 혈액
c. 15.3 cm^3의 소금
d. 71.2 cm^3의 납

1.80 다음 각 물질의 질량은 20°C에서 몇 그램인가? (표 1.7 참조)
a. 1.0 L의 등유
b. 1.0 갤런의 아이소프로필 알코올
c. 75.2 cm^3의 코르크
d. 5.05 cm^3의 납

1.81 다음 각 물질의 부피는 20°C에서 몇 밀리리터인가? (표 1.7 참조)
a. 15.2 g의 물

b. 2.0 kg의 등유

c. 9.2×10^{-2} g의 아이소프로필 알코올

d. 75 g의 클로로포름

1.82 다음 각 물질의 부피는 20°C에서 몇 밀리리터인가? (표 1.7 참조)

a. 1.50 kg의 물

b. 77.2 g의 등유

c. 5.0 mg의 아이소프로필 알코올

d. 1.0파운드의 물

1.83 환자는 25.0 mL의 혈액을 채혈했고, 그 질량은 26.5 g이다. 혈액의 밀도는?

1.84 환자는 0.050 L의 혈액을 채혈했고, 그 질량은 55.0 g이다. 혈액의 밀도는?

1.85 20°C에서의 혈액의 비중은? (표 1.7 참조)

1.86 20°C에서의 등유의 비중은? (표 1.7 참조)

***1.87** 필요한 열에너지를 계산하시오(표 1.8 참조).

a. 35.0 g의 물을 21.0°C에서 29.0°C로 데우기

b. 17.5 g의 물을 18.0°C에서 54.0°C로 데우기

***1.88** 필요한 열에너지를 계산하시오(표 1.8 참조).

a. 2.60 g의 아이소프로필 알코올을 15.0°C에서 35.0°C로 데우기

b. 17.5 g의 아이소프로필 알코올을 32.0°C에서 87.0°C로 데우기

***1.89** 필요한 열에너지를 계산하시오(표 1.8 참조).

a. 35.0 mL의 물을 21.0°C에서 29.0°C로 데우기

b. 17.5 mL의 물을 18.0°C에서 54.0°C로 데우기

***1.90** 필요한 열에너지를 계산하시오(표 1.8 참조).

a. 2.60 mL의 아이소프로필 알코올을 21.0°C에서 29.0°C로 데우기

b. 17.5 mL의 아이소프로필 알코올을 18.0°C에서 54.0°C로 데우기

1.91 750 g의 각 물질이 1.25×10^4칼로리의 열을 흡수하면 온도 변화는 몇 도인가?

a. 철(비열 = 0.11 cal/g °C)

b. 스테인레스 스틸(비열 = 0.12 cal/g °C)

c. 알루미늄(비열 = 0.89 J/g °C)

1.92 55.0 g의 각 물질이 125칼로리의 열을 흡수하면 온도 변화는 몇 도인가?

a. 은(비열 = 0.056 cal/g °C)

b. 올리브 오일(비열 = 0.47 cal/g °C)

c. 소금(비열 = 0.86 J/g °C)

1.8 일반화학, 유기화학, 생화학에서의 측정

1.93 카드뮴은 8.65 g/cm^3, 베릴리움(beryllium)은 가장 가벼운 금속으로서 1.85 g/cm^{3}의 밀도를 갖는다.

a. 25.0 g의 카드뮴의 부피는 몇 입방 센티미터인가?

b. 25.0 g의 베릴리움의 부피는 몇 입방 센티미터인가?

c. 한 모서리가 5인치인 카드뮴 정사면체(cube)의 질량은 몇 파운드인가?

d. 한 모서리가 5인치인 벨릴리움 정사면체의 질량은 몇 파운드인가?

***1.94** 카드뮴은 8.65 g/cm^3, 납은 11.35 g/cm^3, 아연은 7.14 g/cm^{3}의 밀도를 갖는다.

a. 각 금속의 15.0 cm^{3}의 샘플을 얻었다. 각각의 질량은 몇 그램, 밀리그램, 파운드인가?

b. 각 금속의 20.0 in^{3}의 샘플을 얻었다. 각각의 질량은 몇 그램, 밀리그램, 파운드인가?

c. 각 금속의 50.0 g의 샘플을 얻었다. 각각의 부피는 몇 평방 센티미터, 평방 밀리미터, 큐빅 인치인가?

d. 각 금속의 1.50파운드의 샘플을 얻었다. 각각의 부피는 몇 평방 센티미터, 평방 밀리미터, 큐빅 인치인가?

1.95 다음 각 물질의 부피는 20°C에서 몇 밀리리터인가?

a. 14.5 g의 아이소옥탄

b. 5.55×10^5 g의 아이소옥탄

c. 3.99파운드의 아이소옥탄

1.96 다음 각 물질의 부피는 20°C에서 몇 밀리리터인가?

a. 8.49 g의 아이소옥탄

b. 4.71×10^2 g의 아이소옥탄

c. 12.0파운드의 아이소옥탄

***1.97** 다음 각 물질의 부피는 20°C에서 몇 갤런인가?

a. 3.11파운드의 가솔린

b. 172파운드의 가솔린

c. 5.43 kg의 가솔린

***1.98** 다음 각 물질의 부피는 20°C에서 몇 갤런인가?

a. 8.99파운드의 가솔린

b. 114파운드의 가솔린

c. 22.6 kg의 가솔린

1.99 DNA를 만드는 구성 요소(building blocks)를 두께가 1.55 mm인 동전이라고 하자. DNA의 구성 요소와 같이, 30억 개의 동전을 쌓으면 그 높이는 몇 미터가 되겠는가?

1.100 DNA가 세포핵 안에 들어 있다는 것은 그 길이보다 80,000배 작은 지름의 공간에 눌려 들어가 있다는 것이다. 문제 1.99의 동전 더미가 같은 양만큼 눌린다면, 얼마나 큰 지름의 공간에 들어가겠는가?

HealthLink | 과학과 의학

1.101 과거 200년간 어떤 과학적 방법이 당뇨병 치료에 변화를 가져오게 했는가?

1.102 1980년대 말까지 당뇨병 치료에 사용된 인슐린의 자원은 무엇

이었는가?

HealthLink | 체중지표

1.103 **a.** 6인치 2피트인 성인이 180파운드 나간다. 이 사람의 BMI는? 이 수치에 근거하여 그의 상태는 어떠한가? 저체중, 정상, 과체중 혹은 비만인가?

b. 여러분의 키와 몸무게를 이용하여 문제 a의 답을 하시오.

c. 1.65 m의 키와 72.7 kg의 몸무게를 가진 여성이 있다. 그녀의 BMI와 그녀의 상태는 무엇인가?

1.104 2006년 9월은 너무 마른 모델은 최상급의 패션쇼에 나오는 것이 금지된 날이다. Madrid Fashion Week의 조직위원회는 "너무 마른"의 정의를 BMI 18 이하로 규정하였다. 5피트 2인치인 모델이 BMI 16이 되기 위해서는 무게가 얼마나 나가야 할까?

HealthLink | 체온

1.105 체온이 31°C인 환자가 있다. 그녀의 주치의는 신경을 써야 할까?

1.106 여러분의 체온을 입을 통해 측정했을 때 99.1°F이었다고 가정하자. 이 온도는 꼭 여러분에게 열이 있다고 해야 할까? 설명하시오.

HealthLink | 체중 감량

1.107 NCAA가 빠른 체중 감소를 권장하지 않기 위하여 변화시킨 규칙 중 하나는 계체와 시합 사이 시간을 24시간에서 2시간으로 줄인 것이다. 이 규칙이 왜 선수들을 체중 감량하는 의욕을 막게 되는 것인가?

1.108 소변의 높은 비중이 왜 탈수를 나타내는 것일까?

1.109 **a.** 물의 밀도(1.00 g/mL)를 이용하여 lb/cup의 단위를 갖는 환산계수를 설정하시오.

b. 운동선수가 신체의 수분을 물을 안 마신 상태로, 사우나에서 땀을 내서 5.5파운드 배출하였다면, 몸무게는 얼마나 줄었겠는가? 이것은 좋은 생각인가? 설명하시오.

1.110 **a.** 물의 밀도(1.00 g/mL)를 이용하여 kg/L의 단위를 갖는 환산계수를 설정하시오.

b. 운동 선수가 신체의 수분을 물을 안 마신 상태로, 사우나에서 땀을 내서 0.75 L 배출하였다면, 몸무게는 몇 kg이 줄었겠는가?

심화학습

1.111 **a.** 1그래인(grain) = 325밀리리터에 기초한 2개의 환산계수를 써라.

b. 자신의 답에서 그래인을 밀리리터로 바꾸기 위하여 어느 것을 사용하겠는가?

c. 1개의 아스피린 정에는 5.0그래인의 아스피린이 함유되어 있다. 2정에는 몇 밀리그램의 아스피린이 들어 있겠는가?

d. 2정에는 몇 그램의 아스피린이 들어 있겠는가?

e. 2정에는 몇 마이크로그램의 아스피린이 들어 있겠는가?

1.112 **a.** 15방울(drops) = 1밀리리터에 기초한 2개의 환산계수를 쓰시오.

b. 자신의 답에서 밀리리터를 방울로 바꾸기 위하여 어느 것을 사용하겠는가?

c. 65방울의 물은 몇 밀리리터인가?

d. 65방울의 물은 몇 마이크로리터인가?

e. 65방울의 물은 몇 테이블스푼인가? (표 1.2 참조)

연습문제 해답

1.1 배터리가 방전되었거나 차에 가솔린이 없다. 배터리가 문제인지 보려면, 헤드라이트를 켜보면 된다. 가솔린이 없는지 보려면, 가솔린 게이지를 보거나 가솔린을 탱크에 넣고 시동을 걸어보면 된다.

1.2 화학적 변화. 고체와 액체로 시작해서 기체로 끝났어도, 이것은 물리적 변화가 아니다. 베이킹 소다, 식초, 이산화탄소는 다른 화학 조성을 갖고 있다.

1.3 **a.** 위치로 보면, 커피컵은 어깨 높이이다. **b.** 온도로 보면(열은 운동에너지의 한 종류), 뜨거운 커피 컵이다.

1.4 물

1.5 **a.** 273°C; **b.** 32°C; **c.** 0°F

1.6 0.000001 L = 1×10^{-6} L;
5,000,000세포 = 5×10^{6}세포

1.7 **a.** 0.02 m = 2×10^{-2} m = 2 cm;
b. 0.000002 m = 2×10^{-6} m = 2 mm

1.8 **a.** 7.032×10^{3} cal; **b.** 8.80×10^{1} L; **c.** 5×10^{-5} g;
d. 6.430×10^{-2} lb

1.9 **a.** 10,938,000; **b.** 10,940,000; **c.** 10,900,000;
d. 11,000,000; **e.** 10,000,000

1.10 **a.** 26,100 또는 2.61×10^{4} (3 유효숫자); **b.** 3.65;
c. 300 or 3×10^{2} (1 유효 숫자); **d.** 8

1.11 **a.** 543.0; **b.** 5.77×10^{3}; **c.** 146; **d.** 46

1.12 **a.** 0.12 mg; **b.** 0.30 mL

1.13 그렇다. 복용량은 12.5 mg

1.14 4.1 K = −269.1°C = −452.4°F

1.15 **a.** 341 g; **b.** 335 g

1.16 **a.** 1.9°C; **b.** 11°C; **c.** 1.7°C

1.17 89.5 cm^3 납

1.18 **a.** 5.9 lb **b.** 98°C에서의 1갤런의 가솔린은 8°C에서의 1갤런의 가솔린보다 그 질량이 작다. 실제로 나오는 가솔린 양을 보정하는 것은 온도와 상관없이 같은 질량의 가솔린을 펌핑할 수 있게 한다.

1.19 66,000 km

© Media Bakery

도서관에서

어느 날 저녁 우리 스터디 그룹은 다음 날까지 제출해야 하는 화학 실험 보고서를 작성하기 위해 도서관에서 만났다. 잠시 쉬는 동안 서로 지난 여름 방학 동안 무엇을 했는지에 대해 이야기하기 시작했다. 한 친구는 동네 야구팀의 운동 트레이너와 일을 함께 하였고, 다른 친구는 치과에 가서 견학을 하였으며, 또 다른 친구는 학비를 벌기 위해 음식점에서 일을 했다고 한다. 나의 실험 파트너는 방글라데시에 있는 국제구호기구에서 일을 하였는데, 그곳의 식수 대부분은 중금속인 비소로 오염되어 있다고 말했다. 그녀는 그곳의 마을을 돌아 다니며 식수 중에 있는 중금속 비소의 양을 측정하고 사람들에게 노출의 위험성을 알리는 데 힘썼다고 한다.

2 원자와 원소

본 장에 관하여

이 장에서는 어떤 물질을 이루는 가장 기본적인 입자인 원자의 구조와 성질에 대해 다룬다. 또한 원소들과 주기율표, 핵 방사선의 특성에 대해서도 살펴보기로 한다.

CHAPTER 2의 목적

이 장을 끝내고 나면 여러분들은 다음과 같은 것들을 할 수 있을 것이다. 즉:

1. 원자의 아원자 구조(subatomic structure)를 말할 수 있다.
2. 원소와 원자기호(atomic symbol)에 대한 정의를 내릴 수 있다.
3. 미량 원소(trace element) 및 영양섭취기준(Dietary Reference Intakes)에 대한 정의를 내릴 수 있다.
4. 원자번호와 질량수로 원자핵을 표시하는 방법과 원소의 동위원소들 간의 차이점을 설명할 수 있다.
5. 주기율표에서 원소들을 배열하는 법과 원자 무게에 대한 정의를 설명할 수 있다.
6. 몰과 몰 질량에 대한 정의를 말할 수 있다.
7. 원자핵 주위의 전자 위치 표시에 따른 보어 모델과 양자역학 모델 간의 차이점과 최외각 전자의 정의 및 전자의 점구조 정의를 말할 수 있다.
8. 방사성 동위원소들에 의해 방출되는 4종류의 방사선과 핵방정식을 만들 수 있다.
9. 반감기(half-life)와 기본 방사선(background radiation), 방사선을 막는 차폐방법, 진단과 치료에 방사선을 사용하는 방법을 설명할 수 있다.

2.1 | 원자

■ 원자는 양성자, 중성자, 전자로 구성된다.

고대 그리스 철학자들은 물질이 더 이상 쪼개어지지 않는 매우 작은 조각인 **원자**(**atoms**; **쪼개어지지 않는다는** 의미의 그리스어인 *atomos*에서 유래)들로 만들어진다고 생각하였다. 과학적으로 원자를 맨 처음 기술한 사람은 영국의 과학자 존 달톤이다. 그는 1800년대 초에 주도면밀한 측정과 실험을 토대로 **달톤의 원자론(Dalton's atomic theory)**을 발표하였다. 이 이론에 의하면 **원자란 물질을 구성하는 기본 단위이다.** 예를 들어, 그는 철(iron)을 쪼개고 쪼개면 결국에는 더 이상 쪼갤 수 없는 조각으로 되는데 이것을 철 원자(iron atom)라고 생각하였다(그림 2.1). 이때의 철 원자는 탄소나 산소, 수소와는 다른 개념의 원자이다.

여러 학문 분야에 종종 있는 것처럼 원자의 성질에 관한 더 깊은 연구를 통해 얻은 새로운 결과에 따라 달톤의 원자론 역시 수정을 해야만 했다. 예를 들어, 1800년대 중반에 과학자들은 새로이 발견한 **전기(electricity)**라는 현상을 연구하였다. 진공관에 높은 전압을 가하면 음극(cathode)에서 어떤 광선이 나오는 것을 발견하였다. 1887년 이 음극선을 전자라고 명하였고, 이를 **원자로부터 만들어진 더 작은 입자**, 즉 **아원자 입자(subatomic particles)**로 이해하였다(그림 2.2). 원자에서 다른 2개의 아원자 입자가 발견되었는데, 이것이 1919년에 발견된 **양성자(protons)**와 1932년 발견된 **중성자(neutrons)**이다.

우리 주변의 물질은 원자로 이루어졌고 원자는 양성자, 중성자, 전자로 구성된다. 양성자와 중성자는 원자의 **핵(nucleus)**을 형성하고 그 반면에 전자는 핵 주위에 구름처럼 흩어져 있다(그림 2.1). 원자를 구성하는 대부분의 공간은 비어 있다. 예를 들어, 어떤 원자가 학교 교실의 크기라면 이 원자의 핵은 이 문장 끝에 있는 마침표의 크기만 하고 전자들은 그 사이의 남은 공간에서 움직일 것이다.

원자 구조를 이해하는 데 중요한 아원자 입자(subatomic particle)의 특성은 질량과 전하로 나타낸다(표 2.1). 양성자는 질량이 1.6726×10^{-24}g, 중성자는 1.6750×10^{-24} g, 전자는 9.110×10^{-28} g이다. 일반적으로 이와 같이 작은 질량의 수는 다루기 불편하므로 원자나 아원자 입자의 질량을 **원자 질량단위(atomic mass units, amu)**로 표시한다. 핵 속에 6개의 양성자와 6개의 중성자가 있는 탄소

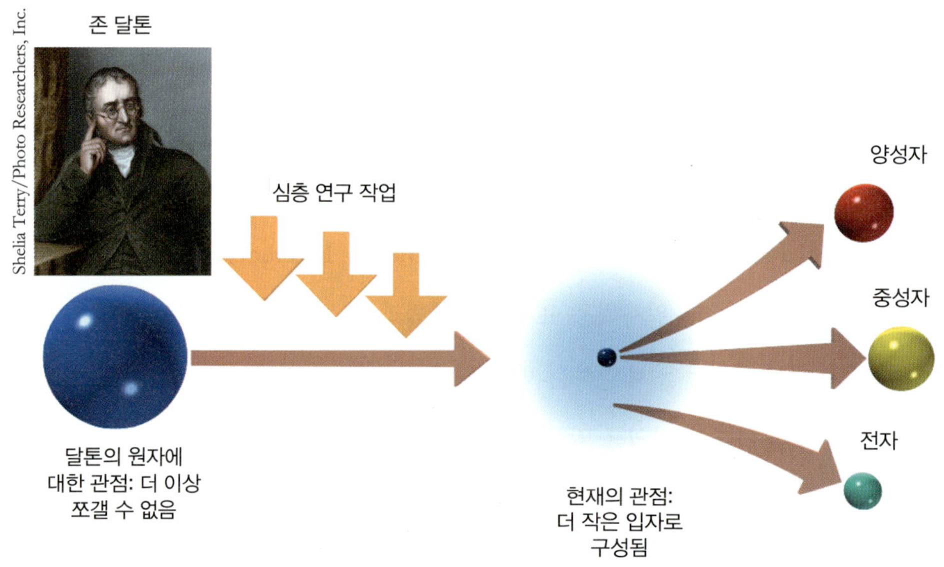

■ **그림 2.1**

원자이론의 변천 달톤은 당시에 가능한 관찰법으로 원자는 어떤 물질을 이루는 최소 입자라고 제안했다. 현재는 원자(달톤 시대 이래로 얻은 실험 결과들을 기초로 한)에 대한 관점이 더 복잡해졌는데, 이것은 원자가 아원자 입자들로 구성된다는 것이다.

원자의 질량은 정확히 12 amu 또는 **달톤**이다. 이 질량을 12로 나눈 것이 원자질량단위이다(1 amu = 1.66054×10^{-24} g). 이 단위로 표시하면 양성자의 질량은 1.0073 amu, 중성자는 1.0087 amu, 전자는 5.486×10^{-4} amu이다. 양성자와 중성자가 대부분 원자의 질량을 차지하고 있고 이들은 주로 핵에 있기 때문에 보통 양성자와 중성자로 이루어진 핵이 원자의 질량을 결정하게 된다.

3종류의 아원자 입자는 각기 다른 전하를 띤다. 양성자는 1+ 전하를, 전자는 1− 전하를 그리고 중성자는 전하를 띠지 않는다(표 2.1). 이로 인해 원자핵은 양전하를 띠고 핵을 둘러싸고 있는 전자 구름은 음전하를 띤다.

반대 전하는 서로 끌어당기므로 전자의 음전하와 핵의 양전하가 서로 끌어당기는 힘으로 유지하고 있다. 반면에 유사한 전하는 서로 밀어내는 성질이 있어, 모두 1+를 띠고 있는 양성자들이 원자의 핵 속에 함께 들어 있는 것이 이상하게 보일지 모른다. 그러나 과학자들은 핵 속에 모여 있는 양성자와 중성자들의 군집이 강한 힘으로 작용함으로써 짧은 거리에 작용하는 인력을 이기는 것으로 본다.

Charles D. Winters/Photo Researchers, Inc.

■ 그림 2.2

음극선 튜브 진공관에 높은 전압을 가하면 음극(cathode)에서 광선이 방출된다. 이 음극선은 우리가 전자라 부르는 아원자 입자로 이루어져 있다.

표 | 2.1 아원자 입자들

아원자 입자	질량(g)	질량(amu)	전하	위치
양성자	1.6726×10^{-24}	1.0073	1+	핵
중성자	1.6750×10^{-24}	1.0087	0	핵
전자	9.110×10^{-28}	5.486×10^{-4}	1−	핵의 바깥

예제 2.1

아원자 입자들(subatomic particles)의 특성

다음 각 설명에 해당하는 아원자 입자는?

a. + 전하를 띤다.
b. 핵 바깥에서 발견된다.
c. 가장 작은 질량을 가진다.
d. − 전하를 띤다.

전략

3종류의 아원자 입자, 즉 양성자, 중성자, 전자가 있다. 질량, 전하, 각각의 위치 등을 살펴본다.

해답

a. 양성자 b. 전자 c. 전자 d. 전자

연습문제 2.1

a. 핵 속에서 발견되는 두 가지 아원자 입자는 무엇인가?
b. 서로 다른 전하를 띠는 두 가지 아원자 입자는 무엇인가?
c. 거의 비슷한 질량을 가지는 두 가지 아원자 입자는 무엇인가?

2.2 | 원소

Did You Know ?

고대 로마 사람들은 납으로 수도관을 만들었는데, 납은 라틴어로 plumbum이다. 이것이 납(Pb) 원소 기호의 어원이며 배관공(plumber), 배관(plumbing)이란 용어의 출처이다.

Did You Know ?

원소 112, 114, 116은 가장 최근에 공식적인 이름이 붙여졌다. 2010년에 국제과학 조직위원회는 112 원소를 copernicium(Cn)이라고 명명했다. 이는 1473년에 출생하여 태양계의 중심이 지구가 아니며 지구는 태양을 중심으로 돌고 있다는 태양중심설을 주장한 천문학자 Nicolaus Copernicus의 이름을 붙인 것이다. 2012년에 다른 두 원소 114는 flerovium(Fl), 116은 livermorium(Lv)으로 각각 명명되었다. 이는 Flerov Laboratory of Nuclear Reactions(Russia)와 핵 연구소인 Lawrence Livermore National Laboratory (United States)에서 나온 것이다.

수천 년 전 같은 시대의 어떤 고대 그리스 철학자들은 물질의 원자적 특성에 관해 논쟁하였는데, 이는 완전히 다른 견해로 발전하였다. 이 학파는 물질은 **흙, 공기, 물** 같은 기본 원소들의 다양한 조합으로 이루어졌다고 생각했다.

현대의 원자론에서 말하는 원소와는 완전히 다른 의미이다. 여기서 **원소(element)**란 한 가지의 원자만 포함하는 물질이다. 예를 들어, 철 원자, 작은 철 조각, 큰 철 덩어리는 모두 철이라고 불리는 원소로 되어 있고, 탄소 원자, 다이아몬드, 흑연 조각은 모두 탄소라 불리는 원소로 되어 있다(그림 2.3).

1800년도 이전까지는 단지 31종의 원소만 발견되었으나 오늘날 이 숫자는 훨씬 더 커졌다. 자연적으로 발생하는 91개의 원소를 포함하여 총 114개 원소의 공식적인 이름이 붙여졌고 합성된 3개의 원소는 아직 이름이 없다. 따라서 원소는 모두 117개이다.

원소의 이름은 특별한 규칙에 의해 붙여지는 것은 아니다. 어떤 것은 색깔(보라색이라는 그리스어 *iodes*에서 나온 iodine), 발견된 장소(berkelium, Berkeley, California에서 발견됨) 또는 사람(einsteinium, Albert Einstein) 등에 의해 정해진다. 원소 이름 외에도 각 원소에 독특한 **원소 기호(atomic symbol)**가 붙여지는데, 이는 원소 이름을 한 자 또는 두 자로 축약하여 표시한다(표 2.2). 어떤 원소는 원소 기호가 이름 대신 사용되기도 한다. 예를 들어, 소듐(sodium, 아랍어로 탄산음료인 *suda*에서)은 원소 기호가 Na이다(natrium의 약자 *natron*에서). 수은(mercury, 행성 이름)은 원자기호가 Hg(라틴어로 변덕스러운이란 뜻의 *hydrargyrum*에서)이다. 이 책의 겉표지 안에 원소 이름과 기호표가 있다.

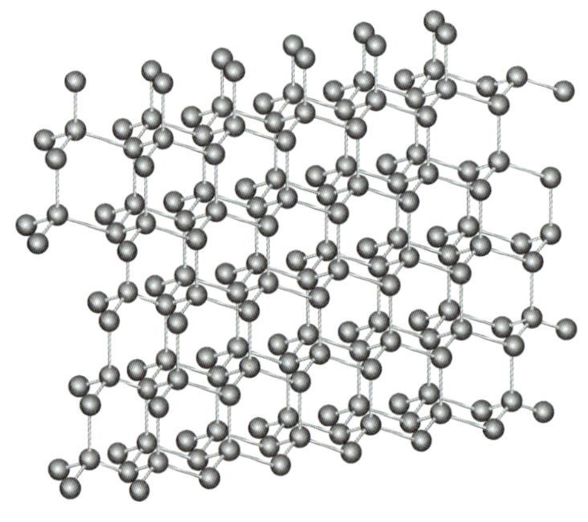

© Tom Grill/Corbis

(*a*) 다이아몬드

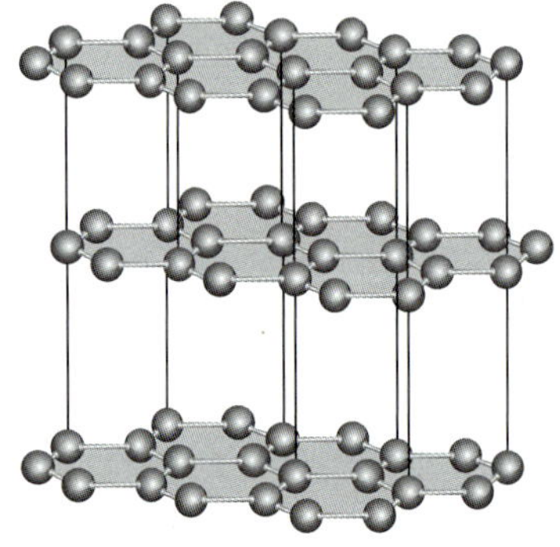

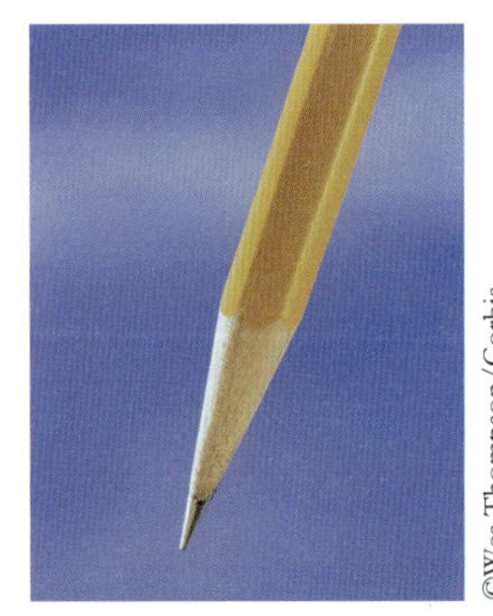

©Wes Thompson/Corbis

(*b*) 흑연

■ 그림 2.3

탄소 원소 다이아몬드와 흑연의 탄소 원자들은 다르게 배열되어 있다.

표 | 2.2 원소 이름과 기호

이름	원소기호	어원
칼슘(Calcium)	Ca	라틴어 *calx*(석회석)로부터
탄소(Carbon)	C	라틴어 *carbo*(숯)로부터
염소(Chlorine)	Cl	그리스어 *chloros*(녹색을 띤 노랑)로부터
구리(Copper)	Cu	라틴어 *cuprum*(Cyprus 섬으로부터)으로부터
퀴륨(Curium)	Cm	Marie Curie와 Pierre Curie의 이름에서
금(Gold)	Au	산스크리트어 *jval*(빛나는)에서, 화학기호 Au는 라틴어 *aurum*(해돋이의 빛)으로부터
헬륨(Helium)	He	그리스어 *helios*(태양)로부터
수소(Hydrogen)	H	그리스어 *hydro*와 *genes*(물과 형성)로부터
요오드(Iodine)	I	그리스어 *iodes*(보라색)로부터
철(Iron)	Fe	*iren*(앵글로 색슨의 철)으로부터, 원자기호 Fe는 원소의 라틴 이름인 *ferrum*(철)으로부터
납(Lead)	Pb	원소의 앵글로색슨 이름, 화학기호 Pb는 원소의 라틴 이름인 *plumbum*으로부터
마그네슘(Magnesium)	Mg	*Magnesia*(그리스의 Thessaly 지역)로부터
수은(Mercury)	Hg	행성 Mercury의 이름에서, 화학기호 Hg는 라틴 이름인 *hydragyrum* (변덕스러운)으로부터
네온(Neon)	Ne	그리스어 *neos*(새로운)로부터
질소(Nitrogen)	N	그리스어 *nitron*과 *genes*(nitre와 형성)로부터, nitre는 potassium nitrate 또는 초석의 옛날 이름이다.
산소(Oxygen)	O	그리스어 *oxy*와 *genes*(산과 형성)로부터
인(Phosphorus)	P	그리스어 *phosphoros*(빛을 가져오는 사람)로부터
플루토늄(Plutonium)	Pu	행성 Pluto의 이름에서
칼륨(Potassium)	K	영어 *potash*로부터, 원자기호 K는 라틴 이름인 *kalium*으로부터
은(Silver)	Ag	원소의 앵글로색슨 이름 *siolfur*로부터, 원자기호 Ag는 원소의 라틴 이름인 *argentum*으로부터
나트륨(Sodium)	Na	영어 *soda*나 아랍어 *sudâ*(소다)로부터, 원자기호 Na는 *natron*으로부터(연금술사의 소다 이름)
황(Sulfur)	S	황의 산스크리트어 이름 *sulvere*로부터, 라틴어 *sulfrium*으로부터
주석(Tin)	Sn	원소의 앵글로 색슨 이름, 화학기호 Sn은 원소의 라틴 이름인 *stannum*으로부터
우라늄(Uranium)	U	행성 Uranus에서

Ken Karp/Wiley Archive.

■ 그림 2.4

어떤 원소의 이름은 냄새 혹은 발견된 위치에 의해 붙여진다. 브롬(Bromine)은 그리스어로 악취를 나타내는 *bromos*로부터, 구리(copper)는 *Cyprus* 섬으로부터라는 뜻을 가진 라틴어 *cuprum*에서 나왔다.

2.3 | 미량 원소들

미국 농무성(USDA)은 사람들이 건강한 식사를 선택하도록 일련의 식사 지침을 출간하였다. 가장 최근인 2005년에 출간된 지침서에 따르면 포화지방과 중성지방, 콜레스테롤, 소금, 설탕을 줄이고 과일, 야채, 통곡물, 무지방이나 저지방 유제품을 권장한다. 이전의 식품 피라미드를 개정한 '나의 식단'(*MyPlate*)(표 2.5)은 이런 권장 사항들을 요약해서 나타낸다.

건강한 식단은 충분한 양의 단백질과 탄수화물, 지방을 공급해야 함은 물론 적절한 양의 미량 원소들도 포함돼야 한다. **미량 원소(trace elements)**란 신체가 적절한 기능을 하는 데 필요한 적은 양의 원소를 말한다. 정의에 따라 다르기는 하나 미량 원소란 종종 체중의 0.1% 이내를 이루는 원소들이거나 성인의 경우 매일 100 mg 이하로 섭취가 요구되는 원소들이다.

■ 미량 원소들은 신체가 적절한 기능을 하는 데 필요하다.

산소, 탄소, 수소, 질소가 인체 질량의 대부분을 차지하지만, 더 많은 원소들이 인체의 화학작용에 대단히 중요한 역할을 한다. 표 2.3은 원소들의 생화학적 역할을 요약한 것으로 많은 미량 원소들이 포함되어 있다.

1941년 미국과학협회(National Academy of Science, NAS)에서는 영양학자들과 의료 전문가들을 돕기 위해 **영양 권장량(Recommended Dietary Allowances, RDAs)**을 만들었다. 영양권장량은 건강한 사람에게 필요한 영양소들의 97~98%에 해당하는 일일 섭취량이다. 원래 영양권장량은 영양실조로 인한 질병을 막기 위해 고안되었다.

건강과 영양을 과학적으로 이해하게 됨에 따라 새로운 지침이 필요해졌다. 1990년대에 NAS는 건강 전문가들이 보다 나은 영양 권장을 할 수 있도록 **영양섭취기준(DRIs)**을 만들었다. DRI 수치는 RDAs와 **적정 섭취량(AI)**, **최대 섭취 허용수준(UL)**을 포함하고 있다. RDA가 가능하지 않을 때 사용되는 적정 섭취량은 사람에게 필요한 영양소의 일일 섭취량이다. 특정 적정 섭취량이 필요한 사람들의 비율은 실험자료들이 믿을만하지 못하므로 확실하지 않다. 영양소의 최대 섭취 허용기준은 안전하게 먹을 수 있는 최대 섭취량이다. 표 2.4는 미국과학협회의 식품 영양위가 명시한 필수 원소들의 영양섭취기준이다. 예를 들어, 아연은 매일 11 mg을 권장하는데 최대 40 mg까지 섭취가 가능함을 의미한다. 아연을 너무 많이 섭취하면 메스꺼움과 구토, 어지럼증이 생기는 반면 너무 적게 먹으면 면역체계가 저하되어 냄새나 맛의 감각을 잃게 된다.

미국 식약청은 소비자들이 가공 포장된 식품의 영양성분을 알도록 쉽도록 제조사들이 영양정보를 표시하도록 했다(그림 2.6). 영양정보를 보면 먼저 맨 위에 1회 제공량과 제공량당 칼로리가 표시되어

■ 그림 2.5

USDA의 나의 식단(MyPlate) MyPlate는 소비자들이 더 나은 식품을 선택하는 방법을 알려준다. 자세한 사항은 http://www.choosemyplate.gov/ 웹사이트를 참고한다.

표 | 2.3 원소들의 생화학적 특성

원소	체중에 대한 비율 %	생화학적 특성
산소(Oxygen)	64.6	여러 유기화합물과 생화학 물질에 있는 원소
탄소(Carbon)	18.0	유기화합물과 생화학 물질에 있는 주된 원소
수소(Hydrogen)	10.0	유기화합물과 생화학 물질에 있는 원소
질소(Nitrogen)	3.1	핵산(DNA와 RNA)과 단백질 구조에 중요함
칼슘(Calcium)	1.9	뼈와 치아 구조에 중요하고 세포막에서 기능하며 근육 수축에 관여한다.
인(Phosphorus)	1.5	뼈와 치아 구조에 중요하고 핵산에 존재한다.
칼륨(Potassium)	1.2	신경 신호 전달과 근육 수축에 중요하고 수분 조절에 관여한다.
황(Sulfur)	0.3	아미노산, 단백질, 비타민에 존재한다.
소듐(Sodium)	0.2	신경 신호 전달과 근육 수축에 중요하고 수분 조절에 관여한다.
염소(Chlorine)	0.2	수분 조절을 한다.
마그네슘(Magnesium)	0.1	대사(인체에서 일어나는 화학적 변화)에 관여하는 화합물에 존재한다.
미량 원소	**체중의 0.1% 이하**	**생화학적 특성**
요오드(Iodine)		갑상선 호르몬(thyroid hormones)
철(Iron)		헤모글로빈(적혈구 세포에 존재하는 산소 전달 화합물)의 구성원
아연(Zinc)		정상적인 성장에 필요하고 상처 치료를 돕고 냄새와 맛을 느끼는 데 필요하다.
구리(Copper)		헤모글로빈 형성에 필요하다.
망간(Manganese)		정상적인 성장과 대사에 필요하다.
코발트(Cobalt)		적혈구 세포 생성에 필요하다.
셀레늄(Selenium)		비타민 A와 결합하며 항산화제(어떤 화합물의 분해를 막는)로 작용한다.

■ 화합물(compound)이란 2개 이상의 원소가 화학 결합을 한 물질을 말한다.

영양정보

제공 크기 1컵 (228g)
용기내 제공 횟수 2

제공량	
열량 260	지방의 열량 120
	% 1일 영양성분 기준치에 대한 비율*
총지방 13g	20%
포화지방 5g	25%
콜레스테롤 30mg	10%
소듐 660mg	28%
총탄수화물 31g	10%
섬유질 0g	0%
당류 5g	
단백질 5g	
비타민 A 4% •	비타민 C 2%
칼슘 15% •	철 4%

* 1일 영양성분 기준치에 대한 비율은 2,000칼로리 식사를 기준으로 한다. 개인의 필요 열량에 따라 높거나 낮을 수 있다:

	열량:	2,000	2,500
총지방	이하	65g	80g
포화지방	이하	20g	25g
콜레스테롤	이하	300mg	300mg
소듐	이하	2,400mg	2,400mg
총탄수화물		300g	375g
섬유질		25g	30g

그램당 칼로리:
지방 9 * 탄수화물 4 * 단백질 4

■ **그림 2.6**

영양정보 영양정보는 대부분 포장된 식품에는 반드시 표기해야 하는데, 식품에 포함된 영양성분에 관한 정보를 제공함으로써 소비자들의 선택을 돕는다.

있다. 그림 2.6의 제품은 1회 제공량당 260칼로리(지방 칼로리는 120)이며 포장 용기 안에 2회가 들어 있다. 이 제품을 전부 한꺼번에 먹는다면 지방을 240칼로리 섭취하게 되며 전체 520칼로리를 섭취하는 것이다.

영양정보의 다음 부분은 1회 제공량당 영양성분과 1일 양대 1일 권장량의 비율이다. 예를 들어, 2000칼로리 식단에는 지방이 65g 이상 함유되어서는 안 된다. 그림 2.6에 있는 식품은 1회 제공량당 지방이 13 g이므로 1일 기준치의 20%이다(100 × 16/65 = 20%). 다른 영양소들은 1일 기준치의 비율이 전체 칼로리 섭취와 관계가 없다. 예를 들어, 철의 경우 1회 제공량에 철 1일 권장량의 4%가 들어

표 | 2.4 영양섭취기준(Dietary Reference Intakes, DRIs)[a]

원소	RDA[b] (mg/day)	AI[c] (mg/day)	UL[c] (mg/day)	과다 섭취시의 문제	과소 섭취시의 문제
칼슘(Ca)		1300	2500	신장결석	골다공증과 발육부진
인(P)	700		4000	골격 이상	구루병
소듐(Na)	1500		2300	고혈압, 심혈관 질병과 중풍 위험	메스꺼움, 경련, 발작
요오드(I)	0.15		1.1	갑상선호르몬의 합성 저하	학습장애
철(Fe)	18		45	간, 심장, 췌장 손상	빈혈
아연(Zn)	11		40	메스꺼움, 구토, 어지럼증	후각과 미각 손실, 면역체계 저하
망간(Mn)		2.3	11	심장박동 이상	알려지지 않음
셀레늄(Se)	0.055		40	신경 손상	세포 손상

[a]어떤 RDA와 AI 값은 연령과 성별에 따라 다르다. 여기 보고된 값은 성인의 최대치이다.
[b]영양권장량
[c]적정 섭취량
[d]최대 섭취허용수준

있다. 표 2.4의 자료를 보면 철은 1회 제공량에 0.7 mg이 함유되어 있음을 의미한다. 즉, RDA의 철 권장량은 18 mg이므로 이것의 4%는 0.7 mg이다.

예제 2.2

영양정보

그림 2.6의 영양정보는 1회 제공량당 칼슘의 일일 권장섭취량의 15%가 함유되어 있다. 한 컵에는 몇 mg의 칼슘이 들어 있는가?

전략

영양정보를 이용하여 1회 제공량을 알아 본 다음 표 2.4를 참고하여 비타민들의 일일 권장량을 구한다.

해답

1회 제공량은 1컵이며, 칼슘의 AI는 매일 1300 mg이다. 1컵당 칼슘 200 mg을 공급한다.

$$0.15 \times 1300 \text{ mg} = 200 \text{ mg}$$

연습문제 2.2

비타민 A의 RDA는 0.9 mg이다. 표 2.6의 영양정보에 표기된 이 식품 1컵에는 몇 mg의 비타민 A가 들어 있는가?

2.4 | 원자번호와 질량수

■ 원자번호는 원자의 핵에 존재하는 양성자수이다.

특정 원소의 모든 원자들은 그 핵에 존재하는 양성자수가 동일하다. 예를 들어, 모든 황(S) 원자들은 16개의 양성자를 가지며 모든 칼슘(Ca) 원자들은 20개의 양성자를 갖는다. **원자번호는 원자핵 안에 있는 양성자수(atomic number)**이다.

질량수(mass number)는 원자핵 안에 있는 양성자수와 중성자수의 총수이다. 양성자 16개와 중성자 16개를 가진 황(S) 원자의 질량수는 32이며, 양성자 13개와 중성자 14개를 지닌 알루미늄(Al) 원자의 질량수는 27이다.

특정 원자의 핵에 있는 양성자수와 중성자수를 표시하기 위해 **원자기호법(atomic notation)**을 주로 사용한다. 원자기호법에서 원자번호는 아래 첨자로, 질량수는 위 첨자로 모두 원소기호의 왼쪽에 표시한다.

■ 질량수는 원자의 핵에 존재하는 양성자와 전자를 합한 수이다.

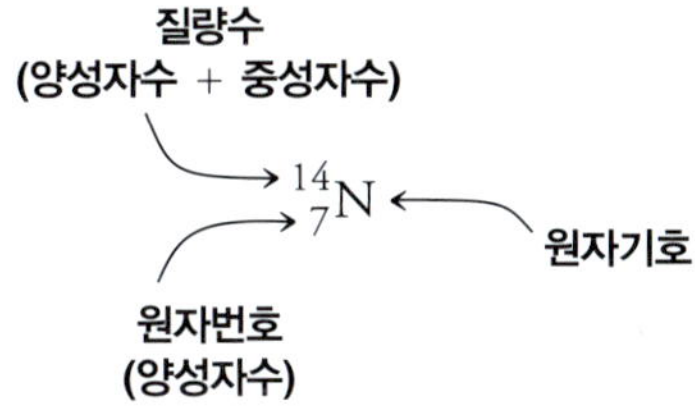

예제 2.3

원자번호와 질량수 구하기

다음과 같은 원자의 원자번호와 질량수를 구하라.

a. 18개의 중성자를 가진 황 원자
b. 12개의 중성자를 가진 알루미늄 원자

전략

이 문제를 풀기 위해서는 먼저 황과 알루미늄 원자의 양성자수를 알아야 한다. 이런 것이 모든 원소에게 제공되지는 않지만, 이 문제는 앞서 언급한 내용들로 알 수 있다. 각 원자의 양성자수를 알면 문제를 풀 수 있다. 즉, 원자번호는 양성자수와 같고 질량수는 양성자수와 중성자수의 합과 같다.

해답

a. 원자번호 = 16, 질량수 = 34
b. 원자번호 = 13, 질량수 = 25

연습문제 2.3

다음과 같은 원자의 원자번호와 질량수를 구하라.

a. 8개의 양성자와 10개의 중성자를 갖는 원자
b. 17개의 양성자와 20개의 중성자를 갖는 원자

원자의 질량수가 원자의 질량과 같지 않다는 것은 매우 중요하다. 질량수는 단순히 원자의 양성자수와 중성자수를 계산한 숫자를 나타낸다. 11개의 양성자와 12개의 중성자를 갖고 있는 소듐(Sodium, Na) 원자는 질량수가 23이고 이 소듐 원자의 질량은 22.99 amu이다. 26개의 양성자와 30개의 중성자를 갖는 질량수 56인 철 원자의 질량은 55.93 amu이다.

원자의 질량수와 질량이 다른 것에는 몇 가지 이유가 있다. 첫째 표 2.1에서 보듯이, 양성자, 중성자, 전자는 정수의 질량을 갖지 않는다(0 amu, 1 amu 등). 예를 들어, 2개의 양성자와 2개의 중성자, 2개의 전자를 갖는 헬륨 원자의 질량이 정확히 4 amu라고 생각해서는 안된다. 두 번째 이유는 소위 '질량 결손'이라고 말하는 사실에 그 이유가 있다. 원자는 자유로이 흩어져 있는 아원자 입자들의 단순한 집합체보다는 더 안정적인 형태를 이루고 있다. 자유로운 아원자 입자들이 원자의 형태로 모이면서 질량결손이 일어나고 이렇게 원자가 형성될 때 소량의 에너지가 나온다. 아인슈타인의 방정식 $E = mc^2$(E는 에너지, m은 질량, c는 빛의 속도)에서 보는 것처럼 질량과 에너지는 관계가 있고, 원자가 생성될 때 방출된 에너지는 소량의 질량 손실에 의한 것이다. 이 손실된 질량을 질량 결손이라 한다. 원자의 질량수와 질량이 일치하는 유일한 원자는 탄소-12(질량수 = 12, 질량 = 12 amu)인데, 이는 원자질량단위를 이 원자로 정의하였기 때문이다.

동위원소

■ 원소의 동위원소는 양성자수가 같고 중성자수가 다르다.

특정 원소의 모든 원자들은 양성자수는 항상 동일하지만 중성자수가 다른 경우가 있다. 이렇게 **중성자수가 다른 원소의 원자들을 동위원소(isotopes)**라 한다. 양성자수가 1개인 수소 원자는 3개의 동위원소가 존재한다. 즉, 중성자가 없는 동위원소, 중성자가 1개인 동위원소, 중성자가 2개인 동위원소이다(그림 2.7) 이런 동위원소들은 원자기호법을 사용해 표기하거나(^1_1H, ^2_1H, ^3_1H) 간단히 질량수로 표시하기도 한다(수소-1, 수소-2, 수소-3). 특히, 수소의 동위원소는 각기 다른 이름으로 나타내기도 하는데, 수소-1은 protium, 수소-2는 deuterium, 수소-3은 tritium이다.

모든 원소들은 적어도 1개 이상의 동위원소를 가지는데, 동위원소는 자연 상태에 항상 동일한 양으로 존재하지는 않는다. 수소는 주로 수소-1로 발견된다. 자연계에 존재하는 산소의 동위원소는 세 가지($^{16}_8O$, $^{17}_8O$, $^{18}_8O$)인데, 이 중 $^{16}_8O$가 제일 많고 2개의 염소(chlorine) 동위원소($^{35}_{17}Cl$, $^{37}_{17}Cl$) 중 $^{35}_{17}Cl$이 가장 많다.

예제 2.4

동위원소의 식별

Iodine-131($^{131}_{53}I$)은 갑상선 질환을 발견하고 치료하는 데 사용된다. $^{131}_{52}Te$과 $^{132}_{53}I$ 중 Iodine-131의 동위원소는 어떤 것인가?

전략

동위원소의 정의를 떠올린다면 "원소의 원자들"이라고 언급된 내용을 기억할 것이다. 동위원소는 중성자수가 다른 특정한 원소의 원자들이다.

해답

$^{131}_{53}I$과 $^{132}_{53}I$는 동위원소이다. 이들은 원자번호는 같지만 질량수가 다르다.

연습문제 2.4

동위원소인 두 원자는 어느 것인가? $^{31}_{15}P$, $^{31}_{14}Si$, $^{28}_{15}P$

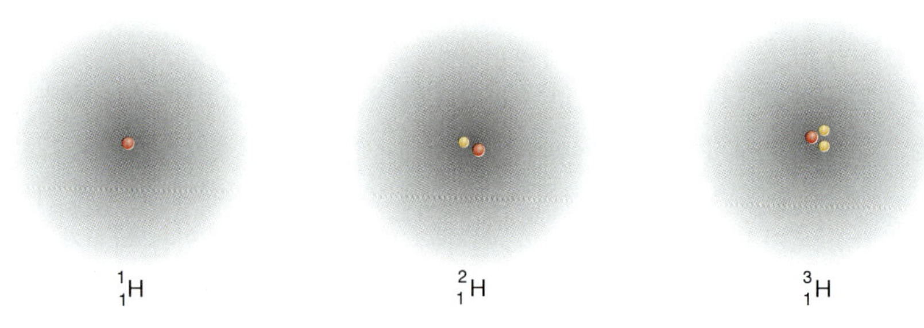

■ 그림 2.7

수소의 동위원소 모든 수소원자는 양성자가 하나이다. 세 가지 수소 동위원소들 사이의 차이점은 핵에 존재하는 중성자수가 다르다. ^1_1H은 중성자가 없고, ^2_1H는 중성자 1개, 그리고 ^3_1H는 중성자 2개를 갖고 있다.

지금까지는 원자핵에 있는 양성자와 중성자의 개수에 관하여 언급하였다. 원자가 지닌 전자의 수는 그 원자의 양성자수에 의해 결정이 된다. 중성의 원자(전하 = 0)는 양성자수와 전자수가 같다. 예를 들어, 중성 산소 원자(원자수 = 8)는 8개의 양성자를 갖고 8개의 전자를 갖는다. 모든 중성 철(Fe) 원자(원자수 = 26)는 26개의 양성자와 26개의 전자를 갖고 있다.

안정한 동위원소와 약물 시험

HealthLink

우리 몸은 특정 세포의 기능을 조절하는 호르몬을 생성한다. 예를 들어, 남성 호르몬 테스토스테론(testosterone)은 조직과 근육 발달뿐 아니라 사춘기에 남성 이차성징 발달에 관여한다(체모, 변성기 등) 테스토스테론(testosterone)은 작은 화합물이 콜레스테롤로 될 때 시작하는 긴 생화학적 경로를 거쳐 생성된다. 더 변화하여 콜레스테롤은 프로게스테론(progesterone)으로 되고 이것은 androstenedione으로 된 후 테스토스테론(testosterone)으로 바뀐다(그림 2.8).

남성이 호르몬을 충분하게 합성하지 못할 경우 근육이 감소하고 발기부전, 우울증, 기억력 감퇴를 겪게 된다. 이런 증상을 치료하기 위해 때때로 의료 전문가들은 합성 테스토스테론을 처방하기도 한다. 인체에서 만들어지는 동일한 생화학 경로를 이용하여 실험실에서 테스토스테론을 합성하는 것은 매우 어렵고 시간이 많이 걸리며 비용이 많이 든다. 대신 제약회사들이 테스토스테론의 구조에 연관된 화합물 sitosterol을 시작으로 하여 단지 두 단계만을 거쳐 테스토스테론을 합성하는 방법을 발견하였다. sitosterol은 멕시코 얌과 콩에서 얻는다(그림 2.8).

합성 테스토스테론은 단순히 테스토스테론 결핍을 치료하는 데만 사용되는 것은 아니다. 최근 몇 년간 운동선수들이 동화작용(근육 만들기) 효과를 보기 위해 이 호르몬을 사용하기 시작했다. 테스토스테론은 체내에 자연적으로 존재하고 개개인마다 양이 다르므로 운동선수가 테스토스테론을 복용했는지를 알아내기가 어렵다. 체육협회는 테스토스테론을 인위적인 스테로이드로 사용하는 것을 금지하고 있다.

해당 기관에서 소변 검사결과 운동선수가 테스토스테론을 복용해 온 것으로 의심될 경우 안정한 탄소의 동위원소들을 측정하는 검사를 한다. 이 원소의 동위원소들은 화학적 성질들이 약간 다르다. 예를 들어, 약간 가벼운 동위원소는 약간 더 무거운 것보다 아주 조금이나마 빨리 반응한다. 이는 식물이 광합성(공기 중의 이산화탄소(carbon dioxide)를 얻어 당과 다른 화합물로 만든다)을 할 때 탄소-12 동위원소를 함유하는 이산화탄소는 탄소-13 동위원소를 갖고 있는 이산화탄소보다 조금 더 빠르게 관여한다(그림 2.9). 결과적으로 자연에 존재하는 식물에는 ${}^{12}_{6}C$가 약간 더 많고 ${}^{13}_{6}C$가 약간 더 적게 함유되어 있다. 이런 차이는 동물들이 식물을 먹거나 식물을 먹은 동물을 먹음으로 해서 동물들에게도 나타난다.

테스토스테론을 합성하는 데 사용되는 sitosterol이 들어 있는 얌과 콩은 서양식에 주로 사용되는 식물보다 탄소-12를 더 이용한다. 이것은 서양식(그들의 몸은 테스토스테론을 만드는 식품에 있는 물질을 사용한다)을 해서 생성된 테스토스테론보다 합성 테스토스테론에서 탄소-12의 비율이 더 높다는 것을 의미한다. 차이들이 작지만 현대 과학 기계들은 체내에서 만들어진 것과 실험실에서 만들어진 것을 구별할 수 있다.

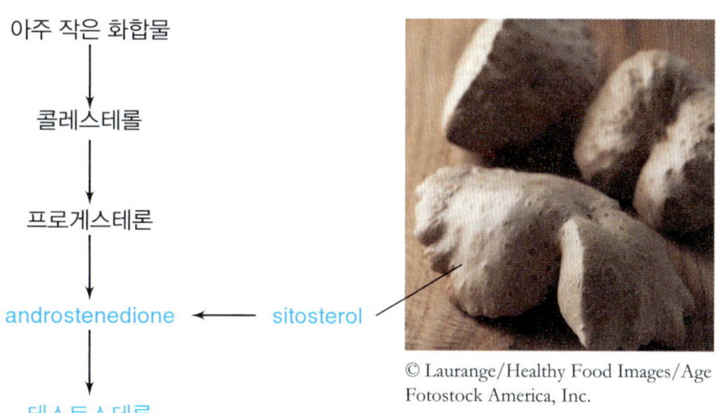

■ 그림 2.8

테스토스테론의 합성 체내에서 테스토스테론은 작은 화합물이 변화하여 생긴 콜레스테롤을 시작으로 하여 이것이 일련의 화학적 변화를 거쳐 생긴다. 콜레스테롤은 더 변화를 받아 여성 호르몬인 progesterone을 만든다. 더 나아가 progesterone은 androstenedione으로 변하고 그 다음 테스토스테론이 된다. 합성 테스토스테론은 멕시코 얌으로부터 얻은 sitosterol을 시작으로 몇 단계를 거쳐 만들어진다.

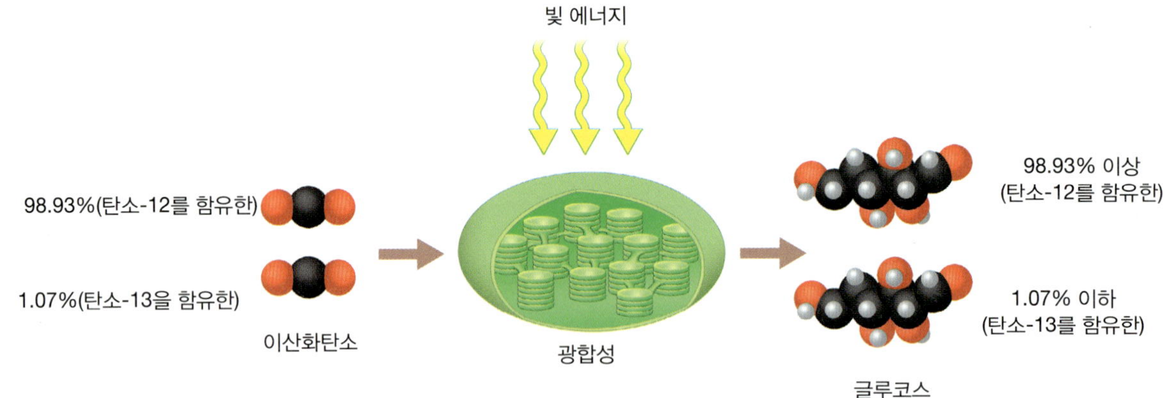

■ 그림 2.9

광합성 광합성에서 이산화탄소와 물이 사용되어 glucose(당)와 산소를 생성한다. 더 가벼운 탄소-12 동위원소를 함유한 이산화탄소는 더 무거운 탄소-13 동위원소를 갖고 있는 이산화탄소보다 약간 더 빨리 반응하므로 광합성시 생성된 글루코스(glucose)는 자연에 존재하는 것보다 탄소-12가 더 많다. 식물(sitosterol 포함)에 의해 만들어진 다른 화합물들은 동일하게 탄소-12가 약간 더 많다.

2006년 안정한 탄소 동위원소를 사용하여 테스토스테론 복용을 검출한 경우는 잘 알려졌다. 그 해 Tour de France에서 상을 탄 미국 자전거 선수 Floyd Landis는 소변 검사에서 체내 테스토스테론의 탄소-12와 탄소-13의 양이 합성 테스토스테론에 들어 있는 양과 같게 나타나 수상이 취소되었다.

2.5 | 주기율표

■ 원소의 원자 무게는 자연적으로 생기는 원자들의 평균 질량이다.

■ 이 책에서는 원자 무게를 계산할 때 소수 둘째자리에서 반올림한다.

원소의 주기율표(periodic table of the elements, 그림 2.10)는 원자번호가 작은 것부터 큰 순서로 원소들을 나열한 표이다. 주기율표에는 각 원소들의 원자기호, 원자번호, 원자 무게가 표기된다. **원자 무게(atomic weight)**는 자연에 존재하는 원소의 원자들의 평균 질량이다. 브롬은 $^{79}_{35}Br$(질량 = 78.92 amu)이 50.69%, $^{81}_{35}Br$(질량 = 80.92 amu)이 49.31%가 자연에 존재한다. 브롬의 원자 무게는 79.91 amu 인데 두 동위원소의 질량의 중간에 속한다. 염소(Cl)는 자연에 두 동위원소의 혼합물로 존재한다: $^{35}_{17}Cl$(질량 = 34.97 amu)은 75.78%, $^{37}_{17}Cl$(질량 = 36.97 amu)은 24.22%이다. 염소의 3/4은 Cl-35이므로 염소 원자 무게(35.45 amu)는 Cl-37의 질량보다는 Cl-35의 질량에 더 가깝다.

주기율표에서 몇몇 원소의 원자 무게는 괄호 안에 표기되었다. 이런 원소(Po, Rn, Cf 등)들은 동위원소가 불안정한 상태로 존재하기 때문에, 가장 오랫동안 존재하는 동위원소의 질량수를 원자 무게로 괄호 안에 표기한다.

금소, 비금속, 중간금속

원소들을 여러 방식으로 구분할 수 있는데, 예를 들면 **금속**, **비금속**, **중간금속**이다. 그림 2.10에서 붕소(B)의 왼쪽에서 시작하여 지그재그로 내려오는 굵은 선은 금속과 비금속을 구분하는 것이다. 굵은 선의 왼쪽은 금속(단 수소는 예외), 오른쪽은 비금속, 경계선에는 중간금속이 있다.

금속(그림 2.11)은 전기나 열을 잘 전달하는 전도체이다. 고체로 광택이 나고, 전성, 연성이 있다. 비금속은 금속과는 다르게 전기나 열을 전달하지 못하며 고체 상태로 광택이 없고 부서지기 쉽다. 중간금속의 물리적 특성은 금속과 비금속의 중간 성질이다. 실리콘(Si)은 금속처럼 광택이 나지만 비금속처럼 열이나 전기를 잘 전달하지 못한다.

대표적인 원소들 | 금속들 | 중간금속들 | 비금속들 | 전이 금속 | 대표적인 원소들

	1A	2A	3B	4B	5B	6B	7B	8B			1B	2B	3A	4A	5A	6A	7A	8A
1	1 **H** 1.00794																	2 **He** 4.00260
2	3 **Li** 6.941	4 **Be** 9.012182											5 **B** 10.811	6 **C** 12.0107	7 **N** 14.0067	8 **O** 15.9994	9 **F** 18.99840	10 **Ne** 20.1797
3	11 **Na** 22.98977	12 **Mg** 24.3050											13 **Al** 26.98154	14 **Si** 28.0855	15 **P** 30.97376	16 **S** 32.065	17 **Cl** 35.453	18 **Ar** 39.948
4	19 **K** 39.0983	20 **Ca** 40.078	21 **Sc** 44.95591	22 **Ti** 47.867	23 **V** 50.9415	24 **Cr** 51.9961	25 **Mn** 54.93805	26 **Fe** 55.845	27 **Co** 58.9332	28 **Ni** 58.6934	29 **Cu** 63.546	30 **Zn** 65.39	31 **Ga** 69.723	32 **Ge** 72.64	33 **As** 74.92160	34 **Se** 78.96	35 **Br** 79.904	36 **Kr** 83.80
5	37 **Rb** 85.4678	38 **Sr** 87.62	39 **Y** 88.9058	40 **Zr** 91.224	41 **Nb** 92.9063	42 **Mo** 95.94	43 **Tc** [98]	44 **Ru** 101.07	45 **Rh** 102.9055	46 **Pd** 106.42	47 **Ag** 107.868	48 **Cd** 112.411	49 **In** 114.818	50 **Sn** 118.710	51 **Sb** 121.760	52 **Te** 127.60	53 **I** 126.9045	54 **Xe** 131.293
6	55 **Cs** 132.9054	56 **Ba** 137.327	57 ***La** 138.9055	72 **Hf** 178.49	73 **Ta** 180.9479	74 **W** 183.84	75 **Re** 186.207	76 **Os** 190.23	77 **Ir** 192.217	78 **Pt** 195.078	79 **Au** 196.9665	80 **Hg** 200.59	81 **Tl** 204.383	82 **Pb** 207.2	83 **Bi** [208.9804]	84 **Po** [209]	85 **At** [210]	86 **Rn** [222]
7	87 **Fr** [223]	88 **Ra** [226]	89 **†Ac** [227]	104 **Rf** [261]	105 **Db** [262]	106 **Sg** [266]	107 **Bh** [264]	108 **Hs** [269]	109 **Mt** [268]	110 **Ds** [281]	111 **Rg** [272]	112 **Cn** [285]	113 **Uut** [284]	114 **Fl** [289]	115 **Uup** [288]	116 **Lv** [293]	117 **Uus** [294]	

*란탄계열 원소들	58 **Ce** 140.116	59 **Pr** 140.90765	60 **Nd** 144.24	61 **Pm** [145]	62 **Sm** 150.36	63 **Eu** 151.964	64 **Gd** 157.25	65 **Tb** 158.92534	66 **Dy** 162.50	67 **Ho** 164.93032	68 **Er** 167.259	69 **Tm** 168.93421	70 **Yb** 173.04	71 **Lu** 174.967
†악티계열 원소들	90 **Th** 232.0381	91 **Pa** 231.0359	92 **U** 238.0289	93 **Np** [237]	94 **Pu** [244]	95 **Am** [243]	96 **Cm** [247]	97 **Bk** [247]	98 **Cf** [251]	99 **Es** [252]	100 **Fm** [257]	101 **Md** [258]	102 **No** [259]	103 **Lr** [262]

안정한 동위원소들이 없는 원소들은 가장 오래 남아 있는 불안정한 동위원소들의 질량수를 괄호 안에 표시했다. 113, 115, 117 원소의 이름은 임시로 붙여졌다.

그림 2.10

원소의 주기율표 주기율표는 알려진 원소를 원소명과 기호로 정리한 표이다.

예제 2.5

원자 무게와 자연에 존재하는 동위원소의 비율 관계

실리콘은 자연에 $^{28}_{14}Si$(질량 = 27.98 amu), $^{29}_{14}Si$(질량 = 28.98 amu), $^{30}_{14}Si$(질량 = 29.97 amu)으로 존재하며 원자 무게는 28.09 amu이다. 어떤 동위원소가 가장 많이 존재하는가?

전략

이 문제의 핵심은 원소의 원자 무게가 자연에 존재하는 모든 동위원소의 평균질량임을 아는 것이다. 만약 하나의 동위원소가 대부분을 차지한다면 그것의 원자 무게는 거의 평균에 가깝다.

해답

실리콘의 원자 무게가 거의 28 amu에 가까우므로 $^{28}_{14}Si$이 가장 많이 존재한다.

연습문제 2.5

자연에서 붕소(B)의 두 동위원소는 $^{10}_{5}B$(질량 = 10.01 amu)과 $^{11}_{5}B$(질량 = 11.01 amu)이나 실제로 $^{11}_{5}B$가 대부분이다. 이것을 근거로 다음 세 가지의 원자량 10.1, 10.5, 10.8 amu 중 붕소의 원자 무게와 가장 가까운 것은 무엇인가?

그룹

주기율표에서 같은 세로 칼럼에 있는 원소들은 같은 **그룹**에 속한다. 화학적 그룹을 정의하는 데는 세 가지 방식이 사용된다. 이 책에서는 1~8까지의 숫자와 A 또는 B 문자로 정의하는 방식을 사용하였다.

■ 같은 칼럼에 있는 원소들은 같은 그룹에 속한다.

(*a*)

(*b*)

(*c*)

■ **그림 2.11**

금속, 비금속, 반금속 (*a*) 은과 다른 금속들은 광택이 있고 전기나 열을 잘 통하는 전도체이다. (*b*) 황과 다른 고체 비금속은 윤기가 없고 전도체가 아니다. (*c*) 실리콘은 중간금속이다. 금속처럼 광택이 있으나 비금속처럼 열이나 전기를 전달하지 못한다.

H, Li, Na, K, Rb, Cs, Fr은 1A 그룹에, Sc, Y, La, Ac는 3B 그룹에 속한다(그림 2.10). 어떤 화학그룹은 특정 이름이 붙여졌다. 이 중 중요한 것은 **알칼리 금속(alkali metals,** 1A 그룹 금속), **알칼리 토금속 (alkaline earth metals,** 2A 그룹), **할로겐(halogens,** 7A 그룹) 그리고 **불활성 기체(inert gas,** 8A 그룹)이다.

주기율표는 원소들을 더 큰 그룹으로 나눌 수 있다. 1A, 2A, 3A, 4A, 5A. 6A, 7A, 8A 그룹을 **대표적인 원소(representative elements)**라 하고, 1B, 2B, 3B, 4B, 5B, 6B, 7B, 8B 그룹은 전이 원소 또는 **전이 금속(transition metals)**이라 한다. 원자번호 57에서 71까지의 원소들(주기율표의 아래부분에 있다)은 **란탄계열 원소(lanthanide elements)**이고, 원자번호 89에서 103까지의 원소들은 **악틴계열 원소 (actinide elements)**이다.

주기

■ 같은 가로줄에 있는 원소들은 같은 주기에 속한다.

주기율표에서 같은 가로줄에 있는 원소들은 같은 **주기(period)**에 속한다. 수소와 헬륨(He)이 첫 번째 주기에, Li, Be, B, C, N, O, F, Ne은 두 번째 주기에 속한다. 주기율표의 맨 첫 줄을 시작으로 위에서 아래로 내려오면서 각각 1~7주기가 된다. 주기란 용어는 원자번호에 따라 이동할 때 원소 성질에 나타나는 주기적 변화와 관계가 있다.

오늘날의 주기율표는 1860년대 후반의 방식으로 러시아 화학자 Dmitri Mendeleev가 만들었다. 그는 같은 줄의 왼쪽에서 오른쪽으로 원자 무게가 증가하는 원소들을 배열했을 때 원소의 성질이 변화되는 것을 알았다. 이런 성질들이 반복되면 새 줄을 만들었다. 예를 들어, 리튬, 소듐, 칼륨, 세슘은 염소와 1:1 반응한다. 비슷한 성질을 가지므로 이 4개의 금속을 같은 칼럼에 배열한다. 베릴륨, 마그네슘, 칼슘, 스트론튬은 염소와 1:2로 반응하므로 이 금속들은 다른 그룹에 속한다.

주기적인 변화의 특성에 대한 다른 예는 이들의 속성, 즉 금속성, 비금속성, 중간금속성이다. 주기율표의 가장 왼쪽에 있는 원소들은 금속 성질이 강한 반면에 가장 오른쪽에 있는 원소들은 비금속성이 강하다. 세 번째 주기에 있는 Na, Mg, Al은 금속이다. Si은 중간금속이고 P, S, Ar은 비금속이다. 같은 그룹에서 아래로 내려갈수록 금속성을 갖는다. 예를 들어, 탄소(C)는 비금속, 실리콘(Si)과 게르마늄(Ge)은 중간금속, 주석(Sn)과 납(Pb)은 금속이다.

주기 변화를 나타내는 성질들 중의 또 다른 하나는 원자의 크기이다. 일반적으로 같은 주기에서는 오른쪽으로 갈수록 원자 크기가 점점 작아지며, 같은 그룹에서는 아래로 내려갈수록 원자 크기가 커진다(그림 2.12).

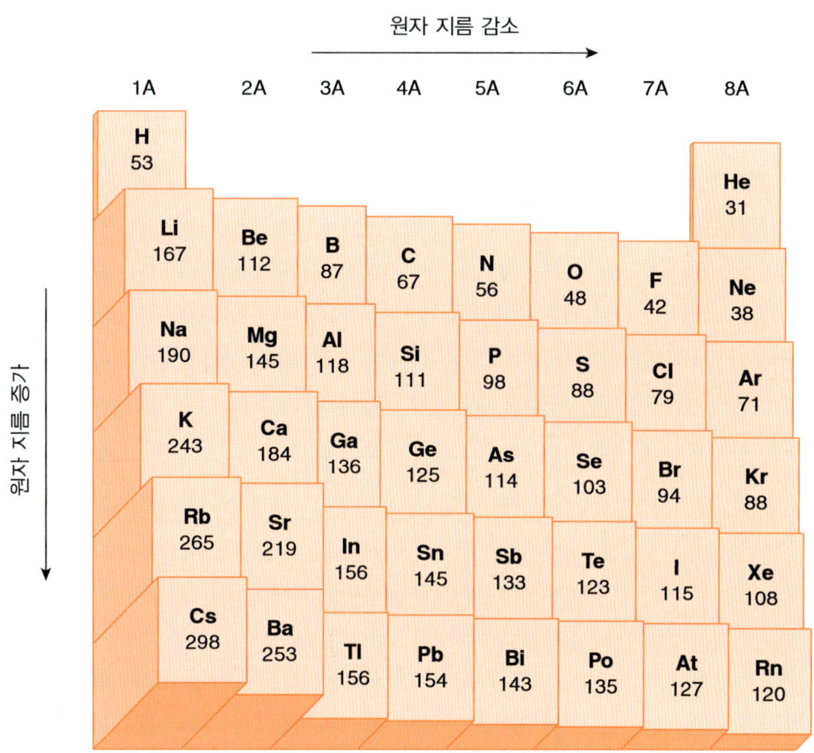

■ 그림 2.12

원자의 지름 원자의 크기도 주기적인 경향을 보인다. 대표적인 원소들의 원자 지름을 보면 왼쪽에서 오른쪽으로 감에 따라 줄어들고 아래로 내려 갈수록 커진다. 이 표에 나타낸 값의 단위는 피코미터(picometers, pico = 10^{-12})이다.

예제 2.6

원소의 성질 예측

다음 중 전기 전도성이 가장 뛰어난 것은?

Li, B, C, N, F

전략

금속은 전기 전도성이 뛰어난 원소이다. 이 문제를 풀기 위해서는 어느 원소가 금속성이 가장 강한 원소인지 알아야 한다.

해답

리튬(Li)이 위의 보기에서 유일한 금속이므로 그것이 전기 전도체이다.

연습문제 2.6

다음 중 어떤 원소가 가장 깨지기 쉬운가?

Na, Al, Si, S

납

HealthLink

주기율표의 4A 그룹에는 비금속 탄소, 중간금속 실리콘과 게르마늄, 금속 양철과 납을 포함한다. 납은 부드럽고 잘랐을 때 청백색을 띤다. 하지만 공기 중에 노출되면 급속히 회색으로 변한다(그림 2.13). 납의 밀도는 11.35 g/cm^{3}이며 중금속에 속한다. 즉, 밀도가 5 g/cm^{3}이 넘는 원소는 중금속으로 분류된다. 자연에서 납은 납의 함유량이 가장 높은 광석인 광연광을 포함한 다양한 광물질에서 발견된다. 가장 먼저 발견된 원소 중의 하나인 납은 3000 B.C.년부터 사용되었다.

납은 성장기의 신체에 더욱더 쉽게 흡수되기 때문에 아이들에게 노출되면 위험하다. 수 세기 동안 납이 독이라고 알려졌지만 겨우 50년 전에야 정확한 납의 독성이 연구되었다. 심지어 작은 양의 납도 해롭다. 세계보건기구(WHO)와 미국 질병예방센터(U.S. Centers for Disease Control)에서는 납의 혈청 레벨이 10 μg/l(microgram/liter)보다 크면 우려된다고 한다.

로마시대에 납은 배수관과 여러 가지 수도 설비에 쓰였다. 또한 로마인들은 포도주를 달게 하고 보존하기 위해 납을 댄 주전자에 와인을 끓였다. 이렇게 하여 보존된 포도주는 안전수치를 훨씬 넘는 리터당 250~1000 μg의 납을 함유한 것으로 추정된다. 중세시대에는 오늘날 lead acetate로 알려진 "납 설탕"을 포도주에 넣어 마셨다. 1900년대 초반까지만 해도 대부분 주택의 배수관들은 납으로 만들었으며, 1978년도에 미국에서 금지되기 전까지 사용된 페인트들은 납을 함유하고 있었다. 페인트를 더 빨리 마르게 하고 지속력을 높이기 위해 납 화합물을 첨가하였다. 이 lead carbonate는 하얀색이고 lead cromate는 노란색이다. 1980년 전에 지어진 집에 사는 사람들은 주택 벽면에서 떨어진 페인트 가루를 만지지 않도록 조심해야 한다.

소비자 제품에 납의 사용을 금지하고 있기는 하나 납의 위험성에 대해 주의해야 한다. 수백만 개의 장난감, 조리 기구, 옷, 가구 등이 납 함유로 인해 매년 미국 소비자 제품 안전위원회에 의해 회수된다(그림 2.14).

© studiomode/Alamy Limited.

(a)

Charles D. Winters/Photo Researchers, Inc.

(b)

■ 그림 2.13

납 (*a*) 순수한 형태의 납은 연하므로 종이처럼 펴거나 말 수 있다. (*b*) galena는 납을 함유하고 있는 광석이다.

AP/William B. Plowman.

■ 그림 2.14

납성분이 함유된 상당수의 물건들이 매년 회수되고 있다. 2007년에는 150만 개 이상의 토마스 탱크 장난감이 납이 함유된 페인트를 사용함으로써 회수되었다.

2.6 | 몰

원자들은 아주 작아서 매우 특별한 기구를 사용하여 실험할 경우에만 원자 하나씩을 다룰 수 있다. 헬륨 가스로 풍선을 채우거나 수은 온도계를 만들 경우, 상당히 많은 원자가 필요하다. 이와 같은 이유로 인해 일반적으로 편의상 원자의 개수를 나타낼 때는 **몰(mole)**이라는 단위를 쓴다.

우리들은 어떤 물건의 개수를 셀 때 물건에 따라 사용하는 단위가 있다. 수량 단위의 예로는 계란 1더즌(12), 사람 한 커플(2), 쿼터(4), 그로스(144, 12더즌) 등을 사용하는 데 익숙하다.

그러나 위에 언급한 단위들은 원자수를 세는 데 적합하지 않다. 왜냐하면 매우 작은 양의 원소 시료에도 엄청나게 많은 원자들이 들어 있기 때문이다. 예를 들어, 한 면이 1인치인 금 정육면체에는 약 1×10^{24}개의 원자가 존재한다. 이런 크기의 수를 다루기 위해 몰이라는 단위가 사용된다(그림 2.15). 어떤 물질 1몰에는 그 물질 6.02×10^{23}개가 들어 있다. 이 수를 **아보가드로 상수(Avogadro's number)**라 하는데, 순수한 C-12의 12 g에 들어 원자의 개수와 정확히 같다.

6.02×10^{23}이란 얼마나 큰 수인가? 이것을 생각해 보라: 1초에 10억 개의 동전을 셀 수 있는 기계가 1몰의 동전을 세려면 1천9백만 년 걸린다. 이같이 1몰은 상당히 큰 수의 개체들이나, 원자는 아주 작기 때문에 고체나 액체 상태의 원자 1몰은 어떤 공간도 채우지 못한다(그림 2.16).

■ 1몰이란 어떤 물질 6.02×10^{23}개에 해당한다.

몰은 어떤 시료의 원자수를 나타내는 기본 단위이기 때문에 몰과 원자수를 서로 바꿀 수 있어야 한다. 그러기 위해서 적절한 환산계수(conversion factor)를 정하고 계수표기법을 사용하여 단위를 서로

Ken Karp/Wiley Archive.

■ **그림 2.16**

몰(mole) 1몰의 수은, 탄소, 코발트, 아연 원자(6.02×10^{23}개의 원자들)

■ **그림 2.15**

수와 관련된 단위 더즌(12)과 몰(mole, 6.02×10^{23})은 어떤 개체의 수를 나타내는 단위이다.

전환해야 한다. 0.5몰의 탄소 원자의 수는 다음과 같이 계산한다.

원자 1몰은 6.02×10^{23} 원자와 동일하므로, 환산계수는 다음과 같다.

$$\frac{6.02 \times 10^{23}\ \text{C atoms}}{1\ \text{mol C atoms}} \quad \text{와} \quad \frac{1\ \text{mol C atoms}}{6.02 \times 10^{23}\ \text{C atoms}}$$

몰수를 원자수로 바꾸려면, 분자에 원자수로 표현한 환산계수를 사용한다. 식을 세워서 계산하면 구하는 원자수는 3.01×10^{23}이다.

$$0.500\ \cancel{\text{mol C atoms}} \times \frac{6.02 \times 10^{23}\ \text{C atoms}}{1\ \cancel{\text{mol C atoms}}} = 3.01 \times 10^{23}\ \text{C atoms}$$

예제 2.7

환산계수의 사용

다음 각 항에 표기된 것을 개수로 나타내시오.

a. 계란 1/2더즌

b. 연필 2.00그로스(gross)

c. 0.100몰의 탄소 원자

전략

먼저 환산계수를 알아야 한다. a에서 계란 1더즌은 계란 12개에 해당되므로 환산계수를 사용한다.

$$\frac{\text{계란 } 12}{\text{계란 } 1\text{더즌}}$$

이처럼 환산계수를 써서 b, c를 해결한다.

해답

a. 계란 6개

$$\text{계란 } 0.5\cancel{\text{더즌}} \times \frac{\text{계란 } 12}{\text{계란 } 1\cancel{\text{더즌}}} = \text{계란 } 6$$

b. 연필 288개

$$\text{연필 } 2.00\cancel{\text{그로스}} \times \frac{\text{연필 } 144}{\text{연필 } 1\cancel{\text{그로스}}} = \text{연필 } 288$$

c. 6.02×1^{22} 탄소 원자

$$0.100\ \cancel{\text{mol C atoms}} \times \frac{6.02 \times 10^{23}\ \text{C atoms}}{1\ \cancel{\text{mol C atoms}}} = 6.02 \times 10^{22}\ \text{C atoms}$$

연습문제 2.7

a. 헬륨(He) 0.62몰에는 헬륨 원자가 얼마나 존재하는가?

b. 불소(F) 원자 2.9×10^{12}은 몇 몰인가?

몰과 질량

더즌(dozen)이나 몰(mole) 같은 단위는 특정 물체의 수를 표시하기에 적합하지만, 그 물체의 무게에 관해 알지 못하면 질량을 표현하는 데는 부적합하다. 예를 들어, 한 더즌의 사람 무게가 한 더즌의 도넛 무게보다 무겁다는 것은 모두 안다. 왜냐하면 사람 1명의 무게는 도넛 1개보다 무겁기 때문이다. 이런 사실이 원자에도 적용이 된다. 산소 원자 1몰은 질소 원자 1몰보다 큰데, 왜냐하면 산소 원자는 질소 원자보다 질량이 크기 때문이다.

어떤 원소의 **몰 질량(molar mass)** 즉, 원자 1몰의 질량은 그 원소의 원자 무게와 같다. 예를 들어, 리튬의 원자 무게는 약 6.94 amu이며, 몰 질량은 6.94 g/mol(1 mol Li = 6.94 g)이다. 마찬가지로 아르곤의 원자 무게는 39.95 amu이고, 몰 질량은 39.95 g/mol이다.

■ 원소의 몰 질량(원소의 원자 1몰의 질량)은 단위가 amu인 원자 무게와 같다.

위와 같은 관계를 이해하면 환산계수를 적용하여 원하는 값을 구할 수 있다.

- 탄소 0.770몰에 포함된 탄소의 질량은 9.25 g이다.

$$0.770\ \cancel{\text{mol C}} \times \frac{12.01\ \text{g C}}{1\ \cancel{\text{mol C}}} = 9.25\ \text{g C}$$

- 탄소 원자 1.25 g은 0.104몰이다.

$$1.25\ \cancel{\text{g C}} \times \frac{1\ \text{mol C}}{12.01\ \cancel{\text{g C}}} = 0.104\ \text{mol C}$$

- 탄소 원자 10.9 g에는 5.46×10^{23}개의 원자가 있다.

$$10.9\ \cancel{\text{g C}} \times \frac{1\ \cancel{\text{mol C}}}{12.01\ \cancel{\text{g C}}} \times \frac{6.02 \times 10^{23}\ \text{atoms}}{1\ \cancel{\text{mol C}}} = 5.46 \times 10^{23}\ \text{atoms}$$

예제 2.8

질량을 몰로 바꾸기

납(Pb) 50 g은 몇 몰인가?

전략

g을 몰로 바꾸는 문제이므로, 두 단위 간의 관계를 알아내 환산계수를 찾는다. 납 원자 무게는 207.2 amu 인데 이것은 몰 질량이 207.2 g/mol임을 의미한다(납 1몰 = 207.2 g). 그램 단위를 몰로 바꾸기기 위해서는 몰은 환산계수의 분모가 되어야 한다.

$$\frac{\text{납 1몰}}{\text{납 207.2그램}}$$

해답

납 0.241몰

$$\text{납 50}\cancel{\text{그램}} \times \frac{\text{납 1몰}}{\text{납 207.2}\cancel{\text{그램}}} = \text{납 0.241몰}$$

연습문제 2.8

a. 납 0.0122몰의 질량은?

b. 납 원자 2.50×10^{21}개의 질량은?

2.7 | 전자 배열

앞에서 원자의 원자번호와 질량수를 알면 양성자수와 중성자수를 알 수 있다는 것을 알았고($^7_3$Li은 양성자 3개와 중성자 4개로 되어 있다), 더 나아가 중성 원자는 양성자와 전자의 개수가 같다($^7_3$Li 중성 원자는 핵 주위를 도는 3개의 전자를 갖고 있다)는 것도 배웠다.

우리는 전자가 원자핵 주위에 어떻게 놓여 있는지 알기 위해 **보어의 원자모델(Bohr model of the atom)**을 살펴보기로 하겠다. 이것은 초기에 전자 배열을 묘사하기 위해 시도한 모형이다.

전류는 수소 기체가 들어있는 관을 통과하면 수소 원자로부터 방출되는 빛이 프리즘에 의해 분리되어 스펙트럼(일련의 유색 선들)처럼 보여진다(그림 2.17). 20세기 초에 덴마크 물리학자 닐스 보어(Niels Bohr)는 수소의 방출 스펙트럼에 있는 빛의 색깔들은 수소 원자의 전자가 다른 에너지 레벨 사이에서 이동하는 것과 직접적으로 관련있다고 제안했다.

■ 안정상태란 원자의 가장 안정한 전자 배열이다.

보어의 원자 모델에서 전자는 핵 주위의 특정 궤도를 도는데, 각 궤도의 에너지 레벨은 다르다(그림 2.18). 전자들이 핵에 보다 가까운 에너지 레벨에 있을수록 원자는 **안정상태(ground state**, 가장 안정된 전자 배열)이다. 수소 원자의 경우 안정상태는 전자 하나가 첫 번째 에너지 레벨에 있는 것이다. 만약 이런 안정한 상태의 수소 원자가 에너지를 흡수하면 전자는 핵으로부터 멀리 떨어진 궤도로 밀려나 **불안정한 상태(excited state)**가 된다.

보어에 의하면 수소 원자가 다양한 불안정한 상태에서 좀 더 안정된 상태로 이동하는 과정에서 에너지가 방출되는데, 이때 수소의 여러 형태의 방출 스펙트럼이 나타난다고 한다. 이 방출되는 에너지는 **전자기 방사 형태(electromagnetic radiation)**로서 파장 형태의 에너지로 나오는 것이다. 우리에게 잘 알려진 전자기 방사의 형태를 에너지가 커지는 순서대로 보면, 라디오파, 마이크로파, 적외선, 가시광선, 자외선, 엑스레이 순서이다. 수소 원자의 경우 에너지 레벨 2에서 보다 안정한 상태(2 → 1)로 혹은 다른 에너지 레벨에서 안정한 상태(예를 들어, 3 → 1, 4 → 1)로 이동할 때 자외선 정도의 높은 에너지를 갖는 반면, 전자가 두 번째 에너지 레벨로 갈 때(3 → 2, 4 → 2)는 가시광선 정도의 에너지가 방출된다. 가시광선의 에너지 색깔은 빨간색(가장 낮은 에너지)부터 보라색(가장 높은 에너지) 범위에 있는 것이다. 다른 형태의 전자 이동(4 → 3, 6 → 4 등)은 더 낮은 에너지인 적외선을 방출한다.

보어의 모델은 수소의 방출 스펙트럼을 설명하기에는 아주 좋으나 다른 원소들의 경우에는 부적합했다. 이 분야의 연구가 진행됨에 따라 많은 실험을 통해 전자의 움직임에 관한 새로운 정보를 얻었다. 한 가지 주목할 만한 발견은 특정 실험 조건하에서 전자들이 입자보다는 에너지를 갖는 파장 형태로 움직인다는 것이다. 1926년 오스트리아 물리학자 어윈 쉬레딩거는 전자의 파장 같은 특성을 이용하여 새로운 방식으로 전자 에너지 레벨을 나타내는 수학공식을 고안했다. 보어 모델처럼, 새롭게 접근한 **양자역학(quantum mechanics)**에서는 한 원자가 여러 상태의 에너지 레벨을 갖는다고 보았다. 전자들을 핵 주위에 고정된 궤도에 있는 것으로 나타내는 보어의 모델 대신에, 양자역학에서는 여러 가지 다양한 형태의 **원자 궤도(atomic orbitals)**에 그들의 위치를 나타낸다. 이 모델에서는 전자를 발견할 확률이 높은 3차원적 공간인 이런 궤도에 전자가 구름처럼 퍼져 있는 것으로 나타낸다(2.1절 참조). 이러한

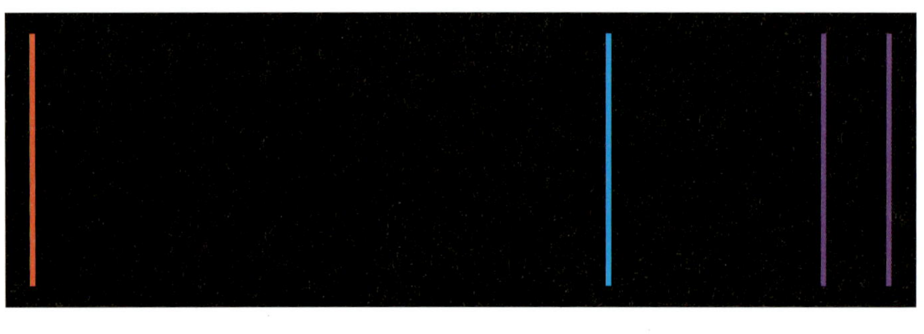

■ 그림 2.17

수소 방출 스펙트럼 수소 램프의 빛이 프리즘을 통과할 때 여러 가지 색의 가시광선으로 된 스펙트럼을 방출한다.

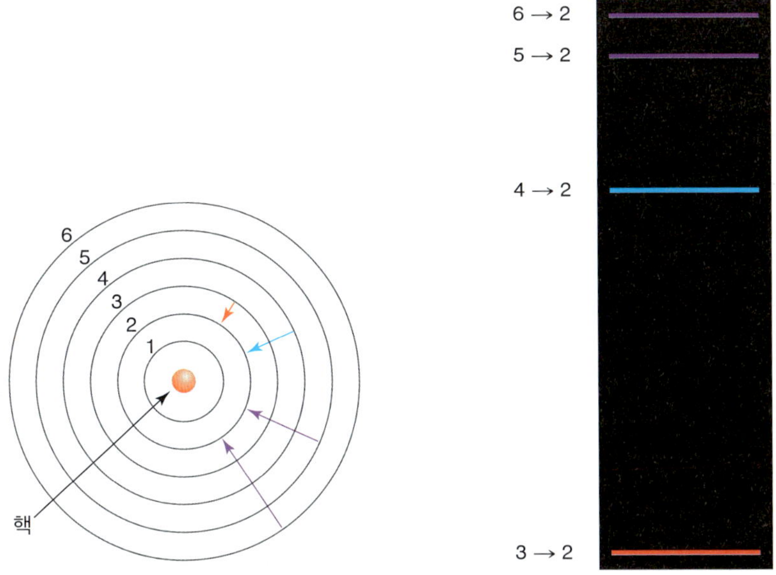

■ 그림 2.18

보어 원자 모델 보어 모델에서 전자들은 핵 주위의 궤도를 도는데, 각 궤도의 에너지 레벨은 다르다. 전자가 핵에 가까운 궤도로 움직이면 에너지가 방출된다.

원자 궤도의 예로서 *s*와 *p* 궤도가 있다(그림 2.19).

양자역학을 이용하여 어느 특정 에너지 레벨이 가질 수 있는 최대 전자수를 쉽게 계산할 수 있다. 이 계산에 사용되는 방정식은

$$\text{에너지 레벨당 최대 전자수} = 2n^2$$

여기서 n은 에너지 레벨의 수이다. 예를 들어, 첫 번째 에너지 레벨($n = 1$)은 전자 2개를 갖고($2 \times 1^2 = 2$), 두 번째 에너지 레벨($n = 2$)은 전자 8개까지 가질 수 있다($2 \times 2^2 = 8$). 표 2.5는 1에서 4까지의 에너지 레벨이 가질 수 있는 최대 전자수를 나타낸다.

어떤 에너지 레벨이 가질 수 있는 최대 전자수로 전자 배열이 안정한 상태인지를 예측할 수 있다. 수소 원자의 가장 안정한 상태는 $n = 1$ 에너지 레벨에서 전자 1개이지만 같은 에너지 레벨에서 헬륨 원자의 안정한 상태는 전자 2개이다. 헬륨 원자의 다른 배열이 $n = 1$ 에너지 레벨에 전자 1개이고,

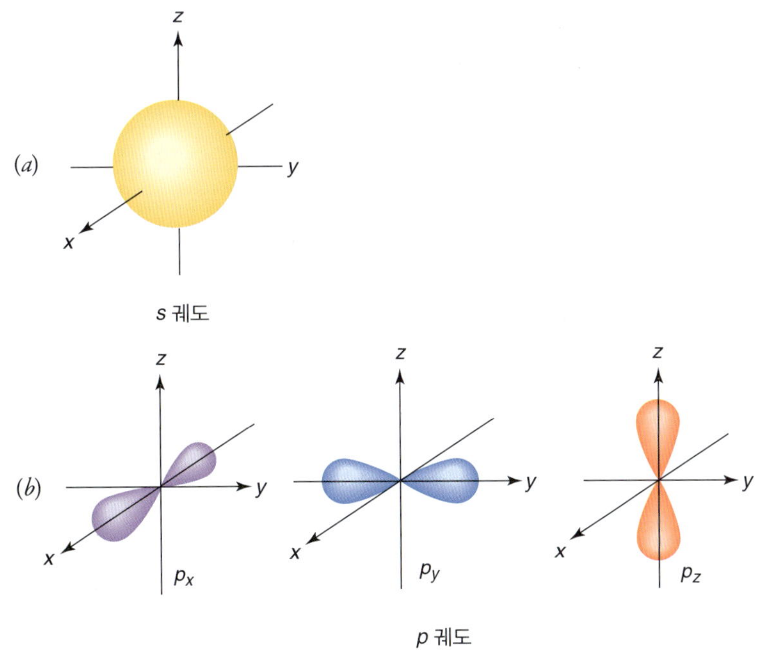

■ 그림 2.19

궤도(orbitala) 양자역학에 따르면 원자들의 여러 가지 궤도들은 에너지 레벨이 다르다. 그 중에 *s* 궤도(구 형태)와 *p* 궤도(2개의 물방울 모양으로 된)가 있다.

표 | 2.5 각 에너지 레벨에 있는 최대 전자수

에너지 레벨(n)	최대 전자수($2n^2$)
1	2
2	8
3	18
4	32

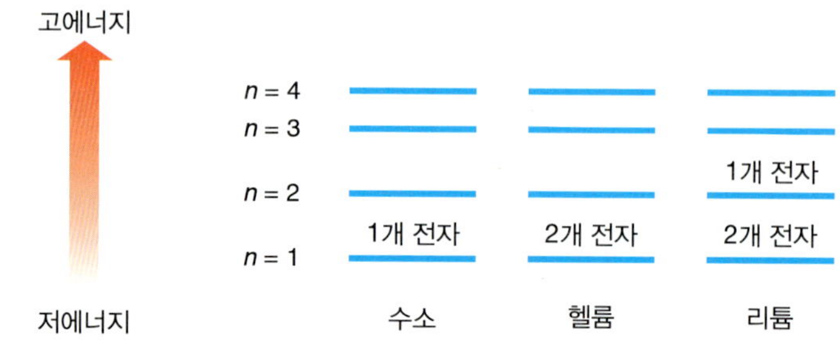

■ 그림 2.20

H, He, Li의 안정상태의 전자 분포

$n = 1$ 에너지 레벨에는 최대 2개의 전자가 있을 수 있으며, H와 He의 경우 모든 전자는 이 첫째 에너지 레벨에 분포한다. Li의 모든 전자, 즉 3개의 전자가 이곳에 존재하기에는 공간이 부족하다. 따라서 세 번째 전자는 $n = 2$ 에너지 레벨에 존재한다.

$n = 2$ 에너지 레벨에 전자 1개라면 불안정한 상태이다. 리튬 원자의 안정상태는 $n = 1$ 에너지 레벨에 전자 2개, $n = 2$ 에너지 레벨에 전자 1개이다(그림 2.20).

표 2.6은 주기율표의 처음 원소 20개의 안정상태 원자 배열을 나타내는데, 어떤 에너지 레벨은 그 다음의 에너지 레벨에 전자가 채워지더라도 항상 채워지지는 것이 아니라는 것을 보여준다. 비록 칼륨 원자의 $n = 8$ 에너지 레벨에 가질 수 있는 18개의 전자 중 8개만 있다하더라도 $n = 4$ 에너지 레벨에는 1개의 전자가 있다.

예제 2.9

에너지 레벨

a. $n = 2$ 에너지 레벨에 몇 개의 전자를 가질 수 있는가?

b. 2주기에 있는 원소들은 어느 전자 에너지 레벨에 채워지나?

c. 2주기에는 몇 개의 원소들이 있는가?

전략

먼저 문제 a를 풀고서, 표 2.6에 있는 주기율표를 참고하여 1A 그룹에서 8A 그룹까지 한 에너지 레벨의 전자수가 어떻게 변하는지를 살펴본다.

해답

a. $2n^2 = 2 \times 2^2 = 8$

b. $n = 2$

c. 8

연습문제 2.9

알카리 토금속의 전자분포는 어떠한가?

표 | 2.6 20개 원소들의 안정상태의 전자분포[a]

원소	그룹	에너지 레벨의 전자수			
		$n = 1$	$n = 2$	$n = 3$	$n = 4$
수소(H)	1A	**1**			
헬륨(He)	8A	**2**			
리튬(Li)	1A	2	**1**		
베릴륨(Be)	2A	2	**2**		
붕소(B)	3A	2	**3**		
탄소(C)	4A	2	**4**		
질소(N)	5A	2	**5**		
산소(O)	6A	2	**6**		
불소(F)	7A	2	7		
네온(Ne)	8A	2	**8**		
소듐(Na)	1A	2	8	**1**	
마그네슘(Mg)	2A	2	8	**2**	
알루미늄(Al)	3A	2	8	**3**	
규소(Si)	4A	2	8	**4**	
인(P)	5A	2	8	**5**	
황(S)	6A	2	8	**6**	
염소(Cl)	7A	2	8	7	
아르곤(Ar)	8A	2	8	**8**	
칼륨(K)	1A	2	8	8	**1**
칼슘(Ca)	2A	2	8	8	**2**

[a]최외각 전자는 진하게 표시되었다.

최외각 전자

원자의 전자 배열을 이해하면 주기율표에 있는 그룹이나 주기수가 어떻게 관련이 있는지 알 수 있다. 표 2.6에서 보는 바와 같이, 이 표의 같은 그룹에 속하는 원소들의 원자들은 **최외각 껍질(valence shell)**(전자가 채워질 수 있는 가장 높은 숫자의 에너지 레벨)에 있는 전자들의 수가 같다. 예를 들면, 모든 1A 그룹 원자들은 1개의 최외각 껍질 전자 또는 **최외각 전자(valence electron)**를 갖는다. 수소(H) 원자의 최외각 전자는 $n = 1$에너지 레벨에 있고 리튬(Li) 원자는 $n = 2$ 에너지 레벨에, 소듐(Na) 원자는 $n = 3$ 에너지 레벨, 칼륨(K) 원자는 $n = 4$ 에너지 레벨에 있다.

■ 최외각 전자는 원자의 가장 바깥에 있는 에너지 레벨에 있는 전자이다.

대표적인 원소들의 최외각 전자수는 주기적인 경향을 나타내는데, 1A 그룹은 최외각 전자 1개, 2A 그룹은 최외각 전자 2개, 3A 그룹은 3개 등등 같은 방식으로 계속해서 8A 그룹은 최외각에 8개의 전자가 있을 수 있다. 불활성 기체인 8A 그룹에서 예외 하나는 헬륨인데, 헬륨은 2개의 최외각 전자를 갖는다.

주기율표의 주기와 에너지 레벨 간에 상관관계가 있다. 1주기에 있는 수소와 헬륨 원자의 최외각 전자는 에너지 레벨 1에 단지 2개만 있다. 2주기 원소의 원자(Li, Be, …, Ne 총 8개)는 에너지 레벨 2

에 최외각 전자를 8개까지 갖는다. 3, 4주기 등에도 같은 원리가 적용된다.

예제 2.10

최외각 전자

각 원자의 총전자수와 최외각 전자수를 표시하라.

a. 칼슘(Ca)
b. 실리콘(Si)
c. 아르곤(Ar)
d. 라듐(Ra)

전략

이런 중성 원자들은 주기율표에서 알 수 있듯이, 총전자수가 양성자수(원자번호)와 같다. 최외각 전자수는 그룹 번호에서 구할 수 있다.

해답

a. 총전자수 20, 최외각 전자 2
b. 총전자수 14, 최외각 전자 4
c. 총전자수 18, 최외각 전자 8
d. 총전자수 88, 최외각 전자 2

연습문제 2.10

예제 2.10에서 각 원자들의 최외각 전자는 어느 에너지 레벨에 있는가?

전자 점구조

1900년대 초 미국 화학자 길버트 루이스(Guilbert N. Lewis)는 **전자 점구조(electron dot structures)**로 원자의 최외각 전자를 표시했다. 이는 최외각 전자를 점으로 나타내는 구조이다. 최외각 전자가 1개인 리튬은 리튬 기호 Li 옆에 점 하나를 찍는다. 베릴륨(Be)의 전자 점구조는 전자점 2개, 불소(F)는 7개이다.

1A	2A	3A	4A	5A	6A	7A	8A
H·							He:
Li·	·Be·	·B·	·C·	·N·	·O·	:F:	:Ne:
Na·	·Mg·	·Al·	·Si·	·P·	·S·	:Cl:	:Ar:
K·	·Ca·						

■ **그림 2.21**

최외각 전자 같은 그룹에 있는 원소들은 같은 수의 최외각 전자를 갖는다. 전자 점구조에서는 최외각 전자를 점으로 표시한다.

예제 2.11

원자들의 전자 점구조 표시하기

전자 점구조로 나타내시오.

a. 브롬(Br)
b. 루비듐(Rb)

전략

이 원자들의 전자 점구조를 표시하려면 최외각 전자수를 알아야 한다.

해답

a. :B̈r: b. Rb·

연습문제 2.11

다음 원자들의 전자 점구조를 그리시오.

a. 크립톤(Kr) b. 바륨(Br)

생체발광

스위치를 켜면 전구가 뜨거워지는 것을 경험한다. 이 같은 현상은 빛이 발생할 때 주로 열이 발생하기 때문이다. 그러나 때로는 열이 생기지 않고 빛이 발생하는데, 이것을 발광(luminescence)이라고 한다. 이런 발광현상이 살아 있는 생명체에서 일어나는 것을 생체발광(bioluminescence)이라 한다.

많은 박테리아, 해면, 해파리, 조개, 곤충, 물고기가 생체발광을 한다. 이런 빛들은 여러 가지 다른 기능을 한다. 반딧불의 경우 빛을 내는 것이 짝짓기하는 데 중요한 역할을 한다. 어떤 종류의 오징어는 벌겋게 단 구름의 형태로 발광하여 적으로부터 그들을 숨기는 기능을 한다. 심해에 사는 아귀는 발광 부속기관에서 내는 빛으로 먹이를 유인한다(그림 2.22).

이 모든 생명체가 빛을 발생하는 데 사용하는 물질을 루시페린(luciferin)이라 하는데, 라틴어 Lucifer(빛의 전달자)에서 유래했다. 생체발광은 산소 기체와, ATP(생화학 에너지원)가 있을 때 루시페린에 루시페라제(luciferase)라는 효소가 작용하여 일어난다. 루시페린의 특정한 위치에 있는 전자들이 불안정한 상태로 밀려나 있다가 안정한 상태로 되면서 빛을 낸다.

의학자들이 해파리로부터 형광의 녹색단백질을 합성하는 데 관여하는 해파리 유전자(DNA절 참고)를 분리하여 쥐를 포함한 다른 실험동물에 그 유전자를 삽입하여 발광하는 것을 확인하였다. 이러한 연구의 목적 중 하나는 암이나 다른 질병에 대한 새로운 치료법을 찾기 위함이다.

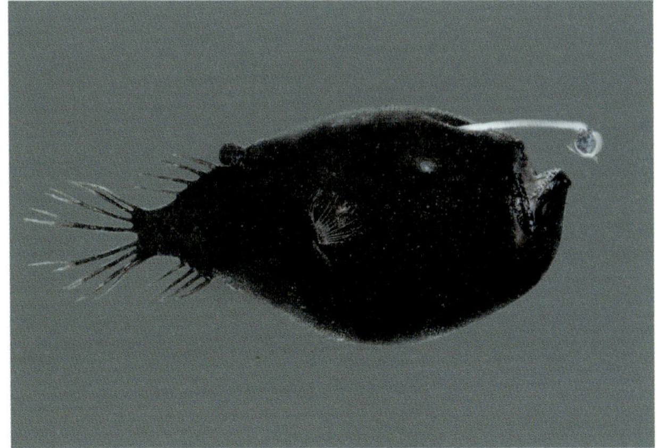

Danté Fenolio/Photo Researchers, Inc.

■ 그림 2.22

아귀(anglerfish) 어둡고 깊은 바다에서는 생체발광 부속기관에서 내는 빛을 이용하여 먹이를 유인한다.

Eye of Science/Photo Researchers, Inc.

■ 그림 2.23

번쩍이는 쥐 생체발광 단백질을 생성하는 해파리 유전자를 쥐의 수정된 난세포에 주입하면 쥐는 녹색으로 빛난다.

2.8 | 방사성 동위원소

앞에서 소개한 물리적 변화는 물질의 화학적 조성이 바뀌지 않는 변화이다(어떠한 새로운 것이 생기지 않는다). 물리적 변화는 얼음이 녹는 특성, 설탕이 부서지고 철이 구부러지는 현상을 말한다. 물질이 화학적 변화(화학반응)를 하게 되면 원자들의 배열이 바뀌어 새로운 것이 생성된다. 예를 들어, 2장의 <Health Link: 안정한 동위원소와 약물 시험>에서 대기 중의 이산화탄소 원자가 어떻게 식물에 고정되는지, 이와 같은 탄소 원자들이 어떻게 테스토스테론이 되는지를 설명하였다.

세 번째 물질의 변환 형태는 원자핵의 구조가 바뀌는 변화이다. 이 **핵 변화(nuclear change)**는 물리적, 화학적 변화와는 아주 차이가 큰 특징이 있는데, 그 변화 과정에서 원자 자체가 달라지기 때문이다. 아래에서 보듯이, 원자의 핵이 변화하면 일반적으로 새로운 원자가 생성되므로 원자의 정체성도 달라진다.

자연에는 91개 원소들과 그들의 동위원소들이 약 300개 이상 밝혀졌으며, 인공적으로 약 1,000개 이상의 동위원소가 만들어졌다. 많은 연구결과 자연적으로 존재하거나 인공적으로 만들어진 동위원소 중에는 불안정한 핵을 가져 큰 에너지를 지닌 입자(아원자 입자 개개나 또는 그룹) 또는 전자기 방사를 발산하며 자발적으로 붕괴하여 더 안정한 상태로 가는 동위원소들이 있다. 이런 핵의 변화에 의해 발산하는 입자나 에너지를 **핵 방사(nuclear radiation)**라 하고 핵 방사를 하는 원자들을 **방사성 동위원소(radioactive isotopes)**라 한다. 수소의 세 가지 동위원소 중에 ${}^{1}_{1}H$와 ${}^{2}_{1}H$는 안정하여 핵 방사를 하지 않지만, ${}^{3}_{1}H$는 핵 방사하는 방사성 동위원소이다.

■ 방사성 동위원소는 핵 방사능을 방출(에너지 입자와 전자기 방사)한다.

핵 방사의 일반적인 형태

방사성 동위원소는 4종류의 방사선, 즉 알파 입자, 베타 입자, 양전자, 감마선 중에 하나 혹은 그 이상을 방출한다.

알파 입자(alpha particle, ${}^{4}_{2}\alpha$)는 2개의 양성자와 2개의 중성자 및 2+전하를 띤다는 면에서 헬륨-4 원자(${}^{4}_{2}He$)의 핵과 같다. 그렇지만 알파 입자는 속도가 매우 빠르기 때문에 더욱 큰 에너지를 갖는다. 전형적인 알파 입자는 방사성 동위원소의 핵에서 빛의 5~10% 정도되는 속도로 방출된다(표 2.7).

방사성 동위원소가 알파 입자를 방출하여 새로운 원자가 될 때, 이 원자는 원래의 원자보다 2개 적은 양성자와 2개 적은 중성자를 가진 새로운 원자가 된다. 예를 들면, 토륨-230(thorium-230)이 알파 입자를 방출하면(그림 2.24*a*), 라듐-226(thorium-226)이 되며 이에 관한 **핵 반응식**은 다음과 같다.

$$ {}^{230}_{90}Th \longrightarrow {}^{226}_{88}Ra + {}^{4}_{2}\alpha $$

핵 반응식에서 화살표 왼쪽에는 반응을 시작하는 방사성 동위원소를 오른쪽에는 생성물을 표시한다. 핵 반응식에서 원자핵 및 아원자 입자의 질량수의 합과 전하의 합이 같게 표시하여야 한다. 위 반응식에서 토륨의 원자번호는 핵전하가 90+(핵에 있는 90개의 양성자로부터)임을 의미한다. 생성물 또한 90+ 전하를 갖는다. 왜냐하면 라듐(radium)의 양성자수가 88개이며, 알파 입자는 양성자수가 2개이기 때문이다. 양변의 질량수의 합도 230으로 동일하다.

표 | 2.7 핵 방사의 일반적인 형태

이름	기호	구성	전하	속도[a]	투과력
알파	α	양성자 2개+중성자 2개	2+	빛 속도의 5~10%	낮음
베타	β	전자	1−	빛 속도의 90%까지	보통
양전자	β^+	양극성의 전자	1+	빛 속도의 90%까지	보통
감마	γ	전자기 방사	0	빛 속도	높음

[a]빛 속도 = 3×10^8 m/s(미터/초) = 186,000 mps(마일/초)

예제 2.12

핵 반응식 구하기

알파선 치료에서, 어떤 전달 물질이 암세포에 특정한 방사성 동위원소를 직접 전달하는 역할을 하는데, 이로 인해 암세포는 알파 방사능에 의해 파괴된다. 이러한 과정에 사용된 actinium-225로부터 알파 입자를 잃는 핵 반응식을 완성하라.

$$^{225}_{89}\text{Ac} \longrightarrow ? + ^{4}_{2}\alpha$$

전략

이 핵 반응식을 완성하기 위해 화살표 양쪽의 원자번호들의 합을 같게 만드는 원자를 찾는다(힌트: $89 = x + 2$). 질량수도 같아야 한다($225 = y + 4$). 원소의 원자번호를 결정하면 주기율표에서 찾는다.

해답

$$^{225}_{89}\text{Ac} \longrightarrow ^{221}_{87}\text{Fr} + ^{4}_{2}\alpha$$

핵과 아원자 입자의 전하가 균형을 이루기 위해서는 반응식에서 양변의 합이 각각 89가 되어야 한다. 따라서 생성물의 원자번호는 87($89 = 87 + 2$)인데, 이것은 francium(Fr)에 해당한다. 질량수의 합이 같으려면 양변의 합이 각각 225가 되어야 하므로 생성물의 질량수는 221이다($225 = 221 + 4$).

연습문제 2.12

방사성 동위원소 Bismuth-213도 알파 치료에 사용된다. 이 방사성 동위원소로부터 알파 입자가 소실되는 핵 반응식을 완성하시오.

$$^{213}_{83}\text{Bi} \longrightarrow ? + ^{4}_{2}\alpha$$

베타 입자(beta particle, $^{0}_{-1}\beta$)는 방사성 동위원소의 핵에서 빛의 90% 정도의 속도로 방출되는 전자이다. 베타 입자는 매우 빠르게 움직이는 전자이므로 전자와 같은 전하와 질량을 가진다. 베타 입자가 방출되면 새로 생성된 원자의 핵은 원래의 방사성 동위원소보다 양성자가 1개 많고 중성자가 1개가 적은 것이 된다. 예를 들어, boron-12는 베타 입자를 방출하여 carbon-12를 형성한다(그림 2.24*b*). 이것은 다음과 같은 핵 반응식으로 나타낸다.

$$^{12}_{5}\text{B} \longrightarrow ^{12}_{6}\text{C} + ^{0}_{-1}\beta$$

■ 핵 방사의 종류를 나타내는 원자 표기법에서 전하는 보통 원자번호의 자리에 표시한다. 예를 들면, $^{0}_{-1}\beta$, $^{0}_{1}\beta^{+}$, $^{0}_{0}\gamma$

베타 입자는 1− 전하를 띤다. 이는 양성자와 중성자가 없으므로 질량이 0이기 때문이다. 위의 핵 반응식은 핵과 아원자 입자(subatomic particles)의 전하의 합(5)과 질량수의 합(12)이 양변 모두 같기 때문에 맞는 공식이다.

양성자와 중성자로 이루어진 핵에서 전자가 방출된다는 사실에 의아해 할 수도 있을 것이다. 이러한 사실은 중성자가 양성자와 전자로 변환이 가능하고 전자는 핵으로부터 아주 빠른 속도로 베타 입자의 형태로 방출되기 때문이다.

양전자(positron; $^{0}_{1}\beta^{+}$)는 베타 입자와 같은 질량을 가지나 1+ 전하를 띠는 아원자 입자이다. 베타 입자와 같이 양전자는 빛의 약 90% 정도의 빠른 속도로 방사성 동위원소의 핵에서 방출된다. 양전자 방사는 양전자 방사 단층 촬영(positron emission tomography, PET)이라 불리는 의료 처치에 중요하게 쓰인다(2.9절).

양전자가 방출되면서 새로이 만들어지는 원자의 핵은 원래의 방사성 동위원소보다 양성자가 1개 적고 중성자가 1개 많다. 예를 들어, fluorine-18에서 양전자가 방출되면(그림 2.24*c*) oxygen-18이 형성되는데 그 핵 반응식은 다음과 같다.

$$^{18}_{9}\text{F} \longrightarrow ^{18}_{8}\text{O} + ^{0}_{1}\beta^{+}$$

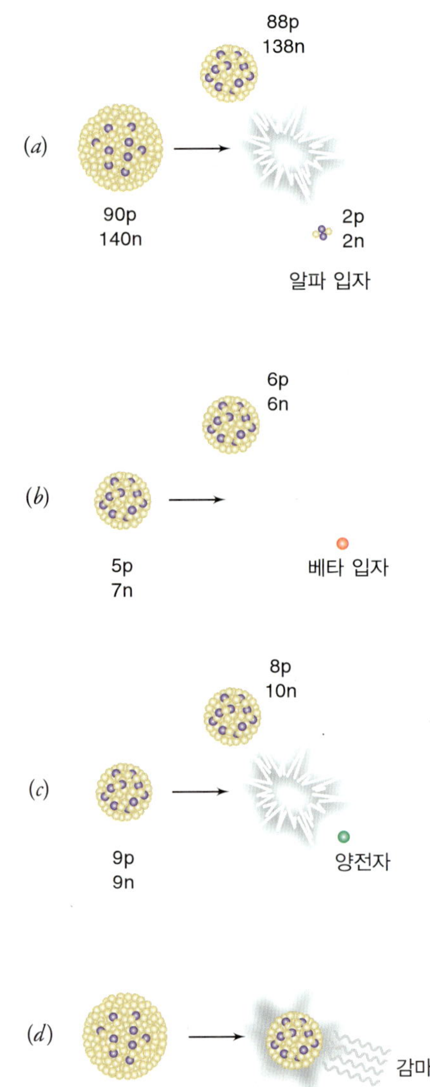

■ 그림 2.24

방사능 붕괴 (*a*) thorium-230으로부터 알파 입자 소실 (*b*) boron-12로부터 베타 입자 소실 (*c*) fluorine-18로부터 양전자 소실 (*d*) 불안정한 핵으로부터 감마선 소실

Did You Know?

분열(fission)과 융합(fusion)은 많은 양의 에너지를 방출하는 핵 변화이다. 원자핵의 분열이 일어나면 더 작은 핵 2개와 중성자, 에너지를 생성한다. 분열 반응의 예로 uranium-235는 barium-142, krypton-91, 중성자 3개로 된다.

$$ {}^{235}_{92}\mathrm{U} + {}^{1}_{0}\mathrm{n} \longrightarrow {}^{142}_{56}\mathrm{Ba} + {}^{91}_{36}\mathrm{Kr} + 3\,{}^{1}_{0}\mathrm{n} $$

이것은 연쇄반응의 예인데, 반응하여 생성된 생성물(중성자들)이 계속하여 그 다음 같은 반응에 반복해서 사용되고 또 생성되고 하는 것이다. 핵 원자로에서 분열에 의해 방출된 열이 터빈을 돌리고 전기를 일으키는 증기를 만드는 데 사용된다.

융합 반응에서는 핵이 합해져 더 큰 핵을 만들 때 에너지가 방출된다. 태양은 거대한 융합로이다. 태양에서 일어나는 융합 반응 중 하나는 2개의 hydrogen-1 핵이 합해지면서 중수소(deuterium)와 양전자가 생성된다.

$$ 2\,{}^{1}_{1}\mathrm{H} \longrightarrow {}^{2}_{1}\mathrm{H} + {}^{0}_{1}\beta^{+} $$

이 핵 반응식은 양변의 핵과 아원자 입자의 극성의 합(9)과 질량수의 합(18)이 같기 때문에 맞다.

네 번째 핵 방사의 일반적인 형태인 **감마선(gamma ray)**은 매우 높은 에너지를 가지는 전자기 방사(electromagnetic radiation)이다. 알파 입자, 베타 입자, 양전자가 방출될 때, 종종 감마선도 방출되는데, 이것은 이런 입자들을 잃은 핵은 계속 불안정한 상태이므로 이런 불안정한 핵이 좀 더 안정한 상태로 재배열될 때 감마선 형태의 큰 에너지가 발산이 된다(그림 2.24*d*). Iodine-131이 베타 입자와 감마선을 방출하는 방사성 동위원소의 예이다.

$$ {}^{131}_{53}\mathrm{I} \longrightarrow {}^{131}_{54}\mathrm{Xe} + {}^{0}_{-1}\beta + {}^{0}_{0}\gamma $$

감마선은 전하를 띠지 않는데, 양성자와 중성자를 갖지 않으므로 그 질량수가 0이다.

예제 2.13

핵 반응식 만들기

어떤 암을 치료하기 위해서 iridium-192를 함유한 철사를 암세포에 넣은 후 나중에 제거한다. 이 방사성 동위원소에서 방출되는 베타 입자는 암세포를 죽인다. 이 방사성 동위원소가 베타 입자를 방출하는 핵 반응식을 완성하라.

$$ {}^{192}_{77}\mathrm{Ir} \longrightarrow ? + {}^{0}_{-1}\beta $$

전략

이 핵 반응식을 완성하기 위해서 양변의 원자핵과 아원자 입자의 전하의 합을 같게 만드는 원자의 원자번호를 찾는다(힌트: $77 = x + -1$). 질량수도 같아야 한다($192 = y + 0$). 원소의 원자번호를 결정했으면 주기율표를 이용하여 찾는다.

해답

$$^{192}_{77}\mathrm{Ir} \longrightarrow {}^{192}_{78}\mathrm{Pt} + {}^{0}_{-1}\beta$$

연습문제 2.13

Iridium-192 핵이 베타 입자를 방출하는 대신 양전자를 방출하기도 한다. 이 과정의 핵 반응식을 완성하라.

2.9 | 의학에서의 방사성 동위원소

핵 방사능이 생체조직이나 주변의 어떤 물질에 노출이 되면, 핵 방사능의 운동에너지가 주변 물체의 원자들에게 전이된다. 그럼으로써 세포 내에서 조절과정에 관여하는 물과 중요한 생화학 물질(단백질, DNA, 지방 등)의 성질에 변화를 주고 세포가 정상적인 기능을 못하게 할 수 있다(그림 2.25). 이러한 것은 방사능 노출이 건강에 해로운 것임을 의미한다.

노출량 단위

방사능 노출을 이해하기 위해서는 주로 사용되는 방사능에 관한 단위를 알아야 한다. 이 단위는 방사능의 세 가지 성질을 기반으로 이루어졌다: (1) 불안정한 방사성 동위원소가 얼마나 빨리 분해돼서 해체되는가 하는 속도, (2) 방사능이 물질에 부딪칠 때 전달되는 에너지, (3) 방사선이 노출되었을 때 미치는 생물학적인 영향. **퀴리(Ci)**라는 단위는 초기 방사능 연구에 매우 중요한 업적을 남긴 마리 퀴리(Marie Curie)의 이름을 딴 것으로 방사성 동위원소가 붕괴되는 속도에 기초하고 있다. 1퀴리는 3.7×10^{10} dps(초당 분해속도)로 표시한다. 과학자들은 이 특별한 수를 사용하는데, 이는 퀴리가 발견한 원소 중의 하나인 라듐 1 g이 1초당 분해되는 수이기 때문이다.

rad(흡수된 방사량)는 핵 방사능에 노출된 물질에 의해 흡수된 에너지와 관련이 있다. 1라드는 물체 질량의 Kg당 0.01 J 노출량이다(0.01 Joules).

rem은 생물학적 영향에 대한 방사능 단위이다. 렘의 양은 rads로 표시되는 방사능의 양에 방사능의 종류에 따라 차이가 있는 질적인 요소(*quality factor, QF*)를 곱하여 계산한다(표 2.8).

$$\text{노출량(rad)} \times \text{QF} = \text{노출량(rem)}$$

QF 값이 높을수록 해로운 방사능이다. 방사능 물질 QF = 1인 감마선(gamma radiation, QF = 1) 10 rad에 노출되었다면, 이때의 노출량인 10 rem의 감마선은 백혈구의 수를 약간 줄이는 원인이 되는 정도이나, QF = 20인 알파 방사능(alpha radiation) 10 rad는 200 rem에 상당하는 것으로 인체에 치명적인 노출량이다.

$$10 \text{ rad 감마 방사능} \times 1 = 10 \text{ rem}$$
$$10 \text{ rad 알파 방사능} \times 20 = 200 \text{ rem}$$

표 2.8에 나타난 QF 값들은 다른 여러 가지 요인들, 즉 방사능의 에너지량, 노출된 후 물체에 흡수되는 시간 노출 부위 등 여러 다른 요인들이 작용하기 때문에 오로지 단순한 추정치에 불과하다.

SPL/Photo Researchers, Inc.

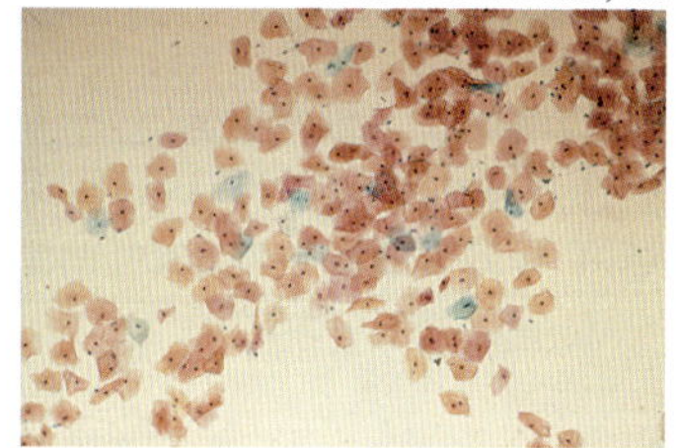
(*a*)

SPL/Photo Researchers, Inc.

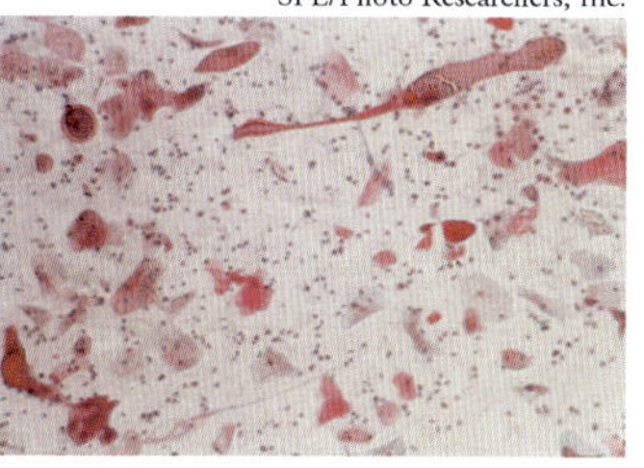
(*b*)

■ 그림 2.25

방사능 효과 핵 방사는 세포의 단백질, DNA, 지질, 기타 다른 중요한 생화학적 물질들이 정상적인 기능을 하지 못하도록 방해한다. (*a*) 정상적인 세포들. (*b*) 방사선으로 손상을 입은 세포들

표 | 2.8 여러 가지 종류 방사선의 질적요인 (Quality factors)

방사선 종류	QF[a]
X-선, 감마선, 베타 입자, 양전자	1
중성자, 높은 에너지의 양성자	10
알파 입자, 분열반응의 파편들[b]	20

[a]QF가 높을수록 방사능 노출이 더 해롭다. rem의 노출량은 rad의 노출량에 QF를 곱하여 계산한다(rem = rad × QF).
[b]분열반응은 70쪽에 있다.

방사능이 의료에 이용될 때에는 SI 단위가 사용된다. 이때 사용되는 단위는 **그래이(gray, Gy)**와 **세이버(seivert, Sv)**이며: 1 Gy = 100 rads, 1 Sv = 100 rem이다.

짧은 기간 동안 한 번 노출된 경우부터 며칠 동안 고농도의 방사능에 노출되는 경우처럼, 노출되는 정도에 따라 그 효과는 잠시 피곤을 느끼는 정도에서 죽음에 이르기까지 범위가 다양하다(표 2.9). 1986년에 소련의 체르노빌 핵발전소(그림 2.26) 사고처리를 위해 현장에서 작업을 하던 작업자는 아주 짧은 시간이지만 매우 고농도의 방사능에 노출되어 30명 이상이 작업 후 곧 사망하였다. 방사능에 노출되는 시간이 천천히 지속되면 암이나 백내장, 돌연변이 등이 발생할 확률이 높아지며, 돌연변이로 인해 난자나 정자세포가 변형되어 유전적 결함이 있는 자녀를 출산하게 된다.

©Vladimir Repik/Reuters/Corbis

■ 그림 2.26
체르노빌 체르노빌 핵발전소에서 훼손된 반응기를 고치려고 작업을 하던 몇 명의 작업자가 치명적인 양의 방사능에 노출되었다.

비록 적은 양이나 장기간 방사능에 노출되는 것에 대한 효과는 아직 잘 알지 못하는데, 이는 우리 주변에 자연적으로 일어나고 있는 다양한 방사능에 대하여 그들의 작용을 정확히 이해하기가 어렵기 때문이다. 일상생활에서 일어나는 기본 방사능 노출은 우리가 살고 있는 지역에 따라 차이가 있다. 예를 들어, 브라질, 인도 그리고 중국의 어떤 지역에서는 방사능 물질인 토륨-232와 라듐-226을 많이 함유하고 있는 monazite라는 물질이 있는데, 이 지역의 기본 방사능 수준은 이런 물질이 없는 지역보다 수백 배 정도 높다. 여러분이 살고 있는 지역의 고도에 따라서도 우주공간에서 지속적으로 지구에 퍼붓는 기본 방사능인 우주선(cosmic ray)에 노출되는 정도가 다르다. 고도가 높을수록 이 우주선(cosmic ray)을 막아주는 것들이 적어 더 많이 노출된다.

우리가 기본 방사능에 노출되는 상당 부분은 라돈 가스이다. 알파선 방사능 물질인 라돈-222 (radon-222)는 우라늄-238(uranium-238)이 방사성 분해될 때 생긴다. 우라늄을 포함하는 흑연이나 암

표 | 2.9 단기간 방사능 노출시 건강에 미치는 영향

노출 (rem)	영향	시작되는 시간 (치료 없이)
5~10	혈액 조성의 변화	
50	메스꺼움	몇 시간 후
55	피로	
70	구토	
75	탈모	2~3주
90	설사	
100	대출혈	
400	사망 가능성	2달 이내
1000	내장기관 파괴, 내장 출혈, 사망	1~2주
2000	중앙 신경계 손상과 의식 상실, 사망	몇 분 , 몇 시간, 몇 일

출처: http://www.epa.gov/rpdweb00/understand/health_effects.html

석들이 라돈의 원석이다. 라돈은 방사성이므로 라돈 가스를 흡입하면 건강상 문제가 생길 수 있다—미국 폐암 사망의 12% 정도가 라돈에의 노출에 기인한 것으로 추정된다. 이런 이유로 환경 보호단체는 주택들의 라돈 측정을 권장한다. 라돈 수준이 높으면 여러 가지 많은 조치를 취해야 하는데, 일례로 집안에서 라돈 가스의 이동을 막기 위해 마루의 틈새를 막고, 집 밑에 있는 흙에서 라돈을 끌어내기 위해 배기 송풍기와 관을 설치해야 한다.

X-선도 일반적인 방사능 노출의 원천이다. 치과에서 사용하는 표준 X-선은 방사선 노출이 10 mrem인데 새로운 디지털 X-선은 약 1 mrem으로 적다. 흉부 X-선은 방사능 노출이 2~3 mrem이고 복부 CT 촬영은 1000 mrem(1 rem)이다. 이들 수치들은 표 2.9에 나타난 방사능 수준보다는 낮은 값들이다.

Did You Know?

공항에서 사용하고 있는 새로운 전신 X-선은 한 사람당 방사선 노출이 10 mrem이다. 이것은 매 시간 비행기 여행시 노출되는 것보다 50배 적으며 병원 CT 촬영보다 100,000배 적다.

예제 2.14

기본 방사능

자연에 있는 칼륨(potassium)의 0.02%는 양전자(positron)를 방사하는 방사물질인 칼륨-40(potassium-40)이다. 인체에서 방출하는 전형적인 기본 방사능의 11% 혹은 0.4 mSv는 기본적으로 체내에 존재하는 칼륨에서 나온다. 0.4 mSv를 (a) mrem(millirems)과 (b) mrad(millirads)로 바꾸시오.

전략

이 단위의 정의를 살펴보고, 표 2.8을 이용하여 (b)의 답을 구한다.

해답

a. 두 가지 방식의 계산법이 있다. 하나는 100 rem = 1 Sv를 이용하는 것이고, 다른 방식은 100 rem = 1 Sv이므로 100 mrem = 1 mSv임을 이용한다.

$$0.4\ \text{mSv} \times \frac{1 \times 10^{-3}\ \text{Sv}}{1\ \text{mSv}} \times \frac{100\ \text{rem}}{1\ \text{Sv}} \times \frac{1\ \text{mrem}}{1 \times 10^{-3}\ \text{rem}} = 40\ \text{mrem}$$

or

$$0.4\ \text{mSv} \times \frac{100\ \text{mrem}}{1\ \text{mSv}} = 40\ \text{mrem}$$

b. 이 문제의 a에서 0.4 mSv = 40 mrem이다. 표 2.8에 따라 양전자 방사능 1 rem은 1 rad에 해당한다. 이것은 1 mrem = 1 mrad를 의미한다.

$$40\ \text{mrem} \times \frac{1 \times 10^{-3}\ \text{rem}}{1\ \text{mrem}} \times \frac{1\ \text{rad}}{1\ \text{rem}} \times \frac{1\ \text{mrad}}{1 \times 10^{-3}\ \text{rad}} = 40\ \text{mrad}$$

or

$$40\ \text{mrem} \times \frac{1\ \text{mrad}}{1\ \text{mrem}} = 40\ \text{mrad}$$

연습문제 2.14

미국 주민들은 알파 방사능 물질인 라돈으로 인해 매년 평균 2 mSv의 기본방사능에 노출된다. 2 mSv를 mrem과 mrad, mGy(milligrays)로 바꾸시오.

방사능 노출의 통제

우리가 기본 방사능은 어쩔 수 없지만 다른 핵 방사능 원인물질에 노출되는 것은 통제할 수 있다. 방사성 동위원소를 다룰 때 적절한 방어(방사 차단)를 하는 것이 한 방법이다. 알파 입자가 빠르게 움직인다 하더라도 에너지를 잃기 전에는 공기 중에서 4~5cm 이동하고 주변 물질을 통과하는 능력도 매

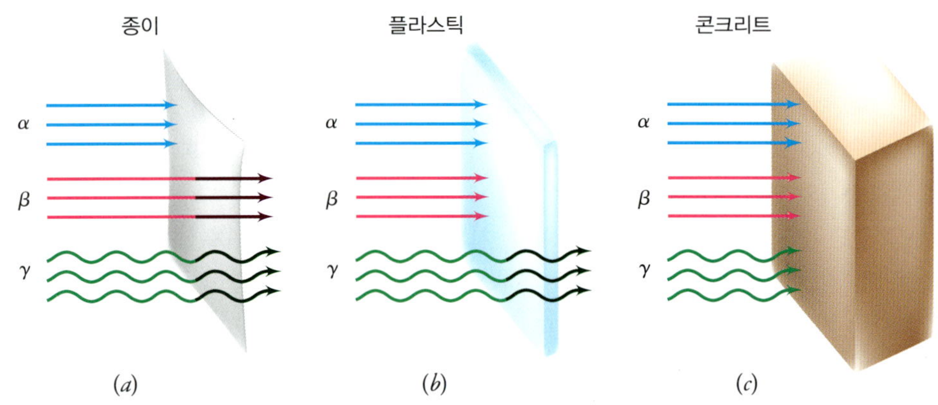

■ 그림 2.27

차폐물 알파 입자는 종이로 막을 수 있고, 베타 입자는 얇은 플라스틱 조각으로, 감마선은 콘크리트로 막을 수 있다.

우 약하다. 보통 장갑이나 적당한 옷, 종이 몇 장 정도로도 알파 입자를 충분히 막을 수 있다. 알파 입자보다 더 빠르게 움직이고 크기가 더 작은 베타 입자와 양전자는 공기 중에서 1 m 이상 이동하고 더 두꺼운 물질을 통과할 수 있다. 이런 입자들을 막기 위해서는 알파 입자보다는 더 단단한 방어, 즉 얇은 플라스틱이나, 금속 같은 것이 필요하다. 감마선은 투과력이 상당히 높은 강한 에너지를 가지고 있기 때문에 두꺼운 콘크리트 벽이나 납덩이를 이용하여 막는다.

반감기

■ 한 번의 반감기가 지난 후에는 방사성 동위원소 원자들의 반이 붕괴된다.

방사성 동위원소가 얼마나 오랫동안 위험상태로 존재하는지를 알면 방사능 물질에 노출되는 것을 막을 수 있다. 이것은 방사성 동위원소의 **반감기(half-life)**로 알 수 있는데, **반감기는 처음 시료 속에 있는 원자들이 반으로 줄어 들 때까지 걸리는 시간이다**(그림 2.28). radon-222가 polonium-218로 붕괴될 때 알파 입자를 방출하는 예를 들어보자.

$$^{222}_{86}\text{Rn} \longrightarrow {}^{218}_{84}\text{Po} + {}^{4}_{2}\alpha$$

Radon-222의 반감기는 3.8일인데, 이것은 이 방사성 동위원소 2 mg이 3.8일 후에는 1 mg만 남는다는 것을 의미한다. 그리고 다음 3.8일 후에는 0.5 mg의 라돈-222만 남는다. 방사성 붕괴의 반감기는 처음 시료의 양과는 관계가 없이 10 mg의 라돈을 가지고 시작할 경우 3.8일 후에 5 mg이 되고, 라돈 0.01 mg으로 시작하면 3.8일 후에 0.005 mg이 된다.

Radon-222와 같이 plutonium-239는 알파 입자를 방출하는 동위원소이지만 그것의 반감기는 무려 24,000년으로 매우 길다.

$$^{239}_{94}\text{Pu} \longrightarrow {}^{235}_{92}\text{U} + {}^{4}_{2}\alpha$$

1 g으로 시작한 plutonium-239의 반감기는 24,000년이므로 그때에 0.5 g이 된다. 같은 기간에 1 g의 라돈-222는 없어지고 71번의 반감기(약 9개월) 후에는 오직 원자 하나만 남는다. 표 2.10에서 보는 바와 같이, 반감기는 몇 초에서부터 수십억 년이 걸리는 경우도 있다.

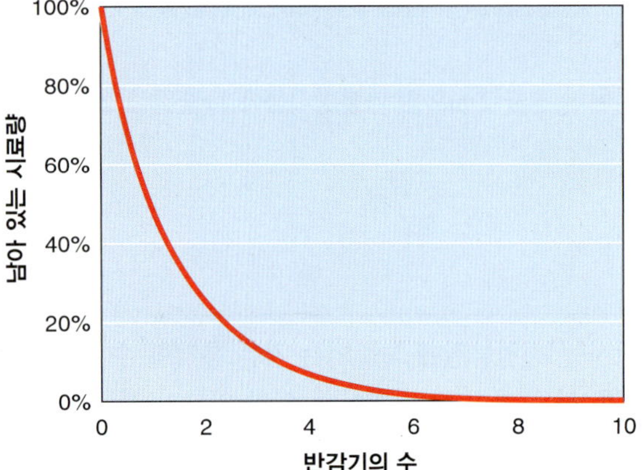

■ 그림 2.28

반감기 한 번의 반감기가 지나면 원래 시료 양의 50%가 붕괴된다. 두 번째 반감기에서는 25%가 남고, 세 번째 반감기에는 12.5%가 남는다.

반감기는 특정 동위원소가 자연에 얼마나 오랜 기간 존재하는지를 알아내는 데 중요한 역할을 한다. polonium-214 같은 아주 짧은 반감기(0.0016초)를 가진 방사성 동위원소들은 매우 빨리 붕괴되어 생성되자마자 곧바로 흡수된다. 우라늄-238 같이 매우 긴 반감기(45억 년)를 가진 방사성 동위원소들은 아주 서서히 붕괴되어 자연에 존재한다.

표 | 2.10 방사성 동위원소의 반감기와 붕괴형태

동위원소	반감기[a]	붕괴형태[b]
$^{214}_{84}Po$	0.0016 s	α
$^{11}_{6}C$	20 m	β^+
$^{24}_{11}Na$	15 h	β
$^{222}_{86}Rn$	3.8 d	α
$^{131}_{53}I$	8.1 d	β
$^{32}_{15}P$	14.3 d	β
$^{3}_{1}H$	12.3 y	β
$^{90}_{38}Sr$	28.1 y	β
$^{14}_{6}C$	5,730 y	β
$^{239}_{94}Pu$	24,000 y	α
$^{40}_{19}K$	1.3×10^9 y	β와 β^+
$^{238}_{92}U$	4.5×10^9 y	α

[a]단위: 초(s), 분(m), 시간(h), 일(d), 년(y)

[b]$^{214}_{84}Po$, $^{24}_{11}Na$, $^{222}_{86}Rn$, $^{131}_{53}I$, $^{239}_{94}Pu$, $^{40}_{19}K$, $^{238}_{92}U$도 감마선을 방사한다.

Did You Know?

반감기가 방사성 붕괴를 설명하는 데 사용되지는 않으나 제초제나 살충제를 논의할 경우 이들을 땅에 뿌렸을 때 그 양이 반으로 줄어드는 시간을 나타내는 반감기를 참고한다. 일반적인 제초제 2,4-D의 반감기는 10일이다. 약물의 경우 반감기는 체내에서 그 양이 반으로 줄어드는 데 걸리는 시간이다. 치과용 마취제 노보케인(Novocaine)의 반감기는 1.5에서 2시간이다.

예제 2.15

반감기 계산하기

심장박출량을 관찰하는 데에 사용되는 Rubidium-84의 반감기는 33일이다. 이 방사성 동위원소의 시료 10.0 mg은 99일 후에는 얼마나 남아 있을까?

전략

반감기가 33일이라는 것은 최초의 양이 얼마이든 33일 후에는 그것의 반이 남는다는 것을 의미한다. 다음 33일 후에는 남아 있는 양의 반이 남는다.

해답

1.25 mg

첫 번째 반감기(33일후), 5.00 mg 남음
두 번째 반감기(66일 후), 2.50 mg 남음
세 번째 반감기(99일 후), 1.25 mg 남음

연습문제 2.15

1.00 mg의 $^{84}_{37}Rb$가 0.0625 mg이 남을 때까지는 몇 일이 걸리나?

진단과 치료

앞에서 핵 방사능에 노출될 때 야기되는 건강상 문제를 언급했다. 그러나 흥미롭게도 방사성 동위원소가 질병을 진단하거나 치료할 때에 사용이 된다. 하지만 모든 방사성 동위원소가 의료용으로 적합한 것은 아니다. 의료용으로 사용하는 동위원소를 고려할 때 중요한 요인 중의 하나는 그것의 반감기이다. 방사성 동위원소의 반감기가 몇 시간에서 일주일 정도인 것을 일반적으로 선호하는데, 이는 방사

표 | 2.11 의학에서 사용되는 방사성 동위원소들

방사성 동위원소	사용
$^{24}_{11}Na$	혈관 폐색 검출
$^{32}_{15}P$	백혈병 치료; 눈의 종양 검출
$^{51}_{24}Cr$	비장 관찰; 소화기 질병 검출
$^{59}_{26}Fe$와 $^{52}_{26}Fe$	골수 질환 검출
$^{60}_{27}Co$	암 치료
$^{67}_{31}Ga$	림프종 치료; 전신 종양 스캔
$^{75}_{34}Se$	췌장 스캔
$^{84}_{37}Rb$	심장 박동 측정
$^{85}_{38}Sr$	뼈 스캔
$^{125}_{53}I$	전립선과 뇌종양 치료
$^{131}_{53}I$	갑상선 이상의 진단과 치료
$^{133}_{54}Xe$	폐 기능의 이상 검출
$^{137}_{55}Cs$	암 치료
$^{167}_{69}Tm$	뼈와 종양 스캔
$^{186}_{75}Re$	뼈, 전립선, 유방암의 통증 완화
$^{192}_{77}Ir$	체내 방사선 치료
$^{197}_{80}Hg$	뇌 스캔
$^{213}_{83}Bi$	알파 입자 치료
$^{225}_{89}Ac$	알파 입자 치료

성 원소가 의료 목적으로 쓰여지는 동안에 분해되어 없어지지 않고 사용 후에도 오랫동안 남아서 문제를 일으키지 않기 때문이다.

방사성 동위원소들은 건강진단 용도로 널리 사용되고 있다(표 2.11) Iodine-131($^{131}_{53}I$)은 갑상선의 상태를 관찰하는 데 사용되는데, 이는 암이나 갑상선기능 항진증, 다른 갑상선 질병이 생기면 갑상선에서 흡수되는 iodine의 흡수율에 특징적 변화가 일어나기 때문이다. 환자에게 $^{131}_{53}I$를 함유하는 물질을 투여한 후에 외부 방사능 검출기로 이 방사성 동위원소가 갑상선에 축적되는 속도를 측정하여 진단한다(그림 2.29).

양전자방출단층촬영(PET)이란 진단장비 역시 방사성 동위원소를 사용한다. PET는 글루코스(당) 대사과정, 산소사용량, 혈액의 흐름과 인체의 여러 생화학적 과정을 관찰하는 데 사용된다. 이때 양전자 방출 동위원소를 몸 안에 넣는데, PET에 사용되는 방사성 동위원소 Fluorine-18은 oxygen-18과 양전자로 붕괴된다.

$$^{18}_{9}F \longrightarrow {}^{18}_{8}O + {}^{0}_{1}\beta^{+}$$

방출된 양전자가 주변에 있는 원자의 전자와 충돌하면 서로 붕괴되어 2개의 감마선으로 변환되어 방출된다.

$$^{0}_{1}\beta^{+} + {}^{0}_{-1}e^{-} \longrightarrow 2\,{}^{0}_{0}\gamma$$

이때 나오는 감마신이 PET 스캐너로 검출되고 컴퓨터는 이런 정보를 이차원적 이미지로 만든다.

Fluorine-18은 인공적으로 만들어진 동위원소로서 반감기가 110분이다. 글루코스 대사과정 연구에 PET를 사용하기 위해서는 이와 같이 빠르게 붕괴되는 방사성 동위원소를 약 3시간 이전에 만들어 글

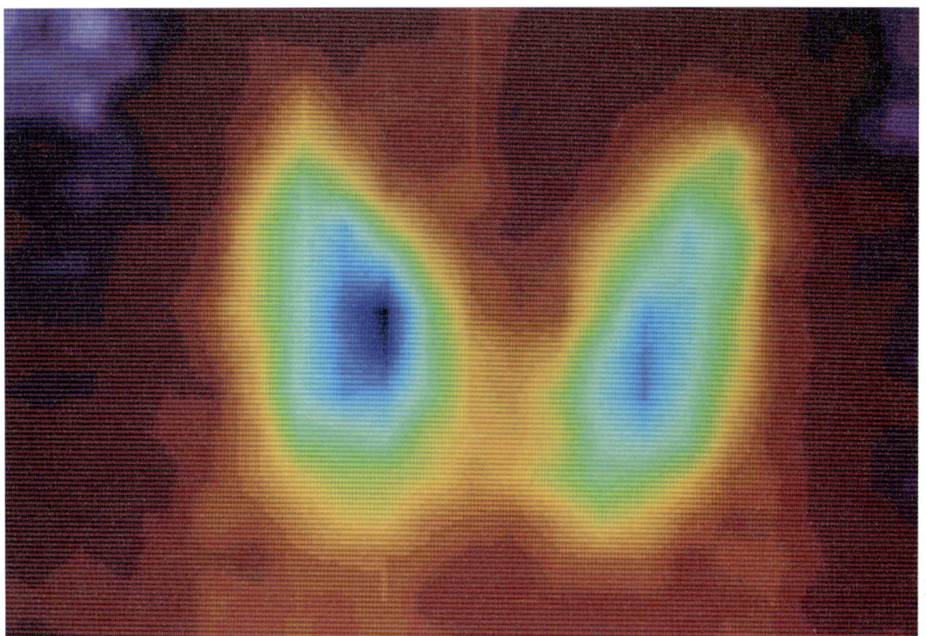

■ 그림 2.29

갑상선 스캔 환자에게 Iodine-131을 투여한 후 스캐너로 갑상선으로부터 방출되는 방사능을 측정한다.

루코스와 혼합하여 병원으로 보내야 한다. 대형병원에서는 자체적으로 cyclotron(방사성 동위원소를 만들기 위한)을 보유하고 있지만 대부분의 경우 ^{18}F이 부착된 글루코스를 외부에서 생산하여 병원으로 운반하여 사용한다.

이것은 방사성 물질이므로 차폐가 잘된 용기에 넣어 운반하여야 한다. 병원에서 환자는 차폐가 잘된 병실로 이송되어 방사성 동위원소가 부착된 글루코스 정맥주사를 맞는다. 이렇게 한 다음에 30분에서 90분 정도 조용히 앉아 환자의 몸속에서 움직이도록 한다. 방사성 동위원소가 붙은 당은 에너지가 가장 많이 요구되는 부분인, 예를 들어 뇌로 흘러가게 된다. 이후 뇌의 PET 스캔을 하여 전문가는 당이 어떻게 변화하는가를 보고 알쯔하이머 질환을 포함한 뇌 질병을 진단한다(그림 2.30).

암을 치료하기 위하여 여러 가지 형태의 처치를 한다. 암세포가 있는 조직이나 기관을 외과적 수술 방식으로 제거하기도 하며, 또 다른 형태의 암은 화학요법(약물)이나 면역요법(암세포를 공격하는 항체)을 이용하기도 한다. 방사선치료방법은 주로 이런 외과적 수술이나 화학요법 혹은 면역요법과 병행되어 사용된다.

갑상선항진증이나 갑상선암을 치료하기 위해 환자에게 진단시보다 높은 고농도의 $^{131}_{53}$I를 처방한다. 이 방사성 동위원소는 환자의 정상세포나 암세포 부위에 침적되었을 때 방사선을 방출하여 암세포들을 파괴하거나 죽인다.

방사선근접치료방법에서는 방사선물질을 인체내 종양 부근에 놓아 치료하는 방식이다. 예를 들어, 전립선암 치료의 경우 iodine-125나 palladium-103을 함유하는 작은 씨를 전립선에 넣어 몇 달간 방사선을 쬐어서 암세포를 사멸시키는 방법이다.

방사성 동위원소는 혈관성형술 후속 조치로도 사용되는데, 이것은 작은 풍선을 막힌 관상동맥에 넣는 방법이다. 풍선이 부풀 때 막힌 동맥이 열린다. 혈관성형술의 결과로 생긴 상처 조직은 동맥이 다시 막히

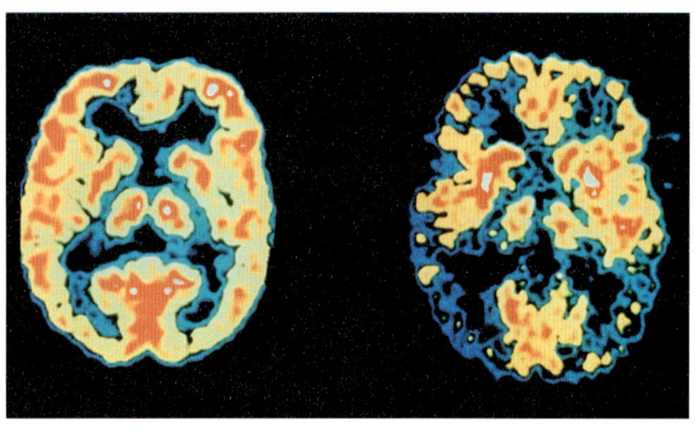

■ 그림 2.30

PET 뇌촬영 이 PET 영상은 뇌의 글루코스 사용을 추적한다. 왼쪽이 정상적 뇌의 영상이고 오른쪽은 알쯔하이머(Alzheimer) 질환 환자의 뇌이다. 오른쪽 영상의 더 진한 색들은 뇌 활동의 감소를 나타낸다.

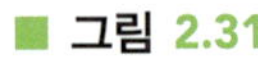

■ 그림 2.31

감마칼(gamma knife) 감마칼은 감마선을 환자 머리의 특정 부위에 강하게 쪼여서 뇌종양을 파괴하는 데 사용된다.

는 원인이 된다. 많은 경우 iridium-111이나 rhenium-188의 작은 알갱이를 새로 수술한 동맥에 약 20분 정도 놓아두면 상처가 감소되고 동맥이 열리는 것을 돕는다는 사실을 발견했다.

방사선치료사들은 cobalt-60이나 cesium-137이 방출하는 감마선을 이용하여 암세포들을 죽인다. 뇌수술의 한 방법으로 종양에 고강도의 감마선을 직접 쏜다. 재래적인 수술도구인 메스를 이용하는 것과 비교하여 이러한 감마칼을 이용하여 종양을 파괴하면 수술시 출혈의 양을 줄일 수 있다(그림 2.31). 방사선으로 인해 정상세포가 파괴되는 것을 최소화하려고 노력하지만 방사선치료에 의한 탈모, 메스꺼움, 백혈구의 손실 등과 같은 부작용이 일반적으로 나타난다.

예제 2.16

의료진단과 치료에 방사성 동위원소 사용

한 환자가 불소-18을 붙인 glucose를 사용한 PET 스캔을 마치자 이 검사를 시행한 기사는 몇 시간 동안은 방사능이 몸 안에 있으므로 가족들과 너무 가깝게 있어서는 안 된다고 조언했다.

a. 환자는 어떤 종류의 방사능을 방출하며 그것은 어떤 형태인가?

b. 환자가 방출한 방사능의 양은 몇 시간이 지나서야 처음 시행했을 때의 6.25% 수준으로 떨어지는가?

전략

a에서 스캐너에 의해 검출된 방사능의 형태를 알기 위해 PET의 자세한 사항을 살펴본다. b에 답하기 위해서는 불소-18의 반감기를 알아야 한다.

해답

a. 불소-18은 붕괴되어 양전자를 생성하는데, 이것은 가까이 있는 전자들과 충돌하여 감마 방사능을 생성한다. 감마선은 인체에 침투력이 매우 강하고 또 쉽게 나간다.

b. 불소-18의 반감기는 110분이다. 한 번의 반감기가 지난 후 시행한 방사성 동위원소의 50%가 남는다. 2번의 반감기 후 25%가 남는다. 3번의 반감기 후 12.5%, 4번째 후에 6.25%가 남는다.

$$4\text{반감기} = 4 \times 110\text{분} = 440\text{분} = 7\text{시간 } 20\text{분}$$

연습문제 2.16

질병의 진단과 치료에 사용된 방사성 동위원소는 비교적 짧은 반감기를 갖고 있다. 예를 들어, 요오드-131은 반감기가 8.1일이고 불소-18은 110분이다.

a. 긴 반감기를 갖고 있는 방사성 동위원소는 왜 사용되지 않는가?

b. 매우 짧은 반감기를 갖고 있는 방사성 동위원소는 왜 사용되지 않는가?

시중에 판매된 방사성 동위원소들

방사선은 1800년대 후반에 발견되었지만 방사능 노출이 건강에 얼마나 위험한지는 수십 년 동안 잘 알려지지 않았다. X-선을 연구한 최초 연구진들은 X-선의 수치를 측정할 수 있는 기구가 없었다. 방사선의 수치를 측정하기 위해 연구진들은 그들의 손을 방사선에 직접 쏘이고 피부가 붉어질 때까지의 시간을 재었다. 이 방법은 토마스 에디슨의 조수였던 Clarence Dally를 방사선으로 인해 사망에 이르게 하였다.

1900년대 초반에 방사능은 대중들의 관심을 사로잡았다. 기업들은 대중들의 관심을 이용하여 방사성 동위원소가 들어있는 제품들을 내놓기 시작했다.1930년대 독일에서는 라듐이 들어간 초콜릿을 살수 있었다. 이 알파 방사체는 재생 효과가 있는 것으로 광고되었다. 독일인들은 방사선 초콜릿을 먹은 뒤 반짝이고 빛나는 치아를 보장하는 도라마드 방사선 치약(Doramad Radioactive Toothpaste)으로 이를 닦았다. 이 치약은 방출체인 토륨(thorium)을 함유하고 있었다. 1930년대에 팔린 Tho-Radia라는 프랑스 제품의 페이스 크림과 파우더 또한 토륨과 라듐을 포함하고 있었다. Tho-Radia의 인기는 방사성 물질이 젊고 아름답게 만들어 준다는 믿음에서부터 비롯된 것이었다.

비슷한 시기에 미국에서는 다량의 라듐이 함유된 특허 약들이 시중에 나와 있었다. 이런 약들은 빈혈, 통풍, 발기부전, 류마티즘, 매독 등의 치료제로 쓰였다. 1950년대 초에 아이들은 Gilbert U-238 Atomic Energy Lab(그림 2.32)을 사달라고 하였는데, 이 과학세트는 방사능 우라늄 광석과 아연, 납, 류테늄(ruthenium) 등의 방사성 동위원소들이 포함된 '150개가 넘는 흥미로운 실험' 키트였다.

AP/The Knoxville News Sentinel, Saul Young

■ 그림 2.32

원자 에너지 실험실 1950년대 초에 신예 과학자들은 방사성 물질을 가지고 실험할 수 있었다.

CT와 MRI 영상

임상 전문가들에게는 부상이나 질병을 진단하는 데 여러 기관이나 조직의 영상들이 도움이 된다. 이런 의료용 영상들은 X-선이나 라디오 파장을 사용한다.

X-선은 감마선보다 약간 적은 에너지를 가지는 일종의 전자기 방사선이다. X-선을 의학적으로 사용할 때 환자를 X-선 물질과 X-선 필름 사이에 둔다. X-선은 다양한 조직에 의해 흡수되는데 신체를 통과하는 X-선만이 검출된다(그림 2.33).

X-선을 완전히 차단하는 조영제는 특정한 구조를 두드러지게 표시하기 위해 사용된다. 예들 들면 소화기관을 자세히 보기 위해 바륨이 첨가된 물질을 경구 투여하거나 관장한다.

그리스어로 자른다는 의미인 tomos에서 나온 tomography는 물체의 다양한 2차원적 영상을 얻는 새로운 기술이다. 컴퓨터화된 tomography(CT)와 컴퓨터 단층 촬영(CAT)은 X-선 기술과 컴퓨터 기술이 합해져 생겼다. CT 촬영을 하기 위해 X-선의 가는 광선이 환자 주위를 도는데, 이때 컴퓨터와 연결된 검출기가 환자를 통과하는 X-선의 위치나 세기 등을 측정한다. 이러한 정보는 인체를 3차원적으로 볼 수 있게 한다(그림 2.34).

전자기 방사선은 X-선이나 감마선 같은 높은 에너지 형태로 존재하지만 라디오 파장 같이 낮은 에너지 형태로도 존재한다. X-선이나 감마선처럼 라디오 파장도 의학적으로 쓰인다. MRI(Magnetic Resonance Imaging)는 라디오 파장이 hydrogen-1을 포함한 특정 원자핵을 가진다는 사실에 의해 만들어졌다. 강

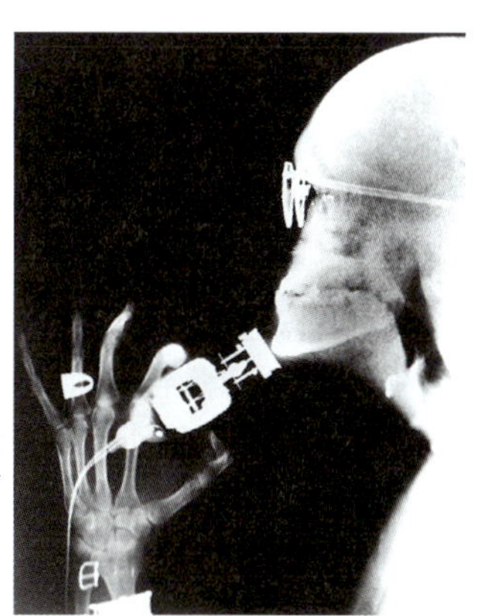

© Bettmann/Corbis.

■ 그림 2.33

X-선 이 X-선 영상은 뼈의 구조를 자세히 보여준다. X-선은 안경이나, 반지, 시계, 전기면도기는 통과하지 못한다.

한 자장이 형성된 상태에서 적당한 에너지를 가진 라디오 파장이 수소 핵 주위를 돌며 원자의 화학적 배경에 관한 정보를 주는 방식이다. 소프트웨어를 이용하여 이런 원자 신호들을 그림 2.35에 있는 이미지로 바꾼다.

이런 전형적인 MRI 장치에서 자기장은 지구 자기장보다 25,000배 더 크고 냉장고 자석보다 150배 강하다. MRI의 자기장 세기가 강하므로 금속물질들을 주의해야 한다. 이런 이유로 환자들이 MRI 스캔을 하기 전에 반지나 귀금속을 제거해야 한다.

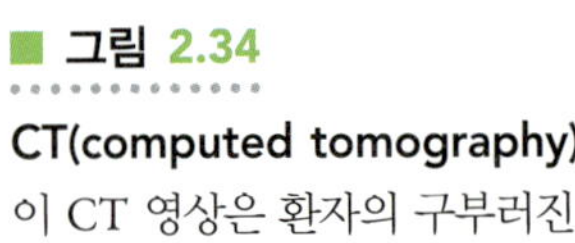

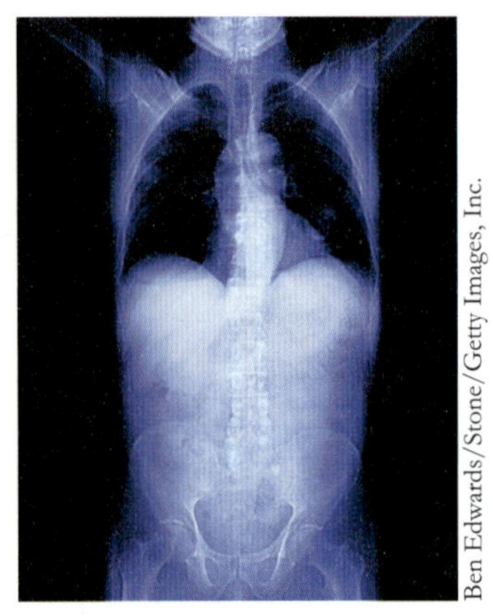

Ben Edwards/Stone/Getty Images, Inc.

■ 그림 2.34

CT(computed tomography) 이 CT 영상은 환자의 구부러진 척추를 나타낸다.

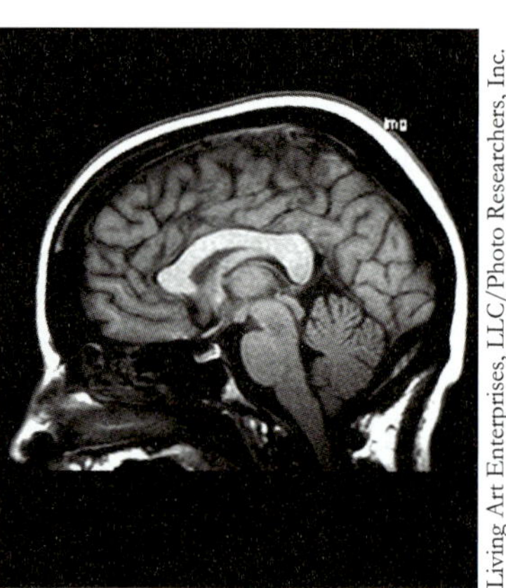

Living Art Enterprises, LLC/Photo Researchers, Inc.

■ 그림 2.35

MRI(magnetic resonance imaging) 이 MRI는 환자의 뇌를 보여준다.

도서관에서 ... 재방문

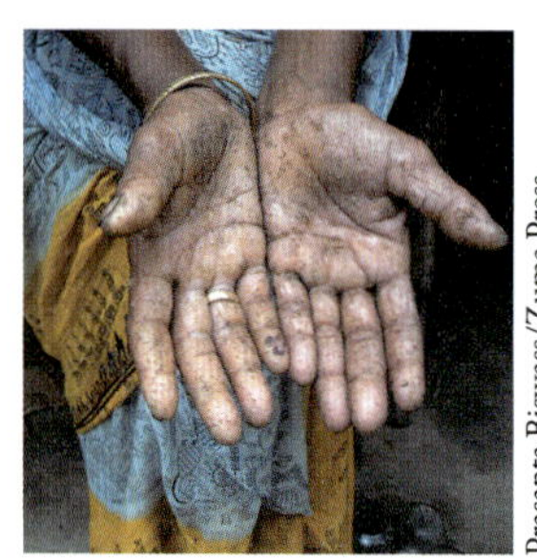

Prasanta Biswass/Zuma Press.

오랫동안 지표수는 방글라데시의 주된 식수원이었다. 대부분의 지표수(연못, 강, 하천)는 박테리아와 여러 가지 해로운 미생물로 오염되어 있었기 때문에 이질, 콜레라, 여러 가지 형태의 위장병은 이 나라 공중 보건의 큰 문제였다. 깨끗한 식수를 공급하기 위해 유엔아동기금(UNICEF)은 방글라데시에 관우물을 설치하기 시작했다. 관우물이란 지하 대수층에 5~7 cm 지름의 파이프를 삽입하고 수동 펌프를 설치한 것을 말한다. 2000년도에는 수백만 개의 관우물이 80%가 넘는 방글라데시인들에게 박테리아가 없는 식수를 제공하였다.

그러나 그 지역의 대수층이 자연적으로 생산되는 비소를 함유하고 있다는 사실은 불행하게도 알지 못하였다. 분석을 거친 대부분 관우물의 물은 1리터당 50(μg)이 넘는 비소를 함유하고 있었다. 세계보건기구(WHO)는 비소의 최대 안전 복용량을 1리터당 10(μg)로 지정하고 있다. 방글라데시인의 약 삼분의 일은 비소로 오염된 물을 마실 위험이 있다고 추정된다.

비소는 미네랄과 흙에서 발견되는 5A 중간금속이다. 비소 중독 증상 중에는 손과 발바닥, 팔, 다리, 가슴 등의 부위에 나타나는 피부병변 등이다(사진 참조). 또한 비소 중독은 폐, 위, 장에 염증 유발, 적혈구와 백혈구의 수 저하, 피부, 폐, 간 암을 초래한다.

현재 방글라데시에 있는 관우물들은 안전성 검사를 거치고 있으며, 사람들에게 비소로 오염된 물을 마실 경우에 일어날 위험성에 대해 교육 중이다. 비소로 인한 문제점의 해결 방안은 정수, 또는 비소가 없는 더 깊은 곳에서 새 우물을 파는 것이다.

THINKING IT THROUGH

1. 식수와 관련된 어떤 문제가 방글라데시의 공중보건 문제인가?
2. 5A 원소그룹에 포함되어 있는 2개의 주기적 특성을 설명하시오.

CHAPTER 2의 목적

	목표	요약	절	예제와 연습문제	총정리 문제
1.	**원자**의 아원자 구조(subatomic structure)를 설명하시오.	**양성자**(질량 = 1 amu, 전하 = 1+)와 **중성자**(질량 = 1 amu, 전하 = 0)는 **핵** 안에 있고 **전자**(질량 = 0.00055 amu, 전하 = 1−)는 핵 주위에 퍼져 있다.	2.1	2.1	2.3~2.8
2.	**원소**와 **원자**를 정의하시오.	**원소(element)**는 원자를 구성하는 물질이다. **원자기호(atomic symbol)**는 원소 이름의 약자이다.	2.2		2.11, 2.12
3.	**미량 원소** 및 **영양섭취 기준**을 정의하시오.	**미량원소(trace element)**는 체중의 0.1% 이하를 차지하나 신체가 적절한 기능을 하는 데 필요하다. **영양섭취기준(Dietary Reference Intakes, DRIs)**은 영양소 일일 섭취 권장량이다. 영양섭취기준은 **영양권장량(Recommended Dietary Allowance, RDA)**으로 되어 있는데, 이는 건강한 사람에게 필요한 영양소의 97~98%를 충족시키는 일일 영양섭취량이다. **적정 섭취량(Adequate Intake, AI)**은 사람에게 필요한 것을 충족시킨다고 믿는 영양소의 일일 섭취량이다(RDA가 가능하지 않을 때 사용됨). **최대섭취허용수준(Tolerable Upper Intake Level, UL)**은 안전하게 먹을 수 있는 최대 섭취량이다.	2.3	2.2	2.13~2.20
4.	**원자번호**와 **질량수**로 원자핵을 표시하는 방법과 원소의 동위원소들 간의 차이점을 설명하시오.	원자의 양성자수는 **원자번호(atomic number)**이고 양성자수와 중성자수를 더한 것이 **질량수(mass number)**이다. 동위원소는 한 원소의 원자들의 중성자수가 다르다.	2.4	2.3, 2.4	2.21~2.38
5.	**주기율표**에서 원소들을 배열하는 법과 **원자 무게**에 대해 정의하시오.	**금속**은 주기율표의 왼쪽에, **비금속**은 오른쪽에, **중간 금속**은 가운데 있다. 같은 칼럼의 원소들은 같은 그룹에 속하고 같은 줄에 있는 원소들은 같은 주기에 속한다. 원자 무게는 자연에 있는 원소의 동위원소들의 평균질량이다.	2.5	2.5, 2.6	2.39~2.48
6.	**몰**과 **몰 질량**에 대해 정의하시오.	1몰은 6.02×10^{23}개체를 말한다. 1**몰의 질량**(g)은 그 원소의 원자 무게와 같다(amu).	2.6	2.7, 2.8	2.48~2.64
7.	원자핵 주위의 전자 위치를 표시하는 데 있어 **보어 모델**과 **양자역학 모델** 간의 차이점과 **최외각 전자**를 정의하고 **전자의 점구조**를 설명하시오.	**보어 모델(Bohr model)**은 전자가 고정된 궤도에서 핵 주위를 돌고 있다고 설명한다. **양자역학 모델(quantum mechanical model)**에서는 전자들이 핵을 둘러싼 궤도에 있다. **최외각 전자(valence electrons)**는 원자의 가장 높은 에너지 레벨에 채워진 가장 높은 수의 전자이다. **전자 점구조(electron dot structure)**에서 각각의 최외각 전자는 원자기호 옆에 점으로 표시한다.	2.7	2.9~2.11	2.65~2.76
8.	**방사성 동위원소**들에 의해 방출되는 4종류의 방사선을 설명하고 핵 반응식을 만드시오.	**알파 입자(alpha particle)**는 2개의 양성자와 2개의 중성자로 구성되어 있고 **베타 입자(beta particle)**는 전자 1개로, **양전자(positron)**는 양전하를 띤 전자 1개로 되어 있으며 **감마선(gamma ray)**은 높은 에너지의 전자기 방사선이다. **핵 반응식**에서 원자핵과 아원자 입자의 질량수의 합과 전하의 합은 반응식의 양쪽이 같다.	2.8	2.12, 2.13	2.77~2.92
9.	**반감기**와 **기본 방사능**을 설명하고 방사능으로부터 보호하기 위한 차폐방법과 방사능을 질병의 진단과 치료에 사용하는 방법을 설명하시오.	**반감기(half-life)**는 시료에 들어 있는 원자들이 반으로 붕괴되는 데 걸리는 시간이다. **기본 방사능(background radiation)**은 자연적으로 발생하는 **방사성 동위원소(radioisotopes)**들과 우주광선에서 나오는 방사능이다. 효과적인 차폐방법은 방사능의 종류에 따라 다르다. 알파 입자는 종이로 막을 수 있고 베타 입자는 얇은 플라스틱이나 금속으로, 감마선은 두꺼운 층의 콘크리트나 납으로 막을 수 있다. Iodine-13은 갑상선 진단에 사용되고 더 높은 농도로 암을 치료한다. 감마선의 광선은 암세포를 죽이는 데 사용된다.	2.9	2.14~2.16	2.93~2.114

총정리 문제

색으로 표시된 문제의 해답은 부록 C에 있다.
좀 더 어려운 문제는 *표로 표시하였다.

2.1 2개의 핵을 명시하고 이런 핵 방사능이 어떤 종류인지 나타내시오.

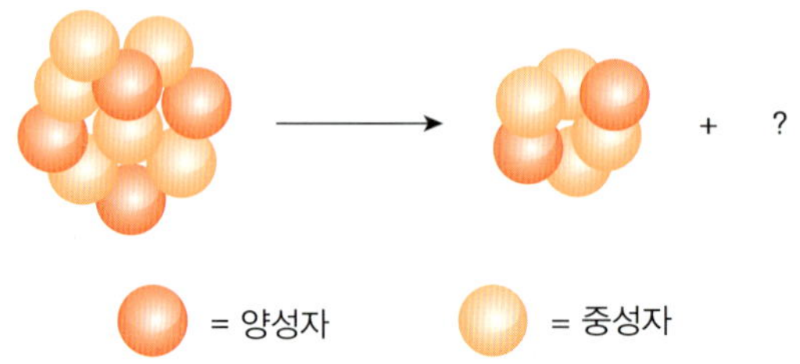

2.2 2개의 핵을 명시하고 이런 핵 방사능이 어떤 종류인지 나타내시오.

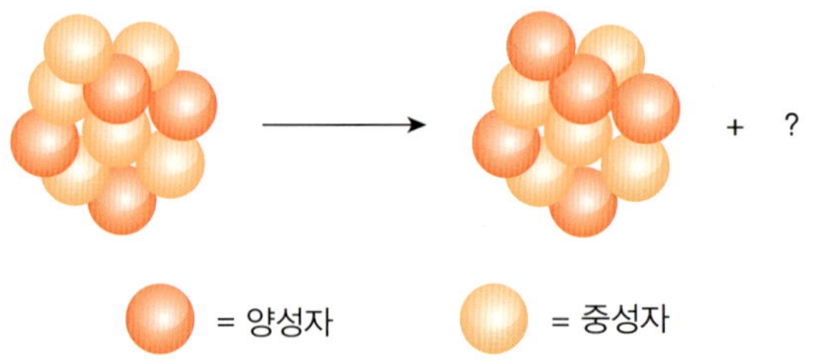

2.1 원자

2.3 원자의 핵이 왜 +극성을 가지는가?

2.4 원자의 대부분의 질량이 왜 핵에 존재하는가?

***2.5** **a.** 수소 원자의 지름은 5.3×10^{-11} m이다. 이 지름을 나노미터(nanometers)와 피코미터(picometers)로 나타내시오.
b. 수소 원자를 나란히 놓을 때 1인치(1인치 = 2.54 cm) 거리에 몇 개의 수소 원자가 들어가는가?

***2.6** **a.** 셀슘(celsium) 원자는 지름이 2.98×10^{-10} m이다. 이 지름을 나노미터(nanometers)와 피코미터(picometers)로 나타내시오.
b. 셀슘 원자를 나란히 놓을 때 1인치(1인치 = 2.54 cm) 거리에 몇 개의 셀슘 원자가 들어가는가?

2.7 주석 원자는 지름이 145 pm이다. 어떤 원자의 핵이 이것보다 100,000배 더 작으면 주석 원자핵의 지름은 얼마인지 피코미터로 나타내시오.

2.8 탄소 원자는 지름이 67 pm이다. 어떤 원자의 핵이 이것보다 100,000배 더 작으면 탄소 원자핵의 지름은 얼마인지 피코미터로 나타내시오.

2.2 원소

2.9 다음 원소의 원자기호(symbol)를 쓰시오.
a. iron **b.** iodine **c.** helium **d.** hydrogen

2.10 다음 원소의 원자기호를 쓰시오.
a. nickel **b.** nitrogen **c.** neon **d.** neptunium

2.11 탄소, 칼슘, 염소, 구리, 코발트 원소는 인체에 존재한다. 각 원소에 알맞은 원소 기호와 짝지으시오: Co, Cu, Ca, C, Cl

2.12 질소, 니켈, 칼륨, 인, 소듐, 황 원소는 인체에 존재한다. 각 원소에 알맞은 원소 기호와 짝지으시오: N, Na, Ni, P, K, S

2.3 미량 원소와 비타민

2.13 인체에 가장 많은 4가지 원소들의 이름과 원자기호를 쓰시오.

2.14 4가지 미량 원소들의 이름과 원자기호를 쓰시오.

2.15 표 2.4에서 어떤 원소들은 RDA이고 다른 원소들은 AI이다. 이유는 무엇인가?

2.16 사람의 식이 요구를 충족시키는 영양소 양을 측정하는 데 RDA와 AI 중 어느 것이 더 나은가?

2.17 NAS 식단표에서는 셀레늄(selenium)의 DRIs를 일일당 μg으로 보고했다. 표 2.4에서 1일당 mg으로 나타낸 것을 μg으로 바꾸시오.

2.18 NAS 식단표에서는 요오드(iodine)의 DRIs를 1일당 μg으로 보고했다. 표 2.4에서 1일당 mg으로 나타낸 것을 μg으로 바꾸시오.

2.19 마카로니와 치즈 상자에 표시된 영양정보에는 1회 제공량에 칼슘 일일권장량의 20%가 들어있다고 한다. 이것은 칼슘 몇 mg인가? (표 2.4 참고)

2.20 쿠키 한 팩에 표시된 영양정보에는 1회 제공량에 철 일일권장량의 1%가 들어있다고 한다. 이것은 철 몇 mg인가? (표 2.4 참고)

2.4 원자수와 질량수

2.21 각각의 핵에는 몇 개의 양성자와 중성자가 존재하나?
a. ${}^{19}_{9}F$ **b.** ${}^{23}_{11}N$ **c.** ${}^{238}_{92}U$

2.22 각각의 핵에는 몇 개의 양성자와 중성자가 존재하나?
a. ${}^{133}_{54}X$(폐 기능장애 탐지에 사용)

b. $^{75}_{34}Se$(췌장 스캔에 사용)
c. $^{84}_{37}Rb$(심박출량 측정에 사용)

2.23 각 원자의 원자번호와 질량수를 쓰시오.
a. 중성자 2개인 헬륨 원자
b. 중성자 3개인 리튬 원자
c. 중성자 10개인 네온 원자

2.24 각 원자의 원자번호와 질량수를 쓰시오.
a. 중성자 6개인 보론 원자
b. 중성자 12개인 마그네슘 원자
c. 중성자 16개인 인 원자

2.25 문제 2.23에서 설명한 각 원자의 원자 표기법으로 나타내시오.

2.26 문제 2.24에서 설명한 각 원자의 원자 표기법으로 나타내시오.

2.27 각 원자의 중성자수를 쓰시오.
a. $^{40}_{18}Ar$　b. $^{42}_{20}Ca$　c. $^{50}_{23}V$

2.28 각 원자의 중성자수를 쓰시오.
a. $^{28}_{14}Si$　b. $^{35}_{17}Cl$　c. $^{55}_{25}Mn$

2.29 각 원소의 중성 원자에 존재하는 전자수를 쓰시오.
a. 구리　b. 칼슘　c. 염소

2.30 각 원소의 중성 원자에 존재하는 전자수를 쓰시오.
a. 카드뮴　b. 칼리포늄(californium)　c. 코발트

2.31 다름 표를 완성하시오.

이름	칼슘		구리
원자 표기		$^{13}_{6}C$	
양성자수			29
중성자수			34
원자번호	20		
질량수	40		

2.32 다름 표를 완성하시오.

이름	수소		철
원자 표기		$^{41}_{19}C$	
양성자수	1		
중성자수			30
원자번호			
질량수	1		

2.33 다음 중 원소의 방사성 동위원소에 대한 설명이 틀린 것은?
a. 양성자수가 같다.
b. 질량수가 같다.
c. 원자번호가 같다.

2.34 다음 중 원소의 방사성 동위원소에 대한 설명이 틀린 것은?
a. 원소 기호가 같다.
b. 중성자수가 같다.
c. 같은 수의 양성자와 중성자수를 가진다.

2.35 동위원소들은 어느 것인가?
$^{64}_{28}Ni$, $^{64}_{30}Zn$, $^{65}_{29}Cu$, $^{65}_{30}Zn$

2.36 동위원소들은 어느 것인가?
$^{35}_{17}Cl$, $^{37}_{17}Cl$, $^{35}_{18}Ar$, $^{37}_{19}K$

2.37 자연에 $^{85}_{37}Rb$(질량 = 84.91 amu)와 $^{87}_{37}Rb$(질량 = 86.91 amu)으로 나타나는 Rubidium은 원자 무게가 85.47 amu이다. 우세한 동위원소는 어느 것인가?

2.38 자연에 $^{16}_{8}O$(질량 = 16.00 amu)와 $^{17}_{8}O$(질량 = 17.00 amu)로 나타나는 산소는 원자 무게가 16.00 amu이다. 지배적인 동위원소는 어느 것인가?

2.5 주기율표

2.39 금속의 물리적 특성 몇 가지를 쓰시오.

2.40 비금속의 물리적 특성 몇 가지를 쓰시오.

2.41 각 그룹에 속하는 원소 2개를 찾으시오.
a. 할로겐　b. 불활성 기체

2.42 각 그룹에 속하는 원소 2개를 찾으시오.
a. 알카리 금속　b. 알카리 토금속

2.43 3주기에 있는 대표적인 비금속 원소 2개를 쓰시오.

2.44 4주기에 있는 대표적인 금속 원소 2개를 쓰시오.

2.45 두 원소 중 좀 더 금속인 것은?
a. Na과 Cl　b. O와 Te

2.46 두 원소 중 좀 더 금속인 것은?
a. Al과 S　b. Ca과 Mg

2.47 cesium과 francium 중 어느 원자가 더 큰가?

2.48 francium과 radium 중 어느 원자가 더 큰가?

2.6 몰

2.49 리튬 원자의 수와 리튬 몰에 관련된 변환계수 2개를 쓰시오.

2.50 질소 원자의 수와 질소 몰에 관련된 변환계수 2개를 쓰시오.

2.51 a. 리튬 3.01×10^{23}은 리튬 몇 몰인가? (문제 2.49 참고)
b. 리튬 0.525몰에는 리튬 원자가 몇 개 있는가?

2.52 a. 질소 1.03×10^{18}는 질소 몇 몰인가? (문제 2.50 참고)
b. 질소 1.53몰에는 질소 원자가 몇 개 있는가?

2.53 칼슘의 g과 칼슘의 몰에 관련된 변환계수 2개를 쓰시오.

2.54 철의 g과 철의 몰에 관련된 변환계수 2개를 쓰시오.

2.55 a. 칼슘 126 g은 칼슘 몇 몰인가? (문제 2.53 참고)
b. 칼슘 2.25몰은 칼슘 몇 g인가?

2.56 a. 철 90.7 g은 철 몇 몰인가? (문제 2.54 참고)

b. 철 6.88×10^{-2}몰은 철 몇 g인가?

2.57 알미늄 2.00몰에는 몇 개의 원자가 있는가?

2.58 우라늄 0.470몰에는 몇 개의 원자가 있는가?

2.59 소듐 7.25×10^{12}은 몇 몰인가?

2.60 칼륨 4.82×10^{6}은 몇 몰인가?

2.61 **a.** 헬륨의 원자 무게는?
b. 헬륨의 몰 질량은?
c. 헬륨 5.00몰의 질량(g)은?
d. 헬륨 8.85×10^{-5}몰 안에 있는 헬륨 원자의 수는?
e. 헬륨 원자 3.39×10^{20}의 질량(g)은?

2.62 **a.** 마그네슘의 원자 무게는?
b. 마그네슘의 몰 질량은?
c. 마그네슘 5.00몰의 질량(g)은?
d. 마그네슘의 8.85×10^{-5}몰 안에 있는 마그네슘 원자의 수는?
e. 마그네슘 원자 3.39×10^{20}의 질량(g)은?

***2.63** 보론 3.45 mg 안에 다음과 같은 것이 얼마나 있는가?
a. 보론 g **b.** 몰 **c.** 보론 원자

***2.64** 실리콘 3.45 ng 안에 다음과 같은 것이 얼마나 있는가?
a. 실리콘 g **b.** 몰 **c.** 실리콘 원자

2.7 전자 배열

2.65 헬륨은 수소와 다른 방출 스펙트럼을 갖는다. 그 차이를 설명하시오.

2.66 네온 전구는 붉은 오렌지 빛을 내고 소듐 전구는 노란 빛을 낸다. 방출 스펙트럼이란 용어로 그 차이를 설명하시오.

2.67 주기율표를 사용하여 각 원자의 에너지 레벨 1~3까지에 있는 전자수를 나타내시오.
a. Be **b.** N **c.** Cl

2.68 주기율표를 사용하여 각 원자의 에너지 레벨 1~3까지에 있는 전자수를 나타내시오.
a. B **b.** C **c.** Mg

2.69 각 원자의 최외각 전자수를 나타내시오.
a. H **c.** C **e.** Ne
b. Be **d.** Br

2.70 각 원자의 최외각 전자수를 나타내시오.
a. Li **c.** Al **e.** P
b. Si **d.** Kr

2.71 각각 총전자수, 최외각 전자수, 최외각 전자가 있는 에너지 레벨을 쓰시오.
a. He **b.** Xe **c.** Te **d.** Pb

2.72 각각 총전자수, 최외각 전자수, 최외각 전자가 있는 에너지 레벨을 쓰시오.
a. Br **b.** Kr **c.** As **d.** I

2.73 원소 112의 중성 원자는
a. 총전자가 몇 개인가?
b. 최외각 전자는 몇 개인가?
c. 어느 에너지 레벨에 최외각 전자가 있는가?
d. 최외각 에너지 레벨은 꽉 차 있는가?

2.74 원소 114의 중성 원자는
a. 총전자가 몇 개인가?
b. 최외각 전자는 몇 개인가?
c. 어느 에너지 레벨에 최외각 전자가 있는가?
d. 최외각 에너지 레벨은 꽉 차 있는가?

2.75 각 원자의 전자 점구조를 그리시오.
a. Na **b.** Cl **c.** Ar **d.** S

2.76 각 원자의 전자 점구조를 그리시오.
a. K **b.** Se **c.** Ca **d.** O

2.8 방사성 동위원소

2.77 **a.** 알파 입자는 무엇인가?
b. 알파 입자가 헬륨핵과 어떻게 유사한가?
c. 알파 입자는 헬륨핵과 어떻게 다른가?

2.78 **a.** 베타 입자는 무엇인가?
b. 알파 입자는 전자와 어떻게 다른가?

2.79 **a.** 양전자는 무엇인가?
b. 양전자는 베타 입자와 어떻게 유사한가?
c. 양전자는 베타 입자와 어떻게 다른가?

2.80 **a.** 감마선은 무엇인가?
b. 감마선은 라디오 파장과 어떻게 유사한가?
c. 감마선은 라디오 파장과 어떻게 다른가?

2.81 각 핵 반응식에서 빠진 생성물을 찾으시오.
a. ${}^{32}_{15}P \longrightarrow ? + {}^{0}_{1}\beta^{+}$ **c.** ${}^{40}_{19}K \longrightarrow {}^{40}_{18}Ar + ?$
b. ${}^{40}_{19}K \longrightarrow ? + {}^{0}_{-1}\beta$

2.82 각 핵 반응식에서 빠진 생성물을 찾으시오.
a. ${}^{14}_{8}O \longrightarrow ? + {}^{0}_{1}\beta^{+}$ **c.** ${}^{14}_{6}C \longrightarrow ? + {}^{0}_{-1}\beta$
b. ${}^{3}_{1}H \longrightarrow {}^{3}_{2}He + ?$

2.83 **a.** ${}^{203}_{83}Br$에서 알파 입자가 소실되는 핵 반응식을 쓰시오.
b. ${}^{17}_{9}F$에서 양전자가 소실되는 핵 반응식을 쓰시오.

2.84 **a.** ${}^{35}_{16}S$에서 알파 입자가 소실되는 핵 반응식을 쓰시오.
b. ${}^{27}_{12}Mg$에서 베타 입자가 소실되는 핵 반응식을 쓰시오.

2.85 각 과정의 핵 반응식을 쓰시오.
a. ${}^{187}_{80}Hg$이 알파 입자를 방출한다.

b. $^{266}_{88}Ra$ 이 알파 입자를 방출한다.
c. $^{238}_{92}U$ 이 알파 입자를 방출한다.

2.86 **a.** $^{142}_{62}Sm$에서 양전자가 소실되는 핵 반응식을 쓰시오.
b. $^{148}_{62}Sm$에서 알파 입자가 소실되는 핵 반응식을 쓰시오.
c. $^{157}_{62}Sm$에서 베타 입자가 소실되는 핵 반응식을 쓰시오.

2.87 $^{197}_{80}Hg$, 베타 입자와 감마방사체가 뇌 스캔에 사용된다. 이 방사성 동위원소에서 베타 입자 1개와 감마선 1개가 소실되는 핵 반응식을 쓰시오.

2.88 $^{170}_{72}Hf$에서 베타 입자 1개와 감마선 1개가 소실되는 핵 반응식을 쓰시오.

2.89 iodine-128에서 양전자가 소실되는 핵 반응식을 쓰시오.

2.90 **a.** 전자 포획이라 불리는 형태의 핵 붕괴에서 전자구름으로부터 전자가 핵으로 떨어진다. Iodine-128은 X-선과 또 다른 생산물을 만들면서 전자를 포획당한다. 이 과정에 맞은 핵 반응식을 쓰시오.

$$^{128}_{53}I + ^{0}_{-1}e^{-} \longrightarrow ? + ^{0}_{0}\text{x-ray}$$

b. a의 반응에서 새로 생긴 원자만 볼 때 이것이 양전자로부터 전자포획이라 할 수 있는가?

***2.91** 연속 방사선 붕괴에서는 하나의 방사성 동위원소가 다른 것으로 붕괴되고 그것이 다시 붕괴하고 등등. 예를 들어, 우라늄-238의 경우 14번의 붕괴를 거쳐 우라늄-206이 된다. 우라늄-238을 시작으로 처음 붕괴시에 알파 입자를 방출하고 두 번째 붕괴에서는 베타 입자를, 세 번째 붕괴에서는 베타 입자를 방출한다. 세 반응의 핵 반응식을 쓰시오.

***2.92** 연속 방사선 붕괴에서 우라늄-235의 11번째 단계에서 납-207이 된다. 우라늄-235를 시작으로 처음 붕괴시에 알파 입자를 방출하고 두 번째 붕괴에서는 베타 입자를, 세 번째 붕괴에서는 알파 입자를 방출한다. 세 반응의 핵 반응식을 쓰시오.

2.9 의학에서의 방사성 동위원소

***2.93** 연기 탐지기에는 알파 방출체가 포함되어 있다. 방사능의 종류와 연기 탐지기가 설치된 위치를 고려했을 때 연기 탐지기는 방사능 노출의 위험을 야기하는가? 설명하시오.

2.94 박테리아 오염으로 인한 질병들이 증가하여 2008년에 미국 식품의약청은 상추와 시금치의 방사선 조사를 허가하였다. 방사선 조사 과정에서 강력한 X-선과 감마선으로 인해 식재료에 있는 박테리아는 소멸된다. 방사선 조사를 거친 시금치는 방사성일까? 설명하시오.

***2.95** 진단을 위해 쓰이는 방사성 동위원소는 베타, 감마, 또는 양전자이다. 왜 알파 방출체는 진단용으로 쓰이지 않는가?

2.96 간호사는 정맥주사로 방사성 동위원소가 투여된 방사선 치료를 받은 환자를 돌보고 있다. 간호사 본인의 안전을 위하여 방사성 동위원소의 어떠한 정보를 알면 도움이 되겠나?

***2.97** 방사능 50 rem에 노출되면 구토와 일시적인 백혈구 수의 감소를 경험한다.
a. 이 값을 Sv(seiverts)로 바꾸시오.
b. 방사능의 공급자가 알파 방출체라고 가정하여 이 값을 라드(rads)로 바꾸시오.
c. 방사능의 공급자가 베타 방출체라고 가정하여 이 값을 라드(rads)로 바꾸시오.

***2.98** 방사능 100 rem에 노출되면 두통과 감염 위험이 높아지는 방사선 병을 유발한다.
a. 이 값을 Sv(seiverts)로 바꾸시오.
b. 방사능 물질원이 알파 방출체라고 가정하여 이 값을 라드(rads)로 바꾸시오.
c. 방사능 물질원이 베타 방출체라고 가정하여 이 값을 라드(rads)로 바꾸시오.

***2.99** 당신의 몸에 대략 자연적으로 생성되는 칼륨-40이 0.1 μCi 있다. 이 μCi(microcuries) 수는 각각 얼마나 분해되나?
a. 초(second) **b.** 분(minute)?

***2.100** Becquerel(Bq)은 방사능 측정에 사용되는 SI 단위인데, 초당 1 붕괴로 정의된다. 1 Becquerel은 몇 퀴리인가?

2.101 $^{59}_{26}Fe$는 반감기가 45일인 베타 방출체이고 철 이온을 관찰하는 데 사용된다.
a. 이 방사성 동위원소 붕괴에 관한 핵 반응식을 쓰시오.
b. 몸 안의 방사성 동위원소가 단지 방사선의 붕괴에 의해 제거된다고 가정할 때 환자의 몸에 단지 투여된 $^{59}_{26}Fe$ 양의 25%만 남으려면 며칠이 지나야 하는가?

2.102 뇌를 스캔하기 위해 사용되는 방사성 동위원소인 $^{197}_{80}Hg$는 66시간의 반감기를 갖는다.
a. 처음 1.00 mg의 $^{197}_{80}Hg$를 사용했을 때 264시간 후에는 몇 mg의 동위원소가 남겠는가?
b. 이 동위원소는 1개의 중성자($^{1}_{0}n$)와 1개의 감마선을 방출하며 붕괴한다. 이 붕괴 과정의 핵 반응식을 쓰시오.

2.103 phosphorus-32는 반감기가 14.3일이다. 이 방사성 동위원소의 시료 2.00 μg으로 시작하여
a. 2번의 반감기 후에는 몇 μg(microgram)이 남겠는가?
b. 42.9일 후에는 몇 mg이 남겠는가?
c. phosphorus-32의 양을 0.125 μg으로 떨어뜨리는 데 며칠이 걸리는가?

2.104 bismuth-213은 반감기가 47분이다. 이 방사성 동위원소의 시료 1.00 μg으로 시작하여
a. 3번의 반감기 후에는 몇 μg(microgram)이 남겠는가?
b. 94분 후에는 몇 μg(microgram)이 남겠는가?
c. bismuth-213의 양을 0.125 μg으로 떨어뜨리는 데 몇 분이 걸리는가?

***2.105** **a.** neon-19는 양전자 방출체로 반감기가 20초이다. 이 방사성 동위원소로부터 양전자가 소실되는 핵 반응식을 쓰시오.

b. neon-24는 베타 방출체로 반감기가 200초이다. 이 방사성 동위원소로부터 베타 입자가 소실되는 핵 반응식을 쓰시오.

c. neon-24는 2 μg으로 시작하여 200초 후에는 몇 μg(microgram)이 남겠는가?

d. 200초 안에 neon-19의 반감기가 몇 번 지날까?

***2.106** **a.** 산소-15는 양전자 방출체로 반감기가 120초이다. 이 방사성 동위원소로부터 양전자가 소실되는 핵 반응식을 쓰시오.

b. 산소-19는 베타 방출체로 반감기가 30초이다. 이 방사성 동위원소로부터 베타 입자가 소실되는 핵 반응식을 쓰시오.

c. 산소-15 1 μg과 산소-19 1 μg이 포함된 시료는 120초 기다린 후에 각각 몇 μg(microgram)이 남겠는가?

2.107 **a.** 화학적 용어로 핵 방사선에 노출되는 것은 왜 해로운가?

b. 단기간 고농도의 방사선에 노출되는 효과는 무엇인가?

c. 고농도의 방사선물질은 무엇인가?

2.108 **a.** 모든 사람이 낮은 농도의 방사능에 노출된다. 기본방사능의 두 가지 원천은 무엇인가?

b. 기본방사능에 노출되는 것과 연관된 부정적인 건강상 효과는?

2.109 **a.** 알파 입자, 베타 입자, 감마선 중 가장 쉽게 차폐되는 것은?

b. 가장 어렵게 차폐되는 것은 a의 방사능 종류 중 어느 것인가?

2.110 알파 방출체는 내부로 들어가는 가장 위험한 형태의 방사성 동위원소이다. 왜 그런가?

2.111 양전자 방출기이며 반감기가 8.2시간인 $^{52}_{26}Fe$는 PET 척수 스캔에 사용된다.

a. 이 방사선 붕괴의 핵 반응식을 쓰시오.

b. 이 스캔에 사용되는 검출기는 감마선을 측정한다. 양전자의 방출이 어떻게 감마선의 형성에 연관이 되는지를 설명하시오.

c. 몸 안의 방사성 동위원소가 단지 방사선의 붕괴에 의해 제거 된다고 가정할 때 환자의 몸에 투여된 $^{52}_{26}Fe$ 25%만 남으려면 시간이 얼마나 지나야 하는가?

d. $^{52}_{26}Fe$ 양전자 붕괴의 생성물은 또 다른 양전자를 방출하는 동위원소이다. 이 생성물의 핵 반응식을 쓰시오.

2.112 iodine-125를 함유하는 화합물은 수초의 PET 스캔에 사용된다. 수초는 신경세포를 둘러싸고 격리시키는 물질이다.

a. iodine-125는 어떤 종류의 방사능을 방출하는가?

b. PET 스캐너는 몸에서 나오는 어떤 종류의 방사능을 검출하는가?

c. iodine-125는 반감기가 짧은가? 아니면 긴가? 이유는 무엇인가?

2.113 방사선 물질 주입 치료법(brachytheraphy)은 무엇인가?

2.114 감마칼(gamma knief)은 무엇인가?

HealthLink | 안정한 동위원소와 약물 시험

2.115 **a.** 탄소의 안정한 동위원소 두 가지는 무엇이며 자연계에 우세한 것은 무엇인가?

b. 자연에서 발견된 대부분의 탄소와 비교해 볼 때 식물과 동물에는 조금 더 가벼운 탄소의 동위원소가 약간 더 많고 조금 더 무거운 동위원소가 약간 적게 있다. 이유를 설명하시오.

2.116 테스토스테론의 합성과 천연을 구분하기 위해 사용된 안정한 탄소 동위원소의 양은 얼마인가?

HealthLink | 납

2.117 고대 로마에서는 어떤 식으로 납을 사용했고 배관이란 용어와 관련되어 사용한 것 중의 하나는 어떤 것인가?

2.118 **a.** 납에 노출되는 것을 왜 염려해야 하는가?

b. 납에 노출되는 것을 감소시킬 수 있는 단계는 무엇인가?

BiochemistryLink | 생체발광

2.119 전자는 루시페린에 의한 빛생성에 어떻게 관여하는가?

2.120 생체발광의 생물학적 기능은 어떤 것이 있는가?

HealthLink | 시판된 방사성 동위원소들

2.121 Tho-Radia 크림과 파우더 화장품에는 왜 thorium과 radium이 있는가?

2.122 **a.** 온라인 검색 중에 어떤 사람이 Gilbert U-238Atomic Energy Lab 과학세트를 판매하는 것을 우연히 보았다. 이것은 어린이를 위해 고안된 것이기는 하나 현재의 부모들이 아이들에게 허락한다는 것은 상상하기 어렵다. 이것이 처음 팔린 1950년대 이래로 무엇이 바뀌었는가?

HealthLink | CT와 MRI 영상

2.123 **a.** Health Link에 있는 두 가지 테크닉 중 하나는 '침투하는'으로 간주된다. 이 용어의 의미는 무엇인가?

b. 이것은 어느 기술에 적용되는가?

2.124 어떤 경우에 CT와 MRI에 의해 만들어진 영상이 비슷하다. 어느 것을 택할 것인가?

심화학습

2.125 2006년 후반에 전 러시아 스파이가 음식에 든 소량의 polonium-210로 독살당했다. 그는 며칠 후에 사망하였다.

a. polonium의 원자기호는 무엇인가?
b. polonium-210 원자는 양성자와 중성자가 각각 몇 개인가?
c. 알파 입자의 구조를 그리시오.
d. polonium-210은 알파 입자를 방출한다. 이 과정의 핵 반응식을 쓰시오.
e. polonium-210의 반감기는 138일이다. 2 μg의 시료가 5번의 반감기 후에 얼마나 남을 것인가?
f. 종이 몇 장으로 알파 입자를 막을 수 있다면(그림 2.27) polonium-210이 왜 그렇게 독성을 띠는가?

2.126 **a.** holmium의 원자기호는 무엇인가?
b. holmium-151 원자는 양성자와 중성자가 각각 몇 개인가?
c. holmium-151은 양전자나 알파 입자를 방출하여 붕괴하는 방사성 동위원소이다. holmium-151으로부터 양전자가 방출되는 핵 반응식을 쓰시오.
d. holmium-151으로부터 알파 입자를 잃는 핵 반응식을 쓰시오.
e. holmium-151은 양전자를 방출할 때 특별한 방사성 동위원소로부터 생성된다. 이 핵 반응식을 쓰시오.
f. holmium-151은 알파 입자를 방출할 때 특별한 방사성 동위원소로부터 생성된다. 이 핵 반응식을 쓰시오.
g. holmium-151의 반감기는 36초이다. 360초 후에는 초기 holmium-151 시료의 몇 퍼센트가 남을 것인가?

연습문제 해답

2.1 **a.** 양성자와 중성자; **b.** 양성자와 전자
c. 양성자와 중성자

2.2 0.04 mg

2.3 **a.** 원자번호 = 8, 질량수 = 18;
b. 원자번호 = 17, 질량수 = 37

2.4 $^{31}_{15}P$와 $^{28}_{15}P$

2.5 10.8 amu

2.6 S

2.7 **a.** 3.7×10^{23} 원자; **b.** 4.8×10^{-12}몰

2.8 **a.** 2.53 g; **b.** 0.860 g

2.9 모두 가장 높은 에너지 레벨에 전자 2개가 있다.

2.10 **a.** 4; **b.** 3; **c.** 3; **d.** 7

2.11 **a.** :K̈r:; **b.** ·Ba·

2.12 $^{213}_{83}Bi \rightarrow ^{209}_{81}Ti + ^{4}_{2}\alpha$

2.13 $^{192}_{77}Ir \rightarrow ^{192}_{76}Os + ^{0}_{1}\beta^{+}$

2.14 2 mSv = 200 mrem = 10 mrad = 0.1 mGy

2.15 132일

2.16 **a.** 사용 후 오래 남아 있으면 건강상 문제를 일으킨다.
b. 의도한 목적대로 사용하기 전에 붕괴된다.

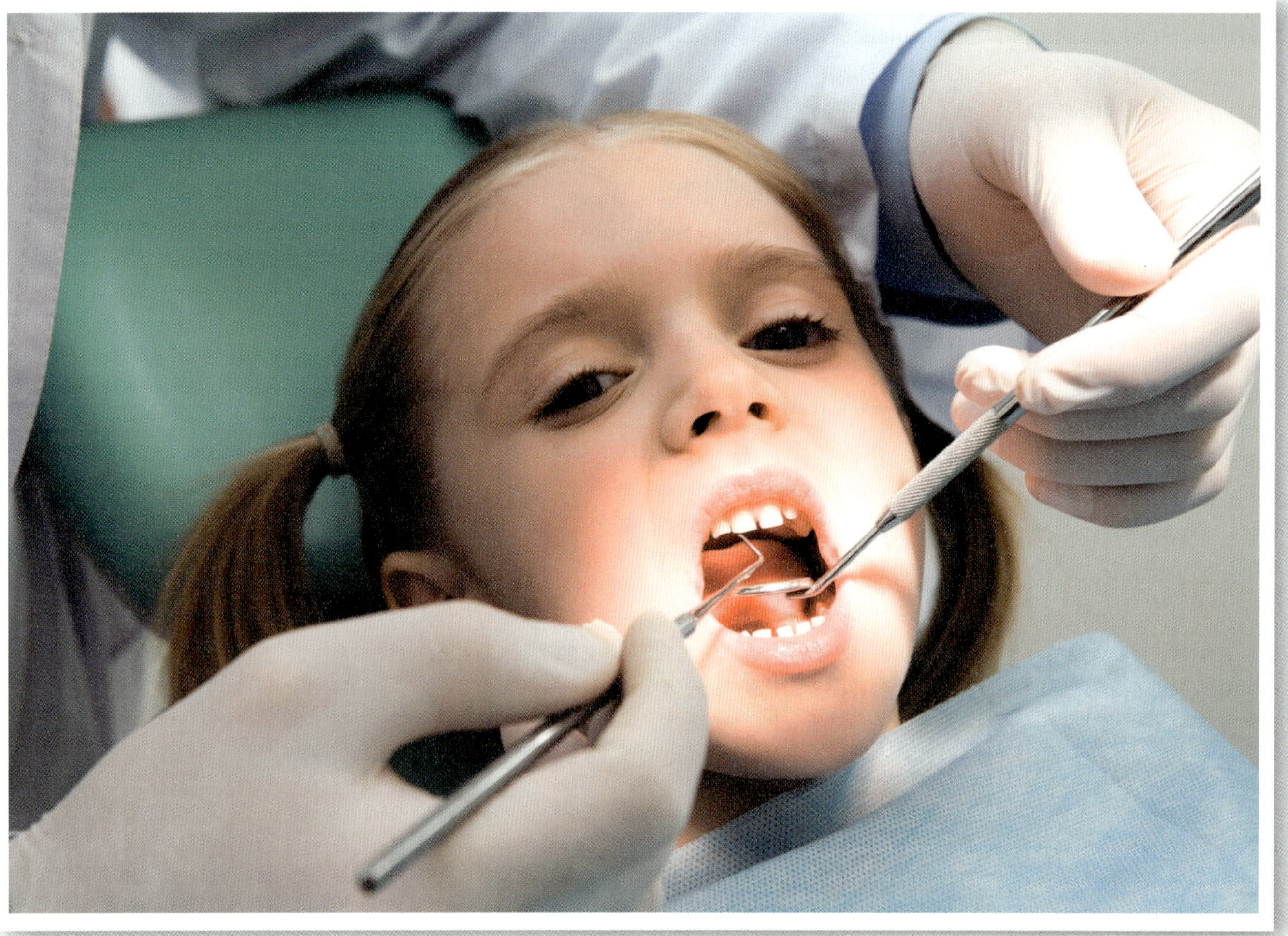

© Dmitriy Shironosov/iStockphoto

치과에서

새로운 곳으로 이사 온 뒤, 이 소녀는 처음으로 치과에 갔다. 치위생사에게 스케일링을 받고 의사에게 치료를 받은 후 소녀는 엄마가 기다리고 있는 대기실로 돌아갔다. 치위생사는 소녀의 엄마에게 진료가 잘 끝났다고 설명하고 종이 한 장을 건네며 말했다. "아시는지 모르겠지만 이 지역의 물에는 불소가 첨가되어 있지 않습니다. 불소제 처방을 고려해 보시기 바랍니다. 관심이 있으시면 여기에 처방전이 있습니다."

3 화합물

본 장에 관하여

풍선 속의 헬륨이나, 공기 중의 질소와 산소, 그리고 온도계 속의 수은 등은 원소들이다(오직 한 종류의 원자만 포함한다). 이들은 일상생활에서 쉽게 접할 수 있는 순수한 원소의 몇 가지 예이다. 화합물(2개 이상의 원소가 화학 결합한 물질)을 접할 기회가 훨씬 더 많을 것이다. 이 장에서는 여러분의 치아에 있는 화합물을 비롯해서 원자들이 다른 원자들과 서로 결합하여 화합물을 이루는 여러 가지 방법들을 살펴보겠다.

CHAPTER 3의 목적

이 장을 끝내고 나면, 여러분들은 다음과 같은 것들을 할 수 있을 것이다. 즉:

1. 이온의 정의와 단원자 양이온과 음이온의 명명법을 정의할 수 있다.
2. 다원자 양이온과 음이온의 명명법을 말할 수 있다.
3. 대표적인 원소들의 전자 점구조가 단원자 이온의 전하를 예측하는 데 어떻게 사용되는지에 관한 설명을 할 수 있다.
4. 이온 화합물과 이원자 분자의 이름과 구조식을 알 수 있다.
5. 비금속 원자가 이루는 공유결합의 수를 예측하고 전자 점구조와 루이스 분자 구조(Lewis structures)를 그릴 수 있다.
6. 화학식량(formula weight)과 분자량(molecular weight)의 정의와 화합물의 몰 질량(molar mass)을 이용하여 몰과 질량을 포함하는 식으로 전환할 수 있다.

3.1 | 이온들

앞에서 원자는 그 핵 속에 있는 양성자와 중성자의 수로 표기하는 것을 배웠다. 또한 중성인 원자는 양성자수와 전자수가 같다는 것을 알았다. 예를 들면, $^{1}_{1}H$ 원자는 양성자 1개와 전자 1개가 있고, $^{3}_{1}H$ 원자는 양성자 1개, 중성자 2개, 전자 1개를 갖고 있으며, $^{12}_{6}C$는 양성자 6개, 중성자 6개, 전자 6개를 가지고 있다.

원자나 원자 그룹이 전자를 얻거나 잃을 때는 **이온(ion)**이 형성된다. 이온의 양성자수와 전자수는 같지 않다. 먼저 이온들의 몇 가지 예를 살펴보고, 특정한 이온들이 어떻게 형성되는지는 이 장의 뒷부분에서 설명할 것이다.

만약에 리튬(Li)이 전자를 잃으면, 1+ 전하를 띠는 이온, Li^+가 이 된다(그림 3.1*a*). 이 같은 **단원자 이온**(**monoatomic ion**, 하나의 원자로부터 생성됨)은 +전하를 띤 양성자 3개와 −전하를 띤 전자 2개를 갖기 때문에 1+ 전하를 띤다(원자 표기법에서 단원자 이온의 전하는 원자 기호 오른쪽 위에 표시한다).

	양성자	전자	전하	이름
Li	3	3	0	리튬
Li^+	3	2	1+	리튬 이온

■ 이온은 양성자와 중성자의 수가 다르다.

Li^+와 같이 + 전하를 띠는 이온을 **양이온(cation)**이라 한다. 대표적인 원소들(1A~8A 그룹)로부터 생성된 단원자 양이온은 원자의 원소와 같은 이름이 붙여진다. 따라서 Li^+의 경우 리튬 이온이 된다.

중성 칼슘 원자에서 2개의 전자를 제거하면 2+ 전하를 띤 칼슘 이온이 생성되는데, 이는 전자보다 양성자수가 2개 더 많기 때문이다.

	양성자	전자	전하	이름
Ca	20	20	0	칼슘
Ca^+	20	18	2+	칼슘 이온

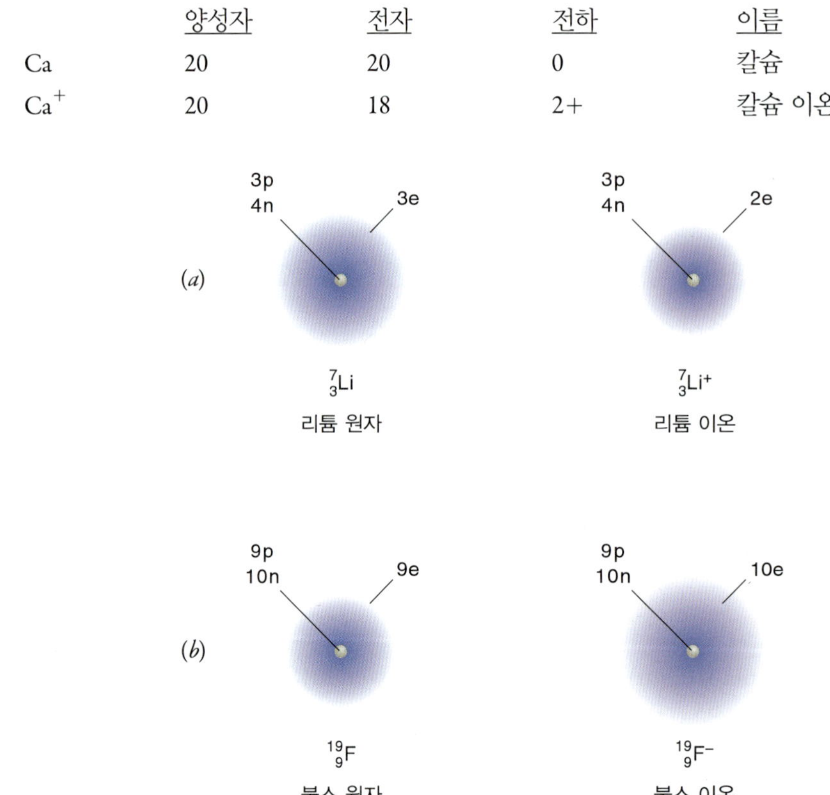

■ **그림 3.1**

이온들 (*a*) $^{7}_{3}Li$은 양성자 3개, 중성자 4개, 전자 3개를 갖고 있다. 단원자 양이온은 본래의 원자보다 더 작다. (*b*) $^{19}_{9}F$는 양성자 9개, 중성자 10개, 전자 10개를 갖고 있다. 단원자 음이온은 본래의 원자보다 더 크다.

어떤 전이 금속(1B~8B 그룹)들은 몇 가지 다른 양이온을 형성할 수 있다. 예를 들어, 철 이온의 경우 2+ 또는 3+ 전하를 띤다.

	양성자	전자	전하	이름
Fe	26	26	0	철
Fe^{2+}	26	24	2+	철(II) 이온
Fe^{3+}	26	23	3+	철(III) 이온

전이 금속 이온에 이름을 붙일 때 로마숫자를 사용하여 전하를 표시한다. 즉, Fe^{2+}는 철(II) 이온이고 Fe^{3+}는 철(III) 이온, Cu^{+}는 구리(I) 이온이고 Cu^{2+}는 구리(II) 이온이다.

예제 3.1

단원자 양이온의 명명

각 이온의 이름은?

a. Mg^{2+} b. Co^{2+} c. Mn^{2+}

전략

단원자 양이온의 이름을 정하기 위해서는 그것이 전이 금속 이온인지 확인해야 한다. 만일 그렇다면 그 이온의 전하를 이름에 포함시켜야 한다.

해답

a. 마그네슘 이온 b. 코발트(II) 이온 c. 망간(II) 이온

연습문제 3.1

각 이온의 이름은?

a. Sc^{3+} b. Ti^{2+} c. Sr^{2+}

전이 금속 이온의 다른 명명법은 보다 적은 전하를 띤 이온에는 접미어 ous를 사용하고 보다 큰 전하에 접미어 ic를 붙이는 것이다. 이와 같은 체계를 사용할 경우 Fe^{2+}는 ferrous 이온, Fe^{3+}는 ferric 이온, 그리고 Cu^{+}는 cuprous 이온, Cu^{2+}는 cupric 이온이 된다. 이 명명법은 로마숫자로 표시하는 것보다 쉽지 않은데, 왜냐하면 이름에서 직접 전하를 알 수 없기 때문이다. 또한 철 이온이나 구리 이온 같은 경우에는 원소의 라틴어 이름을 써서 표시하기도 한다(철은 *ferrum*, 구리는 *cuprum*).

표 | 3.1 전이 금속 이온들

원자	이온	이름	다른 이름
크롬(Chromium)	Cr^{2+}	크롬(II) 이온	Chromous ion
	Cr^{3+}	크롬(III) 이온	Chromic ion
구리(Copper)	Cu^{+}	구리(I) 이온	Cuprous ion
	Cu^{2+}	구리(II) 이온	Cupric ion
철(Iron)	Fe^{2+}	철(II) 이온	Ferrous ion
	Fe^{3+}	철(III) 이온	Ferric ion
주석(Tin)	Sn^{2+}	주석(II) 이온	Stannous ion
	Sn^{4+}	주석(IV) 이온	Stannic ion

■ 양이온은 양전하를 띠고 음이온은 음전하를 띤다.

어떤 원자들은 전자를 얻어 **음전하를 띤 이온**, 즉 **음이온(anion)**을 생성한다. 불소(F)가 전자를 얻으면 1− 전하를 띤 이온 F^-가 생성된다. 단원자 음이온은 원소의 이름 뒷부분에 *ide*을 붙여 명명하는데, 불소로부터 생성된 음이온의 이름은 fluoride 이온이라고 부른다(그림 3.1*b*).

	양성자	전자	전하	이름
F	9	9	0	불소
F^-	9	10	1−	불소 이온(Fluoide ion)

산소가 2개의 전자를 얻으면 oxide 이온으로 된다.

	양성자	전자	전하	이름
O	8	8	0	산소
O^{2-}	8	10	2−	산소 이온(Oxide ion)

■ 다원자 이온은 2개 이상의 원자를 갖고 있다.

많은 이온들은 **2개 이상의 원자들로부터** 만들어진다. 이를 **다원자 이온(polyatomic ion)**이라 한다. 예를 들면, 암모늄 이온(NH_4^+)과 탄산 이온(CO_3^{2-})이 있다. 단원자 이온의 경우처럼 다원자 이온의 전하는 총 양성자수와 전자수가 같지 않기 때문에 생긴다. 암모늄 이온(NH_4^+)은 1 개의 질소 원자와 4개의 수소 원자 그리고 총 10개의 전자를 갖고 있다.

	양전자					전자	전하
암모늄 이온(NH_4^+)	7(질소로부터)	+	4 × 1(수소로부터)				
	7	+	4	=	11	10	1+

탄산 이온(CO_3^{2-})은 탄소 원자 1개와 산소 원자 3개로 구성되었고 총 전자수가 32개이다.

	양전자					전자	전하
탄산 이온(CO_3^{2-})	6(탄소로부터)	+	3 × 8(산소로부터)				
	6	+	24	=	30	32	2−

제4장에서는 다원자 이온의 원자들이 서로 어떻게 결합되어 있는지에 관해 알아볼 것이다.

표 3.2는 일반적인 다원자 이온들을 나타낸다. PO_4^{3-}, HPO_4^{2-}, $H_2PO_4^-$는 그들이 갖고 있는 수소 원자의 수만 다른 경우이다. 이런 이온들의 이름은 갖고 있는 수소 원자 수에 따라 붙여진다. PO_4^{3-}는 수소 원자가 없으므로 phosphate 이온이라 하고, HPO_4^{2-}는 1개의 수소 원자를 가지므로 hydrogen

표 | 3.2 다원자 이온들

	화학식	이름	화학식	이름
양이온				
	H_3O^+	하이드로늄 이온(Hydrobromic ion)	NH_4^+	암모늄 이온(Ammonium ion)
음이온				
	OH^-	수산화물 이온(Hydroxide ion)	HSO_4^-	황산수소염 이온(Hydrogen sulfate ion)
	CO_3^{2-}	탄산염 이온(Carbonate ion)	PO_4^{3-}	인산염 이온(Phosphate ion)
	HCO_3^-	탄산수소 이온(Hydrogen carbonate ion)	HPO_4^{2-}	인산수소 이온(Hydrogen phosphate ion)
	NO_2^-	질산 이온(Nitrite ion)	$H_2PO_4^-$	인산이수소 이온(Dihydrogen phosphate ion)
	NO_3^-	질산 이온(Nitrate ion)	$Cr_2O_7^{2-}$	중크롬산염 이온(Dichromate ion)
	SO_3^{2-}	황산 이온(Sulfite ion)	$CH_3CO_2^-$	아세트 이온(Acetate ion)
	SO_4^{2-}	황산 이온(Sulfate ion)	CN^-	시안화 이온(Cyanide ion)

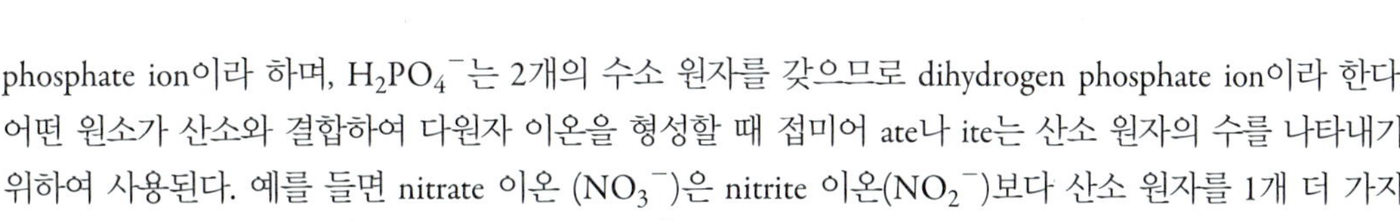

phosphate ion이라 하며, $H_2PO_4^-$는 2개의 수소 원자를 갖으므로 dihydrogen phosphate ion이라 한다. 어떤 원소가 산소와 결합하여 다원자 이온을 형성할 때 접미어 ate나 ite는 산소 원자의 수를 나타내기 위하여 사용된다. 예를 들면 nitrate 이온 (NO_3^-)은 nitrite 이온(NO_2^-)보다 산소 원자를 1개 더 가지고 있고, sulfate 이온(SO_4^{2-})은 sulfite 이온 (SO_3^{2-})보다 산소 원자를 1개 더 가진다.

표 3.2에 있는 대부분의 다원자 이온들은 살아 있는 생명체에 상당한 양이 있고 생존하는 데 필수적이다. 예를 들어, Hydrogen carbonate ion(HCO_3^-)은 인체조직에서 폐에 CO_2를 전달하는 데 관여한다.

3.2 | 8전자 규칙

특정한 이온이 어떻게 형성되는지 알기 위해서는 원자 핵 주위의 전자 배열상태를 알아야 한다. 한 가지 방법은 여러 에너지 레벨에 분포된 전자들을 살펴보는 것이다. 수소 원소에서 칼슘 원소까지의 전자배열이 표 2.6에 표시되어 있다.

다른 방법으로는 전자의 점구조를 사용하는 것이다. 여기서는 최외각 전자(valaence electrons, 원자의 가장 높은 에너지 레벨에 있는 전자)를 점으로 표시한다. 최외각 전자수는 그룹의 번호와 같다(그림 3.2).

헬륨(He), 네온(Ne), 아르곤(Ar), 크립톤(Kr), 제논(Xe), 라돈(Rn) 등의 원소를 불활성 기체라 한다. 불활성 기체란 원소들이 잘 변하지 않으며, 특정한 경우를 제외하고는 전자들을 잃거나 받아들이지 않는다. 이처럼 변화하지 않고 안정한 성질은 원자들의 최외각 전자수와 관계가 있다. 예를 들어, 헬륨이나 네온의 경우 최외각 껍질(valence shells)에 전자가 다 차있기 때문에 안정하다. 즉, 헬륨 원자의 에너지 레벨 $n = 1$에는 2개의 전자가 채워져 있고, 네온 원자의 에너지 레벨 $n = 2$에는 전자 8개가 채워졌다(그림 3.2)

원자가 최외각 전자를 8개까지 채우기 위해 최외각에 있는 전자를 얻거나 잃거나 공유하는 원자의 특성을 **8전자 규칙(octet rule)**이라 한다. 이로 인해 이들 원자가 불활성 기체에서와 같은 안정된 전자 배열을 하게 되는 효과를 갖는다.

■ 8전자 규칙(octet)은 안정한 전자 배열이다.

8전자 규칙으로 이온 형성을 이해할 수 있다. 예를 들어, 전자 점구조에서 보면 중성 불소 원자는 7개의 최외각 전자를 갖고 있다. 1개의 전자를 더해서 8전자 규칙을 충족하고 1− 전하를 띠는 불소 이온(fluorude ion)이 된다. 할로겐 원자도 같은 식으로 행동한다. 즉, 염소(chlorine), 브롬(bromine), 요오드(iodine)도 각각 7개의 최외각 전자를 갖고 있어서 8전자 규칙을 만족시키기 위해 1개의 전자가 필요하다(표 3.3).

산소와 그 외의 다른 6A 그룹 비금속 원자(S와 Se)들은 항상 2− 전하를 띠는 단원자 음이온을 형성한다. 각각은 중성상태에서 6개의 최외각 전자를 가지고 있어 2개의 전자를 더 얻어서 8전자 규칙을 충족시켜야 한다. 질소(nitrogen)와 인(phosphorus)과 같은 5A 그룹의 비금속 원자들은 5개의 최외각 전자를 가지고 있어서 3개의 전자를 얻어서 8전자 규칙에 맞는 3− 전하를 띤 음이온이 된다. 탄소

1A	2A	3A	4A	5A	6A	7A	8A
H·							He:
Li·	·Be·	·B·	·C·	·N·	·O·	:F:	:Ne:
Na·	·Mg·	·Al·	·Si·	·P·	·S·	:Cl:	:Ar:
K·	·Ca·						

■ 그림 3.2

최외각 전자 같은 그룹의 대표적인 원소들은 최외각 전자수가 같다. 이것은 최외각 전자를 전자 점구조로 나나낸 것이다.

표 | 3.3 대표적인 원소들의 원자와 이온[a]

전자 점구조	그룹	에너지 레벨당 전자수 $n = 1$	$n = 2$	$n = 3$	$n = 4$
비금속					
:F̤̈: 불소 원자	7A	2	**7**		
:F̤̈:⁻ 불소 이온		2	**8**		
·Ö· 산소 원자	6A	2	**6**		
:Ö:$^{2-}$ 산소 이온		2	**8**		
·P̤̈· 인 원자	5A	2	8	**5**	
:P̤̈:$^{3-}$ 인 이온		2	8	**8**	
금속					
Na· 소듐 원자	1A	2	8	**1**	
Na^{+} 소듐 이온		2	**8**	0	
·Ca· 칼슘 원자	2A	2	8	8	**2**
Ca^{2+} 칼슘 이온		2	8	**8**	0
·Al̇· 알루미늄 원자	3A	2	8	**3**	
Al^{3+} 알루미늄 이온		2	**8**	0	

[a]진하게 표시한 것이 최외각 전자수이다.

(carbon)의 경우 4개의 최외각 전자를 갖으므로 4개의 전자를 잃거나 얻어서 8전자 규칙에 맞게 되리라 생각할 수 있지만, 일반적으로 3개 이상의 전자를 잃거나 얻기가 어려운데, 이는 생성되는 이온의 전하가 너무 크기 때문이다. 탄소 원자는 다른 방법에 의해 8전자 규칙을 충족시키는데, 이것은 3.4절에서 살펴보겠다.

■ 비금속은 전자를 얻고 금속은 전자를 잃는다.

앞에서 보았듯이, 비금속 원자들은 8전자 규칙을 충족하기 위해 전자를 얻는 반면, 금속 원자들은 전자를 잃는다. 소듐(sodium) 원자의 경우 11개의 전자들이 3개의 에너지 레벨에 분포된다. 즉, $n = 1$의 에너지 레벨에 2개의 전자, $n = 2$의 에너지 레벨에 8개의 전자, 그리고 $n = 3$ 에너지 레벨에 전자 1개가 있다. 소듐 원자가 $n = 3$ 에너지 레벨에 있는 최외각 전자를 잃으면 그 결과 새로운 최외각 껍질에 8개의 전자를 갖는 양이온이 된다(표 3.3).

소듐 원자의 전자 점구조에서 보면 에너지 레벨 3에 최외각 전자가 1개 있다. 소듐 이온이 전자 1개를 잃으면 에너지 레벨 3은 비게 된다. 소듐 이온 (Na^+)의 전자 점구조에서 원래의 최외각 껍질이 비워졌다는 것을 강조해 보이기 위하여 아무런 전자 점도 표시하지 않는다.

소듐 같이 1A 그룹은 1+ 전하를 띠는 양이온을 형성한다. 2A 그룹 금속 전자(2개의 최외각 전자)와 3A 그룹 금속 전자(3개의 최외각 전자)는 전하가 2+, 3+을 띠는 양이온을 형성한다.

이온의 전하를 예측하는 데 사용하는 8전자 규칙과 전자 점구조는 전이 금속 원자들에 관해 항상 적용되지는 않는데, 대부분의 전이 금속 원자들은 8전자 규칙을 충족시키기 위해 필요한 전자를 잃지 않기 때문이다. 예를 들어, 전자 24개인 크롬(Cr)은 가장 바깥 껍질에 8개를 채우기 위해 전자 6개를 잃어야 한다. 그러나 앞서 언급했듯이 원자가 3개 이상의 전자를 얻거나 잃기가 어렵기 때문에 이런 이온은 생기지 않는다. 표 3.1은 전이 금속의 일반적인 양이온들을 나타낸다.

이온 투과체와 생물 이온 전달

BiochemistryLink

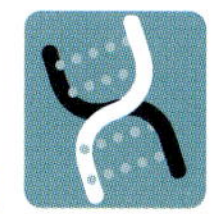

살아 있는 세포를 둘러싸고 있는 세포막은 필요 없는 물질이 들어오는 것을 막고 필요한 물질이 나가는 것을 막는 벽이다. 세포 안(세포내액의)과 세포 밖(혈장의)의 이온의 양이 다르게 유지될 수 있는 것은 세포막이 이온의 투과를 조절하기 때문이다(그림 3.3). 경쟁관계의 미생물들을 막아내기 위해 어떤 박테리아는 이온투과체라 불리는 물질을 생산한다. 이런 물질들은 세포를 통과하여 이온을 전달한다. 스트렙토마이신(Streptomyces) 박테리아는 이온투과체인 발리노마이신(valinomycin)을 만드는데, 이것은 도넛 모양으로 그 중앙에 칼륨 이온(K^+)이 들어갈 정도의 크기를 가진 이온 투과체이다(그림 3.4). 이것과 항생제로 사용되는 다른 이온 투과체들은 세포막을 통해 이온을 전달하여서 이온의 균형을 깨뜨리고 중요한 생물 과정을 방해하여 박테리아를 죽인다.

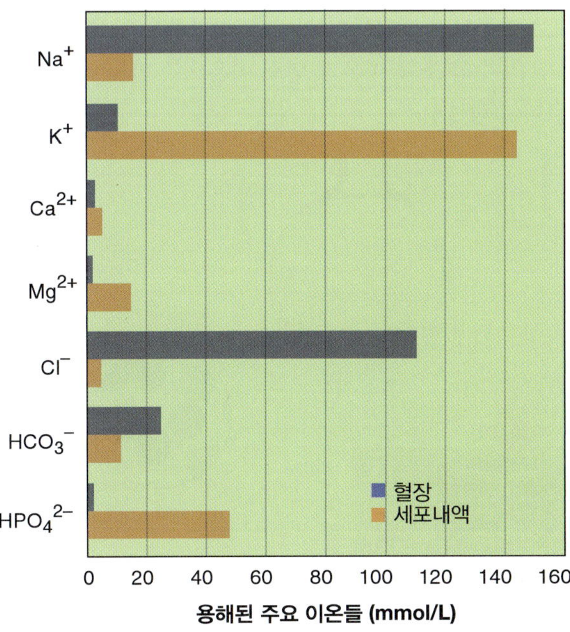

■ 그림 3.3

혈장과 세포내액에 존재하는 주요 이온들 용해된 이온의 양은 밀리몰/리터(mmol/L)로 나타냈다.

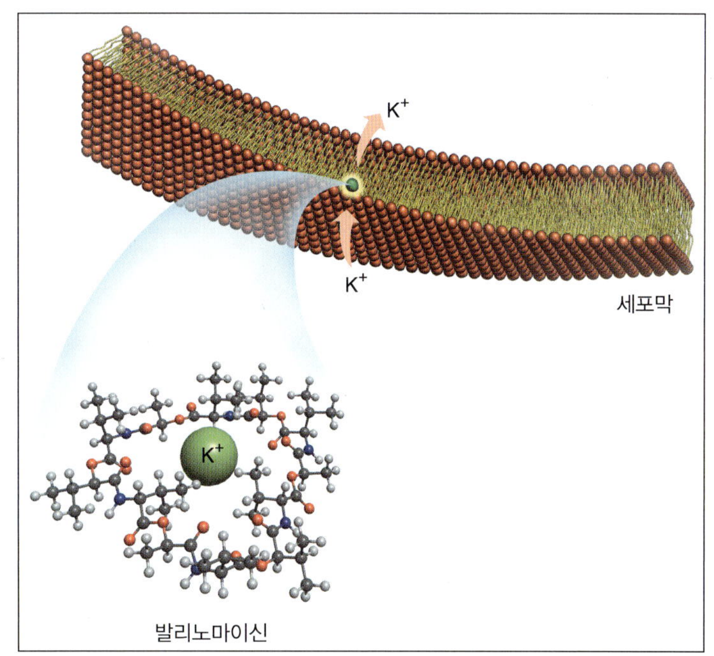

■ 그림 3.4

발리노마이신(valinomycin) 이 이온투과체는 세포막을 통과해 칼륨 이온(K^+)을 전달한다.

예제 3.2

이온의 전자 점구조 그리기

각 원자와 생성될 것으로 예측되는 이온의 전자 점구조를 그리시오.

a. 세슘(Cs) **b.** 황(S)

전략

주기율표를 보고 각 원자의 최외각 전자수를 먼저 살펴본다. 최외각 전자수를 정하고 전자 점구조를 그린다. 금속은 전자를 잃고 비금속은 전자를 얻는다는 사실을 기억해야 한다.

해답

a. Cs·

Cs^+

b. ·S· (점 6개)

:S: $^{2-}$ (점 8개)

연습문제 3.2

각 원자와 생성될 것으로 예측되는 이온의 전자 점구조를 그리시오.

a. 염소(Cl) **b.** 셀레늄(Se) **c.** 바륨(Ba)

3.3 | 이온성 화합물

■ 화합물은 2개 이상의 원소들로 이루어진다.

제1장에서 물질은 질량과 공간을 차지하는 것으로 정의했다. 제2장에서는 오직 한 종류의 원자만 가지고 있는 원소라는 물질의 형태를 보았다. 예를 들어, 철 원소는 오직 철 원자로만 이루어져 있다. 이처럼 오직 한 종류의 원자만 갖고 있는 원소들을 **순수 물질(pure substance)**이라 한다.

화합물(compounds)이란 두 가지 이상의 원소들이 화학적으로 결합하여 이루어진 물질을 의미한다. 이는 순수 물질의 다른 형태이다. 예를 들면, 식탁의 소금덩어리는 소듐 이온과 염소 이온으로 이루어진 이온성 화합물이다. 화합물은 원소들이 되는 대로 만들어진 혼합물이 아니다. 화합물은 항상 같은 원소들이 같은 비율로 존재한다. 즉, 소금은 항상 같은 수의 소듐 이온과 염소 이온으로 만들어진다. 화합물은 그것을 구성하는 원소들의 특성과는 다르다(그림 3.5).

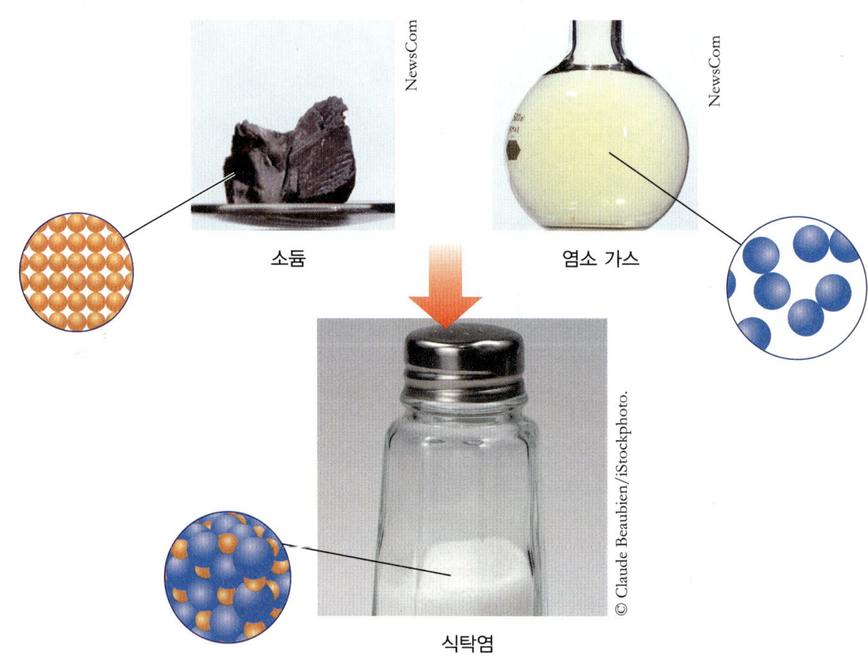

■ **그림 3.5**

화합물 소듐과 염소 원소들은 결합하여 소금 화합물(sodium chloride, 식탁염)을 만든다.

Tony Gervis/Getty Images, Inc.

■ 그림 3.6

화학적 변화 철이 공기와 물에 접촉되면 곧 녹슨다. 이것은 화학적 변화이다.

원소나 화합물의 원자들이 결합해서 새로운 화합물이 생길 때 **화학적 변화(chemical change)**가 일어난다. 예를 들어, 철 조각이 녹이 슬 때 철(어떤 원소)이 산소(다른 원소)와 결합하여 녹을 만들기 때문에 화학적 변화가 일어났다고 할 수 있다. 원소나 화합물이 받는 화학적 변화를 **화학적 특성(chemical properties)**이라 한다.

오직 하나의 원소나 화합물로 이뤄진 물질을 순수 물질이라 한다(그림 3.7). 원소들이 서로 어떻게 결합되는지에 따라서 형성된 화합물은 이온 결합이나 공유결합 화합물이 된다(제3장에서 이런 용어를 배울 것이다). 2개 이상의 순수 물질이 결합한 것을 **혼합물(mixtures)**이라 한다. 혼합물은 제6장에서 다룬다.

이온성 화합물(ionic compound)은 양이온(양전하를 띤 이온)과 음이온(음전하를 띤 이온)으로 구성되어 있다. 가장 간단한 이온성 화합물은 단지 두 가지 원소로만 이루어진 **이원성(binary)**이고 비금속 음이온에 금속 양이온이 결합된 것이다. NaCl은 이원성 이온 화합물로 Na^+와 Cl^-을 함유하고 있는데, 서로 반대 전하를 띤 이온들이 결합하여 **이온결합(ionic bond)**을 한다. 그림 3.8은 양이온과 음이온이 번갈아 **결정격자(crystal lattice)**(배열)를 이루는 소듐 클로라이드(NaCl; 국제적으로 통용되는 명칭인 sodium chloride로 명한다. 염화나트륨이라는 재래식 용어사용으로 혼란을 초래하지 않길 바란다)의 구조를 나타낸다. 이 격자에서 각 이온은 반대 전하를 띤 이온들로 둘러싸여 있다.

이온 화합물의 화학식은 존재하는 각 종류의 이온을 비례수를 나열한 것인데 양이온을 음이온 앞에 쓴다. 화학식이 NaCl인 sodium chloride는 소듐 이온(Na^+)과 염소 이온(Cl^-)의 수가 같다. $MgCl_2$는 각 Mg^{2+}당 2개의 Cl^-이 결합하는 이원성 이온 화합물이다. 모든 이온성 화합물과 같이 $MgCl_2$는

Did You Know?

2010년에 미국 농무성(U.S. Department of Agriculture)은 소금과 관련된 식이요법 지침서를 개정하여 1인당 소금을 매일 1500 mg 이하로 섭취할 것을 권장했다. 이것은 맥도날드의 치즈가 든 쿼터 파운드 햄버거(3383 mg)와 버거킹 와퍼(2595 mg), 웬디의 홈스타일 치킨 필레 샌드위치(2849 mg), 켄터키 후라이드 치킨의 오리지널 치킨 브레스트(2696 mg)에 들어 있는 소금의 양보다도 적다.

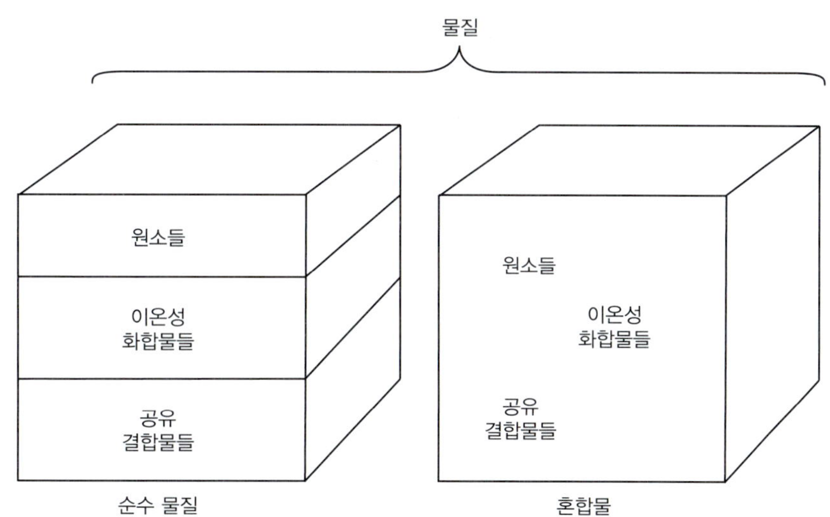

■ 그림 13.7

순수 물질과 혼합물 순수 물질은 원소나 화합물로 되어 있고 혼합물은 2개 이상의 순수 물질이 결합하고 있다.

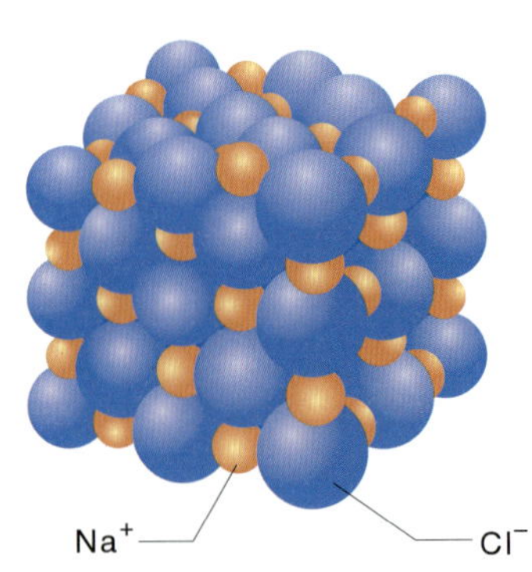

■ 그림 3.8

소듐 클로라이드(sodium chloride)
소듐 클로라이드 결정체는 Na^+와 C^- 이온이 번갈아 가며 격자를 이룬다. 각 이온은 반대 전하를 띤 이온들에 둘러싸여 있다.

■ 양이온과 음이온은 서로 이온 결합을 하고 있다.

중성이다. 즉, 각 마그네슘 이온의 2+ 전하는 1− 전하를 띤 염소이온 2개와 상응한다. NaCl과 $MgCl_2$의 화학식은 이온의 전하를 명시하지 않는다. 이는 주기율표와 8전자 규칙을 근거로 알 수 있다

리튬 이온과 황 이온 간에 형성되는 이온 화합물의 화학식을 쓰려면 먼저 각 이온들의 전하를 알아야 한다. 리튬 원자는 최외각 전자가 하나이다. 8전자 규칙을 충족시키기 위해 이 전자를 잃고 1+ 전하를 띤 리튬 이온이 된다. 황 이온은 6개의 최외각 전자를 갖고 있는데 8전자 규칙에 따라 2개의 전자를 얻어 2− 전하를 띤 황 이온을 생성한다. 중성 화합물을 얻기 위해 각 황 이온(S^{2-})은 리튬 이온(Li^+) 2개가 필요하다. 이 이온성 화합물의 화학식은 Li_2S이다.

전이 금속의 경우는 좀 더 복잡한데 대부분 1개 이상의 양이온 형태로 나타날 수 있기 때문이다(표 3.1). 철 이온과 황 이온으로 구성된 이온성 화합물의 화학식은 존재하고 있는 특정한 철 이온에 달려 있다. Fe^{2+}는 FeS 화합물을 생성하고(1개의 Fe^{2+} 이온은 1개의 S^{2-}이 필요함) Fe^{3+}는 Fe_2S_3를 형성한다(2개의 Fe^{3+} 이온은 3개의 S^{2-}에 대응한다).

예제 3.3

이온 화합물 화학식 예측하기

다음 이온들에 의해 형성되는 이온성 화합물의 화학식을 쓰시오.

a. 소듐 이온과 불소 이온
b. 칼슘 이온과 산소 이온
c. 알루미늄 이온과 산소 이온
d. 소듐 이온과 황 이온

전략

각 이온들의 전하를 알아서 중성 화합물이 되기 위해서는 몇 개의 이온들이 필요한지 결정한다. 그런 다음 양이온과 음이온의 비례수를 적어 표시한다.

해답

a. NaF(충치 예방에 사용됨)
b. CaO(석고나 벽토, 회반죽에 사용되는 석회)
c. Al_2O_3(치아 시멘트 제조에 사용됨)
d. Na_2S(고무 제조와 광물 정련에 사용됨)

연습문제 3.3

다음 이온들 간에 형성되는 이온성 화합물의 화학식을 쓰시오.

a. 리튬 이온과 염소 이온
b. 리튬 이온과 산소 이온
c. 리튬 이온과 질소 이온

다원자 이온을 포함하는 이온성 화합물

다원자 이온 또한 이온성 화합물을 형성한다. 식품보존제인 sodium sulfite(Na_2SO_3)는 소듐 이온(Na^+)과 황 이온(SO_3^{2-})으로 되어 있다. 중성의 이온성 화합물이 되기 위하여 황 이온(2− 전하)은 2개의 소듐 이온(각 이온으로부터 1+ 전하)이 필요하다.

이온성 화합물에 1개 이상의 특정한 다원자 이온이 있을 때, 이온 화학식은 변비약인 $Mg(OH)_2$나 거담제인 $(NH_4)_2CO_3$에서 보는 바와 같이 괄호를 써서 나타낸다.

이온성 화합물이 다원자 이온을 가지는 경우, 그것의 화학식은 포함된 다원자 이온의 화학식 형태와 유사한 방식으로 구성된다. 예를 들어, $Mg(OH)_2$는 Mg^{2+}과 OH^- 이온으로 구성된 것이며, $(NH_4)_2CO_3$는 NH_4^+와 CO_3^{2-} 이온을 가지는 것이다. 이온성 화합물에서 다원자 이온은 하나로 작용한다는

것이 중요하다. 하나의 화합물 $NaNO_2$는 Na^+와 NO_2^- 이온으로 구성된 것이지, Na, N와 O 원자들로부터 형성된 이온들의 조합이 아니다.

■ **그림 3.9**

이온성 화합물들 위 그림의 왼쪽 위에서부터 시계방향으로 iron(II) sulfate, iron(III) sulfate, copper(II) sulfate, copper(II) carbonate, sodium chloride이다. 처음 네 가지 물질은 전이 금속 이온을 포함하는 이온성 화합물들로 주로 밝은 색을 띤다.

이온성 화합물의 명명법

이온성 화합물을 명명할 때, 양이온의 이름을 음이온 앞에 둔다. 예를 들어, Lithium bromide(LiBr)란 이온성 화합물의 경우 양이온인 리튬 이온(Li^+)이 음이온인 bromide ion(Br^-)과 결합한 것이고, ammonium nitrate(NH_4NO_3)는 양이온인 ammonium ion (NH_4^+)을 앞에 두고 음이온인 nitrate(NO_3^-)를 뒤에 둔다.

이온성 화합물의 화학식에서 이온의 개수를 모두 나타내는 것은 아닌데, 즉 $BaCl_2$를 barium chloride라고 해야 하며, barium dichloride라고 하여서는 안 된다. 같은 방식으로, Na_2SO_4는 sodium sulfate이고 $Mg(HCO_3)_2$는 magnesium hydrogen carbonate이다. 여러 이온들의 전하를 알기 때문에 화학식은 이름에서 알 수 있다고 판단하는 것이다. 예를 들어, calcium bromide는 $CaBr_2$라는 화학식이어야 하는데, 이는 칼슘 이온은 항상 2+ 전하를 갖고 bromide ion은 항상 1−의 전하를 가지기 때문이다. 이것은 중성의 이온성 화합물이 되기 위하여 2개의 bromide ion이 하나의 칼슘 이온과 결합한다는 것을 의미하는 것이다.

전이 금속 이온을 함유하는 이온성 화합물의 명명법도 같은 방식을 적용한다. copper(I) 이온(Cu^+)와 chloride ion (Cl^-)의 조합으로 이루어지는 CuCl은 copper(I) chloride라고 명명하고, $CuCl_2$는 copper(II) chloride로 명명한다. 이들 copper(I) chloride와 copper(II) chloride는 각각 cuprous chloride와 cupric chloride(표 3.1)로도 알려져 있다. iron(II) hydroxide는 화학식이 $Fe(OH)_2$로 1개의 Fe^{2+} 이온이 중성의 화합물이 되기 위해서는 2개의 OH^-이온이 필요하다.

이들 이온성 화합물은 의료분야나 산업체 그리고 일반가정에서 널리 사용된다. 표 3.4에 일반적으로 사용되고 있는 이온성 화합물들이 표시되어 있다.

예제 3.4

다원자 이온을 갖는 이온성 화합물의 화학식 예측하기

다음 원자들 간에 형성되는 이온성 화합물의 화학식을 쓰시오.

a. 소듐 이온과 시안화 이온
b. 소듐 이온과 중크롬산(dichromate) 이온
c. 칼슘 이온과 중크롬산(dichromate) 이온
d. 칼슘 이온과 인산 이온

전략

각 이온의 전하를 결정한 다음 화학식이 중성화합물이 되었는지 확인한다. 중성화합물은 양전하와 음전하의 총수가 같다.

해답

a. NaCN **b.** $Na_2Cr_2O_7$ **c.** $CaCr_2O_7$ **d.** $Ca_3(PO_4)_2$

연습문제 3.4

다음 이온들로 구성되는 이온성 화합물의 화학식을 쓰시오.

a. 암모늄 이온과 황산수소염 이온
b. 암모늄 이온과 인산 이온
c. 스트론튬(strontium) 이온과 인산 이온
d. 스트론튬(strontium) 이온과 황 이온

Did You Know?

자유 여신상의 녹색은 표면의 구리가 녹슬어서 생긴 녹청에 기인한 것이다. 이 녹청은 구리금속이 공기 중에 노출될 때 생긴 이온성 화합물의 혼합물이다. 처음 생긴 화합물 Cu_2O는 빨간색인데, 이것이 공기와 더 반응하여서 검은색을 띠는 CuO와 녹색을 띠는 $Cu_2CO_3(OH)_2$를 포함하여 다른 이온성 혼합물들을 형성한다.

표 | 3.4 이온성 화합물의 용도

이름	화학식	사용
탄산암모늄(Ammonium carbonate)	$(NH_4)_2CO_3$	소금 냄새
황산바륨(Barium sulfate)	$BaSO_4$	X-선 연구에 내장 기관 관찰에 이용
탄산칼슘(Calcium carbonate)	$CaCO_3$	제산제
황산칼슘(Calcium sulfate)	$CaSO_4$	석고 모형
탄산리튬(Lithium carbonate)	Li_2CO_3	우울증 치료
수산화마그네슘(Magnesium hydroxide)	$Mg(OH)_2$	마그네시아 유제
황산마그네슘(Magnesium sulfate)	$MgSO_4$	변비약
질산은(Silver nitrate)	$AgNO_3$	신생아 눈 감염 방지
중탄산나트륨(Sodium bicarbonate)	$NaHCO_3$	베이킹 소다와 제산제
수산화나트륨(Sodium hydroxide)	NaOH	배수관 청소제
요오드화나트륨(Sodium iodide)	NaI	갑상선의 요오드 이온 물질
질산나트륨(Sodium nitrate)	$NaNO_3$	식품 보존제
아질산나트륨(Sodium nitrite)	$NaNO_2$	육류 보존제
초산나트륨(Sodium acetate)	CH_3CO_2Na[a]	손발 난로

[a]유기물이나 생화학물질의 다원자 이온($CH_3CO_2^-$)을 포함한 이온성 화합물의 화학식은 때때로 음이온을 양이온 앞에 쓴다.

소금 좀 건네 주세요

누군가 당신에게 '소금 좀 주세요'라고 할 때 이것은 식이염, 즉 소듐 클로라이드를 말하는데 대부분 식탁이나 부엌에 있는 것이다. 식탁염은 대부분 소금 광산에서 채취하여 정제한다. 상점에서 주로 살 수 있는 것은 '일반' 소금이나 '요오드가 첨가된 식이 소금'이다. 요오드 첨가 소금은 요오드를 함유하는 여러 가지 화합물이 소량 들어 있는데, 이 화합물에는 매일 사람들이 섭취해야 하는 필수 원소인 요오드를 얻기 위해 권장되는 양인 0.15 mg이 첨가되었다.

단지 식탁염 외에도 다양한 종류의 소금이 있다. 예를 들어, 해염은 바닷물을 증발시켜 만든다. 주로 정제하지 않은 고체 상태이므로 해염은 소듐 클로라이드에 더하여 황, 마그네슘, 칼륨, 칼슘, 요오드, 철 같은 바닷물에 있는 원소들을 소량 함유한다.

잿빛 소금은 영국, 프랑스 해안에서 얻은 해염이다. 연한 회색(그림 3.10*a*)은 그 소금 평지(salt flats)의 흙으로 인한 것이다. Fleur de Sel은 최고급 프랑스의 해염으로 염전을 증발시켜 손으로 채취한다.

하와이안 해염은 Alae(화산으로 인해 구워진 적토)가 첨가된 소듐 클로라이드이다. 흙에 있는 Fe_2O_3는 빨간색을 띠고 다른 무기질들은 특징적인 맛을 낸다(그림 3.10*b*). 검은 인도 소금(Kala Namak)은 소량의 Na_2SO_4를 함유한 소듐 클로라이드이다. 소금의 검은색을 내는 FeS(그림 3.10*c*), iron(II) sulfide와 함께 검은 인도 소금에서 유황 냄새를 내는 H_2S가 있다. 파키스탄에서 채석되는 히말라야 소금 덩어리는 가끔 스시를 얹는 큰 접시로 사용되거나 해산물을 조리할 때 쓴다(그림 3.10*d*).

© Photocuisine/Alamy Limited.
(*a*)

© Westend61 GmbH/Alamy Limited.
(*b*)

© Panorama Productions, Inc./Alamy Limited.
(*c*)

Bill Hogan/NewsCom.
(*d*)

그림 3.10

특별한 소금들 (*a*) 소금 평지에서 얻는 잿빛 소금. (*b*) NaCl과 화산재의 혼합물인 하와이안 소금. (*c*) 검은 인도 소금은 iron(II) sulfide에서 색이 나온다. (*d*) 하와이안 소금 접시는 요리할 때 사용된다.

3.4 | 공유결합

금속은 8전자 규칙에 따라 전자를 잃고 [소듐(Na)은 Na^+이 된다] 비금속은 전자를 얻는다(Cl는 Cl^-이 된다). 비금속의 경우 또 다른 방법으로 8전자 규칙을 따르는데, 이는 최외각 전자를 공유하는 것이다.

이것은 7개의 최외각 전자를 갖는 불소(F) 원자 2개가 서로 결합을 할 때 일어난다. 두 원자가 적당한 거리에 다다르면 전자 한 쌍을 공유하고 각각의 원자가 8전자 규칙을 충족시키게 된다. 이 같이 공유된 최외각 전자 쌍을 **공유결합(covalent bond)**이라 부른다. 이 불소 원자는 8원자 규칙을 충족시킨다.

■ 공유결합에서 한 쌍의 최외각 전자가 2개의 비금속 원자들에 의해 공유된다.

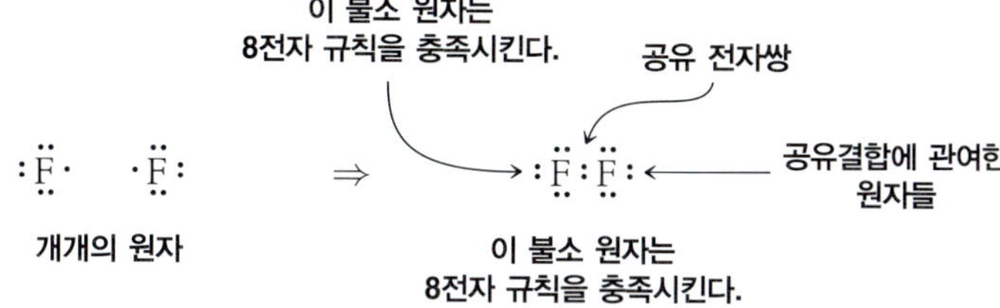

일반적으로, 비금속 원자가 형성하는 공유결합의 수는 그것이 8전자 규칙을 따르는 데 필요한 전자수와 같다. 7개의 최외각 전자를 갖는 불소 원자들은 공유에 의해 얻어지는 여분의 전자가 8전자 규칙을 충족시키므로 하나의 공유결합을 형성한다. 다른 2주기 비금속물질의 원자들은 산소(최외각 전자 6개), 질소(최외각 전자 5개), 탄소(최외각 전자 4개)가 각각 2, 3, 4개의 공유결합을 형성한다. 수소의 경우 단지 하나의 공유결합을 형성한다. 그림 3.11은 수소, 불소, 산소, 질소, 탄소 원자들 간에 일어나는 공유결합을 나타내고 있다.

그림 3.11*a*의 그림은 전자 점구조이다. 즉, 최외각 전자를 점으로 표시한다. 다른 표현법으로는 각각의 공유된 결합 전자쌍들을 선으로 표현하는 방법인데, 이를 **루이스 방법(Lewis method)**이라 한다(그림 3.11*b*). 이런 표시법들 모두, 결합에 관여하지 않은 최외각 전자를 **비결합 전자(nonbonding electrons)**라 부른다.

그림 3.11에서 분자들의 원자는 **단일 결합**(single bond; 단일 공유결합)에 관여하는데, 여기서 한 쌍의 전자들이 두 원자와 공유된다. 하지만 이들은 알고 있는 형태의 공유결합만은 아니다. 정상적인 조건 하에서 두 원자가 전자 세 쌍까지 공유할 수 있다. **이중결합(double bond)**에 관여하는 원자는 두 쌍의 전자와 공유하고 **삼중결합(triple bond)**에 관여하는 원자는 세 쌍의 전자를 공유한다.

탄소 원자 1개는 8전자 규칙에 따라 2개의 전자가 필요하여 산소 원자는 2개의 단일 결합을 형성하거나 1개의 이중결합을 형성할 수 있다. 8전자 규칙에 따라 4개의 전자가 필요한 탄소 원자는 여러 개의 공유결합을 가질 수 있다. 4개의 단일 결합을 형성하거나 2개의 이중결합, 다양한 조합의 단일 결합, 삼중결합을 형성할 수 있다(그림 3.12).

(*a*) 전자 점구조

H:F:

H:O:H

H:N:H
H

H
H:C:H
H

(*b*) 루이스 구조

H—F:

H—O—H

H—N—H
H

H
H—C—H
H

■ **그림 3.11**

공유결합 비금속 원자들은 단일 공유결합을 형성하여 8전자 규칙을 충족시킨다. 즉, 일반적으로 각 최외각 전자의 단일 결합은 8전자 규칙을 충족시키기 위해 필요하다. 공유결합을 나타내기 위해, (*a*) 전자 점구조는 전자 점을 사용하고, (*b*) 루이스 구조(Lewis structures)는 선을 사용한다.

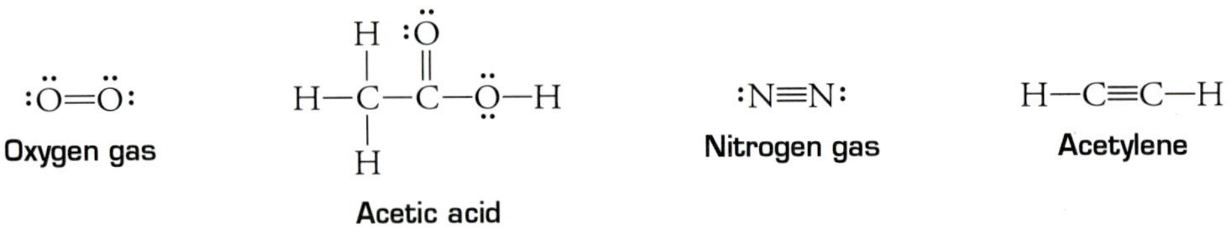

```
                    H  :Ö
                    |   ‖
 :Ö=Ö:          H—C—C—Ö—H          :N≡N:          H—C≡C—H
                    |
                    H
```

Oxygen gas — Acetic acid — Nitrogen gas — Acetylene

■ 그림 3.12

단일결합, 이중결합, 삼중결합자 8전자 규칙에 따라 산소 원자는 2개의 공유결합을 형성한다. 질소 원자는 3개의 공유결합, 탄소 원자는 4개의 공유결합을 형성한다.

예제 3.5

전자 점구조와 루이스 구조 이해하기

루이스 방법을 사용하여 ethanethiol(천연 가스에 첨가해 인위적으로 냄새를 풍김으로써 검출에 사용되는 물질)의 구조를 그리시오.

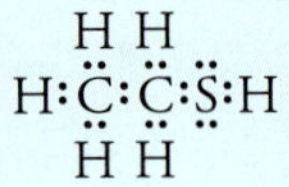

```
  H H
H:C:C:S:H
  H H
```

전략

전자 점구조와 루이스 구조는 공유결합에 사용된 최외각 전자쌍을 표시할 때 전자 점구조는 한 쌍의 점으로, 루이스 구조는 선으로 나타낸다.

해답

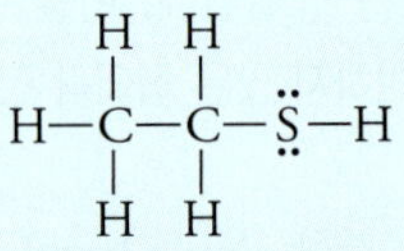

```
  H  H
  |  |
H—C—C—S̤̈—H
  |  |
  H  H
```

연습문제 3.5

isopropyl alcohol(소독용 알콜)을 전자 점구조로 그리시오.

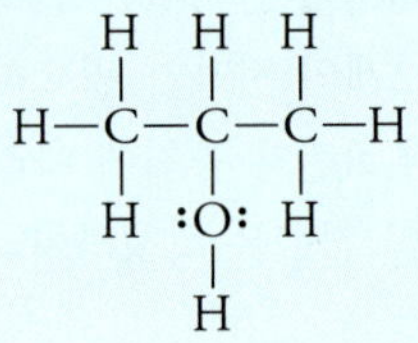

```
  H  H  H
  |  |  |
H—C—C—C—H
  |  |  |
  H :O: H
     |
     H
```

예제 3.6

루이스 구조 검토하기

Hydrogen cyanide는 H, C, N 원자를 각각 하나씩 갖고 있다. Hydrogen cyanide의 알맞은 루이스 구조는 어느 것인가?

H=C=N: H≡C—N: H—C≡N:

전략

그림 3.11에서 보는 것처럼, 각 비금속 원자는 8전자 규칙에 맞는 특정한 수의 공유결합을 할 수 있다.

총전자수는 같은 반면에, H(결합 1개), C(결합 4개), N(결합 3개)의 예상 결합 수는 하나이다.

해답

정확한 구조는 C와 N 원자 간에 삼중결합을 갖는 것이다. C와 N 원자는 각각 8전자 규칙을 충족시키고 수소 원자는 2개의 전자를 갖는다.

$$H-C\equiv N:$$

연습문제 3.6

다음 수소와 황 원자의 조합으로 예측되는 구조는 어느 것인가?

$$H-\ddot{\underset{..}{S}}-H \qquad H-H-\ddot{\underset{..}{S}}: \qquad H-\ddot{\underset{|\atop H}{S}}-H$$

3.5 | 분자

그림 3.11은 **공유결합 화합물(covalent compound)** 또는 **분자(molecule)**들을 나타낸다. 즉, 서로 공유결합에 의해 연결된 전하를 띠지 않는 원자그룹이다. 분자의 구조를 그리는 다른 방법으로는 분자를 이루고 있는 각각의 원자들의 수를 표시하는 **분자식(molecular formula)**이 있다. 그림 3.1에 있는 분자들의 분자식은 각각 HF, H_2O, NH_3, CH_4이다.

■ 분자 내의 원자들은 서로 공유결합으로 연결되어 있다.

대부분의 분자들은 2개 이상의 다른 원소들의 원자들을 갖기 때문에 화합물이다. 그러나 어떤 분자들의 경우 단지 한 가지 종류의 원자만 갖고 있으므로 그들은 화합물이 아닌 원소들이다. 7개의 원소들(H_2, N_2, O_2, F_2, Cl_2, Br_2, I_2)은 동일한 원자 2개로 만들어진 **이원자(diatomic, 원자 2개)** 분자이다. 산소 역시 오존(O_3)이라 불리는 삼원자(triatomic) 분자로 존재한다.

이원자 분자의 명명법

분자들은 모양과 크기에 관여한다. 주로 분자의 종류에 따라 이름이 붙여진다. 제8장에서 유기분자들, 즉 탄소 원자를 포함하는 매우 큰 범주의 분자들을 명명하는 규칙들을 소개할 것이다. 여기서는 2개의 다른 원소들로 이루어진 이원자 분자를 명명하는 비교적 간단한 방법을 소개하고자 한다. 이원자 분자의 경우 분자식에 나타나는 순서대로 원소들을 나열하여 이름을 붙이되 마지막 원소의 이름 뒷부분을 ide로 바꿔준다. 예를 들면, HF의 경우 hydrogen fluoride 그리고 HCl의 경우는 hydrogen chloride가 된다.

■ 이원자 분자는 다른 원소 2개를 갖고 있다.

이온성 화합물에 이름을 붙일 때는 각 이온 종류의 수는 표시하지 않는 데($CaCl_2$는 calcium chloride 이지 calcium dichloride가 아니다) 이온은 언제나 고정된 비율로 결합하여 중성화합물을 형성하기 때문이다. 하지만 이원자 분자들은 가끔 원자들이 여러 가지 다른 방식으로 결합할 수 있다. 황과 산소 원자는 SO_2와 SO_3 같이 2개의 다른 형태로 결합할 수 있다. 이름으로 그런 분자들을 구별하기 위해 각 종류의 원자의 수를 표시하는 접두사를 붙인다(표 3.5). 즉, SO_2는 sulfur dioxide, SO_3는 sulfur trioxide 라고 명명한다.

접두사를 사용하는 데는 몇 가지 규칙이 있다. 먼저 이름을 'mono'로 시작해서는 안된다. 따라서 NO_2를 nitrogen dioxide라 하고 mononitrogen dioxide라 하지 않는다. 접두사를 붙이는 곳에 모음이 겹

표 | 3.5 이원자 분자의 명명에 사용되는 접두사들

접두사	원자수	접두사	원자수
mono	1	hexa	6
di	2	hepta	7
tri	3	octa	8
tetra	4	nona	9
penta	5	deca	10

[a]이름은 'mono'로 시작하지 않는다(CO_2는 carbon dioxide이지 monocarbon dioxide가 아니다). 접두사를 붙이는 곳에 모음이 겹치면 접두사의 'a'나 'o'는 탈락시킨다(CO는 carbon monoxide이지 carbon monooxide 라 하지 않는다).

치게 되면 접두사 끝의 'a'나 'o'는 탈락시킨다. NO_2 분자는 nitrogen monoxide라 하며 nitrogen monooxide라 하지 않는다.

분자 이름의 예들이다.

- CO　carbon monoxide　(독성이 있고 냄새가 없는 기체)
- CO_2　carbon dioxide　(인체의 대사 산물)
- $SiCl_4$　silicon tetrachloride　(전투에서 쓰는 연막을 만드는 데 사용됨)
- N_2O_5　dinitrogen pentoxide　(어떤 유기화합물의 합성에 사용됨)

가끔 이원성 분자들 H_2O(dihydrogen oxide 대신 물), H_2S(dihydrogen sulfide 대신 hydrogen sulfide)의 경우 더 잘 알려진 이름이 있다.

예제 3.7

이원자 분자 명명법

다음 이원자 분자의 이름을 쓰시오.

a. SiO_2 (유리 제조에 사용)
b. SF_6 (전자 회로에 사용)
c. P_2O_5 (건조제로 사용)

전략

이원자 분자에 이름을 붙일 때는 원소의 이름을 화학식에 있는 순서대로 쓰고 마지막 원소의 이름 뒤를 ide로 바꾸고 각 원소의 수를 표시한다.

해답

a. silicon dioxide
b. sulfur hexafluoride
c. diphosphorus pentoxide

연습문제 3.7

다음 이원자 분자의 이름을 쓰시오.

a. $SiBr_4$　**b.** P_2O_3　**c.** P_4Se_3

치과용 충전제

HealthLink

요즘 충치 치료를 하게 된다면 예전과는 매우 다를 것이다. 1800년대 중반에는 납이나 주석, 금으로 치아의 상한 부분을 매우는 것이 기본 치료였다. 그 이전에는 무엇이든 그 구멍을 메울 수 있는 물질(코르크, 송진 등)을 사용하였다. 이런 물질들의 문제는 견고하지 못하고 부서지거나 빠지는 것이다. 오늘날, 가장 많이 사용되는 치과 충전제는 아말감(amalgam)과 치아색의 합성물질(composites)이다.

수은과 다른 금속의 혼합물을 아말감이라 한다. 치과에서의 아말감은 수은과 은, 소량의 주석, 구리, 아연을 혼합하여 만든다. 이 혼합물의 경우 처음에는 말랑말랑하지만 치아에 채워진 후에는 금세 딱딱하게 굳는다. 합성물질은 유기 화합물로 만들어진 특별한 플라스틱 종류이다. 이 물질은 부드럽고 유연하지만 강한 블루라이트나 UV에 노출되면 단단하게 굳는다.

이 두 물질은 장점과 단점이 있다. 아말감 충전제가 더 강하여 수명이 10~15년까지 간다. 이와 비교했을 때 합성물질은 수명이 5년 정도이다. 아말감이 더 강한 반면에 합성물질의 경우 아말감과는 다르게 치아에 직접 결합되어 실제로 치아를 튼튼하게 해준다. 이것은 아말감보다 합성물질 충전제를 사용할 경우 치아를 덜 갈아내어 치아 손상이 적음을 의미한다. 합성물질이 더 비싸기는 하지만 치아의 모양을 고려할 때 추가 비용을 지불하는 것이 가치가 있을 것이다. 다시 말하면 합성물질은 치아 색과 같지만 아말감은 그렇지 않다(그림 3.13).

현재 치과충전제와 관련된 가장 큰 문제는 아말감이 구강 내에 있는 것이 안전한가라는 것이다. 어떤 과학적 연구에 따르면 아주 적은 양의 수은이 구강 내로 방출된다고 하는데, 수은은 많이 축적되면 때때로 치명적인 뇌손상이나 신경 손상을 가져 올 수 있는 독성 원소이다. 아말감 사용 반대자들은 수은이 안전하지 못하여 아말감으로 충전한 사람들은 합성물질 충전제로 바꿔야 한다고 주장한다. 그러나 아말감 전문가들은 아말감 충전제에서 매일 노출되는 수은 양은 매일 음식 섭취나 공기 오염 등으로 이해 노출되는 수은의 양보다 적기 때문에 상관없다고 한다. 어느 것이 더 나은가? 그것은 당신과 당신 치과 의사의 결정에 달려 있다.

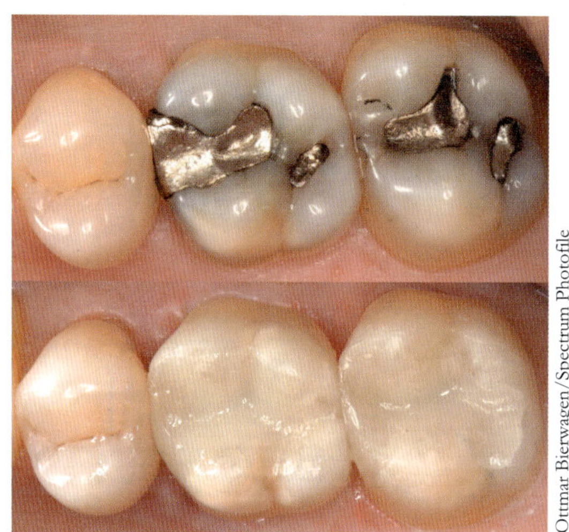

Ottmar Bierwagen/Spectrum Photofile

■ 그림 3.13

치과 충전제 충전제는 주로 아말감(위)이나 합성물질(아래)로 만든다.

3.6 | 화학식량, 분자량, 몰 질량

제2장에서 원자 무게는 자연에 존재하는 원소의 원자들의 평균 질량을 나타낸다고 했다. 화학식에 있는 원소들의 원자 무게의 합을 **화학식량(formular weight)**이라 하는데, 이것은 이온성 화합물을 다룰 때 필요하다. sodium chloride(NaCl)의 경우 화학식량이 58.44 amu인데 이것은 sodium과 chloride의 원자 무게를 더한 것이다.

$$\begin{array}{ccccc} Na^{+} & & Cl^{-} & & NaCl \\ 22.99\ \text{amu} & + & 35.45\ \text{amu} & = & 58.44\ \text{amu} \end{array}$$

이 같은 계산에서 NaCl가 Na^+과 Cl^-로 구성되어 있지만 Na과 Cl의 원자 무게가 사용되었음을 알 수 있다. 왜냐하면 Na과 Cl의 핵을 구성하고 있는 양성자와 중성자의 질량에 비해 전자의 질량은 무시할 수 있기 때문이다. 따라서 전자를 얻거나 잃어 이온이 형성하는 것은 원자 무게에는 영향을 주지 않는다. 즉, Na과 Na^+은 거의 같은 원자 무게를 가진다고 할 수 있다.

좀 더 복잡한 이온성 화합물의 경우에도 화학식량의 계산법은 같다. copper(II) nitrate, $Cu(NO_3)_2$의 화학식량은 187.52 amu이다.

$$\underbrace{Cu^{2+}}_{63.55\ \text{amu}} + \overbrace{2\ NO_3^-}^{}\ \ 2\ N:\ 2 \times 14.01\ \text{amu} + 6\ O:\ 6 \times 16.00\ \text{amu} = 187.52\ \text{amu}\ (Cu(NO_3)_2)$$

Cu^{2+} | 2 NO_3^- (2 N, 6 O) | $Cu(NO_3)_2$

63.55 amu + 2 × 14.01 amu + 6 × 16.00 amu = 187.52 amu

■ 이온성 화합물의 몰 질량은 amu 단위인 화학식량과 같다.

이온성 화합물 1몰 그램의 질량(molar mass, 몰 질량)은 화학식량(amu 단위인)과 값이 같다. 예를 들어, $Cu(NO_3)_2$의 화학식량은 187.52 amu이고, 따라서 그것의 몰 질량(molar mass)은 187.52 g/mol이다.

이러한 관계로 인해 다음과 같이 식을 바꿀 수 있다.

- 신생아 눈의 감염 방지를 위해 사용된 $AgNO_3$의 화학식량이 169.88 amu이다. 0.5몰의 $AgNO_3$가 들어 있는 시료의 질량은 84.9 g이다.

$$0.500\ \cancel{\text{mol}\ AgNO_3} \times \frac{169.88\ \text{g}\ AgNO_3}{1\ \cancel{\text{mol}\ AgNO_3}} = 84.9\ \text{g}\ AgNO_3$$

- 7.28 g의 $AgNO_3$는 4.29×10^{-2}몰이다.

$$7.28\ \cancel{\text{g}\ AgNO_3} \times \frac{1\ \text{mol}\ AgNO_3}{169.88\ \cancel{\text{g}\ AgNO_3}} = 4.29 \times 10^{-2}\ \text{mol}\ AgNO_3$$

예제 3.8

화학식량 계산하기

a. 식품보존제 sodium sulfite(Na_2SO_3)의 화학식량은 얼마인가?

b. 1.5몰의 Na_2SO_3의 질량은?

전략

a에서 화학식에 있는 각 원소의 각각의 원자 무게를 합하여야 한다. b를 계산하는 데는 Na_2SO_3의 몰 질량을 사용하는 변환 계수가 관여한다.

해답

a. 126.05 amu

2 Na^+ | SO_3^- (S, 3 O) | Na_2SO_3

2 × 22.99 amu + 32.07 amu + 3 × 16.00 amu = 126.05 amu

b. 189 g Na_2SO_3

$$1.50\ \cancel{\text{mol}\ Na_2SO_3} \times \frac{126.05\ \text{g}\ Na_2SO_3}{1\ \cancel{\text{mol}\ Na_2SO_3}} = 189\ \text{g}\ Na_2SO_3$$

연습문제 3.8

a. 베이킹 소다($NaHCO_3$)의 화학식량은?

b. 베이킹 소다 0.315몰의 질량은?

분자량

원소들이 원자 무게를 갖고 이온성 화합물이 화학식량을 갖듯이 분자들도 분자량을 갖는다. **분자량 (molecular weight)**은 분자식에 있는 원소들의 원자 무게의 합이다. 물(H_2O)의 분자량은 18.02 amu인데, 이것은 수소와 산소의 원자 무게로 결정된다.

$$\begin{array}{ccccc} 2\ \text{H} & & \text{O} & & \text{H}_2\text{O} \\ 2 \times 1.01\ \text{amu} & + & 16.00\ \text{amu} & = & 18.02\ \text{amu} \end{array}$$

sulfur trioxide(SO_3)의 분자량은 80.07 amu이다.

$$\begin{array}{ccccc} \text{S} & & 3\text{O} & & \text{SO}_3 \\ 32.07\ \text{amu} & + & 3 \times 16.00\ \text{amu} & = & 80.07\ \text{amu} \end{array}$$

sulfur trioxide의 분자량이 80.07 amu이므로, 몰 질량은 80.07 g/mol이고 0.0210몰은 1.68 g의 질량을 가진다.

■ 분자의 몰 질량은 amu 단위의 분자량과 같다.

$$0.0210\ \cancel{\text{mol SO}_3} \times \frac{80.07\ \text{g SO}_3}{1\ \cancel{\text{mol SO}_3}} = 1.68\ \text{g SO}_3$$

예제 3.9

분자량 계산하기

a. chloroform($CHCl_3$)의 분자량은?

b. chloroform($CHCl_3$) 2.50몰의 질량은?

전략

chloroform($CHCl_3$)을 이루고 있는 C, H, Cl의 원자 무게를 합하여 $CHCl_3$의 분자량을 계산한다. Cl가 분자식에서 3번 나타나므로 Cl의 원자 무게를 3번 더한다. b의 문제는 $CHCl_3$의 몰 질량에 관련된 변환 계수를 사용하여 푼다.

해답

a. 119.37 amu

$$\begin{array}{ccccccc} \text{C} & & \text{H} & & 3\ \text{Cl} & & \text{CHCl}_3 \\ 12.01\ \text{amu} & + & 1.01\ \text{amu} & + & 3 \times 35.45 & = & 119.37\ \text{amu} \end{array}$$

b. 298 g

$$2.50\ \cancel{\text{mol CHCl}_3} \times \frac{119.37\ \text{g CHCl}_3}{1\ \cancel{\text{mol CHCl}_3}} = 298\ \text{g CHCl}_3$$

연습문제 3.9

a. 단백질을 구성하는 데 사용되는 아미노산인 glycine($C_2H_5NO_2$)의 분자량은 얼마인가?

b. glycine 4.00몰의 질량은?

c. glycine 0.00552 g에는 몇 개의 glycine 분자가 존재하는가?

Nitric Oxide

많은 사람들이 공기의 상태를 말 할 때 신문이나 인터넷에서 발표되는 지표를 인용한다. 이러한 지표는 그날의 공기상태가 얼마나 맑은지 혹은 오염되어 있는지를 알 수 있는 지표가 된다. 공기질 지표(Air Quality Index)에 나타나는 오염물질의 하나가 질소산화물인 nitrogen monoxide(NO)와 nitrogen dioxide(NO_2)인데, 이 두 화합물은 자동차나 트럭의 엔진에서 가솔린이 연소할 때 공기 중의 질소와 산소가 반응해서 형성되는 물질이다. 이 질소산화물인 nitrogen monoxide(NO)는 보다 일반적으로 nitric oxide로 알려져 있는 물질인데, 이는 무색 기체로서 인체에 미치는 해는 미미한 편이나, nitrogen dioxide(NO_2)는 갈색의 기체로서 천식, 호흡기 질환, 폐조직 손상, 만성 폐질환의 위험을 증가시킨다. 햇빛은 nitric oxide가 공기 중의 산소와 결합하여 nitrogen dioxide를 형성하는 것을 돕는다. 그래서 주로 NO_2가 많은 스모그(smog)가 오후에 심각하게 나타나는 이유이기도 하다. NO와 NO_2가 구름 속의 수분과 결합하면 산성 물질로 되어 산성비(acid rain)로 된다. Nitric oxide가 특별히 인체에 해롭지는 않지만 대기 오염과 연관되어 있어 부정적으로 인식되고 있다.

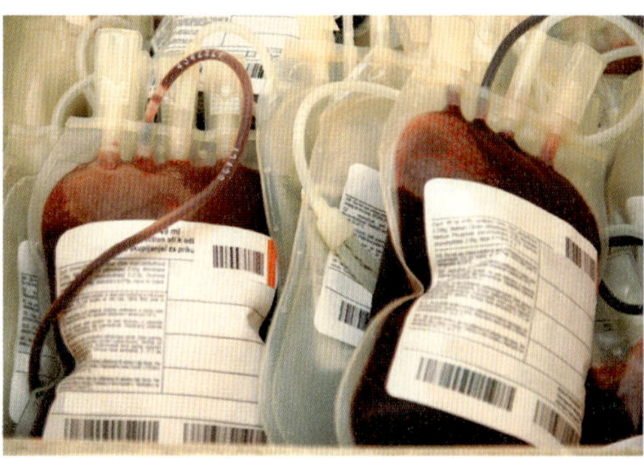
©Vladimir Mucibabic/iStockphoto

■ 그림 3.14

수혈은 심장마비 위험을 증가시킨다. 수혈을 한 환자들은 그렇지 않은 환자보다 심장마비와 뇌졸중 위험이 더 크다. 최근에 이는 저장된 혈액에는 nitric oxide가 없기 때문인 것으로 밝혀졌다. nitric oxide의 중요한 생물학적 역할 중 하나는 적혈구가 온몸에 산소 전달하는 것을 돕는 것이다. 저장된 적혈구 세포는 급격히 nitric oxide를 잃기 때문에 필요한 산소를 몸에 효과적으로 공급하지 못한다.

Nitric oxide의 질소와 산소 원자는 하나의 이중결합으로 결합되어 있다. 질소 원자는 최외각이 8개의 전자로 이루어져 있지 않다. 그래서 NO 분자는 불안정하며 다른 화합물과 쉽게 반응하는 특징이 있다.

$$\dot{\text{N}}\text{=}\ddot{\text{O}}\text{:}$$

지난 수십 년간 nitirc oxide와 관련된 생화학적 연구가 많이 되었다. 이들과 관련된 이론은 19세기 중반 나이트로글리세린(nitroglycerin)이란 폭발물이 발견된 직후 많은 실험들이 그 이론을 뒷받침하고 있다. 그 당시 나이트로글리세린을 연구하는 사람들은 가끔 심한 두통을 경험했다. 이 두통을 유발하는 나이트로글리세린은 뇌의 혈관을 확장하는 혈관확장(vasodilation, relaxation)에 기인한다고 밝혀졌는데, 그 결과 이 나이트로글리세린이 심장에 혈액을 공급하는 동맥이 수축되는 협심증 치료제로 의학에 사용되었다. 1세기 이상 이러한 치료제를 사용이 되면서 우리 인체가 나이트로글리세린에서 nitric oxide를 만들고 이 nitric oxide는 관상동맥을 확장시켜 협심증을 완화시킨다는 것을 알게 되었다. 이와 같은 nitric oxide 연구를 수행한 3명의 과학자에게 1988년 노벨의학상이 수여되었다.

우리 인체에서 생성된 nitric oxide는 많은 작용을 하고 있는 것으로 알려져 있다(그림 3.14). 이것은 신경전달물질(신경계의 신호전달물질)로 혈압을 조절하고 혈관과 동맥확장에 관여하는 근육을 조절하며, 염증과 쇼크에 역할을 하고 감염에 대항하는 면역계에서 다양한 기능을 하고 있다.

치과에서 … 재방문

치아 에나멜은 대부분 hydroxyapatite라 불리는 미네랄로 이루어져 있다. 이 이온성 화합물의 분자식은 $Ca_5(OH)(PO_4)_3$이다. 충치는 에나멜의 미네랄인 hydroxyapatite가 분해돼서 에나멜이 손상을 입은 것이다. 이처럼 미네랄이 소실되는 것은 치아 에나멜이 치석에 있는 박테리아에 의해 생성되는 산(acid)에 노출이 되기 때문이다.

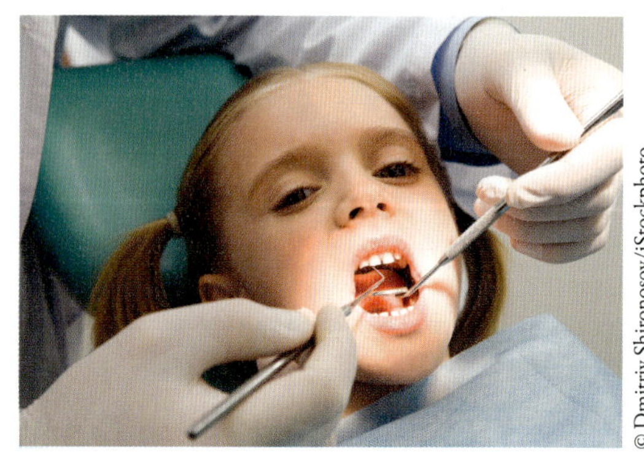
© Dmitriy Shironosov/iStockphoto

불소 이온(F^-)은 치아가 상하는 것을 예방하는 데 사용된다. 아이들에게 불소를 제공하면 이것은 fluorapatite를 형성하여 이가 자랄 때 치아 구성성분인 $Ca_5F(PO_4)_3$이 된다. 이 미네랄은 hydroxyapatite보다 더 강하므로 산에 의해 쉽게 분해되지 않는다. 성인들도 불소를 사용하면 치아에 존재하는 hydroxyapatite가 더 강한 fluorapatite로 전환될 수 있으므로 이롭다.

불소의 또 다른 이점으로는 새로운 fluorapatite을 생성하여 소실된 미네랄이 다시 생성되도록 역전시켜 주는 것이다. 어떤 연구들을 보면 불소가 치석 박테리아에서 충치의 원인이 되는 산을 생성하는 기능을 감소시킨다고 한다.

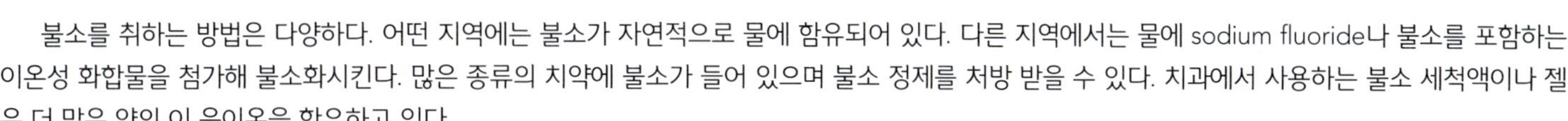

불소를 취하는 방법은 다양하다. 어떤 지역에는 불소가 자연적으로 물에 함유되어 있다. 다른 지역에서는 물에 sodium fluoride나 불소를 포함하는 이온성 화합물을 첨가해 불소화시킨다. 많은 종류의 치약에 불소가 들어 있으며 불소 정제를 처방 받을 수 있다. 치과에서 사용하는 불소 세척액이나 젤은 더 많은 양의 이 음이온을 함유하고 있다.

THINKING IT THROUGH

1. 어떤 도시에서는 물을 불소화시켜 공급하는 문제로 논쟁을 계속하고 있다. 이렇게 하는 것의 장점과 단점은 무엇인가?
2. hydroxyapatite에 존재하는 각각의 이온들을 쓰고 이름을 말하시오.

CHAPTER 3의 목적

목표	요약	절	예제와 연습문제	총정리 문제
1. **단원자 양이온**과 **음이온**의 명명법을 설명하시오.	**이온(ion)**이란 전하를 띤 하나의 원자나 몇몇 원자들로 된 것이다. 양전하를 띤 이온은 **양이온(cation)**, 음전하를 띤 것은 **음이온(anion)**이라 한다. 대표적인 원소들 중의 **단원자 이온(monoatomic ion)**에 대하여 양이온은 원소의 이름을 쓰고 뒤에 ion을 붙여서 명명하고(sodium ion), 원소 이름 뒷부분을 "ide"로 바꾸어서 명명한다(chloride ion). 양이온 전이 금속의 경우 로마숫자를 사용하여 표시한다(iron(III) ion). 혹은, 양이온 전이 금속의 상대적인 전하를 구분하여 뒤에 "ous"나 "ic"를 사용한다(ferrous ion이나 ferric ion).	3.1	3.1	3.3~3.14 3.19~3.20
2. **다원자** 양이온과 음이온의 명명법을 설명하시오.	**다원자 이온(polyatomic ion)**의 이름을 기억할 때 알아두면 유용한 규칙이 있다. 이름 뒷부분에 "ite"를 갖는 이온은 "ate"를 갖는 것보다 산소 원자가 하나 적다(nitrite ion과 nitrate ion). 수소 원자가 관련될 때는 사용되는 상대적인 수소 원자의 개수를 표시한다(carbonate ion과 hydrogen carbonate ion).	3.1		3.15~3.18
3. 대표적인 원소들의 전자 점구조가 단원자 이온의 전하를 예측하는 데 어떻게 사용되는지에 관한 설명하시오.	대표적인 원소들이 8전자 규칙을 충족시키기 위해 최외각 전자를 얻거나 잃는다. 비금속 원자들의 이온은 전자 점구조가 총 8개의 전자가 될 때까지 더하여 나타낸다(전자를 더할 때마다 음전하가 하나씩 증가한다). 금속 원자에 대하여서는, 전자 점구조에서 전자가 0이 될 때까지 제거하면서 표시한다(전자를 없앨 때마다 양전하가 늘어난다).	3.2	3.2	3.21~3.28

목표	요약	절	예제와 연습문제	총정리 문제
④ **이온성 화합물**과 **이원자 분자**의 이름과 구조식을 말하하시오.	**이온성 화합물(ionic compound)**은 양이온의 이름과 음이온의 이름을 조합하여 명명한다(각각의 수를 명시하지 않는다.). **이원자 분자(binary molecule)**(2개의 다른 원소들의 원자를 포함하는 공유 화합물)는 화학식에 나타난 순서대로 원소 이름을 나열하고 두 번째 원소의 이름 끝을 ide로 바꾼다. 접두사(mono나 di 같은)는 각 원자 종류의 상대적인 수를 표시한다.	3.3, 3.5	3.3, 3.4, 3.7	3.29~3.44, 3.53~3.68
⑤ 비금속 원자가 이루는 **공유결합**의 수를 예측하고 전자 점구조와 **루이스 구조** 그리기	비금속 원자는 **공유결합(covalent bond)**의 수는 8전자 규칙을 충족시키기는 데 필요한 최외각 전자가수와 같다. 분자의 전자 점구조에서 **결합전자(bonding)**와 **비결합전자(nonbonding electrons)**는 점으로 표시된다. 루이스 구조(**Lewis structure**)에서는 결합전자 쌍을 선으로 나타낸다.	3.4, 3.5	3.5, 3.6	3.45~3.52
⑥ **화학식량**과 **분자량**의 정의와 **화합물**의 몰 질량을 이용하여 몰과 질량을 포함하는 식으로 전환하시오.	이온성 화합물의 **화학식량(formula weight)**과 분자의 **분자량(molecular weight)**은 화학식에 있는 원소의 원자 무게의 합과 같다. 이온성 화합물이나 분자)의 몰 질량(molar mass)은 그것의 화학식량이나 분자량(amu)과 같다. 몰 질량은 단위가 g/몰로 화합물의 몰과 질량 간의 변환에 사용된다.	3.6	3.8, 3.9	3.69~3.80

총정리 문제

색으로 표시된 문제의 해답은 부록 C에 있다.
좀 더 어려운 문제는 *표로 표시하였다.

3.1 다음 그림에서 어느 것이 분자이고, 어느 것이 이온성 화합물인가?

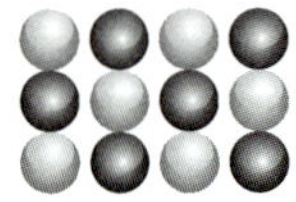
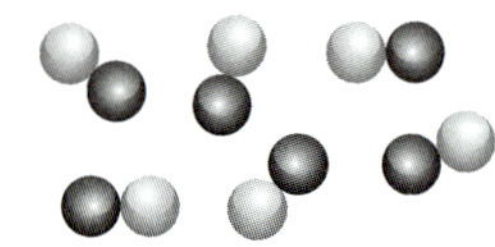

3.2 2개의 비금속 원소의 원자들은 서로 조합하여 세 가지 종류의 화합물로 될 수 있다. 이런 화합물은 이온성 화합물인가? 아니면 이원자 분자인가?

3.1 이온

3.3 각 이온의 총양성자수와 전자수는?

a. K^+
b. Mg^{2+}
c. P^{3-}

3.4 각 이온의 총양성자수와 전자수는?

a. Li^+
b. Al^{3+}
c. S^{2-}

3.5 각 이온의 총양성자수와 전자수는?

a. Fe^{2+}
b. Fe^{3+}
c. Cu^+
d. Cu^{2+}

3.6 각 이온의 총양성자수와 전자수는?

a. Cr^{2+} **c.** Sn^{2+}
b. Cr^{3+} **d.** Sn^{4+}

3.7 각 이온의 총양성자수와 중성자, 전자수는?

a. $^{63}_{29}Cu^{+}$
b. $^{19}_{9}F^{-}$
c. $^{37}_{17}Cl^{-}$

3.8 각 이온의 총양성자수와 중성자, 전자수는?

a. $^{23}_{11}Na^{+}$
b. $^{16}_{8}O^{2-}$
c. $^{35}_{17}Cl^{-}$

3.9 다음 단원자 이온을 명시하시오.

a. 15개의 양성자와 18개의 총전자
b. 20개의 양성자와 18개의 총전자
c. 7개의 양성자와 8개 최외각 전자
d. 25개 양성자와 22개의 총전자

3.10 다음 단원자 이온을 명시하시오.

a. 3개의 양성자와 2개의 총전자
b. 35개의 양성자와 8개의 최외각 전자
c. 47개의 양성자와 46개 총전자
d. 28개 양성자와 26개의 총전자

3.11 각 이온의 이름을 쓰시오.

a. F^{-} **c.** Cl^{-}
b. O^{2-} **d.** Br^{-}

3.12 각 이온의 이름을 쓰시오.

a. Sr^{2+} **c.** S^{2-}
b. Cl^{-} **d.** Se^{2-}

3.13 각 이온의 이름을 쓰시오.

a. CO^{2-} **c.** Cr^{3+}
b. Pb^{2+} **d.** Cu^{+}

3.14 각 이온의 이름을 쓰시오.

a. Co^{3+} **c.** Cr^{2+}
b. Pb^{4+} **d.** Cu^{2+}

3.15 각 이온의 이름을 쓰시오.

a. CO_3^{2-} **c.** SO_3^{2-}
b. NO_3^{-} **d.** $CH_3CO_2^{-}$

3.16 각 이온의 이름을 쓰시오.

a. H_3O^{+} **c.** HPO_4^{2-}
b. OH^{-} **d.** $H_2PO_4^{-}$

3.17 각 이온의 화학식을 쓰시오.

a. hydrogen carbonate ion
b. nitrite ion
c. sulfate ion

3.18 각 이온의 화학식을 쓰시오.

a. hydrogen sulfate ion **c.** dichromate ion
b. phosphate ion

3.19 수소 양이온의 전자 점구조를 그리시오.

3.20 hydride 이온은 1−전하를 가진다. hydride 이온의 전자 점구조를 그리시오.

3.2 8전자 규칙

3.21 각 원자는 몇 개의 최외각 전자를 얻어야 8전자 규칙을 충족시키나?

a. O **c.** Se
b. F **d.** Br

3.22 각 원자는 몇 개의 최외각 전자를 잃어야 8전자 규칙을 충족시키나?

a. Li **c.** Cs
b. Al **d.** Sr

3.23 문제 3.21의 각 원자로부터 형성될 이온의 전자 점구조를 그리시오. 이온의 전하와 (양전하 또는 음전하) 개수도 표시해야 한다.

3.24 문제 3.22의 각 원자로부터 형성될 이온의 전자 점구조를 그리시오. 이온의 전하와 (양전하 또는 음전하) 크기도 표시해야 한다.

3.25 질소 원자가 이온으로 바뀔 때

a. 그 이온의 이름은 무엇인가?
b. 질소는 몇 개의 전자를 얻나?
c. 그 이온은 무슨 전하를 띠나?

3.26 칼륨 원자가 이온으로 바뀔 때

a. 그 이온의 이름은 무엇인가?
b. 칼륨은 몇 개의 전자를 얻나?
c. 그 이온은 무슨 전하를 띠나?

3.27 각 원자의 전자 점구조와 생성될 이온의 전자 점구조를 그리시오.

a. Na **c.** Ar
b. Cl

3.28 각 원자의 전자 점구조와 생성될 이온의 전자 점구조를 그리시오.

a. K **c.** Ca
b. I

3.3 이온성 화합물

3.29 각 이온성 화합물의 이름을 쓰시오.

a. MgO **c.** CaF_2
b. Na_2SO_4 **d.** Na_2S

3.30 각 이온성 화합물의 이름을 쓰시오.
a. Li_2O
b. $BaCl_2$
c. Al_2O_3
d. MgSe

3.31 각 이온성 화합물의 이름을 쓰시오.
a. $FeCl_2$
b. CoS
c. $CoCl_3$
d. Al_2S_3

3.32 각 이온성 화합물의 이름을 쓰시오.
a. Fe_2O_3
b. $CrBr_3$
c. $CrBr_2$
d. PbI_2

3.33 각 이온성 화합물의 이름을 쓰시오.
a. Na_2SO_4
b. $Ca(NO_3)_2$
c. K_3PO_4
d. NH_4OH

3.34 각 이온성 화합물의 이름을 쓰시오.
a. K_2SO_3
b. $Sr(NO_2)_2$
c. K_2HPO_4
d. $(NH_4)_2CO_3$

3.35 각 이온성 화합물의 이름을 쓰시오.
a. $Mg(HSO_4)_2$
b. $Na_2Cr_2O_7$
c. $MgSO_3$
d. $Ca(HCO_3)_2$

3.36 각 이온성 화합물의 이름을 쓰시오.
a. $Al_2(CO_3)_3$
b. NH_4CN
c. $BaSO_3$
d. CH_3CO_2Na

3.37 각 이온성 화합물의 화학식을 쓰시오.
a. calcium hydrogen phosphate
b. copper(II) bromide
c. copper(II) sulfate
d. sodium hydrogen sulfate

3.38 각 이온성 화합물의 화학식을 쓰시오.
a. iron(III) hydroxide
b. ammonium bromide
c. copper(I) sulfate
d. tin(II) oxide

3.39 각 이온성 화합물의 이름을 쓰시오.
a. Li_2SO_4 (항우울제)
b. $Ca(H_2PO_4)_2$ (식품에 미네랄 첨가제로 사용됨)
c. $BaCO_3$ (쥐약)

3.40 각 이온성 화합물의 이름을 쓰시오.
a. $AlPO_4$ (치과 충전제)
b. $MgHPO_4$ (설사약)
c. $SrBr_2$ (항경련제)

3.41 두 이온 간에 형성되는 이온성 화합물의 화학식을 쓰시오.
a. 마그네슘 이온과 불소 이온
b. 칼륨 이온과 브롬 이온
c. 칼륨 이온과 황 이온
d. 알루미늄 이온과 황 이온

3.42 두 이온 간에 형성되는 이온성 화합물의 화학식을 쓰시오.
a. copper(I) ions과 chloride ion
b. copper(II) ions과 hydrogen sulfate ions
c. lithium ions과 iodide ions
d. cobalt(III)ions과 phosphate ions

3.43 파워에이드라 불리는 스포츠 음료에는 당과 citric acid, 다른 성분들 뿐 아니라 potassium phosphate와 potassium dihydrogen phosphate도 포함되어 있다. 각 이온성 화합물들의 화학식을 쓰시오.

3.44 치아가 상하는 것을 방지하기 위해서 어떤 치약에는 tin(II) fluoride로도 알려진 stannous fluoride가 함유되어 있다. 이 화합물의 화학식을 쓰시오.

3.4 공유결합

3.45 각 비금속 원자가 형성하는 공유결합의 수를 예측해 보시오.
a. N
b. Cl
c. P

3.46 각 비금속 원자가 형성하는 공유결합의 수를 예측해 보시오.
a. C
b. O
c. Br

3.47 각 분자의 전자 점구조를 그리시오.

```
     H     H
     |     |
a. H—C—Ö—C—H
     |  ¨  |
     H     H

     H      H  H :Ö
     |      |  |   ‖
b. H—C——————C—C—C—H
     |      |  |
     H   H—N: H
           |
           H
```

3.48 각 분자의 전자 점구조를 그리시오.

a. 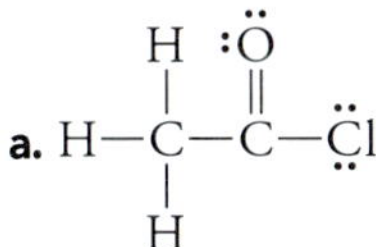

b. H—C≡C—C(H)(H)—C(=Ö:)—Ö—H

3.49 문제 3.48a의 구조에서 결합전자쌍을 표시하시오.

3.50 문제 3.48a의 구조에서 비결합전자쌍을 표시하시오.

3.51 체내의 당분해시에 형성되는 화합물인 pyruvic acid의 루이스 구조를 그리시오.

H:C(H)(H):C(::Ö:):C(::Ö:):Ö:H

Pyruvic acid

3.52 무산소 운동시에 형성되는 화합물인 lactic acid의 루이스 구조를 그리시오.

H:C(H)(H):C(H)(:Ö:H):C(::Ö:):Ö:H

Lactic acid

3.5 분자

3.53 각 이원자 분자의 이름을 쓰시오.

a. NCl_3
b. PCl_3
c. PCl_5

3.54 각 이원자 분자의 이름을 쓰시오.

a. CS_2
b. N_2O_3
c. NF_3

3.55 Phosphine(PH_3)는 상한 물고기 냄새가 나는 독성 가스이다. 이 이원자 분자의 다른 이름을 쓰시오.

3.56 치과 의사는 nitrous oxide(N_2O)를 마취용으로 쓴다. 이 이원자 분자의 다른 이름을 쓰시오.

3.57 다음 각 원자에 충분한 수소 원자를 첨가하여 8전자 규칙을 충족하게 될 때 형성되는 분자의 전자 점구조를 그리시오.

a. C
b. N
c. O

3.58 다음 각 원자에 충분한 수소 원자를 첨가하여 8전자 규칙을 충족하게 될 때 형성되는 분자의 전자 점구조를 그리시오.

a. F **b.** P **c.** Br

3.59 CO_2 화학식에 맞는 구조는?

:Ö=O=C̈: :Ö—C≡O: :Ö=C=Ö:

3.60 C_2H_3Cl 화학식에 맞는 구조는?

H—C(H)=C(H)—C̈l: H—C(H)=C̈l—C̈—H :C̈—C(H)=Cl(H)—H

3.61 CH_2O 화학식에 맞는 구조는?

:C̈=O(H)—H H—C̈=Ö—H H—C(H)=Ö:

3.62 C_2H_5Cl 화학식에 맞는 구조는?

H—C(H)(H)—C̈l=C(H)—H H—C(H)(H)—C(H)(H)—C̈l: H—C(H)(H)=C(H)(H)—C̈l:

3.63 각각 이온성 화합물인지 이원자 분자인지 나타내시오.

a. $BaCl_2$ **d.** HgO
b. OCl_2 **e.** N_2O_3
c. CS_2 **f.** Cu_2O

3.64 각각 이온성 화합물인지 이원자 분자인지 나타내시오.

a. SF_2 **d.** PF_5
b. MgF_2 **e.** NO_2
c. $SnCl_2$ **f.** SnO_2

3.65 문제 3.63에 있는 이온성 화합물이나 이원자 분자의 이름을 쓰시오.

3.66 문제 3.64에 있는 이온성 화합물이나 이원자 분자의 이름을 쓰시오.

3.67 모든 이원자 분자는 화합물인가? 설명하시오.

3.68 어떤 원소가 이원자 분자로 존재하나? 설명하시오.

3.6 화학식량, 분자량, 몰 질량

3.69 **a.** ammonium hydroxide의 화학식량은?
b. ammonium hydroxide 0.950몰의 질량은 얼마인가?
c. ammonium hydroxide 0.475 g은 몇 몰인가?

3.70 **a.** Li_2CO_3의 화학식량은 얼마인가?
b. Li_2CO_3 1.33×10^{-4}몰의 질량은 얼마인가?
c. Li_2CO_3 73.5 g에 존재하는 CO_3^{2-} 이온은 몇 몰인가?

***3.71** **a.** Sodium oxide의 화학식량은 얼마인가?
b. Sodium oxide 0.25몰에 존재하는 oxide 이온은 몇 개인가?

c. Sodium oxide 0.25몰에 존재하는 sodium 이온은 몇 개인가?
d. Sodium oxide 2.30 g에 존재하는 oxide 이온은 몇 개인가?
e. Sodium oxide 2.30 g에 존재하는 sodium 이온은 몇 개인가?

***3.72** a. magnesium iodide의 화학식량은 얼마인가?
b. magnesium iodide 7.5 × 10^{-6}몰에 존재하는 magnesium 이온은 몇 개인가?
c. magnesium iodide 7.5 × 10^{-6}몰에 존재하는 iodide 이온은 몇 개인가?
d. magnesium iodide 4.5 mg 존재하는 magnesium 이온은 몇 개인가?
e. magnesium iodide 4.5 mg에 존재하는 iodide 이온은 몇 개인가?

***3.73** 식품보존제인 potassium sorbate($K(C_6H_7O_2)$)는 곰팡이와 효모 억제제이다.
a. sorbate 이온의 전하는 무엇인가?
b. potassium sorbate 0.0150 g에 몇 개의 C 원자가 존재하는가?

***3.74** 식품첨가제인 sodium benzoate($C_6H_5CO_2Na$)는 세균 성장을 막아 식품의 유통기한을 연장시킨다.
a. benzoate 이온의 전하는 무엇인가?
b. sodium benzoate 0.250 g에 몇 개의 C 원자가 존재하는가?

***3.75** a. CCl_4의 분자량은?
b. CCl_4 61.3몰의 질량은?
c. CCl_4 0.465 g에 몇 몰의 CCl_4가 존재하는가?
d. CCl_4 5.50 × 10^{-3} g에는 몇 몰의 CCl_4가 존재하는가?

***3.76** a. aspirin($C_9H_8O_4$)의 분자량은?
b. aspirin 0.00225몰의 질량은?
c. aspirin 500 mg에 몇 몰의 aspirin이 존재하는가?
d. aspirin 1.00 g에 몇 몰의 aspirin이 존재하는가?

***3.77** 특정 진통제 한 알에 250 mg의 acetaminophen($C_8H_9NO_2$)이 들어 있다. 한 알에 몇 개의 acetaminophen 분자가 들어 있는가?

***3.78** 비타민 한 알에 500 mg의 비타민 C($C_6H_8O_6$)가 들어 있다. 한 알에 얼마나 많은 비타민 C 분자가 들어 있나?

***3.79** Isovaleric acid($C_5H_{10}O_2$)는 발 냄새를 일으키는 분자이다. 이 화합물이 냄새를 일으키기 위해서는 공기 중에 적어도 250 parts/billion이 있어야 한다. 이것은 0.50리터의 공기 속에 0.00013 g의 isovaleric acid이 들어 있어야 한다는 의미이다.
a. 이것은 몇 몰의 isovaleric acid를 의미하는가?
b. 이것은 몇 개의 isovaleric acid 분자를 의미하는가?

***3.80** 흙냄새가 나는 2-isobutyl-3-methoxypyriazine($C_9H_{14}N_2O$)은 커피의 특유의 향에 관련된 화합물이다.
a. 커피 1리터에 2-isobutyl-3-methoxypyriazine이 8.3 × 10^{-2} mg이 있다면 이 화합물은 몇 몰이 들어 있나?
b. 커피 한 잔에 이 화합물은 몇 몰 들어 있나?

BiochemistryLink | 이온 투과체와 생물 이온 전달

3.81 이온 투과체가 항생제로 어떻게 작용하는지 설명하시오.

3.82 발리노마이신(valinomycin)의 가운데 공간(결합부위)이 크기 때문에 K^+ 이온이 Na^+ 이온보다 발리노마이신에 더 강하게 결합한다. 이 결합부위가 Na^+ 이온에 너무 큰가? 아니면 너무 작은가?

HealthLink | 소금 좀 건네 주세요

3.83 하와이안 소금과 검은 인도 소금에는 NaCl 이외에 존재하는 화합물의 이름을 쓰시오.

3.84 이온화된 소금은 무엇이며 왜 그렇게 판매하나?

HealthLink | 치과 충전제

3.85 때때로 치과 치료(충전)는 치아를 온도 변화에 민감하게 만든다. 금속 물질로 만들어진 아말감과 비금속 물질로 만든 합성물질(composites)이 있다면 어느 충전제가 온도 변화에 더 민감하게 만들것으로 예측되는가?

3.86 아말감이 가끔은 화합물로 간주되기도 하지만 이것은 화합물의 정의에 잘 맞지 않는다. 이유를 설명하시오.

HealthLink | nitric oxide

3.87 발기부전 치료제의 하나인 비아그라는 몸에서 생성된 nitric oxide의 효과를 증진시킴으로써 작용한다. 협심증으로 nitroglycerin을 복용하는 남성들은 비아그라 처방을 받지 말아야 한다. 그 이유는?

3.88 수혈을 받으면 왜 심장마비와 뇌졸중 위험이 있는가?

심화학습

3.89 어떤 이온성 화합물은 수화물을 형성할 수 있는데, 수화물이란 물 분자가 결정구조에 참여하는 것이다. 한 예로 iron(II) nitrate hexahydrate($Fe(NO3)_2 \cdot 6H_2O$)이다. 화학식의 점은 6개의 물 분자가 각 iron(II) nitrate에 연관되 있음을 나타낸다. 물 분자는 중성이므로 화합물의 전하에 영향을 주지 않는다.
a. 이 화합물 양이온의 전하는 얼마인가?
b. 양이온의 다른 이름을 쓰시오.
c. 이 화합뷸 음이온의 전하는 얼마인가?
d. 이 화합물은 어떤 이온결합을 하나? 설명하시오.
e. 이 화합물은 어떤 공유결합을 하나? 설명하시오.

f. 이원자화합물을 명명하는 규칙을 사용하여 물을 다른 이름으로 쓰시오.

g. iron(II) nitrate hexahydrate의 화학식량을 쓰시오.

h. 이 화합물 4.93 g은 몇 몰인가?

i. 이 화합물 0.639 g은 몇 몰인가?

j. 이 화합물 8.58×10^{-6} 몰에 몇 개의 물 분자가 있나?

k. 이 화합물 43.8 g에 몇 개의 iron(II) 이온이 있나?

3.90 **a.** hydrate $Cu_3(PO_4)_2 \cdot 3H_2O$(문제 3.89 참조)의 이름을 쓰시오.

b. 이 화합물 양이온의 전하는 얼마인가?

c. 이 문제의 a에 대한 답에 사용된 것과는 다른 양이온의 이름을 쓰시오.

d. 이 화합물 음이온의 전하는 얼마인가?

e. $Cu_3(PO_4)_2 \cdot 3H_2O$의 분자식량은?

f. $Cu_3(PO_4)_2 \cdot 3H_2O$ 1.22 g은 몇 몰인가?

g. $Cu_3(PO_4)_2 \cdot 3H_2O$ 5.73몰은 몇 g인가?

h. $Cu_3(PO_4)_2 \cdot 3H_2O$ 6.39×10^{-2}몰에 몇 개의 물 분자가 있는가?

i. $Cu_3(PO_4)_2 \cdot 3H_2O$ 0.227 g에는 몇 개의 phosphate 이온이 있는가?

연습문제 해답

3.1 **a.** scandium(III) ion; **b.** titanium(II) ion; **c.** strontium ion

3.2 **a.** $:\ddot{\underset{\cdot}{Cl}}:$ $\quad :\ddot{\underset{\cdot\cdot}{Cl}}:^{-}$

b. $\cdot\ddot{\underset{\cdot\cdot}{Se}}\cdot$ $\quad :\ddot{\underset{\cdot\cdot}{Se}}:^{2-}$

c. $\cdot Ba \cdot$ $\quad Ba^{2+}$

3.3 **a.** LiCl; **b.** Li_2O; **c.** Li_3N

3.4 **a.** NH_4HSO_4; **b.** $(NH_4)_3PO_4$; **c.** $Sr_3(PO_4)_2$; d. $SrSO_4$

3.5

```
   H   H   H
H: C : C : C :H
   H  :O:  H
       H
```

3.6 $H-\underset{\cdot\cdot}{\ddot{S}}-H$

3.7 **a.** silicon tetrabromide; **b.** diphosphorus trioxide; **c.** tetraphosphorus triselenide

3.8 **a.** 84.01 amu; **b.** 26.5 g

3.9 **a.** 75.08 amu; **b.** 300. g; **c.** 4.43×10^{19} molecules

© Michel de Nijs/iStockphoto

약물 과다 복용

한 여성이 핸드폰을 꺼내서 메시지를 확인하고 있다. 위장병 전문의사의 병원에서 보낸, 후속 약속이 다음 날에 있음을 알려주는 메시지였다. 그녀는 지난 주에 심한 감기에 걸렸을 때 큰일 날 뻔 했었다. 그녀는 두통 때문에 강력한 진통제를 복용하고 있었는데, 감기 증세를 완화시킬 생각으로 복합성분의 독감 및 감기약과 함께, 잠을 편히 자기 위해 야간 감기약을 복용하였다. 며칠 동안 복용해야 할 권장량보다 더 많은 양을 복용한 후에 메스꺼움과 구토가 시작되었다. 응급실로 가서 혈액검사를 한 결과 그녀는 아세트아미노펜 중독(acetaminophen poisoning)으로 인하여 간이 손상되었고, 이 때문에 고통받고 있음이 밝혀졌다.

4 유기화합물 개론

본 장에 관하여

지금까지 우리는 원자들과 분자들이 어떻게 결합되어 있는지에 대한 기초를 학습하였으며, 이제는 이 책을 읽어 가면서 마주치게 될 유기화학과 생화학 주제에 대한 발판을 마련할 시간이다. 이 장은 결합 형태, 전자 분포, 분자 모형들이 상호작용하는 방식에 어떻게 영향을 미치는가와 관련된 다양한 주제에 대한 소개로 시작하게 될 것이다. 우리는 이 장의 후반부에서 많은 다른 종류의 유기화합물군에 초점을 맞출 것이다. 유기화합물은 그 화합물이 함유하고 있는 원자 또는 결합의 종류에 기초하여 특정 군으로 분류된다.

CHAPTER 4의 목적

이 장을 끝내고 나면, 여러분들은 다음과 같은 것들을 할 수 있을 것이다. 즉:

1. 전자 점구조와 루이스 구조를 사용하여 분자와 다원자 이온들을 그릴 수 있다.
2. 축소구조식과 골격구조가 전자 점구조 및 루이스 구조와 어떻게 다른지를 기술할 수 있다.
3. 전기음성도를 정의하고, 전기음성도와 극성공유결합과의 상관관계를 설명할 수 있다. 공유결합이 극성인지 아닌지를 예측하는 데 사용될 수 있는 간단한 규칙을 제시할 수 있다.
4. 한 분자 또는 이온에서 하나의 원자에 관한 5개의 기본 모형을 열거할 수 있고, 그 모형을 예측하는 데 사용되는 규칙들을 설명할 수 있다. 분자 모형이 전반적인 극성을 결정하는 데 있어서 어떤 역할을 하는가를 설명할 수 있다.
5. 다른 종류의 비공유 상호작용들을 설명하고 분자들을 서로 붙잡는 중요한 비공유 상호작용들을 예측할 수 있다.
6. 주어진 분자 구조에 어떤 군들이 속해 있는지를 파악할 수 있다.

4.1 | 구조식

유기 분자를 생각하기 전에 우리는 제3장에서 다루기 시작했던 공유결합과 분자들에 대한 논의를 상세히 해야 할 필요가 있다. 3.5절에서 공유결합에 의해 서로 연결되어 있는 비금속 원자들의 비하전 그룹들인 분자들을 소개하였으며, 주어진 분자 구조들이 전자 점구조(모든 원자가 전자들은 점을 사용하여 나타냄)나 루이스(Lewis) 구조(각 쌍의 공유결합 전자들은 선으로 나타냄)에 의하여 표시될 수 있음을 보았다. 아래에서 제시되는 이소프로필 알코올(소독용 알코올)의 구조에서, 탄소 원자와 산소 원자는 옥텟(팔 전자계)—탄소 원자당 4개의 결합과 산소 원자당 2개의 결합—에 도달하는 데 요구되는 공유결합의 수로 이루어져 있다.

전자 점구조

```
   H  H  H
   ..  ..  ..
H:C : C : C:H
   ..  ..  ..
   H :O: H
      ..
      H
```

루이스 구조

```
     H   H   H
     |   |   |
 H — C — C — C — H
     |   |   |
     H  :O:  H
         |
         H
```

이소프로필 알코올

이들 두 **구조식(structural formulas)** 가운데 어느 것이든 분자식(C_3H_8O)이 제공하는 것보다 2-propanol에 대한 정보를 더 많이 제공한다. 왜냐하면 분자식은 원자들이 서로 어떻게 붙어 있는지에 대하여 어느 것도 알려 주지 않기 때문이다. 예를 들어, 독성학자가 높은 용량의 화합물 C_3H_8O에의 노출과 관련하여 건강 문제를 보고하는 것을 생각해보자. 이 분자식으로는 분자가 어떻게 구성되어 있는가를 우리에게 설명해 주지 못하기 때문에, 그 독성학자는 2-propanol에 관하여 언급하는 것인지, 분자식 C_3H_8O를 가지는 다른 두 종류의 분자들 중의 하나에 대하여 언급하는 것인지 명확하지 않다. 구조식(그림 4.1)을 사용하여 분자를 표시하는 것이 이러한 문제를 해명하게 한다.

분자식이 주어지면, 구조식은 어떻게 그려야 하는가? 작은 분자들에 대해서는 1개의 원자가 형성하는 데 예상되는 공유결합의 수를 아는 것은 좋은 출발점이 될 수 있다. 3.4절에서 보았듯이, 비금속 원자가 형성하는 공유결합의 수는 일반적으로 그 원자가 옥텟을 가지기 위하여 획득해야 할 필요가 있는 전자의 수와 같다. 산소 원자는 6개의 전자를 가지고 있기에 옥텟을 이루기 위해서는 2개의 전자가 더 필요하므로, 이에 2개의 공유결합을 형성할 수 있다. 질소 원자는 5개의 원자가 전자를 가지고 있어서 옥텟을 이루기 위해서는 3개의 전자가 더 필요하며, 이에 3개의 공유결합을 형성할 수 있다. 수소와 2주기의 비금속 원소들에 대하여 예상되는 결합 형태는

- 수소 원자는 1개의 공유결합을 형성할 수 있다.
- 탄소 원자는 4개의 공유결합을 형성할 수 있다.
- 질소 원자는 3개의 공유결합을 형성할 수 있다.
- 산소 원자는 2개의 공유결합을 형성할 수 있다.
- 할로겐 원자는 1개의 공유결합을 형성할 수 있다.

HF에 대한 구조식을 그리려면, 각각의 원자가 필요한 결합의 수를 나타내기 위하여 H와 F를 하나의 공유결합으로 연결한다. NH_3에서는 N이 3개의 수소 원자와 각각 공유결합을 형성함으로써 중심

```
     H   H   H              H   H   H                  H       H   H
     |   |   |              |   |   |      ..          |       |   |
 H — C — C — C — H      H — C — C — C — O — H      H — C — O — C — C — H
     |   |   |              |   |   |      ..          |  ..   |   |
     H  :O:  H              H   H   H                  H       H   H
         |
         H
```

■ **그림 4.1**

구조식 식 C_3H_8O를 가지는 3개의 분자들에 대하여 여기에서 보여주는 루이스 구조식과 같은 구조식들은 한 분자 내에서 각 원자의 상대적인 위치를 나타낸다.

원자가 된다. HF와 NH_3의 구조에서 F와 N 원자들은 각각 1개의 옥텟을 가지기 위한 충분한 비결합 전자들을 가지고 있다. 그림 3.11은 이러한 접근법을 사용하여 그려질 수 있는 기타 구조식들을 보여 주고 있다.

$$H-\ddot{\underset{\cdot\cdot}{F}}: \qquad H-\ddot{N}-H \quad (\text{N에 H 하나 더 결합})$$

모든 구조식들이 쉽게 그려질 수 있는 것은 아니다. 다행히 더 많은 도전적인 상황에 대처하기 위하여 사용될 수 있는 체계적인 접근법이 있다. 이 접근법은 NCl_3를 어떻게 그리는지를 보여줌으로써 설명될 것이다.

루이스 구조 그리기

1. **총원자가 전자의 수를 세어라.** 분자에서 한 원자의 원자가 전자는 공유결합으로 되거나 비결합 전자로서 끝나게 된다. NCl_3의 구조식은 26개의 전자를 가지고 있음을 보여 주어야 한다:

1 N 원자	+	3 Cl 원자	
5 원자가 전자	+	3 × 7 원자가 전자	
5	+	21	= 26 원자가 전자

2. **원자와 다른 원자를 연결하기 위하여 단일 공유결합을 사용하라.** 어느 원자가 다른 원자와 연결을 결정하기 위하여 여기에서는 약간의 어림짐작이 사용될 것이다. 비록 모든 경우가 그런 것은 아니지만, 중심 원자는 종종 분자식에서 제일 먼저 나온다. NCl_3의 구조는 이런 패턴을 따른다: N이 중심 원자이다. 비록 수소가 때때로 분자식에서 제일 먼저 나오지만, 결코 중심 원자가 될 수 없음을 주의하라. 수소는 정확히 1개의 공유결합을 형성한다.

   NCl_3에서는 질소가 중심 원자이므로, 우리는 질소를 염소 원자들과 단일결합을 사용하여 연결하게 된다.

$$Cl-N-Cl \quad (\text{N 아래에 Cl 결합})$$

3. **중심 원자에 결합되어 있는 원자들로부터 시작하여 완전한 옥텟을 이루도록 남아 있는 전자들을 첨가하라.** NCl_3의 구조에서 6개의 원자가 전자, 즉 3개의 공유결합 각각에 2개씩의 원자가 전자들이 사용되었다. 본래의 26개의 전자들 중에서 20개는 아직도 더 첨가되어야 한다. 각 염소 원자가 하나의 옥텟을 형성하기 위하여 충분한 전자들을 그리면 아래 식이 된다.

$$:\ddot{\underset{\cdot\cdot}{Cl}}-N-\ddot{\underset{\cdot\cdot}{Cl}}: \quad (\text{N 아래에 } :\underset{\cdot\cdot}{Cl}: \text{ 결합})$$

   이 구조는 24개의 전자만이 제시되었기 때문에(3개의 결합과 9쌍의 비결합 전자들) 아직 완성된 것이 아니다. 나머지 2개의 전자는 질소 원자에 더해진다.

$$:\ddot{\underset{\cdot\cdot}{Cl}}-\ddot{N}-\ddot{\underset{\cdot\cdot}{Cl}}: \quad (\text{N 아래에 } :\underset{\cdot\cdot}{Cl}: \text{ 결합})$$

4. **중심 원자가 옥텟을 이루고 있지 않으면, 중심 원자와 다중결합을 형성하도록 중심 원자에 부착되어 있는 원자들로부터 비결합 전자들을 이동하라. 중심 원자가 하나의 완성된 옥텟을 가질 때까지 그렇게 하라.** 단계 3에서 그려진 NCl_3는 완성되었으며 변경할 필요가 없다. 염소 원자가 하나의 옥텟(1개의 결합과 3쌍의 비결합 원자)을 가지고 있듯이, 질소 원자도 하나의 옥텟(3개의 결합과 1쌍의 비결합 전자)을 가지고 있다.

식 CH_2O를 가지고 있는 포름알데히드에 대하여 이 과정을 반복해 보자. 이 분자에서 C가 중심 원자이며 3개의 다른 원자들에 각각 결합하고 있다.

1. **총원자가 전자의 수를 셈하라.** CH_2O는 이용 가능한 12개의 원자가 전자를 가지고 있다.

1 C 원자	+	2 H	+	1 O 원자
4 원자가 전자	+	2 × 1 원자가 전자	+	6 원자가 전자
4	+	2	+ 6 =	12 원자가 전자

2. **단일공유결합을 사용하여 원자들을 연결하라.** 위에서 설명된 힌트와 같이 C가 중심 원자이다.

H—C—O
  |
  H

3. **중심 원자에 연결되어 있는 원자들로부터 시작하여 옥텟이 완성되도록 남아 있는 전자들을 첨가하라.** 위의 그림은 3개의 결합을 보여주므로 6개의 전자들이 나타나 있다. 첨가해야 할 6개의 전자들이 더 남아 있다. 수소 원자는 정확히 1개의 공유결합을 형성하며 더 이상의 전자들을 받을 수 없다. 따라서 남아 있는 전자들은 산소 원자로 가야 한다.

H—C—Ö:
  |
  H

12개의 원자가 전자들이 모두 사용되었기 때문에 추가되는 비결합 전자들은 탄소 원자로 첨가되지 않는다.

4. **중심 원자가 옥텟을 가지고 있지 않으면, 그 중심 원자와 다중결합을 형성하도록 부착되어 있는 원자들로부터 비결합 전자들을 이동하라.** 탄소 원자는 하나의 옥텟을 가지고 있지 않아서, 한 쌍의 비결합 전자가 산소 원자로부터 이동해서 탄소 원자와 이중결합을 형성하는 데 사용된다. 이러한 과정은 탄소 원자로 하여금 옥텟을 가지게 하고, 이로써 그림이 완성된다.

탄소는 6개의 원자가 전자를 가지고 있음　　　탄소는 하나의 옥텟을 가짐

예제 4.1

루이스 구조 그리기

시안화 수소(HCN)의 루이스 구조를 그리시오. 이 분자에서는 탄소가 중심 원자이다.

전략

방금 언급되었던 루이스 구조를 그리는 순서의 단계 3을 완성하면, 여러분은 탄소 원자가 옥텟을 가지고 있지 않음을 알게 될 것이다. 탄소가 옥텟을 가지는 데 필요한 만큼 비결합 전자쌍을 이동하라.

해답

1. 분자식 HCN은 10개의 원자가 전자, 즉 1개는 H로부터, 4개는 C로부터, 5개는 N으로부터 이용 가능함을 나타낸다.
2. 탄소가 중심 원자이므로 초기 구조는 H—C—N이다.

3. 2개의 공유결합을 가지고 있으므로, 위의 구조는 이용 가능한 10개의 원자가 전자 중에서 4개만을 사용하고 있다. 수소원자는 더 이상의 전자들을 받을 수 없으므로 나머지 6개의 원자가 전자는 질소에 첨가된다.

$$\mathrm{H{-}C{-}\ddot{\underset{\cdot\cdot}{N}}\!:}$$

4. 질소 원자가 옥텟을 가지는 반면, 탄소는 옥텟을 이루지 못하고 있다. C가 옥텟을 이루게 될 때까지 N으로부터 비결합 전자들이 이동하여 C와 다중결합을 형성하게 된다.

$\mathrm{H{-}C{-}\ddot{\underset{\cdot\cdot}{N}}\!:}$	$\mathrm{H{-}C{=}\underset{\cdot\cdot}{N}\!:}$	$\mathrm{H{-}C{\equiv}N\!:}$
탄소는 4개의 원자가 전자를 가지고 있음	탄소는 6개의 원자가 전자를 가지고 있음	탄소는 하나의 옥텟을 가짐

연습문제 4.1

이황화탄소인 CS_2의 루이스 구조를 그리시오. 이 분자에서는 C가 중심 원자이다.

다원자 이온의 구조식은 분자를 그릴 때 사용되었던 네 단계로 되어 있는 지침을 적용하여 그릴 수 있다. 제시된 지침에 따라 아질산염(Nitrite) 이온(NO_2^-)을 그려보자.

1. **총원자가 전자의 수를 세어라.** NO_2^-는 18개의 이용 가능한 전자를 가지고 있다. 다원자 음이온의 경우에 1개의 전자는 각 음전하에 더해져야 한다. 다원자 양이온에 대하여는 1개의 전자를 각 양전하에서 빼야 한다.

1 N 원자	+	2 O 원자	+	1 음 전하
5 원자가 전자	+	2 × 6 원자가 전자	+	1 전자
5	+	12	+	1 = 18 전자

2. **단일공유결합을 사용하여 원자들을 다른 원자와 연결하라.** 이 식에서 제일 먼저 제시된 N이 중심 원자이다.

$$\mathrm{O{-}N{-}O}$$

3. **중심 원자에 연결되어 있는 원자들로부터 시작하여 옥텟이 완성되도록 남아 있는 전자들을 첨가하라.** 위의 그림에서는 이용 가능한 18개의 전자들 중에서 4개가 사용되었다. 남아 있는 14개가 O 원자를 시작하여 먼저 채우고, 이어서 N 원자로 이동하여 채우게 될 것이다.

$$\mathrm{:\ddot{\underset{\cdot\cdot}{O}}{-}\underset{\cdot\cdot}{N}{-}\ddot{\underset{\cdot\cdot}{O}}:}$$

4. **중심 원자가 옥텟을 이루지 못하고 있으면, 그 중심 원자와 다중결합을 형성하도록 부착되어 있는 원자들로부터 비결합 전자들을 이동하라. 중심 원자가 옥텟을 가질 때까지 비결합 전자쌍들을 이동하라.** 질소 원자는 옥텟을 이루고 있지 않아서, 한 쌍의 비결합 전자를 1개의 산소 원자(어느 산소 원자이든 상관없음)로부터 이동한다. 이러한 과정을 통해 질소 원자가 옥텟을 이루게 된다.

$\mathrm{:\ddot{\underset{\cdot\cdot}{O}}{-}\underset{\cdot\cdot}{N}{-}\ddot{\underset{\cdot\cdot}{O}}:}$	$\mathrm{:\underset{\cdot\cdot}{O}{=}\underset{\cdot\cdot}{N}{-}\ddot{\underset{\cdot\cdot}{O}}:}$
질소는 6개의 원자가 전자를 가지고 있음	질소는 하나의 옥텟을 가짐

아질산염 이온에 전하를 표시하기 위하여 대괄호를 구조식에 사용하며, 전하는 대괄호의 오른쪽에 위첨자로 쓴다. 최종적으로 정확한 구조는 $\mathrm{[:\underset{\cdot\cdot}{O}{=}\underset{\cdot\cdot}{N}{-}\ddot{\underset{\cdot\cdot}{O}}:]^-}$이다.

많은 화합물들, 특히 유기화학과 생화학에서 접하는 화합물들은 꽤 크며, 전자 점 또는 루이스 구

예제 4.2

다원자 이온의 루이스 구조 그리기

NO_2^+의 루이스 구조를 그리시오.

전략

NO_2^-에서처럼 질소가 중심 원자이다. 다원자 이온에서 이용 가능한 전자의 수를 셀 때 각 양전하에 대하여 1개의 전자를 뺀다.

해답

1. 질소 원자는 5개의 원자가 전자를 가지고 있으며, 각 산소 원자는 6개의 원자가 전자를 가지고 있으므로 총 17개의 이용 가능한 전자를 제공하게 된다. 이 이온에 있는 양전하 때문에 1개의 전자가 빠지게 되므로 NO_2^+을 위하여 총 16개의 이용 가능한 전자가 제공된다.
2. 질소가 중심 원자이므로 초기 구조는 O—N—O이다.
3. 2개의 공유결합을 가지고 있어서 위의 구조는 16개의 이용 가능한 원자가 전자들 중에서 4개만 사용한다. 나머지 12개의 전자는 산소 원자들에 더해진다.

:Ö—N—Ö:

4. 질소 원자에 옥텟을 가지도록 하기 위하여 각 산소 원자로부터 한 쌍의 비결합 전자들이 다중결합을 만드는 데 사용된다.

:Ö—N—Ö:	:O=N—Ö:	:O=N=O:
질소는 4개의 원자가 전자를 가짐	질소는 6개의 원자가 전자를 가짐	질소는 1개의 옥텟을 가짐

$[:O=N=O:]^+$

연습문제 4.2

PO_3^{3-}의 루이스 구조를 그리시오.

조식을 그리는 것은 시간 낭비일 수가 있다. 이러한 이유로 인하여 화학자들은 구조를 나타내는 더 요약된 방법을 고안했다. **축소구조식(condensed structural formula)**은 모든 결합을 나타내지 않고 원자들 사이의 결합으로 기술한다. 예를 들면, 3개의 수소 원자가 붙어 있는 탄소 원자는 CH_3로, 2개의 수소 원자가 붙어 있는 탄소 원자는 CH_2로 쓸 수 있다. 축소구조식의 여러 예들이 그림 4.2에 제시되어 있다.

골격구조(skeletal structure)(그림 4.2)에서는 공유결합들을 선으로 나타내는데, 탄소 원자들은 나타내지 않으며, 수소 원자들은 탄소 이외의 원자들에 붙어 있을 때에만 그린다. 골격구조를 읽기 위해서는 탄소 원자가 선(결합)들이 만나는 곳과 각 선의 끝에 있다고 추측한다. 내용을 단순화하기 위하여 비결합 전자들은 골격구조식과 기타 구조식에서 때때로 생략된다.

예제 4.3

축소구조와 골격구조 그리기

한때 일반 마취제로 사용되었던 화합물인 디에틸에테르의 축소구조와 골격구조를 그리시오.

```
    H   H       H   H
    |   |       |   |
H — C — C — Ö — C — C — H
    |   |       |   |
    H   H       H   H
```

전략

축소구조식을 그리기 위해서는 5개 원자의 사슬(C—C—O—C—C)로서 분자를 생각하면서 시작하고, 이들 5개에 부착되어 있는 원자들을 수소원자로 채운다. 디에틸에테르의 골격구조는 모든 탄소 원자와 수소원자는 제외하고 산소 원자와 C—C 및 C—O 결합만 보이도록 선으로 연결한다.

해답

$CH_3CH_2OCH_2CH_3$ O

축소구조 **골격구조**

연습문제 4.3

마시는 녹차는 연구 결과에서 면역계를 강화시키는 효과가 있음을 제시하고 있다. 녹차에 존재하는 화합물들 중 하나가 간에서 분해될 때 생성되는 에틸아민(아래 구조식)은 면역반응에 분명한 역할을 하게 된다. 이 분자의 축소구조와 골격구조를 그리시오.

```
    H  H
    |  |
H—C—C—N̈—H
    |  |  |
    H  H  H
```

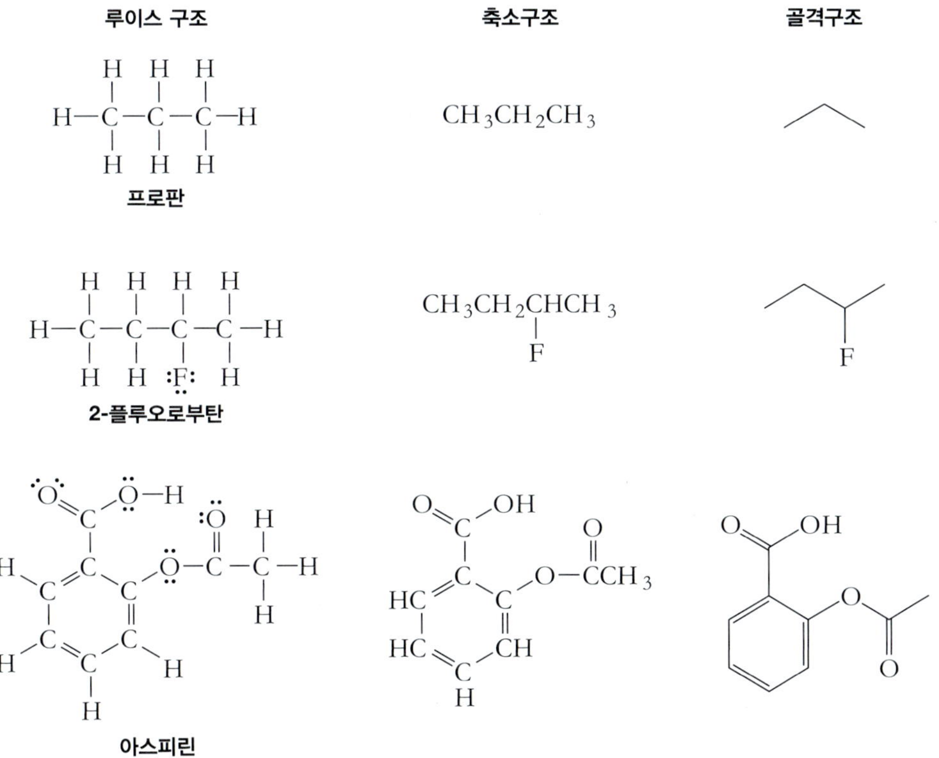

■ **그림 4.2**

축소구조식과 골격구조식 축소구조식은 공유결합과 비결합 전자들을 항상 표시하지 않은 채로 원자들의 결합을 보여준다. 골격구조식에서는 탄소 원자들을 나타내지 않으며, 수소원자들은 탄소 이외의 원자들에 붙어 있을 때에만 나타낸다.

4.2 | 극성공유결합, 형태와 극성

우리는 공유결합이 서로 공유하고 있는 원자가 전자의 쌍으로 이루어져 있음을 설명했다. 이러한 기술은 공유결합에서 전자들이 항상 두 원자에 동등하게 분배되어 있지 않으므로 완전한 기술이 아니다. 전자를 대등하지 않게 소유하게 되는 것은 **전기음성도(electronegativity)**, 즉 하나의 원자가 결합 전자들

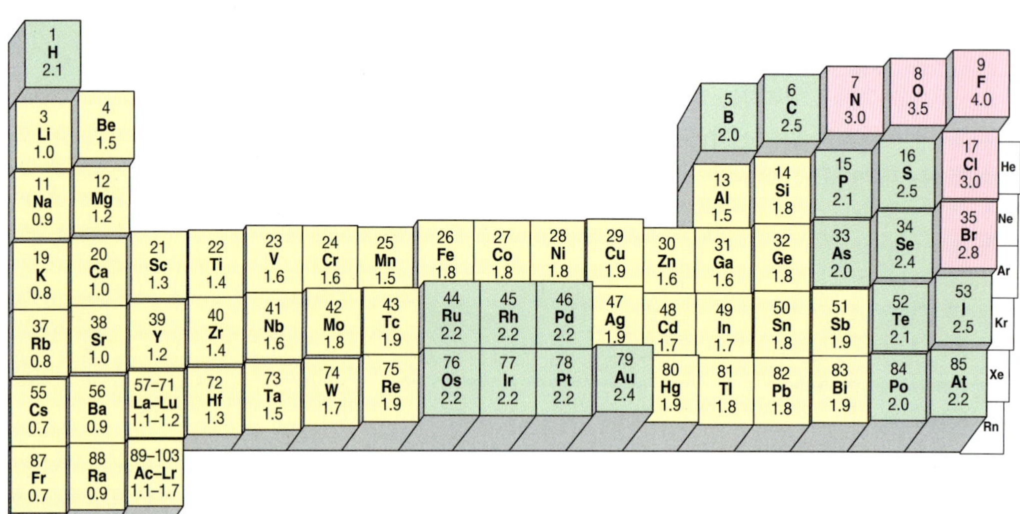

■ **그림 4.3**

전기음성도 전기음성도는 한 원자가 결합 전자들을 끌어당기는 능력을 반영한다. 불소(F)가 가장 전기음성도가 크며, 세슘(Cs)과 프란슘(Fr)이 가장 전기음성도가 낮다. 불활성 기체는 결합 전자들을 끌어당기지 못하므로 전기음성도 값이 지정되어 있지 않다.

$\overset{\delta+}{H}-\overset{\delta-}{\ddot{\underset{..}{F}}}:$

$\overset{\delta+}{H}-\overset{\delta-}{\ddot{\underset{..}{O}}}-\overset{\delta+}{H}$

H₃C(δ+)–Cl(δ−): $H-\overset{H}{\underset{H}{C}}{}^{\delta+}-\overset{\delta-}{\ddot{\underset{..}{Cl}}}:$

$H-\overset{H}{\underset{H}{C}}{}^{\delta+}-\overset{\delta-}{\ddot{\underset{H^{\delta+}}{N}}}-\overset{\delta+}{H}$

■ **그림 4.4**

극성공유결합들 전자들은 극성공유결합에서 동등하지 않게 공유되어서 부분적인 양전하(δ+)와 부분적인 음전하(δ−)를 취하게 된다.

을 끌어당기는 능력의 차이에 기인한다. 그림 4.3에서 보는바와 같이, 전기음성도는 주기적인 경향—주기를 따라 오른쪽으로 또는 족을 따라 위로 이동하면 전기음성도는 일반적으로 증가하는데, 불소 원자가 가장 전기음성도가 큼—을 나타내 보이고 있다.

공유결합에서 전자들이 서로 다른 전기음성도 값을 가지는 원자들에 의하여 공유되어 있을 때 **극성공유결합(polar covalent bond)**이 생긴다. 극성공유결합에서 전자들이 동등하지 않게 공유하게 되면 그 결합의 양쪽 끝에 부분적으로 양극과 음극을 생기게 한다. 불소는 수소보다 훨씬 더 전기음성도가 강해서 불소 원자와 수소 원자가 공유결합을 형성하기 위하여 결합할 때, 불소 원자는 공유하고 있는 결합 전자쌍을 불소 방향으로 끌어당기게 된다. 그 결과, 불소 원자는 δ−(델타 마이너스)로 표시되는 부분적인 음의 전하를 가지게 되며, 수소 원자는 양의 전하(δ+)를 가지게 되면서, 그 결합은 극성이다(그림 4.4).

이 장과 이전 장에서 보았던 결합 형태의 범위는 포함되어 있는 원자들 사이에서 전기음성도 차이의 관점으로 설명될 수 있다(표 4.1). 같은 전기음성도를 가진 비금속 원자들이 결합하면 전자들이 동등하게 나누어 가지게 되므로 공유결합을 형성한다. 공유결합에 관여되어 있는 두 원자들 사이의 전기음성도 차이가 작을 때(0.5 이하), 극성의 정도가 작아서 그 결합은 마치 비극성인 것처럼 행동한다. 전기음성도 차이가 더 크면(0.5~1.9) 극성공유결합을 생성하고, 전기음성도 차이가 1.9보다 더 크면 덜 전기음성적인 원자(금속)로부터 더 전기음성적인 원자(비금속)로의 전자 이동이 일어나 이온결합을 생성한다.

표 | 4.1 결합 형태

결합	비극성 공유결합	극성공유결합	이온결합
특징	결합전자의 동등 소유	결합전자의 비동등 소유	반대 전하의 끌어당김
예	C—C	$^{\delta+}C \quad O^{\delta-}$	$Na^{+} \quad Cl^{-}$
전기음성도 차이	0.5 이하	0.5~1.9	1.9 이상

항상 전기음성도 값만으로 접근할 필요는 없다. 유기화학과 생화학에서 가장 많이 접하게 되는 화합물들에 대하여, 중요한 극성공유결합들은 수소 아니면 탄소 원자들이 질소, 산소, 불소 또는 염소 원자들에 공유적으로 부착되어 있는 결합들이다.

■ 탄소 또는 수소 원자와 질소, 산소, 불소 또는 염소 원자 사이의 결합은 극성공유결합이다.

예제 4.4

극성공유결합 확인하기

아래의 화합물은 시리얼과 말린 과일에 존재하는 곤충 애벌레를 죽이는 데 사용되고 있다. δ+와 δ− 기호를 사용하여 극성공유결합을 표기하시오.

```
    :Ö       H
     ‖       |
 H — C — N̈ — C — H
         |   |
         H   H
```

전략

만일 결합을 형성하고 있는 두 원자 사이의 전기음성도 차이가 0.5와 1.9 사이에 있으면 그 결합은 극성공유결합이다. 그렇지 않으면, 우리는 H 또는 C 원자와 N, O, F 또는 Cl 원자들 사이의 결합들과 같이 한정된 극성공유결합을 갖게 된다. 하나의 극성공유결합에서 덜 전기음성적인 원자(H 또는 C)는 δ+에, 더 전기음성적인 원자(N, O, F 또는 Cl)는 δ−에 속한다.

해답

```
    δ−
    :Ö        H
     ‖δ+ δ− δ+|
 H — C — N̈ — C — H
      δ+ |    |
         H    H
```

연습문제 4.4

δ+기호와 δ− 기호를 사용하여 아스피린(그림 4.2를 참조)에 있는 극성공유결합들을 표기하라

전자 점구조, 루이스 구조, 축소구조 및 골격구조는 화합물 내에서 원자들이 어떻게 서로가 부착되어 있는지를 보여주기 위하여 설계된 것들이지만, 그 화합물의 정확한 모양을 반드시 나타내기 위하여 의도한 것은 아니다. 그러나 이들 구조식을 바탕으로 화합물의 모양은 추측될 수 있다.

하나의 원자 주변에 네 그룹의 전자들이 배열하는 방식을 생각해 보자. 메탄(표 4.2)에서 탄소 원자는 4개의 수소 원자와 각각 결합하여 4개의 단일결합을 가지고 있다. 네 그룹의 전자들이 서로에게서 가능한 가장 멀리 떨어지도록 하는 가장 좋은 방법(모든 전자들은 똑같은 −1 전하를 가지고 있으며 비슷한 전하들은 서로 밀어낸다)은 사면체의 네 모퉁이에 위치하게 하는 방법이다. 이 결과 메탄의 수소 원자는 같은 사면체의 네 모퉁이 각각에 위치하는 **정사면체 모양(tetrahedral shape)**을 가지게 된다.

암모니아의 경우, 질소 원자 역시 그 질소를 포위하고 있는 네 그룹의 전자—3개의 단일결합 전자들과 한 쌍의 비결합 전자—를 가지고 있다. 메탄에서와 같이 네 그룹의 전자들은 그들 자신이 사면체의 네 모퉁이에 위치하도록 배열된다(표 4.2). 사면체의 세 모퉁이에 자리 잡은 3개의 수소 원자들을 가진 암모니아 분자는 **피라미드 모양(pyramidal shape)**을 하게 된다. 비슷한 논리를 사용하여 물 분자에 있는 산소 원자는 네 그룹의 전자들(2개의 단일결합 전자와 2개의 비결합 전자쌍)을 가지고 있으며, 그 분자는 **굽은 모양(bent shape)**을 가진다.

정사면체 형태를 가지는 분자 모형을 만든다면 결합 사이의 모든 각도는 109.5°로 같다(그림 4.5). 메탄에서의 결합각은 이 각도이다(표 4.2). 정사면체형을 기초로 하는 분자에서 결합각이 반드시 109.5°인 것은 아니다. 이러한 현상은 비결합 전자쌍이 결합각에 있는 전자들을 서로 밀어내기 때문이

표 | 4.2 일반적인 분자 모양

전자 그룹 수[a]	모형[b]	예	루이스 구조	3차원 개념[c]
4 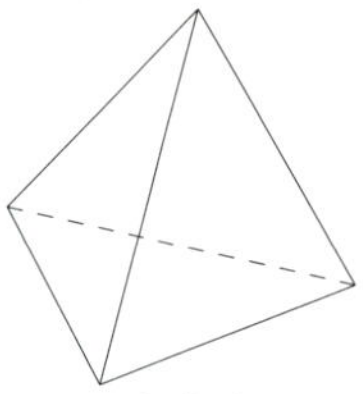 사면체	**정사면체형의** 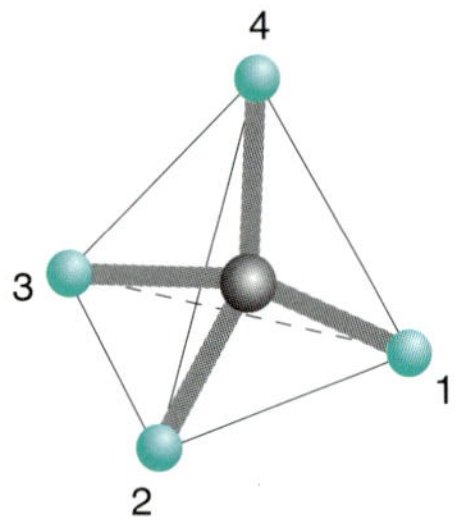 4, 3, 2, 1	메탄 (Methane)	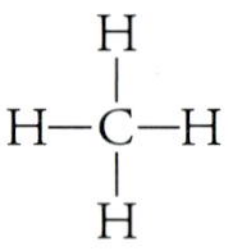 H H—C—H H	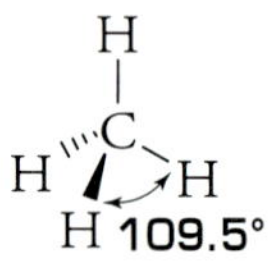 H, C, H, H, H 109.5°
	피라미드형의 (비공유 전자쌍) 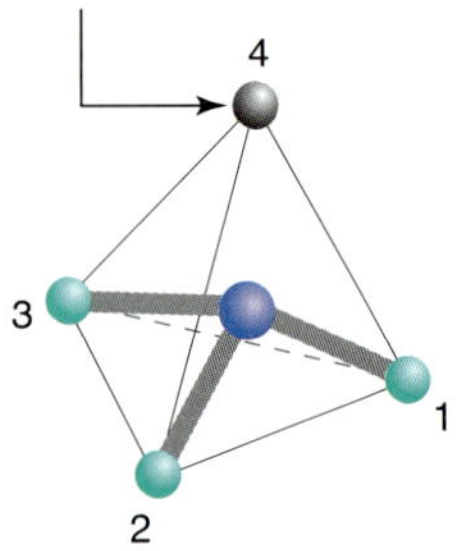 4, 3, 2, 1	암모니아 (Ammonia)	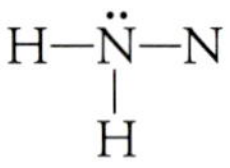 H—N̈—N H	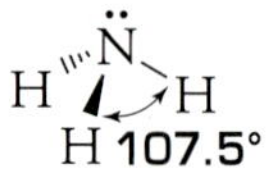 H, N̈, H, H 107.5°
	굽은형의 (비공유 전자쌍) 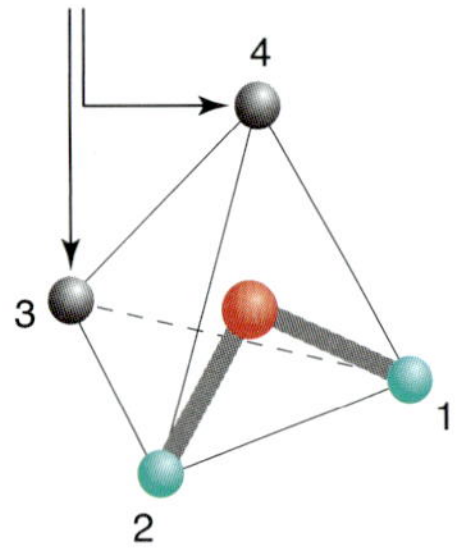 4, 3, 2, 1	물 (Water)	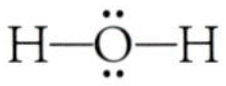 H—Ö—H	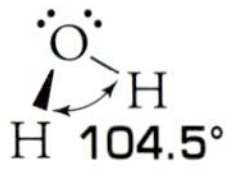 Ö, H, H 104.5°
3 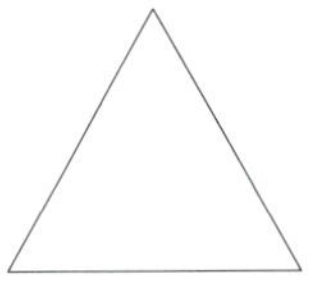 삼각형	**평면삼각형의** 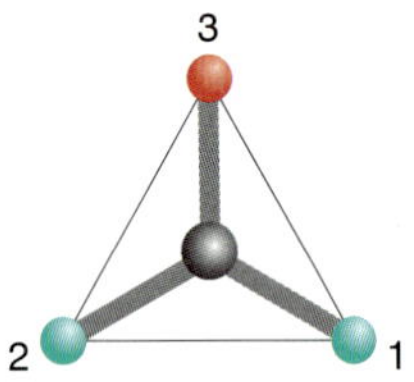 3, 2, 1	포름알데히드 (Formaldehyde)	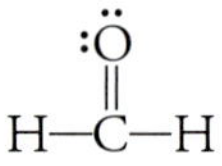 :Ö ‖ H—C—H	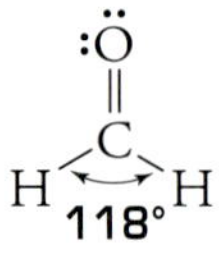 :Ö ‖ H, C, H 118°
	굽은형의 (비공유 전자쌍) 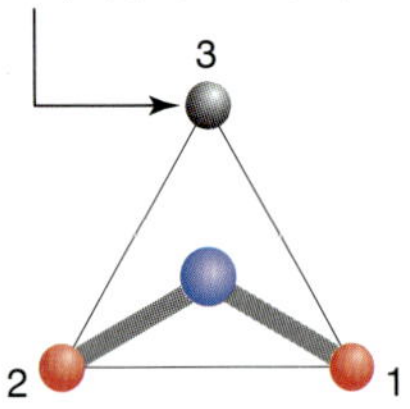 3, 2, 1	아질산 이온 (Nitrite ion)	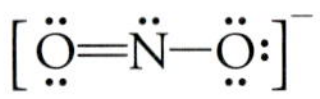 [Ö=N̈—Ö:]⁻	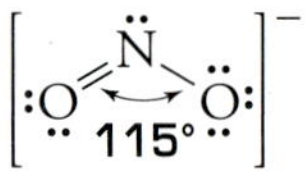 [:O, N̈, Ö:]⁻ 115°

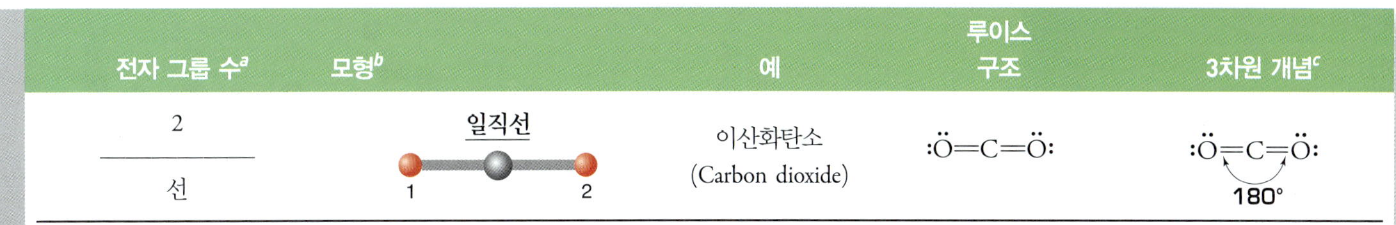

전자 그룹 수[a]	모형[b]	예	루이스 구조	3차원 개념[c]
2 / 선	일직선 (1, 2)	이산화탄소 (Carbon dioxide)	:Ö=C=Ö:	:Ö=C=Ö: 180°

[a] 한 원자를 둘러싸고 있는 전자 그룹의 수는 결합되어 있는 원자들(한 원자에 결합하고 있는 단일결합, 이중결합 또는 삼중결합은 하나의 전자 그룹으로 간주한다)과 결합하고 있는 비공유 전자쌍의 합이다.
[b] 분자 모형은 원자의 상대적인 위치에 기초한다. 비공유 전자쌍은 무시한다.
[c] 쐐기 모양과 점선 표기는 삼차원 모형을 나타내기 위하여 사용될 수 있다. 실선 쐐기 모양은 종이 면의 바깥을 가리키며, 점선 쐐기 모양은 종이 면을 가리킨다.

Ken Karp for John Wiley & Sons, Inc.

그림 4.5

모양 (*a*) 한 원자 주변에 있는 정사면체형의 배열에서 두 결합 사이의 결합각은 109.5°이다. (*b*) 평면삼각형 배열은 120°의 결합각을 가지며, (*c*) 직선배열은 180°의 결합각을 가진다.

며, 결합각을 축소시키는 경향이 있다. 예상되는 109.5°의 결합각 대신에 암모니아와 물에서의 결합각은 각각 107.5°(H—N—H)와 104.5°(H—O—H)이다.

세 그룹의 전자들이 한 원자를 포위하고 있을 때, 2개의 평범한 모양인 **평면삼각형(trigonal planar)**과 굽은 모양이 관찰된다. 포름알데히드에서 탄소 원자는 세 그룹의 전자들(2개의 단일결합 전자들과 1개의 이중결합 전자)을 가지고 있으며 평면 삼각형이다. 아질산 이온(nitrite ion)에서 질소 원자는 세 그룹의 전자들(1개의 단일결합 전자, 1개의 이중결합 전자 및 한 쌍의 비결합 전자)을 가지고 있으며 굽은 형태(vent shape)이다. 평면삼각형 모양을 가진 분자 모형은 120°의 결합각을 가지고 있으며(그림 4.5), 세 그룹의 전자들이 결합되어 있는 가장 실제의 분자는 거의 120°의 결합각을 가지고 있다. 포름알데히드에서 (표 4.2) H—C—H 결합각은 산소 원자에 있는 비결합 전자들에 의해 118°로 줄어들고, 아질산염(nitrite)에 있는 O—N—O 결합각은 N 원자에 있는 비결합 전자쌍의 효과로 인하여 115°로 줄어든다. 이산화탄소엣 보는 바와 같이 두 그룹의 전자들은 직선형태를 취하며 180°의 결합각을 가진다. 이산화탄소에서 보는바와 같이 두 그룹의 전자들은 **직선 모양(linear shape)**을 취한다. 많은 원자들이 한 분자에 존재할 때 매우 복잡한 형태를 취할 수 있다(그림 4.6).

Did You Know?

역사적인 관점에서 보면, 유기화학에 대한 이해는 모든 것이 오래된 것만은 아니다. 전자 점구조는 1916년에 소개되었고, 분자의 모형을 예측하는 데 사용되는 이론은 1957년에 처음으로 기술되었다.

극성(Polarity)

극성공유결합을 확인하는 방법과 한 원자에 대한 모양을 결정하는 방법을 알아본 지금, 하나의 분자가 대체로 극성이면 이들 두 가지의 특징을 어떻게 결정하는지를 볼 수 있다. **극성 분자(polar molecule)**에서 한쪽은 부분적인 양전하를 가지며 반대쪽은 부분적인 음전하를 가진다. 다음 장에서 보게 되듯이, 분자가 극성인지 아닌지를 알면 그 분자가 다른 화합물들과 어떻게 상호작용하게 되는지를 이해하는데 도움이 된다.

■ 극성분자에서 한쪽 면은 부분적으로 양전하이며, 반대쪽 면은 부분적으로 음전하이다.

■ 그림 4.6

복잡한 구조 콜레스테롤과 같은 큰 분자들은 복잡한 모양을 취할 수 있다.

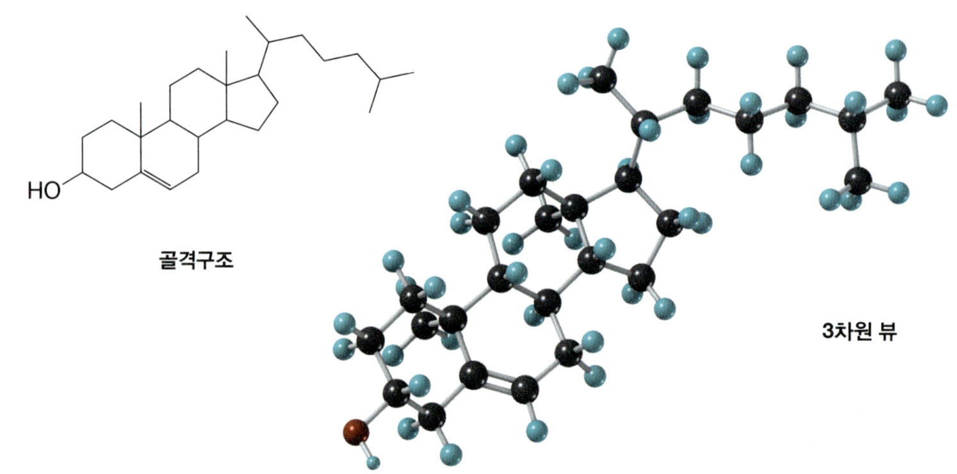

Did You Know

워싱턴대학교(University of Washington)의 생화학과와 컴퓨터공학과에서 Foldit라 부르는 온라인 게임을 함께 만들었다. 이 게임에서 플레이어는 어떤 단백질의 복잡한 구조를 가장 잘 해석하기 위하여 경쟁한다. 2011년에 게이머들은 수년 동안 풀리지 않았던 구조인, 레트로바이러스 단백질 분해효소(retroviral protease)라 부르는 HIV 단백질의 가장 유력한 모형을 결정했다.

분자가 극성공유결합을 가지고 있지 않으면 그 분자는 비극성이다. 예를 들어, 분자 F_2는 비극성 결합인 1개의 공유결합만을 가지고 있으므로 비극성이다(그림 4.8*a*).

비록 에탄(CH_3CH_3)에서 탄소 원자와 수소 원자가 약간 다른 전기음성도를 가질지라도 C—H 결합은 마치 비극성인 것처럼 행동한다(탄소 원자와 수소 원자 사이에서의 전기음성도 차이는 0.5 이하임). 이러한 이유로 에탄 분자 역시 비극성이다(그림 4.8*b*).

극성인 분자는 1개 이상의 극성공유결합을 함유하고 있어야 한다. 메틸렌클로라이드(methylene chloride, CH_2Cl_2)에서 각각의 C—Cl 결합은 극성공유결합이다. 그 분자는 정사면체 모양(tetrahedral shape)를 가지고 있어서 부분 음전하들이 그 분자의 한쪽에, 부분 양전하는 다른 한쪽에 집중하게 된다. 따라서 메틸렌클로라이드 분자는 극성이다(그림 4.8*c*). 극성 분자에 대하여 각 극성공유결합에 부

프리온 질환

HealthLink

분자가 취하는 모형은 생물학적 작용에 크게 영향을 미칠 수 있다. 이 점은 광우병(가축에서), 스크래피(scrapie, 양에서), 만성소모성 질환(chronic wasting disease, 사슴과 엘크에서) 및 신종 크로이츠펠트 야곱병(new variant Creutzfeldt-Jakob disease), 즉 vCJD(사람에서)의 유발원으로서 확인되었던 프리온(prion)이라 부르는 특정 단백질에 의해 잘 설명되고 있다.

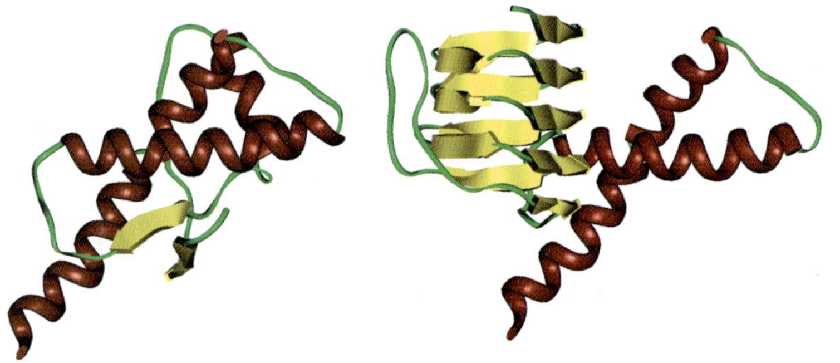

Source: Fred E. Cohen, M.D., D. Phil and Cedric Go vaerts, Ph.D., Department of Cellular & Molecular Pharmacology, University of California San Francisco (UCSF).

■ 그림 4.7

프리온 (*a*) 정상 형태의 프리온 단백질(PrP^c). (*b*) 부정확하게 접혀진 형태의 프리온 단백질(PrP^{sc})

단백질은 아미노산 구성 단위로부터 형성되는 매우 큰 분자이다. 각 단백질은 각자가 선호하는 형태를 가지고 있는데, 어떤 단백질은 나선형과 벤드형(spiral and bend)으로 구부러진 단백질 사슬을, 어떤 단백질은 촘촘하게 앞뒤로 지그재그형의 사슬을 가지고 있다. 단백질성 감염입자의 단축형인 프리온은 신경세포막에서 발견되는 단백질의 한 종류이다. 위에서 언급한 프리온 질환은 정상 프리온 형태(PrP^c)가 비정상 프리온 형태(PrP^{sc})로 구부러진다(그림 4.7). PrP^{sc}가 PrP^c에 접촉할 때 PrP^c 단백질은 모양이 변하고 PrP^{sc}가 된다. PrP^{sc}가 감염된 동물이나 사람에 축적되면 뇌에 스펀지 같은 구멍(sponge-like hole)이 생성되어 현기증, 발작이 일어나며 결국 죽음을 초래하게 된다.

프리온 질환은 종에서 종으로 전이될 수 있다. 가축을 스크래피에 감염된 양들과 함께 사육하면 광우병을 일으키는 것으로 알려져 있으며, 사람에서 vCJD는 광우병에 감염된 소고기를 섭취할 경우 감염된다.

(*a*) 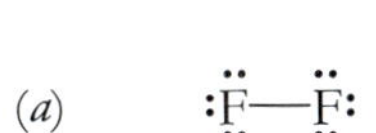 분자는 극성공유결합을 가지고 있지 않으며, 비극성이다.

(*b*) H—C—C—H (에탄) 이 분자에서의 결합은 유의한 극성이 아니어서 이 분자는 비극성이다.

(*c*) CH_2Cl_2 (δ+, δ−) or … 분자는 극성공유결합을 가지고 있으며, 극성이다.

(*d*) δ− δ+ δ− O C O 이산화탄소 분자는 극성공유결합을 가지고 있으나, 비극성이다.

■ 그림 4.8

극성 비극성 결합만 포함하고 있는 분자들은 비극성이다. 분자들의 모양에 따라, 1개 이상의 극성공유결합을 포함하고 있는 분자들은 극성 또는 비극성이다.

분적인 전하(δ+와 δ−)를 표시하는 대신에 각 전하의 전반적인 분포를 나타내는 화살표를 사용하기도 한다. 이 화살표는 그 분자의 부분 음전하 끝 쪽으로 향하게 한다. 그 화살표의 반대쪽 끝은(플러스 기호처럼 보임)부분적으로 양전하 끝 쪽으로 향하게 한다.

그러나 극성공유결합을 가지고 있는 모든 분자들이 극성인 것은 아니다. 이산화탄소(CO_2)는 2개의 극성공유결합인 C=O 결합을 가지고 있으나, CO_2 분자의 직선 모양이 2개의 극성공유결합을 반대쪽으로 향하게 하고 서로를 상쇄시키기 때문에 비극성이 된다(그림 4.87*d*). 그 분자의 양쪽 끝은

예제 4.5

극성 분자 확인하기

클로로포름($CHCl_3$)은 한때 마취제로 사용되었다. 현재, 이러한 목적으로의 클로로포름의 용도는 독성 염려 때문에 사용이 금지되었다. 클로로포름 분자는 극성인가? (힌트: 탄소가 중심 원자이다)

전략

이 문제를 풀기 위하여 극성공유결합을 먼저 찾아야 한다—극성 분자가 되기 위해서는 그 분자가 최소한 1개의 극성공유결합을 가지고 있어야 한다. 그러고 나서 그 분자의 모형을 결정한다—극성 분자가 되기 위해서는 그 분자의 모형에서 극성공유결합의 분포가 상쇄되지 않아야 한다.

해답

예. 클로로포름 분자는 정사면체 모양(tetrahedral shape)을 가지고 있으며, 3개의 극성공유결합이 부분적인 양전하와 음전하가 그 분자의 반대쪽에 있도록 배열되어 있다.

(δ− Cl, δ− Cl, δ− Cl, δ+ C, H)

연습문제 4.5

다음 분자들 중 어느 것인 극성인가? 각 분자는 실질적인 3차원 모형이 보이도록 그려져 있다.

a. F—C≡C—F **b.** (H)(H)C=C(F)(F) **c.** (H)(F)C=C(H)(F) **d.** (H)(F)C=C(F)(H)

비록 부분적인 음전하를 가지고 있으나, 더 이상 어느 한쪽 끝이 다른 한쪽 끝보다 전기음성도가 크지 않다. 이러한 현상은 어떤 분자의 전반적인 극성을 예측할 때 공유결합의 극성도와 분자의 모형을 고려하는 것이 왜 중요한가를 보여주고 있다.

4.3 | 비공유 상호작용

이 장에서 지금까지는 극성공유결합에 관련되어 있는 원자들은 부분전하를 가지고 있음을 보았으며, 또한 극성공유결합의 존재는 한 분자가 극성이 되기 위한 필요조건이지만, 극성공유결합을 가지고 있는 모든 분자들이 반드시 극성이지는 않으며, 분자 모양이 그 극성을 결정하는 인자임을 보았다. 우리는 이 절에서 이러한 모든 성질들이 분자들이나 이온들이 서로를 끌어당기는 힘을 결정하는 데 어떻게 도움을 주게 되는지를 살펴보게 될 것이다. 이러한 현상들은 우리로 하여금 이러한 분자의 성질들(왜 어떤 비타민류는 수용성이며, 어떤 비타민류는 수용성이 아닌가, 어떤 약물은 왜 수개월 동안 체내에 남아 있게 되는가 등)을 이해할 수 있게 한다.

이웃하고 있는 분자들(또는 같은 분자의 멀리 떨어져 있는 부위)이 서로끼리 작용할 때 **비공유 상호작용(noncovalent interactions)**—원자가 전자(*valence electron*)의 공유를 포함하지 않는 상호작용—을 통하여 일어난다. 비공유 상호작용은 2개의 넓은 범주, 즉 영속하는 전하들의 인력에 기인한 비공유 상호작용(수소결합과 쌍극자–쌍극자 상호작용)과 임시로 발생되는 부분전하의 인력에 기인한 비공유 상호작용[런던 인력(London force)]으로 나눌 수 있다.

영속하는 전하에 기인한 비공유 상호작용들

■ 수소결합에서 N, O 또는 F에 결합되어 있는 H 원자는 다른 N, O 또는 F를 끌어당긴다.

수소결합(hydrogen bond)은 질소, 산소, 또는 불소 원자가 다른 질소, 산소 또는 불소 원자에 공유결합되어 있는 수소 원자와의 상호작용이다(그림 4.9*a*).

수소 원자가 전기음성도가 매우 강한 원자(N, O, 또는 F)와 공유결합이 일어날 때는 극성공유결합이 존재하고, 수소 원자는 부분적인 양전자를 가지게 된다(4.2절). 수소결합은 이렇게 부분적으로 하전된 수소 원자와 전기음성도가 큰 다른 원자(N, O, 또는 F) 상에 있는 전자쌍과의 상호작용이다. 수소결합의 강도는 다양하지만, 수소결합의 평균은 전형적인 공유결합에 비해 10배 정도 약하다. 다음 장들에서 보게 되듯이, 수소결합의 형성은 단백질, 핵산 및 기타 생물학적으로 중요한 화합물들의 구조와 기능에 중요한 기여를 한다.

쌍극자–쌍극자 힘(dipole–dipole forces)은 이웃하는 극성기들 사이의 인력이다. 극성화합물이 상호작용할 때, 그 화합물들은 부분적으로 음전하를 가진 극성화합물의 끝부분에 부분적으로 양전하를 가진 화합물의 끝부분이 배열되도록 함으로써 쌍극자–쌍극자 힘으로 서로를 끌어당기게 된다(그림 4.9*b*).

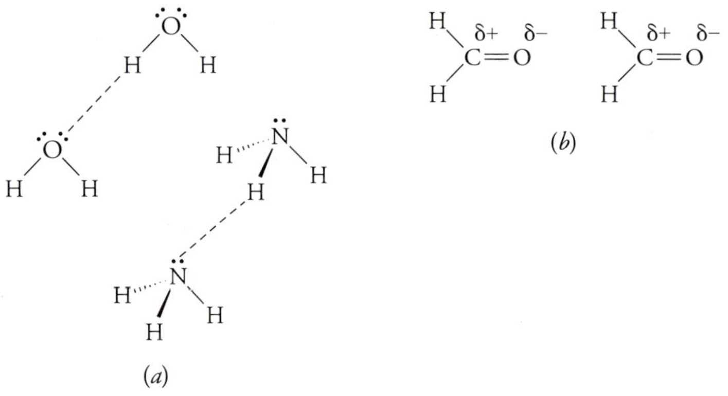

(*a*) (*b*)

■ 그림 4.9

비공유 상호작용과 영속전하 (*a*) 수소결합(점선)은 N, O, 또는 F 원자에 공유결합되어 있는 수소원자가 다른 N, O, 또는 F 원자에 끌어당겨질 때 형성된다. (*b*) 반대의 부분전하들의 인력에 기인하여 생기는 쌍극자–쌍극자 힘은 이웃하는 극성기들 사이를 유지한다.

일시적인 부분전하에 기인한 비공유 상호작용

개별 원자, 비극성 분자, 분자의 비극성 부분들은 **London force**(런던 인력 또는 런던 분산력으로도 알려져 있음)에 의하여 끌어당긴다. 독일 물리학자인 Fritz London의 이름을 따서 명명한 이 힘은 전자들의 연속적인 운동의 결과로 생기는 힘이다. 하나의 물질 내에서 전자의 이동은 일시적인 쌍극자를 만드는데, 이 쌍극자는 그 물질 내에서의 이웃한 부분에서 전자들이 일시적인 전하에 의해 끌어당기거나 밀어냄으로써 일시적인 쌍극자를 생성하는 경향이 있다. 일시적인 쌍극자가 이동하기 때문에 이웃하는 쌍극자들도 같이 이동하게 되어(그림 4.10*a*), London force가 일시적인 쌍극자들 사이에서 쏜살같은 인력으로 작용하게 된다.

London force의 세기는 포함되어 있는 물질의 표면적에 따라 다르다. 표면적이 넓을수록 더 강한 London force 인력을 유도한다(그림 4.10*b*).

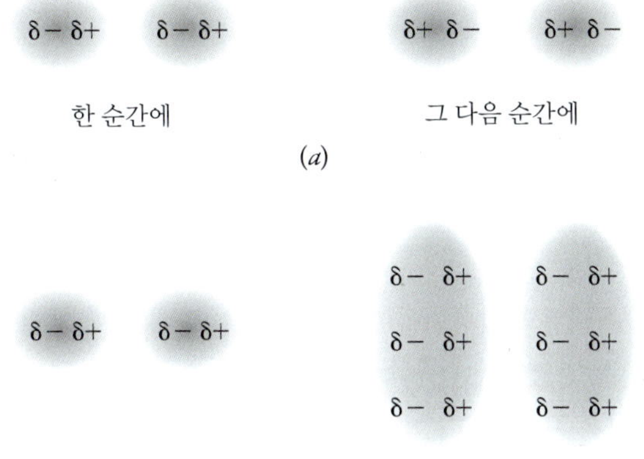

한 순간에 그 다음 순간에

(*a*)

약한 London force가 작은 분자들 사이에 존재한다.

더 강한 London force가 더 큰 분자들 사이에 존재한다.

(*b*)

그림 4.10

비공유 상호작용과 일시적 전하 London force는 일시적인 쌍극자로부터 발생되는 인력이다. (*a*) 원자 또는 분자 내에서 전자의 이동은 일시적인 쌍극자를 발생시키는데, 이는 이웃한 원자 또는 분자에서 전자를 끌어당기거나 밀어내어 또 하나의 일시적인 쌍극자와는 반대로 하전된 양쪽 끝에서의 쏜살같은 인력을 생성한다. 그 다음 즉시 전자들이 이동하여 완전히 새로운 세트의 쌍극자를 생성한다. (*b*) London force는 표면적에 따라 달라진다. 크기가 작은 구형 분자들은 최소의 접촉 표면적을 가지고 있어서 비교적 약한 London force에 의하여 서로를 끌어당기게 된다. 크기가 큰 비구형 분자들은 상당히 큰 접촉 표면적을 가지고 있기 때문에 서로의 분자들에서 상당히 강한 London force가 생긴다.

예제 4.6

비공유 상호작용

아래에 제시된 분자와 동등한 분자 사이에서는 어떤 종류의 비공유 상호작용이 일어날 수 있는가?

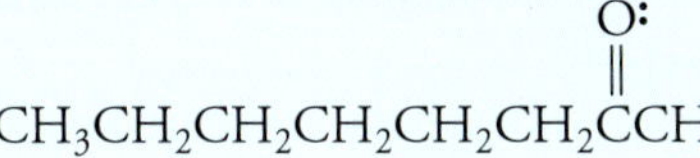

전략

가능한 답에는 수소결합, 쌍극자-쌍극자 힘 및 London force들이 포함된다. 어떤 종류의 비공유 상호작용이 일어날 수 있는지 또는 일어날 수 없는지를 결정하는 데 도움을 받으려면 그림 4.9와 그림 4.10을 참고한다.

해답

정답은 쌍극자-쌍극자 힘(C=O 결합은 극성임)과 London force이다. 이 분자는 N, O 또는 F 원자에 공유결합되어 있는 수소원자를 가지고 있지 않으므로 수소결합은 불가능하다.

연습문제 4.6

예제 4.6에 있는 분자는 또 하나의 동일한 분자와 수소결합을 형성할 수 없다. 이 분자는 물 분자와 수소결합을 형성할 수 있는가? 설명하시오.

4.4 | 유기화합물계

■ 작용기는 어떤 분자가 속해 있는 유기화합물 계열을 결정한다. 알켄은 탄소-탄소 이중결합을, 알킨은 탄소-탄소 삼중결합 등을 가지고 있다. 알칸(단일결합 원자들만을 가지고 있는 탄화수소)은 작용기를 가지고 있지 않은 유일한 유기화합물계이다.

유기화학은 탄소함유 화합물을 다루는 화학의 한 분야이다. 탄소는 1천만 개 이상의 화합물에 존재하기 때문에 특별한 관심을 받는다. 이것은 알려져 있는 무기화합물의 수를 훨씬 초과한다(무기화합물은 탄소보다 원소를 포함하고 있다).

우리 주변에 떠도는 많은 것들이 유기화학과 직접 관련이 있다. 이것은 항생제, 플라스틱, 페인트, 옷, 살충제 및 기호식품 등 다양한 물질들이 유기화합물로 구성되어 있거나 유기화합물을 함유하고 있기 때문이다. 단백질, 탄수화물, 핵산 및 살아 있는 것들에게 중요한 기타 화합물들은 큰 탄소함유 화합물들이기 때문에 유기화학은 또한 생화학과 직접 연결되어 있다.

이제 이 책의 남아 있는 장에서는 우리의 관심을 중요한 유기화합물 계열로 돌리겠다. 특정 분자가 속한 계열은 **작용기(functional group)**, 즉 그 분자에 특별한 화학적 성질을 제공하는 원자, 원자단 또는 결합에 의해 결정된다.

■ 방향족 화합물에도 알켄처럼 이중결합이 있지만, 이 두 화합물의 화학적 성질은 매우 다르다. 알켄의 표시 모양을 덜 강조하기 위하여 방향족 화합물은 오른쪽에 있는 방향족 고리에서처럼 이중결합 대신 원을 그리기도 한다.

탄화수소

우리가 다루게 될 첫 4개의 화합물 계열은 탄소와 수소들만 포함하고 있는 **탄화수소(hydrocarbon)**라 부르는 큰 그룹에 속한다. **알칸(알케인, alkane)**족은 단일–결합 탄소 원자들만 포함하고 있는 탄화수소들이다. **알켄(alkene)**은 최소한 1개의 탄소–탄소 이중결합을, **알킨(alkyne)**은 최소한 탄소–탄소 삼중결합을 가지고 있다. 이중결합과 삼중결합은 이들 두 탄화수소계열의 작용기들이다. 탄화수소의 네 번째 계열은 **방향족 탄화수소(aromatic hydrocarbon)**라 부른다. 방향족 탄화수소들은 6개의 탄소 원자와 교대로 이중결합과 단일결합을 이루는 육각형 고리를 가지고 있다.

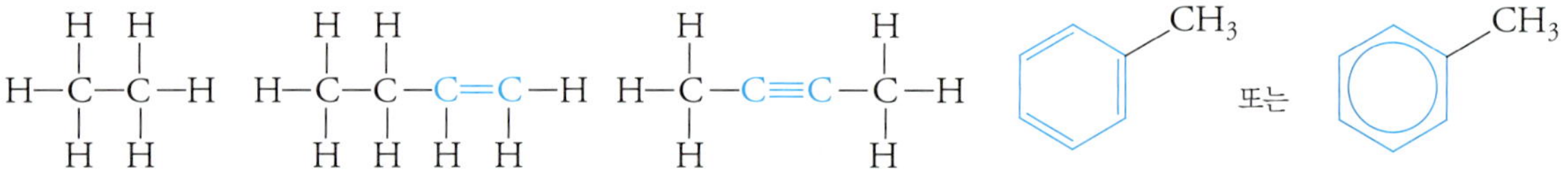

$$H-\overset{H}{\underset{H}{C}}-\overset{H}{\underset{H}{C}}-H \qquad H-\overset{H}{\underset{H}{C}}-\overset{H}{\underset{H}{C}}-\underset{H}{C}=\underset{H}{C}-H \qquad H-\overset{H}{\underset{H}{C}}-C\equiv C-\overset{H}{\underset{H}{C}}-H$$

알칸 알켄 알킨

CH_3 (벤젠 고리) 또는 CH_3 (원 표시 고리)

방향족 탄화수소

탄화수소는 크기도 가지각색이다. 1개의 탄소 원자만을 가지고 있는 메탄이라 부르는 알칸은 천연가스의 주성분이다. 알켄 계열인 무스카몬(muscalure)은 암컷 초파리가 수컷 초파리를 유인하기 위해 생산하는 페로몬(pheromone, 화학 신호전달물질)이다. 알킨(alkyne)인 아세틸렌(acetylene)은 매우 뜨거운 불꽃을 내면서 타므로, 용접용으로 사용된다. 한때 좀약은 대부분이 나프탈렌이라 부르는 방향족 화합물로 구성되어 있었다(그림 4.11).

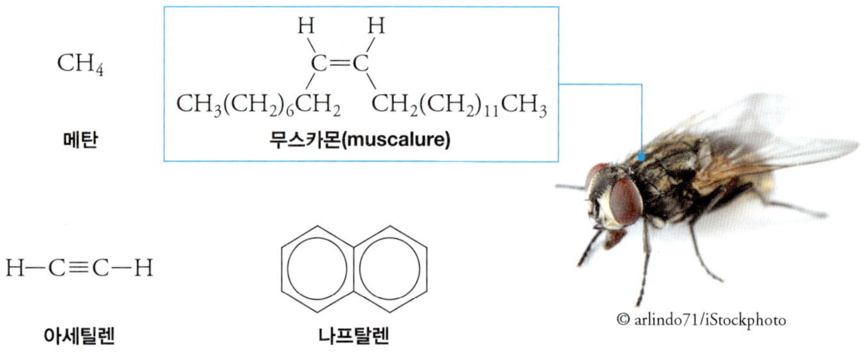

CH_4

메탄

$$\overset{H}{\ } \quad \overset{H}{\ } \\ C=C \\ CH_3(CH_2)_6CH_2 \quad CH_2(CH_2)_{11}CH_3$$

무스카몬(muscalure)

$H-C\equiv C-H$

아세틸렌

나프탈렌

© arlindo71/iStockphoto

■ **그림 4.11**
탄화수소 천연가스의 주성분인 메탄은 단일결합만을 가지고 있으며, 알칸(alkane)이다. 최소한 1개의 탄소-탄소 이중결합을 가지고 있는 집파리의 페로몬은 알켄(alkene)이다. 용접용 연료로 사용되는 아세틸렌은 탄소-탄소 삼중결합을 가지고 있으며 알킨(alkyne)이다. 한때 좀약의 유효성분이었던 나프탈렌은 방향족이다.

알칸 분자에서 각 탄소는 4개의 다른 원자들에 결합되어 있으며, 정사면체의 원자 배열로 주위를 이루고 있으며, 거의 109.5°의 결합각을 가지고 있다(표 4.2). 알켄과 방향족 화합물에서 이중결합을 하고 있는 탄소 원자에는 3개의 원자들이 결합되어 있으며, 평면삼각형을 그리고 120°의 결합각을 가지고 있다. 알킨에서 삼중결합을 하고 있는 탄소 원자에는 2개의 원자들이 결합되어 있으며, 직선형을 그리고 180°의 결합각을 가지고 있다(그림 4.12). 탄화수소 분자는 London force으로 서로를 끌어당기고 있다. 탄화수소 분자는 극성공유결합을 가지고 있지 않기 때문에 극성이 아니며, 쌍극자–쌍극자 상호작용(dipole–dipole interaction)에 참가할 수 없다. 질소, 산소 또는 불소에 결합된 수소가 없어서 탄화수소는 수소결합을 형성하지 않는다.

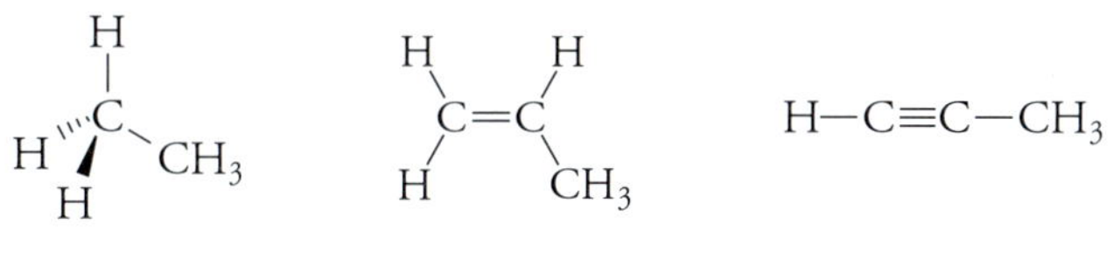

H, H, H, C, CH_3 (*a*) H, H, H, C=C, CH_3 (*b*) $H—C≡C—CH_3$ (*c*)

■ **그림 4.12**

탄화수소의 모형 (*a*) 탄화수소에서 단일결합으로 다른 4개의 원자들에 결합되어 있는 탄소 원자들은 거의 109.5° 근처의 결합각을 이뤄서 정사면체형으로 둘러싸여 있다. (*b*) 이중결합을 가지고 있는 탄소 원자들은 결합각이 거의 120°인 평면삼각형의 일부이다. (*c*) 삼중결합을 하고 있는 탄소 원자들은 180°의 결합각을 가지며, 선형 관계로 배열되어 있다.

예제 4.7

탄화수소 확인하기

다음 유기화합물들의 분자가 각각 어디에 속하는지 확인하시오.

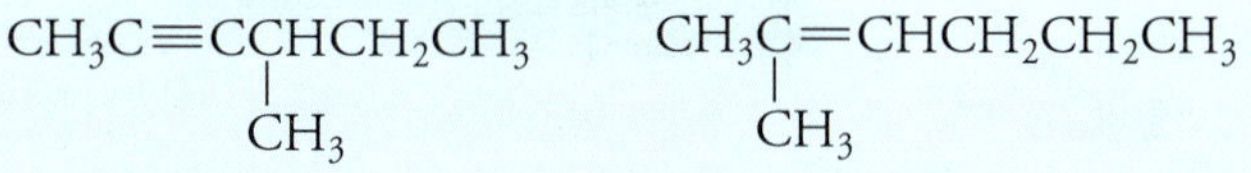

$CH_3C{\equiv}CCHCH_2CH_3$ (with CH_3 on the CH) (*a*)

$CH_3C{=}CHCH_2CH_2CH_3$ (with CH_3 on the C) (*b*)

$CH_2{=}CCH{=}CHCH{=}CH_2$ (with CH_3 on the C) (*c*)

전략

이 유기화합물들은 모두 탄화수소들이다. 따라서 알칸, 알켄, 알킨 또는 방향족 화합물을 만드는 것이 무엇인지를 검토하는 것에서부터 시작한다.

해답

분자 (*a*)는 탄소–탄소 삼중결합을 가지고 있으므로 알킨이다. 분자 (*b*)와 (*c*)는 각각 최소한 1개의 탄소–탄소 이중결합을 가지고 있으므로 알켄이다. 분자 (*c*)는 비록 3개의 이중결합을 가지고 있을지라도 방향족이 아니다. 방향족이 되기 위해서는 3개의 이중결합이 고리 내에 있어야 한다. 알칸은 오직 단일결합만 가지고 있어야 하므로 어느 분자도 알칸이 아니다.

연습문제 4.7

다음의 각 분자는 어느 유기화합물에 속하는지 확인하시오.

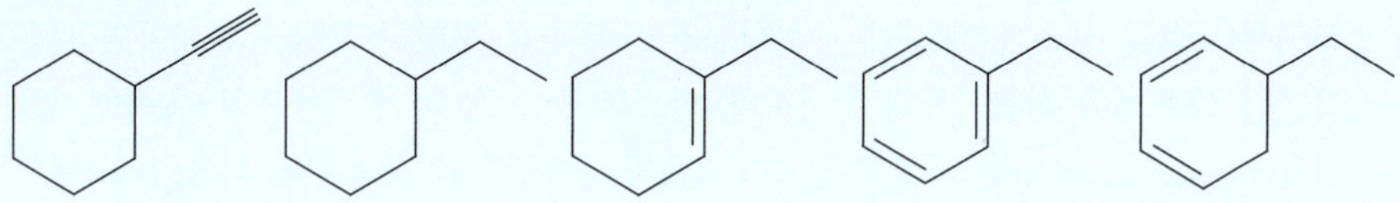

(*a*) (*b*) (*c*) (*d*) (*e*)

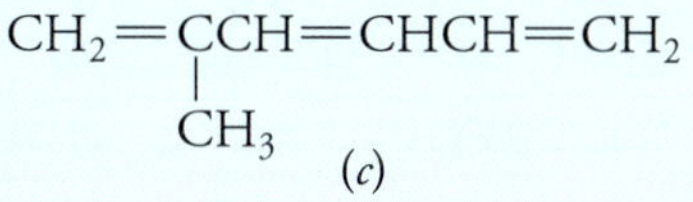

알코올, 페놀 및 에테르

우리가 고려할 남아 있는 유기화합물계로는 1개 이상의 **헤테로 원자(heteroatom)**를 가진 유기화합물들이다. 유기화합물의 표현에서 헤테로 원자는 탄소 또는 수소가 아닌 어떤 원자이다. 산소는 알코올, 페놀 및 에테르에 존재한다. **알코올(alcohol)**은 **알칸형 탄소 원자(alkane-type carbon atom)**, 즉 탄소 또

식물 호르몬인 에틸렌

BiochemistryLink

체세포 내에서 일어나는 많은 화학적 변화는 호르몬이라 부르는 화합물에 의하여 조절되는데, 과일이 익는 것을 촉진하는 식물 호르몬인 에틸렌(C_2H_4)이 하나의 예이다.

$$\begin{array}{c} H-C=C-H \\ \quad | \quad\; | \\ \quad H \quad H \end{array}$$

에틸렌

식물은 단백질을 합성(12장)하는 데 사용되는 20개의 아미노산 중의 하나인 메티오닌으로부터 에틸렌을 생성한다. 일단 생성되면 에틸렌은 세포벽을 붙잡고 있는 분자들의 분해를 도와주는 숙성효소(ripening enzyme)의 생산을 촉진한다. 셀룰로오스(cellulose)와 펙틴(pectin)을 포함한 이 분자들이 서로 분열될 때 세포벽은 분해되기 시작하고 과일은 부드러워진다.

간단한 실험을 통하여 에틸렌의 효과를 볼 수 있다. 2개의 익지 않은 토마토를 준비하고, 그 중 하나를 플라스틱 백에 넣어둔다. 며칠 동안 관찰하면, 플라스틱 백에 넣어둔 토마토가 더 빨리 익는 것을 보게 될 것이다. 각 토마토는 소량의 에틸렌을 생성하는데, 플라스틱 백은 에틸렌을 포집하여 더 많은 함량의 에틸렌에 노출되게 하기 때문이다.

식품유통업자들은 같은 방법으로 과일의 숙성을 조절한다. 예를 들어, 바나나는 덜익은 채로 따서 환기가 잘되는 (에틸렌이 없는) 환경에 저장한다. 이렇게 하면 바나나를 상하거나 손상 없이 선적할 수 있게 된다. 일단 목적지에 도착하면 에틸렌 가스에 노출시켜 급속하게 숙성되게 한다(그림 4.13).

© Spencer Grant/Photo Edit.

■ 그림 4.13

에틸렌은 숙성을 촉진한다 바나나를 통풍이 잘되는 용기에 싣는다. 에틸렌이 축적되지 않도록 함으로써 바나나가 숙성되기 전에 목적지에 도착할 수 있다.

는 수소 원자에 단일결합 상태로 있는 탄소 원자에 부착된 1개의 **수산기**(***hydroxyl group***, *—OH*)를 가지고 있다. **페놀(phenol)**에서는 *—OH*기가 방향족 고리에 붙어 있다. 알코올과 페놀은 둘 다 —OH기를 가지고 있어도 이들의 화학적 성질은 여러 면에서 다르다. **에테르(ether)**는 *C—O—C* 연결을 가지고 있는데, 이 연결에서 산소 원자가 알칸형 또는 방향족 탄소 원자에 결합되어 있다.

$$\mathrm{H-\underset{H}{\overset{H}{C}}-\underset{H}{\overset{H}{C}}-\underset{H}{\overset{H}{C}}-\ddot{\underset{..}{O}}-H}$$

알코올

$$\mathrm{H-\underset{H}{\overset{H}{C}}-C_6H_4-\ddot{\underset{..}{O}}-H}$$

페놀

$$\mathrm{H-\underset{H}{\overset{H}{C}}-\underset{H}{\overset{H}{C}}-\ddot{\underset{..}{O}}-\underset{H}{\overset{H}{C}}-H}$$

에테르

$$\mathrm{C_6H_5-\ddot{\underset{..}{O}}-\underset{H}{\overset{H}{C}}-H}$$

에테르

티올, 설파이드 및 디설파이드

이들 세 종류의 화합물은 산소 원자들 대신에 황(sulfur) 원자를 포함하고 있는 분자들인 것을 제외하고는 방금 언급한 산소-함유 화합물들과 유사하다. 산소와 황은 둘 다 주기율표의 6A족에 속하며, 6개의 원자가 전자(valence electron)를 가지고 있으며, 2개의 공유결합을 형성한다. **티올(thiol)**에서는 1개의 —SH기가 알칸형 탄소 또는 방향족 탄소 원자에 부착되어 있다. **설파이드(sulfide)**는 1개의 C—S—C 연결을, **디설파이드(disulfide)**는 1개의 C—S—S—C 연결을 가지고 있으며, 각각의 경우에 탄소 원자는 알칸형 또는 방향족이다.

$$\mathrm{H-\underset{H}{\overset{H}{C}}-\underset{H}{\overset{H}{C}}-\underset{H}{\overset{H}{C}}-\ddot{\underset{..}{S}}-H}$$

티올

$$\mathrm{H-\underset{H}{\overset{H}{C}}-\underset{H}{\overset{H}{C}}-\ddot{\underset{..}{S}}-\underset{H}{\overset{H}{C}}-H}$$

설파이드

$$\mathrm{H-\underset{H}{\overset{H}{C}}-\underset{H}{\overset{H}{C}}-\ddot{\underset{..}{S}}-\ddot{\underset{..}{S}}-\underset{H}{\overset{H}{C}}-H}$$

디설파이드

알코올, 페놀, 에테르, 티올, 설파이드 및 디설파이드는 자연계에 광범위하게 나타나며, 때로는 1개 이상의 작용기(functional group)를 가지고 있는 화합물들로 나타난다(그림 4.14).

CH_3 / OH / CH_3CHCH_3
유게놀

OH / OCH_3 / $CH_2CH=CH_2$
멘솔

$CH_3CHCH_2CH_2SH$ (3번 탄소에 CH_3)
3-메틸-1-부탄티올

$CH_3CH=CHCH_2SH$
2-부탄-1-티올

$NH_2CHC(=O)-OH$, CH_2SH
시스테인

$NH_2CHC(=O)-OH$, $CH_2CH_2SCH_3$
메티오닌

$CH_2=CHCH_2SSCH_2CH=CH_2$
마늘유(diallyl disulfide)

■ **그림 4.14**

자연계에서 흔히 발견되는 알코올, 페놀, 티올, 설파이드 및 디설파이드 알코올 유게놀은 정향의 맛과 향을 제공한다. 멘솔은 페놀, 에테르, 알켄 및 방향족기를 가지고 있다. 티올인 3-메틸-1-부탄티올과 2-부탄-1-티올은 스컹크 스프레이(shunk spray)의 성분들이다. 티올의 시스테인과 설파이드의 메티오닌은 단백질을 만드는 데 사용되는 아미노산들이다. 디설파이드인 마늘유는 마늘에서 강한 냄새를 풍기는 화합물들 중의 하나이다.

아민

아민(amine)은 1개 이상의 알칸형 또는 방향족 탄소 원자에 직접 결합되어 있는 질소 원자를 가지고 있다. 아민은 아미노산을 포함한 많은 생화학 분자들에서 발견된다(그림 4.14).

$$CH_3CH_2CH_2\ddot{N}H_2 \qquad CH_3CH_2\ddot{N}HCH_3 \qquad (C_6H_5)_2\ddot{N}CH_3$$

위에서 기술한 탄화수소계에 있는 산소, 황 및 질소 원자는 전자들이 결합되어 있는 4개의 그룹, 즉 산소와 황의 경우에는 2개의 원자와 두 쌍의 비공유 전자를, 질소의 경우에는 3개의 원자와 한 쌍의 비공유 전자를 가지고 있다. 이들 산소, 황 및 질소 원자와 이들 원자에 직접 결합하는 전자들은 거의 109.5°의 결합각을 가진다.

할로겐화 알킬

할로겐화 알킬(alkyl halide)에서 할로겐 원자(*F, Cl, Br* 또는 *I*)는 알칸형 탄소 원자에 결합되어 있다. 제8장에서는 할로겐화 알킬이 알칸으로부터 어떻게 만들어질 수 있는지, 제9장에서는 알코올, 티올 및 기타 유기화합물을 조제하는 데 할로겐화 알킬이 어떻게 사용될 수 있는지를 보게 될 것이다.

$$CH_3F \qquad CH_2Cl_2 \qquad CH_3CH_2Br \qquad CH_3CHICH_3$$

알코올, 페놀, 에테르, 아민 및 염소를 포함하고 있는 할로겐화 알킬 분자는 극성공유결합(산소, 질

Did You Know?

원소들에 사용되는 이름과 같이 (2.2절) 유기화합물계에는 기원이 모호한 이름을 가질 수 있다. 에테르의 이름(라틴어로 밝은, 신선한 공기라는 의미의 *aether*로부터)은 처음에 **밝고 무색인** 유기화합물을 설명하는 데 사용되었다. 해당하는 알코올보다 2개의 수소원자가 적은 알데히드는 라틴어로 **탈수소 알코올**(*dehydrogenated alcohol*)인 *alcohol dehydrogenatum*으로부터 유래하였다. 티올(thiol)의 이름은 황을 뜻하는 그리스어인 *thion*이라는 이름에서 왔다. "Ester"는 *essig*(카르복실산을 함유하고 있는 식초)와 *ather*(ether)로 만들어진 화합물의 독일어인 *essigäther*로부터 왔다. 아민(amine)은 이집트 사원의 Ammon 근처에서 발견된 소금 퇴적물인 암모니아의 이름에서 왔다.

소 및 염소 원자를 포함한 결합)을 가지고 있으며, 이들 화합물의 대부분이 쌍극자–쌍극자 상호작용을 통하여 서로 소통할 수 있다. 이들 5종의 유기화합물들 중에서 알코올과 페놀은 많은 아민류에서와 같이 산소 원자에 직접 결합하고 있는 수소 원자를 가지고 있다. 이들 분자에서 수소결합은 중요한 비공유 상호작용이다. 비록 작은 분자들은 London force에 대한 기여도가 작을지라도, 이들 5종의 유기화합물들은 London force로도 상호작용한다. 티올, 설파이드 및 디설파이드는 극성공유결합을 가지고 있지 않아서 비극성 분자이며, 오직 London force으로만 상호작용한다.

케톤과 알데히드

우리가 다루게 될 다음의 5종류의 유기화합물계는 일반적으로 1개의 산소 원자가 이중결합으로 연결되어 있는 1개의 탄소 원자($C{=}O$)를 뜻하는, **카르보닐기(carbonyl group)**를 포함하는 구조적 특징을 모두 가지고 있다. 카르보닐기는 하나의 유기화합물계가 아닌 많은 유기화합물계에 공유되는 특징이 있다. **케톤(ketone)**에서 카르보닐기의 탄소는 2개의 다른 탄소 원자에 결합되어 있으며, **알데히드(aldehyde)**에서 카르보닐기의 탄소는 1개의 탄소 원자와 1개의 수소 원자 또는 2개의 수소 원자에 결합되어 있다.

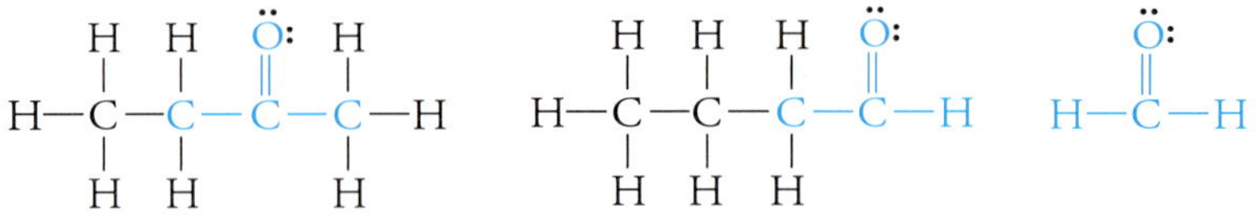

$CH_3CH_2COCH_3$ (H–C(H)(H)–C(H)(H)–C(=Ö:)–C(H)(H)–H)

케톤

$CH_3CH_2CH_2CHO$ (H–C(H)(H)–C(H)(H)–C(H)(H)–C(=Ö:)–H)

알데히드

H–C(=Ö:)–H

알데히드

케톤과 알데히드는 많은 주요 생체 분자들에 존재하기 때문에 화학자들에게 흥미가 있다. 프로게스테론(progesterone)과 테스토스테론(testosterone)을 포함한 일부 호르몬은 케톤 작용기를 가지고 있다. 기타 케톤과 알데히드는—자스민(jasmine)으로부터 자스몬(jasmone), 바닐라 콩(vanilla bean)으로부터 바닐린(vanillin), 시내몬(cinnamon)으로부터 시냄알데히드(cinnamaldehyde)를 포함한—상쾌한 향기 및 특이식물의 향과 관련되어 있다(그림 4.15).

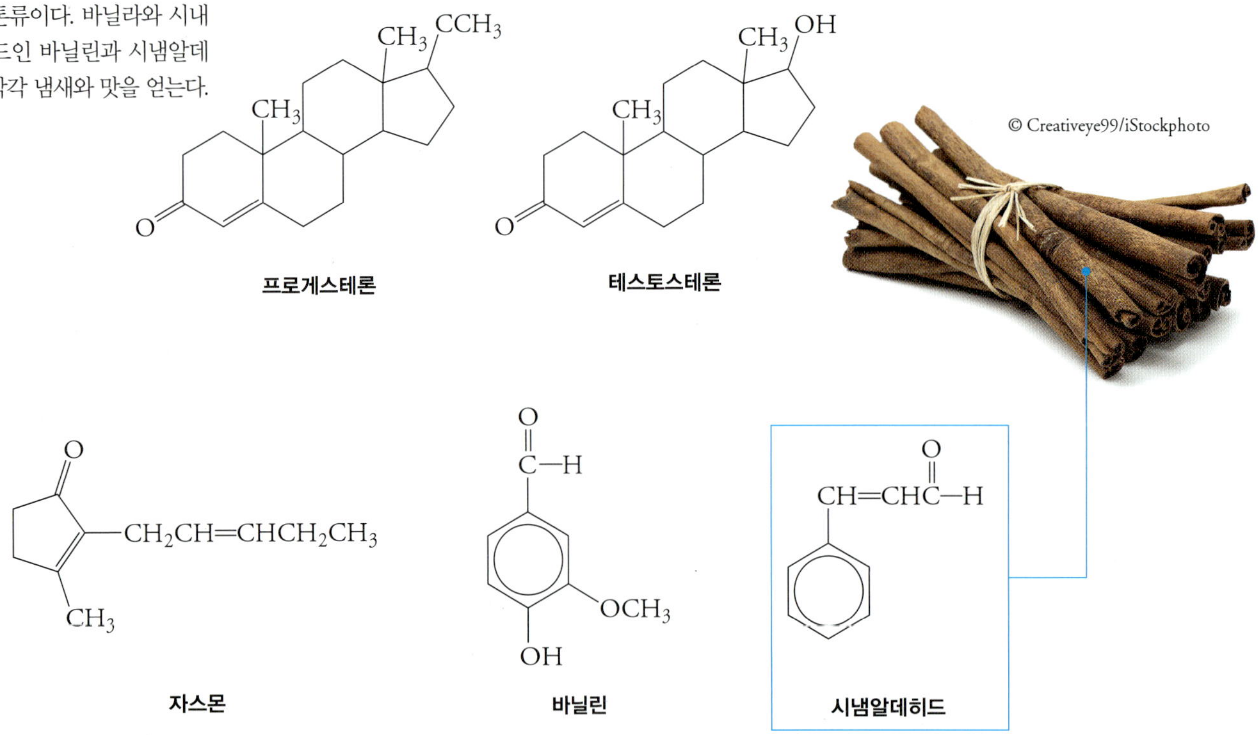

■ 그림 4.15

자연계에서 발견되는 케톤과 알데히드들의 예 자스민에 존재하는 화합물인 자스몬의 경우와 마찬가지로, 성호르몬인 프로게스테론과 테스토스테론은 케톤류이다. 바닐라와 시내몬은 알데히드인 바닐린과 시냄알데히드로부터 각각 냄새와 맛을 얻는다.

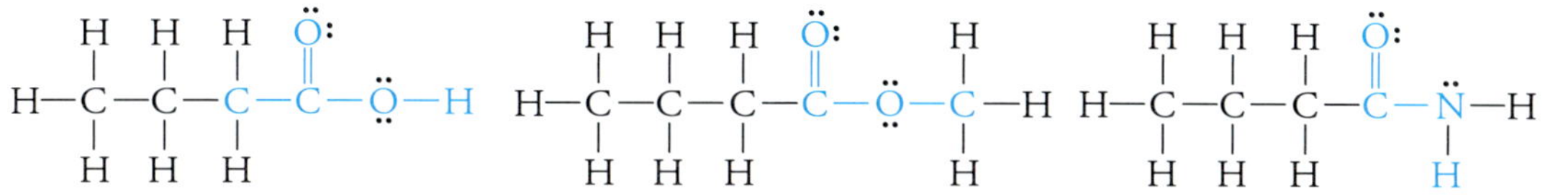

카르복실산, 에스테르, 아미드

카르복실산(carboxylic acids)은 카르보닐기와 —*OH*기의 조합인 **카르복실기**(carbonyl group; —CO_2H)를 가지고 있다. 카르복실기의 탄소 원자는 1개의 수소 원자, 1개의 알칸형의 탄소 원자 또는 방향족 고리에 결합되어 있다. 카르복실 산, 알코올 및 페놀이 모두 —OH기를 가지고 있어도 이들은 매우 다른 화학적 성질을 가지고 있다. 에테르(ether)와 같이 **에스테르(ester)**는 *C—O—C* 연결을 가지고 있으나, 탄소 원자들 중의 하나는 카르보닐기에 속한다. 아민과 같이, **아미드(amide)**는 하나의 질소 원자를 가지고 있지만, 부착되어 있는 탄소 원자들 중의 하나는 카르보닐기(*carbonyl group*)에 속한다.

H—C(H)(H)—C(H)(H)—C(H)(H)—C(=Ö:)—Ö—H
카르복실산

H—C(H)(H)—C(H)(H)—C(H)(H)—C(=Ö:)—Ö—C(H)(H)—H
에스테르

H—C(H)(H)—C(H)(H)—C(H)(H)—C(=Ö:)—N̈(H)—H
아미드

이들 세 유기화합물들은 생화학에서 중요하다. 지방산이라 부르는 카르복실산은 지방과 기름을 만드는 데 사용되는 구성요소 중의 하나이다. 지방과 기름은 에스테르계에 속한다. 아미노산 구성요소들은 단백질을 생성하기 위해 아미드 결합(amide bond)으로 결합된다(그림 4.16).

알데히드, 케톤, 카르복실산, 에스테르 및 아미드는 3개의 다른 원자들에 결합되어 평면삼각형과 120°의 결합각을 가진다. 이들 화합물계들의 모든 물질은 London force를 통해 마치 분자들처럼 상호작용한다. 산소 원자와 질소 원자를 포함하는 극성공유결합은 중간 정도로 극성이며 쌍극자–쌍극자 상호작용을 통하여 서로 소통할 수 있는 분자들에서 일어난다. 카르복실산(O—H 결합을 가짐)과 N—H 결합을 가지고 있는 아미드만이 이들 화합물계의 다른 분자들과 수소결합을 형성할 수 있다.

표 4.3에는 위에서 기술했던 작용기들을 요약되어 있다. 일부 추가적인 유기화합물계는 본문을 통하여 옮겨가면서 소개될 것이다. 완전한 유기화합물계의 목록은 부록 A에서 볼 수 있다.

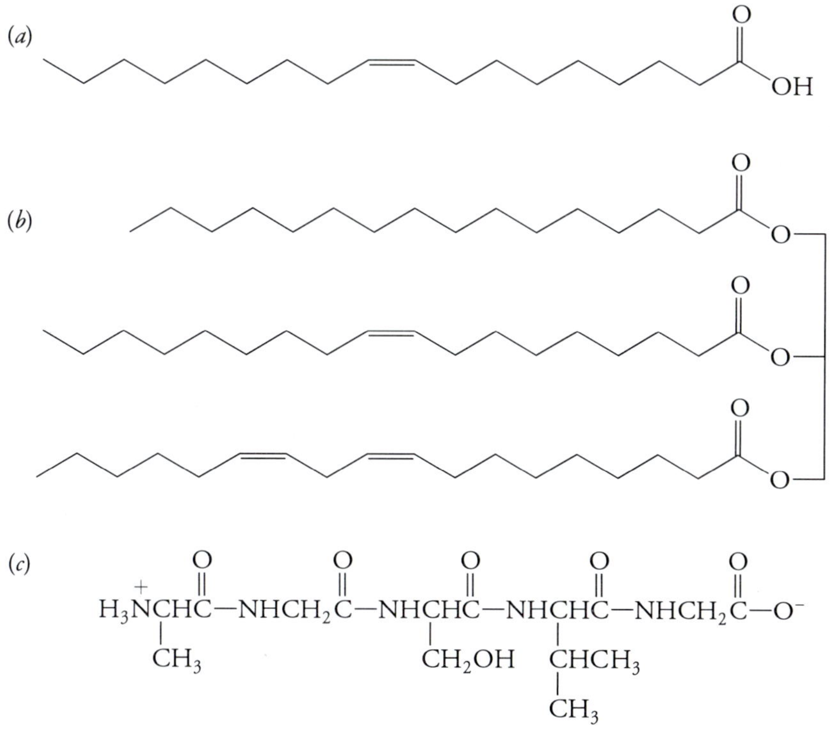

(*a*) (지방산 골격 구조: 탄소사슬 끝에 C(=O)OH)

(*b*) (3개의 에스테르기: C(=O)—O— 가 글리세롤 골격에 연결)

(*c*) $H_3\overset{+}{N}CH(CH_3)C(=O)—NHCH_2C(=O)—NHCH(CH_2OH)C(=O)—NHCH(CH(CH_3)CH_3)C(=O)—NHCH_2C(=O)—O^-$

■ **그림 4.16**

생명체에 일반적인 카르복실산, 에스테르 및 아미드 (*a*) 이 카르복실산은 한 지방산의 예이다. 일부 지방산은 긴 탄소사슬에 1개 이상의 탄소–탄소 이중결합을 가지고 있다. (*b*) 3개의 에스테르기를 가지고 있는 이 분자는 지방 또는 기름의 예이다. (*c*) 여기에서 보여주는 펩티드(짧은 단백질)를 구성하는 아미노산들은 아미드 결합(amide bond)으로 연결되어 있다.

표 | 4.3 중요한 유기 화합물계

계	예	작용기	설명
알칸(Alkane)	$CH_3CH_2CH_2CH_3$		탄소 원자들이 단일결합만으로 연결되어 있는 탄화수소
알켄(Alkene)	$CH_2{=}CHCH_2CH_3$	$-\overset{\vert}{C}{=}\overset{\vert}{C}-$	최소한 1개의 탄소–탄소 이중결합을 포함하고 있음
알킨(Alkyne)	$HC{\equiv}CCH_2CH_3$	$-C{\equiv}C-$	최소한 1개의 탄소–탄소 삼중결합을 포함하고 있음
아로마틱(Aromatic)	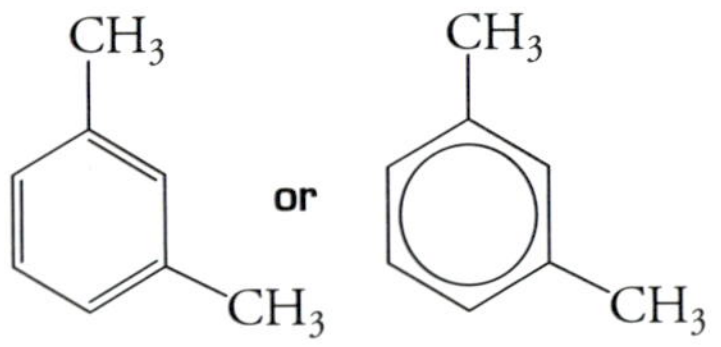 CH_3, CH_3 or CH_3, CH_3	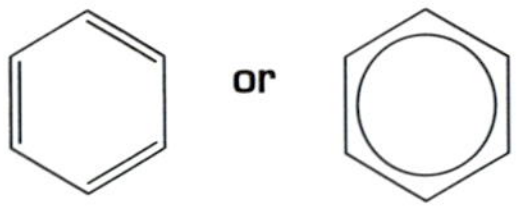 or	이중결합과 단일결합이 교대로 배열된 고리를 가지고 있는 고리화합물
알코올(Alcohol)	$CH_3CH_2CH_2CH_2OH$	$-\overset{\vert}{\underset{\vert}{C}}-OH$	알칸형 탄소 원자(탄소 원자 또는 수소원자와 단일결합을 하고 있는 탄소 원자)에 1개의 —OH기를 가지고 있음
페놀(Phenol)	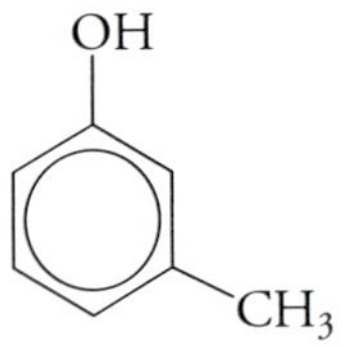 OH, CH_3	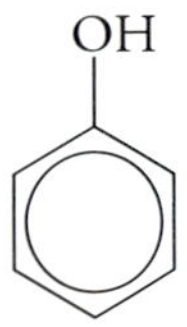 OH	방향족 고리에 —OH기를 포함하고 있음
에테르(Ether)	$CH_3CH_2OCH_2CH_3$	C—O—C	알칸형 탄소 또는 방향족 탄소 원자들이 C—O—C 연결을 하고 있음
티올(Thiol)	$CH_3CH_2CH_2CH_2SH$	C—SH	알칸형 탄소 또는 방향족 탄소 원자에 결합되어 있는 —SH기를 가지고 있음
설파이드(Sulfide)	$CH_3CH_2SCH_2CH_3$	C—S—C	알칸형 탄소 또는 방향족 탄소 원자들이 C—S—C 연결을 하고 있음
디설파이드(Disulfide)	$CH_3CH_2SSCH_2CH_3$	C—S—S—C	알칸형 탄소 또는 방향족 탄소 원자들이 C—S—S—C 연결을 하고 있음
아민(Amine)	$CH_3CH_2NHCH_2CH_3$	$C-\underset{\vert}{N}-$	C=O탄소 원자를 제외한 1개, 2개 또는 3개의 탄소 원자에 결합되어 있는 1개의 질소 원자를 가지고 있음
할로겐화 알킬(Alkyl halide)	$CH_3CH_2CH_2Br$	C—X X=F, Cl, Br, I	알칸형 탄소 원자에 할로겐 원자를 가지고 있음
케톤(Ketone)	$CH_3CH_2\overset{O}{\overset{\Vert}{C}}CH_3$	$C-\overset{O}{\overset{\Vert}{C}}-C$	카르보닐 탄소가 2개의 다른 탄소 원자에 결합되어 있는 카르보닐기를 가지고 있음
알데히드(Aldehdye)	$CH_3CH_2CH_2\overset{O}{\overset{\Vert}{C}}-H$	$C-\overset{O}{\overset{\Vert}{C}}-H$ or $H-\overset{O}{\overset{\Vert}{C}}-H$	카르보닐 탄소가 1개의 탄소 원자와 1개의 수소원자에 결합하고 있거나 2개의 수소 원자에 결합하고 있는 카르보닐기를 가지고 있음

계	예	작용기	설명
카르복실산 (Carboxylic acid)	$CH_3CH_2CH_2\overset{\overset{O}{\|}}{C}-OH$	$-\overset{\overset{O}{\|}}{C}-OH$	—OH기가 카르보닐기(C═O)에 결합되어 있는 카르복실기를 포함하고 있음. 카르복실기의 탄소 원자는 수소원자, 알칸형 탄소 원자 또는 방향족 고리에 결합됨
에스테르(Ester)	$CH_3CH_2\overset{\overset{O}{\|}}{C}-OCH_2CH_3$	$-\overset{\overset{O}{\|}}{C}-O-C$	탄소 원자들 중 하나가 카르보닐기에 속하는 C—O—C 연결을 가지고 있음
아미드(Amide)	$CH_3CH_2\overset{\overset{O}{\|}}{C}-NHCH_2CH_3$	$-\overset{\overset{O}{\|}}{C}-\underset{\|}{N}-$	질소 원자가 카르보닐기에 결합되어 있음

선스크린

햇빛에는 가시광선 외에도 자외선(UV)이라고 부르는 전자기 방사선의 높은 에너지 형태 역시 발견되고 있다. 햇볕에 너무 오랜 시간 동안 노출될 경우 건강을 해치게 하는 것이 바로 이 UV 방사선이다.

UV 방사선은 (증가하는 에너지 순으로 배열된) 세 범주, 즉 UV-A, UV-B, 및 UV-C로 나누어진다. 모든 형태의 UV 방사선이 해로울 수 있지만, 이 중에서도 UV-C가 가장 많이 손상을 준다. 그러나 햇빛으로부터 UV-C에의 노출에 대하여 걱정하지 않는다. 왜냐하면 대부분의 UV-C는 대기의 오존에 의하여 차폐되기 때문이다. 햇빛에 있는 UV-A와 UV-B는 대기에 의하여 차폐되지 않으며, UV-B로의 노출이 햇볕에 얼굴을 타게 하는 원인이 된다. 이 형태의 방사선은 피부암의 원인 중의 하나로서 확인되었다. UV-A는 한때 비교적 무해한 것으로 생각했으나, 주름, 기타 피부 손상 및 UV-A 노출에 의한 피부암을 일으키는 강력한 증거가 밝혀지고 있다.

피부 자체가 UV 방사선으로부터 어느 정도는 보호할 수 있다. 햇빛이 피부에 닿을 때 특정 세포가 UV 방사선을 흡수하는 흑반점인 멜라닌을 생성한다. 썬탠(suntan)은 멜라닌 생성의 결과이다. 선스크린(sunscreen) 역시 어느 정도 햇빛으로부터 보호할 수 있다. 선스크린에는 UV-A와 UV-B를 막을 수 있는 방향족 화합물들이 함유되어 있다(그림 4.17). 방향족 화합물이라고 해서 모든 방향족 화합물이 선스크린으로서 적합한 것은 아니다—많은 방향족 화합물들이 UV를 흡수하지 못하며, 독성이 강한 방향족 화합물들도 많이 있다.

선스크린의 라벨에 표기되는 SPF(자외선 차단지수)는 UV 방사선을 얼마나 효과적으로 차단하는지를 나타낸다. SPF 25는 선스크린을 사용하지 않았을 때 보다 선스크린을 사용했을 때 햇볕에 타는 데 25배 더 긴 시간이 걸림을 의미한다.

옥틸 메톡시신나메이트 (Octyl Methoxycinnamate)

아보벤젠 (avobenzone)

에캄솔 (ecamsule)

■ 그림 4.17

선스크린에서 UV-B와 UV-A를 흡수하는 화합물들 옥틸 메톡시신나메이트는 선스크린에 가장 일반적으로 사용되는 UV-B 차단제이다. 아보벤젠과 에캄솔은 UV-A 차단제들이다. 미국에서 최근에 사용 승인된 에캄솔은 캐나다와 유럽에서는 1993년부터 선스크린 성분으로 사용되어 왔다.

예제 4.8

유기화합물 확인하기

다음 각 분자에 존재하는 유기화합물계(들)의 이름을 말하시오.

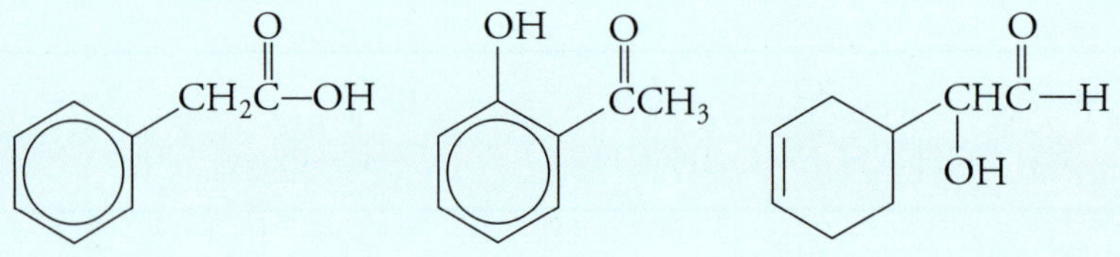

(a) $C_6H_5CH_2C(=O)-OH$ (b) 벤젠 고리에 OH와 $C(=O)CH_3$ (c) 사이클로헥센 고리에 $CH(OH)C(=O)-H$

전략

각 분자는 탄소 원자들을 함유하고 있어서 무엇이 알코올, 페놀, 에테르, 알데히드, 케톤, 카르복실산 또는 에스테르 분자를 만드는지를 검토하면서 시작한다. 또한 만일 탄화수소가 있다면 어떤 유형인지를 고려한다.

해답

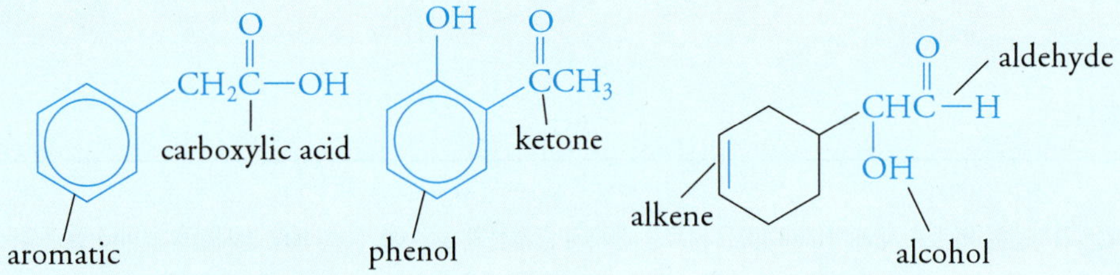

(a) aromatic, carboxylic acid (b) phenol, ketone (c) alkene, aldehyde, alcohol

a. 이 분자에는 카르복실산과 방향족이 있다.

b. 이 분자에는 케톤과 페놀이 있다. 이 분자는 또한 방향족이지만, 이 방향족은 페놀 분자를 만드는 일부분이다.

c. 이 분자에는 알코올, 알데히드와 알켄이 포함되어 있다. —OH기가 방향족 고리에 직접 결합되어 있지 않기 때문에 이 분자에는 페놀이 없다. 이 분자에는 —OH기가 C=O에 직접 결합되어 있지 않기 때문에 카르복실산이 없다.

연습문제 4.8

다음 각 분자에 존재하는 유기화합물계(들)의 이름을 말하시오.

(a) $CH_3CH_2OCH_2CH(CH_3)C(=O)-NHCH_2CH_3$

(b) $CH_3CH_2NHCH_2CH(CH_3)C(=O)-OCH_3$

(c) $H-C(=O)CH_2CH_2CH(SH)CH_3$

(d) $CH_3CH(CH_3)SCH_2CH_2C(=O)-OH$

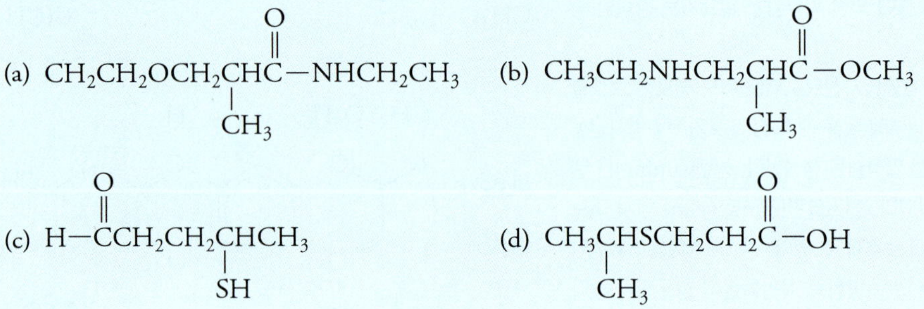

약물 과다 복용 ... 재방문

© Michel de Nijs/iStockphoto

아세트아미노펜(acetaminophen)은 처방전 없이도 이용 가능한 진통제이며 해열제이다. 아세트아미노펜은 미국에서 가장 널리 사용되고 있는 진통제로, 수백여 종의 다른 의약품에서도 유효성분이다. 아세트아미노펜을 함유하는 약물을 1개 이상을 복용할 때와 하루 권장량인 4,000 mg/day 이상을 복용할 때 부주의로 인한 중독이 일어날 수 있다. 아세트아미노펜 중독은 미국에서 급성 간 손상의 가장 일반적인 원인이며, 이식으로까지 이어지게 하는 두 번째로 흔한 간 손상 요인이다.

과량의 아세트아미노펜을 복용함으로써 유발되는 간 손상은 간이 이 약물을 어떻게 대사하는지(화학물질을 변화시킴)와 관련되어 있다. 아세트아미노펜의 경우 인체에서 제거되기 위해 수정되는 두 가지의 주요 경로가 있다. 경로 a에서 아세트아미노펜은 글루쿠론산이라는 분자에 결합하여 무독성 화합물로 전환된다. 경로 b에서 아세트아미노펜은 설페이트 이온과 결합하여 다른 무독성 화합물로 전환된다.

만일 아세트아미노펜이 간에 너무 많이 존재하면 경로 a와 b에 과부하가 발생하여 또 다른 경로인 c에 의해 대사되어 NAPQI (*N*-acetyl-*p*-benzoquinone imine)이 생성된다. 경로 d에서 NAPQI는 글루타티온이라는 화합물과 반응하여 또 다른 무독성 산물을 만든다. 과량의 NAPQI로 인해 이용 가능한 글루타티온이 모두 소비되면 아세트아미노펜의 해로운 효과가 나타난다. 이 경우에 남아 있는 NAPQI가 간에서 단백질 및 핵산과 반응하여 간을 손상시킨다(경로 e).

여기에서 기술된 생화학이 유기화학과 어떻게 연결되는지를 주목하라. 이들 생화학 분자들은 이 장에서 기술되는 많은 유기화합물계에 속해 있다.

Acetaminophen

아세트아미노펜과 글루쿠론산이 반응하여 생성된 무독성 화합물

아세트아미노펜이 설페이트 이온과 반응하여 생성된 무독성 화합물

NAPQI

NAPQI와 단백질 및 핵산의 반응. 간 손상을 초래한다.

NAPQI와 글루타치온의 반응에 의해 생성된 무독성 화합물

THINKING IT THROUGH

여기에서 보여주는 분자들에서 가능한 한 많은 유기화합물계들을 확인하라.

CHAPTER 4의 목적

	목표	요약	절	예제와 연습문제	총정리 문제
1.	전자 점구조와 루이스 구조를 사용하여 분자와 이온을 그리시오.	분자 또는 다원자 이온을 전자 점 또는 루이스 구조식을 그리는 것은 이용 가능한 원자가 전자의 수를 세고, 공유결합으로 원자들을 연결하고, 남아 있는 전자들을 각 원자에 옥텟을 이루도록 배정하는 과정을 포함한다.	4.1	4.1, 4.2	4.3-4.18
2.	**축약구조식**과 **골격구조**는 전자 점구조와 루이스 구조에서 어떻게 다른지를 설명하시오.	전자 점구조에서는 모든 결합 전자와 비결합 전자들을 점으로 나타낸다. 루이스 구조에서는 각 결합 전자쌍은 선으로 나타낸다. **축약식(Condensed formulas)**은 결합을 보여주지 않고 원자의 연결을 기술한다(CH_3CH_3, 등). **골격구조(skeletal structure)**에서는 결합을 선으로 나타내는데, 탄소(C) 원자는 보여주지 않으며 수소(H) 원자는 탄소외의 다른 원자들에 결합해 있을 때만 나타낸다.	4.1	4.3	4.19~4.22
3.	**전기음성도**를 정의하고 **극성공유결합**과의 상관관계를 설명하시오. 공유결합이 극성인지 아닌지를 예측하는 데 사용될 수 있는 간단한 규칙을 제시하시오.	**전기음성도(Electronegativity)**는 결합 전자들을 끌어당기는 능력이다. 만일 공유결합에 있는 두 원자의 전기음성도 차이가 0.5 이하이면, 그 결합은 비극성이다. 만일 전기음성도 차이가 0.5~1.9 사이에 있으면 그 결합은 **극성공유결합(polar covalent)**이며, 1.9보다 크면 그 결합은 이온결합이다. 유기 분자와 생 분자에 적용되는 간단한 규칙은 C 또는 H와 N, O, F 또는 Cl 사이의 공유결합이 극성이라는 것이다.	4.2	4.4	4.23~4.32, 4.73~4.78
4.	분자 또는 이온에서 원자에 대한 5종류의 기본모형을 열거하고, 모형을 예측하는 데 사용되는 규칙을 기술하시오.	원자에 대한 모형은 그 원자를 둘러싸고 있는 전자의 그룹 수(비결합 전자쌍, 단일결합, 이중결합 또는 삼중결합)에 따라 달라진다. 4 그룹의 전자에 부착되어 있는 원자는 그 원자가 운반하는 비결합 전자쌍의 수에 따라 **정사면체(tetrahedral)**, **피라미드(pyramidal)** 또는 **굽은(bent)형**이 된다. 세 그룹의 전자들이 붙어 있는 원자는 **평면삼각형(trigonal planar)** 또는 **굽은형(bent)**이, 2 그룹의 전자들에 붙어 있는 원자는 **직선형(linear)**이 된다. 극성공유결합과 모형이 그 분자의 한쪽 면에 부분적인 양전하(partial positive charge)를, 반대쪽 면에 부분적인 음전하(partial negative charge)를 가지도록 결합된 분자들은 **극성(polar)**이다.	4.2	4.5	4.33~4.42, 4.81~4.90
5.	다른 유형의 **비공유 상호작용**의 이름을 말하고, 분자들이 서로 붙잡고 있는 중요한 비공유 상호작용을 예측할 수 있다.	중요한 **비공유 상호작용(noncovalent interaction)**에는 **수소결합(hydrogen bond**; N, O, 또는 F에 결합해 있는 H가 인접한 N, O, 또는 F에 끌어당겨지는 힘**)**, **쌍극자–쌍극자 힘**(**dipole–dipole force**; 극성 분자들 사이의 인력) 및 **London force**(임시 쌍극자에 기인한 인력)이 있다.	4.3	4.6	4.43~4.52, 4.79, 4.80
6.	주어진 분자의 구조식에서 그 분자에 속하는 화합물계를 확인할 수 있다.	**알칸(Alkanes)**, **알켄(alkenes)**, **알킨(alkynes)** 및 **아로마틱 화합물(aromatic compounds)**은 **탄화수소**(**hydrocarbons**; 탄소와 수소 원자만 함유하고 있음)이다. 단일결합으로 이루어진 **헤테로 원자(heteroatom**; 탄소 외의 원자들)들을 포함하고 있는 화합물계로는 **알코올(alcohol)**, **페놀(phenol)**, **에테르**(**ether**; 각각은 O를 포함함), **티올(thiol)**, **설파이드(sulfide)** 및 **디설파이드(disulfide)**, **아민(amine)** 및 **할로겐화 알킬(alkyl halide)** 등이 있다. **카르보닐기**(**carbonyl group**; C=O)를 포함하고 있는 화합물계로는 **카르복실산(carboxylic acid)**, **에스테르(ester)** 및 **아미드(amide)**가 있다.	4.4	4.7, 4.8	4.53~4.72

총정리 문제

색으로 표시된 문제의 해답은 부록 C에 있다.
좀 더 어려운 문제는 *표로 표시하였다.

4.1 다음 두 알켄 중에서 하나는 비극성이며, 다른 하나는 극성이다. 어느 것이 극성이며, 어느 것이 비극성인가?

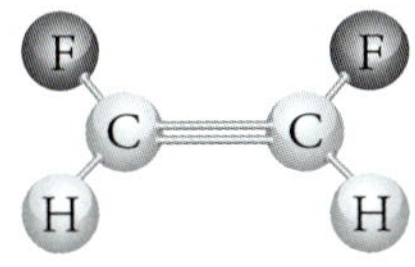

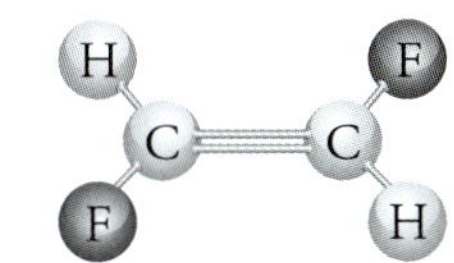

4.2 다음 두 방향족 화합물 중에서 하나는 비극성이며, 다른 하나는 극성이다. 어느 것이 극성이며, 어느 것이 비극성인가?

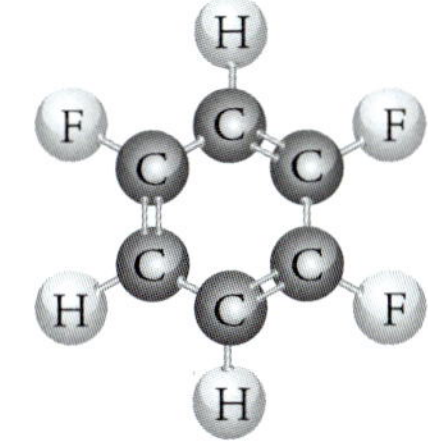

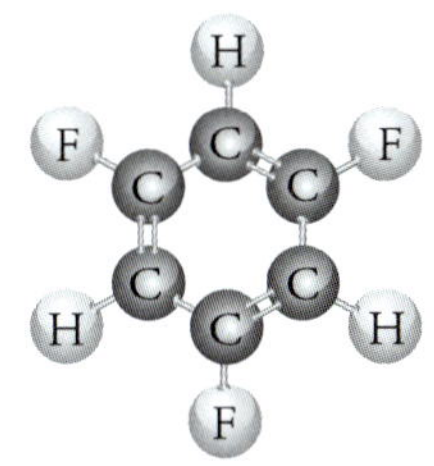

4.1 구조식

4.3 다음 각 비금속 원자가 형성할 수 있을 것으로 예상되는 공유결합의 수를 나타내시오.

a. C **b.** O **c.** P **d.** Br

4.4 다음 각 비금속 원자가 형성할 수 있을 것으로 예상되는 공유결합의 수를 나타내시오.

a. Se **b.** H **c.** I **d.** N

4.5 다음의 원자들을 포함하고 있는 분자의 구조식을 그리시오.

a. 1개의 산소 원자와 2개의 수소 원자
b. 1개의 수소 원자와 1개의 요오드(iodine) 원자
c. 1개의 질소 원자와 3개의 수소 원자

4.6 다음의 원자들을 포함하고 있는 분자의 구조식을 그리시오.

a. 1개의 셀레늄 원자와 2개의 불소(fluorine) 원자
b. 1개의 인(phosphorous) 원자와 3개의 수소 원자
c. 1개의 수소 원자와 1개의 브롬(bromine) 원자

4.7 다음 각 분자의 루이스 구조를 그리시오.

a. F_2 **b.** O_2

4.8 다음 각 분자의 루이스 구조를 그리시오.

a. I_2 **b.** N_2

4.9 다음 각 분자의 루이스 구조를 그리시오.

a. CH_2S **b.** NF_3

4.10 다음 각 분자의 루이스 구조를 그리시오.

a. OCl_2 **b.** CS_2

4.11 다음 각각의 분자를 그리시오.

a. C_2H_6 **b.** C_2H_4 **c.** C_2H_2

4.12 다음 각각의 분자를 그리시오.

a. C_3H_8 **b.** C_3H_6 **c.** C_3H_4

4.13 다음 각 다원자 이온을 그리시오. 수소를 제외한 각 원자는 한 옥텟의 원자가 전자를 가져야 한다.

a. OH^- **b.** NH_4^+ **c.** CN^-

4.14 다음 각 다원자 이온을 그리시오. 수소를 제외한 각 원자는 한 옥텟의 원자가 전자를 가져야 한다.

a. PO_4^{3-} **b.** HPO_4^{2-} **c.** $H_2PO_4^-$

4.15 다음 각 분자를 그리시오. 각 원자는 한 옥텟의 원자가 전자를 가지고 있어야 한다.

a. SO_3 **b.** SO_3^{2-}

4.16 다음 각 분자를 그리시오. 각 원자는 한 옥텟의 원자가 전자를 가지고 있어야 한다.

a. PO_3^{3-} **b.** SH^-

4.17 C_2H_6O의 분자식을 가지는 2개의 다른 분자를 그리시오.

4.18 C_3H_9N의 분자식을 가지는 2개의 다른 분자를 그리시오.

4.19 다음 각 분자의 축소구조(condensed structural formula)를 쓰시오.

a.
$$\begin{array}{ccccccccc} & & H & & H & & H & & H & & \\ & & | & & | & & | & & | & & \\ H & - & C & - & C & - & C & - & C & - & H \\ & & | & & | & & | & & | & & \\ & & H & & H & & H & & H & & \end{array}$$

b.
$$\begin{array}{ccccccccc} & & H & & H & & & & \\ & & | & & | & & & & \\ H & - & C & - & C & - & \ddot{N} & - & H \\ & & | & & | & & | & & \\ & & H & & H & & H & & \end{array}$$

4.20 다음 각 분자의 축소구조(condensed structural formula)를 쓰시오.

a.
$$\begin{array}{ccccccccccc} & & H & & H & & H & & & & H & & \\ & & | & & | & & | & & & & | & & \\ H & - & C & - & C & - & C & - & \ddot{\underset{..}{O}} & - & C & - & H \\ & & | & & | & & | & & & & | & & \\ & & H & & H & & H & & & & H & & \end{array}$$

b.
$$\begin{array}{ccccccccc} & & H & & H & & H & & \\ & & | & & | & & | & & \\ H & - & C & - & C & - & C & - & \ddot{\underset{..}{F}}: \\ & & | & & | & & | & & \\ & & H & & H & & H & & \end{array}$$

4.21 문제 4.19의 골격구조(skeletal structure)를 그리시오.

4.22 문제 4.20의 골격구조(skeletal structure)를 그리시오.

4.2 극성공유결합, 모형 및 극성

4.23 다음 각 쌍의 원자에서 어느 원자가 더 전기음성적인가?
a. N과 O **b.** O와 S **c.** Na와 Cl

4.24 다음 각 쌍의 원자에서 어느 원자가 더 전기음성적인가?
a. C와 F **b.** I와 F **c.** H와 F

4.25 다음 각 쌍의 원자들 사이의 전기음성도 값을 계산하시오.
a. N과 O **b.** C와 P
c. H와 O **d.** Li와 Cl

4.26 다음 각 쌍의 원자들 사이의 전기음성도 값을 계산하시오.
a. Mg와 N **b.** N과 Br
c. C와 F **d.** C와 C

4.27 문제 4.25에 있는 각 쌍의 원자들 사이에 형성되는 결합이 비극성공유결합, 극성공유결합 또는 이온결합인지를 확인하시오.

4.28 문제 4.26에 있는 각 쌍의 원자들 사이에 형성되는 결합이 비극성공유결합, 극성공유결합 또는 이온결합인지를 확인하시오.

4.29 다음의 각 결합이 극성공유결합인지 비극성공유결합인지를 확인하시오.
a. C—H **b.** C—O **c.** F—F

4.30 다음의 각 결합이 극성공유결합인지 비극성공유결합인지를 확인하시오.
a. C—N **b.** C—C **c.** C—Cl

4.31 다음 각 분자 또는 이온에 존재하는 극성공유결합(들)을 표시하시오.
a. H—S̤̈—H
b. $[:\ddot{O}-C(=\ddot{O}:)-\ddot{O}:]^{2-}$
c. :C̤̈l—N̈(—:C̤̈l:)—C̤̈l

4.32 다음 각 분자 또는 이온에 존재하는 극성공유결합(들)을 표시하시오.
a. 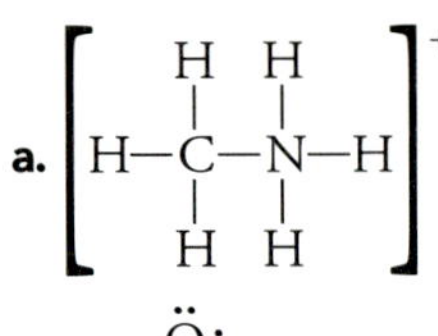

b. H—C(=Ö:)—H
c. $[:\ddot{O}-\ddot{Cl}-\ddot{O}:]^-$

4.33 문제 4.31에서 지정된 각 원자 주변의 모형을 명시하시오.
a. H_2S에 있는 S 원자 **c.** $CO_3^{\;2-}$에 있는 C 원자
b. NCl_3에 있는 N 원자

4.34 문제 4.32에서 지정된 각 원자 주변의 모형을 명시하시오.
a. $CH_3NH_3^{\;+}$에 있는 N 원자
b. CH_2O에 있는 C 원자
c. $CO_2^{\;-}$에 있는 C 원자

4.35 문제 4.9에서 지정된 각 원자 주변의 모형을 확인하시오.
a. CH_2S에 있는 C 원자 **b.** NF_3에 있는 N 원자

4.36 문제 4.10에서 지정된 각 원자 주변의 모형을 확인하시오.
a. OCl_2에 있는 O 원자 **b.** CS_2에 있는 C 원자

4.37 어느 분자들이 극성 분자인가?
a. H—C(H)(H)—F̤̈: **b.** :F̤̈—C(H)(H)—F̤̈: **c.** :F̤̈—C(:F̤̈:)(:F̤̈:)—F̤̈:

4.38 어느 분자들이 극성 분자인가?
a. H—C(H)(H)—Ö̤—H
b. :C̤̈l—C≡C—C̤̈l:
c. H—C(H)(H)—C(=Ö:)—C(H)(H)—H

4.39 문제 4.9에서, 존재한다면 어느 분자들이 극성인가?

4.40 문제 4.10에서, 존재한다면 어느 분자들이 극성인가?

4.41 진실 또는 거짓? 굽은 분자 모형은 항상 110°의 결합각을 가진다.

4.42 진실 또는 거짓? 네 그룹의 전자들에 의하여 둘러싸여 있는 원자는 항상 원자들의 정사면체 배열을 가진다.

4.3 비공유 상호작용

4.43 포름알데히드 분자(표 4.2)들 사이에서는 수소결합을 형성하는가?

4.44 CH_3OH 분자들 사이에서는 수소결합을 형성하는가?

4.45 다음 중 어느 분자쌍이 서로 수소결합을 형성할 수 있는가?
a. CH_3CH_3 그리고 CH_3CH_3
b. $CH_3C(=O)H$ 그리고 $CH_3C(=O)H$
c. CH_3CH_2OH 그리고 CH_3CH_2OH
d. $CH_3C(=O)OH$ 그리고 $CH_3C(=O)OH$

4.46 다음 중 어느 분자쌍이 서로 수소결합을 형성할 수 있는가?
a. $CH_2{=}CHCH_3$ 그리고 $CH_2{=}CHCH_3$
b. CH_3CH_2SH 그리고 CH_3CH_2SH
c. CH_3OH 그리고 CH_3OH
d. CH_3OCH_3 그리고 CH_3OCH_3

4.47 문제 4.45에서 어느 분자들이 물 분자와 수소결합을 형성할 수 있는가?

4.48 문제 4.46에서 어느 분자들이 물 분자와 수소결합을 형성할 수 있는가?

4.49 2개의 $CH_3CH_2CH_2CH_2CH_3$ 분자 또는 2개의 $CH_3CH_2CH_2CH_2CH_2CH_2CH_2CH_3$ 분자 중 어느 것이 더 강한 London force 상호작용을 하는가?

4.50 2개의 $CH_3CH_2CH_2CH_2CH_3$ 분자 또는 2개의 $CH_3CH(CH_3)CH_2CH_3$ 분자 중 어느 것이 더 강한 London force 상호작용을 하는가?

4.51 고대 그리스 시대에 소크라테스 등은 독미나리를 마실 것을 강요받고 사형이 집행되었다. 독미나리에 있는 주요 독성분은 코닌(Coniine)이라는 유기 분자이다. 코닌 분자가 물 분자와 수소결합을 형성할 수 있는 두 가지 방법을 제시하시오.

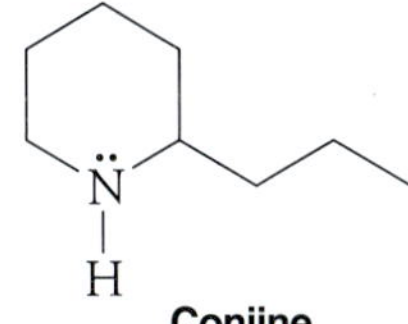

Coniine

4.52 두 코닌 분자(문제 4.51)는 London force에 의하여 상호작용할 수 있는가? 설명하시오.

4.4 유기화합물계

4.53 **a.** 바나나의 냄새와 맛은 주로 아래의 분자 때문이다. 어떤 유기화합물계가 존재하는가?

$CH_3C(=O)-OCH_2CH_2CH_2CH_3$

b. 아래의 분자는 영화관에서 팝콘에 버터맛을 나게 하는 데 사용된다. 어떤 유기화합물계가 존재하는가?

4.54 **a.** 레몬 향은 리모넨(limonene)으로부터 온다. 리모넨에는 어떤 종류의 유기화합물계가 존재하는가?

Limonene

b. 배(pear)의 맛과 향은 주로 아래의 성분 때문이다. 어떤 종류의 유기화합물계가 존재하는가?

4.55 **a.** 스피아민트 향은 카르본(carvone) 때문이다. 어떤 종류의 유기화합물계가 이 분자에 존재하는가?

Carvone

b. 어떤 종류의 유기화합물계가 아드레날린(adrenaline)에 존재하는가?

Adrenaline

4.56 **a.** 어떤 종류의 유기화합물계가 암페타민(amphetamine)이라 부르는 흥분제(stimulant)에 존재하는가?

Amphetamine

b. 아래의 분자는 빠른 태닝 로션에 사용되는 주요성분이다. 어떤 종류의 유기화합물계가 존재하는가?

$HOCH_2C(=O)CH_2OH$

4.57 **a.** 어떤 종류의 유기화합물계가 국소마취제인 프로카인(procaine)에 존재하는가?

Procaine

b. 어떤 종류의 유기화합물계가 국소마취제인 리도카인(lidocaine)에 존재하는가?

Lidocaine

4.58 **a.** 아스피린에 존재하는 유기화합물계의 이름을 말하시오.

Aspirin

b. 이부프로펜(Ibuprofen)에 존재하는 유기화합물계의 이름을 말하시오.

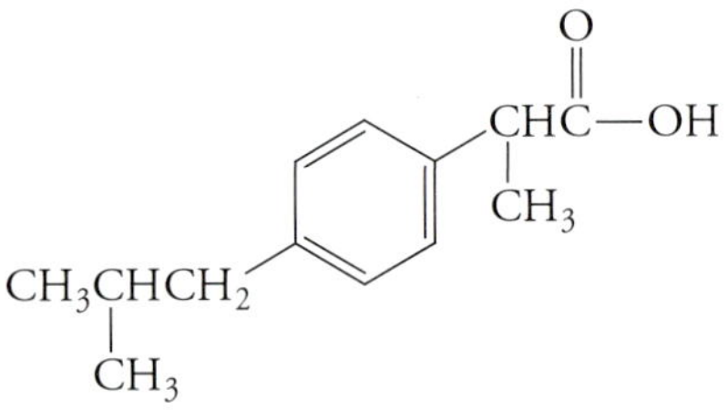

Ibuprofen

4.59 **a.** 아세트아미노펜(Acetaminophen)은 타이레놀과 기타 많은 비아스피린계 진통제에 존재하는 주요 성분이다. 아세트아미노펜에 존재하는 유기화합물계의 이름을 말하시오.

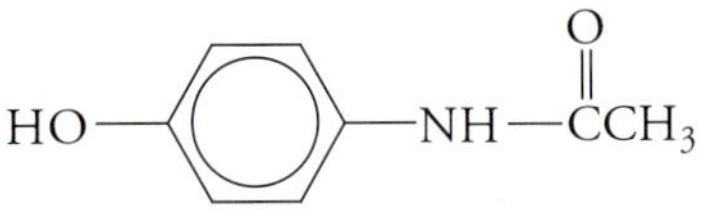

Acetaminophen

b. 근육 통증완화용으로 사용되는 일부 크림에는 아래의 분자가 들어 있다. 어떤 종류의 유기화합물계가 존재하는가?

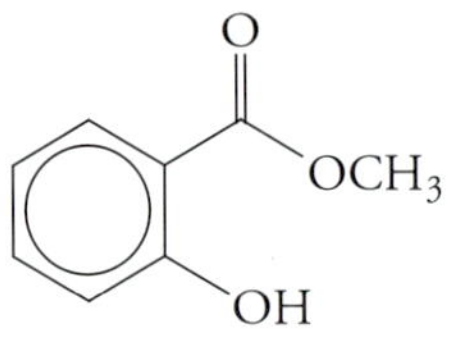

4.60 **a.** 어떤 종류의 유기화합물계가 신경전달물질인 도파민(dopamine)에 존재하는가?

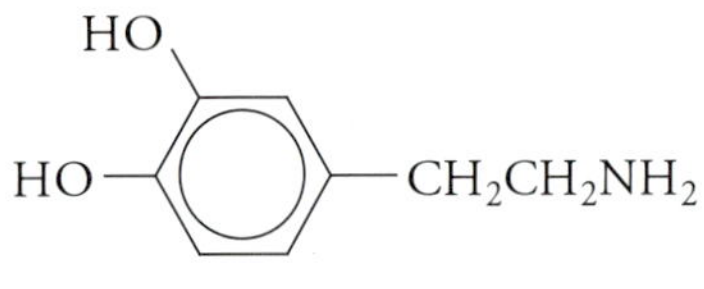

Dopamine

b. 아래의 분자는 아몬드 향을 가지고 있다. 어떤 종류의 유기화합물계가 존재하는가?

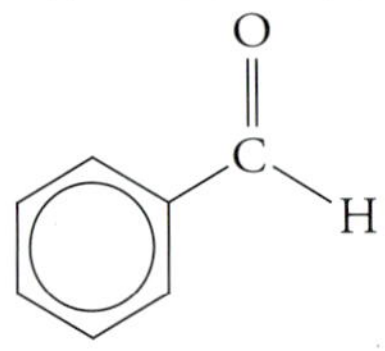

Almond flavor

4.61 일부 기침약(cough syrups)에는 거담제인 구아이페네신(guaifenesin)이 들어있다. 이 분자에 존재하는 유기호합물계의 이름을 말하시오.

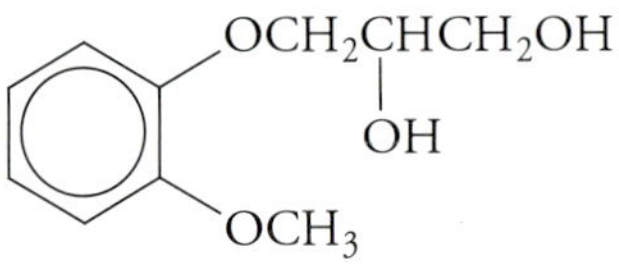

Guaifenesin

4.62 항생제 아목시실린(amoxicillin)에 존재하는 유기화합물계의 이름을 말하시오.

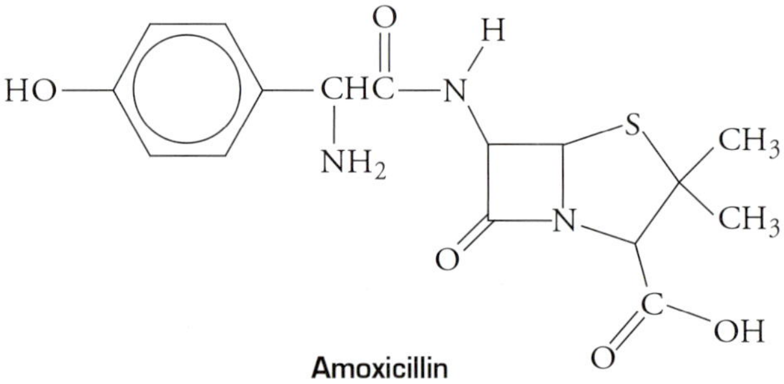

Amoxicillin

4.63 Vitamin E에 존재하는 유기화합물계의 이름을 말하시오.

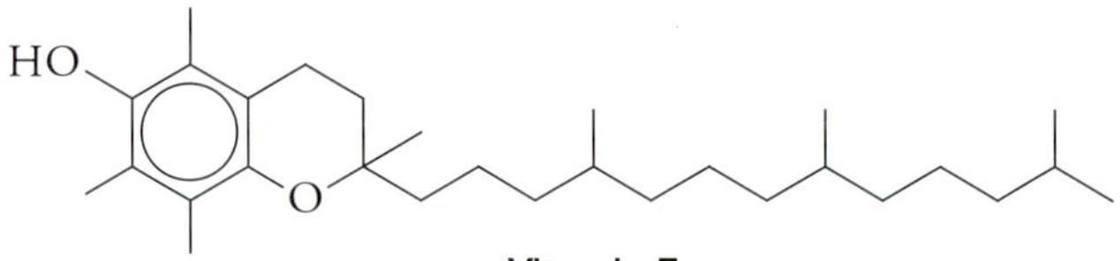

Vitamin E

4.64 Vitamin K에 존재하는 유기화합물계의 이름을 말하시오.

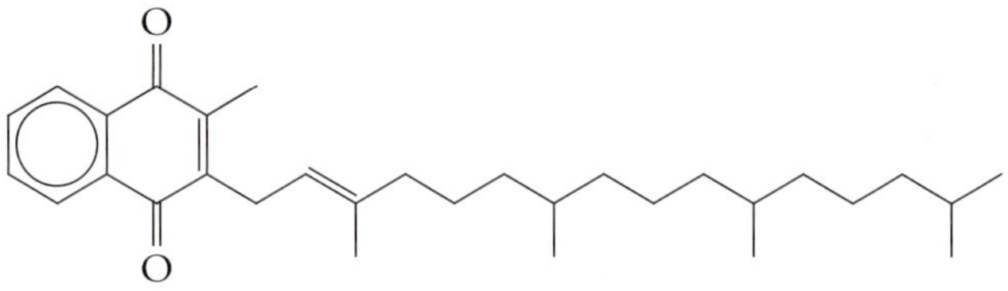

Vitamin K

***4.65** **a.** $C_4H_{10}O$의 화학식을 가진 2개의 알코올을 그리시오.
b. $C_4H_{10}O$의 화학식을 가진 2개의 에테르를 그리시오.

***4.66** **a.** C_4H_8의 화학식을 가진 2개의 알켄을 그리시오.
b. C_6H_{10}의 화학식을 가진 2개의 알킨을 그리시오.

***4.67** **a.** $C_5H_{12}S$의 화학식을 가진 2개의 티올을 그리시오.
b. $C_5H_{12}S$의 화학식을 가진 2개의 설파이드를 그리시오.
c. $C_5H_{12}S_2$의 화학식을 가진 2개의 디설파이드를 그리시오.

***4.68** **a.** $C_8H_{10}O$의 화학식을 가진 2개의 페놀을 그리시오.
b. 방향족성이며, $C_8H_{10}O$의 화학식을 가진 2개의 알코올을 그리시오.

***4.69** **a.** $C_6H_{12}O_2$의 화학식을 가진 2개의 카르복실산을 그리시오.
b. $C_6H_{12}O_2$의 화학식을 가진 2개의 에스테르를 그리시오.
c. $C_7H_{14}O$의 화학식을 가진 2개의 알데히드를 그리시오.
d. $C_7H_{14}O$의 화학식을 가진 2개의 케톤을 그리시오.

***4.70** **a.** C_3H_9N의 화학식을 가진 2개의 아민을 그리시오.
b. C_3H_7NO의 화학식을 가진 2개의 아미드를 그리시오.

***4.71** $C_5H_{10}O_2$의 화학식을 가진 아래의 2개의 분자를 그리시오.
a. 카르복실산
b. 에스테르
c. 알데히드기와 알코올기를 둘 다 가지는 분자

d. 케톤기와 에테르기를 둘 다 가지는 분자

***4.72** $C_9H_{10}O_2$의 화학식을 가진 아래의 2개의 분자를 그리시오.

a. 방향족기와 카르복실산기를 둘 다 가지는 분자

b. 방향족기와 에스테르기를 둘 다 가지는 분자

c. 페놀기와 알데히드기를 둘 다 가지는 분자

d. 페놀기와 케톤기를 둘 다 가지는 분자

4.73 δ+와 δ−의 기호를 사용하여 아래의 분자에 있는 극성공유결합을 모두 표시하시오.

```
     H  O                     H  H
     |  ‖                     |  |
a. H—C—C—H              b. H—C—C—S—H
     |                        |  |
     H                        H  H

     H  H  O
     |  |  ‖
c. H—C—C—C—N—H
     |  |    |
     H  H    H
```

4.74 δ+와 δ−의 기호를 사용하여 아래의 분자에 있는 극성공유결합을 모두 표시하시오.

```
     H  H     H
     |  |     |
a. H—C—C—O—C—H
     |  |     |
     H  H     H
```

b.

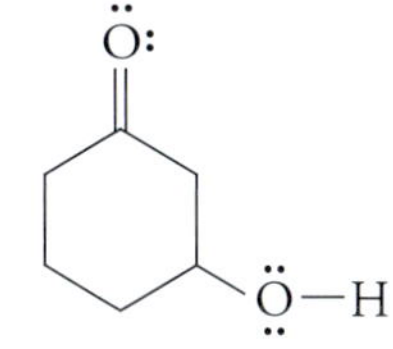


```
     H  O
     |  ‖
c. H—C—C—(벤젠 고리)—O—H
     |
     H
```

4.75 δ+와 δ−의 기호를 사용하여 아래의 분자에 있는 극성공유결합을 모두 표시하시오.

a. 문제 4.54b에 있는 분자

b. 문제 4.55a에 있는 분자

4.76 δ+와 δ−의 기호를 사용하여 아래의 분자에 있는 극성공유결합을 모두 표시하시오.

a. 문제 4.58a에 있는 분자

b. 문제 4.59a에 있는 분자

4.77 δ+와 δ−의 기호를 사용하여 아래의 분자에 있는 극성공유결합을 모두 표시하시오.

a. 문제 4.60b에 있는 분자

b. 문제 4.61에 있는 분자

4.78 이 문제를 풀려면 루이스 표기법을 사용하여 분자를 부분적으로 다시 그려야 할 필요가 있다. δ+와 δ−의 기호를 사용하여 아래의 분자에 있는 극성공유결합을 모두 표시하시오.

a. 문제 4.55b에 있는 분자

b. 문제 4.56b에 있는 분자

4.79 아래의 화학식에서 지정한 원자 주변의 모형과 대략적인 결합각을 예측하시오.

a. C═O의 탄소 원자

```
   H  Ö:
   |  ‖
 H—C—C—H
   |
   H
```

b. S 원자

```
   H  H
   |  |
 H—C—C—S̈—H
   |  |
   H  H
```

c. 왼쪽에 있는 C 원자

```
   H  H  Ö:
   |  |  ‖
 H—C—C—C—N̈—H
   |  |    |
   H  H    H
```

4.80 아래의 화학식에서 지정한 원자 주변의 모형과 대략적인 결합각을 예측하시오.

a. O 원자

```
   H  H     H
   |  |     |
 H—C—C—Ö—C—H
   |  |     |
   H  H     H
```

b. —OH기를 붙잡고 있는 C 원자

```
 Ö:
 ‖
(시클로헥산 고리)—Ö—H
```

c. 오른쪽에 있는 O 원자

```
   H  Ö:
   |  ‖
 H—C—C—(벤젠 고리)—Ö—H
   |
   H
```

4.81 다음 각 분자 쌍들 사이에는 수소결합을 형성하겠는가?

a. H—O—H H—O—H

```
     H  O
     |  ‖
b. H—C—C—H   H—O—H
     |
     H

     H  O        H  O
     |  ‖        |  ‖
c. H—C—C—H    H—C—C—H
     |           |
     H           H
```

4.82 다음 각 분자 쌍들 사이에는 수소결합을 형성하겠는가?

```
a.   H  H           H  H
     |  |           |  |
   H—C—C—O—H     H—C—C—O—H
     |  |           |  |
     H  H           H  H

     H  H     H        H  H     H
     |  |     |        |  |     |
b. H—C—C—O—C—H     H—C—C—O—C—H
     |  |     |        |  |     |
     H  H     H        H  H     H
```

c. 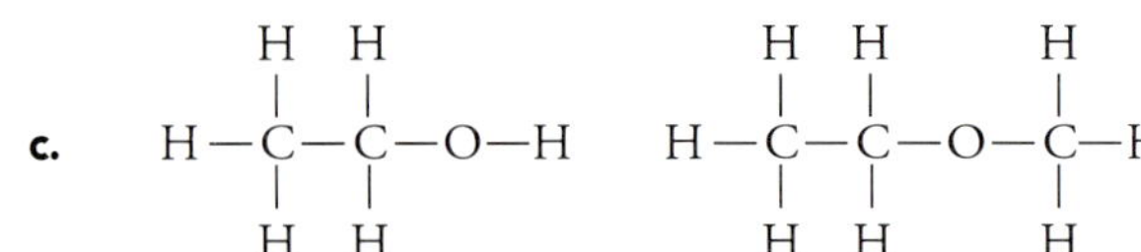

4.83 다음 각 분자 쌍들 사이에는 수소결합을 형성하겠는가?

a. $CH_3CH_2CH_3$ $CH_3CH_2CH_3$

b. CH_3SCH_3 CH_3SCH_3

c. $CH_3CH_2C(=O)-OH$ $CH_3CH_2C(=O)-OH$

4.84 문제 4.83에 있는 분자들 중에서 어느 분자가 물과 수소결합을 형성할 수 있는가?

4.85 다음 각 분자 쌍들 사이에는 수소결합을 형성하겠는가?

a. $CH_3CH_2NH_2$ $CH_3CH_2NH_2$

b. 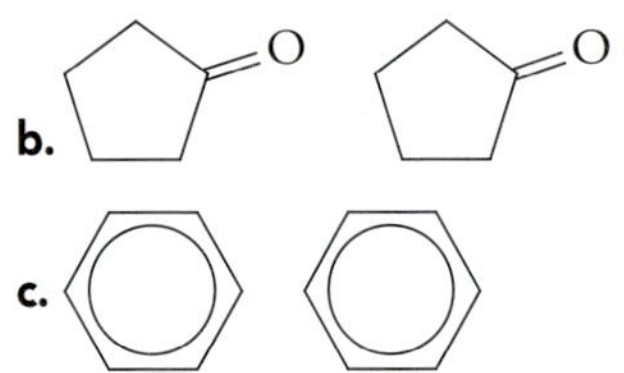

c.

4.86 문제 4.85에 있는 분자들 중에서 어느 분자가 물과 수소결합을 형성할 수 있는가?

4.87 문제 4.83에 있는 분자 쌍들 중에서 어느 쌍이 주로 London force로 상호작용할 수 있는가?

4.88 문제 4.85에 있는 분자 쌍들 중에서 어느 쌍이 주로 London force로 상호작용할 수 있는가?

4.89 문제 4.81에 있는 분자 쌍들 중에서 어느 쌍이 수소결합이 아닌 쌍극자-쌍극자 힘으로 상호작용할 수 있는가?

4.90 문제 4.82에 있는 분자 쌍들 중에서 어느 씽이 수소결합이 아닌 쌍극자-쌍극자 힘으로 상호작용할 수 있는가?

HealthLink | 프리온 질환

4.91 PrP^{c}가 PrP^{sc}로 전환될 때 공유결합이 끊어지는가? 설명하시오.

4.92 축우들 사이에서 광우병의 확산을 감소시키기 위한 방법을 제시하시오.

BiochemistryLink | 식물 호르몬인 에틸렌

4.93 바나나가 익을 때 소량의 에틸렌을 생성한다. 바나나를 수송할 때는 왜 밀폐된 용기에 넣어서 수송하지 않아야 하는가?

4.94 에틸렌 기체는 석유에서 생성될 수 있으며, 금속 원통에 저장될 수 있다. 식품 가공업자가 바나나를 익히려고 할 때 바나나를 제조된 에틸렌에 노출시킨다. 바나나 나무는 자신이 만든 에틸렌보다 석유로부터 만들어진 에틸렌에 다르게 반응할 것으로 생각하는가?

HealthLink | 선스크린

4.95 선스크린용으로 사용되는 분자들은 어떤 성질이 중요한가?

4.96 아시아에서 자라는 식물에 존재하는 화합물인 포스콜린(Forskolin)을 생쥐 피부에 적용할 때 멜라닌의 생성이 증가하는 것으로 나타났다. 이 과학적 결과는 다음 중 어느 것이라고 생각하는가?

a. 생쥐는 더 빠르게 피부를 태웠다.

b. 생쥐는 쉽게 햇볕에 타지 않았다.

c. 생쥐는 피부암에 덜 민감해졌다.

심화학습

4.97 a. 아래의 화합물 분자는 어느 유기화합물계에 속하는가?

b. a에 있는 분자의 분자식을 제시하시오.

c. a에 있는 2개의 분자는 London force로+ 상호작용할 수 있는가?

d. a에 있는 2개의 분자는 쌍극자-쌍극자 힘으로 상호작용할 수 있는가?

e. a에 있는 2개의 분자는 수소결합으로 상호작용할 수 있는가?

f. a에 있는 분자에서와 같은 분자식을 가지지만 다른 유기화합물계에 속하는 분자를 그리시오.

g. f에 있는 2개의 분자가 London force로 상호작용할 수 있는가?

h. f에 있는 2개의 분자가 쌍극자-쌍극자 힘으로 상호작용할 수 있는가?

i. f에 있는 2개의 분자가 수소결합으로 상호작용할 수 있는가?

4.98 a. 아래의 분자는 어느 유기화합물계에 속하는가?

$$CH_3CH_2CH_2CH_2C(=O)-OH$$

b. a에 있는 분자의 분자식을 제시하시오.

c. a에 있는 2개의 분자는 London force로 상호작용할 수 있는가?

d. a에 있는 2개의 분자는 쌍극자-쌍극자 힘으로 상호작용할 수 있는가?

e. a에 있는 2개의 분자는 수소결합으로 상호작용할 수 있는가?

f. a에 있는 분자와 같은 분자식을 가지지만 에스테르인 분자를 그리시오.

g. f에 있는 2개의 분자가 London force로 상호작용할 수 있는가?

h. f에 있는 2개의 분자가 쌍극자-쌍극자 힘으로 상호작용할 수 있는가?

i. f에 있는 2개의 분자가 수소결합으로 상호작용할 수 있는가?

j. a에 있는 분자와 같은 분자식을 갖지만 알데히드와 에테르기가 있는 분자를 그리시오.

연습문제 해답

4.1 $:\ddot{S}=C=\ddot{S}:$

4.2 $\left[:\ddot{O}-\ddot{P}(-:\ddot{O}:)-\ddot{O}:\right]^{3-}$

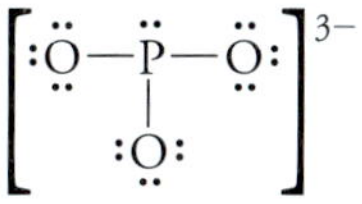

4.3 $CH_3CH_2NH_2$ NH_2

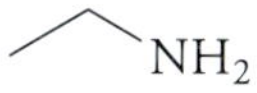

4.4 δ− O δ− O H δ+ d+ δ− δ+ O δ+ O δ−

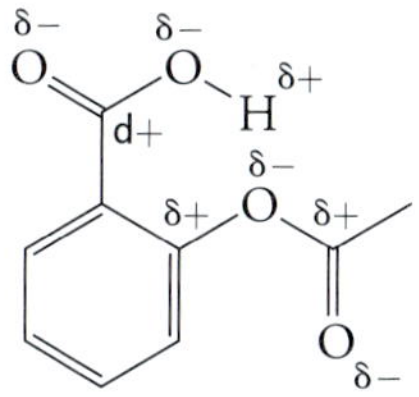

4.5 **b**와 **c**

4.6 예. 산소 원자는 물 분자에서 수소 원자와 수소결합을 형성할 수 있다.

4.7 **a.** 알킨; **b.** 알칸; **c.** 알켄; **d.** 아로마틱; **e.** 알켄

4.8 **a.** 에테르와 아미드 **b.** 에스테르와 아민 **c.** 알데히드와 티올 **d.** 설파이드와 카르복실산

Andy Washnik/Wiley Archive

식료품점에서

여러분이 어느날 오후에 음료수를 사기 위해 식료품점에 들려, Diet Snapple을 한 병 집어든 후 상품 설명을 읽게 되면, 합성제품의 하나인 아스파탐이라는 인공감미료에 대한 다음과 같은 경고문을 볼 수 있을 것이다. "페닐케톤뇨증환자: 페닐알라닌(phenylalanine)이 함유되었음" 화학 시간에 페닐알라닌이 자연적으로 발생하는 아미노산이라고 배운 기억을 떠올린다면, 여러분은 페닐알라닌이 왜 일부에서 문제를 일으키는지 궁금할 것이다.

5 반응

본 장에 관하여

아스파탐을 함유한 식품이나 음료수에서 볼 수 있는 경고문에 숨은 이야기는 이 감미료가 체내에서 분해되어 생성되는 물질인 페닐알라닌(phenylalanine)의 대사와 관련이 있다. 페닐케톤뇨증환자에서는 보통 사람에게 일어나는 페닐알라닌의 화학적 변화가 일어나지 않는다. 이에 따른 페닐알라닌의 축적은 유해한 영향을 미친다.

이 장에서는 화학반응식으로 알려진 화학적 변화를 상세히 설명할 것이다. 비교적 저분자의 화학물의 반응에 초점을 둘 것이다. 생화학에서 중요한 고분자 물질(아스파탐을 포함)의 화학을 이해하는 데 필수적인 출발점이 될 것이다.

CHAPTER 5의 목적

이 장을 끝내고 나면, 여러분들은 다음과 같은 것들을 할 수 있을 것이다. 즉:

1. 화학반응의 이해와 균형을 알 수 있다.
2. 합성, 분해, 단일교환 또는 이중교환 반응 분류를 알 수 있다.
3. 산화, 환원, 연소, 수화반응의 정의를 말할 수 있다.
4. 유기화합물의 가수, 수화, 탈수의 정의를 말할 수 있다.
5. 반응물과 생산물 사이의 관계를 결정하기 위한 균형 잡힌 화학방정식을 이용할 수 있다.
6. 반응의 제한반응물, 이론적 수율, 실제 수율을 결정할 수 있다.
7. 자발적, 비자발적 반응에 대한 자유 에너지 변화가 어떻게 다른지 설명할 수 있고, 에너지 다이어그램을 그릴 수 있으며, 화학반응 속도에 영향을 미치는 요인을 정리할 수 있다.

5.1 | 화학반응식

제2장에서는 원자핵으로부터 미립자와 높은 에너지 복사선의 손실에 관련된 과정 및 핵반응을 설명하였다. **화학반응(chemical reaction)**에서 원자와 화합물을 결합하고 있는 이온, 공유결합은 분해돼서 새로운 결합을 형성한다. 예를 들면, 원소로서 질소(N_2)와 수소(H_2) 안의 원자들은 이원 화합물인 암모니아(NH_3)를 형성하기 위해 재배열될 수 있다. 이때, 질소 원자의 각 쌍 사이의 삼중결합과 수소 원자 각 쌍 사이의 단일결합은 끊어지고, 새로운 단일결합들이 질소와 수소 원자 사이에 형성된다(그림 5.1).

이러한 특정 반응은 생명체에서 매우 중요하다. 질소는 단백질과 DNA를 만드는 데 사용되는 단위 구조를 포함한 여러 필수 생체분자 내에 존재한다. 비록 공기 중에 78.1%의 질소(N_2)가 존재하여도, 질소 원자들은 유기체에 의해 사용될 수 있는 형태로는 존재하지 않는다. 생명체에 의해 질소가 사용되기 위해서는 N_2는 암모니아와 질산염(NO_3^-)과 같은 질소화합물로 변환되는 것처럼 "고정"되어야 한다.

환경에서 유용한 대부분의 고정된 질소는 흙이나, 물 그리고 다양한 식물들 내에 존재하는 미생물들에 의해 대기 중 질소(N_2)로부터 생산된다. 1900년대 초반에 화학자인 프리츠 하버(Fritz Haber) 등은 대기 질소(N_2)로부터 암모니아의 생산을 공정을 개발하였다. 하버 공정(Haber process)이라고 불리는 이 과정은 암모니아 기반 비료 및 의약품, 폭발물, 세제 등 많은 다른 질소 함유 화합물들의 생산에 이용된다.

■ 화학반응에서 화살표는 반응물과 생성물을 분리한다.

하버 공정 또는 다른 어느 화학 반응을 기술하기 위해서 **화학반응식(chemical equation)**들이 사용된다. 화학반응식에서 화살은 시작점에 존재하는 원자들 또는 화합물들인 **반응물(reactant)**들을 새로운 물질들이 만들어내는 **생산물(product)**들과 구분해 준다. 하버 공정에 대한 화학반응식은

$$N_2(g) + 3H_2(g) \longrightarrow 2NH_3(g)$$

계수(coefficients), 반응물과 생성물의 분자식의 앞에 위치한 수들은 (예를 들어, 위 반응식에서 H_2의 앞에 보이는 3과 NH_3의 앞에 표시한 2이다) 반응 동안에 사용되었거나 생성된 각각의 양을 나타낸다. 반응식에서 단지 특정한 하나에 대해서는 계수를 표시하지 않는다. 반응물과 생성물의 물리적 상태는 고체에 대해서는 *s*, 액체에 대해서는 *l*, 기체는 *g*, 그리고 (물에 용해된) 용액에 대해서는 *aq*로 나타낸다.

Did You Know?

빛을 냄으로써 질소 고정의 역할을 한다. 폭발로부터의 큰 에너지는 대기의 N_2와 O_2가 서로 반응하게 하여, 산화질소인 NO와 NO_2를 형성하게 한다. 물의 존재 하에, 이들 산화물들은 질산 이온으로 전환된다. 자연적으로 고정되는 질소의 약 5%는 빛을 냄에 의해 이뤄진다.

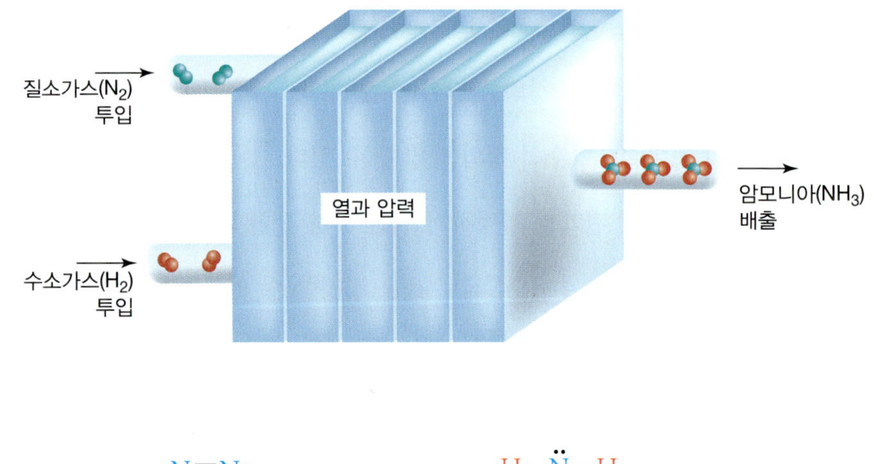

■ **그림 5.1**

하버 공정 높은 온도와 압력 하에서, 질소가스(N_2)와 수소가스(H_2)는 암모니아(NH_3)를 형성하기 위해 결합될 수 있다.

예제 5.1

화학반응식 이해

금속 칼륨(potassium, K)은 물과 격렬한 반응이 일어나므로 매우 조심히 다루어야 한다. 물속에 칼륨이 있을 때 관찰되는 것은 무엇인가?

$$2K(s) + 2H_2O(l) \longrightarrow H_2(g) + 2KOH(aq)$$

전략

이 문제의 핵심 단어는 "관찰"이다. 반응물과 생성물의 물리적 상태에 대해 반응식이 말해주는 것은 무엇인가?

해답

칼륨(고체)이 물(액체)과 반응하여 거품(수소가스)을 만들어 낼 것이다.

연습문제 5.1

용해된 칼슘이온(Ca^{2+})의 존재는 경수의 원인 중 하나이다. 경수는 탄산나트륨(sodium carbonate, Na_2CO_3)을 첨가하면 연수가 될 수 있다. 아래의 반응을 수행한다면, 무엇이 관찰될 것인가?

$$Na_2CO_3(aq) + Ca^{2+}(aq) \longrightarrow CaCO_3(s) + 2Na^+(aq)$$

화학반응식의 균형

화학반응은 원자의 붕괴나 생성이 아니라 결합의 분해와 형성이다. 이러한 이유로 화학반응식의 균형은 반응 화살의 양쪽에서 각각의 원소들에 대한 원자의 수는 같다.

■ 균형을 맞춘 식에서, 각각의 원자에 대해 양쪽에 동일한 숫자로 보인다.

균형을 맞춘 화학반응식에 대한 중요성을 간단한 예로 보자. 만일 어린 아이에게 치즈 샌드위치를 만드는 방법을 설명하려면, "두 조각의 빵과 한 조각의 치즈를 가지고 시작해"라고 말할 것이다. 이러한 방법의 설명은 샌드위치를 만드는 데 필요한 재료들 모두에 대해 충분히 알려준다. 치즈 샌드위치를 만드는 균형을 맞춘 식은 아래와 같이 표기된다.

2 빵 조각 + 1 치즈 조각 ⟶ 1 샌드위치

비슷한 경우로, 균형 맞춘 화학반응식을 표기하는 것은 반응이 일어나기에 각각의 반응물이 충분하다는 것을 확실히 하는 데 도움이 된다. 질소가스(nitrogen gas, N_2)는 산소가스(oxygen gas, O_2)와 반응하여 치명적인 아산화질소(nitrous oxide, N_2O)를 생성한다. 균형을 맞춘 반응식에 대해 다음과 같은 표기로 시작할 것이다.

$$N_2 + O_2 \longrightarrow N_2O$$

균형이 맞지 않음

이 반응식은 균형이 맞지 않다. 왜냐하면 반응에 대한 화살표의 양쪽에 산소 원자 수에 차이가 있기 때문이다. 이는 반응물의 원자와 생성물의 원자에 대해 각각 기록한 표를 작성하면 명확히 알 수 있다.

반응물 원자	생성물 원자
2 N 원자	2 N 원자
2 O 원자	1 O 원자

반응식의 평형을 위해, 양쪽의 원자의 수를 동등하게 하는 계수를 찾아야만 한다. 이 반응식에서 산소 원자를 수를 증가시키는 방법을 찾을 필요가 있다. 이는 생성물 쪽에 산소 원자가 적기 때문이다. N_2O에 대한 계수의 증가는 반응식의 생성물 쪽에 산소 원자를 증가시키는 것이다. 그러나 똑같이 질소 원자의 수가 증가한다.

$$N_2 + O_2 \longrightarrow 2N_2O$$

균형이 맞지 않음

반응물 원자	생성물 원자
2 N 원자	4 N 원자
2 O 원자	2 O 원자

이 문제는 N_2의 계수를 바꿔 해결할 수 있다. 결과적으로, 균형을 맞춘 식은 2분자의 질소가 1분자의 산소와 반응하여 2분자의 아산화질소를 생성한다는 것을 보여준다. 이 반응의 효율을 위해 산소 분자만큼 질소분자의 수를 두 배로 할 필요가 있다.

$$2N_2 + O_2 \longrightarrow 2N_2O$$

균형이 맞음

반응물 원자	생성물 원자
4 N 원자	4 N 원자
2 O 원자	2 O 원자

예제 5.2

화학반응식 균형맞추기

가솔린이 자동차 엔진에서 연소될 때, 공기 중 일부 질소가스(N_2)가 산소와 반응하여 무색의 독성 가스인 일산화질소(NO)가 생성된다. 화학반응식의 균형을 맞추시오.

$$N_2 + O_2 \longrightarrow NO$$

전략

반응식의 균형이 맞춰졌는지 알려면, 반응 화살표 양쪽의 질소와 산소 원자의 수를 계산하여야 할 것이다. 만약 반응식이 균형 맞춰 있지 않다면, 반응물과 생성물의 계수를 조절하고 반응식을 다시 확인하여야 한다.

해답

아래와 같이, 이 반응식은 균형이 맞춰져 있지 않다.

$$N_2 + O_2 \longrightarrow NO$$

반응물 원자	생성물 원자
2 N 원자	1 N 원자
2 O 원자	1 O 원자

반응식의 균형을 위해, 더 많은 질소와 산소 원자들이 생성물 쪽에 추가되어야 한다. NO의 계수를 2로 바꾼다.

$$N_2 + O_2 \longrightarrow 2NO$$

균형이 맞음

반응물 원자	생성물 원자
2 N 원자	2N 원자
2 O 원자	2 O 원자

연습문제 5.2

일산화질소(NO)는 산소가스와 반응하여 대도시 스모그에 존재하는 갈색 가스인 이산화질소(nitrogen dioxide)를 생성한다. 다음 반응식의 균형을 맞추시오.

$$NO + O_2 \longrightarrow NO_2$$

일반적인 실수들을 피하기

위의 예들은 반응물과 생성물의 계수를 바꿔 화학반응식의 균형을 맞추는 방법을 보여준다. 반응식의 균형을 맞추는 것에 있어 가장 일반적인 실수들을 피하는 방법에 대해 보도록 하자.

- 반응물과 생성물에 대해 그대로 둔다. 아래의 화학반응식을 보자.

  $$N_2 + O_2 \longrightarrow N_2O$$

  N_2O의 분자식을 N_2O_2로 바꾸는 것이 반응식의 균형을 맞추는 것처럼 보일 것이다. 반응식의 양쪽에 2 질소 원자와 2 산소 원자가 존재하기 때문이다.

  $$N_2 + O_2 \longrightarrow N_2O_2$$

  이렇게 수정된 식은 균형이 맞지만, 원래 반응을 나타내지 않는다. 생성물은 N_2O이지 N_2O_2가 아니다.

- 새로운 반응물이나 생성물을 추가하지 않는다. 아래의 같은 반응식을 보자.

  $$N_2 + O_2 \longrightarrow N_2O$$

  생성물 쪽에 산소 원자를 추가하면 질소 원자와 산소 원자 수를 동일하게 할 수 있는 것처럼 보인다.

  $$N_2 + O_2 \longrightarrow N_2O + O$$

  반응식의 균형은 또한 맞지만, 더는 원래 반응식을 표현하지 않는다.

- 균형 맞춘 반응식을 쓸 때 복수의 계수를 사용하지 않는다. 균형 맞춘 반응식에서 계수는 반응물과 생성물의 각각에 대한 상대적인 수를 나타낸다. 따라서, 다음의 반응식들은 엄밀히 말해 균형이 맞춰져 있다. 이들 중 첫 번째가 최선의 선택이다. 왜냐하면 계수의 값이 최소 정수로 되어 있기 때문이다.

  $$2N_2 + O_2 \longrightarrow 2N_2O$$
  $$4N_2 + 2O_2 \longrightarrow 4N_2O$$
  $$100N_2 + 50O_2 \longrightarrow 100N_2O$$

예제 5.3

반응식 균형 맞추기

질산칼륨(potassium nitrate, KNO_3)이 아질산칼륨(potassium nitrite, KNO_2)과 산소(O_2)로 분해되는 화학반응식의 균형을 맞추시오.

$$KNO_3 \longrightarrow KNO_2 + O_2$$

전략

반응식의 양쪽은 같은 수의 K와 N 원자를 가진다. 따라서, 산소 원자의 균형을 맞추는 것으로 시작한다.

해답

반응식의 양쪽은 같은 수의 K와 N 원자를 보이지만, O 원자는 그렇지 않다.

$$KNO_3 \longrightarrow KNO_2 + O_2$$

반응물 원자	생성물 원자
1 K 원자	1 K 원자
1 N 원자	1 N 원자
3 O 원자	4 O 원자

반응식의 균형을 맞추기 위해, 반응물 쪽에 계수를 더해 산소 원자의 수를 늘린다.

$$2KNO_3 \longrightarrow KNO_2 + O_2$$

반응물 원자	생성물 원자
2 K 원자	1 K 원자
2 N 원자	1 N 원자
6 O 원자	4 O 원자

반응식의 왼쪽에 있는 산소 원자 수의 증가는 식의 균형에서 더 멀어지게 한다. KNO_2의 계수를 늘리거나 O_2에 하나를 더할 수 있다. 어느 것이 나은 선택인지를 결정하는 것은 종종 시행착오의 문제이다. 이 경우에 있어, KNO_3에 계수 2를 더하는 것이 식의 균형을 맞춘다.

$$2KNO_3 \longrightarrow 2KNO_2 + O_2$$

반응물 원자	생성물 원자
2 K 원자	2 K 원자
2 N 원자	2 N 원자
6 O 원자	6 O 원자

연습문제 5.3

반응식의 균형을 맞추시오.

$$SiO_2 + HF \longrightarrow SiF_4 + H_2O$$

5.2 | 반응의 유형

엄청나게 많은 수의 화합물과 원소들이 서로 협력한다는 조건하에, 가능한 화학반응들의 수가 무수히 많다는 것은 놀랍지 않다. 반응에 대한 서론에서, 비슷한 특성들로 화학반응들을 분류하는 것이 도움이 될 것이다. 반응식의 분류에 하나의 올바른 법이 있는 것은 아니지만, 일반적인 방법은 네 가지의 넓은 반응 유형으로 인식하여 나누는 것이다: 합성(synthesis), 분해(decomposition), 단일치환(single replacement), 그리고 복수치환(double replacement). 의생명과학에 중요한 많은 반응들이 이 장을 포함한 책의 전반에 걸쳐 소개될 것이다. 전부는 아니지만 그러한 대부분의 반응들은 4개의 분류 체계에 속할 것이다.

합성반응(synthesis reaction)에서 2개 또는 그 이상의 원소들 또는 화합물들이 하나 이상의 복잡한 화합물을 형성하기 위해 결합한다. 일반적으로, 합성반응은 다음과 같이 쓸 수 있다.

■ 많은 반응들은 합성, 분해, 단일치환, 또는 이중치환을 겪는다.

$$A + B \longrightarrow AB$$

5.1절은 이 반응 유형에 대한 2개의 예들을 보여주며, 반응물로 원소들 각각이 관여한다:

$$2N_2 + O_2 \longrightarrow 2N_2O$$
$$2H_2 + O_2 \longrightarrow 2H_2O$$

물과 이산화탄소(carbon dioxide)의 반응은 화합물이 관여하는 합성반응의 한 예이다.

$$CO_2 + H_2O \longrightarrow H_2CO_3$$

분해반응(decomposition reaction)은 합성반응의 반대다. 하나의 화합물이 분해되어 원소나 더 단순한 화합물을 형성하는 반응이다.

$$AB \longrightarrow A + B$$

예를 들어, 물과 탄산칼슘(calcium carbonate, $CaCO_3$)의 분해가 있다.

$$2H_2O \longrightarrow 2H_2 + O_2$$
$$CaCO_3 \longrightarrow CaO + CO_2$$

단일치환반응(single replacement reaction)에서, 화합물에서 하나의 원소가 다른 원소로 치환되는 반응이다. 일반적으로, 이 반응은 다음과 같다.

$$A + BC \longrightarrow AC + B$$

예를 들면, 원소 철(Fe)과 황산구리(copper(II) sulfate, $CuSO_4$) 사이의 반응에서, 철(Fe)은 구리(Cu)를 치환한다. 비슷하게, 나트륨(sodium, Na)이 염산(hydrogen chloride, HCl)과 반응할 때, 나트륨(Na)은 수소를 치환한다.

$$Fe + CuSO_4 \longrightarrow FeSO_4 + Cu$$
$$2Na + 2HCl \longrightarrow 2NaCl + H_2$$

이중치환반응(double replacement reaction)은 두 가지 화합물들의 일부가 위치를 바꾸는 반응이다.

$$AB + CD \longrightarrow AD + CB$$

염화나트륨(sodium chloride, NaCl)과 질산은(silver nitrate, $AgNO_3$), 그리고 염산(hydrogen chloride, HCl)과 수산화나트륨(sodium hydroxide, NaOH)의 반응은 이중치환반응이다.

$$NaCl + AgNO_3 \longrightarrow NaNO_3 + AgCl$$
$$HCl + NaOH \longrightarrow H_2O + NaCl$$

예제 5.4

반응 유형 파악

다음 반응을 합성, 분해, 단일교환, 이중교환반응로 분류하시오.

a. $MgO + H_2O \longrightarrow Mg(OH)_2$

b. $Mg + 2H_2O \longrightarrow Mg(OH)_2 + H_2$

전략

반응 유형의 결정을 위해, 생성물(합성), 반응물(분해), 하나의 원소 교환(단일치환), 또는 두 화합물들의 교환(이중치환)을 확인한다.

해답

a. 이 반응은 하나의 생성물을 형성한다. 따라서, 합성반응이다.
b. 이 반응에서 수소 원자가 마그네슘(Mg)에 의해 떨어져 나갔다. 따라서, 반응은 단일치환반응이다.

연습문제 4.1

다음 반응을 합성, 분해, 단일치환, 이중치환반응으로 분류하시오.

$$H_2 + 2AgNO_3 \longrightarrow 2Ag + 2HNO_3$$

5.3 | 물이 관여하는 반응들

물은 유기화학과 생화학에서 중요한 많은 반응의 반응물이거나 생성물이다. 유기화합물들의 알켄(alkene), 알코올(alcohol), 카복실산(carboxylic acid), 그리고 에스테르(ester) 계의 구성물들이 이러한 많은 반응에 관여한다. 제4장은 그러한 화합물들을 소개했다. 복습하자면, 알켄(alkene)은 적어도 하나의 탄소–탄소 이중결합을 가지며, 알코올(alcohol)은 알칸(alkane) 유형 탄소 원자에 부착된 하이드록실(hydroxyl, —OH) 기능기를 포함한다(그림 5.2). 카복실산(carboxylic acid)은 하이드록실기(hydroxyl group, —OH)와 카보닐기(carbonyl group, C═O)의 조합인 카복실(carboxyl, —CO_2H) 기능기를 포함한다. 카르복실산에서 카보실기의 탄소 원자는 수소 원자, 알칸 유형 탄소 원자, 또는 방향족 고리(aromatic ring)에 부착된다. 에스테르는 탄소 원자들 중 하나가 카보닐기에 속하는 C—O—C 결합을 포함한다.

```
    H                  H  H                H :Ö:              H :Ö:     H
    |                  |  |                |  ||              |  ||     |
H—C—C=C—H        H—C—C—Ö—H          H—C—C—Ö—H        H—C—C—Ö—C—H
    |  |  |            |  |                |                  |         |
    H  H  H            H  H                H                  H         H
   Alkene             Alcohol          Carboxylic acid          Ester
```

■ 그림 5.2

알켄, 알코올, 카복실산, 그리고 에스테르 알켄은 적어도 하나의 C═C를 가지며, 알코올은 알칸 유형 탄소 원자에 부착된 하이드록실(—OH)기를 포함하고, 카복실산은 수소 원자, 알칸 유형 탄소 원자, 또는 방향족 고리에 부착된 카복실(—CO_2H)기를 포함하고, 에스테르는 탄소 원자들 중 하나가 또한 카보닐기에 속하는 C—O—C 결합을 포함한다.

가수분해

가수분해(hydrolysis)라 불리는 이중치환반응에서, 물(water, hydro)은 분자를 쪼개기(lyse) 위해 이용된다. 에스테르는 가수분해를 겪는 분자의 한 종류다. 에스테르가 촉매제인 수소 이온(H^+)의 존재 하에 물로 처리되면, 카복실산과 알코올을 형성하기 위해 쪼개진다(그림 5.3). **촉매제(catalyst)**는 그 자체는 변하지 않고 반응 속도를 높이는 물질이다.

$$\underset{\text{An ester}}{CH_3CH_2CH_2\overset{O}{\overset{\|}{C}}-OCH_2CH_3} + H_2O \xrightarrow{H^+} \underset{\text{A carboxylic ion}}{CH_3CH_2CH_2\overset{O}{\overset{\|}{C}}-OH} + \underset{\text{An alcohol}}{HOCH_2CH_3}$$

■ 그림 5.3

에스테르 가수분해 수소 이온(H^+) 존재 하에서 에스테르는 물과 반응하여 카복실 이온과 알코올을 생성한다.

가수분해는 일부 약들의 활성 시간의 길이를 결정하는 요소들 중 하나이다. 국소마취제인 프로카인[procaine(Novocain)]과 클로로프로카인(chloroprocaine)은 활성 시간이 짧아, 한 시간 정도의 효력을 지닌다. 혈청에 존재하는 특정 **효소**(**enzyme**; **생물학적 촉매제**)는 카복실산과 알코올을 형성하는 두 마취제의 에스테르기 가수분해 촉매로 그들의 활성을 잃게 한다(그림 5.4).

$$\text{Procaine} + H_2O \xrightarrow{\text{효소}} \text{(4-aminophenyl)}C(=O)-OH + HOCH_2CH_2N(CH_2CH_3)CH_2CH_3$$

Procaine: (4-NH_2-phenyl)$C(=O)-OCH_2CH_2NCH_2CH_3$ (N–CH_2CH_3)

$$\text{Chloroprocaine} + H_2O \xrightarrow{\text{효소}} \text{(4-amino-2-chlorophenyl)}C(=O)-OH + HOCH_2CH_2N(CH_2CH_3)CH_2CH_3$$

Chloroprocaine: (4-NH_2-2-Cl-phenyl)$C(=O)-OCH_2CH_2NCH_2CH_3$ (N–CH_2CH_3)

■ 그림 5.4

국소마취제 2개의 짧은 활성을 지닌 마취제인 프로카인과 클로로프로카인은 특정 혈청 효소(생화학적 촉매제)의 작용에 의해 가수분해가 된다.

수화

수화(hydration)로 알려진 합성반응에서는 이중결합에 물이 첨가된다. H^+(촉매제) 존재 하에 물과 알켄의 반응에 의한 알코올의 형성은 전형적인 예이다(그림 5.5).

$$H-CH=CH-H + H_2O \xrightarrow{H^+} H-CH(H)-CH(OH)-H$$

■ 그림 5.5

알켄에 물을 첨가하기 수소 이온(H^+) 존재 하에 물은 탄소–탄소의 이중결합에 첨가되어 알코올이 생성된다.

탈수

탈수(Dehydration)는 수화의 역반응이다. 이러한 분해 반응에서, H^+(촉매제)의 존재 하에 가열된 알코올은 나뉘어서 알켄과 물을 형성한다(그림 5.6).

$$H-CH(H)-CH(OH)-H \xrightarrow[\text{열}]{H^+} H-CH=CH-H + H_2O$$

■ 그림 5.6

알코올 탈수 수소 이온(H^+) 존재 하에 열을 가했을 때 알코올은 알켄으로 전환되다. 이 반응에서 물은 반응물로부터 제거된다.

탈수와 수화는 생화학에서 중요한 역할들을 한다. 예를 들어, 제14장에서 우리는 대사에 중요한 연속적인 반응인 시트릭산 회로를 논할 것이다. 이 과정에서 하나의 단계인 시트릭산(citric acid)의 이소시트릭산(isocitric acid)로의 전환은 시트릭산의 효소 촉매에 의한 탈수에 이어 중간 화합물인 시스-아코니틱산(cis-aconitic acid)의 효소 촉매 수화에 의해 일어난다(그림 5.7).

Did You Know?

상품명 Novocain인 국소마취제 프로카인(그림 5.4)은 1905년에 처음 합성되었다. 그러나 그것이 치과에서 사용된 첫 국소마취제는 아니었다. 1880년대 초반에 코케인(cocaine)이 그러한 목적으로 처음 사용되었다. 코케인이 중독성이 있고 높은 독성을 가졌음이 알려졌고, 많은 환자들이 그로인해 죽었다. 비록 프로카인이 코케인을 대체하기 위해 개발되었다 해도, 그 자체에도 문제가 있었다. 프로카인은 느린 마취 효과를 보였고, 빨리 깨어나게 했으며, 많은 환자들이 알러지 증상을 보였다. 1940년대에, 프로카인을 대체하는 약이 개발되었다. 이는 리도카인(lidocaine)으로, 치과에서 마취제로 가장 흔하게 사용된다.

■ 에스테르는 가수분해될 수 있다. 알켄은 수화될 수 있고, 알코올은 탈수될 수 있다.

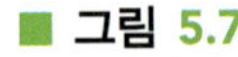

■ 그림 5.7

시트릭산의 이소시트릭산로의 전환
이 효소 촉매에 의한 변형에는 시스-아코니틱산(*cis*-aconitic acid)의 수화로 이어지는 시트릭산의 탈수가 관여한다.

$$\underset{\text{Citric acid}}{HOOC{-}CH_2{-}C(OH)(COOH){-}CH_2{-}COOH} \xrightarrow{\text{효소}} \underset{\textit{cis}\text{-Aconitic acid}}{HOOC{-}CH_2{-}C(COOH){=}CH{-}COOH} + H_2O$$

Dehydration

$$\underset{\textit{cis}\text{-Aconitic acid}}{HOOC{-}CH_2{-}C(COOH){=}CH{-}COOH} + H_2O \xrightarrow{\text{효소}} \underset{\text{Isocitric acid}}{HOOC{-}CH_2{-}CH(COOH){-}CH(OH){-}COOH}$$

Hydration

예제 5.5

물이 관여하는 반응들의 생성물을 알아보기

각 반응의 생성물들을 그리시오.

a. cyclohexene $+ H_2O \xrightarrow{H^+}$

b. $CH_3C(=O){-}OCH_3 + H_2O \xrightarrow{H^+}$

c. $CH_3CH(OH)CH_3 \xrightarrow[\text{열}]{H^+}$

전략

이러한 유형의 문제를 풀기 위해, 특정 반응과 이에 상응하는 작용기를 이어야 한다. 즉, 에스테르는 가수분해, 알켄은 수화, 그리고 알코올은 탈수될 수 있다.

해답

a. cyclohexanol (OH가 결합된 cyclohexane)

b. $CH_3C(=O){-}OH + HOCH_3$

c. $CH_2{=}CHCH_3 + H_2O$

연습문제 5.5

각 반응에 대해 생략된 반응물을 그리시오.

a. ? + $H_2O \xrightarrow{H^+}$ C_6H_5–C(=O)–OH + $HOCH_2CH_3$

c. ? + $H_2O \xrightarrow{H^+}$ (cyclopentane–OH)

b. ? $\xrightarrow[\text{열}]{H^+}$ $CH_3CH{=}CHCH_3 + H_2O$

5.4 | 산화와 환원

5.2절에서 대부분의 화학반응은 합성(A + B ⟶ AB), 분해(AB ⟶ A + B), 단일치환(A + BC ⟶ AC + B) 또는 이중치환(AB + CD ⟶ AD + CB)이라는 4종류의 반응 유형 중 하나인 것을 보았다. 네 가지 반응 유형들을 구별하기 보다는 다른 특성들에 초점을 맞추면, 일부 반응들은 전혀 다른 분류 체계에 놓일 수 있다. 이 절에서는 산화와 환원이라는 이러한 대체 반응들에 대해 볼 것이다.

이온화합물인 염화나트륨(sodium chloride, NaCl)은 Na^+와 Cl^- 이온으로 구성되어 있다. 이 화합물은 원소인 나트륨(sodium, Na)과 염소(chlorine, Cl_2)로부터 생성될 수 있다.

■ 전자를 잃으면 산화이다.

$$2Na(s) + Cl_2(g) \longrightarrow 2NaCl(s)$$

이 합성반응에서 중성 나트륨 원자는 **산화**(**oxidation**, 하나의 전자를 잃음)를 겪어 Na^+을 생성하고, 염소(Cl_2)의 중성 염소 원자는 **환원**(**reduction**, 하나의 전자를 얻음)을 겪어 Cl^-를 생성한다. Cl_2는 Na로부터 전자를 제거하기 때문에, Cl_2는 **산화제(oxidizing agent)**라고 불린다. 비슷하게, Na가 전자를 Cl_2에 주기 때문에 Na는 **환원제(reducing agent)**이다.

■ 전자를 얻으면 환원이다.

구리금속(copper metal, Cu)와 질산은 용액(aqueous silver nitrate, $AgNO_3$)의 단일치환반응 또한 산화와 환원을 필요로 한다. Cu는 Cu^{2+}로 산화되고, Ag^+는 Ag로 환원된다(그림 5.8).

$$Cu(s) + 2AgNO_3(aq) \longrightarrow Cu(NO_3)_2(aq) + 2Ag(s)$$

전자는 산화되는 물질로부터 환원되는 물질로 이동하기 때문에 산화와 환원은 항상 동시에 일어난다.

Andrew Lambert/Photo Researchers, Inc.

■ **그림 5.8**

산화–환원반응 (*a*) 구리선(copper wire, Cu)이 질산은 용액(aqueous silver nitrate, $AgNO_3$)에 잠겨 있다. (*b*) 몇 시간 후, 용해된 구리 이온(copper(II) ion, Cu^{2+}) 때문에 금속 침전물이 형성되고, 용액은 파랗게 된다. 구리는 산화되고(Cu ⟶ Cu^{2+}), 은 이온은 환원된다(Ag^+ ⟶ Ag).

예제 5.6

산화와 환원을 알아보기

Betadine(살충제)를 옷에 떨어뜨리면, 그 안에 존재하는 요오드(iodine, I_2)는 옷을 오염시킬 것이다. 요오드 색을 제거하는 방법은 옷을 티오황산나트륨(sodium thiosulfate, $Na_2S_2O_3$)으로 처리하는 것이다.

$$\underset{\text{colored}}{I_2(s)} + 2Na_2S_2O_3(aq) \longrightarrow Na_2S_4O_6(aq) + \underset{\text{colorless}}{2NaI(aq)}$$

이 반응에서 요오드(I_2)는 산화되는가 아니면 환원되는가?

전략

이 문제를 풀기 위해서는 요오드 원자가 전자를 잃었는지(산화) 또는 전자를 얻었는지(환원)를 결정해야만 한다.

해답

요오드는 환원된다. 생성물 NaI는 Na^+와 I^-로 구성되어 있다. 요오드(I_2) 내 중성 요오드 원자는 I^-로 전환될 때 전자를 얻는다. 산화와 환원은 동시에 일어난다. 따라서, 요오드(I_2)는 환원되고, 티오황산나트륨($Na_2S_2O_3$)은 산화된다.

연습문제 5.6

요오드 색을 제거하기 위해 티오황산나트륨을 처리한 천을 표백제(NaOCl)에 헹구면, 요오드 이온(I^-)은 NaOCl과 반응하여 색이 제거될 것이다.

$$2H^+ + NaOCl + 2I^- \longrightarrow NaCl + I_2 + H_2O$$

이 반응에서 I^-는 산화되는가 아니면 환원되는가?

연소

천연가스의 주성분인 메탄(methane, CH_4)이 불붙을 때, **연소(combustion)**라는 산화 반응이 일어난다. 반응물로 항상 산소(O_2)와 반응하는 연소반응은 매우 빠르게 일어나며 열을 방출한다(그림 5.9). 탄소를 포함하는 유기 분자는 연소반응에 관여하고, 생성물은 이산화탄소와 물이다. 메탄 연소의 화학반응식은 다음과 같다.

Phil Farnes/Photo Researchers, Inc.

■ 그림 5.9

연소 나무가 탈 때, 구성물인 유기화합물은 산화되어 이산화탄소와 물을 생성한다.

$$CH_4(g) + O_2(g) \longrightarrow CO_2(g) + H_2O(g)$$

균형이 맞지 않다

이 화학반응식의 양쪽 탄소(C), 수소(H), 산소(O)의 수를 계산해 보면 균형이 맞지 않다.

반응물 원자	생성물 원자
1 C 원자	1 C 원자
4 H 원자	2 H 원자
2 O 원자	3 O 원자

유기화합물의 연소반응의 균형반응을 완성하기 위해서 탄소 원자, 수소 원자, 산소 원자의 순으로 균형을 맞추어야 한다. 위의 표를 보면, 탄소 원자는 양쪽에 1로 균형이 되어 있지만 산소와 수소는 균형이 되지 않았다. H_2O(생성물)의 계수를 맞게 수소를 증가시킨다.

$$CH_4(g) + O_2(g) \longrightarrow CO_2(g) + 2H_2O(g)$$

균형이 맞지 않다

반응물 원자	생성물 원자
1 C 원자	1 C 원자
4 H 원자	4 H 원자
2 O 원자	4 O 원자

탄소 원자와 수소 원자는 균형이 되었고 산소 원자를 맞추어야 한다. 반응분자인 O_2의 계수는 2로 증가하면 균형된 반응식을 얻을 수가 있다.

$$CH_4(g) + 2O_2(g) \longrightarrow CO_2(g) + 2H_2O(g)$$

균형이 맞다

반응물 원자	생성물 원자
1 C 원자	1 C 원자
4 H 원자	4 H 원자
4 O 원자	4 O 원자

반응식의 균형을 맞추는 것은 산화와 환원과 관계가 있다. 산화와 환원반응은 앞에서는 고려하지 않았고, 이온들은 여기서 관련이 없다. 여기서 전자의 잃거나 또는 얻거나 정보를 제공하는 하전의 변화는 없지만 많은 유기화합물의 산화, 환원을 규정할 수 있다. 이 반응에서 탄소는 산화되었다. 왜냐하면, 탄소는 부분양하전으로 전환되었기 때문이다(그림 5.10). 메탄(CH_4)에서 탄소와 수소 사이의 결합은 비극성이며, 탄소 원자는 부분 하전이 없다. 이산화탄소(CO_2)에서 탄소 원자는 극성공유결합에 의해 전기음성도가 큰 산소 원자와 결합되어 있다. 따라서 탄소 원자는 부분양전하를, 산소 원자는 부분음전하를 가진다. 메탄(CH_4)에서 부분전하가 없던 것이 이산화탄소(CO_2)에서는 부분양전하로 전환된 것은 산화되었기 때문이다.

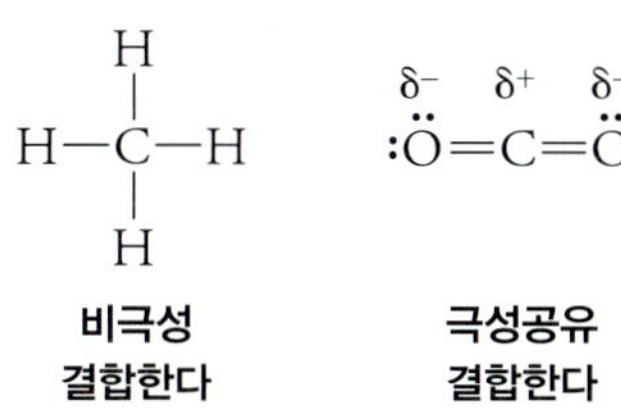

■ 그림 5.10

메탄의 연소 메탄(CH_4) 분자는 이산화탄소(CO_2) 분자로 전환된다. 탄소 원자는 산화되었다. 왜냐하면, 부분양전하를 얻는 것은 부분적으로 전자를 잃은 것이기 때문이다.

유기 반응물과 생성물의 산화 또는 환원을 알기 위해서 다음과 같은 산화 또는 환원을 규정하는 법칙을 정리하였다.

- 산화
  - 산소를 얻음(반응물보다 생성물에서 산소 원자가 더 많이 결합된 경우)
  - 수소의 손실(반응물보다 생성물에서 수소 원자가 더 적게 결합된 경우)

■ 산소를 얻거나 수소를 잃은 원자는 산화이다.

- 환원
  - 산소의 손실(더 적은 수의 산소 원자가 결합된 경우)
  - 수소를 얻음(더 많은 수소 원자가 결합된 경우)

■ 산소를 잃거나 수소를 얻은 원자는 환원이다.

메탄(CH_4)과 산소(O_2)의 연소반응에서 메탄(CH_4)이 이산화탄소(CO_2)로 전환되었기 때문에 탄소는 산화되었다. 탄소 원자는 수소를 잃고 산소를 얻었다. 여기서 초점은 유기 분자들에서 탄소 원자의 산화이지만, 산소(O_2)가 연소반응에서 환원이 되었다는 것이다.

예제 5.7

연소반응

메테인이 연소할 때 산소(O_2)가 충분하지 않으면 일산화탄소가 생성되는 불완전연소가 일어난다. 다음의 반응식은 불균형 반응식이다.

$$2CH_4(g) + O_2(g) \longrightarrow CO(g) + 2H_2O(g)$$

a. 균형된 반응식을 쓰시오.

b. 이 반응식에서 탄소는 산화되는가, 환원되는가?

전략

반응식을 균형을 맞추기 위해서는 탄소, 수소, 산소의 순으로 균형을 맞춘다. 탄소 원소가 산화되는지 환원되는지 결정하기 위해, 수소나 산소를 얻었는지 또는 잃었는지를 고려한다.

해답

a.

$$2CH_4(g) + O_2(g) \longrightarrow CO(g) + 2H_2O(g)$$

균형이 맞지 않음

반응물 원자	생성물 원자
2 C 원자	1 C 원자
8 H 원자	4 H 원자
2 O 원자	3 O 원자

$$2CH_4(g) + O_2(g) \longrightarrow 2CO(g) + 2H_2O(g)$$

균형이 맞지 않음

반응물 원자	생성물 원자
2 C 원자	2 C 원자
8 H 원자	4 H 원자
2 O 원자	4 O 원자

$$2CH_4(g) + O_2(g) \longrightarrow 2CO(g) + 4H_2O(g)$$

균형이 맞지 않음

반응물 원자	생성물 원자
2 C 원자	2 C 원자
8 H 원자	8 H 원자
2 O 원자	6 O 원자

$$2CH_4(g) + 3O_2(g) \longrightarrow 2CO(g) + 4H_2O(g)$$

균형이 맞음

반응물 원자	생성물 원자
2 C 원자	2 C 원자
8 H 원자	8 H 원자
6 O 원자	6 O 원자

b. 메탄(CH_4)이 일산화탄소(CO_2)로 전환되었을 때 탄소는 산화된다. 이는 수소를 잃고 산소를 얻기 때문이다.

연습문제 5.7

아세틸렌(acetylene, C_2H_2)이라 불리는 알킨(alkyne)은 용접에 사용되는 옥시아세틸렌(oxyacetylene) 토치에서 연소된다.

a. 다음 반응식은 불균형 반응식이다. 균형을 맞춘 반응식을 쓰시오.

$$2C_2H_2(g) + O_2(g) \longrightarrow CO_2(g) + H_2O(g)$$

b. 이 반응에서 산화제와 환원제는 무엇인가?

알코올과 알데히드 산화

제9장에서 여러 종류의 유기화합물들이 산화를 겪을 수 있음을 볼 것이다. 일부 알코올들은 산화되어 알데히드를 형성할 수 있고, 다른 알코올들은 산화되어 케톤을 형성할 수 있으며, 알데히드는 산화되어 카복실산을 형성할 수 있다. 특정한 산화제들이 여기에서 언급되지는 않겠지만, 이러한 산화 반응 각각은 수소의 손실 그리고 산소의 획득을 필요로 한다.

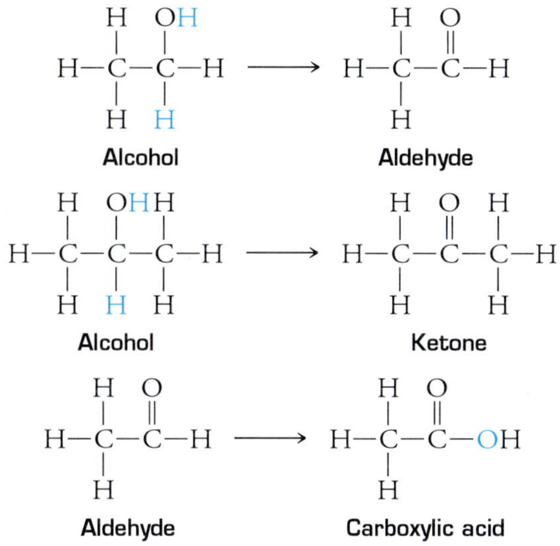

$$\begin{array}{ccccc} & & \mathrm{H} & & \mathrm{OH} & & \\ & & | & & | & & \\ \mathrm{H} & - & \mathrm{C} & - & \mathrm{C} & - & \mathrm{H} \\ & & | & & | & & \\ & & \mathrm{H} & & \mathrm{H} & & \end{array} \longrightarrow \begin{array}{ccccccc} & & \mathrm{H} & & \mathrm{O} & & \\ & & | & & \| & & \\ \mathrm{H} & - & \mathrm{C} & - & \mathrm{C} & - & \mathrm{H} \\ & & | & & & & \\ & & \mathrm{H} & & & & \end{array}$$

Alcohol → Aldehyde

$$\begin{array}{ccccccccc} & & \mathrm{H} & & \mathrm{OH} & & \mathrm{H} & & \\ & & | & & | & & | & & \\ \mathrm{H} & - & \mathrm{C} & - & \mathrm{C} & - & \mathrm{C} & - & \mathrm{H} \\ & & | & & | & & | & & \\ & & \mathrm{H} & & \mathrm{H} & & \mathrm{H} & & \end{array} \longrightarrow \begin{array}{ccccccccc} & & \mathrm{H} & & \mathrm{O} & & \mathrm{H} & & \\ & & | & & \| & & | & & \\ \mathrm{H} & - & \mathrm{C} & - & \mathrm{C} & - & \mathrm{C} & - & \mathrm{H} \\ & & | & & & & | & & \\ & & \mathrm{H} & & & & \mathrm{H} & & \end{array}$$

Alcohol → Ketone

$$\begin{array}{ccccccc} & & \mathrm{H} & & \mathrm{O} & & \\ & & | & & \| & & \\ \mathrm{H} & - & \mathrm{C} & - & \mathrm{C} & - & \mathrm{H} \\ & & | & & & & \\ & & \mathrm{H} & & & & \end{array} \longrightarrow \begin{array}{ccccccc} & & \mathrm{H} & & \mathrm{O} & & \\ & & | & & \| & & \\ \mathrm{H} & - & \mathrm{C} & - & \mathrm{C} & - & \mathrm{OH} \\ & & | & & & & \\ & & \mathrm{H} & & & & \end{array}$$

Aldehyde → Carboxylic acid

수소화반응

알켄이나 불포화탄화수소는 수소(H_2)가 환원제로 작용하고 백금(platinum, Pt)이 촉매로 작용하는 **촉매 수소화반응(catalytic hydrogenation)**이라는 합성반응을 겪는다.

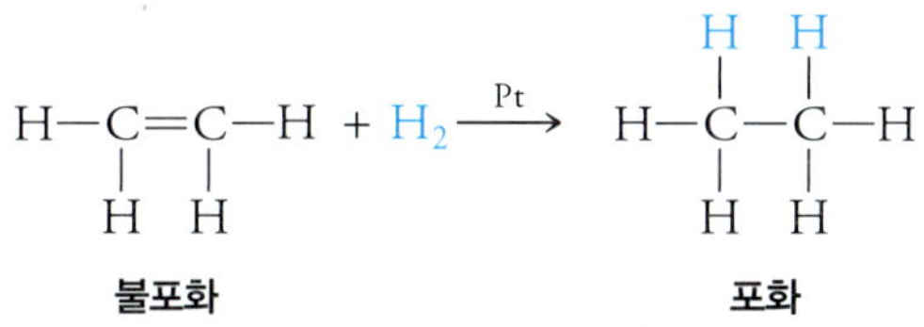

$$\begin{array}{ccccccc} \mathrm{H} & - & \mathrm{C} & = & \mathrm{C} & - & \mathrm{H} \\ & & | & & | & & \\ & & \mathrm{H} & & \mathrm{H} & & \end{array} + \mathrm{H_2} \xrightarrow{\mathrm{Pt}} \begin{array}{ccccccc} & & \mathrm{H} & & \mathrm{H} & & \\ & & | & & | & & \\ \mathrm{H} & - & \mathrm{C} & - & \mathrm{C} & - & \mathrm{H} \\ & & | & & | & & \\ & & \mathrm{H} & & \mathrm{H} & & \end{array}$$

불포화 → 포화

알데히드와 케톤은 촉매 환원반응을 겪을 수 있으며, 이에 대해 제9장에서 더 자세히 볼 것이다.

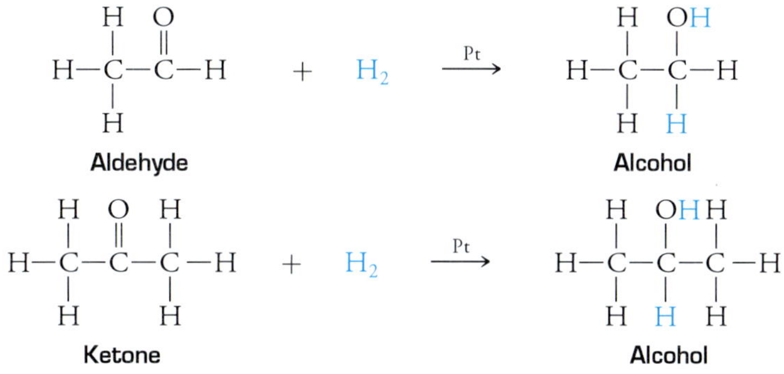

$$\begin{array}{ccccccc} & & \mathrm{H} & & \mathrm{O} & & \\ & & | & & \| & & \\ \mathrm{H} & - & \mathrm{C} & - & \mathrm{C} & - & \mathrm{H} \\ & & | & & & & \\ & & \mathrm{H} & & & & \end{array} + \mathrm{H_2} \xrightarrow{\mathrm{Pt}} \begin{array}{ccccccc} & & \mathrm{H} & & \mathrm{OH} & & \\ & & | & & | & & \\ \mathrm{H} & - & \mathrm{C} & - & \mathrm{C} & - & \mathrm{H} \\ & & | & & | & & \\ & & \mathrm{H} & & \mathrm{H} & & \end{array}$$

Aldehyde → Alcohol

$$\begin{array}{ccccccccc} & & \mathrm{H} & & \mathrm{O} & & \mathrm{H} & & \\ & & | & & \| & & | & & \\ \mathrm{H} & - & \mathrm{C} & - & \mathrm{C} & - & \mathrm{C} & - & \mathrm{H} \\ & & | & & & & | & & \\ & & \mathrm{H} & & & & \mathrm{H} & & \end{array} + \mathrm{H_2} \xrightarrow{\mathrm{Pt}} \begin{array}{ccccccccc} & & \mathrm{H} & & \mathrm{OH} & & \mathrm{H} & & \\ & & | & & | & & | & & \\ \mathrm{H} & - & \mathrm{C} & - & \mathrm{C} & - & \mathrm{C} & - & \mathrm{H} \\ & & | & & | & & | & & \\ & & \mathrm{H} & & \mathrm{H} & & \mathrm{H} & & \end{array}$$

Ketone → Alcohol

촉매 수소화반응과 비슷한 반응이 세포가 지방산(카복실산의 유형)을 만드는 일련의 과정 중 하나에서 일어난다. 이 효소 촉매반응에서, H^+ 및 NADPH(제14장)라는 화합물과 반응할 때 특정 화합물의 탄소–탄소 이중결합이 환원된다.

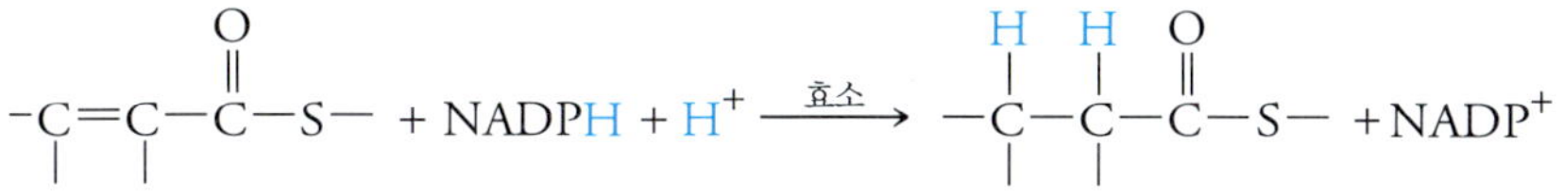

$$\begin{array}{cccccccc} & & & & \mathrm{O} & & & \\ & & & & \| & & & \\ - & \mathrm{C} & = & \mathrm{C} & - & \mathrm{C} & - \mathrm{S} - & \\ & | & & | & & & & \end{array} + \mathrm{NADPH} + \mathrm{H^+} \xrightarrow{\text{효소}} \begin{array}{cccccccc} & \mathrm{H} & & \mathrm{H} & & \mathrm{O} & & \\ & | & & | & & \| & & \\ - & \mathrm{C} & - & \mathrm{C} & - & \mathrm{C} & - \mathrm{S} - & \\ & | & & | & & & & \end{array} + \mathrm{NADP^+}$$

이어지는 장에서 유기화합물의 산화와 환원에 대한 다른 예들을 볼 것이다.

소독제와 산화

패혈증(sepsis)은 감염과 관련된 의학용어고, 소독제(antiseptics)는 일반적으로 해로운 박테리아의 성장을 늦추어 감염을 막는 화합물이다. 1840년대 후반, 오스트리아 비엔나의 한 병원 근무하는 어느 산부인과 의사가 아기를 분만하기 전에 물이나 염소수에 손을 세척하였을 때 산과병실에서 사망률이 현저히 감소하는 것을 주목하였다. 그는 소독을 하는 것을 권장하려 했지만, 오히려 상황이 악화되어 해고되었다. 1865년에 외과의사인 Joseph Lister는 수술 전 손 세척, 살균된 밴드, 소독제로 석탄산(cabolic acid) 사용의 개념을 소개하는 데 성공하였다. 비록 Lister가 사용한 페놀(phenol)의 양은 조직의 손상을 일으킬만큼 충분히 높은 것이었지만, 그의 제안은 매우 빠르게 받아 들어졌다(그림 5.11)

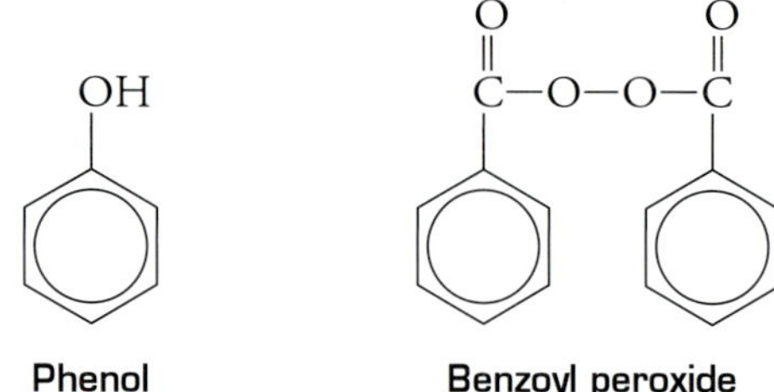

오늘날 사용되고 있는 많은 소독제는 산화제들이다. 한 예는 물과 에탄올(CH_3CH_2OH) 혼합물에 I_2와 KI를 녹인 용액인 요오드 팅크이다. 또 다른 산화제인 벤조일 퍼옥시드(benzoyl peroxide)는 Oxy-10과 여드름 치료제의 주요 성분이다. 벤조일 퍼옥시드의 희석용액이 피부에 바르면 여드름을 일으키는 박테리아를 사멸시킨다.

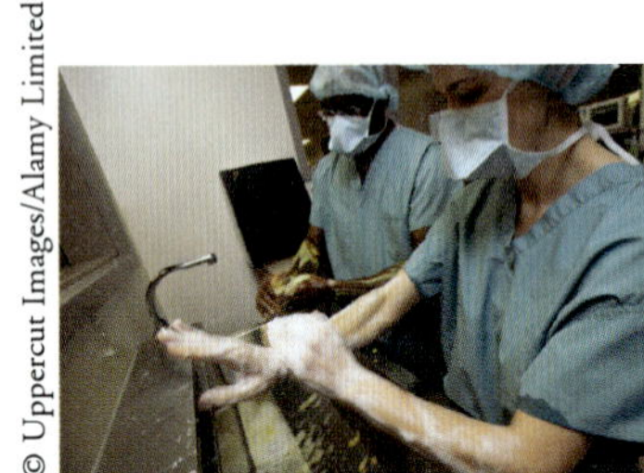

© Uppercut Images/Alamy Limited

■ 그림 5.11

수술 전 세척 전문의들은 1800년 후반까지 손 세척과 소독을 중시하지 않았다.

예제 5.8

유기화합물의 산화와 환원

각 알켄에 수소(H_2)와 백금(Pt)을 혼합하였을 때 화학반응식을 쓰시오.

a. $CH_2{=}CHCH_2CH_3$

b. $CH_3CH{=}CHCH_3$

c. $CH_3C(CH_3){=}CHCH_3$

전략

알켄류의 촉매반응에서 수소 원자는 이중결합의 탄소 원자가 각각에 첨가된다. 이중결합은 단일결합이 된다.

해답

a. $CH_2{=}CHCH_2CH_3 + H_2 \xrightarrow{Pt} CH_3CH_2CH_2CH_3$

b. $CH_3CH{=}CHCH_3 + H_2 \xrightarrow{Pt} CH_3CH_2CH_2CH_3$

c. $CH_3C(CH_3){=}CHCH_3 + H_2 \xrightarrow{Pt} CH_3CH(CH_3)CH_2CH_3$

연습문제 5.8

다음의 화학반응식에서 산화 또는 환원되는 유기화합물은? (b와 c의 반응식을 진행하는 데 필수적인 반응물은 특이한 것은 아니다. 이것은 나중에 소개할 것이다.)

a. (cyclohexene) $+ H_2 \xrightarrow{Pt}$ (cyclohexane)

b. $CH_3\overset{O}{\overset{\|}{C}}CH_2CH_3 \longrightarrow CH_3\overset{OH}{\overset{|}{C}}HCH_2CH_3$

c. $CH_3CH_2CH_2\overset{O}{\overset{\|}{C}}{-}H \longrightarrow CH_3CH_2CH_2\overset{O}{\overset{\|}{C}}{-}OH$

5.5 | 반응에서 몰과 질량의 관계

균형이 맞는 화학반응식은 하나의 반응에서 사용된 반응물과 생성된 생성물의 수가 정확히 일치한다. 균형이 맞는 화학반응식은 반응 동안 일어나는 변화에 대한 정보를 제공하며, 나아가서 어느 반응물이 먼저 이탈할 것인지와 생성물이 어느 정도 형성될 것인지에 대한 예측을 가능케 한다.

이에 대한 설명을 위해 이 장의 앞부분에서 샌드위치를 예로 들었다. 점심에 친구들을 초대하여 가능한 많은 양의 치즈샌드위치를 만든다고 해보자. 만약 20개의 빵조각이 있다면, 몇 개의 치즈 조각이 필요할까? 답은 10개이고, 여기에 답을 얻기 위한 하나의 접근 방법이 있다. 하나의 치즈샌드위치를 만드는 데 균형이 맞는 화학반응식은 다음과 같다.

$$2\ \text{빵 조각} + \text{치즈 조각} \longrightarrow 1\ \text{샌드위치}$$

우리는 빵과 치즈 조각 사이의 관계를 바탕(2개의 빵 조각은 하나의 치즈 조각을 필요로 한다)으로 변환 계수(1.6절)를 쓸 수 있다. 20개 빵 조각은 10개 치즈 조각을 필요로 한다.

$$20\ \cancel{\text{빵 조각}} \times \frac{1\ \text{치즈 조각}}{2\ \cancel{\text{빵 조각}}} = 10\ \text{치즈 조각}$$

화학반응식을 취급하는 데도 같은 방법을 사용한다. 자동차의 배기 장치에 있는 촉매변환장치에서 가솔린이 연소되어 생성된 일산화탄소는 이산화탄소로 산화된다. 이 반응의 균형을 맞춘 화학반응식은 2분자의 일산화탄소(CO)가 1분자의 산소(O_2)와 반응하여 2분자의 이산화탄소(CO_2)를 생성한 것을 보여 준다.

$$2CO(g) + O_2(g) \longrightarrow 2CO_2(g)$$

반응식은 반응물과 생성물의 비례적인 수로 기술하기 때문에, 2 그룹의 일산화탄소(CO)는 1 그룹의 산소(O_2)와 반응하여 2 그룹의 이산화탄소(CO_2)를 생성한다거나, 2 mol 일산화탄소(CO)가 1 mol 산소(O_2)와 반응하여 2 mol 이산화탄소(CO_2)를 생성한다고 할 수 있다. 몰(mole)은 6.02×10^{23}의 입자 수를 표현한다는 것을 기억하라.

6 mol 일산화탄소(CO)로 시작하면, 모든 일산화탄소(CO)를 이산화탄소(CO_2)로 전환하는 데 산소(O_2) 몇 mole이 필요한가? 답은 3 mol이며, 이는 균형을 맞춘 화학반응식(2 mol CO는 1 mol O_2와 완전히 반응한다)의 변환 계수를 이용하여 얻어질 수 있다.

$$6.0\ \cancel{\text{mol CO}} \times \frac{1\ \text{mol } O_2}{2\ \cancel{\text{mol CO}}} = 3.0\ \text{mol } O_2$$

똑같이 6.0 mol 일산화탄소(CO)로 시작하여, 모든 일산화탄소(CO)를 연소한다면 몇 몰의 이산화탄소(CO_2)가 생성되는가?

$$6.0\ \cancel{\text{mol CO}} \times \frac{2\ \text{mol } CO_2}{2\ \cancel{\text{mol CO}}} = 6.0\ \text{mol } CO_2$$

예제 5.9

Mole로 반응식을 설명하기

위 화학반응식에서 5.8 mol의 일산화탄소(CO)로 시작하였다.

a. 모든 일산화탄소(CO)를 이산화탄소(CO_2)로 전환하는 데 산소(O_2) 몇 몰이 필요한가?

b. 모든 일산화탄소(CO)가 이산화탄소(CO_2)로 전환된다면 이산화탄소(CO_2) 몇 몰이 생성되는가?

전략

문제 a에서는 몇 몰의 일산화탄소(CO)가 몇 몰의 산소(O_2)로 변환되는지를 묻는다. 변환 계수는 2 mol CO가 완전히 반응하기 위해 1 mol O_2를 요구한다는 것을 기초로 한다. 문제 b는 문제 a와 유사한 방법으로 접근하면 된다.

해답

a. $5.8\ \cancel{\text{mol CO}} \times \dfrac{1\ \text{mol } O_2}{2\ \cancel{\text{mol CO}}} = 2.9\ \text{mol } O_2$

b. $5.8\ \cancel{\text{mol CO}} \times \dfrac{2\ \text{mol } CO_2}{2\ \cancel{\text{mol CO}}} = 5.8\ \text{mol } CO_2$

연습문제 5.9

과실의 성숙을 촉진하는 데 사용되는 에틸렌($CH_2 = CH_2$) (제4장, biochemistry link: 에틸렌, 식물 호르몬)은 다음 반응식에 따라 연소된다. 에틸렌은 5.8 mol이다.

$$CH_2{=}CH_2 + 3O_2 \longrightarrow 2CO_2 + 2H_2O$$

a. 산소 몇 몰이 필요한가?

b. 모든 에틸렌이 연소된다면 CO_2 몇 몰이 생성되는가?

필요한 반응물과 얻어지는 생성물의 상대적인 몰수를 결정하기 위한 균형이 맞는 반응식에 대한 이용 방법을 이해하는 것은 질량을 통해 반응식을 설명할 수 있게 한다. 이러한 개념을 설명하기 위해, 치즈샌드위치 만들기로 돌아가 보자. 1개 치즈 조각당 0.75온스(ounce)면, 24개의 빵 조각으로 샌드위치를 만드는 데 몇 온스의 치즈 조각이 필요한가? 이 문제를 풀기 위해서는 2단계가 필요하다. 즉, 필요한 치즈의 수를 계산하고, 그리고 이에 해당하는 치즈의 온스를 결정한다.

$$24\ \cancel{\text{빵 조각}} \times \frac{1\ \text{치즈 조각}}{2\ \cancel{\text{빵 조각}}} = 12\ \text{치즈 조각}$$

$$12\ \cancel{\text{치즈 조각}} \times \frac{0\ 75\ \text{온즈 치즈}}{1\ \cancel{\text{치즈 조각}}} = 9.0\ \text{온즈 치즈}$$

화학반응식도 같은 방법으로 한다. 소방수가 사용하는 산소호흡기는 이산화탄소(CO_2)를 산소(O_2)로 전환한다.

$$4KO_2(s) + 2CO_2(g) \longrightarrow 2K_2CO_3(s) + 3O_2(g)$$

0.400 mol CO_2와 완전히 반응하는 데 몇 그램의 KO_2(초과산화칼륨)가 필요한가? 이 문제를 풀기 위해서는 2단계가 필요하다. 첫 단계는 몇 몰의 KO_2이 필요한가를 결정하는 것이고, 다음으로 KO_2의 몰 수를 KO_2의 그램으로 변환하는 것이다.

1. 몇 몰의 KO_2이 필요한가? 다음 방법으로 한다.

$$0.400\ \cancel{\text{mol } CO_2} \times \frac{4\ \text{mol } KO_2}{2\ \cancel{\text{mol } CO_2}} = 0.800\ \text{mol } KO_2$$

2. 몇 그램의 KO_2이 필요한가? KO_2의 분자량은 71.10 amu이다. 따라서 몰 질량은 71.10 g/mol이다.

$$0.800\ \cancel{\text{mol KO}_2} \times \frac{71.10\ \text{g KO}_2}{1\ \cancel{\text{mol KO}_2}} = 56.9\ \text{g KO}_2$$

한 반응을 진행하는 물질은 그램 단위로 측정하기 때문에, 균형을 맞춘 반응식에서는 그램 대 그램 비교를 통해 계산한다. 예를 들면, 은이 변색하였을 때 일어나는 균형을 맞춘 반응식은 다음과 같다.

$$\text{Ag}(s) + \text{S}(s) \longrightarrow \text{AgS}(s)$$

10 g의 황이 완전히 반응할 때 몇 그램의 은이 필요한가? 이 문제의 해결은 3단계가 요구된다.

1. 몇 몰의 황(S)이 존재하는가? 황의 원자량은 32.07 amu이다 따라서 몰 질량은 32.07 g/mol이다.

$$10.0\ \cancel{\text{g S}} \times \frac{1\ \text{mol S}}{32.07\ \cancel{\text{g S}}} = 0.312\ \text{mol S}$$

2. 몇 몰의 은(Ag)이 필요한가? 변환 계수는 균형을 맞춘 반응식에 얻을 수가 있다.

$$0.312\ \cancel{\text{mol S}} \times \frac{1\ \text{mol Ag}}{1\ \cancel{\text{mol S}}} = 0.312\ \text{mol Ag}$$

3. 몇 그램의 은(Ag)이 필요한가? 은의 몰 질량은 107.87 g/mol이다.

$$0.312\ \cancel{\text{mol Ag}} \times \frac{107.87\ \text{g Ag}}{1\ \cancel{\text{mol Ag}}} = 33.7\ \text{g Ag}$$

반응식은 같은 수의 은과 황이 반응하지만, 은과 황이 같은 질량으로 반응하지 않는다는 것을 제시하고 있음을 주목해야 한다. 반응식에 관련된 계산은 반응물과 생성물의 몰 수를 사용하여야 한다. 질량을 사용해서는 안 된다(그림 5.12)

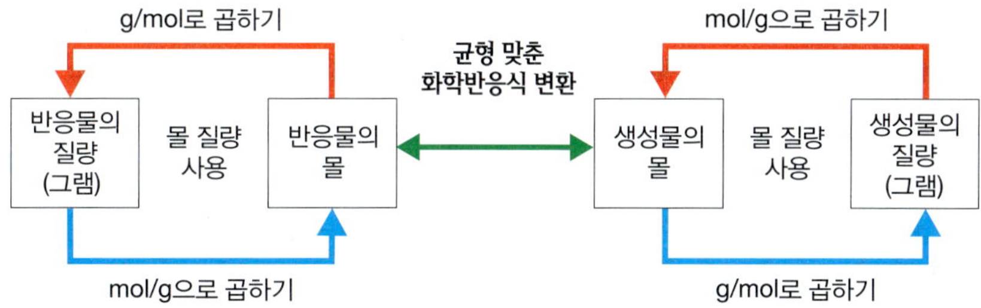

■ **그림 5.12**

반응식 설명하기 반응식은 반응물과 생성물의 몰 수로 계산해야 한다. 그램으로 표현된 경우, 적합한 변형을 통해 계산해야 한다.

예제 5.10

질량으로 반응식 설명하기

다음 반응식에서 61.5 g의 에스테르(ester)를 완전히 가수분해하는 데 몇 그램의 물이 필요한가?

$$\text{CH}_3\overset{\overset{\text{O}}{\|}}{\text{C}}{-}\text{OCH}_3 + \text{H}_2\text{O} \xrightarrow{\text{H}^+} \text{CH}_3\overset{\overset{\text{O}}{\|}}{\text{C}}{-}\text{OH} + \text{HOCH}_3$$

전략

균형을 맞춘 반응식과 관련된 어떠한 계산도 몰의 개념으로 수행되어야 한다. 에스테르의 그램을 몰 단위로 변환한다. 몇 몰의 물이 필요한지를 산출한다. 그리고 물의 몰 수를 그램 단위로 환산한다.

해답

3단계로 문제는 풀이된다.

1. 주어진 에스테르는 몇 몰인가? 에스테르(C_3H_6O)의 몰 질량은 74.09 g/mol이다.

$$61.5 \text{ }\cancel{\text{g ester}} \times \frac{1 \text{ mol ester}}{74.09 \text{ }\cancel{\text{g ester}}} = 0.830 \text{ mol ester}$$

2. 몇 몰의 물이 필요한가? 1 mol 에스테르는 1 mol 물과 반응한다.

$$0.830 \text{ }\cancel{\text{mol ester}} \times \frac{1 \text{ mol } H_2O}{1 \text{ }\cancel{\text{mol ester}}} = 0.830 \text{ } H_2O$$

3. 몇 그램의 물이 필요한가? 마지막 단계는 물의 몰 질량 18.02 g/mol를 이용한다.

$$0.830 \text{ }\cancel{\text{mol } H_2O} \times \frac{18.02 \text{ g } H_2O}{1 \text{ }\cancel{\text{mol ester}}} = 15.0 \text{ g } H_2O$$

연습문제 5.10

15.0 g의 불포화탄화수소를 완전히 환원하는 데 몇 몰의 H_2이 필요한가?

$$CH_2{=}CHCH_2CH{=}CH_2 + 2\,H_2 \xrightarrow{Pt} CH_3CH_2CH_2CH_2CH_3$$

예제 5.11

질량으로 반응식 설명하기

다음 반응식에서 2.25 g의 Ag_2S에 온전히 반응하기 위해 충분한 양의 H_2O가 주어진다면, 몇 그램의 Ag가 생성되는가?

$$2Ag_2S(s) + 2H_2O(l) \longrightarrow 4Ag(s) + 2H_2S(g) + O_2(g)$$

전략

예제 5.10처럼 Ag_2S의 그램을 몰로 변환하는 것으로 시작한다.

$$2.25 \text{ }\cancel{\text{g } Ag_2S} \times \frac{1 \text{ mol } Ag_2S}{247.81 \text{ }\cancel{\text{g } Ag_2S}} = 0.00908 \text{ mol } Ag_2S$$

가능한 Ag_2S의 몰 수를 파악한 후, 예상되는 Ag의 몰 수를 결정한다.

$$0.00908 \text{ }\cancel{\text{mol } Ag_2S} \times \frac{4 \text{ mol Ag}}{2 \text{ }\cancel{\text{mol } Ag_2S}} = 0.0182 \text{ mol Ag}$$

마지막으로 Ag의 몰 수를 Ag 그램으로 바꾸는 것이다.

$$0.0182 \text{ }\cancel{\text{mol Ag}} \times \frac{107.87 \text{ g Ag}}{1 \text{ }\cancel{\text{mol Ag}}} = 1.96 \text{ g Ag}$$

연습문제 5.11

7.22 g의 Fe_2O_3를 생성하기 위해 몇 그램의 Fe이 필요한지, 반응식 균형을 맞추고 생성물을 명명한 후에 계산하시오.

$$Fe(s) + O_2(g) \longrightarrow Fe_2O_3(s)$$

5.6 | 반응 수율 계산

반응이 일어날 때 반응물은 균형을 맞춘 화학반응식에 표현된 정확한 비율로 항상 존재하지 않고, 생성물도 기대되는 양만큼 항상 얻을 수 없다. 이것은 제한반응물, 이론적 수율, 그리고 퍼센트 수율을 결정하는 방법을 아는 데 있어 중요하다.

제한반응물

제한반응물(limiting reactant)이란 한 화학반응에서 생성되는 생성물의 양을 결정(또는 제한)하는 반응물을 말한다(그림 5.13). 제한반응물은 전체적으로 소비되는 반응물 결정에 근거한다.

■ 제한반응물은 제일 먼저 제거되는 것이다.

이 장의 앞부분에서 본 것처럼, 질소(N_2)와 수소(H_2)의 반응은 암모니아를 생성한다. 아래의 화학반응식에서 만약 2.10 mol 질소(N_2)가 5.70 mol 수소(H_2)와 반응한다면 어느 반응물이 제한될까?

$$N_2(g) + 3H_2(g) \longrightarrow 2NH_3(g)$$

이 문제를 풀기 위해 2.10 mol 질소(N_2)를 완전히 반응하는 데 필요한 수소(H_2)의 몰 수를 계산해야만 한다.

$$2.10 \cancel{\text{mol N}_2} \times \frac{3 \text{ mol H}_2}{1 \cancel{\text{mol N}_2}} = 6.30 \text{ mol H}_2$$

2.10 mol 질소(N_2)와 반응하는 데 6.30 mol 수소(H_2)가 요구되지만, 단지 5.70 mol 수소(H_2)만 존재한다면, 모두 소비된 수소(H_2)가 제한반응물이다.

3.95 mol 질소(N_2)가 15.1 mol 수소(H_2)와 완전히 반응한다면 어떻게 되는가?

$$3.95 \cancel{\text{mol N}_2} \times \frac{3 \text{ mol H}_2}{1 \cancel{\text{mol N}_2}} = 11.9 \text{ mol H}_2$$

이 상황에서, 3.95 mol 질소(N_2)를 완전히 반응하는 데 11.9 mol 수소(H_2)가 요구된다. 그러나 15.1 mol 수소(H_2)만 이용 가능하다. 수소(H_2)는 충분히 존재하며, 질소(N_2)가 완전히 소모될 때, 일부 수소(H_2)는 남는다. 따라서 질소가 제한반응물이다.

■ 그림 5.13

제한반응물 제한반응물(완전히 소모되는 반응물)은 생성물의 최대량을 결정한다. 자전거를 만들기 위해, 그림 속 정비공은 2개의 반응물인 자전거 뼈대와 바퀴를 가지고 있다. 2개의 바퀴가 사용되면, 더 이상 자전거를 만들 수 없다. 따라서, 바퀴는 제한반응물이다.

예제 5.12

제한반응물 결정

호흡에 문제를 일으킬 수 있는 공기오염물질인 이산화황(sulfur dioxide, SO_2)은 석탄이나 기름과 같이 황 또는 황이 들어간 물질이 연소될 때 생성된다. 몇몇 공장들은 산화칼슘(calcium oxide, CaO)과 반응시켜 배출 가스로부터 이산화황(SO_2)을 제거한다.

$$CaO(s) + SO_2(g) \longrightarrow CaSO_3(s)$$

만약 40.0 g 산화칼슘(CaO)이 0.625 mol의 이산화황(SO_2)과 반응한다면 제한반응물은 무엇인가?

전략

40.0 g의 산화칼슘(CaO)에 온전히 반응에 필요한 이산화황(SO_2) 몰 수를 계산해야만 한다. 산화칼슘(CaO)의 그램을 몰 수로 전환한 후, 균형이 맞춰진 반응식을 사용한다.

해답

반응식은 그램이 아닌 몰을 사용하여 균형을 맞춘다. 그래서 이 문제의 풀이는 산화칼슘(CaO)의 그램을 몰로 전환할 필요가 있다.

1. *CaO*의 몰 수는? CaO(56.08 g/mol)의 몰 질량을 사용하여 그램을 몰로 변환하시오.

$$40.0\ \cancel{\text{g CaO}} \times \frac{1\ \text{mol CaO}}{56.08\ \cancel{\text{g CaO}}} = 0.713\ \text{mol CaO}$$

2. 제한반응물은 무엇인가? 제한반응물을 결정하기 위해, 0.713 mol 산화칼슘(CaO)과 온전히 반응하는 데 필요한 이산화황(SO_2) 몰 수를 결정해야만 한다.

$$0.713\ \cancel{\text{mol CaO}} \times \frac{1\ \text{mol SO}_2}{1\ \cancel{\text{mol CaO}}} = 0.713\ \text{mol SO}_2$$

이산화황(SO_2)이 0.713 mol 필요하지만, 0.625 mol만이 존재한다. 따라서 이산화황(SO_2)이 제한반응물이다.

연습문제 5.12

향수의 성분인 에스테르의 가수분해에서, 만약 60 g의 에스테르가 20.0 g의 물과 반응한다면 제한반응물은 무엇인가?

$$C_6H_5{-}\overset{\displaystyle O}{\overset{\|}{C}}{-}OCH_3 + H_2O \xrightarrow{H^+} C_6H_5{-}\overset{\displaystyle O}{\overset{\|}{C}}{-}OH + HOCH_3$$

이론적 수율

■ 이론적 수율은 초기에 존재하는 제한반응물의 양에 의해 결정된다.

하나의 반응에서 제한반응물이 모두 사용되었을 때, 제한반응물이 아닌 다른 반응물들이 여전히 남아 있더라도 반응은 멈출 것이다. 이것은 얻을 수 있는 생성물의 최대량인 **이론적 수율(theoretical yield)**이 처음 존재하는 제한반응물의 양에 의해 결정된다는 것을 의미한다. 프로판(propane, C_3H_8)을 연료로 사용할 때 일어나는 반응식을 통해, 이론적 수율 계산 방법을 보도록 하자.

$$C_3H_8(g) + 5O_2(g) \longrightarrow 3CO_2(g) + 4H_2O(g)$$

2.2 mol 프로판이 14 mol 산소와 반응한다면, CO_2의 이론적 수율은? 이 문제에서 이론적 수율 계산은 2단계가 요구된다.

1. 제한반응물 결정. 제한반응물은 다른 것과 온전히 반응하는 데 요구되는 하나의 반응물의 몰 수를 계산함으로써 파악된다. 아래의 식에서 보는 것과 같이, 2.2 mol 프로판은 11 mol 산소를 필요로 한다.

$$2.2\ \cancel{\text{mol C}_3\text{H}_8} \times \frac{5\ \text{mol O}_2}{1\ \cancel{\text{mol C}_3\text{H}_8}} = 11\ \text{mol O}_2$$

만약 산소 11 mol이 필요하고 14 mol의 산소를 이용할 수 있다면, 프로판이 제한반응물이다(프로판이 소모될 때, 산소는 여전히 남는다).

2. 이산화탄소의 이론적 수율을 결정한다. 이산화탄소의 이론적 수율은 제한반응물 모두가 생성물로

변환될 때 생성되는 이산화탄소의 양이다.

$$2.2\ \cancel{\text{mol}\ C_3H_8} \times \frac{3\ \text{mol}\ CO_2}{1\ \cancel{\text{mol}\ C_3H_8}} = 6.6\ \text{mol}\ CO_2$$

$$6.6\ \cancel{\text{mol}\ CO_2} \times \frac{44.01\ \text{g}\ CO_2}{1\ \cancel{\text{mol}\ CO_2}} = 290\ \text{g}\ CO_2$$

퍼센트 수율

반응이 일어날 때 생성물의 이론적 수율을 얻는다는 것은 거의 불가능한 것이다. 반응물들은 서로 온전히 반응하지 않거나, 결합을 통해 예측하지 못한 또는 원치 않은 생성물을 형성할지도 모른다. 때때로, 생성물을 혼합된 반응물들로부터 분리하기가 어렵고, 이에 따라 모두 회수되기란 불가능하다.

반응에서 얻어진 생성물의 양은 **실제 수율(actual yield)**이라 불린다. 실제 수율이 얼마나 이론적 수율과 같을지를 보여주기 위해, 화학자는 **퍼센트 수율(percent yield)**을 사용하며, 다음과 같이 정의한다.

$$\text{퍼센트 수율} = \frac{\text{실제 수율}}{\text{이론적 수율}} \times 100$$

만약 한 반응에서 이론적 수율이 35.7 g이지만 단지 15.2 g을 얻었다면, 퍼센트 수율은 42.6%이다.

$$\text{퍼센트 수율} = \frac{15.2\ \text{g}}{35.7\ \text{g}} \times 100 = 42.6\%$$

예제 5.13

퍼센트 수율 계산

한 제약회사는 진통제인 acetaminophen을 제조하기 위해 큰 반응조를 가동한다. 반응의 이론적 수율은 42 kg acetaminophen이다. 만약 33 kg acetaminophen을 얻었다면 퍼센트 수율은 얼마인가?

전략

실제 수율과 이론적 수율을 안 후에, 퍼센트 수율 계산을 위한 식을 이용하면 된다.

해답

$$\begin{aligned}\text{퍼센트 수율} &= \frac{\text{실제 수율}}{\text{이론적 수율}} \times 100 \\ &= \frac{33\ \text{kg}}{42\ \text{kg}} \times 100 \\ &= 79\%\end{aligned}$$

연습문제 5.13

양성자단층촬영기(positron emission tomography, PET; 제2장)는 대뇌의 혈류 연구에 이용된다. 이러한 특정한 이용에 있어, 불소-18(fluorine-18)은 양성자 방사체로 사용된다. 인공적으로 생성 후, ^{18}F는 $CH_3{}^{18}F$로 합쳐져 PET 스캔을 이용하는 환자에게 주입된다. $CH_3{}^{18}F$ 분자는 다음 반응에 의해 생성된다.

$$^{18}F^- + CH_3I \longrightarrow CH_3{}^{18}F + I^-$$

만약 $CH_3{}^{18}F$ 합성에 대한 이론적 수율이 3.66 μg이지만 3.15 μg만이 얻어졌다면, 퍼센트 수율(percent yield)은 얼마인가?

5.7 | 자유에너지와 반응률

지금까지 우리는 화학반응식의 균형을 맞췄으며, 이를 통해 제한반응물, 이론적 수율, 그리고 퍼센트 수율을 예상하는 데 이용하였다. 이절에서 우리는 무엇이 반응을 일으키는지와 만일 그러하다면 얼마나 빨리 일으키는지에 대해 볼 것이다.

■ ΔG는 음의 값이며 자발적 반응이다.

화학자들은 반응을 자발적 또는 비자발적이라는 말로 표현한다. **자발적 반응(spontaneous reaction)**은 일단 시작되면 그 자체로 지속하는 것이며, **비자발적 반응(nonspontaneous reaction)**은 무언가 반응을 시작하거나 지속하지 않는다면 일어나지 않는다. 에너지는 이들을 결정함에 있어 중요한 요소이다.

에너지는 일을 하고 열을 전달하는 능력으로 물질의 변화에 관여한다. 예를 들어, 언덕의 꼭대기에 놓인 바위가 밀린다면, 그것은 자발적으로 아래로 굴러 떨어지고, 저장된 (잠재된) 에너지를 방출한다 (그림 5.14). 이는 자발적 과정에서 에너지가 방출되는 것을 보여준다. 바위는 어떠한 수단 없이는 언덕을 굴러 올라가지는 않을 것이다. 비자발적 과정에서 에너지는 지속적으로 주입되어야 한다.

■ ΔG는 오른쪽 단락에 쓰인 것보다 실제로는 더 복잡하다. 반응에 대한 실제 ΔG는 여러 요소들에 의존한다. 이 요소들을 설명하기 위해, 자유에너지는 종종 $\Delta G^{\circ\prime}$로 표기된다. °′은 표준상태(25°C, pH = 7)에 근거한 수치를 보여주고, 기체는 1기압에서의 상태, 용액은 1 mol/L의 농도에서의 상태, 그리고 고체는 순수한 상태를 말한다. (그러한 상태 일부는 6장과 7장에서 다룰 것이다.) 더 복잡하게는, 세포내 상태가 표준상태가 아니기 때문에, 실제 자유에너지는 $\Delta G^{\circ\prime}$와 매우 다를 것이다. 세포내 $\Delta G^{\circ\prime}$를 보정하는 것은 단락 내 자유에너지에 대한 관점에서 멀어지게 한다. 따라서, 우리는 반응이 자발적인지 아닌지에 대한 일반적인 예측을 위해 $\Delta G^{\circ\prime}$를 사용할 것이다. 이 단락에서 자유에너지 변화를 언급할 때는 ΔG를 사용하며, 모든 ΔG값은 실제 $\Delta G^{\circ\prime}$ 값이다.

화학반응에서, 에너지 변화는 부분적으로 결합을 끊는 (에너지를 필요로 하는) 그리고 결합을 잇는 (에너지를 방출하는) 것과 관련이 있다. 예를 들어, 프로판 가스($CH_3CH_2CH_3$)의 연소를 고려해보자. 이 반응에서, O_2에서 산소–산소 이중결합이 그러한 것처럼 $CH_3CH_2CH_3$ 내 탄소–탄소 그리고 탄소–수소 결합이 끊어진다. 생성 분자는 새로운 결합인 CO_2 내 탄소–산소 이중결합과 H_2O 내 산소–수소 결합을 포함한다. 최초 모든 결합들이 끊어지고 새로운 결합들이 형성될 때, 순에너지방출이 있게 된다. 아래의 식에 의해, 1 mol 프로판이 완전히 반응할 때, 496 kcal 에너지가 방출된다.

$$CH_3CH_2CH_3(g) + 5O_2(g) \longrightarrow 3CO_2(g) + 4H_2O(g) + 496\ \text{kcal}$$

이 반응에서 얻거나 잃는 에너지를 **자유에너지**(**free energy**, G)라고 한다. 위의 반응에서, $\Delta G = -496$ kcal/mol이다. Δ 표시는 변화를 나타내며, 따라서 ΔG는 반응에 대한 자유에너지 변화이다. ΔG의 음수 부호는 에너지가 방출되고 반응이 자발적인 것을 나타낸다. 프로판 연소에 있어, 자유에너지는 열이 형성됨에 따라 거의 모두 방출된다. 열 방출 반응을 **발열**(**exothermic**, exo는 'out'을 의미)이라 한다.

프로판 연소의 역반응은 다음과 같다.

$$3CO_2(g) + 4H_2O(g) + 496\ \text{kcal} \longrightarrow CH_3CH_2CH_3(g) + 5O_2(g)$$

이 반응에서 $\Delta G = 496$ kcal/mol이다. ΔG의 양수 부호는 에너지가 유입되어야 함을 그리고 반응이 비자발적임을 나타낸다. 열의 생성에서 에너지는 추가되어야 하기 때문에, 이 반응은 흡열(endothermic, *endo*는 'in'을 의미)이다.

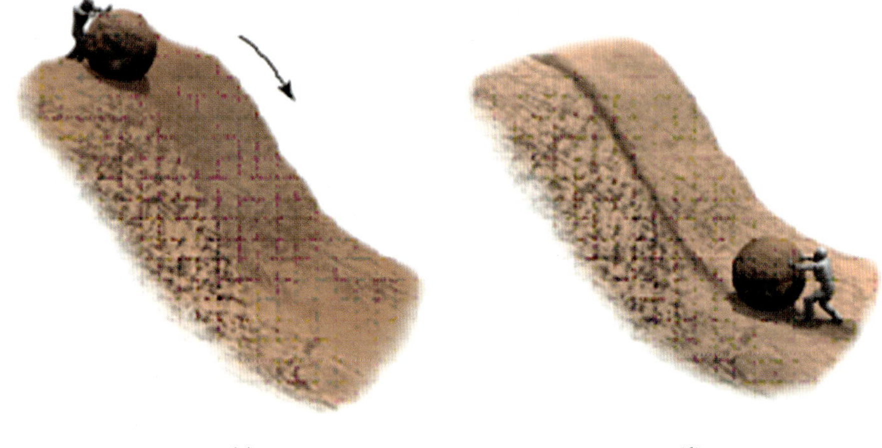

■ **그림 5.14**

자발적 그리고 비자발적 과정 (*a*) 자발적. 일단 움직이기 시작하면 바위는 언덕 아래로 계속 굴러떨어진다. (*b*) 비자발적. 바위는 자발적으로 언덕 위로 굴러서 올라가지 않을 것이다.

자발적 ($\Delta G < 0$)
활성화 에너지
반응물
ΔG
생성물
에너지
반응 과정 ⟶

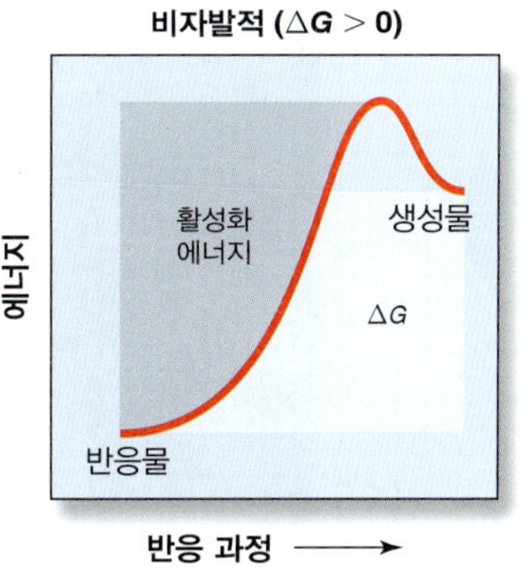

■ **그림 5.15**

반응에너지 도해 반응에너지 도해는 반응 과정(반응물 ⟶ 생성물)과 에너지 변화의 관계를 보여준다. 자발적 반응에서 생성물은 반응물보다 에너지가 낮다. 그리고 비자발적 반응은 이와 반대이다. 반응물과 생성물의 에너지의 장벽은 그 반응에 대한 활성화 에너지이다.

에너지 도해

그림 5.14절에서 언덕에서 굴러 내려가는 바위가 자발적 과정(에너지 방출)의 예로 사용되었다. **반응에너지 도해(reaction energy diagram)**는 화학반응 동안 일어나는 에너지 변화를 설명할 수 있다(그림 5.15). 에너지 도해에서 에너지는 y 축에 표시하고, 반응 과정은 x 축의왼쪽에 반응물, 오른쪽에 생성물을 표시한다. 분자의 높은 잠재 에너지는 y 축의 높은 곳에 나타내었고, 낮은 에너지는 낮은 곳에 나타내었다. 자발적 반응에서 에너지는 방출하고, 그래서 생성물은 반응물보다 낮은 에너지(보다 안정됨)를 갖는다. 비자발적 반응에서는 그 반대이다. 반응이 에너지 방출한다는 것은 상당한 시간 내에 일어난다고 보증하는 것은 않기 때문에 음의 ΔG는 반응이 일어나는 잠재력이 있다는 것으로 말한다. 예를 들면, 언덕 위에 놓인 바위는 언덕 아래로 구를 수 있는 잠재력을 가지고 있다. 그러나 밀어 주어야만 일어날 것이다.

반응률(reaction rate; 또는 반응속도)은 얼마나 생성물이 빨리 형성되는지에 대한 수치이며, **활성화 에너지(activation energy, E_{act})**와 직접적인 관계가 있다(그림 5.16). 활성화 에너지는 반응물이 생성물로 전환되는 데 필요한 에너지이다. 활성화 에너지는 반응물 분자가 결합 분해 또는 결합 형성을 위한 충분한

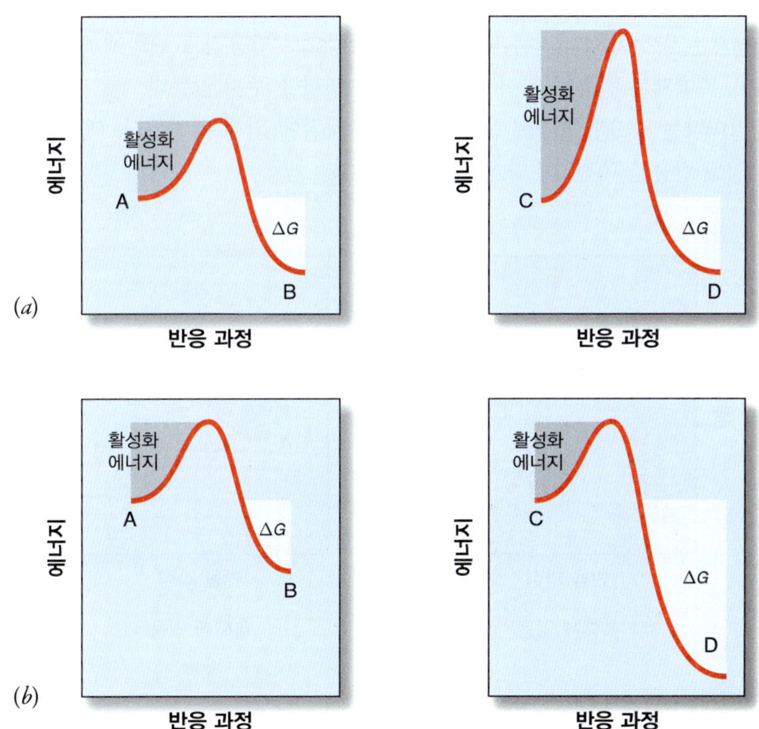

■ **그림 5.16**

활성화 에너지 (*a*) 두 반응에 대한 반응물과 생성물은 같은 에너지 차(ΔG)를 가지고 있다. 그러나 반응들은 다른 활성화 에너지를 가지고 있다. 두 번째 반응은 보다 천천히 일어난다. (*b*) 두 반응은 같은 활성화 에너지를 갖는다. 그러나 반응물과 생성물의 에너지 차(ΔG)는 같지 않다. 두 번째 반응이 보다 더 자발적이다. 반응물의 높은 농도는 반응속도를 증가시킨다. 반응물의 혼합물이 밀집되어 있을수록 생산적 충돌이 증가하기 때문이다.

(a) (b)

■ 그림 5.17

반응률에 대한 온도의 영향 온도가 낮아지면 반응속도는 감소한다. *Alka Selter tablet*의 반응은 찬물(*b*)에서 보다 온수(*a*)에서 빠르다.

(a) (b)

■ 그림 5.18

반응률에 대한 농도의 영향 반응물의 농도 증가는 반응율의 증가를 야기할 수 있다. 철 수세미는 (*a*) 공기(21% 산소)에서 순수한 산소(*b*)보다 더 느리게 연소한다.

힘과 매우 충분한 수를 갖는 충돌을 할 수 있는 에너지와 관계가 있다. 반응에서 보다 낮은 활성화 에너지이며, 반응이 더 빠르게 일어난다. 반응에서 활성화 에너지와 ΔG는 관계가 없다. 같은 ΔG를 갖는 두 자발적 반응은 활성화 에너지가 다르다면 매우 다른 속도로 일어날 것이다(그림 5.16*a*). 그리고 같은 활성화 에너지를 갖는 반응들은 비록 ΔG가 전혀 달라도 같은 속도로 일어날 것이다(그림 5.16*b*).

주어진 반응의 속도를 변경하는 방법은 온도를 변화를 주는 방법이다(그림 5.17). 높은 온도일수록 반응은 빠르게 일어난다. 이것은 온도가 높을수록 반응물의 운동에너지가 크기 때문이다. 운동이 증가하면 반응물 사이 충돌이 보다 빈번하게 일어난다. 그리고 높은 에너지이면, 보다 많은 반응물이 생성물이 형성할 수 있는 활성화 경계면에 많이 도달할 것이다.

반응률이 때때로 다양해지는 다른 방법은 반응물의 농도 변화이다. (제6장에서처럼, 농도는 혼합물에 존재하는 물질의 양이다.) 반응물들의 혼합이 반응물에 있어 혼잡할수록 생성되는 충돌이 많아지기 때문에, 반응물의 높은 농도는 반응률을 증가시킬 수 있다(그림 5.18).

이 장의 앞부분에서 설명한 것과 같이 촉매제(catalyst)는 자신은 변화지 않고 반응속도를 증가시키는 물질이다. 촉매제는 활성화 에너지를 낮추어 주는 방법으로 반응경로 변화에 의해 반응속도를 증가시킨다(그림 5.19). 촉매제는 반응에 있어 자유에너지에 영향을 주지 않는다.

생명체에서 일어나는 중요한 화학반응은 효소인 단백질에 의해 촉진된다. 대부분의 효소는 1,000에서 100,000배 정도 반응을 촉진시킨다.

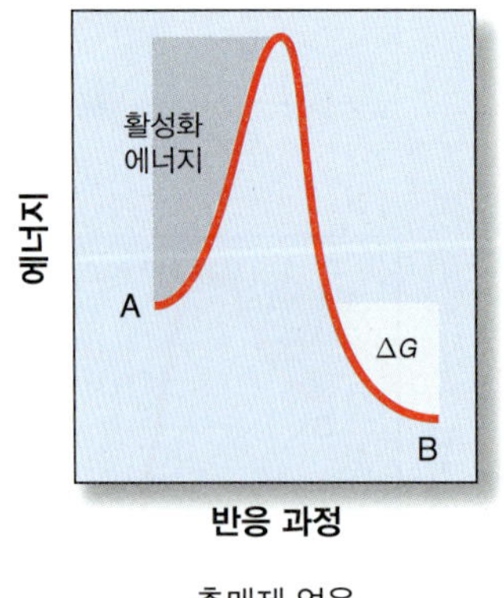

촉매제 없음

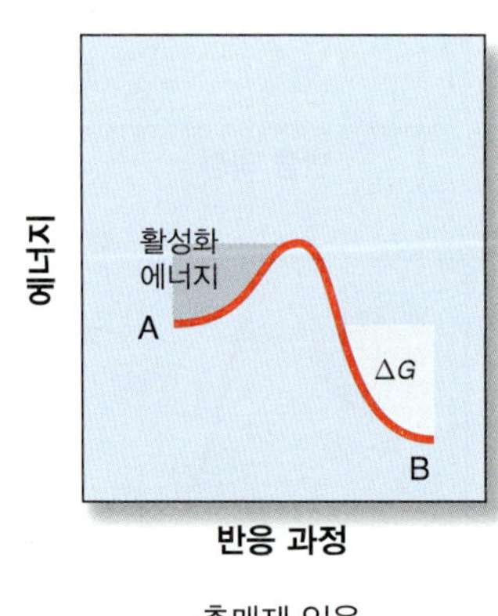

촉매제 있음

■ 그림 5.19

촉매제 촉매제는 활성화 에너지를 낮춤으로 반응률을 증가시킨다.

예제 5014

자유에너지 변환 이해

다음은 우리의 체내에서 glucose를 생성하는 효소촉매반응이다.

$$\text{glucose 6-phosphate} + H_2O \xrightarrow{\text{효소}} \text{glucose} + \text{hydrogen phosphate ion}$$

a. 자발적 반응인가?
b. glucose-6-phosphate의 농도를 감소는 반응속도에 어떠한 영향을 주는가?
c. 효소를 제거하면 반응속도가 어떠한 영향을 주는가?

전략

반응이 자발적인지 또는 비자발적인지를 결정하기 위해서는 ΔG 값을 생각해야 한다.

해답

a. 자발적 반응이다(ΔG의 값이 음이기 때문에).
b. 반응물의 농도를 감소하면 반응속도가 감소한다.
c. 반응이 천천히 일어나거나 정지된다(효소는 촉매제로 작용한다).

연습문제 5.14

위 반응(예제 5.14)에서 다음의 문제를 푸시오.

a. 효소의 제거는 ΔG의 값에 영향을 주는가?
b. 효소의 제거는 자발적인지 비자발적인지에 영향을 주는가?

탄산 탈수효소

HealthLink

세포에서 일어나는 대사의 최종산물인 이산화탄소는 혈액에 의해 폐로 이동되고, 폐에서 발산된다. 이산화탄소는 혈액으로 이동하여, 이산화탄소의 약 95%가 결국 적혈구에 있게 된다. 이산화탄소의 약 1/3은 적혈구 내 산소 수송 분자인 헤모글로빈에 결합한다. 남은 2/3의 이산화탄소는 탄산 탈수효소(carbonic anhydrase)의 촉매에 의해 수화반응으로 탄산(carbonic acid, H_2CO_3)으로 변환된다(그림 5.20). 적혈구에 결합하지 않은 5%는 바로 혈청에 녹는다.

탄산 탈수효소는 하나의 효소가 초당 이산화탄소 100만 분자를 전환할 수 있는 효과적인 촉매제이다. 형성된 H_2CO_3는 H^+를 잃고 중탄산염 이온(bicarbonate ion, HCO_3^-)을 생성하고 적혈구로부터 혈장으로 이동한다(그림 5.21).

$$O{=}C{=}O + H_2O \xrightleftharpoons{\text{탄산 탈수효소}} H{-}O{-}\overset{\overset{\displaystyle O}{\|}}{C}{-}O{-}H$$

$$H{-}O{-}\overset{\overset{\displaystyle O}{\|}}{C}{-}O{-}H \rightleftharpoons \left[H{-}O{-}\overset{\overset{\displaystyle O}{\|}}{C}{-}O\right]^- + H^+$$

■ 그림 5.20

탄산 탈수효소 탄산 탈수효소는 이산화탄소의 탄산 변환을 촉진한다. 이 반응은 이중결합에 물이 첨가되는 수화반응이다. 탄산은 H^+을 빠르게 잃고 중탄산 이온이 된다. 2개의 화살표는 정반응과 역반응을 보여준다.

폐에서는 이 과정이 반대로 일어난다. 적혈구의 안쪽에 있는 탄산 탈수효소는 탄산의 이산화탄소 변환을 촉진한다. 헤모글로빈에서 제거된 이산화탄소와 혈청에 녹은 이산화탄소는 폐로 이동되고 발산한다.

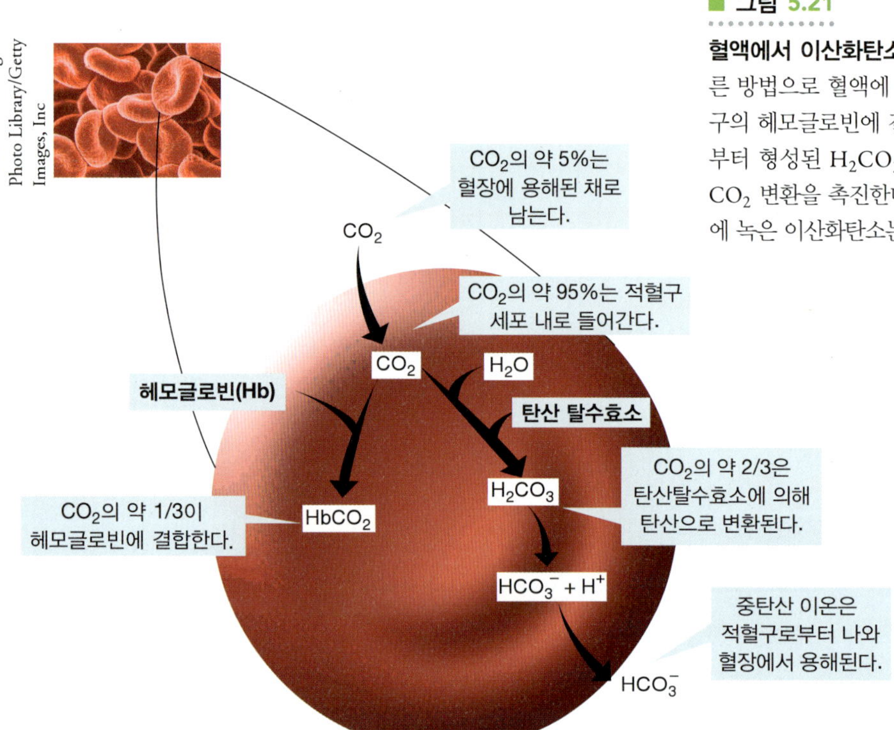

■ **그림 5.21**

혈액에서 이산화탄소의 이동 세포에서 생성된 이산화탄소는 세 가지 다른 방법으로 혈액에 의해 수송된다: 직접적으로 혈액 내에 녹거나, 적혈구의 헤모글로빈에 결합하거나, 탄산 탈수효소의 작용에 의해 H_2CO_3로부터 형성된 $H_2CO_3^-$로 수송된다. 폐에서 탄산 탈수효소는 H_2CO_3의 CO_2 변환을 촉진한다. 헤모글로빈에서 분리된 이산화탄소, 그리고 혈청에 녹은 이산화탄소는 폐로 이동되고 발산한다.

식료품점에서 ... 재방문

이 장은 인공감미료 아스파탐을 함유한 식품에 생성되는 phenylketonurics에 의한 경고에 대한 논의로 시작하였다. 페닐케톤뇨증(PKU)은 페닐알라닌 수산화효소(phenylalanine hydroxylase)란 효소의 활성화 형의 형성을 방해함으로써 일어나는 유전적인 질병이다. 이 효소는 페닐알라닌이 티로신(tyrosine)으로 전환되는 것을 촉매하는 역할을 한다.

$$\text{C}_6\text{H}_5-\text{CH}_2\text{CH(NH}_2)\text{C(=O)}-\text{OH} \xrightarrow{\text{페닐알라닌 수산화효소}} \text{HO}-\text{C}_6\text{H}_4-\text{CH}_2\text{CH(NH}_2)\text{C(=O)}-\text{OH}$$

Phenylalanine **Tyrosine**

페닐알라닌 수산화효소의 부재시 산화반응은 일어나지 않고, 페닐알라닌은 높은 수준에 독성이 있는 다른 화합물로 전환되서, 성장기의 뇌에 돌이킬 수 없는 상해를 입힌다. 생후 며칠되지 않은 신생아는 PKU에 대한 시험을 거치게 된다. 만약 이 질병이 발병되더라도, 유아가 낮은--페닐알라닌 식이를 한다면 성상적 뇌로 성장을 할 수 있다.

페닐알라닌은 아스파탐 제조에 사용되는 화합물 중 하나이다. 이 감미료의 가수분해는 인체에서 페닐알라닌을 생성한다. PKU의 환자는 아스파탐을 함유한 제품의 섭취를 금해야 한다.

THINKING IT THROUGH

페닐알라닌의 티로신으로의 전환에 대하여 균형 맞춘 반응식은 O_2와 테트라하이드로비옵테린(tetraphydrobiopterin), $[BH_4]$라는 화합물을 포함하며, 이는 4-α-hydroxybiopterin, $[BH_3OH]$를 형성한다.

$$\text{페닐알라닌} + O_2 + [BH_4] \xrightarrow{\text{페닐알라닌 수산화효소}} \text{티로신} + [BH_3OH]$$

1. 이 반응에서, 페닐알라닌은 산화되는가 아니면 환원되는가?
2. 이 반응에서 테트라하이드로비옵테린 은 산화되는가 아니면 환원되는가?
3. 반응의 활성화 에너지에 대한 페닐알라닌 수산화효소의 영향을 기술하시오.

CHAPTER 5의 목적

목표	요약	절	예제와 연습문제	총정리 문제
1. 화학반응식의 이해와 균형을 알 수 있다.	**화학반응식**(chemical equations)에서 화살표는 **반응물**(reactant, 왼쪽에 표기된)과 **생성물**(product, 오른쪽에 표기된)을 구분한다. **균형을 맞춘** 반응식은 반응식의 화살표 각각에 원자수를 같게 한다.	5.1	5.1~5.3	5.3~5.20
2. 반응식 분류(**합성**, **분해**, **단일치환**, **이중치환**)를 알 수 있다.	**합성**(synthesis)은 둘 또는 그 이상의 원소나 혹은 화합물의 결합에 의해 보다 복잡한 화합물을 형성하는 반응이다. **분해**(decomposition)반응에서는 하나의 화합물이 원소나 보다 단순한 화합물로 분해한다. **단일치환**(single replacement)반응은 하나의 원소가 화합물에 있는 다른 하나의 원소와 교환된다. **이중치환**(double replacement)반응에서는 두 화합물의 일부가 서로 교환된다.	5.2	5.11	5.21~5.32
3. 유기화합물의 **가수분해**, **수화**, **탈수반응**의 정의를 말할 수 있다.	**가수분해**(hydrolysis)반응에서는 물은 다른 반응물을 분리한다. **수화**(hydration)반응에서 물은 이중결합에 첨가된다. **탈수**(dehydration)반응에서, 물이 반응물로부터 제거될 때, 이중결합이 형성된다.	5.3	5.5	5.33~5.48
4. **산화**, **환원**, **연소**, **수소화 반응**의 정의를 말할 수 있다.	**산화**(oxidation)는 전자를 잃고 산소 원자를 얻는 것이며 수소 원자를 잃는다. **환원**(reduction)은 전자를 얻고 산소 원자를 잃으며, 수소 원자를 얻는다. **연소**(combustion)는 산소를 필요로 하는 산화반응이다. **수소화**(hydrogenation)반응은 H_2가 관여하는 환원 반응이다.	5.4	5.6~5.8	5.49~5.66
5. 반응물과 생성물 사이의 관계를 결정하기 위한 균형 맞춘 화학반응식을 이용할 수 있다.	균형 맞춘 화학반응식에서 **계수**(coefficient)는 몰을 사용하여 반응물과 생성물 사이의 다양한 관계를 기술한다. 반응물의 질량이 특정한 경우, 반응물의 양은 반응식의 균형을 맞추어 설명하기 이전에 몰로 변환되어야 한다.	5.5	5.9~5.11	5.67~5.80
6. 반응에서 **제한반응물**, **이론적 수율**, 그리고 **퍼센트 수율**을 결정할 수 있다.	처음으로 다 사용된 반응물이 **제한반응물**(limiting reactant)이다. **이론적 수율**(theoretical yield)은 제한반응물의 양에 따라 기대되는 생성물의 양이다. **퍼센트 수율**(percent yield)은 이론적 수율에 대한 반응의 실제 수율의 비이다.	5.6	5.14	5.91~5.100

목표	요약	절	예제와 연습문제	총정리 문제
7. **자유에너지** 변화와 **자발적** 그리고 **비자발적 반응**. **에너지 도해**와 반응률에 영향을 미치는 요인들	**자유에너지**(free energy)는 **자발적**일 때 음수이며 **비자발적**일 때 양수다. **에너지 도해**(energy diagram)는 y 축에 반응에 대한 에너지 변화를, x 축에 반응에 대한 진행을 보여준다. **활성화 에너지**(activation energy), 온도, 농도, 그리고 **촉매제**(catalyst)는 반응률에 영향을 준다.	5.7	5.14	5.91~5.100

반응 요약

5.2절

합성 $CO_2 + H_2O \longrightarrow H_2CO_3$

분해 $CaCO_3 \longrightarrow CaO + CO_2$

단일교환 $Fe + CuSO_4 \longrightarrow Cu + FeSO_4$

이중교환 $NaCl + AgNO_3 \longrightarrow NaNO_3 + AgCl$

5.3절

가수분해

$$CH_3\overset{\overset{O}{\|}}{C}{-}OCH_3 + H_2O \xrightarrow{H^+} CH_3\overset{\overset{O}{\|}}{C}{-}OH + HOCH_3$$

수화

$$H_2C{=}CH_2 + H_2O \xrightarrow{H^+} H{-}CH_2{-}CH(OH){-}H$$

(H−C(H)=C(H)−H + H_2O → H−C(H)(H)−C(OH)(H)−H)

탈수

$$H{-}CH_2{-}CH(OH){-}H \xrightarrow[\text{열}]{H^+} H_2C{=}CH_2 + H_2O$$

5.4절

산화와 환원 $2Na + Cl_2 \longrightarrow 2NaCl$

연소 $CH_4 + 2O_2 \longrightarrow CO_2 + 2H_2O$

수소화

$$H_2C{=}CH_2 + H_2 \xrightarrow{Pt} H_3C{-}CH_3$$

총정리 문제

색으로 표시된 문제의 해답은 부록 C에 있다.
좀 더 어려운 문제는 *표로 표시하였다.

5.1 아래 그림을 화학반응식으로 표현하시오.

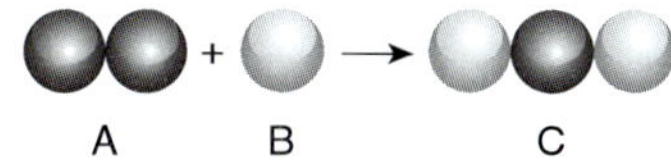

a. 균형을 맞춘 반응식을 쓰시오.

b. 12개의 A가 40개의 B와 반응한다는 가정하에, 제한반응물을 결정하고, C의 이론적 수율을 구하시오.

5.2 아래 그림을 화학반응으로 표현하시오.

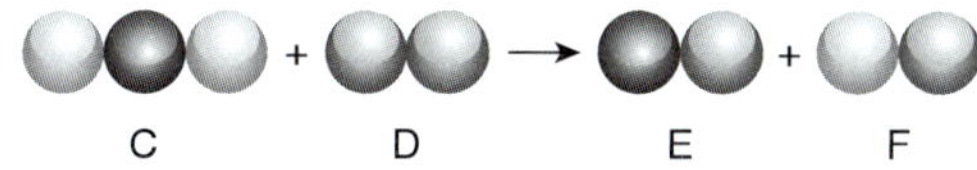

a. 균형을 맞춘 반응식을 쓰시오.

b. 26개의 C가 31개의 D와 반응한다는 가정하에, 제한반응물을 결정하고 F의 이론적 수율을 구하시오.

5.1 화학반응식

5.3 다음의 문장을 균형 맞춘 반응식으로 기술하시오. 인(phosphorus)은 염소(Cl_2)와 반응하여 삼염화인(phosphorus trichloride)을 생성한다.

5.4 다음 문장을 균형 맞춘 화학반응식으로 기술하시오. 염화나트륨 용액은 질산은 용액과 반응하여 질산나트륨 용액과 염화은을 생성한다.

5.5 다음 반응이 일어난다면 무엇을 관찰할 수 있나?

a. $NH_3(g) + HCl(g) \longrightarrow NH_4Cl(s)$

b. $HCO_3^-(aq) + H_3O^+(aq) \longrightarrow CO_2(g) + 2H_2O(l)$

5.6 다음 반응이 일어난다면 무엇을 관찰할 수 있나?

a. $AgNO_3(aq) + KCl(aq) \longrightarrow AgCl(s) + KNO_3(aq)$

b. $2Al(s) + Fe_2O_3(s) \longrightarrow 2Fe(l) + Al_2O_3(s)$

5.7 반응의 균형을 맞추시오.

a. $SO_2 + O_2 \longrightarrow SO_3$

b. $NO + O_2 \longrightarrow NO_2$

5.8 반응의 균형을 맞추시오.

a. $Mg + O_2 \longrightarrow MgO$

b. $K + O_2 \longrightarrow K_2O$

5.9 반응의 균형을 맞추시오.

a. $K + Cl_2 \longrightarrow KCl$

***b.** $CH_4 + Cl_2 \longrightarrow CH_2Cl_2 + HCl$

5.10 반응의 균형을 맞추시오.

a. $C_4H_6 + H_2 \longrightarrow C_4H_{10}$

***b.** $C_3H_8 + O_2 \longrightarrow CO + H_2O$

5.11 반응의 균형을 맞추시오.

a. $Al + CuO \longrightarrow Al_2O_3 + Cu$

b. $Mg + P4 \longrightarrow Mg_3P_2$

5.12 반응의 균형을 맞추시오.

a. $S_8 + O_2 \longrightarrow SO_2$

b. $SiO_2 + HF \longrightarrow SiF_4 + H_2O$

***5.13** 반응의 균형을 맞추시오. nitrate ion, ammonium ion 그리고 sulfate ion을 고려하는 것이 N, O, H 그리고 S 원자를 고려하는 것보다 나을 것이다.

a. $CaCl_2 + AgNO_3 \longrightarrow AgCl + Ca(NO_3)_2$

b. $(NH_4)_2SO_4 + CaBr_2 \longrightarrow NH_4Br + CaSO_4$

***5.14** 반응의 균형을 맞추시오. nitrate ion, ammonium ion 그리고 sulfate ion을 고려하는 것이 N, O, H 그리고 S 원자를 고려하는 것보다 나을 것이다.

a. $Pb(NO_3)_2 + K_2SO_4 \longrightarrow KNO_3 + PbSO_4$

b. $BaI_2 + Na_2SO_4 \longrightarrow BaSO_4 + NaI$

5.15 반응의 균형을 맞추시오.

a. $Cl_2 + NaBr \longrightarrow NaCl + Br_2$

b. $BiCl_3 + H_2O \longrightarrow Bi_2O_3 + HCl$

***5.16** 동굴탐험가는 길을 찾기 위해 칼슘카바이트(CaC_2)를 함유한 램프를 사용할 수 있다. 물에 적신 칼슘카바이트는 불을 밝히기 위해 연소되는 아세틸렌(acetylene, C_2H_2) 가스를 생성하는 반응이 일어난다. 칼슘카바이트와 물의 반응을 위한 균형 맞춘 반응식을 쓰시오.

$$CaC_2(s) + H_2O(l) \longrightarrow Ca(OH)_2(aq) + C_2H_2(g)$$

***5.17** 산성비의 한 가지 원인은 이산화황, 산소, 그리고 물 사이에서 황산을 형성하는 반응이다. 이 반응의 균형 맞춘 반응식을 쓰시오.

$$SO_2(g) + O_2(g) + H_2O(g) \longrightarrow H_2SO_4(aq)$$

***5.18** 산성비의 한 가지 원인은 이산화질소, 산소 그리고 물 사이에서 질산을 만드는 반응이다. 이 반응의 균형 맞춘 반응식을 쓰시오.

$$NO_2(g) + O_2(g) + H_2O(g) \longrightarrow HNO_3(aq)$$

***5.19** 용접을 위해 사용되는 옥시아세틸렌 토치는 아세틸렌가스를 연소한다. 아세틸렌의 불완전 연소에 대한 균형 맞춘 반응식을 쓰시오.

$$C_2H_2(g) + O_2(g) \longrightarrow CO(g) + H_2O(g)$$

***5.20** 가솔린의 한 성분인 옥탄(C_8H_{18})은 연소하여 이산화탄소와 물을 형성한다. 균형 맞춘 반응식을 쓰시오.

$$C_8H_{18}(l) + O_2(g) \longrightarrow CO_2(g) + H_2O(g)$$

5.2 반응 유형

5.21 각 반응을 합성, 분해, 단일치환, 이중치환으로 분류하시오.

a. $2Na + Cl_2 \longrightarrow 2NaCl$

b. $2K + 2H_2O \longrightarrow H_2 + 2KOH$

5.22 각 반응을 합성, 분해, 단일치환, 이중치환으로 분류하시오.

a. $CaCO_3 + 2HCl \longrightarrow CaCl_2 + H_2CO_3$

b. $CH_3CH_2OH \xrightarrow[\text{열}]{H^+} CH_2{=}CH_2 + H_2O$

5.23 각 반응을 합성, 분해, 단일치환, 이중치환으로 분류하시오.

a. $HBr + NaOH \longrightarrow NaBr + H_2O$

b. $Cu + 2AgNO_3 \longrightarrow Cu(NO_3)_2 + 2Ag$

c. $2S + 3O_2 \longrightarrow 2SO_3$

d. $H_2SO_4 \longrightarrow H_2O + SO_3$

5.24 각 반응을 합성, 분해, 단일치환, 이중치환으로 분류하시오.

a. $Cl_2 + 2NaI \longrightarrow 2NaCl + I_2$

b. $2K + 2HCl \longrightarrow 2KCl + H_2$

c. $N_2 + 3H_2 \longrightarrow 2NH_3$

d. $2KClO_3 \longrightarrow 2KCl + 3O_2$

5.25 문제 5.6번의 반응을 합성, 분해, 단일치환, 이중치환으로 분류하시오.

5.26 문제 5.9번의 반응을 합성, 분해, 단일치환, 이중치환으로 분류하시오.

5.27 문제 5.11번의 반응을 합성, 분해, 단일치환, 이중치환으로 분류하시오.

5.28 문제 5.15번의 반응을 합성, 분해, 단일치환, 이중치환으로 분류하시오.

5.29 여기에 보이는 반응은 발효 과정 중 하나의 단계이다. 어떤 반응 유형에 속하는가?

$$CH_3C(=O)-C(=O)-OH \longrightarrow CH_3C(=O)-H + CO_2$$

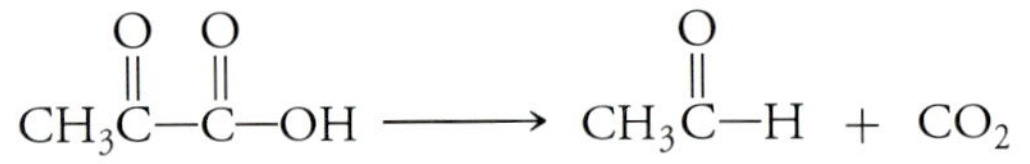

Pyruvic acid　　Acetaldehyde

5.30 아래의 반응은 시트릭산 회로 중 하나의 단계(14.7절)이다. 어떤 반응 유형에 속하는가?

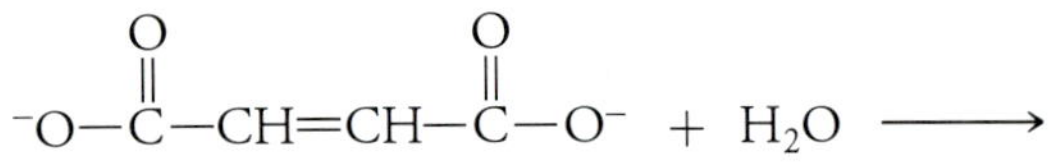

$$^{-}O-C(=O)-CH{=}CH-C(=O)-O^{-} + H_2O \longrightarrow$$

Fumarate

$$^{-}O-C(=O)-CH_2-CH(OH)-C(=O)-O^{-}$$

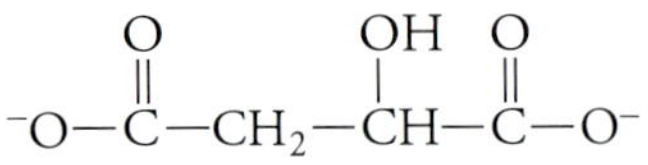

Malate

5.31 8.10절에 볼 수 있는 것과 같이 에스테르는 다음 방법에 따라 만들어질 수 있다. 어떤 반응 유형에 속하는가?

$$CH_3C(=O)-OH + HOCH_3 \xrightarrow{H^+} CH_3C(=O)-OCH_3 + HOH$$

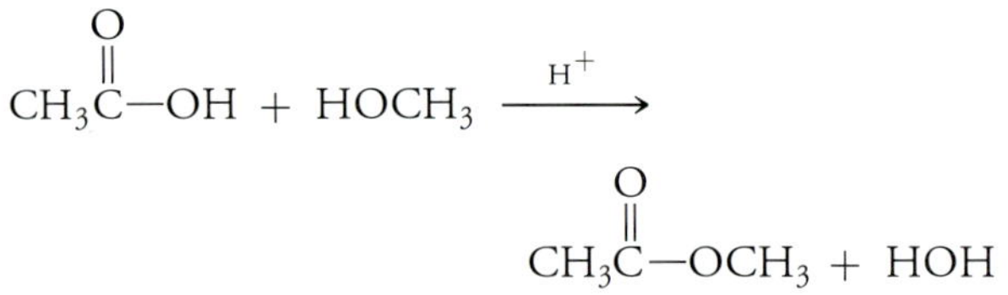

5.32 9.2절에 볼 수 있는 것과 같이 알코올은 다음 방법에 따라 생성될 수 있다. 어떤 반응 유형에 속하는가?

$$CH_3CH_2CH(=O) + H_2 \xrightarrow{Pt} CH_2CH_2CH_2(OH)$$

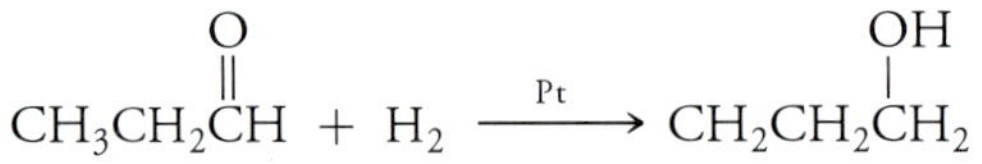

5.3 물이 관여하는 반응들

5.33 각 가수분해반응의 생성물의 구조를 그리시오.

a. 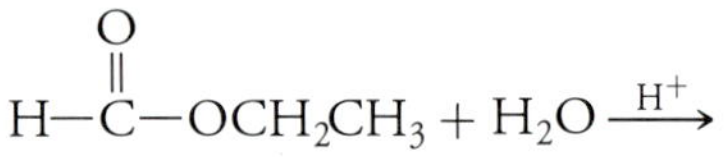 $H-C(=O)-OCH_2CH_3 + H_2O \xrightarrow{H^+}$

b. $CH_3C(=O)-OCH_2-C_6H_5 + H_2O \xrightarrow{H^+}$

c. $CH_3CH_2C(=O)-OCH_2CH_2CH_3 + H_2O \xrightarrow{H^+}$

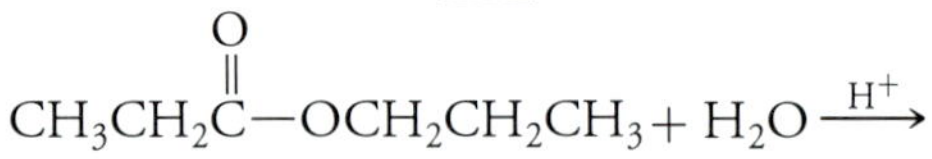

5.34 각 가수분해반응의 생성물의 구조를 그리시오.

a. 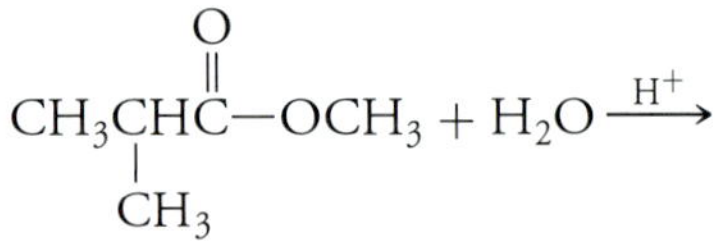 $CH_3CH(CH_3)C(=O)-OCH_3 + H_2O \xrightarrow{H^+}$

b. $CH_3C(=O)-OCH(CH_3)CH_3 + H_2O \xrightarrow{H^+}$

c. $C_6H_5-C(=O)-OCH_2-C_6H_5 + H_2O \xrightarrow{H^+}$

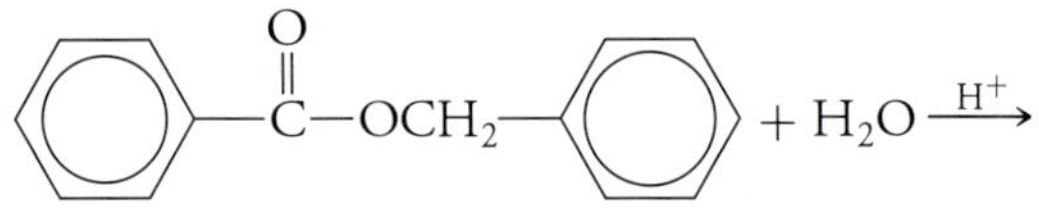

5.35 각 가수분해반응의 반응물의 구조를 그리시오.

a. 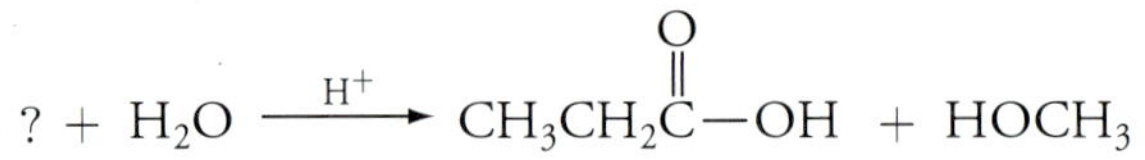 $? + H_2O \xrightarrow{H^+} CH_3CH_2C(=O)-OH + HOCH_3$

b. 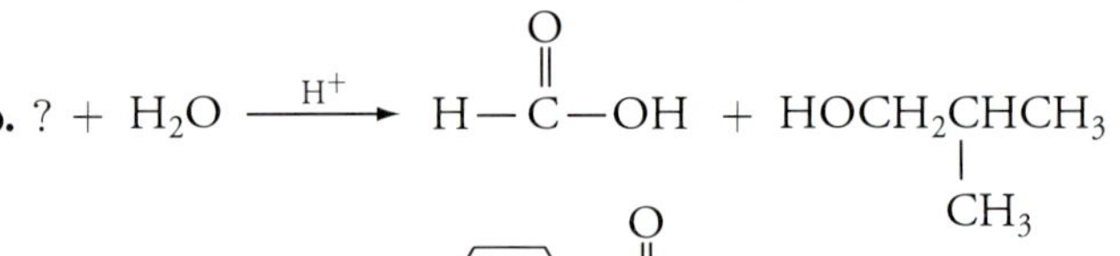 $? + H_2O \xrightarrow{H^+} H-C(=O)-OH + HOCH_2CH(CH_3)CH_3$

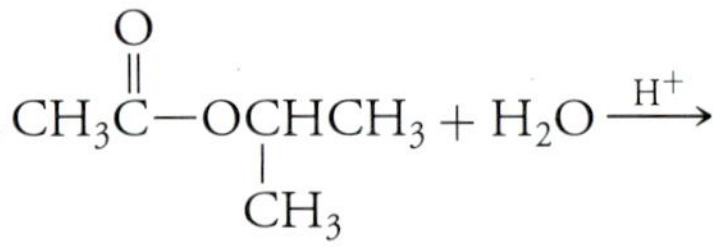

c. $? + H_2O \xrightarrow{H^+} C_6H_5-C(=O)-OH + HOCH_3$

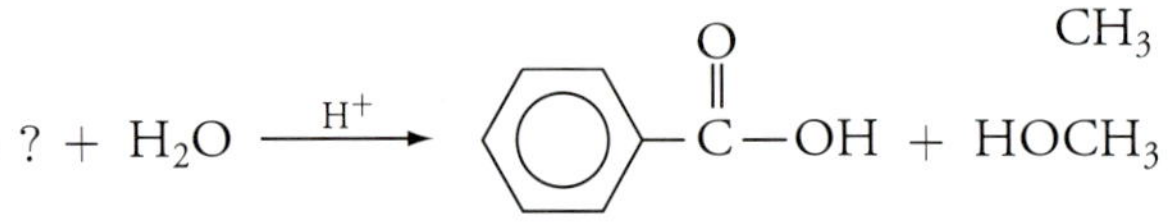

5.36 각 가수분해반응의 반응물의 구조를 그리시오.

a. 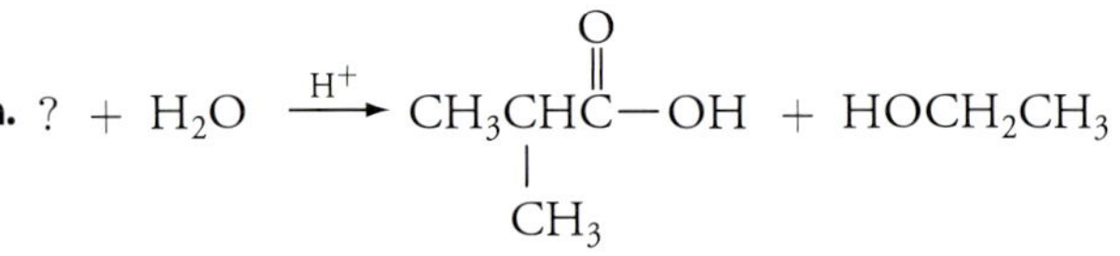 $? + H_2O \xrightarrow{H^+} CH_3CH(CH_3)C(=O)-OH + HOCH_2CH_3$

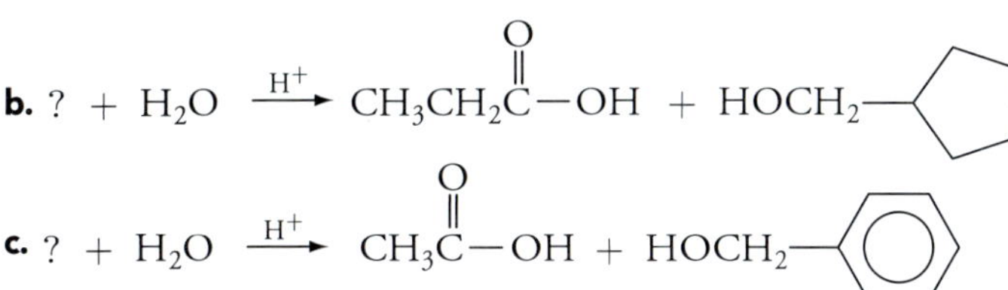

5.37 각 알켄이 수소 이온 존재 하에 물과 반응할 때 형성되는 수화 생성물을 그리시오.

a. $CH_3CH_2CH{=}CHCH_2CH_3$

b. $CH_3CH{=}CHCH_3$

c. (구조식: CH_3, CH_3 치환 사이클로펜텐)

5.38 각 알켄이 수소 이온 존재 하에 물과 반응할 때 형성되는 수화 생성물을 그리시오.

a. $CH_3CH_2CH_2CH{=}CHCH_2CH_2CH_3$

b. $CH_3\underset{CH_3}{\underset{|}{C}}HCH{=}CH\underset{CH_3}{\underset{|}{C}}HCH_3$

c. (구조식: CH_3, CH_3 치환 사이클로헥센)

5.39 각각의 수화 반응에 대한 반응물을 그리시오.

a. ? + H_2O $\xrightarrow{H^+}$ CH_3CH_2OH

b. ? + H_2O $\xrightarrow{H^+}$ $CH_3\overset{OH}{\overset{|}{C}}HCH_3$

c. ? + H_2O $\xrightarrow{H^+}$ (구조식: OH 치환 사이클로펜테인)

5.40 각 반응에서 아래 보여진 생성물을 형성할 수 있는 두 가지 다른 알켄들을 그리시오.

a. ? + H_2O $\xrightarrow{H^+}$ $CH_3CH_2CH_2\overset{OH}{\overset{|}{C}}HCH_3$

b. ? + H_2O $\xrightarrow{H^+}$ $CH_3CH_2\underset{CH_3}{\underset{|}{\overset{OH}{\overset{|}{C}}}}CH_3$

c. ? + H_2O $\xrightarrow{H^+}$ (구조식: CH_3, OH 치환 사이클로헥세인)

5.41 수소 이온 존재 하에 각 알코올이 가열될 때 형성되는 유기 탈수 생성물을 그리시오.

a. $CH_3\underset{CH_3}{\underset{|}{\overset{OH}{\overset{|}{C}}}}CH_3$

b. (구조식: OH 치환 사이클로헥세인)

c. $CH_3CH_2\overset{OH}{\overset{|}{C}}HCH_2CH_3$

5.42 수소 이온 존재 하에 각 알코올이 가열될 때 형성되는 유기 탈수 생성물을 그리시오.

a. $CH_3CH_2\underset{CH_2CH_3}{\underset{|}{\overset{OH}{\overset{|}{C}}}}CH_2CH_3$

b. (구조식: OH 치환 사이클로뷰테인)

c. $CH_3\overset{OH}{\overset{|}{C}}H-$(벤젠 고리)

5.43 각 반응물을 그리시오.

a. ? + H_2O $\xrightarrow{H^+}$ HO-(사이클로펜테인)

b ? + H_2O $\xrightarrow{H^+}$ (사이클로펜테인)$-\overset{O}{\overset{\|}{C}}-OH$ + $HOCH_3$

c. ? $\xrightarrow[\text{열}]{H^+}$ (구조식: CH_3 치환 사이클로펜텐) + H_2O

5.44 각 반응물을 그리시오.

a. HO-(사이클로펜테인) $\xrightarrow[\text{열}]{H^+}$? + H_2O

b. $CH_3(CH_2)_3CH{=}CH(CH_2)_3CH_3$ + H_2O $\xrightarrow{H^+}$?

c. $CH_3CH_2O-\overset{O}{\overset{\|}{C}}CH_2\underset{CH_3}{\underset{|}{\overset{CH_3}{\overset{|}{C}}}}CH_3$ $\xrightarrow{H^+}$ CH_3CH_2OH + ?

***5.45** 아스피린(acetylsalicylic acid)은 아세트산의 에스테르 화합물이다.

(구조식: 벤젠 고리에 $\overset{O}{\overset{\|}{C}}-OH$ 와 $O-\overset{O}{\overset{\|}{C}}CH_3$ 치환)

Aspirin

a. 아스피린의 에스테르기를 표시하시오.

b. 아스피린은 수분의 접촉을 방지하기 위해 병의 목 부분을 솜(면)으로 막은 후에 판매되고 있다. 물에 노출되면, 아스피린의 에스테르기는 천천히 가수분해가 된다. 만약 아스피린이 H^+ 존재 하에 물과 반응한다면, 생성되는 가수분해 생성물을 그리시오.

***5.46** Triflusal은 혈액응고를 방지하기 위해 사용되는 약이다. 만약 triflusal이 H^+ 존재 하에서 가수분해한다면, 생성되는 가수분해 생성물을 그리시오.

(구조식: 벤젠 고리에 $-COOH$, $-O-C(=O)CH_3$, $-CF_3$ 치환)

Triflusal

***5.47** 아래에 보이는 에스테르는 H_2O과 H^+과 반응하여 카복실산 A와 알코올 B를 생성한다. 알코올 B는 H^+ 존재 하에 가열하여 분자 C를 생성한다. A, B, C를 그리시오.

$$CH_3CH_2CH(CH_3)C(=O)-OCH(CH_3)CH_3 + H_2O \xrightarrow{H^+} A + B$$

$$B \xrightarrow[\text{열}]{H^+} C$$

***5.48** 아래의 에스테르는 물과 수소 이온과 반응하여 카복실산 A와 알코올 B를 생성한다. 알코올 B는 수소 이온 존재 하에 가열되어 분자 C를 생성한다. A, B와 C의 구조를 그리시오.

$$CH_3CH_2CH(CH_3)O-C(=O)CH(CH_3)CH_3 + H_2O \xrightarrow{H^+} A + B$$

$$B \xrightarrow[\text{열}]{H^+} C$$

5.4 산화와 환원

5.49 아연은 다음 반응식에 따라 황산구리와 반응한다.

$$Zn(s) + CuSO_4(aq) \longrightarrow ZnSO_4(aq) + Cu(s)$$

a. 아연은 산화인가, 또는 환원인가?
b. 구리(II)는 산화인가, 또는 환원인가?
c. 어느 것이 산화제인가?
d. 어느 것이 환원제인가?

5.50 다음 반응식에 따라 마그네슘은 염화철(II)과 반응한다.

$$Mg(s) + FeCl_2(aq) \longrightarrow MgCl_2(aq) + Fe(s)$$

a. 마그네슘은 산화인가, 또는 환원인가?
b. 철(II)은 산화인가, 또는 환원인가?
c. 어느 것이 산화제인가?
d. 어느 것이 환원제인가?

5.51 나트륨 금속은 산소와 반응하여 산화나트륨을 생성한다.

a. 이 산화 환원반응의 균형된 반응식을 쓰시오.
b. 산화된 화합물은?
c. 환원된 화합물은?
d. 어느 것이 산화제인가?
e. 어느 것이 환원제인가?

5.52 알루미늄 금속은 산소와 반응하여 산화알루미늄을 생성한다.

a. 이 산화 환원반응의 균형된 반응식을 쓰시오.
b. 산화된 화합물은?
c. 환원된 화합물은?
d. 어느 것이 산화제인가?
e. 어느 것이 환원제인가?

5.53 문제 5.49와 5.51의 반응식을 분류하시오. (합성, 분해, 단일교환, 이중교환)

5.54 문제 5.50과 5.52의 반응식을 분류하시오. (합성, 분해, 단일교환, 이중교환)

5.55 철과 산소의 반응은 산화 제I철(FeO)을 생성한다.

$$Fe + O_2 \longrightarrow FeO$$

a. 화학반응식의 균형을 맞추어라.
b. FeO이 형성될 때 Fe는 산화인가, 또는 환원인가?
c. FeO이 형성될 때 O_2는 산화인가, 또는 환원인가?

5.56 철과 산소의 반응은 산화 제II철(Fe_2O_3)을 생성한다.

$$Fe + O_2 \longrightarrow Fe_2O_3$$

a. 화학반응식의 균형을 맞추어라.
b. Fe_2O_3이 형성될 때 Fe는 산화인가, 또는 환원인가?
c. Fe_2O_3이 형성될 때 O_2는 산화인가, 또는 환원인가?

***5.57** 에탄올(CH_3CH_2OH)은 가솔린보다 청정연료인 gasohol을 제조하기 위해 가솔린과 혼합된다. 에탄올은 산소에 의해 연소되어 CO_2와 H_2O를 생성하는 균형된 반응식을 쓰시오.

***5.58** 1-butene($CH_2=CHCH_2CH_3$)는 산소 존재하에서 연소되면 CO_2와 H_2O를 생성한다. 균형된 반응식을 쓰시오.

5.59 많은 정수장은 안전한 물을 공급하기 위해 염소가스(Cl_2)를 사용한다. 염소는 물을 통과하면서 거품을 발생시키며, 이때 유해한 박테리아를 죽이는 산화제인 하이포염소 이온(OCl^-)으로 전환된다. 이 반응에서 염소원자는 산화인가 환원인가?

$$Cl_2(aq) + H_2O(l) \longrightarrow OCl^-(aq) + 2\,H^+(aq) + Cl^-(aq)$$

5.60 아래의 반응식은 사진 필름을 현상에 사용되는 반응식이다. 현상제인 hydroquinone는 은 이온과 반응하여 필름의 음영에서 흑색이 되는 은금속을 생성한다.

$$\text{Hydroquinone (OH, OH)} + 2Ag^+ + 2OH^- \longrightarrow \text{Benzoquinone (O, O)} + 2Ag + 2H_2O$$

Hydroquinone **Benzoquinone**

a. Hydroquinone은 산화인가, 또는 환원인가?
b. Ag^+은 산화인가, 또는 환원인가?
c. 어느 것이 산화제인가?
d. 어느 것이 환원제인가?

5.61 각 반응의 생성물을 그리시오.

a. $CH_2{=}CHCH_2CH_3 + H_2 \xrightarrow{Pt}$

b. $CH_3C(CH_3){=}CHCH_2CH_3 + H_2 \xrightarrow{Pt}$

c. (1-methylcyclopentene, CH_3) $+ H_2 \xrightarrow{Pt}$

5.62 각 반응의 생성물을 그리시오.

a. $CH_3CH_2CH{=}C(CH_3)CH_3 + H_2 \xrightarrow{Pt}$

b. $CH_3CH_2C(CH_2CH_3){=}C(CH_3)CH_2CH_3 + H_2 \xrightarrow{Pt}$

c. (methylenecyclohexane, $=CH_2$) $+ H_2 \xrightarrow{Pt}$

5.63 백금 촉매 하에서 각 알켄이 수소와 반응하여 만들어지는 생성물의 구조를 그리시오.

a. (cyclopentene)

b. $CH_2{=}C(CH_2CH_3)CH(CH_3)CH_2CH_3$

5.64 백금 촉매 하에서 각 알켄이 수소와 반응하여 만들어지는 생성물의 구조를 그리시오.

a. (methylcyclobutene, CH_3)

b. $CH_3C(CH_3){=}C(CH_3)CH_3$

5.65 아래에 제시한 흰개미의 흔적물질인 페르몬 1 mole이 백금(Pt) 촉매 하에서 3 mol 수소(H_2)와 반응하여 생성되는 포화생성물을 그리시오.

$$CH_3CH_2CH_2CH{=}CHCH{=}CHCH_2CH{=}CHCH_2CH_2OH$$

5.66 백금 촉매 하에서 사과의 천연 코팅제로 사용되는 α-farnesene 1 mol과 수소 4 mol이 반응하여 생성되는 포화생성물을 그리시오.

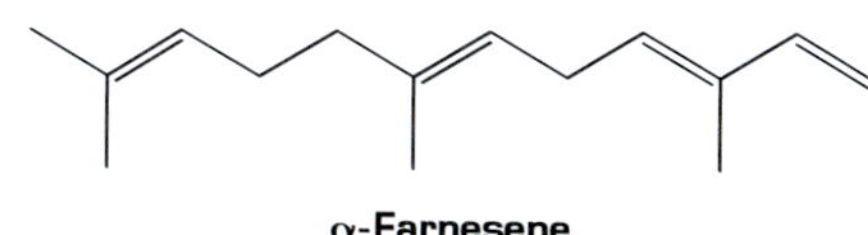

α-Farnesene

5.5 반응에서 몰과 질량의 관계

5.67 일산화탄소를 생성하는 탄소와 산소 사이의 반응에서 0.65몰의 탄소로 시작하자.

$$2C(s) + O_2(g) \longrightarrow 2CO(g)$$

a. 몇 몰의 산소 분자가 탄소를 완전히 소비하는 데 필요한가?
b. 탄소가 완전히 반응할 때 몇 몰의 일산화탄소가 얻어지는가?

5.68 산화질소를 형성하는 질소와 산소 사이의 반응은 질소 0.086몰로 시작하자.

$$N_2(g) + O_2(g) \longrightarrow 2\,NO(g)$$

a. 질소를 완전히 소비하는 데 몇 몰의 산소가 필요한가?
b. 질소가 완전히 반응할 때 몇 몰의 산화질소가 얻어지는가?

5.69 메탄의 연소시 CH_4 3.15 mol을 사용하였다.

$$CH_4(g) + 2O_2(g) \longrightarrow CO_2(g) + 2H_2O(g)$$

a. 메탄을 완전히 연소하였을 때 몇 mole의 O_2가 필요한가?
b. 메탄을 완전히 연소하였을 때 몇 mole의 CO_2가 생성되는가?
c. 메탄을 완전히 연소하였을 때 몇 mole의 H_2O가 생성되는가?

5.70 에탄을 연소시 0.27 mol 에탄(CH_3CH_3)을 사용하였다.

$$2CH_3CH_3(g) + 7O_2(g) \longrightarrow 4CO_2(g) + 6H_2O(g)$$

a. 에탄(CH_3CH_3)이 완전히 연소하는 데 몇 mole의 O_2가 필요한가?
b. 에탄(CH_3CH_3)을 완전히 연소하였을 때 몇 mole의 CO_2가 생성되는가?
c. 에탄(CH_3CH_3)을 완전히 연소하였을 때 몇 mole의 H_2O가 생성되는가?

5.71 문제 5.55의 반응에서

a. 산소 4.22×10^{-3}몰과 반응하는 데 철이 몇 그램 필요한가?

b. 17.44그램의 철과 완전히 반응하면 몇 그램의 산화철(FeO)이 생성되는가?

5.72 문제 5.56의 반응에서

a. 철 39.2 mg과 반응하는 데 산소 몇 몰이 몇 그램 필요한가?

b. 14.8그램의 철과 완전히 반응하면 몇 그램의 산화철(Fe_2O_3)이 생성되는가?

5.73 이소프로필알코올 또는 rubbing alcohol로 알려진 2-프로판올은 다음 반응에 의해 제조할 수 있다.

$$\underset{\text{Propene}}{CH_3CH{=}CH_2} + H_2O \xrightarrow{H^+} \underset{\text{Isopropyl alcohol}}{CH_3\overset{\overset{\displaystyle OH}{|}}{C}HCH_3}$$

a. 프로펜 55.7 mol이 완전히 반응하는 데 몇 몰의 H_2O가 필요한가?

b. 프로펜 1.66 mol이 완전히 반응하는 데 몇 몰의 H_2O이 필요한가?

c. 프로펜 47.2 g이 완전히 반응하였을 때 몇 몰의 2-프로판올이 생성되는가?

d. 프로펜 125 g이 완전히 반응하였을 때 몇 그램의 2-프로판올이 생성되는가?

5.74 H_2와 Pt 존재하에서 프로펜은 프로판으로 환원되었다.

$$\underset{\text{Propene}}{CH_3CH{=}CH_2} + H_2 \xrightarrow{Pt} \underset{\text{Propane}}{CH_3CH_2CH_3}$$

a. 프로펜 14.3 mol이 완전히 반응하는 데 몇 몰의 H_2가 필요한가?

b. 프로펜 0.88 mol이 완전히 반응하는 데 몇 몰의 H_2가 필요한가?

c. 프로펜 27.7 g이 완전히 반응한다면 몇 몰의 프로판이 생성되는가?

d. 프로펜 125 g이 완전히 반응한다면 몇 그램의 프로판이 생성되는가?

5.75 다음 반응을 보라.

$$KOH(s) + CO_2(g) \longrightarrow KHCO_3(s)$$

a. CO_2 5.00 mol을 완전히 반응하는 데 몇 그램의 KOH가 필요한가?

b. KOH 75.9 g을 완전히 반응한다면 몇 그램의 $KHCO_3$가 생성되는가?

5.76 다음 반응을 보라.

$$2KClO_3(s) \longrightarrow 2KCl(s) + 3O_2(g)$$

a. $KClCO_3$ 6.60 mol이 완전히 반응을 하면 몇 그램의 KCl이 생성되는가?

b. $KClCO_3$ 47.5 g이 완전히 반응으로부터 몇 그램의 KCl이 생성되는가?

***5.77** 수은중독에 대한 한 가지 치료는 금속이온과 여러 결합을 형성할 수 있는 화합물인 킬레이트제를 처리하는 것이다. 이는 물에 녹고 배출될 수 있다. 디머카프롤(dimercaprol, $C_3H_5OS_2$)이라는 킬레이트제의 각 분자는 하나의 수은 이온과 반응한다. 5.0 μg Hg/dL을 포함하는 아이의 혈액으로부터 모든 수은을 제거하는 데 최소 몇 μg의 디머카프롤이 필요한가? 아이의 전체 혈액양이 2.5 L인 경우엔 어떠한가?

***5.78** 자동차 에어백은 NaN_3를 포함한다. 전기스위치는 NaN_3가 반응하여 질소 가스를 형성하게 하고, 그 결과 에어백은 부푼다. NaN_3는 질소 가스와 나트륨 금속으로 분해된다. 나트륨 금속은 에어백에 들어 있는 KNO_3와 반응하여 $K_2O(s)$, $Na_2O(s)$, 그리고 $N_2(g)$를 생성한다.

a. 첫 반응의 균형을 맞춘 식을 쓰시오.

$$NaN_3(s) \longrightarrow Na(s) + N_2(g)$$

b. 두 번째 반응의 균형을 맞춘 식을 쓰시오.

$$Na(s) + KNO_3(s) \longrightarrow K_2O(s) + Na_2O(s) + N_2(g)$$

c. 두 번째 반응의 세 가지 산물을 확인하시오. 원소, 이온화합물, 공유결합물.

d. 두 번째 반응의 산물인 화합물의 이름을 쓰시오.

e. 에어백이 135 g의 NaN_3를 포함하고 있다면, 에어백이 부풀 때 일어나는 두 반응에 의해 생성되는 N_2는 몇 몰일까?

5.79 **a.** 2.7 g의 프로카인을 완전히 가수분해하는 데 몇 그램의 물이 필요한가(그림 5.4)?

b. 2.7 g의 프로카인이 완전히 가수분해될 때 몇 그램의 카복실산 가수분해 생성물이 생성되는가?

c. 2.7 g의 프로카인이 완전히 가수분해될 때 몇 그램의 알코올 가수분해 생성물이 생성되는가?

***5.80** 국부마취제인 리도카인(lidocaine)은 아래 보이는 반응식에 따라 가수분해 될 수 있다.

$$CH_3CH_2\underset{\underset{\displaystyle CH_3CH_2}{|}}{N}CH_2\overset{\overset{\displaystyle O}{\|}}{C}{-}\underset{\underset{\displaystyle H}{|}}{N}{-}C_6H_3(CH_3)_2 + H_2O \xrightarrow{H^+}$$

$$CH_3CH_2\underset{\underset{\displaystyle CH_3CH_2}{|}}{N}CH_2\overset{\overset{\displaystyle O}{\|}}{C}{-}OH + H{-}\underset{\underset{\displaystyle H}{|}}{N}{-}C_6H_3(CH_3)_2$$

a. 0.54 g 리도카인을 완전히 가수분해 시키기 위해서는 몇 그램의 물이 필요한가?

b. 0.54 g의 리도카인이 완전히 가수분해될 때 몇 그램의 카복실산 가수분해 생성물이 얻어지는가?

c. 0.54 g의 리도카인이 완전히 가수분해될 때 몇 그램의 아민 가수분해 생성물이 얻어지는가?

5.6 반응 수율 계산

***5.81** White phosphorus이라는 인은 공이에 노출되면 연소된다.

$$P_4(s) + O_2(g) \longrightarrow P_4O_{10}(s)$$

a. 화학반응식의 균형을 맞추어라.

b. P_4 33.0 g이 O_2 40.0 g과 반응한다면 P_4O_{10}의 이론적 수율은 얼마인가?

***5.82** 수은은 산소와 반응하여 산화수은(II)을 생성한다.

$$Hg(l) + O_2(g) \longrightarrow HgO(s)$$

a. 화학반응식의 균형을 맞추어라.

b. 수은 254 g이 산소 254 g과 반응한다면 산화수은(HgO)의 이론적 수율을 얼마인가?

5.83 마그네슘과 요오드는 반응하여 산화마그네슘을 생성한다.

$$Mg + I_2 \longrightarrow MgI_2$$

a. 10.0 g의 Mg가 95.0 g의 I_2와 반응하면 제한반응물은 무엇인가?

b. MgI_2의 이론적 수율은 몇 그램인가?

c. 25.7 g의 MgI_2를 얻었다면 퍼센트 수율은 얼마인가?

5.84 알루미늄과 산소는 산화알루미늄을 생성한다.

$$4\,Al + 3\,O_2 \longrightarrow 2\,Al_2O_3$$

a. 15.0 g의 산소와 15.0 g의 Al이 반응하면 제한반응물은 무엇인가?

b. Al_2O_3의 이론적 수율은 몇 그램인가?

c. 8.8 g의 Al_2O_3를 얻었다면 퍼센트 수율은 얼마인가?

***5.85** 만약 사람이 맥주나 와인 한 컵을 마신다면 에탄올(CH_3CH_2OH)의 대사의 첫 단계는 아세트알데히드(CH_3CHO)로 효소적 전환이 일어난다.

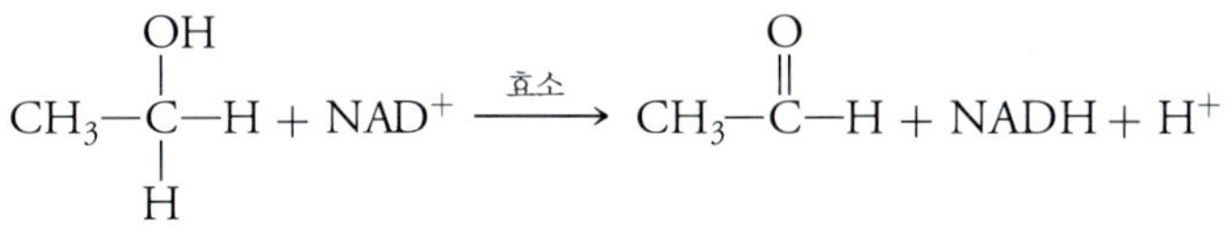

$$CH_3-\underset{\displaystyle H}{\overset{\displaystyle OH}{C}}-H + NAD^+ \xrightarrow{\text{효소}} CH_3-\overset{\displaystyle O}{\overset{\|}{C}}-H + NADH + H^+$$

Ethanol　　　　Acetaldehyde

a. 이 반응에서 에탄올은 산화인가, 또는 환원인가?

b. NAD^+가 NADH와 H^+으로 전환을 화살표를 부여하여 이 반응식을 쓰시오.

c. 에탄올 10 g이 반응한다면 아세트알데히드의 이론적 수율(g)을 얼마인가? (에탄올이 제한반응물로 가정하시오.)

***5.86** 메탄올(CH_3OH)의 독성은 간에서 효소의 작용에 의해 포름알데히드로 전환되기 때문이다.

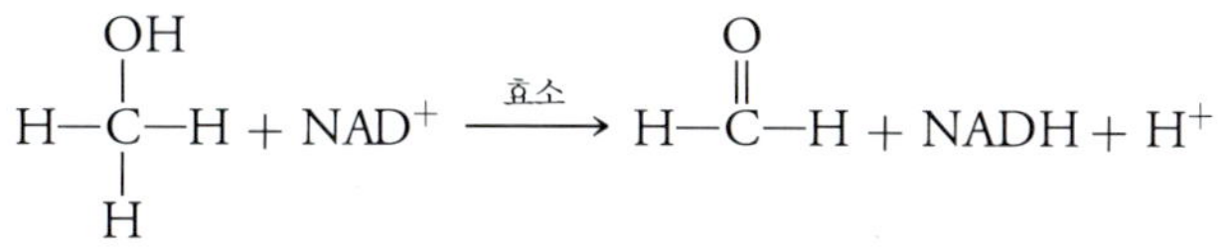

$$H-\underset{\displaystyle H}{\overset{\displaystyle OH}{C}}-H + NAD^+ \xrightarrow{\text{효소}} H-\overset{\displaystyle O}{\overset{\|}{C}}-H + NADH + H^+$$

Methanol　　　　Formaldehyde

a. 이 반응에서 메탄올은 산화인가, 또는 환원인가?

b. 에탄올 10 g이 반응한다면 포름알데히드의 이론적 수율(g)을 얼마인가? (메탄올이 제한반응물로 가정하시오.)

***5.87** 탄소(s)와 이산화황(l)은 반응하여 이황화탄소(l)와 일산화탄소(g)를 생성한다.

a. 이 반응의 균형맞춘 반응식을 쓰시오.

b. 7.2 g의 탄소와 10.5 g의 이산화황이 반응하면 제한반응물은 무엇인가?

c. b의 반응에서 이황화탄소의 이론적 수율은 얼마인가?

d. b의 반응에서 2.1 g의 이황화탄소가 얻어졌다면, 퍼센트 수율은 얼마인가?

***5.88** 부틸알콜($C_4H_{10}O$)은 산소와 반응하여 이산화탄소와 물을 생성한다.

a. 균형 맞춘 반응식을 쓰시오.

b. 부틸알콜은 20°C에서 0.810 g/ml의 밀도를 가진다. 만일 12.5 ml의 부틸알콜이 1.2몰의 산소와 반응하면 제한반응물은 무엇인가?

c. b의 반응에서 이산화탄소의 이론적 수율을 몰로 나타내시오.

d. 61% 수율의 이산화탄소가 반응 b로부터 얻어졌다면 몇 몰의 이산화탄소가 얻어지는가?

***5.89** 광합성 동안 햇빛의 에너지는 이산화탄소와 물을 글루코스($C_6H_{12}O_6$)와 O_2로 변환한다.

a. 이 과정의 균형 맞춘 반응식을 쓰시오.

b. 6.10 g의 글루코스가 광합성을 통해 생성된다면, 최소 몇 몰의 물과 이산화탄소가 사용되는가?

c. 6.10 g의 글루코스가 83.2%의 수율을 가지고, 이산화탄소가 제한반응물이라면, 몇 몰의 이산화탄소가 이 반응에 쓰이는가?

***5.90** 인공감미료인 아스파탐은 제빵에 사용될 수 없다. 열을 가하면 단맛을 내지 않는 세 가지 산물들(2개의 아미노산과 하나의 알코올)을 얻는 가수분해를 겪기 때문이다.

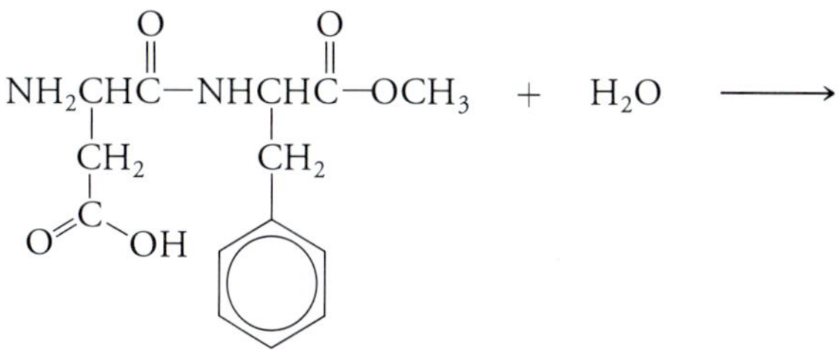

$$NH_2CH\overset{O}{\overset{\|}{C}}-NHCH\overset{O}{\overset{\|}{C}}-OCH_3 + H_2O \longrightarrow$$

(첫 번째 CH에 CH_2-COOH, 두 번째 CH에 $CH_2-C_6H_5$가 결합)

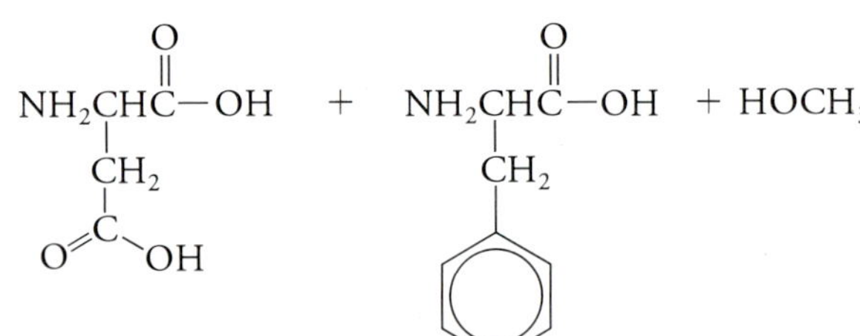

a. 균형 맞춘 반응식을 쓰시오.

b. 83.5 mg의 아스파탐이 과량의 물과 반응하면 각 산물의 이론적 수율은 얼마인지 그램으로 쓰시오.

c. 각 산물이 35.2%의 수율일 때 반응 b의 각 산물은 몇 그램인가?

5.7 자유에너지와 반응률

5.91 자발적 반응은 어느 것인가?

a. $CO(g) + H_2O(g) \longrightarrow CO_2(g) + H_2(g)$
$\Delta G = -4.1$ kcal/mol

b. $2HI(g) \longrightarrow H_2(g) + I_2(g)$
$\Delta G = 0.6$ kcal/mol

5.92 자발적 반응은 어느 것인가?

a. $3C_2H_2(g) \longrightarrow C_6H_6(g)$
$\Delta G = -119.0$ kcal/mol

b. fructose 1,6-bisphosphate + ADP ⟶
fructose 6-phosphate + ATP
$\Delta G = 3.4$ kcal/mol

5.93 **a.** 자발적 반응을 정의하시오.
b. 비자발적 반응을 정의하시오.

5.94 **a.** 발열반응이 비이커 안에서 일어난다. 비이커를 만지면 어떻게 느껴지는가?
b. 흡열반응이 비이커 안에서 일어난다. 비이커를 만지면 어떻게 느껴지는가?

5.95 문제 5.91a의 반응에 대한 에너지 도식을 그리시오. x와 y 축, 반응물과 생성물 그리고 ΔG를 표시하시오.

5.96 문제 5.91b의 반응에 대한 에너지 도식을 그리시오. x와 y 축, 반응물과 생성물 그리고 ΔG를 표시하시오.

5.97 아래의 반응에 대해 기대되는 결과들을 묘사하는 두 반응에 대한 에너지 도식들을 그리시오. 하나는 백금 촉매가 존재하는 반응이고, 다른 하나는 백금 촉매가 존재하지 않는 반응이다. 에너지 도식에서 반응은 자발적 반응으로 간주한다.

$$CH_3CH{=}CH_2 + H_2 \xrightarrow{Pt} CH_3CH_2CH_3$$

5.98 **a.** 자발적 반응 A ⟶ B에 대한 에너지 도식을 그리시오.
b. 비자발적 반응 C ⟶ D에 대한 에너지 도식을 그리시오.

5.99 촉매란 무엇인가?

5.100 반응률에 영향을 주는 것은 무엇인가?

a. 반응물 농도 감소
b. 온도 감소
c. 촉매 추가

HealthLink | 항생제와 산화

5.101 과산화수소가 살균제로 사용될 때, 박테리아를 죽이는 H_2O_2의 분해로 O_2 가스가 생성된다. 균형 맞춘 반응식을 쓰시오.

$$H_2O_2(aq) \longrightarrow H_2O(l) + O_2(g)$$

5.102 여드름을 치료하기 위한 연고와 크림에 들어있는 산화제인 벤조일퍼옥사이드(benzoyl peroxide, $C_{14}H_{10}O_4$)는 안전한 것으로 여겨진다. 그러나 순수한 벤조일퍼옥사이드는 매우 해롭다. 열은 화합물을 빠르게 산화시켜 폭발을 일으킬 수 있다. 벤조일퍼옥사이드의 연소에 대한 균형 맞춘 반응식을 쓰시오.

$$2\,C_{14}H_{10}O_4 + O_2 \longrightarrow CO_2 + H_2O$$

HealthLink | 탄산 탈수효소

5.103 혈관내 CO_2의 수송에 대한 탄산 탈수효소의 역할을 설명하시오.

5.104 혈액내 용해된 상태로 5%의 CO_2만이 세포로부터 혈액으로 이동한다. 나머지 95%는 어떠한가?

심화학습

5.105 시동을 걸 때 자동차 베터리에서 일어나는 반응은 다음과 같다.

$$Pb + PbO_2 + H_2SO_4 \longrightarrow PbSO_4 + H_2O$$

a. 균형 맞춘 반응식을 쓰시오.
b. Pb는 어떤 원소를 지칭하는가?
c. 반응식의 첫 반응물인 Pb의 전하는?
d. PbO_2에서 Pb 이온의 전하는?
e. $PbSO_4$에서 Pb 이온의 전하는?
f. 반응에서 무엇이 산화되는가?
g. 무엇이 환원되는가?
h. 무엇이 산화제인가?
i. 무엇이 환원제인가?
j. 5.0 g의 Pb가 5.6 g의 PbO_2와 반응하면 $PbSO_4$의 이론적 수율은 얼마인가? 반응이 일어나기에 충분한 양의 H_2SO_4가 있다고 가정하자.
k. 4.5 g의 $PbSO_4$가 반응 j에서 얻어졌다면 퍼센트 수율은 얼마인가?
l. 이 반응의 ΔG 값은 음수인가 양수인가?
m. 사용 중인 베터리는 열을 낸다. 발열반응인가 흡열반응인가?

n. 운전 중인 차의 엔진은 위의 반응을 역으로 하여 배터리를 재충전한다. 이 반응의 ΔG는 음수인가 양수인가?

5.106 **a.** 물과 H^+로 처리시, 에스테르는 반응하여 카복실산을 생성한다. 균형 맞춘 반응식을 쓰시오.

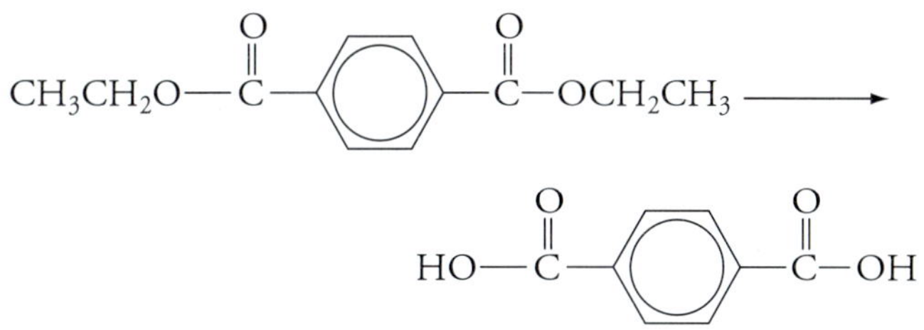

$$CH_3CH_2O-\overset{O}{\overset{\|}{C}}-C_6H_4-\overset{O}{\overset{\|}{C}}-OCH_2CH_3 \longrightarrow HO-\overset{O}{\overset{\|}{C}}-C_6H_4-\overset{O}{\overset{\|}{C}}-OH$$

b. 이는 어느 유형의 반응인가: 수화, 수소화, 가수분해, 제거?

c. 15.8 g의 에스테르와 완전히 반응하기 위해서는 몇 그램의 물이 필요한가?

d. 52.7 g의 에스테르가 13.9 g의 물과 반응하면, 카복실산의 이론적 수율은 얼마인가?

e. 76.2%의 수율이 반응 d에서 얻어지면, 몇 그램의 카복실산이 얻어지는가?

연습문제 해답

5.1 두 용액이 섞이면 고체가 생성된다.

5.2 $2NO + O_2 \longrightarrow 2NO_2$

5.3 $SiO_2 + 4HF \longrightarrow SiF_4 + 2H_2O$

5.4 단일치환

5.5 **a.** $C_6H_5-\overset{O}{\overset{\|}{C}}-OCH_2CH_3$

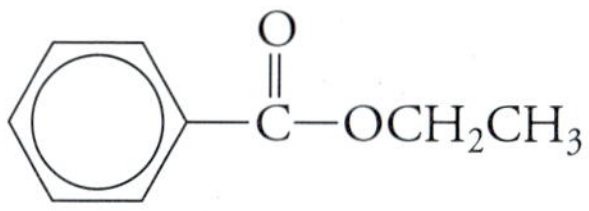

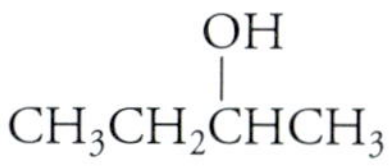

b. $CH_3CH_2\overset{OH}{\overset{|}{C}}HCH_3$

c. (사이클로펜텐 구조)

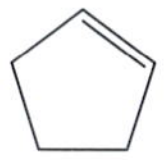

5.6 산화된다.

5.7 **a.** $2C_2H_2(g) + 5O_2(g) \longrightarrow 4CO_2(g) + 2H_2O(g)$,

b. O_2는 산화제고, C_2H_2는 환원제다.

5.8 **a.** 환원된다; **b.** 환원된다; **c.** 산화된다

5.9 **a.** 17 mol O_2 ; **b.** 12 mol CO_2

5.10 0.440 mol H_2

5.11 $4Fe(s) + 3O_2(g) \longrightarrow 2Fe_2O_3(s)$;
산화철(III) 또는 산화 제2철; 5.05 g

5.12 에스테르

5.13 86.1%

5.14 **a.** 아니오; **b.** 아니오

Rick Gomez/Blend Images/Getty Images

종양전문의사의 사무실에서

환자가 진료실에 들어와서 종양전문의(oncologist)를 기다리면서 잡지를 훑어보고 있다. 노크 소리가 들린 후, 의사가 들어왔다. 그는 간단히 검사한 후 환자의 혈액검사 결과를 읽고서 말했다. "우리는 몇 주 전에 이야기한 것 처럼, 더 이상 치료를 연기할 수 없습니다. 일반적으로는 화학요법 의약의 부작용을 최소화하기 위해 치료 전 며칠 동안 알로퓨리놀(allopurinol)로 치료를 시작합니다. 하지만 환자분께서 알로퓨리놀에 대한 알레르기가 있기 때문에, 우리는 이 약을 사용하지 않은채, 통풍의 징후가 나타나는지 조심스럽게 관찰만 할 것입니다." 환자는 통풍이 왜 이 특정한 화학요법 약물의 사용과 관련이 있는지 궁금해 한다.

6 기체, 용액, 콜로이드 및 현탁액

본 장에 관하여

이 장에서 기체의 행동에 대하여 자세히 알아볼 것이며, 기체와 기타 순수 물질들이 어떻게 결합하여 혼합물을 형성하는지를 알아볼 것이다. 통풍을 포함한 어떤 질병 상태는 기체 혼합물의 행동과 관련이 있다.

CHAPTER 6의 목적

이 장을 끝내고 나면, 여러분들은 다음과 같은 것들을 할 수 있을 것이다. 즉:

1. 압력의 단위들을 상호 전환할 수 있다.
2. 기체의 상태를 설명하는 변수들과 다양한 기체 법칙의 공식을 제공하는 변수들을 나열할 수 있다.
3. 돌턴의 분압 법칙을 설명할 수 있다.
4. 순수물질, 균일 혼합물 및 불균일 혼합물의 용어를 정의할 수 있다. 균일 혼합물에 대하여 용질과 용매를 구별하는 것이 무엇인지를 설명할 수 있다.
5. 온도가 물에서 기체, 액체 및 고체의 용해도에 미치는 영향을 설명할 수 있다.
6. 용해도 규칙을 사용하여 이온화합물들 사이에서의 반응이 침전물을 생성할 것인지를 예측할 수 있다. 침전반응에서는 이온 반응식과 알짜 이온 방정식을 쓸 수 있다.
7. 헨리의 법칙을 설명할 수 있다.
8. 친수성, 소수성 및 양친매성의 용어들을 설명할 수 있으며, 이들의 각 범주에 해당하는 화합물들을 예로 제시할 수 있다.
9. 흔히 접하게 되는 농도 단위들을 제시할 수 있어야 하며, 농도를 포함하는 계산을 할 수 있다.
10. 용액, 현탁액 및 콜로이드를 구별할 수 있으며, 확산과 삼투의 원리를 설명할 수 있다.

6.1 | 기체와 압력

앞서 우리가 보통 발견하는 물질에는 3개의 상으로서 고체, 액체 및 기체가 존재함을 확인했다. 이 장에서는 기체의 성질에 대하여 초점을 맞춰서 시작하겠다. 기체를 다루는 데 있어서 고려해야 할 중요한 성질들 중의 하나는 **압력(pressure)**이다. 기체를 구성하는 입자들은 서로 간에 상호작용을 하지 않으며 그 입자들을 보관하는 용기에서 자유롭게 움직인다. 기체 압력은 기체 입자들과 물체(기체, 책, 피부 등을 보관하는 용기의 벽) 사이에 일어나는 충돌력이다.

저기압계가 태평양 넘어서 발달해 오고 있다고 기상리포터가 말할 때, 그 리포터는 대기압을 언급하고 있는 것이다. 이 압력의 원천은 대기에서 우리 위에 있는 모든 공기의 질량이다. 예를 들어, 지구 표면으로부터 대기의 끝인 32 km(20마일) 위까지 팽창하는 직경 1 m 원통의 공기기둥은 10,000 kg의 질량을 가지고 있다(그림 6.1). 만일 여러분이 해수면에 서 있으면 이 공기의 질량은 여러분의 모든 부위를, 1기압(1 atm)으로 정의되는, 평방 인치당 14.7파운드의 표준(전형적인) 압력으로 압박한다(그림 6.2). 대기에서 여러분의 위에 공기가 적을수록 대기압은 더 낮아진다. 콜로라도 덴버 상공의 1.6 km(1마일)에서는 0.74 atm(11 psi)의 전형적인 대기압을 가지고 있다. 에베레스트산 정상인 9.3 km(5.6마일)에서는 0.26 atm(3.8 psi)의 대기압을 가지고 있다.

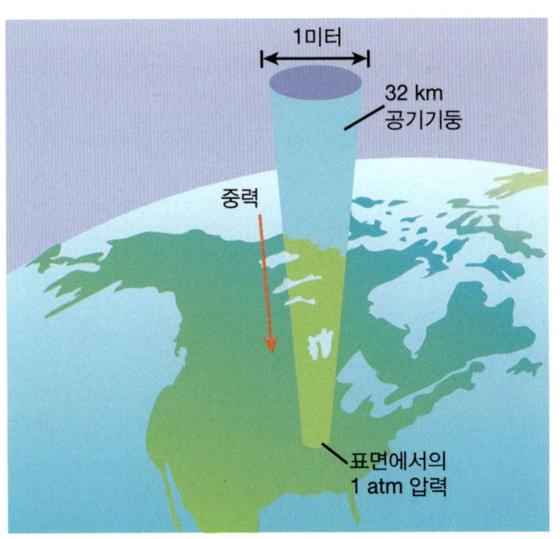

■ 그림 6.1

대기압 1미터 직경과 32 km 높이의 공기기둥은 약 10,000 kg의 질량을 가진다. 여러분 위와 주위의 공기질량은 여러분이 체험하는 공기압의 원인이다.

(*a*)

(*b*)

■ 그림 6.2

대기압의 영향 (*a*) 금속 캔 내부에 있는 압력이 외부 대기압과 같거나 거의 동일할 때 이 금속 캔은 제모양을 유지한다. (*b*) 금속 캔 내부에 있는 공기를 빼서 압력을 감소시킬 때 외부대기압은 금속 캔을 찌그러지게 한다.

대기압은 **바로미터(barometer)**라고 부르는 장치에 의하여 측정되는데, 이 장치는 긴 유리관에 수은을 채워서, 수은이 채워져 있는 접시에 거꾸로 조심스럽게 세워서 조립되어 있다(그림 6.3). 대기압이 유리관 안에 있는 수은기둥을 유지할 정도의 충분한 힘으로 접시에 있는 수은을 아래로 밀어주기 때문에 수은은 거꾸로 세워 놓은 유리관 밖으로 나오지 않는다. 1 atm과 0°C에서 수은기둥은 760 mm의 높이를 가질 것이다. 대기압이 높아질수록 유리관에 있는 수은의 높이는 더 올라가고, 대기압이 낮아질수록 수은의 높이는 더 내려간다.

■ 2표준 대기압은 1 atm, 14.7 psi, 또는 760 torr로서 정의된다.

바로미터의 수은기둥의 높이는 바로미터를 개발한 이탈리아 과학자인 Evangelista Torricelli (1608~1647)의 이름을 딴 **토르(torr)**라고 부르는 일반 압력단위의 근원이다. 수은기둥의 millimeter는 1 torr에 해당한다. 따라서 1 atm(760 mm의 높이에 수은주를 유지함)의 압력은 760 torr와 같다.

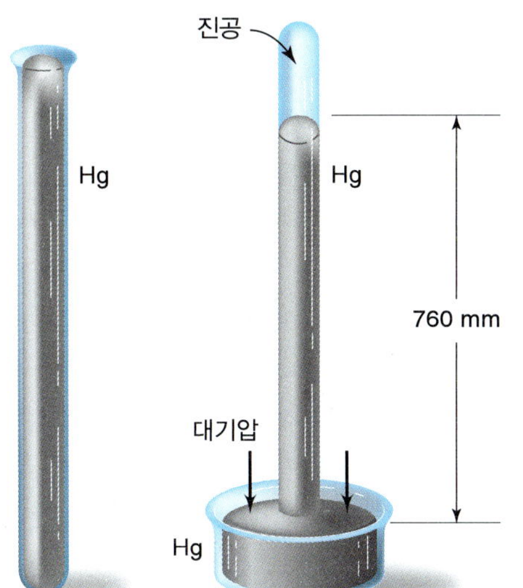

■ 그림 6.3

바로미터 표준온도(0°C)와 표준압력(1 atm)에서 수은주를 지탱하는 대기의 압력은 760 mm 높이이다.

예제 6.1

대기압

여러분은 바로미터를 읽고 있으며, 수은주가 전날보다 0.2인치 더 높다라고 생각하시오. 공기압에 어떤 현상이 일어나겠는가?

전략

그림 6.3에서 보여주는 수은주가 왜 760 mm의 높이로 유지되는지에 관하여 생각한다.

해답

대기압이 올라간다. 접시에 있는 수은을 아래로 밀어내리는 압력이 클수록 수은주는 더 높아진다.

연습문제 6.1

대기압은 계곡에서보다는 산의 정상에서 더 낮다. 그 이유를 설명하시오.

예제 6.2

압력단위들의 변환

695 torr의 압력은 몇 기압인가?

전략

이 문제는 토르와 대기압을 관련짓는 변환 인자를 찾음으로써 해결한다.

해답

0.914 atm

$$695\ \cancel{\text{torr}} \times \frac{1\ \text{atm}}{760\ \cancel{\text{torr}}} = 0.914\ \text{atm}$$

연습문제 6.2

a. 35.0 psi의 압력은 몇 torr인가?
b. 750 torr의 압력은 몇 기압인가?

Did You Know?

고도(해발 높이)는 대기압에 미치는 영향, 즉 고도가 높을수록 대기압은 내려가는 것을 보아왔다. 기상도에서 대기압을 나타내는 등압선(isobar line)은 평균해수면(mean sea level pressure, MSLP) 압력값에 근거로 한 것이다. 특정 위치에서의 MSLP는 대기압을 측정하고, 측정된 대기압을 해수면에서의 대기압으로"보정"함으로써 생긴다. 만일 어느 날 콜로라도 덴버에서 측정된 대기압이 24,538인치 높이의 수은주라고 하면, MSLP는 29,970인치의 수은주 높이가 된다. (미국에서 일기예보용으로 사용되는 압력은 수은주의 인치이다.) 기상도에서 그림 밖으로 등압선이 올라가게 하는 것은 일기예보에 더 유용하게 한다.

90°C와 1 atm의 압력에서 물은 액체이다. 같은 온도와 0.6 atm의 압력에서 물은 기체이다(이 장의 후반부에 있는 "증기압" 참조). 온도와 압력은 어떤 물체의 물리적 상태에 영향을 줄 수 있기 때문에, 과학자들은 0°C의 온도와 1 atm의 압력에 해당하는 **표준온도와 압력(Standard temperature and pressure, STP)**의 관점에서 흔히 말한다. 11개의 원소들은 STP에서 기체로 존재한다. 이들 중에서 8A족 원소들(불활성 기체)은 개별 원자들로 구성되어 있는 반면, 다른 기체성 원소들인 H_2, N_2, O_2, F_2 및 Cl_2는 이원자 분자들이다. 이산화탄소(CO_2), 암모니아(NH_3) 및 아산화질소(N_2O)를 포함한 일부 공유결합 화합물들 또한 STP에서 기체들인데, 이들은 모두 작고, 낮은 끓는점을 가진 저분자량 화합물들이다.

밀폐된 공기(예를 들면, 열린 대기의 반대로서 병에 있는)를 다룰 때, **마노미터(manometer)**가 압력을 측정하는 데 사용될 수 있다. 여러 종류의 마노미터 중의 하나인 열려 있는 마노미터(그림 6.4)는 수은으로 채워져 있는 굴곡형 유리관으로 구성되어 있다. 유리관의 한쪽 끝을 열린 채로 대기에 남겨놓고 다른 한쪽 끝을 플라스크에 부착함으로써 마노미터에 있는 수은은 2개의 경쟁압력인 대기압과 플라스크 내부 가스압력에 의하여 작용하게 된다. 플라스크 내부압력이 대기압과 동일하면 동등한 힘이 마노미터의 각 팔과 수은 높이가 같은 수은주에 적용된다. 만일 플라스크 내부 기체 압력이 대기압보다 크면 수은은 플라스크로부터 유리관의 열린 끝부분을 향하여 밀려 나간다. 역으로, 플라스크 내부압력이 대기압보다 낮으면 수은은 유리관의 열린 끝 부분으로부터 밀려 들어온다. 두 수은주 사이에서 높이의 각 mm의 차이는 대기와 플라스크 내부의 기체 사이에 1 torr의 압력 차이에 해당한다. 혈압을 측정하는 데 사용되는 **혈압계**(**sphygmomanometer**; "pulse"에 해당하는 그리스 문자 *sphygmos*로부터 유래)는 압력계(HealthLink: 혈압)에 부착되어 있는 공기주입식 가압대(inflatable cuff)로 구성되어 있다.

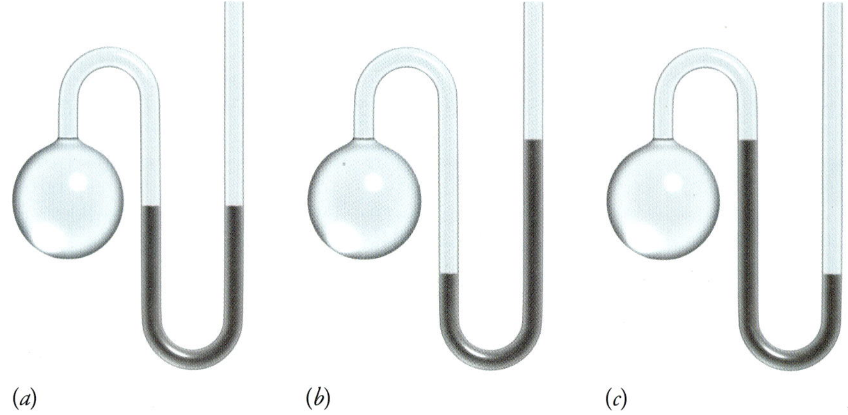

■ **그림 6.4**

끝 부분이 열려 있는 압력계 기둥의 각 지류에 있는 수은의 상대적 높이는 대기와 플라스크 내부에 있는 기체 사이의 압력에서의 차이와 관계있다. (*a*) 내부압력이 대기압과 같다. (*b*) 내부압력이 대기압보다 크다. (*c*) 내부압력이 대기압보다 낮다.

증기압

액체를 구성하고 있는 입자(원자 또는 분자)들의 충돌로 인해, 액체 표면에 있는 입자들은 꾸준히 증발(기체의 형태로 돌아감)하여 기체상으로 튀게 된다. 동시에 기체상의 분자들은 모여져서 액체로 전환된다(그림 6.5).

물인 H_2O가 닫힌 용기에 담겨져 있을 때, 물은 **증기압(vapor pressure)**이라고 부르는 $H_2O(g)$의 분압이 최대치에 도달할 때까지 증발한다. 물이 증기압에 다다르면 액체 안에 있던 다른 기체들도 수증기에 포화되는데, 이는 기체가 최대치의 수증기량을 수용할 수 있기 때문이다. 예를 들어, 20°C에서

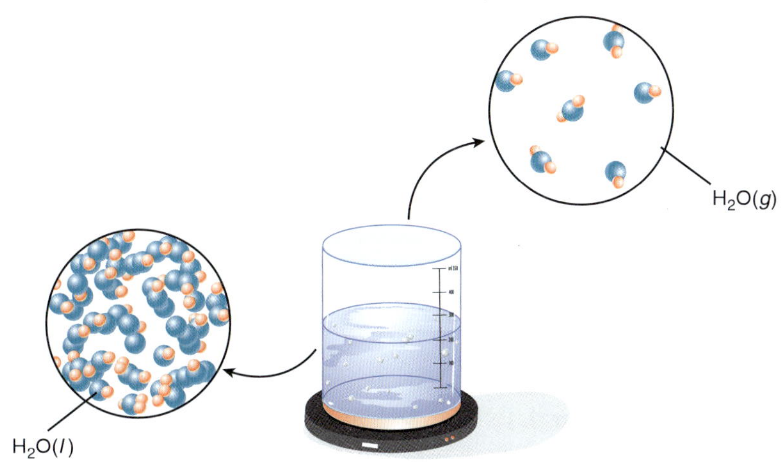

■ 그림 6.5

증기압 물 또는 액체가 밀폐용기에서 증발할 때, 그 액체에 해당하는 증기의 압력을 증기압(vapor pressure)이라 부른다.

물의 분압이 17.54 torr이면 닫힌 용기에 있는 공기는 수증기에 포화된다. 이것이 이 온도에서 물의 증기압이다. 표 6.1에서 보는 바와 같이, 물의 증기압은 온도에 따라 다르다: 온도가 높을수록 증기압은 커진다.

액체의 **끓는점(boiling point)**은 액체의 증기압이 대기의 압력과 같아질 때의 온도이다. 이 온도에서 증기는 액체 안에 기포 형태로 나타난다. 표 6.1에서는 물의 증기압이 100°C에서 760 torr임을 보여주고 있다. 따라서 760 torr (1 atm)의 대기압에서 물은 100°C에서 끓는다. 다른 대기압에서는 물의 끓는점이 달라진다. 해발 고도가 1.6 km이며, 대기압이 560 torr인 콜로라도 댄버에서는 물이 92°C에서 끓으며, 해발 고도가 9.3 km이며, 대기압이 200 torr인 에베레스트 산에서는 물이 67°C에서 끓는다.

■ 액체는 증기압이 액체 위의 공기압과 같을 때 끓는다.

압력을 760 torr 이상으로 올리면 물의 끓는점은 100°C보다 높아진다. 예를 들어, 열이 압력솥에 가해졌을 때, 압력이 증가하고 이에 따라 물을 끓이는 데에 필요한 온도도 높아진다. 표준 대기압의 두 배인 1,520 torr에서는 물이 120°C에서 끓는다. 살균용으로 사용되는 고압멸균기에서 높은 압력에 도달하면 물이 보다 더 높은 온도에서 끓어 대부분의 감염성 병원체들을 죽일 수 있게 된다(그림 6.6).

표 | 6.1 여러 온도에서 물의 증기압

온도 (°C)	증기압 (torr)	온도 (°C)	증기압 (torr)
−10	2.15	70	233.70
0	4.58	80	355.10
10	9.21	90	525.76
20	17.54	100	760.00
30	31.82	110	1074.56
37[a]	47.07	125	1740.93
40	55.32	150	3570.48
50	92.51	175	6694.08
60	149.38	200	11659.16

[a]체온

Ulrich Sapountsis/Photo Researchers, Inc.

■ 그림 6.6

고압멸균기 고압멸균기는 1 atm 이상의 압력을 만들어서 물이 100°C 이상에서 끓게 해준다. 이 온도에서 대부분의 감염성 병원체들은 죽게 된다.

예제 6.3

증기압

만일 당신이 산으로 캠핑을 간다면 해수면에서 라면을 끓이는 것보다 더 많은 시간이 걸린다. 이유는?

전략

끓는점의 정의가 어떻게 되는지를 생각하고 표 6.1을 참고한다.

해답

대기압이 760 torr인 해수면에서는 물이 100°C에서 끓는다(표 6.1을 참조할 것). 높은 산에서 대기압은 낮아질 것이다. 예를 들어, 535 torr의 압력에서 물은 90°C에서 끓는다. 따라서 높은 고도에서는 물이 낮은 온도에서 끓기 때문에 라면을 끓이는 데 더 많은 시간이 걸린다.

연습문제 6.3

물 한 컵을 진공용기에 넣고 감압시킨다. 만일 물이 20°C에서 끓는다면 진공용기 내부의 압력은 몇 torr인가?

혈압

혈압은 혈액이 혈관벽에 영향을 미치는 압력이다. 심장이 한 번 박동할 때 마다 수축기압(systolic pressure)이라고 부르는 혈압에서의 일시적인 상승을 유발하면서 혈액은 동맥으로 밀려나간다. 혈액이 동맥을 따라 이동해 가고 심장에서 또 다른 박동을 준비함에 따라 혈압은 일시적으로 떨어지고 확장기 혈압(diastolic pressure)이라고 부르는 최소혈압에 도달하게 된다.

혈압은 혈압계(sphygmomanometer)를 이용하여 팔에 있는 상박동맥(brachial artery)에서 측정될 수 있다(그림 6.7). 혈압계의 가압대를 팔꿈치 바로 위의 팔을 감싸고 가압대의 압력이 상박동맥을 통하여 흐르고 있는 혈액을 수축시킬 때까지 팽창시킨다. 가압대의 압력이 점점 감소하는 동안에 청진기를 사용하여 수축동맥을 따라 최초로 흐르기 시작하는 혈액의 소리를 귀 기울여서 듣는다. 최초의 소리에서 읽은 혈압계의 눈금이 수축기 혈압이다. 가압대의 압력은 혈액이 동맥을 통하여 자유로이 흐를 때까지 점점 더 감소된다. 수축된 동맥을 통하여 밀어내는 혈액의 소리가 더 이상 들리지 않는 시점에서의 압력이 확장기 혈압이다.

Charles Thatcher/Getty Images

■ **그림 6.7**

혈압계 간호사가 혈압을 측정하기 위하여 혈압계를 사용하고 있다.

보통 노년층에서 일어나는 기립성 저혈압증(Orthostatic hypotension)은 오랜 시간 동안 앉아 있거나 누워 있다가 갑자기 일어설 때 혈압이 갑자기 떨어지는 현상이다. 만일 신체가 자세의 변화에 대하여 충분히 빨리 대응하지 못하면 혈액은 팔과 다리 등 하체에 모여 있게 되고 혈압이 일시적으로 떨어지게 된다. 그 결과, 적은 양의 혈액이 뇌로 공급되면서 현기증이 발생한다.

혈관을 통한 혈액의 제한된 흐름에 의하여 유발되는 만성 고혈압증(높은 혈압)은 심장의 부하를 증가시키며 혈관을 손상시킬 수 있어서 죽상동맥경화증(동맥의 경화)의 증상으로 급속히 발전되는 심각한 질병이다.

2003년도에 혈압에 관한 새로운 지침서가 세계 심장, 폐 및 혈액 연구소(National Heart, Lung and Blood Institute)에서 발간되었다. 이들 지침서(표 6.2)는 혈압을 네 범주인 정상, 예비고혈압, 고혈압 1기 및 고혈압 2기로 분류하였다. 혈압이 높아질수록 심장질병의 위험이 증가한다. 수축기 혈압에서 20점씩 올라가거나 확장기 혈압에서 10점씩 올라가면 심장질환의 위험은 두 배로 증가한다는 연구결과를 보여주고 있다.

표 | 6.2 혈압 가이드라인

	혈압(mmHg)			
범주	수축기 압력		확장기 압력	대처해야 할 일
정상	<120	및	<80	건강한 생활습관 유지[a]
예비고혈압	120~139	또는	80~89	건강한 생활습관 채택
고혈압 1기	140~159	또는	90~99	건강한 생활습관 채택; 약물복용
고혈압 2기	≥160	또는	≥100	건강한 생활습관 채택; 둘 이상의 약물복용

[a]건강한 체중 유지, 운동, 적당한 음주 및 식염량 줄이기

6.2 | 기체 법칙

우리가 흡입하는 마취 가스나 풍선 안의 헬륨 가스, 혹은 타이어 안의 공기까지, 모든 기체는 똑같은 양상을 띤다. 이 절에서는 그 양상을 설명할 수 있는 기체 법칙에 대해서 알아보겠다.

압력과 부피

주사기의 입구를 손가락으로 막고 흡입 자루(plunger)를 당겨보자(그림 6.8). 흡입자루가 뒤로 이동할수록 손가락 피부가 점점 주사기 안으로 빨려 들어감을 느낄 수 있을 것이다. 이 현상은 주사기 안쪽의 부피가 커질 때 기체 압력은 떨어지기 때문에 일어난다.

1600년대 말, Robert Boyle(로버트 보일)이라는 과학자가 기체와 부피 간의 관계를 연구한 끝에 부피가 증가하면 기압이 감소한다는 결론을 얻게 되었다. 조금 더 조심스럽게 언급하면, **보일의 법칙(Boyle's law)**은 일정한 온도에서 기체의 압력과 부피는 반비례함을 말한다. 보일의 법칙은 수학 공식으로는 다음과 같이 나타낼 수 있다.

$$P_1V_1 = P_2V_2$$

여기에서 P가 기압, V는 부피이며, 숫자 1과 2는 각각 처음과 끝의 상태를 나타낸다.

이 공식이 어떻게 사용될 수 있는지 예를 들어보자. 그림 6.8의 주사기 배럴에 처음에는 기압 1.0 atm인 공기가 0.50 mL의 부피만큼 들어 있었다면 손가락으로 주사기 구멍을 막고 흡입자루를 당겨서 1.0 mL의 부피를 만들었을 때 배럴 내부의 기압은 얼마가 되겠는가? 이 문제에서 초기의 부피 0.50 mL와 기압 1.0 atm 및 변화 후 최종 부피 1.0 mL가 주어졌는데, 이를 보일의 법칙 공식에 대입하여 변화 후의 최종압력을 구해보면, 다음과 같다.

$$P_2 = \frac{P_1V_1}{V_2} = \frac{1.0\ \text{atm} \times 0.50\ \cancel{\text{mL}}}{1.0\ \cancel{\text{mL}}} = 0.50\ \text{atm}$$

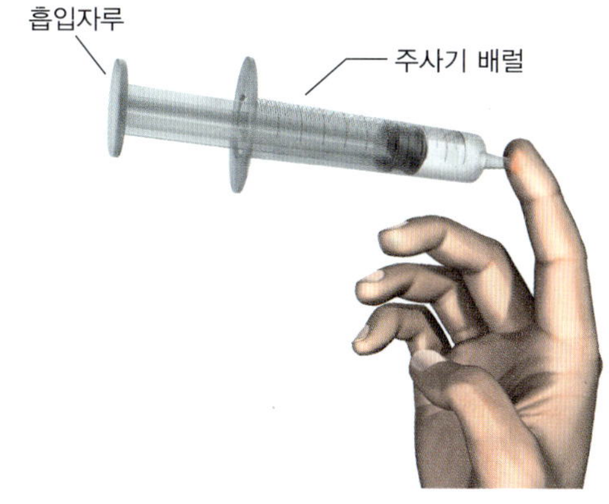

■ 그림 6.8

압력과 부피의 상관관계 일정한 온도에서 주어진 기체 샘플의 부피가 증가하면 압력은 떨어진다.

예제 6.4

보일의 법칙을 사용하여

압력이 2.0 atm인 33 ft 깊이의 바다에서 스크버 다이버는 6.0 mL 부피의 공기방울을 방출한다. 공기방울이 압력이 1.0 atm인 표면에 도달할 때의 부피는 얼마인가? (온도는 일정하게 남아 있는 것으로 가정한다.)

전략

이 문제에서 변수는 압력과 부피이므로 보일의 법칙($P_1V_1 = P_2V_2$)을 사용해야 한다.

해답

$$V_2 = \frac{P_1V_1}{P_2} = \frac{2.0\ \cancel{\text{atm}} \times 6.0\ \text{mL}}{1.0\ \cancel{\text{atm}}} = 12\ \text{mL}$$

연습문제 6.4

헬륨이 채워져 있는 풍선이 1.0 atm의 압력에서 3.2 L의 부피를 가지고 있다. 이 풍선이 풀어져서 높은 고도로 올라간다면 새로운 부피는 4.0 L가 된다. 이 조건에서 새로운 압력은 얼마인가?

압력과 온도

자동차의 연비를 최대화하고 자동차 타이어의 수명을 최대한 오래 지속하기 위해서는 타이어를 정확한 기압으로 유지하는 것이 중요하다. 타이어에 기재된 팽창 압력은 타이어가 차가운 상태에서 재어진 권고된 기압이다. 차에 시동이 걸린 후, 타이어의 온도가 10°F씩 올라갈 때 타이어의 압력은 1 psi씩 높아진다. 이는 차를 출발하기 전의 타이어 압력보다 운전을 한 뒤 재는 압력이 훨씬 높게 나온다는 것을 의미한다.

프랑스의 화학자 Gay-Lussac(1778~1850)은 기체에 대한 압력–온도의 상관관계를 연구했다. **Gay-Lussac의 법칙(Gay-Lussac's law)**은 일정한 부피를 가진 공기에 대하여 압력과 온도는 정비례한다고 주장한다. 기체의 온도가 높아지면, 압력도 증가한다는 말이다. Gay-Lussac의 법칙을 수학 공식으로 만들면, P가 압력이고 T가 Kelvin 온도일 때,

$$\frac{P_1}{T_1} = \frac{P_2}{T_2}$$

이다. 이 공식이 맞는지를 증명하기 위하여 압력 게이지로 맞춰져 있는 강철 탱크에 적용하여 보자(그림 6.9). 25°C의 온도에서 탱크 압력은 1.5 atm이라고 가정하라. 온도가 50°C로 끌어 올릴 때 새로운 압력은 얼마이겠는가? 이 문제를 풀기 위해서는 우선 온도를 Celsius에서 Kelvin으로 바꾸는 것부터 시작해야 한다. 그런 후, 위의 공식을 대입해서 새로운 압력 P_2를 계산한다.

$$K = °C + 273.15 = 25°C + 273.15 = 298\ K$$

$$K = °C + 273.15 = 50°C + 273.15 = 323\ K$$

$$P_2 = \frac{P_1T_2}{T_1} = \frac{1.5\ \text{atm} \times 323\ \cancel{K}}{298\ \cancel{K}} = 1.6\ \text{atm}$$

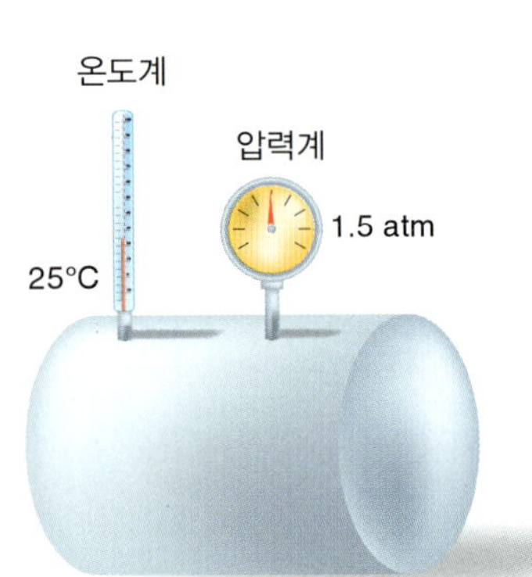

■ **그림 6.9**

온도와 압력의 상관관계 고정된 부피를 가진 기체 샘플에 대하여 온도의 증가는 압력이 증가하는 결과를 낳는다.

부피와 온도

Jacques Charles(1746~1823)는 부피와 온도 사이의 상관관계를 연구하였으며, 일정한 압력에서의 기체에 대하여, 부피와 온도는 정비례한다는 것을 설명하는 **찰스의 법칙(Charle's law)**을 만들었다. 수은 마개가 내부에 갇혀 있는 공기에 의하여 유리관 안에서 멈추어 있는 장치를 사용하여 보여준 바와 같이(그

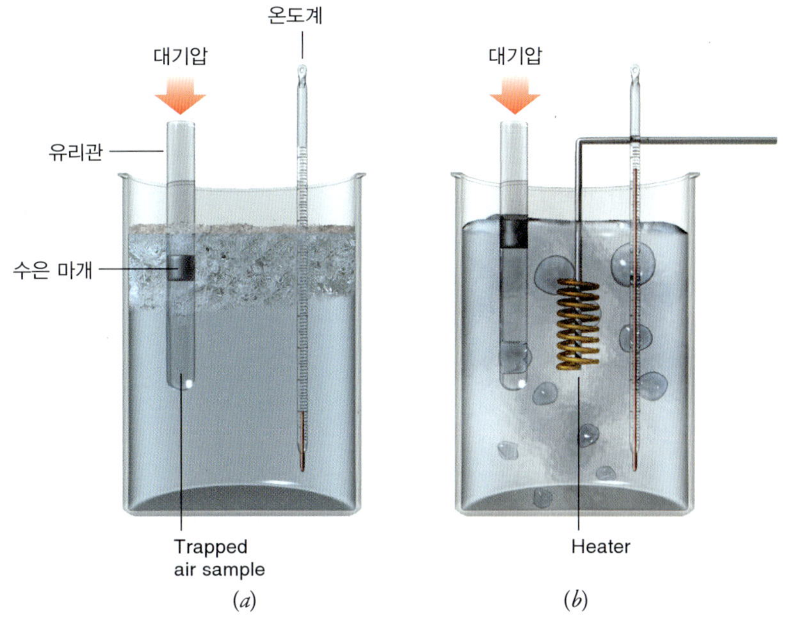

■ **그림 6.10**

온도와 부피의 상관관계 고정된 압력을 가진 기체 샘플에 대하여 온도가 증가하면 부피도 증가하는 결과를 낳는다. (*a*) 0°C의 얼음물. (*b*) 100°C의 끓는 물.

림 6.10), 기체의 온도가 올라갈 때 부피도 커진다. 공기가 빠져 나갈 수 없기 때문에 기체의 양은 일정하고, 수은의 양과 대기 압력이 같기 때문에 공기에 가해지는 압력도 변하지 않는다. 갇혀 있는 공기의 온도가 증가하면 부피도 커지며, 이는 수은 마개가 위로 올라감으로써 이를 증명할 수가 있다.

찰스의 법칙을 수학식으로 쓸 수 있다.

$$\frac{V_1}{T_1} = \frac{V_2}{T_2}$$

여기서 V는 부피이고 T는 온도(K)이다. 이 공식을 냉각기 안에 둔 풍선 부피의 변화를 예상하는 데 사용해 보자. 풍선의 부피가 실온(25°C)에서 2.0 L이면 −10°C의 냉동기 안에 놓아둔 후에 부피는 얼마인가? 이 문제를 풀기 위해서는 먼저 온도를 켈빈으로 바꾸어야 한다.

$$\text{K} = {}^\circ\text{C} + 273.15 = 25^\circ\text{C} + 273.15 = 298\ \text{K}$$
$$\text{K} = {}^\circ\text{C} + 273.15 = -10^\circ\text{C} + 273.15 = 263\ \text{K}$$
$$V_2 = \frac{V_1 T_2}{T_1} = \frac{2.0\ \text{L} \times 263\ \cancel{\text{K}}}{298\ \cancel{\text{K}}} = 1.8\ \text{L}$$

몰과 부피

생일 파티를 준비하기 위해 풍선을 불려고 한다. 공기를 더 많이 넣을수록 풍선은 더욱 커진다. 이런 기체의 양과 부피의 상관관계를 정리한 법칙이 1800년대 초 아메데오 아보가드로(Amedeo Avogadro)에 의해 만들어졌다. 즉, **아보가드로의 법칙(Avogadro's law)**은 주어진 온도와 압력에서 기체의 부피와 기체의 몰의 수는 정비례한다.

이 아보가드로의 법칙을 기술하는 공식은

$$\frac{V_1}{n_1} = \frac{V_2}{n_2}$$

이며, 여기서 V는 부피이고 n은 기체의 몰 수이다. 풍선을 불 때, 한 번의 날숨이 0.010 mol의 공기를 더해 풍선을 0.25 L로 팽창시킨다. 두 번째의 날숨이 0.010 mol를 더했을 때 부피는 얼마가 되겠는가? 이 문제를 풀기 위해 공식을 V_2에 대하여 정리한다. 단, 풍선을 두 번째 호흡한 후에는 0.020 mol 만큼을 갖게 되는 것을 주의하라.

$$V_2 = \frac{V_1 n_2}{n_1} = \frac{0.25\ \text{L} \times 0.020\ \cancel{\text{mol}}}{0.010\ \cancel{\text{mol}}} = 0.50\ \text{L}$$

예제 6.5

찰스의 법칙을 사용하여

온도가 24°C인 집 안에 2.5 L 부피의 풍선이 있다. 이 풍선을 32°C인 바깥으로 가지고 나갔을 때의 새로운 부피는 얼마가 되겠는가?

전략

이 문제에서 변수는 부피와 온도이므로 찰스의 공식($V_1/T_1 = V_2/T_2$)을 적용해야 한다. 이 공식에서 온도는 켈빈으로 표현해야 함을 기억하라.

해답

먼저, 온도를 Celsius에서 Kelvin으로 전환해야 한다.

$$K = °C + 273.15 = 32 + 273.15 = 305\ K$$
$$K = °C + 273.15 = 24 + 273.15 = 297\ K$$

찰스의 공식을 다시 정리하여 새로운 부피를 계산한다.

$$V_2 = \frac{V_1 T_2}{T_1} = \frac{2.5\ L \times 305\ \cancel{K}}{297\ \cancel{K}} = 2.6\ L$$

연습문제 6.5

27°C에서 풍선에 4200 cm^3의 공기를 불어 넣었다. 그 풍선을 대낮 기온이 5°C인 바깥에 두면 오그라든다. 얼마의 부피로 줄어들게 되는가?

통합기체 법칙과 이상기체 법칙

존재하는 몰의 수가 일정하게 유지되는 특정 기체를 다룰 때 그 기체의 상태를 설명하는 세 가지 변수는 압력, 온도 및 부피이다. 한 번에 두 가지의 변수를 각각 사용해서 보일의 법칙, Gay-Lussac의 법칙, 그리고 찰스의 법칙으로 설명된다.

보일의 법칙 $$P_1 V_1 = P_2 V_2$$

Gay-Lussac의 법칙 $$\frac{P_1}{T_1} = \frac{P_2}{T_2}$$

찰스의 법칙 $$\frac{V_1}{T_1} = \frac{V_2}{T_2}$$

이 세 가지 법칙들의 한계점은 세 변수 중 하나는 반드시 일정해야 사용될 수 있다는 점이다. 보일의 법칙에서는 온도가, Gay-Lussac의 법칙에서는 부피가, 그리고 찰스의 법칙에서는 압력이 일정해야 한다.

이 세 가지의 법칙들을 하나로 묶어서 **통합기체 법칙(combined gas law)**을 만들 수 있는데, 아래와 같은 공식으로 표현된다.

통합기체 법칙 $$\frac{P_1 V_1}{T_1} = \frac{P_2 V_2}{T_2}$$

여기에서 T는 켈빈 온도이다, 이 법칙은 더 다양한 상태에서 기체의 성질들을 예상할 수 있으므로 유용하다(그림 6.11). 예를 들어, 섭씨 22°C(295K)인 어느 날 여러분이 해수면(대기압 = 1 atm)에서 헬륨 가스(He)로 채워져 있는 풍선(부피 = 2.9L)을 잡고 있다고 가정해 보자. 온도가 15°C(288 K)로 낮아진 더 높은 지대(대기압 = 0.85 atm)에서 변한 풍선의 새 부피는 얼마가 되겠는가? 모든 변수들을 활용하여 통합기체 법칙의 공식을 만들고 이 문제를 풀어보자.

British Antarctic Survey/Photo Researchers, Inc.

■ 그림 6.11

날씨풍선 기상관측기구인 날씨풍선(weather ballon)의 부피는 채워져 있는 헬륨 가스 또는 수소 가스의 양으로 온도와 대기압이 측정된다.

$P_1 = 1.0\ \text{atm}$ $\quad V_1 = 2.9\ \text{L}$ $\quad T_1 = 295\ \text{K}$

$P_2 = 0.85\ \text{atm}$ $\quad V_2 =$ 모름 $\quad T_2 = 288\ \text{K}$

$$\frac{P_1 V_1}{T_1} = \frac{P_2 V_2}{T_2}$$

$$V_2 = \frac{P_1 V_1 T_2}{P_2 T_1} = \frac{1.0\ \cancel{\text{atm}} \times 2.9\ \text{L} \times 288\ \cancel{\text{K}}}{0.85\ \cancel{\text{atm}} \times 295\ \cancel{\text{K}}} = 3.3\ \text{L}$$

압력, 온도 및 부피 단위 외에 샘플에 있는 기체 몰의 수의 변화가 허용된다면 통합기체 법칙은 아보가드로의 법칙(기체의 부피와 몰 수에 관계있음)을 합쳐서 변형될 수 있다.

$$\frac{P_1 V_1}{n_1 T_1} = \frac{P_2 V_2}{n_2 T_2}$$

이 새로운 공식을 사용하면 주어진 기체에 대하여 압력과 부피의 곱을 몰의 수로 나눈 것과 온도의 곱은 일정하다는 것을 알 수 있다. 이 상수를 **기체상수(gas constant, *R*)**라고 부른다. 수학적으로

$$\frac{PV}{nT} = R$$

여기에서 T는 Kelvin 단위의 온도이다. 이 절에서 언급되었던 기체에 관한 법칙들 모두를 성립하는 **이상기체(ideal gas)**에 대하여 기체상수는 0.0821 L atm/mol K의 값을 가지고 있다. R의 값은 다른 압력 단위가 사용될 때는 다르게 쓰인다—여기에서 R의 값은 대기의 관점에서 정의된다. 너무 높은 압력이나 너무 낮은 온도가 아닌 이상 대부분의 실제 기체들은 이상적인 형태를 띠우므로, 우리가 앞으로 언급할 기체들은 이상적인 기체로 분류하여 다룰 것이다.

위의 방정식을 **이상기체 법칙(ideal gas law)**라고 부르며, 보통 아래의 형태로 쓴다.

$$PV = nRT$$

이 방정식에, P, V, n이나 T 중 세 변수값이 주어지면 나머지 한 변수를 언제든지 구할 수가 있다. 예를 들어, 위의 예제에서 헬륨 가스 풍선의 초기압력, 부피 및 온도값을 사용하여 그 풍선에 들어 있는 기체의 몰 수를 계산할 수가 있다.

$P = 1.0\ \text{atm}$

$V = 2.9\ \text{L}$

$n =$ 모름

$R = 0.0821\ \text{L atm/mol K}$

$T = 295\ \text{K}$

$$PV = nRT$$

$$n = \frac{PV}{RT} = \frac{1.0\ \text{atm} \times 2.9\ \text{L}}{0.0821\ \text{L atm/mol K} \times 295\ \text{K}} = 0.12\ \text{mol}$$

예제 6.6

이상기체 법칙

네온 가스 1.00 mol이 채워져 있는 플라스크가 온도 25°C에서 압력은 1.00 atm이다. 부피는 얼마일까?

전략

이상기체 법칙을 포함하는 계산에서 온도의 단위는 K로 표현되어야 한다.

해답

이 문제에서는 n, T와 P 값이 주어졌다. 이 문제를 풀기 전에 °C는 반드시 K로 변환되어야 한다.

$$\text{K} = {}^\circ\text{C} + 273.15 = 25^\circ\text{C} + 273.15 = 298\ \text{K}$$

이상기체 공식을 이용해서 구한 답은 24.5 L.

$$PV = nRT$$

$$V = \frac{nRT}{P} = \frac{1.00\ \text{mol} \times 0.0821\ \text{L atm/mol K} \times 298\ \text{K}}{1.00\ \text{atm}} = 24.5\ \text{L}$$

연습문제 6.6

a. 플라스크 안에 표준 온도와 표준압력(0°C와 760 torr) 속에서 0.25 mol의 기체가 있다. 이 플라스크의 부피는 리터 단위로 얼마일까?

b. 온도가 25°C로 내려갔을 때의 압력은 torr 단위로 얼마가 될까?

6.3 | 분압

기체의 법칙들은 기체가 압력, 부피, 온도, 그리고 몰의 수의 변화에 어떻게 반응하는지를 예측할 수 있을 뿐만 아니라, 혼합된 기체의 성질도 예측하는 데 유용하다. 기체들이 혼합되면 마치 따로 따로 용기에 담겨 있듯이 각각의 기체가 압력을 발휘하게 된다. 예를 들어, 온도 273 K와 압력 0.50 atm인 2개가 서로 연결되어 있는 22.4 L의 실린더 중에 한쪽 실린더에는 0.50 mol의 헬륨 가스가, 다른 쪽 실린더에는 0.50 mol의 네온 가스가 들어 있다고 가정하자(그림 6.12*a*). 2개 실린더 사이의 밸브를 열었

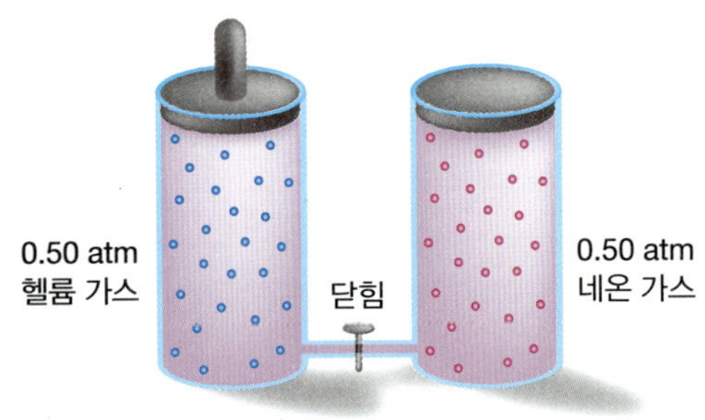

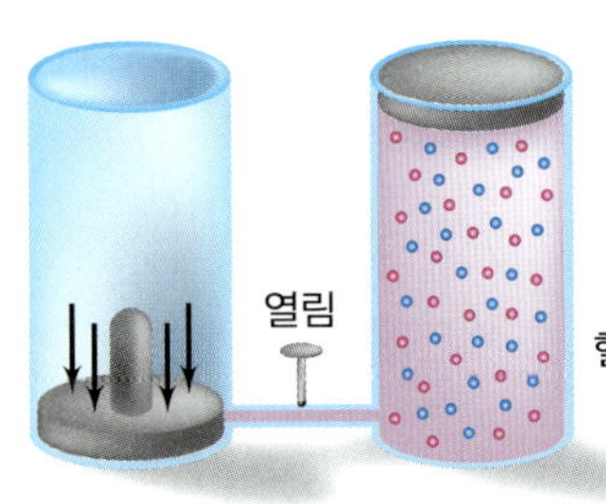

■ **그림 6.12**

총압력은 부분 압력의 합이다 (*a*) 0.50 atm의 압력의 헬륨 가스와 네온 가스가 각각 담긴 두 실린더. (*b*) 두 가스를 한 실린더에 합칠 때 전체 기압은 각 기체의 분압의 합인 1.0 atm이 된다.

을 때 헬륨 가스가 네온 가스를 밀고 그 실린더 안으로 들어간다면, 이때 새로운 압력은 얼마가 되겠는가?

기체의 법칙을 사용하여 이 문제를 풀 수 있다. 모든 기체가 오른쪽 실린더로 밀려 갔을 때의 최종 부피(22.4 L), 최종 몰 수(0.5 + 0.5 = 1.00 mol) 및 온도(298 K)를 알고 있다. $PV = nRT$ 공식에서 압력만 유일하게 모르는 양으로 남게 된다.

$$P = \text{모름}$$
$$V = 22.4\ \text{L}$$
$$n = 1.00\ \text{mol}$$
$$R = 0.0821\ \text{L atm/mol K}$$
$$T = 298\ \text{K}$$

숨쉬기

몸의 세포에서 필요한 산소를 공급하고 생성된 이산화탄소를 배출하는 과정은 우리가 이 장에서 배운 많은 원리들에 따라 달라진다(그림 6.13).

들숨

숨을 들이마시면, 늑간 근육(intercostal muscle)들이 흉곽을 밀어 올리면서 횡격막(diaphragm)이 수축한다. 그 결과 흉부의 강(심장과 폐를 받치고 있는)의 부피가 커져서 폐의 부피도 0.5 L 정도 팽창한다. 일정한 온도에서 이런 폐의 부피 증가는 보일의 법칙에 의해 폐의 압력을 대기압 보다 1 torr 낮은 압력으로 감소시키게 된다. 이때 폐의 기압이 신체를 둘러싼 기압보다 낮기 때문에 폐의 안팎의 압력이 균형을 이룰 때까지 공기가 폐 안으로 들어간다.

■ 그림 6.13

숨쉬기 압력의 차이로 인하여 O_2가 폐에서 조직으로 이동하고 CO_2가 조직에서 폐로 이동한다. O_2와 CO_2는 분압이 높은 지역에서 분압이 낮은 지역으로 이동한다.

폐에서 조직으로의 산소 이동

산소 가스가 폐의 모세 혈관의 혈액과 교환이 일어나는 방인 폐포에서 산소 분압(P_{O_2}, 6.3절)이 약 104 torr인 반면, 폐포의 모세혈관으로 들어가는 혈액은 보통 약 40 torr의 P_{O_2}를 가진다(액체 위에 있는 기체의 분압은 액체에 녹아 있는 기체의 양과 정비례한다; 6.6절).

폐포 안에 있는 공기와 폐포로 들어가는 혈액 사이에서 산소 분압의 차이는 O_2가 혈액 속으로의 순 이동을 일어나게 하므로, 혈액은 약 104 torr의 P_{O_2}를 가지는 폐포를 떠나서 심장으로 들어가 펌프질을 하여 온몸으로 돌게 한다. 대부분의 산소는 헤모글로빈에 의하여 운반된다. 먼 곳에 떨어져 있는 조직의 P_{O_2}는 40 torr 이하여서, 혈액(보다 높은 압력)으로부터 먼 곳에 떨어져 있는 조직(보다 낮은 압력)으로 산소가 이동한다. 혈액은 40 torr의 P_{O_2}를 가진 조직을 떠나서 더 많은 O_2를 얻기 위해 다시 폐로 돌아온다.

조직에서 폐로의 이산화탄소 이동

신체의 조직에 있는 혈액은 45 torr 이상의 CO_2 분압(P_{CO_2})을 가지고 있는 반면, 조직으로 들어가는 혈액은 40 torr 밖에 되지 않는 P_{CO_2}를 가지고 있다. 이산화탄소는 높은 압력의 조직에서부터 낮은 압력의 혈액으로 순 이동이 일어나고, 조직에서부터 폐로 이동하는 혈액은 45 torr의 P_{CO_2}를 가진다. 대부분의 CO_2는 HCO_3^-로서 운반된다. P_{CO_2}가 40 torr인 폐포의 모세혈관으로 혈액이 들어가면 이산화탄소가 혈액에서 폐포로 이동하고, 혈액을 40 torr의 P_{CO_2}인 상태로 남게 한다.

날숨

숨을 내쉴 때, 늑간 근육과 횡격막이 이완된다. 이는 흉부 강의 부피와 폐의 부피를 줄어들게 한다(일정한 온도에서 부피가 감소하면 압력이 증가한다). 이어서 폐의 압력이 대기압 보다 1 torr 높게 올라간다. 폐에 있는 공기가 신체 주위의 대기보다 더 높은 압력을 가져서 대부분의 CO_2가 조직으로부터 폐로 운반된다.

P의 값을 구하기 위하여 이상기체 법칙을 재정렬하면 다음과 같다.

$$P = \frac{nRT}{V} = \frac{1.00\ \cancel{\text{mol}} \times 0.0821\ \cancel{\text{L}}\ \text{atm}/\cancel{\text{mol K}} \times 273\ \cancel{\text{K}}}{22.4\ \cancel{\text{L}}} = 1.00\ \text{atm}$$

■ 기체 혼합물에서 한 기체의 분압은 그 기체가 혼자일 때 발휘하는 압력이다.

기체 혼합물에서 각각의 기체가 발휘하는 압력을 **분압(partial pressure)**이라고 부른다. **달톤의 분압 법칙(Dalton's law of partial pressure)**은 기체 혼합물의 총압력은 각각의 기체들의 분압의 합이라고 정의내리고 있다. 이 예에서, 1.00 atm의 총압은 헬륨 가스(0.50 atm)와 네온 가스(0.50 atm)의 분압들의 합이다.

달톤의 법칙은 수학 방정식으로 설명될 수 있다. 기체 A, B, C의 분압들을 P_A, P_B, P_C라고 할 때, 세 기체를 포함하는 혼합물의 총압(P_{total})은 다음과 같다.

$$P_{total} = P_A + P_B + P_C$$

예제 6.7

분압

N_2, O_2 및 기타 기체가 혼합된 공기가 있다. STP(760 torr 및 0 °C)에서 N_2의 분압은 593 torr이며, (O_2를 제외한) 기타 기체의 분압은 7 torr이다. O_2의 분압은 얼마인가?

전략

달톤의 분압 공식을 사용하여 미지의 변수값을 풀어라.

해답

$$P_{total} = P_{N_2} + P_{O_2} + P_{others}$$
$$P_{O_2} = P_{total} - P_{N_2} - P_{others} = 760\ \text{torr} - 593\ \text{torr} - 7\ \text{torr} = 160\ \text{torr}$$

연습문제 6.7

에베레스트 산을 오를 때 산소의 분압이 요구수준에 비해 매우 낮기 때문에 등반가들은 주로 보조산소를 필요로 한다. 대기압이 200 torr, N_2의 분압이 156 torr이며, (O_2를 제외한) 기타 기체의 분압이 2 torr인 에베레스트 산 정상에서의 산소분압은 얼마인가?

6.4 | 용액

기체의 법칙이 순수 기체와 기체 혼합물의 행동을 어떻게 예측하게 하는지를 알아보았다. 기체, 액체 및 고체를 포함하고 있는 기타 혼합물로 관심을 돌려보겠다. 먼저 몇 가지 용어를 복습하면서 시작하겠다. 순수물질(pure substance)은 오직 하나의 원소 또는 화합물로 구성되어 있다. 물(H_2O), 염화나트륨(NaCl) 및 설탕($C_{12}H_{22}O_{11}$) 화합물들이 순수물질인 것과 마찬가지로, 수은(Hg), 은(Ag) 및 산소 기체(O_2) 원소는 순수물질이다. 두 가지 이상의 순수물질의 조합을 혼합물(mixture)이라 부른다.

어떤 혼합물은 **균일(homogeneous)**한데, 이것은 순물질들(설탕, 향료, 착향료, 식용색소 등)을 함유하고 있는 Kool Aid 한 봉지를 물(다른 순물질)에 넣으면 생성되는 혼합물과 같이 균일하게 분산되어 있다. 빨대를 어디에 꽂아도 균일한 혼합물, 즉 **용액(solution)**을 맛 볼 수 있으며, 혼합물 성분들이 균일하게 분산되어 있어 똑같이 달콤할 것이다(그림 6.14).

용액의 다른 예로는 질산은($AgNO_3$)이나 염화나트륨(NaCl)이 물에 용해될 때 형성되는 용액들이다. 수용액에서(그림 6.15*a*), 물은 **용매(solvent, 가장 많은 양으로 존재하는 용액성분)**이며, Ag^+, NO_3^-,

Na^+와 Cl^-는 **용질**(**solutes**, 용매에 녹아 있는 성분)이다. 용액을 구성하는 용질과 용매는 고체, 액체 또는 기체가 될 수 있다. 탄산수는 물(용매)에 기체의 이산화탄소(용질)가 녹아 있는 용액이다. 공기는 질소 기체(용매)에 녹아 있는 산소 기체(용질)와 다른 기체성 용질로 구성되어 있다.

그림 6.15에서 반응의 생성물에 의하여 보여주는 바와 같이 어떤 혼합물은 **불균일하다**(**heterogeneous**, 분산이 균일하지 않다). 질산은($AgNO_3$) 용액은 염화나트륨(NaCl) 용액과 혼합되면, 염화은(AgCl) 형태의 **침전물**(**precipitate**, 고체의 반응 생성물)이 생성된다. 두 균일 반응 혼합물은 불균일한 혼합물의 형태로 결합한다.

Kool Aid나 용해된 NaCl와 같은 액체 용액의 조성에는 용질 입자가 다음과 같은 두 가지 중요한 특성을 요구한다.

- 용질 입자는 용매 분자와 거의 동일한 크기여야 한다.
- 용질 입자는 비공유 상호작용으로 용매 분자와 반응할 수 있어야 한다(비공유상호작용에 대하여는 4.3절을 참조할 것).

만약 용질이 이러한 특성들을 가지고 있다면 용질은 용매에 잘 혼합될 것이며, 용액도 침전되지 않을 것이다. 용액에서는 용질과 용매가 아무리 오랫동안 함께 있어도 균일하게 혼합된 상태로 유지된다.

■ **그림 6.14**

용액 Kool Aid 용액은 봉지에 들어 있는 성분들(당, 향료 및 색소)이 물에 균일하게 분포하게 된다.

(*a*) (*b*)

$$AgNO_3(aq) + NaCl(aq) \longrightarrow AgCl(s) + NaNO_3(aq)$$

■ **그림 6.15**

불균일 혼합물 (*a*) 질산은 용액과 염화나트륨 용액은 균일한 혼합물이다. (*b*) 두 용액을 혼합하면, 불균일한 혼합물인 질산은 침전물이 생성된다.

이러한 특징(비슷한 크기와 비공유 상호작용을 통해 작용하는)은 "***유사한 것끼리의 용해***(***like dissolves like***)"의 일반적 지침이며, 이것은 특정 용매에서 어떤 물질이 **용해성**(**soluble**, 용해된다) 또는 **불용성**(**insoluble**, 용해되지 않는다)인지를 예상할 수 있다. 이 지침을 적용하여 Na^+와 Cl^- 이온이 물에 녹는 이유를 이해할 수 있다. Na^+와 Cl^- 이온 및 물 분자는 모두 거의 같은 크기이며, 이들 이온의 전하들은 극성인 물 분자와 상호작용을 할 수 있게 한다.

■ 순수한 물질은 균일 또는 불균일한 혼합물의 형태로 결합한다.

온도는 액체 용액의 생성에 중요하다. 물에서 온도의 상승은 모든 기체성 용질(O_2, CO_2 등)의 **용해도**(**solubility**, 일정한 온도에서 용매안에 녹아 있는 용질의 양)의 감소로 이어진다. 1 atm, 20°C에서 0.169 g의 이산화탄소(CO_2)는 물(H_2O) 100 g에 용해될 수 있다. 60°C로 온도가 상승하면 CO_2의 용해도는 0.58g/100 g(물)으로 낮아진다.

■ 온도가 증가함에 따라 기체는 물에서 덜 녹고, 대부분의 액체와 고체는 더 많이 녹는다.

대부분의 액체와 고체 용질은 온도가 증가하면 물에 더 잘 녹는다. 예를 들어 20°C에서 염화나트륨 35.9 g은 물 100 g에 용해될 수 있다. 그리고 60°C에서는 37.1 g이 용해된다.

용질은 일정한 온도에서 용해도 한계에 도달하면, 더 첨가된 용질은 녹지 않는다(그림 6.16). 그 결과 생성된 불균일한 혼합물에서 아

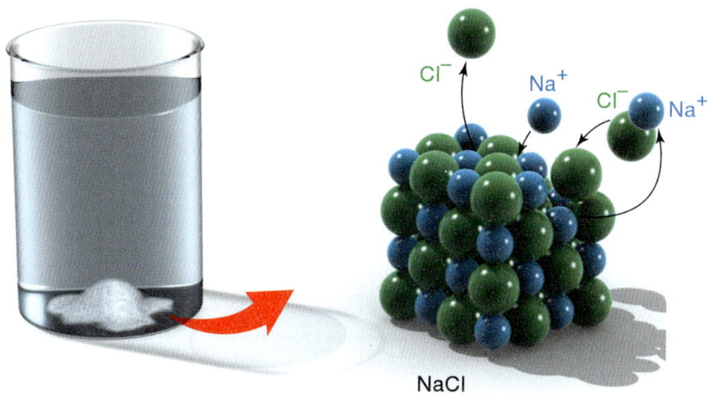

■ **그림 6.16**

용해도 식탁염(NaCl)은 물에 용해된다. 그러나 용해도 한계에 도달하면 더 이상 녹지 않는다. 이 용해도 한계점에서 용질의 Na^+와 Cl^- 입자는 동일한 비율로 용액에 들어가고 나온다.

무런 현상이 일어나지 않는 것처럼 보이지만, 실제로는 용질 입자가 용매에 꾸준히 녹는 동안 다른 입자들은 용액에서 빠져 나오는 활동이 일어나고 있다. 이 두 과정은 동일한 속도로 일어나므로 가시적인 변화가 일어나지 않는다.

예제 6.8

용해도

바닐라 추출물에는 65% 물과 35% 에탄올 혼합물에 바닐린(vanillin)이 함유되어 있다.

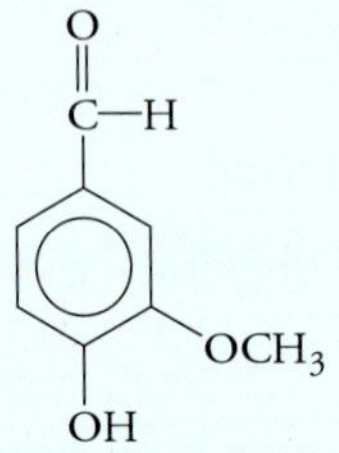

O
‖
C—H

OCH_3

OH

Vanillin

CH_3CH_2OH

Ethyl alcohol

에탄올은 바닐린이 잘 용해되도록 도와준다. 바닐린은 물에 꽤 낮은 용해도를 가지고 있지만(0.07 mole/L) 에탄올에는 더 잘 녹는다(2.47 mole/L). 두 용매의 혼합물은 바닐린이 향료로서 사용될 수 있도록 충분히 녹게 된다.

a. 만일 25.0 g의 바닐린을 25°C의 물 1 L에 넣으면 균일 혼합물이 생기겠는가? 아니면 불균일 혼합물이 생기겠는가?

b. 만일 25.0 g의 바닐린을 25°C의 에탄올 1 L에 넣으면 균일 혼합물이 생기겠는가? 아니면 불균일 혼합물이 생기겠는가?

전략

이들 각각의 용매에서 용액의 1 L당 몰 단위로 바닐린의 용해도가 주어진다. 바닐린의 몰 대비 그램으로 관련있는 적당한 환산계수를 찾아본다.

해답

바닐린은 $C_8H_8O_3$의 분자식과 152.16 g/mol의 몰 질량을 가지고 있다. 이 문제에서 언급한 25.0g은 0.164 mol과 같다.

$$25.0\ \cancel{\text{g vanillin}} \times \frac{1\ \text{mol vanillin}}{152.16\ \cancel{\text{g vanillin}}} = 0.164\ \text{mol vanillin}$$

a. 불균일 혼합물이다. 왜냐하면 0.164 몰의 바닐린은 물이 용매일 때 용액 1리터당 0.070몰의 물에서의 용해도 한계를 웃돌기 때문이다.

b. 균일 혼합물이다. 왜냐하면 0.164 몰의 바닐린은 에탄올이 용매일 때 용액 1리터당 2.47몰의 에탄올에서의 용해도 한계를 밑돌기 때문이다.

연습문제 6.8

진통제인 acetaminophen은 25°C의 물에서 리터당 0.0099몰의 용해도를 가지고 있다. 같은 온도에서 이 진통제는 부탄올에서 리터당 0.457몰의 용해도를 가지고 있다. 어떤 비공유 상호작용이 물에서보다 부탄올에서 더 높은 용해도를 갖게 하는 이유가 되는가?

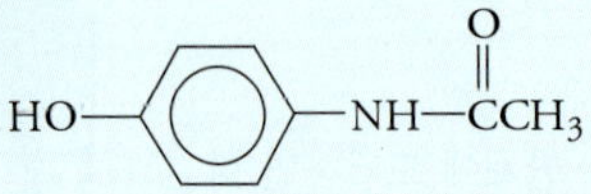

HO—(benzene ring)—NH—C(=O)CH_3

Acetaminophen

$CH_3CH_2CH_2CH_2OH$

Butyl alcohol

6.5 | 침전 반응

이전 장에서 물에서 NaCl의 용해도를 설명하기 위해 유사한 것끼리의 용해(*like dissolves like*) 가이드라인을 사용하였다. 이온화합물이 물에서의 용해도를 검토할 때 한 가지 더 추가적인 요인으로는—이온의 결정격자의 세기(이온이 서로 결합하려는 힘)가 있다(그림 6.16에서 NaCl을 참조할 것). 어떤 경우에는 결정격자를 유지하는 이온결합이 매우 강하여, 비록 각각의 이온이 물에 녹는다고 하여도, 그 화합물은 물에 녹지 않을 것이다. 그림 6.15에서 본 것처럼 NaCl은 용질 Na^+와 Cl^-로 분리되어 물에 녹는다. 또한 수용성인 질산은($AgNO_3$)은 Ag^+와 NO_3^-를 생성하여 녹는다. 그러나 염화은(AgCl)은 물에 녹지 않는다. 염화은이 물에 용해될 수 없는 것은 포함된 이온들과는 직접 관계가 없다. NaCl에서 Na^+와 쌍을 이루면 Cl^-는 물에서 용질이 되며, $AgNO_3$에서 NO_3^-와 쌍을 이루면 Ag^+는 용질이 된다. AgCl에서 Ag^+와 Cl^- 사이의 이온결합은 물 분자에 의해 분리되지 않을 만큼 강하게 결합되어 있으며, 이 이온성 화합물은 불용성이다. 물에서 다수의 이온화합물의 용해성을 표 6.3에 요약하였다.

표 | 6.3 물에서 이온화합물의 용해도

화합물	예	예외	예
가용성(물에 용해됨)			
질산염(nitrates)	$AgNO_3$	없음	없음
염화물(chlorides), 브롬화물(bromides) 요오드화물(iodies)	NaCl	Ag^+, Pb^{2+}, 또는 Hg_2^{2+}를 포함하는 화합물	AgCl
황산염(sulfates)	K_2SO_4	Pb^{2+}, $Sr2^+$, Ba^{2+}, Hg_2^{2+}를 포함하는 화합물	$PbSO_4$
불용성(물에 용해되지 않음)			
수산화물(hydroxides)	$Mg(OH)_2$	염기성 금속 양이온, Ca^{2+}, Sr^{2+}, 또는 Ba^{2+}를 포함하는 화합물	NaOH
인산염(phosphates)	$FePO_4$	NH_4^+나 알칼리 금속 양이온을 포함하는 화합물	Li_3PO_4
탄산염(carbonates)	$PbCO_3$	NH_4^+나 알칼리 금속 양이온을 포함하는 화합물	K_2CO_3

예제 6.9

이온화합물의 물에 대한 용해도 예상

각 이온성 화합물들이 물에 가용성 또는 불용성인지 표시하시오.

a. KNO_3 **b.** $BaSO_4$ **c.** LiI

전략

a의 정답으로는 표 6.3에서 모든 질산염을 함유하는 이온성 화합물은 물에 녹는 것으로 나타나 있는 것에 주목하라. b와 c는 이 표를 참고함으로써 대답할 수 있다.

해답

a. 가용성 **b.** 불용성 **c.** 가용성

연습문제 6.9

각 이온화합물의 화학식을 쓰고 물에 용해성인지 불용성인지 표시하시오.

a. 황산바륨(barium sulfate) **b.** 질산리튬(lithium nitrate) **c.** 탄산나트륨(sodium carbonate)

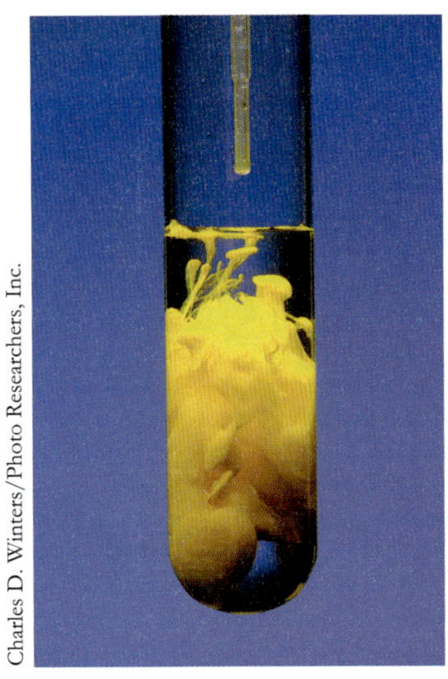

Charles D. Winters/Photo Researchers, Inc.

■ 그림 6.17

침전반응 질산납(lead(II) nitrate)이 요오드화 칼륨(potassium iodide)과 반응할 때 요오드납(lead(II) iodide)이 용액에서 침전된다.

$$Pb(NO_3)_2(aq) + 2KI(aq) \longrightarrow PbI_2(s) + 2KNO_3(aq)$$

- 이온 반응식에서 전해질은 개별 이온으로 표기한다.
- 구경꾼 이온은 이온 반응식의 양쪽에서 동등하게 나타난다. 구경꾼 이온을 제거하면 알짜 이온 반응식이 된다.

표 6.3에 있는 정보는 주어진 한 쌍의 이온화합물이 물에서 혼합되면 화학반응이 일어날 것인지 아닌지를 결정하는 데 이용할 수 있다(그림 6.17). 염화코발트(II)(cobalt(II) chloride)와 수산화칼슘(calcium hydroxide) 화합물의 균형 반응식을 고려해 보자.

$$CoCl_2 + Ca(OH)_2 \longrightarrow Co(OH)_2 + CaCl_2$$

이 이중 치환반응에서 양이온과 음이온은 생성물에서 Co^{2+}는 OH^-와, Ca^{2+}는 Cl^-와 쌍을 이루어 자리바꿈이 일어난다. 표 6.3에서 위 반응식 나타낸 4가지 이온성 화합물 중 $Co(OH)_2$를 제외하고는 모두 물에 용해된다. 이 지식을 사용하여 이번에는 물리적 상태를 표시하여 반응식을 다시 적을 수 있다.

$$CoCl_2(aq) + Ca(OH)_2(aq) \longrightarrow Co(OH)_2(s) + CaCl_2(aq)$$

이 반응에서 반응물은 균일한 혼합물이며, 생성물은 수용성 $CaCl_2$와 고체 $Co(OH)_2$(침전물)로 구성된 불균일 혼합물이다

반응물과 생성물의 물리적 상태를 알면 개별 이온으로 작성된 전해질 형식인 **이온 반응식(ion equation)**을 적을 수 있다. 예를 들어 NaCl(*aq*)은 반응물이며, 이 전해질(물에 이온 상태로 용해됨)은 $Na^+(aq)$와 $Cl^-(aq)$로 적는다. $CoCl_2$와 $Ca(OH)_2$ 사이의 반응에 대한 이온 반응식으로는

$$Co^{2+}(aq) + 2Cl^-(aq) + Ca^{2+}(aq) + 2OH^-(aq) \longrightarrow Co(OH)_2(s) + Ca^{2+}(aq) + 2Cl^-(aq)$$

이온 반응식

이 이온 반응식은 원자의 용어로 평형을 이루며, 전하에 대하여도 평형을 이룬다(알짜 전하는 반응물과 생성물에서 모두 Zero이다).

위의 이온 반응식에서 반응물과 생성물을 보면, Cl^-와 Ca^{2+} 이온은 변화 없이 남아 있는 것을 알게 된다. 이온 반응식의 양쪽에 동일하게 나타나는 이러한 이온을 **구경꾼 이온(spectator ion)**이라 부른다. 구경꾼 이온을 이온 반응식에서 제거하면 **알짜 이온 반응식(net ionic equation)**이 된다. 알짜 이온 반응식은 반응 중에 일어난 실제 변화를 나타낸 것이다. $CoCl_2$와 $Ca(OH)_2$ 사이의 반응에서 알짜 이온 반응식은

$$Co^{2+}(aq) + 2OH^-(aq) \longrightarrow Co(OH)_2(s)$$

알짜 이온 반응식

침전반응은 탄산나트륨(Na_2CO_3)과 질산마그네슘($Mg(NO_3)_2$) 사이에서 일어난다. 이 반응의 균형 반응식은

$$Na_2CO_3 + Mg(NO_3)_2 \longrightarrow 2NaNO_3 + MgCO_3$$

이온 반응식으로 나타내면, 어떤 반응물과 생성물이 물에 녹는지를 알아야 한다. NH_4^+를 포함하는 탄산염이나 Na^+와 같은 알칼리성 금속 이온과 마찬가지로, 모든 질산염은 물에 용해되는 것을 표 6.3에서 알게 된다. 다른 모든 탄산염은 물에 녹지 않는다. 이러한 사실을 이용하여 반응물과 생성물이 수용성인지 아닌지를 명시한 반응식으로 다시 작성할 수 있다.

$$Na_2CO_3(aq) + Mg(NO_3)_2(aq) \longrightarrow 2NaNO_3(aq) + MgCO_3(s)$$

이 반응식으로부터 이온 반응식과 알짜 이온 반응식을 적을 수 있다.

$$2Na^+(aq) + CO_3^{2-}(aq) + Mg^{2+}(aq) + 2NO_3^-(aq) \longrightarrow 2Na^+(aq) + 2NO_3^-(aq) + MgCO_3(s)$$

이온 반응식

$$CO_3^{2-}(aq) + Mg^{2+}(aq) \longrightarrow MgCO_3(s)$$

알짜 이온 반응식

침전반응은 생명체에서 중요한 많은 역할을 수행한다. 예를 들어, 면역계에서 생성된 항체는 쓸모없는 분자와 결합하여 쉽게 포획하여 파괴되는 물에 불용성인 커다란 침전물을 형성한다.

예제 6.10

침전반응

물에서 브롬화철(III)(iron(III) bromide)은 인산칼륨(potassium phosphate)과 반응하며, 브롬화칼륨(potassium bromide)과 고체인 인산 3가철(iron(III) phosphate)을 형성하는데, 이 중 하나는 고체이다. 이 반응을 균형 반응식과 이온 반응식, 그리고 알짜 이온 반응식으로 적으시오.

전략

이 문제를 풀기 위해서는 각 반응물과 생성물의 분자식을 먼저 결정해야 한다. 그런 후에 표 6.3을 참조하여 물에 불용성인 생성물을 결정한다.

해답

표 6.3에서 $FeBr_3$, K_3PO_4 및 KBr은 물에 녹지만, $FePO_4$는 물에 녹지 않는 불용성이라는 것을 결정할 수 있다.

$$FeBr_3(aq) + K_3PO_4(aq) \longrightarrow FePO_4(s) + 3KBr(aq)$$

균형 반응식

$$Fe^{3+}(aq) + 3Br^-(aq) + 3K^+(aq) + PO_4^{3-}(aq) \longrightarrow FePO_4(s) + 3K^+(aq) + 3Br^-(aq)$$

이온 반응식

$$Fe^{3+}(aq) + PO_4^{3-}(aq) \longrightarrow FePO_4(s)$$

알짜 이온 반응식

연습문제 6.10

질산납(lead(II) nitrate) 수용액을 염화암모늄(ammonium chloride) 중 하나와 혼합하면 일어나는 침전반응에 대하여 균형 반응식, 이온 반응식 및 알짜 이온 반응식을 적으시오. 침전물을 확인하시오.

Did You Know?

일부 지하수는 $CaCO_3$, $MgCO_3$, $FeCO_3$를 포함한 미네랄 성분들과 접촉하게 된다. 이런 이온 화합물들은 물에 불용성인 반면, 이산화탄소에 노출되면 이들은 전형적으로 물에 녹는데, 각각은 반응하여 수용성 이온을 생성한다. 예를 들어,

$$CaCO_3(s) + CO_2(aq) + H_2O(l) \longrightarrow Ca^{2+}(aq) + 2HCO_3^-(aq)$$

용해된 Ca^{2+}, Mg^{2+} 또는 Fe^{2+}를 함유하고 있는 물을 경수(hard water)라고 부른다. 경수를 가열하면 위에서 본 반응들 중의 하나와 같이 반응이 역으로 일어난다. 이 역 반응은 수도관, 온수기 및 찻주전자의 내부에 생기는 스케일(scale)로 알려져 있는 침전물($CaCO_3$ 등)을 생성한다.

6.6 | 물에서 기체의 용해도

6.4절에서 온도가 상승할수록 기체의 용해도가 낮아진다는 것을 알아 보았다. 영국의 화학자인 William Henry(1977~1836)는 기체의 용해도에 대한 압력의 영향에 대해 연구하였다. 그의 연구는 **헨리의 법칙(Henry's law)**으로 요약되며, 이 법칙은 용액 속에 들어 있는 기체의 용해도는 액체에 가해지는 기체의 압력에 비례함을 말한다. 이 법칙은 기체에 가해지는 압력이 증가하면 동일한 비율—압력이 2배이면 용해도 2배, 압력이 3배로 증가하면 용해도 또한 3배 등—로 기체의 용해도가 증가된다고 예상한다. 이산화탄소(CO_2)는 1기압, 20°C에서 물 100 g 당 0.169 g의 용해도를 나타내며, 2기압 20°C에서의 용해도는 0.338g/100 g으로 증가한다.

탄산음료는 일상생활과 헨리의 법칙이 어떻게 관련있는지를 보여주는 예이다. 개봉하지 않은 탄산수 내부의 기체는 대기의 압력보다 약간 높다. 병을 열 때 가압된 기체가 쉿 소리를 내며 빠져 나가는 것을 듣게 되고, 병에서 CO_2 거품이 즉시 생성된다. 이는 음료에 가해지는 CO_2 압력이 감소하였고 CO_2가 보다 적게 녹기 때문이다. 한계 용해도를 초과한 CO_2는 거품으로 용액에서 빠져 나간다(그림 6.18).

일부 기체는 용매인 물과 반응하여 물-가용성 생성물로 전환되기 때문에 물에서 매우 높은 용해도를 가진다. 예를 들어, 25°C 1기압에서의 다음 반응에서 물은 질소 가스(N_2)보다 CO_2는 25배 이상, 암모니아(NH_3)는 80,000배 이상 함유한다.

Charles D. Winters/Photo Researchers, Inc.

그림 6.18

기체의 용해도 탄산수 병을 열면 탄산수에 가해지는 CO_2의 압력은 주변 대기압 수준으로 떨어진다. CO_2는 낮아진 압력으로 인해 용해도가 낮아지며, 거품으로 용액에서 빠르게 사라진다.

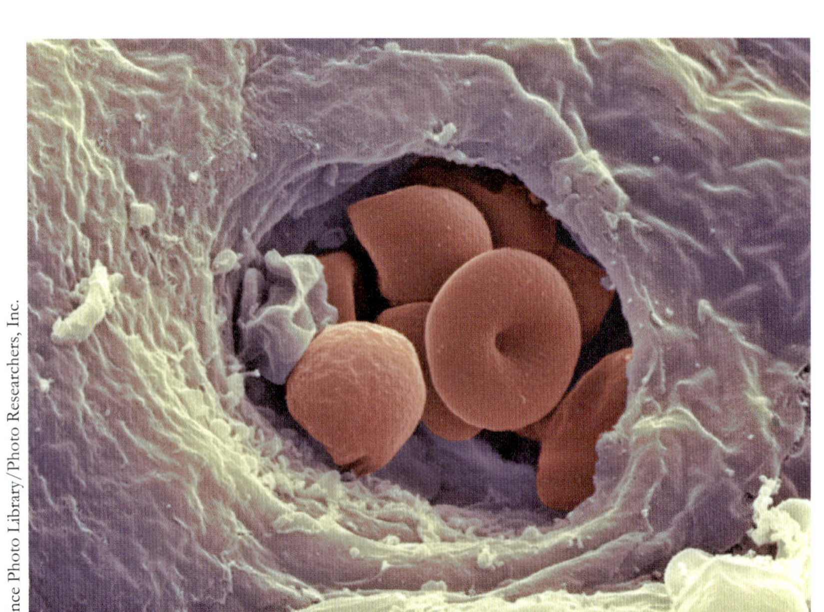

Science Photo Library/Photo Researchers, Inc.

■ 그림 6.19

모세혈관을 따라 이동하는 적혈구 각 적혈구에는 약 3억 개의 헤모글로빈 분자가 함유되어 있다.

$$CO_2(g) + H_2O(l) \rightleftharpoons H_2CO_3(aq) \rightleftharpoons H^+(aq) + HCO_3^-(aq)$$

$$NH_3(g) + H_2O(l) \rightleftharpoons NH_4^+(aq) + OH^-(aq)$$

■ 용액에서 기체의 압력이 높을수록 기체의 용해도는 증가한다.

기체를 흡수하는 액체의 능력은 기체와 액체에 들어 있는 다른 물질 간의 상호작용으로도 높일 수 있다. 혈액을 예로 들면, O_2와 적혈구의 산소전달 화합물인 헤모글로빈의 상호작용으로 인해 O_2 결합력이 물보다 약 66배 이상 높다(그림 6.19).

고압산소(고압) 치료는 헨리의 법칙에 대한 또 하나의 응용이다. 고압산소 상태에서 산소 $O_2(g)$ 호흡을 하면(그림 6.20), 정상치보다 높은 수준의 산소량이 혈액에 용해된다. 고압산소 치료는 일산화탄소(CO) 중독을 치료하는 데 효과적인 방법으로, 높은 산소 농도가 헤모글로빈으로부터 일산화탄소를 치환하도록 도와준다. 고압산소는 가스 괴저(gas gangrene)와 파상풍(tetanus) 치료에도 이용할 수 있다. 왜냐하면 박테리아는 산소가 많은 환경에서는 살수 없기 때문이다. 또한 이 치료법은 피부이식과 상처의 빠른 치료에도 이용한다. 고압의 산소상태에서 천천히 감압하는 치료는 때로는 잠수부들이 경험하는 잠수병을 치료한다.

James King-Holms/Science Photo Library/Photo Researchers, Inc.

■ 그림 6.20

고압산소실(고압) 높은 압력은 혈액 내로 더 많은 O_2를 이동시킨다.

고압산소 치료는 많은 이득이 있는 반면, 잠재적으로는 위험하다. 혈액에 용해된 다량의 산소가 중요한 생물학적 화합물을 손상시키는 유해한 반응 화합물을 생성시키는 결과를 초래할 수 있다. 이것은 신경계 손상과 다른 심각한 건강상 문제를 일으킬 수 있다.

일부 마취제는 환자가 호흡을 함으로써 투여되는 기체들이다(그림 6.21). 이들 흡입성 마취제의 혈청에서의 용해도는 얼마나 빨리 그 효과를 느끼는가, 마취의 깊이가 얼마나 쉽게 변할 수 있는가, 그리고 마취로부터 얼마나 빨리 회복되는가와 직접적인 상관관계가 있다.

치과 의사가 흔히 사용하는 흡입 마취제인 아산화질소(N_2O)는 혈청에서 매우 낮은 용해도를 가지고 있다. 환자가 아산화질소를 흡입하면 혈액은 급격히 아산화질소 가스로 포화되고, N_2O는 뇌로 이동하여 마취효과가 나타나게 된다. N_2O의 흡입기가 제거되면 N_2O 가스는 혈액으로부터 급격히 떠나서 호흡으로 내뿜어 나가기 때문에 마취효

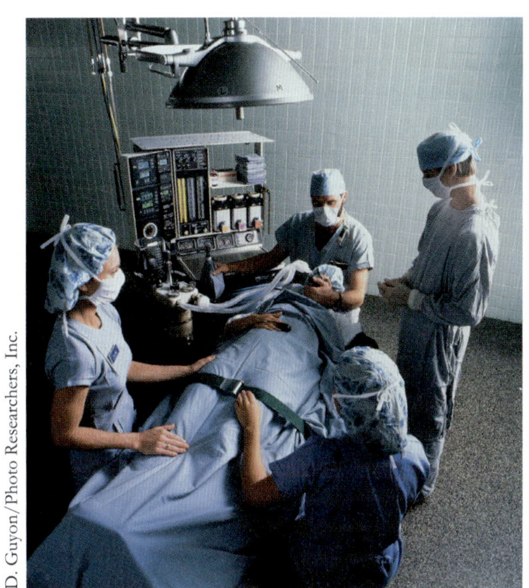
D. Guyon/Photo Researchers, Inc.

■ 그림 6.21

마취제 흡입 흡입기는 마취 가스를 환자에게 흐르도록 공급한다.

과는 급격히 사라진다.

다른 흡입 마취제인 methoxyflurane($CHCl_2CF_2OCH_3$)은 혈청에서 아산화질소보다 몇 배 더 용해도가 높다. 혈청은 더 많은 양의 methoxyflurane을 운반할 수 있기 때문에 마취의 시작과 회복시간이 아산화질소보다 더 걸린다. 아산화질소는 흔히 methoxyflurane과 같은 다른 마취제와 혼합하여 사용하는데, 이때 아산화질소는 마취를 시작하고 다른 마취제는 마취를 지속시키는 기능을 한다.

예제 6.11

헨리의 법칙

만일 심해 잠수부가 매우 빨리 수면으로 나오면 그(그녀)는 잠수병통증(감압통)을 경험하게 된다. 급성 잠수병(acute decompression sickness)으로 알려져 있는 매우 고통스러운 이런 장애는 압력의 급격한 감소로 인해 혈액에서 질소 기포가 형성되면서 유발된다. 이것이 헨리의 법칙과 어떻게 관계있는지를 설명하시오.

전략

액체에서 압력은 기체의 용해도에 영향을 미침을 재고한다.

해답

헨리의 법칙은 압력이 올라갈수록 액체에서 기체의 용해도는 증가함을 예측한다. 잠수부가 심해로 더 깊이 잠수할수록 압력을 더 커지며 더 많은 기체가 혈액에 용해된다. 만일 잠수부가 해수면으로 급히 올라오게 되면 기체의 용해도가 떨어지며 혈액에서 기포가 형성된다.

연습문제 6.11

해수면으로 천천히 올라옴으로써 잠수병통증(감압통)을 피할 수 있다. 어떻게 혈액에서의 기포 형성이 예방되는가?

6.7 | 유기 및 생화합물

알케인(alkane) 분자들은 즉시 서로 혼합된다. 그래서 펜탄에 헥산을 첨가해서 용액을 만들 수 있다. 순수 물질처럼 알케인 분자들은 London force(런던 인력)로 인접 분자들과 결합한다. 펜탄($CH_3CH_2CH_2CH_2CH_3$)과 헥산($CH_3CH_2CH_2CH_2CH_2CH_3$)을 혼합하면 분자들은 서로 뒤섞이고 새로운 London force가 펜탄과 헥산 분자들 사이에서 일어난다(그림 6.22*a*). 펜탄은 헥산에 용해되는데, 왜냐하면 용질과 용매 분자의 크기가 비슷하고, 서로 간에 상호작용하기 때문이다. 앞에서 본 바와 같이, **유사한 것끼리 용해하며**(*like dissolves like*), 이 경우의 "유사한" 분자들은 London force로 상호작용하는 탄화수소들이다.

탄화수소는 물에 용해되지 않는다. 이런 비극성 분자들은 극성인 물 분자들과 효과적으로 상호작용하지 않는다. 따라서 이들 두 분자가 혼합되면 탄화수소 분자들끼리 London force로 결합한 상태로 유지되며, 물 분자들끼리 수소결합을 통하여 서로 결합한 상태로 유지하게 될 것이다.

비록 탄화수소는 물에 녹지 않지만 많은 유기 화합물은 물에 녹는다. 예로 들면, 에탄올(CH_3CH_2OH)과 물은 모든 비율에서 혼합된다. 순수한 에탄올과 순수한 물에서(그림 6.22*b*), 이 분자들은 주로 수소결합으로 서로 결합되어 있다. 에탄올이 물과 혼합될 때, 순수한 물질들에서의 일부 수소결합은 알코올과 물 분자 간의 수소결합으로 바뀐다.

알코올 분자에 탄소 원자의 수가 많을수록 물에 대한 용해도가 떨어진다. 에탄올은 물에 모든 비율에서 용해되는 반면에, 1-octanol($CH_3CH_2CH_2CH_2CH_2CH_2CH_2CH_2OH$)은 매우 소량만이 용매인 물에 용해될 것이다. 이러한 차이는 분자에서 탄소사슬이 길어질수록 알코올은 탄화수소(London force를 통하여 상호작용함)를 더욱 닮아가며, 물과는 성질(수소결합으로 상호작용함)이 더욱 멀어지기 때문에 생긴다. **유사한 것끼리 용해**(*like dissolves like*)하기 때문에 큰 분자의 알코올은 물보다 비극성 용매에 좀 더 잘 용해되는 경향이 있다.

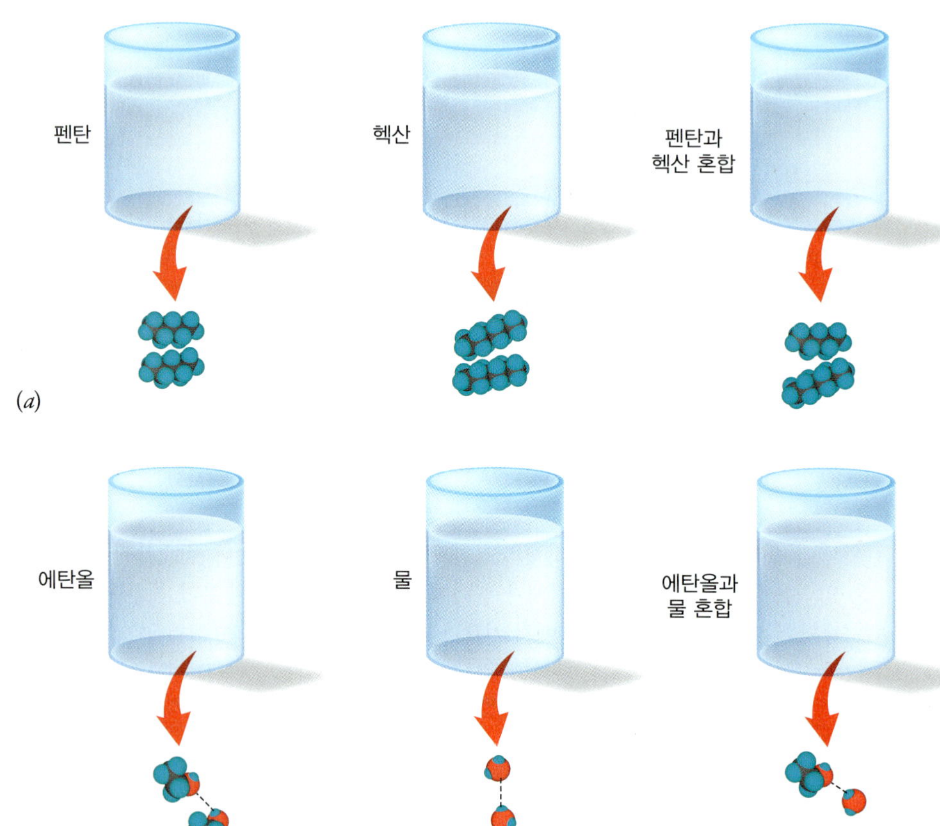

■ 그림 6.22

유기화합물의 용해도 (*a*) 순수한 펜탄($CH_3CH_2CH_2CH_2CH_3$)과 순수한 헥산($CH_3CH_2CH_2CH_2CH_2CH_3$) 분자들이 혼합되면 그 분자들은 London force로 상호결합하고 있다. (*b*) 에탄올(CH_3CH_2OH)과 물이 혼합되면 주로 수소결합으로 서로 결합한다.

분자의 탄소 원자 수와, 그 분자의 물에 대한 용해도 사이의 관계는 다른 유기화합물에서도 적용된다. 옥탄산(octanoic acid)은 물에 약간 용해되는 반면, 식초에 들어 있는 아세트산은 물에 완전히 용해된다. 포름산 에틸(Ethyl formate)같은 작은 에스테르들은 물에 약간 녹는 반면에, 큰 분자의 에스테르는 물에 용해되지 않는다.

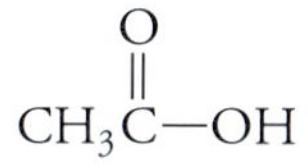

$$CH_3\overset{O}{\overset{\|}{C}}-OH$$

Acetic acid

$$CH_3CH_2CH_2CH_2CH_2CH_2CH_2\overset{O}{\overset{\|}{C}}-OH$$

Octanoic acid

$$H-\overset{O}{\overset{\|}{C}}-OCH_2CH_3$$

Ethyl formate

$$CH_3CH_2CH_2CH_2CH_2CH_2\overset{O}{\overset{\|}{C}}-OCH_2CH_2CH_2CH_3$$

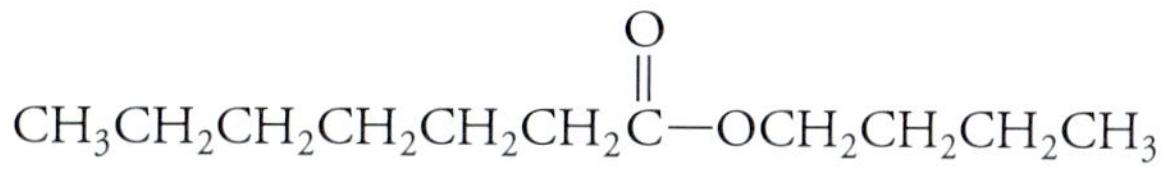

Butyl heptanoate

생명체에서 발견되는 생화학 물질은 세 그룹의 용해도 중 한 그룹으로 분류할 수 있다. 물에 용해되는 물질은 **친수성(hydrophilic**, 물을 좋아함), 물에 용해되지 않는 물질은 **소수성(hydrophobic**, 물을 무서워함), 그리고 양쪽 사이의 어딘가에 위치하는 물질은 **양친매성(amphipathic**, 친수성과 소수성 모두를 가지고 있음)이다. 각 분류별 일부 화합물은 다음 절에서 설명하고, 더 자세한 설명은 다음 장에서 논의할 것이다.

■ 친수성 화합물은 물에 녹는다.

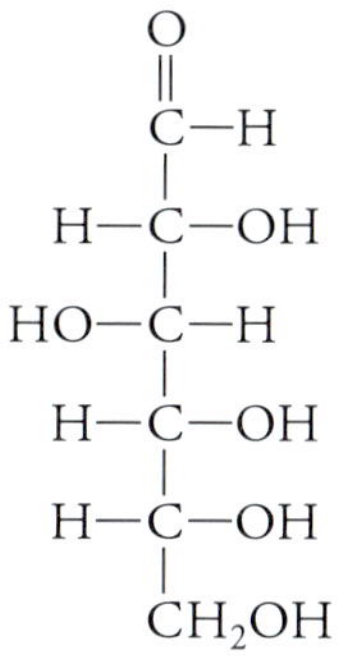

유사한 것끼리 용해(*like dissolves like*)된다는 규칙으로 인해, 친수성 분자는 물과 공통점이 있어야 한다. 생물체에서 전형적으로 발견되는 거대 분자들에 대해 "유사한 것끼리 용해"의 의미를 고려해 보면, London force를 통해 상호작용하는 탄소 사슬 때문에 생기는 물에 불용성인 성질보다 극성 그룹과 수소결합을 형성할 수 있는 그룹으로 인한 수용성의 성질이 보다 중요할 수밖에 없다는 것을 의미한다. 포도당과 기타 단순당(그림 6.23*a*)은 물과 반응할 수 있는 —OH기를 많이 포함하므로 친수성이다. 단백질 단위체인 아미노산도 물과 수소결합을 형성할 수 있는 질소, 산소 및 수소 원자를 가지고 있어서 역시 친수성이다.

$$\begin{array}{l} \quad\;\; O \\ \quad\;\; \| \\ \quad\;\; C-H \\ \quad\;\; | \\ H-C-OH \\ \quad\;\; | \\ HO-C-H \\ \quad\;\; | \\ H-C-OH \\ \quad\;\; | \\ H-C-OH \\ \quad\;\; | \\ \quad\;\; CH_2OH \end{array}$$

Glucose

$$NH_2\underset{\underset{CH_3}{|}}{C}H\overset{O}{\overset{\|}{C}}-OH$$

Alanine

(*a*)

$$CH_3CH_2CH_2CH_2CH_2CH_2CH_2CH_2CH=CHCH_2CH_2CH_2CH_2CH_2CH_2CH_2\overset{O}{\overset{\|}{C}}-OH$$

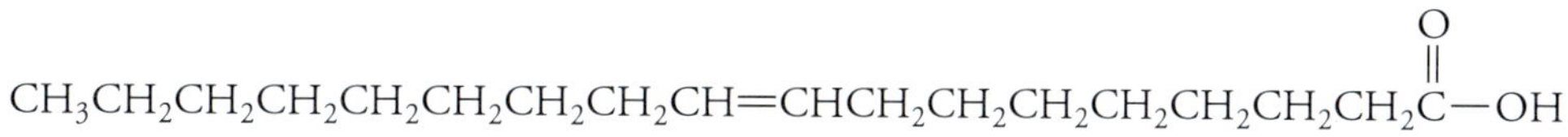

Oleic acid

(*b*)

$$CH_3CH_2CH_2CH_2CH_2CH_2CH_2CH_2CH=CHCH_2CH_2CH_2CH_2CH_2CH_2CH_2\overset{O}{\overset{\|}{C}}-OH + NaOH$$

Oleic acid

$$\downarrow$$

$$CH_3CH_2CH_2CH_2CH_2CH_2CH_2CH_2CH=CHCH_2CH_2CH_2CH_2CH_2CH_2CH_2\overset{O}{\overset{\|}{C}}-O^-Na^+ + H_2O$$

Sodium oleate

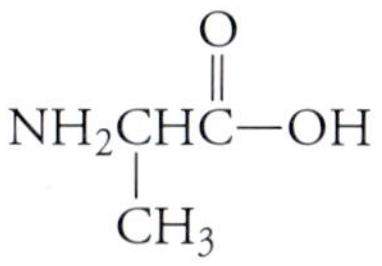

(*c*)

■ **그림 6.23**

친수성, 소수성 및 양친매성 화합물 (*a*) 알라닌 및 기타 아미노산과 마찬가지로, 포도당과 기타 단순당은 친수성(물에 녹음)이다. (*b*) 올레산(Oleic acid)과 기타 지방산은 소수성(물에 녹지 않음)이다. (*c*) 올레산과 NaOH가 반응하여 양친매성 비누인 올레산 나트륨(sodium oleate)을 생성한다.

■ **그림 6.24**

물에서의 비누 물에 넣으면 비누는 (*a*) 단일층(monolayer) 또는 (*b*) 미셀(micelle)을 형성한다.

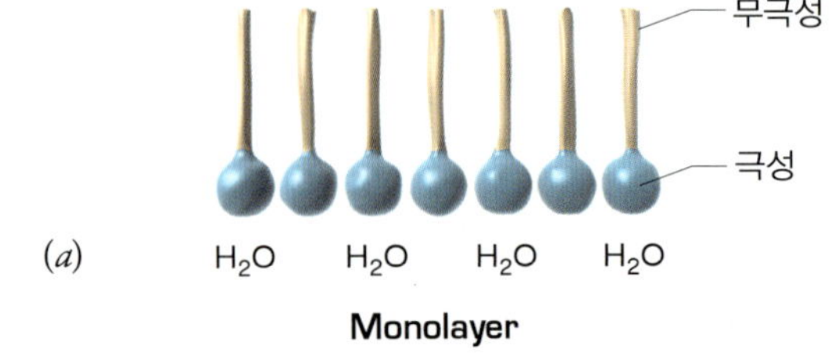

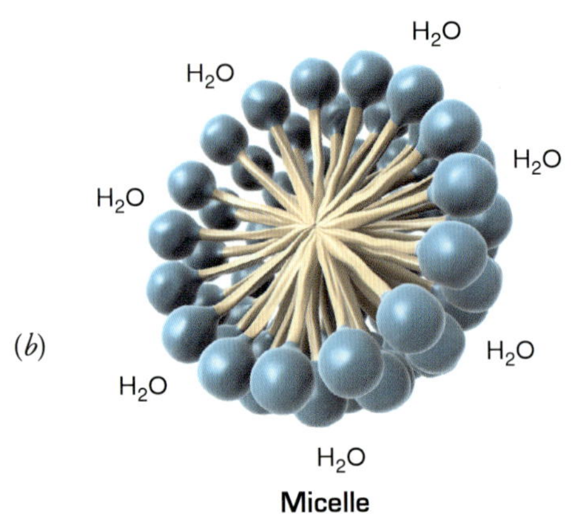

■ 소수성 화합물은 물에 용해되지 않는다.

■ 양친매성 화합물은 친수성 부분과 소수성 부분을 가지고 있다.

올레산(oleic acid)은 12개에서 20개의 탄소 원자를 가진 카르복실산인 지방산이다(그림 6.23*b*). 올레산의 구조를 잠깐 분석해 보면, 왜 올레산과 기타 지방산이 소수성(물에 불용성)인지를 보여준다. 올레산 분자의 한쪽 끝은 극성인 카르복실기를 가진 반면, 그 분자는 대부분이 탄소 원자 사슬로 이루어져 있다. 이것이 지방산을 불용성 탄화수소 분자와 매우 비슷한 성질을 갖게 만든다.

나중에 더 많이 배우게 될 반응에서, 지방산은 수산화나트륨(NaOH)과 반응하여 비누라 부르는 이온화합물을 형성한다. 이 반응으로 올레산은 올레산나트륨(sodium oleate)이라는 이름의 비누로 변할 수 있다(그림 6.23*c*). 산소 원자에 의해 운반되는 음전하는 비누가 양친매성—친수성과 소수성 양쪽을 지님—으로써 충분할 만큼 올레산 음이온의 극성 말단을 매우 강한 친수성으로 만든다.

비누 한 방울이 단일층(monolayer)인 물의 표면에서 서서히 퍼질 때, 비누에서 음이온의 친수성 끝부분은 물 안으로 향하고 소수성 끝 부분은 공기쪽으로 향한다(그림 6.24*a*). 또한 비누의 친수성 말단은 바깥쪽 표면을 형성하고, 중앙에 소수성 말단이 모인 작은 구 형태의 미셀을 형성한다(그림 6.24*b*). 비극성 미셀 내부와 기름 및 기타 불용성 물질들과의 상호작용이 비누에 세정력을 제공하게 된다.

예제 6.12

친수성, 소수성, 양친매성 화합물 동정하기

이 구조를 기초로 하여 비타민 C가 친수성인지 소수성인지 예상할 수 있는가? 설명하시오.

OH, O, $CHCH_2OH$, HO, OH

Vitamin C

전략

소수성 화합물 구조에서는 비극성이 두드러진다. 친수성 화합물에서는 물 분자와 상호작용할 수 있는 작용기들이 우위를 차지한다.

해답

친수성이다. 비타민 C에는 물과 수소결합을 형성할 수 있는 극성 작용기들이 많이 있다.

연습문제 6.12

라우릴황산나트륨(sodium lauryl sulfate)은 샴푸에 흔하게 들어 있는 세제이다. 이 양친매성 화합물의 친수성 부분과 소수성 부분을 알아보도록 표시하시오.

$$CH_3CH_2CH_2CH_2CH_2CH_2CH_2CH_2CH_2CH_2CH_2CH_2O-\overset{\overset{\displaystyle O}{\|}}{\underset{\underset{\displaystyle O}{\|}}{S}}-O^-Na^+$$

Sodium lauryl sulfate

전구물질

일부 약은 불활성 상태의 화합물이 체내에서 완벽하게 활성화되는 약으로 전환되는 전구물질(prodrug)로서 투여된다. 많은 경우, 전구물질은 용해도와 관련된 문제점을 극복하는 데 사용된다. 예를 들어, 에피네프린은 녹내장(glaucoma) 치료에 효과적이지만, 안약으로 사용할 때 눈을 통과할 만큼 충분한 소수성이(6.7절) 아니기 때문에 제한적으로 사용된다. 디피베프린(dipivefrin)이라 부르는 에피네프린의 전구물질 형태는 소수성이 더 강해서 쉽게 눈의 조직 안으로 용해되어 들어간다. 눈에서 효소는 디피베프린의 두 에스테르기의 가수분해를 촉매하고, 에피네프린이 방출된다(그림 6.25*a*).

다른 예로는 항생제 클로람페니콜(chloramphenicol)이다. 이 약은 구강으로 투여할 때 매우 불쾌한 맛이다. 클로람페니콜과 지방산(팔미트 산)을 혼합하여 만든 전구물질 에스테르인 클로람페니콜 팔메이트(chloramphenicol palmitate)는 클로람페니콜보다 물에 대한 용해도가 매우 낮다. 이것은 침에 녹지 않기 때문에 이 전구물질은 아무 맛도 없다. 체내에 흡수되면 이 약물은 클로람페니콜과 팔미트산으로 가수분해된다(그림 6.25*b*).

(*a*)

Dipivefrin + $2H_2O$ $\xrightarrow{\text{효소}}$ $2(CH_3)_3CC(=O)-OH$ + Epinephrine

Dipivefrin: $(CH_3)_3CC(=O)-O-$, $(CH_3)_3CC(=O)-O-$ (on ring), $CHCH_2NHCH_3$, OH

2,2-Dimethylpropanoic acid

Epinephrine: HO, HO (on ring), $CHCH_2NHCH_3$, OH

(*b*)

$CH_3(CH_2)_{14}C(=O)-OCH_2CH(NH-C(=O)CHCl_2)CH(OH)-C_6H_4-NO_2$ + H_2O $\xrightarrow{\text{효소}}$ $CH_3(CH_2)_{14}C(=O)-OH$ + $HOCH_2CH(NH-C(=O)CHCl_2)CH(OH)-C_6H_4-NO_2$

Chloramphenicol palmitate　　Palmitic acid　　Chloramphenicol

■ **그림 6.25**

전구물질 전구물질인 (*a*) 디피베프린(dipivefrin)과 (*b*) 클로람페니콜 팔미테이트(chloramphenicol palmitate)는 체내에서 가수분해되어 활성을 가진 약물이 된다.

6.8 | 농도

용액을 다룰 때 얼마나 많은 용질이 포함되었는지를 아는 것은 종종 중요하다. 예를 들어, 혈액 검사는 다양한 혈청에 함유되어 있는 용질의 함량을 확인하기 위해 수행한다. 혈청 속의 용질에는 포도당(일반적으로 혈청 100 mL당 80~100 mg), 젖산(0.6~1.8 mM/L), 테스토스테론(남성에서 300~1000 ng/mL)이 포함되어 있다.

■ 농도는 용매에 용해된 용질의 양이다.

농도(concentration)라는 용어는 용매에 녹아 있는 용질의 양을 나타낼 때 사용한다. 만약 용질의 정확한 양을 고려할 필요가 없다면 **포화용액**(saturated solution, 특정 온도에서 용해될 수 있는 최대량의 용질이 녹아 있는 용액)와 **불포화용액**(unsaturated solution, 포화용량보다 적게 용질이 녹아 있는 용액)이라는 용어는 농도를 나타내는 데 사용할 수 있다. 20°C에서 35.9 g/100 g H_2O의 용해도를 가지고 있는 염화나트륨(NaCl)의 경우, 이 양만큼 NaCl을 함유하는 수용액은 포화용액이며, 35.9 g/100 g H_2O보다 적은 양이 녹아 있는 수용액은 불포화용액이다.

희석과 농축의 용어는 상대적인 농도를 나타낼 때 사용한다. 희석액은 농축액보다 적은 용질을 함유한다. 티백(tea bag)을 뜨거운 물이 담긴 컵에 두세 번 살짝 담그면, 묽은 차 용액이 만들어진다. 만약 차를 컵에 몇 분 동안 담가 둔다면 차 용액은 좀 더 농축될 것이다.

용매에 함유된 용질의 양에 대해서 정확히 말하려면 농도 단위를 사용한다. 적용하는 것에 따라서 다른 단위가 이용 가능하다. 다음 단락에서 가장 많이 접하게 되는 단위들을 보게 될 것이다.

퍼센트, 천분율, 백만분율, 10억분율

퍼센트는 "백분율(parts per hundred)과 같은 의미이며, 퍼센트가 농도 단위로 사용되면 용액 100마다 함유된 용질의 양을 나타내는 것이다. 가장 일반적으로 사용되는 퍼센트 측정으로는 **무게/부피 퍼센트(weight/volume percent)**, 즉 % (w/v)인데, 용액의 부피(ml)당 용질의 질량(g)을 나타낸다.

$$\text{무게/부피 퍼센트} = \frac{\text{용질의 g}}{\text{용액의 mL}} \times 100$$

% (w/v)를 계산하는 방법에 대한 예를 보자. 중주석산칼륨(potassium bitartrate)은 와인 침전물에 들어 있는 이온화합물로 설사약으로 사용할 수 있다. 0.250 g의 중주석산칼륨을 함유한 용액 80.0 mL는 몇 % (w/v)인가?

이 문제를 풀기 위해 우리는 위의 무게/부피 퍼센트 방정식을 사용하여, 용질의 g과 용액의 mL 값을 대입해서 풀면,

$$\begin{aligned}\text{무게/부피 퍼센트} &= \frac{\text{용질의 g}}{\text{용액의 mL}} \times 100 \\ &= \frac{\text{중주석산칼륨 0.250 g}}{\text{용액 80 mL}} \times 100 \\ &= 0.313\%\ (\text{w/v})\end{aligned}$$

매우 많이 희석한 용액에 대하여는 농도 단위인 **천분율(parts per thousand, ppt)**, **백만분율(parts per million, ppm)** 및 **10억분율(parts per billion, ppb)**을 이용할 수 있다(그림 6.26). 퍼센트의 경우(백분율)와 같이 이들의 각 농도 단위는 용액의 부피당 용질의 질량으로 정의할 수 있다. ppt는 1조분율(parts per trillion)로 간주하여 사용할 수 있기에, ppt에 주목할 필요가 있다. 이 책에서는 ppt를 천분율(parts per thousand)로만 나타낸다.

$$\text{천분율(Parts per thousand)} = \frac{\text{용질의 g}}{\text{용액의 mL}} \times 10^3$$

Andy Washnik/Wiley Archive (a) Tom Merton/Digital Vision/Getty Images, Inc. (b)

■ 그림 6.26

천분율(ppt), 백만분율(ppm), 10억분율(ppb) 설탕 30 mg을 수영장에 가득 채워진 물에 녹이면 0.000001 ppt, 0.001 ppm 및 1 ppb와 같다.

$$\text{백만분율(Parts per million)} = \frac{\text{용질의 g}}{\text{용액의 mL}} \times 10^6$$

$$\text{10억분율(Parts per billion)} = \frac{\text{용질의 g}}{\text{용액의 mL}} \times 10^9$$

많은 도시에서 충치 감소에 도움이 되도록 식수에 플루오르화나트륨(NaF)을 첨가한다. 수돗물 25 L에 0.018 g의 플루오르화나트륨이 들어가 있다면, 천분율(parts per thousand) 농도는 얼마인가? 이 문제는 위에서 나타낸 천분율 방정식을 이용하여 풀 수 있다. 그러나 풀기 전에 용액의 부피를 이 방정식에 따라 L를 mL로 변환해야 한다.

용액의 부피는 25L로 2.5×10^4 mL와 같다.

$$25\ \text{L} \times \frac{1\ \text{mL}}{1 \times 10^{-3}\ \text{L}} = 2.5 \times 10^4\ \text{mL}$$

천분율 방정식에 용질의 g과 용액의 mL을 대입하면, 0.00072 ppt의 답이 계산된다.

$$\begin{aligned}\text{천분율(Parts per thousand)} &= \frac{\text{용질의 g}}{\text{용액의 mL}} \times 10^3 \\ &= \frac{0.018\ \text{g NaF}}{\text{용액 } 2.5 \times 10^4\ \text{mL}} \times 10^3 \\ &= 0.00072\ \text{ppt}\end{aligned}$$

예제 6.13

천분율(ppt)과 10억분율(ppb) 계산

위에서 기술된 NaF 용액의 ppb 농도는 얼마인가?

전략

이 농도를 계산하기 위해 용질의 g을 용액의 mL로 나누고 10^9을 곱한다.

해답

앞에서 서술한 바와 같이 용액의 부피는 2.5×10^4 mL이다. ppb 단위로 용액의 농도는 720 ppb이다.

$$\begin{aligned}\text{10억분율(ppb)} &= \frac{\text{용질의 g}}{\text{용액의 mL}} \times 10^9 \\ &= \frac{0.018\ \text{g NaF}}{\text{용액 } 2.5 \times 10^4\ \text{mL}} \times 10^9 \\ &= 720\ \text{ppb}\ (7.2 \times 10^2\ \text{ppb})\end{aligned}$$

연습문제 6.13

예제에서 설명한 용액의 농도는 (a) ppm 및 (b) % (w/v)로 얼마인가?

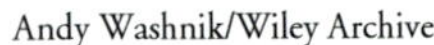
Andy Washnik/Wiley Archive

■ 그림 6.27

몰 농도 몰 농도는 용액(1 L)의 부피로 용질의 몰 수를 나눈 것이다. 다음 제조법 각각은 1 M 용액을 제공한다. (*a*) 0.1몰의 $CuSO_4$를 0.1 L 용액이 되도록 물에 충분히 녹인다. (*b*) 0.5몰의 $CuSO_4$를 0.5 L 용액이 되도록 물에 충분히 녹인다. (*c*) 1몰의 $CuSO_4$를 1 L 용액이 되도록 물에 충분히 녹인다.

몰 농도

많이 사용되는 또 하나의 농도 단위는 **몰 농도**(molarity, M)이며, 용액 1 L에 녹아 있는 용질의 몰 수로 정의할 수 있다.

$$\text{몰 농도} = \frac{\text{용질의 몰 수}}{\text{용액의 L}}$$

용액의 몰 농도 측정은, 용질의 몰 수와 용액의 부피를 알아야 한다(그림 6.27). 0.25 L에 포도당 0.12몰을 함유한 용액의 농도는

$$\text{몰 농도} = \frac{\text{용질의 몰 수}}{\text{용액의 L}} = \frac{0.12\ \text{mol}}{0.25\ \text{L}} = 0.48\ \text{M}$$

예제 6.14

몰 농도 계산

0.010몰의 아미노산 알라닌을 물에 용해하여 최종 부피가 75 mL이 되도록 용액을 준비한다. 이 용액의 몰 농도는 얼마인가?

전략

몰 농도를 계산하기 위해서는 용질의 몰 수와 용액의 부피를 알고 있어야 한다(L 단위로). 1 mL = 1 × 10^{-3} L 라는 등식에 기초한 환산계수를 사용하여 mL를 L로 변환해야 한다.

해답

용액의 부피는 0.075 L이다.

$$75\ \cancel{\text{mL}} \times \frac{1 \times 10^{-3}\ \text{L}}{1\ \cancel{\text{mL}}} = 0.075\ \text{L}$$

몰 농도는 용액의 L로 용질의 몰 수를 나누어 계산한다.

$$\text{몰 농도} = \frac{\text{용질의 몰 수}}{\text{용액의 L}} = \frac{0.010\ \text{mol}}{0.075\ \text{L}} = 0.13\ \text{M}$$

연습문제 6.14

수의사들은 백선을 앓고 있는 동물의 치료에 요오드화나트륨(NaI)를 사용할 수 있다. NaI 40.0 g을 함유하는 수용액 95.0 mL의 몰 농도는 얼마인가?

표 | 6.4 혈청 용질의 농도 범위

용질	정상범위
포도당(공복시)	80~100 mg/dL
비타민 B_{12}	160~170 ng/L
테스토스테론	300~1000 ng/mL(남성)
	30~70 ng/mL(여성)
총단백질	6.5~8.3 g/dL
젖산	0.6~1.8 mmol/L
Na^+	136~146 mEq/L

여러 가지 농도 단위가 의학에서 사용된다. 표 6.4는 전형적인 농도 단위를 이용하여 보고된 혈청의 6가지 용질의 농도를 작성한 것이다. 여기에 보고된 농도의 대부분은 특정한 양의 혈청에 함유되어 있는 용질의 양으로 나타낸 것이다(mg/dL, ng/L, ng/mL 및 g/dL).

mg/dL 단위를 자세히 살펴보자. 환자의 혈액을 분석하여 혈청 1.00 mL에 0.00220 g의 피브리노겐(혈액응고 단백질)을 함유한다고 가정하자. 이 농도는 105~350 mg/dL의 정상범위 이내에 있는가?

이 문제를 풀기 위해서는 피브리노겐의 질량은 mg으로, 혈청의 부피는 dL(100 mL = 1dL)로 변환해야 한다.

$$0.00220\ \text{g} \times \frac{1\ \text{mg}}{1 \times 10^{-3}\ \text{g}} = 2.20\ \text{mg}$$

$$1.00\ \cancel{\text{mL}} \times \frac{1\ \text{dL}}{100\ \cancel{\text{mL}}} = 0.0100\ \text{dL}$$

피브리노겐의 농도는 용액의 dL로, 용질의 mg을 나누면 정상범위 이내에 해당된다.

$$\frac{2.20\ \text{mg}}{0.0100\ \text{dL}} = 220\ \text{mg/dL}$$

표 6.4에 사용된 단위 두 가지는 용액의 부피에서 용질의 몰 수와 관련 있다. 이들 단위 중 첫 번째 단위인 mmol/L은 위에 설명한 몰 농도 단위(mol/L)와 매우 비슷하다. 두 번째 단위인 mEq/L은 용질의 양을 표시하는 밀리당량(mEq)을 사용한다. **당량(equivalent, Eq)**은 용질 1몰이 용액에 작용하는 전하의 몰 수이다. 예를 들면, 1몰의 Na^+(6.02×10^{23} Na^+ 이온)는 1몰의 양전하에 해당되므로 Na^+ 1몰은 Na^+ 1 Eq와 같다.

1몰의 Ca^{2+}은 2몰의 양전하(각 Ca^{2+}은 2+ 전하를 운반한다)에 해당되므로 1몰의 Ca^{2+}은 Ca^{2+} 2당량과 같다. 같은 방식으로 Cl^- 1몰은 Cl^- 1당량과 같고, PO_4^{3-} 1몰은 PO_4^{3-} 3당량과 같다.

$$Na^+\ 1\text{몰} = Na^+\ 1\text{당량}$$
$$Ca^{2+}\ 1\text{몰} = Ca^{2+}\ 2\text{당량}$$
$$Cl^-\ 1\text{몰} = Cl^-\ 1\text{당량}$$
$$PO_4^{3-}\ 1\text{몰} = PO_4^{3-}\ 3\text{당량}$$

만약 혈청에서 6.6×10^{-4} M 농도의 인산이온(PO_4^{3-})이 있다면, 정상범위 1.8~2.6 mEq/L에 해당되는가? 이 문제를 푸는 법은 몰 수를 당량으로, 당량을 밀리당량으로의 변환이 필요하다. 당량을 몰 수로 변환하기 위한 환산계수는 PO_4^{3-} 1몰 = PO_4^{3-} 3당량의 등식에 근거한다.

$$\frac{6.6 \times 10^{-4}\ \cancel{\text{몰 } PO_4^{3-}}}{\text{L}} \times \frac{3\ \text{Eq } PO_4^{3-}}{1\ \cancel{\text{몰 } PO_4^{3-}}} = \frac{2.0 \times 10^{-3}\ \text{Eq } PO_4^{3-}}{\text{L}}$$

$$\frac{2.0 \times 10^{-3}\ \cancel{\text{Eq}}\ PO_4^{3-}}{\text{L}} \times \frac{1\ \text{mEq}}{1 \times 10^{-3}\ \cancel{\text{Eq}}} = \frac{2.0\ \text{mEq } PO_4^{3-}}{\text{L}}$$

2.0 mEq/L의 인산이온의 농도는 정상범위 이내에 있다.

농도의 사용에서 중요한 하나는 일정량의 용액에 존재하는 용질의 양을 계산하는 것이다. 그런 계산을 하기 위해, 농도 단위는 환산계수처럼 사용할 수 있다. 예를 들어, 0.17 M의 포도당 용액 4.0 L에 존재하는 포도당의 몰 수를 계산해야 한다고 가정하자. 용액 L에서 포도당 몰 수를 변환하기 위해 몰과 리터가 관련되어 있는 2개의 환산계수 중 하나를 사용한다.

포도당 농도는 0.17 M이다.

$$\text{환산계수: } \frac{\text{포도당 } 0.17\ \text{mol}}{\text{용액 } 1\ \text{L}} \quad \text{과} \quad \frac{\text{용액 } 1\ \text{L}}{\text{포도당 } 0.17\ \text{mol}}$$

용액 4.0 L에 포도당의 몰 수는 다음과 같이 계산한다.

$$\text{용액 } 4.0\ \cancel{\text{L}} \times \frac{\text{포도당 } 0.17\ \text{mol}}{\text{용액 } 1\ \cancel{\text{L}}} = \text{포도당 } 0.68\text{몰}$$

다른 농도 단위를 포함하는 계산도 동일한 방법으로 계산한다. 예를 들어, 혈청은 109 mg/dL의 피브리노겐을 함유하고 있다고 가정하자. 혈청 시료 0.0750 L에는 몇 mg의 피브리노겐이 존재할까? 사용할 환산계수는 농도에 근거한다.

피브리노겐 농도는 109 mg/dL이다.

$$\text{환산계수: } \frac{\text{피브리노겐 } 109 \text{ mg}}{\text{용액 } 1 \text{ dL}} \quad \text{와} \quad \frac{\text{용액 } 1 \text{ dL}}{\text{피브리노겐 } 109 \text{ mg}}$$

0.0750 L의 용액을 피브리노겐의 mg으로 변환하기 전에, 초기부피(L)는 환산계수에서 사용한 부피 단위(dL)로 바꿔야 한다.

$$\text{용액 } 0.0750 \text{ L} \times \frac{1 \text{ dL}}{\text{용액 } 1 \times 10^{-1} \text{ L}} = 0.750 \text{ dL}$$

$$0.750 \text{ dL} \times \frac{\text{피브리노겐 } 109 \text{ mg}}{\text{dL}} = \text{피브리노겐 } 81.8 \text{ mg}$$

예제 6.15

환산계수로서 농도 이용

혈청 시료는 625 ng/mL 농도의 테스토스테론이 함유된 것으로 분석되었다. 몇 g의 테스토스테론이 혈청 50.0 mL에 들어 있는가?

전략

625 ng/mL의 농도는 환산계수 사용된다. g 단위로 답을 작성해야 한다.

해답

부피(50.0 mL)를 농도와 곱하면 ng 단위로 답이 주어진다.

$$50.0 \text{ mL} \times \frac{\text{테스토스테론 } 625 \text{ ng}}{\text{mL}} = \text{테스토스테론 } 3.13 \times 10^{-4} \text{ ng}$$

이 값에 g과 ng이 관련된 환산계수를 곱하면 최종 답이 주어진다.

$$\text{테스토스테론 } 3.13 \times 10^{4} \text{ ng} \times \frac{1 \times 10^{-9} \text{ g}}{\text{ng}} = \text{테스토스테론 } 3.13 \times 10^{-5} \text{ g}$$

연습문제 6.15

혈청 시료에는 총 4.2 mg/dL의 요산이 함유된 것으로 분석되었다. 혈청 0.025 L에는 몇 g의 요산이 들어 있는가?

예제 6.16

농도 단위

여성의 경우, 혈청에서 2.5 ng/dL의 호르몬 estradiol 농도는 정상범위 내에 있다.

a. 이 농도를 picogram 또는 milliliter로 변환하시오.

b. 2.5 ng/dL의 농도에서는 몇 picogram의 estradiol이 25 mL의 혈청에 존재하는가?

전략

이 문제를 풀기 위해서는 두 번의 변환, 즉 ng을 pg으로, 그리고 dL를 mL로 변환해야 한다. a 문제의 정답은 b 문제를 푸는 데 사용될 수 있다.

해답

a. ng를 pg로 먼저 변환하시오.

$$\frac{2.5\ \text{ng}}{\text{dL}} \times \frac{1 \times 10^{-9}\ \text{g}}{\text{ng}} \times \frac{\text{pg}}{10^{-12}\ \text{g}} = \frac{2500\ \text{pg}}{\text{dL}}$$

그러고 나서 dL를 mL로 변환하시오.

$$\frac{2500\ \text{pg}}{\text{dL}} \times \frac{\text{dL}}{10^{-1}\ \text{L}} \times \frac{10^{-3}\ \text{L}}{\text{mL}} = \frac{25\ \text{pg}}{\text{mL}}$$

b. 질량을 pg 단위로 계산하기 위해 문제 a의 답을 환산계수로 사용할 수 있다.

$$25\ \text{mL} \times \frac{25\ \text{pg}}{\text{mL}} = 6.3 \times 10^{2}\ \text{pg}$$

연습문제 6.16

남자의 경우, 혈청에서 300 ng/dL의 호르몬 테스토스테론 농도가 정상범위에 있다. 이 농도를 μL당 pg (picogram per microliter, pg/μL) 및 mL당 mg(milligram per milliliter, mg/mL)으로 변환하시오.

6.9 | 희석

용액에 더 많은 용매가 첨가되면 이를 희석되었다고 한다. **희석(dilution)**은 용액의 농도를 낮출 수 있는 쉬운 방법이며, 용질을 측정하여 용액을 처음부터 다시 만드는 것보다 알고 있는 농도의 용액으로 만드는 것이 훨씬 더 쉬운 방법이다. 희석은 일부 약물을 복용하기 전 적정 농도로 희석해야 하기 때문에 건강관리에서 매우 중요하다(그림 6.28).

희석할 때 사용하는 유용한 방정식은

$$V_{\text{original}} \times C_{\text{original}} = V_{\text{final}} \times C_{\text{final}}$$

여기서 V는 부피를, C는 농도를 나타낸다. 동일한 단위가 처음 용액(희석할 용액)과 최종 용액(새로 희석된 용액)에 사용되기만 하면 어떤 부피 단위와 농도 단위를 선택하느냐는 중요하지 않다.

예를 들어, 만약 0.24 M의 수용성 포도당 용액 0.5 L에 최종 부피가 1.0 L 되도록 물을 첨가하면 새롭게 희석된 용액의 농도는 0.12 M이 된다.

$$V_{\text{original}} \times C_{\text{original}} = V_{\text{final}} \times C_{\text{final}}$$

$$C_{\text{final}} = \frac{V_{\text{original}} \times C_{\text{original}}}{V_{\text{final}}}$$

$$C_{\text{final}} = \frac{0.50\ \text{L} \times 0.24\ \text{M}}{1.0\ \text{L}} = 0.12\ \text{M}$$

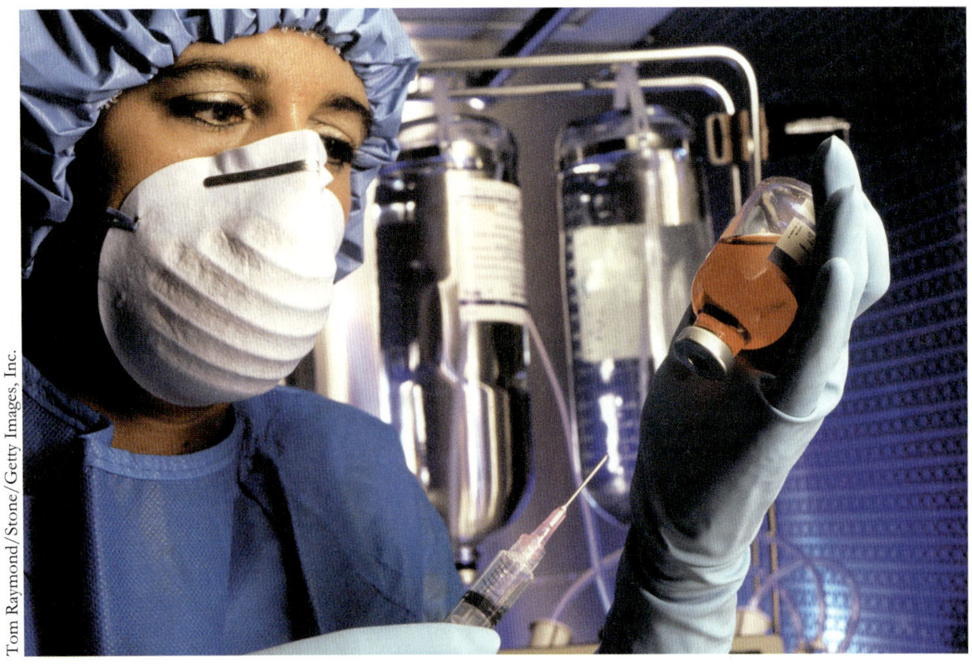

■ 그림 6.28

희석 주사약들은 사용하기 전에 희석해야 한다.

Tom Raymond/Stone/Getty Images, Inc.

예제 6.17

몰 농도가 포함된 희석 계산

1.8 M의 수용성 LiCl 용액 25mL에 최종 부피가 35 mL가 되도록 물을 첨가하였다. 용액의 새로운 농도는 얼마인가?

전략

이 문제는 아래 방정식의 4개 변수 중 3개의 값을 알려주었다. 4번째를 풀어야 한다.

$$V_{\text{original}} \times C_{\text{original}} = V_{\text{final}} \times C_{\text{final}}$$

해답

이 문제에서 모르는 양은 새로운 농도 C_{final}이다. C_{final}을 풀 수 있는 C_{final}을 풀기 위해 식을 이항하면

$$C_{\text{final}} = \frac{V_{\text{original}} \times C_{\text{original}}}{V_{\text{final}}}$$

주어진 값을 대입하면,

$$C_{\text{final}} = \frac{25\ \cancel{\text{mL}} \times 1.8\ \text{M}}{35\ \cancel{\text{mL}}} = 1.3\ \text{M}$$

연습문제 6.17

1.8 M의 수용성 LiCl 용액 25 mL를 350 mL로 희석하였다. 새 농도는 얼마인가?

6.10 | 콜로이드와 현탁액

용액은 용매에 용질이 용해되어 만들어진 것으로 알고 있으며, 액체 용액에는 비슷한 크기의 용질 분자와 용매 분자가 비공유 상호작용하는 것으로 설명하였다. 용질의 크기와 용매와의 상호작용때문에

용질 입자는 용액 밖으로 석출되지 않는다. 그리고 용매에서 용질을 가시적으로 구별할 수 없으므로 용액은 보통 깨끗하다.

콜로이드와 현탁액은 혼합물이라는 것은 용액과 닮았지만, 콜로이드와 현탁액은 일부 중요한 차이가 있다. **현탁액(suspension)**은 액체에 부유된 큰 분자들을 담고 있다. 보통 이러한 분자들은 육안이나 단순 광학현미경으로 관찰할 수 있을 만큼 충분히 크다. 부유된 입자는 액체에 용해되기에는 너무 크며, 현탁액을 흔들거나 혼합하지 않으면 중력으로 인하여 가라앉게 될 것이다. 대단히 다른 크기의 이런 입자들은 액체를 구성하는 분자로부터 여과기나 원심분리기를 사용하여 부유하는 입자들의 분리가 가능하게 만든다(그림 6.29). 용액을 구성하고 있는 용질과 용매는 어떤 방법으로도 분리할 수 없다. 용액과 달리, 현탁액은 탁하게 보인다. 마그네시아유(Milk of magnesia), 펩토비스몰(Pepto Bismol—소화제 명), 그리고 일부 다른 약들은 현탁액이다. 활성 성분들은 오랜 시간이 지나면 가라앉기 때문에 사용하기 전에 함유물들을 흔들라고 권한다.

콜로이드(colloid)로 부르는 혼합물에는 용액 속의 용질보다 입자가 크지만, 현탁액을 만드는 입자보다는 작다. 전형적으로 콜로이드 입자들은 육안이나 광학현미경으로 구별되지 않는다. 콜로이드 입자는 중간 정도의 크기이기 때문에 용액을 형성할 수는 없으나 콜로이드를 고정시켜 두어도 입자는 분리되지 않는다. 그러나 콜로이드 입자는 보통 특별한 여과방법이나 원심분리기술로 분리될 수 있다. 콜로이드의 예로는 비눗물, 안개, 면도크림, 마요네즈, 그리고 우유 등이 있다. 용액, 현탁액 그리고 콜로이드의 성질들을 표 6.5에 요약하였다.

Chris Priest/Photo Researchers, Inc.

■ **그림 6.29**

현탁액 혈액 세포들과 기타 부유 입자들은 원심분리하는 동안 시험관의 바닥에 가라앉게 된다.

■ 용액의 용질 입자들은 용매 분자와 크기가 거의 같다. 콜로이드 입자들은 더 크며, 현탁액 입자들은 훨씬 더 크다.

예제 6.18

용액, 콜로이드, 또는 현탁액?

만약 당신이 맑은 호숫가를 걷는데, 바닥의 침적토가 소용돌이로 섞인다면 생성된 것은 현탁액, 콜로이드 또는 용액 중 무엇인가?

전략

콜로이드나 용액에서 현탁액을 구분하는 방법은, 현탁액 입자들은 가라앉을 것이다.

해답

현탁액이다. 침적토 입자는 결국에는 다시 호수 바닥에 가라앉을 것이다.

연습문제 6.18

다음의 각각이 용액, 콜로이드 또는 현탁액이 되는지를 확인하시오.

a. 소금물 **b.** 치즈 **c.** 오렌지 주스 **d.** 공기

표 6.5 용액, 콜로이드, 그리고 현탁액

혼합물	입자 크기	외양	입자 침전?	입자의 분리
용액	작다(<1 nm)	깨끗함	없음	입자들은 여과나 원심분리로 분리할 수 없다.
콜로이드	중간(1 nm~1 μm)	주로 흐림	없음	입자들은 보통 특별한 여과방법이나 원심분리 기술로 분리할 수 있다.
현탁액	크다(>1 μm)	흐림	있음	입자들은 여과나 원심분리로 분리할 수 있다.

타액

1982년, 경찰은 워싱턴 시애틀에서 발생한 살인사건 현장의 증거들을 모았다. 그 당시에 DNA 기술은 여전히 생소하였으며, 법의학 전문가는 DNA 샘플 분석이 불가능하였다. 10년 뒤, 기술의 발달로 DNA 지문(DNA fingerprinting)은 증거로 사용할 수 있게 되었다(그림 6.30). 하지만 그 DNA는 확보하고 있는 DNA 자료들과 일치하지 않았기 때문에 경찰들은 용의자 신원을 확인할 수 없었다.

시애틀 경찰은 살인사건의 유력한 용의자의 DNA 표본을 확보하기로 결정했다. 그들은 그에게 집단 소송 법률에 참여하도록 초대하는 법률사무소의 편지를 보냈다. 그는 서류에 서명하였고 다시 우편으로 송부하였다. 조사관들은 그가 핥았던 봉투 접착제를 검사하여 범죄현장과 일치하는 DNA를 찾았다. 용의자는 유죄가 입증되어 체포되었으며, 지금은 2급 살인 유죄판결로 20년을 선고받고 10년째 복역하고 있다.

이 이야기는 타액이 DNA를 함유한다는 사실이다. 그밖에 어떤 것이 타액에 함유되어 있을까? 타액은 98%의 물과 단순 양이온과 음이온, 효소 및 기타 단백질, 핵산(DNA와 RNA)을 포함한 2%의 다양한 물질들이 혼합되어 있다. 타액에 가장 많이 함유된 이온은 Na^+, K^+, Mg^{2+}, Ca^{2+}, Cl^-, HCO_3^-, 그리고 PO_4^{3-}이다. 칼슘 이온과 인산염 이온은 광물성 물질 재공급(remineralization) 작용과, 치아 에나멜 유지에 중요하게 작용하는 것으로 믿어지고 있다(제3장). 중탄산염 이온은 구강의 과도한 산성화를 방지하는 완충용액처럼 작용하여 충치예방을 돕는다(7.10절).

타액에서 발견되는 주된 효소는 아밀라아제(amylase), 설 리파아제(lingual lipase), 그리고 라이소자임(lysozyme)이다. 아밀라아제와 리파아제는 소화 작용에 관여한다. 입에서, 아밀라아제는 음식에 있는 전분에 작용하고 이것을 좀 더 작은 분자로 분해한다. 이러한 아밀라아제의 작용은 음식을 삼키면 멈추는데, 이는 위의 산성조건에서 효소가 비활성화되기 때문이다. 전분과 다른 탄수화물의 소화는 소장에서 계속된다. 한편, 구강에서 분비되는 설 리파아제는 위에 도달할 때까지 활성화되지 않는다. 음식물과 타액이 혼합되어 삼켜지면, 타액의 설 리파아제는 위에서 분비되는 리파아제와 같이 지방 일부를 좀 더 작은 분자로 분해하기 시작한다. 그러나 대부분의 지방 소화는 소장에서 일어난다. 박테리아를 분해하는 효소인 라이소자임은 구강의 감염을 예방한다. 타액에는 또한 면역글로불린 A(항체), 디펜신(단백질), 과산화수소(H_2O_2), 그리고 티오시안산염 이온(SCN^-)을 포함한 항생물질(박테리아 저해)들을 함유하고 있다.

뮤신(Mucin)은 타액의 또 다른 중요한 구성성분이다. 물과 혼합되면, 뮤신 화합물이 입과 치아에 윤활유 역할을 하여 음식물을 미끌미끌한 덩어리가 되도록 걸쭉한 점액을 형성하여 쉽게 삼킬 수 있게 한다.

타액에 있는 물질들 중 일부는 의학이나 법의학 검사에 이용할 수 있다. 위에서 언급된 바와 같이, 타액의 DNA는 신원 확인의 목적으로 이용할 수 있다. 최근 연구에서 특정 RNAs의 존재(13.8절)는 구강암의 여부를 나타낼 수 있다. 게다가, 타액은 소변이나 혈액 검사 대신에 약물사용 검출 여부에도 이용할 수 있다.

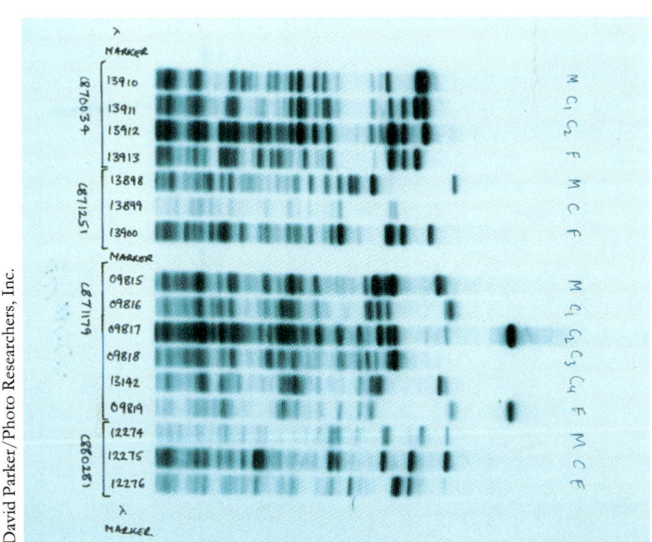

■ 그림 6.30

DNA 지문법 DNA 지문은 바코드와 비슷하며 각 선은 DNA의 특정 단편을 표현한 바코드와 비슷하다. DNA는 개인마다 약간씩 바뀌므로, 각 개인은 자신만의 DNA 지문을 가지고 있다(13.13절).

6.11 | 확산과 삼투

물질들이 높은 농도의 범위에서 낮은 농도로 이동하는 과정을 **확산(diffusion)**이라 한다(그림 6.31). 예를 들어, 당신이 양파를 잘게 썰면 양파 냄새를 풍기는 유기물 분자의 일부는 공기로 방출되어 용액을 형성한다(양파의 냄새 분자들은 용질이며 공기는 용매이다). 처음에는 양파의 용질 분자들은 주위에 있었지만 몇 분 안에 부엌 전체에 퍼져 있는 양파 냄새를 맡을 수 있다. 양파 주변의 고농도의 용질은 재분산 되거나 방 안 공기로 확산된다.

반투과성 막이라 부르는 특정 막은 확산에 대한 장벽이다. 왜냐하면 반투과성 막은 용매들은 통과되나 모든 용질들은 막을 통과하지 못하기 때문이다. 만약 서로 다른 농도의 용액이 반투과성 막으로 분리되어 있다면, 용매 분자는 낮은 농도의 용질에서 높은 농도의 용질로 이동한다(그림 6.32*a*, *b*). 이 효과는 확산이 일어나는 것과 동일하다. 즉, 이 방향으로 용매 분자들이 이동함에 따라 고농도의 용액은 희석된다. **낮은 농도의 용액에서 높은 농도의 용액 쪽으로 반투과성 막을 통과하여 이동하는 물의 알짜 이동**을 **삼투(osmosis)**라 한다. 해수는 담수보다 용질들(Na^+, Cl^- 등)의 농도가 더 높다. 만약 두 용액이 반투막으로 분리되어 있다면 삼투현상은 담수에서 해수 쪽으로 이동할 것이다.

■ 삼투현상에서 용매가 반투막을 통하여 저농도 용액에서 고농도 용액으로 이동한다.

반투과성 막을 통해 물이 흐를 때 가해지는 압력을 **삼투압(osmotic pressure)**이라 부른다. 반투과성 막을 가로지르는 용질 농도의 차이가 크면 클수록 압력은 더 커진다(그림 6.32*c*). 삼투압을 상쇄할 충분한 압력이 작용하면 삼투가 일어나는 것을 막을 수 있다.

세포막은 반투과성 막이며, 삼투현상에 의해 영향을 받는다. 만약 적혈구가 0.9%(w/V) NaCl 용액에 들어 있다면 세포 안과 동일한 용질 농도로 세포막을 이동하는 물의 알짜 이동이 없다. 세포는 영향을 받지 않으며("상태"를 유지한다), NaCl 용액은 **등장액(isotonic)**이라 부른다(그림 6.33*a*). 만약 혈액세포를 좀 더 진한 NaCl 용액에 둔다면 물은 적혈구 세포 내(저농도)에서 주변 용액(고농도)으로 이동하며, 세포는 주름지고 오그라들게 된다(그림 6.33*b*). 세포에 생긴 주름을 **무딘톱날모양(crenation)**이라 하며, 적혈구의 수축을 유발한 NaCl 용액은 **고장액(hypertonic)**이다. 적혈구가 0.9%(w/v)보다 희석된 NaCl 용액에 있다면 용액은 **저장액(hypertonic)**이며, 물은 적혈구로 이동하고(그림 6.33*c*), 이로 인하여 적혈구는 팽창하고 어쩌면 부풀어서 터질 수 있다[**용혈현상(hemolysis)**이 일어남].

혈청을 검사하여 고장액 또는 저장액 상태가 발견되면(세포 내의 용질 농도에 비례하여) 건강상 문제가 발생된다. 고장액 혈청은 탈수, 알코올 섭취, 발작에 의해 유발될 수 있는데, 이 중에서 알코올 섭취와 발작은 신체가 혈청의 긴장성(tonicity)을 조절하는 데 사용되는 ADH(항이뇨호르몬) 방출에 영향을 줄 수 있다. 저장액의 혈청은 유동성 물질의 과잉 유입에 의해 발생할 수 있다.

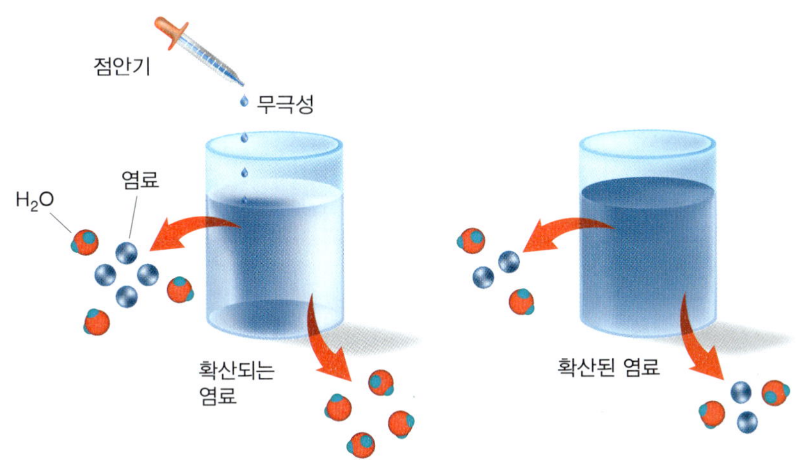

■ **그림 6.31**
확산 한 방울의 식용색소가 물에 용해될 때 염색 분자들은 용액 전체에 고루 퍼질 때까지 확산된다(더 낮은 농도로 이동).

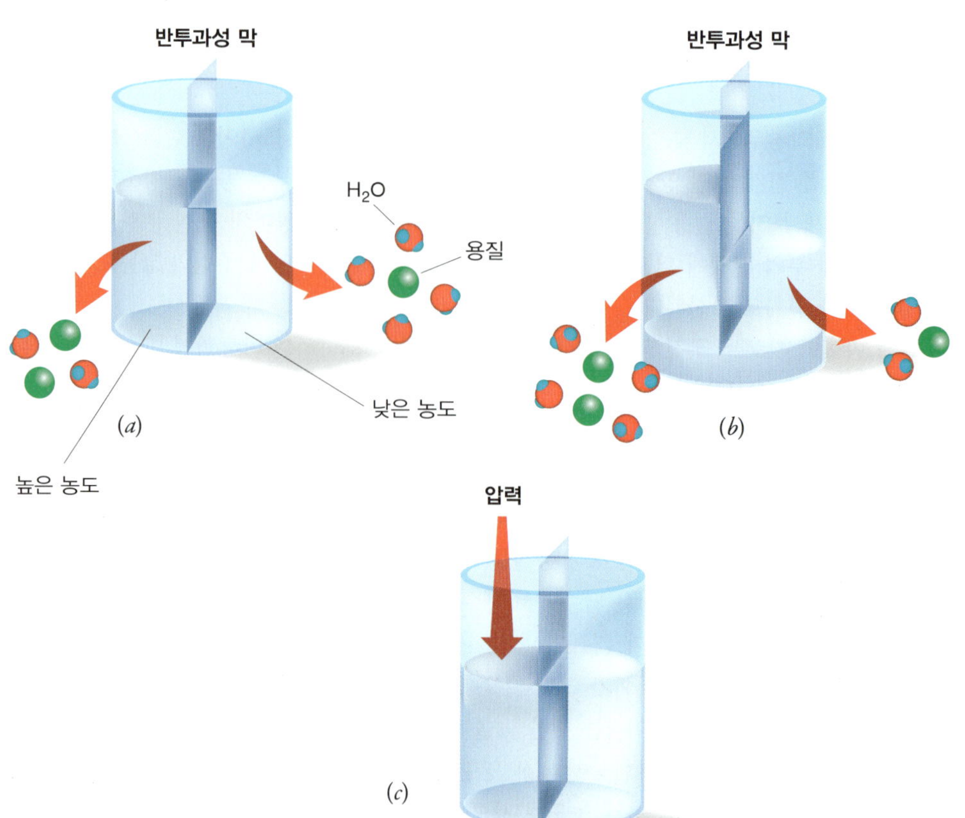

■ 그림 6.32

삼투(Osmosis) 반투과성 막이 두 용액으로 분리하면 용매 입자(H_2O인 경우)는 용질의 농도가 낮은 용액에서 용질의 농도가 높은 용액으로 이동한다. (*a*) 삼투가 시작되기 전. (*b*) 삼투가 일어난 후 (*c*) 한쪽에 압력을 가하면 삼투작용을 반전시킬 수 있다.

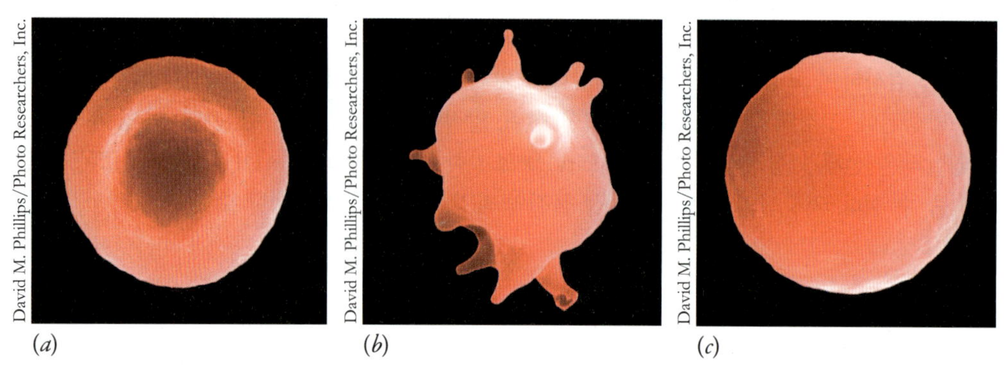

■ 그림 6.33

적혈구 세포에 대한 삼투의 영향 (*a*) 등장액(isotonic solution)에서 세포는 정상적인 형태와 크기를 유지한다. (*b*) 고장액(hypertonic solution)에서 삼투작용은 세포로부터 물이 빠져 나가 세포가 오그라들게 한다. (*c*) 저장액(hypotonic solution)에서 삼투작용은 세포 내로 물을 흡수하여, 세포가 부풀거나 터지게 한다.

예제 6.19

삼투

만약 사람이 심한 탈수증상을 일으키면 적혈구는 무딘톱날 모양이나 용혈현상 중 어느 쪽 현상이 더 많이 일어날 것 같은가?

전략

이 문제를 풀기 위해 농도의 관점에서 생각하고, 이 농도가 특정 부피에서 어떻게 용질의 양으로 나타나는가를 생각하면 도움이 될 것이다.

해답

주어진 용질의 양에 대하여 용매(물)가 적을수록 용액(혈청)은 더 진한 농도가 된다. 혈액 용질의 농도가 높아질수록 혈청은 점점 더 고장액이 된다. 세포는 무딘톱날 모양이 될 것이다.

연습문제 6.19

알코올을 마시면 고장액 혈청이 될 수 있는 이유를 설명하시오.

용액의 총괄성

삼투현상은 **총괄성(colligative property)**, 즉 용액에 있는 용질의 농도에만 의존하는 성질이다. 그림 6.32에서 본 바와 같이, 만일 반투과성 막이 다른 농도의 용액을 분리하고 있다면 용매는 낮은 농도의 용액에서 높은 농도의 용액으로 이동하게 될 것이다. 농도의 차이가 크면 클수록 삼투용액의 양은 더 크게 일어날 것이다.

어는점 내림과 끓는점 오름은 2개의 다른 총괄성이다. 순수한 물은 0°C에서 언다. 염이나 어떤 다른 용질을 첨가하면 순수한 물의 어는점은 내려갈 수 있다. 자동차 라디에이터에 들어가는 부동액 (에틸렌글리콜이라는 알코올)과 물의 혼합물은 순수한 물보다 어는점이 낮다. 순수한 물은 100°C에서 끓는다. 용질을 첨가하면 끓는점이 올라간다. 겨울철에 라디에이터에 물이 어는 것을 방지하는 동일한 부동액이 여름에는 끓어 넘치는 것을 막는다.

확산과 신장

HealthLink

신장은 노폐물, 불필요한 이온 및 과량의 물을 여과하여 신장으로 보내 소변으로 배출하는 중요한 기능을 담당한다. 만약 신장이 제대로 작동하지 못하면 유독한 용질이 혈액에 쌓일 수 있기 때문에 생명에 위협이 될 수 있다. 신부전증 환자의 치료방법 중 하나는 혈액투석(hemodialysis)인데, 혈액이 인공신장기를 통과하면서 물, 이온 그리고 노폐물들이 제거된다(그림 6.34).

혈액투석에서, 환자의 혈액은 전해질과 당으로 구성된 등장성 수용액인 투석액에 담겨 있는 선택적 투과성을 갖는 튜브로 펌프된다. 투석액은 혈액과 같은 등장액이므로 필요한 용질의 알짜 이동은 일어나지 않는다. 그러나 노폐물과 불필요한 이온은 투석액보다 혈액에서 더 높은 농도로 있어서 이들은 혈액에서 투석액으로 이동한다. 혈액세포나 단백질은 너무 커서 막을 통과할 수 없으므로 소실되지 않는다.

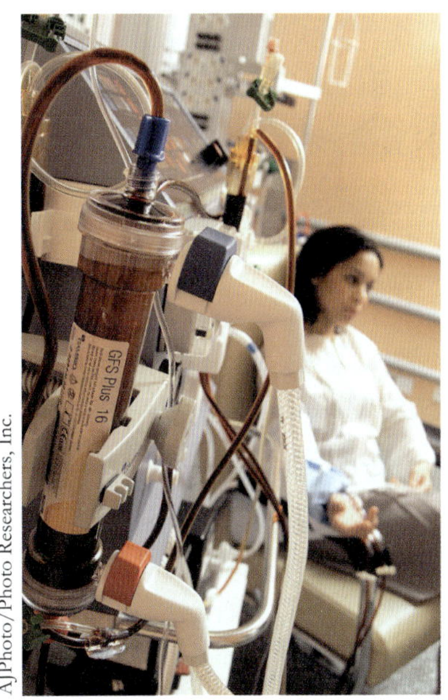

AJPhoto/Photo Researchers, Inc.

■ 그림 6.34

신장투석 신장투석에서, 혈액은 투석액에 잠긴 관을 통해서 양수된다. 원치 않는 혈액의 용질은 확산으로 제거된다.

종양전문의사의 사무실에서 ... 재방문

Rick Gomez/Blend Images/Getty Images

통풍과 어떤 형태의 항암 화학요법 사이에는 특정 약물이 많은 암세포를 빠르게 사멸시키는 원인이 되는 것과 관련이 있다. 이러한 현상은 암세포와 정상세포 양쪽 모두에 존재하는 퓨린(purine)이라는 분자를 혈청 농도에서 급격하게 증가하도록 유도한다. 보통 퓨린은 세포의 파괴나 음식물이 소화될 때 생성되서 요산으로 전환되며, 혈액에서 신장을 통해 빠져 나간 후 소변으로 배출된다.

Guanine (퓨린) —guanase→ Xanthine

Allopurinol

Xanthine —크산틴 산화효소→ Uric acid

화학요법에 의한 퓨린의 급격한 방출로 인해 요산의 과도한 생성이 초래될 수 있다. 고농도에서, 혈액 용질이 용해도 한계에 도달하면, 결정이 생성된다. 이 결정은 통풍의 원인이 되며, 일반적으로 발가락, 관절 그리고 신장에 극심한 통증을 일으킨다.

통풍은 퓨린에서 요산의 생성을 늦춰 주는 알로퓨리놀(allopurinol)을 사용하여 치료할 수 있다.

THINKING IT THROUGH

환자에게 처방되면 알로퓨리놀은 옥시퓨리놀(oxypurinol)로 전환된다. 옥시퓨리놀은 퓨린으로부터 요산의 생성단계들 중의 하나를 촉진하는 효소인 크산틴 산화효소의 작용을 막는다.

Allopurinol + H_2O + O_2 —효소→ Oxypurinol + H_2O_2

1. 알로퓨리놀이 옥시퓨리놀로 전환될 때 알로퓨리놀은 산화되는가? 환원되는가?
2. 알로퓨리놀은 전구물질로 생각되는가? (HealthLink: 전구물질을 참고할 것)
3. 옥시퓨리놀이 알로퓨리놀보다 크산틴 산화효소의 차단에 더 효과적이라는 사실에 대해 설명하시오.

CHAPTER 6의 목적

목표	요약	절	예제와 연습문제	총정리 문제
1. 일반 압력 단위들 사이를 변환하시오.	표준대기압은 1기압(atm), 14.7 psi 및 760 torr	6.1	6.1~6.3	6.3~6.18
2. 기체의 상태를 설명하고 기체 법칙의 방정식을 제시하는 변수들을 열거하시오.	기체는 압력, 온도, 부피 및 몰 수로 기술된다. 이런 변수들을 관련지은 법칙들이 **보일의 법칙**($P_1V_1 = P_2V_2$), **Gay-Lussac의 법칙**($P_1/T_1 = P_2/T_2$), **찰스의 법칙**($V_1/T_1 = V_2/T_2$), **아보가드로의 법칙**($V_1/n_1 = V_2/n_2$), **통합기체의 법칙**($P_1V_1/T_1 = P_2V_2/T_2$) 및 **이상기체의 법칙**($PV = nRT$)이다.	6.2	6.4~6.6	6.19~6.44
3. **달톤의 분압법칙**을 설명하시오.	**달톤의 분압법칙**은 혼합기체의 총압력은 각 기체 압력의 합과 같음을 말한다($P_{total} = P_A + P_B + P_C + ...$).	6.3	6.7	6.45~6.50
4. **순수물질, 균일 혼합물** 및 **불균일 혼합물**의 용어를 정의하시오. 균일 혼합물에 대하여 **용매**로부터 **용질**의 차이점이 무엇인지 설명하시오.	**순수물질(pure substance)**은 단 하나의 원소나 화합물로 구성되어 있다. 순수물질의 **혼합물(mixture)**은 **균일**(homogeneous, 균등하게 분포되어 있다)하거나 **불균일**(heterogeneous, 균등하게 분포하지 않는다) 할 수 있다. **균일 혼합물**[또는 용액(solution)]에서, **용매(solvent)**는 매우 많은 양이, **용질(solutes)**은 상대적으로 적은 량이 존재한다.	6.4	6.8	6.51~6.58
5. 온도가 물에서 기체, 액체 및 고체의 **용해도**에 미치는 영향을 기술하시오.	온도가 상승함에 따라 물에서 기체의 **용해도(solubility)**는 감소한다. 대부분의 액체와 고체에서는 온도가 상승하면 물에서의 용해도가 증가한다.	6.4		6.59~6.64
6. 용해도 규칙을 사용하여 이온화합물 사이의 반응이 **침전물**을 생성하는지를 예상할 수 있다. 침전반응은 이온 반응식과 알짜 이온 반응식으로 쓸 수 있다.	생성물의 물에 대한 용해도에 따라 수용성 이온화합물들의 일부 반응은 **침전물(precipitates)** 형성을 유도할 수 있다. 침전반응에 대한 균형 반응식으로부터 **이온 반응식(ionic equation)**을 쓸 수 있다(수용성 반응물과 생성물은 각각의 이온으로 열거할 수 있다). **구경꾼 이온(spectator ions**, 반응 화살표의 양쪽에 같이 나타남)을 제거하면 **알짜 이온 반응식(net ionic equation)**이 된다.	6.5	6.9, 6.10	6.65~6.76
7. **헨리의 법칙**을 설명하시오.	액체에서 기체의 용해도는 액체 위로 가해지는 기체의 압력에 정비례한다(압력이 높을수록 기체의 용해도는 증가한다).	6.6	6.11	6.77~6.80
8. **친수성, 소수성** 및 **양친매성**의 용어들을 설명하고, 각 용어의 범주에 해당하는 화합물들을 예로 제시하시오.	물에 용해성인 물질은 **친수성**(hydrophilic, 물을 좋아함), 물에 불용성인 물질은 **소수성**(hydrophobic, 물을 싫어함)이며, 친수성과 소수성을 함께 함유하고 있는 물질은 **양친매성(amphipathic)**이다. 단순 당과 아미노산은 친수성, 지방산은 소수성이며, 비누는 양친매성이다.	6.7	6.12	6.81~6.88
9. 일반적으로 사용하는 농도 단위들을 열거하고 농도를 포함한 계산과정을 수행하시오.	일반적인 농도 단위에는 **무게/부피 퍼센트(weight/volume percent)**, **천분율(parts per thousand)**, **백만분율(parts per million)**, **10억분율(parts per billion)** 및 **몰 농도(molarity)**가 있다. 포함되는 단위와는 상관없이 **농도(concentration)**는 환산계수로서 사용될 수 있다. **희석(dilution)**을 포함한 계산은 다음 방정식을 사용하여 수행할 수 있다. $V_{original} \times C_{original} = V_{final} \times C_{final}$.	6.8, 6.9	6.13~6.17	6.89~6.122

목표	요약	절	예제와 연습문제	총정리 문제
(10.) **용액, 현탁액** 및 **콜로이드**를 구별하고 **확산**과 **삼투**의 원리를 설명하시오.	용질 입자는 **용액(solution)**에서 가라앉지 않는다. **현탁액(suspension)** 입자는 너무 커서 용해될 수 없으며, 중력에 의해 가라앉는다. **콜로이드(colloid)** 입자는 용액과 현탁액 입자들 사이의 중간 크기이며, 가라앉지 않는다. **확산(diffusion)**은 높은 농도에서 낮은 농도로 물질이 이동하는 것을 말한다. **삼투(osmosis)**현상은 반투과성 막을 통한 낮은 농도에서 높은 농도로 물의 이동이다.	6.10, 6.11	6.18, 6.19	6.123~6.130

반응 요약

6.5절

침전반응(고체 생성)

$$CoCl_2(aq) + Ca(OH)_2(aq) \longrightarrow Co(OH)_2(s) + CaCl_2(aq)$$

균형 반응식

$$Co^{2+}(aq) + 2Cl^-(aq) + Ca^{2+}(aq) + 2OH^-(aq) \longrightarrow Co(OH)_2(s) + Ca^{2+}(aq) + 2Cl^-(aq)$$

이온 반응식

$$Co^{2+}(aq) + 2OH^-(aq) \longrightarrow Co(OH)_2(s)$$

알짜 이온 반응식

총정리 문제

색으로 표시된 문제의 해답은 부록 C에 있다.
좀 더 어려운 문제는 *표로 표시하였다.

6.1 **a.** 아래에서 보여주는 기체에 대하여 부피는 증가하는가? 감소하는가? 아니면 그대로 남아 있는가?
b. 용기 내부의 압력은 증가하는가? 감소하는가? 아니면 그대로 남아 있는가?
c. 몰 수는 증가하는가? 감소하는가? 아니면 그대로 남아 있는가?

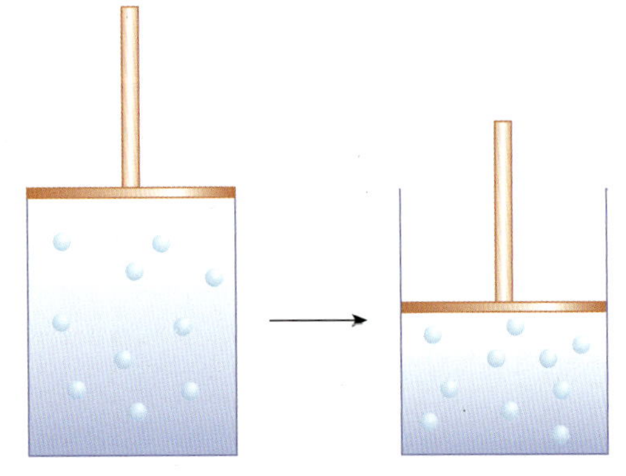

6.2 다음 중 어느 것이 문제 6.1에서 일어나는 기체의 변화에 대한 설명에 해당하는가?
a. 외부의 압력이 증가하였다.
b. 외부의 압력이 감소하였다.
c. 온도가 올라갔다.
d. 온도가 내려갔다.

6.1 기체와 압력

6.3 STP를 정의하시오.

6.4 **a.** STP에서 고체인 원소 또는 화합물의 예를 제시하시오.
b. STP에서 액체인 원소 또는 화합물의 예를 제시하시오.
c. STP에서 기체인 원소 또는 화합물의 예를 제시하시오.

6.5 9.2 psi의 압력은

a. 몇 기압인가? **b.** 몇 토르(torr)인가?

6.6 13.6 psi의 압력은

a. 몇 기압인가? **b.** 몇 토르(torr)인가?

6.7 814 torr의 압력은

a. 몇 기압인가? **b.** 몇 psi인가?

6.8 597 torr의 압력은

a. 몇 기압인가? **b.** 몇 psi인가?

6.9 SI 측정계에서 압력의 단위를 kilopascal(kPa)이라고 부른다. 1기압은 101.3 kPa와 같다.

a. 1.29 atm을 kilopascal로 변환하시오.

b. 87.2 kPa를 기압으로 변환하시오.

c. 612 torr를 kilopascal로 변환하시오.

6.10 SI 측정계에서 압력의 단위를 kilopascal(kPa)이라고 부른다. 1 기압은 101.3 kPa와 같다.

a. 277 kPa를 torr로 변환하시오.

b. 9.22 psi를 kilopascal로 변환하시오.

c. 583 kPa를 제곱인치당 파운드(pounds/square inch)로 변환하시오.

6.11 기압계(barometer)는 어떻게 작동하는지를 설명하시오.

6.12 **a.** 일기예보를 청취할 때 여러분은 기압계가 떨어지고 있다고 들을 때가 있다. 기압계의 어느 부분이 떨어지고 있는가?

b. 공기압에 무슨 일이 일어나고 있는가?

6.13 760 torr의 대기압과 0°C의 온도에서 그림 6.4*b*에 그려져 있는 기압계의 오른쪽 팔에 있는 수은주의 높이는 왼팔에 있는 수은주의 높이보다 5 mm 더 높다. 그 플라스크 내부의 기체 압력은 얼마인가?

6.14 760 torr의 대기압과 0°C의 온도에서 그림 6.4*c*에 그려져 있는 기압계의 오른쪽 팔에 있는 수은주의 높이는 왼팔에 있는 수은주의 높이보다 5 mm 더 낮다. 그 플라스크 내부의 기체 압력은 얼마인가?

6.15 표 6.1을 사용하여 920 torr의 압력에서 물의 끓는점을 계산하시오.

6.16 표 6.1을 사용하여 1.2 atm의 압력에서 물의 끓는점을 계산하시오.

6.17 지구상에서 측정된 가장 높은 기압(barometric pressure)의 기록은 2001년에 Mongolia에서 측정되었던 32.06 mmHg이다. 이 압력에서 끓는점을 계산하시오.

6.18 0°C의 어느 겨울 화창한 날에 빨래줄에 젖은 시트를 걸어 둔다면, 결국에는 마를 것이다. 설명하시오.

6.2 기체 법칙

6.19 760 torr의 압력에서 풍선은 1.50 L의 부피를 가지고 있다. 만일 그 풍선을 용기에 넣고 (일정한 온도에서) 압력을 2500 torr로 올리면 그 풍선의 새로운 부피는 얼마인가?

6.20 1.5 atm의 압력에서 풍선은 3.25 L의 부피를 가지고 있다. 만일 압력이 1.0 atm(일정한 온도에서)으로 낮아진다면 그 풍선의 새로운 부피는 얼마인가?

6.21 30°C의 온도에서 1.50 L 부피의 풍선이 있다. 만일 온도를 (일정한 압력에서) 60°C로 올린다면 그 풍선의 새로운 부피는 얼마인가?

6.22 22°C의 온도에서 8.0 L 부피의 풍선이 있다. 만일 온도를 (일정한 압력에서) 55°C로 올린다면 그 풍선의 새로운 부피는 얼마인가?

6.23 30°C의 온도에서 1.5 L 금속 캔 내부에 있는 기체는 760 torr의 압력을 가지고 있다. 만일 온도가 (일정한 부피에서) 60°C로 올라가면 그 기체의 새로운 압력은 얼마인가?

6.24 75°C의 온도에서 5.00 L 금속 캔 내부에 있는 기체는 2500 torr의 압력을 가지고 있다. 만일 온도가 (일정한 부피에서) 45°C로 내려가면 그 기체의 새로운 압력은 얼마인가?

6.25 2.0 L 풍선에 0.35몰의 $Cl_2(g)$가 들어 있다. 만일 0.20몰의 기체가 제거된다면 일정한 압력과 일정한 온도에서 그 풍선의 새로운 부피는 얼마인가?

6.26 9.1 L 풍선에 1.25몰의 He(*g*)이 들어 있다. 만일 0.75몰의 He이 첨가되면 일정한 압력과 온도에서 그 풍선의 새로운 부피는 얼마가 되겠는가?

6.27 1.5L 부피를 가진 풍선이 760 torr의 압력과 30°C의 온도에 있다. 만일 압력이 2500 torr로 올라가고 온도가 60°C로 올라가면 그 풍선의 새로운 부피는 얼마이겠는가?

6.28 2.00 L의 부피를 가진 풍선이 1.5 atm의 압력과 20°C의 온도에 있다. 만일 압력이 2.0 atm으로 올라가고 온도가 25°C로 올라가면 그 풍선의 새로운 부피는 얼마이겠는가?

6.29 575 mL의 금속캔에 298 K의 온도에서 2.50×10^{-2} 몰의 He이 들어 있다. 캔 내부의 압력(atm 단위로)은 얼마이겠는가? 이 압력은 표준 대기압보다 높겠는가? 아니면 낮겠는가?

6.30 1.00qt 금속캔에 20°C의 온도에서 0.150 g의 He이 들어 있다. 캔 내부의 압력(atm 단위로)은 얼마이겠는가? 이 압력은 표준 대기압보다 높겠는가? 아니면 낮겠는가?

6.31 40°C에서 250.0mL 플라스크에 0.350몰의 O_2가 들어 있다.

a. 압력은 atm으로 얼마인가?

b. 압력은 torr로는 얼마인가?

c. 압력은 psi로는 얼마인가?

6.32 0°C에서 100 mL 플라스크에 400 g의 N_2가 들어 있다.

a. 압력은 atm으로 얼마인가?

b. 압력은 torr로는 얼마인가?

c. 압력은 psi로는 얼마인가?

*6.33 250 mL 플라스크에는 760 torr의 압력과 25°C의 온도에서 He이 들어 있다. 얼마나 많은 질량의 He이 존재하는가?

*6.34 750 mL 플라스크에는 0.75 atm의 압력과 20°C의 온도에서 O_2가 들어 있다. 얼마나 많은 질량의 He이 존재하는가?

*6.35 a. 25°C에서 1.05 atm의 압력을 가지고 있는 2.0 L 플라스크에는 몇 몰의 Ar이 들어 있는가?
b. 이 Ar의 질량은 얼마인가?

*6.36 a. 35°C에서 850 torr의 압력을 가지고 있는 1.0 qt 플라스크에는 몇 몰의 Ne이 들어 있는가?
b. 이 Ne의 질량은 얼마인가?

6.37 25°C에서 기체 샘플이 815 torr의 압력을 가지고 있으며, 9.92 L의 부피를 점유하고 있다.
a. 보일의 법칙을 사용하여 온도가 일정하게 유지되고 부피가 5.92 L로 감소될 때 그 기체의 새로운 압력을 계산하시오.
b. Gay-Lussac의 법칙을 사용하여 부피가 일정하게 유지되고 온도가 125.0°C로 상승할 때 그 기체의 새로운 압력을 계산하시오.
c. 찰스의 법칙을 사용하여 압력이 일정하고 온도가 125.0°C로 상승할 때 그 기체의 새로운 부피를 계산하시오.
d. 통합 기체의 법칙(combined gas law)을 사용하여 온도가 125.0°C로 상승하고 부피가 5.92 L로 감소할 때 새로운 압력을 계산하시오.
e. 이상 기체 법칙(ideal gas law)을 사용하여 존재하는 기체의 몰 수를 계산하시오.

6.38 37°C에서 기체 샘플이 725 torr의 압력을 가지고 있으며 3.44 L의 부피를 점유하고 있다.
a. 보일의 법칙을 사용하여 온도가 일정하게 유지되고 부피가 6.17 L로 증가될 때 그 기체의 새로운 압력을 계산하시오.
b. Gay-Lussac의 법칙을 사용하여 부피가 일정하게 유지되고 온도가 10.0°C로 내려갈 때 그 기체의 새로운 압력을 계산하시오.
c. 찰스의 법칙을 사용하여 압력이 일정하고 온도가 150.0°C로 상승할 때 그 기체의 새로운 부피를 계산하시오.
d. 통합 기체의 법칙(combined gas law)을 사용하여 온도가 25.0°C로 내려가고 부피가 15.9 L로 증가할 때 새로운 압력을 계산하시오.
e. 이상 기체 법칙(ideal gas law)을 사용하여 존재하는 기체의 몰 수를 계산하시오.

*6.39 록 밴드 가수인 Led Zeppelin의 첫 앨범의 표지에 수소로 채워져 있는 비행선인 Hindenburg가 불에 타고 있는 그림이 그려져 있다. 25°C의 온도와 760 torr의 압력에서 Hindenburg는 7.062×10^6 세제곱 피트의 수소 가스를 가지고 있다. 몇 g의 수소가 이 비행선에 들어 있었겠는가?

*6.40 만일 (문제 6.39의) Hindenburg가 수소 대신에 헬륨으로 채워져 있었다면 같은 온도, 압력 및 부피임을 가정하였을 때 몇 g의 헬륨이 들어 있었겠는가?

6.41 진실 또는 거짓? STP에서 10리터의 헬륨 가스에는 STP에서 같은 부피인 10 L의 네온 가스를 가진다. 설명하시오.

6.42 진실 또는 거짓? STP에서 2몰의 헬륨 가스에는 STP에서 같은 부피인 2몰의 네온 가스를 가진다. 설명하시오.

6.43 빈 플라스틱 우유병 안에 있던 공기가 밖으로 빠져 나오면 우유병이 왜 찌부러지는지를 이 장에서 논의되었던 개념을 사용하여 설명하시오.

6.44 스프레이 페인트 캔에 붙어 있는 레벨에는 고온에 가까이 하지 못하도록 경고문이 표시되어 있다. 이상 기체 법칙의 견지에서 그 이유를 설명하시오.

6.3 분압

6.45 혼합기체에는 0.75몰의 N_2, 0.25몰의 O_2 및 0.25몰의 He이 포함되어 있다.
a. 350 K에서 25 L 실린더에 있는 각 기체의 분압은 (atm과 torr의 단위로) 얼마인가?
b. 총압력은 얼마인가?

6.46 혼합기체에는 0.75몰의 N_2, 0.25몰의 O_2 및 0.25몰의 He이 포함되어 있다.
a. 250 K에서 25 L 실린더에 있는 각 기체의 분압은 (atm과 torr의 단위로) 얼마인가?
b. 총압력은 얼마인가?

6.47 문제 6.45의 혼합기체에 대하여 만일 0.50몰의 $CO_2(g)$이 더해지면 분압과 총압은 얼마인가?

6.48 문제 6.46의 혼합기체에 대하여 만일 0.50몰의 $CO_2(g)$이 더해지면 분압과 총압은 얼마인가?

*6.49 스쿠버 다이버들은 때때로 헬륨, 산소 및 질소 가스로 구성되어 있는 trimix라고 부르는 혼합기체로 호흡한다. 만일 2.5 L의 스쿠버 탱크에 2700 psi의 압력과 45°F에서 27%의 O_2, 12%의 He 및 61%의 N_2가 들어 있다면,
a. 각 기체의 분압은 얼마인가?
b. 각 기체가 몇 g씩 존재하고 있는가?
c. 몇 개의 O_2와 N_2 분자와 몇 개의 He 원자가 존재하고 있는가?

*6.50 만일 문제 6.49에 있는 스쿠버 탱크를 총압이 1300 psi로 떨어질 때까지 사용된다면 온도는 변하지 않는 것으로 가정할 때,
a. 각 기체의 분압은 얼마인가?
b. 몇 g씩의 각 기체들이 들어 있는가?
c. 몇 개의 O_2와 N_2 분자와 몇 개의 He 원자가 들어 있는가?

6.4 용액

6.51 용질과 용매의 용어를 정의하시오.

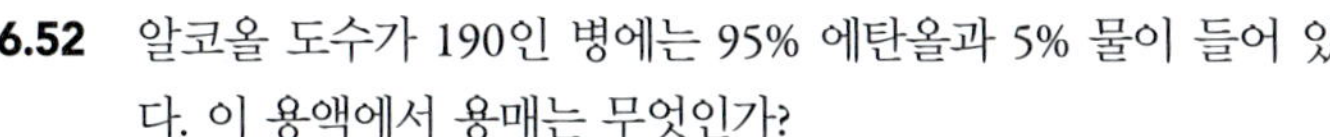

6.52 알코올 도수가 190인 병에는 95% 에탄올과 5% 물이 들어 있다. 이 용액에서 용매는 무엇인가?

6.53 순수물질과 혼합물의 용어를 정의하시오.

6.54 균일 혼합물, 불균일 혼합물, 용액 및 침전물의 용어를 정의하시오.

6.55 차가운 물이 담겨 있는 냄비에 설탕을 넣어서 포화용액을 얻었다. 냄비를 가열하면 모든 설탕이 용해된다. 이런 현상이 일어나는 이유를 설명하시오.

6.56 뜨거운 소금물[$NaCl(aq)$]이 가득 차 있는 냄비를 차갑게 식히면 $NaCl(s)$이 침전된다. 이런 현상이 일어나는 이유를 설명하시오.

6.57 다음 용액의 예를 제시하시오.
a. 용질은 고체이며, 용매는 액체이다.
b. 용질과 용매 모두 기체이다.

6.58 다음 용액의 예를 제시하시오.
a. 용질은 기체이며, 용매는 액체이다.
b. 용질과 용매 모두 액체이다.

6.59 1 atm의 압력에서 O_2 기체는 0°C 물 또는 90°C 물 중에서 어느 물에 더 많이 용해되는가?

6.60 NaCl은 0°C 또는 90°C 중 어느 온도에서 더 많이 용해되는가?

6.61 **a.** 20°C에서 45.0g의 NaCl을 100g의 물에 넣으면 NaCl이 모두 용해되겠는가?
b. 결과물은 균일 혼합물인가? 불균일 혼합물인가?

6.62 뚜껑을 열어둔 탄산수 병에서의 기포 발생이 실온에서보다 냉장고에서 더 오랫동안 생기는 이유를 설명하시오.

6.63 어느 더운 날, 따뜻하고 얕은 연못보다 깊고 차가운 호수에서 낚시가 더 쉽다. 차가운 물에 물고기가 모이는 것이 그 물에 용해되어 있는 산소의 용량과 관련되어 있을 것이다. 설명하시오.

6.64 지구 온난화에 대한 우려 중의 하나는 수온의 증가로 인해 많은 물고기가 죽게 된다는 것이다. 이 현상을 물에서 O_2의 용해도와 어떻게 관련지을 수 있는가?

6.5 침전반응

6.65 다음의 각 이온화합물이 물에서의 용해 여부를 예측하시오.
a. $(NH_4)_2SO_4$ **c.** $CaCO_3$
b. K_2SO_4 **d.** $NaNO_3$

6.66 다음의 각 이온화합물이 물에서의 용해 여부를 예측하시오.
a. $(NH_4)_3PO_4$ **c.** AgCl
b. $Ba(NO_3)_2$ **d.** K_2CO_3

6.67 수용성 황산구리(II)(copper(II) sulfate)는 수용성 황화나트륨(sodium sulfide)에 혼합하면 침전물이 생성된다. 이 반응의 균형 반응식을 적으시오.

6.68 수용성 염화바륨(barium chloride)은 수용성 황화나트륨에 혼합하면 침전물이 생성된다. 이 반응의 균형 반응식을 적으시오.

6.69 다음의 각 침전물 반응의 균형 반응식을 완성하시오.
a. $CaCl_2(aq) + Li_2CO_3(aq) \longrightarrow$
b. $Pb(NO_3)_2(aq) + NaCl(aq) \longrightarrow$

6.70 다음의 각 침전물 반응의 균형 반응식을 완성하시오.
a. $LiCl(aq) + Ag_2SO_4(aq) \longrightarrow$
b. $CaBr_2(aq) + K_3PO_4(aq) \longrightarrow$

6.71 **a.** 다음 침전물 반응의 균형 반응식을 완성하시오.

$$Na_2CO_3 + Pb(NO_3)_2 \longrightarrow$$

b. 표 6.3을 사용하여 침전물 반응이 일어나는지를 제시하시오.

6.72 **a.** 다음 침전물 반응의 균형 반응식을 완성하시오.

$$CuCl_2 + AgNO_3 \longrightarrow$$

b. 표 6.3을 사용하여 침전물 반응이 일어나는지를 제시하시오.

6.73 문제 6.67의 반응에 대한 이온 반응식과 알짜 이온 반응식을 각각 적으시오.

6.74 문제 6.68의 반응에 대한 이온 반응식과 알짜 이온 반응식을 각각 적으시오.

6.75 문제 6.69의 각 반응에 대한 이온 반응식과 알짜 이온 반응식을 각각 적으시오.

6.76 문제 6.70의 각 반응에 대한 이온 반응식과 알짜 이온 반응식을 각각 적으시오.

6.6 물에서 기체의 용해도

6.77 물에서 이산화탄소(CO_2) 기체의 용해도는 다음의 각 상황에서 어떻게 되겠는가? (증가, 감소 또는 변화 없음으로 답하시오.)
a. 용액에 가해지는 CO_2 압력이 증가한다.
b. 온도가 상승한다.

6.78 물에서 산소(O_2) 기체의 용해도는 다음의 각 상황에서 어떻게 되겠는가? (증가, 감소 또H는 변화 없음으로 답하시오.)
a. 용액에 가해지는 O_2 압력이 감소한다.
b. 온도는 감소한다.

***6.79** 개봉하지 않은 탄산수 2병을 같은 온도에 두었다. 만일 한 병은 산 정상에서 개봉하고, 다른 한 병은 해수면에서 개봉한다면 어느 쪽이 더 많은 기포를 생성하겠는가. 설명하시오.

6.80 산소(O_2)가 물에서보다 혈액에서 용해도가 높은 이유는 무엇인가?

6.7 유기 및 생화학 물질

6.81 몸에서 아미노산 대사의 최종 생성물 중 하나는 요소이며, 수용성 화합물은 몸에서 소변으로 제거된다. 요소는 물에 용해되는데, 관련 화합물인 헥사나마이드(hexanamide)는 용해되지 않는 이유는?

$NH_2-\overset{\overset{\large O}{\|}}{C}-NH_2$ **Urea**

$CH_3CH_2CH_2CH_2CH_2\overset{\overset{\large O}{\|}}{C}-NH_2$ **Hexanamide**

6.82 다음 중 어떤 화합물이 물에 더 잘 녹을까?

$CH_3CH_2CH_2CH_2CH_2\overset{\overset{\large O}{\|}}{C}-OH$ **Hexanoic acid**

$H-\overset{\overset{\large O}{\|}}{C}-OH$ **Formic acid**

6.83 디에틸에테르가 부틸 알코올보다 물에 잘 용해되지 않는 이유를 설명하시오.

$CH_3CH_2OCH_2CH_3$ **Diethyl ether**

$CH_3CH_2CH_2CH_2OH$ **Butyl alcohol**

6.84 프로필렌 글리콜이 2-프로판올보다 물에 더 잘 용해되는 이유를 설명하시오.

$CH_3\overset{\overset{\large OH}{|}}{C}HCH_2OH$ **Propylene glycol**

$CH_3\overset{\overset{\large OH}{|}}{C}HCH_3$ **Isopropyl alcohol**

6.85 햇빛에 노출되면 피부에서 비타민 D가 생성된다. 구조식을 기초로 하면 비타민 D는 친수성인가, 소수성인가, 양친매성인가?

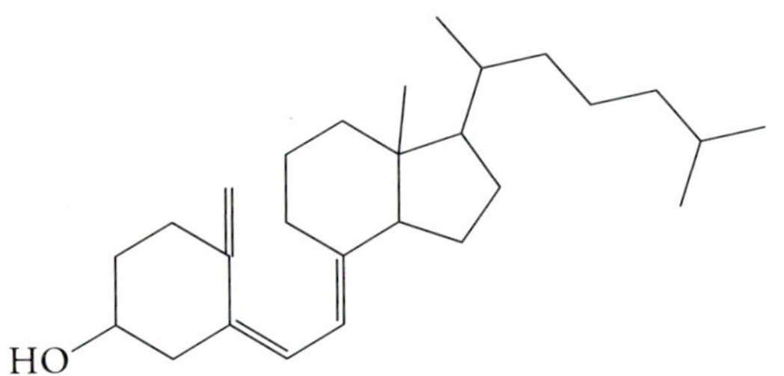

Vitamin D

6.86 비타민 A는 물에 녹지 않는다. 이유는?

OH

Vitamin A

6.87 에피네프린이 dipivefrin(그림 6.25)보다 물에 더 잘 용해되는 이유를 설명하시오.

6.88 인공감미료인 Acesulfame-K는 Acesulfame의 칼륨염이다. Acesulfame-K가 Acesulfame보다 물에서 용해도가 높은 이유를 설명하시오.

CH_3, O, SO_2, N^-K^+, O **Acesulfame-K**

CH_3, O, SO_2, NH, O **Acesulfame**

6.8 농도

6.89 베이킹소다(($NaHCO_3$)의 포화 수용액을 어떻게 만드는지를 설명하시오.

6.90 각설탕의 포화 수용액을 어떻게 만드는지를 설명하시오.

***6.91** 알부민 단백질은 정상 혈청에 3.5~5.5 g/dL 농도로 들어 있다. 데시리터당 알부민 4.0 g이 함유된 혈청에서 알부민은 몇 %(w/v)인가?

6.92 Potassium iodide(KI)는 요오드 결핍증을 치료하는 데 사용된다. 2.0 g의 KI를 함유하고 있는 75 mL의 용액은 몇 %(w/v)인가?

6.93 만일 100 mL의 혈청에 갑상샘에서 분비되는 호르몬인 티록신 5.0 mg이 함유되어 있으면 티록신 양은 성인의 정상범위에 해당된다. 티록신의 농도를 백만분율(ppm)과 10억분율(ppb)로 나타내시오.

6.94 혈청에서 비타민 B_{12}의 정상농도 범위는 160~170 ng/L이다. 이 농도 범위를 백만분율(ppm)과 10억분율(ppb)로 나타내시오.

6.95 다음 각 용액의 몰 농도를 계산하시오.

a. 2.0 L의 용액에 0.33 몰의 NaCl

b. 125 mL의 용액에 55.0 g의 NaCl

6.96 다음 각 용액의 몰 농도를 계산하시오.

a. 15.2 L의 용액에 1.75몰의 NaCl

b. 1.00 mL의 용액에 270 mg의 NaCl

***6.97** 0.30 mg의 KCl이 수용액 1.0 L에 들어 있을 때, 다음 용어로 농도를 나타내면?

a. 몰 농도(Molarity)

b. 무게/부피 퍼센트(w/v %)

c. 천분율(ppt)

d. 백만분율(ppm)

d. 10억분율(ppb)

***6.98** $CaCl_2$ 15 g이 수용액 250 mL에 들어 있을 때, 다음 용어로 농도를 나타내면?

a. 몰 농도(Molarity)

b. 무게/부피 퍼센트(w/v %)

c. 천분율(ppt)

d. 백만분율(ppm)

e. 10억분율(ppb)

***6.99** 여성의 혈청에서 요산(uric acid)의 정상수준은 26에서 60 ppm 범위이다. 만약 여성 환자가 혈청 10.0 mL에 요산 1.20 mg을 함유한다면 그녀는 정상 범위에 해당되는가?

6.100 납은 아기들에게서 정신 발달(mental development)을 지연시킬 수 있는 유독물질이다. 환경보호청의 제한 조치 수준(물을 정화하는 곳에서의 수준)은 15 ppb이다. 시료인 물 50 mL에 0.35 μg의 납이 포함되어 있다면 이 제한 조치 수준보다 높은가? 아니면 낮은가?

6.101 갑상선 호르몬인 티록신은 정상 혈청에 58~167 nmol/L가 들어 있다. 리터당 티록신이 150 nmol 함유된 혈청에서 티록신의 몰 농도는 얼마인가?

6.102 혈청에서 젖산의 정상 농도 범위는 0.6~1.8 mmol/L이다. 리터당 1.2 mmol의 젖산이 함유된 혈청에서 젖산의 몰 농도는 얼마인가?

***6.103** 호르몬인 코티졸의 혈청 농도는 8~20 mg/dL로 예상되었다. 데시리터당 코티졸 10 mg을 함유한 혈청에서 코티졸의 백만분율(ppm) 농도는 얼마인가?

***6.104** 포도당의 혈청 농도는 80~100 mg/dL로 예상되었다. 데시리터당 포도당 95 mg을 함유한 혈청에서 포도당의 백만분율(ppm) 농도는 얼마인가?

6.105 칼륨 이온(K^+)의 정상 혈청 농도는 3.5~4.9 mEq/L이다. 이 농도 범위를 mmol/L로 변환하시오.

6.106 인산염 이온(PO_4^{3-})의 정상 혈청 농도는 2.8~4.5 mEq/L이다. 이 농도 범위를 mmol/L로 변환하시오.

6.107 성인의 경우, 티록신 호르몬의 혈청 농도인 1.5 ng/dL(776.87 g/mol)는 정상범위 내에 있다. 이 농도를 다음의 단위로 변환하시오.

a. picograms per milliliter
b. nanograms per liter
c. picomoles per deciliter

6.108 45세 이하의 남성의 경우, 전립선 특이 항원(prostate specific antigen, PSA)의 농도인 2.5 μg/L는 정상이다. 이 농도를 다음의 농도로 변환하시오.

a. nanograms per milliliter
b. milligrams per deciliter

6.109 염소 이온(Cl^-)의 정상 혈청 농도는 95~107 mmol/L이다. 이 농도 범위를 mEq/L로 변환하시오.

6.110 마그네슘 이온(Mg^{2+})의 정상 혈청 농도는 1.2~2.5 mmol/L이다. 이 농도 범위를 mEq/L로 변환하시오.

6.111 중탄산염(HCO_3^-)을 25 mEq/L의 농도로 함유하는 혈청 시료 75 mL에는 얼마나 많은 밀리당량의 중탄산염(HCO_3^-)이 존재하는가?

6.112 5.2 mEq/L 농도의 칼슘 이온(Ca^{2+})을 함유하는 혈청 시료 25.0 mL에는 얼마나 많은 당량의 칼슘 이온(Ca^{2+})이 존재하는가?

6.113 132 mEq/L의 나트륨 이온(Na^+) 농도를 함유하는 혈청 시료 10.0 mL에는 몇 몰(mol)의 나트륨 이온이 존재하는가?

6.114 168 ng/L 농도의 비타민 B_{12}를 함유하는 혈청 시료 100.0 mL에는 몇 g의 비타민 B_{12}가 존재하는가?

6.9 희석

6.115 3.0 M의 HCl 15.0 mL를 최종 부피가 100 mL이 되도록 희석한다면, 새로운 용액의 농도는 얼마인가?

6.116 0.15 M의 HCl 3 mL를 최종 부피가 250.0 mL이 되도록 희석한다면, 새로운 용액의 농도는 얼마인가?

6.117 10% (w/v) 에탄올 용액을 50.0 mL에서 200.0 mL로 희석한다면 새로운 용액의 % (w/v)는 얼마인가?

6.118 5.0% (w/v) 에탄올 용액을 50.0 mL에서 75.0 mL로 희석한다면 새로운 용액의 % (w/v)는 얼마인가?

6.119 1.50 M의 NaOH 300.0 mL를 만드는 데 2.00 M NaOH는 몇 mL 필요한가?

6.120 0.150 M의 NaOH 225.0 mL를 만드는 데 1.50 M NaOH는 몇 mL 필요한가?

6.121 다음의 각 용액을 만드는 데 필요한 최종 부피를 계산하시오.

a. 1.00 M의 KBr 100 mL로 0.500 M의 KBr을 만든다.
b. 250.0 M의 알라닌(아미노산) 50.0 mL로 0.110 M의 알라닌을 만든다.

6.122 다음의 각 용액을 만드는 데 필요한 최종 부피를 계산하시오.

a. 2.0% (w/v)의 KI 10 mL로 0.020% (w/v)의 KI를 만든다.
b. 60 ppm의 Cu^{2+} 1.0 mL로 18 ppm의 Cu^{2+}를 만든다.

6.10 콜로이드와 현탁액

6.123 콜로이드와 현탁액은 어떻게 다른가?

6.124 콜로이드와 용액은 어떻게 다른가?

6.125 만약 당신이 물에 흙을 넣고 섞으면—용액, 콜로이드, 현탁액 중 어느 것이 되겠는가?

6.126 다음 각각에 대한 예를 제시하시오

a. 용액
b. 현탁액
c. 콜로이드

6.11 확산과 삼투

6.127 **a.** 확산을 정의하시오.

b. 능동수송이라 부르는 과정은 특정 이온과 화합물을 낮은 농도 영역에서 높은 농도 영역으로 세포막을 통과하여 이동한다. 확산은 능동수송에 포함하는가? 설명하시오.

6.128 삼투(osmosis)와 삼투압(osmotic pressure)의 용어를 정의하시오.

6.129 피클을 만들 때 brine(소금물)이라 부르는 진한 소금용액에

오이를 담근다. 이 과정이 삼투현상과 어떻게 관련이 있는지를 기술하시오.

6.130 사리염(epsom salts)이 용해된 목욕물에서 좌욕을 하는 것은 치질의 부어오름과 불쾌감 해소에 도움을 줄 수 있는 자택치료법이다. $MgSO_4$의 고장액(hypertonic solution)이 치질 부위의 팽창을 감소시킬 수 있는데, 순수한 물은 그렇지 않은 이유는 무엇인가?

HealthLink | 혈압

***6.131** 심한 출혈이 진행되는 동안에 ADH(시상하부에서 방출되는 호르몬)가 혈관수축(혈관을 움츠러들게 함)을 일어나게 유발한다. 혈관 부피의 감소를 일어나게 하는 어떤 효과가 혈압에 영향을 미치게 하는가?

6.132 알코올성 음료에 들어 있는 에틸알코올은 ADH(앞 문제를 보라)의 방출을 억제한다. 음료성 알코올의 어떤 효과가 혈압에 영향을 미치게 하는가?

HealthLink | 호흡

6.133 심폐소생술(CPR)을 수행하는 동안에 일어나는 가슴 압박은 환자가 숨을 내쉬게 한다. 보일의 법칙의 관점에서 그 이유를 설명하시오.

6.134 사고 피해자들은 때때로 bag valve mask(인공호흡기)를 사용하여 생명을 유지하게 된다. 이 마스크는 bag을 쥐어 짤 때 공기를 폐로 불어 넣는다. 이상기체 법칙의 관점에서 어떻게 bag이 사고 피해자의 폐로 공기를 불어 넣는 힘이 생기는지를 설명하시오.

HealthLink | 프로드러그(전구약물)

6.135 프로드러그인 클로람페니콜 팔메이드(chloramphenicol palmitate, 그림 6.25)가 클로람페니콜보다 물에 덜 녹는 이유는?

***6.136** 페나세틴(Phenacetin)은 보통 해열 진통제로 사용되는 아세트아미노펜(acetaminophen)으로부터 만들어지는 전구약물이다. 전 세계 많은 나라에서 사용하지만, 독성에 대한 우려 때문에 미국에서는 팔지 않는다. 아세트아미노펜 325 mg의 반응으로 얻어지는 페나세틴의 이론적 수율(mg으로)은 얼마인가? 아세트아미노산이 제한 반응물임을 가정하시오.

$$\text{Acetaminophen (HO–}C_6H_4\text{–NH–C(=O)CH}_3) + K_2CO_3 + CH_3CH_2I \longrightarrow \text{Phenacetin (}CH_3CH_2O\text{–}C_6H_4\text{–NH–C(=O)CH}_3) + KHCO_3 + KI$$

HealthLink | 타액

6.137 타액은 용액의 일부 특성을 가지고 있다. 설명하시오.

6.138 타액은 콜로이드의 일부 특성을 가지고 있다. 설명하시오.

HealthLink | 확산과 신장

6.139 투석액은 혈액과 등장성인 것이 왜 중요한가?

6.140 신장 질환은 부분적으로 혈청에서 낮은 알부민 농도가 특징인 신장증후군(nephrotic syndrome)으로 이어질 수 있다. 혈청에서의 낮은 알부민 수준이 혈액에서 조직으로 체액을 이동하게 함으로써 유발되는 부어오름(swelling)의 증상인 부종(edema)이 발생하는 이유를 설명하시오.

심화학습

6.141 **a.** 1.5 L 가스 실린더에 35.0°C의 온도와 895 torr의 압력에서 질소 가스(N_2)와 수소 가스(H_2)가 혼합하여 들어 있다. 기압(atm) 단위로의 압력은 얼마인가?

b. 압력은 제곱 인치당 파운드(pounds per square inch, psi)로 얼마인가?

c. N_2의 분압이 615 torr이면 H_2의 분압은 얼마인가?

d. 온도가 70.0°C로 상승한다면 두 기체의 새로운 분압과 총압은 얼마이겠는가?

e. 몇 몰의 N_2와 H_2 기체가 가스 실린더에 각각 존재하는가?

f. 몇 그램의 N_2와 H_2 기체가 가스 실린더에 각각 존재하는가?

g. 몇 분자의 N_2와 H_2 기체가 가스 실린더에 각각 존재하는가?

h. 질소 가스와 수소 가스는 다음 반응식에 따라서 반응한다.

$$N_2(g) + 3H_2(g) \longrightarrow 2NH_3(g)$$

가스 실린더에서 반응이 일어날 수 있는 조건임을 가정할 경우에, N_2와 H_2 기체 중에서 제한 반응물은 어느 것인가?

i. 문제 h에서의 반응에서 NH_3의 이론적 수율은 그램 단위로 얼마인가?

6.142 **a.** lead(II) nitrate와 sodium iodide가 반응하여 sodium nitrate와 lead (II) iodide를 생성하는 균형 반응식을 적으시오.

b. 표 6.3을 사용하여 이 반응에서 반응물과 생성물을 수용성(aq) 또는 고체(s)로 표시하시오.

c. 문제 a에서 반응에 대한 이온 반응식을 적으시오.

d. 이 반응에 대한 알짜 이온 반응식을 적으시오.

e. 125 mL의 용액에 5.72g의 lead(II) nitrate을 함유한 수용액을 제조하였다. 이 용액의 % (w/v) 농도는 일마인가?

f. 문제 e 용액의 몰 농도는 얼마인가?

g. 문제 e 용액의 10 mL을 최종 부피가 75.00 mL이 되도록 희석한다면 새 용액의 % (w/v) 농도는 얼마인가?

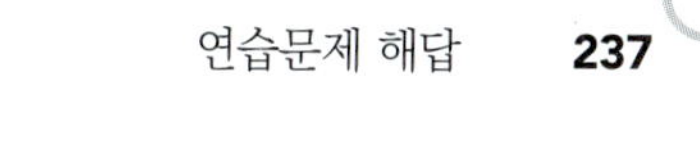

h. 175 mL 용액에 9.88 g의 sodium iodide를 함유한 수용액이 제조되었다. 이 용액의 농도가 ppm으로는 얼마인가?

i. 문제 h 용액의 몰 농도는 얼마인가?

j. 문제 h 용액 5.00 mL을 최종 부피가 25.0 mL이 되도록 희석한다면 새 용액의 몰 농도는 얼마가 되겠는가?

k. 문제 h에서 반응이 일어난다면, 균일 혼합물 또는 불균일 혼합물 중 어느 것이 얻어지겠는가?

연습문제 해답

6.1 대기의 질량이 대기압을 만든다. 낮은 고도에서보다 산 정상위에 더 적은 대기가 있다.

6.2 **a.** 1.81×10^3 torr; **b.** 0.99 atm

6.3 17.54 torr

6.4 0.8 atm

6.5 308 cm^3 줄어들 것이다.

6.6 **a.** 5.6 L; **b.** 690 torr

6.7 42 torr

6.8 세 분자 모두 수소결합을 형성할 수 있으며, 극성공유결합(쌍극자–쌍극자 힘을 통하여 상호작용할 수 있음)을 포함하고 있다. 아세트아미노펜과 부틸 알코올 구조에서 주요 부위는 비극성 탄소–탄소 및 비극성 탄소–수소결합으로 이루어져 있다. London force는 이들 두 분자 사이에서의 중요한 비극성 상호작용이다.

6.9 **a.** $BaSO_4$(불용성); **b.** $LiNO_3$(용해성); **c.** Na_2CO_3(용해성)

6.10 $Pb(NO_3)_2(aq) + 2NH_4Cl(aq) \longrightarrow PbCl_2(s) + 2NH_4NO_3(aq)$

균형 반응식

$Pb^{2+}(aq) + 2NO_3 (aq) + 2NH_4^+(aq) + ^-2Cl (aq) \longrightarrow PbCl_2(s) + 2NH_4^+(aq) + 2NO_3^-(aq)$

이온 반응식

$Pb^{2+}(aq) + 2Cl^-(aq) \longrightarrow PbCl_2(s)$

알짜 이온 반응식

6.11 다이버가 호흡을 함에 따라 혈액에 과량으로 녹아 있는 기체가 내뿜어질 수 있다.

6.12

$$\underbrace{CH_3CH_2CH_2CH_2CH_2CH_2CH_2CH_2CH_2CH_2CH_2CH_2}_{\text{hydrophobic}}\underbrace{O-\overset{\overset{O}{\|}}{\underset{\underset{O}{\|}}{S}}-O^-Na^+}_{\text{hydrophilic}}$$

6.13 **a.** 0.72 ppm; **b.** 7.2×10^{-5}% (w/v)

6.14 2.81 M

6.15 0.0011 g

6.16 3 pg/μL; 3×10^{-6} mg/mL

6.17 0.13 M

6.18 **a.** 용액(맑음, 가라앉지 않음); **b.** 콜로이드(탁함, 가라앉지 않음); **c.** 콜로이드(탁함, 가라앉지 않음) 또는 현탁액(펄프가 바닥으로 가라앉거나 위로 뜬다면); **d.** 용액(맑음—바라건대!)

6.19 에탄올을 혈청에 첨가하면 총용질 농도가 올라가게 될 것이므로.

Media Bakery

도서관에서

도서관에서 다가올 화학시험을 공부하느라 지쳐 있는 친구를 만났다. 친구는 마지막 시간의 강의 내용을 이해하고자 노력한 스트레스와 너무 많이 마신 커피로 인해서 위가 아프다고 토로한 후 가방에서 제산제를 꺼내 먹었다. 이 모습을 보니 제산제가 과도한 위산을 어떻게 제거하는지 설명하던 광고가 떠올랐다.

7 산, 염기, 평형

본 장에 관하여

산과 염기는 일상생활에서 일어나는 수많은 화학 작용에 있어서 중요한 화합물이다. 식초는 오렌지, 레몬, 시트르산과 마찬가지로 산이다. 가정에서 볼 수 있는 염기에는 베이킹소다, 베이킹 파우더, 암모니아, 제산제, 배수구 세제 등이 있다. 또한 여러분의 몸도 산과 염기를 만들고 이용함으로써 좋은 건강을 유지하는 데에 필수적인 적절한 균형을 유지한다.

CHAPTER 7의 목적

이 장을 끝내고 나면, 여러분들은 다음과 같은 것들을 할 수 있을 것이다. 즉:

1. 산과 염기의 일반적인 특징을 열거할 수 있다.
2. 브뢴스테드-로우리(Brønsted-Lowry) 산과 염기를 설명하고, 짝산 짝염기와 어떻게 다른지 설명할 수 있다.
3. 가역반응의 평형상수를 쓰고, 르 샤틀리에(Le Chātelier)의 원리를 이용하여 평형이 어떻게 교란에 반응하는지 설명할 수 있다.
4. 용액이 산성, 염기성, 중성인지 여부를 확인하기 위하여 H_3O^+ 농도와 pH를 이용할 수 있다.
5. 산의 상대적 강도를 평가하고, 산의 강도와 짝염기의 강도 사이의 관계를 명시하기 위하여 K_a와 pK_a를 사용할 수 있다.
6. 중화와 적정 과정을 설명할 수 있다.
7. 용액의 pH가 산과 짝염기의 상대적인 농도에 어떻게 영향을 주는지와 완충액을 설명할 수 있다.
8. 안정적인 혈장 pH를 유지하기 위하여 완충액, 호흡, 신장의 역할을 설명할 수 있다.

7.1 | 산과 염기

어떤 화합물은 산이고, 어떤 화합물은 염기이다. 때로는 특정 화합물이 어떤 부류에 속하는지 직접 관찰하여 간단하게 결정할 수 있다. **산(acid)**은 신맛(감귤류에서 시트르산과 같이)을 가지고 있고, 금속을 녹이기도 하며, 리트머스라는 식물 색소를 분홍색으로 변화시킬 것이다(그림 7.1). 한편 **염기(base)**는 쓴맛(카페인이나 항히스타민제)을 가지고 있고, 비누 같이 미끈거리며 리트머스를 푸른색으로 변하게 한다.

초기에는 맛으로 화학물질을 확인하는 것이 일반적인 방법이었다. 이 방법은 매우 심각한 부작용이 알려졌기 때문에 이제 더 이상 사용되지 않는다. 특히 대부분의 산과 염기는 광범위한 조직 손상을 일으키는데, 소량으로도 치명적일 수 있다.

표 7.1에는 여러 산과 염기 그리고 이들의 사용처가 적혀 있다. 이 표에 있는 여러 산은 3.5절에서 제시한 2원 화합물 명명법의 규칙과는 다르게 이름이 붙여져 있다. 예를 들면, 표 7.1에서 HCl은 염화수소(hydrogen chloride)가 아니라 염산(hydrochloric acid)이라고 되어 있다. 두 이름 모두 정확한 공식적인 명칭이지만, 산을 강조할 때는 2원 화합물 이름 대신에 산 이름을 사용한다.

표 | 7.1 일반적인 산과 염기

명칭	분자식	용도
산		
요오드화 수소산(Hydroiodic acid)	HI	소독제
브롬화수소산(Hydrobromic acid)	HBr	가축 진정제
염산(Hydrochloric acid)	HCl	가정용 세정제, 수영장 유지, 금속 세정제
황산(Sulfuric acid)	H_2SO_4	비료, 폭탄, 염료, 접착제
질산(Nitric acid)	HNO_3	비료, 폭탄, 염료
염기		
수산화 나트륨(Sodium hydroxide)	NaOH	배수구 세정제, 비누 제조
수산화 칼륨(Potassium hydroxide)	KOH	페인트와 광택 제거제
암모니아(ammonia)	NH_3	비료, 세정제

Martyn F. Chillmaid/Photo Researchers, Inc.
(*a*)

Charles D. Winters/Photo Researchers, Inc.
(*b*)

■ 그림 7.1

산과 염기의 특징 (*a*) 어떤 금속은 산과 반응한다. 이 그림에서 못은 황산과 반응하여 수소(H_2) 가스를 형성한다. (*b*) 산(레몬 주스)이 있을 때, pH 지시제인 리트머스는 붉은 색으로 변하였다. 염기(베이킹 소다)가 있을 때, 푸른색으로 변하였다.

7.2 | 브뢴스테드–로우리 산과 염기

화학자들이 초기에 직면한 어려움 중의 하나는 화합물의 구조와 산과 염기 특징을 연결하는 이론을 개발하는 것이었다. 1880년대에 스웨덴 화학자인 스반테 아레니우스(Svante Arrhenius)는 산은 물에서 H^+을 생성하는 화합물이고, 염기는 OH^-를 생성하는 화합물로 구분하였다. 이러한 정의에 따르면 HCl은 Arrhenius 산이고 NaOH는 Arrhenius 염기이다.

$$HCl \xrightarrow{H_2O} H^+ + Cl^-$$

$$NaOH \xrightarrow{H_2O} Na^+ + OH^-$$

1920년대에 덴마크 화학자인 요하네스 브뢴스테드(Johannes Brønsted)와 영국 화학자인 토마스 로우리(Thomas Lowry)는 보다 일반적인 정의를 제안하였는데, 이는 H^+의 이동에 따라 산과 염기를 설명하는 것이다. **Brønsted–Lowry** 정의에 따르면 **산은 H^+를 방출하고 염기는 H^+를 받는 것이다.** HCN과 물 사이에서 일어나는 반응식을 살펴보자.

■ Brønsted–Lowry 산은 H^+를 방출하고 Brønsted-Lowry 염기는 H^+를 받아들인다.

$$\underset{\text{산}}{HCN} + \underset{\text{염기}}{H_2O} \rightleftharpoons \underset{\text{염기}}{CN^-} + \underset{\text{산}}{H_3O^+}$$

쌍 화살표는 반응이 왼쪽에서 오른쪽으로 그리고 오른쪽에서 왼쪽으로 가역적이라는 것을 나타낸다. 정 방향에서 HCN은 산이고(H^+를 방출하고 CN^-가 된다) H_2O는 염기이다(H^+를 받아서 H_3O^+가 된다). 역반응에서도 산과 염기를 확인할 수 있다. H_3O^+는 산이고(H^+를 방출하여 H_2O가 된다) CN^-는 염기이다(H^+를 받아들여 HCN이 된다).

■ 물에서 H^+는 H_2O와 반응하여 하이드로늄 이온(hydronium ion, H_3O^+)을 형성한다. H_3O^+와 H^+는 종종 서로 바꾸어서 사용된다.

청소용으로 사용되는 가정용 암모니아는 NH_3 수용액이다. 이 수용액에서 NH_3는 염기로 작용하고(H^+를 받아들여 NH_4^+가 된다) H_2O는 산으로 작용한다(H^+를 방출하여 OH^-가 된다). 역반응에서는 NH_4^+가 산이고 OH^-가 염기이다.

$$\underset{\text{염기}}{NH_3} + \underset{\text{산}}{H_2O} \rightleftharpoons \underset{\text{산}}{NH_4^+} + \underset{\text{염기}}{OH^-}$$

예제 7.1

산과 염기의 확인

반응의 정방향과 역방향에서 Brønsted–Lowry 산과 염기를 확인하시오.

$$HCN + CO_3^{2-} \rightleftharpoons HCO_3^- + CN^-$$

전략

특정 반응물이 어떻게 변하는지 보기 위해서는 반응 화살표를 따라서 보아야 한다. 예를 들면, CO_3^{2-}는 H^+를 얻어 HCO_3^-가 된다.

해답

$$\underset{\text{산}}{HCN} + \underset{\text{염기}}{CO_3^{2-}} \rightleftharpoons \underset{\text{산}}{HCO_3^-} + \underset{\text{염기}}{CN^-}$$

정반응에서 H^+는 HCN에서 CO_3^{2-}를 형성하기 위하여 이동한다. 역반응에서 H^+는 HCO_3^-에서 CN^-로 이동한다.

연습문제 7.1

각 반응의 정반응과 역반응에서 Brønsted–Lowry 산과 염기를 확인하시오.

a. $HSO_4^- + HPO_4^{2-} \rightleftharpoons H_2SO_4 + PO_4^{3-}$

b. $HPO_4^{2-} + OH^- \rightleftharpoons H_2O + PO_4^{3-}$

■ 산과 짝염기는 H^+의 존재에 따라 다르다.

H^+의 유무만 차이가 나는 HCN과 CN^- 혹은 NH_3와 NH_4^+와 같은 화합물을 **짝(conjugate)**이라고 한다. 물에서 일어나는 acetic acid(CH_3CO_2H)의 반응에서 CH_3CO_2H와 $CH_3CO_2^-$는 H_3O^+와 H_2O와 같이 서로 짝이다.

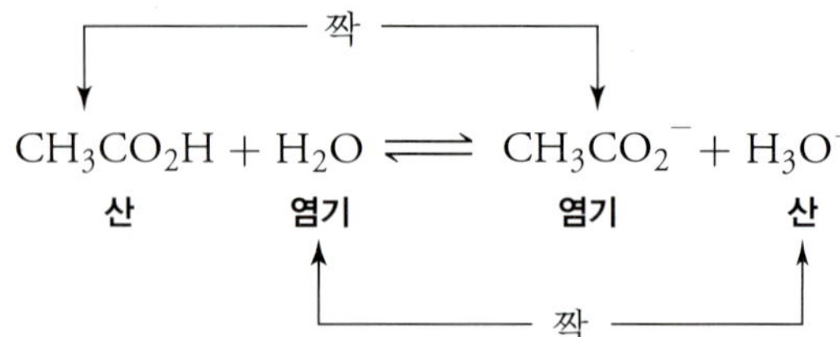

산(예를 들면, CH_3CO_2H)과 짝염기($CH_3CO_2^-$)는 항상 평형반응 화살표의 반대쪽에 있다는 것을 주목하자.

물은 위에서 설명한 반응에서 두 가지 다른 작용을 한다. HCN과 CH_3CO_2H에서 물은 염기로 작용하는 반면, NH_3와의 반응에서는 산으로 작용한다. 산이나 염기로 작용하는 화합물을 **양쪽성 (amphoteric)**이라고 한다. 다른 양쪽성 화합물에는 탄산수소염(hydrogen carbonate, HCO_3^-), 인산 이수소염(dihydrogen phosphate, $H_2PO_4^-$), 단백질을 형성하는 아미노산 등이 있다.

예제 7.2

양쪽성 화합물

탄산수소염(HCO_3^-)은 양쪽성이다.

a. OH와 함께 산으로 작용하는 HCO_3^-에 대한 화학 반응식을 완성하시오. 반응식의 양쪽에 산과 염기를 쓰고 짝상(conjugate pair)을 구별하시오.

$$OH^- + HCO_3^- \rightleftharpoons$$

b. HNO_3와 함께 염기로 작용하는 HCO_3^-에 대한 화학 반응식을 완성하시오. 반응식의 양쪽에 산과 염기를 쓰고 짝상을 구별하시오.

$$HNO_3 + HCO_3^- \rightleftharpoons$$

전략

어떤 것이 산이나 염기를 형성하는지에 근거하여, 어떤 것이 H^+를 주고 받는지 결정하시오. 짝상은 H^+의 유무에 따라 다르다.

a. $OH^- + HCO_3^- \rightleftharpoons H_2O + CO_3^{2-}$

염기 산 산 염기

OH^-와 H_2O는 짝이다. HCO_3^-와 CO_3^{2-}는 짝이다.

b. $HNO_3 + HCO_3^- \rightleftharpoons NO_3^- + H_2CO_3$

산 염기 염기 산

HNO_3와 NO_3^-는 짝이다. HCO_3^-와 H_2CO_3는 짝이다.

연습문제 7.2

인산 이수소염($H_2PO_4^-$)은 양쪽성이다.

a. HSO_4^-와 함께 염기로 작용하는 hydrogen phosphate에 대한 화학 반응식을 완성하시오. 반응식의 양쪽에 산과 염기를 쓰고 짝상을 구별하시오.

b. CN^-와 함께 산으로 작용하는 인산수소염에 대한 화학 반응식을 완성하시오. 반응식의 양쪽에 산과 염기를 쓰고 짝상을 구별하시오.

7.3 | 평형

위에서 설명한 산-염기 반응은 가역적인데, 이는 반응물은 생성물로 생성물은 반응물로 전환될 수 있다는 것을 의미한다. 이제 평형의 개념을 설명하기 위하여 산과 염기가 작용하지 않는 가역적인 반응으로 N_2O_4가 NO_2로 분해되는 반응을 살펴보자.

$$N_2O_4(g) \rightleftharpoons 2NO_2(g)$$

가역적인 반응을 설명할 때 **반응물**과 **생성물**이라는 용어를 사용하는 것은 다소 모호하다. 그 이유는 N_2O_4는 정반응에서는 반응물이고, 역반응에서는 생성물인 반면, NO_2는 정반응에서는 생성물이고, 역반응에서는 반응물이기 때문이다. 가역적인 반응에서 반응물은 반응식 화살표의 왼쪽에 있고, 생성물은 오른쪽에 있다고 정의한다.

만일 N_2O_4가 따뜻하고 밀폐된 시험관에 있으면 분해반응이 일어나기 시작한다. 반응 초기에 N_2O_4의 농도가 가장 높고, NO_2 농도는 가장 낮다(그림 7.2). 이 경우에 반응물 농도가 반응 속도에 직접적인 영향을 주기 때문에(5.7절), 반응이 시작되면 정반응 속도가 가장 크고 역반응 속도가 가장 작다. N_2O_4가 점점 NO_2로 전환됨에 따라 정반응 속도는 느려지고 역반응 속도는 증가한다. **정반응 속도와 역반응 속도가 같을 때, 평형(equilibrium)**에 도달한다. 평형일 때 반응물과 생성물은 없어짐과 동시에 생성되어 농도의 변화는 없다.

■ 평형시 정반응과 역반응의 반응 속도는 같고 생성물과 반응물의 농도는 변하지 않는다.

평형은 어느 시작 조건에서도 도달할 수 있다. 위에서 설명한 반응에서 반응 초기에 N_2O_4만 존재하거나 혹은 NO_2만 존재하거나 어느 농도 조합으로 N_2O_4와 NO_2가 존재하거나 평형에 도달한다. 평형이라는 것은 반응물과 생성물의 농도가 같다는 것을 의미하는 것이 아니라 각 가역적인 반응은 반응물과 생성물의 평형 농도의 고유한 조합을 가지고 있다.

평형상수

만일 N_2O_4와 NO_2가 평형에 도달하고 각각의 평형 농도를 측정하면 항상 다음과 같을 것이다.

$$K_{eq} = \frac{[NO_2]^2}{[N_2O_4]} = 4.6 \times 10^{-3}$$

여기서 대괄호는 몰(molarity) 단위의 농도를 나타낸다. N_2O_4와 NO_2의 초기 농도와는 상관없이 NO_2의 평형 농도를 제곱하여 N_2O_4 평형 농도로 나누면, 항상 4.6×10^{-3}이 될 것이다. 이 값이 반응의 **평형상수(equilibrium constant, K_{eq})**이다.

■ 평형상수 값은 온도에 따라 다양하다. 이 장에서 사용된 예는 25°C이다.

(a)

(b)

(c)

■ **그림 7.2**

평형 도달

(*a*) N_2O_4는 무색 가스이다. (*b*) N_2O_4가 데워지면 $N_2O_4(g) \rightleftharpoons 2NO_2(g)$ 등식에 의해 나타나는 것과 같이 갈색의 NO_2 가스로 전환된다. (*c*) 평형에서 정반응과 역반응이 같은 비율로 일어나고 $N_2O_4(g)$와 $NO_2(g)$의 농도에 더 이상 변화가 없기 때문에 유리관의 색이 변하지 않는다.

평형 계산을 하지 않아도 이 수식이 유도되는 방법을 보면 유용할 것이다. 가역적 반응을 일반화하면 다음과 같다.

$$aA + bB \rightleftharpoons cC + dD$$

이 수식에서 A와 B는 반응물이고, C와 D는 생성물이며, a, b, c, d는 계수일 때, 평형상수 수식은 다음과 같다.

$$K_{eq} = \frac{[C]^c[D]^d}{[A]^a[B]^b}$$

이 수식에서 분자는 생성물의 농도를 곱하여 구하며, 계수는 거듭제곱을 한다(만일 계수가 2이면 농도를 제곱하고, 3이면 농도를 세제곱을 한다). 분모도 반응물의 농도를 이용하여 같은 방법으로 구한다.

예를 들어, 비료에 사용되는 암모니아(NH_3)를 생성하기 위하여 질소 가스(N_2)와 수소 가스(H_2) 사이에 일어나는 반응을 살펴보자.

■ 이전 장에서 설명한 몇 가지 반응은 가역적이었다. 설명을 단순하게 하기 위하여 가역성을 대부분 무시하였다.

$$N_2(g) + 3H_2(g) \rightleftharpoons 2NH_3(g)$$

이 가역반응에 대한 평형상수는 6.9×10^5이고 평형상수 수식은 다음과 같이 쓸 수 있다.

$$K_{eq} = \frac{[NH_3]^2}{[N_2][H_2]^3} = 6.9 \times 10^5$$

예제 7.3

평형상수 식을 쓰시오.

반응식의 균형을 맞추고, 이에 상응하는 평형상수 식을 쓰시오.

$$CO(g) + O_2(g) \rightleftharpoons CO_2(g)$$

전략

반응식은 반응물/생성물의 계수를 변화시켜 균형을 맞춘다. 균형이 맞는 반응 수식을 사용하여 분자에 생성물 농도와 분모에 반응물 농도를 적은 후에 계수를 제곱하여 평형상수 식을 적는다.

해답

$$2CO(g) + O_2(g) \rightleftharpoons 2CO_2(g)$$

$$K_{eq} = \frac{[CO_2]^2}{[CO]^2[O_2]}$$

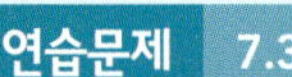

연습문제 7.3

각 반응에 대한 평형상수 식을 쓰시오.

a. $H_2(g) + CO_2(g) \rightleftharpoons CO(g) + H_2O(g)$

b. $2N_2O_5(g) \rightleftharpoons 4NO_2(g) + O_2(g)$

Andy Washnik/Wiley Archive

■ **그림 7.3**

고체가 포함된 평형 고체인 PbI_2는 노란색인데, 평형일 때 무색인 $Pb^{2+}(aq)$와 $I^-(aq)$로 존재한다.

어떤 가역적인 반응에서 반응물과 생성물은 다른 상태로 존재할 수 있다. 예를 들어, 고체인 lead(II) iodide를 물에 녹이면 액체인 lead(II) ion과 액체인 iodide ion이 생성된다(그림 7.3).

$$PbI_2(s) \rightleftharpoons Pb^{2+}(aq) + 2I^-(aq) \qquad K_{eq} = [Pb^{2+}][I^-]^2 = 7.1 \times 10^{-9}$$

PbI_2의 농도가 분모에 나타나지 않았기에, 이 평형상수 식은 잘못된 것처럼 보인다. 그러나 화학반응에 대한 평형상수 식은 **변화가 일어난 농도만 포함하기 때문에** 틀리지 않다. 고체 농도는 주어진 부피에 존재하는 몰 수이고, 이 값은 주어진 온도에서 결코 변화하지 않으므로 고체 반응물과 생성물의 농도는 생략한다. 용매도 농도가 너무 높고 반응 중에 변화가 거의 없기 때문에 평형상수 식에서 생략한다. 예를 들면, 시안화수소(hydrogen cyanide, HCN)가 시안염 이온(cyanide ion, CN^-)과 하이드로늄 이온(hydronium ion, H_3O^+)이 되는 반응에서 물은 용매이므로 K_{eq}에 나타나지 않는다.

$$HCN(aq) + H_2O(l) \rightleftharpoons CN^-(aq) + H_3O^+(aq)$$

$$K_{eq} = \frac{[CN^-][H_3O^+]}{[HCN]} = 4.9 \times 10^{-10}$$

평형상수의 크기는 반응에 따라 매우 다양하다. 위에서 설명한 반응에서 K_{eq}는 4.9×10^{-10} 값을 가진다. [산–염기 반응이기 때문에, 평형상수 K_{eq}는 **산도상수(acidity constant), K_a**라고도 한다.] 수학적인 관점에서 K_{eq}가 4.9×10^{-10} 보다 작아질 수 있는 방법은 수식의 분모가 분자보다 더 커지면 된다. 이 특정한 경우에 HCN의 농도는 두 생성물의 농도보다 더 높다. **평형상수가 1보다 작으면 평형상수 수식의 분모(반응물 농도)는 분자(생성물 농도)보다 크다**(표 7.2).

■ 용매와 고체는 평형상수 식에 포함되지 않는다.

다른 산-염기 반응인 염산과 물의 경우에 평형상수는 1.0×10^7의 값을 나타낸다.

$$HCl(aq) + H_2O(l) \rightleftharpoons Cl^-(aq) + H_3O^+(aq) \quad K_{eq} = \frac{[Cl^-][H_3O^+]}{[HCl]} = 1.0 \times 10^7$$

평형상수가 1보다 크면, 평형상수 식의 분모가 분자보다 작고, 이것은 평형에서 생성물이 반응물보다 더 많다는 것을 의미한다. 예에서 생성물 농도(Cl^-와 H_3O^+)는 반응물 농도(HCl)보다 훨씬 더 크다.

표 7.2 평형상수(K_{eq})의 해석

반응 혼합물의 조성	K_{eq} 값
[반응물] < [생성물]	$K_{eq} > 1$
[반응물] > [생성물]	$K_{eq} < 1$
[반응물] ≈ [생성물]	$K_{eq} \approx 1$

예제 7.4

K_{eq}를 사용하여 상대적 농도를 예측하시오.

어느 반응식이 생성물 농도가 반응물 농도보다 더 높은가?

$$HI + H_2O \rightleftharpoons I^- + H_3O^+ \quad K_{eq} = \frac{[I^-][H_3O^+]}{[HI]} = 2.5 \times 10^{10}$$

$$HF + H_2O \rightleftharpoons F^- + H_3O^+ \quad K_{eq} = \frac{[F^-][H_3O^+]}{[HF]} = 6.6 \times 10^{-4}$$

전략

K_{eq}는 반응물과 생성물의 상대적인 양을 직접적으로 나타낸다. 만일 평형시 생성물 농도가 반응물 농도보다 높으면 K_{eq} 값은 1보다 클 것이다. 만일 이와 반대라면, K_{eq} 값은 1보다 작을 것이다.

해답

$$HI + H_2O \rightleftharpoons I^- + H_3O^+$$

이 반응에서 K_{eq} 식의 분모는 분자보다 2.5 × 10^{10} (250억)배 크다. 그래서 생성물의 평형 농도는 반응물의 농도보다 크다. 다른 반응에서 분자는 분모보다 6.6 × 10^{-4} (약 1/2000)배 크다.

연습문제 7.4

N_2O_4의 반응에서(이 절의 앞부분에서 설명한), K_{eq} 값은 4.6 × 10^{-3}이다. 평형시 반응물 농도와 생성물 농도 중에서 어느 것이 더 큰가?

$$N_2O_4(g) \rightleftharpoons 2NO_2(g)$$

7.4 | 르 샤틀리에의 원리

■ 평형 상태가 교란될 때, 반응은 평형을 회복하기 위하여 반응한다.

앞에서 살펴본 바와 같이 가역적 반응이 평형에 도달하면 정방향 반응 속도와 역방향 반응 속도가 같아지며, 반응물과 생성물의 농도는 변하지 않는다. 평형조건은 실제로 매우 불확실하며 조건 변화에 따라 쉽게 교란된다. 평형 상태의 상실에 대한 반응은 **르 샤틀리에의 원리(Le Châtelier's principle)**에 의해 예측되는데, 이는 가역적인 반응이 평형 상태에서 벗어나려 할 때, 반응은 평형을 다시 만들려고 한다는 것이다(그림 7.4).

반응물과 생성물의 농도를 바꾸는 것이 평형을 깨는 유일한 방법이다. 좋은 예는 대사산물인 이산화탄소이다. 적혈구에서 탄산 탈수효소(carbonic anhydrase)는 H_2O와 CO_2가 H_2CO_3를 형성하는 가역

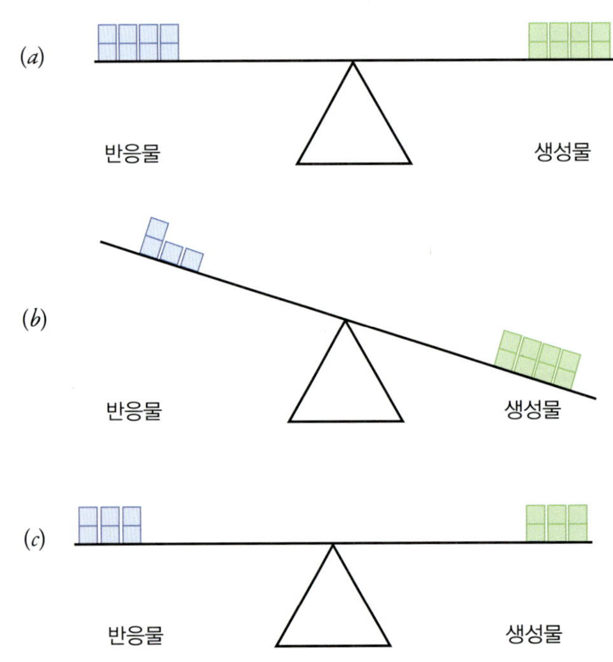

■ 그림 7.4

르 샤틀리에의 원리

(*a*) "반응"은 균형 상태(평형)이다. (*b*) 4개의 반응물이 제거될 때, 평형은 상실된다. (*c*) 2개의 생성물이 반응물로 전환되면 평형은 다시 형성된다. 복원된 평형 상태는 원래의 평형 상태보다 전체 반응물과 생성물의 수가 다르다는 것에 주목하라.

적인 반응을 촉매한다(5장, HealthLink: 탄산 탈수효소 참조).

$$H_2O(l) + CO_2(g) \xrightleftharpoons{\text{탄산 탈수효소}} H_2CO_3(aq)$$

평형 상태에서 반응물과 생성물의 농도는 일정하고 정반응 속도와 역반응 속도는 같다. CO_2가 평형 상태에 있는 혼합물에 첨가되면(예를 들면, CO_2가 세포에서 혈액으로 이동할 때) 평형은 깨지게 되고 평형이 회복되도록 정반응이 일어날 것이다. 정반응인 $H_2O(l) + CO_2(g) \longrightarrow H_2CO_3(aq)$의 반응 속도가 증가하게 되어 $[CO_2]$는 감소하고 $[H_2CO_3]$는 증가하게 된다. CO_2가 첨가되면 반응물 농도가 증가하기 때문에 정반응 속도가 증가하게 된다. H_2CO_3 농도가 증가함에 따라 역반응 속도도 증가하게 되고, 결국 정반응 속도와 역반응 속도가 일치하게 되어 평형에 다시 도달하게 된다. 다시 회복된 평형 상태에서 반응물과 생성물의 평형 농도는 초기 평형 상태의 농도와 다르지만, K_{eq} 값은 일정하다.

$$H_2O(l) + CO_2(g) \rightleftharpoons H_2CO_3(aq)$$

→

$[CO_2]$를 증가시키면 평형 상태는 교란되고 순 정반응이 일어난다.

만일 CO_2의 농도가 감소하면(예를 들면, CO_2가 혈액에서 폐로 이동하면) 정반응은 느려지고, 평형 상태가 다시 될 때까지 H_2O와 CO_2를 생성하는 역반응이 일어난다.

$$H_2O(l) + CO_2(g) \rightleftharpoons H_2CO_3(aq)$$

←

$[CO_2]$를 감소시키면 평형 상태는 교란되고 순 역반응이 일어난다.

만일 H_2CO_3 농도가 증가하면 역반응 속도($H_2O + CO_2 \leftarrow H_2CO_3$)가 증가하여 H_2CO_3 농도가 낮아지고 CO_2 농도가 증가한다.

$$H_2O(l) + CO_2(g) \rightleftharpoons H_2CO_3(aq)$$

←

$[H_2CO_3]$가 증가하면 평형 상태는 깨지고 순 역반응이 일어난다.

압력과 온도

기체가 포함된 반응에서 압력 변화는 평형 상태를 교란할 수 있다. 만일 압력이 증가하면 반응은 압력을 줄이기 위해 바뀔 것이다. 이를 위해, 존재하는 기체의 총 몰 수를 줄이는 순반응이 일어난다. 예를 들어, 암모니아 가스를 형성하기 위하여 질소 가스와 수소 가스의 반응이 평형이라고 가정하자. 균형 반응식에서 정반응은 가스의 몰 수를 감소시킨다. 4개 반응물($1N_2 + 3H_2$)은 2개의 반응물($2NH_3$)이 된다. 압력이 증가하면 평형이 교란되고 평형이 다시 형성될 때까지 순 정반응이 일어나도록 한다. 따라서 가스의 전체 몰 수는 감소할 것이다.

$$N_2(g) + 3H_2(g) \rightleftharpoons 2NH_3(g)$$

→

압력을 증가시키면 평형은 교란되고 순 정반응이 일어난다.

한편 만일 이 계의 압력이 감소하면, 반응은 압력을 증가시키도록 변화한다. 가스의 전체 수를 증가시키는 반응이 일어난다.

$$N_2(g) + 3H_2(g) \rightleftharpoons 2NH_3(g)$$

←

압력을 증가시키면 평형은 교란되고 순 역반응이 일어난다.

이 장의 앞에서 설명했던 N_2O_4와 NO_2의 반응도 압력 변화에 반응할 것이다. N_2O_4와 NO_2의 평형 혼합물 압력이 증가하면 평형 상태가 다시 형성될 때까지 순 역반응이 일어난다.

$$N_2O_4(g) \rightleftharpoons 2NO_2(g)$$

←

압력을 증가시키면 평형은 교란되고 순 역반응이 일어난다.

만일 압력이 감소하면, 순 정방향 반응이 일어날 것이다.

$$N_2O_4(g) \rightleftharpoons 2NO_2(g)$$

→

압력이 감소하면 평형은 교란되고 순 정반응이 일어난다.

온도 변화도 평형에 영향을 미칠 수 있다. 이것을 이해하는 한 가지 방법은 열을 반응물이나 생성물로 다루는 것이다 5.7절에서 본 바와 같이, 열을 방출하는 반응은 발열반응이고 열을 투입하는 반응은 흡열반응이다. N_2와 H_2가 NH_3를 형성하는 반응은 발열반응이며, 열은 NH_3 형태로 방출된다. 반응식은 아래와 같이 쓸 수 있는데, 열은 생성물의 하나로 나타난다. 만일 반응이 평형이고 온도가 증가하면, 평형을 다시 형성하도록 순 역반응(열이 제거될 것이다)이 일어날 것이다.

$$N_2(g) + 3H_2(g) \rightleftharpoons 2NH_3(g) + \text{heat}$$

←

온도를 증가시키면 평형은 교란되고 순 역반응이 일어난다.

만일 온도가 감소하면, 순 정반응이 일어날 것이다.

$$N_2(g) + 3H_2(g) \rightleftharpoons 2NH_3(g) + \text{heat}$$

→

온도를 감소시키면 평형은 교란되고 순 정반응이 일어난다.

예제 7.5

르 샤틀리에 원리 적용하기

$2SO_2(g) + O_2(g) \rightleftharpoons 2SO_3(g)$의 평형에서, 다음 조건에서 평형을 회복할 때까지 어느 반응(정반응 혹은 역반응)이 빠를 것인지 예측하시오.

a. SO_2 농도가 증가된다.

b. SO_2 농도가 감소된다.

c. SO_3 농도가 감소된다.

d. O_2 농도가 증가된다.

전략

SO_2나 O_2 농도가 변하면 정반응의 속도에 영향을 줄 것이다. SO_3 농도가 변하면 역반응 속도에 영향을 줄 것이다.

해답

a. 정반응
b. 역반응
c. 정반응
d. 정반응

연습문제 7.5

PCl_5, PCl_3, Cl_2의 평형 혼합물에서, 다음 조건에서 순 정반응 혹은 순 역반응이 일어날지 예측하시오.

$$\text{heat} + PCl_5(g) \rightleftharpoons PCl_3(g) + Cl_2(g)$$

a. PCl_5 농도가 증가된다.
b. 온도가 증가된다.
c. 온도가 감소된다.
d. 압력이 증가된다.
e. 용기의 부피가 증가된다.

촉매

촉매는 활성화 에너지를 낮춰서 반응 속도를 증가시킨다(5.7절 참조). 촉매가 가역적인 반응에 사용되면 낮아진 활성화 에너지는 정반응과 역반응 모두 같은 정도로 촉진시킨다. 결과적으로 촉매는 평형이나 K_{eq} 값에 영향을 주지 않는다.

잠수하는 포유동물, 산소, 미오글로빈

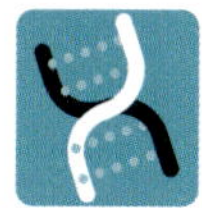

근육조직은 산소를 운반하지 않는 탈산소 미오글로빈(Mb)과 산소를 운반하는 산소 미오글로빈(MbO_2)의 두 형태로 존재하는 미오글로빈이라는 산소 저장 단백질을 함유하고 있다. 근육조직에서 이 미오글로빈 두 형태는 서로 평형으로 존재한다.

$$Mb + O_2 \rightleftharpoons MbO_2$$

르 샤틀리에의 원리에 의해 예측할 때(7.4절 참조), 근육조직에서 O_2 농도의 증가는 평형을 깨고 평형이 다시 형성될 때까지 정반응($Mb + O_2 \longrightarrow MbO_2$)이 빨라지도록 한다. 이 반응은 근육에 MbO_2 형태로 많은 양의 O_2 저장을 하게 한다. 근육이 활동을 함에도, 몸이 근육에서 필요로 하는 O_2를 유지하지 못하면, O_2 농도는 떨어지기 시작한다. 평형이 소실되는 반응으로 순 역반응 ($Mb + O_2 \longleftarrow MbO_2$)이 일어나 조직으로 O_2를 방출한다.

고래, 돌고래, 바다표범과 같이 잠수하는 포유동물은 인간보다 긴 시간을 물속에 있을 수 있다. 예를 들면, 바다표범은 1시간 이상 물 속에 있을 수 있다(그림 7.5). 이 이유 중의 하나는 대부분의 잠수하는 포유동물이 인간 근육조직보다 미오글로빈을 세 배에서 열 배 더 많이 가지고 있다. 물속에 있을 때, 근육에 있는 MbO_2는 잠수하는 포유동물의 주요 O_2 근원인 반면에, 인간은 주로 폐와 혈액에 있는 산소에 의존해야만 한다.

Stockbyte/Getty Images, Inc.

■ **그림 7.5**

점박이 바다표범 점박이 바다표범의 근육조직은 인간보다 미오글로빈 농도가 더 높으며, 결과적으로 이들 조직은 많은 양의 O_2와 결합할 수 있다.

7.5 | 물의 이온화

$$\underset{\text{염기}}{H_2O} + \underset{\text{산}}{H_2O} \rightleftharpoons \underset{\text{산}}{H_3O^+} + \underset{\text{염기}}{OH^-}$$

■ 그림 7.6

물의 자기 이온화 1분자의 H_2O(산)는 H^+를 방출하고, 다른 H_2O 분자(염기)는 H^+를 받아들인다. 역반응에서 H_3O^+는 산이고, OH^-는 염기이다.

■ $K_w = [H_3O^+][OH^-] = 1.0 \times 10^{-14}$

물은 반응물질에 따라 산이나 염기로 작용할 수 있기 때문에 양쪽성이다(7.2절 참조). 예를 들면, HCl과 반응하면 물은 염기이고, NH_3와 반응하면 물은 산이다.

$$\underset{\text{산}}{HCl} + \underset{\text{염기}}{H_2O} \rightleftharpoons \underset{\text{염기}}{Cl^-} + \underset{\text{산}}{H_3O^+}$$

$$\underset{\text{염기}}{NH_3} + \underset{\text{산}}{H_2O} \rightleftharpoons \underset{\text{산}}{NH_4^+} + \underset{\text{염기}}{OH^-}$$

물의 양쪽성 성질은 반응물로 물 분자만 관여하는 반응까지 확장된다(그림 7.6). 이 반응의 정반응을 보면 H_2O 1분자는 H^+를 방출하고(산), 다른 물 분자는 H^+를 받아들이는(염기), 반면에 역반응에서는 H_3O^+는 산이고 OH^-는 염기이다. 순수한 물에서 **이온화(ionization)**(이온의 형성)는 자발적으로 일어나며 물 분자의 극히 일부분(2 ppb 이하)에서만 이온화가 일어난다.

물 이온화에 대한 평형상수 식은 다음과 같이 쓸 수 있다.

$$2H_2O(l) \rightleftharpoons H_3O^+(aq) + OH^-(aq) \qquad K_w = [H_3O^+][OH^-] = 1.0 \times 10^{-14}$$

이 반응에 대한 평형상수인 K_w는 1.0×10^{-14}이며, 하이드로늄 이온(hydronium ion, H_3O^+)과 수산화물 이온(hydroxide, OH^-)의 곱은 항상 1.0×10^{-14}이다. 이것은 수용액에서 만일 한 가지 이온의 농도를 알면 다른 이온의 농도를 구할 수 있다는 것을 의미한다. 예를 들어, $[OH^-] = 1.0 \times 10^{-9}$ M이면 $[H_3O^+] = 1.0 \times 10^{-5}$ M이다.

$$K_w = [H_3O^+][OH^-]$$

$$[H_3O^+] = \frac{K_w}{[OH^-]} = \frac{1.0 \times 10^{-14}}{1.0 \times 10^{-9}} = 1.0 \times 10^{-5}\ \text{M}$$

예제 7.6

$[H_3O^+]$ 혹은 $[OH^-]$를 계산하기 위하여 K_w를 사용하기

다음과 같은 경우에 수용액에서 OH^-의 농도는 얼마인가?

a. $[H_3O^+] = 1.0 \times 10^{-3}$ M

b. $[H_3O^+] = 1.0 \times 10^{-7}$ M

c. $[H_3O^+] = 1.0 \times 10^{-11}$ M

전략

이러한 유형의 문제를 풀기 위하여 $[H_3O^+][OH^-] = 1.0 \times 10^{-14}$를 사용한다.

해답

$$K_w = [H_3O^+][OH^-]$$

$$[OH^-] = \frac{K_w}{[H_3O^+]}$$

a. $[OH^-] = \frac{1.0 \times 10^{-14}}{1\ 0 \times 10^{-3}} = 1.0 \times 10^{-11}$ M

b. $[OH^-] = \frac{1.0 \times 10\ ^{14}}{1\ 0 \times 10^{-7}} = 1.0 \times 10^{-7}$ M

c. $[OH^-] = \frac{1.0 \times 10^{-14}}{5.0 \times 10^{-11}} = 2.0 \times 10^{-4}$ M

연습문제 7.6

다음과 같은 경우에 수용액에서 H_3O^+의 농도는 얼마인가?

a. $[OH^-] = 1.0 \times 10^{-5}$ M
b. $[OH^-] = 8.5 \times 10^{-11}$ M
c. $[OH^-] = 3.8 \times 10^{-1}$ M
d. $[OH^-] = 4.4 \times 10^{-9}$ M

7.6 | pH 등급

H_3O^+ 농도는 용액이 산, 염기 혹은 중성인지 결정한다. 만일 *H_3O^+ 농도가 1.0×10^{-7} M 이상이면* 수용액은 **산성(acidic)**이고 높으면 높을수록 더 산성이 된다. 만일 *H_3O^+ 농도가 1.0×10^{-7} M 이하이면* 수용액은 **염기성(basic)**이고, 농도가 낮으면 낮을수록 더 염기성이 된다. *H_3O^+ 농도가 1.0×10^{-7} M 이면* **중성(neutral)**이다.

H_3O^+를 사용하여 용액 산도를 평가하려면 다양한 농도값을 고려하여야 한다. $[H_3O^+]$는 6.5×10^{-1} M (0.65 M), 3.4×10^{-7} M (0.00000034 M), 혹은 8.5×10^{-11} M (0.000000000085 M) 등과 같다. 이 모든 0을 세지 않고, pH의 1 단위 변화가 $[H_3O^+]$의 10배에 해당하는 로그 척도인 **pH**를 사용한다. pH를 계산하기 위해서는 다음 등식이 사용된다.

$$pH = -\log[H_3O^+]$$

수용액이 pH < 7이면 산성이고, pH > 7이면 염기성, pH = 7이면 중성이다(그림 7.7). 표 7.3에 몇 가지 일반적인 용액의 pH를 나타내었다.

	pH	$[H_3O^+]$	$[OH^-]$
	14	1×10^{-14}	1×10^{0}
	13	1×10^{-13}	1×10^{-1}
	12	1×10^{-12}	1×10^{-2}
염기성	11	1×10^{-11}	1×10^{-3}
	10	1×10^{-10}	1×10^{-4}
	9	1×10^{-9}	1×10^{-5}
	8	1×10^{-8}	1×10^{-6}
중성	7	1×10^{-7}	1×10^{-7}
	6	1×10^{-6}	1×10^{-8}
	5	1×10^{-5}	1×10^{-9}
	4	1×10^{-4}	1×10^{-10}
산성	3	1×10^{-3}	1×10^{-11}
	2	1×10^{-2}	1×10^{-12}
	1	1×10^{-1}	1×10^{-13}
	0	1×10^{0}	1×10^{-14}

그림 7.7

$[H_3O^+]$, $[OH^-]$ 그리고 pH 수용액에서 $[H_3O^+][OH^-] = 1.0 \times 10^{-14}$이며, 만일 한 농도가 커지면, 다른 농도는 작아진다. 중성 용액에서 pH = 7이고 산성 용액에서는 pH < 7이며, 염기성 용액에서는 pH > 7이다.

표 7.3 일반적인 용액의 pH 값

용액	pH
배터리 산	0.5
위액	1.5
청량음료	2.0~4.0
식초	2.4~3.4
자몽 쥬스	3.2
소변	4.8~7.5
빗물(오염되지 않은)	6.2
우유	6.3~6.6
깨끗한 물	7.0
혈액	7.35~7.45
비누	8.0~10.0
제산제	10.5
가정용 암모니아	11.5
가성소다(1 M NaOH 용액)	14.0

$[H_3O^+]$를 pH로 전환하기 위해서는 H_3O^+ 농도에 로그값을 취하고(Math Support—대수와 역대수) 부호를 바꾸면 된다. 예를 들면, 8×10^{-4} M H_3O^+가 포함된 수용액은 pH가 3.1이다.

$$pH = -\log[H_3O^+] = -\log(8 \times 10^{-4}) = -(-3.1) = 3.1$$

예제 7.7

pH 계산하기

다음 수용액의 pH는 얼마인가?

a. $[H_3O^+] = 6.3 \times 10^{-1}$ M **b.** $[OH^-] = 6.3 \times 10^{-1}$ M

전략

$pH = -\log[H_3O^+]$을 이용하여 pH를 계산한다. b번을 풀기 위해서는 먼저 $[OH^-]$를 $[H_3O^+]$로 전환하고, 수식 $[H_3O^+][OH^-] = 1.0 \times 10^{-14}$를 이용한다.

해답

a. $pH = -\log[H_3O^+] = -\log(6.3 \times 10^{-1}) = -(-0.20) = 0.20$

b. $[H_3O^+][OH^-] = 1.0 \times 10^{-14}$

$$[H_3O^+] = \frac{K_w}{[OH^-]} = \frac{1.0 \times 10^{-14}}{6.3 \times 10^{-1}} = 1.6 \times 10^{-14} \text{ M}$$

$[H_3O^+]$를 알면 pH는 다음과 같이 계산할 수 있다.

$$pH = -\log[H_3O^+] = -\log(1.6 \times 10^{-14}) = -(-13.80) = 13.80$$

연습문제 7.7

다음 용액의 pH를 계산하시오.

a. $[H_3O^+] = 5.0 \times 10^{-8}$ M **c.** $[OH^-] = 1 \times 10^{-13}$ M

b. $[H_3O^+] = 1 \times 10^{-13}$ M **d.** $[OH^-] = 4.7 \times 10^{-3}$ M

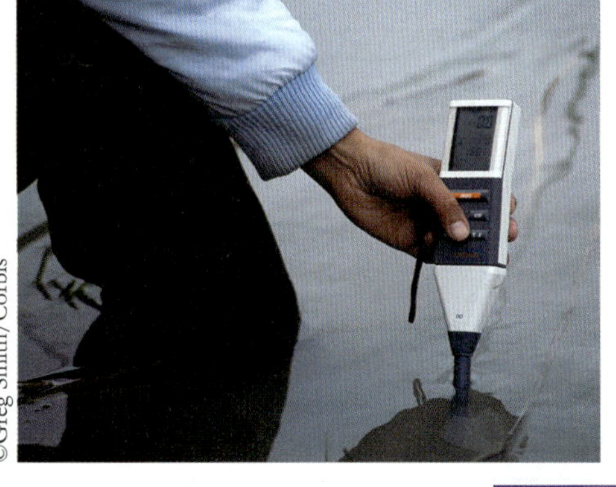

©Greg Smith/Corbis

■ **그림 7.8**

pH 측정기 튼튼하게 제작된 pH 측정기는 야외에서 pH를 측정할 수 있다.

어떤 경우에는 $[H_3O^+]$를 pH로 전환하는 계산이 필요한 경우도 있다. 이때 사용하는 수식은 $[H_3O^+] = 10^{-pH}$이다(Math Support—대수와 역대수). 예를 들어, pH = 2.0 이면 다음과 같이 계산한다.

$$[H_3O^+] = 10^{-pH} = 10^{-2.0} = 0.01$$

용액의 pH는 $[H_3O^+]$를 측정할 수 있는 한 쌍의 전극으로 구성된 pH 측정기를 사용하거나 pH에 따라 변화가 일어나는 화합물인 pH 지시제를 사용하여 측정할 수 있다(그림 7.8). 리트머스(그림 7.1*b*)는 pH 지시제로서, 자주색 양배추(그림 7.9)와 페놀프탈레인(phenolphthalein, 그림 7.10)과 같은 천연 색소이다.

예제 7.8

pH를 $[H_3O^+]$로 변환하기

다음 용액의 $[H_3O^+]$는 얼마인가? 산성, 중성, 염기성인지를 표시하시오.

a. pH = 6.0 **b.** pH = 6.5 **c.** pH = 1.2

전략

pH를 $[H_3O^+]$로 변환하기 위하여 수식 $[H_3O^+] = 10^{-pH}$를 사용한다. 때로는 계산기 없이 계산할 수 있다.

해답

a. $[H_3O^+] = 10^{-pH} = 10^{-6} = 1 \times 10^{-6}$ M (산성)
b. $[H_3O^+] = 10^{-pH} = 10^{-6.5} = 3 \times 10^{-7}$ M (산성)
c. $[H_3O^+] = 10^{-pH} = 10^{-1.2} = 6 \times 10^{-2}$ M (산성)

a를 풀기 위하여 계산기는 필요하지 않다. 모든 해답은 한 자리 유효숫자로 나타내었다(Math Support—대수와 역대수).

연습문제 7.8

다음 용액의 $[OH^-]$는 얼마인가? 산성, 중성, 염기성인지를 표시하시오.

a. pH = 7.2 b. pH = 9.1 c. pH = 3.3

Math Support—대수와 역대수

공학계산기에서 "log"라고 표시된 버튼을 볼 수 있다. 다음 계산을 해보면 아래와 같다.

$$\log 100 = 2$$
$$\log 1000 = 3$$
$$\log 0.0001 = -4$$

이 수(100, 1000, 0.0001)를 과학적 기수(1.4절)로 전환하면 그 수의 대수와 역대수를 이해할 수 있다.

$$\log 100 = \log 10^2 = 2$$
$$\log 1000 = \log 10^3 = 3$$
$$\log 0.0001 = \log 10^{-4} = -4$$

수의 대수나 역대수는 10을 같은 수로 제곱을 하는 것이다($\log 10^n = n$). 10^2이 100이기 때문에 100의 대수는 2이고, $10^{-4} = 0.0001$이기 때문에 0.0001의 대수는 −4이다.

수가 1×10^n의 값을 갖고, n이 정수 (−2, 5 등)일 때, 이들의 대수는 계산기 없이도 계산을 할 수 있다. 이 경우에 대수는 n의 값과 같다.

$$\log 1 \times 10^{-2} = -2$$
$$\log 1 \times 10^5 = 5$$

다른 경우에 (7.9×10^2, 2.2×10^{-5} 등), 계산기가 필요할 것이다. 대수를 계산하기 위하여 수를 입력하고 "log" 버튼을 누르면 된다.

$$\log 7.9 \times 10^2 = 2.90$$
$$\log 2.2 \times 10^{-5} = -4.66$$

이 과정을 역으로 하여 역대수를 구한다(antilog $n = 10^n$)

$$\text{log of } 10^2 = 2\text{, so antilog } 2 = 10^2$$
$$\text{log of } 10^{-8} = -8\text{, so antilog } -8 = 10^{-8}$$

n이 정수(2, −8 등)일 때 역대수는 계산기 없이 계산할 수 있는데, 이는 역대수가 10^n과 같기 때문이다(위의 두 예를 참조). 다른 수(3.5, −1.3 등)를 곱할 때, 계산기를 사용해야 한다. 수를 입력하고 "inv" (inverse; 역) 버튼을 누르거나 "2nd" (second function) 버튼을 누르고 이어서 log를 누른다.

$$\text{antilog } 3.5 = 10^{3.5} = 3.16 \times 10^3$$
$$\text{antilog } -1.3 = 10^{-1.3} = 5.01 \times 10^{-2}$$

유효숫자

예를 들어, 정확한 숫자를 제시하면, 무한한 유효숫자를 가진다는 것을 의미한다. 계산기를 이용하여 계산한 답은 계산기 멋대로 소수점의 오른쪽으로 두 자리까지 표시된다.

측정값의 대수를 취할 때, 유효숫자의 정확한 수를 알려주는 것이 중요하다. 대수값에서 소수점의 왼쪽에 있는 숫자는 중요하지 않다. 이 숫자는 단지 본래 수에서 10의 제곱을 나타낸다. 대수에서는 소수점의 오른쪽의 숫자만 유효하다. (아래에 진하게 표시)

$$\mathbf{1}\times 10^2 \qquad \log(1\times 10^2) = 2.\mathbf{0}$$
$$\mathbf{1}\times 10^{-13} \qquad \log(1\times 10^{-13}) = -13.\mathbf{0}$$
$$\mathbf{2.1}\times 10^{-8} \qquad \log(2.1\times 10^{-8}) = -7.\mathbf{68}$$

같은 접근방식은 역대수를 취할 때 역으로 사용된다. 유효숫자의 수는 유지하여야 한다.

$$-6.\mathbf{8} \qquad 10^{-6.8} = \mathbf{2}\times 10^{-7}$$
$$-3.\mathbf{21} \qquad 10^{-3.21} = \mathbf{6.2}\times 10^{-4}$$

7.7 | 산과 염기 세기

산

강한 산일수록 H_3O^+를 더 많이 생성하고 용액의 pH는 더 낮아진다. HCl과 같은 강산은 물에서 거의 완전하게 이온화된다.

$$HCl(aq) + H_2O(l) \rightleftharpoons Cl^-(aq) + H_3O^+(aq)$$

그래서 만일 0.1 M HCl 수용액을 만들면 0.1 M H_3O^+, 0.1 M Cl^-가 만들어지며 HCl은 거의 없다. 이 용액의 pH는 1.0일 것이다.

$$pH = -\log[H_3O^+] = -\log(0.1) = 1.0$$

약산은 이온화가 덜 일어난다. 예를 들면 HF에서는 약 8% 분자만이 이온화가 일어난다.

$$HF(aq) + H_2O(l) \rightleftharpoons F^-(aq) + H_3O^+(aq)$$

0.1 M HF 수용액은 0.008 M H_3O^+, 0.008 M F^-, 0.09 M HF를 포함하며, pH는 약 2.0이다.

산을 다룰 때, 평형상수(K_{eq})는 또한 산도상수(K_a)로 알려져 있다. 위에서 언급한 반응에 대하여 산도상수 식은 다음과 같이 쓸 수 있다.

$$HCl(aq) + H_2O(l) \rightleftharpoons Cl^-(aq) + H_3O^+(aq) \qquad K_a = \frac{[Cl^-][H_3O^+]}{[HCl]} = 1.0\times 10^7$$

$$HF(aq) + H_2O(l) \rightleftharpoons F^-(aq) + H_3O^+(aq) \quad K_a = \frac{[F^-][H_3O^+]}{[HF]} = 6.6\times 10^{-4}$$

■ 강산은 K_a 값이 크고, pK_a 값이 작다.

각 K_a 값이 나타내는 바와 같이, 두 산에 대한 평형 위치는 다르다. HCl의 경우, K_a가 1.0×10^7로 평형일 때 생성물이 우세한 반면, HF의 경우 K_a가 6.6×10^{-4}로 반응물이 더 우세하다. 다른 관점으로 말하면 HCl이 HF보다 더 강한 산(H^+를 많이 배출)이라고 할 수 있다. **산에서 K_a 값이 더 크면 클수록 더 강한 산이다.**

■ $pK_a = \log K_a$이고, $K_a = 10^{-pK_a}$이다.

K_a를 사용하는 대신에 $\mathbf{p}\boldsymbol{K}_\mathbf{a}$($pK_a = -\log K_a$)를 사용하여 산의 세기를 나타낼 수 있는데, pK_a가 낮을수록 더 강한 산이다. HCl과 HF에서 pK_a 값은 다음과 같이 계산할 수 있다.

$$HCl \qquad pK_a = -\log(1.0\times 10^7) = -7.00$$
$$HF \qquad pK_a = -\log(6.6\times 10^{-4}) = 3.18$$

표 7.4에 여러 가지 일반적인 산의 K_a 값과 pK_a 값을 나타내었다.

표 | 7.4 선택한 산의 K_a와 pK_a 값

명칭	분자식	K_a	pK_a
염산(Hydrochloric acid)	HCl	1.0×10^{7}	−7.00
인산(Phosphoric acid)	H_3PO_4	7.5×10^{-3}	2.12
플루오르화 수소산(Hydrofluoric acid)	HF	6.6×1^{-4}	3.18
젖산(Lactic acid)	$CH_3CH(OH)CO_2H$	1.4×10^{-4}	3.85
아세트산(Acetic acid)	CH_3CO_2H	1.8×10^{-5}	4.74
탄산(Carbonic acid)	H_2CO_3	4.4×10^{-7}	6.36
인산이수소 이온(Dihydrogen phosphate ion)	$H_2PO_4^-$	6.2×10^{-8}	7.21
암모늄 이온(Ammonium ion)	NH_4^+	5.6×10^{-10}	9.25
시안화 수소산(Hydrocyanic acid)	HCN	4.9×10^{-10}	9.31
탄산수소 이온(Hydrogen carbonate ion)	HCO_3^-	5.6×10^{-11}	10.25
메틸암모늄 이온(Methylammonium ion)	$CH_3NH_3^+$	2.4×10^{-11}	10.62
인산수소 이온(Hydrogen phosphate ion)	HPO_4^{2-}	4.2×10^{-13}	12.38

염기

염기가 강할수록, 더 많은 OH^-를 생성하며 용액의 pH는 더 높아진다. NaOH와 같은 강염기는 물에서 완전히 **해리(dissociate)**될 것이다.

$$NaOH(s) \xrightarrow{H_2O} Na^+(aq) + OH^-(aq)$$

그래서 0.1 M NaOH 용액을 만들면, 0.1 M OH^-와 0.1 M Na^+를 포함하고 있으며 용액의 pH는 13.0이 될 것이다.

$$[H_3O^+] = \frac{K_w}{[OH^-]} = \frac{1.0 \times 10^{-14}}{0.1} = 1 \times 10^{-13}\ M$$
$$pH = -\log[H_3O^+] = -\log(1 \times 10^{-13}) = 13.0$$

$Mg(OH)_2$와 같은 약한 염기는 물에서 매우 낮은 용해도를 가지고 있다(표 6.3). 잘 녹지 않기 때문에 OH^- 농도는 낮게 유지되고 용액은 염기가 되지 않는다. 암모니아(NH_3)와 같은 약한 염기에서는 용해도 때문이 아니라 H^+ 수용체로 작용을 하지 못하는 것이다. 암모니아가 물과 반응하면 생성물(NH_4^+와 OH^-)은 매우 낮으며 용액은 강한 염기성이 아니다.

$$NH_3(aq) + H_2O(l) \rightleftharpoons NH_4^+(aq) + OH^-(aq)$$

염기의 강도를 예측하기 위해서는 짝산의 산성도를 아는 것이 도움이 되는데(7.2절 참조), 이는 **강한 산일수록 짝염기는 약해지기** 때문이다. 예를 들어, HCl은 강한 산이므로 Cl^-(산의 짝)는 약한 염기이다. H_2O는 약염기이므로 OH^-(물의 짝)는 강한 염기이다. 산과 짝염기의 세기의 관계를 표 7.5에 나타냈다.

■ 강산은 약한 짝염기를 가진다.

예제 7.9

염기 강도 예측하기

H_2S의 pK_a = 7.0이고, HOCl의 pK_a = 7.5이다.

a. 각 산의 K_a를 구하였을 때, 어느 것이 더 강한 산인가?

b. 각 산의 짝염기를 쓰시오.

c. b에서 짝염기 중 어느 것이 더 강한가?

전략

상대적 산 강도를 결정하는 것은 K_a나 pK_a 값을 해석하는 방법을 아는 것이다. 염기 강도는 짝산의 강도로 결정할 수 있다.

해답

a. H_2S에서, $K_a = 10^{-pK_a} = 10^{-7.0} = 1 \times 10^{-7}$이다. HOCl에서, $K_a = 10^{-pK_a} = 10^{-7.5} = 3 \times 10^{-8}$이다. H_2S의 pK_a 값이 작기 때문에 더 강한 산이다. K_a 값을 고려해도 답은 같다. H_2S의 K_a 값은 크다.

b. H_2S의 짝염기는 HS^-이고, HOCl의 짝염기는 OCl^-이다.

c. OCl^- 가 더 강하다.

연습문제 7.9

HNO_2의 $pK_a = 3.3$이고, H_2SO_3의 $pK_a = 1.9$이다.

a. 각 산의 K_a를 구하였을 때, 어느 것이 더 강한 산인가?

b. 각 산의 짝염기를 쓰시오.

c. b에서 짝염기 중 어느 것이 더 강한가?

표 | 7.5 산과 짝염기의 상대적인 세기

산	명칭	염기	명칭
강산		**극단적으로 약한 염**	
HI	요오드화수소산(Hydroiodic acid)	I^-	요오드화 이온(Iodide ion)
HBr	브롬화수소산(Hydrobromic acid)	Br^-	브롬화 이온(Bromide ion)
HCl	염산(Hydrochloric acid)	Cl^-	염화 이온(Chloride ion)
H_2SO_4	황산(Sulfuric acid)	HSO_4^-	황산 수소염 이온(Hydrogen sulfate ion)
HNO_3	질산(Nitric acid)	NO_3^-	질산 이온(Nitrate ion)
약산		**매우 약한 염**	
H_3O^+	하이드로늄 이온(Hydronium ion)	H_2O	물(Water)
HSO_4^-	황산염 이온(Hydrogen sulfate ion)	SO_4^{2-}	황산 이온(Sulfate ion)
H_3PO_4	인산(Phosphoric acid)	$H_2PO_4^-$	인산이수소 이온(Dihydrogen phosphate ion)
HF	플루오르화 수소산(Hydrofluoric acid)	F^-	플루오르화 이온(Fluoride ion)
CH_3CO_2H	아세트산(Acetic acid)	$CH_3CO_2^-$	아세트 이온(Acetate ion)
매우 약한 산		**약염기**	
$H_2PO_4^-$	인산이수소 이온(Dihydrogen phosphate ion)	HPO_4^{2-}	인산수소 이온(Hydrogen phosphate ion)
H_2CO_3	탄산(Carbonic acid)	HCO_3^-	탄산수소 이온(Hydrogen carbonate ion)
NH_4^+	암모늄 이온(Ammonium ion)	NH_3	암모니아(Ammonia)
$CH_3NH_3^+$	메틸암모늄 이온(Methylammonium ion)	CH_3NH_2	메틸아민(Methylamine)
HCN	시안화 수소산(Hydrocyanic acid)	CN^-	시안화 이온(Cyanide ion)
HCO_3^-	탄산수소 이온(Hydrogen carbonate ion)	CO_3^{2-}	탄산염 이온(Carbonate ion)
HPO_4^{2-}	인산수소 이온(Hydrogen phosphate ion)	PO_4^{3-}	인산염 이온(Phosphate ion)
극단적으로 약한 산		**강염기**	
H_2O	물(Water)	OH^-	수산화물(Hydroxide)

pH 지시제로서의 식물

BiochemistryLink

자주색 양배추와 여러 많은 식물은 천연 pH 지시제를 함유하고 있다. 만일 자주색 양배추 지시제(자주색 양배추 잎을 물에서 끓여서 만듦) 몇 밀리리터를 여러 pH 용액이 들어 있는 유리관에 넣으면 여러 색깔이 나타날 것이다(그림 7.9). H_3O^+의 다양한 농도로 자주색 양배추에 있는 색소 구조에 미묘한 변화가 일어나 빛을 흡수하는 것이 변하게 되고, 따라서 나타내는 색이 변하게 된다. pH에 민감한 색소를 함유하고 있는 다른 식물로는 포도껍질과 가지껍질 등이 있다.

© Richard Megna/Fundamental Photographs

■ 그림 7.9

자주색 양배추 지시제 자주색 양배추 즙은 pH 지시제를 함유하고 있다. 이 지시제는 산성 용액에서 적색이고, 중성에서 자주색이며, 염기성 용액에서는 pH가 증가함에 따라 푸른색, 보라색, 초록색, 노란색으로 변한다.

7.8 | 산과 염기의 중화

중화(neutralization)는 산과 염기가 물과 염(이온 화합물)을 형성하기 위하여 반응할 때 일어난다. 예를 들면, HCl과 NaOH는 다음 반응식에 따라 서로 반응한다.

$$\underset{\text{산}}{HCl(aq)} + \underset{\text{염기}}{NaOH(aq)} \longrightarrow \underset{\text{염}}{NaCl(aq)} + \underset{\text{물}}{H_2O(l)}$$

■ 산이 염기에 의해 중화될 때, 용액의 pH는 7이다.

"중화"라는 용어는 만일 적당한 양의 산과 염기가 결합한다면 중성 용액을 생성하기 위하여 각각 상쇄가 일어난다는 사실에서 온 것이다. 이러한 반응이 어떻게 일어나는지 보기 위하여 HCl과 NaOH 사이의 반응을 자세히 살펴보자. HCl은 물에서 H_3O^+와 Cl^-를 생성하기 위하여 물에서 완전하게 이온화되고, NaOH는 물에서 Na^+와 OH^-를 생성하도록 물에서 완전하게 해리가 되므로 NaCl은 수용성 이온 화합물이다. 2중 교체 반응에 대한 이온 반응식은 다음과 같다.

$$H_3O^+(aq) + Cl^-(aq) + Na^+(aq) + OH^-(aq) \longrightarrow Na^+(aq) + Cl^-(aq) + 2H_2O(l)$$

이온 반응식

직접 관여하지 않는 이온을 제거하면, 다음과 같이 알짜 이온 반응식이 된다.

$$H_3O^+(aq) + OH^-(aq) \longrightarrow 2H_2O(l)$$

알짜 이온 반응식

이는 NaOH에 의한 HCl의 중화가 H_3O^+와 OH^-사이에 2개의 물 분자를 형성하는 반응임을 나타낸다.

중화 반응에서 H_3O^+와 OH^-의 농도는 결코 0이 될 수 없는데, 이는 물이 이 두 이온을 형성하기 위하여 자기 해리를 하기 때문이다(7.5절 참조). 만일 산과 염기가 서로 완전하게 반응하면 물의 해리는 최종 H_3O^+와 OH^- 농도가 1.0×10^{-7} M이 되게 하고 pH는 7.0이 된다.

Did You Know?

신선하지 않은 생선에서 나는 냄새는 $(CH_3)_2NH$와 같은 아민 때문에 발생하는데, 아민은 박테리아에 의해 조직이 분해될 때 생성된다. 생선에 레몬즙을 뿌리면 냄새를 줄일 수 있다. 레몬즙에 있는 구연산(아래 반응에서 HA로 줄여 씀)과 함께 일어나는 산-염기 반응은 아민을 냄새가 없는 짝산으로 전환시킨다.

$$\underset{\text{(냄새가 난다)}}{(CH_3)_2NH + HA} \longrightarrow \underset{\text{(냄새가 안 난다)}}{(CH_3)_2NH_2^+ + A^-}$$

적정

적정(titration) 방법은 산이나 염기 용액의 농도를 결정하는 데 사용된다. 다음 예에서 농도를 모르는 산

■ 그림 7.10

적정 뷰렛을 이용하여 적정에 사용되는 표준 용액의 양을 측정하고, pH 지시약은 종점을 측정하기 위하여 사용된다. 페놀프탈레인 몇 방울이 들어 있는 HCl 용액은 무색이다. HCl을 중화하기 위하여 충분한 NaOH를 첨가하면 페놀프탈레인 용액은 분홍색으로 변한다.

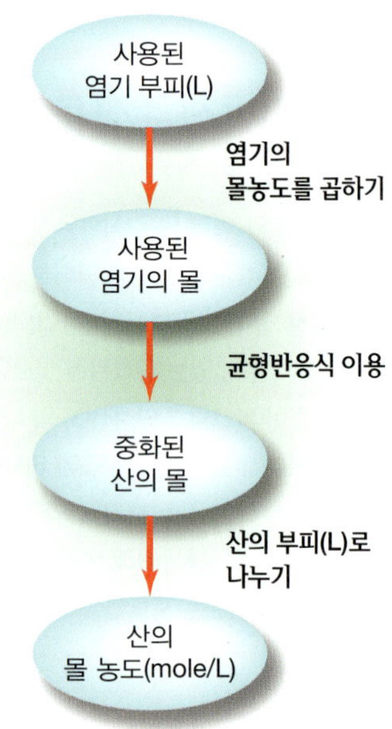

■ 그림 7.11

적정 계산 적정에 포함된 계산은 산과 염기의 몰로 해야 한다. 미지의 산의 농도를 결정하기 위하여 사용되는 접근 방법은 다음과 같다.

의 적정에 대하여 살펴보자. 용액에 있는 모든 산을 완전히 없애기 위하여 뷰렛을 사용하여 농도를 알고 있는 염기(표준 염기 용액)를 첨가한다(그림 7.10). 모든 산을 없애기 위하여 필요한 염기의 부피를 적정의 종점(end point)이라고 한다. 종점은 pH 지시약이나 pH 측정기를 사용하여 측정한다.

0.2 M NaOH 0.025 L로 미지의 농도 0.10 L HCl을 중화한다고 가정하자. HCl 농도 를 계산하는 것은(그림 7.11) 몇 몰의 NaOH 용액을 첨가하였는지 결정하는 것으로 시작된다. 이 계산을 위하여 환산계수로서 농도를 사용한다.

$$0.025\ \cancel{\text{L}} \times \frac{0.20\ \text{mol NaOH}}{\cancel{\text{L}}} = 5.0 \times 10^{-3}\ \text{mol NaOH}$$

그 다음, 초기에 몇 몰의 HCl이 존재하고 있는지 계산하고, NaOH와 HCl의 반응에 대한 균형반응식에서 1몰의 NaOH는 완전하게 반응하기 위하여 1몰의 HCl이 필요하다.

$$5.0 \times 10^{-3}\ \cancel{\text{mol NaOH}} \times \frac{1\ \text{mol HCl}}{1\ \cancel{\text{mol NaOH}}} = 5.0 \times 10^{-3}\ \text{mol HCl}$$

■ 적정은 미지의 산이나 염기 용액의 농도를 결정하는 데 사용한다.

HCl 농도를 구하기 위하여 HCl의 몰을 초기 용액의 부피로 나누어야 한다.

$$\frac{5.0 \times 10^{-3}\ \text{mol HCl}}{0.10\ \text{L}} = 5.0 \times 10^{-2}\ \text{M HCl}$$

예제 7.10

적정 계산

농도를 알 수 없는 HCl 용액의 75 mL(0.075 L)의 적정에서 종점에 도달하기 위하여 0.25 M NaOH 15 mL (0.015 L)가 필요하다. 최초의 HCl 농도는 얼마인가?

$$\text{HCl} + \text{NaOH} \longrightarrow \text{H}_2\text{O} + \text{NaCl}$$

전략

용액의 초기 75 mL에 존재하는 HCl의 몰 수를 결정하면 HCl 농도를 계산할 수 있다. HCl의 몰은 적정(1몰 NaOH는 1몰 HCl을 중화한다)에 사용된 NaOH의 몰 수를 계산할 수 있다. 우선 15 mL의 0.25 M NaOH에 있는 NaOH의 몰 수를 계산하여야 한다.

해답

이 문제를 풀기 위한 첫 번째 단계는 첨가된 NaOH의 몰 수를 계산하는 것이다. 몰 농도(molarity; M)는 몰/리터(L)이다. 그러므로 첨가된 NaOH는 L로 표시하여야 한다.

$$0.015\ \cancel{\text{L}} \times \frac{0.25\ \text{mol NaOH}}{\cancel{\text{L}}} = 3.8 \times 10^{-3}\ \text{mol NaOH}$$

반응식($HCl + NaOH \longrightarrow NaCl + H_2O$)의 균형을 맞춘 등식을 보면 1몰의 HCl은 1몰의 NaOH와 반응한다. 그래서

$$3.8 \times 10^{-3}\ \cancel{\text{mol NaOH}} \times \frac{1\ \text{mol HCl}}{1\ \cancel{\text{mol NaOH}}} = 3.8 \times 10^{-3}\ \text{mol HCl}$$

초기 HCl 농도는 HCl의 몰 수를 초기 용액의 부피(L)로 나누면 된다.

$$\frac{3.8 \times 10^{-3}\ \text{mol HCl}}{0.075\ \text{L}} = 5.1 \times 10^{-2}\ \text{M HCl}$$

연습문제 7.10

농도를 알 수 없는 HCl 용액 15 mL를 적정하기 위해서는 26 mL의 0.30 M NaOH가 필요하다. HCl의 농도는 얼마인가?

7.9 | 산과 짝염기 농도에 미치는 pH의 영향

생물체에 중요한 화합물 중 하나는 산이다. pH에 따라 산이나 짝염기가 된다.

K_a와 pK_a는 산-염기 반응에서 생성물과 반응물의 상대적인 농도에 관한 정보를 알려준다는 것을 알았다. 예를 들면, HF의 K_a는 6.6×10^{-4}($pK_a = 3.18$)이기 때문에 평형일 때에 HF의 농도는 생성물인 F^-와 H_3O^+ 농도보다 더 크다.

$$HF + H_2O \rightleftharpoons F^- + H_3O^+ \qquad K_a = \frac{[F^-][H_3O^+]}{[HF]} = 6.6 \times 10^{-4};\ pK_a = 3.18$$

르 샤틀리에의 원리에서 평형이 재확립이 될 때 정반응 혹은 역반응의 반응속도 변화에 따라 반응물과 생성물의 농도가 변하게 될 것이라는 것을 알았다. 위의 반응에서, H_3O^+의 농도가 증가하면(pH가 낮아지는) 역반응이 촉진되고 F^-가 소모되며 HF를 생성한다. H_3O^+의 농도가 감소하면(pH가 높아지는) 정반응이 촉진되고 HF가 소모되고 F^-를 생성한다. 그래서 *HF*와 F^-의 상대적인 양은 *pH*에 의존하여 용액에 존재한다.

pH와 산과 짝염기의 상대적인 농도 사이에 흥미 있는 관계가 존재한다.

- pH가 pK_a와 같은 값으로 조정되면($pH = pK_a$), 산의 농도는 짝염기의 농도와 동일하다. HF ($pK_a = 3.18$)에서 pH가 3.18이면, $[HF] = [F^-]$라는 것을 의미한다(표 7.6).
- pH가 pK_a보다 낮으면($pH < pK_a$), 산의 농도는 짝염기의 농도보다 높다. HF의 pK_a인 3.18보다 낮은 pH 1.0에서, $[HF] > [F^-]$이다.

표 | 7.6 pH에 따른 산 [HA]과 짝염기 [A⁻] 농도

만일	$pH = pK_a$ of HA	이면	$[HA] = [A^-]$
만일	$pH < pK_a$ of HA	이면	$[HA] > [A^-]$
만일	$pH > pK_a$ of HA	이면	$[HA] < [A^-]$

- pH가 pK_a보다 높으면($pH > pK_a$), 짝염기의 농도는 산의 농도보다 높다. HF의 pK_a인 3.18보다 높은 pH 9.0에서, $[HF] < [F^-]$이다.

이 관계에 대한 자세한 정보를 위하여 Biochemistry Link: 헨더슨–하셀바크 등식을 참고하시오.

지방산은 pH가 산과 짝염기의 상대적 농도에 영향을 미치는 생화학적인 예이다. 긴 탄소 사슬과 카르복실산으로 이루어진 지방산은 일반적으로 K_a 값은 1×10^{-5} ($pK_a = 5$) 근처이다. 그림 6.22*b*에서 소개한 올레산은 올레산염 이온으로 이온화된다.

$$\underset{\textbf{Oleic acid}}{CH_3(CH_2)_7CH{=}CH(CH_2)_7CO_2H} + H_2O \rightleftharpoons \underset{\textbf{Oleate ion}}{CH_3(CH_2)_7CH{=}CH(CH_2)_7CO_2^-} + H_3O^+$$

$$K_a = \frac{[\text{Oleate ion}][H_3O^+]}{[\text{Oleic acid}]} = 1 \times 10^{-5};\ pK_a = 5$$

일반적인 신체 조건인 pH 7에서 소수성인 올레산보다 양친매성인 올레산염 이온이 훨씬 더 많다. pH가 pK_a 값보다 더 크기 때문에 짝염기가 우세하다(표 7.6).

예제 7.11

pH 효과

메틸암모늄 이온($CH_3NH_3^+$)의 pK_a는 2.4×10^{-11}이다.

a. 이 화합물의 pK_a는 얼마인가?

b. 메틸아민(짝염기)과 H_3O^+를 형성하기 위해 메틸암모늄 이온과 물의 역반응에 대한 균형반응식을 쓰시오.

c. pH 7에서 메틸암모늄 이온과 메틸아민 중 어느 것이 더 우세할까?

전략

메틸아민의 화학식은 표 7.5를 참고하시오. pH를 메틸암모늄 이온의 pK_a 값과 비교하여 산 또는 짝염기가 우세한지 결정한다.

해답

a. $pK_a = 10.62$

b. $\underset{\textbf{메틸암모늄 이온}}{CH_3NH_3^+} + H_2O \rightleftharpoons \underset{\textbf{메틸아민}}{CH_3NH_2} + H_3O^+$

c. pH (7)이 pK_a (10.62)보다 낮으므로 메틸암모늄 이온으로 나타난다.

연습문제 7.11

낮은 pH에서 알라닌의 구조는 아래와 같다.

$$\underset{\displaystyle {}^{+}NH_3}{CH_3\overset{}{C}HCO_2H}$$

알라닌

a. 산성 CO_2H와 $—NH_3^+$ 작용기를 짝염기 형태로 다시 그리시오.
b. 아미노산에서 $—CO_2H$ 기의 pK_a의 범위는 1.8~4.3이고, $—NH_3^+$기의 pK_a 범위는 9.1~12.5이다. pH 7에서 나타나는 알라닌의 구조를 그리시오.

7.10 | 완충액

완충액(buffer)은 적은 양의 산과 염기를 첨가할 때 *pH* 변화를 억제하는 용액이다. 이 책에서는 약산과 짝염기로 만든 완충액만 다룰 것이며, 그 예가 아세트산(CH_3CO_2H)와 아세트 이온($CH_3CO_2^-$)이다.

■ 완충액은 pH 변화를 억제한다.

$$\underset{\text{약산}}{CH_3CO_2H} + H_2O \rightleftharpoons \underset{\text{짝염기}}{CH_3CO_2^-} + H_3O^+$$

만일 적은 양의 H_3O^+가 이 완충액에 첨가되면, 르 샤틀리에의 원리에 따라 평형을 재확립하기 위하여 역반응 속도가 증가할 것으로 예상된다. 이 과정에서 과도한 H_3O^+는 $CH_3CO_2^-$에 의해 없어지며, pH는 거의 변화가 없을 것이다.

$$CH_3CO_2H + H_2O \leftarrow CH_3CO_2^- + H_3O^+$$

만일 적은 양의 OH^-가 첨가되면, 이 염기는 CH_3CO_2H와 반응하여 짝염기인 $CH_3CO_2^-$를 생성할 것이다. 이 과정에서 OH^-는 없어지고, pH는 비교적 안정적일 것이다.

$$CH_3CO_2H + OH^- \longrightarrow CH_3CO_2^- + H_2O$$

이 반응이 앞에서 보았던 평형 반응($CH_3CO_2H + H_2O \rightleftharpoons CH_3CO_2^- + H_3O^+$)과 어떤 관계가 있는지 궁금할 것이다. 이를 설명하기 위하여 수산화 이온이 완충 용액에 첨가되었을 때 어떤 일이 일어나는지 살펴보자. OH^-가 H_3O^+와 반응하면 각 농도가 감소한다.

$$H_3O^+ + OH^- \longrightarrow 2H_2O$$

이것은 $CH_3CO_2^-$와 H_3O^+ 사이의 역반응을 감소시키며 평형이 재확립될 때까지 정반응이 우세하게 일어나도록 하는 것이다. 결과적으로 H_3O^+의 손실은 대부분 대체가 되고 pH는 매우 안정될 것이다.

$$CH_3CO_2H + H_2O \longrightarrow CH_3CO_2^- + H_3O^+$$

흥미롭게도, 위 두 반응을 서로 더하고, 반응의 각 면에서 변화하지 않은 반응물과 생성물을 제거하면 이 단락의 처음에 본 것과 동일한 반응식이 된다.

$$\begin{array}{l} \cancel{H_3O^+} + OH^- \longrightarrow \cancel{2}\,H_2O \\ CH_3CO_2H + \cancel{H_2O} \longrightarrow CH_3CO_2^- + \cancel{H_3O^+} \\ \hline CH_3CO_2H + OH^- \longrightarrow CH_3CO_2^- + H_2O \end{array}$$

이 완충액에 OH^-를 첨가한 효과를 설명하기 위해서 어느 접근 방식을 사용하든지 상관없이 그 결과는 같다. CH_3CO_2H가 $CH_3CO_2^-$로 전환되고 pH는 일정하게 유지된다.

완충액은 *pH*가 약산의 pK_a와 같을 때 *pH* 변화에 가장 저항력이 강하며, *pH*가 pK_a의 한 단위 내(pH = pK_a ± 1)에 있을 때 효과적이다. 아세트산의 pK_a는 4.74이고 아세트산과 아세트 이온 완충액은 pH 범위가 3.74에서 5.74까지 작용을 하며, 가장 효과적인 pH는 4.74이다.

예제 7.12

완충액 이해하기

완충액은 $H_2PO_4^-$와 짝염기를 사용하여 만들 수 있다.

a. $H_2PO_4^-$와 H_2O가 반응하여 $H_2PO_4^-$ 짝염기와 H_3O^+를 형성하는 산-염기 반응식을 쓰시오.

b. H_3O^+를 이 완충액에 첨가할 때 일어나는 반응식을 쓰시오.

전략

a에서 2개의 반응물과 2개 생성물 중 1개의 화학식을 알 수 있다. $H_2PO_4^-$의 짝염기는 $H_2PO_4^-$보다 H^+ 1개가 적다. b에서 만일 반응물이나 생성물의 농도가 변한다면 정반응이나 역반응의 반응속도가 어떻게 일어날 것인지 생각해 보자.

해답

a. $H_2PO_4^- + H_2O \rightleftharpoons HPO_4^{2-} + H_3O^+$

b. H_3O^+의 농도가 증가하면 역반응 반응속도가 증가한다.

$$H_2PO_4^- + H_2O \leftarrow HPO_4^{2-} + H_3O^+$$

연습문제 7.12

a. 예제 7.12에서 설명한 완충액에 OH^-를 첨가하면 일어나는 반응식을 쓰시오.

b. 이 완충액의 효과적인 pH 범위는? (표 7.4 참조)

헨더슨–하셀바흐 등식

BiochemistryLink

우리는 완충액을 약산과 짝염기로 만들고, 이 두 물질의 농도는 용액의 pH와 산의 pK_a와 연결되어 있다는 것을 알았다(표 7.6). 이 개념을 수학적으로 접근하면 완충액의 조성을 정확하게 설명할 수 있다.

산 HA의 K_a에 대한 등식으로 시작하고,

$$HA + H_2O \rightleftharpoons A^- + H_3O^+ \qquad K_a = \frac{[A^-][H_3O^+]}{[HA]}$$

등식의 양쪽에 대수를 취하고, 헨더슨–하셀바흐 등식으로 재배열한다.

$$pH = pK_a + \log\frac{[A^-]}{[HA]}$$

헨더슨–하셀바흐 등식

이 등식이 어떻게 사용되는지 알아보기 위하여 산 HF(pK_a = 3.18)를 살펴보자.

$$HF + H_2O \rightleftharpoons F^- + H_3O^+ \qquad K_a = \frac{[F^-][H_3O^+]}{[HF]}$$

$$\text{and} \quad pH = pK_a + \log\frac{[F^-]}{[HF]}$$

- $[F^-] = [HF]$일 때, pH는 얼마인가? 만일 $[F^-] = [HF]$이면, $\frac{[F^-]}{[HF]} = 1$이다. 이 값과 HF의 pK_a 값을 헨더슨–하셀바흐 등식에 삽입하면 pH는 3.18이다. 이것은 만일 산의 pH와 pK_a 값이 동일하면, $[HA] = [A^-]$라는 표 7.6의 예측과 일치한다.

$$pH = pK_a + \log\frac{[F^-]}{[HF]} = 3.18 + \log 1 = 3.18 + 0 = 3.18$$

- [HF]가 $[F^-]$보다 2배 크다면 pH는 얼마인가? 수학적으로 이 관계는 다음과 같이 쓸 수 있다.

$$[HF] = 2[F^-] \text{ 또는 } \frac{[F^-]}{[HF]} = 0.5$$

헨더슨–하셀바흐 등식으로 풀면 pH는 2.88이다. 표 7.6에서 예측한 것과 같이 $[HA] > [A^-]$일 때, $pH < pK_a$이다.

$$pH = pK_a + \log\frac{[F^-]}{[HF]} = 3.18 + \log 0.5 = 3.18 + -0.30 = 2.88$$

- [HF]가 $[F^-]$의 절반이면 pH는 얼마인가? 수학적으로 이 관계는 다음과 같이 쓸 수 있다.

$$2[HF] = [F^-] \text{ 또는 } \frac{[F^-]}{[HF]} = 2$$

헨더슨–하셀바흐 등식으로 풀면 pH는 3.48이다. 표 7.6에서 예측한 것과 같이 $[HA] < [A^-]$일 때, $pH > pK_a$이다.

$$pH = pK_a + \log\frac{[F^-]}{[HF]} = 3.18 + \log 0.5 = 3.18 + 0.30 = 3.48$$

7.11 | 혈청에서 pH의 유지

혈청의 pH는 7.35에서 7.45 사이에 있다. pH 변화는 효소가 적절하게 작용하는 효과가 있으므로 pH가 이 범위를 벗어나지 않는 것이 중요하다. 효소는 인체 내에서 일어나는 화학 반응을 촉매하는데, 아미노산 잔기로 구성된 단백질이며, 이 아미노산은 산성 그룹과 염기성 그룹으로 되어 있다. pH 변화는 효소의 모양과 기능을 유지하는 데 매우 중요한 비공유 상호작용(그림 7.12)에 영향을 주어 이러한 아미노산 그룹의 구조를 변화시킨다. 혈청 pH가 7.35~7.45의 범위를 벗어나면 효소 구조가 변하여 건강에 나쁜 영향을 미친다.

혈청 pH를 적절하게 유지하려면 대사(생물체에서 일어나는 반응) 과정에서 생성되는 산을 처리하여야 한다. 이 산은 지방산, 젖산, 인산, 케톤체 화합물 등이다. 몇몇 산은 우리가 먹는 음식에 존재하기도 한다.

생체에서 산을 제공하는 중요한 물질은 세포에서 발생하는 CO_2이다. 세포에서 생성된 이산화탄소가 폐로 이동할 때(그림 6.13), 대부분의 이산화탄소는 혈액에서 H_2CO_3나 HCO_3^- 형태로 이동된다. H_2CO_3는 CO_2가 물과 반응할 때 생성되고, HCO_3^-는 H_2CO_3와 물 사이에 일어나는 산-염기 반응에서 생성된다.

$$H_2O + CO_2 \rightleftharpoons H_2CO_3$$

$$H_2CO_3 + H_2O \rightleftharpoons HCO_3^- + H_3O^+$$

이 산을 처리하고 혈청 pH를 유지하기 위하여 인체는 두 가지 일반적인 방법에 의존한다. 한 방법은 완충액을 사용하여 pH 변화를 최소화하는 것이고, 또 다른 방법은 호흡과 신장의 작용으로 H_3O^+ 농도를 조절하는 것이다.

먼저 혈청에 존재하는 완충액을 살펴보자. 가장 중요한 것은 H_2CO_3와 짝염기인 HCO_3^-가 관여한다는 것이다.

$$\underset{\text{산}}{H_2CO_3} + H_2O \rightleftharpoons \underset{\text{짝염기}}{HCO_3^-} + H_3O^+$$

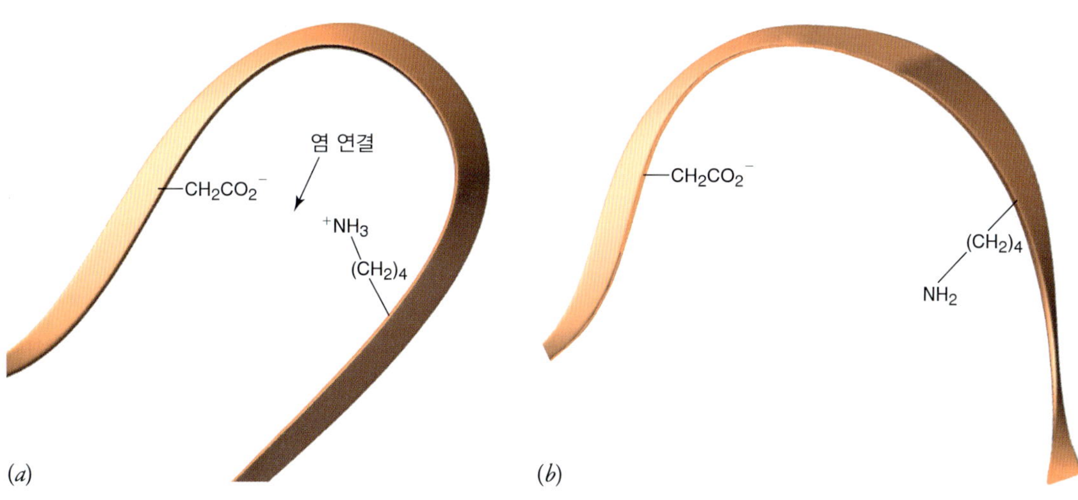

■ **그림 7.12**

pH 변화가 효소 구조에 미치는 영향 효소나 단백질에서 pH의 변화는 산 형태와 짝염기 형태로 바꿀 수 있다. 이러한 작용은 기능을 유지하는 데 필수적인 이온결합(염교로 알려진)과 같은 비공유 상호작용을 불안정화시킨다. (*a*) pH 7 근처에서 이온결합은 효소가 촉매로 작용하는 데 필요한 모양의 단백질 사슬의 일부분을 유지한다. (*b*) pH 9 이상이면, $—NH_3^+$ (산)은 $—NH_2$ (염기)로 전환된다. 이온결합은 더 이상 존재하지 않고 효소의 모양과 촉매 능력은 변화한다.

아래 등식에서 보는 바와 같이, 적은 양의 H_3O^+나 OH^-는 이 완충액에 의해 없어질 수 있다.

$$\text{첨가 } H_3O^+: \quad H_2CO_3 + H_2O \longleftarrow HCO_3^- + H_3O^+$$
$$\text{첨가 } OH^-: \quad H_2CO_3 + OH^- \longrightarrow HCO_3^- + H_2O$$

이 완충계가 작용하기 위하여, H_2CO_3와 HCO_3^-는 반드시 있어야 한다. 위에서 본 바와 같이, H_2CO_3는 세포에서 형성된 CO_2가 H_2O와 반응하여 생성된다. 약간의 HCO_3^-는 H_2CO_3에서 H^+가 소실되어 형성된다. HCO_3^-를 흡수하거나 방출하는 신장도 이러한 완충액 요소의 혈액 농도를 조절한다.

인산이수소 이온($H_2PO_4^-$)과 인산수소 이온(HPO_4^{2-})은 혈액에 존재하는 또 다른 완충계이다(예제 7.12 참조). 약산의 하나인 단백질은 상대적으로 일정한 혈액 pH를 유지하는 데 도움이 되는 또 다른 완충계로 작용한다.

호흡계도 혈청 pH를 유지하는 중요한 역할을 한다. 완충액의 작용에도 불구하고, 만일 혈액의 pH가 너무 산성이 되면 뇌에 있는 호흡 중추는 빠르고 깊은 호흡을 하도록 신호를 보낸다. 따라서 보다 많은 CO_2를 내보내서 부분압(P_{CO_2})을 떨어뜨린다. 아래 첫 번째 반응식에서 보는 바와 같이, CO_2의 소실은 H_2CO_3 농도의 순감소로 이어진다. 두 번째 반응식은 H_2CO_3 농도의 감소가 H_3O^+의 소실로 이어지는 것을 나타낸다. 혈청의 산도는 낮아진다.

$$H_2O + CO_2 \longleftarrow H_2CO_3$$
$$H_2CO_3 + H_2O \longleftarrow HCO_3^- + H_3O^+$$

이것에 대한 좋은 예는 운동할 때 일어난다. 운동을 하면 대사가 촉진되고, 따라서 세포내 CO_2의 생성이 증가된다. 혈액 완충계는 과도하게 생성된 H_3O^+를 처리할 수 없게 된다. 그러나 운동을 하여 증가된 호흡률은 혈청 pH를 다시 정상으로 돌아가게 한다.

호흡계는 또한 염기성 혈청도 처리한다. 이 경우에 뇌에 있는 호흡 중추는 호흡을 얕고 천천히 하도록 하여 혈액에서 P_{CO_2}가 올라가도록 한다. 따라서 보다 많은 H_2CO_3가 형성되고, 혈청 pH는 떨어진다.

신장도 또한 적절한 pH를 유지하기 위하여 작용한다. 만일 혈청이 너무 산성이면, 신장은 혈액으로 HCO_3^-를 방출한다. H_2CO_3/HCO_3^- 완충계의 성분은 H_3O^+ 농도를 감소시킨다. 그 외에도 신장은 소변을 통하여 체내에서 H_3O^+를 제거한다. 만일 혈청의 pH가 너무 높으면, 신장은 반대로 작용한다. HCO_3^-는 혈액에서 제거되고, H_3O^+는 더하여진다. 혈액 pH에 대한 H_2CO_3/HCO_3^- 완충계, 호흡, 신장의 효과를 그림 7.13에 요약하였다.

이러한 조절 작용이 있음에도 불구하고, 혈액 pH는 때때로 정상 범위를 벗어난다. 이러한 산/염기 장애는 호흡성이나 대사성으로 구분된다(표 7.7). 호흡장애는 호기를 통하여 세포에서 생성되는 CO_2를 혈액에서 제거하지 못할 때 일어난다. 대사성 장애는 대사과정에서 생성되는 산을 처리할 능력이 없고, HCO_3^-의 혈액 농도를 조절하는 문제, 산이나 염기 화합물의 섭취, 혹은 산이나 염기로 전환되는 화합물을 섭취하여 일어난다.

혈청 *pH*가 낮은 가벼운 **산성혈증(acidosis)**은 경미한 두통을 초래할 수 있다. 심한 경우는 혼수상태나 사망에 이를 수 있는 중추신경계의 기능저하를 야기할 수 있다.

호흡성 산성혈증은 낮은 pH의 특징을 보이며, 혈액 P_{CO_2}를 증가시키고, HCO_3^- 농도가 정상이거나 정상보다 높고, 폐의 가스 교환, 특히 혈액에서 CO_2를 제거하는 능력을 방해하여 일어난다. 폐렴, 폐기종, 낭포성 섬유증, 얕은 호흡, 호흡을 멈추는 것 등은 산성혈증을 일으킬 수 있다. 위에서 설명한 바와 같이, P_{CO_2} 농도가 증가하면 H_2CO_3 농도가 증가하고, 혈액의 pH를 낮추기에 충분한 H_2CO_3/HCO_3^- 완충계를 혼란시킬 수 있다. 폐가 pH 조절을 못하는 것을 신장이 보완하려고 하기 때문에 호흡계 산성혈증에서는 정상보다 혈청의 HCO_3^- 농도가 때때로 높다. HCO_3^-가 혈액으로 더 많이 방출되면 혈액 완충 요소가 불필요한 H_3O^+를 제거하도록 한다.

그림 7.13

혈장 pH의 조절 H_2CO_3/HCO_3^- 완충계, 호흡, 신장과 다른 완충계 등은 모두 혈장 pH를 조절하는 작용을 한다. (*a*) pH 감소에 대한 반응. (*b*) pH 증가에 대한 반응.

(*a*) **산성혈증:** 낮은 혈청 pH

문제: ***H_3O^+* 농도가 너무 높다**

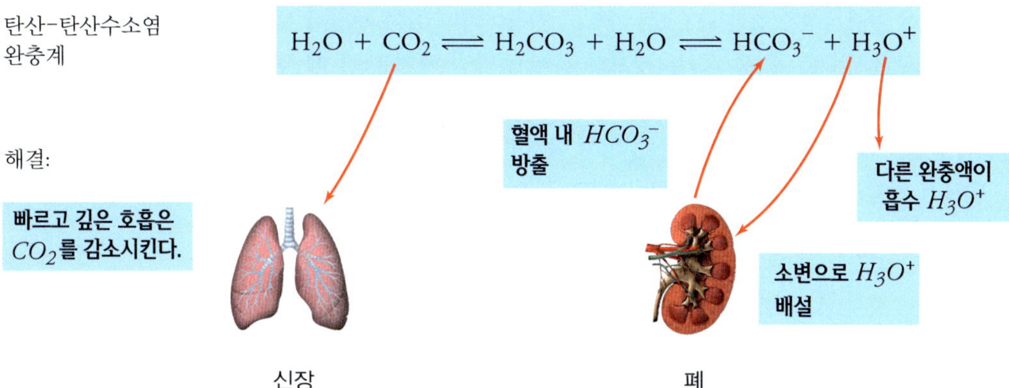

(*b*) **알칼리혈증:** 높은 혈청 pH

문제: ***H_3O^+* 농도가 너무 낮다**

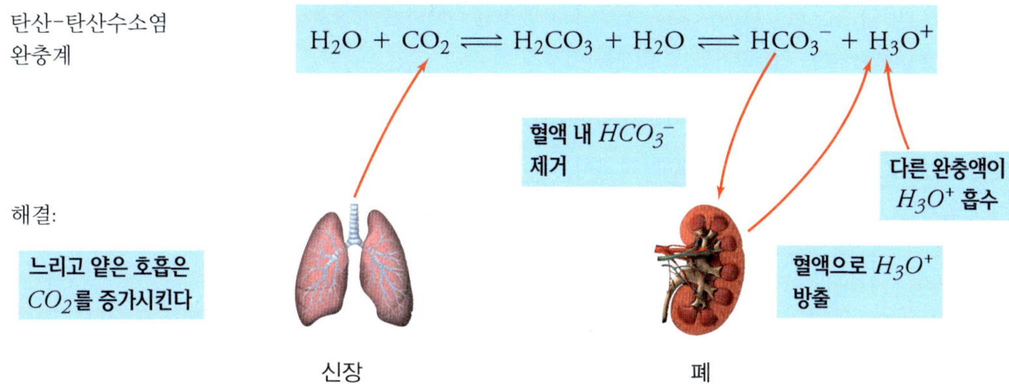

표 | 7.7 산/염기 장애

조건	pH	P_{CO_2}	HCO_3^- 농도
정상 혈청	7.35~7.45	35~45 torr	22~26 mEq/L
호흡성 산성혈증	낮음	높음	보정되면 높음
대사성 산성혈증	낮음	보정되면 낮음	낮음
호흡성 알칼리혈증	높음	낮음	보정되면 낮음
대사성 알칼리혈증	높음	보정되면 높음	높음

출처: Page 1055, *Human anatomy and physiology*, 6th ed. By Elaine N. Marieb. ⓒ 2004 by Person Eduacation, Inc. Repringed by permission.

Did You Know?

높은 산에서는 O_2의 부분 압력이 낮기에 충분한 산소를 얻기 위하여 더 빨리 호흡을 한다. 그래서 정상 혈청 pH보다 높아져 현기증, 마비, 근육 경련, 의식 상실을 일으키는 고도 알칼리증을 유발할 수 있다. 빠른 호흡은 혈액에서 너무 많은 CO_2를 제거하므로 H_2CO_3/HCO_3^- 혈액 완충액의 불균형을 초래한다. 몸이 적응할 수 있도록 산을 천천히 오르면 고도 알칼리증의 발병을 늦출 수 있다.

낮은 pH, 낮은 HCO_3^- 농도, 정상이거나 폐가 보완 작용하면 낮은 P_{CO_2}로 구별되는 대사적 산성혈증은 케톤체(기아나 당뇨가 조절되지 않을 경우 생성된), 젖산(강도 높은 운동으로 생성된), 과도한 알코올 소모(알코올은 아세트산으로 대사가 일어난다), 설사(과도한 HCO_3^- 손실), 특정한 신장 문제로 야기될 수 있다.

혈청 *pH*가 높은 **알칼리혈증(alkalosis)**은 두통, 신경불안, 경련, 심한 경우에 발작과 사망 등이 일어난다. 대사적 알칼리혈증(높은 pH, 낮은 P_{CO_2}, 정상이거나 만일 신장이 보완작용을 하면 낮은 HCO_3^- 농도)은 세포에서 CO_2를 생성하는 것보다 몸에서 빨리 빠져 나갈 때 일어난다. 순수한 CO_2 손실은 혈액에 존재하는 H_2CO_3 농도를 감소시키며, 너무 많은 양의 감소는 pH 증가를 유도한다. 불안, 중추신경계 손상, 아스피린 중독, 고열 등에 의해 야기될 수 있는 호흡 항진 등이 일반적인 원인이다.

대사적 알칼리혈증(높은 pH, 높은 HCO_3^- 정상이거나 만일 폐가 보완작용을 한다면 높은 P_{CO_2})은 과도한 제산제(약염기) 사용과 변비(혈액에서 정상적인 양보다 더 많은 HCO_3^- 농도)를 초래한다.

예제 7.13

혈액 완충계

변비는 혈청이 정상 수준보다 높은 HCO_3^-를 운반하는 원인이 된다.

a. 초과된 HCO_3^-는 H_2CO_3/HCO_3^- 완충계와 혈청 pH에 어떤 영향을 주는가?

b. 정상 농도보다 높은 HCO_3^-에 호흡계는 어떻게 반응하는가?

전략

H_2CO_3/HCO_3^- 완충계는 H_2CO_3과 짝염기 사이의 평형에 관여한다. 이 문제를 풀기 위하여 르 샤틀리에 원리를 적용하자. 그림 7.13은 b에 답하는 데 도움이 될 것이다.

해답

a. HCO_3^- 농도의 증가는 H_2CO_3/HCO_3^- 사이의 평형을 뒤엎어 순 역반응이 일어나게 한다. 그러면 HCO_3^-와 H_3O^+의 농도가 감소할 것이다(pH는 증가할 것이다).

$$H_2CO_3 + H_2O \longleftarrow HCO_3^- + H_3O^+$$

b. pH 증가를 상쇄하기 위하여 호흡이 느려진다. 그러면 혈액에서 CO_2 수준이 증가하고 H_2CO_3가 형성된다.

$$H_2O + CO_2 \longrightarrow H_2CO_3$$

H_2CO_3 농도의 증가는 H_2CO_3/HCO_3^- 평형에 순 정반응을 일으키고 pH가 떨어진다.

$$H_2CO_3 + H_2O \longrightarrow HCO_3^- + H_3O^+$$

연습문제 7.13

어떤 신장 질환에서는 신장이 HCO_3^-를 혈액으로 방출할 수 없다.

a. 정상 농도보다 낮은 HCO_3^-는 H_2CO_3/HCO_3^- 완충계와 혈청 pH에 어떤 영향을 주는가?

b. 호흡계는 정상 농도보다 낮은 HCO_3^- 농도에 어떻게 반응할까?

도서관에서 … 재방문

Media Bakery

음식의 소화를 돕고 소화효소를 활성화하기 위해, 위는 HCl을 함유한 pH 1.5 용액인 위액을 생산한다. 과식이나 스트레스는 과도한 위액을 분비시켜 위장 장애를 일으킬 수 있다. 사람들은 일시적인 고통에서 벗어나기 위해 많은 제산제를 복용한다.

제산제의 활성 성분은 약염기이며, 대부분 $CaCO_3$, $MgHCO_3$, $Mg(OH)_2$, $Al(OH)_3$ 등이다. 몇 가지 예는 다음과 같다.

제산제	약염기
Alka Seltzer	$NaHCO_3$
Di-Gel, Mylanta, Maalox	$Al(OH)_3$ and $Mg(OH)_2$
Milk of Magnesia	$Mg(OH)_2$
Tums, Alka-2	$CaCO_3$
Gaviscon	$Al(OH)_3$ and $MgCO_3$
Rolaids	$AlNa(OH)_2CO_3$
Riopan	$AlMg(OH)_5$

이 염기에서 나오는 탄산, 탄산수소, 수산화물 이온이 반응하여 위액에 있는 H_3O^+를 중화시킨다.

$$CO_3^{2-}(aq) + H_3O^+(aq) \longrightarrow HCO_3^-(aq) + H_2O(l)$$
$$HCO_3^-(aq) + H_3O^+(aq) \longrightarrow H_2CO_3(aq) + H_2O(l)$$
$$OH^-(aq) + H_3O^+(aq) \longrightarrow 2H_2O(l)$$

제산제를 과다하게 사용하면 정상 혈액 pH보다 높은 알칼리혈증을 유도할 수 있다(7.11절 참조). 알칼리혈증 이외에도 제산제로 사용된 염기의 일부는 부작용을 나타내는데, 많은 양의 Al^{3+}와 Ca^{2+}는 변비를 일으키는 반면, Mg^{2+}는 설사제 효과가 있다.

THINKING IT THROUGH

제산제인 Di-Gel, Mylanta, Maalox에는 $Al(OH)_3$와 $Mg(OH)_2$ 모두 포함되어 있다는 설명을 제안한다.

CHAPTER 7의 목적

목표	요약	절	예제 연습문제	총정리 문제
1. **산**과 **염기**의 일반적인 특징을 쓰시오.	**산(acid)**은 몇몇 금속을 녹이며, 리트머스를 붉게 하고, 신맛이 있고 섭취를 해도 안전하다. **염기(base)**는 미끄럽거나 비누성이 있고, 리트머스를 푸르게 변화시키며, 쓴 맛이 있다.	7.1		7.3~7.6
2. **Brønsted–Lowry** 산과 염기를 설명하고 이들의 **짝상**이 어떻게 다른지 설명하시오.	**Brønsted–Lowry** 정의에 따르면, 산은 H^+를 방출하고 염기는 H^+를 받는다. Brønsted–Lowry 산과 염기 반응식에서 산과 염기는 반응 화살표의 양쪽에 나타난다. 각 산은 반응식 양쪽에 대응하는 **짝(conjugates)**염기(H^+가 다르다)가 있다.	7.2	7.1	7.7~7.20

목표	요약	절	예제 연습문제	총정리 문제
3. 가역적인 반응에 대한 **평형 상수식**을 쓰고 **르 샤틀리에의 원리**를 사용하여 평형이 교란될 때 어떻게 반응하는지 설명하시오.	정반응과 역반응 속도가 같을 때, 가역 반응은 **평형(equilibrium)**에 도달한다. $aA + bB \rightleftharpoons cC + dD$ 반응에서 평형상수(equilibrium constant) 식은 다음과 같이 쓴다. $K_{eq} = \frac{[C]^c[D]^d}{[A]^a[B]^b}$ **르 샤틀리에의 원리**는 가역 반응이 평형에서 벗어날려고 할 때, 반응은 평형을 복구하려고 한다. 예를 들면, 반응물 농도가 증가하면 평형이 재확립될 때까지 순 정반응이 일어날 것이다.	7.3, 7.4	7.2~7.5	7.21~7.42
4. H_3O^+ 농도와 **pH**를 사용하여 용액이 **산**, **염기**, **중성**인지 확인하시오.	**중성(neutral)** 용액에서 $[H_3O^+] = 1 \times 10^{-7}$이며 pH = 7, **산성(acidic)** 용액에서 $[H_3O^+] > 10^{-7}$이며 pH < 7, **염기성(basic)** 용액에서 $[H_3O^+] < 10^{-7}$이며 pH > 7이다.	7.5, 7.6	7.6~7.8	7.43~7.70
5. 산의 상대적인 강도를 평가하기 위하여 K_a와 pK_a 값을 사용하고 산의 강도와 짝염기의 강도 사이의 관계를 설명하시오.	K_a 값이 클수록 혹은 pK_a 값이 작을수록 강한 산이다. 강산은 약한 짝산을 가지며 약산은 강한 짝염기를 가진다.	7.7	7.9	7.71~7.80
6. **중화**와 **적정**의 과정을 설명하시오.	**중화(neutralization)**는 산과 염기가 반응하여 물, 염, 중성 용액을 만드는 것이다. 미지의 산성 용액의 농도는 **적정(titration)**을 통하여 결정할 수 있는데, 적정은 농도를 알고 있는 염기성 용액을 첨가하여 산을 중화시키는 것이다.	7.8	7.10	7.81~7.90
7. 용액의 pH가 어떻게 상대적인 산과 짝염기의 농도에 영향을 미치는지와, **완충액**을 설명하시오.	산(HA)과 짝염기(A^-)가 포함된 용액에서, pH = pK_a일 때, $[HA] = [A^-]$이다. pH < pK_a일 때, $[HA] > [A^-]$이다. pH > pK_a일 때 $[HA] < [A^-]$이다. **완충액(buffer)**은 적은 양의 산이나 염기를 넣었을 때 pH 변화를 억제하는 용액이며, 약산과 짝염기를 포함하는 용액으로 만들 수 있다. 완충액은 pH가 pK_a의 한 단위 내에 있을 때 효과적이다.	7.9, 7.10	7.11, 7.12	7.91~7.104
8. 안정된 혈액 pH를 유지하는 데 있어서 완충액, 호흡, 신장의 역할을 설명하시오.	탄산과 탄산수소는 혈청 완충액의 가장 중요한 구성 성분이다. $H_2CO_3 + H_2O \rightleftharpoons HCO_3^- + H_3O^+$ 혈장에 있는 탄산수소는 대사과정에서 생성된 CO_2 분자가 물과 반응할 때 형성된다. 호흡은 혈청의 CO_2 농도와 간접적으로 혈액의 pH를 결정하도록 한다. 신장은 혈액에 있는 HCO_3^- 양을 조절하고, H_3O^+를 더하거나 제거하여 pH 조절을 돕는다.	7.11	7.13	7.105~7.112

총정리 문제

색으로 표시된 문제의 해답은 부록 C에 있다.
좀 더 어려운 문제는 *표로 표시하였다.

7.1 **a.** 아래 반응에 대한 평형상수 식을 쓰시오.

$$A \rightleftharpoons B$$

b. 이 반응에서 K_{eq} = 2이다. 아래 그림은 A와 B의 평형 혼합물을 나타낸다. 설명하시오.

c. 만일 추가로 B 3개를 첨가하면, 혼합물은 더 이상 평형이 아니다. 설명하시오.

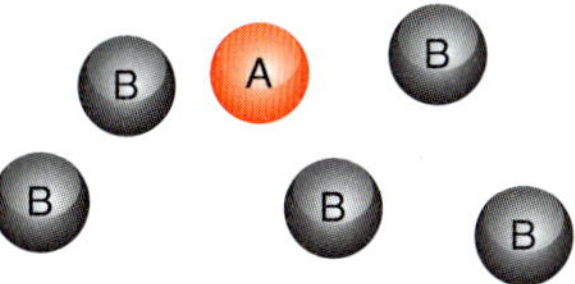

d. 평형을 조정하기 위해 문제 c의 혼합물에서 순 정반응 혹은 순 역반응 중 어느 것이 일어날까?

e. 문제 d에 대한 해답에 근거하여 문제 c에서 혼합물이 평형에 도달할 때 나타날 그림을 다시 그리시오.

7.2 **a.** 아래 반응에 대한 평형상수 식을 쓰시오

$$C \rightleftharpoons D$$

b. 이 반응에서 K_{eq} = 0.25이다. 아래 그림의 C와 D는 평형이 아니다. [C]와 [D] 중에서 어느 것의 농도가 더 높은가?

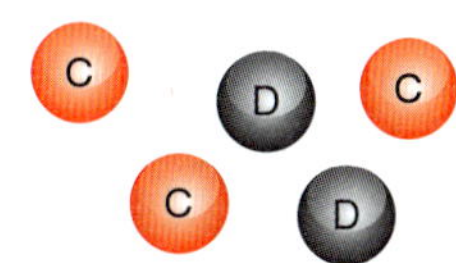

c. 평형을 조정하기 위해 순 정반응 혹은 순 역반응 중 어느 것이 일어날까?

d. 문제 c에 대한 해답에 근거하여 문제 b에서 혼합물이 평형에 도달할 때 나타날 그림을 다시 그리시오.

7.1 산과 염기

7.3 다음 관찰 중에서 산이 화합물인 것은?

a. 리트머스가 붉은색으로 변함
b. 리트머스가 푸른색으로 변함
c. 쓴맛이 있음
d. 신맛이 있음
e. 금속을 녹임
f. 미끄러움

7.4 문제 7.3에서 염기인 화합물은?

7.5 산과 2원 화합물의 명칭을 쓰시오.

a. HCl **b.** Hbr

7.6 산과 2원 화합물의 명칭을 쓰시오.

a. HF **b.** HI

7.2 Brønsted–Lowry 산과 염기

7.7 각 산의 짝염기 분자식을 쓰시오.

a. H_2CO_3
b. HCO_3^-
c. H_2SO_4
d. $H_2PO_4^-$

7.8 각 산의 짝염기 분자식을 쓰시오.

a. HSO_4^-
b. H_3PO_4
c. HPO_4^{2-}
d. HNO_3

7.9 문제 7.7에서 각 산의 짝염기 이름을 쓰시오.

7.10 문제 7.8에서 각 산의 짝염기 이름을 쓰시오.

7.11 각 염기의 짝산 분자식을 쓰시오.

a. F^-
b. CN^-
c. NH_3
d. NO_2^-

7.12 각 염기의 짝산 분자식을 쓰시오.

a. OH^-
b. Cl^-
c. CH_3NH_2
d. PO_3^{2-}

7.13 물은 (산이나 염기로 작용할 수 있는) 양쪽성이다.

a. 물이 산으로 작용하는 화학 반응식을 쓰시오.

b. 이 반응에서 물의 짝염기는 무엇인가?

7.14 물은 (산이나 염기로 작용할 수 있는) 양쪽성이다.

a. 물이 염기로 작용하는 화학 반응식을 쓰시오.

b. 이 반응에서 물의 짝산은 무엇인가?

7.15 HCO_3^-은 양쪽성이다.

a. HCO_3^-와 HCl 사이에서 일어나는 반응식을 쓰시오.

b. HCO_3^-와 OH^- 사이에서 일어나는 반응식을 쓰시오.

7.16 HSO_4^-는 양쪽성이다.

a. HSO_4^-와 HCl 사이에 일어나는 반응식을 쓰시오.

b. HSO_4^-와 OH^- 사이에 일어나는 반응식을 쓰시오.

7.17 정반응과 역반응에서 Brønsted-Lowry 산과 염기를 구분하시오.

a. $F^-(aq) + HCl(aq) \rightleftharpoons HF(aq) + Cl^-(aq)$

b. $CH_3CO_2H(aq) + NO_3^-(aq) \rightleftharpoons CH_3CO_2^-(aq) + HNO_3(aq)$

7.18 정반응과 역반응에서 Brønsted–Lowry 산과 염기를 구별하

시오.

a. $PO_4^{3-}(aq) + NH_4^+(aq) \rightleftharpoons NH_3(aq) + HPO_4^{2-}(aq)$

b. $HCN(aq) + H_2PO_4^-(aq) \rightleftharpoons CN^-(aq) + H_3PO_4(aq)$

***7.19** 산-염기 반응을 완성하시오. 정반응과 역반응에서 각각 산과 짝염기를 구별하시오.

a. $NH_4^+ + SO_4^{2-} \rightleftharpoons$ b. $CN^- + HI \rightleftharpoons$

***7.20** 산–염기 반응을 완성하시오. 정반응과 역반응에서 각각 산과 짝염기를 구별하시오.

a. $OH^- + HNO_3 \rightleftharpoons$ b. $HPO_4^{2-} + CO_3^{2-} \rightleftharpoons$

7.3 평형

***7.21** 평형에 대한 설명으로 옳은 것은?

a. 반응물의 농도는 생성물의 농도와 항상 같다

b. 반응물은 생성물로 전환되지 않는다.

c. 정반응 반응 속도는 역반응 반응 속도와 같다.

***7.22** 평형에 대한 설명으로 옳은 것은?

a. 정반응과 역반응은 정지된다.

b. 반응물과 생성물의 농도는 변하지 않는다.

c. 정반응 속도는 역반응 속도보다 크다.

7.23 화학반응식의 균형을 맞추고 평형상수 식을 쓰시오.

$CH_4 + H_2O \rightleftharpoons H_2 + CO$

7.24 화학반응식의 균형을 맞추고 평형상수 식을 쓰시오.

$H_2 + N_2 \rightleftharpoons N_2H_4$

7.25 화학반응식의 균형을 맞추고 평형상수 식을 쓰시오.

$SO_2 + O_2 \rightleftharpoons SO_3$

7.26 화학반응식의 균형을 맞추고 평형상수 식을 쓰시오.

$CS_2 + H_2 \rightleftharpoons CH_4 + H_2S$

7.27 각 반응에 대한 평형상수 식을 쓰시오. b에서 H_2O는 용매이다.

a. $C(s) + CO_2(g) \rightleftharpoons 2CO(g)$

b. $NH_3(aq) + H_2O(l) \rightleftharpoons NH_4^+(aq) + OH^-(aq)$

7.28 각 반응에 대한 평형상수 식을 쓰시오. b에서 H_2O는 용매이다.

a. $PCl_5(g) \rightleftharpoons PCl_3(g) + Cl_2(g)$

b. $H_2SO_4(aq) + 2H_2O(l) \rightleftharpoons 2H_3O^+(aq) + SO_4^{2-}(aq)$

7.29 고체의 농도가 평형상수 식에 나타나지 않는 이유를 쓰시오.

7.30 용매의 농도가 평형상수 식에 나타나지 않는 이유를 쓰시오.

7.31 다음 평형상수 식이 나온 반응식을 쓰시오(고체나 용매가 없다고 가정함).

a. $K_{eq} = \dfrac{[NOCl]^2}{[NO]^2[Cl_2]}$ b. $K_{eq} = \dfrac{[HBr]^2}{[H_2][Br_2]}$

7.32 다음 평형상수 식이 나온 반응식을 쓰시오(고체나 용매가 없다고 가정함).

a. $K_{eq} = \dfrac{[CH_4][H_2O]}{[CO][H_2]^3}$ b. $K_{eq} = \dfrac{[SO_3]^2}{[O_2][SO_2]^2}$

7.33 아래 반응에 대한 K_{eq} 값은 4.2×10^{-4}이다.

$CH_3NH_2(aq) + H_2O(l) \rightleftharpoons CH_3NH_3^+(aq) + OH^-(aq)$

a. 반응의 평형상수 식을 쓰시오.

b. 평형일 때 생성물과 반응물 중 어느 것이 더 많은가?

7.34 800°C에서 증기가 석탄을 지나가며 평형이 될 때, 이 반응의 평형상수는 8.1×10^{-2} 값을 가진다.

$C(s) + H_2O(g) \rightleftharpoons CO(g) + H_2(g)$

a. 이 반응의 평형상수 식에 물의 농도가 나타나는 이유를 설명하시오.

b. 이 반응의 평형상수 식을 쓰시오.

c. 평형일 때 반응물과 생성물 중에서 어느 것이 더 많이 존재하는가?

7.35 각 반응에서 평형일 때, 반응물과 생성물에서 어느 것이 더 많이 존재하는가?

a. $HPO_4^{2-} + CN^- \rightleftharpoons PO_4^{3-} + HCN$ $K_{eq} = 8.6 \times 10^{-4}$

b. $H_3PO_4 + CN^- \rightleftharpoons H_2PO_4^- + HCN$ $K_{eq} = 1.5 \times 10^7$

7.36 각 반응에서 평형일 때 반응물과 생성물에서 어느 것이 더 많이 존재하는가?

a. $HF + HCO_3^- \rightleftharpoons F^- + H_2CO_3$ $K_{eq} = 1.5 \times 10^3$

b. $NH_4^+ + HCO_3^- \rightleftharpoons NH_3 + H_2CO_3$ $K_{eq} = 1.5 \times 10^{-3}$

7.4 르 샤틀리에의 원리

7.37 탄산탈수효소는 H_2O와 CO_2가 H_2CO_3로 빠르게 전환되는 것을 촉매한다.

$CO_2(g) + H_2O(l) \rightleftharpoons H_2CO_3(aq)$

a. 이 반응의 평형상수 식을 쓰시오.

b. H_2CO_3, CO_2, H_2O의 평형 혼합물에 탄산탈수효소의 양을 두 배로 한다면 어떤 영향이 있을까? 설명하시오.

7.38 이황화탄소(CS_2)는 합성섬유 제조에 사용되는데, 황(S_2)과 숯(C)을 가열하여 제조한다.

$S_2(g) + C(s) \rightleftharpoons CS_2(g)$

a. 위의 평형에서, $[CS_2]$가 증가하면 어떤 효과가 있는가? $[CS_2]$가 감소하면 어떤 효과가 있는가? $[S_2]$가 감소하면 어

떤 효과가 있는가?

b. 이 반응에서 CS_2를 계속 제거하면 어떤 효과가 있을까?

7.39 일산화탄소가 수소 가스와 반응하면 메탄올(CH_3OH)이 형성된다.

$$CO(g) + 2H_2(g) \rightleftharpoons CH_3OH(g)$$

a. 위의 평형에서, [CO]가 증가하면 어떤 효과가 있는가? $[H_2]$가 감소하면 어떤 효과가 있는가? $[CH_3OH]$가 감소하면 어떤 효과가 있는가?

b. 이 반응에서 CH_3OH를 계속 제거하면 어떤 효과가 있을까?

7.40 질소 가스와 수소 가스는 반응하여 암모니아를 형성한다.

$$N_2(g) + 3H_2(g) \rightleftharpoons 2NH_3(g)$$

a. 위의 평형에서 $[NH_3]$가 증가하면 어떤 효과가 있는가?

b. $[H_2]$가 증가하면 어떤 효과가 있는가?

c. $[N_2]$가 증가하면 어떤 효과가 있는가?

7.41 아래 반응은 발열반응이다. 이 반응이 평형이면,

$$2\,H_2(g) + O_2(g) \rightleftharpoons 2\,H_2O(g)$$

a. O_2 농도 감소의 효과는 무엇인가?

b. H_2 농도 증가의 효과는 무엇인가?

c. 압력 증가의 효과는 무엇인가?

d. 부피 감소의 효과는 무엇인가?

e. 온도 감소의 효과는 무엇인가?

f. 온도 증가의 효과는 무엇인가?

7.42 다음 반응은 흡열반응이다. 이 반응이 평형이면,

$$3\,O_2(g) \rightleftharpoons 2\,O_3(g)$$

a. O_2 농도 감소의 효과는 무엇인가?

b. O_3 농도 증가의 효과는 무엇인가?

c. 압력 증가의 효과는 무엇인가?

d. 부피 감소의 효과는 무엇인가?

e. 온도 감소의 효과는 무엇인가?

f. 온도 증가의 효과는 무엇인가?

7.5 물의 이온화

7.43 다음과 같은 경우에 물에 존재하는 H_3O^+ 농도를 계산하시오.

a. $[OH^-] = 8.4 \times 10^{-3}$ M **c.** $[OH^-] = 5.8 \times 10^{-1}$ M

b. $[OH^-] = 2.9 \times 10^{-9}$ M

7.44 다음과 같은 경우에 물에 존재하는 H_3O^+ 농도를 계산하시오.

a. $[OH^-] = 4.8 \times 10^{-8}$ M **c.** $[OH^-] = 1.5 \times 10^{-12}$ M

b. $[OH^-] = 6.6 \times 10^{-2}$ M

7.45 문제 7.43에서 각 용액이 산성, 염기성, 혹은 중성인지 표시하시오.

7.46 문제 7.44에서 각 용액이 산성, 염기성, 혹은 중성인지 표시하시오.

7.47 다음의 경우에 물에 존재하는 OH^- 농도를 계산하시오.

a. $[H_3O^+] = 9.1 \times 10^{-7}$ M **c.** $[H_3O^+] = 8.8 \times 10^{-2}$ M

b. $[H_3O^+] = 1.3 \times 10^{-3}$ M

7.48 다음의 경우 물에 존재하는 OH^- 농도를 계산하시오.

a. $[H_3O^+] = 6.2 \times 10^{-4}$ M **c.** $[H_3O^+] = 1.9 \times 10^{-11}$ M

b. $[H_3O^+] = 8\ 5 \times 10^{-8}$ M

7.49 문제 7.47에서 각 용액이 산성, 염기성, 혹은 중성인지 표시하시오.

7.50 문제 7.48에서 각 용액이 산성, 염기성, 혹은 중성인지 표시하시오.

7.6 pH 등급

7.51 다음 용액의 pH를 계산하시오.

a. $[H_3O^+] = 1 \times 10^{-5}$ M **c.** $[H_3O^+] = 1 \times 10^{-7}$ M

b. $[H_3O^+] = 3.9 \times 10^{-2}$ M **d.** $[H_3O^+] = 7.0 \times 10^{-5}$ M

7.52 다음 용액의 pH를 계산하시오.

a. $[H_3O^+] = 4.9 \times 10^{-3}$ M **c.** $[H_3O^+] = 2.2 \times 10^{-13}$ M

b. $[H_3O^+] = 4.9 \times 10^{-4}$ M **d.** $[H_3O^+] = 8.5 \times 10^{-7}$ M

7.53 문제 7.51에서 각 용액이 산성, 염기성, 혹은 중성인지 표시하시오.

7.54 문제 7.52에서 각 용액이 산성, 염기성, 혹은 중성인지 표시하시오.

7.55 다음 용액의 pH를 계산하시오.

a. $[OH^-] = 6.8 \times 10^{-7}$ M

b. $[OH^-] = 1 \times 10^{-7}$ M

c. $[OH^-] = 7.0 \times 10^{-5}$ M

d. $[OH^-] = 1 \times 10^{-1}$ M

7.56 다음 용액의 pH를 계산하시오.

a. $[OH^-] = 4.3 \times 10^{-2}$ M

b. $[OH^-] = 9.7 \times 10^{-13}$ M

c. $[OH^-] = 5.9 \times 10^{-6}$ M

d. $[OH^-] = 2.4 \times 10^{-4}$ M

7.57 문제 7.55에서 각 용액이 산성, 염기성, 혹은 중성인지 표시하시오.

7.58 문제 7.56에서 각 용액이 산성, 염기성, 혹은 중성인지 표시하시오.

7.59 pH가 다음과 같을 때 수용액의 H_3O^+ 농도를 계산하시오.

a. 7.00 **b.** 1.74 **c.** 9.37 **d.** 10.3

7.60 pH가 다음과 같을 때 수용액의 H_3O^+ 농도를 계산하시오.

a. 5.54 **b.** 13.8 **c.** 2.94 **d.** 3.5

7.61 pH가 다음과 같을 때 수용액의 OH^- 농도를 계산하시오.

a. 4.12 **b.** 7.45 **c.** 2.80 **d.** 11.61

7.62 pH가 다음과 같을 때 수용액의 OH^- 농도를 계산하시오.
a. 2.77 **b.** 0.50 **c.** 14.19 **d.** 8.88

***7.63** 알칼리 금속은 물과 반응하여 알칼리성(염기성) 수용액을 만든다. 예를 들면 Na는 물과 반응하여 NaOH와 $H_2(g)$를 형성한다. 이 반응에 대한 균형 화학 반응식을 쓰시오.

***7.64** 알칼리 금속은 물과 반응하여 알칼리성 (염기성) 수용액을 만든다. 예를 들면 Ca는 물과 반응하여 $Ca(OH)_2$와 $H_2(g)$를 형성된다. 이 반응에 대한 균형 화학반응식을 쓰시오.

***7.65** 문제 7.63에서 환원된 물질과 산화된 물질은 각각 무엇인가?

***7.66** 문제 7.64에서 환원된 물질과 산화된 물질은 각각 무엇인가?

7.67 1.00 mL 혈청의 pH는 7.35이다.
a. H_3O^+ 농도는 얼마인가?
b. OH^- 농도는 얼마인가?
c. H_3O^+는 몇 몰인가?
d. OH^-는 몇 몰인가?
e. H_3O^+ 이온은 몇 개인가?
f. OH^- 이온은 몇 개인가?

7.68 5.00 mL 혈청의 pH는 7.45이다.
a. H_3O^+ 농도는 얼마인가?
b. OH^- 농도는 얼마인가?
c. H_3O^+는 몇 몰인가?
d. OH^-는 몇 몰인가?
e. H_3O^+ 이온은 몇 개인가?
f. OH^- 이온은 몇 개인가?

7.69 용액의 염기도는 pOH ($pOH = -\log[OH^-]$)를 이용하여 나타낸다.
a. $pOH = 5.20$이면 $[OH^-]$는 얼마인가?
b. $pOH = 4.33$이면 $[H_3O^+]$는 얼마인가?
c. $pOH = 8.50$이면 pH는 얼마인가?

7.70 용액의 염기도는 pOH ($pOH = -\log[OH^-]$)를 이용하여 나타낸다.
a. $pOH = 2.50$이면 $[OH^-]$는 얼마인가?
b. $pOH = 13.44$이면 $[H_3O^+]$는 얼마인가?
c. $pOH = 9.84$이면 pH는 얼마인가?

7.7 산과 염기의 세기

7.71 다음 각 약산과 물이 나타내는 화학 반응식을 쓰시오. 이에 상응하는 산도상수 식을 쓰시오.
a. NH_4^+ **b.** HPO_2^{2-}

7.72 다음 각 약산과 물이 나타내는 화학 반응식을 쓰시오. 이에 상응하는 산도상수 식을 쓰시오.
a. $CH_3NH_3^+$ **b.** HCO_3^-

7.73 **a.** NH_4^+의 K_a는 5.6×10^{-10}이다. 7.71a 문제에서 평형일 때 반응물과 생성물 중 어느 것이 더 많은가?
b. HPO_4^{2-}의 K_a는 4.2×10^{-13}이다. 7.71b 문제에서 평형일 때 반응물과 생성물 중 어느 것이 더 많은가?

7.74 **a.** $CH_3NH_3^+$의 pK_a는 10.62이다. 7.72a 문제에서 평형일 때 반응물과 생성물 중 어느 것이 더 많은가?
b. HCO_3^-의 pK_a는 10.25이다. 7.72b 문제에서 평형일 때 반응물과 생성물 중 어느 것이 더 많은가?
c. 어느 것이 더 강한 산인가? $CH_3NH_3^+$ or HCO_3^-

7.75 각 산의 pK_a를 계산하고 어느 것이 강산인지 표시하시오.
a. HCLO, $K_a = 3.0 \times 10^{-8}$
b. $C_2O_3H^-$, $K_a = 6.4 \times 10^{-5}$

7.76 각 산의 pK_a를 계산하고 어느 것이 강산인지 표시하시오.
a. $C_2O_4H_2$, $K_a = 5.9 \times 10^{-2}$
b. $C_6O_2H_8$, $K_a = 1.7 \times 10^{-5}$

7.77 문제 7.75에서 각 산의 짝염기의 분자식을 쓰시오. 둘 중에서 어느 것이 강한 염기인가?

7.78 문제 7.76에서 각 산의 짝염기의 분자식을 쓰시오. 둘 중에서 어느 것이 강한 염기인가?

***7.79** 아세트산($K_a = 1.8 \times 10^{-5}$)과 플루오르화 수소산($K_a = 6.6 \times 10^{-4}$)의 0.10 M 용액을 제조하였다. 어느 용액이 낮은 pH를 가지고 있는가? 설명하시오.

7.80 HCN ($pK_a = 9.31$)과 H_2CO_3 ($pK_a = 6.36$)의 0.50 M 용액을 제조하였다.
a. 어느 용액의 pH가 더 낮을까? 설명하시오.
b. 어느 용액의 $[OH^-]$가 더 낮을까? 설명하시오.

7.8 산과 염기의 중화

7.81 **a.** 0.155 M NaOH의 31.7 mL에 몇 몰의 NaOH가 존재하는가?
b. 0.155 M NaOH의 31.7 mL로 중화한 15.0 mL의 용액에는 몇 몰의 HCl이 존재하는가?
c. b에서 설명한 HCl 용액의 몰 농도는 얼마인가?

7.82 **a.** 0.551 M NaOH의 71.3 mL에 몇 몰의 NaOH가 존재하는가?
b. 0.551 M NaOH의 71.3 mL로 중화한 25.0 mL의 용액에는 몇 몰의 HCl이 존재하는가?
c. b에서 설명한 HCl 용액의 몰 농도는 얼마인가?

7.83 미지의 농도 HCl 용액 75 mL를 적정하기 위하여 0.100 M KOH 17.2 mL가 필요하다. 초기의 HCl 농도를 계산하시오.

7.84 미지의 농도 HCl 용액 50 mL를 적정하기 위하여 0.250 M KOH 35.7 mL가 필요하다. 초기의 HCl 농도를 계산하시오.

7.85 미지의 농도 NaOH 용액 15.0 mL를 적정하기 위하여 0.100 M

HCl 25.9 mL가 필요하다. NaOH 농도가 얼마인가?

***7.86** 미지의 농도 NaOH 용액 25.0 mL를 적정하기 위하여 0.200 M HCl 45.6 mL가 필요하다. NaOH 농도가 얼마인가?

***7.87** 미지의 농도 H_2SO_4 용액 10.0 mL를 중화하기 위하여 0.100 M NaOH 12.2 mL가 필요하다. 초기 H_2SO_4 농도를 계산하시오.

$$H_2SO_4 + NaOH \rightleftharpoons Na_2SO_4 + 2H_2O$$

***7.88** 미지의 농도 $Ca(OH)_2$ 용액 20.0 mL를 중화하기 위하여 15.0 mM NaOH 23.9 mL가 필요하다. 초기 $Ca(OH)_2$ 농도를 계산하시오.

$$2HCl + Ca(OH)_2 \rightleftharpoons CaCl_2 + 2H_2O$$

***7.89** 미지의 농도 H_3PO_4 용액 15.0 mL를 중화하기 위하여 0.25 M NaOH 19.2 mL가 필요하다.

a. 반응식의 균형을 맞추시오.

b. 초기 H_3PO_4 농도를 계산하시오.

$$H_3PO_4 + NaOH \rightleftharpoons Na_3PO_4 + H_2O$$

***7.90** 미지의 농도 $Ca(OH)_2$ 용액 15.0 mL를 중화하기 위하여 12.0 mM H_2SO_4 21.1 mL가 필요하다.

a. 반응식의 균형을 맞추시오.

b. 초기 $Ca(OH)_2$ 농도를 계산하시오.

$$H_2SO_4 + Ca(OH)_2 \rightleftharpoons CaSO_4 + H_2O$$

7.9 산과 짝염기 농도에 미치는 pH의 영향

7.91 암모늄 이온(NH_4^+, pK_a = 9.25)은 물과 반응하여 암모니아(NH_3)와 옥소늄 이온(H_3O^+)을 생성한다.

$$NH_4^+ + H_2O \rightleftharpoons NH_3 + H_3O^+$$

a. pH 9.25일 때 다음 중 옳은 것은?

$[NH_4^+] = [NH_3]$, $[NH_4^+] > [NH_3]$,
$[NH_4^+] < [NH_3]$

b. pH 5.25일 때 다음 중 옳은 것은?

$[NH_4^+] = [NH_3]$, $[NH_4^+] > [NH_3]$, $[NH_4^+] < [NH_3]$

c. pH 13.25일 때 다음 중 옳은 것은?

$[NH_4^+] = [NH_3]$, $[NH_4^+] > [NH_3]$, $[NH_4^+] < [NH_3]$

7.92 젖산($CH_3CH(OH)CO_2H$, pK_a = 3.85)은 물과 반응하여 젖산 이온($CH_3CH(OH)CO_2^-$)과 옥소늄 이온(H_3O^+)을 생성한다.

($CH_3CH(OH)CO_2^-$) 그리고 옥소늄 이온 (H_3O^+).

$$CH_3CH(OH)CO_2H + H_2O \rightleftharpoons CH_3CH(OH)CO_2^- + H_3O^+$$

a. pH 3.85일 때 다음 중 옳은 것은?

[젖산] = [젖산 이온], [젖산] > [젖산 이온]
[젖산] < [젖산 이온]

b. pH 11.61일 때 다음 중 옳은 것은?

[젖산] = [젖산 이온], [젖산] > [젖산 이온]
[젖산] < [젖산 이온]

c. pH 1.66일 때 다음 중 옳은 것은?

[젖산] = [젖산 이온], [젖산] > [젖산 이온]
[젖산] < [젖산 이온]

7.93 **a.** NH_4^+의 pK_a는 9.25이다. 문제 7.71a 반응에서 pH 7.0일 때 NH_4^+와 NH_3 중 더 많은 것은?

b. HPO_4^{2-}의 pK_a는 7.21이다. 문제 7.71b 반응에서 pH 10.0일 때 HPO_4^{2-}와 PO_4^{3-} 중 더 많은 것은?

7.94 **a.** $CH_3NH_3^+$의 K_a는 2.4×10^{-11}이다. 문제 7.72a 반응에서 pH 7.0일 때 $CH_3NH_3^+$와 CH_3NH_2 중 더 많은 것은?

b. HCO_3^-의 K_a는 5.6×10^{-11}이다. 문제 7.72b 반응에서 pH 3.0일 때 HCO_3^-와 CO_3^{2-} 중 더 많은 것은?

***7.95** 낮은 pH에서 아미노산인 아스파르트산 구조는 아래와 같다.

$$\overset{+}{H_3N}CHCO_2H$$
$$|$$
$$CH_2CO_2H$$

아스파르트산

a. 짝염기 형태에서 산성인 $-CO_2H$와 $-NH_3^+$ 작용기를 나타내는 아스파르트산을 그리시오.

b. 아미노산에서 $-CO_2H$의 pK_a 값은 1.8~4.3 사이이며, $-NH_3^+$의 pK_a 값은 9.1~12.5 사이이다. pH 7에서 나타나는 아스파르트산의 구조를 그리시오. 이 pH에서 순전하는 얼마인가?

***7.96** 낮은 pH에서 아미노산인 리신 구조는 아래와 같다.

$$\overset{+}{H_3N}CHCO_2H$$
$$|$$
$$CH_2(CH_2)_3NH_3^+$$

리신

a. 짝염기 형태에서 산성인 $-CO_2H$와 $-NH_3^+$ 작용기를 나타내는 아스파르트산을 그리시오.

b. 아미노산에서 $-CO_2H$의 pK_a 값은 1.8~4.3 사이이며, $-NH_3^+$의 pK_a 값은 9.1~12.5 사이이다. pH 7에서 나타나는 리신의 구조를 그리시오. 이 pH에서 순전하는 얼마인가?

7.97 H_2CO_3와 HCO_3^-의 평형 혼합물의 pH는 6.5이다. pH를 8로 조정하면 H_2CO_3와 HCO_3^-의 농도에 어떻게 될까?

7.98 CH_3CO_2H와 $CH_3CO_2^-$의 평형 혼합물의 pH는 4.8이다. pH를 2.8로 조정하면 CH_3CO_2H와 $CH_3CO_2^-$의 농도에 어떻게 될까?

7.10 완충액

7.99 약산과 짝염기로 완충액을 만들었다. 완충액이 가장 효과적일 pH의 범위는?

7.100 다음 pH 값을 가진 완충액을 제조한다면 표 7.4에 있는 어느 약산이 가장 좋을까?

a. 7.0 **b.** 10.0 **c.** 4.0

7.101 pH 6.0을 유지하고 싶다면, H_2CO_3와 HCO_3^- 혹은 $H_2PO_4^-$와 HPO_4^{2-} 중 어느 것이 더 좋을까?

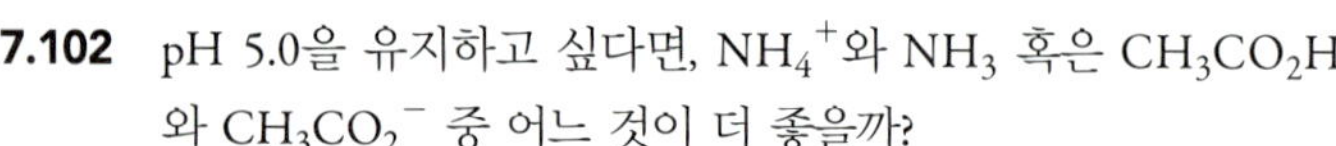

7.102 pH 5.0을 유지하고 싶다면, NH_4^+와 NH_3 혹은 CH_3CO_2H와 $CH_3CO_2^-$ 중 어느 것이 더 좋을까?

7.103 NH_4^+와 NH_3를 사용하여 완충액을 만들 수 있다.

a. 이 완충액에 H_3O^+를 첨가할 때 일어나는 반응식을 쓰시오.

b. 이 완충액에 OH^-를 첨가할 때 일어나는 반응식을 쓰시오.

7.104 젖산(lactic acid)($CH_3CH(OH)CO_2H$)과 짝염기인 젖산 이온($CH_3CH(OH)CO_2^-$)을 사용하여 완충액을 만들 수 있다.

a. 이 완충액에 H_3O^+를 첨가할 때 일어나는 반응식을 쓰시오.

b. 이 완충액에 OH^-를 첨가할 때 일어나는 반응식을 쓰시오.

7.11 혈청에서 pH의 유지

7.105 H_2CO_3/HCO_3^- 완충계가 어떻게 일정한 혈청 pH를 유지하는지 설명하시오.

7.106 어떤 pH에서 H_2CO_3/HCO_3^- 완충계가 가장 효과적인가?

7.107 호흡이 혈청의 pH를 어떻게 일정하게 유지하는지 설명하시오.

7.108 대사적 산성혈증에서, P_{CO_2}의 혈청 농도는 정상보다 낮아질 수 있다. 호흡계에 의한 보완 작용을 설명하시오.

7.109 신장이 혈청의 pH를 어떻게 일정하게 유지하는지 설명하시오.

7.110 호흡적 알칼리혈증에서 HCO_3^-의 혈장 농도는 정상보다 낮아질 수 있다. 신장에 의한 보완 작용을 설명하시오.

7.111 과호흡이 어떻게 호흡적 알칼리혈증을 유발할 수 있는지 설명하시오.

7.112 호흡적 알칼리혈증의 한 치료 방법은 종이봉투로 숨을 쉬는 것이다. 이러한 것이 혈액의 pH를 어떻게 정상 수치로 회복시키는지 설명하시오.

BiochemistryLink | 잠수하는 포유동물, 산소, 미오글로빈

7.113 르 샤틀리에의 원리에 따라, 평형인 $Mb + O_2 \rightleftharpoons MbO_2$의 화학 반응이 다음의 농도가 증가할 때 어떻게 반응하는지 설명하시오.

a. Mb **b.** O_2 **c.** MbO_2

7.114 앞의 문제에서 반응에 대한 K_{eq}는 사람과 잠수하는 포유동물이 같다는 것을 나타내고 있다. 잠수하는 포유동물에 있는 MbO_2가 사람에 있는 MbO_2보다 왜 더 많은 O_2를 제공하는가?

Math Support—대수와 역대수

7.115 각 수의 대수를 계산하시오. 각 값이 측정된 양이라고 가정하자.

a. 1×10^{-9} **c.** 3.4×10^{-2}

b. 1×10^{12} **d.** 9.7×10^4

7.116 각 수의 대수를 계산하시오. 각 값이 측정된 양이라고 가정하자.

a. 1×10^3 **c.** 2.2×10^{-13}

b. 1×10^{-6} **d.** 8.7×10^9

7.117 각 수의 역대수를 계산하시오.

a. 8 **c.** 7.9

b. −3 **d.** 15.3

7.118 각 수의 역대수를 계산하시오.

a. −1 **c.** 3.5

b. 12 **d.** 10.9

BiochemistryLink | pH 지시제로서의 식물

7.119 사람들은 향신료인 울금이 천연 pH 지시제라고 한다. 집에 있는 물질만을 사용하여 이 주장을 어떻게 검사할 수 있는가?

7.120 어떤 꽃을 pH 7인 용액에 담갔을 때, 색의 변화가 없다. 만일 같은 꽃을 pH 9에 두면, 색이 변한다. 이러한 현상이 왜 일어나는가?

BiochemistryLink | 헨더슨-하셀바흐 등식

***7.121** 아세트산(pK_a = 4.74)과 짝염기로 완충액을 만들 수 있다. 다음 각 경우에 pH는?

$$CH_3CO_2H + H_2O \rightleftharpoons CH_3CO_2^- + H_3O^+$$

a. CH_3CO_2H의 농도가 $CH_3CO_2^-$의 2배일 때

b. CH_3CO_2H의 농도가 $CH_3CO_2^-$의 1/3일 때

c. $[CH_3CO_2H]$ = 0.15 M이고 $[CH_3CO_2^-]$ = 0.62 M일 때

d. $[CH_3CO_2H]$ = 0.33 M이고 $[CH_3CO_2^-]$ = 0.095 M일 때

***7.122** 인산이수소(pK_a = 7.21)와 짝염기로 완충액을 만들 수 있다. 다음 각 경우에 pH는?

$$H_2PO_4^- + H_2O \rightleftharpoons HPO_4^{2-} + H_3O^+$$

a. $H_2PO_4^-$의 농도가 HPO_4^{2-}의 1/5일 때

b. $H_2PO_4^-$의 농도가 HPO_4^{2-}의 4배 더 클 때

c. $[H_2PO_4^-]$ = 0.68 M이고 $[HPO_4^{2-}]$ = 0.86 M일 때

d. $[H_2PO_4^-]$ = 0.55 M이고 $[HPO_4^{2-}]$ = 0.15 M일 때

***7.123** 암모늄 이온($K_a = 5.6 \times 10^{-10}$)과 짝염기로 완충액을 만들 수 있다.

$$NH_4^+ + H_2O \rightleftharpoons NH_3 + H_3O^+$$

a. $[NH_3]$ = 0.15 M이고 pH = 8.25이면 NH_4^+의 농도는?

b. $[NH_3]$ = 0.36 M이고 pH = 9.30이면 NH_4^+의 농도는?

c. $[NH_4^+]$ = 0.50 M이고 pH = 8.55이면 NH_3의 농도는?

***7.124** 탄산수소($K_a = 5.6 \times 10^{-11}$)와 짝염기로 완충액을 만들 수 있다.

$$HCO_3^- + H_2O \rightleftharpoons CO_3^{2-} + H_3O^+$$

a. $[CO_3^{2-}]$ = 0.053 M이고 pH = 10.90이면 $[HCO_3^-]$는?
b. $[CO_3^{2-}]$ = 0.36 M이고 pH = 9.44이면 $[HCO_3^-]$는?
c. CO_3^{2-}와 HCO_3^- 혼합 농도가 0.50 M이고 pH = 10.25이면 $[CO_3^{2-}]$?

***7.125** 완충액은 pH가 약산의 pK_a의 한 단위 이내(pH = $pK_a \pm 1$)일 때 효과적이다. HCO_3^-/CO_3^{2-} 완충액은 pH가 11.25이다. 이 pH에서 CO_3^{2-}가 HCO_3^-보다 몇 배 더 많은가? HCO_3^-의 pK_a는 10.25이다.

$$HCO_3^- + H_2O \rightleftharpoons CO_3^{2-} + H_3O^+$$

***7.126** 문제 7.125의 완충액에서 pH가 9.25일 때, CO_3^{2-}가 HCO_3^-보다 몇 배 적은가?

심화학습

7.127 a. 아질산(HNO_3)과 물 사이에서 일어나는 가역적인 산-염기 반응에 대한 균형 화학 반응식을 쓰시오.
b. 이 반응의 평형상수 식을 쓰시오.
c. 아질산의 짝염기의 루이스 구조를 그리고 이름을 쓰시오.
d. 아질산의 K_a는 4.0×10^{-4}이다. pK_a는?
e. a의 반응에서 평형에 도달하면 생성물과 반응물 중 어느 것이 더 많은가?
f. 탄산(H_2CO_3)의 K_a는 4.4×10^{-7}이다. 아질산과 탄산 중 어느 것이 더 강한 산인가?
g. 아질산의 짝염기와 탄산의 짝염기 중 어느 것이 더 강한 염기인가?
h. a의 반응이 평형일 때, 만일 H_3O^+를 첨가하여 pH가 낮아지면 평형을 회복하기 위하여 순 정반응 혹은 순 역반응 중 어떤 것이 일어날까?
i. 아질산와 짝염기가 포함된 용액이 완충액으로 효과적인 pH의 범위는?

7.128 a. 치아염소산(hypochlorous acid, HOCl)와 물 사이에서 일어나는 가역적인 산–염기 반응에 대한 균형 화학반응식을 쓰시오.
b. 이 반응의 평형상수 식을 쓰시오.
c. 치아염소산의 짝염기의 루이스 구조를 그리고 이름을 쓰시오.
d. 치아염소산의 K_a는 3.5×10^{-8}이다. pK_a는?
e. a의 반응에서 평형에 도달하면 생성물과 반응물 중 어느 것이 더 많은가?
f. 탄산(H_2CO_3)의 K_a는 4.4×10^{-7}이다. 치아염소산와 탄산 중 어느 것이 더 강한 산인가?
g. 치아염소산의 짝염기와 탄산의 짝염기 중 어느 것이 더 강한 염기인가?
h. a의 반응이 평형일 때, 만일 H_3O^+를 첨가하여 pH가 낮아지면 평형을 회복하기 위하여 순 정반응 혹은 순 역반응 중 어떤 것이 일어날까?
i. 치아염소산과 짝염기가 포함된 용액이 완충액으로 효과적인 pH의 범위는?

연습문제 해답

7.1 a. $HSO_4^- + HPO_4^{2-} \rightleftharpoons H_2SO_4 + PO_4^{3-}$
염기 산 산 염기

b. $HPO_4^{2-} + OH^- \rightleftharpoons H_2O + PO_4^{3-}$
산 염기 산 염기

7.2 a. $H_2PO_4^- + HSO_4^- \rightleftharpoons H_3PO_4 + SO_4^{2-}$
염기 산 산 염기
$H_2PO_4^-$와 H_3PO_4는 짝상이다. HSO_4^-와 SO_4^{2-}는 짝상이다.

b. $H_2PO_4^- + CN^- \rightleftharpoons HPO_4^{2-} + HCN$
산 염기 염기 산
$H_2PO_4^-$와 HPO_4^{2-}는 짝상이다. CN^-와 HCN은 짝상이다.

7.3 a. $K_{eq} = \dfrac{[CO][H_2O]}{[H_2][CO_2]}$; b. $K_{eq} = \dfrac{[NO_2]^4[O_2]}{[N_2O_5]^2}$

7.4 반응물 농도

7.5 a. 정반응; b. 정반응; c. 역반응; d. 역반응; e. 정반응

7.6 a. 1.0×10^{-9} M c. 2.6×10^{-14} M
b. 1.2×10^{-4} M d. 2.3×10^{-6} M

7.7 a. 7.30; b. 13.0; c. 1.0; d. 11.67

7.8 a. $[OH^-] = 1.6 \times 10^{-7}$ M (염기성)
b. $[OH^-] = 1.3 \times 10^{-5}$ M (염기성)
c. $[OH^-] = 2.0 \times 10^{-11}$ M (산성)

7.9 a. HNO_2의 K_a는 5×10^{-4}이고 H_2SO_3의 K_a는 1×10^{-2}이다. H_2SO_3가 더 강산이다.
b. HNO_2의 짝염기는 NO_2^-이고, H_2SO_3의 짝염기는 HSO_3^-이다.
c. NO_2^- 두 염기 중 더 강한 염기이다.

7.10 0.52 M

7.11 a. CH_3CHCO_2 (CH에 NH_2) b. $CH_3CHCO_2^-$ (CH에 $^+NH_3$)

7.12 a. $H_2PO_4^- + OH^- \longrightarrow HPO_4^{2-} + H_2O$
b. 6.21~8.21

7.13 a. 정상보다 낮은 HCO_3^- 농도는 H_2CO_3/HCO_3^- 완충계에서 순 정반응을 일으킨다. 그래서 혈청의 pH를 떨어뜨리게 한다.
b. pH 감소를 상쇄하기 위하여 호흡 속도는 증가할 것이다.

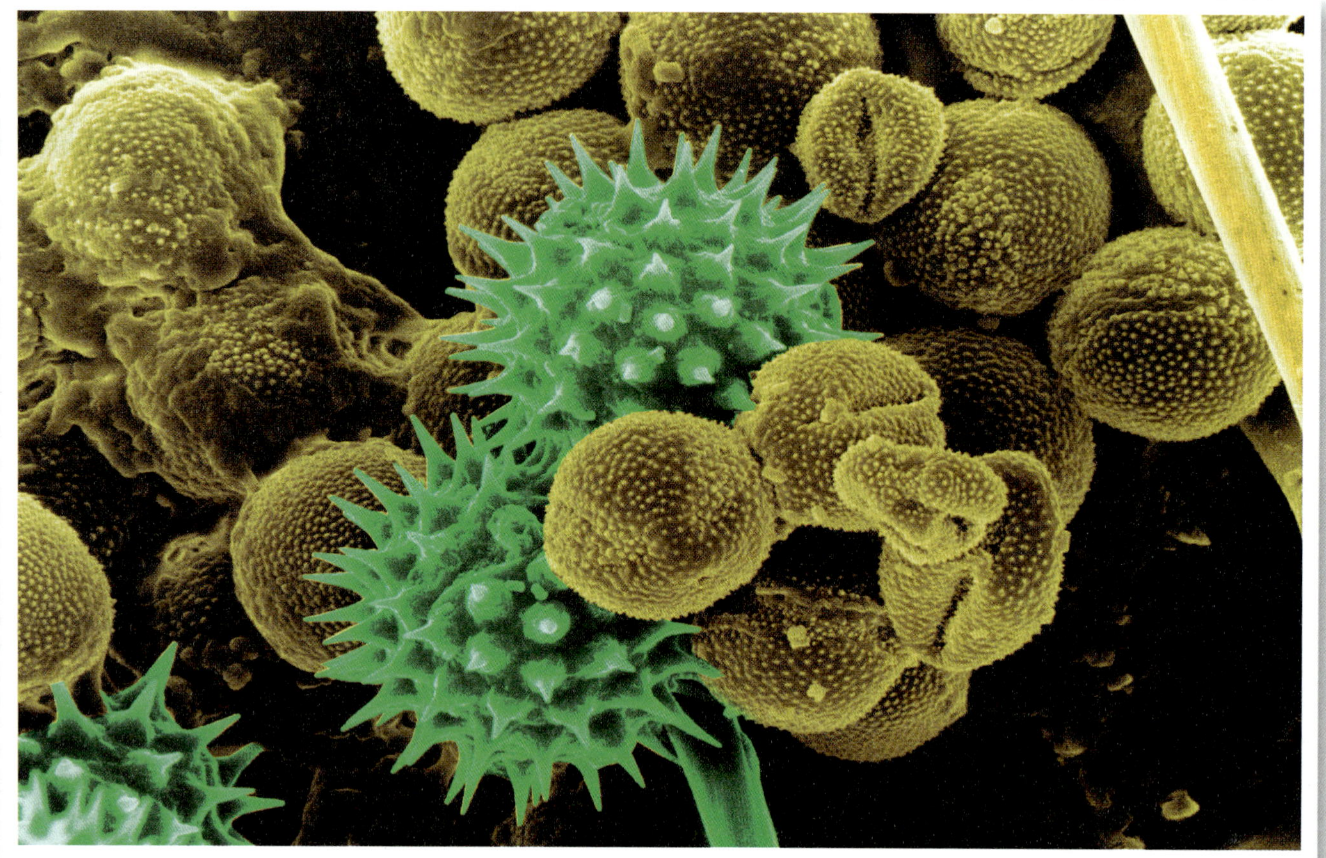

Derek Berwin/The Image Bank/Getty Images

봄에

초봄에는 대기가 화분(꽃가루)으로 가득하다. 눈이 축축해지고 가려워 사람들은 이러한 현상을 쉽게 알아채게 된다. 화분에 민감하게 반응하는 사람들은 콧물을 심하게 흘리고 재채기를 한다. 이러한 증상들은 약을 먹어야 멎게 되는데, 이러한 알레르기 증상을 경감시키는 작용을 하는 약물이 항히스타민(antihistamine)이다. 어떤 항히스타민은 졸음을 유발하지 않지만 다른 항히스타민은 졸음을 유발하여 약을 섭취하는 동안 기계류를 작동하지 말도록 경고하고 있다. 모든 항히스타민은 보통 긴 이름을 가지고 있다. 사람들은 항히스타민이 히스타민(histamine)의 작용을 억제할 것이라는 것을 짐작하고는 있지만 히스타민이 무엇인지는 모르고 있다.

8 유기반응 1—탄화수소, 카복실산, 아민, 그리고 관련 화합물들

본 장에 관하여

제4장에서 중요한 유기화합물족에 대해 소개하였다. 여기에서는 그러한 화합물들의 화학적 특성에 대해 다시 돌아볼 것이다. 탄화수소(알칸, 알켄, 알킨, 그리고 방향족 화합물), 유기산(카복실산과 페놀), 유기염(아민)과 관련 화합물들(에스테르와 아미드)에 대해 볼 것이다.

CHAPTER 8의 목적

이 장을 끝내고 나면, 여러분들은 다음과 같은 것들을 할 수 있을 것이다. 즉:

1. 알칸, 알켄, 알킨과 방향족 탄화수소의 명명법을 말할 수 있다.
2. 구조이성질체, 입체형태와 기하이성질체로 알려져 있는 입체이성질체 사이의 차이를 설명할 수 있다. 기하이성질체로 존재할 수 있는 두 탄화수소족에 대해 이해할 수 있다.
3. 알칸이 염소 및 빛과 반응할 때 생성되는 산물, 알켄이 수소 및 백금 또는 물과 수소 이온과 반응할 때 생성되는 산물, 그리고 방향족 탄화수소가 염소 및 철과 반응할 때 생성되는 산물을 말할 수 있다.
4. 카복실산과 간단한 페놀에 대한 명명법을 설명할 수 있다. 하나의 카복실산 또는 페놀 사이의 중요한 비공유결합력 이해와 이러한 힘이 끓는점에 미치는 영향을 말할 수 있다.
5. 카복실산과 페놀이 물 또는 강염기와 반응할 때 일어나는 일과 카복실산 또는 페놀의 짝염기의 명명법을 말할 수 있다.
6. 에스테르의 명명법 및 그들의 합성과 가수분해를 설명할 수 있다.
7. 아민 분류와 명명법, 아민 사이의 비공유결합력을 설명할 수 있다.
8. 아민과 물 또는 강산의 반응을 말할 수 있다. 아민의 짝산 명명을 말할 수 있다.
9. 아미드 명명법 및 합성과 가수분해를 설명할 수 있다.

8.1 | 알칸

■ 알칸은 단일결합만을 가지는 탄화수소이다.

■ 탄화수소는 탄소와 수소 원자들만 가진다.

제4장에서 본 것처럼, 알칸(알케인, alkanes)은 탄소와 수소 원자들로만 구성되어 있으며 단일결합만을 포함하고 있는 분자들이다. 메탄(methane, CH_4), 에탄(ethane, CH_3CH_3) 및 프로판(propane, $CH_3CH_2CH_3$)이 예이다(그림 8.1). 이 그림에 있는 알칸은 가지가 없는 (하나의 연속된 선으로 결합된) 탄소 사슬로 구성되어 있는 **정상** 알칸(***normal*** alkanes)이다.

알칸은 알칸, 알켄, 알킨 그리고 방향족 탄화수소를 포함하는 탄화수소(hydrocarbons)라 불리는 큰 그룹의 유기화합물에 속한다. 유기화합물의 이름에서 암시하는 것처럼, 모든 탄화수소들이 탄소와 수소 원자들만 함유하고 있는 반면, 탄화수소들이 가지고 있는 공유결합의 유형은 다르다. 알칸은 단지 단일결합만을 갖지만, 알켄은 적어도 하나의 탄소–탄소 이중결합을 가지며, 알킨은 적어도 하나의 탄소–탄소 삼중결합을 갖는데, 방향족 화합물은 대체된 단일결합과 이중결합의 고리를 포함한다.

알칸 분자에 있는 각 탄소 원자는 탄소 원자에 대해 사면체 모양으로 배열되어 있는 4개의 공유결합을 가지고 있다. 그림 8.1에서, 사면체 모양은 쐐기형과 점선표기법을 사용하여 나타내고 있다(설명을 위해 표 4.2의 각주를 보라).

알칸은 비극성 공유결합만 가지고 있고, 비극성 분자이며, London force에 의하여 서로 다른 알칸을 끌어당긴다. 표 8.1은 정상 알칸에 탄소 원자가 많으면 많을수록 끓는점이 높아짐을 보여준다. 이러한 이유는 알칸이 길면 길수록 표면적이 더 커지며, 알칸이 다른 분자를 붙잡고 있는 London force가 더 커지기 때문이다. 끓는점은 강해진 분자 간 힘으로 올라간다. 이는 이러한 물리적 변화가 서로 떨어져 있는 액체 상에 있는 분자들을 끌어당기고 이들을 기체 상으로 이동시키기 때문이다. London force의 증가는 또한 녹는점의 증가와 관련이 있다. 이는 고체 상에 있는 분자들 사이의 인력을 감소시키는데 더 많은 에너지(더 높은 온도)가 요구되기 때문이다.

처음 4개의 정상 알칸인 메탄에서 부탄까지의 끓는점은 실온(약 25°C)보다 낮다. 따라서 실온에서 이들은 각각 기체로서 존재한다. 펜탄(pentane)에서부터 헵타데칸(heptadecane; 17 탄소 원자)까지의 큰 정상 알칸들은 실온에서 액체 상인 반면 헵타데칸보다 큰 알칸들은 고체 상이다.

제3장에서, 2 성분 분자들은 그 식에 존재하는 각 원소의 수를 나열하여 불리는 것을 보았다[CO_2는 이산화탄소(carbon dioxide), N_2O_5는 오산화이질소(dinitrogen pentoxide) 등]. 대부분의 경우에서 특정 분자식은 1개 이상의 분자 구조를 언급하기 때문에 알칸에서는 이런 방식으로 명명될 수 없다. (8.2

이름	축소 구조식	3차원 구조
메탄	CH_4	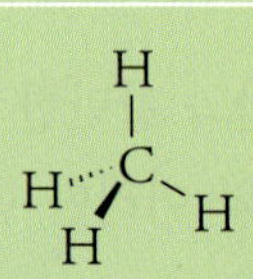
에탄	CH_3CH_3	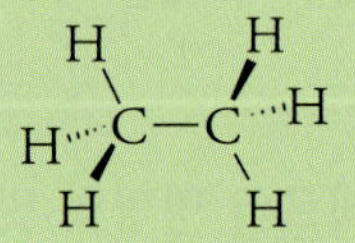
프로판	$CH_3CH_2CH_3$	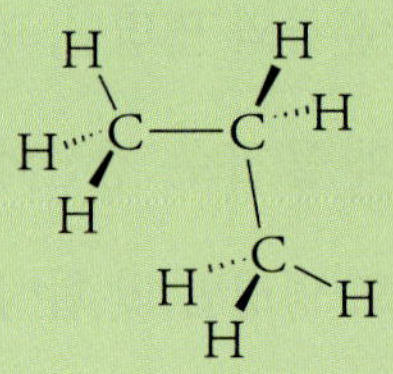

■ 그림 8.1

알칸 메탄, 에탄, 그리고 프로판은 알칸이다. 축소 구조식과 3차원 구조가 제시되어 있다.

표 | 8.1 선별된 탄화수소들의 구조, 이름, 그리고 특성

구조식	IUPAC 명	관용명	끓는점(°C)
알칸			
CH_4	메탄(Methane)		−164
CH_3CH_3	에탄(Ethane)		−89
$CH_3CH_2CH_3$	프로판(Propane)		−42
$CH_3CH_2CH_2CH_3$	부탄(Butane)		0
$CH_3CH_2CH_2CH_2CH_3$	펜탄(Pentane)		36
알켄			
$CH_2=CH_2$	에텐(Ethene)	에틸렌(Ethylene)	−102
$CH_2=CHCH_3$	프로펜(Propene)	프로필렌(Propylene)	−98
$CH_2=CHCH_2CH_3$	1-부텐(1-Butene)		−6.5
$CH_2=CHCH_2CH_2CH_3$	1-펜텐(1-Pentene)		30
알킨			
$HC\equiv CH$	에틴(Ethyne)	아세틸렌(Acetylene)	−75
$HC\equiv CCH_3$	프로핀(Propyne)		−23
$HC\equiv CCH_2CH_3$	1-부틴(1-Butyne)		9
$HC\equiv CCH_2CH_2CH_3$	1-펜틴(1-Pentyne)		40
방향족 화합물			
	벤젠(Benzene)		80
	나프탈렌(Naphthalene)		218
	안트라센(Anthracene)		340

절은 이 개념을 확장할 것이다.) 이러한 이유로, 알칸과 기타 유기 분자들의 이름들은 분자식보다는 구조에 근거한다.

국제순수응용화학연합(International Union of Pure and Applied Chemistry, IUPAC)에 의하여 고안된 **IUPAC 규칙(IUPAC rules)**이 유기화합물을 명명하는 방법으로 광범위하게 사용되고 있다. 알칸을 명명하기 위하여 IUPAC 규칙을 사용하는 경우에는 **주 사슬(parent chain**, 그 분자에서 가장 긴 탄소 원자 사슬)과 **치환체(substituents**, 주 사슬에 결합되어 있는 원자 또는 원자 그룹)들을 확인하게 된다. 알칸에서 **알킬기(alkyl groups)**로 불리는 치환체들은 오직 탄소와 수소 원자들로만 구성되어 있다. 다음 단락에서 알칸을 명명하기 위한 IUPAC 규칙의 사용에 대해 간략히 소개될 것이다.

알칸 명명을 위한 IUPAC 규칙

1. **주 사슬을 명명하라.** 주 사슬은 parent에서 탄소 원자의 번호를 명시하는 접두사(표 8.2)와 알칸으로의 분자를 명시하는 "ane"를 조합하여 명명된다. 예를 들면, 표 8.1에서 propane이라는 이름은 주 사슬이 3개의 탄소 원자("prop")를 가지고 있으며 알칸("ane")이라는 사실로부터 붙어지게 된 것이다. 마찬가지로 butane의 주 사슬은 4개의 탄소 원자를 가지고 있으며, pentane의 주 사

표 | 8.2
IUPAC 명명법에 사용되는 처음 10 숫자까지의 접두사들

탄소 원자 수	접두사
1	Meth
2	Eth
3	Prop
4	But
5	Pent
6	Hex
7	Hept
8	Oct
9	Non
10	Dec

슬은 5개의 탄소 원자를 가지고 있다.

2. **주 사슬에 결합되어 있는 알킬기를 명명하라.** 표 8.3에는 가장 일반적으로 자주 만나는 알킬기들에 대한 이름들과 구조식이 제시되어 있는데, 일부는 가지를 친 알킬기이며 일부는 가지를 치지 않은 알킬기들이다. 주 사슬을 명명하기 위하여 사용되는 번호에 해당하는 접두사들이 알킬기에 있는 탄소 원자의 총 수를 나타내는 데에도 함께 사용됨에 주의하라. 가장 단순한 알킬기인 메틸기는 1개의 탄소 원자를 가지고 있으며, 에틸기는 2개의 탄소 원자를 가지고 있다. 3개 탄소 치환체는 한쪽 끝 탄소 원자(propyl group)에 부착될 수 있거나 중간 탄소 원자(isopropyl group)에 부착될 수 있다. "iso" 접두사는 2개의 메틸(—CH_3)기로 가지를 친 알킬기임을 생각하는 데 도움을 주게 된다.

   4개의 탄소 원자를 가지고 있는 알킬기들은 butyl, isobutyl, *sec*-butyl 및 *tert*-butyl이다. Butyl group은 4개의 탄소 원자가 가지를 치지 않은 사슬로 구성되어 있으며, isobutyl group은 2개의 메틸기로 가지를 친 사슬이다. *sec*-butyl group은 1개의 메틸기와 1개의 에틸기(—CH_2CH_3)로 가지를 친 탄소 원자 사슬을 가지고 있다. *tert*-butyl group에서는 주 사슬에 직접 결합된 탄소 원자가 3개의 메틸기로 가지를 치고 있다.

3. **알킬기가 결합되어 있는 주 사슬의 위치를 결정하라.** 주 사슬은 맨 처음 알킬기에 더 가까운 끝에서부터 번호를 붙인다. 그림 8.2*a*에서 분자는 주 사슬의 오른쪽 끝, 즉 3번 탄소에 메틸기가 위치하고 있는 알킬기에 더 가까운 끝에서부터 번호가 붙어진다. 왼쪽에서부터 번호를 붙이면 4번 탄소에 메틸기가 위치하게 된다.

4. **알파벳 순으로 알킬기들을 위치시키고 위치번호를 명시하여 알칸의 이름을 조립한 다음에 주 사슬의 이름을 붙여라.** 2개 이상의 같은 치환기들이 존재하면 di, tri, tetra 등의 라벨이 첨가된다. 그림 8.2*a*에 있는 분자는 3-methylhexane으로 명명되었다. Ethyl은 methyl보다 우선권을 가지기 때문에 그림 8.2*b*의 분자는 2-methyl-3-ethylheptane가 아니라 3-ethyl-2-methylheptane으로 명명된다. 치환기들을 알파벳 순으로 나열할 때 이탤릭체는 고려되지 않는다. 예를 들면, *t*-butyl은 ethyl과 메틸 이전에 위치한다(그림 8.2*c*). 3번 탄소와 4번 탄소에 메틸기를 가지고 있는 그림 8.2*d*의 분자는 3-methyl-4-methylheptane이 아니라 3,4-dimethylheptane으로 명명된다. 치환기

표 | 8.3 알킬기의 구조식과 이름

구조식[a]	이름
$-CH_3$	메틸(Methyl)
$-CH_2CH_3$	에틸(Ethyl)
$-CH_2CH_2CH_3$	프로필(Propyl)
$-CH(CH_3)CH_3$ (—CHCH₃ 아래 CH₃)	이소프로필(Isopropyl)
$-CH_2CH_2CH_2CH_3$	부틸(Butyl)
$-CH_2CH(CH_3)CH_3$	이소부틸(Isobutyl)
$-CH(CH_3)CH_2CH_3$	*sec*-Butyl 또는 *s*-butyl
$-C(CH_3)_2CH_3$	*tert*-Butyl 또는 *t*-butyl

[a]구조식 왼쪽에 그린 결합은 주사슬에 붙는 곳이다.

(*a*) $\overset{1}{C}H_3\overset{2}{C}H_2\overset{3}{C}H(CH_3)\overset{4}{C}H_2\overset{5}{C}H_2\overset{6}{C}H_3$

3-Methylhexane

(*b*) $\overset{1}{C}H_3\overset{2}{C}H(CH_3)\overset{3}{C}H(CH_2CH_3)\overset{4}{C}H_2\overset{5}{C}H_2\overset{6}{C}H_2\overset{7}{C}H_3$

3-Ethyl-2-methylheptane

(*c*) $\overset{10}{C}H_3\overset{9}{C}H_2\overset{8}{C}H_2\overset{7}{C}H_2\overset{6}{C}(CH_3)(C(CH_3)_3)\overset{5}{C}H_2\overset{4}{C}H(CH_2CH_3)\overset{3}{C}H_2\overset{2}{C}H_2\overset{1}{C}H_3$

6-*t*-Butyl-4-ethyl-6-methyldecane

(*d*) $\overset{6}{C}H_2(\overset{7}{C}H_3)\overset{5}{C}H_2\overset{4}{C}H(CH_3)\overset{3}{C}H(CH_3)\overset{2}{C}H_2\overset{1}{C}H_3$

3,4-Dimethylheptane

(*e*) $\overset{1}{C}H_3\overset{2}{C}H_2\overset{3}{C}(CH_3)_2\overset{4}{C}H_2\overset{5}{C}H(CH_2CH_3)\overset{6}{C}H_2\overset{7}{C}H_2\overset{8}{C}H_3$

5-Ethyl-3,3-dimethyloctane

■ **그림 8.2**

알칸류의 IUPAC 명들 (*a*) 주 사슬은 맨 처음 치환기의 가까운 끝에서부터 번호를 붙인다. (*b*와 *c*) 치환기들은 주 사슬에 결합되어 있는 위치를 나타내는 번호와 함께 알파벳 순으로 (이탤릭체는 무시하고) 나열된다. (*d*) 만일 치환기가 한 군데 이상에서 나타나면 치환기 이름에 di, tri 및 tetra와 같은 표기가 첨가된다. (*e*) di, tri 및 tetra와 같은 표기는 알파벳 순으로 나열하는 데에는 사용되지 않는다.

가 위치할 때마다 별개의 번호가 매번 사용되어야 한다. 따라서 그림 8.2*e*의 분자는 5-ethyl-3,3-dimethyloctane으로 읽어진다. 치환기들의 이름을 알파벳 순으로 나열할 때 접두사 di, tri, tetra 등은 무시한다.

지금까지 주어진 이름에서 본 바와 같이, IUPAC 규칙은 콤마를 사용하여 번호와 번호를 구별하고 번호와 문자는 연자부호를 사용하여 구별할 것을 요구한다.

예제 8.1

IUPAC 규칙의 사용

다음 분자에 대하여 정확한 IUPAC 명을 붙이시오.

$$CH_3CH_2CH(CH_3)CH_2CH(CH(CH_3)_2)CH_2CH_2CH_3$$

전략

이 분자의 이름을 붙이는 데 가장 좋은 방법은 위에서 기술한 바와 같이 IUPAC 규칙을 단계별로 적용하는 방법이다. 주 사슬을 찾아서 명명하고 난 후 각 치환기의 번호와 위치를 지정한다.

해답

5-isopropyl-3-methyloctane

IUPAC 명을 결정하는 데 있어서 맨 처음 단계는 주 사슬을 찾는 것이다. 여기에서 parent는 8개의 탄소 원자를 가지고 있어서 "octane"으로 한다. 1개의 메틸기와 1개의 isopropyl기가 주 사슬에 붙어 있는데, 이들은 처음 알킬기에 가까운 왼쪽에서부터 번호를 붙인다. 5-isopropyl-3-methyloctane의 이름에서 알킬기들은 알파벳 순으로(methyl 앞에 isopropyl) 배열된다.

$$\overset{1}{C}H_3\overset{2}{C}H_2\overset{3}{C}H(CH_3)\overset{4}{C}H_2\overset{5}{C}H(CH(CH_3)_2)\overset{6}{C}H_2\overset{7}{C}H_2\overset{8}{C}H_3$$

연습문제 8.1

다음 각 분자에 대하여 IUPAC 명을 붙이시오.

a. 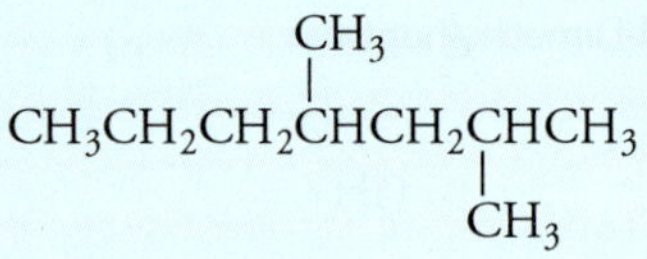 $CH_3CH_2CH_2CH(CH_3)CH_2CH(CH_3)CH_3$

$$\begin{array}{l} \qquad\qquad\quad CH_3 \\ \qquad\qquad\quad | \\ CH_3CH_2CH_2CHCH_2CHCH_3 \\ \qquad\qquad\qquad\qquad\;\; | \\ \qquad\qquad\qquad\qquad CH_3 \end{array}$$

b.

$$\begin{array}{l} \qquad\qquad\quad CH_3 \\ \qquad\qquad\quad | \\ \qquad\quad CH_3 \;\; CH_2 \\ \qquad\quad | \qquad | \\ CH_3CHCHCHCH_2 \\ \qquad\;\; | \qquad | \\ \qquad CH_3 \;\; CH_2CH_3 \end{array}$$

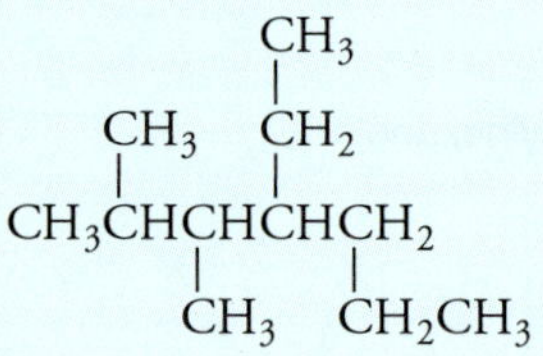

그림 8.2의 분자는 루이스 구조식과 축소 구조식이 함께 그려진다. 예를 들어, 3-methylhexane의 구조는 주 사슬($CH_3CH_2CHCH_2CH_2CH_3$)과 메틸기(CH_3)를 잇는 하나의 결합만을 보여준다. 유기화합물의 분자 구조는 더욱 축약된 형태로 보일 수 있다. 이 경우 괄호를 사용해서 치환 위치가 표시된다. 예를 들어, 3-methylhexane의 축소 구조는 $CH_3CH_2CH(CH_3)CH_2CH_2CH_3$로 표기될 수 있고, CH3의 괄호는 이 메틸기가 CH 탄소 원자에서 주 사슬로부터 가지를 친다는 것을 보여준다. 그림 8.2에서 다른 예는 3-ethyl-2-methylheptane인 $CH_3CH(CH_3)CH(CH_2CH_3)CH_2CH_2CH_2CH_3$와 5-ethyl-3,3-dimethyloctane인 $CH_3CH_2C(CH_3)_2CH_2CH(CH_2CH_3)CH_2CH_2CH_3$이다.

사슬에서 반복된 CH_2는 괄호를 사용해서 표시될 수 있다. Hexane은 $CH_3CH_2CH_2CH_2CH_2CH_3$ 또는 $CH_3(CH_2)_4CH_3$로 표시될 수 있으며, 2-methyloctane $CH_3CH(CH_3)CH_2CH_2CH_2CH_2CH_2CH_3$ 또는 $CH_3CH(CH_3)(CH_2)_5CH_3$로 나타낼 수 있다.

4.1절에서 본 것처럼, 분자 구조는 골격구조로 표현될 수 있다. 골격구조에서 공유결합은 선으로 보이고, 탄소 원자는 보이지 않는다. 수소 원자는 탄소가 아닌 다른 원자와 결합할 때만 그려진다. 그림 8.2 안의 일부 알칸의 골격구조들을 아래에 보인다.

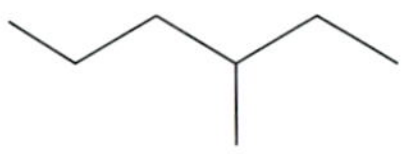

3-Methylhexane 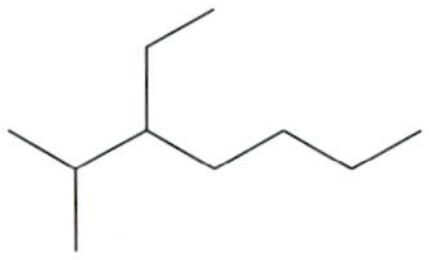 **3-Ethyl-2-methylheptane**

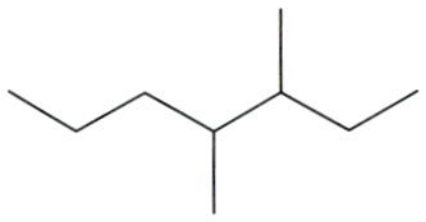

3,4-Dimethylheptane 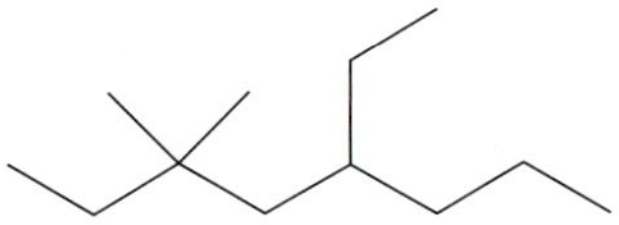 **5-Ethyl-3,3-dimethyloctane**

8.2 | 구조이성질체

이 장에서 언급했던 바와 같이, 다른 분자들이라도 같은 분자식을 공유할 수 있다. Butane과 2-methylpropane의 경우가 그러한 경우로, 이들 분자 각각은 분자식 C_4H_{10}을 가지고 있다.

$CH_3CH_2CH_2CH_3$
Butane

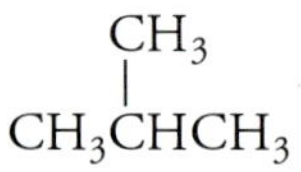

$$\begin{array}{l} \qquad\quad CH_3 \\ \qquad\quad | \\ CH_3CHCH_3 \end{array}$$
2-Methylpropane

위에서 보여준 두 분자에서와 같이 같은 분자식을 가지고 있으나 다른 원자 연결을 하고 있는 분자들을 **구조이성질체(constitutional isomers)**라고 부른다.

분자식에서 원자의 수가 증가함에 따라 가능한 구조이성질체의 수도 증가한다. 예를 들어, 분자

```
CH3CH2CH2CH2CH2CH3        1   2  3    4   5              1   2    3   4    5
                          CH3CHCH2CH2CH3                 CH3CH2CHCH2CH3
                             |                                 |
                             CH3                               CH3
     Hexane                2-Methylpentane                3-Methylpentane

        CH3                        CH3
  1   2| 3    4             1   2  3|   4
  CH3CCH2CH3                CH3CHCHCH3
      |                         |
      CH3                       CH3
  2,2-Dimethylbutane        2,3-Dimethylbutane
```

그림 8.3

C_6H_{14}의 구조이성질체 5분자들은 분자식 C_6H_{14}을 가지는 구조이성질체들이다. 구조이성질체들은 항상 서로 다른 이름들을 가지고 있다.

식 C_6H_{14}은 5개의 구조이성질체인 hexane, 2-methylpentane, 3-methylpentane, 2,2-dimethylbutane 및 2,3-dimethylbutane를 생기게 한다(그림 8.3). 알칸의 크기가 커짐에 따라 구조이성질체의 수는 급격히 증가한다. C_8H_{18}은 18개의 구조이성질체를, $C_{15}H_{32}$는 4,347개의 구조이성질체를, $C_{30}H_{62}$는 4,111,846,763개의 구조이성질체를 가지게 된다.

- 구조이성질체는 동일한 분자식을 가지지만, 원자 결합 방식이 다른 분자이다.

어떤 경우에는, 그림 8.3에 있는 분자식에 적용되는 바와 같이, 구조이성질체를 확인하는 것은 단순한 과정이다. 이들 구조는 구조이성질체임이 의심할 나위가 없을 정도로 충분히 다르게 보인다. 평소에는 구조이성질체를 확인하는 것이 더 어려울 수가 있다. 예를 들면, 아래의 분자들이 얼핏 보기에는 서로 다른 것처럼 보이지만, 모든 구조가 같은 분자인 2-methylhexane을 나타낸다. 선-결합 구조식이 하나의 분자의 진정한 모양인 정확한 결합배열을 보여주지 못한다는 것을 기억하는 것이 중요하다.

```
                                   6                    5   6
                CH3                CH3                  CH2CH3
 6   5   4   3  2|  1              5|   4   3           4|   3   2  1
 CH3CH2CH2CH2CHCH3                 CH2CH2CH2            CH2CH2CHCH3
                                          |2                    |
                                     CH3CH                      CH3
                                          |1
                                          CH3

                            2-Methylhexane
```

두 분자가 동일한 분자인지 또는 구조이성질체들인지를 결정하는 한 가지 확실한 방법은 그들을 명명하는 데 있다. 동일한 분자들은 동일한 IUPAC 명을 가지며, 구조이성질체들은 다른 IUPAC 명을 가진다.

알칸의 구조이성질체의 주제를 학습하는 동안에 일부 알칸류들이 어떻게 얻어지며, 어떻게 사용되

예제 8.2

구조이성질체 확인

아래 두 알칸류는 구조이성질체인가 아니면 서로 동일한가?

```
CH3CH2                   CH3
   |                      |
   CH2CHCH3          CH3CH
        |                 |
        CH3               CH2CH2
                              |
                              CH3
```

전략

구조이성질체들은 동일한 분자식을 가지지만, 다른 구조식(과 이름)을 가지고 있다.

해답

동일한 분자들임. 두 알칸류는 동일한 분자식(C_6H_{14})과 동일한 이름(2-methylpentane)을 가지고 있다.

연습문제 8.2

아래 두 알칸류는 구조이성질체인가 아니면 서로 동일한가?

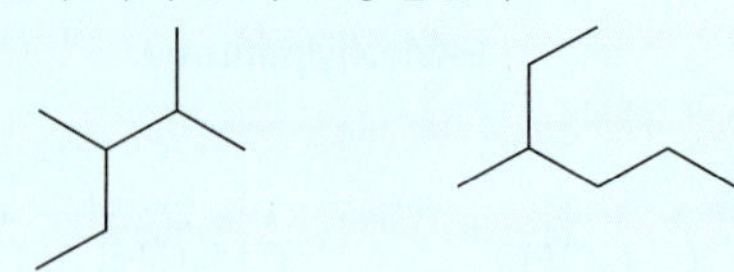

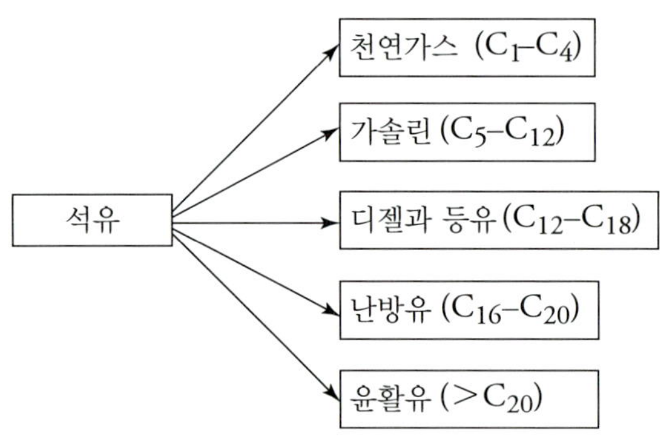

■ 그림 8.4

석유 여러 탄화수소들이 가장 잘 섞인 것이 석유다. 비슷한 크기의 분자들이 다른 목적으로 사용된다. 휘발유는 5–12 탄소 원자(C_5–C_{12})를 가지는 탄화수소 혼합물이다.

는가에 대하여 논의하는 것은 가치가 있다. 가정집에 난방용으로 사용되는 천연가스는 대부분 메탄, 소량의 에탄을 함유한 메탄, 프로판 및 부탄이다. 프로판 그 자체는 캠프 스토브 및 바베큐용 연료로서 사용되고 있으며, 부탄은 1회용 라이터에 사용되고 있다.

탄화수소와 산소, 질소 및 황을 함유하고 있는 소량의 유기분자들의 혼합으로 이루어져 있는 석유(원유)는 우리가 사용하고 있는 기타 알칸류의 대부분의 원천이다(그림 8.4). 가솔린은 5~12개의 탄소 원자를 가지는 알칸류, 기타 탄화수소들 및 자동차 엔진의 성능을 개선하기 위하여 첨가되는 부가적인 화합물들의 혼합물이다. 가솔린은 여러분이 예상하는 것보다 훨씬 많은 종류의 알칸류를 포함하고 있다. 분자식 C_5H_{12}에는 3개의 알칸 구조이성질체를, 분자식 C_6H_{14}에는 5개의 구조이성질체를, 그리고 구조식 C_7H_{16}에서부터 $C_{12}H_{26}$에 이르는 분자식에는 훨씬 많은 구조이성질체들이 존재하기 때문에 수백 종의 다른 알칸류들이 가솔린에서 발견될 수 있다. 기타 중요한 알칸류의 혼합물에는 디젤 연료(12~18개의 탄소 원자를 가지는 알칸류들을 함유함), 모터 오일(15개 이상의 탄소 원자를 가지는 알칸류) 및 아스팔트(35개 이상의 탄소 원자를 가지는 알칸류)가 포함된다.

8.3 | 입체형태

유기분자나 생분자를 다룰 때 어떤 구조이성질체가 존재하는지를 아는 것만으로는 충분하지 않을 때가 있다. 때로는 하나의 분자에서 발견될 수 있는 가능한 많은 수의 삼차원 모형에 관하여 알고 있어야 한다. 다른 것들 중에서, 하나의 분자가 가지고 있는 삼차원 모형이 어떤 화합물들을 세포막을 통과하여 수송하는 데 영향을 미칠 수 있고, 망막에 존재하는 빛-흡수 색소가 빛을 흡수하는 능력에 영향을 미칠 수 있으며, 단백질의 제기능을 수행하는 데에도 영향을 미칠 수 있다.

■ 입체형태는 단일결합을 중심으로 회전하여 상호변환될 수 있다.

단일결합을 회전시키면 대부분의 분자들에 대하여 많은 종류의 삼차원 모형을 추측가능하게 한다. 하나의 분자가 결합회전으로 인하여 취할 수 있는 모형들을 **입체형태(conformations)**라고 부른다. 한 분자의 다른 형태들은

- 같은 분자식을 가지고 있다
- 같은 원자 연결을 하고 있다
- 다른 삼차원 구조를 가지고 있다
- 단일결합의 회전으로 상호교차된다

한 형태에서 다른 형태로의 변환은 단일결합 회전을 항상 수반하지만 결합의 절단은 결코 일어나지 않는다. 그림 8.5의 그림에 있는 부탄의 경우에, 2번 탄소와 3번 탄소 사이의 결합에 대한 회전으로부터 생길 수 있는 많은 형태들 중에서 세 가지를 보여주고 있다. 이들 세 가시 형태 중 그림 8.5*c*에서 보여주고 있는 형태는 모든 원자들과 결합들이 가능한 멀리 떨어져 위치함으로써 밀집현상을 최소화하기 때문에 가장 안정한(가장 유리한) 형태이다.

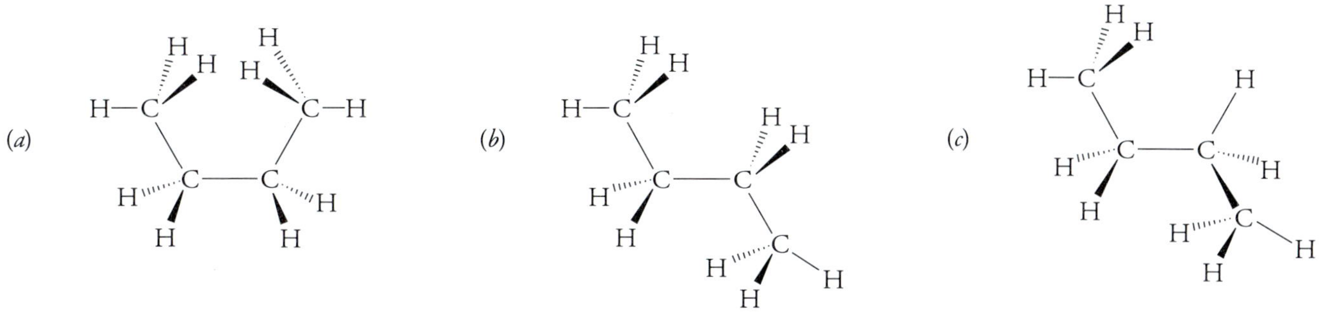

(a) (b) (c)

■ 그림 8.5

Butane의 형태들 부탄에서 2번 탄소와 3번 탄소 사이의 결합을 회전하면 그 분자에 대한 다른 형태(삼차원 모형)들을 생기게 한다.

8.4 | 고리형 알칸

고리형 알칸(cycloalkane)이라고 부르는 일부 알칸들은 탄소 원자들이 고리형으로 연결되어 있다(그림 8.6). 비고리형 알칸들과 같이 사이클로알칸들은 London force에 의하여 분자들 서로를 끌어당기고 있는 비극성 분자들이다. 비록 사이클로알칸들의 고리에 붙어 있는 치환기들의 배향을 고려할 때는 측면 보기가 유용할지라도, 물질들을 단순화시키기 위하여 사이클로알칸들은 주로 골격구조를 사용하여 그

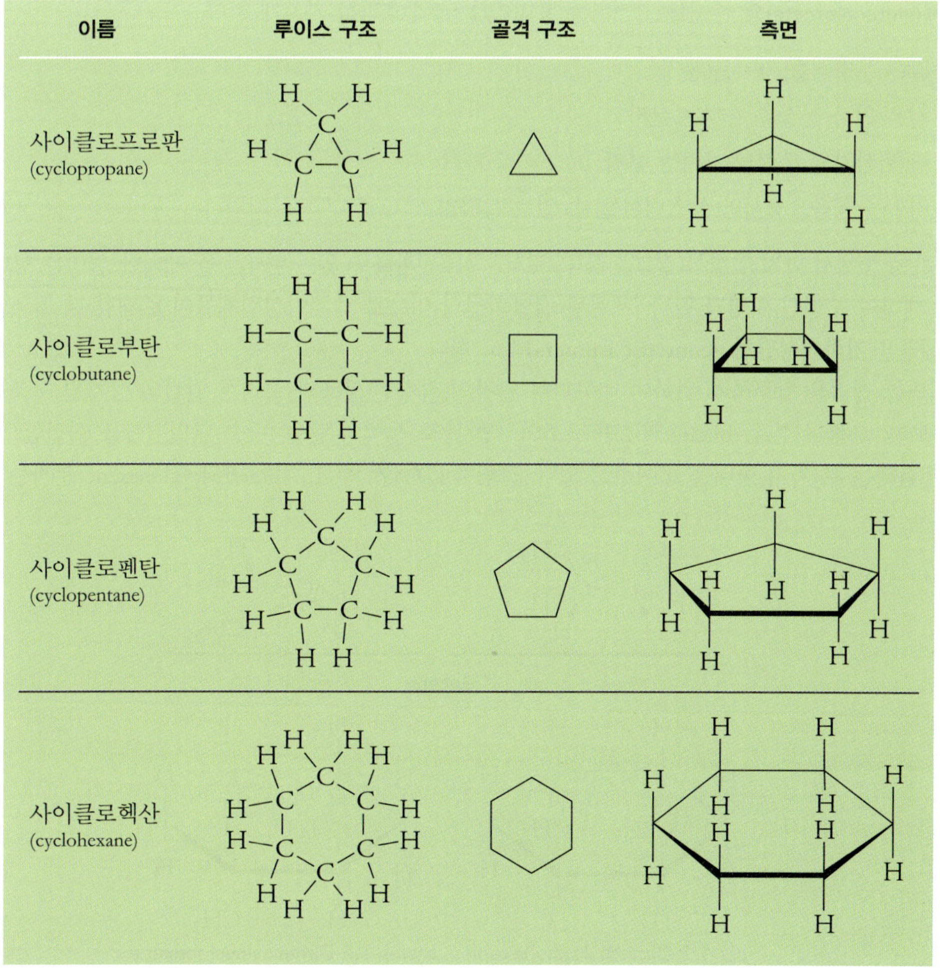

이름	루이스 구조	골격 구조	측면
사이클로프로판 (cyclopropane)			
사이클로부탄 (cyclobutane)			
사이클로펜탄 (cyclopentane)			
사이클로헥산 (cyclohexane)			

■ 그림 8.6

사이클로알칸 사이클로알칸은 탄소 원자들이 고리로 연결되어 있는 알칸이다.

려진다.

사이클로알칸들을 명명할 때 고리는 주로 모체로서 지정되는데, 이 모체는 "cyclo"에 적합한 번호에 해당하는 접두사(표 8.2)와 "ane"를 결합함으로써 명명된다. 하나의 알킬기만이 사이클로알칸 모체에 붙어있을 때, 그 알킬기를 결합하고 있는 탄소 원자는 carbon 1(그림 8.7*a*)이지만 번호는 이름에 포함시키지 않는다. 고리에 1개 이상의 알킬기를 가지고 있으면, 그 고리는 가장 낮은 번호를 가지는 위치에서부터, 그리고 가장 낮은 번호가 주어지는 방향으로 번호를 붙인다. 그림 8.7*b*는 dimethylcyclopentane의 3개의 구조이성질체에 대하여 어떻게 번호가 붙여지는지를 보여주고 있다.

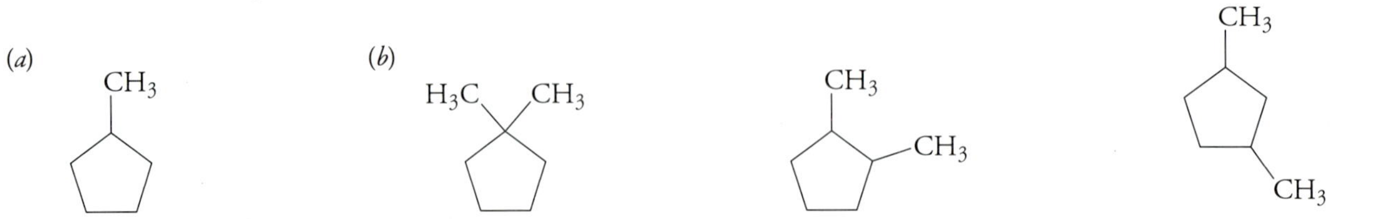

(*a*) CH_3 Methylcyclopentane

(*b*) H_3C CH_3 1,1-Dimethylcyclopentane; CH_3 CH_3 1,2-Dimethylcyclopentane; CH_3 CH_3 1,3-Dimethylcyclopentane

■ 그림 8.7

사이클로알칸의 IUPAC 명 (*a*) 1개의 치환체가 존재하면 주사슬 고리는 그 치환체에서 시작하여 번호를 붙인다. 그러나 위치 번호는 이름에서 생략한다. (*b*) 1개 이상의 치환체가 존재할 때, 주사슬 고리는 가장 낮은 번호를 가지는 위치에서부터, 가장 낮은 번호가 주어지는 방향으로 번호를 붙인다.

기하이성질체

사이클로알칸에서 탄소–탄소 단일결합의 제한된 회전은 아래와 같은 분자들의 성질을 가지는 **입체이성질체(stereoisomers)**의 존재를 고려하는 흥미 있는 부수효과를 가지게 한다.

- 같은 분자식을 가지는 분자
- 같은 원자 연결을 가지는 분자
- 다른 삼차원 모형을 가지는 분자
- 결합을 끊음으로서만 상호변환될 수 있는 분자임

위의 목록 중에서 마지막 항목(결합을 끊음으로서만 상호변환될 수 있는 분자임)을 제외한 설명은 형태(4.6절)에 대하여 주어진 설명과 같다. 제한된 결합회전의 이유로 입체이성질체들이 존재할 때 그 입체이성질체들을 **기하이성질체(geometric isomers)**라고 한다.

■ 입체이성질체들은 결합이 끊어질 때에만 상호변환된다.

이러한 개념을 탐구하기 위하여 비고리형 알칸의 삼차원 구조와 고리형 알칸의 삼차원 구조를 비교해 보자. 그림 4.17*a*는 butane의 2번 탄소와 3번 탄소 사이의 탄소–탄소 단일결합을 회전함으로써 상호전환되는 두 가지 형태를 보여주고 있다. 그림 4.17*b*에서 두 1,2-dimethylcyclohexane 분자는 입체

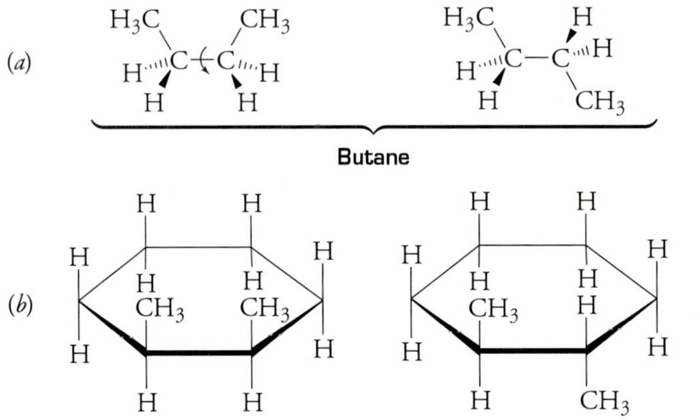

(*a*) Butane

(*b*) *cis*-1,2-Dimethylcyclohexane *trans*-1,2-Dimethylcyclohexane

■ 그림 8.8

기하이성질체 (*a*) Butane의 두 가지 형태는 단일결합 회전에 의하여 상호 변환된다. (*b*) 1,2-dimethylcyclohexane의 두 기하이성질체는 결합이 끊어질 때에만 상호 변환된다. *cis*-1,2-dimethylcyclohexane에서 메틸기들은 고리의 같은 면에 있다. *trans*-1,2-dimethylcyclohexane에서 메틸기들은 고리의 반대 면에 있다.

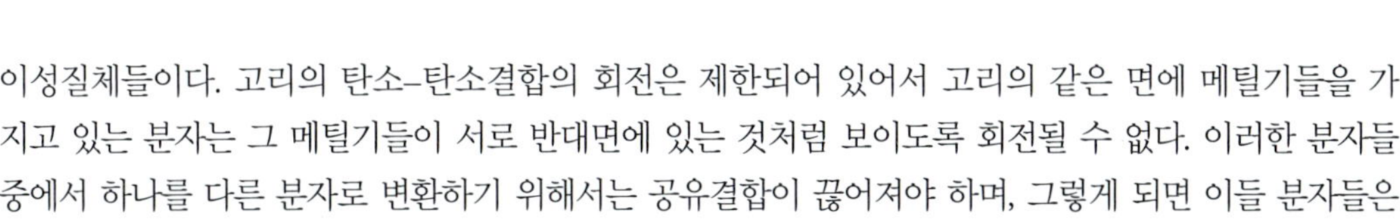

이성질체들이다. 고리의 탄소–탄소결합의 회전은 제한되어 있어서 고리의 같은 면에 메틸기들을 가지고 있는 분자는 그 메틸기들이 서로 반대면에 있는 것처럼 보이도록 회전될 수 없다. 이러한 분자들 중에서 하나를 다른 분자로 변환하기 위해서는 공유결합이 끊어져야 하며, 그렇게 되면 이들 분자들은 기하이성질체들이 된다.

기하이성질체들은 하나는 ***cis***이고, 하나는 ***trans***인 짝으로 나타난다. 사이클로알칸에 대하여 *cis* 기하이성질체는 고리의 같은 면에 2개의 알킬기를, *trans* 이성질체는 고리의 반대 면에 2개의 알킬기를 가지고 있다.

예제 8.3

이성질체의 확인

각 쌍의 분자들이 기하이성질체, 구조이성질체, 또는 동일분자인지를 확인하시오.

a. *cis*-1,4-dimethylcyclohexane과 *trans*-1,2-dimethylcyclohexane

b. *cis*-1,4-dimethylcyclohexane과 *trans*-1,4-dimethylcyclohexane

전략

이 문제를 풀기 위해서는 기하이성질체(입체이성질체)들이 같은 분자식과 원자연결을 가지고 있는 반면, 구조이성질체들은 같은 분자식과 다른 원자연결을 가지고 있다는 것을 기억하면 도움이 될 것이다.

해답

a. 구조이성질체. *cis* 분자와 *trans* 분자가 기하이성질체들인 반면에 이들 두 분자는 같은 분자의 기하이성질체들이 아니다. 두 분자들은 다른 원자 연결(1,4-dimethyl 대 1,2-dimethyl)을 가지고 있으므로 이 두 분자들은 구조이성질체들이다.

b. 기하이성질체. 이들 두 분자들은 같은 원자연결(둘 다 1,4-dimethyl)을 하고 있어서 구조이성질체가 아니다. 이 두 분자들은 1,4-dimethylcyclohexane의 기하이성질체들이다.

연습문제 8.3

1-ethyl-2-methylcyclohexane의 기하이성질체를 그리고 명명하시오.

8.5 | 알켄, 알킨 및 방향족 화합물

알칸과 사이클로알칸은 포화 탄화수소이다. **포화되었다는(saturated)** 말은 분자가 단일결합 원자들만을 포함하고 있음을 나타낸다. 이 장에서는 이중 또는 삼중결합을 포함하는 탄화수소인 **불포화 탄화수소(unsaturated hydrocarbons)**를 볼 것이다.

- 불포화 분자들은 이중결합이나 삼중결합을 가지고 있다.
- 알켄은 탄소–탄소 이중결합을 가지고 있다.
- 알킨은 탄소–탄소 삼중결합을 가지고 있다.

알켄은 최소한 1개의 탄소–탄소 이중결합을 가지고 있다. 가장 작은 알켄인 에틸렌에서 탄소 원자들은 세 그룹의 전자들인—1개의 이중결합과 2개의 단일결합을 가지고 있다. 이것은 각 탄소 원자들 주변으로 삼각평면이 생기게 한다(표 4.2). 알킨은 1개의 탄소–탄소 삼중결합을 가지고 있으며, 알킨계 화합물들 중에서 가장 작은 알킨은 아세틸렌이다. 아세틸렌에서 각 탄소 원자는 일직선형으로 배열된 두 그룹의 전자들을 가지고 있다.

$H_2C=CH_2$

Ethylene

$H-C\equiv C-H$

Acetylene

■ 그림 8.9

Muscalure 암컷 집파리가 생산하는 이 알켄은 수컷 파리를 유인하는 데 사용되는 페로몬(화학신호)이다.

$$\underset{CH_3(CH_2)_6CH_2}{\overset{H}{}} \; C{=}C \; \underset{CH_2(CH_2)_{11}CH_3}{\overset{H}{}}$$

Muscalure

일부 알켄류와 알킨류들은 석유로부터 얻어지지만 대부분은 생물체에 의하여 만들어진다. Muscalure라고 부르는 알켄은 집파리에 의해 만들어지는 성-유인 페로몬(화학적 전달자)이다(그림 8.9).

세 번째 불포화 탄화수소계는 방향족 탄소수소이다. 방향족 탄화수소계로 잘 알려져 있는 벤젠은 각 탄소 원자가 이웃하는 탄소 원자들과 하나의 단일결합과 하나의 이중결합을 가지면서 그려질 수 있는 6개의 탄소 원자들이 연결된 1개의 고리이며, 각 탄소에 하나의 수소 원자가 결합되어 있다.

Benzene

비록 이중결합들이 벤젠으로 하여금 알켄의 외관을 갖게 하지만 벤젠과 기타 방향족 화합물들은 알켄으로서의 반응성을 나타내지 않는다. 알켄과 같은 외관을 덜 강조하기 위하여 방향족 화합물들은 흔히 이중결합들을 원으로 그릴 때가 있다.

알칸과 같이 불포화 탄화수소들(알켄, 알킨 및 방향족 화합물)은 비극성 공유결합들만 가지고 있으며 비극성 분자들이다. London force는 이러한 탄화수소계의 화합물들을 서로 유지시키며, 크기가 커질수록 분자들 사이에 더 강한 London force 인력이 생기게 하며, 더 높은 녹는점과 끓는점으로 이끌게 한다(표 8.1).

명명법

알켄 또는 알킨을 명명하기 위하여 IUPAC 규칙을 사용할 때 모체는 탄소–탄소 이중결합 또는 삼중결합을 포함하는 가장 긴 탄소 원자 사슬이다. 모체 탄소에 붙이는 번호는 이중결합이나 삼중결합이 가까운 끝에서 시작하며, 이중결합 또는 삼중결합의 위치는 다중결합된 탄소 원자에 지정된 하단 번호를 사용하여 표시한다. 알칸의 명명에 관해서는 그 이름의 끝에 알켄은 "ene"로, 알킨은 "yne"로 끝나는 IUPAC 명으로 유기화합물 족을 나타낸다. 일단 모체사슬이 결정되면 알킬기들은 이름, 위치 및 출현번호로 동정된다(그림 8.10*a*). 유기화합물들은 IUPAC 규칙에 따라 지정되지 않은 **관용명(common name)**으로도 알려져 있다. (에텐에 대하여) 에틸렌, (프로펜에 대하여) 프로필렌 및 (에틴에 대하여) 아세틸렌이 그 예들이다.

"벤젠"은 인정된 IUPAC 명이다. 따라서 벤젠 관련 화합물들은 모체 고리로서 벤젠을 사용하여 명명된다. 메틸벤젠의 경우에서와 같이, 하나의 치환기만이 결합되어 있으면, 그 이름에 그 치환기의 치환위치를 명시하지 않는다(그림 8.10*b*). 1개 이상의 치환기가 존재하는 경우에는 가능한 그 치환기들에 가장 낮은 번호가 주어지도록 고리에 번호를 붙인다. 메틸벤젠과 1,2-디메틸벤젠은 또한 관용명인 toluene과 *ortho*-xylene으로도 각각 알려져 있다. 벤젠고리에 2개의 치환기가 치환되어 있는 벤젠을 기초로 하는 화합물들의 관용명을 위하여 *ortho* 또는 *o*는 1,2 배열로, *meta* 또는 *m*은 1,3 배열로, 그리고 *para* 또는 *p*는 1,4 배열을 나다낸다.

방향족 고리는 큰 분자의 일부이므로, 방향족 화합물이라고 해서 모두가 순수한 탄화수소는 아니다. 그 예가 벤질알코올, 벤조익산 및 에틸벤조에이트다.

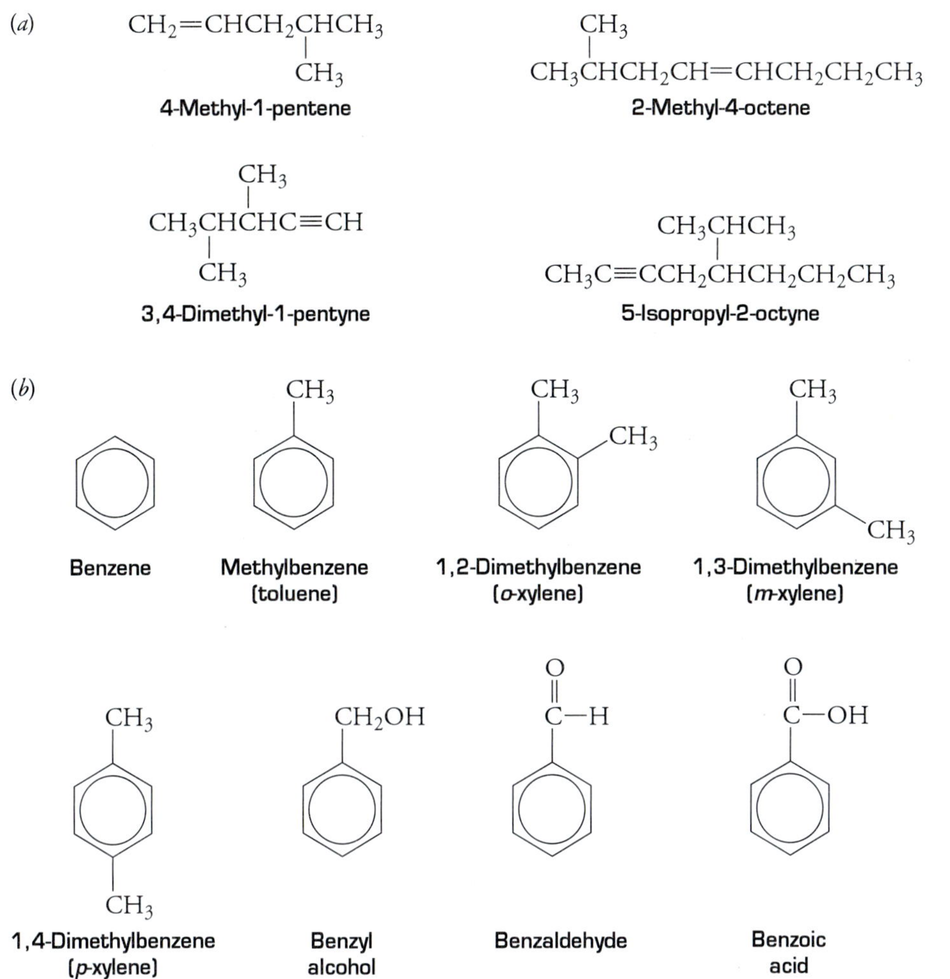

그림 8.10

불포화탄화수소의 명명 (*a*) 알켄과 알킨. IUPAC 명으로 지정할 때, 모체사슬은 탄소–탄소 이중결합 또는 삼중결합을 가지고 있어야 하며, 이들 다중결합이 더 가까운 끝에서부터 번호를 붙인다. 2개 또는 3개의 탄소 원자를 함유하고 있는 알켄과 알킨에 대하여, 이중결합이나 삼중결합의 위치는 명시되지 않는다. 알켄 이름은 "ene"로 끝나며, 알킨 이름은 "yne"로 끝난다. (*b*) 방향족 화합물. 메틸벤젠은 톨루엔으로도 알려져 있다. 관용명에서 벤젠고리상에서 치환기들의 1,2 배열은 ortho 배열이며 디메틸벤젠은 자일렌이라고 부른다. 따라서 1,2-디메틸벤젠은 *ortho*-xylene 또는 *o-xylene*이다. 벤질 알코올, 벤조익산 및 에틸벤조에이트는 순수한 탄화수소가 아닌 방향족 화합물들이다.

다환 방향족 탄화수소(polycyclic aromatic hydrocarbons, PAHs)라고 부르는 방향족 화합물들은 벤젠고리가 서로 융합되어 있는 고리들(벤젠고리들은 원자와 결합들을 공유함)을 함유하고 있다. 나프탈렌과 안트라센(표 8.1), 그리고 페난트렌(그림 8.11)—이들 모두는 석탄으로부터 얻어짐—들이 간단한 예들이다. 담배, 석탄, 휘발유 및 다른 많은 물질들이 연소되는 과정에 발생하는 벤조[*a*]피렌은 암을 유발하는 것으로 알려져 있다.

기하이성질체

자유롭게 회전하는 단일결합(단일결합이 고리상에 있을 때에는 제외; 8.4절을 참조할 것)과는 달리, 이중결합은 회전할 수 없다. 이러한 제한된 결합회전으로 인하여 일부 알켄에서는 *cis*와 *trans* 입체이성질체로서 존재하는 가능성이 생긴다. 그림 8.12*a*에서 2-butene의 두 가지 기하이성질체를 보여주고 있다. *cis* 이성질체에서는 2개의 메틸기(—CH_3)가 이중결합의 두 탄소 원자를 연결하는 선상의 같은 면에 위치하며, *trans* 이성질체에서는 서로 반대면에 위치한다.

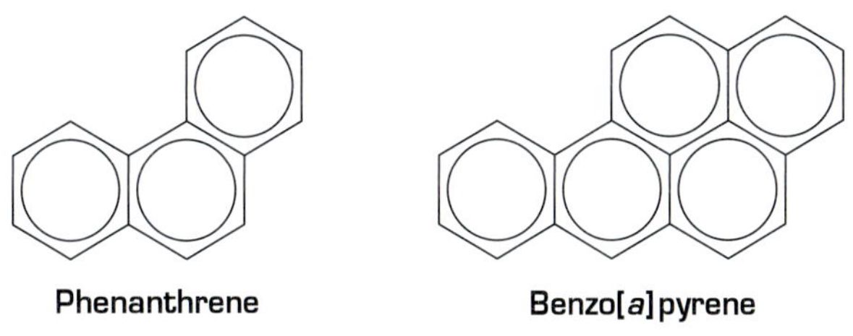

그림 8.11

다환 방향족 탄화수소들 페난트렌, 벤조(*a*)피렌 및 기타 PAH들은 융합된 벤젠고리를 가지고 있다.

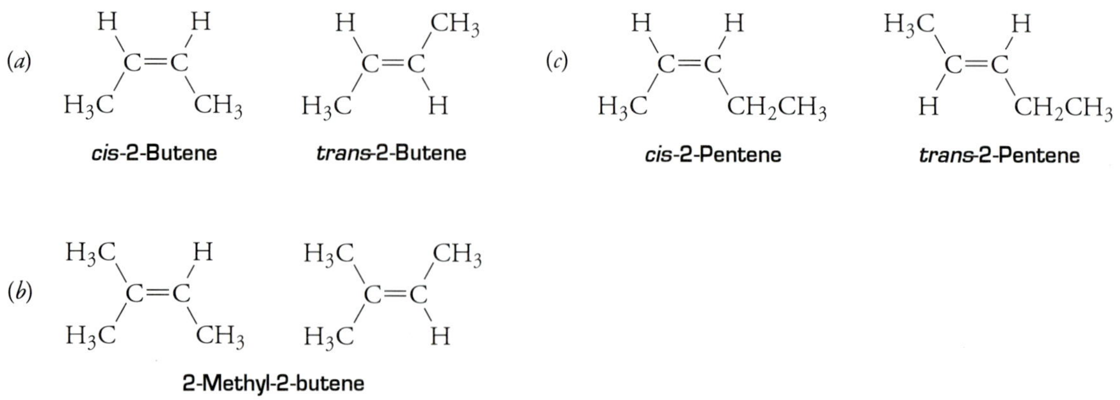

(*a*) *cis*-2-Butene, *trans*-2-Butene (*c*) *cis*-2-Pentene, *trans*-2-Pentene

(*b*) 2-Methyl-2-butene

■ 그림 8.12

알켄의 기하이성질체들 (*a*) *cis* 이성질체에서 —CH_3는 2개의 이중결합 탄소 원자를 연결하는 선의 같은 면에 위치하며, *trans* 이성질체에서 —CH_3는 서로 반대면에 위치한다. (*b*) 2-Methyl-2-butene은 이중결합의 왼쪽 탄소에 동등한 원자단(—CH_3기)이 결합되어 있기 때문에 *cis* 또는 *trans* 이성질체를 가지고 있지 않다. 위에서 아래로 뒤집어질 때 오른쪽에 있는 분자는 왼쪽에 있는 분자와 같다. (*c*) 2-pentene의 *cis* 이성질체에서 알킬기들이 이중결합의 같은 면에 위치하고 있다.

알켄이라고 해서 반드시 *cis*와 *trans* 이성질체로 존재하는 것은 아니다. 기하이성질체들이 존재하기 위하여 이중결합의 탄소 원자들 중의 어느 탄소도 2개의 동등한 원자 또는 원자단을 결합하고 있지 않다. 그림 8.12*b*에서 알켄인 2-methyl-2-butene은 이중결합의 왼쪽 탄소에 2개의 동등한 원자단(—CH_3)을 가지고 있다. 만일 오른쪽에 그려져 있는 분자가 위에서 아래로 뒤집어지면 왼쪽 그림의 분자와 동일하며 *cis*와 *trans* 이성질체가 존재하지 않는다. 그림 8.12c에서 이중결합에서 각 탄소 원자는 2개의 다른 원자 또는 원자단들을 가지고 있다. 만일 뒤집어지면 오른쪽에 있는 2-pentene이 왼쪽에 있는 분자로 겹쳐질 수 없는데, 이러한 알켄이 *cis*와 *trans* 이성질체들이다.

탄소–탄소 삼중결합을 따라 직선형을 가지고 있는 알킨은 *cis*와 *trans* 이성질체들이 존재하지 않는다.

예제 8.4

기하이성질체의 동정

Muscalure의 어떤 기하이성질체가 그림 8.9에서 보여주고 있는가?

전략

cis 이성질체와 *trans* 이성질체를 구별하기 위하여 탄소–탄소 이중결합에 붙어 있는 탄소 원자들의 상대적인 위치들을 비교한다.

해답

cis 이성질체. 탄소사슬의 양끝은 이중결합의 탄소 원자들을 연결하는 선의 같은 면에 위치한다.

연습문제 8.4

나방 페로몬인 Bombykol에서 탄소–탄소 이중결합의 각각을 *cis* 또는 *trans*로 지정하시오.

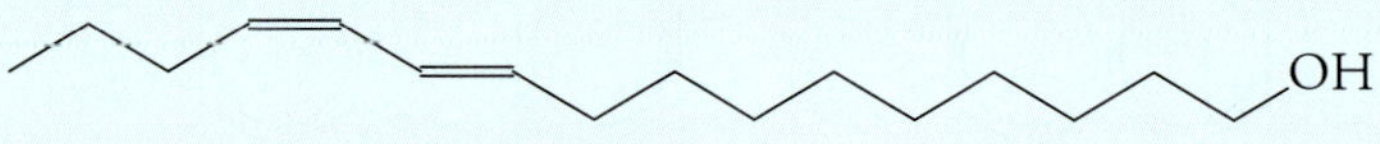

OH

Bombykol

8.6 | 탄화수소의 반응

유기화합물들은 그들의 구조에 따라 나뉜다. 예를 들어, 알켄(alkenes)은 탄소–탄소 이중결합을 가지며, 알킨(alkynes)은 탄소–탄소 삼중결합을 가진다. 유기화합물들의 분류를 배우는 이유는 그들 각각이 특정한 화학반응들과 연관되어 있기 때문이다. 이 절에서, 알칸, 알켄, 알킨과 방향족 화합물의 몇 가지 중요한 반응들을 볼 것이다. 그러한 반응들의 일부는 제5장에 소개되었다.

알칸

연소(combustion). 알칸에 의해 종종 일어나는 반응들 중 하나는 연소 반응이다(5.4절). 이 반응에서, 알칸은 산소 가스와 반응하여 이산화탄소와 물을 생성한다. 연소 또는 태우는 것은 또한 열의 빠른 방출에 의해 이뤄진다. 메탄으로 집을 따뜻하게 하거나 프로판으로 그릴 위 음식을 요리하는 것이 그 예들이다.

$$\underset{\textbf{Methane}}{CH_4(g)} + 2O_2(g) \longrightarrow CO_2(g) + 2H_2O(g)$$

$$\underset{\textbf{Ethane}}{C_3H_8(g)} + 5O_2(g) \longrightarrow 3CO_2(g) + 4H_2O(g)$$

연소는 알칸의 반응에만 해당되지 않는다. 용접에 사용되는 아세틸렌이나 혼합연료 gasohol에 있는 에틸 알콜을 포함해서 여러 유기화합물들이 연소될 수 있다.

$$\underset{\textbf{Acetylene}}{2C_2H_2(g)} + 5O_2(g) \longrightarrow 4CO_2(g) + 2H_2O(g)$$

$$\underset{\textbf{Ethyl alcohol}}{2C_2H_6O(l)} + 6O_2(g) \longrightarrow 4CO_2(g) + 6H_2O(g)$$

할로겐화(halogenation). 알칸의 다른 중요한 반응은 **할로겐화(halogenation)**이다. 이는 염소(*chlorine*)나 브롬(*bromine*) 원자가 알칸의 수소 원자와 치환되는 것이다. 빛에 의해 일어나는 할로겐 반응에서, 염소(Cl_2)나 브롬(Br_2)은 반응물로 사용되고 알킬 할라이드와 염화수소 또는 염화브롬이 생성물이 된다(4.4절). 비록 이 **치환 반응(substitution reaction)**에서 염소와 브롬 반응물이 2개의 할로겐 원자들을 포함한다 해도, 단지 하나의 할로겐 원자만이 하나의 수소 원자와 치환된다.

$$\text{H–}\overset{\text{H}}{\underset{\text{H}}{\text{C}}}\text{–H} + Cl_2 \xrightarrow{\text{빛}} \text{H–}\overset{\text{H}}{\underset{\text{H}}{\text{C}}}\text{–Cl} + HCl$$

$$\text{H–}\overset{\text{H}}{\underset{\text{H}}{\text{C}}}\text{–}\overset{\text{H}}{\underset{\text{H}}{\text{C}}}\text{–H} + Br_2 \xrightarrow{\text{빛}} \text{H–}\overset{\text{H}}{\underset{\text{H}}{\text{C}}}\text{–}\overset{\text{H}}{\underset{\text{H}}{\text{C}}}\text{–Br} + HBr$$

위의 각 반응은 단지 하나의 할로겐화 산물을 생성한다. CH_4는 CH_3Cl이 되고 CH_3CH_3는 CH_3CH_2Br이 된다. 구조에 의존해서, 알칸은 하나 이상의 할로겐화 산물을 허용할 수 있고, 생성물들은 구조이성질체들일 것이다. 아래의 예에서, 반응식은 축약된 형식의 유기물로 나타내었다. 그 반응들은 균형이 맞지 않으며, 일부 반응물들(이 경우에 있어 염소와 브롬)과 상태들(빛)은 반응 화살표의 위 또는 아래에 기입되었다.

$$CH_3CH_2CH_3 \xrightarrow[\text{빛}]{Cl_2} CH_3CH_2CH_2Cl \text{ 와 } CH_3\overset{Cl}{\overset{|}{C}}HCH_3$$

$$CH_3CH_2CH_2CH_3 \xrightarrow[\text{빛}]{Br_2} CH_3CH_2CH_2CH_2Br \text{ 와 } CH_3CH_2\overset{Br}{\overset{|}{C}}HCH_3$$

이 빛에 의해 시작되는 할로겐화 반응은 다른 형태의 분자와도 일어난다. 알칸 유형의 탄소에 결합된 수소만이 치환될 수 있다는 것이 제한적일 뿐이다. 아래의 각 반응에서 하나의 할로겐 원자는 하나의 수소 원자와 치환된다.

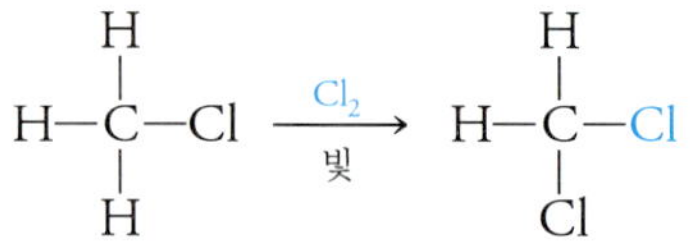

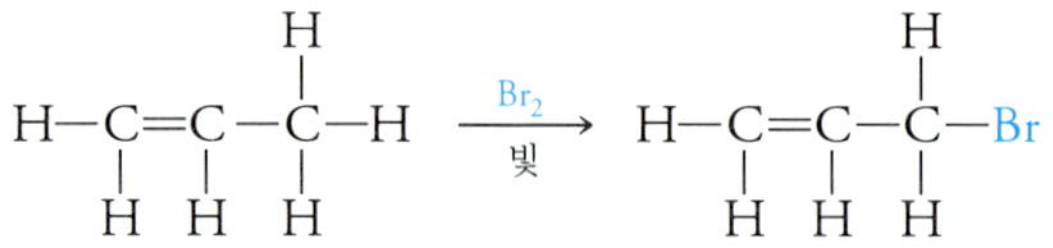

$$CH_2Cl_2 \xrightarrow[\text{빛}]{Cl_2} CHCl_3$$

$$H_2C{=}CH{-}CH_3 \xrightarrow[\text{빛}]{Br_2} H_2C{=}CH{-}CH_2Br$$

알칸의 할로겐화는 몇 가지 이유에서 중요하다. 첫 번째로, 할로겐화 반응의 알킬 할라이드 생성물은 CH_3Br(살충제), CH_3Cl(냉각제), CH_2Cl_2(커피콩에서 카페인을 없애기 위한 용매로 한때 사용되었다), 그리고 $CHCl_3$(마취제로 한때 사용되었다)을 포함해서 많은 용도로 사용된다. 유기화학자에게 있어서, 할로겐화의 다른 뛰어난 점은 알킬 할라이드 생성물이 여러 화합물들의 생성에 사용될 수 있다는 것이다. 제9장에서는 알킬 할라이드가 어떻게 알코올(alcohol), 에테르(ethers), 티올(thiols), 그리고 설파이드(sulfides)로 변환될 수 있는지를 볼 것이다.

일부 할로겐화된 화합물들은, 그들의 생성 형태가 효소 촉매적이고 빛에 의해 시작되는 반응을 필요로 하지 않을지라도, 자연에서 발견된다. 산불이나 화산 활동은 CH_3Cl을 생산하고, 흰개미들은 $CHCl_3$를 만들고, 카놀라유의 원료인 유채식물은 CH_3Br을 낸다. 많은 복잡한 분자들이 해양동식물들로부터 얻어져 왔다(그림 8.13).

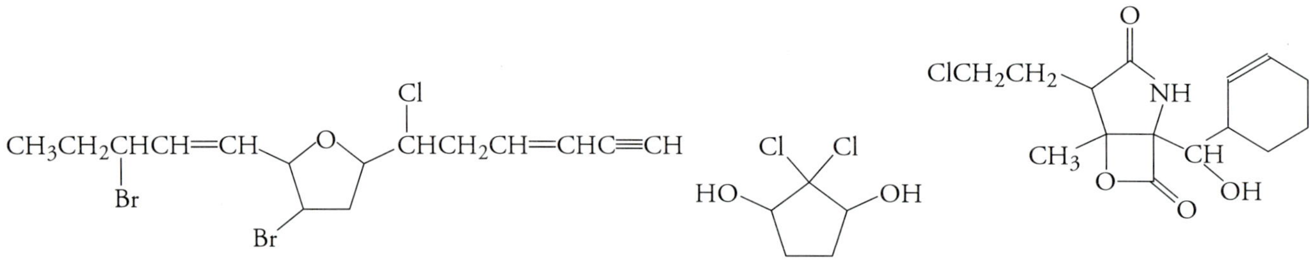

$CH_3CH_2CH(Br)CH{=}CH$–(브로모테트라하이드로퓨란 고리)–$CH(Cl)CH_2CH{=}CHC{\equiv}CH$

1,1-디클로로-2,5-디하이드록시사이클로펜탄 (Cl, Cl, HO, OH)

$ClCH_2CH_2$, CH_3, NH, O, O, O, CH, OH 및 사이클로헥센 고리를 포함하는 β-락톤-γ-락탐 화합물

■ **그림 8.13**

해양 종들에 존재하는 할로겐화된 화합물들 몇몇 할로겐화된 화합물들은 자연적으로 생겨난다. 여기에 보여진 것들을 포함한 많은 것들이 다양한 해양 종들로부터 분리되었다.

예제 8.5

할로겐화

빛의 존재하에서 2-methylpropane이 Cl_2와 반응할 때, 두 할로겐화 산물들이 형성된다.

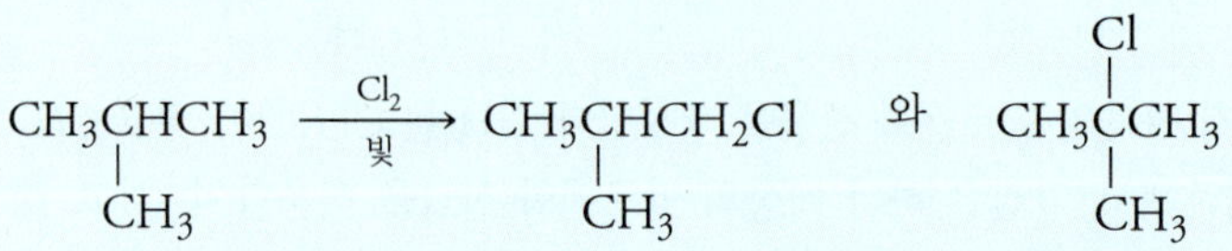

$$CH_3CH(CH_3)CH_3 \xrightarrow[\text{빛}]{Cl_2} CH_3CH(CH_3)CH_2Cl \quad \text{와} \quad CH_3CCl(CH_3)CH_3$$

두 산물들은 단지 구조이성질체인가 아니면 아래의 추가적인 산물들인 두 화합물들인가?

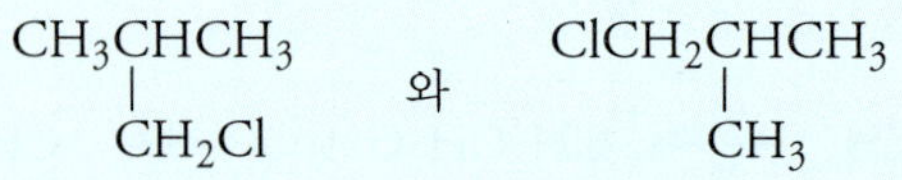

$$CH_3CH(CH_2Cl)CH_3 \quad \text{와} \quad ClCH_2CH(CH_3)CH_3$$

전략

이에 답하기 위해서 두 화합물들이 처음 그려진 것들과 같은지 아닌지 다른지를 결정해야만 한다.

해답

2개의 추가적인 화합물들은 처음 그려진 산물과 동일하다. 따라서, 반응의 추가 산물들은 아니다. 세 분자들 각각은 중심 탄소에 붙어 있는 $-CH_3$와 한쪽 끝에 붙은 $-Cl$과 함께 3개의 탄소 사슬로 구성된다.

$$CH_3CH(CH_3)CH_2Cl \qquad CH_3CH(CH_2Cl)CH_3 \qquad ClCH_2CH(CH_3)CH_3$$

연습문제 8.5

프로펜(propene)이 빛의 존재하에 Cl_2와 반응할 때, 한 가지 할로겐화 산물만이 생성된다.

$$CH_2{=}CHCH_3 \xrightarrow[\text{빛}]{Cl_2} CH_2{=}CHCH_2Cl$$

아래의 화합물들은 왜 생성되지 않는가?

$$CH_2{=}C(Cl)CH_3 \quad \text{와} \quad ClCH{=}CHCH_3$$

알켄과 알킨

알켄과 알킨은 각각 여러 탄소 원자들의 결합을 포함한다는 점에서 관련이 있다. 이러한 이유로, 알켄과 알킨은 일부 비슷한 반응들을 보인다.

촉매 할로겐화(catalytic hydrogenation). 5.4절에서, 할로겐 가스(H_2)와 백금(Pt)이 알켄을 알칸으로 변형시키는 것을 보았다.

$$H_2C{=}CH_2 + H_2 \xrightarrow{Pt} H_3C{-}CH_3$$

알킨은 같은 촉매 할로겐화 반응을 보이지만, 2개의 이중결합을 가지기 때문에, 2개의 H_2 분자가 추가된다. 첫 번째 H_2 추가 후에는 이 반응을 멈추기는 힘들다.

$$H{-}C{\equiv}C{-}H + 2H_2 \xrightarrow{Pt} H_3C{-}CH_3$$

수화(hydration). 5.3절은 수화라는 알켄 반응을 보였다. 이 반응에서, 수소 이온 촉매의 존재하에 물은 알켄의 이중결합에 더해져서, 물을 생성한다. 수화는 알킨을 알코올로 변환하지 않는다.

$$H_2C{=}CH_2 + H_2O \xrightarrow{H^+} H_3C{-}CH_2OH$$

만약 수화가 탄소–탄소 이중결합의 각각 방향에 다른 기를 가진 비대칭 알켄에서 일어난다면, 2개의 다른 부산물들이 생길 수 있다. 예를 들어, 프로펜에 물을 추가하면 1-propanol과 2-propanol 두 구조이성질체를 생성한다(그림 8.14*a*). 이 추가 반응은 두 생성물이 50:50의 혼합물이 되게 하지는 않는다. **마코프니코프 법칙(Markovnikov's rule)**에 의하면, 더 많은 양의 주요 생성물은 더 많은 수소 원자들을 가진 이중결합 탄소에 수소 원자가 추가된 것이다. 1869년에 고안된 이 법칙은 러시아 화학자 Victor Markovnikov가 알켄 반응들에 대해 행한 초기 연구들과 일부 관련 있다. 그림 8.14*b*와 8.14*c*는 마코프니코프 법칙의 두 가지 추가적인 응용들을 보여준다.

그림 8.14

알켄 수화와 마코프니코프 법칙
H_2O를 알켄에 더할 때, 주요 산물은 더 많은 수소 원자들을 가진 이중결합 탄소 원자에 수소 원자가 추가 될 때 생성된다. *c*에서 골격구조는 모든 수소 원자들을 보여주지 않는다는 것을 상기한다.

(*a*) $H-C(H)=C(H)-CH_3 + H_2O \xrightarrow{H^+} H-C(H)(H)-C(H)(OH)-CH_3$ or $H-C(H)(OH)-C(H)(H)-CH_3$

2 H atoms, 1 H atom

Propene → 2-Propanol (주 생산물) / 1-Propanol (부 생산물)

(*b*) $CH_3-C(H)=C(CH_3)-CH_3 + H_2O \xrightarrow{H^+} CH_3-C(H)(H)-C(OH)(CH_3)-CH_3$

2-Methyl-2-butene → 2-Methyl-2-butanol (주 생산물)

(*c*) Methylcyclohexene $+ H_2O \xrightarrow{H^+}$ 1-Methylcyclohexanol (주 생산물)

■ 알코올 명명은 제9장에서 다룰 것이다.

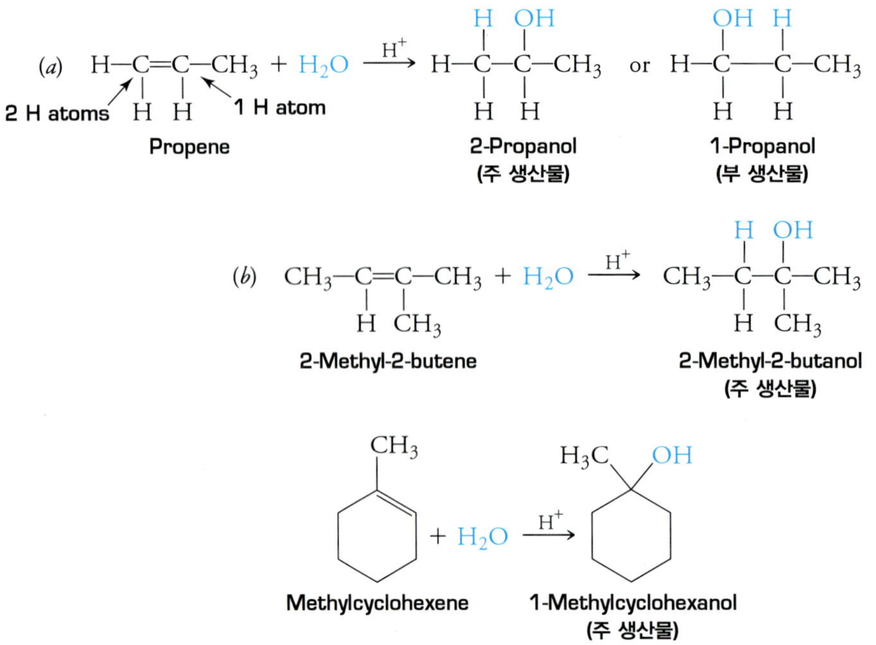

예제 8.6

마코프니코프 법칙 이용

수화 반응의 주요 유기 생성물을 그리시오.

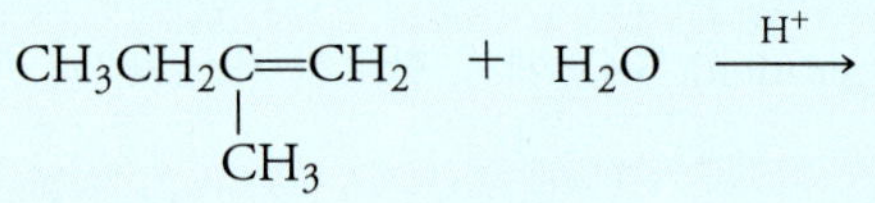

$$CH_3CH_2C(CH_3){=}CH_2 + H_2O \xrightarrow{H^+}$$

전략

알켄은 비대칭이다. 따라서, 마코프니코프 법칙을 이용할 필요가 있다. 이중결합의 각 탄소 원자에 붙은 수소 원자들의 수를 센다.

해답

이중결합 오른쪽의 탄소 원자는 반대편 이중결합 탄소 원자보다 더 많은 수소 원자가 결합되어 있다. 마코프니코프 법칙은 수소가 이중결합 오른쪽에 붙을 것이고 —OH는 왼쪽이 될 것임을 예측한다.

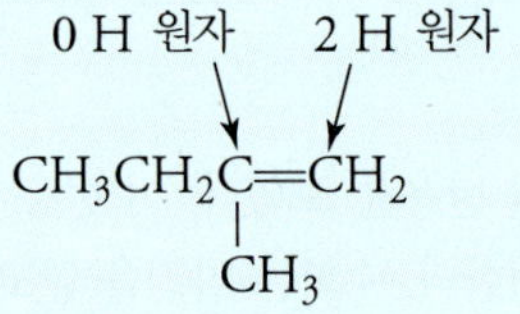

0 H 원자 / 2 H 원자

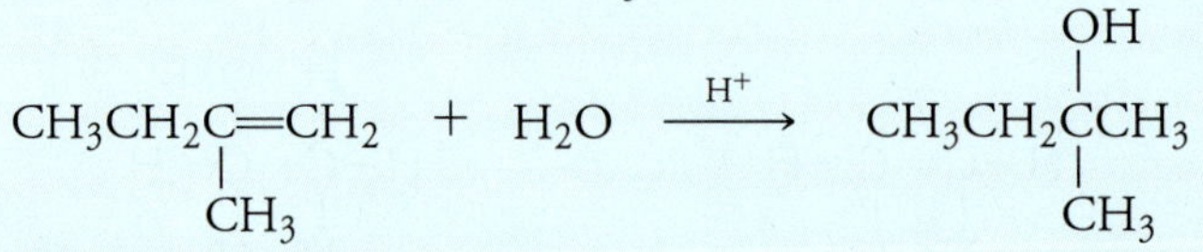

$$CH_3CH_2C(CH_3){=}CH_2$$

$$CH_3CH_2C(CH_3){=}CH_2 + H_2O \xrightarrow{H^+} CH_3CH_2C(OH)(CH_3)CH_3$$

연습문제 8.6

수화 반응의 주요 유기산물을 그리시오.

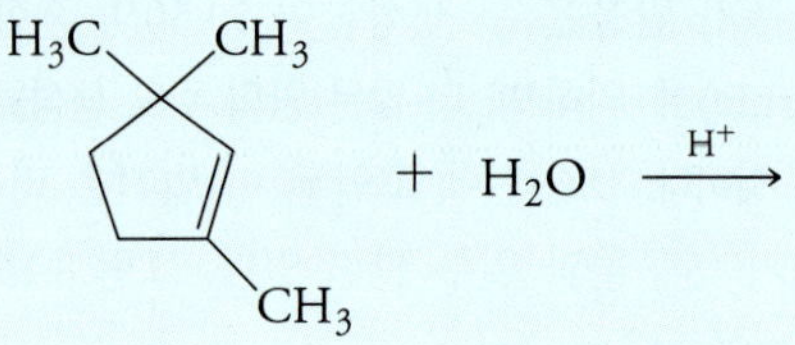

$$\text{1,3,3-Trimethylcyclopentene (}H_3C, CH_3, CH_3\text{)} + H_2O \xrightarrow{H^+}$$

방향족 화합물들

방향족 치환. **방향족 치환 반응(aromatic substitution reaction)**에서, 방향족 고리에 붙은 수소 원자는 다른 **원자 또는 원자들로 치환된다.** 방향족 할로겐화에서, 할로겐 원자(일반적으로 염소 또는 브롬)는 수소 원자를 치환한다. 위에 기술된 알칸 할로겐화 반응처럼, 치환을 위한 할로겐 원자의 원료는 Cl_2 또는 Br_2이다. 빛은 방향족 화합물들의 이러한 특정 반응에 필요하지는 않다. 그러나 철(Fe) 촉매제는 필요하다.

아래 반응은 벤젠에 대한 염소 원자와 브롬 원자의 치환을 보여준다. 첫 번째 반응식은 균형이 맞춰진 후 루이스 구조식으로 벤젠을 보여준다. 두 번째 반응식은 축약된 유기물 형태이고, 골격구조로 벤젠을 보여준다. 수소 원자들은 탄화수소의 뼈대 구조에서 생략되었다는 것을 기억하라. 또한 중요한 것은, 이전에 보인 할로겐화 반응에서처럼, Cl_2와 Br_2 반응물들은 2개의 할로겐 원자들을 포함하지만 단지 하나의 할로겐 원자만 하나의 수소 원자를 치환한다는 것이다.

$$C_6H_6 + Cl_2 \xrightarrow{Fe} C_6H_5Cl + HCl$$

Benzene　　Chlorobenzene

$$\xrightarrow[Fe]{Br_2}$$

Benzene　　Bromobenzene

치환이 일어나는 고리형 화합물의 구조에 따라 하나의 생성물 이상이 얻어질 수 있다. 톨루엔(toluene)이 염소(Cl_2) 그리고 철(Fe)과 반응할 때, 3개의 생성물들(모두 구조이성질체들)이 형성된다. 어느 것이 주요 산물인지 예측하는 것은 이 장의 범위를 벗어난다.

$$\xrightarrow[Fe]{Cl_2}$$ 와 와

Toluene　　*o*-Chlorotoluene　　*m*-Chlorotoluene　　*p*-Chlorotoluene

위의 반응에서, $—CH_3$기는 고리에 남는다. 방향족 할로겐화 반응들에서, 고리에 붙어 있는 수소보다는 다른 원자나 원자단이 기본적으로 고리에 남게 된다. 즉, 방향족 수소 원자가 치환된다. 톨루엔이 방향족 할로겐화 반응을 겪을 때, $—CH_3$기에 있는 수소 원자는 치환되지 않는다.

p-자일렌(p-xylene)이 Br_2 그리고 Fe와 반응할 때, 단지 하나의 산물이 생긴다.

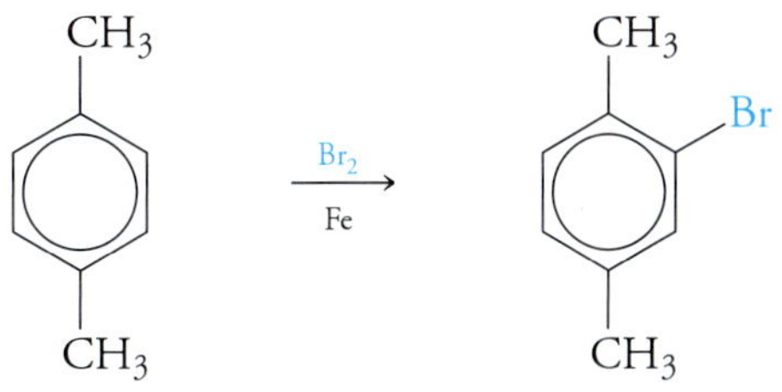

p-Xylene　　2-Bromo-1,4-dimethylbenzene

예제 8.7

방향족 할로겐화 반응들

(위에서 보인) 톨루엔의 Cl_2와 Fe 반응에서, 세 가지 산물들이 보인다. 아래의 세 가지 생성물들은 왜 포함되지 않는가?

전략

세 가지 분자들 중 어느 것이 첫 반응의 산물로 그려졌는지와 분자들이 유효한 구조들인지를 우선 확인한다.

해법

반응에 대한 세 가지 생성물들이 그려졌다: *o*-chlorotoluene, *m*-chlorotoluene, 그리고 *p*-chlorotoluene. 이 문제에서, 왼쪽의 화합물은 *o*-chlorotoluene이고, 중간에 있는 것은 *m*-chlorotoluene이며, 각각은 원래의 생성물들이 반복되었다. 오른쪽의 화합물은 존재할 수 없는데, 고리 위의 탄소 원자가 5개의 결합을 가지며 8개의 원자가 전자보다 많기 때문이다.

연습문제 8.7

유기 생성물 또는 반응 생성물들을 그리시오.

할로겐화된 방향족 화합물들은 광범위하게 이용된다. 적어도 그림 8.15 안의 각 화합물들에 대한 합성의 첫 번째 반응 과정은 단순히 기술된 유형의 할로겐 반응을 요구한다. 많은 할로겐화된 화합물들은 또한 자연에서 발견되며, 그림 8.16에서 일부를 보여준다.

8.7 | 카복실산

카복실산(Carboxylic acids)은 수산기(—OH)와 카보닐(carbonyl; C=O)기로 이루어진 카복실기(—COOH)를 포함한다. IUPAC 규칙에 따라 카복실산을 명명할 때 카복실기를 포함하는 가장 긴 탄소사슬이 주사슬이 된다. 번호매김은 카복실기에서 시작하고 다음에 알킬기의 이름, 위치, 수를 동정한다. 카복실산 주사슬의 IUPAC 명은 대응하는 탄화수소의 이름에서 "e"를 빼고 대신 "oic acid"를 붙인다. 예를 들면 하나의 탄소 원자로 이루어진 알칸을 메탄(*methane*)이라 하고 하나의 탄소 원자(HCO_2H)를 포함하고 있는 카복실산은 메타노익에시드(*methanoic acid*)라고 한다(그림 10.2). 마찬가지로 프로파노익에시드(propanoic acid), 3-메틸부타노익에시드(3-methylbutanoic acid), 3-에틸-4-메틸헥사노익에시드(3-ethyl-4-methylhexanoic acid)의 주사슬은 각각 3개, 4개, 6개의 탄소 원자를 포함하고

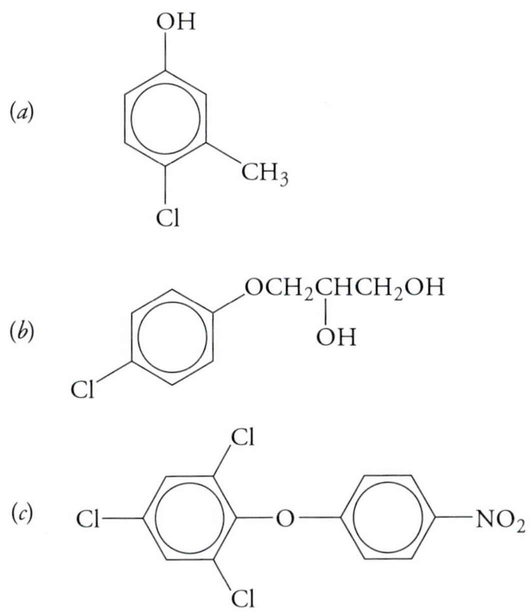

■ 그림 8.15

할로겐화된 방향족 화합물들 할로겐 반응은 이 화합물들의 합성 과정의 일부이다. (*a*) 살균제, (*b*) 항균제, 그리고 (*c*) 살충제.

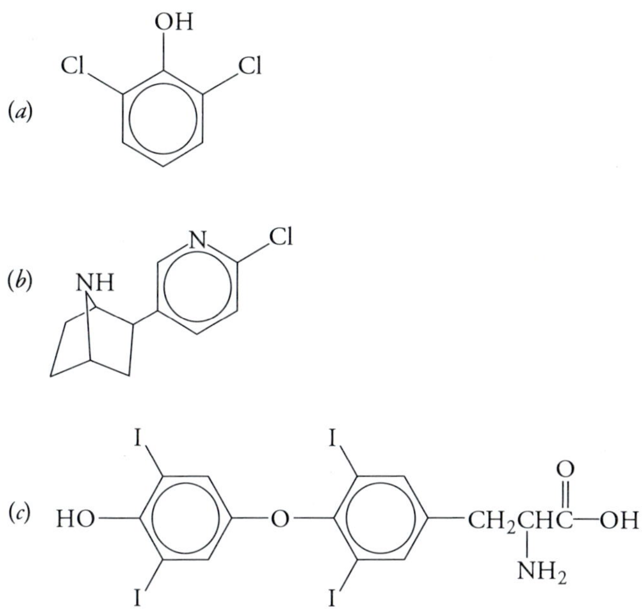

■ 그림 8.16

자연적으로 발생한 방향족 할로겐화된 화합물들 자연에서 발견되는 할로겐을 포함하는 방향족 화합물들은 다음 화합물들을 포함한다. (*a*) 진드기 페로몬 2,5-dichlorophenol, (*b*) 독화살 개구리에서 만들어지는 아민(amine)인 epibatidine, 그리고 (*c*) 갑상선 호르몬 thyroxine T-4.

있다.

카복실산 중 어떤 화합물은 관용명이 잘 알려져 있는 경우가 있다. 메타노익에시드(methanoic acid)의 관용명은 개미산(formic acid)이고 에타노익에시드(ethanoic acid)의 관용명은 아세트산(acetic acid)으로 이들 관용명이 널리 사용되고 있다. Formic의 어원은 개미를 뜻하는 라틴어, *formica*에서 유래한다(붉은 개미에 물린 상처에는 개미산이 들어 있는데, 이것은 먹이를 움직이지 못하도록 고정시키는 역할을 하고 있다). Acetic의 어원은 식초[5% (w/v) 아세트산 수용액]를 뜻하는 라틴어인 *acetum*에서 유래하였다.

뒤의 생화학에 대한 장들에서 alpha(α) 또는 beta(β) 탄소 원자들의 keto(ketone) 기능기를 포함하는 카복실산을 설명할 것이다. **α 탄소 원자(α carbon atom)**는 카복실기의 탄소 원자에 직접 결합한 탄소 원자이고, **β 탄소 원자(β carbon atom)**는 카복실기의 탄소 원자에서 두 번째 떨어져 있는 탄소 원자이다.

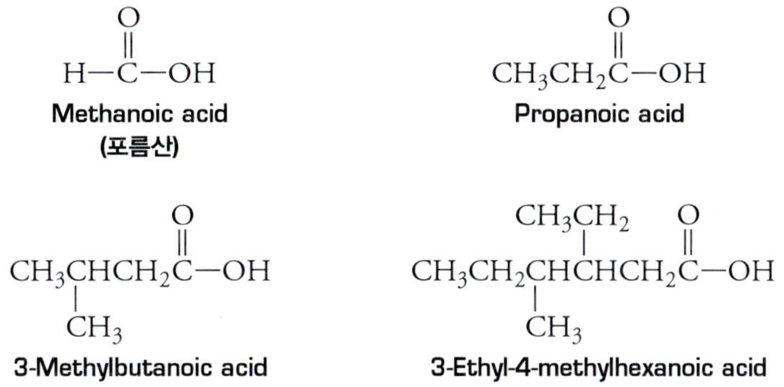

$H-C(=O)-OH$
Methanoic acid
(포름산)

$CH_3CH_2C(=O)-OH$
Propanoic acid

$CH_3CH(CH_3)CH_2C(=O)-OH$
3-Methylbutanoic acid

$CH_3CH_2CH(CH_3)CH(CH_2CH_3)CH_2C(=O)-OH$
3-Ethyl-4-methylhexanoic acid

■ 그림 8.17

카복실산 카복실산의 IUPAC 명에서 주사슬(카복실기를 포함하는 가장 긴 탄소사슬)의 번호매김은 카복실기에서 시작한다. 메타노익에시드(methanoic acid)의 관용명은 괄호 안에 있다.

$$\mathrm{CH_3CH_2CH_2\overset{\overset{\displaystyle O}{\|}}{C}-\overset{\overset{\displaystyle O}{\|}}{C}-OH}$$ (α)

An α-keto acid

$$\mathrm{CH_3CH_2\overset{\overset{\displaystyle O}{\|}}{C}CH_2\overset{\overset{\displaystyle O}{\|}}{C}-OH}$$ (β)

A β-keto acid

예제 8.8

카복실산 명명

각 카복실산의 IUPAC 명을 붙이시오.

a. $\mathrm{CH_3CH_2CH_2\underset{\underset{\displaystyle CH_3}{|}}{C}H\overset{\overset{\displaystyle O}{\|}}{C}-OH}$

b. $\mathrm{CH_3CH_2CH_2\underset{\underset{\displaystyle CH_2CH_3}{|}}{C}HCH_2\overset{\overset{\displaystyle O}{\|}}{C}-OH}$

c. $\mathrm{CH_3CH_2\overset{\overset{\displaystyle CH_3}{|}}{C}HCH_2\underset{\underset{\displaystyle CH_3}{|}}{C}HCH_2\overset{\overset{\displaystyle O}{\|}}{C}-OH}$

전략

IUPAC 규칙에 따라, 주 사슬은 각 분자의 카복실기에서부터 수를 세기 시작한다.

해답

a. 2-methylpentanoic acid

b. 3-ethylhexanoic acid

c. 3,5-dimethylheptanoic acid

연습문제 8.8

각각의 분자를 그리시오. 힌트: 치환기로 명명할 때, —OH는 hydroxyl, —NH_2는 amino, —Cl은 chloro이다.

a. 4-hydroxybutanoic acid

b. 2-aminopropanoic acid

c. 4-chlorohexanoic acid

비슷한 분자량을 갖는 유기 화합물과 비교하여 카복실산은 수소결합을 형성할 수 있기 때문에 비교적 높은 끓는점을 갖고 있다(표 8.4).

$$\mathrm{CH_3C{\overset{\nearrow O\cdots\cdots HO\searrow}{\underset{\searrow OH\cdots\cdots O\nearrow}{}}}CCH_3}$$

카복실산은 서로 수소결합을 형성한다

모든 유기화합물과 마찬가지로 카복실산이 포함하고 있는 탄소수가 증가할수록 끓는점이 높아진다. 이는 표면이 증가할수록 London forces(런던 인력)가 증가하기 때문이다. 수소결합을 형성할 수 있기 때문에 저분자 카복실산은 물에서 우수한 용해도를 보여준다. 앞에서 알아 보았듯이 탄소수가 증가할수록 물에 대한 용해도는 감소한다.

■ 카복실산의 상대적으로 높은 끓는점은 수소결합 때문이다.

3~10개의 탄소 원자를 포함하고 있는 카복실산은 특히 불쾌한 냄새를 가진다. 부타노익에시드(butanoic acid)는 오줌, 땀, 지독한 신발 냄새, 고약한 버터 냄새를 가진다. 한편 헥사노익에시드(hexanoic acid), 헵타노익에시드(heptanoic acid), 옥타노익에시드(octanoic acid)는 염소 피부에서 분비되어 독특한 염소 냄새를 풍긴다. 11개의 이상의 탄소 원자를 포함하고 있는 카복실산은 낮은 증기압을 가지고 있어 냄새가 거의 없다.

표 | 8.4 저분자 카복실산의 물리적 성질들

구조식	IUPAC 명	관용명[a]	끓는점(°C)	용해도(g/100 mL)
HCO_2H	Methanoic acid	Formic acid	100	혼합성[b]
CH_3CO_2H	Ethanoic acid	Acetic acid	118	혼합성
$CH_3CH_2CO_2H$	Propanoic acid		141	혼합성
$CH_3(CH_2)_2CO_2H$	Butanoic acid		164	혼합성
$CH_3(CH_2)_3CO_2H$	Pentanoic acid		187	3.7
$CH_3(CH_2)_4CO_2H$	Hexanoic acid		205	1.0

[a]선별된 관용명들만 기재되었다.
[b]어떠한 배합에서도 섞일 수 있다.

8.8 | 페놀

페놀부류들 중 일부는 방향족 고리에 직접적으로 —OH기가 붙어 있다. 가장 단순한 페놀을 페놀(*phenol*)이라 한다(그림 8.18). 치환기가 이 분자에 첨가되면 —OH기가 결합되어 있는 탄소 원자는 1번으로 표시한다. 페놀 명명의 예로 2-클로로페놀(2-chlorophenol)과 4-에틸페놀(4-ethylphenol)이 있다(그림 8.18*a*). 8.5에서 설명한 것과 같이 2개 치환기가 있는 벤젠에서 치환기의 위치는 오쏘(*ortho*) (*o*), 메타(*meta*) (*m*), 파라(*para*) (*p*)를 사용하여 표시한다. 2-클로로페놀은 *o*-클로로페놀(*o*-chlorophenol)로,

(*a*)

Phenol

2-Chlorophenol (*o*-chlorophenol)

4-Ethylphenol (*p*-ethylphenol)

(*b*)

Urushiol

Catechin

Gentisic acid

Wally Eberhart/Botanica/Getty Images, Inc.

■ 그림 8.18

페놀 이름 (*a*) 가장 작은 기본 골격의 페놀을 페놀이라 부른다. 치환기가 벤젠환에 결합되어 있는 위치를 번호로 표시한다. 치환기가 2개 이상인 경우에는 *ortho* (*o*), *meta* (*m*), *para* (*p*)를 사용하여 표시한다. (*b*) 우루쉬올(Urushiol), 카테킨(catechin), 겐티식에시드(gentisic acid)는 구조적으로 좀 더 복잡한 페놀들이다.

표 | 8.5 선별된 페놀들의 물리적 성질들

구조식	관용명	끓는점(°C)	용해도 (g/100 mL)
	페놀(Phenol)	182	9.3
	카테콜(Catechol)	246	45
	레조시놀(Resorcinol)	281	123
	하이드로퀴논 (Hydroquinone)	286	8

4-에틸페놀은 *p*-에틸페놀(*p*-ethylphenol)로 알려져 있다.

카테콜(catechol), 레조시놀(resorcinol), 하이드로퀴논(hydroquinone)은 생체분자에 공통적으로 존재하는 페놀이다(표 8.5). 담쟁이덩굴 독, 오크나무 독에 존재하는 카테콜을 가지는 페놀인 우루쉬올(Urushiol)은 이 식물들에 접촉했을 때 가려움과 발진을 유발한다(그림 8.18*b*). 카테콜과 레조시놀을 포함하고 있는 카테킨(catechin)은 염색과 무두질에 사용되는 페놀로 마호가니(mahogany)에 존재한다. 겐티식에시드(gentisic acid)는 하이드로퀴논(hydroquinone)을 포함하고 항류머티즘 약이다.

고추의 진통효과

HealthLink

고추의 매운맛은 캅사이신이라고 하는 페놀성분 때문이다. 이 성분은 빨간 고추나 파프리카에도 있다(그림 8.19). 캅사이신은 심혈관계 및 호흡계에 영향을 미치는 자극성 물질이다. 피부 적용시 흡수되어 신경을 탈감작 시킴으로써 통증을 감소시키기 때문에 효과적인 진통제로 작용할 수 있다.

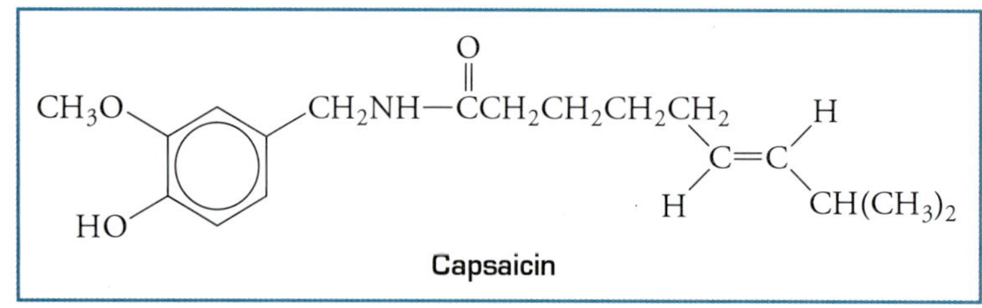

PhotoLink/Photodisc/Getty Images, Inc.

■ **그림 8.19**

캅사이신 고추의 매운맛 성분인 이 페놀 화합물은 진통제로 사용될 수 있다.

페놀의 —OH 기는 분자들이 서로 수소결합을 형성할 수 있게 한다. 그 결과 페놀은 상대적으로 높은 끓는점을 가지며 많은 페놀들은 실온에서 액체로 존재한다(표 8.5). 극성 공유결합인 C—O와 O—H 결합과, 수소결합을 형성할 수 있는 능력 때문에 저분자량의 페놀은 어느 정도의 물 용해도를 갖고 있다.

예제 8.9

페놀들 비교

페놀(표 8.5)과 톨루엔은 비슷한 분자량을 가진다. 그러나 페놀의 끓는점(182°C)이 톨루엔(111°C도)보다 높다. 이러한 차이를 설명하시오.

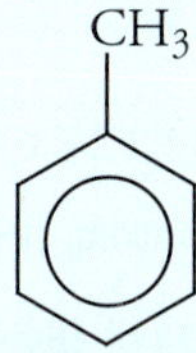

Toluene

전략

끓는점은 서로를 잇는 비공유결합과 상당히 관련되어 있다. 하나의 페놀 분자를 다른 것과 잇는 주요한 힘과 하나의 톨루엔 분자를 다른 것과 잇는 주요한 힘에 대해 확인한다.

해답

페놀 분자들은 기본적으로 수소결합에 의해 서로 결합한다. 톨루엔 분자들은 약한 London force 결합을 통해 이어진다. 분자들을 서로 잇는 더 강한 힘은 액체로부터 가스 상태로 분자들을 이동시키는 데 더 높은 온도를 요구한다.

연습문제 8.9

hydroquinone(표 8.5)과 *p*-cresol은 비슷한 분자량을 가진다. 그러나 hydroquinone(286°C)의 끓는점이 *p*-cresol(202°C)보다 높다. 이 차이를 설명하시오.

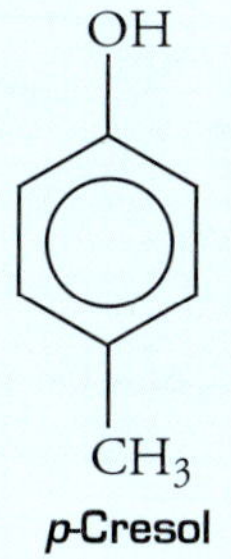

p-Cresol

8.9 | 약한 유기산으로서 카복실산과 페놀

이름에 함축되어 있듯이, 카복실산 화합물들은 산(H^+를 줄 수 있음)이다. 예를 들어, 아세트산(acetic acid; CH_3CO_2H)은 물과 반응하여 아세테이트 이온(acetate ion; $CH_3CO_2^-$)과 H_3O^+을 생성한다.

$$\underset{\text{Acetic acid}}{CH_3\overset{O}{\overset{\|}{C}}-OH} + H_2O \rightleftharpoons \underset{\text{Acetate ion}}{CH_3\overset{O}{\overset{\|}{C}}-O^-} + H_3O^+ \quad K_a = \frac{[CH_3CO_2^-][H_3O^+]}{[CH_3CO_2H]} = 1.8 \times 10^{-5}$$

1.8×10^{-5} ($pK_a = 4.74$)의 K_a 값을 가지는 아세트산은 약산이다.

7.9절에서 pH가 pK_a보다 더 클 때, A^-가 더 많이 존재하는 산(HA)과 그 짝염기(A^-)를 알아 보았다. 대부분의 카복실산은 5 근처에서 pK_a 값을 가지는데, 이것은 생리적인 pH(약 pH 7)에서 **카복실 이온(carboxylate ion)**(카복실산의 짝염기)으로 존재한다는 것을 의미한다.

■ 카복실 이온은 카복실산의 짝염기이다.

이것의 생화학적 의미는 지방산과 관련이 있다. 지방산의 산성형은 소수성이다. 그러나 생리적 pH 아래에서는 어느 정도 물과 혼합되는 양쪽성 이온(amphipathic ion)으로 존재한다(6.7절). 예를 들어, 물에 녹지 않는 팔미트산(palmitic acid)은 pH 7에서 양쪽성 파미테이트 이온(palmitate ion)으로 존재한다.

$$CH_3CH_2CH_2CH_2CH_2CH_2CH_2CH_2CH_2CH_2CH_2CH_2CH_2CH_2CH_2\overset{O}{\overset{\|}{C}}{-}OH$$

Palmitic acid (hydrophobic; predominates at pH < 5)

$$CH_3CH_2CH_3CH_2CH_2CH_2CH_2CH_2CH_2CH_2CH_2CH_2CH_2CH_2CH_2\overset{O}{\overset{\|}{C}}{-}O^-$$

Palmitate ion (amphipathic; predominates at pH > 5)

일반적으로, 팔미트산 이온(palmitate ion) 같이 12개 또는 그 이상의 탄소 원자를 가지는 카복실산 이온(carboxylate ions)은 양쪽성이고 12개 보다 적은 탄소 원자를 가지는 카복실산 이온은 물에 잘 녹는다.

지금까지는 어떻게 명명하는지에 대한 설명 없이 카복실산 이온의 이름이 주어졌다. 이렇게 설명을 안 한 이유는 카복실산 이온의 첫 단계인 카복실산의 명명에 대해 아직 배우지 않았기 때문이다. 카복실산 이온의 명명을 위해, 관련된 카복실산의 이름(IUPAC명 또는 관용명) 끝에서 "ic acid"를 "ate ion"으로 바꾼다. 팔미트산(palmitic acid)는 팔미트산 이온(palmitate ion)으로, 프로파노익에시드(propanoic acid)는 프로파노에이트 이온(propanoate ion)으로, 2-메틸부타노익에시드(2-methylbutanoic acid)는 2-메틸부타노에이드 이온(2-methylbutanoate ion)으로 바꾼다.

$$CH_3CH_2\overset{O}{\overset{\|}{C}}{-}OH \qquad CH_3CH_2\underset{CH_3}{\underset{|}{C}}H\overset{O}{\overset{\|}{C}}{-}OH$$

Propanoic acid **2-Methylbutanoic acid**

$$CH_3CH_2\overset{O}{\overset{\|}{C}}{-}O^- \qquad CH_3CH_2\underset{CH_3}{\underset{|}{C}}H\overset{O}{\overset{\|}{C}}{-}O^-$$

Propanoate ion **2-Methylbutanoate ion**

페놀 또한 유기산으로 간주되지만, 카복실산보다 상당히 약한산이다. 예를 들어, 페놀은 1.1×10^{-10} ($pK_a = 9.96$)의 K_a 값을 가진다.

$$C_6H_5OH + H_2O \rightleftharpoons C_6H_5O^- + H_3O^+ \qquad K_a = \frac{[C_6H_5O^-][H_3O^+]}{[C_6H_5OH]} = 1.1 \times 10^{-10}$$

Phenol **C_6H_5OH** **($pH < pK_a$ 일 때 우세하다)**

Phenoxide ion **$C_6H_5O^-$** **($pH > pK_a$ 일 때 우세하다)**

10 근처에서 pK_a 값을 가지는 페놀은 카복실산보다 덜 효과적으로 H_3O^+를 방출하고 생리적 pH에서 산성 형태로 주로 존재한다. 페놀의 짝염기는 페놀 이름의 끝에서 "ol"을 제거하고 "oxide ion"을 붙여서 명명한다.

(*a*) $C_6H_5\text{–}\overset{O}{\overset{\|}{C}}\text{–}OH + NaOH \longrightarrow C_6H_5\text{–}\overset{O}{\overset{\|}{C}}\text{–}O^-Na^+ + H_2O$

Benzoic acid　　　Sodium benzoate

(*b*) $CH_3C_6H_4OH + NaOH \longrightarrow CH_3C_6H_4O^-Na^+ + H_2O$

4-Methylphenol　　　Sodium 4-methylphenoxide

그림 8.20

산으로서 카복실산과 페놀 (*a*) 강염기 존재하에서 카복실산은 카복실염(carboxylate salt)을 생성한다. (*b*) 페놀은 강염기와 반응하여 페녹사이드 염(phenoxide salt)을 생성한다.

카복실산과 페놀과 마찬가지로 알코올(CH_3CH_2OH 등)은 —OH 기를 가진다. 그러나 알코올은 산이 아니다. H^+를 방출하는 —OH 기 능력의 차이는 분자 구조와 직접적으로 관련되어 있다. 카복실산과 같이 카보닐 (C=O)에 결합하고 있는 —OH 기는 약한산이다. 페놀과 같이 벤젠환에 결합하고 있는 —OH 기는 매우 약한산이다. 알코올과 같이 알칸형 탄소 원자에 결합하고 있는 —OH 기는 전혀 산성이 아니다.

강염기가 물보다 더 효과적으로 카복실산에서 H^+를 제거한다. 예를 들어, 수산화나트륨(sodium hydroxide)은 벤조산(benzoic acid)을 소듐 벤조에이트(sodium benzoate) 염으로 완전히 전환시킨다(그림 8.20*a*). 몇몇 카복실산 염은 식품 첨가제로 많이 사용된다. 소듐 벤조에이트(sodium benzoate)와 소듐 프로파노에이트(sodium propanoate)는 방부제로, 포타슘 소베이트(potassium sorbate)는 곰팡이 억제제로 사용된다(그림 8.21). 위에서 설명한 것처럼 카복실산이 카복실산 염으로 되면 용해도가 바뀐다. 벤조산은 물에 안 녹지만 소듐 벤조에이트(sodium benzoate)는 물에 잘 녹는다.

■ 강염기는 카복실산과 페놀을 각각의 짝염기로 전환한다.

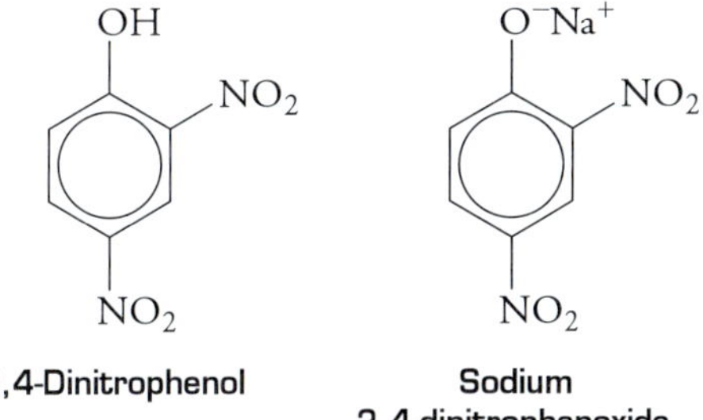

그림 8.21

식품 방부제 치즈에 곰팡이 억제제인 포타슘 소베이트(potassium sorbate)가 함유되어 있으면 신선도가 좀 더 오래 유지된다.

■ 카복실산의 나트륨 염은 카복실산보다 물에 더 잘 녹는다. 마찬가지로 페놀의 나트륨 염은 페놀보다 물에서 용해도가 더 좋다.

카복실산과 마찬가지로 페놀은 수산화나트륨(sodium hydroxide)과 같은 강염기와 반응하여 모두 페녹사이드 염(phenoxide salt)으로 전환된다(그림 8.20*b*). 페녹사이드 염의 형성은 물 용해도를 완전히 바꿀 수 있다: 2,4-디니트로페놀(dinitrophenol)(염료 제조에 사용되는)은 물에서 낮은 용해도를 갖지만, 소듐염인, 소듐 2,4-디니트로페녹사이드(sodium 2,4-dinitrophenoxide)는 물에 완전히 녹는다.

예제 8.10

강염기와 카복실산 및 페놀의 반응

KOH와 다음 물질 간의 반응 생성물을 그리시오.

a. butanoic acid b. *p*-bromophenol

힌트

카복실산 및 페놀은 강염기와 반응하여 짝염기를 포함하고 있는 염을 생성한다.

해답

a. $CH_3CH_2CH_2C(=O)-O^-K^+$

b. (p-bromophenoxide: benzene ring with O^-K^+ and Br in para positions)

연습문제 8.10

NaOH와 다음 물질 간의 반응에서 반응 생성물의 이름을 명명하시오.

a. 2,3-dimethylpentanoic acid b. 2,4-dichlorophenol

8.10 | 에스테르 만들기

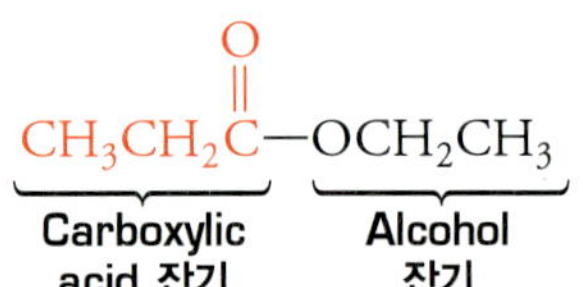

4.4절에서 탄소 원자 중의 하나가 카보닐기(C═O)에 속해 있는 C—O—C 결합을 포함하고 있는 에스테르(ester)에 대해 알아 보았다. 모든 에스테르 분자들은 카복실산 잔기(carboxylic acid residue)와 알코올 **잔기**(alcohol **residue**)로 구성되어 있다. 이는 에스테르 화합물이 촉매제 H^+의 존재하에 카복실산과 알코올의 반응에 의해 생성되었음을 보여준다. 에스테르 이외에도 이러한 두 번의 치환 반응은 물 분자를 생성한다(그림 8.22). 생명체에서 에스테르 화합물은 그림 8.22에 보이는 것처럼 만들어지지 않는다. 대신 카복실산에 있는 수산기(—OH)가 우선적으로 알코올 분자에 있는 작용기에 의해 대체된다.

$$CH_3CH_2C(=O)-OH + HOCH_3 \overset{H^+}{\rightleftharpoons} CH_3CH_2C(=O)-OCH_3 + H_2O$$

$$CH_3CH_2C(=O)-OH + HOCH_2CH_3 \overset{H^+}{\rightleftharpoons} CH_3CH_2C(=O)-OCH_2CH_3 + H_2O$$

$$C_6H_5-C(=O)-OH + HOCH(CH_3)CH_3 \overset{H^+}{\rightleftharpoons} C_6H_5-C(=O)-OCH(CH_3)CH_3 + H_2O$$

■ **그림 8.22**

에스테르 합성 H^+ 존재하에 카복실산은 알코올과 반응하여 에스테르와 물을 생성한다.

Acetic acid 잔기 / 에틸기

$$CH_3\overset{O}{\overset{\|}{C}}-OCH_2CH_3$$

Ethyl acetate

Benzoic acid 잔기 / 메틸기

$$C_6H_5-\overset{O}{\overset{\|}{C}}-OCH_3$$

Methyl benzoate

■ **그림 8.23**

에스테르 명명 에스테르의 명명에서는 카복실산 잔기에서 "ic acid"를 "ate"로 바꾼 카복실산 이름 앞에 알코올 잔기의 알킬기의 이름을 놓는다.

에스테르 명명을 위해서 먼저 알코올 잔기에 포함되어 있는 알킬기의 이름을 첫 번째에 놓고 두 번째 부분에 카복실산 이름 끝을 바꾸어서 만든, 즉 "ic acid"를 "ate"로 바꾼 카복실산 잔기 이름을 놓는다. 그림 8.23에서 에틸 아세테이트(ethyl acetate)는 에틸(*ethyl*: 알코올 잔기로부터)과 아세테이트(*acetate*: 아세트산 잔기로부터)의 조합으로 만들어진 이름이다. 메틸 벤조에이트(methyl benzoate)는 메틸(*methyl*)과 벤조에이트(*benzoate*)의 조합으로 만들어진 이름이다.

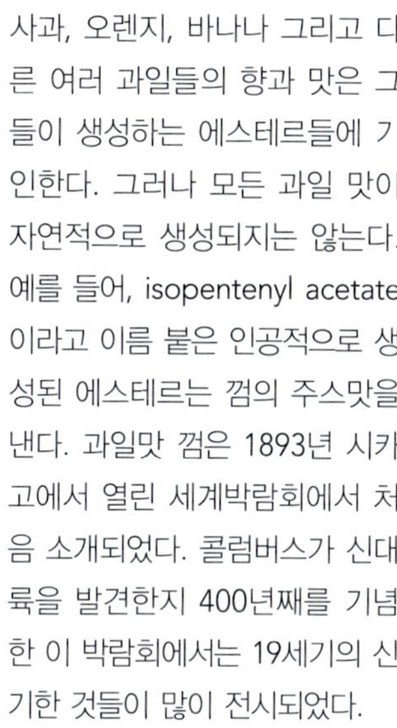

Did You Know?

사과, 오렌지, 바나나 그리고 다른 여러 과일들의 향과 맛은 그들이 생성하는 에스테르들에 기인한다. 그러나 모든 과일 맛이 자연적으로 생성되지는 않는다. 예를 들어, isopentenyl acetate이라고 이름 붙은 인공적으로 생성된 에스테르는 껌의 주스맛을 낸다. 과일맛 껌은 1893년 시카고에서 열린 세계박람회에서 처음 소개되었다. 콜럼버스가 신대륙을 발견한지 400년째를 기념한 이 박람회에서는 19세기의 신기한 것들이 많이 전시되었다.

$$CH_3\overset{O}{\overset{\|}{C}}-OCH_2CH{=}C(CH_3)_2$$

Isopentenyl acetate

예제 8.11

에스테르 생성

다음 반응의 생성물을 그리시오. 생성되는 에스테르를 명명하시오.

$$CH_3CH_2CH_2\overset{O}{\overset{\|}{C}}-OH + HOCH_2CH_2CH_3 \xrightleftharpoons{H^+}$$

전략

에스테르 생성 반응은 이중 대체 반응으로 생성물 에스테르는 카복실산 잔기와 알코올 잔기를 포함하고 있다. 에스테르 화합물의 이름은 이들 잔기 이름들을 사용하여 명명한다.

해답

$$CH_3CH_2CH_2\overset{O}{\overset{\|}{C}}-OH + HOCH_2CH_2CH_3 \xrightleftharpoons{H^+}$$

Butanoic acid

Butanoic acid 잔기 / 프로필기

$$CH_3CH_2CH_2\overset{O}{\overset{\|}{C}}-OCH_2CH_2CH_3 + H_2O$$

Propyl butanoate

연습문제 8.11

다음 반응의 유기 생성물의 이름을 명명하고 구조를 그리시오.

$$CH_3\underset{CH_3}{\underset{|}{C}}HCH_2\overset{O}{\overset{\|}{C}}-OH + HO\underset{CH_3}{\underset{|}{C}}HCH_2CH_3 \xrightleftharpoons{H^+}$$

수소 원자와 산소 원자의 결합은 공유결합이 아니기 때문에 에스터 사이의 결합에 수소결합은 형성되지 않는다. 에스터 사이의 결합력은 쌍극자 결합과 London force에 기인한다. 이들 비공유결합은 수소결합보다 약하기 때문에, 에스터는 비슷한 크기의 카복실산에 비해 끓는점이 낮다. 다른 유기물들이 그러한 것처럼, 에스터 분자 내 탄소 원자 수가 증가하면, London force의 기여도와 끓는점이 높아진다.

그림 8.22에서 보는 바와 같이 에스테르 생성 반응은 가역적인 반응이다. H^+ 존재하에서 카복실산

■ 그림 8.24

에스테르 가수분해 (*a*) 물과 H^+ 존재하에서 에스테르는 가수분해하여 카복실산과 알코올을 생성한다. (*b*) NaOH 용액에서 카복실염과 알코올이 생성된다.

$$(a)\quad CH_3CH_2\overset{\overset{\displaystyle O}{\|}}{C}{-}OCH_3 + H_2O \overset{H^+}{\rightleftharpoons} CH_3CH_2\overset{\overset{\displaystyle O}{\|}}{C}{-}OH + HOCH_3$$

$$(b)\quad CH_3CH_2\overset{\overset{\displaystyle O}{\|}}{C}{-}OCH_3 + NaOH(aq) \longrightarrow CH_3CH_2\overset{\overset{\displaystyle O}{\|}}{C}{-}O^-\,Na^+ + HOCH_3$$

은 알코올과 반응하여 에스테르와 물을 생성한다. 또한 에스테르와 물은 반응하여 카복실산과 알코올을 생성한다. 한 방향으로 반응을 진행시키기 위해, 즉 에스테르를 합성하거나 또는 에스테르를 가수분해하는 방향으로 반응을 진행시키기 위해 르샤틀리에(Le Châtelier)의 원리가 적용된다. 그림 8.22에서 반응을 정반응으로 진행시키기 위해 다량의 카복실산 또는 알코올이 사용된다. 역반응으로 진행시키기 위해서는 고농도의 에스테르 또는 물이 사용된다.

■ 그림 8.24*a*의 반응은 제5장에서 소개되었다. 그때는 → 화살표가 사용되었는데, 가역반응들에 대해 소개되기 전이었기 때문이다.

가수분해 반응에서 에스테르는 물에 의해 분해되어 카복실산과 알코올을 생성한다. 그림 8.24*a*의 반응은 산성 조건하에서 에스테르 가수분해 반응의 예이다. 이것은 그림 8.22에 나타나는 반응 중 한 반응의 역반응이다.

그림 8.24*b*는 에스테르 가수분해가 염기성 조건하에서 일어날 수 있다는 것을 보여준다. 이 반응은 처음에는 카복실산과 알코올을 생성한다. 그러나 염기성 조건은 생성물 카복실산을 즉시 그 짝염기로 변환시킨다.

Alpha Hydroxy Acids

화장품 회사들은 alpha hydroxy acids가 들어간 크림, 로션, 클렌저(cleansers), 세안제, 그리고 토너들을 판매한다. alpha hydroxy acids가 막힌 모공을 열어 주고, 주름을 제거하며, 반점을 제거하고, 햇빛으로부터의 손상을 치료하며, 노화의 영향을 되돌려서 피부가 전반적으로 향상시킨다는 광고를 보았을 것이다. Alpha hydroxy acids는 카복실기에 가장 가까운 탄소인 alpha 탄소가 수산화기(—OH)에 붙은 카복실산이다(8.7절).

이들은 각질을 제거용으로 사용된다(표 8.6). 각질은 기계적으로 또는 화학적으로 제거될 수 있다. 기계적으로는 돌이나, 수세미(스폰지), 솔, 소금 또는 다른 문질러 닦을 수 있는 것들로 각질을 제거한다. 화학적으로는, 산이 각질세포를 없애는데 사용된다. 피부과의사들이 이 목적으로 사용하는 대부분의 산들은 alpha hydroxy acids이다. alpha hydroxy acids가 안전하게 사용될 수 있는 중간 정도의 강산($pK_a \approx 3$)이라는 사실 외에 그 구조에 있어 각질 제거에 특별히 적합하지는 않다. 화학적 박피라고도 불리는 각질 제거를 할 때, 피부과의사들은 깊은 화상을 피하기 위해 주의 깊게 사용한다. 화장품 전문가들은 박피를 위해 매우 낮은 농도의 산 용액을 사용하며, 화장품에도 산은 낮은 농도로 포함된다.

광고에서처럼, 화장품에 들어 있는 alpha hydroxy acids는 피부 바깥층을 벗길 것이고, 주름이 거의 없는 새롭고 신선해 보이는 피부를 노출시킬 것이다. 미국 식품의약국(The Food and Drug Administration, FDA)은 이들에 대한 눈 주위 염증, 물집, 화상 그리고 피부 변색을 포함한 부작용들에 대한 보고서들을 받았다. alpha hydroxy acids를 피부에 사용하는 것은 햇빛에 민감하게도 하는데, 이는 주름지게 하고 피부암 발병 위험을 높일 수 있다. FDA는 alpha hydroxy acids를 사용하는 사람들은 햇빛에 대한 노출을 피하라고 권고한다.

표 | 8.6 화학 박피에 사용되는 산들[a]

구조식	이름	원천	pK_a
$HOCH_2\overset{\overset{\displaystyle O}{\|}}{C}{-}OH$	글리콜산(Glycolic acid)	사탕수수	3.83
$CH_3\underset{\underset{\displaystyle OH}{\mid}}{C}H\overset{\overset{\displaystyle O}{\|}}{C}{-}OH$	젖산(Lactic acid)	산젖(신 우유)	3.08

표 | 8.6 (계속)

구조식	이름	원천	pK_a
$HO-C(=O)CH_2CH(OH)C(=O)-OH$	말산(Malic acid)	사과와 포도	3.40
$HO-C(=O)CH(OH)-CH(OH)C(=O)-OH$	타르타르산(Tartaric acid)	포도주	2.98
$HO-C(=O)-C(OH)(C(=O)-OH)CH_2C(=O)-OH$	시트리산(Citric acid)	감귤	3.14
$C_6H_4(C(=O)-OH)(OH)$	살리실산(Salicylic acid)	윌로우 껍질	2.97
$Cl-C(Cl)(Cl)-C(=O)-OH$	트리콜로로초산(Trichloroacetic acid)	화학합성	0.70

[a]표의 처음 5개는 alpha hydroxy acids이고, salicylic acid는 beta hydroxy acid이며, trichloroacetic acid는 어느 것에도 해당되지 않는다. 표 8.5에 보이는 phenol(pK_a = 9.96)과 resorcinol (pK_a = 9.81)도 화학 박피에 사용된다.

8.11 | 아민

아민은 하나 또는 그 이상의 알칸 유형 또는 방향족 탄소 원자들에 직접적으로 붙은 질소 원자를 가진다. 아민(amine)은 질소 원자에 직접 결합되어 있는 탄소 원자의 수에 따라 분류할 수 있다. 1개의 탄소 원자만이 아민 질소 원자에 결합되어 있다면 **1차(primary; 1°)** 아민이다. **2차(secondary; 2°)** 아민은 2개의 탄소 원자가, **3차(tertiary; 3°)** 아민은 3개의 탄소 원자가 질소 원자에 결합되어 있다. **4차(quaternary; 4°) 암모늄 이온(ammonium ions)**은 암모늄 이온(NH_4^+)의 유도체인 아민 관련 화합물에 속한다. 4차 암모늄 이온에서는 4개의 탄소 원자가 질소 원자에 직접 결합되어 있다(그림 8.25).

1차, 2차, 3차 아민을 IUPAC 규약에 따라 명명하기 위해 아민 질소 원자에 결합되어 있는 가장 긴 탄소 원자 사슬이 주사슬이 되고 질소 원자가 결합된 지점에서부터 번호매김이 시작된다. 아민 주사슬의 이름은 대응하는 탄화수소의 이름에서 "e"를 빼고 "amine"을 붙인다. 예를 들면 아민화합물, $CH_3CH_2NH_2$은 에탄아민(ethanamine)이다(그림 8.25). 만일 아민 주사슬에 탄소–탄소 이중결합이 포함되어 있으면 엔아민(*enamine*)이 되고 탄소–탄소 삼중결합이 포함되어 있으면 인아민(*ynamine*)이 된다. 2차, 3차 아민의 경우, 주사슬이 아닌 부분에서 질소 원자에 탄소를 포함하는 작용기가 결합되어 있으면 이것은 치환기가 되고 그 위치는 *N*을 이용하여 표시한다(*N*-methyl, *N*,*N*-dimthyl 등). *N*,*N*-디

■ 그림 8.25

아민 분류 아민의 질소 원자에 직접 결합되어 있는 탄소 원자의 수에 따라 1차, 2차, 3차로 분류할 수 있다. 4차 암모늄 이온의 경우 4개의 탄소 원자가 질소에 직접 결합되어 있다. 그림에 IUPAC 명과 관용명(괄호)이 표기되어 있다.

1차 아민	2차 아민
$CH_3CH_2NH_2$ **Ethanamine** **(ethylamine)**	$CH_3CH_2CH_2NHCH_3$ ***N*-Methyl-1-propanamine** **(methylpropylamine)**
3차 아민	**4차 암모늄 이온**
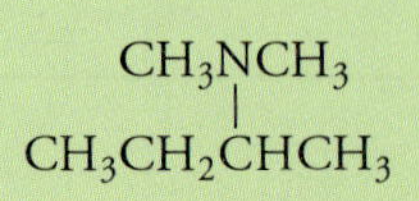 $CH_3CH_2CH(N(CH_3)CH_3)CH_3$ ***N,N*-Dimethyl-2-butanamine** **(*sec*-butyldimethylamine)**	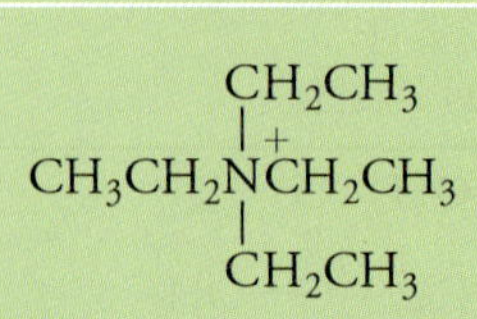 $(CH_3CH_2)_4N^+$ **Tetraethylammonium ion**

메틸-2-부탄아민(*N,N*-dimthyl-2-butanamine)의 이름에서처럼 주사슬에 2개 이상의 탄소 원자가 존재할 때는 질소 원자의 위치가 표기되어야 한다.

비교적 적은 수의 탄소 원자들로 이루어진 저분자 아민 화합물은 질소 원자에 결합되어 있는 작용기 이름 뒤에 "아민(amine)"을 붙이는 관용명을 사용하기도 한다. 예를 들면 메틸아민(methylanamine; CH_3NH_2), 디프로필아민(dipropylamine; $CH_3CH_2CH_2NHCH_2CH_2CH_3$), 트리에틸아민(triethylamine; $[N(CH_2CH_3)_3]$) 등이 있다. 4차(quaternary; 4°) 암모늄 이온의 명명은 그림 8.25의 테트라에틸 암모늄 이온(tetraethylammonium ion)처럼 질소 원자에 결합되어 있는 4개 작용기의 이름과 "암모늄 이온(ammonium ion)"을 결합하여 만든다.

예제 8.12

아민의 명명

다음 IUPAC 명과 관용명을 구조식과 바르게 연결하시오.

a. $CH_3CH_2CH_2NHCH_2CH_3$

b. 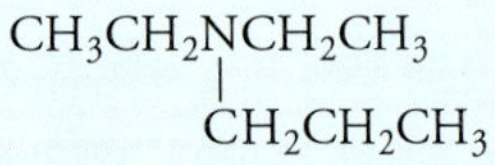 $CH_3CH_2N(CH_2CH_2CH_3)CH_2CH_3$

c. $H_2NCH_2CH_2CH_2CH_3$

1-butanamine
N,N-diethyl-1-propanamine
ethylpropylamine
diethylpropylamine
N-ethyl-1-propanamine
butylamine

전략

우선 IUPAC 명과 관용명을 구분한다. 둘다 "아민(amine)"으로 끝나지만 관용명만이 질소 원자에 결합되어 있는 알킬기의 이름을 포함하고 있다[메틸아민(methylanamine), 디프로필아민(dipropylamine) 등].

해답

a. *N*-ethyl-1-propanamine, ethylpropylamine
b. *N,N*-diethyl-1-propanamine, diethylpropylamine
c. 1-butanamine, butylamine

연습문제 8.12

다음 분자들의 IUPAC명과 관용명을 쓰시오.

a. $CH_3CHNHCH_2CH_3$ (with CH_3 on the second carbon)

b. $CH_3CH_2CHCH_3$ (with NH_2 on the third carbon)

c. $CH_3CH_2CHCH_3$ (with CH_3NH on the third carbon)

헤테로고리 아민(heterocyclic amine)이라 불리는 특정한 아민은 하나 또는 그 이상의 질소 원자가 고리의 일부로 있다. 피리딘(pyridine), 피리미딘(pyrimidine), 퓨린(purine)은 생화학에서 중요한 역할을 하는 헤테로 고리(heterocyclic) 아민이다(그림 8.26*a*). 니코틴(그림 8.26*b*)은 피리딘과 비슷한 원자 배열을 포함하기 때문에 피리딘(pyridine)이다. DNA에 존재하는 아민 중의 하나인 티민(thymine)은 피리미딘이다. DNA에서 발견되는 또 다른 아민인 아데닌(adenine)은 퓨린이다.

그림 8.26(*c*)는 플라스틱 공장에서 기본적으로 사용되는 헤테로고리 아민인 멜라민을 보여준다. 2007년에 미국 내 수많은 고양이와 개들의 죽음은 중국에서 수입되어 애완동물 사료로 이용된 멜라민으로 오염된 식물성 단백질 때문이었다. 식물성 단백질을 만드는 데 첨가된 멜라민은 실제 존재하는 것보다 더 많은 단백질을 포함하는 것처럼 보이게 하며, 일반적인 시험으로는 멜라민과 단백질을 구분할 수 없다.

2008년에, 300,000명의 중국 유아들이 분유를 먹고서 아팠는데, 이는 애완동물 사료에서 사용된 식물성 단백질에서처럼 분유에도 단백질 함량을 속여서 늘리기 위해 멜라민이 사용되었음이 밝혀졌다. 중국의 낙농장으로부터의 유제품들의 질에 대한 우려들은 커피나 차 그리고 코코아 믹스, 프림, 쿠키 그리고 캔디를 포함한 음식들에 대한 전 세계적인 회수를 야기했다.

수소결합(hydrogen bodn)의 존재 여부는 특별한 아민의 많은 성질을 결정하는 데 중요한 역할을 하고 있다. 극성 공유결합인 C—N 결합과 질소 원자 주위의 피라미드 모양으로 인해 모든 아민은 극

■ 1차, 2차 아민은 수소결합을 형성하고, 3차 아민은 그렇지 않다.

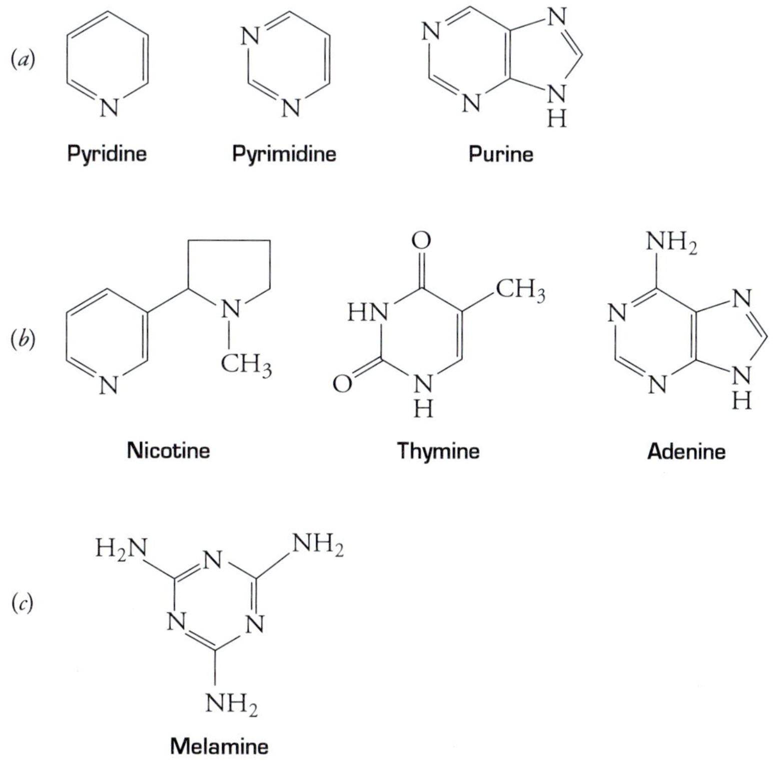

(*a*) Pyridine Pyrimidine Purine

(*b*) Nicotine Thymine Adenine

(*c*) Melamine

■ **그림 8.26**

헤테로고리 아민 (*a*) 피리딘, 피리미딘, 퓨린환은 생화학에서 흔히 발견되는 분자구조이다. (*b*) 티민은 피리미딘이고 아데닌은 퓨린이다. (*c*) 멜라민은 플라스틱 제조에 사용된다.

표 | 8.7 선별된 아민들의 물리적 성질들

구조식	IUPAC 명	관용명	끓는점(°C)	용해도 (g/100 mL)
CH_3NH_2	Methanamine	메틸아민(Methylamine)	−7.5	혼합성[a]
$CH_3CH_2NH_2$	Ethanamine	에틸아민(Ethylamine)	17	혼합성
$CH_3CH_2CH_2NH_2$	1-Propanamine	프로필아민(Propylamine)	49	혼합성
$CH_3CH_2NHCH_3$	*N*-Methylethanamine	에틸메틸아민(Ethylmethylamine)	36~37	혼합성
$N(CH_3)_3$	*N,N*-Dimethylmethanamine	트리메틸아민(Trimethylamine)	3	91
$N(CH_2CH_3)_3$	*N,N*-Diethylethanamine	트리에틸아민(Triethylamine)	89	14

[a]무한대로 섞임(어떠한 양을 넣어도 물과 섞임)

성을 띠고 있지만, 1차, 2차 아민만이 수소결합을 한다. 3차 아민은 질소 원자에 직접 수소 원자가 결합되어 있지 않기 때문에 수소결합을 하지 않는다.

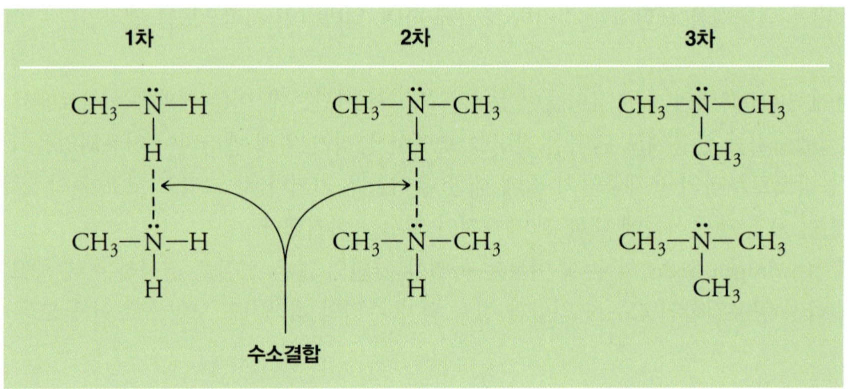

1차, 2차 아민 분자들 사이에 형성되는 수소결합은 3차 아민이 분자 사이에 형성하는 쌍극자–쌍극자 작용(dipole–dipole interaction)보다 더 강하기 때문에 1차, 2차 아민의 끓는점이 비슷한 분자량을 갖는 3° 아민의 끓는점보다 더 높다(표 8.7). 예를 들면 트리메틸아민(trimethylamine)은 실온에서 기체로 존재할 정도로 끓는점이 매우 낮다. 반면에 그것의 구조이성질체(constitutional isomer)인 프로필아민(propylamine)은 실온에서 액체이다. 4차 암모늄염에서는 양이온과 음이온이 강한 이온결합으로 서로 결합시키기 때문에 매우 높은 녹는점과 끓는점을 갖고 있다.

아민은 물 분자와 수소결합을 형성할 수 있고, 극성이다. 따라서, 저분자 아민들은 물에 매우 잘 녹는다. 아민에 탄소 원자가 많으면 많을수록 물에 대한 용해도는 더욱 낮아진다.

많은 아민들에 대한 추가적인 특성은 그들의 강하고 불쾌한 향이다. 저분자 아민들은 암모니아 냄새를 떠오르게 하고 일부는 비린내가 난다. 조직 부패시에 생성되는 화합물들인 putrescine($NH_2CH_2CH_2CH_2CH_2NH_2$)과 cadaverine($NH_2CH_2CH_2CH_2CH_2CH_2NH_2$) 같은 몇몇 고분자 아민들의 고약한 냄새는 불쾌하게 만든다.

아드레날린 및 관련 화합물

HealthLink

만약 무섭거나, 화가 나기 시작하면, 부신에서 에피네프린(epinephrine) 호르몬이 방출되는데, 이것은 또한 아드레날린(adrenaline)으로 알려져 있다(그림 8.27). 비록 이 호르몬은 심박동수와 혈압을 상승시키지만, 그것의 주기능 중 하나는 혈당을 빠르게 증가시켜 생화학 반응에 필요한 에너지를 공급하는 것이다.

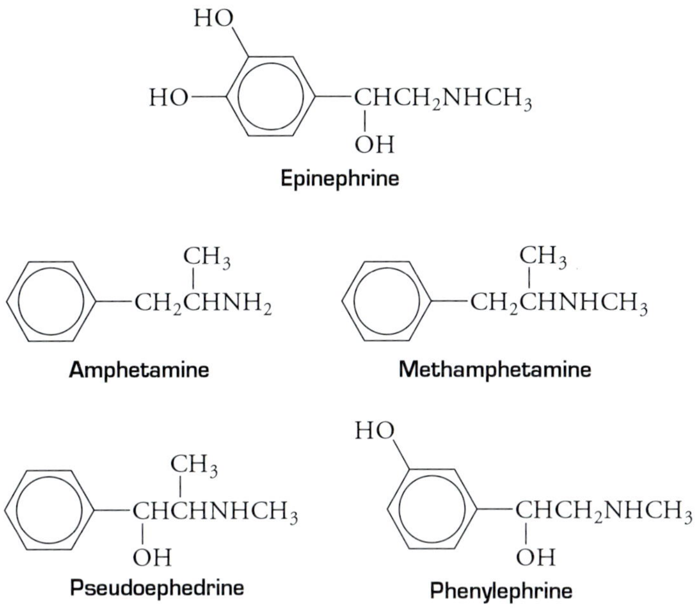

HO

HO—(benzene ring)—$CHCH_2NHCH_3$ | OH

Epinephrine

CH_3 | (benzene ring)—CH_2CHNH_2

Amphetamine

CH_3 | (benzene ring)—$CH_2CHNHCH_3$

Methamphetamine

CH_3 | (benzene ring)—$CHCHNHCH_3$ | OH

Pseudoephedrine

HO

(benzene ring)—$CHCH_2NHCH_3$ | OH

Phenylephrine

■ **그림 8.27**

에피네프린과 관련 화합물

에피네프린 생성의 즉각적인 효과 중 하나는 혈당을 증가시켜 에너지의 급격한 공급이다.

암페타민(amphetamine)으로 불리는 합성된 약은 구조적으로 에피네프린과 유사하다. 에피네프린처럼 암페타민은 심박동과 혈압을 증가시키고, 흥분제로 작용한다. 암페타민은 또한 체중 감량과 우울증 치료에 사용되어 왔다. 관련된 화합물인 메탐페타민(methamphetamine)은 비슷하지만 보다 강력한 효과를 가진다.

Pseudoephedrin은 한 때 처방전 없이 판매되는 코의 항울혈제로 널리 사용되었다. pseudoephedrin을 methamphetamine으로 변환하기는 비교적 쉬워서 불법제조업자들이 다량의 항울혈제를 종종 구입했다. 그 결과, 2006년 초반 미국 연방정부는 이것과 methamphetamine의 불법적 생산에 종종 사용되는 다른 화합물들에 대해 통제하는 새로운 법을 제정하였다. 현재, pseudoephedrine을 포함한 약들은 계산대 뒤에 배치되어야 하며, 소매업자들은 판매일지를 보관해야 하고, 이 약을 사려는 이들은 신분증을 보여 주어야만 한다.

처방전 없이 종종 사용되는 항울혈제의 유효성분은 페닐에프린(phenylephrine)이라 불린다. pseudoephedrine과 달리, 이 화합물은 methamphetamine의 생산에 사용될 수 없다. phenylephrine은 pseudoephedrine보다 빠르게 대사되고 빠르게 유효성을 잃는다. 한 연구는 항울혈제로서 phenylephrine이 위약보다 아주 조금 낫다고 보고하였다.

8.12 | 약한 유기 염기로서 아민

아민은 약염기(H^+ 수용체)로, 유기 화합물의 다른 분류와 구별되는 특징적인 성질을 가지고 있다. 메틸아민(methylamine, CH_3NH_2)에 물이 첨가될 때 H^+가 물 분자에서 아민으로 전달된다(그림 8.28*a*). 이 산, 염기 반응의 생성물은 수산화 이온(염기성 용액을 만드는)과 아민의 짝산인 메틸암모늄 이온(methylammnium ion)이다. 아민은 약염기이기 때문에 물과의 가역반응에서 반응 농도는 생성물의 농도보다 높고 용액은 특별히 염기성은 아니다. 많은 아민의 짝산은 9에서 11 사이의 pK_a 값을 가진다. 그래서 9보다 낮은 pH에서 아민은 그들의 짝산으로 존재하고, pH가 11 이상에서는 아민으로 존재한다.

$CH_3NH_3^+$	CH_3NH_2
Methylammonium ion	**Methylamine**
[pH < pK_a일 때 우세]	**[pH > pK_a일 때 우세]**

아민 짝산은 4차 암모늄 이온과 같은 방식으로 명명된다. 예를 들어 $CH_3NH_3^+$는 메틸암모늄 이온(methylammnium ion)으로 $(CH_3)_3NH^+$(trimethylammnium ion)는 트리메틸암모늄으로 명명한다.

아민이 물로부터 H^+를 받을 수 있는 것처럼, 산으로부터 H^+를 받을 수 있다. 에틸아민이 HCl과 반응하면 산, 염기 반응으로 에틸암모늄 염화물(ethylammonium chloride)을 생성한다(그림 8.28*b*). 아민으로부터 형성된 염은 의약 산업에 중요하다. 왜냐하면 아민 자체보다 물에 대한 용해도가 커서 아민 염 약물을 쉽게 복용할 수 있도록 해주기 때문이다. 예를 들어, 충혈완화제인 에페드린(ephedrine)

$$(a)\ \underset{\textbf{Methylamine}}{CH_3NH_2} + H_2O \rightleftharpoons \underset{\textbf{Methylammonium ion}}{CH_3NH_3^+} + OH^-$$

$$(b)\ \underset{\textbf{Methylamine}}{CH_3NH_2} + HCl \longrightarrow \underset{\textbf{Methylammonium chloride}}{CH_3\overset{+}{N}H_3\ Cl^-}$$

■ **그림 8.28**

염기로서 아민 (*a*) 메틸아민은 물과 반응하여 메틸암모늄 이온과 수산기(OH^-)를 생성한다. (*b*) 에틸아민은 염산과 반응하여 에틸암모늄클로라이드 염을 생성한다.

■ 강산은 아민을 암모늄염으로 만든다.

은 에페드린 염산염(ephedrine hydrochloride) 또는 에페드린 황산염(ephedrine sulfate)으로 판매되고 있다.

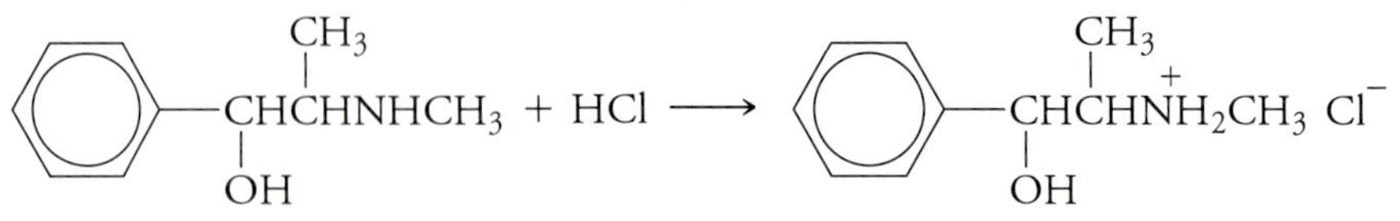

$$C_6H_5-CH(OH)-CH(CH_3)-NHCH_3 + HCl \longrightarrow C_6H_5-CH(OH)-CH(CH_3)-\overset{+}{N}H_2CH_3\ Cl^-$$

Pseudoephedrine **Pseudoephedrine hydrochloride**

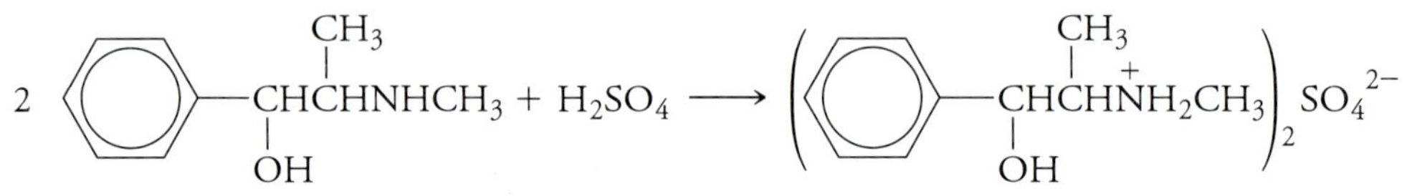

$$2\ C_6H_5-CH(OH)-CH(CH_3)-NHCH_3 + H_2SO_4 \longrightarrow \left(C_6H_5-CH(OH)-CH(CH_3)-\overset{+}{N}H_2CH_3\right)_2 SO_4^{2-}$$

Pseudoephedrine sulfate

에페드린과 같은 아민을 함유하는 약물의 염은 보통 음이온 이름과 약물의 관용명을 결합하여 명명한다. 염산(HCl)이 염을 형성할 때 *chloride* 대신 *hydrochloride*가 사용된다.

비록 4차 암모늄 이온은 염기성은 아니지만 염으로 존재할 수도 있다. *Amanita nuscaria*라는 버섯에서 발견된 독성이 매우 강한 4차 암모늄 이온인 무스카린(muscarine)은 요오드염으로 분리된다.

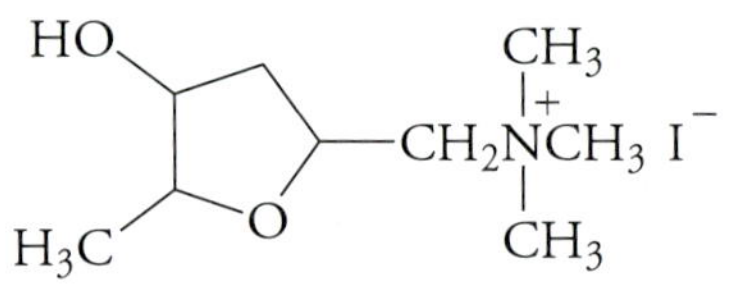

$$\text{(HO, }H_3C\text{-substituted tetrahydrofuran ring)}-CH_2\overset{+}{N}(CH_3)_3\ I^-$$

Muscarine iodide

예제 8.13

염기로서 아민

a. methylpropylamine과 물 사이의 산–염기 반응에 대한 평형 화학반응식을 쓰시오.

b. pH5에서 methylpropylamine과 짝산 중 어느 것이 우세한가?

전략

a에 대한 답을 얻기 위해 염기로 역할을 하는 아민에 대해 알 필요가 있다. b에 대한 답은 아민의 짝산에 대한 pK_a에 따라 달라진다. 일반적으로, 이들의 pK_a 값은 9에서 11 사이에 있다.

해답

a. 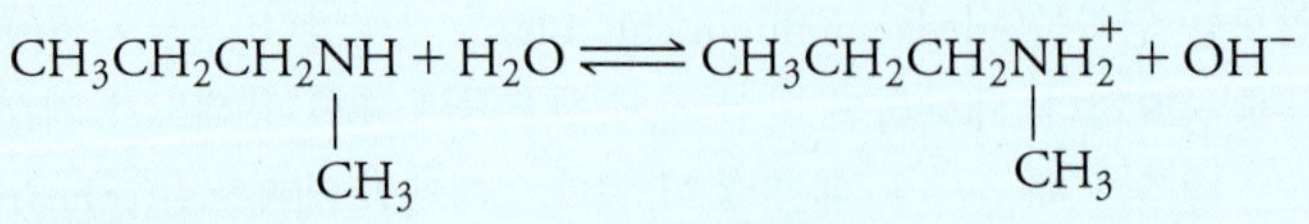 $CH_3CH_2CH_2NH(CH_3) + H_2O \rightleftharpoons CH_3CH_2CH_2\overset{+}{N}H_2(CH_3) + OH^-$

Methylpropylamine **Methylpropylammonium ion**

b. pH가 pK_a보다 낮을 때, 산성의 형태가 우세하다. methylpropylamine보다 methylpropylammonium이 더 많을 것이다.

연습문제 8.13

trimethylamine과 HBr의 반응에 대한 균형 맞춘 반응식을 쓰시오. 만들어지는 염의 이름을 쓰시오.

8.13 | 아미드

카복실산이 암모니아나 일차 또는 이차 아민과 반응할 때, 산–염기 반응의 생성물은 카복실산 이온(carboxylate ion)과 암모니아 또는 아민의 짝산으로 이루어진 염이다. 이 염을 가열하면 아미드(amide)가 생성된다(그림 8.29*a*). 질소 원자가 바로 카보닐 탄소에 붙은 아미드는 암모니아 또는 아민 잔기에 결합한 카복실산 잔기를 가진다. 다음 장에서는 생화학에서 아미드의 중요한 역할을 다룰 것이다.

■ 아미드는 카복실레이트–암모늄 이온 염(carboxylate–ammonium ion salts)을 가열함으로써 생성될 수 있다.

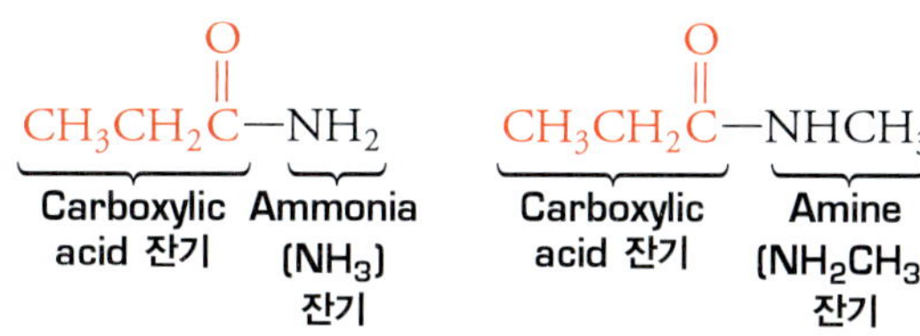

그림 8.29*a*에 보이는 반응 외에 아미드를 생성하는 다른 방법들도 있는데, 주로 카복실산의 —OH를 암모니아나 아민 분자의 바꾸기 쉬운 기능기로 바꾸는 법이다. 세포에서 단백질을 합성하는 동안 만들어지는 아미드 결합의 경우, —OH기가 tRNA라 불리는 거대분자에 의해 대체된다(제13장).

아미드는 기본적인 카복실산의 잔기들에 따라 명명된다. 카보닐 탄소에 하나의 $—NH_2$가 결합한 가장 간단한 아미드의 이름은 카복실산 잔기에 있는 카복실산의 이름을 변화시켜 얻어진다. IUPAC 명에서 이름 끝에 있는 "oic acid"와 관용명에서 이름 끝에 있는 "ic acid"를 "amide"로 바꾼다(그림 8.30*a*). 아민 잔기가 있으면 질소 원자에 결합되어 있는 치환기들이 동정되어야 하고 그 위치는 *N*을 사용하여 표기하여야 한다(그림 8.30*b*). 수소결합은 아민을 서로 잇는다. 그 결과, 아미드는 비교적 높은 끓는점을 가지는 경향이 있다. 아민과 달리, 아미드는 염기가 아니다.

에스테르처럼 아미드는 이중 치환 반응에서 가수분해될 수 있다. 물과 산 존재하에 가열하면 아미드는 카복실산과 암모니아 또는 아민의 짝산을 형성한다(그림 8.29*b*).

(*a*) $$CH_3CH_2\overset{\overset{\large O}{\|}}{C}-OH + NH_3 \longrightarrow CH_3CH_2\overset{\overset{\large O}{\|}}{C}-O^-NH_4^+ \xrightarrow{\text{열}} CH_3CH_2\overset{\overset{\large O}{\|}}{C}-NH_2 + H_2O$$

$$CH_3CH_2\overset{\overset{\large O}{\|}}{C}-OH + H_2NCH_3 \longrightarrow CH_3\overset{\overset{\large O}{\|}}{C}-O^-H_3\overset{+}{N}CH_3 \xrightarrow{\text{열}} CH_3CH_2\overset{\overset{\large O}{\|}}{C}-NHCH_3 + H_2O$$

(*b*) $$CH_3\overset{\overset{\large O}{\|}}{C}-NH_2 + H_2O \xrightarrow[\text{열}]{H^+} CH_3\overset{\overset{\large O}{\|}}{C}-OH + NH_4^+$$

$$CH_3\overset{\overset{\large O}{\|}}{C}-NHCH_2CH_3 + H_2O \xrightarrow[\text{열}]{H^+} CH_3\overset{\overset{\large O}{\|}}{C}-OH + H_3\overset{+}{N}CH_2CH_3$$

■ **그림 8.29**

아미드 (*a*) 카복실산(산)과 암모니아 또는 아민(염기)의 반응은 염을 생성한다. 가열하면 염은 아미드로 바뀐다. (*b*) 물과 수소이온 존재하에 가열하면 아미드는 카복실산과 암모니아 또는 아민의 짝산으로 가수분해된다.

그림 8.30

아미드 명명 (*a*) 암모니아 잔기를 포함하는 아미드의 경우 카복실산 잔기에서 카복실산 이름 끝에 있는 "oic acid(IUPAC명)" 또는 "ic acid(관용명)"를 "amide"로 바꿔서 명명한다. (*b*) 아민 잔기가 존재하면 질소 원자에 결합되어 있는 치환기를 동정하고 그 위치는 *N*을 사용하여 표시한다. 에스테르 명과 달리 아미드 명은 바로 붙여서 표기한다.

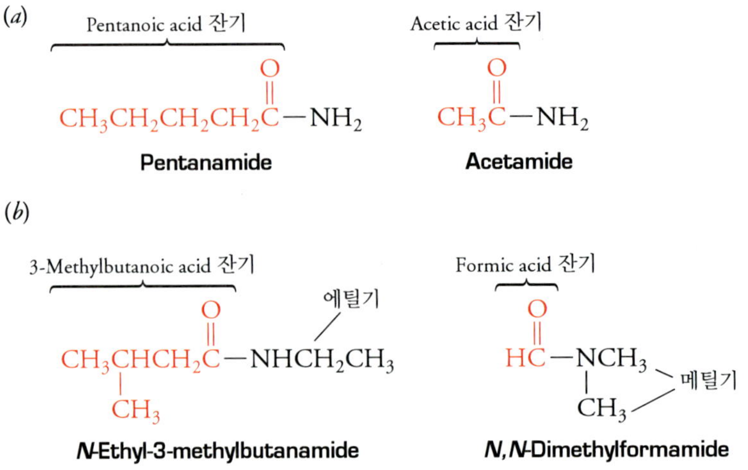

(*a*)

Pentanoic acid 잔기: $CH_3CH_2CH_2CH_2C(=O)-NH_2$ — **Pentanamide**

Acetic acid 잔기: $CH_3C(=O)-NH_2$ — **Acetamide**

(*b*)

3-Methylbutanoic acid 잔기, 에틸기: $CH_3CH(CH_3)CH_2C(=O)-NHCH_2CH_3$ — ***N*-Ethyl-3-methylbutanamide**

Formic acid 잔기, 메틸기: $HC(=O)-N(CH_3)CH_3$ — ***N*,*N*-Dimethylformamide**

예제 8.14

아미드 가수분해

각 가수분해 반응의 산물을 그리시오.

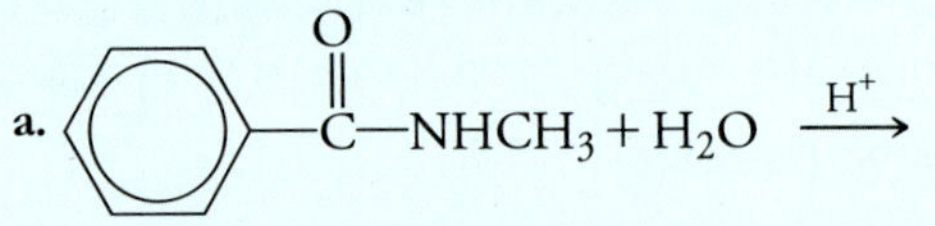

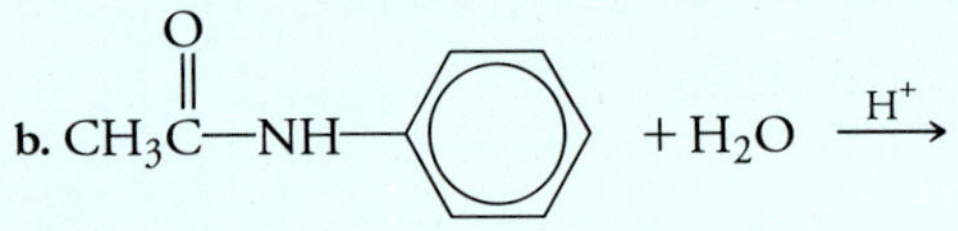

a. $C_6H_5-C(=O)-NHCH_3 + H_2O \xrightarrow{H^+}$

b. $CH_3C(=O)-NH-C_6H_5 + H_2O \xrightarrow{H^+}$

전략

이 반응들에 대해, 카복실산 잔기와 아민 잔기 사이를 잇는 결합에서 아미드를 쪼개는 것을 생각해 보라. 아미드 가수분해는 카복실산과 아민의 짝산을 생성한다.

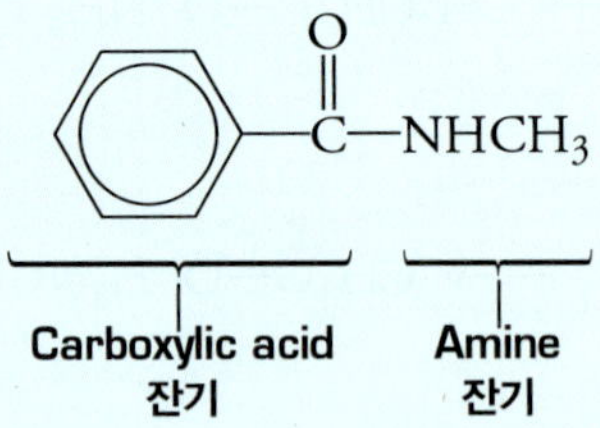

$C_6H_5-C(=O)-NHCH_3$ (Carboxylic acid 잔기: $C_6H_5-C(=O)-$, Amine 잔기: $-NHCH_3$)

해답

a. $C_6H_5-C(=O)-OH + \overset{+}{N}H_3CH_3$

b. $CH_3C(=O)-OH + \overset{+}{N}H_3-C_6H_5$

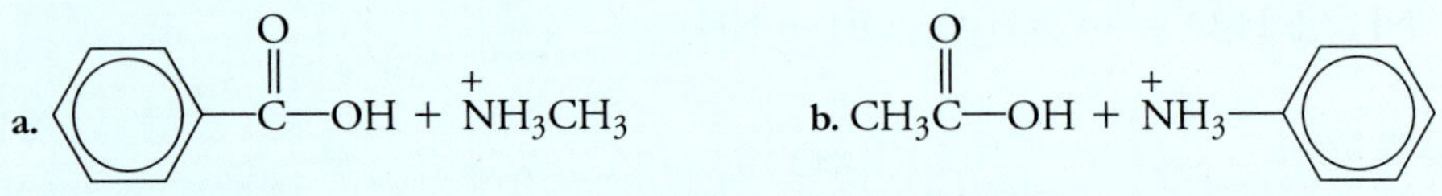

연습문제 8.14

예제 8.14의 반응들이 pH 3 또는 그 이하에서 일어난다고 가정하자. 이 반응에 있어, 카복실산의 짝염기가 아닌 카복실산과 아민이 아닌 아민의 짝산이 생성물들인지를 설명하시오.

Did You Know?

상표명 Nutrasweet으로도 알려진 인공감미료인 아스파탐은 우연히 발견되었다. 1965년에 아미드, 카복실산, 그리고 에스테르를 포함하는 이 화합물은 위궤양을 치료하기 위한 신약 개발 계획의 일부로 합성되었다. 화합물은 화학연구자의 손에 닿았고, 그는 알아채지 못했다. 종이들을 집기 위해 손가락에 침을 묻혔을 때, 그의 손가락은 달콤했다.

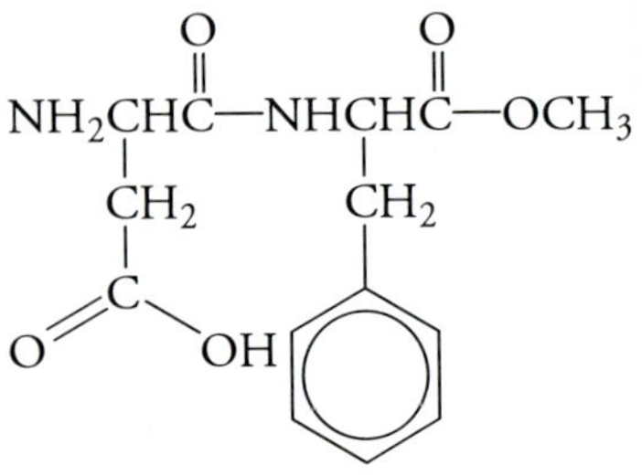

$NH_2CH(CH_2COOH)C(=O)-NHCH(CH_2C_6H_5)C(=O)-OCH_3$

Aspartame

바이오필름

HealthLink

냉장고에서 하루 지난 후 미끈거리고 상하기 시작한 상추를 본 적이 있는가? 만약에 그렇다면 쿼럼센싱(quorum sensing)으로 알려진 박테리아 작용의 결과를 관찰한 것이다.

박테리아는 단일세포로 이루어진 유기체로 최근까지 독자적으로 존재한다고 생각되어졌다. 현재 많은 박테리아는 "자신의 존재"를 알리는 기능을 가진 분자들을 방출하는 것으로 알려져 있다. 다른 박테리아는 자가유도제(autoinducers)라고 불리는 이러한 신호 분자를 감지하는 수용체를 가지고 있다. 박테리아 집단이 충분한 일정 수준에 도달하면, 자가유도제의 농도가 각각의 박테리아가 집단으로 행동하게 도와주는 화합물을 생산하도록 박테리아 대사가 변화하게 된다. 개별적인 활성에서부터 집단 활성까지 이러한 스위치를 쿼럼센싱(quorum sensing)이라 한다. 사람에서 말하자면 쿼럼(quorum)은 사업 회의에서 필요로 하는 최소한의 참석자 수이다. 박테리아의 경우에 쿼럼은 집단 활동을 성공적으로 하기 위해 충분히 필요한 집단 크기를 말한다.

바이오필름(biofilm)은 쿼럼센싱의 일반적인 현상 중의 하나이다. 박테리아는 서로서로 들러 붙게 하는 끈적한 점액질을 만들기 시작한다. 이러한 바이오필름은 영양분을 끌어들이고 물을 흡수하고 폐기물을 제거하는 채널(channels)을 가지고 있다. 어떤 바이오필름의 박테리아 경우, 항생제에 저항성을 주는 유전자 또는 독소를 생성하는 유전자가 교환된다.

바이오필름은 널리 퍼져 있고 야채, 고기, 물고기를 포함하여 음식물이 부패하는 데 어떤 역할을 한다. 그것은 또한 건강에도 영향을 준다. 바이오필름은 콘택트렌즈, 카테터(catheters) 내부, 외과 봉합시 봉합사, 칫솔, 그리고 입 안에서 형성된다(그림 8.31). 바이오필름에서 박테리아는 치은염과 충치 형성의 한 요인이다. 부실한 구강위생과 관련된 입 냄새는 바이오필름에서 생성된 황 화합물로 인한 것이다.

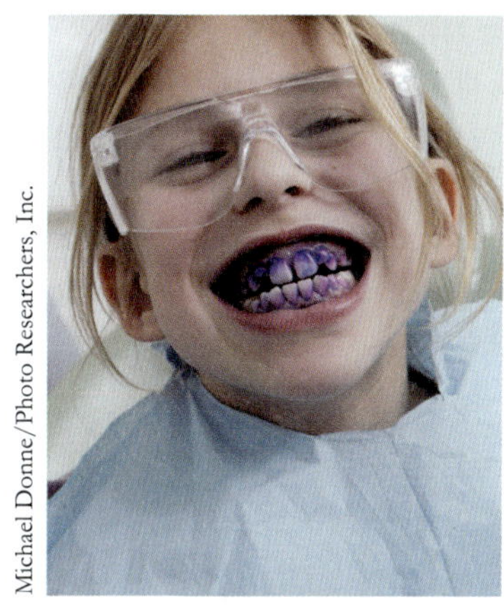

Michael Donne/Photo Researchers, Inc.

그림 8.31

바이오필름 치아의 보라색은 플라크(plaque), 구강 내 세균의 바이오필름을 검출하기 위해 사용한 염색 때문이다.

쿼럼센싱 자가유도제는 다양한 형태로 존재한다. 많은 박테리아는 아실 호모세린 락톤(acyl homoserine lactones; AHLs)라고 불리는 변이체를 방출한다. AHLs는 2개의 부분으로 구성된다: 호모세린(homoserine) 잔기와 아실(acyl)기(그림 8.32). 호모세린은 카복실산, 알코올, 아민기를 포함하는 아미노산이다. AHLs에서 카복실산과 알코올기는 반응하여 락톤(lactone; cyclic ester)을 형성한다. 아미노기의 질소 원자는 아실기(카복실산 잔기)와 결합하여 아미드를 형성한다. 아실기는 짝수의 탄소 원자를 가지고 있고 박테리아 종에 따라 4~18개의 탄소 원자 수를 가진다.

(a)

$$NH_2-CH(CH_2CH_2OH)-C(=O)-OH$$

아민 카복실산 알코올

Homoserine

(b)

락톤

Homoserine lactone

(c)

아실기

$$CH_3CH_2CH_2C(=O)-NH-$$

An acyl homoserine lactone

그림 8.32

아실 호모세린 락톤 아실 호모세린 락톤(acyl homoserine lactones, AHLs)은 박테리아에서 쿼럼센싱을 촉발하는 하나의 분자군이다. (*a*) 아미노산 호모세린에 3부류의 유기화합물이 있다.: 카복실산, 알코올, 그리고 아민. (*b*) 호모세린에서 카복실산과 알코올기는 반응하여 고리 에스테르(cyclic ester)(락톤)를 형성한다. (*c*) AHLs는 아미드 결합에 의해 아실기(카복실산 잔기)와 결합한 호모세린 락톤 잔기로 이루어져 있다.

벼룩 퇴치제

BiochemistryLink 

개나 고양이를 키우는 사람은 아마도 벼룩을 다루어야 할 것이다(그림 8.33). 비록 벼룩은 한 달 정도 밖에 살지 못하지만 그들은 매우 효율적으로 번식한다—암컷 벼룩은 일생 동안 2,000개의 알을 낳는다. 애완동물, 소파 또는 집 전체가 이 작은 해충으로 감염되는 데 오래 걸리지 않는다.

Ciba-Geigy 회사는 아미드를 함유하는 약물인 루페누론(lufenuron)을 판매한다. 한 달 동안 살포하면 벼룩 문제를 해결하는 데 도움이 된다. 이 약은 소수성(애완동물의 지방조직에서 녹음)이고 혈액 속에 매우 느리게 방출된다. 벼룩이 루페누론이 처리된 애완동물을 물었을 때 그들은 이 약물을 섭취하게 된다. 하지만 성충 벼룩은 영향을 받지 않는다. 왜냐하면 이 약물은 곤충의 외골격을 형성을 저해하고, 루페누론에 노출된 벼룩에 의해 생산된 알의 발육을 억제하기 때문이다.

(2,6-difluorophenyl)–C(=O)–NH–C(=O)–NH–(2,5-dichlorophenyl)–OCF_2CHFCF_3

Lufenuron

■ 그림 8.33

Ctenocephalides felis 고양이 벼룩

봄에 ... 재방문

알레르기는 먼지, 꽃가루, 음식, 그리고 여러 알레르기를 일으키는 것들에 대한 극심한 민감도 때문이다. 알레르기를 일으키는 물질에 노출되었을 때, 면역 체계는 히스타민과 다른 여러 화합물들을 방출함으로써 반응한다. 히스타민은 두통, 가려움, 눈물, 콧물, 기관지 수축 등 영향을 끼친다. 히스타민에 대한 이러한 반응들은 히스타민이 특정 세포수용체들과 결합할 때 일어난다.

현재 이용되는 많은 항히스타민제들 중 두 가지는 Diphenhydramine(Benadryl)과 chlorpheniramine (Chlor-Trimeton)이다. 이들과 다른 여러 항히스타민제들은 히스타민 세포수용체에 결합하여 작용하고, 이는 히스타민의 역할을 억제한다. 일부 항히스타민제들의 사용은 졸음을 일으키는데, 이는 이 약들이 뇌에 있는 특정 히스타민 수용체 또한 막기 때문이다. Terfenadine (Seldane)을 포함한 졸음을 일으키지 않는 항히스타민제들은 이러한 특정 뇌 수용체와 결합하지 않는다.

(imidazole ring, N, N–H)–$CH_2CH_2NH_2$

Histamine

$(C_6H_5)_2$CH–$OCH_2CH_2N(CH_3)CH_3$

Diphenhydramine

Cl–C_6H_4–CH(2-pyridyl)–$CH_2CH_2N(CH_3)CH_3$

Chlorpheniramine

$(CH_3)_3C$–C_6H_4–CH(OH)$CH_2CH_2CH_2$–N(piperidine)–C(OH)$(C_6H_5)_2$

Terfenadine

THINKING IT THROUGH

N-Methylhistamine은 히스타민의 대사 동안 형성되는 산물 중 하나이다. 이 화합물은 히스타민의 1차 아민에 있는 수소 원자들 중 하나가 메틸기로 치환되어 형성된다. *N*-methylhistamine을 그리시오.

e.

CHAPTER 8의 목적

목표	요약	절	예제 연습문제	총정리 문제
1. 알칸, 알켄, 알킨 그리고 방향족 탄화수소의 명명법을 말하시오.	IUPAC 명명체계에서 알칸은 주사슬을 확인함에 의해 (분자 내 가장 긴 탄소 사슬) 그리고 치환체의 위치와 이름에 따라 (주사슬에 붙은 원자나 원자단) 명명한다. 알켄과 알킨은 주사슬이 여러 탄소 원자 결합들을 가져야만 한다. 방향족 화합물들에 있어, 벤젠은 기본이 되며 치환체의 위치가 *ortho*, *meta* 또는 *para*의 이름이나 수에 따라 표기된다.	8.1, 8.4, 8.5	8.1	8.5~8.20, 8.33~8.40, 8.45~8.50, 8.53~8.56
2. **구조이성질체**, **입체구조**, 그리고 기하이성질체로 알려진 **입체이성질체** 사이의 차이점. 기하이성질체로 존재하는 두 가지 탄화수소족에 대해 이해하시오.	**구조이성질체**(constitutional isomer)는 분자식은 같고 원자들의 결합이 다르다. **입체구조**(conformation)는 분자가 단일결합의 회전을 통해 다른 구조를 가진다. **입체이성질체**(stereoisomer)는 분자식이 같고, 원자들의 결합이 같지만, 단지 결합이 깨져 교차되는 다른 구조를 가진다. **기하이성질체**(geometric isomer)는 공유결합 주변의 제한된 회전에 의해 생긴다. 사이클로알칸과 알켄은 기하(***cis***와 ***trans***)입체이성질체를 가질 수 있다.	8.2~8.5	8.2~8.4	8.21~8.32, 8.41~8.44, 8.51, 8.52
3. 알칸이 Cl_2 및 빛과 반응할 때 형성되는 산물, 알켄이 H_2 및 Pt와 반응할 때 또는 H_2O 및 H^+와 반응할 때, 그리고 방향족 탄화수소가 Cl_2 및 Fe와 반응할 때 형성되는 산물을 말하시오.	알칸은 Cl_2 및 빛과 반응하여 알킬 할라이드를 생성한다. 알켄은 H_2 및 Pt와 반영하여 알칸을 만들고, H_2O 및 H^+와 반응하여 알코올을 만든다. **마코프니코프의 법칙**(Markovnikov's rule)은 알코올 형성에 적용된다. 방향족 화합물은 Cl_2 및 Fe와 반응하여 방향족 할라이드를 생성한다.	8.6	8.5~8.7	8.57~8.70
4. 카복실산과 단순 페놀 명명을 설명하시오. 카복실산 또는 페놀끼리 이어지는 데 주가 되는 비공유결합력 이해와 이러한 힘이 끓는점에 미치는 영향을 말하시오.	카복실산의 IUPAC 명명은 탄화수소의 이름에서 마지막 "e"를 제거하고 "oic acid"를 추가하는 것이다. 단순 페놀은 페놀 고리에 위치한 잔기를 특정함으로 명명된다. 이는 *ortho*, *meta* 그리고 *para*를 사용하거나 고리에서 수를 세어 명명된다. 카복실산과 페놀은 기본적으로 수소결합을 통해 비슷한 화합물과 결합한다. 이는 상대적으로 높은 끓는점을 가지게 한다.	8.7, 8.8	8.8, 8.9	8.71~8.88
5. 카복실산과 페놀이 물 또는 강염기와 반응할 때 일어나는 현상을 설명하시오. 카복실산과 페놀의 짝염기 명명법을 말하시오.	물의 존재하에 카복실산과 페놀은 반응하여 **카복실산 이온**(carboxylate ion)과 **페녹사이드 이온**(phenoxide ion)을 각각 생성한다. NaOH와 같은 강염기와 반응하는 카복실산 또는 페놀은 카복실레이트 또는 페녹사이드로 변환된다. 카복실산의 짝염기의 이름은 카복실산의 이름 끝에 있는 "ic acid"를 "ate ion"으로 바꿔서 명명한다. 페놀의 짝염기는 페놀 이름 끝에 있는 "ol"을 "oxide"로 바꿔서 명명한다.	8.9	8.10	8.89~8.106
6. 에스테르 명명법 및 에스테르의 합성과 가수분해를 설명하시오.	에스테르는 카복실산 잔기에서 카복실산의 이름 끝에 있는 "ic acid"를 "ate"로 바꿔서 알코올 **잔기**(residue)의 알킬기의 이름 뒤에 붙여 명명한다. H^+ 존재하에 에스테르는 카복실산 및 알코올을 반응하여 생성된다. 산성 조건하에서 가수분해는 에스테르를 카복실산과 알코올로 변환한다. 염기성 가수분해는 카복실 염과 알코올을 생성한다.	8.10	8.11	8.107~8.112

목표	요약	절	예제 연습문제	총정리 문제
7. 아민 명명법, 아민을 잇는 주요한 비공유결합력과 끓는점에 대한 이의 영향를 설명하시오.	**1차** 아민은 질소 원자에 붙은 단지 하나의 탄소 원자만을 가지고 있다. **2차** 아민은 2개의 탄소 원자들을, **3차** 아민은 3개, **4차** 암모늄 이온은 4개를 가진다. 아민에 대한 IUPAC 명명은 탄화수소의 끝에 "e"를 빼고 "amine"을 넣어주면 된다. *N*은 질소 원자에 붙은 치환체의 위치를 나타낸다. 관용명은 질소 원자에 붙은 알킬기의 이름 뒤에 "amine"을 바꿔서 만들어준다. 1차 및 2차 아민들은 N—H 결합을 가지고 비슷한 분자들끼리 수소결합을 형성할 수 있다. 3차 아민은 비슷한 분자들끼리 수소결합을 형성할 수 없고, 비슷한 분자식을 가진 1차 및 2차 아민들에 비해 낮은 끓는점을 가진다.	8.11	8.12	8.113~8.128
8. 아민이 물 또는 강산과 반응할 때 일어나는 현상 를 설명하시오. 아민의 짝산을 명명하시오.	물의 존재하에, 아민은 반응하여 아민의 짝산과 OH^-를 생성한다. 강산은 아민과 반응하여 아민 염을 만들다. 아민 짝산을 명명하기 위해, 질소 원자에 붙은 알킬기의 이름은 "ammonium ion"과 붙여진다.	8.12	8.13	8.129~8.138
9. 아미드 명명 및 합성과 가수분해를 설명하시오.	아미드는 카복실산의 이름 끝을 "oic acid"(IUPAC 이름) 또는 "ic acid"(관용명)에서 "amide"로 바꾼다. 질소 원자에 붙은 치환체 이름이 붙고, 위치는 *N*으로 표시된다. 아미드는 카복실산과 암모니아의 혼합물 또는 1차나 2차 아민을 가열해 얻어질 수 있다. H^+의 존재하에, 아미드는 가수분해되어 카복실산과 암모늄 이온 또는 아민의 짝산을 생성한다.	8.13	8.14	8.139~8.158

반응 요약

8.6절

알칸의 할로겐화

$$CH_4 + Cl_2 \xrightarrow{\text{빛}} CH_3Cl + HCl$$

알켄의 촉매 할로겐화

$$H_2C{=}CH_2 + H_2 \xrightarrow{Pt} H_3C{-}CH_3$$

방향족 할로겐화

$$C_6H_6 + Cl_2 \xrightarrow{Fe} C_6H_5Cl + HCl$$

8.9절

약산으로서 카복실산

$$CH_3\overset{\displaystyle O}{\overset{\|}{C}}-OH + H_2O \rightleftharpoons CH_3\overset{\displaystyle O}{\overset{\|}{C}}-O^- + H_3O^+$$

$$CH_3\overset{\displaystyle O}{\overset{\|}{C}}-OH + NaOH \longrightarrow CH_3\overset{\displaystyle O}{\overset{\|}{C}}-O^-Na^+ + H_2O$$

약산으로서 페놀

$$C_6H_5OH + H_2O \rightleftharpoons C_6H_5O^- + H_3O^+$$

$$C_6H_5OH + NaOH \longrightarrow C_6H_5O^-Na^+ + H_2O$$

8.10절

에스테르 형성

$$CH_3\overset{\displaystyle O}{\overset{\|}{C}}-OH + HOCH_2CH_3 \overset{H^+}{\rightleftharpoons} CH_3\overset{\displaystyle O}{\overset{\|}{C}}-OCH_2CH_3 + H_2O$$

에스테르 가수분해

$$CH_3\overset{\displaystyle O}{\overset{\|}{C}}-OCH_2CH_3 + H_2O \overset{H^+}{\rightleftharpoons} CH_3\overset{\displaystyle O}{\overset{\|}{C}}-OH + HOCH_2CH_3$$

$$CH_3\overset{\displaystyle O}{\overset{\|}{C}}-OCH_2CH_3 + NaOH(aq) \longrightarrow CH_3\overset{\displaystyle O}{\overset{\|}{C}}-O^-Na^+ + HOCH_2CH_3$$

8.12절

약염기로서 아민

$$CH_3NH_2 + H_2O \rightleftharpoons CH_3NH_3{}^+ + OH^-$$

$$CH_3NH_2 + HCl \longrightarrow CH_3NH_3{}^+Cl^-$$

8.13절

카복실산으로부터 아미드

$$CH_3\overset{\displaystyle O}{\overset{\|}{C}}-OH + NH_3 \longrightarrow CH_3\overset{\displaystyle O}{\overset{\|}{C}}-O^-NH_4{}^+ \xrightarrow{\text{열}} CH_3\overset{\displaystyle O}{\overset{\|}{C}}-NH_2 + H_2O$$

아미드 가수분해

$$CH_3\overset{\displaystyle O}{\overset{\|}{C}}-NH_2 + H_2O \xrightarrow[\text{열}]{H^+} CH_3\overset{\displaystyle O}{\overset{\|}{C}}-OH + NH_4{}^+$$

총정리 문제

색으로 표시된 문제의 해답은 부록 C에 있다.
좀 더 어려운 문제는 *표로 표시하였다.

8.1 아래 2개의 분자들을 가장 잘 기술한 단어를 확인하시오. 구조이성질체, 기하이성질체, 같은 분자의 다른 입체구조, 2개의 관련없는 분자들.

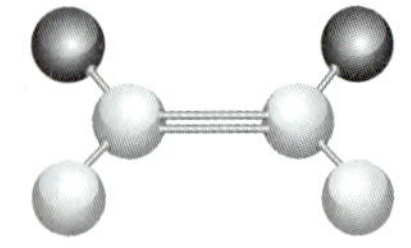
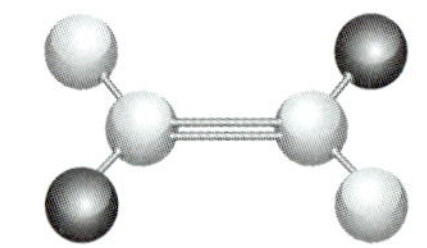

8.2 아래 2개의 분자들을 잘 기술한 단어를 확인하시오. 구조이성질체, 기하이성질체, 같은 분자의 다른 입체구조, 2개의 관련없는 분자들.

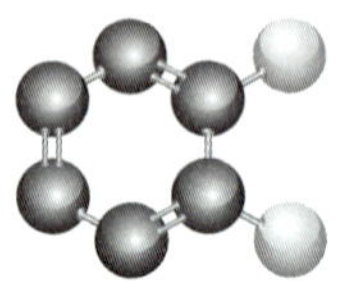
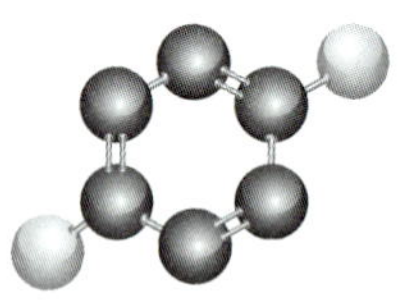

8.3 에스테르인 methyl salicylate(wintergreen oil)는 아래 보이는 것처럼 만들어질 수 있다. 생성물 안에 보이는 물 분자의 원료가 되는 반응물 안의 원자를 동그라미로 표시하시오.

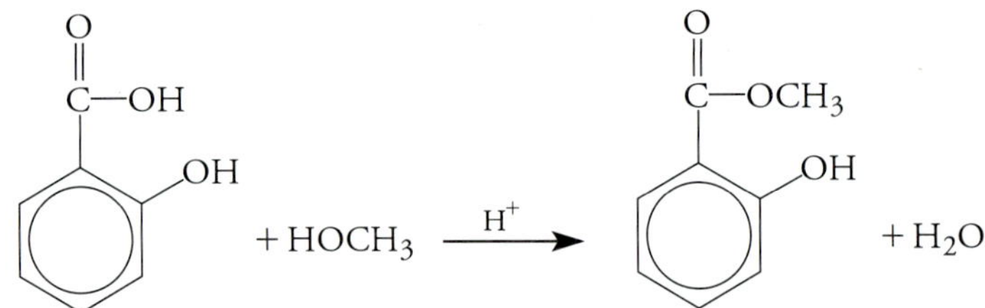

Salicylic acid   Methyl salicylate

8.4 에스테르인 acetylsalicylic(aspirin)은 아래 보이는 것처럼 가수분해될 수 있다. 반응물인 물 분자 안에 원래 있던 생성물 안의 원자를 동그라미로 표시하시오.

(C—OH, O—$\overset{\text{O}}{\text{C}}CH_3$) + H_2O $\xrightarrow{H^+}$

Acetylsalicylic acid

(C—OH, OH) + HO—$\overset{\text{O}}{\text{C}}CH_3$

Salicylic acid

8.1 알칸

8.5 어느 것이 가장 끓는점이 높은가? 그 이유를 설명하시오.
$CH_3CH_2CH_2CH_2CH_3$ 또는 $CH_3CH(CH_3)CH_2CH_3$?

8.6 어느 것이 가장 끓는점이 높은가? 그 이유를 설명하시오.

또는

8.7 끓는점이 가장 높은 것부터 가장 낮은 순서로 분자들을 배열하시오. decane, propane, butane.

8.8 끓는점이 가장 높은 것부터 가장 낮은 순서로 분자들을 배열하시오. pentane, octane, methane.

8.9 각 알칸에 대한 루이스 구조식을 그리시오.
a. $CH_3CH_2C(CH_3)_3$
b. $CH_3CH_2CH(CH_3)CH(CH_3)CH_2CH_3$

8.10 각 알칸에 대한 루이스 구조식을 그리시오.
a. $CH_3CH(CH_2CH_2CH_3)CH_2CH_3$
b. $CH_3C(CH_2CH_3)_2CH(CH_3)CH_3$

8.11 문제 8.9의 각 분자들에 대한 골격구조를 그리시오.

8.12 문제 8.10의 각 분자들에 대한 골격구조를 그리시오.

8.13 각 분자에 대한 루이스 구조를 그리시오.

a.   **b.**

8.14 각 분자에 대한 루이스 구조를 그리시오.

a.   **b.**

8.15 문제 8.13의 각 분자에 대한 축소 구조 형식을 쓰시오.

8.16 문제 8.14의 각 분자에 대한 축소 구조 형식을 쓰시오.

8.17 각 분자에 대한 주사슬을 찾고 이름을 쓴 후 IUPAC 명을 쓰시오.

a. $CH_3CH_2CHCH_2CH_3$ (CH 위치에 CH_3)

b. $CH_3CHCH_2CH_3$ (CH 위치에 $CH_2CH_2CH_3$)

c. $CH_3CCH_2CH_3$ (C 위치에 $CH_2CH_2CH_3$, $CH_2CH_2CH_3$)

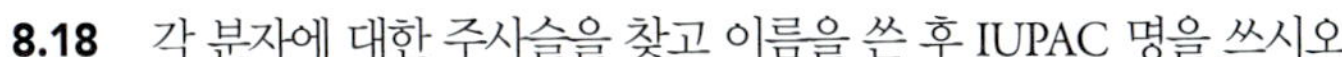

8.18 각 분자에 대한 주사슬을 찾고 이름을 쓴 후 IUPAC 명을 쓰시오.

a.
$$\begin{array}{l} CH_3CH_2CH_2 \\ \qquad\quad\;\; | \\ \qquad\quad CH_3 \end{array}$$

b.
$$\begin{array}{l} \qquad\quad CH_2CH_3 \\ \qquad\quad | \\ CH_3CHCHCH_2CH_2CH_2CH_3 \\ \qquad | \\ CH_3CH_2CH_2 \end{array}$$

c.
$$\begin{array}{l} \qquad\qquad\qquad\qquad\quad CH_3 \\ \qquad\qquad\qquad\qquad\quad | \\ CH_3CH_2CH_2CH_2CHCH_2CHCH_3 \\ \qquad\qquad\qquad\quad | \\ \qquad\qquad\qquad\quad CH_2CH_3 \end{array}$$

8.19 각 분자에 대한 IUPAC 명을 쓰시오.

a. $CH_3CH(CH_3)CH_2CH_2CH_3$

b. $CH_3CH_2CH(CH_3)CH_2CH_3$

c.
$$\begin{array}{l} \qquad\qquad\qquad\quad CH_3 \\ \qquad\qquad\qquad\quad | \\ CH_3CH_2CH_2CH_2CH_2 \end{array}$$

d.
$$\begin{array}{l} CH_3CHCH_2CH_3 \\ \quad\;\; | \\ \quad CH_2CH_3 \end{array}$$

8.20 각 분자에 대한 IUPAC 명을 쓰시오.

a. $CH_3CH_2C(CH_3)_2CH_2CH_2CH_3$

b. $CH_3CH(CH_3)CH(CH_3)CH_2CH_2CH_3$

c.
$$\begin{array}{l} \qquad\qquad\qquad CH_3 \\ \qquad\qquad\qquad | \\ CH_2CH_2CH_2CHCH_3 \\ | \\ CH_2CH_3 \end{array}$$

d.
$$\begin{array}{l} \quad CH_3 \\ \quad | \\ CH_2CHCHCH_2CH_2CH_3 \\ | \qquad\; | \\ CH_3 \quad CH_2CH_3 \end{array}$$

8.2 구조이성질체

***8.21** C_7H_{16}의 6가지 구조이성질체를 그린 후 이름을 쓰시오.

***8.22** C_8H_{18}의 6가지 구조이성질체를 그린 후 이름을 쓰시오.

8.23 어느 분자쌍이 구조이성질체인가?

a. $CH_3CH_2CH_2CH_3$와 $CH_3CH(CH_3)CH_3$

b. $CH_3CH(CH_3)CH_2CH_3$와 $CH_3CH_2CH(CH_3)CH_3$

c. $CH_3CH(CH_2CH_3)CH_2CH_3$와 $CH_3CH_2CH(CH_3)CH_2CH_3$

8.24 어느 분자쌍이 구조이성질체인가?

a. $CH_3CH_2CH_2CH_3$와 $CH_3(CH_2)_2CH_3$

b. $CH_3C(CH_3)_2CH_2CH_3$와 $CH_3CH_2CH_2CH_2CH_2CH_3$

c. $CH_3CH(CH_3)CH(CH_3)CH_3$와 $CH_3CH_2CH_2CH_2CH_3$

8.25 어느 분자쌍이 구조이성질체인가? 어느 것이 똑같은가?

a. $CH_3CH_2CH_2CH_2CH_2CH_3$
$$\begin{array}{l} \quad CH_3CHCH_3 \\ \qquad\;\; | \\ CH_3CH_2CH_2 \end{array}$$

b.
$$\begin{array}{l} CH_2CH_2CH_2CH_3 \\ | \\ CH_2CH_3 \end{array} \qquad \begin{array}{l} \qquad\quad CH_2CH_2CH_3 \\ \qquad\quad | \\ CH_3CH_2CH_2 \end{array}$$

c.
$$\begin{array}{l} \quad CH_3 \\ \quad | \\ CH_3CHCH_2CH_2CH_3 \end{array} \qquad \begin{array}{l} \qquad\quad CH_3 \\ \qquad\quad | \\ CH_3CHCHCH_3 \\ \qquad | \\ \quad\;\; CH_3 \end{array}$$

8.26 어느 분자쌍이 구조이성질체인가? 어느 것이 똑같은가?

a.
$$CH_3CH_2CH_2CH_3 \qquad \begin{array}{l} \qquad\quad CH_3 \\ \qquad\quad | \\ CH_3CH_2CH_2 \end{array}$$

b.
$$\begin{array}{l} \quad CH_3 \\ \quad | \\ CH_3CHCH_3 \end{array} \qquad \begin{array}{l} CH_3CH_2CH_2 \\ \qquad\quad | \\ \qquad\quad CH_3 \end{array}$$

c.
$$\begin{array}{l} CH_3CHCHCH_3 \\ \quad | \quad\; | \\ H_3C \;\; CH_3 \end{array} \qquad \begin{array}{l} \quad\; CH_3 \\ \quad\; | \\ CH_3CHCHCH_3 \\ \qquad\; | \\ \qquad CH_3 \end{array}$$

8.27 어느 것이 구조이성질체인가?

a. pentane와 2-methylpentane

b. 2-methylpentane과 3-methylpentane

c. 2,2-dimethylpropane과 pentane

d. 2,2-dimethylpropane과 cyclopentane

8.28 어느 것이 구조이성질체인가?

a. hexane과 3-methylpentane

b. hexane과 2,3-dimethylpentane

c. hexane과 2,3-dimethylbutane

d. hexane과 cylcohexane

8.3 입체구조

***8.29** 어느 분자쌍이 구조이성질체인가? 같은 분자의 다른 입체구조들은 어느 것인가?

a. H, H, H_3C on C—C with CH_3, H, H H_3C, H, H on C—C with CH_3, H, H

b. H, H, H_3C on C—C with CH_3, H, H H_3C, H, H_3C on C—C with H, H, H

***8.30** 어느 분자쌍이 구조이성질체인가? 같은 분자의 다른 입체구조들은 어느 것인가?

a. H, H, H_3C on C—C with CH_3, H, CH_2CH_3 H, H, H on C—C with CH_2CH_3, CH_3, CH_3

b. H, H, H_3C on C—C with CH_3, H, CH_2CH_3 H_3C, H, H on C—C with CH_2CH_3, CH_3, H

8.31 **a.** 구조이성질체와 입체구조는 어떻게 비슷한가?

b. 구조이성질체와 입체구조는 어떻게 다른가?

8.32 참 또는 거짓?

a. 구조이성질체는 같은 IUPAC 명을 가진다.

b. 알칸의 다른 입체구조는 같은 IUPAC 명을 가진다.

8.4 사이클로알칸

8.33 각 분자에 대한 IUPAC 명을 쓰시오.

a. CH_3

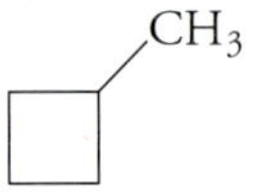

b. H_3C CH_3

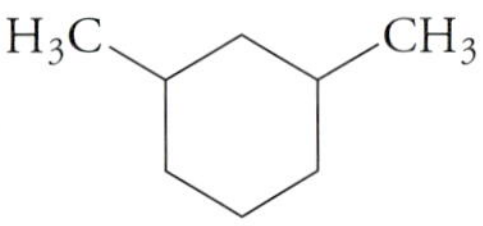

c. CH_2CH_3 CH_3

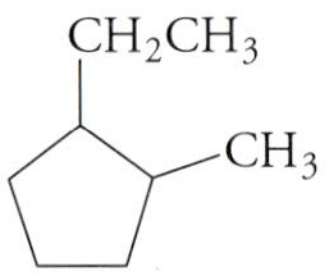

d. H_3C CH_3 $CH_2CH_2CH_3$

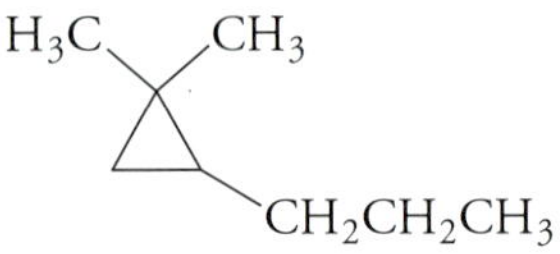

8.34 각 분자에 대한 IUPAC 명을 쓰시오.

a. H_3C CH_3

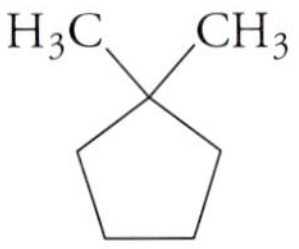

b. CH_3 C—H CH_3

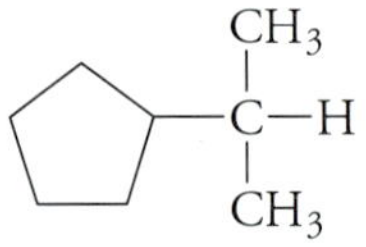

c. $CH_2CH_2CH_3$ $CH_2CH_2CH_2CH_3$

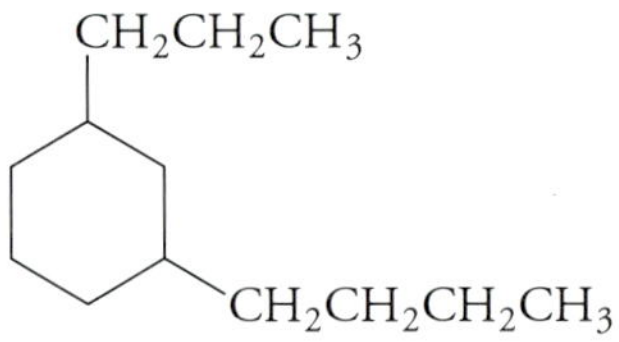

d. CH_3 H_3C—C—CH_3

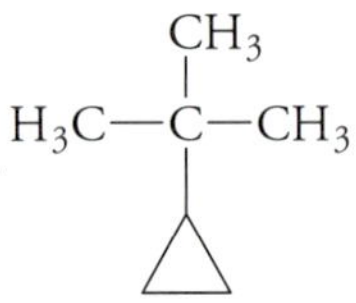

8.35 문제 8.33에서 어느 분자가 *cis* 또는 *trans* 이성질체로 존재할 수 있는가?

8.36 문제 8.34에서 어느 분자가 *cis* 또는 *trans* 이성질체로 존재할 수 있는가?

8.37 3개의 ethylmethylcyclobutane 구조이성질체들을 그리고 이름을 쓰시오.

8.38 3개의 ethyldimethylcyclohexane 구조이성질체들을 그리고 이름을 쓰시오.

8.39 **a.** cyclopropane의 분자식은?

b. cyclopropane의 구조이성질체를 그리시오.

8.40 **a.** methylcyclopropane의 분자식은?

b. methylcyclopropane의 구조이성질체를 그리시오.

8.41 각 사이클로알칸에 대한 측면시점을 그리시오. (그림 8.6을 예로 보라.)

a. *trans*-1,2-dimethylcyclohexane

b. *trans*-1-ethyl-2-methylcyclohexane

c. *cis*-1,3-diethylcyclopentane

8.42 각 사이클로알칸에 대한 측면시점을 그리시오. (그림 8.6을 예로 보라.)

a. *cis*-1,2-dimethylcyclopentane

b. *trans*-1,2-dimethylcyclopentane

c. *cis*-1-ethyl-2-isopropylcyclohexane

8.43 각 분자에 대해 *cis* 또는 *trans*를 포함한 IUPAC 명을 쓰시오.

a. H H $CH_3CH_2CH_2$ $CH_2CH_2CH_3$ H H H H H H H H

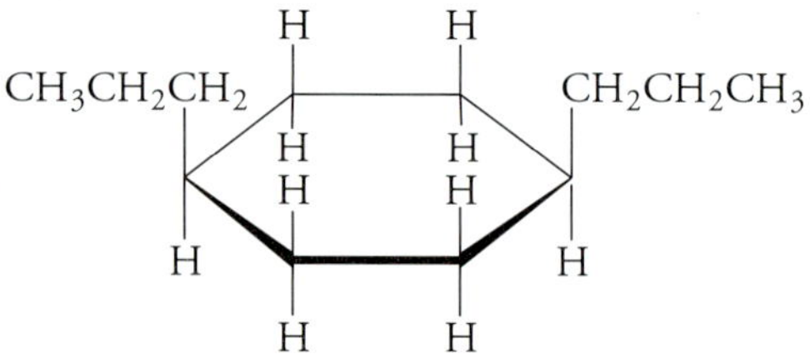

b. H H CH_2CH_3 H H H CH_3CH_2 H H H

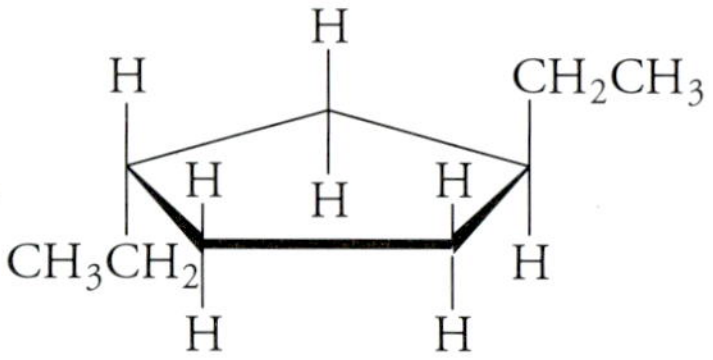

8.44 각 분자에 대해 *cis* 또는 *trans*를 포함한 IUPAC 명을 쓰시오.

a. H H H H H H H_3C H H CH_3

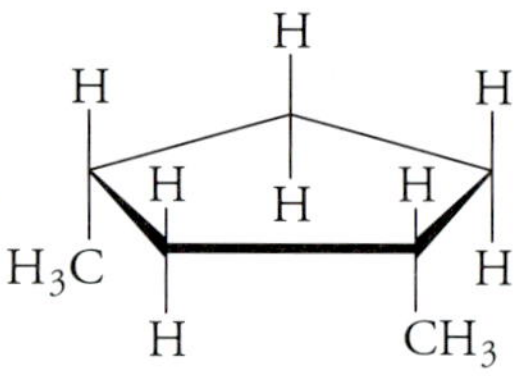

b. H H H $CH_2CH_2CH_3$ H H H H H H $CH_3CH_2CH_2$ H

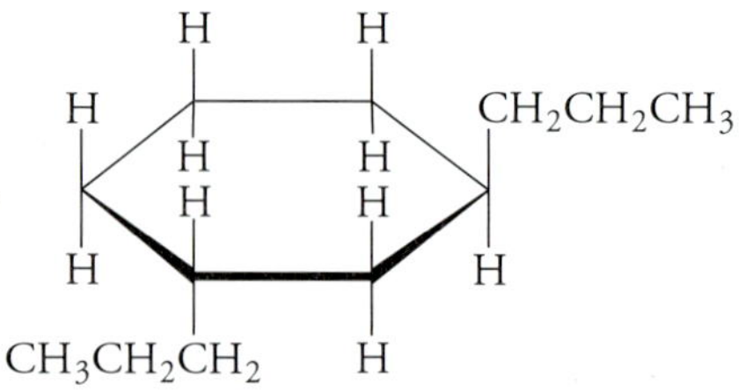

8.5 알켄, 알킨 그리고 방향족 화합물

8.45 propane의 삼차원 구조를 그리시오.

8.46 propyne의 삼차원 구조를 그리시오.

8.47 각 분자를 명명하시오.

a. $CH_2{=}CHCH_2CH_3$

c. $CH_3C{\equiv}CCHCH_3$ (with CH_3 on CH)

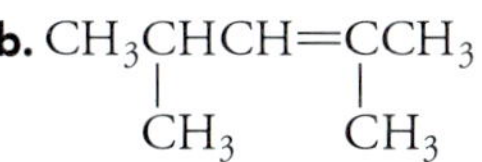

8.48 각 분자를 명명하시오.

a. $CH_3CH{=}CCH_3$ (C에 CH_3)

b. $HC{\equiv}CCCH_3$ (C에 CH_3, CH_3)

c. $CH_3CHCH{=}CHCH_3$ (C에 CH_3)

8.49 각 분자를 그리시오.

a. 3-isopropyl-1-heptene

b. 2,3-dimethyl-2-butene

c. 5-*sec*-butyl-3-nonyne

8.50 각 분자를 그리시오.

a. 2,3-dimethyl-3-hexene

b. 3,4-dimethyl-3-hexene

c. 4,5-dimethyl-1-hexyne

8.51 아래 보이는 분자는 흰개미의 흔적을 표시하는 페로몬이다. 어느 이중결합이 *cis* 그리고 *trans*인가?

OH

***8.52** 표시된 탄소–탄소 이중결합을 *cis* 또는 *trans*로 표시하시오.

H_3C CH_3 CH_3 CH_3 H_3C O H

11-*cis*-Retinal
(비타민 A 유도체)

8.53 각 분자를 명명하시오.

a. H_3C, $CH_2CH_2CH_3$

b. CH_3CHCH_3

c. H_3C, CH_3, CH_3

8.54 각 분자를 명명하시오.

a. H_3C, $CH_2CH_2CH_3$

b. CH_3, CH_3, CH_3

c. CH_3CH_2, CH_3CH_2, CH_3, C, CH_3, H_3C

8.55 각 분자를 그리시오.

a. 1,3-dipropylbenzene

b. *p*-diethylbenzene

c. 4-isobutyl-1,2-dimethylbenzene

8.56 각 분자를 그리시오.

a. 1,2-dipropylbenzene

b. *m*-diisopropylbenzene

c. 1,2,4-trimethylbenzene

8.6 탄화수소들의 반응들

8.57 각 반응의 유기산물을 그리시오. 하나 이상이 가능하다면, 모두를 그리시오.

a. $CH_3CH_3 + Cl_2 \xrightarrow{\text{빛}}$

b. $CH_3CH_2CH_3 + Br_2 \xrightarrow{\text{빛}}$

c. $CH_3CH_2CH_2CH_2CH_3 + Br_2 \xrightarrow{\text{빛}}$

8.58 각 반응의 유기산물을 그리시오. 하나 이상이 가능하다면, 모두를 그리시오.

a. 2,2-dimethylpropane $+ Br_2 \xrightarrow{\text{빛}}$

b. 2,3-dimethylbutane $+ Cl_2 \xrightarrow{\text{빛}}$

c. 2,2-dimethylbutane $+ Cl_2 \xrightarrow{\text{빛}}$

8.59 각 반응의 유기산물을 그리시오. 하나 이상이 가능하다면, 모두를 그리시오(입체이성질체는 무시한다).

a. $\xrightarrow[\text{빛}]{Cl_2}$

b. (methylcyclohexane) $\xrightarrow[\text{빛}]{Cl_2}$

c. (1,3-dimethylcyclopentane) $\xrightarrow[\text{빛}]{Br_2}$

8.60 각 반응의 유기산물을 그리시오. 하나 이상이 가능하다면, 모두를 그리시오(입체이성질체는 무시하시오).

a. cyclobutane $\xrightarrow[\text{빛}]{Br_2}$

b. methylcyclobutane $\xrightarrow[\text{빛}]{Cl_2}$

c. 1,3-dimethylcyclobutane $\xrightarrow[\text{빛}]{Cl_2}$

8.61 각 반응의 유기산물을 그리시오.

a. $CH_3CH{=}CHCH_3 + H_2 \xrightarrow{Pt}$

b. (1-butene) $+ H_2 \xrightarrow{Pt}$

c. (1-methylcyclohexene) $+ H_2 \xrightarrow{Pt}$

8.62 각 반응의 유기산물을 그리시오.

a. 1-butyne $+ 2H_2 \xrightarrow{Pt}$

b. 2-methyl-2-butene $+ H_2 \xrightarrow{Pt}$

c. 1,5-dimethylcyclopentene $+ H_2 \xrightarrow{Pt}$

8.63 각 반응의 유기산물을 그리시오.

a. $CH_3CH{=}CHCH_3 + H_2O \xrightarrow{H}$

b. (1-butene) $+ H_2O \xrightarrow{H^+}$

c. (1-methylcyclohexene) $+ H_2O \xrightarrow{H^+}$

8.64 각 반응의 유기산물을 그리시오.

a. 2-methyl-1-hexene $+ H_2O \xrightarrow{H^+}$

b. 2-methyl-2-butene $+ H_2O \xrightarrow{H^+}$

c. 1,5-dimethylcyclopentene $+ H_2O \xrightarrow{H^+}$

8.65 각 반응의 유기산물을 그리시오. 하나 이상이 가능하다면, 모두를 그리시오.

a. (benzene) $+ Br_2 \xrightarrow{Fe}$

b. (phenol, OH) $+ Cl_2 \xrightarrow{Fe}$

c. (m-xylene, CH_3, CH_3) $+ Cl_2 \xrightarrow{Fe}$

8.66 각 반응의 유기산물을 그리시오. 하나 이상이 가능하다면, 모두를 그리시오.

a. *p*-chlorotoluene $+ Cl_2 \xrightarrow{Fe}$

b. *o*-xylene $+ Cl_2 \xrightarrow{Fe}$

c. 1,3,5-trimethylbenzene $+ Br_2 \xrightarrow{Fe}$

8.67 각 반응의 유기산물을 그리시오. 하나 이상이 가능하다면, 모두를 그리시오.

a. (benzene ring with CH_2CH_3) $+ Br_2 \xrightarrow{Fe}$

b. (benzene ring with $CH{=}CH_2$) $+ H_2O \xrightarrow{H^+}$

8.68 각 반응의 유기산물을 그리시오. 하나 이상이 가능하다면, 모두를 그리시오.

a. (benzene ring with CH_3) $+ Cl_2 \xrightarrow{\text{빛}}$

b. (benzene ring with CH_3) $+ Cl_2 \xrightarrow{Fe}$

***8.69** **a.** 아래의 페놀 분자는 진드기 페로몬(화학적 전달자)이다. 이는 *o*-chlorophenol이 방향족 치환을 겪을 때 형성되는 유기산물 중 하나이다. 이 반응에 대한 화학반응식을 쓰시오.

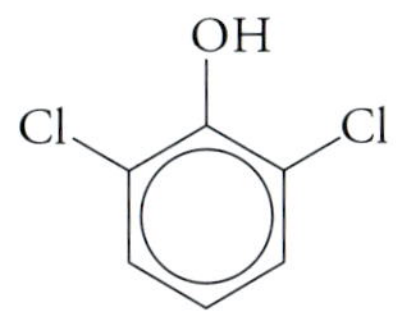

b. a의 반응에서 모든 가능한 방향족 치환 생성물들을 그리시오.

***8.70** Eugenol은 정향에 향과 맛을 준다.

CH_3O $CH_2CH{=}CH_2$

HO

Eugenol

a. Eugenol이 Br_2 및 Fe와 반응할 때 생성될 수 있는 유기산물들을 그리시오.

b. Eugenol이 Br_2 및 빛과 반응할 때 생성될 수 있는 유기산물을 그리시오.

c. Eugenol이 H_2O 및 H^+와 반응할 때 만들어지는 주요 생성물을 그리시오.

8.7 카복실산

8.71 각각의 카복실산을 명명하시오.

a. $CH_3\underset{|}{\overset{CH_3}{C}}HCH_2\underset{CH_3}{CH}CH_2\overset{O}{\overset{\|}{C}}—OH$

b. $HO—\overset{O}{\overset{\|}{C}}CH_2CH_3$

c. $CH_3(CH_2)_7\underset{CH_3CH_2CH_2}{CH}\overset{O}{\overset{\|}{C}}—OH$

8.72 각각의 카복실산을 명명하시오.

a. $CH_3CH_2CH_2\underset{CH_3CH_2CH_2}{CH}CH_2\overset{O}{\overset{\|}{C}}—OH$

b. $HO—\overset{O}{\overset{\|}{C}}\underset{CH_3}{CH}CH_2\underset{CH_2CH_3}{CH}CH_3$

c. $CH_3(CH_2)_5\underset{CH_3CHCH_3}{CH}\overset{O}{\overset{\|}{C}}—OH$

8.73 각각의 카복실산을 그리시오.

a. octanoic acid

b. 3,3-dimethylheptanoic acid

c. 3-isopropylhexanoic acid

d. 2-bromopentanoic acid

8.74 각각의 카복실산을 그리시오.

a. 4-methylheptanoic acid

b. 2-propylhexanoic acid

c. 3-chlorobutanoic acid

8.75 각각의 구조에 맞는 올바른 IUPAC 명을 짝지으시오: 3-methylbutanoic acid, 2-methylpentanoic acid, 2-methylbutanoic acid.

a. $CH_3CH_2\underset{CH_3}{CH}\overset{O}{\overset{\|}{C}}—OH$

b. $CH_3\underset{CH_3}{CH}CH_2\overset{O}{\overset{\|}{C}}—OH$

c. $CH_3\underset{CH_2CH_2CH_3}{CH}\overset{O}{\overset{\|}{C}}—OH$

8.76 각각의 구조에 맞는 올바른 IUPAC 명을 짝지으시오: *o*-bromobenzoic acid, *m*-bromobenzoic acid, *p*-bromobenzoic acid.

a. (O=C—OH, Br) **b.** (O=C—OH, Br) **c.** (O=C—OH, Br)

8.77 Acetic acid(CH_3CO_2H)와 propyl alcohol($CH_3CH_2CH_2OH$)는 같은 분자량을 가지나, 끓는점은 약 20°C 차이가 난다(acetic acid, 118°C; propyl alcohol, 97.4°C). 이 차이를 설명하시오.

8.78 Butanoic acid는 hexanoic acid보다 물에 더 잘 녹는다. 이 차이를 설명하시오.

8.8 페놀

8.79 각 페놀을 명명하시오.

a. (OH, Br) **b.** (OH, CH_3CHCH_3) **c.** (OH, OH)

8.80 각 페놀을 명명하시오.

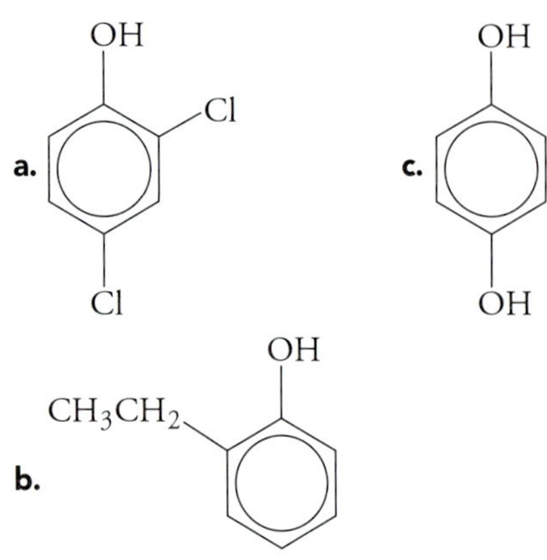

b. CH_3CH_2, OH (벤젠 고리)

8.81 각 페놀을 그리시오.

a. 2,4-dimethylphenol
b. 3,5-dimethylphenol
c. 4-propylphenol
d. *m*-propylphenol

8.82 각 페놀을 그리시오.

a. *p*–*t*-butylphenol
b. 2,6-dichlorophenol
c. 4-isopropylphenol
d. *o*-isopropylphenol

8.83 hydroquinone(표 8.5)는 phenol보다 끓는점이 높다. 이 차이를 설명하시오.

8.84 담쟁이덩굴 독은 가려움과 발진을 일으키는데, 이는 urushiol(그림 8.18*b*)이라는 페놀 화합물이 원인 물질이다. 물로는 이 페놀을 씻어낼 수 없는데 그 이유를 설명하시오.

8.85 다음 그림에 있는 화합물, erbstatin은 피부암, 유방암, 식도암에서 항암활성을 보여주고 있다.

OH, HO, H, C=C, H, NH—C(=O)—H

Erbstatin

a. erbstatin은 catechol, resorcinol, hydroquinone 중 어떤 구조를 포함하고 있는 페놀화합물인가?
b. 이 화합물에 있는 질소 원자는 아민작용기의 부분인가?
c. 탄소–탄소 이중결합은 *cis*와 *trans* 중 어느 입체이성질체에 해당하는가?

8.86 일부 곡식은 타감작용을 하는데, 이는 양분을 놓고 서로 경쟁하는 다른 식물의 성장을 억제하는 화합물질들을 분비하는 것을 뜻한다. 아래의 화합물은 벼에서 생산되는 타감작용을 하는 화학물질들 중 하나이다.

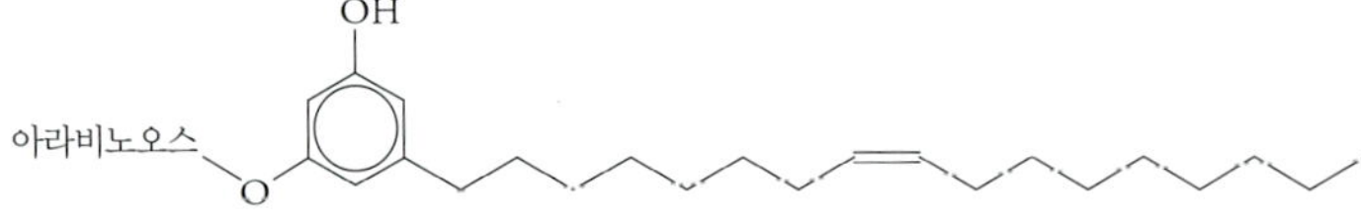

a. 이 화합물은 catechol, resorcinol 또는 hydroquinone을 포함하는 페놀인가?
b. *cis* 또는 *trans* 중 어떤 입체 이성질체가 존재하는가?

8.87 헥실레조시놀(hexylresorcinol: 4-hexyl-3-hydroxyphenol)은 구강세정제나 약용 목캔디로 사용되고 있는 방부제이다. 이 화합물의 구조를 그리시오.

8.88 Thymol은 구강청결제에 사용되는 활성 원료이다. 페놀로서 thymol을 명명하시오.

CH_3, OH, $CHCH_3$, CH_3 (벤젠 고리)

Thymol

8.9 약한 유기산으로서 카복실산과 페놀

8.89 octanoic acid와 짝염기를 그리시오.

8.90 *m*-chlorobenzoic acid와 짝염기를 그리시오.

8.91 각각의 카복실산의 짝염기를 그리시오.

a. propanoic acid
b. hexanoic acid
c. 3-chloropentanoic acid

8.92 각각의 카복실산의 짝염기를 그리시오.

a. 3-methylhexanoic acid
b. formic acid
c. 3,5-dibromobenzoic acid

8.93 8.91의 답에 대한 짝염기를 명명하시오.

8.94 8.92의 답에 대한 짝염기를 명명하시오.

8.95 각 반응의 생성물들을 그리시오.

a. $CH_3CH_2CH(CH_3)C(=O)—OH + KOH \longrightarrow$

b. $CH_3—C_6H_4—CH_2CH_2C(=O)—OH + NaOH \longrightarrow$

8.96 각 반응의 생성물들을 그리시오.

a. $H—C(=O)—OH + KOH \longrightarrow$

b. $CH_3CH_2—C_6H_4—C(=O)—OH + NaOH \longrightarrow$

8.97 제초제 및 살충제로 사용되고 있는 dinoseb은 물에 녹는 암모늄 염(ammonium salt)의 형태로 팔리고 있다. Dinoseb과 ammonia의 반응에 의해 생성되는 암모늄염의 구조를 그리시오.

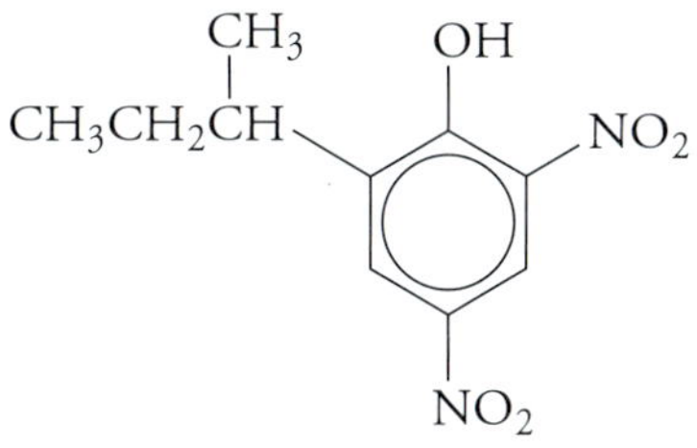

$$CH_3CH_2CH(CH_3)-C_6H_2(OH)(NO_2)_2$$

Dinoseb

8.98 살충제인 Acifluorfen은 강한 독성 때문에 일부 작물에만 사용이 허가되었다. 이 살충제는 sodium salt 형태로 팔린다. Acifluorfen과 sodium hydroxide가 반응하여 생성되는 이 염을 그리시오.

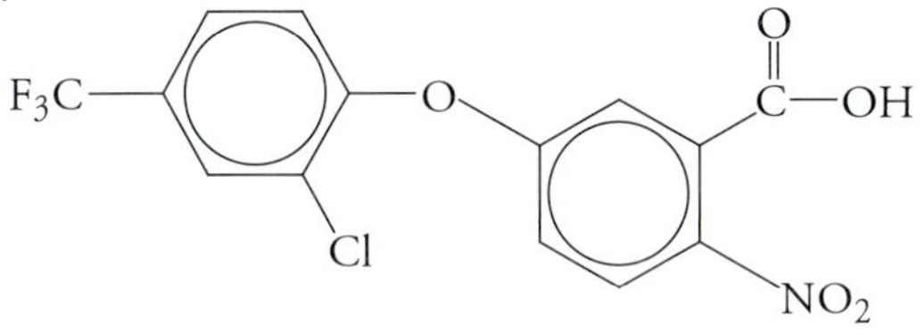

Acifluorfen

***8.99** 1875년 살리실산(salicylic acid)의 나트륨 염인 소듐 살리실레이트(sodium salicylate)의 진통효과가 알려졌다.

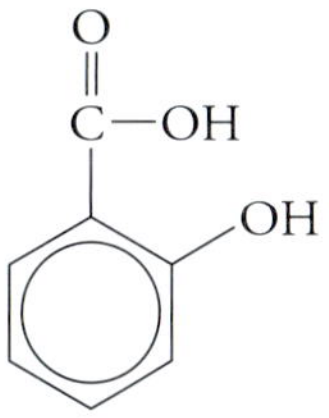

Salicyclic acid

a. 살리실산의 작용기, 페놀기와 카복실기 중 어느 것이 더 산성인가?

b. 이온화합물인 소듐 살리실레이트(sodium salicylate)의 구조를 그리시오. (힌트: 하나의 수소 이온이 살리실산에서 제거됨)

***8.100** Gentisic acid(그림 8.18*b*)은 항류머티즘 약물로 사용될 수 있다.

a. 페놀기와 카복실기 중 어느 작용기가 더 산성인가?

b. 이온화합물인 potassium gentisate의 구조를 그리시오. (힌트: 하나의 수소이온이 제거됨)

8.101 *p*-ethylphenoxide 이온은 *p*-ethylphenol의 짝염기이다. 두 화합물의 구조를 그리시오.

8.102 2,4-dichlorophenoxide 이온은 2,4-dichlorophenol의 짝염기이다. 두 화합물의 구조를 그리시오.

8.103 **a.** 4-chloropentanoic acid의 구조를 그리시오.

b. 4-chloropentanoic acid의 짝염기의 구조를 그리고 명명하시오.

c. pH 7의 수용액에서 4-chloropentanoic acid와 그 짝염기 중 어느 성분이 주성분으로 존재하는가?

8.104 **a.** *o*-chlorophenol을 그리시오.

b. *o*-chlorophenol의 짝염기를 그리고 명명하시오.

c. pH 7의 수용액에서 *o*-chlorophenol과 그 짝염기 중 어느 것이 주성분인가?

***8.105** **a.** malic acid(표 8.6)을 그리고 가장 약한 산성의 —OH 수소 원자를 동그라미로 표시하시오.

b. malic acid와 NaOH가 1:1로 반응할 때 형성되는 염인, sodium malate을 그리시오.

c. salicylic acid(표 8.6)을 그리고, 가장 약한 산성의 —OH 수소 원자를 동그라미로 표시하시오.

d. salicylic acid와 NaOH가 1:1로 반응할 때 형성되는 염인, sodium salicylate을 그리시오.

e. malic acid와 salicylic acid 중 어느 것이 더 산성인가? (표 8.6 참조)

***8.106** **a.** trichloroacetic acid(표 8.6)는 $pK_a = 0.70$이고, acetic acid는 $pK_a = 4.74$이다. 어느 것이 더 강산인가?

b. 각각의 산들에 대한 K_a 값을 쓰시오.

c. trichloroacetic acid과 NaOH이 1:1로 반응할 때 생성되는 염인, sodium trichloroacetate을 그리시오.

8.10 에스테르 만들기

8.107 각 반응의 생성물들을 그리시오.

a.  $C_6H_5-\overset{O}{\overset{\|}{C}}-OH + HOCH_2CH_2CH_3 \overset{H^+}{\rightleftharpoons}$

b.  $CH_3CH_2\overset{O}{\overset{\|}{C}}-OH + HOCH_2-C_6H_5 \overset{H^+}{\rightleftharpoons}$

8.108 각 반응의 생성물들을 그리시오.

a. 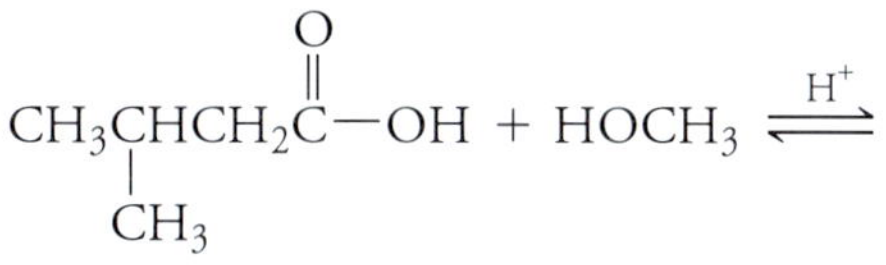 $CH_3CH(CH_3)CH_2\overset{O}{\overset{\|}{C}}-OH + HOCH_3 \overset{H^+}{\rightleftharpoons}$

b. 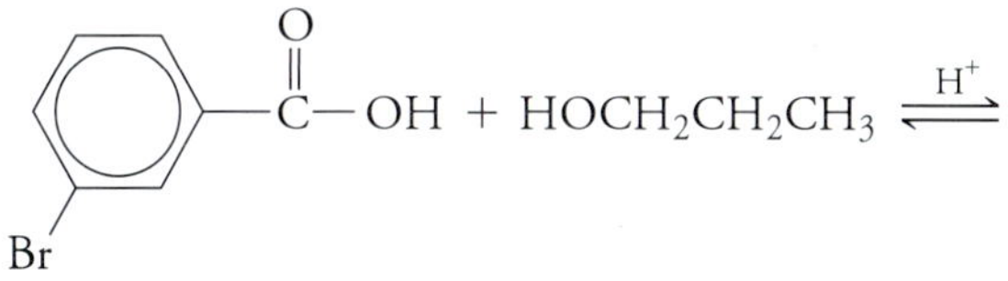 $(m\text{-}Br)C_6H_4-\overset{O}{\overset{\|}{C}}-OH + HOCH_2CH_2CH_3 \overset{H^+}{\rightleftharpoons}$

8.109 문제 8.107의 유기 생성물들을 명명하시오. 힌트: $-CH_2C_6H_5$는 benzyl기에 속한다.

8.110 문제 8.108의 유기 생성물들을 명명하시오.

8.111 *p*-ethylbenzoic acid가 H^+의 존재하에 isopropyl alcohol ($CH_3CH(OH)CH_3$)와 반응할 때 생성되는 에스테르를 그리고 명명하시오.

8.112 benzoic acid가 H^+의 존재하에 pentyl alcohol ($HOCH_2CH_2CH_2CH_2CH_3$)와 반응할 때 생성되는 에스테르를 그리고 명명하시오.

8.113 각 반응으로부터 얻어지는 생성물들을 그리시오.

a. $CH_3CH(CH_3)CH_2CH_2C(=O)-OCH_3 + H_2O \overset{H^+}{\rightleftharpoons}$

b. $C_6H_{11}-C(=O)-O-C_6H_{11} + H_2O \overset{H^+}{\rightleftharpoons}$

8.114 각 반응으로부터 얻어지는 생성물들을 그리시오.

a. $CH_3CH(CH_3)CH_2CH_2C(=O)-OCH_3 + NaOH(aq) \longrightarrow$

b. $C_6H_{11}-C(=O)-O-C_6H_{11} + NaOH(aq) \longrightarrow$

8.115 **a.** H^+ 존재하에 cyclopentyl acetate이 H_2O와 반응할 때 생성되는 생성물들을 그리시오.

b. cyclopentyl acetate이 $NaOH(aq)$와 반응할 때 생성되는 생성물들을 그리시오.

8.116 **a.** methyl 3,3-dimethyl hexanoate이 H^+ 존재하에 H_2O와 반응할 때 생성되는 생성물들을 그리시오.

b. methyl 3,3-dimethyl hexanoate $NaOH(aq)$와 반응할 때 생성되는 생성물들을 그리시오.

8.117 각 반응의 생성물들을 그리시오.

a. $CH_3CH_2CH_2C(=O)-OCH_2CH_2CH_3 + NaOH(aq) \longrightarrow$

b. $HC(=O)-OCH_2CH_3 + KOH(aq) \longrightarrow$

c. (3-chlorophenyl)$-C(=O)-OCH_3 + NaOH(aq) \longrightarrow$ (벤젠 고리에 $C(=O)-OCH_3$와 Cl)

8.118 각 반응의 생성물들을 그리시오.

a. $CH_3CH(CH_3)CH_2C(=O)-OCH_2CH(CH_3)CH_3 + NaOH(aq) \longrightarrow$

b. $CH_3C(=O)-OCH_2-C_6H_5 + KOH(aq) \longrightarrow$

c. $CH_3O-C(=O)CH_2(CH_2)_4CH_3 + NaOH(aq) \longrightarrow$

8.119 밀랍에 있는 기본적인 화합물 중 하나인 아래 보이는 에스테르가 $NaOH(aq)$와 반응할 때 만들어지는 생성물들 각각의 골격구조를 그리시오.

$$CH_3(CH_2)_{14}C(=O)-OCH_2(CH_2)_{28}CH_3$$

8.120 카나바왁스(carnauba wax)에 있는 기본적인 화합물 중 하나인 아래에 보이는 에스테르가 $NaOH(aq)$와 반응할 때 만들어지는 생성물들 각각의 골격구조를 그리시오.

$$CH_3(CH_2)_{24}C(=O)-OCH_2(CH_2)_{28}CH_3$$

***8.121** 국소마취제인 procaine은 산성 또는 염기성 조건하에서 가수분해될 수 있다. 각 반응의 생성물들을 그리시오.

a. $NH_2-C_6H_4-C(=O)-OCH_2CH_2N(CH_2CH_3)CH_2CH_3 \xrightarrow[H^+]{H_2O}$

Procaine

b. $NH_2-C_6H_4-C(=O)-OCH_2CH_2N(CH_2CH_3)CH_2CH_3 \xrightarrow{NaOH(aq)}$

***8.122** Aspirin은 산성 또는 염기성 조건하에서 가수분해될 수 있다. 각 반응의 생성물들을 그리시오.

a. (벤젠 고리에 $C(=O)OH$와 $O-C(=O)CH_3$) $\xrightarrow[H^+]{H_2O}$

Aspirin

b. (벤젠 고리에 $C(=O)OH$와 $O-C(=O)CH_3$) $\xrightarrow{NaOH(aq)}$

8.11 아민

8.123 각 화합물을 그리시오.

a. 1-pentanamine

b. *N*-isopropyl-1-pentanamine

c. *N*-ethyl-*N*-methyl-2-hexanamine

d. dimethyldipropylammonium ion

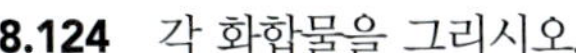

8.124 각 화합물을 그리시오.

a. 2-hexanamine
b. *N*-methyl-3-pentanamine
c. *N*,*N*-dimethyl-1-butanamine
d. tetramethylammonium ion

8.125 각 아민을 그리시오.

a. ethylamine
b. isopropylamine
c. butylmethylamine
d. diethylpropylamine

8.126 각 아민을 그리시오.

a. *t*-butylamine
b. propylamine
c. isobutylmethylamine
d. triisopropylamine

8.127 각 아민의 IUPAC 명을 쓰시오.

a. CH_3NH_2
b. $CH_3CH(NH_2)CH_3$
c. $CH_3CH(HNCH_2CH_2CH_2CH_3)CH_3$
d. $CH_3CH_2CH_2N(CH_3)CH_2CH_3$

8.128 각 아민의 IUPAC 명을 쓰시오.

a. CH_3NHCH_3
b. $CH_3CH(CH_3)NHCH_3$
c. $CH_3CH_2N(CH_3)CH(CH_3)CH_3$
d. $CH_3CH(CH_3)CH_2NH_2$

8.129 문제 8.127의 각 아민의 관용명을 쓰시오.

8.130 문제 8.128의 각 아민의 관용명을 쓰시오.

8.131 문제 8.127의 각 아민이 1차, 2차 또는 3차 아민 중 어느 것인지 쓰시오.

8.132 문제 8.128의 각 아민이 1차, 2차 또는 3차 아민 중 어느 것인지 쓰시오.

8.133 문제 8.123의 각 화합물이 1차, 2차, 3차 또는 4차 중 어느 것인지 쓰시오.

8.134 문제 8.124의 각 화합물이 1차, 2차, 3차 또는 4차 중 어느 것인지 쓰시오.

8.135 각 화합물이 pyridine, pyrimidine, 또는 purine 중 어느 것인지 쓰시오(그림 8.26*a*를 보라).

a.

Diazinon (살충제)

b.

Difenpiramide (항염증제)

8.136 각 화합물이 pyridine, pyrimidine, 또는 purine 중 어느 것인지 쓰시오(그림 8.26*a*를 보라).

a.

Vitamin B6

b.

Fludarabine (항암제)

8.137 ethylamine이 hexylamine보다 물에 더 잘 녹는다는 사실에 대해 설명하시오.

8.138 propylamine이 trimethylamine보다 물에 더 잘 녹는다는 사실에 대해 설명하시오.

8.12 약한 유기염기로서 아민

8.139 다음의 짝산을 그리고 명명하시오.

a. ammonia
b. propylamine
c. ethylmethylamine
d. triethylamine

8.140 다음의 짝산을 그리고 명명하시오.

a. butylamine
b. dipropylamine
c. trimethylamine
d. *t*-butylamine

8.141 **a.** propylamine과 물의 산-염기 반응에 대한 평형반응식을 쓰시오.

b. propylamine의 짝산은 $pK_a = 10.6$이다. propylamine과 이의 짝산 중 어느 것이 pH 7에서 주산물인가?

8.142 **a.** anilin과 물의 산-염기 반응에 대한 평형반응식을 쓰시오.

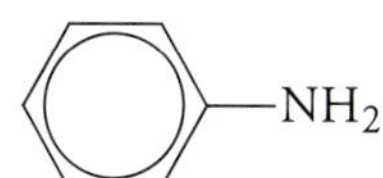

Aniline

b. anilin은 NH_2기가 방향족 고리에 붙어 있기 때문에 방향족이 아닌 아민인 propylamine(문제 8.141)보다 약한 염기이다. anilin은 약염기이기 때문에, 짝산은 상대적으로 강산 ($pK_a = 4.6$)이다. pH 7에서 anilin과 짝산 중 어느 것이 주산물인가?

8.143 **a.** propylamine과 HCl의 반응에 대한 균형 맞춘 반응식을 쓰시오.

b. 만들어진 염의 이름을 쓰시오.

8.144 **a.** anilin(문제 8.142)과 HCl의 반응에 대한 균형 맞춘 반응식을 쓰시오.

b. 만들어진 염의 이름을 쓰시오.

8.145 anabasine hydrochloride는 담배에 존재하는 아민인 anabasine의 염으로 살충제로 팔리고 있다. 이 염의 구조를 그리시오. (힌트: 피리딘 고리에 있는 질소 원자는 염기성이 아님.)

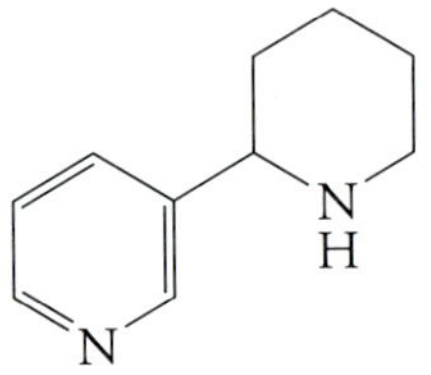

N
H
N
Anabasine

8.146 1980년대 초 캘리포니아 남부지역에서 나타난 합성 헤로인(heroin)은 마약으로 판매되었다. 이 약물은 MPTP라고 불리는 불순물을 함유하고 있는데, 이것은 파킨슨병의 비가역적인 여러 증상(마비 상태, 불확실한 발음, 그리고 떨림 등)들을 유발한다. MPTP는 염산염으로 존재한다. 이 염의 구조를 그리시오.

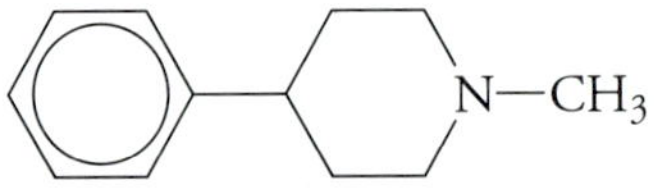

$N{-}CH_3$
MPTP

8.147 방향족 고리에 붙어 있거나 또는 아미드기에 속한 질소 원자들은 다른 아민들에 있는 질소 원자들에 비해 약 염기이다. 국부마취제인 lidocaine과 HCl의 산–염기 반응의 산물을 그리시오.

a. HO, OH, $CHCH_2NCH_3$ (N–H) $\xrightarrow{NaOH}$
Phenylephrine

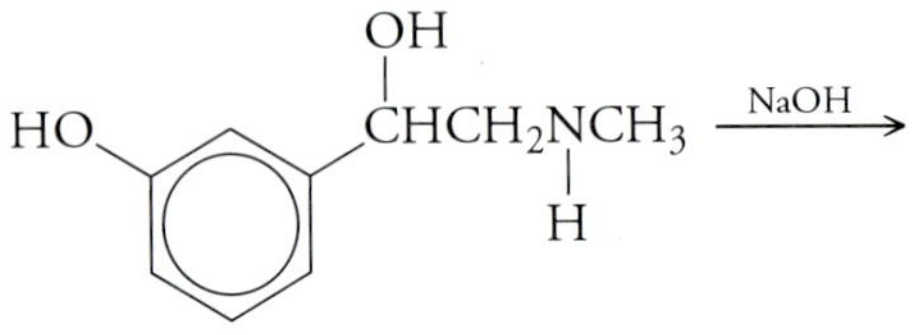

b. HO, OH, $CHCH_2NCH_3$ (N–H) $\xrightarrow{HCl}$

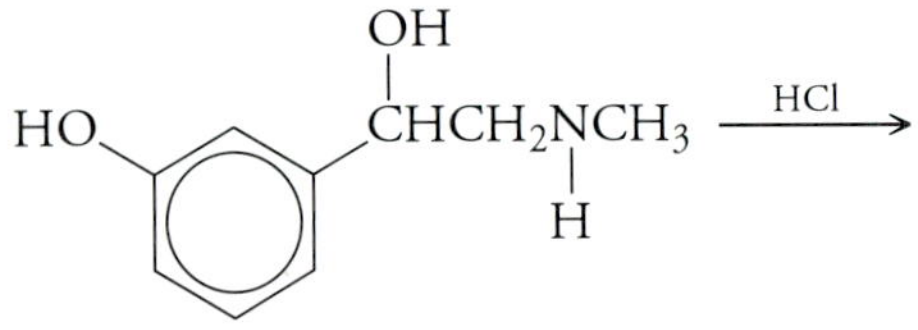

8.148 방향족 고리에 붙거나 아미드기에 속한 질소 원자는 다른 아민들에 있는 질소원자보다 약염기이다. 국소마취제인 리고카인과 HCl 사이의 산염기 반응의 생성물을 그리시오.

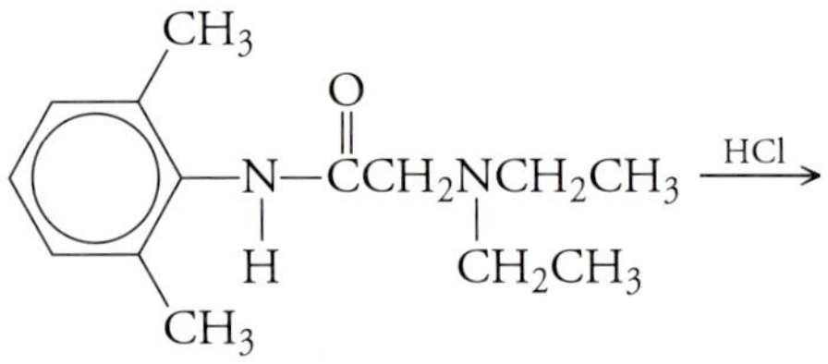

CH_3, CH_3, $N(H){-}\overset{O}{\overset{\|}{C}}CH_2NCH_2CH_3$ (CH_2CH_3) $\xrightarrow{HCl}$
Lidocaine

8.13 아미드

8.149 각 아미드를 그리시오.

a. hexanamide
b. *N*-propylacetamide
c. *N*-butyl-*N*-methylbenzamide

8.150 각 아미드를 그리시오.

a. *N*-isopropylacetamide
b. *N*,*N*-dimethyl-3,4-dimethylhexanamide
c. *N*-ethyl-*N*-methylbutylamide

8.151 각 아미드를 명명하시오.

a. 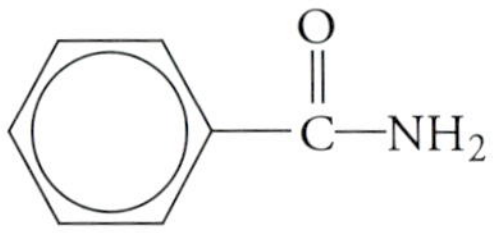 $C_6H_5{-}\overset{O}{\overset{\|}{C}}{-}NH_2$

b. 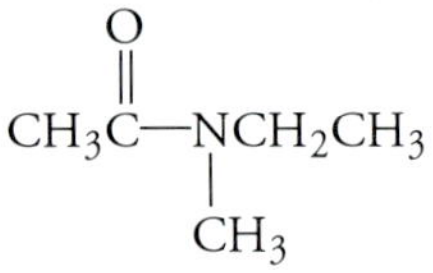 $CH_3\overset{O}{\overset{\|}{C}}{-}N(CH_3)CH_2CH_3$

c. $CH_3CH_2CH(CH_3)\overset{O}{\overset{\|}{C}}{-}NH_2$

8.152 각 아미드를 명명하시오.

a. 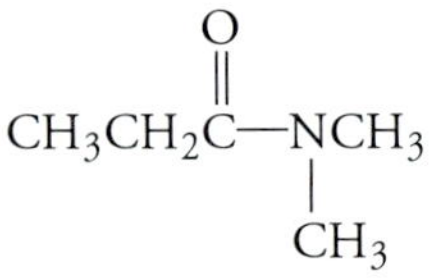 $CH_3CH_2\overset{O}{\overset{\|}{C}}{-}N(CH_3)CH_3$

b. $CH_3CH(CH_3)CH(CH_3)\overset{O}{\overset{\|}{C}}{-}NHCH_2CH_3$

c. $Cl{-}C_6H_4{-}\overset{O}{\overset{\|}{C}}{-}NHCH_3$

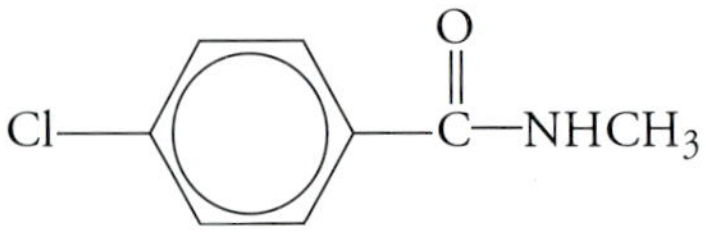

8.153 각 반응에서 만들어지는 아미드를 그리시오.

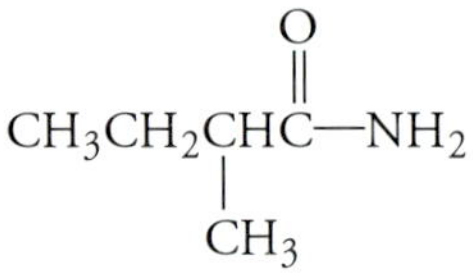

a. 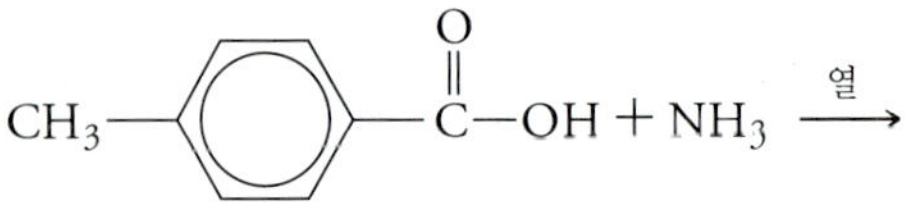 $CH_3{-}C_6H_4{-}\overset{O}{\overset{\|}{C}}{-}OH + NH_3 \xrightarrow{열}$

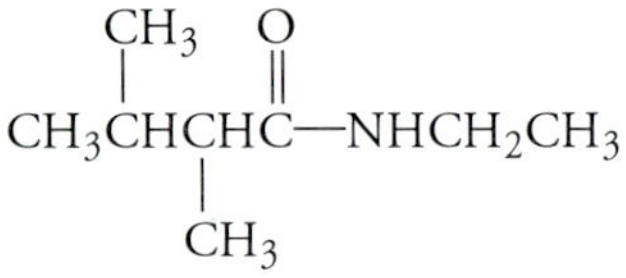

b. 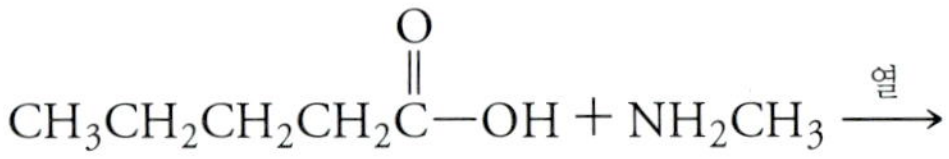 $CH_3CH_2CH_2CH_2\overset{O}{\overset{\|}{C}}{-}OH + NH_2CH_3 \xrightarrow{열}$

8.154 각 반응에서 만들어지는 아미드를 그리시오.

a. $CH_3CH_2CH_2\overset{O}{\overset{\|}{C}}-OH + NH_2CH_3 \xrightarrow{\text{열}}$

b. $CH_3CH_2CH_2\overset{O}{\overset{\|}{C}}-OH + CH_3NHCH_3 \xrightarrow{\text{열}}$

***8.155** lidocaine(문제 8.148)을 만드는 카복실산과 아민을 그리시오.

***8.156** 진통제인 acetaminophen을 만드는 카복실산과 아민을 그리시오.

$HO-C_6H_4-\underset{H}{\underset{|}{N}}-\overset{O}{\overset{\|}{C}}CH_3$

Acetaminophen

8.157 문제 8.153의 각 반응에 대한 아미드 생성물을 명명하시오.

8.158 문제 8.154의 각 반응에 대한 아미드 생성물을 명명하시오.

8.159 H^+의 존재하에 문제 8.149의 각 아미드가 물과 반응할 때 생성되는 산물을 그리시오.

8.160 H^+의 존재하에 문제 8.150의 각 아미드가 물과 반응할 때 생성되는 산물을 그리시오.

8.161 H_2O와 H^+의 존재하에 문제 8.151의 각 아미드가 가열될 때 생성되는 산물을 그리시오.

8.162 H_2O와 H^+의 존재하에 문제 8.152의 각 아미드가 가열될 때 생성되는 산물을 그리시오.

8.163 산성 조건하에 erbstatin(문제 8.85)가 가수분해될 때 생성되는 산물을 그리시오.

***8.164** 산성 조건하에 capsaicin(문제 8.19)가 가수분해될 때 생성되는 산물을 그리시오.

***8.165** Lidocaine(문제 8.148)은 산성 또는 염기성 조건하에서 가수분해될 수 있다. 각 반응의 생성물들을 그리시오.

a. lidocaine $\xrightarrow[H^+]{H_2O}$ **b.** lidocaine $\xrightarrow[OH^+]{H_2O}$

***8.166** Acetaminophen(문제 8.156) 산성 또는 염기성 조건하에서 가수분해될 수 있다. 각 반응의 생성물들을 그리시오.

a. acetaminophen $\xrightarrow[H^+]{H_2O}$ **b.** acetaminophen $\xrightarrow[OH^-]{H_2O}$

8.167 propanamide과 methyl acetate의 끓는점은 각각 213°C와 57.5°C이다. 매우 비슷한 분자량을 가지는 이 두 분자들의 끓는점 차이를 설명하시오.

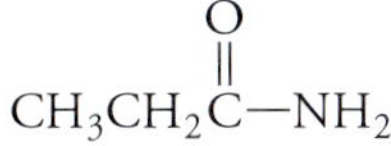

Propanamide

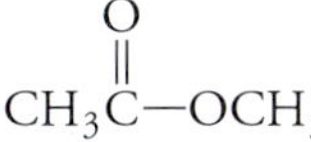

Methyl acetate

8.168 propanamide과 pentanamide의 끓는점은 각각 213°C와 232°C이다. 끓는점 차이를 설명하시오.

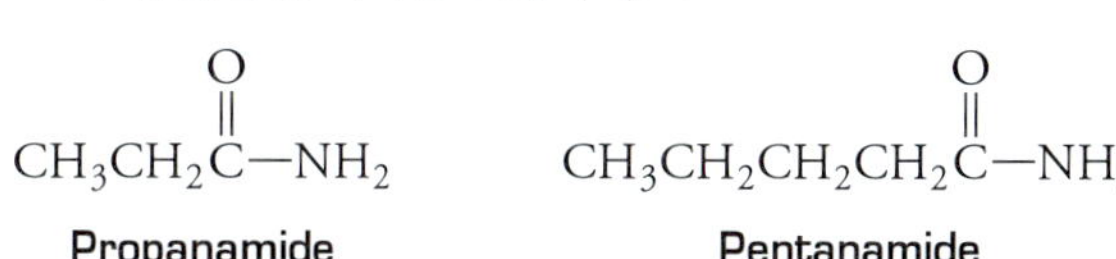

Propanamide **Pentanamide**

HealthLink | 고추의 진통효과

8.169 구조적으로 capsaicin과 관련 있는 Olvanil(그림 8.19)은 강력한 진통제로 연구되고 있다. 이 분자에서 페놀, 아미드, 그리고 알켄 작용기를 찾으시오.

CH_3O, HO 치환 벤젠 고리$-CH_2NH-\overset{O}{\overset{\|}{C}}CH_2(CH_2)_5CH_2-C(H)=C(H)-CH_2(CH_2)_6CH_3$

Olvanil

8.170 **a.** Olvanil(문제 8.169)가 산성 조건하에서 가수분해될 때 생성되는 산물을 그리시오.

b. Olvanil이 NaOH와 반응할 때 생성하는 phenoxide salt를 그리시오.

HealthLink | ALPHA HYDROXY ACIDS

8.171 **a.** 박피는 무엇이고 왜 일어나는가?

b. 기계적인 박피가 화학적 박피와 어떻게 다른가?

c. 피부보호제품들을 집에서 사용하여 박피하는 것과 피부과 의사들이 박피하는 것은 어떻게 비슷한가?

d. 피부보호제품들을 집에서 사용하여 박피하는 것과 피부과 의사들이 박피하는 것은 어떻게 다른가?

8.172 **a.** 페놀과 resorcinol(표 8.6의 각주를 보라) 중에서 어느 것이 약산인가?

b. 이 산과 물이 산–염기 반응할 때 반응식을 쓰시오.

c. a에서 답한 산 또는 짝염기 중 어느 것이 평형 상태에서 더 많이 존재하는가?

HealthLink | ADRENALINE과 관련 화합물들

8.173 **a.** 그림 8.27의 화합물들 각각을 1차, 2차, 3차 아민으로 분류하시오.

b. methamphetamine에는 없지만 epinephrine에는 존재하는 기능기는?

c. pseudoephedrine과 HCl 사이의 반응 생성물을 그리고 명명하시오.

8.174 **a.** 처방전 없이 구입할 수 있는 약은 무엇인가?

b. pseudoephedrine이 포함된 약은 왜 더 이상 처방전 없이 구입할 수 없게 되었는가?

HealthLink | 바이오필름

8.175 **a.** 쿼럼센싱(quorum sensing)의 기능은 무엇인가?
b. 쿼럼센싱에서 자가유도물질(autoinducer)의 역할은 무엇인가?
c. 생물필름 형성이 박테리아에 어떻게 유용한가?

***8.176** 호모세린(homoserine)(그림 8.32)은 젖산(lactone)을 생성한다. 그러나 아미노산인 세린(serine)은 젖산을 생성하지 못한다. 이유를 설명하시오.

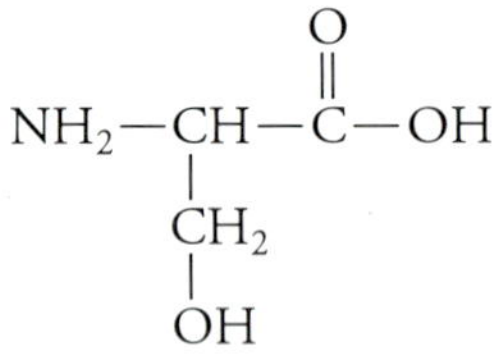

$$NH_2-CH(CH_2OH)-C(=O)-OH$$

Serine

BiochemistryLink | 벼룩퇴치제

8.177 산성조건에서 루페누론(lufenuron)의 가수분해 생성물을 그리시오.

***8.178** 벼룩 퇴치제와 동물 소독액에서 사용하는 precor는 벼룩의 번데기(애벌레와 성체 사이)의 발생을 저해하는 호르몬이다.

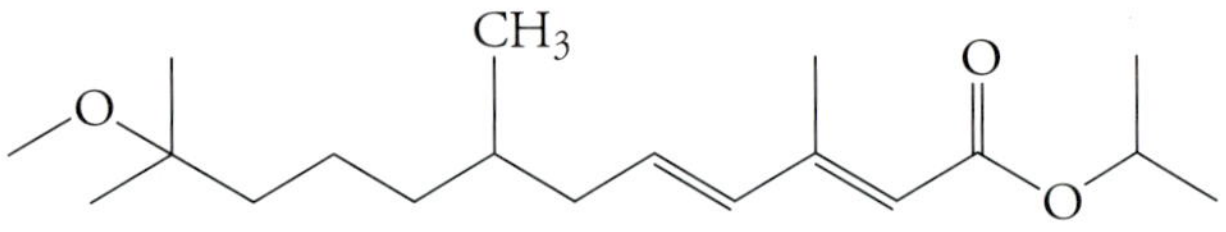

Precor

a. precor는 물에 낮은 용해도를 보인다. 이유를 설명하시오.
b. precor가 염기성 조건에서 가수분해될 때 생성되는 산물을 그리시오.
c. precor가 산성 조건에서 가수분해될 때 생성되는 산물을 그리시오.

심화학습

8.179 **a.** methylcyclobutane을 그리시오.
b. methylcyclobutane의 고리를 가지며 *cis* 기하이성질체인 구조이성질체를 그리시오.
c. methylcyclobutane의 고리를 가지나 *cis* 기하이성질체가 아닌 구조이성질체를 그리시오.
d. methylcyclobutane의 *cis* 기하이성질체이나 고리를 가지지 않는 구조이성질체를 그리시오.
e. methylcyclobutane의 고리를 가지지 않고 *cis* 기하이성질체가 아닌 구조이성질체를 그리시오.
f. 이 문제에서 분자 중 하나를 비슷한 분자로 끌어당기는 주요한 비공유 힘은 무엇인지 쓰시오.

8.180 **a.** 이 분자의 *cis* 이성질체에 대한 측면 구조를 그리시오.

(2-methylcyclobutanol: :ÖH, CH_3)

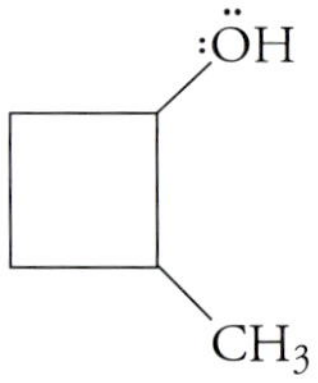

b. 이 분자의 *trans* 이성질체에 대한 측면 구조를 그리시오.
c. 고리를 가지고 *cis* 기하이성질체인 a의 분자에 대한 구조이성질체를 그리시오.
d. 고리를 가지지만 *cis* 기하이성질체가 아닌 a의 분자에 대한 구조이성질체를 그리시오.
e. a의 분자를 비슷한 분자로 끌어당기는 비공유 힘은 무엇인지 쓰시오.
f. 알켄기를 가지고 기하이성질체가 아닌 a의 분자에 대한 구조이성질체를 그리시오.
g. 알켄기를 가지고 *trans* 이성질체인 a의 분자에 대한 구조이성질체를 그리시오.

8.181 capsaicin(그림 8.19)에 더해서, 후추는 소량의 homocapsaicin과 6,7-dihydrocapsaicin을 가진다.

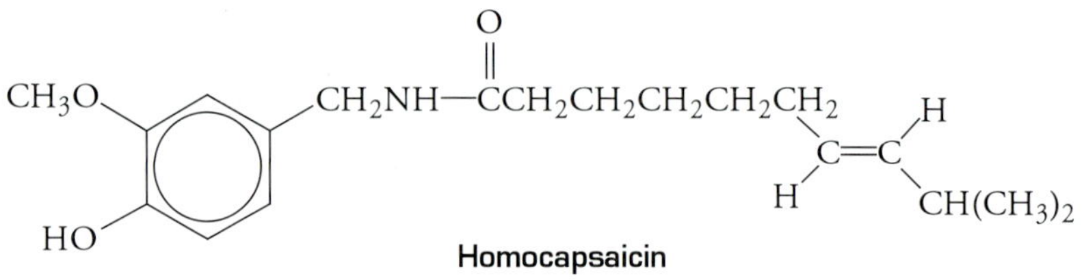

$$CH_3O,\ HO-C_6H_3-CH_2NH-\overset{O}{\overset{\|}{C}}CH_2CH_2CH_2CH_2CH_2-CH=CH-CH(CH_3)_2$$

Homocapsaicin

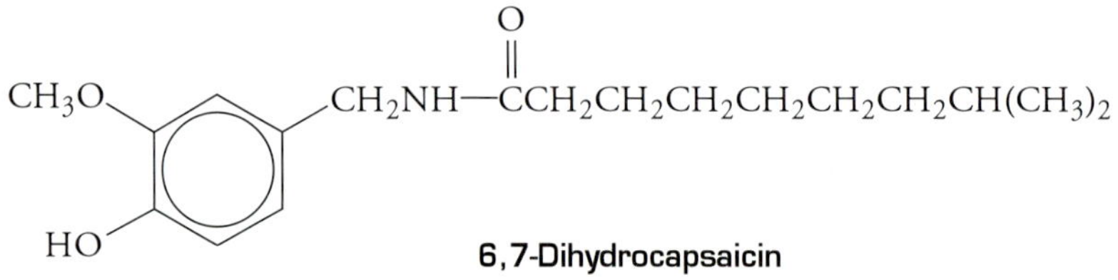

$$CH_3O,\ HO-C_6H_3-CH_2NH-\overset{O}{\overset{\|}{C}}CH_2CH_2CH_2CH_2CH_2CH_2CH(CH_3)_2$$

6,7-Dihydrocapsaicin

a. capsaicin과 homocapsaicin의 관계를 가장 잘 설명한 것은 어느 것인가? 그들은 구조이성질체이다. 같은 분자의 다른 입체구조이다. 서로가 입체이성질체이다. 같은 분자다. 전부 다른 분자이다.
b. homocapsaicin의 입체이성질체는 *cis* 또는 *trans* 중 어느 것인가?
c. capsaicin을 6,7-dihydrocapsaicin로 변환하기 위한 반응은?
d. 산성 조건하에서 homocapsaicin이 가수분해될 때 만들어지는 생성물을 그리시오.
e. 6,7-dihydrocapsaicin이 NaOH와 반응할 때 만들어지는 phenoxide salt를 그리시오.

8.182 **a.** 표 8.6의 산 중 어느 것이 가장 강산인가?
b. 이 산의 짝염기를 명명하시오.
c. 이 산과 물 사이의 반응에 대한 반응식을 쓰시오.
d. a에서 답한 산 또는 짝염기 중 평형 상태에서 더 많이 존재하는 것은?

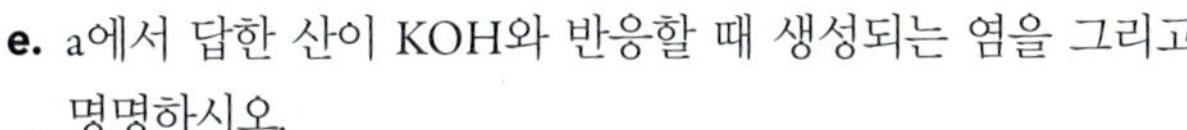

e. a에서 답한 산이 KOH와 반응할 때 생성되는 염을 그리고 명명하시오.

f. a에서 답한 산이 $HOCH_2CH(CH_3)_2$ 및 H^+와 반응할 때 생성되는 산물들을 그리고 명명하시오.

g. f에서 만들어진 유기 생성물과 NaOH(*aq*)의 반응에 대한 균형 맞춘 반응식을 쓰시오.

h. a에서 답한 산이 $(CH_3CH_2)_2NH$ 존재하에 가열될 때 만들어지는 생성물들을 그리고 명명하시오.

i. h에서 만들어진 유기 생성물이 H_2O와 H^+의 존재하에 가열될 때 일어나는 균형맞춘 반응식을 쓰시오.

연습문제 해답

8.1 **a.** 2,4-dimethylheptane; **b.** 4-ethyl-2,3-dimethylheptane

8.2 구조이성질체

8.3

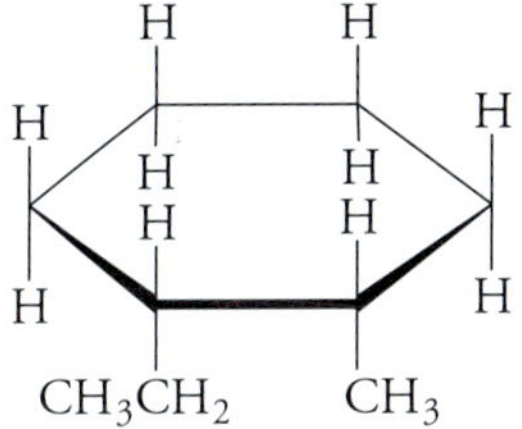

cis-1-Ethyl-2-methylcyclohexane

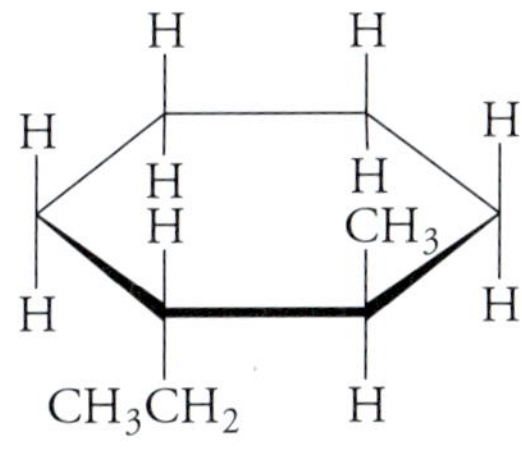

trans-1-Ethyl-2-methylcyclohexane

8.4

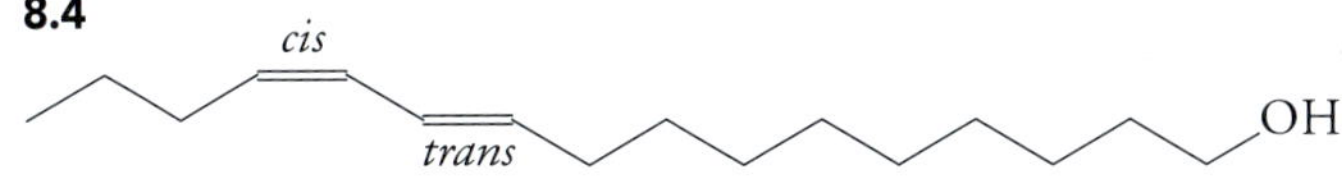

8.5 이 반응은 알칸 유형 탄소 원자에 붙은 수소만 치환한다.

8.6 H_3C CH_3 OH CH_3

8.7 CH_3 CH_3 Br and CH_3 CH_3 Br

8.8 **a.** $HOCH_2CH_2CH_2C(=O)-OH$

b. $CH_3CH(NH_2)C(=O)-OH$

c. $CH_3CH_2CH(Cl)CH_2CH_2C(=O)-OH$

8.9 더 많은 수소결합들이 *p*-cresol 분자 사이보다 hydroquinone 분자 사이에 형성될 수 있다.

8.10 **a.** sodium 2,3-dimethylpentanoate; **b.** sodium 2,4-dichlorophenoxide

8.11 $CH_3CH(CH_3)CH_2C(=O)-OCH(CH_3)CH_2CH_3$

***sec*-Butyl 3-methylbutanoate**

8.12 **a.** *N*-ethyl-2-propanamine and ethylisopropylamine; **b.** 2-butanamine and sec-butylamine; **c.** *N*-methyl-2-butanamine and sec-butylmethylamine

8.13 $(CH_3)_3N + HBr \longrightarrow (CH_3)_3NH^+ Br^-$

Trimethylammonium bromide

8.14 각 반응은 카복실산과 아민, 두 가지 생성물을 가진다. 카복실산은 일반적으로 약 5의 pK_a 값을 가지고 아민의 짝산은 일반적으로 9~11 사이의 pK_a 값을 가진다. pH 3 또는 더 낮은 상태에서, 카복실산(짝염기가 아닌) 그리고 아민 짝산(아민이 아닌)이 더 많이 존재할 것이다.

George Skene/Orlando Sentinel/NewsCom

농장에서

지난 여름방학에, 한 학생이 여러 마리의 말을 기르는 친구 집을 방문하였을 때, 수의사가 절뚝거리는 말의 상태를 살펴보고 있었다. 장갑을 낀 후 말의 아픈 다리에 뭔가 반죽 같은 것을 바르기에 학생은 그 반죽이 어떤 작용을 하는지 물었다. 수의사는 그 반죽에 DMSO라고 하는 유기화합물이 함유되어 있어서 소염제(anti-inflammatory agent)로 작용한다고 말해 주었다.

9 알코올, 에테르, 알데히드 및 케톤

본 장에 관하여

9장에서는 유기화합물의 주요 반응들을 계속해서 학습해 나아갈 것이다. 산소를 포함하고 있는 화합물들, 알코올, 에테르, 알데히드 및 케톤을 소개할 것이다. 황을 포함하고 있는 관련 화합물들에 대해서도 학습할 것이다.

CHAPTER 9의 목적

이 장을 끝내고 나면, 여러분들은 다음과 같은 것들을 할 수 있을 것이다. 즉:

1. 알코올, 에테르, 티올, 설파이드, 디설파이드가 어떻게 명명되는지 그리고 이러한 분자들 사이에 작용하는 비공유적 힘이 무엇인지 설명할 수 있다.
2. 알코올, 에테르, 티올, 설파이드 제조반응에 사용되는 친핵성 치환반응에 대해 설명할 수 있다.
3. 알코올과 티올이 산화하여 형성되는 산물을 알고, 알코올이 산성 용액에서 열을 받으면 일어나는 제거반응의 주요 산물을 예측할 수 있다.
4. 알데히드, 케톤이 어떻게 명명되는지 설명하고, 이러한 분자들 사이에 작용하는 비공유적 힘이 무엇인지 설명할 수 있다.
5. 알데히드의 산화 반응을 설명할 수 있다.
6. 알데히드, 케톤이 H_2/Pt과 반응할 때 일어나는 현상을 설명할 수 있다.
7. 헤미아세탈과 아세탈의 구조와 형성 과정을 표현할 수 있다.

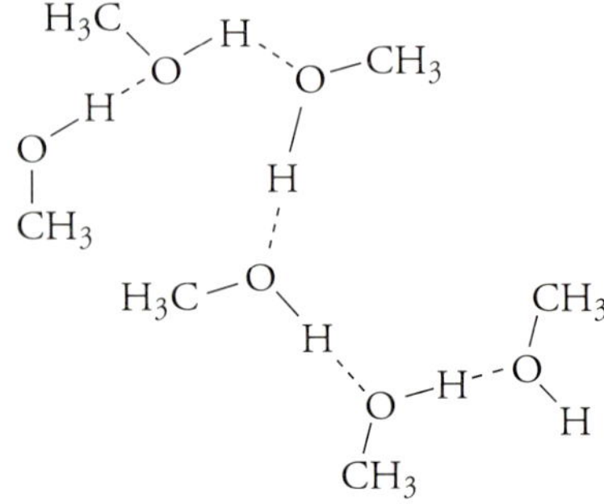

■ 그림 9.2

수소결합 점선은 알코올 분자들 사이의 수소결합을 나타낸다. 수소결합을 형성하는 이러한 능력으로 인해 알코올의 끓는점은 비교적 높고, 저분자 알코올은 물에서 우수한 용해도를 보여준다.

에테르, 티올, 설파이드 및 디설파이드의 끓는점은 분자량이 비슷한 알코올보다 낮은데, 그 이유는 수소결합을 형성할 수 없기 때문이다. 에테르 분자는 C—O—C 결합으로 인해 약간 극성이다. 그러나 에테르 분자들 사이에 작용하는 쌍극자–쌍극자(dipole–dipole) 인력은 비슷한 크기의 탄화수소의 끓는점보다 높은 끓는점을 갖게 할 만큼 충분히 강하지 않다. 티올, 설파이드 및 디설파이드의 경우에는 상대적으로 약한 반데르발스 힘이 작용하여 끓는점이 낮다.

예제 9.1

분자들 사이에 작용하는 힘

다음 중 어느 분자가 유사한 다른 분자들과 수소결합을 형성할 수 있는가?

a. H_2O

b. $CH_3\overset{O}{\overset{\|}{C}}CH_3$

c. CH_3CH_2OH

d. $CH_3\overset{O}{\overset{\|}{C}}-OH$

전략

이 문제를 푸는 열쇠는 수소결합의 정의에 있다. 4.3절에서 학습했던 것처럼 수소결합은 N, O, F 원자와 다른 N, O, F 원자에 공유결합하고 있는 수소 원자 사이의 결합이다.

해답

a, c, d. b 분자에서 다른 분자가 수소 원자를 제공할 때는(예를 들어, 물 분자로부터 수소 원자 제공) 수소결합을 형성할 수 있을지라도 이러한 두 분자의 케톤은 서로 수소결합을 형성할 수 없다. N, O, F 원자에 결합되어 있는 수소 원자가 없다.

연습문제 9.1

다음 중 끓는점이 더 높은 분자는 어느 것인가?

(OH가 결합된 시클로헥산 고리) (CH₃가 결합된 시클로헥산 고리)

Did You Know?

스컹크에서 나는 지독한 냄새는 3-메틸-1-부탄올과 2-부텐-1-티올의 두 가지 티올 때문이다. 이러한 물질들은 물에 대한 용해도가 낮아 스컹크에 의해 분사된 액이 묻게 되면 물로 씻어 쉽게 제거할 수 없다.

$CH_3\underset{CH_3}{\underset{|}{C}}HCH_2CH_2SH$

3-Methyl-1-butanethiol

$CH_3CH{=}CHCH_2SH$

2-Buten-1-thiol

■ 수소결합은 에테르, 티올, 설파이드 및 디설파이드보다 알코올이 물에 더 잘 녹게 만든다.

비슷한 물질을 잘 녹이는 성질(*like dissolive like* rule)(6.4절)은 어떤 분자의 물 용해도를 대략 예상할 수 있게 한다. 저분자 알코올은 물처럼 극성이고 수소결합을 형성할 수 있기 때문에 물에 잘 녹는다. 고분자 알코올일수록 물에 대한 용해도가 낮은데, 이는 비극성 탄화수소 부분이 분자구조에서 차지하는 비율이 증가하기 때문이다. 에테르는 알코올보다 극성이 낮으며 물 분자와 수소결합을 덜 형성한다. 따라서 에테르는 물에 덜 녹는다. 비극성인 티올, 설파이드 및 디설파이드는 물에 대해 매우 낮은 용해도를 갖고 있다. 많은 티올, 설파이드 및 디설파이드는 강하고 불쾌한 냄새를 가지고 있다.

예제 9.2

용해도

표 9.1에 의하면, 1-프로판올은 물과 잘 섞이는 반면, 1-펜탄올은 2.2 g/100 mL의 용해도를 갖는다. 이 차이점의 원인을 설명하시오.

전략

비슷한 물질을 잘 녹이는 성질(*like dissolive like* rule)은 용해도를 이해하기 위한 기본적 개념이다. 이 두 알코올의 구조의 차이점을 생각한다.

해답

물과 같이 모든 알코올은 수소결합을 할 수 있다. 그래서 작은 알코올은 물에 잘 섞인다. 알코올의 크기가 커질수록 용해도가 떨어지는데, 그 이유는 알코올 내 무극성인 탄수화물 부분이 점점 커지기 때문이다. 무극성 부분은 물과 상호작용하지 않는다.

연습문제 9.2

표 9.1에 따르면, 1-프로판올은 물과 섞이고, 에탄티올은 0.7g/100 ml의 용해도를 갖는다. 이 두 가지 분자의 분자량이 거의 같은 데도 불구하고 이러한 차이를 보이는 이유를 설명하시오.

9.2 | 제조

우리는 과학자들이 알코올, 에테르, 그리고 황 화합물들을 제조하기 위해 사용한 몇몇 반응들을 살펴볼 것이다. 생물체가 이러한 화합물들을 만들어낼 때는 동일한 반응을 효소 촉매를 이용하여 일어나게 한다.

알코올은 **친핵성 치환반응(nucleophilic substutution reaction)**에 의해 제조될 수 있다. 친핵성 치환반응은 **친핵체(nucleophile)**라고 하는 전자가 풍부한 원자나 원자단이 비교적 약한 공유결합에 의해 탄소 원자에 결합되어 있어 쉽게 대체 가능한 원자나 원자단인 **이탈기(leaving group)**를 대체한다. 염소, 브롬, 요오드는 유기화학에서 많이 사용되는 이탈기이다.

알코올을 제조하기 위해 사용되는 친핵성 치환반응 중 하나는 메틸 클로라이드(methyl chloride, CH_3Cl)와 OH^-사이의 반응이다. 탄소와 산소 사이에서 새로운 공유결합을 형성하는 전자들은 친핵체인 OH^-에 의해 제공된다. 탄소–염소 사이의 결합을 형성하던 전자들은 이탈기인 Cl에 음전하를 제공한다. 수산기(OH^-)가 치환반응에서 친핵체로 사용될 때마다 알코올은 만들어지고 생성된 알코올의 구조는 반응물인 **알킬 할라이드(alkyl halide)**의 구조에 의존한다(알킬 할라이드에서 **할로겐 원자는 알칸 탄소 원자에 결합한다**). 친핵성 치환반응을 이해하는 열쇠는 이탈기(Cl 혹은 Br)가 항상 친핵체에 의해 교체된다는 것이다.

친핵체를 바꿈으로써, 에테르, 티올, 설파이드가 제조될 수 있다. OH^- 대신 SH^-가 티올을 제조하는 데 사용되고, C—O^-를 가지고 있는 친핵체는 에테르를 제조하는데, C—S^-를 가지고 있는 친핵체는 설파이드를 제조하는 데 사용된다(그림 9.3*b*).

제8장에서는 알칸(alkane)을 알킬 할라이드로 전환하는 치환반응에 대하여 설명한다. 이 반응에서는 알칸에 빛을 쪼여 주면, Cl_2와 Br_2와 반응할 때, 할로겐 원자 하나가 수소 하나를 치환한다.

$$CH_4 + Cl_2 \xrightarrow{\text{빛}} CH_3Cl + HCl$$

$$CH_3CH_3 + Br_2 \xrightarrow{\text{빛}} CH_3CH_2Br + HBr$$

이 반응이 위에서 설명한 친핵성 치환반응과 연계되어 알켄을 알코올, 티올, 그리고 많은 다른 분자들로 전화할 수 있게 한다. 예를 들어, 메탄(methane)이 친핵성 치환반응에 의하여 메틸 클로리드(methyl

■ 그림 9.3

친핵성 치환반응 친핵성 치환반응에서 친핵체(파랑)는 이탈기(빨강)를 대체한다. 이 반응은 (*a*) 알코올, (*b*)에테르, 티올, 설파이드를 제조하기 위해 사용된다.

(*a*) $^{-}:\ddot{O}H + CH_3-\ddot{Cl}: \longrightarrow CH_3-\ddot{O}H + :\ddot{Cl}:^{-}$

Methyl chloride — Methyl alcohol

$^{-}:\ddot{O}H + CH_3CH_2CH_2-\ddot{Br}: \longrightarrow CH_3CH_2CH_2-\ddot{O}H + :\ddot{Br}:^{-}$

Propyl bromide — Propyl alcohol

(*b*) $^{-}:\ddot{O}CH_3 + CH_3-\ddot{Br}: \longrightarrow CH_3-\ddot{O}CH_3 + :\ddot{Br}:^{-}$

Methyl bromide — Dimethyl ether

$^{-}:\ddot{S}H + CH_3CH_2-\ddot{Cl}: \longrightarrow CH_3CH_2-\ddot{S}H + :\ddot{Cl}:^{-}$

Ethyl chloride — Ethyl mercaptan

$^{-}:\ddot{S}CH_2CH_3 + CH_3CH_2-\ddot{Br}: \longrightarrow CH_3CH_2-\ddot{S}CH_2CH_3 + :\ddot{Br}:^{-}$

Ethyl bromide — Diethyl sulfide

■ 알킬 할라이드(alkyl halide)의 관용명은 알킬기의 이름과 할로겐 원자의 이름을 합하여 마지막 어미를 "-이드(-ide)"로 붙여서 사용한다. CH_3Cl은 메틸 클로리드(methyl choloride)이고, $CH_3CH_3CH_2Br$은 프로필 브로미드(propyl bromide)이다.

chloride)로 전환될 수 있다. 유사하게, 에탄은 에틸 알코올로, 다시 에탄티올로 변화한다.

$$\underset{\text{Methane}}{CH_4} \xrightarrow[\text{light}]{Cl_2} \underset{\text{Methyl chloride}}{CH_3Cl} \xrightarrow{^{-}OH} \underset{\text{Methanol}}{CH_3OH}$$

$$\underset{\text{Ethane}}{CH_3CH_3} \xrightarrow[\text{light}]{Br_2} \underset{\text{Ethyl bromide}}{CH_3CH_2Br} \xrightarrow{^{-}SH} \underset{\text{Ethanethiol}}{CH_3CH_2SH}$$

예제 9.3

치환반응의 생성물 예측

친핵성 치환반응의 생성물을 그리시오.

a. $^{-}OH + CH_3CH_2Br \longrightarrow$

b. $^{-}SH + CH_3\underset{\displaystyle Br}{\underset{|}{C}}HCH_3 \longrightarrow$

c. $^{-}OCH_3 + CH_3CH_2CH_2CH_2Br \longrightarrow$

전략

각 반응의 생성물을 얻기 위해서는 반응물 중에서 친핵체와 이탈기를 찾아야 한다. 친핵성 치환반응에서는 친핵체가 이탈기를 대체한다.

해답

a. $CH_3CH_2OH + Br^{-}$

b. $CH_3\underset{\displaystyle SH}{\underset{|}{C}}HCH_3 + Br^{-}$

c. $CH_3CH_2CH_2CH_2OCH_3 + Br^{-}$

연습문제 9.3

예제 9.3에서 각 반응물의 브롬(Br)을 클로린(chlorine)으로 바꾼다면 각 반응의 생성물은 무엇인가?

9.3 | 반응

알코올과 티올의 산화

5.4절은 탄소 원자가 산소를 얻고 수소를 잃는다면, 유기 분자가 산화하는 것을 보여준다. 산화제인 중크롬산칼륨($K_2Cr_2O_7$, potassium dichromate)은 알코올을 포함한 여러 가지 유기화합물을 산화시키는데 이용된다. 알코올이 산화하면, 카르보닐기(C=O)가 형성되고, 수소 한 원자가 —OH기로부터, 다른 또 하나의 수소 원자는 —OH를 갖고 있는 탄소 원자로부터 떨어져나온다(그림 9.4).

수소 원자 하나가 —OH기에 결합되어 있는 탄소 원자에서 떨어져 나오기 때문에, 이 반응으로 산화할 수 있는 알코올의 종류는 정해져 있다. 1차 알코올은 그러한 수소 원자를 2개 가지고 있어서 산화하면 알데히드가 된 후 바로, 중크롬산칼륨($K_2Cr_2O_7$)에 의하여 산화되면 카르복실산이 된다. 2차 알코올은 반응에 필요한 C—H 결합을 가지고 있고, 케톤으로 산화한다. 3차 알코올은 —OH기에 결합되어 있는 탄소에 바로 붙은 수소가 없기 때문에 중크롬산칼륨($K_2Cr_2O_7$)에 의하여 산화되지 않는다.

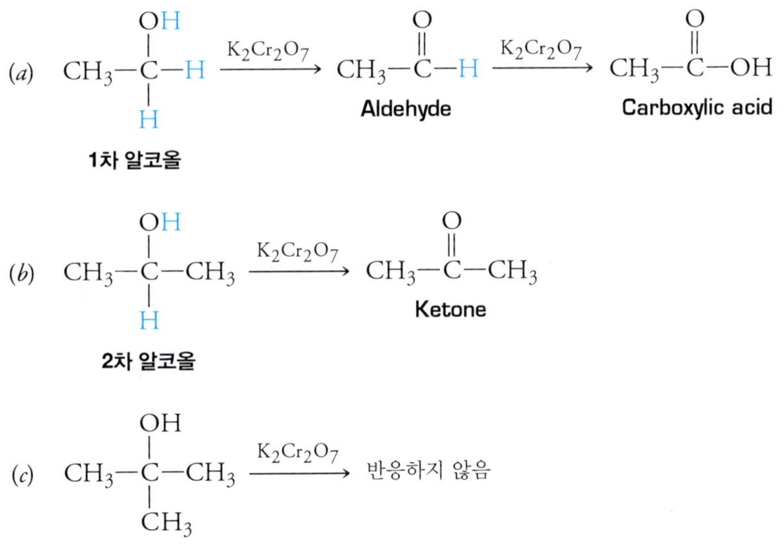

(*a*) $CH_3-\underset{H}{\overset{OH}{C}}-H \xrightarrow{K_2Cr_2O_7} CH_3-\overset{O}{\overset{\|}{C}}-H \xrightarrow{K_2Cr_2O_7} CH_3-\overset{O}{\overset{\|}{C}}-OH$

1차 알코올 → Aldehyde → Carboxylic acid

(*b*) $CH_3-\underset{H}{\overset{OH}{C}}-CH_3 \xrightarrow{K_2Cr_2O_7} CH_3-\overset{O}{\overset{\|}{C}}-CH_3$

2차 알코올 → Ketone

(*c*) $CH_3-\underset{CH_3}{\overset{OH}{C}}-CH_3 \xrightarrow{K_2Cr_2O_7}$ 반응하지 않음

3차 알코올

그림 9.4

알코올의 산화 중크롬산칼륨($K_2Cr_2O_7$)에 의해 알코올이 산화될 때, 2개의 수소 원자, 즉 알코올의 —OH기와 —OH와 결합하고 있는 탄소에 결합되어 있던 수소 원자가 알코올 분자에서 제거된다. (*a*) 1차 알코올은 산화되어 알데히드가 되고 다시 산화되어 최종적으로 카복실산이 된다. (*b*) 2차 알코올은 산화되어 케톤이 된다. (*c*) 3차 알코올은 산화되지 않는다.

예제 9.4

알코올의 산화

각 반응의 생성물을 그리시오.

a. $CH_3CH_2CH_2OH \xrightarrow{K_2Cr_2O_7}$

b. $CH_3CH_2\overset{OH}{\overset{|}{C}}HCH_2CH_2CH_3 \xrightarrow{K_2Cr_2O_7}$

전략

각 반응의 알코올 종류가 1차, 2차, 3차 인지를 결정한다. 1차 알코올은 산화되어 알데히드가 되고, 이는 즉시 카복실산으로 다시 산화된다. 2차 알코올은 케톤으로 산화되고, 3차 알코올은 산화되지 않는다.

해답

a. $CH_3CH_2\overset{O}{\overset{\|}{C}}{-}OH$ b. $CH_3CH_2\overset{O}{\overset{\|}{C}}CH_2CH_2CH_3$

연습문제 9.4

제15장에서는 ATP라고 하는 풍부한 에너지를 가지고 있는 화합물을 제조하기 위한 과정들에서 사용될 수 있는 화합물들을 만드는 일련의 반응들로 이루어진 시트르산 회로(citric acid cycle)에 대해 배울 것이다. 시트르산 회로에서의 초기 반응은 알코올의 산화 반응이다. 아래에 보이는 2개의 반응물(각각은 시트르산 회로의 어느 단계에서 나타나는 반응물임) 중에서, 어느 것이 산화될 수 있는 알코올기를 가지고 있는가?

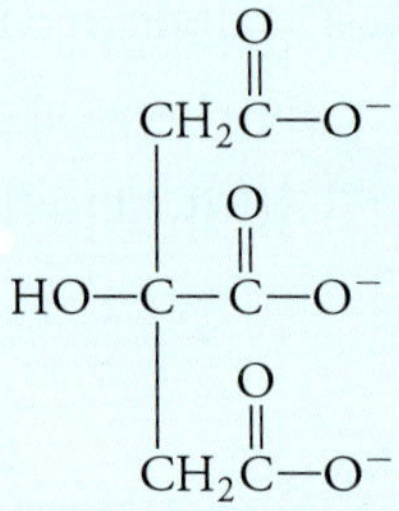

$$\begin{array}{c} CH_2\overset{O}{\overset{\|}{C}}{-}O^- \\ | \\ HO{-}C{-}\overset{O}{\overset{\|}{C}}{-}O^- \\ | \\ CH_2\overset{O}{\overset{\|}{C}}{-}O^- \end{array} \qquad \begin{array}{c} CH_2\overset{O}{\overset{\|}{C}}{-}O^- \\ | \\ H{-}C{-}\overset{O}{\overset{\|}{C}}{-}O^- \\ | \\ HO{-}CH\overset{O}{\overset{\|}{C}}{-}O^- \end{array}$$

Citrate 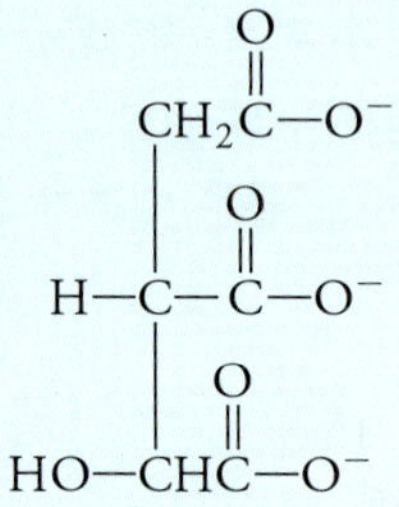 **Isocitrate**

생물에서 산화제로 작용하는 NAD^+(nicotinamide adenine dinucleotide)는 알코올 산화를 촉진시키는 특정효소와 결합한다. NAD^+는 알코올의 수소 원자들 중 하나의 수소 원자와 결합하면서 알코올을 산화시키고 NADH가 된다(그림 9.9). 알코올에서 유리된 두 번째 수소 원자는 수소이온(H^+)이 된다. 예를 들어, 맥주, 와인, 기타 알코올성 음료에 들어 있는 에탄올의 대사과정에서 첫 번째 단계는 간에서 일어나고 NAD^+를 필요로 하는 효소에 의해 일어난다(Health Link: 알데히드 디하이드로지나제).

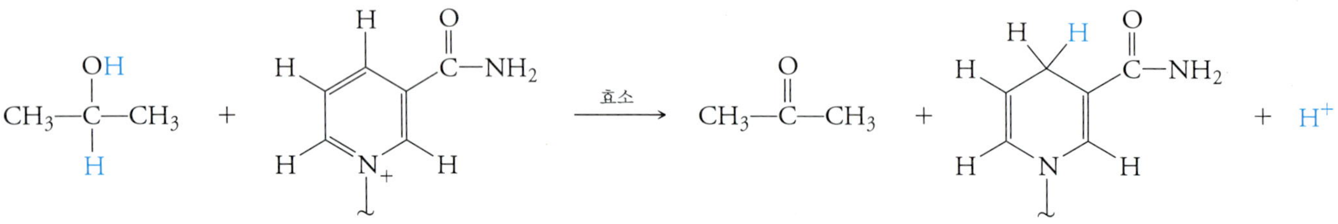

$$CH_3{-}\underset{H}{\underset{|}{\overset{OH}{\overset{|}{C}}}}{-}CH_3 + NAD^+ \xrightarrow{\text{효소}} CH_3{-}\overset{O}{\overset{\|}{C}}{-}CH_3 + NADH + H^+$$

2차 알코올 **NAD^+** **A ketone** **NADH**

■ **그림 9.5**

NAD^+ & NADH NAD^+—부분 구조만 보임—는 일반적으로 잘 알려진 생화학 반응의 산화제이다. 어떤 화합물을 산화하는 과정에서 NAD^+는 NADH로 변하게 된다. NAD^+와 NADH는 구조적으로 오직 피리딘(pyridine) 고리 부분만 다르다. 두 화합물의 정확한 구조는 그림 14.2에 있다.

티올의 산화에서는 알코올의 산화에서 형성되는 생성물과 다른 형태의 화합물이 얻어진다. 산화제, I_2를 처리하면 두 분자의 티올이 결합하여 이황화물(disulfide)이 생성된다. 각각의 티올에서 수소 원자의 손실은 산화 과정의 증거이다.

알코올의 탈수반응

수소이온 촉매와 열 존재하에 알코올은 탈수반응을 한다(5.3절). 이 반응에서 이웃하고 있는 탄소 원자에서 —OH와 —H가 제거되어 알켄을 생성한다. 2-부탄올(2-butanol) 같은 알코올의 경우 1개 이상의 알켄이 생성될 수 있다. 이때 주생성물은 좀 더 적은 수의 수소 원자가 결합되어 있는 이웃 탄소 원자에서 수소 원자가 제거되어 형성된 것이다. 예를 들어, 2-부탄올(butanol)에서 탈수 반응이 일어나면 2-부텐(butene)이 주생성물이다(그림 9.6).

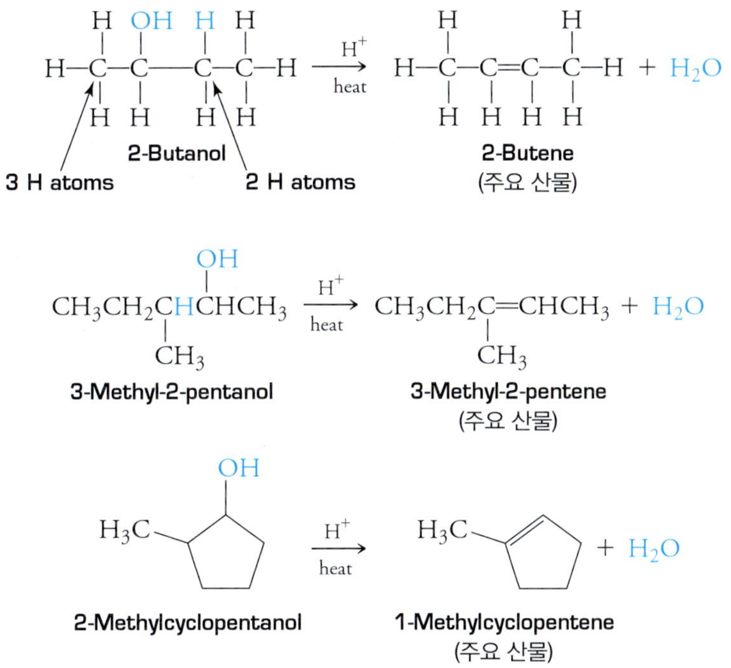

2-Butanol (3 H atoms, 2 H atoms) $\xrightarrow[\text{heat}]{H^+}$ 2-Butene (주요 산물) + H_2O

$$CH_3CH_2CH(OH)CH_3 \xrightarrow[\text{heat}]{H^+} CH_3CH{=}CHCH_3 + H_2O$$

$$CH_3CH_2CH(CH_3)CH(OH)CH_3 \xrightarrow[\text{heat}]{H^+} CH_3CH_2C(CH_3){=}CHCH_3 + H_2O$$

3-Methyl-2-pentanol → 3-Methyl-2-pentene (주요 산물)

2-Methylcyclopentanol $\xrightarrow[\text{heat}]{H^+}$ 1-Methylcyclopentene (주요 산물) + H_2O

■ **그림 9.6**

알코올의 탈수반응 수소이온과 열 존재 하에 알코올은 탈수반응을 한다. 이 반응에서 주요 생성물은 하나의 탄소 원자에서 —OH가 제거되고, 수소 원자가 결합되어 있는 이웃 탄소 원자에서 수소 원자가 제거되어 형성된다. 유기반응식이 잘 알려져 있기 때문에, 유기생성물만을 나타냈다.

예제 9.5

알코올의 산화와 탈수

각 반응에서 기대되는 산물을 그리시오.

a. $CH_3CH_2CH_2OH \xrightarrow{K_2Cr_2O_7}$

b. $CH_3CH(OH)CH_3 \xrightarrow{K_2Cr_2O_7}$

c. $CH_3CH_2CH_2OH \xrightarrow[\text{열}]{H^+}$

d. $CH_3CH(OH)CH_3 \xrightarrow[\text{열}]{H^+}$

전략

먼저 반응물과 조건을 살펴본다. 2개는 산화이고 나머지 둘은 탈수이다. 한 번 반응형을 결정하면 어떻게

서로 다른 알코올이 산화에 반응하고, 어떤 알켄(alkene)이 탈수 반응으로부터 형성되어지는가를 생각한다.

해답

a. $CH_3CH_2CH_2OH \xrightarrow{K_2Cr_2O_7} CH_3CH_2\overset{\overset{\displaystyle O}{\|}}{C}—OH$

b. $CH_3\underset{}{\overset{\overset{\displaystyle OH}{|}}{C}}HCH_3 \xrightarrow{K_2Cr_2O_7} CH_3\overset{\overset{\displaystyle O}{\|}}{C}CH_3$

c. $CH_3CH_2CH_2OH \xrightarrow[\text{열}]{H^+} CH_3CH{=}CH_2$

d. $CH_3\overset{\overset{\displaystyle OH}{|}}{C}HCH_3 \xrightarrow[\text{열}]{H^+} CH_3CH{=}CH_2$

연습문제 9.5

각 반응으로부터 기대되는 유기생성물을 그리시오.

a. (2-메틸사이클로펜탄올: 고리에 CH_3, OH) $\xrightarrow{K_2Cr_2O_7}$

b. (사이클로펜틸메탄올: 고리에 CH_2OH) $\xrightarrow{K_2Cr_2O_7}$

c. (1-메틸사이클로펜탄올: 고리에 OH, CH_3) $\xrightarrow{K_2Cr_2O_7}$

d. (2-메틸사이클로펜탄올: 고리에 CH_3, OH) $\xrightarrow[\text{열}]{H^+}$

e. (사이클로펜틸메탄올: 고리에 CH_2OH) $\xrightarrow[\text{열}]{H^+}$

f. (1-메틸사이클로펜탄올: 고리에 OH, CH_3) $\xrightarrow[\text{열}]{H^+}$

9.4 | 알데히드 그리고 케톤

케톤과 알데히드는 카보닐(carbonyl; C=O) 기를 가지고 있다. **케톤(ketone)**에서 카보닐 탄소 원자는 2개의 다른 탄소 원자와 결합해 있고, **알데히드(aldehyde)**에서는 1개의 탄소 원자와 1개의 수소 원자 또는 2개의 수소 원자와 결합해 있다.

IUPAC 규칙에 따라 알데히드와 케톤을 명명할 때, 카보닐기(carbonyl group)는 주사슬의 한 부분으로 이 작용기에서 가장 가까운 끝에서부터 번호 매김이 시작된다. 알데히드의 카보닐 탄소 원자는 항상 위치 번호가 1이기 때문에, 그 위치는 이름에서 일일이 열거되지 않는다. 그러나 분자가 카보닐 위치를 표시할 필요가 없을 정도로 충분히 작지 않다면, 케톤에서는 카보닐 탄소의 위치가 표시된다. 주사슬은 상응하는 탄화수소의 이름 끝에서 "e"를 삭제한 후에, 알데히드에는 "al", 케톤에는 "one"를 추가하여 명명된다(그림 9.7).

케톤의 관용명은 카보닐 탄소 원자에 결합되어 있는 알킬기 이름 뒤에 "케톤"을 붙인다. 알데히드와 어떤 케톤의 경우 다른 관용명이 사용되기도 한다. 잘 알려진 세 가지 중요한 화합물로는 포름알데히드(formaldehyde)(methanal), 아세트알데히드(acetaldehyde)(ethanal), 그리고 아세톤(acetone)(propanone)이 있다(그림 9.7).

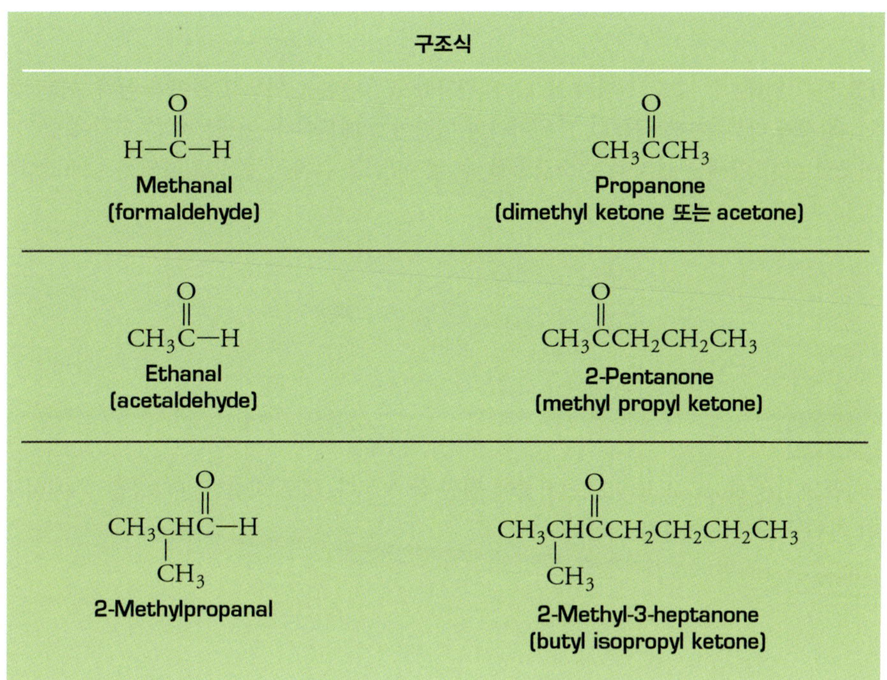

■ 그림 9.7

알데히드와 케톤의 명명 몇몇 알데히드와 케톤의 IUPAC명과 관용명(괄호 안)이 표기되었다.

알데히드와 케톤은 비슷한 분자량을 가진 알코올보다 훨씬 낮은 끓는점을 가진다. 예를 들어, 에탄올은 78.5°C의 끓는점을 가지는 반면 에탄알(ethanal)은 20°C의 끓는점을 가진다(표 9.2). 끓는점에 차이는 분자가 다른 분자와 어떻게 결합하는가에 따른 차이에 있다. 알코올 분자는 이웃 분자와 수소결합을 형성하는 반면, 알데히드와 케톤은 수소결합을 형성할 수 없다. 왜냐하면 수소결합은 질소, 산소 또는 플루오르 원자에 공유결합되어 있는 수소 원자를 필요로 하기 때문이다. 알데히드와 케톤은 카보닐기가 약간 극성이므로 쌍극자–쌍극자 힘과 마찬가지로 반데르발스 힘을 통해 서로 상호작용을 한다. 그러나 이러한 상호작용은 알코올 분자가 다른 알코올 분자를 끌어당기는 알코올 분자 사이에 작용하는 힘보다 약하다. 그래서 알데히드와 케톤은 비슷한 크기의 알코올보다 끓는점이 낮다.

카보닐기의 극성과 물 분자와 함께 수소결합을 형성하는 능력은 저분자 알데히드와 케톤이 물에 잘 녹도록 한다(*like dissolve like*). 알데히드와 케톤이 크면 클수록, 물에 대한 용해도는 감소한다. 왜냐하면 분자에서 물에 녹지 않는 탄화수소 부분이 전체 구조에서 더 많은 부분을 차지하기 때문이다.

예제 9.6

용해도

표 9.2는 아세톤이 물과 섞인다는 것을 보여준다. 아세톤 분자끼리는 수소결합을 하지 않지만 아세톤 분자와 물 분자는 서로 수소결합을 할 수 있기 때문이다. 아세톤 분자끼리 수소결합하지 않는 이유를 설명하고, 아세톤과 물 분자 사이에 형성되는 수소결합을 표현하는 그림을 그리시오.

전략

4.3절을 참고하시오.

해답

수소결합을 하기 위해서는 수소 원자가 N, O, F 원자와 공유결합을 이루고 있어야 한다. 이는 수소결합은 그 수소 원자와 다른 분자의 N, O, F 원자와의 인력이기 때문이다. 아세톤은 O 원자에 붙은 수소가 없어서 이웃한 다른 아세톤 분자와 수소결합할 수 없지만, 물 분자의 수소 원자와는 수소결합이 가능하다.

H—O—H
O
C
CH_3 CH_3
수소결합

연습문제 9.6

1-propanol(표 9.1)은 propanal(표 9.2)보다 물에 훨씬 잘 녹는다. 서로 비슷한 분자량을 갖는 이 두 분자가 이러한 차이를 보이는 이유를 설명하시오.

표 | 9.2 알데히드와 케톤의 물리적 성질

화학식	IUPAC 명	관용명	끓는점(°C)	용해도(g/100 mL)
알데히드				
$HCHO$ (H—C(=O)—H)	메탄알 (Methanal)	포름알데히드 (Formaldehyde)	−21	물에 아주 잘 녹음[a]
CH_3CHO ($CH_3C(=O)—H$)	에탄알 (Ethanal)	아세트알데히드 (Acetaldehyde)	20	물에 아주 잘 녹음
$CH_3CH_2C(=O)—H$	프로판알 (Propanal)		49	16
$CH_3CH_2CH_2C(=O)—H$	부탄알 (Butanal)		76	~0
케톤				
$CH_3C(=O)CH_3$	프로파논 (Propanone)	아세톤 (Acetone)	56	물에 아주 잘 녹음
$CH_3C(=O)CH_2CH_3$	부타논 (Butanone)	메틸 에틸 케톤 (Methyl ethyl ketone)	80	26
$CH_3C(=O)CH_2CH_2CH_3$	2-펜타논 (2-Pentanone)	메틸 프로필 케톤 (Methyl propyl ketone)	102	6
$CH_3C(=O)CH_2CH_2CH_2CH_3$	2-헥사논 (2-Hexanone)	메틸 부틸 케톤 (Methyl butyl ketone)	150	2

[a]무한대로 섞임(어떠한 양도 녹을 수 있음).

9.5 | 알데히드의 산화

9.3절에서 보았듯이, 중크롬산칼륨($K_2Cr_2O_7$)은 2차 알코올을 케톤으로, 1차 알코올을 알데히드로 산화시키며, 알데히드는 더 산화되어 카복실산이 된다. 카복실산은 또한 중크롬산칼륨에 의해 알데히드로부터 직접 생성될 수 있다. 알데히드에 산소 원자가 첨가된 것은 산화가 일어났다는 것을 가리킨다(그림 9.8*a*).

알코올에는 영향을 미치지 않고 알데히드를 산화시키는 특정 시약이 개발되었다. 그 중의 하나가 **베네딕트 시약(Bendict's reagent)**인데, 산화제인 Cu^{2+}를 포함하고 있다. 알데히드는 베네딕트 시약에 의하여 카복실산으로 산화될 수 있으나, 알코올은 산화되지 않는다(그림 9.8*b*). 베네딕트 시약은 알데히드를 산화시킴으로써, 초기의 파란 색깔(Cu^{2+}에 의한)은 Cu^{2+}가 Cu^+으로 환원되면서 변한다. 용액의 최종 색깔은 처음에 존재하는 알데히드의 양에 의존한다(그림 9.9). 베네딕트 시약은 알데히드를 포

■ 베네딕트 시약은 알데히드를 산화시키지만, 알코올은 산화시키지 못한다.

(*a*)

$$\mathrm{CH_3C(=O)H} \xrightarrow{K_2Cr_2O_7} \mathrm{CH_3C(=O)OH}$$

$$\mathrm{HOCH_2{-}C_6H_4{-}C(=O)H} \xrightarrow{K_2Cr_2O_7} \mathrm{HO{-}C(=O){-}C_6H_4{-}C(=O){-}OH}$$

$$\mathrm{CH_3CH(OH)CH_2C(=O)H} \xrightarrow{K_2Cr_2O_7} \mathrm{CH_3C(=O)CH_2C(=O)OH}$$

(*b*)

$$\mathrm{CH_3C(=O)H} \xrightarrow{Cu^{2+}} \mathrm{CH_3C(=O)O^-}$$

$$\mathrm{HOCH_2{-}C_6H_4{-}C(=O)H} \xrightarrow{Cu^{2+}} \mathrm{HOCH_2{-}C_6H_4{-}C(=O){-}O^-}$$

$$\mathrm{CH_3CH(OH)CH_2C(=O)H} \xrightarrow{Cu^{2+}} \mathrm{CH_3CH(OH)CH_2C(=O){-}O^-}$$

■ **그림 9.8**

알데히드의 산화 (*a*) 중크롬산칼륨($K_2Cr_2O_7$)은 알데히드와 1차 알코올을 카복실산으로, 2차 알코올을 케톤으로 산화시킨다. (*b*) 베네딕트 시약(Cu^{2+}를 포함한)은 알데히드를 카복실산으로 산화시키지만 1, 2차 알코올은 산화시키지 않는다. 왜냐하면 베네딕트 시약은 강염기인 카르복실산의 염기 짝을 포함하고 있기 때문이다.

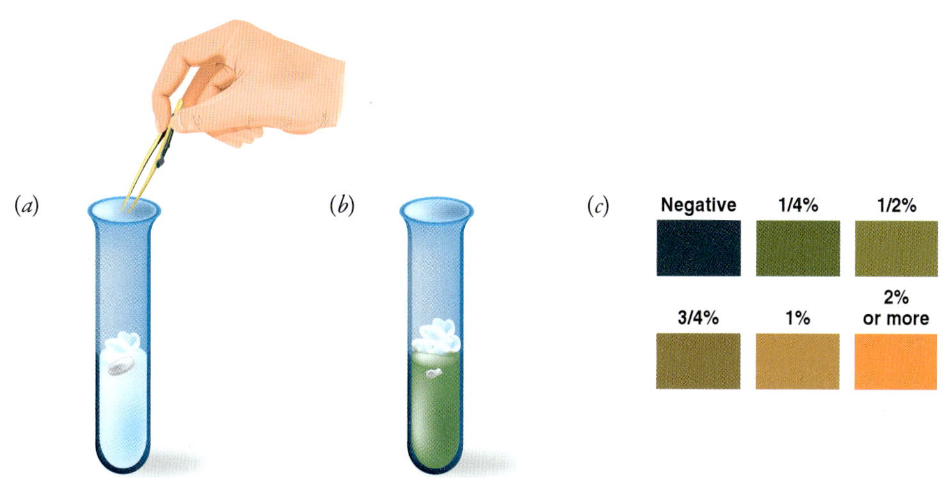

■ **그림 9.9**

베네딕트 시약 (*a*) 베네딕트 시약을 포도당 용액을 포함하고 있는 시험관에 가하면 Cu^{2+}는 초기 용액을 파란 색깔이 나게 한다. (*b*) 포도당에 있는 알데히드기의 산화로 몇 분이 지난 후 색깔이 변하게 된다. (*c*) 용액의 최종 색깔은 포도당의 초기 % (w/v) 농도에 의존한다: 파랑(포도당 없음), 초록(0.25%), 노랑(1%), 주황(2% 이상)

함하고 있는 당인 포도당의 존재를 소변으로부터 검사함으로써 당뇨를 검사할 때 사용되곤 한다. 우리는 제10장에서 포도당을 측정하는 또 다른 방법을 논의할 것이다.

예제 9.7

산화 반응

한 시험관에는 propanal이, 다른 하나에는 1-propanol이 들어 있다. 각 시험관에,

a. 중크롬산칼륨($K_2Cr_2O_7$)을 넣으면 반응이 일어나겠는가? 그렇다면, 어떤 반응이 일어나겠는가?

b. 베네딕트 시약을 넣으면 반응이 일어나겠는가? 그렇다면, 어떤 반응이 일어나겠는가?

전략

어느 시약이 알데히드만 산화시키는지, 알데히드와 1차, 2차 알코올을 분해시키는지 확인하라.

해답

a. Propanal과 1-propanol이 모두 propanoic acid로 산화한다.

$$\underset{\text{Propanal}}{CH_3CH_2\overset{\overset{\large O}{\|}}{C}-H} \xrightarrow{K_2Cr_2O_7} \underset{\text{Propanoic acid}}{CH_3CH_2\overset{\overset{\large O}{\|}}{C}-OH}$$

$$\underset{\text{1-Propanal}}{CH_3CH_2CH_2OH} \xrightarrow{K_2Cr_2O_7} CH_3CH_2\overset{\overset{\large O}{\|}}{C}-H \xrightarrow{K_2Cr_2O_7} CH_3CH_2\overset{\overset{\large O}{\|}}{C}-OH$$

b. Propanal이 propanoic acid의 짝염기인 propanoate ion으로 산화한다. 베네딕트 시약은 알코올을 산화시키지 않는다.

$$\underset{\text{Propanal}}{CH_3CH_2\overset{\overset{\large O}{\|}}{C}-H} \xrightarrow{Cu^{2+}} \underset{\text{Propanoate ion}}{CH_3CH_2\overset{\overset{\large O}{\|}}{C}-O^-}$$

연습문제 9.7

한 시험관에는 포도당 용액이, 다른 하나에는 솔비톨(sorbitol: 당뇨병 환자의 설탕 대용품)이 들어 있다. 다음은 이들 감미료의 축소구조식이다.

$$\underset{\text{Glucose}}{HOCH_2\underset{\underset{OH}{|}}{C}H\overset{\overset{OH}{|}}{C}H\underset{\underset{OH}{|}}{C}H\overset{\overset{OH}{|}}{C}H\overset{\overset{O}{\|}}{C}-H} \qquad \underset{\text{Sorbitol}}{HOCH_2\overset{\overset{OH}{|}}{C}H\underset{\underset{OH}{|}}{C}H\overset{\overset{OH}{|}}{C}H\underset{\underset{OH}{|}}{C}HCH_2OH}$$

a. 베네딕트 시약을 넣으면 반응이 일어나겠는가? 그렇다면, 어떤 반응이 일어나겠는가?

b. 반응이 일어난 것을 어떻게 알 수 있는가?

Did You Know?

개와 고양이에게는 부동액(antifreeze)이 매우 맛있는 것으로 느껴지기 때문에, 아주 적은 양만 섭취해도 죽음에 이를 수 있다. 이러한 독성은 부동액 내 알코올이 산화하면 옥살산(oxalic acid)도 바뀌면서 생겨난다. 이 전환 과정의 첫 번째 반응은 알코올 분해효소(alcohol dehydrogenase)가, 그 다음 반응은 알데히드 분해효소(aldehyde dehydrogenase)에 의하여 촉매된다. 부동액 중독을 치료하는 한 방법은 알코올 분해효소를 억제하는 포메피졸(Fomepizole)이라는 약을 쓰는 것이다. 또 한 가지는 에탄올을 섭취하는 것이다. 알코올 분해효소는 에틸렌 글라이콜(ethylen glycol)보다 에틸 알코올(ethyl alcohol)을 훨씬 더 잘 분해하여 에틸렌 글라이콜이 산화하지 않도록 한다.

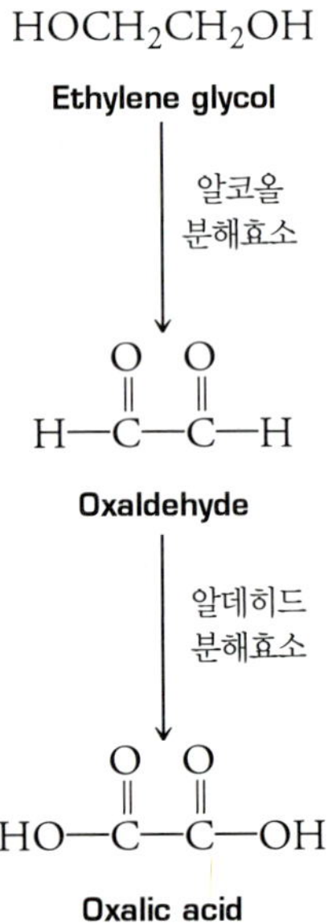

알데히드 분해효소

HealthLink 

맥주, 포도주, 기타 알코올성 음료를 마시면 함유되어 있는 에탄올이 간으로 가서 대사과정을 거친다. 알코올 대사과정의 첫 단계에서 알코올은 아세트알데히드로 산화된다. 이 반응은 알코올 디하이드로지나제(alcohol dehydrogenase)라고 하는 효소에 의해 일어난다. 계속해서 아세트알데히드는 알데히드 디하이드로지나제(aldehyde dehydrogenase)라고 하는 다른 효소의 작용으로 아세트산으로 산화된다(그림 9.10).

아세트알데히드는 독성이 있다. 그래서 알데히드 디하이드로지나제가 에탄올 산화 결과로 우리 몸에 생기는 아세트알데히드를 제거하는 데 중요한 역할을 하고 있다. 어떤 이유로 인해서 아세트알데히드가 체내에 오래 남아 있으면 얼굴과 목이 빨개지고 메스껍고 구토를 일으킨다.

만성 알코올 중독을 치료하기 위해서 사용되고 있는 약물 중의 하나는 알데히드 디하이드로지나제의 작용을 저해하는 것이다. 이 약물(disulfiram)을 먹고 에탄올을 마시면 에탄올은 정상적으로 아세트알데히드로 산화된다. 그러나 아세트알데히드의 산화는 상당히 늦춰진다. 따라서 아세트알데히드의 농도가 증가하여 사람은 곧 메스꺼움을 느끼게 되고 구토를 하게 하므로 더 이상의 음주를 억제할 수 있다.

$$CH_3CH_2N(CH_2CH_3)-C(=S)-S-S-C(=S)-N(CH_2CH_3)CH_2CH_3$$

Disulfiram

$$\underset{\text{Ethanol}}{CH_3CH_2OH} + NAD^+ \xrightarrow{\text{에탄올 분해효소}} \underset{\text{Acetaldehyde}}{CH_3\overset{\overset{O}{\|}}{C}-H} + NADH + H^+$$

$$\underset{\text{Acetaldehyde}}{CH_3\overset{\overset{O}{\|}}{C}-H} + NAD^+ \xrightarrow{\text{아세트 알데히드}} \underset{\text{Acetic acid}}{CH_3\overset{\overset{O}{\|}}{C}-OH} + NADH + H^+$$

■ **그림 9.10**

에탄올 대사 체내에서 에탄올 대사과정의 처음 두 단계는 산화반응이다. 알코올 디하이드로지나제라고 하는 효소가 에탄올을 아세트알데히드로 산화하고 알데히드 디하이드로지나제라고 하는 다른 효소가 아세트알데히드를 아세트산으로 산화한다. 이러한 각 반응들은 생화학적 산화제인 NAD^+의 존재하에 일어난다.

9.6 | 알데히드와 케톤의 환원

앞서 5.4절에서, 소개한 촉매 수소화 반응은 백금(Pt)을 촉매로 하여 알켄의 탄소–탄소 이중결합과 H_2의 반응이다(그림 9.11*a*). 이중결합을 하고 있는 각각의 탄소 원자에 수소 원자가 첨가되기 때문에 수소화 반응은 환원반응이다.

같은 방식으로 촉매 수소화 반응은 알데히드나 케톤의 탄소–산소 이중결합을 환원시킬 수 있다. H_2와 Pt의 존재하에 카보닐의 탄소–산소 이중결합은 —OH기를 생성하는 단일결합(그림 9.11*b*)으로 전환된다. 포름알데히드가 H_2와 Pt를 사용하여 환원될 때 메탄올이 생성된다. 모든 알데히드는 환원되면 1차 알코올을 생성하고, 모든 케톤은 환원되면 2차 알코올을 생성한다.

$$(a)\quad \underset{\text{Ethylene}}{H-\underset{H}{C}=\underset{H}{C}-H} + H_2 \xrightarrow{Pt} \underset{\text{Ethane}}{H-\underset{H}{\overset{H}{C}}-\underset{H}{\overset{H}{C}}-H}$$

$$(b)\quad \underset{\text{Formaldehyde}}{H-\overset{\overset{O}{\|}}{C}-H} + H_2 \xrightarrow{Pt} \underset{\text{Methyl alcohol}}{H-\underset{H}{\overset{O-H}{C}}-H} \qquad \underset{\text{Acetone}}{CH_3-\overset{\overset{O}{\|}}{C}-CH_3} + H_2 \xrightarrow{Pt} \underset{\text{Isopropyl alcohol}}{CH_3-\underset{H}{\overset{O-H}{C}}-CH_3}$$

■ **그림 9.11**

촉매 수소화 반응 (*a*) 알켄의 촉매 수소화 반응은 알칸을 생성한다. (*b*) 알데히드 및 케톤의 촉매 수소화 반응은 알코올을 생성한다.

예제 9.8

환원생성물

다음 환원반응의 알코올 생성물을 그리시오.

a. $CH_3CH_2CH_2\overset{\overset{\displaystyle O}{\|}}{C}—H + H_2 \xrightarrow{Pt}$

b. $CH_3CH_2\overset{\overset{\displaystyle O}{\|}}{C}CH_2CH_3 + H_2 \xrightarrow{Pt}$

c. 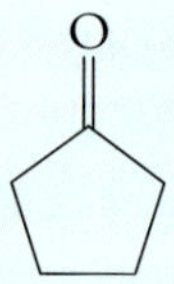 (cyclopentanone) $+ H_2 \xrightarrow{Pt}$

전략

H_2와 Pt에 의한 탄소–탄소 이중결합의 환원과 마찬가지로 알데히드나 케톤의 탄소–산소 이중결합의 환원에서는 이중결합을 하고 있는 각각의 원자에 수소 원자가 첨가된다. 각 반응의 생성물은 알코올이 될 것이다.

해답

a. $CH_3CH_2CH_2CH_2OH$

b. $CH_3CH_2\overset{\overset{\displaystyle OH}{|}}{C}HCH_2CH_3$

c. 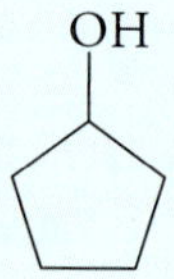 (cyclopentanol, OH)

연습문제 9.8

각 반응에서 빠져 있는 반응물을 그리시오.

a. $+ H_2 \xrightarrow{Pt} CH_3\overset{\overset{\displaystyle OH}{|}}{C}HCH_2CH_2CH_3$

b. $+ H_2 \xrightarrow{Pt} CH_3CH_2CH_2CH_2CH_2OH$

c. $+ H_2 \xrightarrow{Pt}$ (cyclohexane ring bearing H and OH on C-1, CH_2CH_3 on C-3)

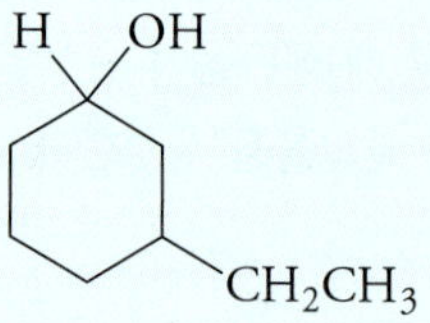

생화학적 환원제인 NADH 존재하에 체내 특정 효소는 알데히드나 케톤을 알코올로 환원시킨다. 예를 들어, 하이드록시스테로이드 디하이드로지나제(hydroxysteroid dehydrogenases, HSDHs)는 스테로이드 생합성과 관련된 반응에서 촉매 역할을 하는 한 부류의 효소이다. 매우 많은 HSDH 효소가 있는데, 각각 스테로이드 탄소 골격의 다른 부분에 선택적으로 작용한다. 이러한 것들 중 3α-HSDH는 스테로이드 고리 중 3번에 위치한 케톤을 환원한다. 이 효소는 콜레스테롤로부터 담즙을 생합성하는 다단계 반응 중 한 반응을 촉진시킨다(그림 9.12).

$$\text{7}\alpha\text{-Hydroxy-5}\beta\text{-cholestan-3-one} + NADH + H^+ \xrightarrow{3\alpha\text{-HSDH}} \text{3}\alpha\text{,7}\alpha\text{-Dihydroxy-5}\beta\text{-cholestane} + NAD^+$$

7α-Hydroxy-5β-cholestan-3-one　　3α, 7α-Dihydroxy-5β-cholestane

■ 그림 9.12

하이드록시스테로이드 디하이드로지나제 하이드록시스테로이드 디하이드로지나제는 스테로이드 탄소 골격에서 케톤기의 환원을 촉진시킨다. 3α-HSDH는 스테로이드 고리에서 3번에 카보닐기를 가지고 있는 스테로이드에 작용한다. 상기 반응은 콜레스테롤로부터 담즙을 생합성하는 반응 중 한 가지 반응이다.

보호 효소

산화반응과 환원반응은 대사과정에서 보편적으로 일어나는 반응들이다. 이러한 반응의 산물로 O_2는 때때로 초과산화 이온(superoxide ion, O_2^-) 또는 과산화수소(hydrogen peroxide, H_2O_2)로 환원된다. 이러한 두 화합물은 독성이 매우 강한 화합물로 단백질, 핵산, 다른 생명 현상에 중요한 분자에 손상을 일으킬 수 있다. 보호 수단으로 생체 내에서 슈퍼옥사이드 디스뮤타제(superoxide dismutase)와 같은 효소를 생산하는데, 이 효소는 2개의 슈퍼옥사이드 이온을 H_2O_2 분자와 산소분자로 전환하는 작용을 한다. 또 다른 효소인 카탈라아제 (catalase)는 2개의 과산화수소 분자를 분해하여 2개의 물 분자와 1개의 산소분자를 생성한다.

$$2O_2^- + 2H^+ \xrightarrow{\text{슈퍼옥사이드 디스뮤타제}} H_2O_2 + O_2$$

$$2H_2O_2 \xrightarrow{\text{카탈라아제}} 2H_2O + O_2$$

백혈구는 박테리아나 다른 외부 물질로부터 신체를 보호하기 위한 방법으로 슈퍼옥사이드(superoxide)와 과산화수소의 높은 독성을 이용하기도 한다. 식세포작용(phagocytosis)(그리스어로 *phago* "먹다" +*cyto* "세포")이라고 하는 과정에서 백혈구가 외부 물질을 삼켜서 분해하여 O_2^- 이온과 H_2O_2을 방출한다(그림 9.13).

슈퍼옥사이드 디스뮤타제를 만드는 유전자에 일어난 돌연변이(변화)가 ALS(amyotrophic lateral sclerosis)와 연관이 있다고 알려져 있다. 이 병은 근육을 움직이는 데 필요한 운동신경세포(motor neuron)를 잃어버리게 한다. 루 게릭 병으로도 알려져 있는 이 병에 걸리면 결국 완전히 전신마비가 될 수도 있다.

ALS가 왜 발병하는지 잘 알려져 있지 않지만, 발병 사례의 적어도 1/10은 "가족력(familial)"이 있는 것으로 보인다. 이렇게 유전적 소양이 보이는 ALS의 1/10은 슈퍼옥사이드 디스뮤타제의 돌연변이와 연관성을 보인다. 이러한 돌연변이가 왜 운동신경세포에 영향을 주는지에 대한 연구는 활발히 진행 중이다.

카탈라아제 유전자의 돌연변이들은 정상치보다 낮은 카탈라아제를 생성하는 무카탈라제 혈증(acatalasemia)을 일으키는데, 잇몸 감염증과 구강 괴저(gangrene)를 일으킬 수 있다.

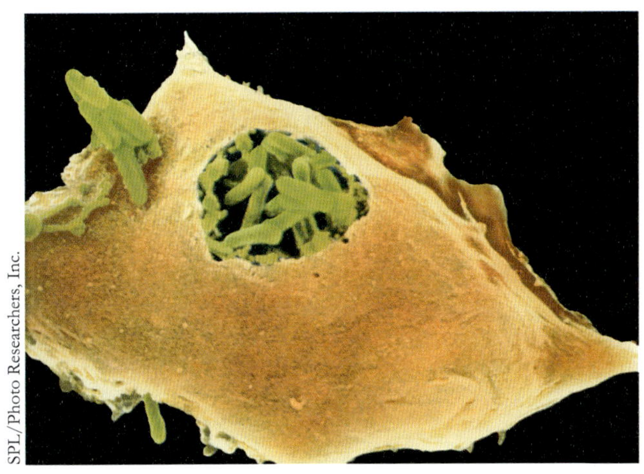

SPL/Photo Researchers, Inc.

■ 그림 9.13

식세포 작용 백혈구가 박테리아를 삼켜서 분해한 후 O_2^- 이온과 H_2O_2을 방출한다.

9.7 | 알코올과 알데히드, 케톤의 반응

헤미아세탈

알코올은 수소이온(H^+) 촉매 존재하에 알데히드나 케톤의 카보닐기와 첨가반응을 한다. 9.6절에서 설명한 환원반응과 마찬가지로, C═O기에서 이중결합을 하고 있는 각각의 원자에 하나의 원자 또는 원자단을 첨가한다. 알코올과 알데히드나 케톤의 반응에서 알코올의 —OH 수소 원자는 카보닐기의 산소 원자에 결합하고 알코올의 나머지 부분은 카보닐 탄소 원자에 결합한다(그림 9.14*a*). 알데히드나 케톤이 한 분자의 알코올과 반응할 때 형성되는 생성물을 **헤미아세탈(hemiacetal)**이라고 한다. (케톤에서 형성되는 헤미아세탈은 헤미케탈(hemiketals)로도 알려져 있음.) 헤미아세탈은 *—OH*와 *—OC* 가 모두 결합되어 있는 탄소 원자로 이루어져 있다. 비록 알코올의 —OH기와 에테르의 C—O—C 결합이 존재하지만 헤미아세탈은 독특한 화학적 거동을 보여주어 에테르 부류의 화합물에 포함시키지 않는다.

■ 헤미아세탈 탄소 원자는 —OH와 —OC에 결합되어 있다.

헤미아세탈을 생성하기 위해 알코올은 알데히드 또는 케톤과 반응한다. 알코올과 알데히드 또는 케톤 작용기를 동시에 모두 포함하고 있는 분자는 같은 분자 내에서 —OH가 C═O와 반응할 때 헤미아세탈환(cyclic hemiacetal)을 형성할 수 있다. 그림 9.14*b*의 헤미아세탈환은 다른 헤미아세탈과 같은 방식으로 형성된다. 즉, 카보닐 산소 원자는 수소 원자를 얻고 카보닐 탄소 원자는 —OC기를 얻는다. 앞으로 제12장에서 다루게 될 헤미아세탈환의 형성은 당질 화학의 매우 중요한 부분이다.

아세탈

H^+의 존재하에서 2개의 알코올 분자가 알데히드나 케톤과 반응할 때 **아세탈(acetal)**이 형성된다(그림 9.15*a*). 아세탈은 2개의 *—OC*기가 결합되어 있는 탄소 원자로 구성되어 있다. (케톤에서 형성된 아세탈은 케탈이라고 알려져 있음) C—O—C 결합을 가지고 있을지라도 아세탈은 에테르로 간주하지 않는다. 왜냐하면 화학적으로 완전히 다르기 때문이다. 사용하는 알코올을 변화시킴으로써 주어진 알데

■ 아세탈 탄소 원자는 2개의 —OC기에 결합되어 있다.

(*a*)

$$\mathrm{H{-}\overset{\overset{\displaystyle O}{\|}}{C}{-}H + CH_3OH \xrightleftharpoons{H^+} H{-}\underset{\underset{\displaystyle CH_3O}{|}}{\overset{\overset{\displaystyle OH}{|}}{C}}{-}H}$$

$$\mathrm{CH_3CH_2\overset{\overset{\displaystyle O}{\|}}{C}{-}H + CH_3OH \xrightleftharpoons{H^+} CH_3CH_2\underset{\underset{\displaystyle CH_3O}{|}}{\overset{\overset{\displaystyle OH}{|}}{C}}{-}H}$$

$$\mathrm{CH_3CH_2\overset{\overset{\displaystyle O}{\|}}{C}CH_3 + CH_3CH_2OH \xrightleftharpoons{H^+} CH_3CH_2\underset{\underset{\displaystyle CH_3CH_2O}{|}}{\overset{\overset{\displaystyle OH}{|}}{C}}CH_3}$$

(*b*) 5-히드록시펜탄알 형태의 사슬 (H_2C—$C(=O)$—H, H_2C, H_2C—CH_2—OH) $\xrightleftharpoons{H^+}$ 헤미아세탈환 (H_2C—C(HO)(H), H_2C, H_2C—CH_2—O—)

■ **그림 9.14**

헤미아세탈 (*a*) 알데히드나 케톤에 알코올 분자의 첨가는 헤미아세탈을 생성한다. 헤미아세탈에서 —OH와 —OC는 모두 하나의 탄소 원자에 결합되어 있다. (*b*) 알데히드나 케톤기처럼 동일 분자 내에 알코올기가 존재할 때 헤미아세탈환이 생성될 수 있다.

$$(a)\quad CH_3\overset{\overset{\displaystyle O}{\|}}{C}-H + 2CH_3CH_2OH \underset{}{\overset{H^+}{\rightleftharpoons}} CH_3\overset{\overset{\displaystyle CH_3CH_2O}{|}}{\underset{\underset{\displaystyle CH_3CH_2O}{|}}{C}}-H + H_2O$$

$$CH_3\overset{\overset{\displaystyle O}{\|}}{C}-H + 2CH_3CH_2CH_2OH \overset{H^+}{\rightleftharpoons} CH_3\overset{\overset{\displaystyle CH_3CH_2CH_2O}{|}}{\underset{\underset{\displaystyle CH_3CH_2CH_2O}{|}}{C}}-H + H_2O$$

$$CH_3\overset{\overset{\displaystyle O}{\|}}{C}CH_3 + 2CH_3OH \overset{H^+}{\rightleftharpoons} CH_3\overset{\overset{\displaystyle CH_3O}{|}}{\underset{\underset{\displaystyle CH_3O}{|}}{C}}CH_3 + H_2O$$

$$(b)\quad CH_3\overset{\overset{\displaystyle OH}{|}}{\underset{\underset{\displaystyle CH_3CH_2O}{|}}{C}}-H + CH_3CH_2OH \overset{H^+}{\rightleftharpoons} CH_3\overset{\overset{\displaystyle CH_3CH_2O}{|}}{\underset{\underset{\displaystyle CH_3CH_2O}{|}}{C}}-H + H-O-H$$

■ 그림 9.15

아세탈 2개의 —OC기가 1개의 탄소 원자에 결합되어 있는 아세탈은 (*a*) 알데히드나 케톤이 두 분자의 알코올과 반응함으로써 또는 (*b*) 헤미아세탈과 한 분자의 알코올이 반응함으로써 생성될 수 있다.

히드나 케톤으로부터 다양한 아세탈이 형성될 수 있다. 그림 9.15*b*에서 보는 바와 같이 아세탈은 또한 헤미아세탈로부터 직접적으로 생성될 수 있다. 제10장에서 우리는 아세탈이 전분, 글리코겐, 섬유소, 그리고 많은 다른 탄수화물의 구조에서 중요한 역할을 하는 것을 배우게 될 것이다.

예제 9.9

헤미아세탈과 아세탈 형성

각 반응의 생성물을 그리시오.

a. $CH_3CH_2\overset{\overset{\displaystyle O}{\|}}{C}-H + CH_3CH_2CH_2OH \overset{H^+}{\rightleftharpoons}$

b. $C_6H_5-\overset{\overset{\displaystyle O}{\|}}{C}CH_3 + CH_3OH \overset{H^+}{\rightleftharpoons}$

c. $H-\overset{\overset{\displaystyle O}{\|}}{C}-H + 2CH_3CH_2CH_2OH \overset{H^+}{\rightleftharpoons}$

d. $CH_3CH_2CH_2\overset{\overset{\displaystyle OH}{|}}{\underset{\underset{\displaystyle CH_3O}{|}}{C}}CH_3 + CH_3OH \overset{H^+}{\rightleftharpoons}$

전략

형성되는 생성물은 사용되는 반응물과 첨가되는 알코올 분자 수에 의존한다. 알데히드 또는 케톤 분자가 한 분자의 알코올과 반응하면 헤미아세탈을 생성한다. 두 분자의 알코올이 첨가되면 아세탈을 생성한다. 헤미아세탈과 한 분자의 알코올은 아세탈을 생성한다.

해답

a. $CH_3CH_2C(OH)(H)$—$OCH_2CH_2CH_3$

OH
|
CH_3CH_2C—H
|
$CH_3CH_2CH_2O$

c.
$CH_3CH_2CH_2O$
|
H—C—H
|
$CH_3CH_2CH_2O$

b.
OH
|
(벤젠 고리)—CCH_3
|
CH_3O

d.
CH_3O
|
$CH_3CH_2CH_2CCH_3$
|
CH_3O

연습문제 9.9

각 반응에서 빠져 있는 반응물을 그리시오.

a. + CH_3CH_2OH $\overset{H^+}{\rightleftharpoons}$ (벤젠 고리)—C(OH)(OCH_2CH_3)$CH_2CH(CH_3)CH_3$

OH
|
(벤젠 고리)—CCH_2CHCH_3
|　　　|
CH_3CH_2O　CH_3

b. $CH_3CH_2CH_2\overset{O}{\overset{\|}{C}}CH_3$ + $\overset{H^+}{\rightleftharpoons}$

OH
|
$CH_3CH_2CH_2CCH_3$
|
$CH_3CH_2CH_2O$

c. + CH_3OH $\overset{H^+}{\rightleftharpoons}$ (사이클로펜테인 고리: 한 탄소에 CH_3O, OH; 고리의 다른 탄소에 CH_3)

d. + $2CH_3OH$ $\overset{H^+}{\rightleftharpoons}$

CH_3O
|
$CH_3CCH_2CH_2CH_2CH_3$
|
CH_3O

환경에서 발견되는 약물들

HealthLink

매일 인간이 소비한 수백만 갤런(gallons)의 액체와 고체들이 하수처리장에 도착한다. 고체 제거 후, 액체 폐기물은 박테리아와 바이러스와 같은 병을 일으키는 유기체를 제거하기 위해 세정된 후에, 지표수나 지하수로 방출된다. 위생적으로 처리한 고체는 바이오고형물(침전물)이 되고, 이것의 반 정도는 정원이나 농지를 위한 비료로써 이용된다.

연구를 통해 인간 활동의 모든 산물은 이와 같이 처리된 액체와 고체로부터 제거되지 않은 채 그것들을 통해서 약품과 다른 화학물질들이 환경으로 유입된다는 사실을 알게 되었다. 어떤 약물이 화장실로 흘러 들어가면 빠른 처리에 의해 직접적이든 또는 생활 쓰레기에서 간접적이든, 그 약물의 일부는 물에 존재하거나 또는 하수처리장에서 생성된 바이오고형물로 존재하게 된다.

강, 호수 그리고 바이오고형물에서 발견된 약물 중에는 진통제인 하이드로코돈(hydrocodone), 항염증제인 케토프로펜(ketoprofen), 항간질약인 카바마제핀(carbamazepine)(그림 9.16) 그리고 항우울제인 플루오세틴(fluoxetine)(Prozac; 문제 9.109)이 있다. 살균제인 트리클로산(triclosan)(항균 비누에 사용됨), 스테로이드 호르몬인 에스트론(estrone)(피임약에 사용됨, 문제 9.110), 카페인, 그리고 니코틴(그림 9.16) 등도 발견된다.

과학자들은 하수처리 시설을 통해서 환경으로 유입되는 이러한 화합물들이 어떤 부작용을 가질지에 대해 관심을 가지고 있다. 현 시점에서 이러한 약물과 다른 화학물질의 농도는 극히 미량이므로, 환경에서 생물에게 해로움을 주지는 않을 것으로 생각하고 있다.

Hydrocodone

Ketoprofen

Carbamazepine

Triclosan

Caffeine

Nicotine

■ 그림 9.16

하수처리장에서 방출된 액체와 바이오고형물에서 발견된 화합물들 하이드로코돈(진통), 케토프로펜(항염증), 카바마제핀(항간질), 그리고 트리클로산(살균)은 폐기물 처리를 통해 환경에 유입된 화합물들이다.

농장에서 ... 재방문

George Skene/Orlando Sentinel/NewsCom

디메틸 설폭사이드(Dimethyl sulfoxide. DMSO)는 디메틸 설파이드(dimethyl sulfide)가 산화함으로써 생성된 유기화합물이다. DMSO는 항염증 성질을 가지고 있어 미국 식품 및 의약품 관리국(FDA)으로부터 말과 개에 대한 가축병 치료에 DMSO 사용이 인가되었다. 예를 들어, 말의 경우 다리에 연고가 직접적으로 사용되고 있다. DMSO는 빠르게 피부에 스며들어 감염된 부위에 도달한다.

DMSO는 치료 약물을 용해시키는 용매로서 사용하거나, 사람의 피부를 통해서 직접적으로 치료 약물을 운반하는 물질로서의 사용 가능성이 고려되었다. 그러나 실험동물을 사용한 연구에서 DMSO가 시력을 손상시키는 것으로 밝혀져 사람에게 사용하는 것은 승인되지 않았다.

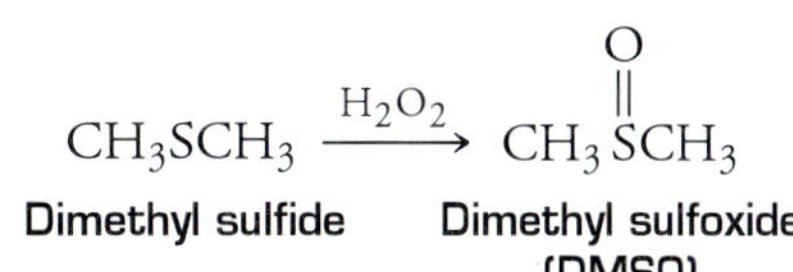

$$CH_3SCH_3 \xrightarrow{H_2O_2} CH_3\overset{\overset{\displaystyle O}{\|}}{S}CH_3$$

Dimethyl sulfide **Dimethyl sulfoxide (DMSO)**

DMSO 사용에 따른 부작용의 한 가지는 이 무취의 물질이 일단 사람을 포함하여 동물 체내로 흡수되면 쉽게 디메틸 설파이드로 환원되는 것이다. 디메틸 설파이드는 매우 강한 마늘 냄새를 가지고 있다.

이러한 결점을 해결하기 위한 방안으로 수의사들은 DMSO의 산화 생성물인 메틸설포닐메탄(methylsulfonylmethane, MSM)이 DMSO의 좋은 대체제

임을 발견했다. MSM은 DMSO와 동일한 항염증 효과를 가지면서도 체내에서 디메틸 설파이드로 환원되지 않는다.

$$CH_3SCH_3 \xrightarrow{\text{산화제}} CH_3\overset{\overset{O}{\|}}{S}CH_3 \xrightarrow{\text{산화제}} CH_3\underset{\underset{O}{\|}}{\overset{\overset{O}{\|}}{S}}CH_3$$

Dimethyl sulfide DMSO MSM

THINKING IT THROUGH

알리인(alliin)이라고 불리우는 황화합물은 마늘에 존재한다. 마늘을 찧거나 자르면 효소가 알리인을 알리신으로 전환한다(아래). 알리신은 마늘 냄새를 나게 하는 물질로, 두 단계의 반응을 거쳐갈 수 있다. 이들 반응 중 어느 것이 산화 반응이고 어느 것이 환원 반응인가?

$$CH_2{=}CHCH_2S{-}SCH_2CH{=}CH_2 \longleftarrow CH_2{=}CHCH_2S{-}\overset{\overset{O}{\|}}{S}CH_2CH{=}CH_2 \longrightarrow CH_2{=}CHCH_2S{-}\underset{\underset{O}{\|}}{\overset{\overset{O}{\|}}{S}}CH_2CH{=}CH_2$$

Allicin

CHAPTER 9의 목적

목표	요약	절	예제 연습문제	총정리 문제
1. 알코올, 에테르, 티올, 설파이드, 디설파이드에 속하는 분자들의 구조를 그리고 명명법을 설명하시오. 또 각각의 분자들 사이에 작용하는 비공유 결합에 대해 설명하시오.	알코올(alcohol)은 —OH 작용기를, 에테르(ether)는 C—O—C 작용기를, 티올(thiol)은 —SH기를, 설파이드(sulfide)는 C—S—C 기를, 그리고 디설파이드(disulfide)는 C—S—S—C기를 가지고 있다. 알코올과 티올을 IUPAC 명으로 명명할 때, 주탄소사슬은 작용기를 포함하며 작용기 근처 끝으로부터 번호 매김이 시작된다. 알코올의 IUPAC 명명은 끝에 "ol"을 붙이고, 티올의 명명은 끝에 "thiol"을 붙인다. 알코올, 에테르, 설파이드 그리고 디설파이드의 관용명은 O, S에 결합되어진 작용기의 이름을 쓰고 패밀리(family) 이름을 쓴다(예: ethyl methyl sulfide). 관용명에서 티올은 멜캅탄(mercaptans)으로 불리기도 한다(예: ethyl mercaptan 등). 알코올 분자는 수소결합에 의해 다른 분자와 연결되어 있다. 분자의 크기에 의해 어느 정도 결정되는 London forces(반데르발스 힘)이 또한 기여한다. 에테르는 쌍극자–쌍극자의 힘과 London forces에 의해 다른 분자들을 끌어당기며, 반면 티올, 설파이드 그리고 디설파이드는 오직 London forces을 통해서만 분자끼리 상호작용한다.	9.1	9.1, 9.2	9.3~9.38
2. **친핵 치환반응**이 어떻게 알코올, 에테르, 티올, 설파이드를 만드는지 설명하시오.	**친핵 치환반응(nucleophilic substitution reactions)**에서는 전자를 풍부히 갖고 있는 **친핵체(nucleophile)**가 탄소 원자부터 **이탈기(leaving group)**를 떼어낸다. 알킬 헬라이드(alkyl helide)가 (a) OH^-와 반응하면 알코올이, (b) $C{-}O^-$를 갖고 있는 친핵체와는 에테르가, (C) SH^-은 티올을, (d) $C{-}S^-$와는 설파이드를 생성한다.	9.2	9.3	9.39~9.52

목표	요약	절	예제 연습문제	총정리 문제
3. 알코올과 티올의 산화로 생성되는 물질을 알아보고, 알코올이 산성에서 열을 받았을 때 일어나는 제거반응의 주요 생성물을 예측하시오.	산화제, $K_2Cr_2O_7$과 반응하여 1차 알코올은 알데히드로 변환되고 또 알데히드는 카복실산으로 산화된다. 2차 알코올은 케톤으로 변환된다. 그러나 3차 알코올은 이 시약에 의해 산화되지 않는다. I_2에 의한 티올의 산화반응에서 두 분자의 티올이 반응하여 디설파이드를 생성한다. H^+/열 조건하에서 알코올은 탈수되어 알켄을 생성한다. 2개의 다른 알켄이 하나의 알코올에서 생성될 때 주생성물은 좀 더 적은 수소 원자를 가지는 C—OH 이웃에 있는 탄소에서 수소 원자가 제거됨으로써 형성된다.	9.3	9.4, 9.5	9.53~9.64
4. 알데히드와 케톤을 어떻게 명명하는지 설명하고, 서로 성질이 같은 분자들끼리 끌어당기게 하는 비공유 힘을 알아보시오.	알데히드와 케톤을 IUPAC 명명법에 따라 명명할 때, 주탄소사슬은 작용기를 포함해야 하고, 그 작용기 끝으로부터 번호 매김이 시작된다. 알데히드의 IUPAC 명명은 끝에 "al"을 붙이고, 케톤은 끝에 "one"를 붙인다. 케톤의 관용명은 "C═O"에 결합되어 있는 작용기의 이름을 붙임으로써 만들어진다. 알데히드의 IUPAC 명명은 끝에 "al"을 붙이고, 케톤은 끝에 "one"를 붙인다. 케톤의 관용명은 "C═O"에 결합되어 있는 작용기의 이름을 붙임으로써 만들어진다. 알데히드와 케톤은 쌍극자–쌍극자 인력과 London force에 의하여 서로 비슷한 분자(like molecule)가 끌어당긴다.	9.4	9.6	9.65~9.72
5. 알데히드의 산화 반응을 알아보시오.	$K_2Cr_2O_7$과 반응했을 때 알데히드는 카르복실산으로 전환된다. 1차, 2차 알코올은 또한 이 시약에 의하여 산화된다. **베네딕트 시약(Benedict's reagent)**(Cu^{2+} 포함)과 반응하여 알데히드는 카복실산으로 산화된다. 알코올은 베네딕트 시약에 의해 산화되지 않는다.	9.5	9.7	9.73~9.76
6. 알데히드, 케톤이 H2/Pt과 반응할 때 일어나는 현상을 설명하시오.	H_2/Pt은 포름알데히드를 CH_3OH로 전환한다. 다른 알데히드를 1차 알코올로, 케톤은과 반응하여 2차 알코올로 환원된다.	9.6	9.8	9.77~9.80
7. **헤미아세탈**과 **아세탈**의 생성과 구조를 설명하시오.	**헤미아세탈(hemiacetal)**은 C—O—C—O—H 연결을 함유하고, **아세탈(acetal)**은 C—O—C—O—C 연결을 갖고 있다. 산성 조건에서, 알데히드, 케톤은 한 분자의 알코올과 반응하여 헤미아세탈을 생성하고, 두 분자의 알코올과 반응하여 아세탈을 생성한다. 헤미아세탈 한 분자와 알코올 한 분자가 반응하면 아세탈을 생성한다.	9.7	9.9	9.81~9.88

반응 요약

9.2절

친핵 치환반응

$$^{-}OH + CH_3Br \longrightarrow CH_3OH + Br^{-}$$

$$^{-}OCH_3 + CH_3Br \longrightarrow CH_3OCH_3 + Br^{-}$$

$$^{-}SH + CH_3Br \longrightarrow CH_3SH + Br^{-}$$

$$^{-}SCH_3 + CH_3Br \longrightarrow CH_3SCH_3 + Br^{-}$$

9.3절

알코올의 산화

$$CH_3CH_2OH \xrightarrow{K_2Cr_2O_7} CH_3\overset{\overset{\Large O}{\|}}{C}{-}OH$$

$$CH_3\overset{\overset{\large OH}{|}}{C}HCH_3 \xrightarrow{K_2Cr_2O_7} CH_3\overset{\overset{\Large O}{\|}}{C}CH_3$$

티올의 산화

$$2CH_3SH + I_2 \longrightarrow CH_3SSCH_3 + 2H^+ + 2I^-$$

알코올의 탈수반응

$$CH_3CH_2\overset{\overset{\large OH}{|}}{C}HCH_3 + H^+ \xrightarrow{heat} \underset{\text{주요 생산물}}{CH_3CH{=}CHCH_3} + H_2O$$

9.5절

알데히드의 산화

$$CH_3\overset{\overset{\Large O}{\|}}{C}{-}H \xrightarrow{K_2Cr_2O_7} CH_3\overset{\overset{\Large O}{\|}}{C}{-}OH$$

$$CH_3\overset{\overset{\Large O}{\|}}{C}{-}H \xrightarrow{Cu^{2+}} CH_3\overset{\overset{\Large O}{\|}}{C}{-}O^-$$

9.6절

알데히드 및 케톤의 환원

$$CH_3\overset{\overset{\Large O}{\|}}{C}{-}H + H_2 \xrightarrow{Pt} CH_3CH_2OH$$

9.7절

헤미아세탈 생성

$$CH_3\overset{\overset{\Large O}{\|}}{C}{-}H + CH_3OH \underset{}{\overset{H^+}{\rightleftharpoons}} CH_3\underset{\underset{\large CH_3O}{|}}{\overset{\overset{\large OH}{|}}{C}}{-}H$$

아세탈 생성

$$CH_3\overset{\overset{\Large O}{\|}}{C}{-}H + 2CH_3OH \overset{H^+}{\rightleftharpoons} CH_3\underset{\underset{\large CH_3O}{|}}{\overset{\overset{\large CH_3O}{|}}{C}}{-}H$$

총정리 문제

색으로 표시된 문제의 해답은 부록 C에 있다.
좀 더 어려운 문제는 *표로 표시하였다.

9.1 **a.** 각 분자의 고리에 표시 되지 않은 수소 원자를 더해 그리시오.

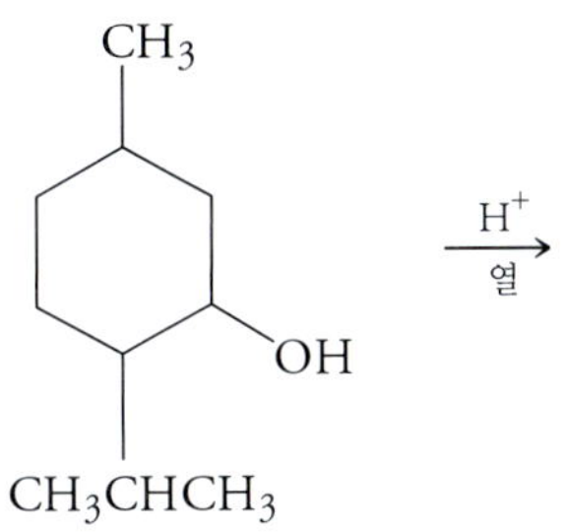

CH_3 / OH / CH_3CHCH_3 $\xrightarrow[\text{열}]{H^+}$

Menthol

H_2O + (CH_3, CH_3CHCH_3) 또는 (CH_3, CH_3CHCH_3)

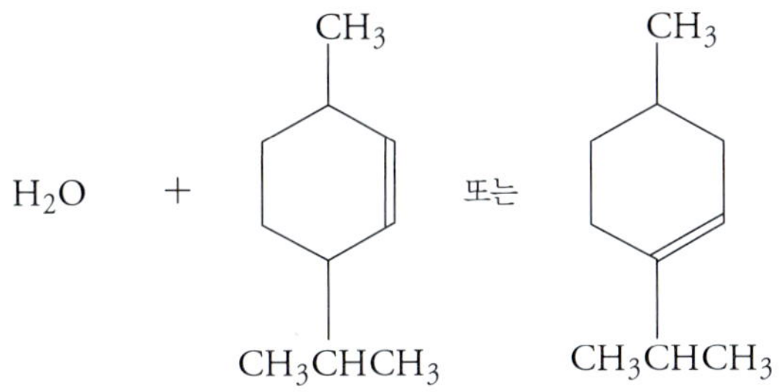

b. H^+ 존재하에서 열이 가해졌을 때, 멘톨(menthol)은 반응하여 2개의 알켄을 만든다. 위의 반응에서 어느 알켄이 주요 산물인가?

c. 멘톨 구조 내에서, 생성물 중 하나인 물을 만드는 원료가 되는 원자에 동그라미 하시오.

9.2 **a.** 각 분자의 고리에 표시되지 않은 수소 원자를 더해 그리시오.

(CH_3, CH_3CHCH_3) + H_2O $\xrightarrow{H^+}$

(CH_3, OH, CH_3CHCH_3) or (CH_3, CH_3CH OH, CH_3)

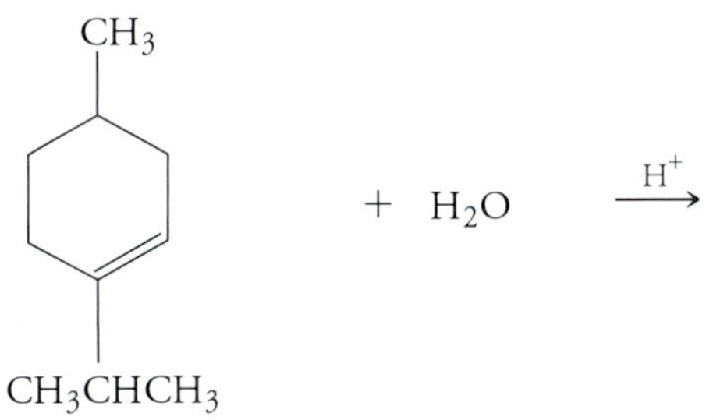

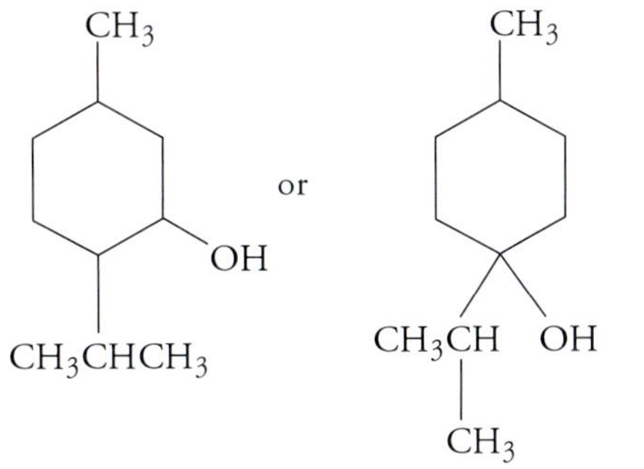

b. H^+ 존재하에서 물과 반응했을 때, 2개의 알코올을 만든다. 위의 반응에서 어느 알코올이 주요 산물인가?

c. 생성물 내에서, 반응물 중 하나인 물로부터 나온 원자에 동그라미 하시오.

9.1 알코올, 에테르, 그리고 연관 화합물

9.3 다음 각 알코올을 1차, 2차, 3차로 구분하시오.

a. $CH_3CH_2CH(OH)CH_2CH_3$

b. $CH_3C(OH)(CH_2CH_3)CH_2CH_3$

c. $HOCH_2CH(CH_3)CH_2CH_3$

9.4 다음 각 알코올을 1차, 2차, 3차로 구분하시오.

a. $CH_3CH(CH_2CH_2CH_3)CH_2OH$

b. $CH_3CH_2CH(OH)CH(CH_3)CH_3$

c. H_3C OH (cyclopentane)

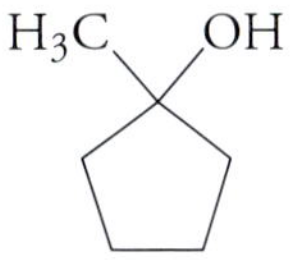

9.5 문제 9.3에서 주어진 각 알코올의 IUPAC 명을 쓰시오.

9.6 문제 9.4에서 주어진 각 알코올의 IUPAC 명을 쓰시오.

9.7 다음 알코올 분자들의 구조를 그리시오.

a. 2-hexanol **c.** 4-isopropylcyclohexanol

b. 3-methyl-1-pentanol

9.8 다음 알코올 분자들의 구조를 그리시오.

a. 2,3-dimethyl-3-hexanol

b. 4,4-dimethyl-2-hexanol

c. *cis*–3-methylcyclohexanol

9.9 위 문제 9.7의 각 알코올을 1차, 2차, 3차로 구분하시오.

9.10 위 문제 9.8의 각 알코올을 1차, 2차, 3차로 구분하시오.

9.11 각 분자가 속한 유기물군(organic family)은?

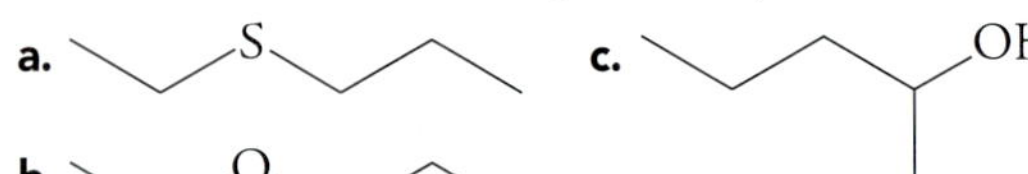

a. (S를 포함한 구조) c. (OH를 포함한 구조)

b. (O를 포함한 구조)

9.12 각 분자가 속한 유기물군(organic family)은?

a. CH_3SCH_3

b. $CH_3CH(OCH_3)CH_3$

c. CH_3CH_2SH

9.13 문제 9.11의 화합물의 IUPAC 명을 쓰시오.

9.14 문제 9.12의 화합물의 IUPAC 명을 쓰시오.

***9.15** 문제 9.11의 a와 b의 화합물은 동일한 분자, 같은 분자의 다른 형태, *cis*/*trans* 이성질체, 구조 이성질체, 전혀 다른 분자 중 어느 것에 해당하는가?

***9.16** 문제 9.11의 b와 c의 화합물은 동일한 분자, 같은 분자의 다른 형태, *cis*/*trans* 이성질체, 구조 이성질체, 전혀 다른 분자 중 어느 것에 해당하는가?

***9.17** **a.** 문제 9.11a의 분자내 S 원자 주변의 모양은 어떠한가?

b. 문제 9.11b의 분자내 O 원자 주변의 모양은 어떠한가?

c. 문제 9.11a와 b의 분자 중 어느 것이 극성이고, 어느 것이 비극성인가?

9.18 **a.** 문제 9.11b와 c의 분자들 중, 어느 것의 끓는점이 117.3°C이고 어느 것이 39.6°C 인가?

b. 이 끓는점의 차이를 일으키는 이유는?

9.19 다음 에테르(ether) 화합물의 관용명을 쓰시오.

a. $CH_3CH_2CH_2OCH(CH_3)CH_2CH_3$

b. $CH_3CH_2CH(OCH_3)CH_3$

c. (cyclohexyl)—OCH_3

9.20 다음 에테르(ether) 화합물의 관용명을 쓰시오.

a. $CH_3OC(CH_3)_2CH_3$

b. $CH_3CH(CH_3)OCH_2CH_2CH_2CH_3$

c. $CH_3CH_2CH_2CH_2CH_2OCH_2CH_2CH_2CH_2CH_3$

9.21 각 분자를 그리시오.

a. dimethyl ether

b. dicyclopropyl ether

c. butyl ethyl ether

9.22 각 분자를 그리시오.

a. dipropyl ether

b. cyclopentyl ethyl ether

c. isobutyl isopropyl ether

9.23 $CH_3CH_2CH_2SH$는 양파의 강한 향기 성분 중의 하나이다. 이 화합물의 IUPAC 명과 관용명을 쓰시오.

9.24 화합물의 IUPAC 명과 관용명을 쓰시오.

$CH_3C(SH)(CH_3)CH_3$

9.25 **a.** 알릴 멀캅탄(Allyl mercaptan)은 마늘을 먹은 즉시 숨결에서 감지되는 주요 화합물이다. 이 화합물을 그려라. (Allyl = $—CH_2CH{=}CH_2$)

***b.** Allyl mercaptan의 IUPAC 명을 쓰시오.

9.26 **a.** 디알릴 디설파이드(Diallyl disulfide)는 마늘을 먹은 즉시 숨결에서 감지되는 두 번째로 농도가 높은 화합물이다. 이 화합물을 그려라. (Allyl = $—CH_2CH{=}CH_2$)

b. 알릴 프로필 디설파이드(Allyl propyl disulfide)는 양파의 강한 향기 성분 중의 하나이다. 이 화합물을 그리시오.

***9.27** **a.** 다음 중 상온에서 액체 상태로 있는 것은? (표 9.1 참고)

CH_3CH_2OH 또는 CH_3OCH_3

b. 그 끓는점의 차이를 설명하시오.

9.28 디프로필 에테르가 디에틸 에테르보다 더 높은 끓는점을 같은 이유를 설명하시오.

9.29 $CH_3CH_2OCH_2CH_3$가 자신의 구조 이성질체보다 물에서의 용해도가 낮은 이유를 설명하시오.

9.30 디프로필 에테르가 디에틸 에테르보다 물에서의 용해도가 낮은 이유를 설명하시오.

9.31 에탄올(분자량 = 46.0 amu)의 끓는점은 75.5°C이다. 프로판(분자량 = 44.0 amu)의 끓는점은 −42°C이다. 끓는점의 차이를 설명하시오.

9.32 에탄올(분자량 = 46.0 amu)은 물에 잘 녹는다. 반면 프로판(분자량 = 44.0 amu)은 물에 안 녹는다. 이러한 용해도의 차이를 설명하시오.

9.33 1-프로판올의 끓는점은 97.4°C이다. 1-부탄올의 끓는점은 117.3 °C이다. 끓는점 차이를 설명하시오.

9.34 1-프로판올은 물에 잘 녹고 1-부탄올의 용해도는 8.0 g/100 mL이다. 이러한 용해도의 차이를 설명하시오.

9.35 메탄티올(분자량 = 48.0 amu)의 끓는점은 6°C이다. 에탄올(분자량 = 46.0 amu)의 끓는점은 78.5°C이다. 끓는점의 차이를 설명하시오.

9.36 메탄티올(분자량 = 48.0 amu)의 물에 대한 용해도는 2.3 g/100 ml이고 에탄올은 물에 잘 녹는다. 이러한 용해도의 차이를 설명하시오.

9.37 자연에 존재하는 에테르인 isoimpinellin은 셀러리에 미량 함유되어 있다. 고농도에서 이 물질은 암을 일으킬 수 있다. 그렇다고 이것이 셀러리를 먹지 않도록 하는 이유가 되지는 않는다. 왜냐하면 많은 자연산 식품 중에는 독성물질들이 미량 함유되어 있기 때문이다.

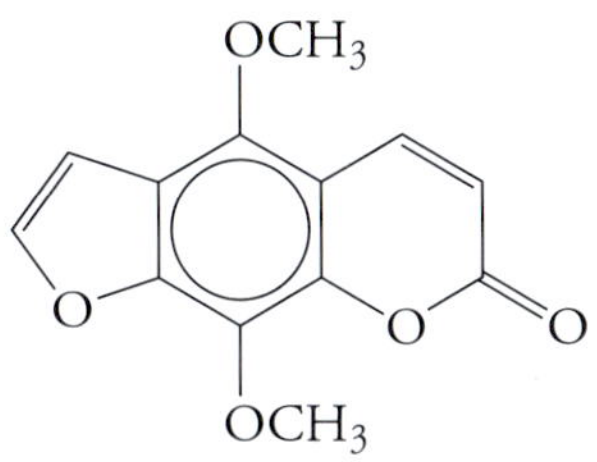

(구조식: 4번, 9번 위치에 OCH_3가 치환된 furanocoumarin 골격)

Isoimpinellin

a. 다음 구조에 에테르 작용기가 몇 개 포함되어 있는가?

*b. 이 분자에 있는 다른 작용기는 무엇인가?

9.38 Thiotic acid는 많은 박테리아의 성장인자이다. 이 분자에 포함되어 있는 작용기는 무엇인가?

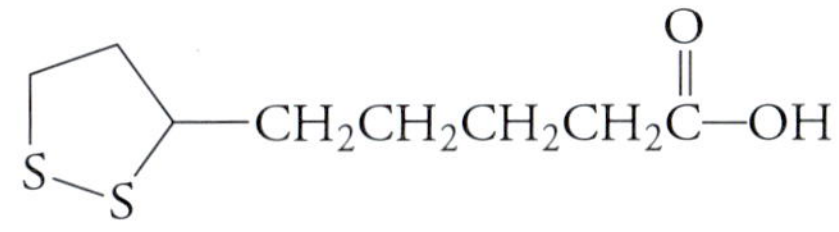

$$\text{(1,2-dithiolane ring)}-CH_2CH_2CH_2CH_2\overset{O}{\overset{\|}{C}}-OH$$

Thioctic acid

9.2 제조

9.39 다음 친핵성 치환반응의 생성물을 그리시오.

a. $^{-}OH + CH_3\overset{CH_3}{\overset{|}{C}}HCH_2CH_2Cl \longrightarrow$

b. $^{-}OCH_2CH_2CH_3 + CH_3Br \longrightarrow$

c. $^{-}SCH_3 + CH_3CH_2\underset{Cl}{\underset{|}{C}}HCH_3 \longrightarrow$

d. $^{-}SH + CH_3CH_2CH_2CH_2Br \longrightarrow$

9.40 다음 친핵성 치환반응의 생성물을 그리시오.

a. $^{-}OH + CH_3\underset{Br}{\underset{|}{C}}HCH_3 \longrightarrow$

b. $^{-}OCH_3 + CH_3CH_2CH_2CH_2CH_2Br \longrightarrow$

c. $^{-}SH + CH_3Cl \longrightarrow$

d. $^{-}SCH_2CH_2CH_3 + CH_3CH_2CH_2Cl \longrightarrow$

9.41 9.39 문제의 생성물을 각각 명명하시오.

9.42 9.40 문제의 생성물을 각각 명명하시오.

9.43 각 반응에서 누락된 알킬 브로마이드(alkyl bromide, RBr)를 그리시오.

a. $^{-}OCH_3 + \quad \longrightarrow CH_3CH_2OCH_3$

b. $^{-}SH + \quad \longrightarrow CH_3CH_2CH_2SH$

c. $^{-}SCH_2CH_3 + \quad \longrightarrow CH_3CH_2SCH_2CH_3$

9.44 각 반응에서 누락된 alkyl bromide(RBr)를 그리시오.

a. 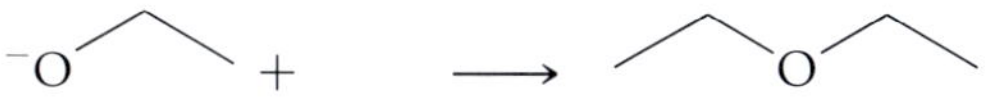 ^{-}O(ethyl) $+ \quad \longrightarrow$ (ethyl)–O–(ethyl)

b.  ^{-}S(propyl) $+ \quad \longrightarrow$ (ethyl)–S–(propyl)

c. 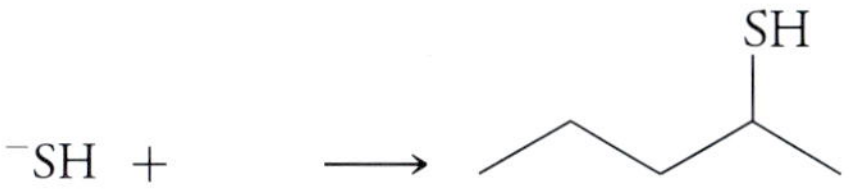 $^{-}SH + \quad \longrightarrow$ (2-pentanethiol 골격, SH)

9.45 다음 화합물들이 알킬 브로미드(RBr)로부터 어떻게 생성될 수 있는지 화학 반응식을 쓰시오.

a. $CH_3CH_2CH_2OH$

b. $CH_3OCH_2CH_2CH_3$

9.46 다음 화합물들이 알킬 브로미드(RBr)로부터 어떻게 생성될 수 있는지 화학 반응식을 쓰시오.

a. $CH_3CH_2SCH_2CH_2CH_2CH_3$

b. $CH_3CH(CH_3)CH_2CH_2SH$

9.47 CH_3Cl 분자는 메틸 클로라이드라고 부른다. 다음 각 분자의 이름을 쓰시오.

a. CH_3CH_2Br

b. CH_3CHFCH_3

c. $CH_3CH_2CH_2CH_2Br$

d. $CH_3CH(CH_3)CH_2Cl$

9.48 메틸 클로라이드의 분자식은 CH_3Cl이다. 다음 분자들의 분자식을 쓰시오.

a. propyl chloride

b. *s*-butyl bromide

c. isopropyl chloride

d. *t*-butyl bromide

***9.49** 화살표로 표시된 각 반응 단계마다 필요한 반응물과 반응 조건을 기재하여 반응식을 완성하시오.

a. $CH_3CH_3 \longrightarrow CH_3CH_2Br \longrightarrow CH_3CH_2OCH_3$

b. $CH_4 \longrightarrow CH_3Cl \longrightarrow CH_3SCH_3$

***9.50** 화살표로 표시된 각 반응 단계마다 필요한 반응물과 반응 조건을 기재하여 반응식을 완성하시오.

a. 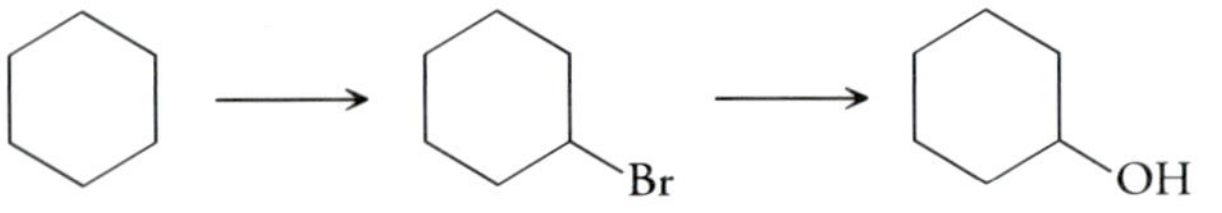 사이클로헥산 ⟶ 브로모사이클로헥산(Br) ⟶ 사이클로헥산올(OH)

b. 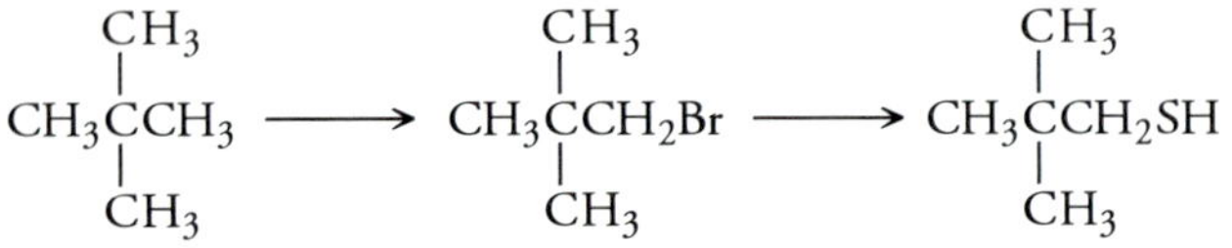 $CH_3C(CH_3)_2CH_3 \longrightarrow CH_3C(CH_3)_2CH_2Br \longrightarrow CH_3C(CH_3)_2CH_2SH$

9.3 반응

9.51 다음 각 반응에서 생성되는 유기생성물을 그리시오.

a. 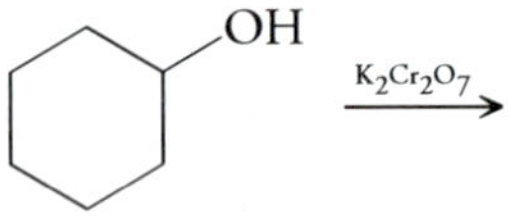 사이클로헥산올(OH) $\xrightarrow{K_2Cr_2O_7}$

b. $HOCH_2CH_2CH_2CH_2CH_3 \xrightarrow{K_2Cr_2O_7}$

c. 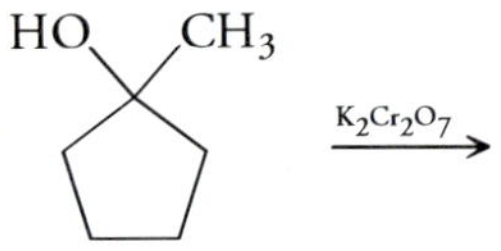 1-메틸사이클로펜탄올(HO, CH_3) $\xrightarrow{K_2Cr_2O_7}$

d. $2CH_3SH + I_2 \longrightarrow$

e. 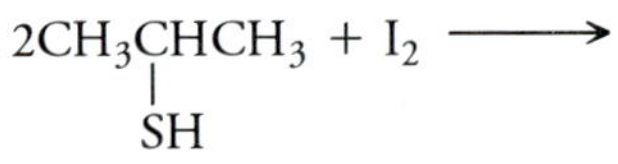 $2CH_3CH(SH)CH_3 + I_2 \longrightarrow$

9.52 다음 각 반응에서 생성되는 유기생성물을 그리시오.

a. $CH_3CH_2CH_2CH_2OH \xrightarrow{K_2Cr_2O_7}$

b. 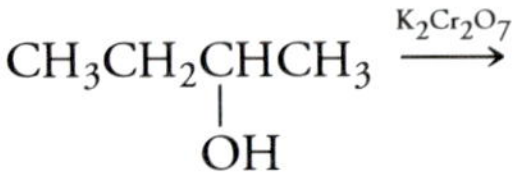 $CH_3CH_2CH(OH)CH_3 \xrightarrow{K_2Cr_2O_7}$

c. 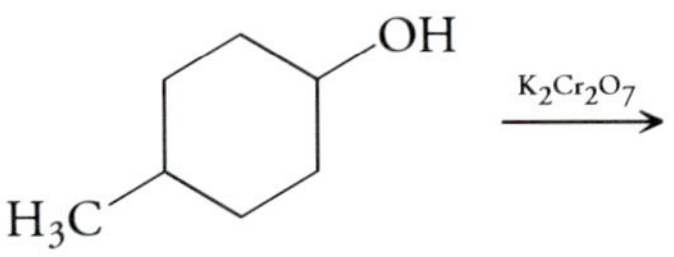 4-메틸사이클로헥산올(OH, H_3C) $\xrightarrow{K_2Cr_2O_7}$

d. $2CH_3CH_2CH_2SH + I_2 \longrightarrow$

e. 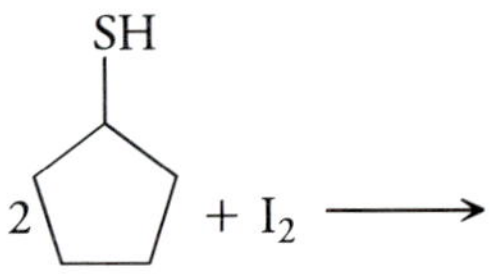 2 사이클로펜탄티올(SH) $+ I_2 \longrightarrow$

9.53 1-부탄올과 1-부탄티올이 산화될 때 얻어진 생성물들의 차이를 설명하시오.

9.54 1-부탄올과 2-부탄티올이 산화될 때 얻어진 생성물들의 차이를 설명하시오.

***9.55** 아래의 케톤을 생성하기 위하여 산화하는 알코올은 무엇인가?

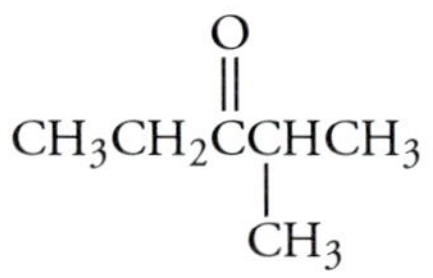

$$CH_3CH_2C(=O)CH(CH_3)CH_3$$

***9.56** 아래의 디설파이드를 생성하기 위하여 산화하는 티올은 무엇인가?

$$CH_3CH(CH_3)CH_2SSCH_2CH(CH_3)CH_3$$

***9.57** **a.** Lactate는 운동하는 동안 근육세포에서 만들어져서 간으로 보내진다. 간에서는 젖산 탈수소(lactate dehydrogenase) 효소가 이 2차 알코올을 pyruvate로 산화시킨다. Pyruvate를 그리시오.

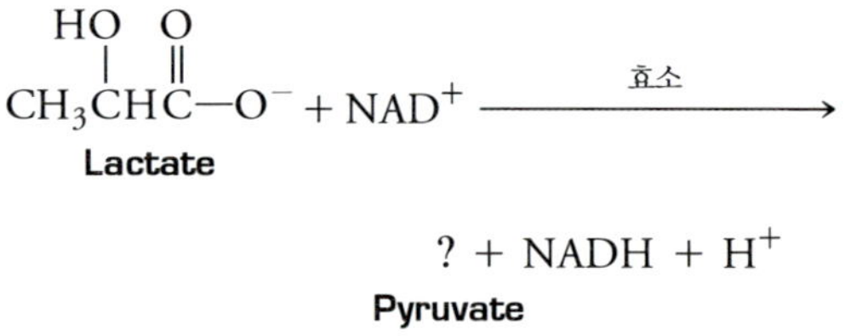

$$\underset{\textbf{Lactate}}{CH_3CH(OH)C(=O)-O^-} + NAD^+ \xrightarrow{\text{효소}} \underset{\textbf{Pyruvate}}{?} + NADH + H^+$$

b. Lactate와 Pyruvate는 젖산(lactic acid)과 피루브산(pyruvic acid)의 짝염기이다. 이들 카복실산의 구조를 그리시오.

c. pH7에서 왜 이들 산들이 자신의 짝염기 형태로 존재하는가?

***9.58** **a.** 지방산을 분해하는 과정에서 카르복실산 유도체에 존재하는 2차 알코올기를 산화시키는 효소가 작용한다. 이 화합물의 "CoA"는 조효소(coenzyme) A이고 그 구조는 제14장에 설명되어 있다. 그 산화물을 그리시오.

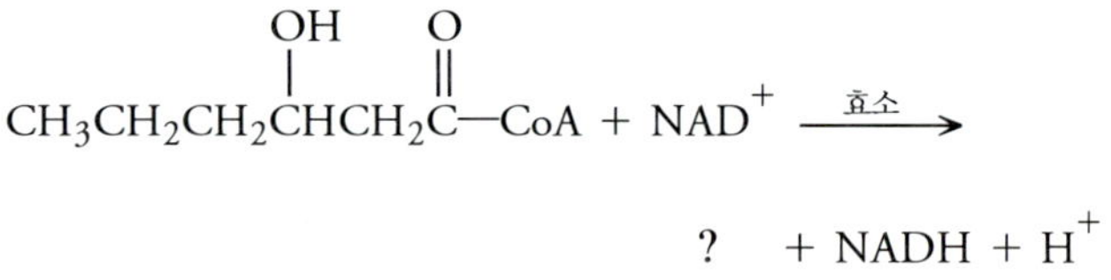

$$CH_3CH_2CH_2CH(OH)CH_2C(=O)-CoA + NAD^+ \xrightarrow{\text{효소}} ? + NADH + H^+$$

b. 이 반응에 존재하는 카르복실산 잔기를 제공하는 카르복실산의 이름을 쓰시오.

c. 반응물 내에 —OH가 붙어 있는 탄소는 α인가 β인가?

9.59 각 반응의 주생성물을 그리시오.

a. 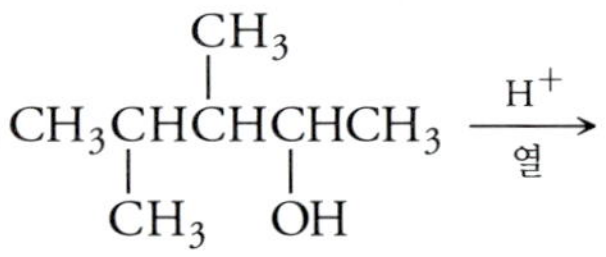 $CH_3CH(CH_3)CH(CH_3)CH(OH)CH_3 \xrightarrow[\text{열}]{H^+}$

b. 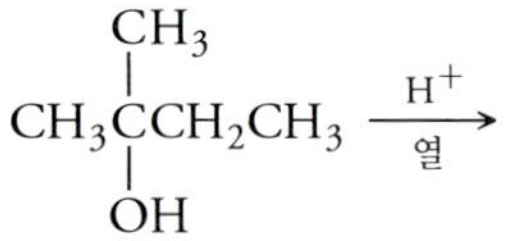 $CH_3C(CH_3)(OH)CH_2CH_3 \xrightarrow[\text{열}]{H^+}$

9.60 각 반응의 주생성물을 그리시오.

a. (3-pentanol) $\xrightarrow[\text{열}]{H^+}$

b. (cyclohexylmethanol) $\xrightarrow[\text{열}]{H^+}$

***9.61** 아래 분자들의 구조를 그리고 H^+와 열을 가할 때 형성되는 주생성물을 그리시오.

a. 2,3-dimethyl-2-butanol

b. 2,3-dimethyl-3-hexanol

c. 2-methylcyclopentanol

***9.62** 아래 분자들의 구조를 그리고 H^+와 열을 가할 때 형성되는 주생성물을 그리시오.

a. 2,3-dimethyl-3-pentanol b. 2-hexanol

c. 1-methylcyclopentanol

***9.63** a. H^+와 열을 가할 때 형성되는 주생성물이 2-methyl-2-butene이 나오게 되는 알코올의 이름을 쓰고 구조를 그리시오.

b. H^+와 열을 가할 때 형성되는 주생성물이 2-methyl-2-butene이 나오게 되는 또 다른 알코올의 이름을 쓰고 구조를 그리시오.

***9.64** a. H^+와 열을 가할 때 형성되는 주생성물이 1-methylcyclopentene이 나오게 되는 알코올의 이름을 쓰고 구조를 그리시오.

b. H^+와 열을 가할 때 형성되는 주생성물이 1-methylcyclopentene이 나오게 되는 또 다른 알코올의 이름을 쓰고 구조를 그리시오.

***9.65** 화살표로 표시된 각 반응 단계마다 필요한 반응물과 반응 조건을 기재하여 반응식을 완성하시오.

a. $CH_2{=}CHCH_2CH_3 \longrightarrow CH_3CH(OH)CH_2CH_3 \longrightarrow CH_3C(=O)CH_2CH_3$

b. $CH_3CH_2CH_2Br \longrightarrow CH_3CH_2CH_2OH \longrightarrow CH_3CH{=}CH_2$

***9.66** 화살표로 표시된 각 반응 단계마다 필요한 반응물과 반응 조건을 기재하여 반응식을 완성하시오.

a. $CH_3CH(CH_3)CH_2Cl \longrightarrow CH_3CH(CH_3)CH_2OH \longrightarrow CH_3CH(CH_3)C(=O){-}OH$

b. (1,2-dimethylcyclohexene, CH_3, CH_3) $\longrightarrow$ (1,2-dimethylcyclohexanol, CH_3, CH_3, OH) $\longrightarrow$ (1,2-dimethylcyclohexene, CH_3, CH_3)

***9.67** 박하 맛은 멘톨(methol)이라는 알코올이 일으킨다. 필요한 반응물과 반응 조건을 기재하여 멘톨의 각 반응식을 완성하시오.

a. (Menthol: CH_3, OH, CH_3CHCH_3) $\longrightarrow$ (alkene: CH_3, CH_3CHCH_3)

Menthol

b. (Menthol: CH_3, OH, CH_3CHCH_3) $\longrightarrow$ (ketone: CH_3, O, CH_3CHCH_3)

***9.68** 시트로넬롤(citronellol)은 장미기름의 주성분이다. 시트로넬롤의 다음 각 반응의 예상되는 생성물을 그리시오.

a. $CH_3C(CH_3){=}CHCH_2CH_2CH(CH_3)CH_2CH_2OH \xrightarrow{K_2Cr_2O_7}$

Citronellol

b. $CH_3C(CH){=}CHCH_2CH_2CH(CH)CH_2CH_2OH \xrightarrow[\text{열}]{H^+}$

c. $CH_3C(CH){=}CHCH_2CH_2CH(CH)CH_2CH_2OH \xrightarrow[H^+]{H_2O}$

d. $CH_3C(CH_3){=}CHCH_2CH_2CH(CH_3)CH_2CH_2OH \xrightarrow[Pt]{H_2}$

9.4 알데히드와 케톤

9.69 화합물의 IUPAC 명을 쓰시오.

a. $CH_3CH(CH_3)CH(CH_3)C(=O){-}H$

b. $CH_3CH_2C(=O)CH(CH_2CH_3)_2$

c. $CH_3C(CH_2CH_3)_2C(=O)—H$

d. $CH_3C(=O)C(CH_3)_3$

9.70 화합물의 IUPAC 명을 쓰시오.

a. $CH_3C(CH_3)_2CH_2C(=O)—H$

b. $CH_3C(=O)CH_2CH(CH_3)_2$

c. $CH_3CH(CH_3)C(=O)CH(CH_3)_2$

d. $CH_3CH_2CH(CH_2CH_2CH_3)C(=O)—H$

9.71 각 분자를 그리시오.

a. pentanal
b. 3-bromohexanal
c. dipropyl ketone
d. 2,5-dibromocyclohexanone

9.72 각 분자를 그리시오.

a. octanal
b. 2,5-dimethylcyclopentanone
c. 2-octanone
d. 2-isopropylpentanal

9.73 2-헥사논(hexanone)은 끓는점이 150°C이고, 2-펜타논(pentanone)은 끓는점이 102°C이다.

a. 각 화합물을 그려라.

b. 끓는점의 차이를 설명하시오.

9.74 아세톤은 끓는점이 56°C이고, 이소프로필 알코올(isopropyl alcohol)은 끓는점이 82°C이다.

a. 각각의 분자를 그리시오.

b. 끓는점의 차이를 설명하시오.

9.75 프로파논(분자량 58.0 amu)의 끓는점은 56°C이고, 1-프로파놀(분자량 60.0 amu)의 끓는점은 97.4°C이다. 이 끓는점의 차이를 설명하시오

9.76 프로파논(분자질량 58.0 amu)의 끓는점은 56°C이고 부탄(분자질량 58.0 amu)의 끓는점은 0°C이다. 이 끓는점의 차이를 설명하시오.

9.5 알데히드의 산화

9.77 다음 반응의 생성물을 그리시오.

a. $CH_3CH_2CH(CH_3)CH_2C(=O)—H \xrightarrow{K_2Cr_2O_7}$

b. $HOCH_2CH_2CH_2C(CH_3)_2CH_3 \xrightarrow{K_2Cr_2O_7}$

c. $CH_3CH(OH)CH(CH_3)C(=O)—H \xrightarrow{K_2Cr_2O_7}$

9.78 다음 반응의 생성물을 그리시오.

a. $CH_3CH_2CH(CH_3)CH_2C(=O)—H \xrightarrow{Cu^{2+}}$

b. $HOCH_2CH_2CH_2C(CH_3)_2CH_3 \xrightarrow{Cu^{2+}}$

c. $CH_3CH(OH)CH(CH_3)C(=O)—H \xrightarrow{Cu^{2+}}$

9.79 각 분자를 그리시오. 각각이 $K_2Cr_2O_7$와 반응했을 때 얻어지는 생성물이 있다면 그리시오.

a. propanal
b. butanone
c. 1-butanol
d. 3-chloro-3-methylpentanal
e. 3-hydroxybutanal

9.80 각 분자를 그리시오. 각각이 베네딕트 시약과 반응했을 때 얻어지는 생성물이 있다면 그리시오.

a. propanal
b. butanone
c. 1-butanol
d. 3-chloro-3-methylpentanal
e. 3-hydroxybutanal

9.6 알데히드와 케톤의 환원

9.81 다음 반응의 생성물을 그리시오.

a. $CH_3CH_2C(=O)CH(CH_2CH_3)CH_3 + H_2 \xrightarrow{Pt}$

b. 2-ethylcyclopentanone: CH_3CH_2–(cyclopentane ring)$=O + H_2 \xrightarrow{Pt}$

c. $CH_3C(CH_3)_2CH_2C(=O)—H + H_2 \xrightarrow{Pt}$

9.82 다음 반응의 생성물을 그리시오.

a. $CH_3C(=O)CH_2CH(CH_3)CH_3 + H_2 \xrightarrow{Pt}$

b. $CH_3CH_2CH_2CH_2C(=O)—H + H_2 \xrightarrow{Pt}$

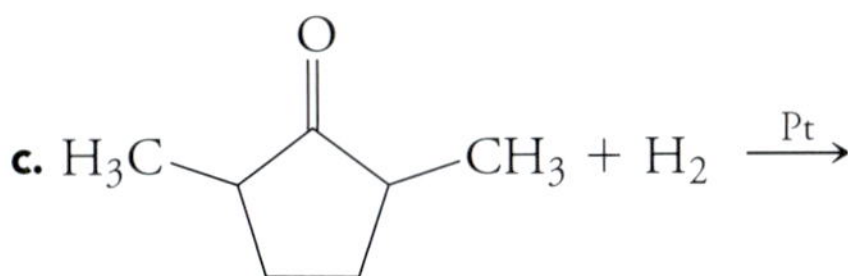

c. H_3C–(2,5-dimethylcyclopentanone)–$CH_3 + H_2 \xrightarrow{Pt}$

9.83 지방산의 생화학적 합성의 한 단계는 카르복실기를 갖고 있는 화합물의 케톤기를 효소 촉매 환원을 시키는 것이다. 이 화합물 안에는 "ACP(acyl carrier protein, 제14장)"가 있고, 카르보닐 ACP(carbonyl-ACP)기는 에스터와 비슷하다. 환원생성물을 그려라.

$$CH_3CH_2CH_2\overset{O}{\overset{\|}{C}}CH_2\overset{O}{\overset{\|}{C}}\text{—ACP} + NADPH + H^+ \xrightarrow{\text{효소}} ? + NADP^+$$

***9.84** 스테로이드 프로게스테론(progesterone)의 생화학적 분해과정의 첫 단계는 20α-hydroxysteroid dehydrogenase(20α-HSDH)와 관련된 반응이다. 이 효소는 스테로이드의 20번 위치에서 케톤기를 환원시킨다.

a. 프로게스테론이 20α-HSDH와 NADH의 작용에 의해 환원될 때 형성되는 생성물을 그리시오.

(Progesterone 구조식) + NADH + H^+

Progesterone

$$\xrightarrow{20\alpha\text{-HSDH}} ? + NAD^+$$

b. 백금(Pt) 존재하에 3 mol의 수소분자와 1 mol의 프로게스테론이 반응할 때 형성되는 생성물을 그리시오.

***9.85** 바닐라 맛은 바닐린(vanillin)에 의하여 나타난다.

(Vanillin 구조식: CHO, OCH_3, OH)

Vanillin

a. 바닐린에 존재하는 유기물군(organic families)은 무엇인가?

b. 다음 각 반응의 산물을 그리시오.

Vanillin $\xrightarrow{K_2Cr_2O_7}$

Vanillin $\xrightarrow{Cu^{2+}}$

Vanillin $\xrightarrow[Pt]{H_2}$

Vanillin $\xrightarrow{NaOH}$

Vanillin $\xrightarrow[Fe]{Br_2}$

***9.86** 신내몬 맛은 신냄알데히드(cinnamaldehyde)에 의하여 나타난다.

(구조식: C_6H_5–CH=CH$\overset{O}{\overset{\|}{C}}$–H)

Cinnamaldehyde

a. 신냄알데히드에 존재하는 유기물군(organic families)은 무엇인가?

b. 다음 각 반응의 산물을 그리시오.

Cinnamaldehyde $\xrightarrow{K_2Cr_2O_7}$

Cinnamaldehyde $\xrightarrow{Cu^{2+}}$

Cinnamaldehyde $\xrightarrow[Pt]{2\ H_2}$

Cinnamaldehyde $\xrightarrow[Fe]{Cl_2}$

9.7 알코올과 알데히드 및 케톤의 반응

9.87 다음 반응의 생성물을 그리시오.

a. $CH_3CH_2CH_2\overset{O}{\overset{\|}{C}}\text{—H} + CH_3\underset{CH_3}{\underset{|}{C}}HOH \overset{H^+}{\rightleftharpoons}$

b. (cyclohexanone) $+ 2CH_3CH_2CH_2CH_2OH \overset{H^+}{\rightleftharpoons}$

c. $CH_3CH_2\underset{CH_3}{\underset{|}{C}}H\overset{O}{\overset{\|}{C}}CH_2CH_2CH_3$ + (cyclopentyl)—OH $\overset{H^+}{\rightleftharpoons}$

9.88 다음 반응의 생성물을 그리시오.

a. $CH_3CH_2\overset{O}{\overset{\|}{C}}CH_2CH_3 + CH_3OH \overset{H^+}{\rightleftharpoons}$

b. (benzene)$\text{—}\overset{O}{\overset{\|}{C}}\text{—H} + 2CH_3CH_2OH \overset{H^+}{\rightleftharpoons}$

c. $CH_3\overset{O}{\overset{\|}{C}}CH_2CH_3$ + (benzene)—$CH_2OH \overset{H^+}{\rightleftharpoons}$

9.89 각 반응의 누락된 반응물을 그리시오.

a. $? + CH_3CH(CH_3)OH \overset{H^+}{\rightleftharpoons} CH_3CH_2C(OH)(OCH(CH_3)CH_3)CH_2CH_3$

OH / $CH_3CH_2\overset{|}{C}CH_2CH_3$ / CH_3CHO / CH_3

b. $? + 2CH_3CH(CH_3)OH \overset{H^+}{\rightleftharpoons}$ (cyclopentane with $CH_3CH(CH_3)O$ and $OCH(CH_3)CH_3$ on the same carbon)

CH_3 CH_3 / CH_3CHO $OCHCH_3$

c. $? + 2CH_3CH(CH_3)OH \overset{H^+}{\rightleftharpoons} CH_3C(H)(OCH(CH_3)CH_3)_2$

CH_3 / CH_3CHO / $CH_3C{-}H$ / CH_3CHO / CH_3

9.90 각 반응의 누락된 반응물을 그리시오.

a. $? + CH_3CH_2CH_2OH \overset{H^+}{\rightleftharpoons}$ OH / CH_3CCH_3 / $CH_3CH_2CH_2O$

b. $CH_3CH_2\overset{O}{\overset{\|}{C}}{-}H + ? \overset{H^+}{\rightleftharpoons}$ OH / $CH_3CH_2C{-}H$ / $CH_3CH_2CH_2O$

c. $? + 2CH_3OH \overset{H^+}{\rightleftharpoons}$ (cyclopentane with CH_3O and OCH_3 on the same carbon)

9.91 각 반응의 누락된 반응물을 그리시오.

a. $CH_3\overset{O}{\overset{\|}{C}}CH_2CH_3 + ? \overset{H^+}{\rightleftharpoons}$ OH / $CH_3CCH_2CH_3$ / $(CH_3)_2CHO$

b. $CH_3CH_2\overset{O}{\overset{\|}{C}}CH_2CH_3 + ? \overset{H^+}{\rightleftharpoons}$ OH / $CH_3CH_2CCH_2CH_3$ / $CH_3CH_2CH_2O$

c. (benzene ring)$-\overset{O}{\overset{\|}{C}}{-}H + ? \overset{H^+}{\rightleftharpoons}$ (benzene ring)$-C(OCH_3)_2{-}H$

OCH_3 / $C{-}H$ / OCH_3

9.92 각 반응의 누락된 반응물을 그리시오.

a. $CH_3CH(CH_3)CH(CH_3)CH_2CH_2\overset{O}{\overset{\|}{C}}{-}H + ? \overset{H^+}{\rightleftharpoons}$

CH_3 OH / $CH_3CHCHCH_2CH_2C{-}H$ / CH_3 CH_3O

b. $CH_3\overset{O}{\overset{\|}{C}}CH_2CH(CH_3)_2 + ? \overset{H^+}{\rightleftharpoons}$

CH_3O / $CH_3CCH_2CH(CH_3)_2$ / CH_3O

c. $CH_3CH_2CH(CH_3)CH_2\overset{O}{\overset{\|}{C}}{-}H + ? \overset{H^+}{\rightleftharpoons}$

CH_3CH_2O / $CH_3CH_2CHCH_2C{-}H$ / CH_3 OH

***9.93** **a.** 고리 헤미아세탈(cyclic hemiacetal)은 락톤(lactone)과 어떻게 유사한가(그림 8.32)?

b. 고리 헤미아세탈(cyclic hemiacetal)은 락톤(lactone)과 어떻게 다른가?

***9.94** 알코올 분자가 수소이온 존재하에 아래 분자들과 반응할 때 형성되는 생성물은 무엇인가?

a. 알데히드

b. 카복실산

***9.95** 각 반응의 생성물을 그리시오. 바닐린의 구조는 문제 9.85에 있다.

a. Vanillin $\xrightarrow[H^+]{CH_3OH}$

b. Vanillin $\xrightarrow[H^+]{2\,CH_3CH_2OH}$

***9.96** 각 반응의 생성물을 그리시오. 신남알데히드의 구조는 문제 9.86에 있다.

a. Cinnamaldehyde $\xrightarrow[H^+]{CH_3CH(OH)CH_3}$

b. Cinnamaldehyde $\xrightarrow[H^+]{2CH_3OH}$

***9.97** 각 반응의 생성물을 그리시오. 멘톨의 구조는 문제 9.67에 있다.

a. $CH_3\overset{O}{\overset{\|}{C}}CH_3 \xrightarrow[H^+]{\text{menthol}}$

b. $CH_3\overset{O}{\overset{\|}{C}}CH_3 \xrightarrow[H^+]{\text{2 menthol}}$

***9.98** 각 반응의 생성물을 그리시오. 시트로넬롤의 구조는 문제 9.68에 있다.

a. $CH_3CH_2\overset{O}{\overset{\|}{C}}{-}H \xrightarrow[H^+]{\text{citronellol}}$

b. $CH_3CH_2\overset{O}{\overset{\|}{C}}{-}H \xrightarrow[H^+]{\text{2 citronellol}}$

HealthLink | 알데히드 디하이드로지나제

9.99 메탄올의 독성은 주로 간에서 산화될 때 생성되는 알데히드 때문이다. 메탄올을 그리시오. 산화에 의해 형성되는 알데히드를 그리고 명명하시오.

9.100 Disulfiram의 생리 작용을 설명하시오.

HealthLink | 보호효소

9.101 O_2가 H_2O_2로 전환되는 것은 환원이다. 설명하시오.

9.102 O_2가 O_2^-로 전환되는 것은 환원이다. 설명하시오.

***9.103** 슈퍼옥사이드(superoxide)의 분해 과정에서 O_2^-의 환원에 의해 생긴 생성물과 O_2^-의 산화에 의해 생긴 생성물은 무엇인가? 설명하시오.

$$2O_2^- + 2H^+ \longrightarrow H_2O_2 + O_2$$

9.104 과산화수소(hydrogen peroxide)의 분해 과정에서 O_2^-의 환원에 의해 생긴 생성물과 O_2^-의 산화에 의해 생긴 생성물은 무엇인가? 설명하시오.

$$2H_2O_2 \longrightarrow 2H_2O + O_2$$

HealthLink | 환경에서의 약물들

***9.105** 바이오고형물에서 검출되고 있는 항우울제인 플루오세틴(fluoxetine)은 전형적으로 염산염으로 팔리고 있다. 이 염의 구조를 그리시오.

$F_3C-C_6H_4-OCH(C_6H_5)CH_2CH_2NHCH_3$

Fluoxetine

9.106 스테로이드 호르몬 에스트론(steroid hormone estrone)은 강, 개울, 우물 등에서 검출된다. 에스트론에서 케톤기가 H_2와 Pt에 의해 환원될 때 형성되는 생성물을 그리시오.

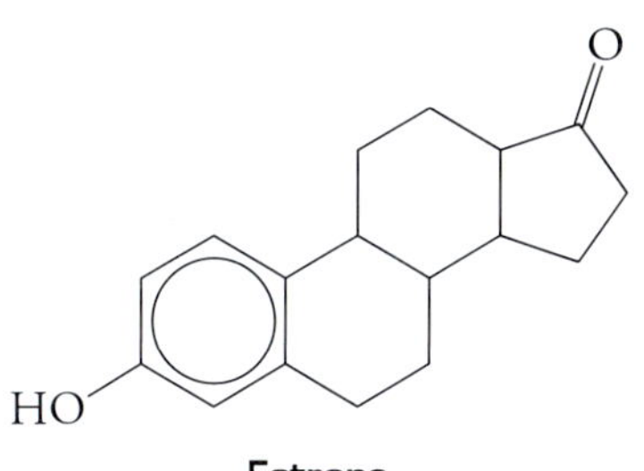

Estrone

***9.107** 항우울제, 벤라팍신(venlafaxine)은 지하수에서 50 μg/L의 농도로 검출된다.

a. 같은 농도인 3 L의 물에는 이 약물이 몇 g 있겠는가?

b. 50 μg/L을 ppm(parts per million)으로 바꾸시오.

c. 50 μg/L을 ppb(parts per billion)로 바꾸시오.

***9.108** 파라산틴(paraxanthine)은 사람의 카페인 대사산물로 지하수에서 150 μg/L 농도로 검출된다.

a. 같은 농도인 25 mL의 물에는 이 약물이 몇 g 있겠는가?

b. 150 μg/L을 ppm으로 바꾸시오.

c. 150 μg/L을 ppb로 바꾸시오.

심화학습

9.109 **a.** 알킬 헬라이드(alkyl halide)가 아래와 같이 알코올로 전환된다. 이 반응의 화학식을 써라.

CH_2OH, CH_3, CH_3, CH_3 (cyclohexane ring)

Alcohol A

b. Alken B 생성물을 그리시오.

$$\text{Alcohol A} \xrightarrow[\text{열}]{H^+} \text{Alkene B}$$

c. Alcohol C 생성물을 그리시오.

$$\text{Alkene B} + H_2O \xrightarrow{H^+} \text{Alcohol C}$$

d. Alkene D 생성물을 그리시오.

$$\text{Alcohol C} \xrightarrow[\text{열}]{H^+} \text{Alkene D}$$

e. Alkene D의 IUPAC 명을 쓰시오.

f. 생성물을 그리시오.

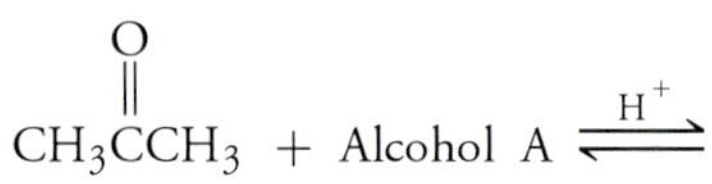

$$CH_3\overset{\overset{\displaystyle O}{\|}}{C}CH_3 + \text{Alcohol A} \underset{}{\overset{H^+}{\rightleftharpoons}}$$

g. 생성물을 그리시오.

$$CH_3\overset{\overset{\displaystyle O}{\|}}{C}CH_3 + 2\ \text{Alcohol A} \overset{H^+}{\rightleftharpoons}$$

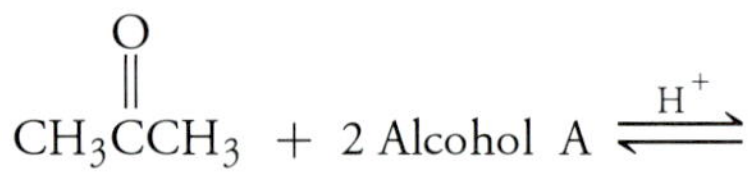

9.110 **a.** Butyl bromide를 그리시오.

b. 알코올 E 생성물을 그리시오.

$$\text{Butyl bromide} + OH^- \longrightarrow \text{Alcohol E}$$

c. 알코올 E 의 IUPAC 명과 관용명을 쓰시오.

d. 알켄 F 생성물을 그리시오.

$$\text{Alcohol E} \underset{\text{열}}{\overset{H^+}{\longrightarrow}} \text{Alkene F}$$

e. 알켄 F 이름을 쓰시오.

f. 알코올 G 생성물을 그리시오.

$$\text{Alkene F} + H_2O \overset{H^+}{\longrightarrow} \text{Alcohol G}$$

g. 카르복실산 H와 케톤 I를 그리시오.

$$\text{Alcohol E} \overset{K_2Cr_2O_7}{\longrightarrow} \text{Carboxylic acid H}$$

$$\text{Alcohol G} \overset{K_2Cr_2O_7}{\longrightarrow} \text{Ketone I}$$

h. 케톤 I가 H_2/Pt와 반응했을 때 생성물을 그리시오.

i. 티올 J를 그리시오.

$$\text{Butyl bromide} + SH^- \longrightarrow \text{Thiol J}$$

j. 생성물을 그리시오.

$$2\ \text{Thiol J} + I_2 \longrightarrow$$

연습문제 해답

9.1 알코올 분자

9.2 1-propanol은 극성을 띄고 물과 수소결합을 한다. Ethanethiol은 무극성이고 물과 수소결합을 하지 않는다.

9.3 **a.** $CH_3CH_2OH + Cl^-$

b. 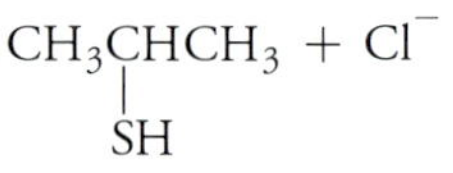 $CH_3\underset{\underset{\displaystyle SH}{|}}{C}HCH_3 + Cl^-$

c. $CH_3CH_2CH_2CH_2OCH_3 + Cl^-$

9.4 Citrate는 3차 알코올을 갖고 있고, 산화할 수 없다. Isocitrate는 2차 알코올을 갖고 있고 산화한다.

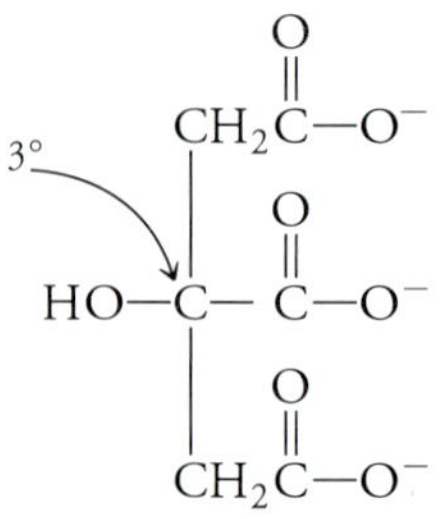

Citrate: $CH_2C(=O)O^-$ / $HO-C(-C(=O)O^-)$ (3°) / $CH_2C(=O)O^-$

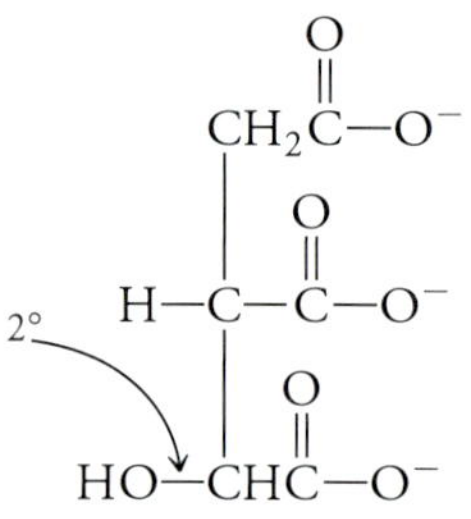

Isocitrate: $CH_2C(=O)O^-$ / $H-C-C(=O)O^-$ / $HO-CHC(=O)O^-$ (2°)

Citrate **Isocitrate**

9.5 **a.** 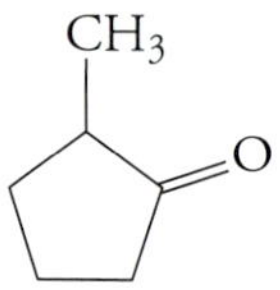 (2-methylcyclopentanone 구조: CH_3, O)

b. 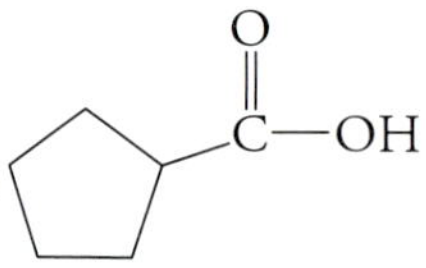 (cyclopentane–$C(=O)-OH$ 구조)

c. 반응하지 않음.

d. 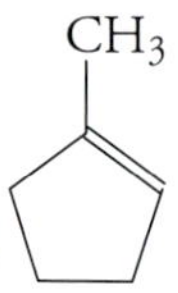 (1-methylcyclopentene 구조: CH_3)

e. 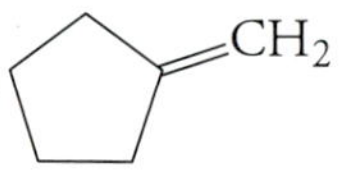 (methylenecyclopentane 구조: $=CH_2$)

f. 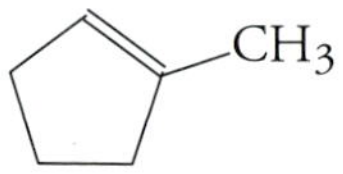 (1-methylcyclopentene 구조: CH_3)

9.6 1-propanol은 물과 수소결합을 더 잘한다.

9.7 **a.** 베네딕트 시약은 알데히드만 산화시킨다. 포도당은 반응하지만 솔비톨은 반응하지 않는다.

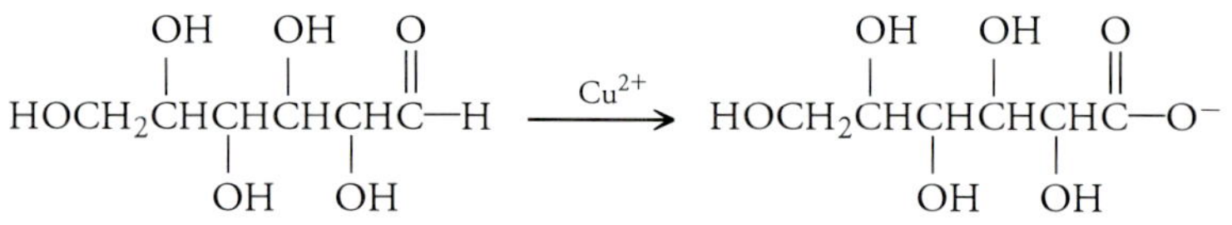

$$HOCH_2CH(OH)CH(OH)CH(OH)CH(OH)C(=O)-H \overset{Cu^{2+}}{\longrightarrow} HOCH_2CH(OH)CH(OH)CH(OH)CH(OH)C(=O)-O^-$$

b. 옅은 파란색이 변색한다.

9.8 **a.** $CH_3\overset{O}{\overset{\|}{C}}CH_2CH_2CH_3$

b. $CH_3CH_2CH_2CH_2\overset{O}{\overset{\|}{C}}-H$

c. 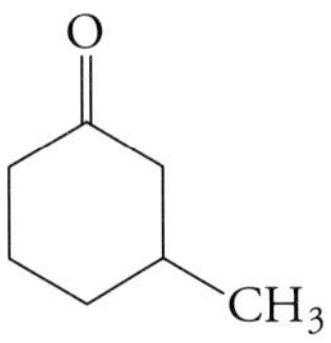 3-methylcyclohexanone (cyclohexane ring with C=O, CH_3 at position 3)

9.9 **a.** 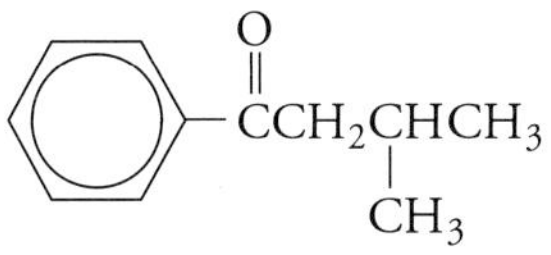 $C_6H_5-\overset{O}{\overset{\|}{C}}CH_2\underset{CH_3}{\underset{|}{C}H}CH_3$

b. $CH_3CH_2CH_2OH$

c. 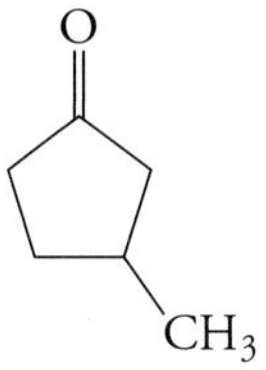 3-methylcyclopentanone (cyclopentane ring with C=O, CH_3 at position 3)

d. $CH_3\overset{O}{\overset{\|}{C}}CH_2CH_2CH_2CH_3$

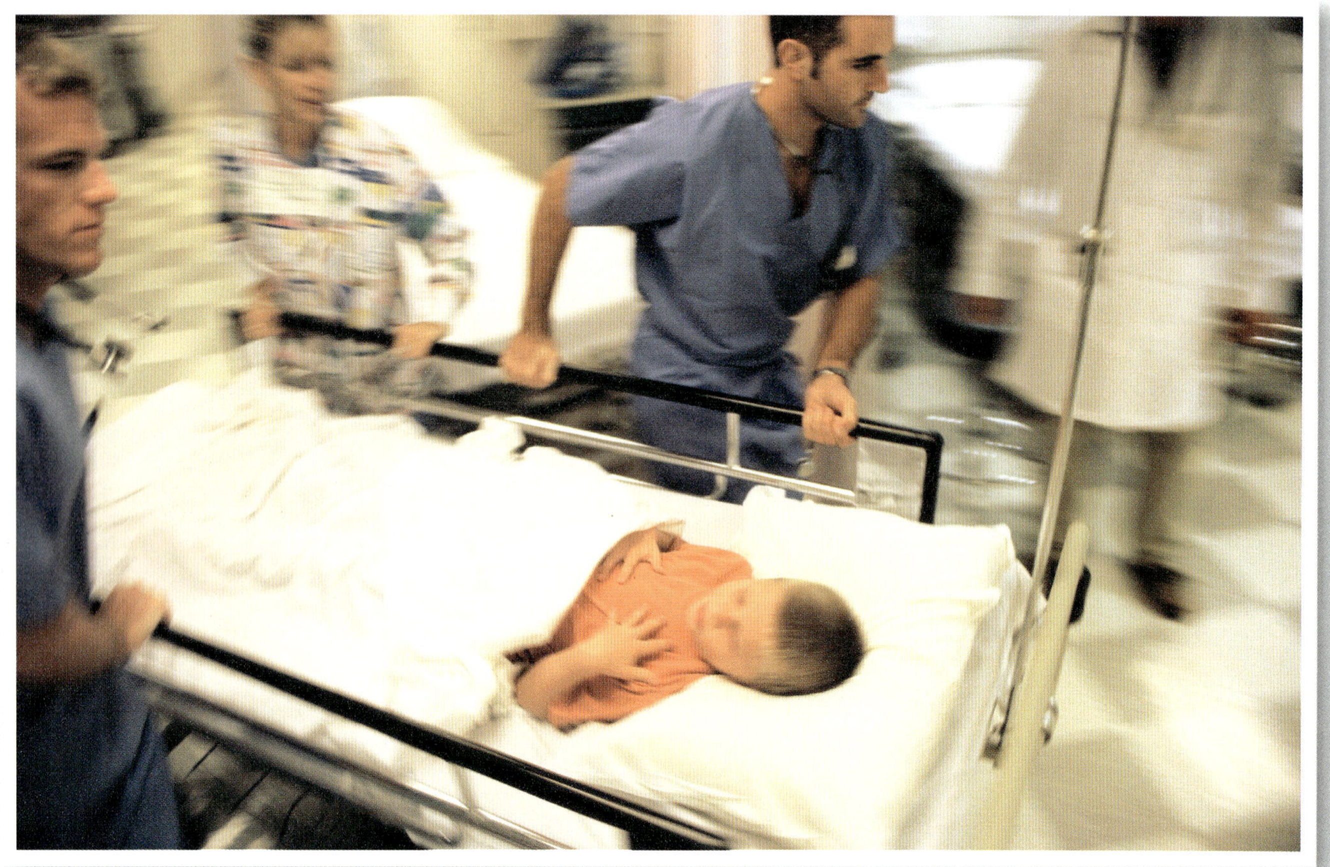
Arthur Tilley/Taxi/Getty Images

응급실에서

한 학생이 캠퍼스를 걷고 있을 때 같은 과의 친구를 만났다, 그 친구는 병원 응급실에서 자원 봉사를 하고 있는데, 어제 있었던 일을 이야기해 주었다. 한 아이가 foxglove의 잎을 먹은 후 응급실에 실려 온 뒤, 처음에는 두통을 호소하고, 곧이어 구토와 함께 불규칙한 심장박동을 보였지만, 응급실 의사의 신속한 처치로 일련의 경련을 막을 수 있었다고 한다. 이 응급실 이야기의 뒤에는 이 장에서 다룰 주제와 연관이 있으며, 이러한 생화학적 성분을 탄수화물이라고 부른다.

10 탄수화물

본 장에 관하여

이 전의 연구에 의하면 포도당이라고 이름지어진 당의 연구에서 분자식이 $C_6H_{12}O_6$임이 밝혀졌다. 분자식을 $C_6(H_2O)_6$로 재배열하면 포도당이 탄소의 수화물—6개의 탄소가 6개의 물 분자에 결합되어 있다—임을 알 수 있다. 그래서 탄수화물이라는 이름이 포도당 혹은 그와 연관된 화합물에 붙여지게 되었다. 지금 우리는 탄수화물이 탄소의 수화물이 아님을 알지만, 이름은 그대로 사용되고 있다.

CHAPTER 10의 목적

이 장을 끝내고 나면, 여러분들은 다음과 같은 것들을 할 수 있을 것이다. 즉:

1. 단당류, 소당류, 다당류의 차이점을 설명할 수 있고, 단당류를 구분하는 분류체계에 대하여 설명할 수 있다.
2. 비대칭(Chiral) 분자와 비대칭 탄소에 대해서 설명할 수 있고, 거울상이성질체와 부분입체이성질체(Diastereomer)를 구별할 수 있으며, 우회전성과 좌회선성의 광학 활성을 정의할 수 있다. D-단당류와 L-단당류를 구별하여 설명할 수 있다.
3. 가장 흔한 단당류를 규명하고 네 가지의 흔한 단당류의 유도체와 그 구조를 설명할 수 있다.
4. 단당류가 수소(H_2) 혹은 백금(Pt), 혹은 베네딕트 시약과 반응하였을 때 어떤 반응이 일어나는지를 설명할 수 있다.
5. 아노머(anomer)를 정의할 수 있고, pyranose와 furanose의 차이점에 관해 설명할 수 있다. α-anomer와 β-anomer를 구별할 수 있고 변광회전의 의미에 관해 설명할 수 있다.
6. 네 가지의 중요한 이당류를 구분할 수 있고, 단당류가 어떤 방법으로 서로 연결되는지 설명할 수 있다.
7. 단일다당류와 복합 다당류를 구별할 수 있고, 각각의 예를 들 수 있다.

지구상에는, 절반 이상의 탄소 원자가 탄수화물이라는 유기화합물에서 발견된다. 식물이 대부분의 탄수화물을 생산하고, 광합성(태양의 빛에너지를 화학에너지로 전환하는 과정)이 공기 중의 CO_2를 탄수화물로 전환한다(그림 10.1).

탄수화물은 많은 중요한 생물학적 역할을 담당한다. 그 중에서 전분과 글리코겐은 에너지를 저장하는 역할을 담당하며, 포도당과 과당(fructose)은 산화되어 에너지를 생산하고, 이는 세포의 필요한 많은 생화학적 반응에 사용된다. 탄수화물은 세포막에서도 발견되며, 연결 혹은 관절 부위의 근처에서 윤활제로도 작용하며, DNA나 RNA 같은 핵산을 구성한다. 이 장에서 우리는 몇 가지 중요한 탄수화물의 구조와 성질, 생화학적 사용에 대해 살펴보고자 한다.

$$6CO_2 + 6H_2O \longrightarrow C_6H_{12}O_6 + 6O_2$$

■ **그림 10.1**

탄수화물공장 Foxglove나 다른 식물들은 태양 빛을 간접적으로 이용하여 CO_2로부터 탄수화물을 합성한다.

10.1 | 단당류

■ 소당류는 2~10개의 단당류를 가진다. 다당류는 10개 이상의 단당류를 가진다.

탄수화물(carbohydrate) 분자는 세 가지의 카테고리인 단당류, 소당류, 다당류로 분류할 수 있다. **단당류(monosaccharide)**는 소당류를 구성하는 단위가 되며, **소당류(oligosaccharide)**는 2~10개의 단당류가 모여서 이룬다. 소당류는 다당류를 구성하는데, **다당류(polysaccharide)**는 10개 이상의 단당류로 구성된다. 이미 8.4절에서 살펴본바와 같이, 반응되는 분자가 생성물에도 남아 있는 경우이다. saccharide의 어원은 그리스어로 *sakcharon*("설탕")을 의미한다.

유기화학의 관점에서 본다면, 단당류는 다중수산기를 가진 알데히드(*aldehydes*) 혹은 3개 이상의 탄소 원자를 가지는 케톤(*ketone*) 구조가 된다. 더 간단히 말하면 단당류 분자는 수산기(—OH)를 가지는 탄소가 알데히드이거나 케톤임을 의미한다(그림 10.2).

단당류는 기능기에 따라, 혹은 탄소수에 따라, 혹은 두 가지 다에 의해 구별된다(표 10.1). 알데히드기를 가지는 그룹을 **aldose**라고 하며, 케톤기를 가지는 그룹을 **Ketose**라고 한다. **Trioses**는 탄소가 3개이며, **Tetroses**는 탄소가 4개, **pentoses**는 탄소가 5개이다. **Aldohexose**는 알데히드 당이며, 탄소가 6개임을 의미한다. -ose로 끝나는 물질은 탄수화물임을 암시한다.

하나의 군(family)으로 분류되는, 단당류는 단맛을 주로 내는데(Health link: 상대적 단맛도), 녹는점이 높고 친수성(물에 잘 녹는다)이다. 후자의 2개 성질은 단당류가 수소결합을 형성할 수 있음에 기인한다.

```
  OH  H   OH  H   O            OH  H   O   H
  |   |   |   |   ||           |   |   ||  |
H—C———C———C———C———C—H        H—C———C———C———C—H
  |   |   |   |                |   |       |
  H   OH  H   OH               H   OH      OH
```

An aldopentose　　　A ketotetrose

■ **그림 10.2**

단당류 단당류는 다중수산기를 가지는 알데히드(aldose) 혹은 케톤(ketose)이다. Aldopentose는 5개의 탄소를 가지는 aldose이다. Ketotetrose는 4개의 탄소를 가지는 Ketose이다.

표 | 10.1 단당류

종류	기능기	탄소 수
알도스(Aldose)	알데히드(Aldehyde)	
케토스(Ketose)	케톤(Ketone)	
트리오스(Triose)		3
테트로오스(Tetrose)		4
펜토스(Pentose)		5
헥소스(Hexose)		6
헵토스(Heptose)		7
옥토스(Octose)		8
논오스(Nonose)		9
알도트리오스(Aldotriose)	알데히드(Aldehyde)	3
알도펜토스(Aldopentose)	알데히드(Aldehyde)	5
케토헵토스(Ketoheptose)	케톤(Ketone)	7

예제 10.1

단당류의 분류

다음의 각 단당류들을 기능기와 탄소 수의 관점에 따라 분류하시오.

a. $HOCH_2C(=O)CH_2OH$

b. $HOCH_2C(=O)CH(OH)CH(OH)CH_2OH$

c. $HOCH_2CH(OH)CH(OH)C(=O){-}H$

d. $H{-}C(=O)CH(OH)CH(OH)CH(OH)CH(OH)CH(OH)CH_2OH$

전략

분류하기 전에 먼저 알데히드인지 케톤인지를 구별하고 나서 탄소 수를 센다.

해답

a. ketotriose
b. aldotetrose
c. ketopentose
d. aldoheptose

연습문제 10.1

다음의 물질을 각각 그려보시오.

a. aldotriose
b. aldopentose
c. ketohexose
d. ketotetrose

10.2 | 입체이성질체

단당류의 구조를 이해하는 것은 탄소 원자의 숫자를 아는 것보다 더 중요하다. 왜냐하면 그 탄수화물이 알데히드인지 케톤인지를 먼저 파악하는 것이 필요하다. 우리는 또 그들의 구조에서 특정한 입체이성질체가 존재한다는 것을 인식해야만 한다. 제8장에서 본 바와 같이, 입체이성질체는 다음과 같은 성질을 가진다.

- 같은 분자식을 가진다
- 같은 원자 배열을 가진다
- 그러나 다른 3차원적 모양을 가진다
- 그들의 구조는 결합을 깨야만 서로 전환될 수 있다

제8장에서 소개된 입체이성질체는 사이클로 알칸(cycloalkanes)과 알켄(alkenes)에서 위치적으로 서로 다른 시스와 트랜스 이성질체를 보았다. 이들 물질들은 공유결합을 중심으로 한 숨겨진 회전 때문에 입체이성질체로 존재한다.

다른 분류의 입체이성질체는 그 물질에 대한 거울상 이미지를 비교하는 것에서 시작된다. 그림 10.3*a*에서, 야구 글로브의 거울상을 보여준다. 오른쪽 장갑의 이미지를 아무리 구부리거나 비틀어도 왼쪽에 있는 장갑의 이미지를 만들 수 없다. 이들 두 야구 글로브는 서로 포개질 수 없는 이미지이다. 입체이성질체 중에서 이렇게 서로 포개질 수 없는 거울상 이미지를 가진 2개의 분자를 **거울상이성질체(enantiomer)**라고 부른다. 그림 10.3*b*에서는 커피 컵의 거울상 이미지를 보여준다. 만약 당신이 오른쪽 컵을 180° 돌린다면 그것은 왼쪽 컵과 동일한 이미지가 된다.

■ 거울상이성질체는 거울상 물질들이 서로 포개지지 않는 분자들이다.

키랄(**chiral**, 그리스어의 *cheir*, 손)이라는 용어는, 그림 10.3*a*에서 본 야구 글로브처럼 **거울상을 보이는 2개의 물질이 서로 겹쳐지지 않을 때 사용된다.** 당신의 손들도 역시 키랄성이다. 왜냐하면 당신의 왼손은 당신의 오른손과 거울상이며, 이들 둘은 서로 겹쳐지지 않기 때문이다.

많은 분자들에서 그들이 서로 거울상이성질체인지 아닌지를 분자구조를 보고 파악하는 것은 어려

■ **그림 10.3**

거울상 이미지들 (*a*) 야구 글로브는 거울상 이미지끼리 서로 포개지지 않는다. (*b*) 커피 컵의 거울상 이미지는 서로 동일하다.

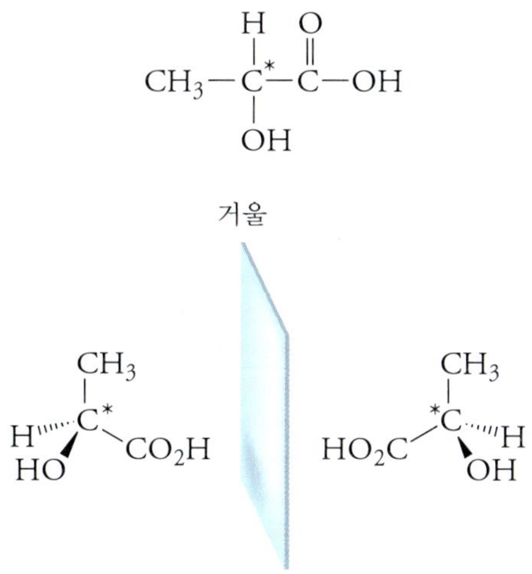

$$CH_3-\overset{H}{\underset{OH}{C^*}}-\overset{O}{\overset{\|}{C}}-OH$$

거울

(거울상 구조: CH_3, H, HO, C^*, CO_2H / CH_3, HO_2C, C^*, H, OH)

■ 그림 10.4

키랄 탄소 원자 키랄 탄소 원자(*)는 서로 다른 4개의 원자나 원자단과 결합하고 있다. 그리고 하나 이상의 키랄 탄소 원자를 가진 물질은 키랄성을 띤다. 이 분자 [2-hydroxypropanonic acid(젖산, latic acid)]의 키랄 탄소 원자는 다음 4개의 원자 혹은 원자단과 결합하고 있다. —H, $—CH_3$, —OH, $—CO_2H$.

운 일이다. 이 일을 좀 더 쉽게 하는 방법은 **키랄 탄소 원자(chiral carbon atom)**—4개의 서로 다른 원자가 기능기가 결합된 탄소—를 빨리 찾는 것이다. 어떤 물질이 1개 혹은 그 이상의 키랄 탄소 원자를 가진다면, 그 물질은 주로 키랄성(거울상 이미지와 서로 다른 분자)을 가진다. 그림 10.4에서 분자 내의 키랄 탄소 원자는 별표로 표시되어 있다.

4개의 서로 다른 원자 혹은 원자단(—H, $—CH_3$, —OH, $—CO_2H$)이 키랄 원자에 결합되어 있다. 만약 이 물질에 거울상 이미지를 3차원적으로 그린다면, 그들은 서로 포개지지 않음으로 이들은 거울상이성질체이다.

예제 10.2

키랄 탄소 원자 규명하기

다음 각 분자들의 키랄 탄소를 찾아서 별표를 표시하시오.

a. 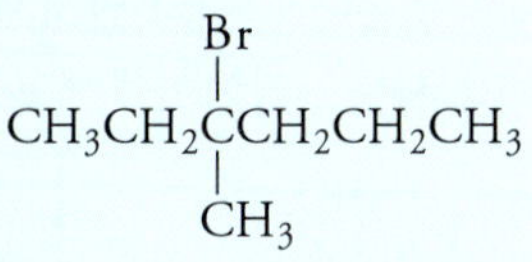 $CH_3CH_2\overset{Br}{\underset{CH_3}{C}}CH_2CH_2CH_3$　　b. 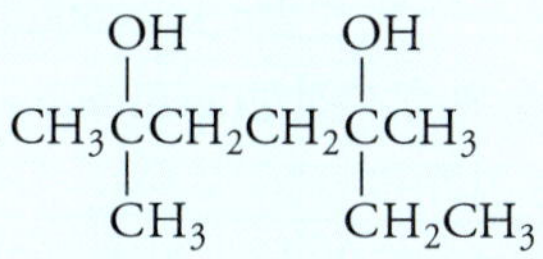 $CH_3\overset{OH}{\underset{CH_3}{C}}CH_2CH_2\overset{OH}{\underset{CH_2CH_3}{C}}CH_3$

전략

키랄 탄소 원자는 4개의 원자 혹은 원자단과 결합하고 있음을 상기한다. $—CH_3$, $—CH_2CH_3$, $—CH_2CH_2CH_3$는 서로 다른 원자단임에 주목한다.

해답

a. 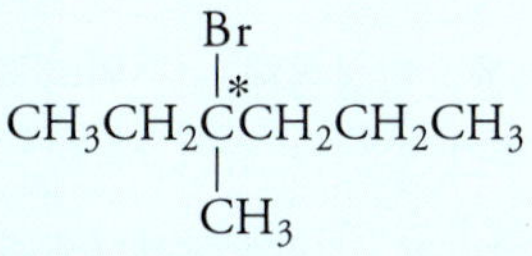 $CH_3CH_2\overset{Br}{\underset{CH_3}{C^*}}CH_2CH_2CH_3$　　b. 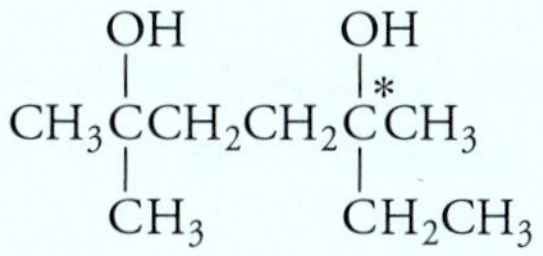 $CH_3\overset{OH}{\underset{CH_3}{C}}CH_2CH_2\overset{OH}{\underset{CH_2CH_3}{C^*}}CH_3$

연습문제 10.2

다음 분자의 모든 키랄 탄소 원자를 찾아서 표시하시오.

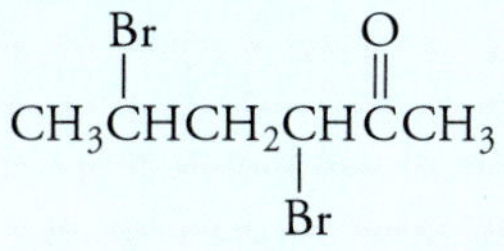

$$CH_3\overset{Br}{C}HCH_2\underset{Br}{C}H\overset{O}{\overset{\|}{C}}CH_3$$

거울상이성질체의 성질

거울상이성질체(enantiomer) 쌍은 모든 면에서 거의 동일하다. 그들은 끓는점, 녹는점, 용해도, 다른 물리적 성질이 매우 동일하여 거울상이성질체의 물질들을 구별해 내는 것은 매우 어렵다. 그러나 거울상이성질체는 두 가지 면에서 서로 다른 성질을 보인다. 이들은 **평면-편광 광선(polarized light)**에 대한 반응을 서로 다르게 보이는데, 키랄 분자와 빛에 대한 상호작용이 서로 다르기 때문이다. 그럼 먼저 평면-편광 광선에 대해 알아보면, 지금 여러 방향으로 진동하는 광선이 필터를 통과하고 있고, 필터를 지난 후에는 한 방향으로만 진동하는 빛만 남는다(그림 10.5).

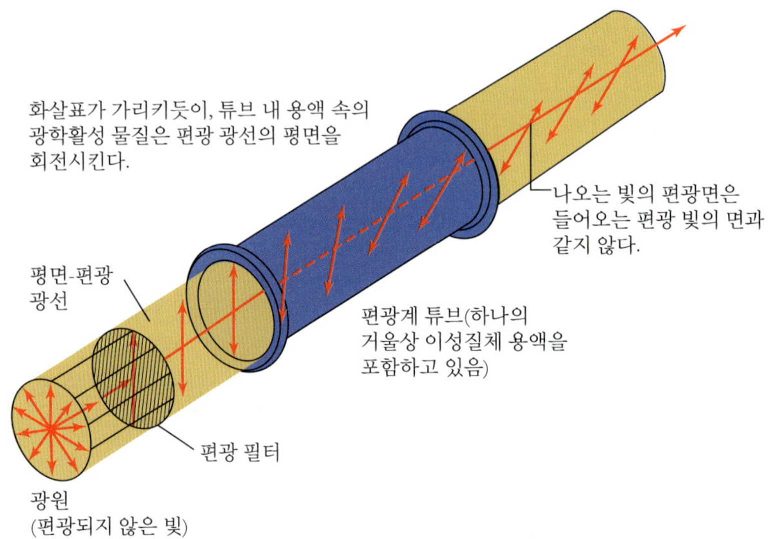

■ 그림 10.5

평면-편광 광선 빛이 편광 필터를 통과하면, 오직 한 각도로만 진동하는 하나의 광선이 필터를 통과할 수 있다. 거울상이성질체 중에 하나는 이 평면-편광 광선을 시계 방향으로 돌릴 수 있고(관측자 쪽으로 이동하는 광선의 관점에서), 다른 하나는 평면-편광 광선을 반시계 방향으로 돌릴 수 있다.

■ 평면-편광 광선의 방향은 어떤 거울상이성질체가 존재하느냐에 따라서 회전되는지를 알 수 있다. 회전되는 각도의 양은 빛이 통과하는 분자의 수, 빛의 파장, 그리고 온도에 따라 의존적이다.

평면-편광 광선이 하나의 거울상이성질체 용액을 통과할 때, 빛은 시계 방향으로 회전시킨다. 또 다른 거울상이성질체는 평면-편광 광선을 반시계 방향으로 회전시킨다. 시계 방향으로 빛을 회전시키는 거울상이성질체는 **오른쪽 회전성(dextrorotatory)** 혹은 (+)이성질체라고 부른다. 그리고 반시계 방향으로 빛을 회전시키면 **왼쪽 회전성(levorotatory)** 혹은 (–)이성질체라고 부른다. 라틴어에서 *dexter*는 오른쪽이고, *laevus*는 왼쪽이다.

이 장에서 계속 살펴보겠지만, 살아 있는 물질들은 대부분 (+) 혹은 (–) 거울상이성질체 중에 하나를 생산한다. 두 가지의 이성질체를 모두 생산하거나 사용하지는 않는다. 키랄 분자들은 실험실에서도 합성될 수 있는데, 거울상이성질체 쌍이 각각 서로 50:50으로 혼합되어 있을 때 이를 **라세믹 혼합물(racemic mixture)**이라고 부른다. 라세믹 혼합물에는 평면-편광 광선을 시계 방향으로 회전시킬 수 있는 물질이 절반, 반시계 방향으로 회전시킬 수 있는 물질이 또 절반이 있으므로 전체적으로 광학 활성이 일어나지 않는다.

추가적으로, 평면-편광 광선의 회전 능력이 서로 다른 것 이외에도 거울상이성질체는 주위의 다른 키랄 분자와 반응하는 것도 서로 다르다. 그림 10.3에서 좋은 예를 보여주고 있는데, 10.3*a*에 있는 야구 글로브들이 enantiomer라고 가정하고, 당신의 오른손이 다른 키랄 분자라고 가정해보자(당신의 오른손도 역시 키랄성이다. 왜냐하면 그 거울상인 왼손과 서로 다르기 때문이다). 당신의 오른손을 이들 야구 글로브에 넣는다면 매우 다른 느낌을 가지게 될 것이다. 즉, 오른손은 오른손 장갑에만 딱 맞기 때문이며, 이는 오른손 장갑을 왼손에 착용할 수 없는 이유이다. 하지만 10.3*b*에서의 커피 컵은 당신이 어떤 손을 사용하여 집어 들어도 아무런 문제가 없다. 컵은 비키랄성(거울상 이미지가 서로 완전히 동일한 분자)이므로 당신의 오른손은 어떤 컵에도 잘 맞을 것이기 때문이다.

똑같은 방식으로 분자들에 적용해보자. 거울상이성질체인 카르본(carvone)을 예로 들면(그림 10.6*a*), 당신의 미각돌기나 후각수용체에 있는 키랄성 단백질에 서로 다르게 상호작용한다. (–)이성질

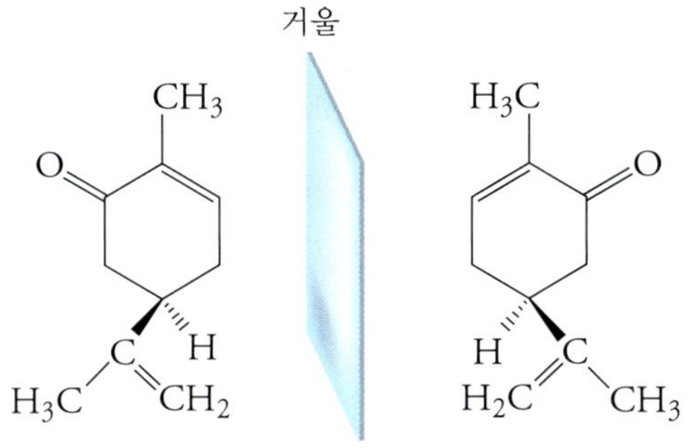

(−)-Carvone (caraway) (+)-Carvone (spearmint)

(*a*)

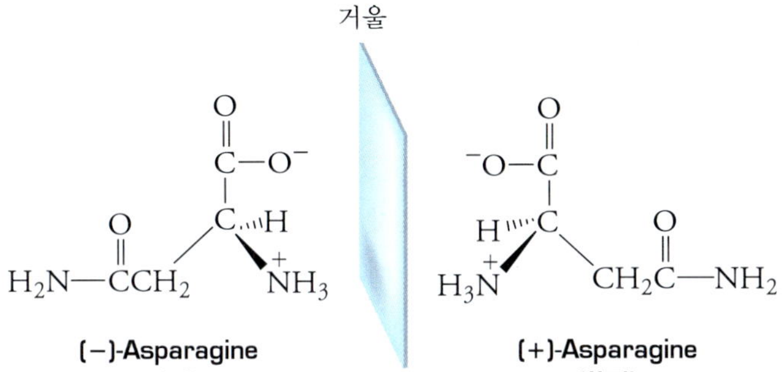

(−)-Asparagine (단맛) (+)-Asparagine (쓴맛)

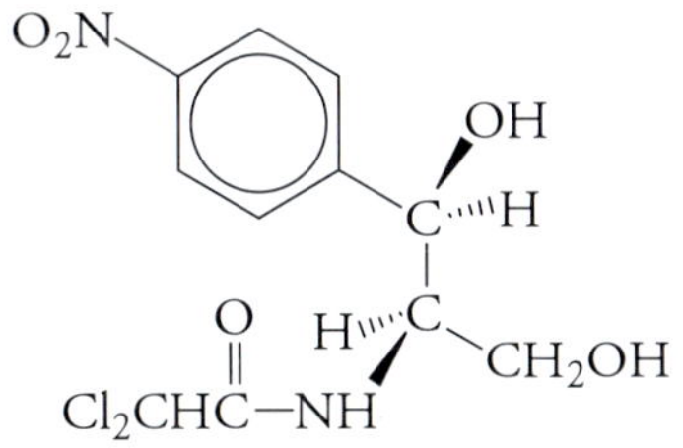

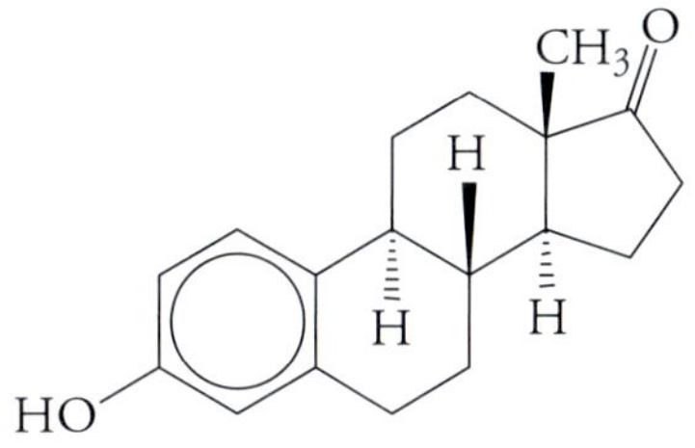

(*b*) (+)-Chloramphenicol (+)-Estrone

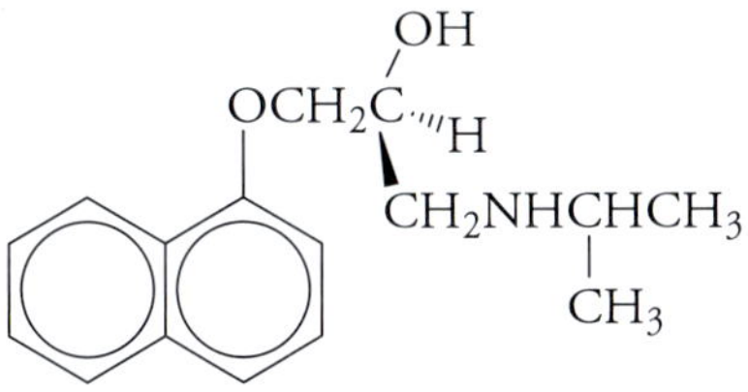

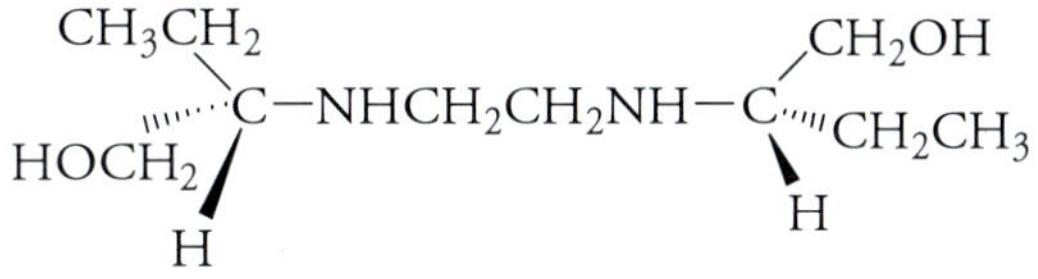

(+)-Propranolol (+)-Ethambutol

■ 그림 10.6

입체이성질체와 생화학 (*a*) 카르본의 거울상이성질체와 아미노산인 아스파라진의 거울상이성질체는 각각 서로 다른 향기를 가진다. (*b*) 어떤 약물의 입체이성질체는 그 거울상이성질체와 전혀 다른 생물학적 효과를 가질 수도 있다. 여기 그림의 (+) 거울상이성질체들은 자신의 (−)이성질체에 비해 훨씬 더 효과가 좋거나 혹은 더욱더 안전하다.

체는 캐러웨이의 향기와 풍미를 주지만 (+)이성질체는 스피아민트 향기와 풍미를 준다. 아미노산인 아스파라진도 서로 다른 풍미를 주는데, (−)이성질체는 달고 (+)이성질체는 쓰다.

약물의 작용 효과에도 이러한 거울상이성질체(enantiomer)의 특징적인 기능은 잘 작용하고 있다. 클로람페니콜 (+)이성질체는 항생물질로 사용되지만, (−)이성질체는 그런 효과가 전혀 없다(그림 10.6*b*). 유사하게, (+)-에스트론은 호르몬 작용을 하지만 (−)-에스트론은 효과가 전혀 없다. 부정맥을 치료하는 약물인 (+)-propanolol은 (−)-propanolol보다 100배 더 효과가 있고, (−)-propanolol은 피임 효과가 있으며 (+)이성질체는 그런 효과가 없다. (+)-Ethambutol은 결핵을 치료하는 데 쓰이지만, (−)이성질체는 오히려 실명을 일으킨다. 거울상이성질체의 이렇게 다양한 생물학적 반응성은 생화학의 탄수화물과 아미노산, 펩티드, 단백질 등에서 매우 중요하게 사용된다(제12장).

하나 이상의 키랄 탄소 원자를 가지는 분자

분자에서 키랄 탄소의 숫자가 증가하면서, 가능한 입체이성질체(enantiomer)의 숫자도 증가한다. 어떤 분자의 일반 분자식에서 가능한 입체이성질체의 수를 예측하려면

$$\text{가능한 최대 입체이성질체수} = 2^n$$

여기서 n은 키랄 탄소 원자의 수이다.

2-Bromo-3-chlorobutane(그림 10.7)은 2개의 키랄 탄소를 가지므로 4개의 서로 다른 입체이성질체가 존재한다($2^2 = 4$). 이 그림에서 보는 바와 같이, 4개의 입체이성질체는 각 두 쌍의 거울상이성질체로 이루어져 있고, 분자 A와 B가, 분자 C와 D가 서로 거울상이성질체 관계에 있다. A와 B는 서로 포개지지 않는 거울상이며, 똑같은 성질을 가지고 있다. C와 D 역시 서로 포개지지 않는 거울상이며, 똑같은 성질을 가지고 있지만 A, B와는 같은 성질을 가지지 않는다. 예를 들면, A와 B의 평면-편광 광선의 회전을 일으킬 수 있는 정도가 C, D와 다르다.

분자에서 거울상이성질체 이외의 입체이성질체를 **부분입체이성질체(diastereomers)**라고 부른다. 그림 10.7에서와 같이, 분자 A는 B와 거울상이성질체이지만, 분자 C 혹은 D와는 부분입체이성질체이다. 유사하게 D는 C의 거울상이성질체이지만, A와 B와는 부분입체이성질체이다.

■ 입체이성질체이면서 서로 거울상이성질체가 아닌 것들을 부분입체이성질체라고 부른다.

■ **그림 10.7**

거울상이성질체와 부분입체이성질체 2-Bromo-3-chlorobutane에 존재하는 4개의 입체이성질체를 두 쌍의 거울상이성질체로 분류할 수 있다. A는 B와 거울상이성질체이지만, 분자 C 혹은 D와는 부분입체이성질체이다. 입체이성질체이면서 서로 거울상이성질체가 아닌 것들을 부분입체이성질체라고 부른다. 예를 들면, B는 C와 D의 부분입체이성질체이다.

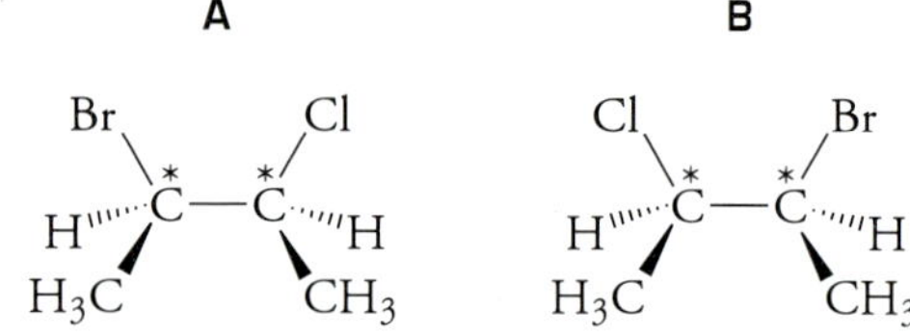

한 쌍의 거울상이성질체

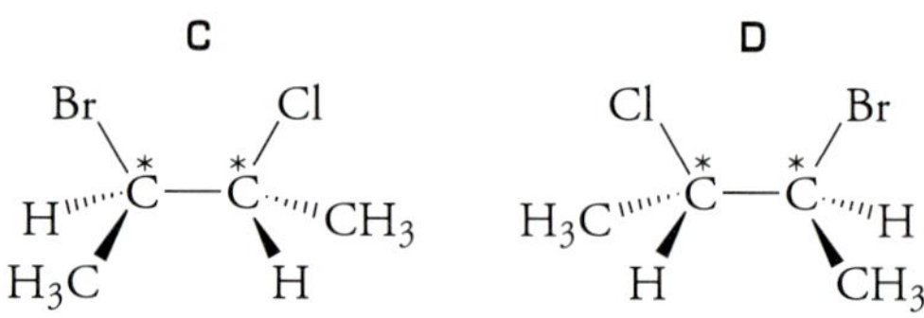

한 쌍의 거울상이성질체

예제 10.3

입체이성질체 세기

a. 3-Bromo-4-methylhexane에는 몇 개의 키랄 탄소 원자가 있는가?

b. 이 분자에서 몇 개의 입체이성질체가 가능한가?

전략

분자구조에서 키랄 탄소 원자를 찾기 위해서는 4개의 다른 작용기가 결합되어 있는 탄소 원자를 찾아야 한다.

해답

a. 2개의 키랄 탄소 원자. 탄소 3번은 —Br, —H, $—CH_2CH_3$, $—CH(CH_3)CH_2CH_3$에, 탄소 4번은 —H, $—CH_3$, $—CH_2CH_3$, $—CH(Br)CH_2CH_3$에 결합되어 있다.

$$\begin{array}{c} \qquad\qquad CH_3 \\ \qquad\qquad | \\ CH_3CH_2\overset{*}{C}H\underset{*}{C}HCH_2CH_3 \\ | \qquad\qquad \\ Br \qquad\qquad \end{array}$$

b. 4 $(2^2 = 4)$

연습문제 10.3

a. 3-Bromo-4-methylhexane의 4개 입체이성질체를 그려보시오(예제 10.3).
b. 거울상이성질체와 부분입체이성질체 쌍을 표시하시오.

다음 몇 쪽에서 보여줄 분자들은 탄수화물이 키랄 탄소 원자를 가지면서 입체이성질체(enantiomer)가 되는 것을 잘 보여준다. 글리세르알데히드(그림 10.8*a*)로 불리는 aldotriose는 1개의 탄소 원자를 가지므로, 2개의 입체이성질체$(2^1 = 2)$가 가능하다. 그림 10.8*b*는 3차원적 구조 모델에서 이들 입체이성질체가 서로 포개질 수 없는 거울상(이것을 enantiomer라고 부른다)임을 보여준다. 이들 웻지(wedge)와 점선 그림들은 이전 장들에서 사용된 것과는 약간 다르게 사용되었는데, 여기서는 탄소 원자 사슬을 수직으로 놓은 후에, C$=$O를 꼭대기에, 그리고 —CH_2OH를 바닥에 놓고서는 둘 다 관찰자로부터 멀어지게 한다. 키랄 탄소에 결합된 —OH와 —H는 수평으로 놓고서 관찰자를 향하게 한다.

이러한 글리세르알데히드를 그리는 특정한 방법은 **피셔 투영식(Fisher projection)**에 기초하고 있다(그림 10.8*c*). 3차원적 구조의 물질을 아주 간단하게 보여줄 수 있는 방법이다. 피셔 투영식에 따르면 각각의 키랄 탄소는 수직과 수평의 교차지점에 존재한다(그러나 표시되지는 않았다). **수평선은 관측자 쪽으로 향하는 결합을 표시하고, 수직선은 관측자로부터 멀어지는 결합을 표시한다.** 단당류에서 피셔 투영식은 탄소 원자를 수직으로만 표시하며 알데히드나 케톤기를 꼭대기 혹은 그 근처에 그린다. 이러한 독특한 방향으로 그리는 것은 단당류의 D형 혹은 L형을 구분하는 것을 매우 쉽게 한다. D형 **당(sugars)**에서 —OH기는 키랄 탄소에 **오른쪽으로** 결합되어 있고 C$=$O기로부터 가장 멀리 존재한다. 반대로 L형 **당**은 —OH기가 키랄 탄소의 **왼쪽에** 결합되어 있다. 단당류의 enantiomer는 같은 이름을 가지지만 D와 L로 구별하여 명명한다. 그림 12.3의 D-glyceraldehyde와 L-glyceraldehyde처럼 자연계에서 대부분의 단당류는 D형으로 구성되며, D-glyceraldehyde처럼, L-glyceraldehyde는 거의 발견되지 않는다.

단당류에서 키랄 탄소의 숫자가 증가하면서, 가능한 입체이성질체의 숫자도 증가한다. 포도당(그림 10.9)은 4개의 키랄 탄소를 가지므로 aldohexose 이성질체 16개 중의 1개 형태이다$(2^4 = 16)$. 그림 10.9에서와 같이, Fisher 투영식은 세 가지의 aldohexose 입체이성질체를 보여준다. 이때 키랄 탄소는 2, 3, 4, 5번 탄소이다. (단당류의 번호는 탄소–수소 이중결합이 있는 탄소에서부터 번호를 부여한다.) 포도당은 키랄 탄소에 연결된 3개의 —OH기가 오른쪽으로 연결되어 있고, 1개가 왼쪽으로 연결되어 있다. D형은 알데히드의 키랄 탄소로부터 가장 멀리 떨어진 탄소(이 경우에는 5번 탄소이다)의 방향을 관찰하면 쉽게 결정할 수 있다.

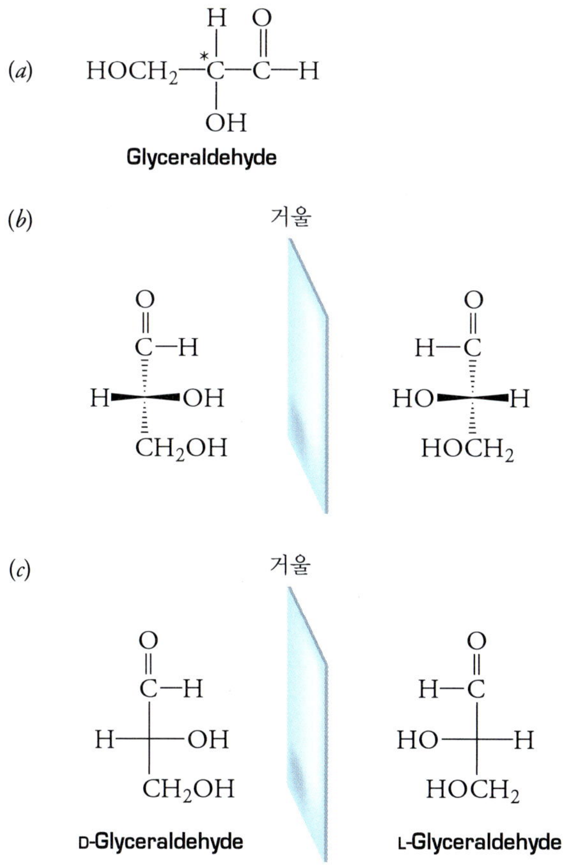

그림 10.8

글리세르알데히드의 거울상이성질체 (*a*) Glyceraldehyde, aldotriose의 한 종류는 1개의 키랄 탄소를 가지므로 2개의 입체이성질체를 가진다. 2개의 거울상이성질체는 (*b*)처럼 엣지와 점선으로 혹은 (*c*)처럼 피셔 투영식으로 표시할 수 있다.

■ 그림 10.9

알도헥소스와 입체이성질체들
Aldohexose는 4개의 키랄 탄소 원자를 가지므로 16개의($2^4 = 16$) 입체이성질체가 존재한다. D-glucose and L-glucose는 서로 거울상이성질체이며 D-galactose는 나머지 둘과는 부분입체이성질체이다.

```
        O               O               O
        ‖               ‖               ‖
       1C—H             C—H             C—H
  H —2— OH        HO ——— H         H ——— OH
 HO —3— H          H ——— OH       HO ——— H
  H —4— OH        HO ——— H        HO ——— H
  H —5— OH        HO ——— H         H ——— OH
       6CH2OH          CH2OH           CH2OH
    D-Glucose       L-Glucose      D-Galactose
```

D-포도당과 L-포도당은 서로 거울상이성질체(enantiomer)이다. 그래서 명칭을 공유한다. D-galactose는 D-포도당과 L-포도당에 대해 부분입체이성질체이다(서로 거울상이 아닌 입체이성질체). 설탕화학에서 부분입체이성질체들 중 오직 하나의 키랄 탄소 원자에서만 서로 다른 경우, 이것을 **epimer**라고 부른다. D-galactose에 대해 4번째 탄소의 epimer는 D-glucose이다(C-4는 4번째 탄소를 기준으로 한 서로 다른 epimer임을 표시한다). L-glucose와 D-galactose는 epimer가 아닌데, 왜냐하면 그들은 3개의 키랄 탄소 원자에 대해 서로 다르기 때문이다.

예제 10.4

단당류 입체이성질체 그리기

a. 2-Ketopentose는 몇 개의 입체이성질체가 가능한가? (2의 의미는 C=O기가 2번 탄소에 연결되어 있음을 의미)

b. 각 D-2-Ketopentoses에 대해 피셔 투영식을 그려보시오.

전략

부분적으로 2-ketopentose를 그리면서 시작할 수 있다. 그리면서 키랄 탄소의 수를 헤아릴 수 있다. 이것은 입체이성질체의 수를 계산하는 데 도움이 된다.

해답

a. 4개, 2-ketopentose는 2개의 키랄 탄소를 가지므로 모두 4개($2^2 = 4$)가 가능

```
         O    OH
         ‖ *  |*
HOCH2CCHCHCH2OH
            |
            OH
```

b. D와 L형의 입체이성질체가 2개씩 존재.

```
      CH2OH            CH2OH
      |                |
      C=O              C=O
  H ——— OH        HO ——— H
  H ——— OH         H ——— OH
      CH2OH            CH2OH
```

연습문제 10.4

그림 10.9는 가능한 8개의 입체이성질체 중 2개만을 보여준다. 나머지 6개를 그려보시오.

10.3 | 중요한 단당류와 그 유도체

단당류가 다양한 크기로 자연에 존재하지만, 5탄당과 6탄당이 가장 흔한 형태이다. D-ribose 혹은 D-2-deoxyribose는 알도펜토스(aldopentose)이며, 거대 생체물질(생화학적 환원제인 NADPH)에서 자주 발견된다. 이들에는 생화학적 산화제인 NAD^+, RNA와 DNA 등의 핵산이 있다(제13장).

```
     O                 O
     ‖                 ‖
     C—H               C—H
 H—┼—OH            H—┼—H
 H—┼—OH            H—┼—OH
 H—┼—OH            H—┼—OH
     CH2OH             CH2OH
```

D-Ribose　　D-2-Deoxyribose

이들 2개의 단당류에는 2-deoxyribose가 2번 탄소에 —OH기가 없다는 것이다. 그래서 2-deoxy가 이름의 일부가 되었다. 이것은 단당류가 변형되어서 사용될 수 있음을 보여주는 (자연계에서) 좋은 예이다.

D-glucose(그림 10.9)는 dextrose 혹은 혈당으로 알려져 있으며, 인간생화학에서 가장 중요한 단당류이다. 다당류인 전분과 글리코겐이 분해된 후 방출돼서 생산되는 당으로, 여러 가지의 중요한 반응에서 핵심적 역할을 하는 혹은 일으키는 물질이며, 여러 가지의 다른 비자발적인 생화학반응을 일으킨다. 생체 내에서 에너지를 저장하는 형태이며 포도당끼리 모여 글리코겐을 만든다.

D-galactose(그림 10.9)는 D-포도당과 결합하여 lactose(젖당)를 형성한다(10.5절). 젖당은(소당류의 하나)우유에서 단맛을 일으킨다. 젖당이 분해되면 갈락토오스가 방출되고 포도당의 유도체로 전환되어 에너지의 생산이나 저장에 사용된다. 갈락토오스와 포도당은 부분입체이성질체이며, 갈락토오스에서 포도당유도체로의 전환 반응의 핵심은 4번 키랄 탄소의 입체 방향이 뒤집어져 바뀌는 반응을 포함하여야 한다.

유아에게 우유를 먹이면, 유아의 갈락토오스를 포도당으로 전환하는 능력이 에너지의 필요에 따라 공급된다. Galactosemia(갈락토오스를 전환할 수 없는 유전적 질병)는 신생아에게 매우 큰 건강의 위험이 될 수 있다. 갈락토오스나 연관된 물질들이 계속 축적되면 간 기능에 장애를 일으키고, 정신적 발달 지체, 중추신경계의 손상을 가져온다. Galactosemia는 완치될 수 없는 질병이므로, 치료방법 중의 하나는 갈락토오스가 없는 식사를 제공하는 것이다.

D-Fructose 혹은 과일당은 자연에서 흔히 발견되는 Ketose이다. 이 단당류는 과일당이라는 말에서 알 수 있듯이 과일에 주로 존재하며, 꿀의 40%를 구성한다. 포도당의 경우와 같이, 과일당은 에너지의 생산에 매우 중요하다.

```
      CH2OH
      |
      C=O
 HO—┼—H
  H—┼—OH
  H—┼—OH
      CH2OH
```

D-Fructose

많은 단당류 유도체들이 자연에서 발견되며, 그들 중 상당수는 소당류나 다당류에 포함되어 있다. 여기서는 네 가지의 중요한 단당류 유도체에 대해서 다루게 되는데, 디옥시당, 아미노당, 알코올당, 카르복실산당이 그들이다.

■ 디옥시(Deoxy), 아미노(amino), 알코올(alcohol) 그리고 카르복실산이 결합된 당들은 흔한 단당류의 유도체들이다.

디옥시당(deoxy sugar)은 1개 이상의 —*OH* 기가 수소 원자로 치환된 다당류이다. 이미 살펴본 바와 같이 D-2-deoxyribose는 좋은 예가 된다. L-Fucose(6-deoxy-L-galactose)와 L-rhamnose(6-deoxy-L-mannose)는 서로 다른 형태로 식물, 동물, 세균 등에서 발견되는 소당류, 다당류를 구성한다.

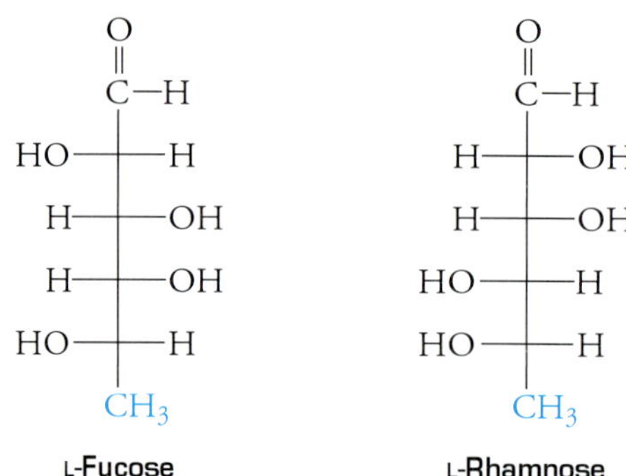

L-Fucose L-Rhamnose

앞에서 우리는 자연계에서는 D형의 입체이성질체가 우세하게 존재함을 알았다. 그러나 L-Fucose와 L-Rhamnose는 자연계에서 존재하는 L-형 당이며, D형 단당류에서 생산된다.

아미노당(amino sugar)은 단당류의 —*H*가 아미노기(—NH_2)로 치환된 구조를 가진다. 특수한 아미노당은 아미노기가 아미드기로 치환된 경우도 있다. D-glucosamine과 *N*-acetyL-D-glucosamine은 중요한 아미노당이며 다음에 언급할 다당류에서 더 자세히 다루게 된다.

D-Glucosamine *N*-Acetyl-D-glucosamine

알코올당(alcohol sugar)은 단당류의 카르보닐기가 알코올기로 환원된 구조이다. 소르비톨(sorbitol)은 포도당으로부터 유도된 구조이고(그림 10.10), 감미료로 사용된다(Health Link: 상대적 단맛도). Ribitol은 리보오스로부터 형성되며 FAD(생화학적 산화제, 제14장에서 다룬다)에 존재한다.

카르복실당(carboxylic acid sugar)은 단당류의 알데히드나 알코올기가 카르복실로 산화된 것을 의미한다. **Aldonic acid**는 알데히드기가 산화되었고 **uronic acid**는 알데히드기의 반대편에 있는 1차 알코올기의 말단이 산화된 것이다. D-gluconic acid와 D-glucuronic(둘 다 포도당으로부터 유래)들은 카르복실당이며, 많은 다당류와 소당류에 들어 있다.

D-Gluconic acid (an aldonic acid) D-Glucuronic acid (a uronic acid)

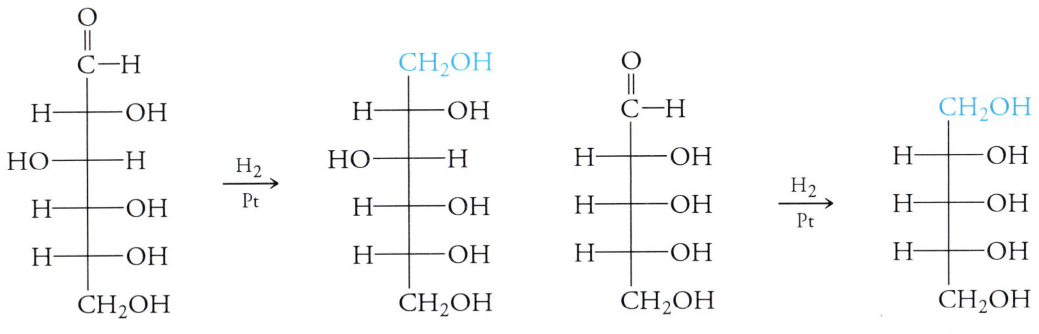

D-Glucose: CHO; H–OH; HO–H; H–OH; H–OH; CH_2OH $\xrightarrow[Pt]{H_2}$ Sorbitol: CH_2OH; H–OH; HO–H; H–OH; H–OH; CH_2OH

D-Ribose: CHO; H–OH; H–OH; H–OH; CH_2OH $\xrightarrow[Pt]{H_2}$ Ribitol: CH_2OH; H–OH; H–OH; H–OH; CH_2OH

■ 그림 10.10

알코올당 D-glucose와 D-ribose를 백금 촉매와 같이 수소를 처리하면 이들은 알코올당으로 각각 전환된다. 살아 있는 생명체에서 이러한 환원반응은 효소에 의해서도 일어난다.

예제 10.5

단당류 유도체 그리기

a. 아래 그림에서 단당류 유도체의 형태를 규명하시오.

b. 원래의 단당류 이름을 말하시오.

c. 아래 물질의 이름을 말하시오.

CHO; H–NH_2; HO–H; HO–H; H–OH; CH_2OH

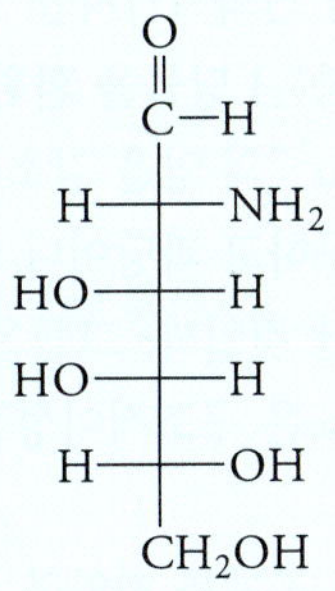

전략

일단 유도체의 형태를 결정한 후에 원래 단당류의 이름을 정하고, 위의 문장들에서 예시들을 다시 보면서 유도체의 이름을 어떻게 정할지를 찾아본다.

해답

a. 아미노당이다. b. D-galactose이다. c. D-galactosamine이다.

연습문제 10.5

a. 아래 그림에서 단당류 유도체의 형태를 규명하시오.

b. 원래의 단당류 이름을 말하시오.

c. 아래 물질의 이름을 말하시오.

CHO; H–OH; HO–H; H–OH; H–OH; CH_3

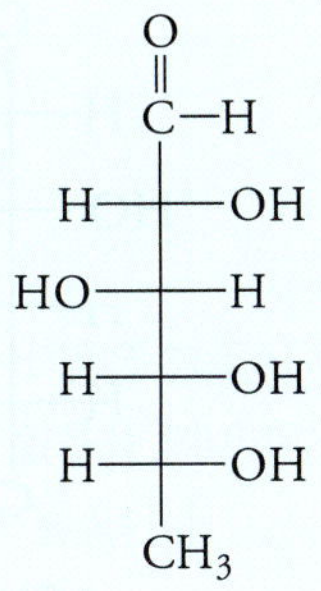

연습문제 10.6

D-arabinose로부터 형성될 수 있는 sugar alcohol, aldonic acid, uronic acid의 구조를 그리시오.

D-Arabinose

10.5 | 고리형을 이루는 단당류

알데히드와 케톤의 카르보닐기는 알코올의 수산기(—OH)와 반응하면 헤미아세탈형을 이룬다. 헤미아세탈 탄소 원자는 —OH기와 —OC기와 결합되어 있다.

헤미아세탈 탄소 원자

$$H-\overset{O}{\overset{\|}{C}}-H + HOCH_3 \underset{}{\overset{H^+}{\rightleftharpoons}} H-\underset{OCH_3}{\overset{OH}{C}}-H$$

알데히드 **알코올** **헤미아세탈**

알데히드나 케톤은 역시 알코올기를 가지므로(예를 들면, 알도오스와 케토오스), 고리형 헤미아세탈을 형성할 수 있다. D-glucose, 예를 들면 1개의 알데히드기와 5개의 알코올기를 가지므로 많은 다양한 종류의 고리형 헤미아세탈을 형성할 수 있는 가능성이 있다. 그러나 가장 많이 발견되는 고리 형태는 알데히드기(C═O)에서 가장 멀리 떨어진 5번 탄소에 연결된 수산기와의 결합이다. 5번 탄소는 C═O 기로부터 가장 멀리 떨어진 키랄 탄소이다. 이러한 고리형 헤미아세탈은 6원자 고리형이며 고리 내에서 5탄소(포도당의 탄소 1~5번)와 산소 1개가 있다(5번 산소의 —OH로부터 유래하였다).

헤미아세탈 탄소 원자

D-Glucose **Cyclic hemiacetal**

그러나 실제로는 6탄소의 단당류 고리형은 전형적으로 그림 10.13처럼 표시된다. 고리형의 산소 원자가 고리의 오른쪽 뒤로 존재하고, 헤미아세탈 탄소가 오른쪽에 존재하는 형태로 그려진다.

그림 10.13은 D-glucose가 2개의 서로 다른 고리형 헤미아세탈을 형성하는 것을 보여주는데, C═

α-D-Glucopyranose　　D-Glucose의 열린 형태　　β-D-Glucopyranose

■ 그림 10.13

D-포도당의 anomer들 포도당은 한 쌍의 고리형 헤미아세탈을 이룬다. 5번 탄소의 —OH기가 C=O기와 반응하면서 고리형 헤미아세탈의 1번 탄소에 연결된 —OH기가 아래쪽을 향하면 α-anomer이고, 위쪽을 향하면 β-anomer이다. 6원자로 구성된 고리형 단당류를 pyranose라고 부른다.

O기는 왼쪽에서 보는 바와 같이 D-포도당의 열린 구조(비고리형)에서 아래쪽을 향하므로, 새로운 고리가 형성될 때 헤미아세탈 탄소의 —OH기도 아래를 향하게 된다. 1번과 2번 탄소 사이의 단일결합이 회전하여 열림 구조를 만들고 (중간에서 왼쪽 그림, 오른쪽 그림) 새로운 형태가 나타나는데, 헤미아세탈 탄소의 —OH가 위를 향하게 된다.

D-glucose의 열린 구조는 4개의 키랄 탄소를 가지는데, 2개의 고리형 구조에서는 5개의 키랄 탄소가 존재한다. 그 이유는 새로이 형성된 헤미아세탈의 탄소도 키랄성이기 때문이다. 그림 10.13과 같이 두 포도당의 고리형을 **anomer(아노머)**라고 부른다. 헤미아세탈의 —OH가 아래쪽을 향하면 **α-anomer**, 위를 향하면 **β-anomer**이다.

단당류 anomer의 명명법은 반드시 anomer의 형태(α인지 β인지)를 명시하여야 한다. 5원자 혹은 6원자 고리형 단당류가 가장 많이 존재하며, 2개의 고리형에 에테르(ether)를 지칭하는, furan과 pyran 이름이 고리의 크기를 표시하는 데 사용된다. **furanose**는 5원자 고리를, pyranose는 6원자 고리를 지칭한다. 따라서 2개의 포도당 anomer(그림 10.13)는 **Pyranose**이며, 그들의 완전한 이름은 α-D-glucopyranose와 β-D-glucopyranose이다.

■ 그림 10.13과 10.14에서 본 바와 같이 같은 방향으로 그린다면, 헤미아세탈 —OH가 아래로 향하면 α-anomer이고 위로 향하면 β-anomer이다.

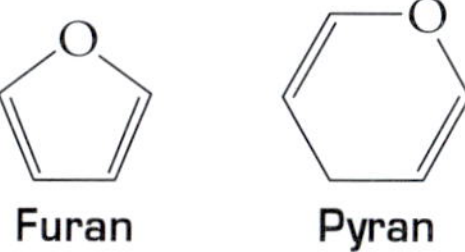

D-glucose의 pyranose anomer나 관련된 단당류의 구조를 그릴 때 염두에 두어야 할 것은, 그림 10.13에서와 같이 (산소는 오른쪽의 후면을 향하고, 헤미아세탈 탄소는 오른쪽에 위치한다.) 6개의 원자 고리를 그려야 한다는 것이다. 그래서 5번 탄소의 —CH_2OH기는 D-당의 경우 위를 향하게 하고 L-당의 경우 아래로 향하게 그리는 것이다.

그림 10.9에서와 같이 D-galactose는 글루코오스의 부분입체이성질체이며, 오직 4번 탄소에 대해서만 방향성이 다르다. 따라서 D-galactose도 α와 β-pyranose 이성질체를 형성하며, 그것은 포도당의 경우와 동일하다. 다만 4번 탄소에 결합되어 있는 —OH가 위로 향하는 것이 특징이다(포도당의 경우 아래를 향한다).

α-D-Galactopyranose　　β-D-Galactopyranose

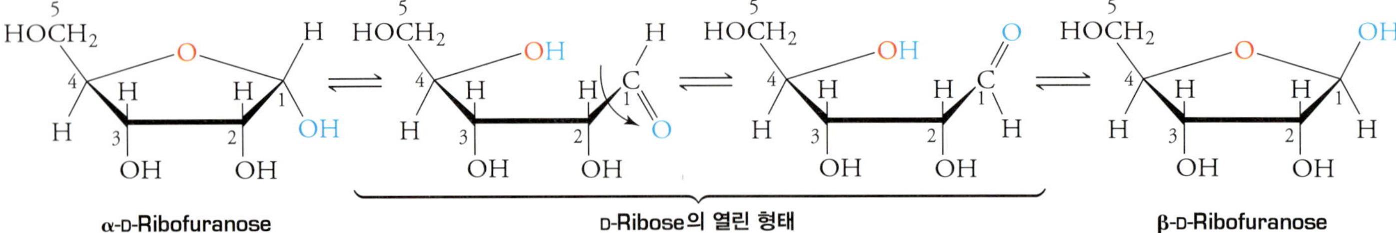

■ 그림 10.14

리보오스 anomer들 고리형 헤미아세탈 형태에서 D-ribose는 5원자 고리를 가지는 furanose이다.

아미노당인 D-glucosamine은 2번 탄소에 —NH_2가 —OH기 대신에 치환된 것이 특징이다. 이 차이점은 pyranose의 anomer인 D-glucosamine에서도 그대로 유지되는데, 2번 탄소의 NH_2기가 아래를 향한다.

α-D-Glucosaminopyranose β-D-Glucosaminopyranose

D-ribose, Aldopentose는 5원자 고리의 헤미아세탈을 형성한다. 앞에서 논의한 세 가지의 Aldohexose 경우와 같이, 고리형 헤미아세탈은 알데히드기의 C=O가 가장 멀리 떨어진 키랄 탄소의 —OH기와 결합하여 형성된다. 대개, 5원자 furanose 고리를 그릴 때에 산소 원자를 뒤쪽에 위치하도록, 그리고 헤미아세탈 탄소를 오른쪽에 위치하도록 그린다(그림 10.14). 이런 형태로 furanose를 그리면 CH_2OH기는 고리의 왼쪽에 위치하게 되며, D-당에서는 언제나 위를 향하고, L-당에서는 아래를 향하게 된다.

D-2-deoxyribose는 D-ribose와 동일하다. 예외적으로 2번 탄소의 —OH가 —H로 바뀐 것 뿐이다. D-2-deoxyribose도 α와 β의 furanose 형태가 존재한다.

α-D-2-Deoxyribofuranose β-D-2-Deoxyribofuranose

D-Fructose(과일당)은 이 장에서 언급하는 유일한 ketose 당이며, α와 β furanose anomer가 존재한다(그림 10.15). aldose들과 달리 헤미아세탈 탄소(2번 탄소)가 —H나 —OH 대신에 —CH_2OH 혹은 —OH를 결합하고 있다. 이러한 차이점은 과일당의 C=O기가 2번 탄소에 존재하기 때문이다. 고리가 만들어질 때, 1번 탄소 원자는 고리 형성에 가담하지 않으며, —CH_2OH 형태로 남아 있다.

변광회전

용액 내에서, α와 β anomer의 고리형 헤미아세탈기는 끊임없이 변화한다. 예를 들면, α-D-glucopyranose(그림 10.13)가 물에 녹으면, 세 가지의 형태가 가능하다. α, β 그리고 열린 구조가 가능하다. β-D-glucopyranose나 포도당의 열린 형태를 물에 녹여도 같은 결과를 얻는다. 이런식으로 당 분자들이 수용액 내에서 α-*anomer*, 열린 형태, β-*anomer*로 상호전환하는 과정을 **변광회전(mutarotatio)**이라고 부른

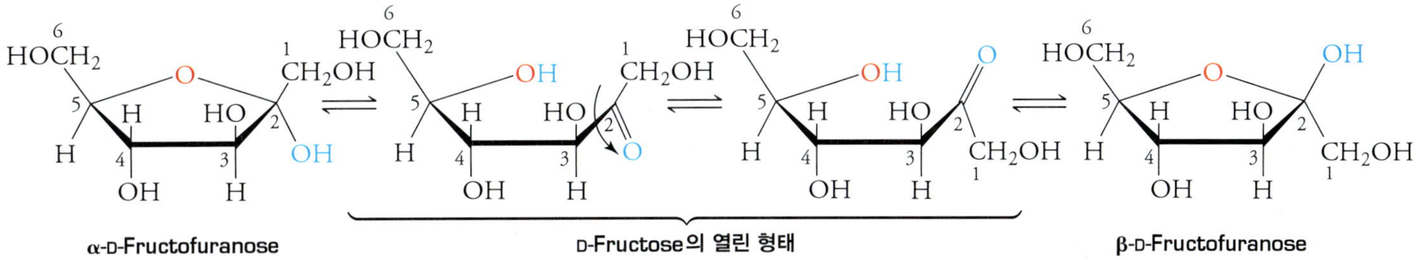

α-D-Fructofuranose ⇌ D-Fructose의 열린 형태 ⇌ β-D-Fructofuranose

■ 그림 10.15

D-fructose anomer들 D-fructose는 furanose이며 자신의 헤미아세탈의 고리 형태이다.

다. 어원은 포도당의 경우에 α와 β-anomer가 평면-편광 광선에 대한 반응성 회전이 다르다는 것에서 유래하였다(라틴어로 *mutare*는 변화한다는 뜻이다 “to change”).

대부분의 단당류들은 수용액 내에서 고리형으로 존재하려는 경향이 우세하지만, 여전히 수용액 내에는 알데히드나 케톤의 반응을 위한 열린 형태도 존재한다. 위에서 언급한 모든 고리형 단당류들은 환원당(reducing sugar)이므로 베네딕트 시약에 의해서 산화될 수 있다.

■ 변광회전은 α와 β-anomer의 상호전환 과정이다.

예제 10.7

α와 β anomer 그리기

D-Xylose의 α와 β-furanose의 구조를 그리고 이름을 말하시오.

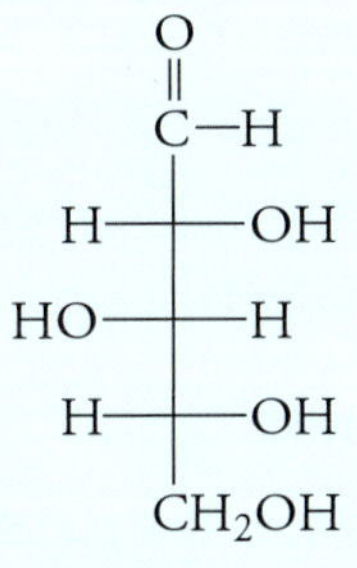

D-Xylose

전략

D-Xylose와 D-ribose의 고리형에서의 차이를 인식하는 것이 문제를 풀기 위한 접근방법의 하나이다. 같은 차이점이 anomer의 고리형에서 그대로 유지된다. 그림 10.14는 ribose의 2개 furanose anomer를 보여준다.

해답

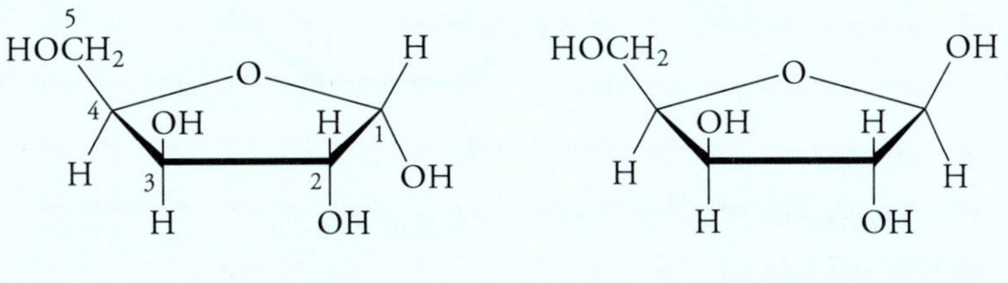

α-D-Xylofuranose β-D-Xylofuranose

D-xylose는 D-ribose에 대해 3번 탄소에 대해서만 다르다. 따라서 이들 2개 단당류의 furanose도 역시 3번에 대해서만 다르다.

연습문제 10.7

D-abqueose의 α와 β pyranose anomer의 구조를 그리고 명명하라. 이 dideoxy aldohexose는 특정 세균의 막에서 발견된다.

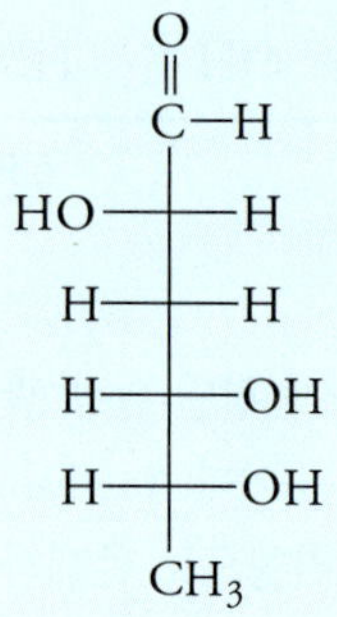

O
‖
C—H
HO—|—H
H—|—H
H—|—OH
H—|—OH
CH_3

D-Abqueose

10.6 | 소당류

헤미아세탈과 알코올이 반응하면, 아세탈과 물이 형성된다. 9.7절에서 본 바와 같이, 아세탈 탄소 원자는 2개의 —OC기와 연결되어 있다.

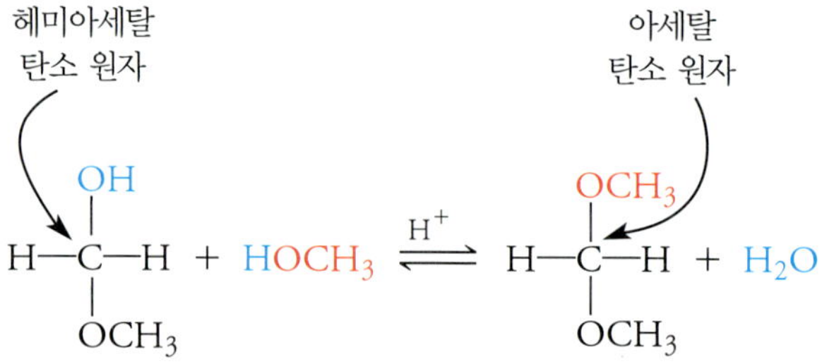

헤미아세탈 탄소 원자 / 아세탈 탄소 원자

Hemiacetal (H—C(OH)(OCH$_3$)—H) + Alcohol ($HOCH_3$) $\overset{H^+}{\rightleftharpoons}$ Acetal (H—C(OCH$_3$)(OCH$_3$)—H) + H_2O

Hemiacetal **Alcohol** **Acetal**

■ 글리코시드 결합은 단당류 잔기들끼리 서로 연결되는 결합이다.

아세탈은 α와 β-anomer가 알코올과 반응하여 형성되는데, 이렇게 형성되는 아세탈을 **글리코시드(glycoside)**라고 부른다. 아세탈탄소가 새로이 형성되는 —OC기와 연결된 결합을 **글리코시드 결합(glycosidic bond)**이라고 한다. 가장 간단한 글리코시드는 β-D-glucopyranose와 메탄올 간의 결합 형성이다.

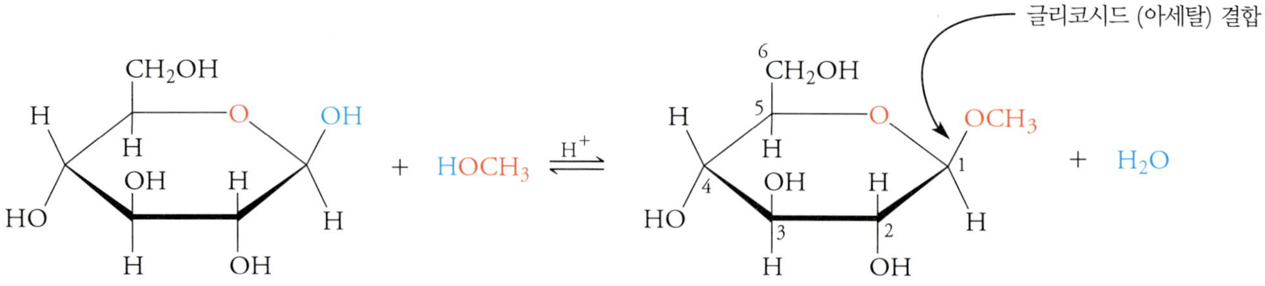

글리코시드 (아세탈) 결합

β-D-Glucopyranose + **Methanol** ($HOCH_3$) $\overset{H^+}{\rightleftharpoons}$ **A glycoside** (C-1에 OCH_3) + H_2O

글리코시드는 바닐라 글리코시드를 포함하는데, 이는 바닐라 콩과 버드나무 껍질의 살리신에서 주로 발견된다(그림 10.16). 글리코시드 결합의 형성은 가역적이므로 이들 두 글리코시드는 다시 가수분해되어 포도당과 알코올로 분해될 수 있다. 바닐라 콩은 건조되고 가공되면 바닐린 글리코시드가 분해됨으로써 바닐린을 형성하는데, 주로 바닐라 향기로 사용된다. 우리 몸에서 살리신은 살리실 알코올로

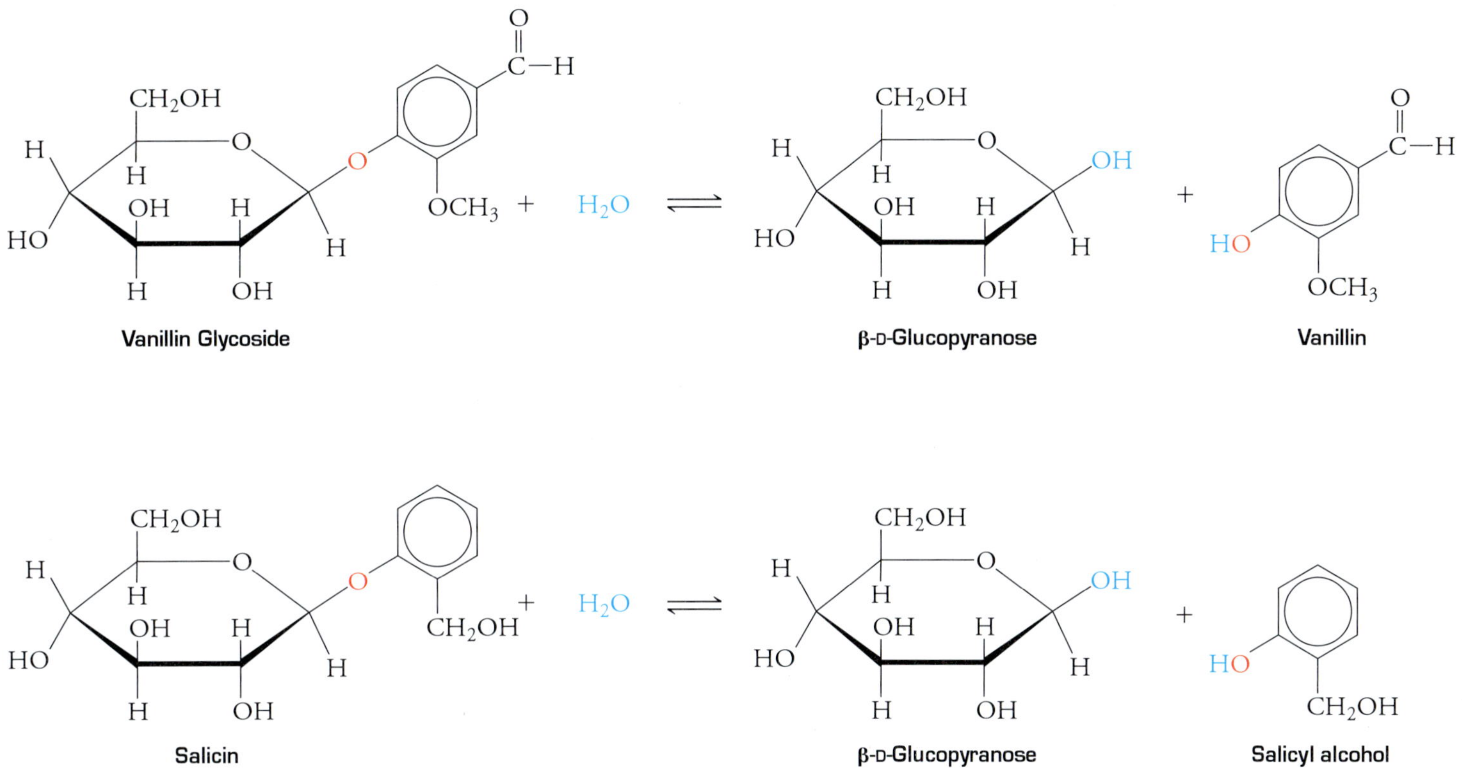

Vanillin Glycoside + H_2O ⇌ β-D-Glucopyranose + Vanillin

Salicin + H_2O ⇌ β-D-Glucopyranose + Salicyl alcohol

■ 그림 10.16

글리코시드 글리코시드에는 바닐린 글리코시드와 살리신 등이 있다. 이들은 가수분해되어 단당류와 알코올로 형성될 수 있다.

가수분해되고 아스피린과 같이 통증을 완화하고 열을 내리며 염증을 억제하는 효과가 있다.

알코올은 주로 메탄올, 바닐린, 살리신 알코올 혹은 다른 단당류와 같이 글리코시드 결합을 만든다. 만약, 2개의 단당류 잔기가 글리코시드 결합으로 연결된다면 **이당류(disaccharide)**라고 부른다. 예를 들면, 하나의 포도당 α-anomer에 있는 헤미아세탈기가 또 다른 포도당의 4번 탄소 원자의 알코올과 결합을 이룬다면, 이 생성물을 이당류라고 부르고 이름은 말토오즈(maltose)가 된다(그림 10.17).

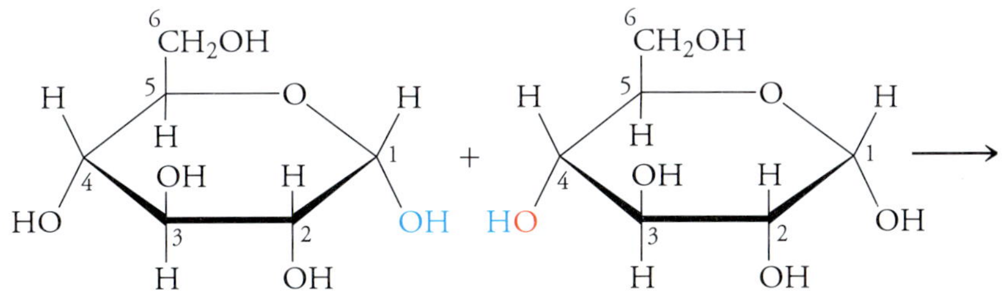

α-(1→4) Glycosidic bond

Maltose + H_2O

■ 그림 10.17

말토오즈 이당류 말토오즈는 2개의 D-glucose 분자가 글리코시드 결합을 하여 만들어진다. α-(1 → 4) 글리코시드 결합은 2개의 포도당 잔기를 연결한다.

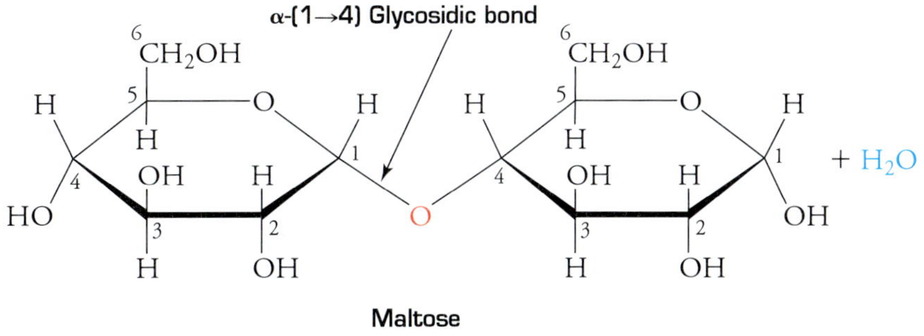

■ 그림 10.18

말토오스는 환원당이다 말토오스 내에서 오른쪽의 포도당 분자는 헤미아세탈 탄소를 가지며 변광회전이 가능하다. 열린 형태에서 알데히드처럼 반응하며 베네딕트 시약에 의해 산화될 수 있다. 이 때문에 말토오스는 환원당이 된다.

α anomer

열린 형태

β anomer

말토오스처럼 2개의 α-D-glucopyranose를 연결하는 결합을 α(1 → 4) 글리코시드(glycosidic) 결합이라고 한다. 그 이유는 α형의 포도당 탄소 원자 1번과 다른 포도당의 4번 탄소가 서로 연결되어 형성되기 때문이다. 이런 방식으로 화살표는 헤미아세탈 탄소로부터 알코올기로 연결되는 결합의 방향을 표시한다.

말토오스는 전분이나 글리코겐의 분해 산물 형태이다. 장 내에서 말토오스의 가수분해는 그림 10.17에서 일어나는 반응의 역반응으로 일어난다. 이때 Maltase 효소가 말토오스를 두 분자의 포도당으로 분해하는데, 장내 장벽을 통과하여 혈류로 진입할 수 있다.

말토오스는 환원당이다. 그 의미는 말토오스 수용액은 알데히드기를 가지며 Cu^{2+} 이온 베네딕트 시약에 의해 산화될 수 있음을 뜻한다. 전형적으로 말토오스의 오른쪽에 있는 포도당 분자는 산화될 수 있다. 이는 그 anomer가 변광회전이 가능하기 때문이다(그림 10.18).

또 다른 이당류로서 cellobiose는 2개의 포도당 분자로 구성되지만 글리코시드 결합이 β(1 → 4)로 이루어진다는 점에서 말토오스와는 다르다. 두 포도당 사이에 왼쪽 포도당의 1번 탄소의 산소가 위를 향하며, 오른쪽 포도당은 4번 탄소의 산소가 아래를 향하는 결합이다.

D-glucose residue

D-glucose residue

β-(1→4) Glycosidic bond

Cellobiose

Cellobiose는 셀룰로스(cellulose)의 분해 과정에서 형성되며, cellobiose가 가수분해되면 두 분자의 포도당이 생긴다. cellobiose는 말토오스(Maltose)와 같은 가수분해 산물이지만, 사람은 cellobiose를 연료로 사용하며 에너지를 얻을 수 없다. 그 이유는 cellobiose를 분해할 수 있는 특정 효소가 사람에게는 없기 때문이다. 말토오스와 같이 cellobiose도 환원당이다.

젖당(lactose)은 소젖의 5%(w/v), 사람젖의 7%(w/v)를 구성하며 영유아에게는 매우 중요한 에너지원이다(특히 소나 사람 등). β-galactopyranose 잔기가 β(1 → 4) 글리코시드 결합으로 glucopyranose와 연결된 구조이다. 젖당과 cellobiose의 차이는 왼쪽의 단당류(galactose) 4번 탄소의 —OH기가 위를 향한다는 것이고, cellobiose는 같은 —OH기가 아래를 향한다는 것이다. (물론 cellobiose의 경우 왼쪽 잔기는 포도당이다.)

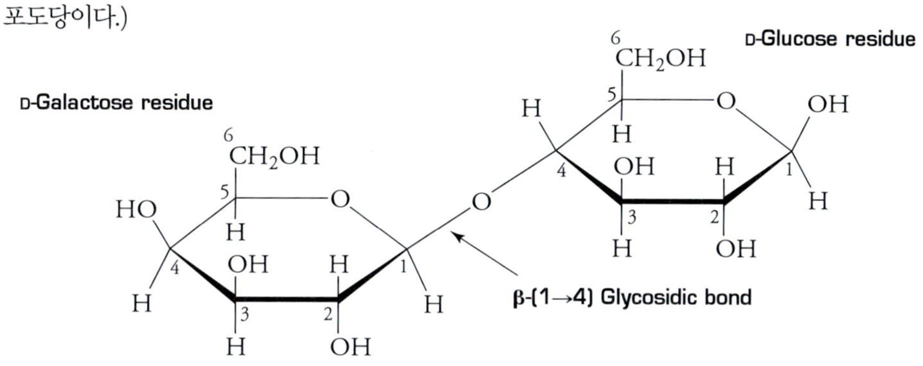

Lactose

소장에서 분해될 때 β-galactosidase(lactose라고도 알려져 있다)가 분해 작용을 돕는다. lactose는 1분자의 galactose와 glucose로 분해된다. 이 단당류들은 장내 벽을 통과하여 혈관으로 이동할 수 있다. 몇 가지의 건강관련 문제가 lactose와 그 소화와 연관 있다(395쪽). 유당불내증(lactose intolerance)은 lactose의 분해산물인 galactose 때문에 galactosemia 환자에게 또 다른 문제를 일으킬 수 있다(10.3절 참조).

Sucrose는 설탕으로 더 잘 알려져 있다는 α-glucopyranose으로 구성되며, β-fructo-furanose와 αβ(1 ↔ 2) 글리코시드 결합으로 이루어진다. 머리가 2개인 양쪽 화살표의 의미는 각 단당류들이 서로에게 헤미아세탈기를 제공하여 글리코시드 결합을 형성한다는 의미이다. 위에서 살펴본 이당류들과 달리, sucrose는 환원당이 아니다. 그 이유는 헤미아세탈기가 없으므로 변광회전을 할 수 없다. sucrose가 형성될 때 fructose의 헤미아세탈기가 포도당의 —OH기와 결합하여 글리코시드 결합을 (아세탈) 형성하기 때문이다.

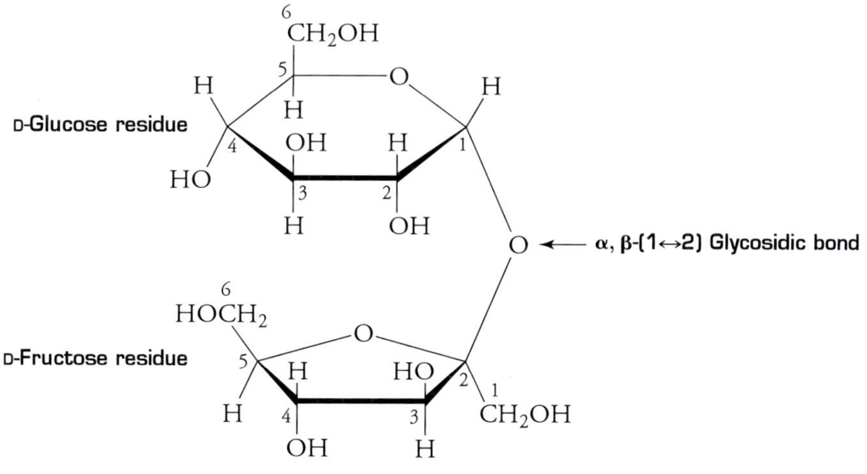

Sucrose

수크로오스는 많은 식물에서 에너지이며 탄소의 저장 분자이다. 사탕수수와 사탕무우는 식용설탕을 만드는 주원료가 된다. 가수분해가 일어나면 sucrose는 과일당(fructose) 한 분자와 포도당(glucose) 한 분자로 분해되어 혈액 속으로 들어간다.

Did You Know?

이당류인 trehalose는 (문제 10.75) 2개의 포도당 분자를 가지며 곤충의 혈액에서 가장 주요한 당의 하나이다. 에너지원으로 기능하는 것 이외에도 trehalose는 냉동저항물질(냉동에 대한 저항 효과 물질)을 가진다. 혈액이 냉동되면 얼음 결정에 의해서 세포가 손상되는 것을 막아 주므로 trehalose는 곤충이 겨울의 낮은 온도에서도 생존할 수 있도록 해 준다.

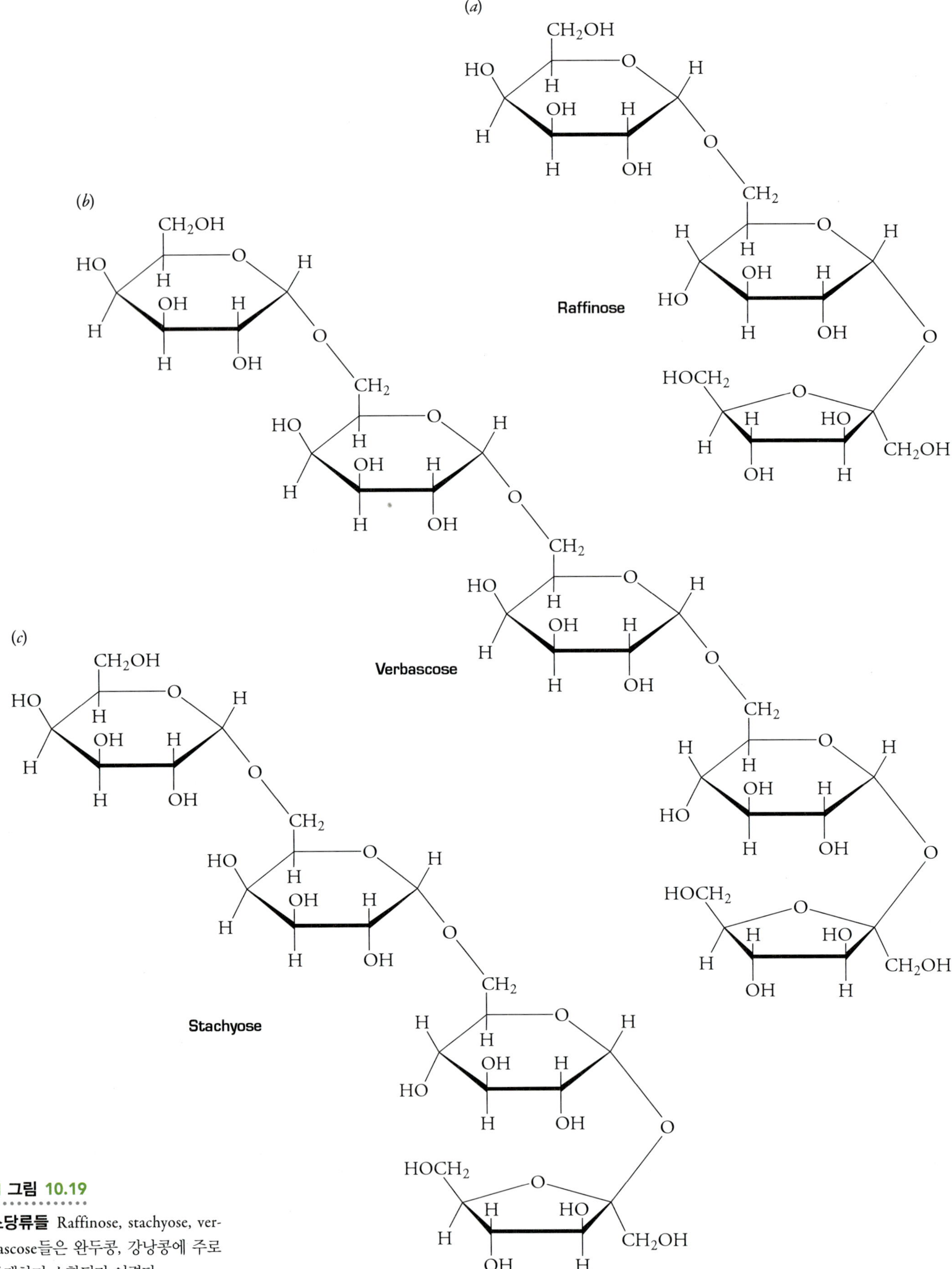

■ 그림 10.19

소당류들 Raffinose, stachyose, verbascose들은 완두콩, 강낭콩에 주로 존재하며 소화되기 어렵다.

이당류가 가장 흔히 발견되는 소당류이지만, 3개 혹은 그 이상의 단당류를 가지는 소당류도 발견된다. 그림 10.19에서와 같이 raffinose(3당류), stachyose(4당류), verbascose(5당류)들이 완두콩이나 강낭콩 등에서 발견된다.

소당류의 소화는 소장에서 일어난다. 효소가 글리코시드 결합을 절단하여 단당류로 만든다. 락토오스 내성은 바로 β-galactosidase의 결핍에 의해 일어나며, 이 효소는 β(1 → 4) 글리코시드 결합을 절단한다. 영유아들은 이 효소를 생산하지만, 5세가 되면 대부분의 사람들은 이 효소의 생산이 매우 낮아지거나 완전히 사라진다. 전 세계적으로 70%의 성인 인구가 β-galactosidase이 결핍된 것으로 알려져 있고, 이 숫자는 인구 그룹 간에 매우 다양하게 퍼져 있다. 예를 들면, 젖당 내성은 주로 아시아계, 히스패닉, 아메리카 원주민들에게서 주로 발견되며 북유럽의 조상 인구들에게서도 발견된다.

만약 유당불내성 환자가 유제품을 섭취하면 락토오스는 장내 세균에 의해 분해대사된다. 따라서 CO_2, H_2, CH_4와 같은 가스가 형성되고 이들 때문에 복통이 유발된다. 게다가 작은 카르복실산들은 장 내에서 삼투압을 통해 물 분자를 유입시켜 설사를 일으킨다.

유당불내성은 치료될 수 없는 증상이므로 유당불내성 의사증 환자는 유제품을 피하거나 소비하지 않는 것이 가장 바람직하다. 또 다른 선택은 락토오스가 없는 우유, 요구르트, 치즈 등을 섭취하거나, 보조약제로 Lactaid 등을 섭취하여 세균 유래 β-galactosidase가 lactose를 분해하도록 하는 것이다.

소화와 연관된 또 다른 문제는 완두콩, 강낭콩 등에 존재하는 더 큰 소당류가 일으키는 문제이다. Raffinose, stachyose, verbascose (그림 10.19) 등의 galactopyranose는 α(1 → 6) 글리코시드 결합을를 가지고 있다. 사람은 α-galactosidase가 없으므로 이 결합을 절단할 수 없고, 따라서 이런 종류의 탄수화물이 포함된 식품을 섭취하면 장내 세균에 의해 분해되어 가스를 생산한다. 제품명(Beano)과 유사한 제품들은 α(1 → 6) 글리코시드 결합을를 분해하는 효소가 들어있다(그림 10.20).

많은 생물학적으로 중요한 화합물들은 일부가 다당류로 구성되었다. 예를 들어, 당신의 혈액형도 당신의 적혈구 표면에 붙어 있는 양친성 화합물의 다당류 잔기 때문에 결정된다. 여기에는 30종류 이상의 적혈구 항원(면역 반응을 일으키는 물질)들이 존재하는데, ABO 항원 분류는 혈액수혈이나 장기 이식 등에서 가장 많은 대체 불가성 문제를 유발한다.

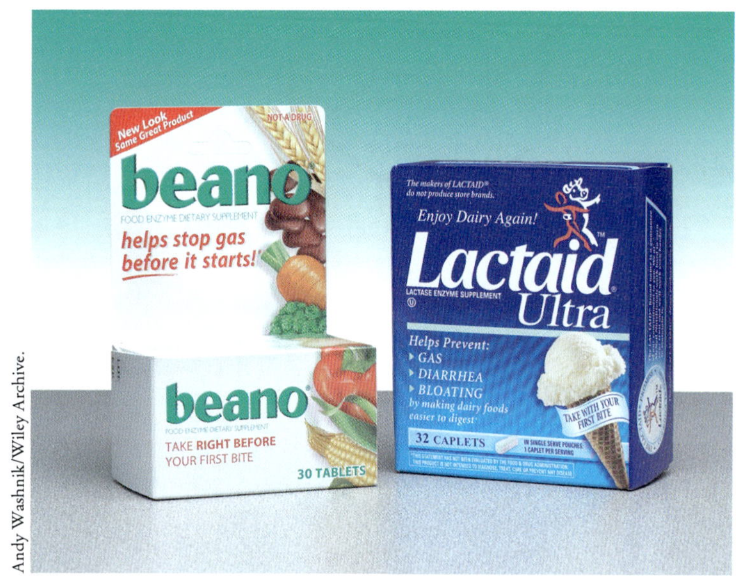

Andy Washnik/Wiley Archive.

■ 그림 10.20

소화를 도와주는 보조제들 Lactaid는 유제품에 존재하는 젖당을 분해하는 효소가 들어 있다. Beano는 완두콩, 강낭콩, 일부 채소에 함유된 소화 불능의 소당류를 분해하는 효소가 들어있다.

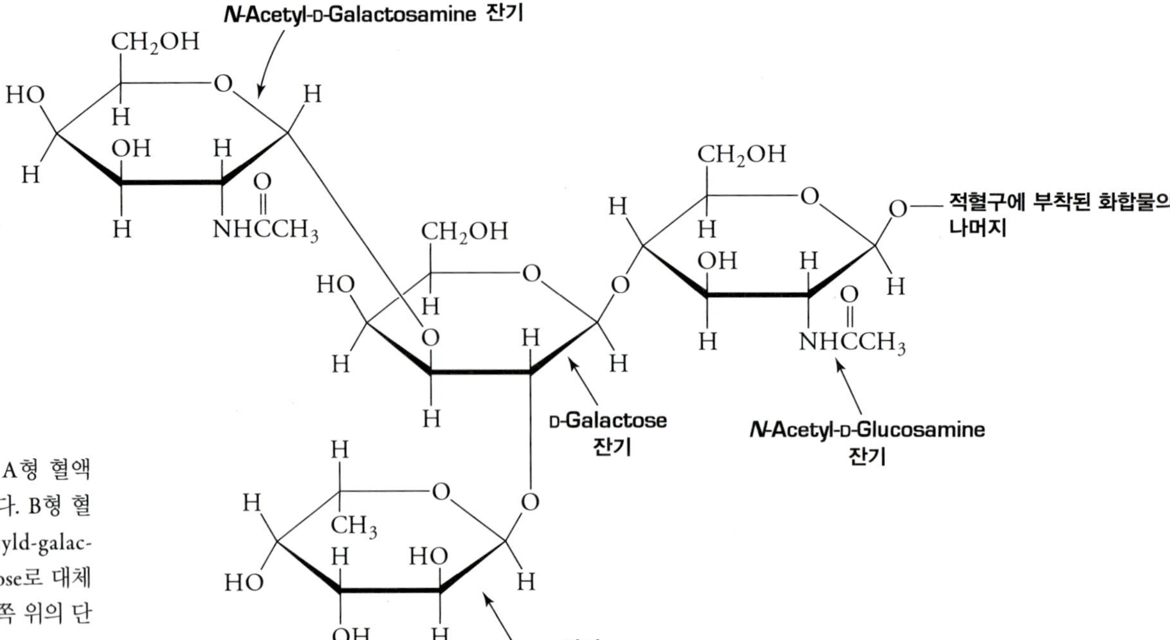

■ 그림 10.21

ABO식 혈액형과 항원 A형 혈액형의 항원이 표시되어 있다. B형 혈액형은 왼쪽 위의 *N*-acetyld-galactosamine 자리가 D-galactose로 대체되었다. O형 혈액형은 왼쪽 위의 단당류 잔기가 없다.

혈액형 중에 O형은 *N*-acetyl-D-glucosamine, D-galactose과 L-fucose의 3탄당 잔기를 가진다(그림 10.21). A형 혈액형은 같은 3탄당을 가지지만 추가적으로 *N*-acetyl-D-glucosamine를 가지는데, D-galactose에 붙어 있다. B형 혈액형은 A형 혈액형의 *N*-acetyl-D-glucosamine 대신에 D-galactose가 붙어 있다.

예제 10.8

다당류들

Melizitose는 끈끈한 물질로서 진딧물이나 다른 곤충들에 의해 잎에 도포되어 있다.

Melizitose

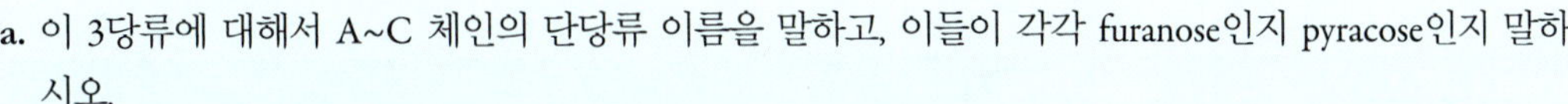

a. 이 3당류에 대해서 A~C 체인의 단당류 이름을 말하고, 이들이 각각 furanose인지 pyracose인지 말하시오.
b. 1과 2 글리코시드 결합 중에 β(1 ⟶ 4) 글리코시드 결합을 찾으시오.
c. 이 Melizitose는 환원당인가?

전략

a와 b를 풀기 위해 이 장에서 제시한 그림들을 다시 보시오. 환원당이 되기 위해서는 반드시 그 분자 내에 알데히드기를 가지거나 아니면 베네딕트 시약에 존재하는 조건에서 알데히드로 전환되는 기를 가져야만 한다. Melizitose의 구조를 말토오스(환원당) 혹은 수크로오즈(비환원당)과 비교하시오.

해답

a. A 와 B는 D-glucose(pyranose)이며, C는 D-fructose(furanose)이다.
b. 1번 글리코시드 결합은 α(1 ⟶ 3) 글리코시드 결합이며, 2번 글리코시드 결합은 α, β-(1 ⟷ 2) 글리코시드 결합이다.
c. 이 3탄당은 헤미아세탈기가 없으므로 알데히드를 만들기 위한 상호전환이 불가능하다. Melizitose는 비환원당이다.

연습문제 10.8

Nystose는 소화불가능한 4탄당이다.

Nystose

a. 이 4탄당에서 A~D까지의 단당류 이름을 말하고, 각각 furanose인지 pyracose인지 말하시오.
b. 1–3 글리코시드 결합 중에 β(1 ⟶ 4) 글리코시드 결합을 찾으시오.
c. 이 Nystose는 환원당인가?

천연 감미료와 인공 감미료

HealthLink

많은 탄수화물들이 우리의 식단에 포함되는 것은 그들이 단맛을 가지기 때문이다. 상대적 단맛도(감미도)은 설탕(식탁에서 사용되는)의 단맛을 100으로 하였을 때 상대적으로 가지는 비교의 단맛이다. 만약 어떤 당의 상대적 감미도가 200이라면, 설탕 단맛의 2배에 해당한다. 표 10.2에는 몇 몇 자연적인 당과 인공적인 감미료에 대한 상대적 단맛을 표시하였다.

이 표에는 단맛이 강한 막대사탕, 쿠키, 혹은 과자류들은 전환당이나 고농도의 액상과당, 콘시럽 등을 성분으로 포함한다. 전환당은 설탕을 가수분해시켜 단당류로 만들어 포도당과 과일당으로 존재하는 상태이다. 이 감미료는 이름에서

표 | 10.2 상대적 감미도

감미료	상대적 단맛	세부사항들
천연감미료		
Rebaudioside A	300	스테비아 추출물(Health Link를 보시오.)
과일당(Fructose)	170	과일 당, ketokexose, 설탕의 일부분
전환당	120	설탕이 가수분해되어 생성
설탕(Sucrose)	100	식탁설탕 포도당과 과일당의 이당류
자이리톨(Xylitol)	100	알코올당
포도당(Glucose)	75	콘시럽, aldohexose, 설탕과 젖당의 일부분
소르비톨(Sorbitol)	55	알코올당
말토오즈(Maltose)	32	포도당 2분자의 이당류
갈락토오스(Galactose)	30	aldohexose, 젖당의 일부분
젖당(Lactose)	15	이당류(포도당과 갈락토오스의 결합)
인공감미료		
시클라멘산 소듐 (Sodium cyclamate)	3,000	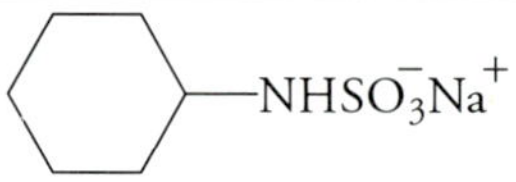 (cyclohexyl)—$NHSO_3^-Na^+$
아세설팜(Acesulfame-K)	20,000	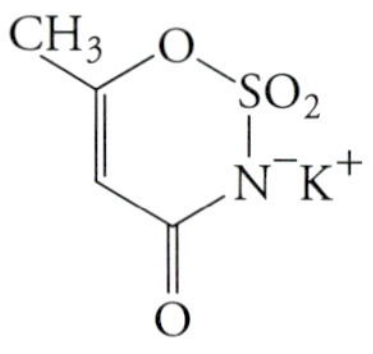 CH_3, O, SO_2, N^-K^+, O (ring structure)
아스파탐(Aspartame)	18,000	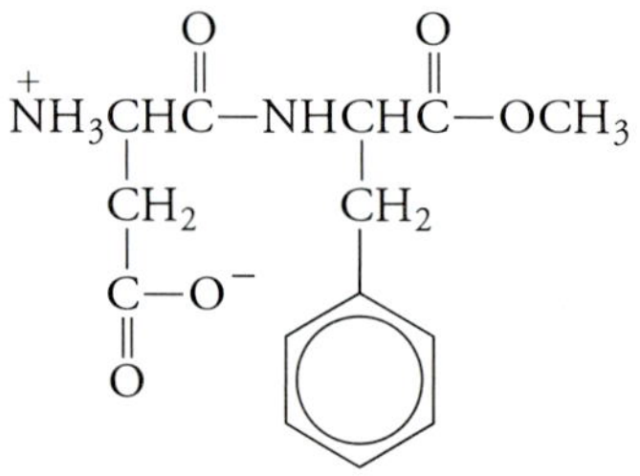 $\overset{+}{N}H_3CH(CH_2COO^-)C(=O)-NHCH(CH_2C_6H_5)C(=O)-OCH_3$
사카린(Saccharin)	30,000	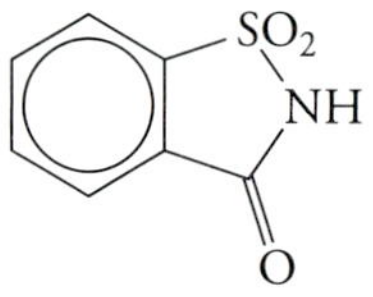 (benzene ring fused) SO_2, NH, O
수크랄로스(Sucralose)	60,000	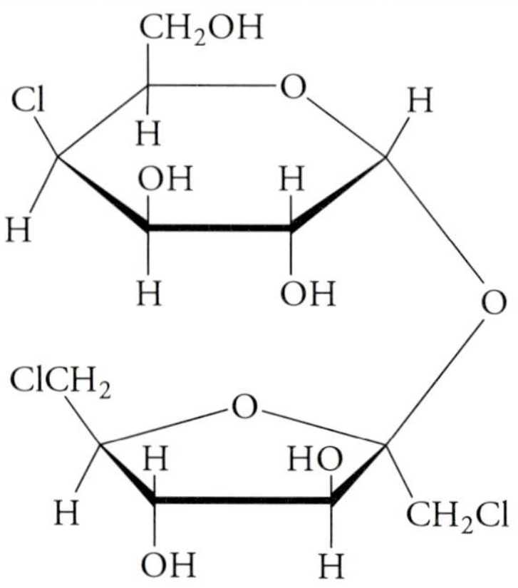 CH_2OH, Cl, O, H, H, OH, H, H, H, OH, O, $ClCH_2$, O, H, HO, H, CH_2Cl, OH, H (ring structures)

알 수 있는 바와 같이 수크로오스가 평면 평광 광선을 시계 방향 (+)으로 회전시키는데 비해, 반시계 방향 (−)으로 편광면을 회전시키는 활성이 있다. 설탕이 (+) 방향으로 편광면을 회전시키는 데 대해 전환당의 구성성분인 포도당과 과일당의 혼합물은 (−) 방향으로 편광면을 회전시킨다. 전환당은 생산 경비가 적게 들면서도 단맛이 강하므로 설탕을 대체하는 감미료로 사용되고 있다.

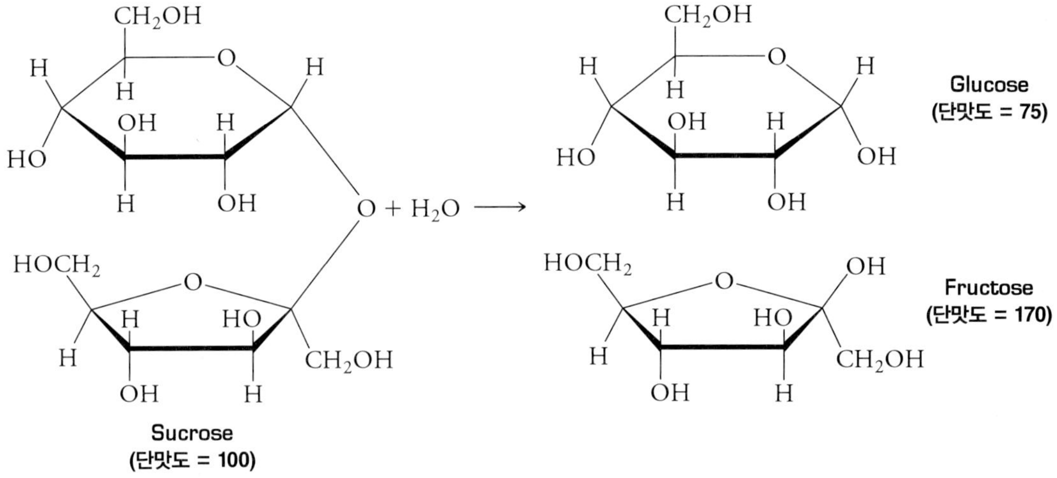

Sucrose
(단맛도 = 100)

Glucose
(단맛도 = 75)

Fructose
(단맛도 = 170)

고농도의 액상과당 콘시럽은 생산경비를 줄일 수 있는 단맛 강화의 또 다른 방법이다. 콘시럽은 포도당으로 구성되는데(단맛도가 75이다), 콘시럽에 glucose isomerase를 처리하면 D-glucose가 D-fructose로 전환되므로 생산되는 fructose–glucose 혼합물은 원래의 콘시럽보다 더 단맛을 띤다.

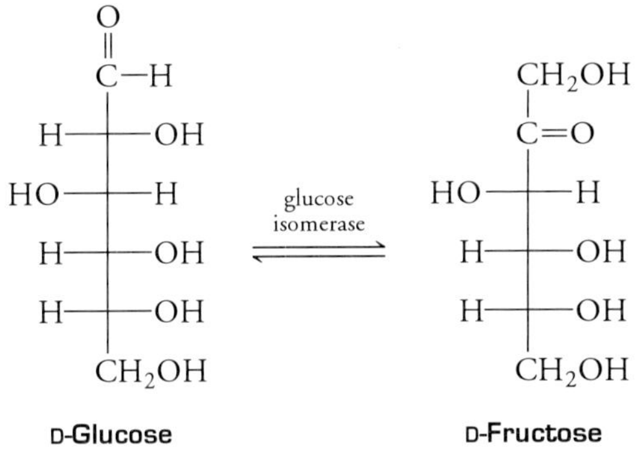

glucose isomerase

D-Glucose

D-Fructose

소르비톨(그림 10.10)은 가끔 당뇨 환자의 치료를 위한 감미료로 사용된다. 이 알코올당은 소장에 흡수되는 비율이 적으므로, 혈액 내의 포도당과 인슐린의 수치에 최소한의 영향을 준다.

인공감미료들(탄수화물이 아닌 것들)은 큰 단맛을 주면서도 열량은 낮거나 거의 없다. 현재 사용되고 있는 것들은 사카린(상표명: Sweet' N Low), 아스파탐(상표명: Nutrasweet), acesufame-K(Sunette), 그리고 수크랄로스(상표명: Splenda) 등이다. 이들의 수용성을 높이기 위해, 일부는 이온결합의 형태로, Cylcemate는 소디움(Na) 염의 형태로, acesufame-K는 포타슘(K) 염의 형태로 판매된다.

이들 감미료들은 "설탕의 경험"과 완전히 똑같은 단맛을 주지는 않는다. 이들은 약간 다른 단맛 혹은 뒤끝의 단맛을 주기 때문이다. 비록 이들 감미료들은 모두 판매허가를 얻은 것들이지만, 아직도 장기사용에 대한 부작용의 우려가 제기되고 있다. 미국 FDA는 고용량의 섭취가 특정 동물에서 암을 일으키는 보고에 기초하여 1969년에 Sodium cyclamate를 사용금지하였다. 1977년 초에 사카린은 암을 일으킬 수 있다는 경고문과 함께 미국에서 판매허가되었다. 2000년 후반기에 미국 의회는 사카린이 발암물질로 의심되는 목록에서 제거된 후에야 경고문의 삭제를 허락하였다.

수클랄로오스(sucralose)는 예외이지만, 표 10.2에 있는 인공감미료들은 전혀 단당류나 이당류가 구조적으로 유사하지 않다. 그래서 아마 당신은 이들의 단맛이 어떻게 발견되었는지 궁금해 할 것이다. 두 가지의 예를 들면, saccharin은 1879년에 아스파탐은 1965년에 개발되었으며 당시 화학자들이 자신의 손에 묻은 화학물질을 손을 씻지 않고 손가락을 입에 넣게 됨으로써 우연히 발견되었다. Cyclamate의 단맛은 1937년에 화학자가 실험실 벤치에서 담배를 피우기 위해 집어 들다가 손가락이 입에 들어가서 단맛을 발견하게 되었다. 1967년도에 수클랄로오스의 단맛을 한 대학원생이 발견하게 되었는데, 그는 시험 물질을 찾으라고 지시받은 것을, 단맛을 내는 물질을 찾으라는 지시로 잘못 들어서 발견하게 되었다.

2008년에 미국 FDA는 설탕 대체품으로 스테비아 추출물을 승인하였다. 이 스테이바 식물은 남아메리카 대륙의 자생식물로 파라과이와 브라질의 구아라니 인디언들에 의해 수백년 간 감미료로 사용되어져 왔다. 이 식물이 널리 알려지게 되면서 그 재배도 확장되었다. 오늘날 스테비아는 전 세계에서 재배되고 있다.

스테비아는 이미 설탕의 대체품으로 널리 사용되어져 왔고 남아메리카와 아시아에서 많은 상품으로 판매되고 있다. FDA의 승인과 함께 스테비아 추출물이 포함된 음료수나 식품도 미국의 진열대에서 볼 수 있다.

스테비아 식물의 잎은 설탕의 10~15배 이상 단맛을 가진다. 이 단맛은 주로 2개의 화합물에 의해서 나타나는데, Rebaudioside A와 stevioside이다. 이들 각 화합물은 하나의 단당류 잔기를 가지며(그림 10.22의 하단), 하나의 소당류 잔기(그림 10.22의 상단)를 가진다. 2개의 화합물이 모두 설탕보다 300배 이상 단맛을 가지는데, Rebaudioside A(Reb A 라고 알려져 있다)는 설탕 대체품으로 가장 흔히 사용된다. PureVia(펩시 콜라의 제품에서)와 Truvia(코카콜라와 카길의 제품에서) 모두 Reb A를 기반으로 한 감미료이다(그림 10.23).

Reb A는 여러 가지 성상 때문에 식품회사의 관심을 받고 있다. 소비자들이 천연의 원료를 식품 첨가물로 요구하는 추세가 증가하므로 스테비아 감미료는 자연에서 왔기에 매력이 있다. 이것은 Ace-K, 아스파탐, 사카린, 스테비오사이드 등의 인공 감미료와 비교할 수 없다(표 10.2). 추가적으로 Reb A는 칼로리가 없고 열에 의해서 파괴되지 않기 때문에 가열 요리에도 사용할 수 있다. 또한 당뇨에도 안전하게 사용할 수 있는데, 혈당에 영향을 주지 않는다. 어떤 사람들은 스테비아에 기반한 감미료가 감초와 같은 뒷맛을 약간 남기기도 한다고 한다.

Rebaudioside A

Stevia

© dirkr/iStockphoto

■ 그림 10.22

스테비아로부터 유래한 감미료 스테비아 식물의 단맛은 2개의 화합물로부터 유래한다. 각 성분은 설탕보다 300배 이상의 단맛을 가지고 있다. Rebaudioside A는 그림에서 보는 바와 같이 설탕 대체품인 PureVia와 Truvia에 들어 있다. 그림에서 빨간색으로 표시한 구조를 수소 원자로 바꾸면 스테비오사이드가 된다. 이것은 스테비아에 단맛을 내는 또 다른 성분이다.

Courtesy of Whole Earth Sweetener Company, LLC

■ 그림 10.23

설탕 대체품들 PureVia는 Rebaudioside A가 들어 있는 설탕 대체품의 하나로, 2008년에 FDA의 승인을 받았다.

10.7 | 다당류

단당류가 10개 이상 모인 것을 다당류라고 한다. 생명체는 다당류를 사용하여 에너지를 저장하기도 하고 세포의 지지체를 만들기도 한다. **단순다당류(monopolysaccharide)**는 한 가지의 단당류로만 구성된 구조이고, **복합다당류(heteropolysaccharide)**는 두 가지 이상의 단당류로 구성된다. 대개의 경우, 복합다당류는 적은 수의 단당류로만 구성된다.

■ 단순 다당류는 오직 한 가지 단당류만을 가진다. 복합 다당류는 한 가지 이상의 단당류를 가진다.

단순다당류

단순다당류 셀룰로오스는 식물의 구조 유지(특히 나무의 50%가 셀룰로오스이다)에 매우 중요하다. 왜냐하면 식물의 줄기, 가지가 되고 강한 힘을 제공하며 물에 녹지 않는 장벽을 제공하기 때문이다. 셀룰로오스는 긴 사슬의 β-glucopyranose 잔기가 β(1 → 4) 글리코시드 결합으로 연결되어 있다. 셀룰로오스(cellulose)의 강도는 셀룰로오스 구성 분자 간의 수소결합에 의해 강해지는데, 내구성이 강한 다당류 시트를 형성한다(그림 10.24).

동물들은 셀룰로오스를 셀롤바이오즈(cellobiose)나 포도당 분자로 분해할 수 있는 효소가 없으므로, 셀룰로오스는 대개 동물의 식품으로는 사용될 수 없다. 그러나 초원의 말, 소 혹은 다른 반추동물은 생존하기 위하여 건초나 셀룰로오스를 포함하는 식물을 소비할 수 있는데, 바로 공생세균이 소화관에 살게 됨으로써 셀룰로오스를 분해할 수 있게 되었다.

전분(starch)은 에너지의 저장 형태로 식물에서 생산된다. 어떤 식물(예를 들면 감자처럼)들은 다당류를 대량으로 저장한다. 전분은 2개의 다른 단순다당류 형태가 있는데, 이들은 아밀로오스와 아밀로펙틴이며 각각은 포도당으로만 구성된다. 아밀로오스는 셀룰로오스의 입체이성질체이며, α-glucopyranose 잔기들이 α(1 → 4) 글리코시드 결합에 의해 연결된다(그림 10.25*a*). 원자 배열이 α형으로 정열됨으로써 셀룰로오스와는 많이 다른 3차원적 구조를 가지게 되는데, 셀룰로오스처럼 다당류 분자들이 수소결합하지 않고, 유연한 나선형 형태를 가지며 꼬여 있다.

아밀로펙틴(전분의 또 다른 형태)은 α-glucopyranose 잔기가 α(1 → 4) 글리코시드 결합으로 연결되며, 25~30개의 잔기마다 α(1 → 6) 글리코시드 결합이 가지처럼 연결된 구조이다(그림 10.25*b*).

동물과 식물에서 아밀로스나 아밀로펙틴의 α(1 → 4) 결합은 아밀라아제(Amylase)에 의해 분해되어 포도당이나 말토오스로 분해되고 말토오스는 다시 말타아제(Maltase)에 의해 분해된다. 아밀로펙틴의 α(1 → 6) 결합은 가지분해효소에 의해 절단되어 소화된다.

Did You Know?

가장 단맛이 강한 화합물은 lugduname와 sucronic acid이다. 이들은 각각 설탕에 비해 20만 배 더 달다. 그러나 이들은 감미료로서 승인받지 못하였다.

Lugduname

Sucronic acid

■ 그림 10.24

셀룰로오스 포도당이 β(1 → 4) 글리코시드 결합으로 연결되어 있고 인근의 셀룰로오스끼리 수소 결합하여 강도를 증가시킨다.

β-(1→4) 글리코시드 결합

Did You Know?

Lufenuron은 애완동물의 벼룩을 억제하는 화합물이다. (제8장 Biochemistry Link: 벼룩의 치료) 이 화합물은 곤충의 외골격 형성에 매우 중요한 키틴을 만드는 효소를 저해하여 벼룩 억제효과를 보인다.

동물의 글리코겐은 식물의 전분과 같이 에너지를 저장하는 물질이다. 아밀로펙틴처럼 글리코겐은 α(1 → 4) 결합된 포도당의 연결체이며, 가끔 α(1 → 6) 결합으로 가지가 연결된 구조이다(그림 10.26). 하지만 글리코겐은 가지의 분기점이 8~12 포도당마다 있다는 점이 아밀로펙틴과의 차이점(25~30개 포도당마다)이다. 다양한 효소들이 이러한 단순다당류를 분해하는 데 사용된다.

키틴(chitin)은 갑각류와 곤충의 외골격을 구성하며, 조류나 곰팡이류의 세포벽을 구성하는 물질이다. 이들 복합 다당류는 *N*-acetyl-D-glucosamine 잔기가 서로 β(1 → 4) 글리코시드 결합으로 연결된 구조이다. 이 다당류의 딱딱함(혹은 견고함)은 셀룰로오스의 경우처럼 키틴 분자 내부에서 서로 다당류의 줄기들이 수소결합을 이루는 데서 기인한다.

N-Acetyl-D-glucosamine 잔기

β-(1→4) 글리코시드 결합

Chitin

(a)

α-(1→4) 글리코시드 결합

(b)

α-(1→6) 글리코시드 결합

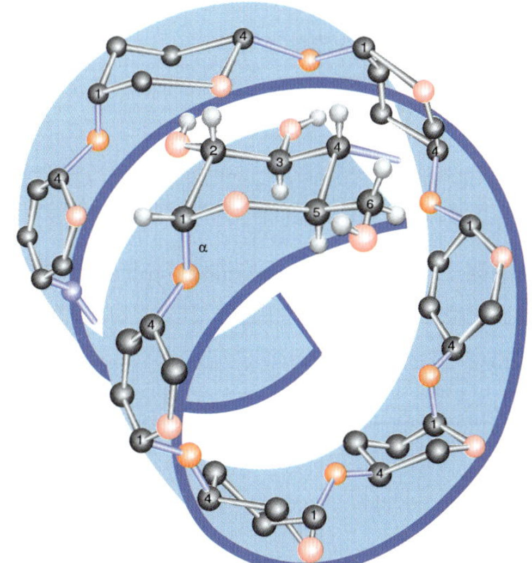

■ 그림 10.25

전분 전분은 2개의 다른 다당류형태가 있다. (*a*) 아밀로오스, 포도당 잔기들이 α(1 → 4) 글리코시드 결합으로 연결된 형태. (*b*) 아밀로펙틴. 포도당 잔기들이 α(1 → 4)와 α(1 → 6) 결합으로 연결된 형태. 아밀로오스 분자는 유연한 나선형태로 꼬이게 된다.

출처: 도해. Irving Geis. 사용권은 Howard Hughes Medical Institute에 있음. 허가 없이 재사용 금지

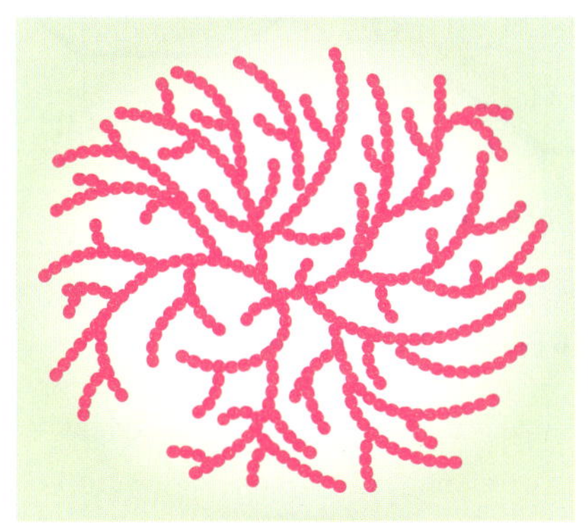

Glycogen

Amylopectin

■ 그림 10.26

글리코겐 글리코겐과 아밀로펙틴(그림 10.25*b*)은 유사한 구조를 가지지만 글리코겐에는 가지가 더 많다.

복합다당류

히알루론산(Hyaluronic acid)은 관절 등의 연결조직에서 윤활액의 역할 혹은 눈의 안쪽에서 vitrous humor (투명 겔)을 구성하는 물질로, *N*-acetyl-D-glucocamine과 glucuronate(D-glucuronic acid, 카르복실산 당의 공역염기)의 교대결합으로 이루어지며, β(1 → 4) 결합과 β(1 → 3) 결합으로 구성된다. D-glucuronate는 D-glucuronic acid의 짝염기이며, 카르복실산 당의 한 종류이다.

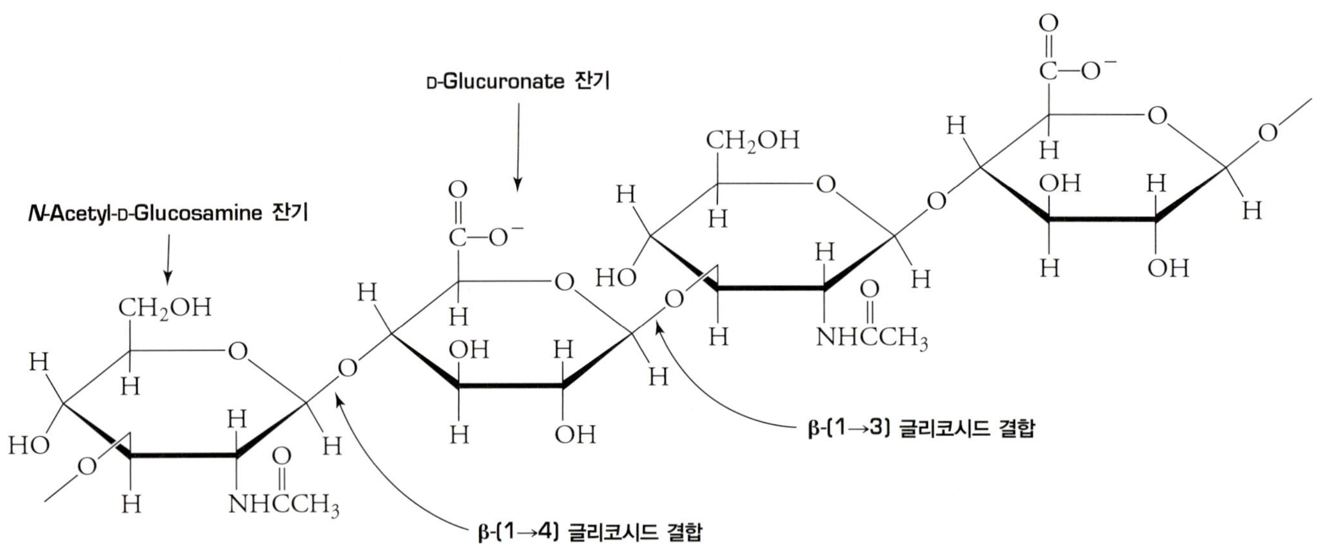

Hyaluronic acid

Chondroitin 4-sulfate는 *N*-acetyl-D-galactosamine-4-sulfate 잔기가 교대로 D-glucuronate 잔기와 결합하고 있으며, β(1 → 4) 결합과 β(1 → 3) 글리코시드 결합으로 연결되어 있다. 이 복합다당류는 연결조직에 많으며, 연골손상의 치료를 위해 처방전 없이도 구입할 수 있다.

D-Glucuronate 잔기
N-Acetyl-D-Galactosamine-4-sulfate 잔기
β-(1→3) 글리코시드 결합
β-(1→4) 글리코시드 결합

Chondroitin 4-sulfate

예제 10.9

다당류

베타글루칸은 다당류로, 호밀이나 귀리의 싹에 존재한다. 일부 구조는 아래 그림과 같다.

a. A~D 사이의 단당류의 이름을 말하시오. 그리고 이들이 furanose인지, pyranose인지 말하시오.

b. 글리코시드 결합 1~3번 중 β(1 ⟶ 4) 결합을 표시하시오.

c. 이 베타글루칸은 단순 다당류인지 또는 복합 다당류인지 말하시오.

전략

a와 b를 풀기 위하여 이 장에서 제시한 분자들을 다시 본다. 단순다당류는 오직 한 종류의 단당류만 가지고 있고 복합다당류는 두 가지 이상을 가지고 있다.

해답

a. A, B, C, D는 모두 D-glucose 잔기이다(pyranose 형태).

b. 글리코시드 결합 1번과 3인 모두 β(1 ⟶ 4) 결합이며, 2번만 β(1 ⟶ 3) 결합한다.

c. 단순 다당류.

연습문제 10.9

Guaran은 다당류이며, 식물의 성장 동물의 먹이로 쓰이는 식물들에 존재한다. 일부 구조는 아래 그림과 같다.

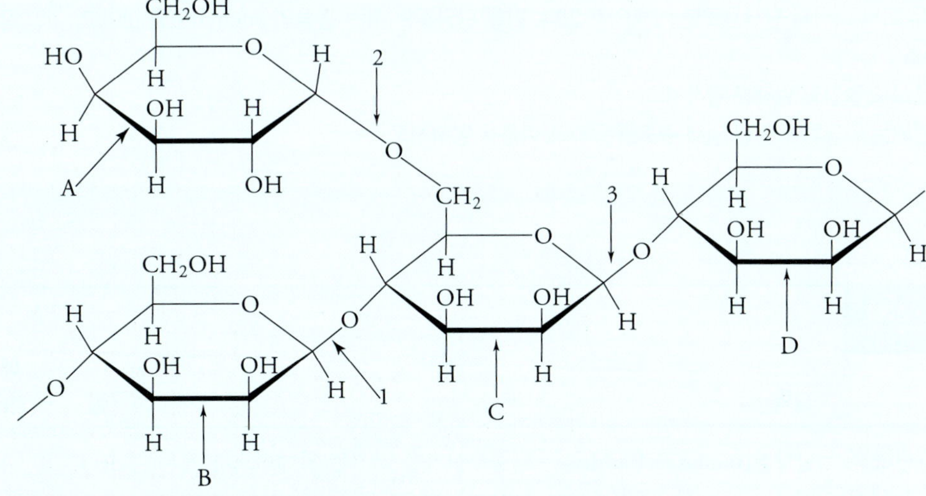

a. A~D 사이의 단당류의 이름을 말하시오. 그리고 이들이 furanose인지, pyranose인지 말하시오.

b. 글리코시드 결합 1~3번 중 β(1 ⟶ 4) 결합을 표시하시오.

c. 이 Guaran은 단순다당류인지 복합다당류인지 말하시오.

응급실에서 … 재방문

Foxglove는 디지털리스라고 불리는 속에 해당하는 일반적인 이름의 식물 중 하나이다. 디지털리스 약품은 심장치료제로서 digitoxin(genus)속이나 digoxin을 함유하는데, foxglove의 배당체(glycoside), 아세탈(acetal)로부터 얻는다. 이들은 동물의 심장근육에 직접 작용하여 심장박동을 더 느리게, 더 강하게, 더 지속적으로 시켜주는 효과가 있다. 또한 만성적인 심부전이나 부정맥(불규칙한 심장박동)을 치료하는 데도 사용된다.

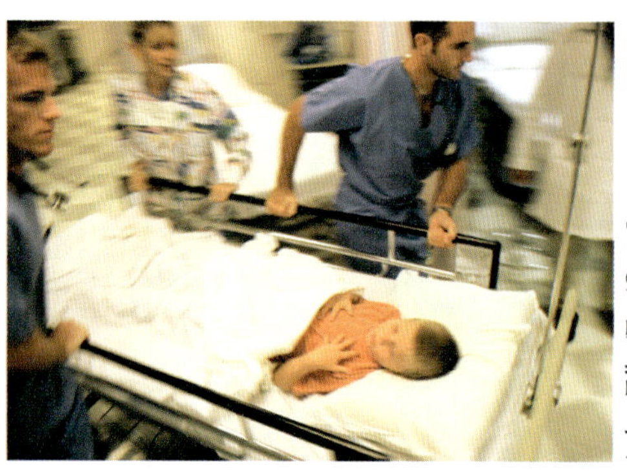

Arthur Tilley/Taxi/Getty Images.

Digitoxin, X = H
Digoxin, X = OH

Digitoxin과 digoxin은 매우 독성이 강하여 로마시대 이전에도 foxglove를 심장 치료나 쥐를 퇴치하는 데 사용하였다. 대표적인 중독 증상은 위장 불쾌감, 의식혼란, 경련, 심박 속도 증가, 심장마비이다. Foxglove의 중독에 대한 치료로는 위 세척이나 digitoxin-특이 항체를 주사하는 것 등이 있다.

THINKING IT THROUGH

1. Digitoxin과 digoxin은 소당류이다. 왜 그런가?
2. 이들 두 심장 배당체들은 오직 하나의 단당류로만 이루어져 있다. 이들 단당류는 어떤 종류의 anomer(α와 β)이고, 어떤 종류의 고리구조(furanose, pyranose)인지를 말하시오.
3. 위의 물질에 있는 글리코시드 결합의 형태를 말하시오.
4. 이들 심장 배당체에 발견되는 단당류에 열린 형태 구조를 그리고 이름을 말하시오.

CHAPTER 10의 목적

목표	요약	절	예제와 연습문제	총정리 문제
1. **단당류**, **소당류**, **다당류**의 차이점을 기술하고, 단당류를 구별하는 분류체계에 대해 설명하시오.	**단당류(monosaccharides)**는 다중수산기를 가지는 알데히드나 케톤이고, 기능기에 따라(**aldose**, **ketose**), 탄소수에 따라(**triose**, tetrose 등) 혹은 앞의 두 기준(**aldopentose**, **ketohexose**)에 따라 분류한다. 단당류는 **소당류(oligosaccharides**, 2~10개) 혹은 **다당류(polysaccharides**, 10개 잔기 이상)의 구성성분이다.	10.1	10.1	10.3~ 10.8

목표	요약	절	예제와 연습문제	총정리 문제
2. **키랄 분자**와 **키랄 탄소 원자**에 대해 설명하시오. 그리고 **거울상이성질체**와 **부분입체이성질체에** 대해 설명하시오. 그리고 **우회전성**과 **좌회전성**에 대해 설명하시오. D-단당류와 L-단당류를 구분하는 방법에 대해 설명하시오.	**키랄(chiral) 분자**는 서로 포개질 수 없는 그들의 거울상 이미지이다. 대부분의 키랄 분자는 1개 이상의 **키랄 탄소 원자(chiral carbon atom)**를 가진다. 키랄 탄소는 서로 다른 4개의 원자 혹은 원자단과 결합되어 있다. 입체이성질체들 중 서로 포개질 수 없는 거울상 이미지일 때 서로 **거울상입체이성질체(enantiomer)**라고 부른다. 그리고 거울상 이미지가 아닐 때는 **부분입체이성질체(diastereomer)**라고 부른다. 키랄 탄소가 *n*개 존재하는 분자는 2^n개의 입체이성질체를 가진다. **평면-편광 광선(Plane-polarized light)**은 거울상이성질체를 구분하는 데 사용된다. 하나의 이성질체가 그 빛을 시계 방향으로 (오른쪽 회전 혹은 +) 돌린다면 나머지 하나의 이성질체는 그 빛을 반시계 방향으로 (왼쪽 회전 혹은 −) 돌린다. **피셔 투영식(Fischer projection)**으로 그린다면 —OH들은 키랄 탄소 원자에서 알데히드나 키톤기로부터 가장 멀리 떨어져 결합되어 있고, D-단당류는 오른쪽을 가리키며 L-단당류는 왼쪽을 가리킨다.	10.2	10.2, 10.3, 10.4	10.9~10.24
3. 4개의 흔히 발견되는 단당류 유도체에 대해 구분하여 설명하시오.	가장 흔히 발견되는 단당류는 aldopentose(D-ribose와 D-2-deoxyribose)이고 aldohexose(D-glucose와 D-galactose)와 Keto-hexose(D-fructose)이다. 가장 흔히 발견되는 단당류 유도체는 **디옥시당(deoxy sugar,** —OH 대신 —H가 들어감), **아미노당**(**amino sugar,** —OH 대신 —NH_2가 들어감), **알코올당**(**alcohol sugar,** C=O기가 알코올기로 환원됨), **카르복실당**(**carboxylic acid sugars,** 알데히드나 —OH기가 카르복실산으로 산화된 형태)이다.	10.3	10.5	10.25~10.36
4. 단당류가 H_2와 Pt(촉매)와 반응하면, 혹은 베네틱트시약과 반응하면 어떤 일이 일어나는지 설명하시오.	단당류가 Pt 존재하에서 H_2와 반응하면 aldose 혹은 ketose는 알코올당으로 전환된다. 베네딕트 시약은 구리 이온을 가지므로 알데히드를 산화시켜 카르복실산으로 만들지만 알코올을 산화시키지는 않는다. 탄수화물 중에 이렇게 산화되는 당을 **환원당(reducing sugar)**이라고 부른다.	10.4	10.6	10.37~10.42
5. **anomer**의 용어를 정의하고 **pyranose**와 **furanose**의 차이점, α와 β anomer의 차이점에 대해 기술하시오. **변광회전**의 의미에 대해 설명하시오.	Anomer는 단당류의 고리형이며 단당류의 —OH기가 알데히드나 케톤과 반응하여 고리형 헤미아세탈을 형성하는 것이다. 6원자 고리를 가지는 anomer가 **pyranose**이고, 5원자 고리의 anomer가 **furanose**이다. anomer를 표준형식으로 그리면 pyranose는 고리의 산소가 오른쪽 뒤를 향하고, 헤미아세탈 탄소는 오른쪽에 위치한다. furanose는 고리의 산소가 뒤를 향하고 헤미아세탈 탄소는 오른쪽에 위치한다. 헤미아세탈의 —OH는 α anomer인 경우 아래로 향하고, β anomer인 경우 위로 향한다. 수용액에서 α와 β anomer의 헤미아세탈기는 알데히드나 케톤을 형성하는 반응을 진행하여, 물론 고리열림 과정이 수반된다, 이 과정을 통해 α와 β형을 새로 형성하는데, 이 과정을 **변광회전(mutarotation)**이라고 한다.	10.5	10.7	10.43~10.56

목표	요약	절	예제와 연습문제	총정리 문제
6. 4개의 중요한 **이당류**를 열거하고 단당류가 어떤 방식으로 서로 연결되는지 설명하시오.	하나의 단당류에 있는 헤미아세탈기가 다른 단당류의 알코올이나 —OH기와 반응하여 **글리코시드 결합(glycosidic bond)**를 형성한다. α(1 → 4) 글리코시드 결합에서, 1개 단당류의 α-anomer 1번 탄소는 결합을 위한 헤미아세탈기를 제공하고 다른 단당류는 4번 탄소의 —OH기를 제공한다. 중요한 **이당류(disaccharides)**는 말토오스[2개의 포도당 α(1 → 4) 연결], cellobiose[2개의 포도당이 β(1 → 4) 연결] lactose[갈락토오스가 포도당과 β(1 → 4) 연결], sucrose[α-glucose가 β-fructose와 αβ(1 ↔ 2) 결합]으로 연결되어 있다.	10.6	10.8	10.57~10.72
7. **단순다당류**와 **복합다당류**를 구별하고 각각의 예를 들어보시오.	**단순다당류**는 한 종류의 단당류로만 구성되어 있고, **복합다당류**는 1개 이상의 단당류로 구성된다. 중요한 단순다당류는 셀룰로오스[β(1 → 4) 결합으로 연결된 포도당], 키틴[β(1 → 4) 결합으로 연결된 *N*-acetylglucosamine], 아밀로오스[α(1 → 4) 결합으로 연결된 포도당], 아밀로펙틴과 글리코겐[α(1 → 4) 그리고 α(1 → 6) 결합으로 연결된 포도당]이 있다. 복합다당류인 히알루론산(hyaluronic acid)과 chndroitin sulfate는 포도당과 갈락토오스 유도체가 다양한 글리코시드 결합으로 연결되어 있다.	10.7	10.9	10.73~10.80

총정리 문제

색으로 표시된 문제의 해답은 부록 C에 있다.
좀 더 어려운 문제는 *표로 표시하였다.

10.1 **a.** 다음 안경 쌍들 간에 거울상인 것은?
b. 어떤 쌍들이 거울상이성질체라고 할 수 있는가?
c. 어떤 쌍들이 부분입체이성질체라고 할 수 있는가?

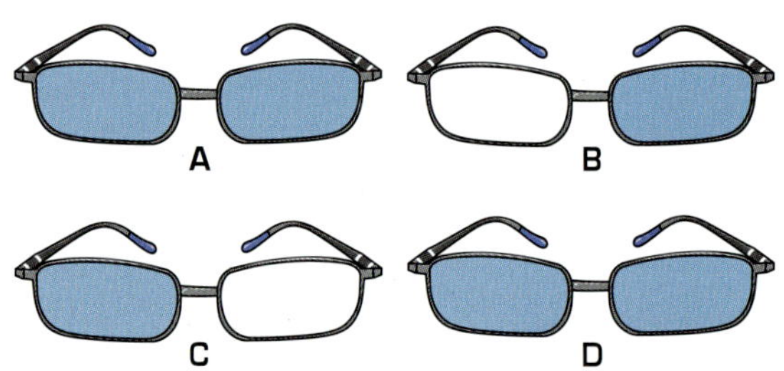

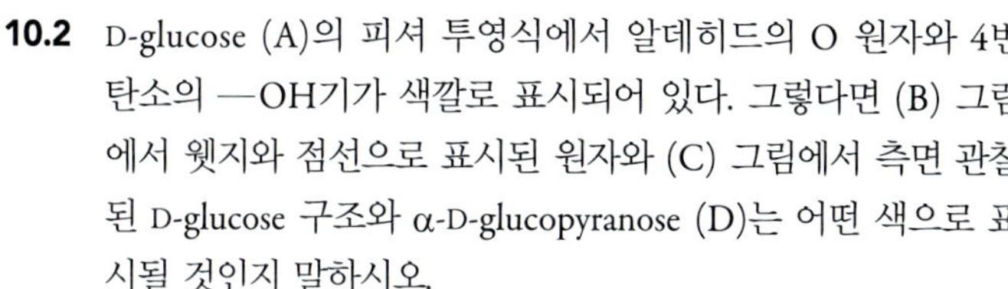

10.2 D-glucose (A)의 피셔 투영식에서 알데히드의 O 원자와 4번 탄소의 —OH기가 색깔로 표시되어 있다. 그렇다면 (B) 그림에서 쐐기와 점선으로 표시된 원자와 (C) 그림에서 측면 관찰된 D-glucose 구조와 α-D-glucopyranose (D)는 어떤 색으로 표시될 것인지 말하시오.

A: CHO (H—C=O); H—C—OH; HO—C—H; H—C—OH; H—C—OH; CH_2OH

C: CH_2OH, OH, H, H, HO, OH, H, H, OH, H—C=O

B: CHO (H—C=O); H◄C►OH; HO◄C►H; H◄C►OH; H◄C►OH; CH_2OH

D: CH_2OH, O, H, H, H, HO, OH, H, H, OH, OH

A C

B D

10.1 단당류

10.3 소당류는 다당류와 어떻게 다른가?

10.4 소당류와 다당류는 어떻게 유사한가?

10.5 각 단당류를 기능기 그룹과 카본 원자수에 따라 분류하시오.

a. $HOCH_2CH(OH)C(=O)—H$

b. $HOCH_2CH(OH)C(=O)CH_2OH$

c. $HOCH_2C(=O)CH(OH)CH(OH)CH(OH)CH_2OH$

d. $H—C(=O)CH(OH)CH(OH)CH_2OH$

10.6 각 단당류를 기능기 그룹과 카본 원자수에 따라 분류하시오.

a. $HOCH_2C(=O)CH_2OH$

b. $HOCH_2CH(OH)CH(OH)CH(OH)CH(OH)C(=O)—H$

c. $HOCH_2C(=O)CH(OH)CH(OH)CH_2OH$

d. $HOCH_2C(=O)CH(OH)CH_2OH$

10.7 다음 각 단당류의 예를 그림으로 제시하시오.

a. an aldoheptose **b.** ketononose

10.8 다음 단당류의 예를 그림으로 제시하시오.

a. an aldononose **b.** ketooctose

10.2 이성질체들

10.9 쐐기와 점선을 사용하여 다음 물질들의 거울상이성질체를 그리시오.

a. C: CH_3, H (점선), $CH_3CH_2CH_2$ (쐐기), OH

b. C: H, CH_3 (점선), Cl (쐐기), CH_2CH_3

10.10 쐐기와 점선을 사용하여 다음 물질들의 거울상이성질체를 그리시오.

a. C: NH_2, H (점선), $CH_3CH(CH_3)$ (쐐기), CH_3

b. C: C(=O)—H, H (점선), $HOCH_2$ (쐐기), OH

10.11 다음 각 분자의 키랄 탄소 원자를 표시하시오.

a. 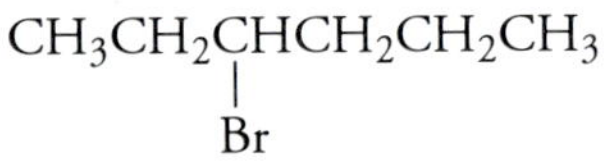 $CH_3CH_2CH(Br)CH_2CH_2CH_3$

b. 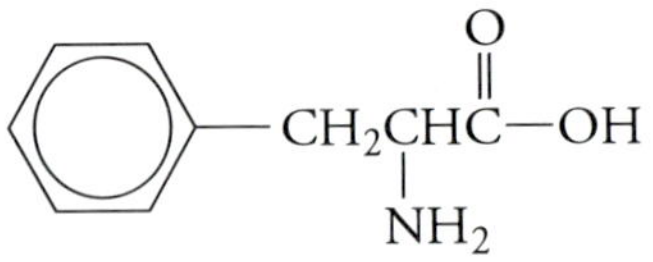 $C_6H_5-CH_2CH(NH_2)C(=O)-OH$

10.12 다음 각 분자의 키랄 탄소 원자를 표시하시오.

a. 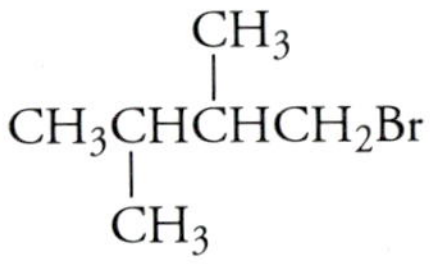 $CH_3CH(CH_3)CH(CH_3)CH_2Br$

b. 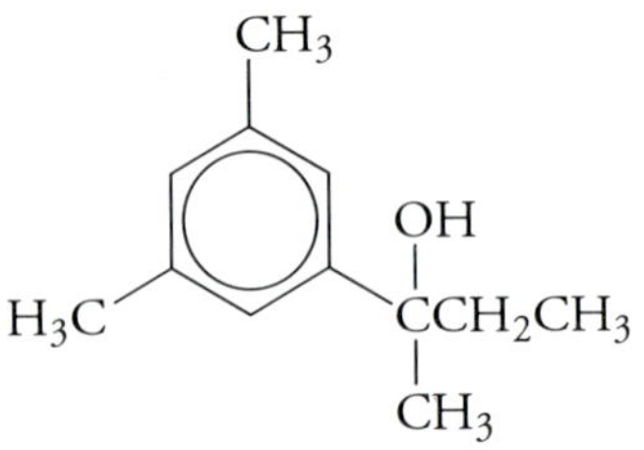 3,5-dimethylphenyl(H_3C, CH_3)$-C(OH)(CH_3)CH_2CH_3$

10.13 문제 10.11에서 분자들의 거울상이성질체(enantiomer)를 각 키랄 탄소 원자 주위의 3차원 구조를 보여주기 위해 웻지(wedge)와 점선을 이용한 표시법을 사용하여 그리시오.

10.14 문제 10.12에서 분자들의 거울상이성질체(enantiomer)를 각 키랄 탄소 원자 주위의 3차원 구조를 보여주기 위해 웻지(wedge)와 점선을 이용한 표시법을 사용하여 그리시오.

10.15 아래의 화합물들에서 키랄 탄소는 몇 개가 존재하며, 이들은 얼마나 많은 다른 입체이성질체가 존재하는가?

a. 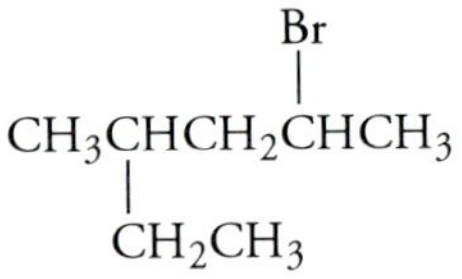 $CH_3CH(CH_2CH_3)CH_2CH(Br)CH_3$

b. 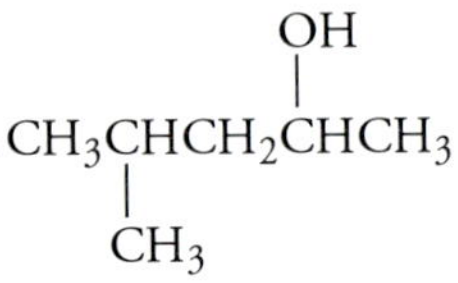 $CH_3CH(CH_3)CH_2CH(OH)CH_3$

c. 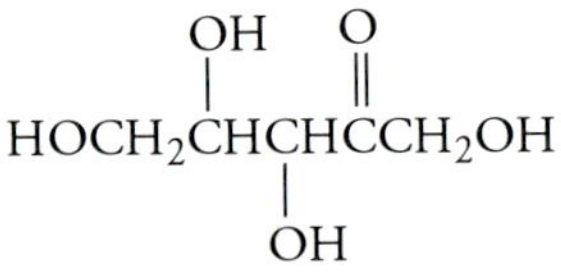 $HOCH_2CH(OH)CH(OH)C(=O)CH_2OH$

10.16 아래의 화합물들에서 키랄 탄소는 몇 개가 존재하며, 이들은 얼마나 많은 다른 입체이성질체가 가능한가?

a. 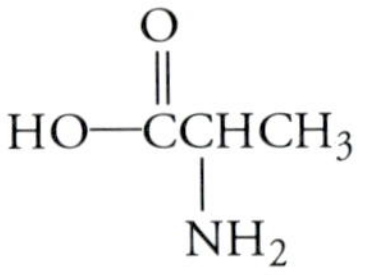 $HO-C(=O)CH(NH_2)CH_3$

b. $CH_3CH_2CH(Cl)CH_2CH_3$

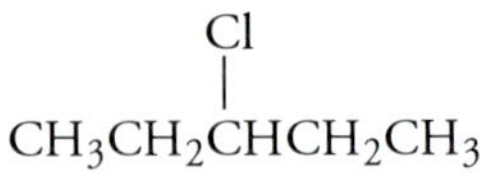

c. $H_3CH(OH)CH(CH_3)CH_2CH_2NH_2$

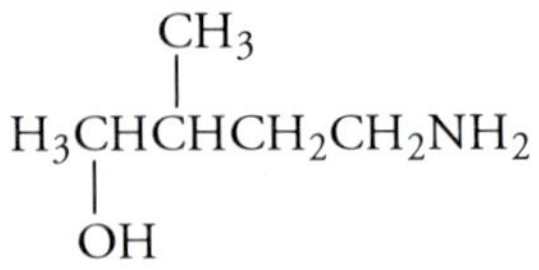

10.17 (+)-프로폭시펜의 거울상이성질체는 해열제이다(진통제).

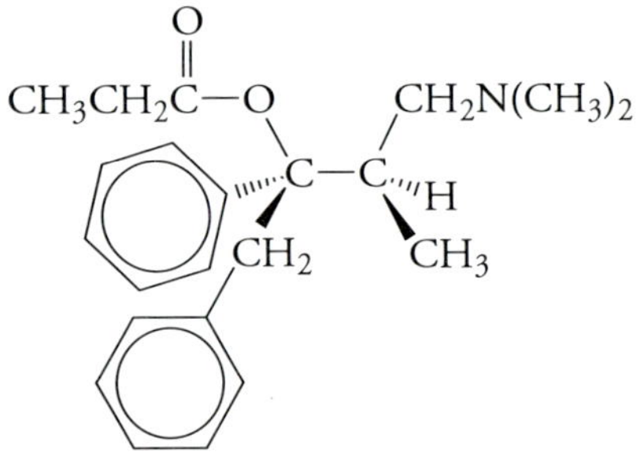

$CH_3CH_2C(=O)-O$, $CH_2N(CH_3)_2$, C—C, H, CH_2, CH_3

(+)-Propoxyphene

a. 이 분자의 키랄 탄소 원자를 별표로 표시하시오.

b. 얼마나 많은 다른 입체이성질체가 존재하는가? 그 이유도 설명하시오.

c. (+)-프로폭시펜의 거울상이성질체는 진해제이다(기침억제제). 거울상이성질체의 구조를 그리시오.

10.18 위 문제에서 2개의 부분입체이성질체(diastereomer)의 구조를 그리시오.

***10.19** 다음 물질들의 쌍에서 서로의 관계를 가장 잘 설명한 단어를 고르시오. 구조적 이성질체, 입체이성질체, 같은 물질이나 다른 배열 형태(conformation), 동일한 물질들.

a. 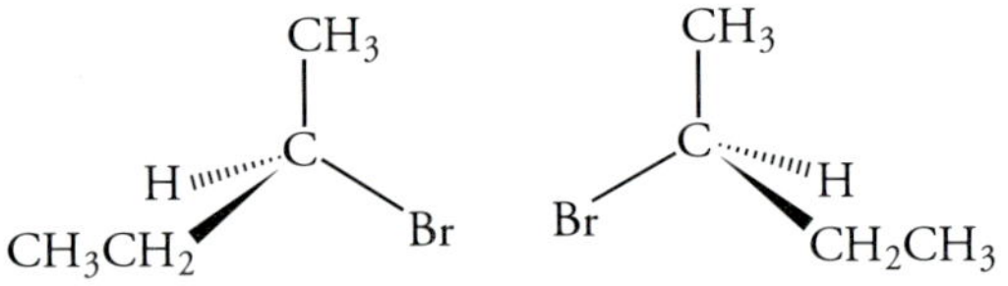 CH_3, H, C, CH_3CH_2, Br — CH_3, C, H, Br, CH_2CH_3

b. H, H, C, H, CH_3 — H, C, H, CH_3, H

c. CH_3, CH_3, C=C, H, H — CH_3, H, C=C, H, CH_3

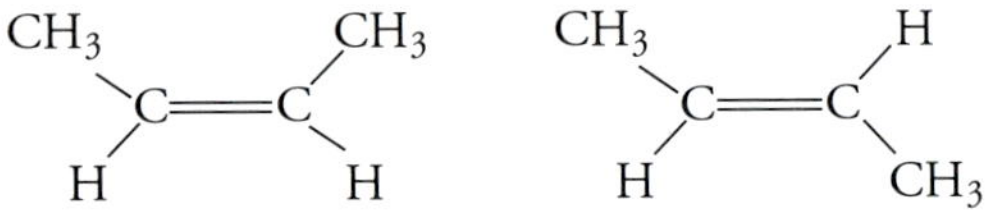

d. 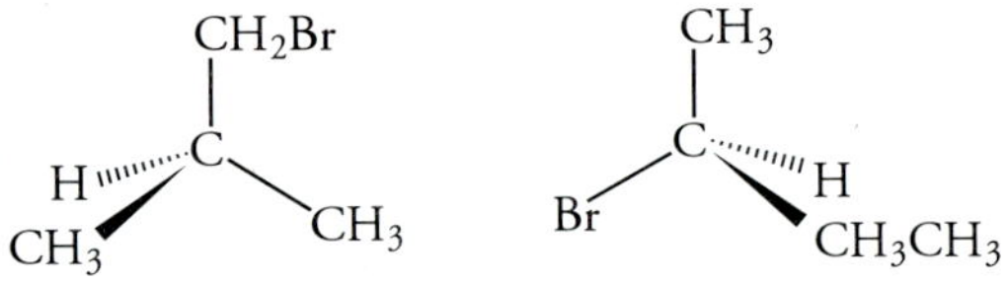 CH_2Br, H, C, CH_3, CH_3 — CH_3, C, H, Br, CH_3CH_3

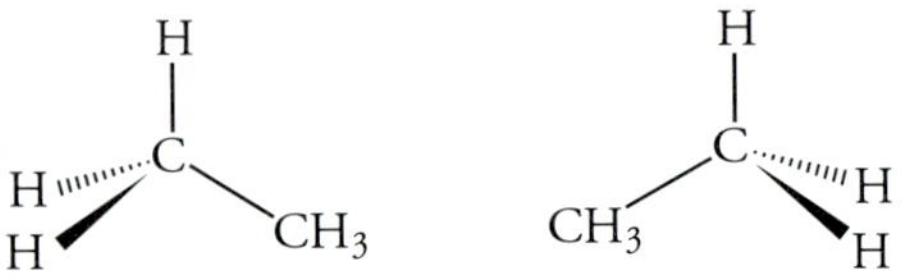

***10.20** 다음 물질들의 쌍에서 서로의 관계를 가장 잘 설명한 단어를 고르시오. 구조적 이성질체, 입체이성질체, 같은 물질이나 다른 배열 형태(conformation), 동일한 물질들.

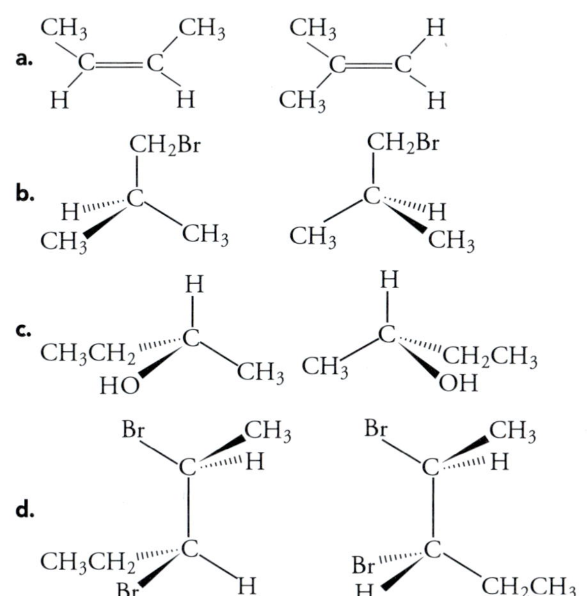

10.21 **a.** 피셔 투영식을 사용하여 다음 단당류에 2개의 거울상이성질체를 그리시오.

$$HOCH_2CH(OH)C(=O)H$$

b. 위의 a 문제의 답들에서 D형 또는 L형을 표시하시오.

c. 위의 a 문제에서 단당류를 기능기와 탄소 원자수에 따라 분류하시오.

10.22 **a.** 피셔 투영식을 사용하여 다음 단당류에 2개의 거울상이성질체를 그리시오.

$$HOCH_2CH(OH)C(=O)CH_2OH$$

b. 위의 a 문제의 답들에서 D형 또는 L형을 표시하시오.

c. 위의 a 문제에서 단당류를 기능기와 탄소 원자수에 따라 분류하시오.

10.23 **a.** 그림에서 D-lyxose는 몇 개의 키랄 탄소를 가지는가?

O
‖
C—H
HO—+—H
HO—+—H
H—+—OH
CH_2OH

D-Lyxose

b. 이 aldopentose는 몇 개의 입체이성질체가 존재할 수 있는가?

c. D-lyxose의 거울상이성질체를 그리고 명명시오.

d. D-ribose는 D-lyxose의 부분입체이성질체이다. 이외에도 이 단당류는 2개 부분입체이성질체가 추가적으로 가능한데, 구조를 그리시오.

10.24 **a.** D-glucose에는 몇 개의 키랄 탄소 원자가 있는가?

O
‖
C—H
H—+—OH
H—+—OH
HO—+—H
H—+—OH
CH_2OH

D-Gulose

b. 이 aldohexose는 몇 개의 입체이성질체가 가능한가?

c. D-glucose의 거울상이성질체의 구조를 그리고 명명하시오.

d. 이 단당류의 2개 D-부분입체이성질체의 구조를 그리시오.

10.25 다음 두 쌍의 물질들에 대해 어떤 기술이 맞는 것인가?

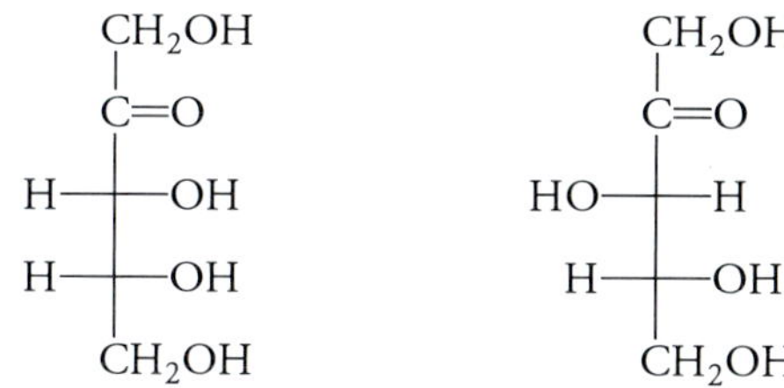

a. 그들은 입체이성질체이다.
b. 그들은 거울상이성질체이다.
c. 그들은 부분입체이성질체이다.
d. 그들은 에피머이다.
e. 그들은 anomer이다.

10.26 다음 두 쌍의 물질들에 대해 어떤 기술이 맞는 것인가?

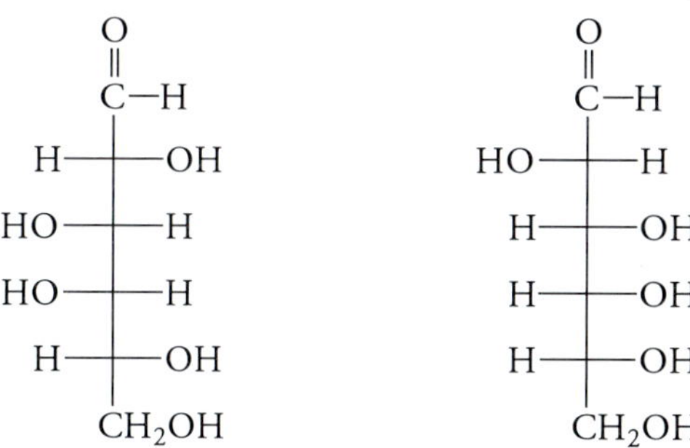

a. 그들은 입체이성질체이다.
b. 그들은 거울상이성질체이다.
c. 그들은 부분입체이성질체이다.
d. 그들은 에피머이다.

***10.27** **a.** D-2-ketohexose의 모든 입체이성질체를 그리시오.
b. a의 답에서 두 쌍의 에피머는 무엇인지 말하시오.
c. a의 답에서 에피머가 아니면서 두 쌍의 부분입체이성질체는 무엇인지 말하시오.

***10.28** **a.** D-aldohexose의 8가지 입체이성질체를 그리시오.
b. a의 답에서 네 쌍의 에피머는 무엇인지 말하시오.
c. a의 답에서 에피머가 아니면서 네 쌍의 부분입체이성질체는 무엇인지 말하시오.

10.3 중요한 단당류와 단당류 유도체

10.29 다음 각 쌍의 물질들의 관계를 가장 잘 설명한 말은 무엇인지 골라보시오: 거울상이성질체, 부분입체이성질체, 구조적이성질체, 입체이성질체 혹은 구조적이성질체가 아닌 물질들.
a. D-ribose와 L-ribose
b. D-glucose와 D-galactose
c. L-glucose와 D-galactose
d. D-glucose와 D-2-deoxyribose

10.30 다음 각 쌍의 물질들의 관계를 가장 잘 설명한 말은 무엇인지 골라보시오: 거울상이성질체, 부분입체이성질체, 구조적이성질체, 입체이성질체 혹은 구조적이성질체가 아닌 물질들.
a. D-ribose와 D-2-deoxyribose
b. D-glucose와 D-fructose
c. D-fructose와 D-ribose
d. D-fructose와 L-fructose

10.31 다음의 포도당 유도체들의 구조를 그리시오.
a. D-2-deoxyglucose **b.** D-glucosamine
c. D-glucuronic acid **d.** sorbitol

10.32 다음 물질들의 구조를 그리시오.
a. ribitol **b.** *N*-acetyl-D-glucosamine
c. D-gluconic acid **d.** L-rhamnose

10.33 위의 10.31의 문제에서 나온 물질들 중에서
a. 단당류 유도체에 해당하는 것은 무엇인가?
b. 각 물질들은 몇 개의 키랄 탄소를 가지고 있는가?
c. 각 물질들이 가능한 입체이성질체는 몇 개인가?

10.34 위의 10.32의 문제에서 나온 물질들 중에서
a. 단당류 유도체에 해당하는 것은 무엇인가?
b. 각 물질들은 몇 개의 키랄 탄소를 가지고 있는가?
c. 각 물질들이 가능한 입체이성질체는 몇 개인가?

10.35 D-gluconic acid는 D-glucose부터 생성되는데, 어떤 기능기가 산화되는 것인가?

10.36 D-glucuronic acid가 D-glucose로부터 생성될 때, 어떤 기능기가 산화되는가?

10.37 **a.** aldotetrose의 가능한 모든 이성질체의 구조를 그리시오.
b. 각 물질들에서 D와 L형 구조를 각각 구분하시오.

10.38 **a.** 2-ketopentose의 모든 가능한 구조를 그리시오.
b. 각 물질들에서 D와 L형 구조를 각각 구분하시오.

10.39 각각의 갈락토오스 유도체를 그리시오(그림 10.9 참조)
a. D-2-deoxygalactose
b. galactitol
c. D-galacturonic acid

10.40 D-lyxose에 대한 각 단당류 유도체를 그리시오(문제 10.23).
a. D-2-deoxylyxose
b. lyxitol
c. D-lyxonic acid

10.4 단당류의 반응

10.41 아래의 D-talose가 반응 이후 생성되는 구조를 그리시오.

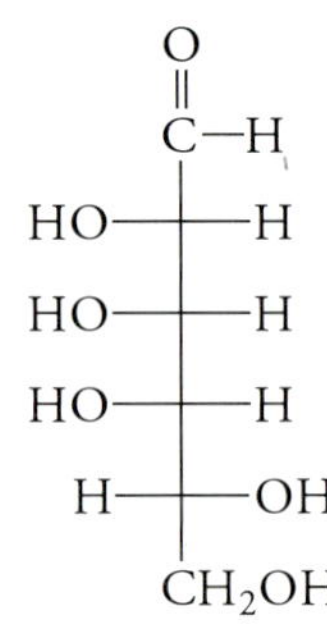

D-Talose

a. H_2와 Pt가 반응하면?
b. 베네딕트 시약과 반응하면?

10.42 D-lyxose(문제 10.23)가 반응 이후 생성되는 구조를 그리시오.
a. H_2와 Pt가 반응하면?
b. 베네딕트 시약과 반응하면?

10.43 환원당을 정의하시오.

10.44 D-Fructose는 알데히드기를 가지지 않지만, 환원당이다. 그 이유를 설명하시오.

***10.45** **a.** 아래와 같은 알코올당이 H_2와 Pt가 반응하여 생성하는 D-aldohexose의 구조를 그리시오.

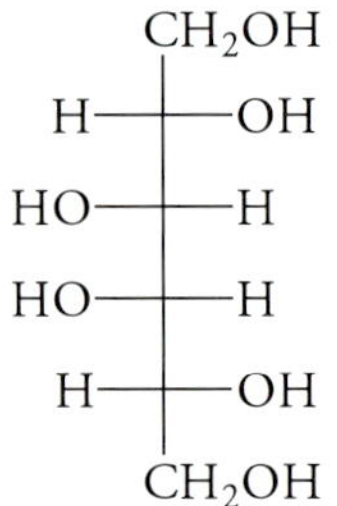

b. 이 aldohexose는 환원당인가?
c. 이 aldohexose는 deoxy 당인가?
d. 이 aldohexose는 아미노당인가?
e. 위의 알코올당이 H_2와 Pt가 반응하여 생성하는 L-aldohexose의 구조를 그리시오.

*10.46 **a.** 아래 그림과 같은 알코올당이 H_2와 Pt가 반응하여 생성하는 D-2-ketopentose의 구조를 그리시오.

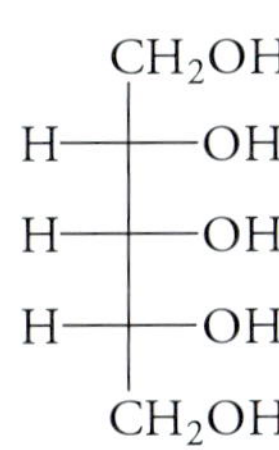

b. 이 ketopentose는 환원당인가?
c. 이 ketopentose는 디옥시당인가?
d. 이 ketopentose는 아미노당인가?
e. 위와 같은 알코올당을 형성하는 L-2-ketopentose의 구조를 그리시오.

10.47 다음 각 단당류와 반응하여 생성되는 알코올당, aldonic acid, uronic acid 의 구조를 그리시오.
a. D-2-deoxyribose
b. L-2-deoxyribose
c. the C-3 epimer of D-2-deoxyribose

10.48 다음 각 단당류와 반응하여 생성되는 알코올당, aldonic acid, uronic acid의 구조를 그리시오.
a. D-glucosamine
b. 4-deoxy-L-galactose
c. 3-deoxy-L-mannose

10.5 단당류와 그들의 고리형

10.49 α-anomer와 β-anomer의 차이는 무엇인가?

10.50 pyranose와 furanose는 서로 어떻게 다른가?

10.51 다음 각 물질의 구조를 그리시오.
a. β-D-glucopyranose
b. α-D-ribofuranose
c. β-D-galactopyranose
d. α-D-arabinopyranose(연습문제 10.6 참조)

10.52 다음 각 물질의 구조를 그리시오.
a. α-D-glucopyranose
b. β-D-ribofuranose
c. α-D-galactopyranose
d. β-D-arabinopyranose(연습문제 10.6 참조)

10.53 문제 10.51의 각 분자들은 몇 개의 키랄 탄소 원자를 가지며 몇 개의 입체이성질체 중의 하나인가?

10.54 문제 10.52의 각 분자들은 몇 개의 키랄 탄소 원자를 가지며 몇 개의 입체이성질체가 가능한가?

10.55 D-Lyxose(문제 10.23 참조)는 D-ribose의 부분입체이성질체이다. α-D-lyxofuranose의 구조를 그리시오.

10.56 D-gulose(문제 10.24 참조)는 D-glucose의 부분입체이성질체이다. β-D-glucopyranose의 구조를 그리시오.

10.57 β-D-mannopyranose(그림 10.11 참조)의 구조를 그리시오.

10.58 α-D-allopyranose의 구조를 그리시오.

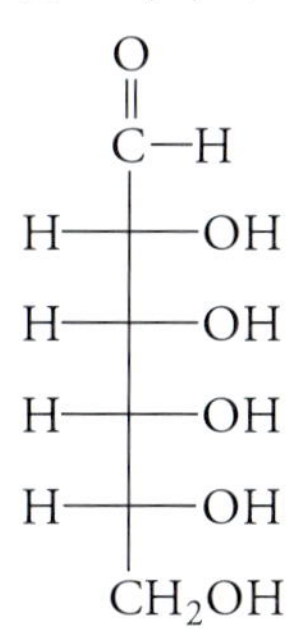

D-Allose

10.59 **a.** D-2-deoxyglucose의 α-pyranose anomer를 그리시오.
b. D-glucuronic acid의 β-pyranose anomer를 그리시오.

10.60 **a.** *N*-acetyl-D-glucosamine의 α-pyranose anomer를 그리시오.
b. D-galactosamine(D-glucosamine의 4번 탄소에 대한 에피머)의 β-pyranose anomer 구조를 그리시오.

10.61 변광회전(mutarotation)을 정의하시오.

10.62 β-D-glucopyranose는 왜 환원당인지 설명하시오.

10.6 소당류들

10.63 Cellobiose는 환원당이다. 왜 그런지 반응식을 적으시오.

10.64 젓당은 환원당이다. 왜 그런지 반응식을 적으시오.

10.65 **a.** Gentibiose는 β(1 → 6) 결합으로 연결된 2개의 D-glucopyranose를 가지고 있다. 이 이당류를 그리시오.
b. Gentibiose는 환원당인가? 그 이유를 설명하시오.

10.66 **a.** *N*-acetyllactosamine은 β-D-galactopyranose와 *N*-acetyl-D-glucosamine이 β(1 → 4) 글리코시드 결합으로 연결된 구조이다. 이 이당류의 구조를 그리시오.
b. *N*-acetyllactosamine은 환원당인가? 그 이유를 설명하시오.

*10.67 Vanillin β-D-glucoside는 바닐라 추출물의 향기를 제공한다. 이 단당류의 글리코시드 결합이 α-pyranose로 변화하여 글루코스의 3번 탄소 에피머로 형성된 새로운 글리코시드를 그리시오.

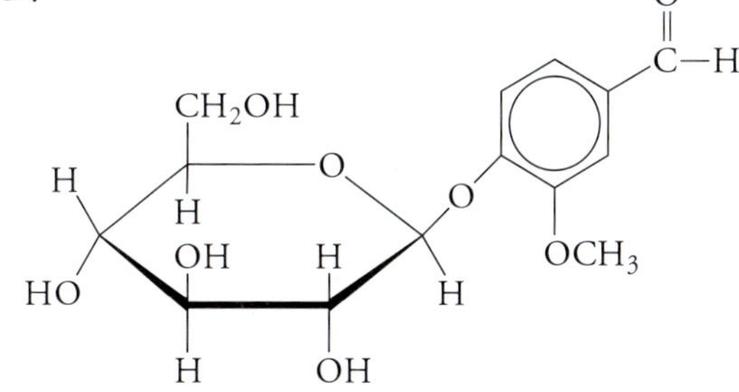

Vanillin β-D-Glucoside

***10.68** Daunorubicin은 글리코시드 구조를 가지는 약물 전구체이다. 이 약물은 특정암을 치료하는 데 매우 희망적이다. 이 화합물이 가수분해되어 단당류가 방출된다. 이 단당류의 β-pyranose 형태를 그리고 또 고리열림 형태일 때의 구조를 그리시오.

O OH O CCH$_3$ OH OCH$_3$ O OH H O H CH$_3$ H H HO H NH$_2$ H

Daunorubicin

10.69 β-D-glucopyranose와 1-octanol이 글리코시드 결합으로 형성되면 계면 활성제가 된다. 이 글리코시드를 그리시오.

***10.70** 몇몇 꽃들의 색깔은 anthocyanidins이라고 불리는 글리코시드에서 유래한다. β-D-galactopyranose와 anthocyanidin의 3번 탄소에 있는 —OH기가 결합하여 형성되는 글리코시드는 petunidin이며 보라색을 가진다. 이 글리코시드의 구조를 그리시오.

OH OH HO 8 O$^+$ 7 2 OCH$_3$ 6 3 OH 5 4 OH

Petunidin

***10.71** 탈모를 예방 혹은 치료할 수 있는 글리코시드에 대한 새로운 특허가 제출되었다. 아래의 글리코시드가 가수분해되었을 때, 생성되는 5가지 물질을 그리시오. 이 중 세 가지 단당류는 반드시 열린 형태로 그리시오.

CH$_2$OH O H H O—CH$_2$CH$_2$— —OH O HO— —CH=CHC—O O H H H OH OH H O HO CH$_3$ H H H H OH O CH$_2$OH HO O H OH H H H H OH

***10.72** 아래의 글리코시드는 인삼에 존재하는 ginsenoside Rb1이다. 이 물질과 다른 화합물들의 생화학적인 효과는 연구가 되고 있다. 이 글리코시드가 가수분해되었을 때, 생성되는 물질을 그리시오. 모든 단당류는 반드시 열린 형태로 그리시오.

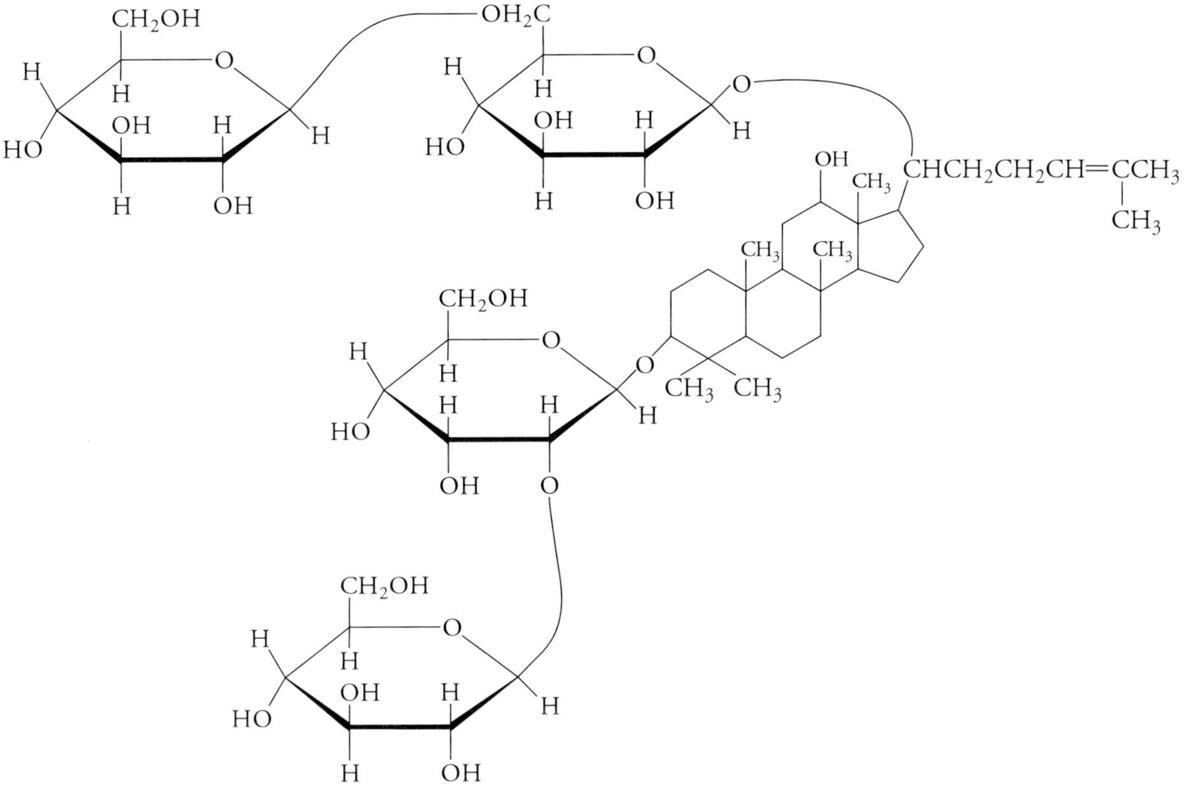

10.73 2개의 D-glucose를 가지면서 환원당이 아닌 이당류를 그리시오.

10.74 2개의 D-galactose를 가지면서 환원당인 이당류를 그리시오.

10.75 **a.** Trehalose는 생명체에서 흔히 발견되는 이당류이다. 환원당인가?

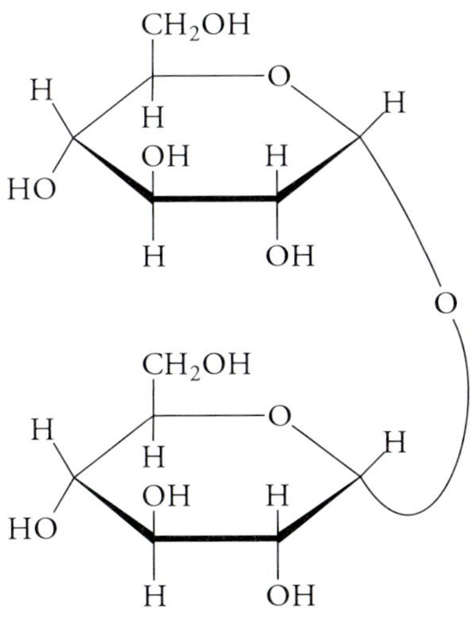

Trehalose

b. 이 이당류의 글리코시드 결합을 표현하는 것은 무엇인가? α,α-(1 $\leftrightarrow$ 1), α-(1 $\rightarrow$ 2), α-(1 $\rightarrow$ 3), α-(1 $\rightarrow$ 4), α-(1 $\rightarrow$ 5), α-(1 $\rightarrow$ 6)?

10.76 **a.** Raffinose(그림 10.19)은 환원당인가?

b. 이 삼당류에서 글리코시드 결합의 종류[α-(1 $\rightarrow$ 4), β-(1 $\rightarrow$ 4) 등]를 표시하시오.

10.77 젖당(lactose)이 베네딕트 시약과 반응하면 생기는 생성물의 구조를 그리시오.

10.78 셀로바이오스(cellobiose)가 베네딕트 시약과 반응하면 생기는 생성물의 구조를 그리시오.

10.79 거짓인지 진실인지 표시하시오.

a. Lactose와 cellobiose는 입체이성질체이다.

b. Lactose와 cellobiose는 거울상이성질체이다.

c. Lactose와 cellobiose는 부분입체이성질체이다.

10.80 거짓인지 진실인지 표시하시오.

a. Maltose와 sucrose는 입체이성질체이다.

b. Maltose와 sucrose는 거울상이성질체이다.

c. Maltose와 sucrose는 부분입체이성질체이다.

10.81 젖당 내성이란 무엇이며, 이것을 해결할 수 있는 방법들은 어떤 것이 있는지 말하시오.

되는 물질의 구조를 그리시오.

c. D-tagatose는 환원당이다. 이것이 어떻게 가능한지 설명하시오.

d. D-tagatose가 베네딕트 시약과 반응하였을 때 생기는 단당류 유도체의 구조를 그리시오.

e. D-tagatose의 거울상이성질체의 이름을 말하고 구조를 그리시오.

f. D-tagatose의 부분입체이성질체 중에 D-fructose가 아닌 D-sugar의 구조를 그리시오.

g. α-D-tagatofuranose의 구조를 그리시오.

h. β-D-tagatofuranose의 구조를 그리시오.

i. α-D-tagatofuranose는 환원당인가? 왜 그런지 아니면 왜 그렇지 않은지 설명하시오.

j. 2개의 D-tagatofuranose가 α,β(2 ↔ 2) 글리코시드 결합으로 구성된 이당류의 구조를 그리시오.

k. 이 이당류는 환원당인가? 왜 그런지 아니면 왜 그렇지 않은지 설명하시오.

연습문제 해답

10.1 **a.** $H-\overset{O}{\overset{\|}{C}}-\underset{OH}{\underset{|}{C}}HCH_2OH$

b. $HOCH_2\underset{OH}{CH}\overset{OH}{CH}\underset{OH}{CH}\overset{O}{\overset{\|}{C}}-H$

c. $HOCH_2\underset{OH}{CH}\overset{OH}{CH}\underset{OH}{CH}\overset{O}{\overset{\|}{C}}CH_2OH$

d. $HOCH_2\underset{OH}{CH}\overset{O}{\overset{\|}{C}}CH_2OH$

10.2 $CH_3\overset{Br}{\underset{*}{C}}HCH_2\underset{Br}{\overset{*}{C}}H\overset{O}{\overset{\|}{C}}CH_3$

10.3 **a.**

거울

A: Br, H, CH_3CH_2 on C — C with CH_3, H, CH_2CH_3

B: CH_3, H, CH_3CH_2 on C — C with Br, H, CH_2CH_3

거울

C: Br, CH_3CH_2, H on C — C with CH_3, H, CH_2CH_3

D: CH_3, H, CH_3CH_2 on C — C with Br, CH_2CH_3, H

b. 거울상이성질체: A와 B, C와 D

부분입체 이성질체: A는 C와 D의 부분입체 이성질체이다, B는 C와 D의 부분입체 이성질체이다, C는 A와 B의 부분입체 이성질체이다, D는 A와 B의 부분입체 이성질체이다,

10.4

(1) CHO; H–OH; H–OH; H–OH; H–OH; CH_2OH

(2) CHO; HO–H; H–OH; H–OH; H–OH; CH_2OH

(3) CHO; H–OH; H–OH; OH–H; H–OH; CH_2OH

(4) CHO; HO–H; HO–H; H–OH; H–OH; CH_2OH

(5) CHO; HO–H; H–OH; HO–H; H–OH; CH_2OH

(6) CHO; HO–H; HO–H; HO–H; H–OH; CH_2OH

10.5 **a.** Deoxy sugar; **b.** D-glucose; **c.** 6-deoxy-D-glucose

10.6

Alcohol sugar: CH_2OH; HO–H; H–OH; H–OH; CH_2OH

Aldonic acid: COOH; HO–H; H–OH; H–OH; CH_2OH

Uronic acid: CHO; HO–H; H–OH; H–OH; COOH

10.7

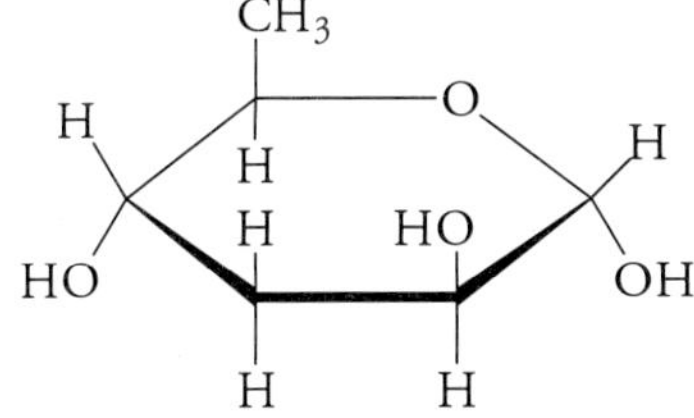

α-D-Abqueopyranose

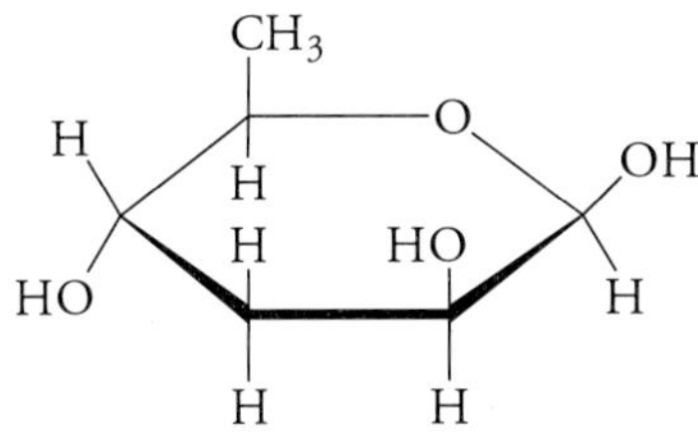

β-D-Abqueopyranose

10.8 **a.** A는 D-glucose(pyranose)이고 B, C와 D는 D-fructose(furanose)이다.

b. 1번 글리코시드 결합은 α,β(1 ↔ 2)이고 2번과 3번 글리코시드 결합은 β-(2 → 1)이다.

c. 아니다.

10.9 **a.** A는 D-glucose(pyranose)이고 B, C와 D는 D-mannose (pyranose)이다.

b. 1번과 3번 글리코시드 결합은 β-(1 → 4)이고 2번 글리코시드 결합은 α-(1 → 6)이다.

c. 복합다당류이다.

육상 경기장에서

2003년 어느 봄날, 한 육상 코치가 스포츠와 관련된 약물 검사와 약물에 대해 교육을 하는 단체인 미국 반도핑기구(Anti-doping Agency)에 몇몇 세계 정상급 육상 선수들이 경기력을 향상시키는 새로운 합성 스테로이드를 사용한다고 제보하였다. 이 주장을 뒷받침하기 위하여 코치는 약물이 들어 있던 주사기를 제출하였다. 몇 달간의 실험을 한 후 과학자들은 tetrahydrogestrinone (THG)라고 하는 물질을 확인한 후, 이 미지의 스테로이드 물질을 검출하는 기술을 개발하였다. 2003년 이전에 채취해 둔 소변 샘플을 검사하였을 때, 많은 프로 선수와 아마추어 선수가 THG를 사용했음이 밝혀졌다. 그 후 몇 달 동안, 선수들과 트레이너들이 소환되어 이 문제를 조사하는 연방 대배심 앞에서 증언하였다. 결국, 몇몇 육상 선수들은 경기 출전이 정지되었고, THG를 만든 화학자는 3개월의 징역형을 선고 받았다. THG는 육상 선수의 사용금지 약물 목록에 추가되었다.

11 지질과 막

본 장에 관하여

우리는 앞서 분자를 C═C기를 가진 알켄, C≡C기를 가지고 있는 알킨, —OH기를 가진 알코올 등과 같이 작용기를 바탕으로 분류하는 것을 배웠다. 이 장에서는 지질이라고 하는 생화학적 화합물 부류에 대하여 살펴 볼 것이다. 지질은 작용기에 따라 분류되지는 않는데, 이는 *대부분 비수용성*이기 때문이다. 생물학적으로 지질은 에너지 저장 분자, 절연체, 호르몬, 세포막 요소까지 광범위하게 사용된다. 이 장에서 살펴보겠지만, THG는 스테로이드 호르몬이라고 하는 지질의 한 부류와 유사한 화학적 구조를 가지고 있다.

CHAPTER 11의 목적

이 장을 끝내고 나면, 여러분들은 다음과 같은 것들을 할 수 있을 것이다. 즉:

1. 지방산의 구조를 설명하고 포화지방산, 단일불포화지방산, 다중불포화지방산이 어떻게 다른지 설명할 수 있다.
2. 왁스의 일차적인 생물학적 기능을 확인하고 왁스에 많이 있는 에스테르를 설명할 수 있다.
3. 트리글리세리드의 구성과 생물학적 기능을 설명할 수 있다.
4. 인지질과 당지질의 구조를 설명할 수 있다.
5. 기본적인 스테로이드 구조를 확인할 수 있고 스테로이드의 중요한 구성 요소를 열거할 수 있다.
6. 세 가지 유형의 에이코사노이드 이름과 생물학적 기능을 설명할 수 있다.
7. 세포막의 구성을 설명하고 다양한 화합물이 막을 어떻게 가로지르는지 설명할 수 있다.

11.1 | 지방산

우리가 알아볼 첫 번째 부류의 **지질(lipids)**(불수용성 생화학적 화합물)은 **지방산(fatty acids)**이다. 지방산은 12개에서 20개의 탄소를 함유하고 있는 카르복실산이다. 여러 지질의 구조를 설명할 때, 머리는 극성 그룹을, 꼬리는 비극성 탄화수소 사슬을 나타내는 데 사용한다. 지방산에서 머리는 카르복실 그룹이고 꼬리는 긴 탄소 원자 사슬이다. 지방산은 일반적으로 짝수의 탄소 원자를 가지고 있다.

$$\underbrace{CH_3CH_2CH_2CH_2CH_2CH_2CH_2CH_2CH_2CH_2CH_2CH_2CH_2CH_2CH_2}_{\text{꼬리}}\underbrace{\overset{O}{\overset{\|}{C}}-OH}_{\text{머리}}$$

지방산

■ 불포화지방산은 탄소–탄소 이중결합을 포함한다. 포화지방산은 포함하지 않는다.

지방산은 포함하고 있는 탄소 원자의 수와 탄소–탄소 이중결합의 수가 서로 다르다(표 11.1). 스테아르산과 같은 **포화지방산(saturated fatty acids)**은 탄화수소의 꼬리에 탄소 원자가 **단일결합**으로만 연결되어 있다. 올레인산과 같은 **단일불포화지방산(monosaturated fatty acids)**은 1개의 탄소–탄소 이중결합을 가지고 있고, **다중불포화지방산(polyunsaturated fatty acid)**(리놀레산, 리놀렌산 등)은 2개 이상의 이중결합을 가지고 있다(그림 11.1).

포화지방산의 탄화수소 꼬리는 London force가 작용하여 서로 밀접하게 채워질 수 있다. London force는 분자의 표면적에 의존하기 때문에 지방산에 있는 탄화수소의 꼬리가 길면 길수록, 분자 사이의 상호작용은 더 강하다(그림 11.2*a*). 바로 이것이 꼬리 길이가 증가할수록 포화지방산의 녹는점과 끓는점이 증가하는 이유이다(표 11.1). 대부분의 포화지방산은 상온(약 25°C 정도)에서 고체이다. 지방산의 끓는점은 같은 경향을 나타내지만, 온도가 너무 높기 때문에 일반적으로 문제가 되지 않는다.

불포화지방산에서, 탄소–탄소 이중결합은 일반적으로 *cis* 형태인데, 이는 탄화수소 꼬리에 구부러짐이 있다는 것을 뜻한다. *cis* 이중결합은 포화지방산에서와는 달리 불포화지방산 꼬리가 서로 떨어져 있도록 한다. 그래서 분자 사이의 접촉이 감소하고 London force가 약해진다(그림 11.2*b*). 탄소 수가

표 | 11.1 일반적인 지방산

탄소 원자의 수	이중결합 수	이름	구조식	녹는점	공급원
12	0	라우르산(Lauric acid)	$CH_3(CH_2)_{10}CO_2H$	43	코코넛
14	0	미리스트산(Myristic acid)	$CH_3(CH_2)_{12}CO_2H$	54	육두구
16	0	팔미트산(Palmitic acid)	$CH_3(CH2)_{14}CO_2H$	62	야자
16	1	팔미톨레산(Palmitoleic acid)	$CH_3(CH_2)_5CH{=}CH(CH_2)_7CO_2H$	−0.5	마카다미아
18	0	스테아르산(Stearic acid)	$CH_3(CH_2)_{16}CO_2H$	69	돼지 기름
18	1	올레산(Oleic acid)	$CH_3(CH_2)_7CH{=}CH(CH_2)_7CO_2H$	13	올리브
18	2	리놀레산(Linoleic acid)	$CH_3(CH_2)_4(CH{=}CHCH_2)_2(CH_2)_6CO_2H$	−9	홍화
18	3	리놀렌산(Linolenic acid)	$CH_3CH_2(CH{=}CHCH_2)_3(CH_2)_6CO_2H$	−17	아마

(*a*) $CH_3CH_2CH_2CH_2CH_2CH_2CH_2CH_2CH_2CH_2CH_2CH_2CH_2CH_2CH_2CH_2CH_2\overset{O}{\overset{\|}{C}}{-}OH$

Stearic acid

(*b*) $CH_3CH_2CH_2CH_2CH_2CH_2CH_2CH_2{-}CH{=}CH{-}CH_2CH_2CH_2CH_2CH_2CH_2CH_2\overset{O}{\overset{\|}{C}}{-}OH$ (C=C 양쪽의 H)

Oleic acid

(*c*) $CH_3CH_2CH_2CH_2CH_2{-}CH{=}CH{-}CH_2{-}CH{=}CH{-}CH_2CH_2CH_2CH_2CH_2CH_2CH_2\overset{O}{\overset{\|}{C}}{-}OH$ (각 C=C 양쪽의 H)

Linoleic acid

$CH_3CH_2{-}CH{=}CH{-}CH_2{-}CH{=}CH{-}CH_2{-}CH{=}CH{-}CH_2CH_2CH_2CH_2CH_2CH_2CH_2\overset{O}{\overset{\|}{C}}{-}OH$ (각 C=C 양쪽의 H)

Linolenic acid

■ 그림 11.1

포화지방산과 불포화지방산 (*a*) 포화지방산인 스테아르산은 탄화수소 꼬리에 탄소–탄소 이중결합이 없다. (*b*) 단일불포화지방산인 올레산은 1개의 C=C 결합이 있다. (*c*) 다중불포화지방산인 리놀레산과 리놀렌산은 2개 이상의 C=C 결합이 있다.

같은 지방산에서 불포화 정도가 커지면 녹는점과 끓는점이 낮아진다. 불포화지방산은 상온에서 액체이다.

표 8.4에서 아세트산은 물에 혼합되지만, 헥사노익산(hexanoic acid)은 물 100 mL당 1.0 g만이 녹는

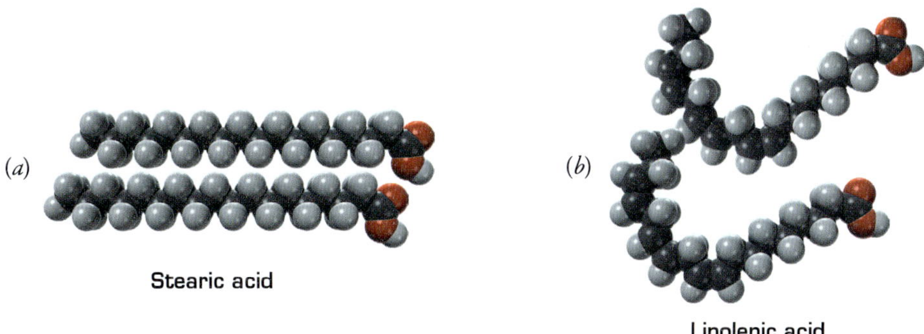

■ 그림 11.2

지방산의 상호작용 (*a*) 포화지방산의 탄화수소 꼬리는 London force로 상호작용한다. 이 지방산은 상대적으로 높은 녹는점과 끓는점을 가지고 있다. (*b*) 불포화지방산에 있는 *cis* 결합은 포화지방산에서와 같이 효과적으로 서로 상호작용을 하지 못한다. 결과적으로 이 불포화지방산은 낮은 온도에서 녹고 끓는다. 이 그림에서 지방산은 공간-채움 그림으로 나타내었다. 공간-채움 그림은 대략적인 크기를 원자로 나타낸다.

다. 헥사노익산의 낮은 용해도는 부수적인 탄소 원자의 비극성 성질 때문이다. 미리스트산과 같은 지방산은 더 많은 탄소 원자를 가지고 있어 불수용성(소수성 혹은 물을 싫어하는)이다.

$$\underset{\substack{\textbf{Aectic acid}\\\textbf{(물에 혼합되는)}}}{CH_3\overset{\overset{\displaystyle O}{\|}}{C}-OH} \qquad \underset{\substack{\textbf{Hexanoic acid}\\\textbf{(1.0 g/100 mL 물)}}}{CH_3(CH_2)_4\overset{\overset{\displaystyle O}{\|}}{C}-OH} \qquad \underset{\substack{\textbf{Myristic acid (지방산)}\\\textbf{(불수용성)}}}{CH_3(CH_2)_{12}\overset{\overset{\displaystyle O}{\|}}{C}-OH}$$

8.9절에서 카르복실산의 수용성은 염기와 반응하여 개선될 수 있다는 것을 확인하였다. 예를 들면, 벤조산은 약간 물에 녹는다. NaOH와 반응하여 물에 녹는 염인 벤조산나트륨(sodium benzoate)을 생성한다. 이 책에서 여러 번 본 바와 같이, 음전하가 있으면 본래의 카르복실산보다 카르복시산 이온(carboxylate ion)(카르복실산의 짝염기)이 물에 더 잘 녹는다.

$$\underset{\substack{\textbf{Benzoic acid}\\\textbf{(낮은 수용성)}}}{C_6H_5-\overset{\overset{\displaystyle O}{\|}}{C}-OH} + NaOH \longrightarrow \underset{\substack{\textbf{Sodium benzoate}\\\textbf{(수용성)}}}{C_6H_5-\overset{\overset{\displaystyle O}{\|}}{C}-O^-Na^+} + H_2O$$

■ 지방산의 pK_a는 5 근처이다. 7.9절은 pH < pK_a이면 [HA] > [A^-]인 것을 나타낸다. pH 5에서 지방산은 대부분 산성 형태(RCO_2H)로 존재한다. 만일 pH > pK_a이면 [HA] < [A^-]이다. pH 값이 5 이상이면 카르복시산 이온(RCO_2^-) 형태가 우세하다.

지방산의 용해도 특성은 NaOH와 반응하여 Na^+와 지방산 음이온(카르복시산 이온)을 형성할 때 변화한다(그림 11.3). 머리 부분에 있는 전하가 친수성(물을 좋아하는) 성질을 증가시키기 때문에 지방산 음이온은 양친매성(친수성 머리와 소수성 꼬리를 가진)이다. 일반적인 체내 pH 조건에서 지방산은 카르복시산 이온 형태로 존재한다.

이 장의 뒷부분에서 볼 수 있듯이, 지방산은 다른 많은 지질의 구조적 구성 요소이다. 제14장에서 지방산은 중요한 에너지원이라는 것을 배울 것이다. 다중불포화지방산은 세포 내에서 일어나는 조절에 중요한 역할을 하는데, 예를 들면, 지방산 합성, 분해, 전달에 관여하는 효소 형성을 조절한다. 오메

$$CH_3CH_2CH_2CH_2CH_2CH_2CH_2CH_2CH_2CH_2CH_2CH_2CH_2CH_2CH_2CH_2CH_2\overset{\overset{\displaystyle O}{\|}}{C}-OH$$

Stearic acid
(소수성)

$$+\ NaOH(aq)$$
$$\downarrow$$

$$CH_3CH_2CH_2CH_2CH_2CH_2CH_2CH_2CH_2CH_2CH_2CH_2CH_2CH_2CH_2CH_2CH_2\overset{\overset{\displaystyle O}{\|}}{C}-O\ \ Na^+$$

Sodium stearate
(양친매성)

$$+$$
$$H_2O$$

■ **그림 11.3**

지방산과 지방산 음이온 모든 지방산처럼 스테아르산은 소수성이다. NaOH로 처리하면, 지방산은 Na^+를 포함하는 염(이온 화합물)으로 전환되어 양친매성 음이온이 된다. 이때, 스테아르산은 스테아르산나트륨으로 전환된다.

가-3이라고 알려진 다중불포화지방산의 특정 그룹이 건강에 미치는 영향에 대하여 많은 관심이 집중되었다(Health Link: 오메가-3 지방산 참조).

예제 11.1

지방산 구조와 녹는점의 관계

스테아르산이 라우르산보다 녹는점이 더 높은 이유를 설명하시오.

전략

차이를 설명하기 위하여 탄화수소 꼬리 길이 증가가 지방산 사이에 있는 London force 상호작용에 미치는 영향을 생각해 보자.

해답

스테아르산은 라우르산보다 더 긴 탄화수소 꼬리를 가지고 있어서 스테아르산 분자 사이에는 라우르산 분자 사이보다 더 강한 London force가 작용한다. London force가 강할수록, 녹는 데 필요한 온도가 높아진다.

연습문제 11.1

리놀렌산은 리놀레산보다 녹는점이 낮다. 이를 설명하시오.

예제 11.2

수용성

pH 3에서 라우르산(표11.1)은 소수성이고 불수용성이다. pH 7에서 라우르산은 양친매성이다. 두 pH에서 이 지방산의 특징에 대한 차이를 설명하시오.

전략

산(HA)과 짝염기(A^-)의 상대 농도가 pH와 pK_a와 어떻게 관련되어 있는지 생각해 보자(424쪽의 여백에 있는 주석 참조).

해답

지방산의 pK_a는 5 근처이다. pH 5 이하에서는 카르복실산의 산성 형태가 우세하다. pH 3에서 라우르산은 대부분 $CH_3(CH_2)_{10}CO_2H$로 존재하며, 소수성이다. pH 5 이상에서는 카르복실산의 짝염기 형태가 우세하다. pH 7에서 이 지방산은 대부분 $CH_3(CH_2)_{10}CO_2^-$로 존재하며, 양친매성이다.

연습문제 11.2

미리스트산의 짝염기인 미리스트산염 이온은 양친매성이다. 아세트산 이온의 짝염기인 아세트산염 이온은 수용성이다. 수용성의 차이를 설명하시오.

$CH_3(CH_2)_{12}C(=O)-O^-$

Myristate ion

$CH_3C(=O)-O^-$

Acetate ion

오메가-3 지방산

최근 연구에 따르면 오메가 3-지방산을 많이 함유하고 있는 음식을 먹으면 건강에 도움이 된다고 한다. 이 부류의 다중불포화지방산의 이름은 그리스어 마지막 알파벳인 오메가(ω)에서 유래하였다. 명명법에서 지방산에 있는 탄소 원자는 탄화수소 꼬리의 마지막에 있는 오메가 탄소 원자부터 번호를 붙인다(그림 11.4). 오메가-3 지방산에서 첫 번째 이중결합은 ω에서 3개의 탄소가 떨어진 부분에서 시작된다. 예를 들면, 리놀렌산, 에이코사펜타노산(eicosapentaenoic acid), 도코사헥사노산(docosahexaenoic acid) 등이 있다.

오메가-3 지방산을 함유하고 있는 음식의 장점은 HDL 수준을 증가시키고, LDL과 트리글리세리드 수준을 감소시키며(HDL과 LDL에 대한 자세한 사항은 11.5절 참조), 혈압을 낮추고, 심장질환의 위험을 감소시키며, 류마티스성 관절염이 일으키는 염증을 완화시키는 것이다.

오메가-3 지방산은 필수영양소이다. 이것은 오메가-3 지방산이 우리 몸에서 생성되는 것이 아니라, 음식을 통하여 섭취하여야 한다는 것을 뜻한다. 아마, 카놀라 등과 같은 식물성 기름은 연어, 청어, 정어리, 멸치, 냉수성 어류 등과 같이 오메가-3 지방산의 좋은 공급원이다. 오메가-3 지방산과 관련하여 식이요법의 지침을 충족시키기 위하여, 미국 식품의약국(FDA)은 평균 성인의 경우 일주일에 6온스(170그램)씩 2번 섭취하라고 권장한다.

(a) Linolenic acid: ω 1, 2, 3 … O, OH

Eicosapentaenoic acid

Docosahexaenoic acid

(b) Arachidonic acid: ω 1, 2, 3, 4, 5, 6 … O, OH

■ 그림 11.4

오메가-3 지방산은 음식에서 중요하다 (*a*) 리놀렌산, 에이코사펜타노산, 도코사헥사노산은 어류에 존재하는 세 가지 오메가-3 지방산이다. 탄화수소 꼬리에서 마지막 탄소가 오메가(ω) 탄소이다. 그림 11.1에서 리놀렌산 분자는 축소 구조식으로 그렸지만 여기서는 골격 구조로 표시하였다. (*b*) 아라키돈산은 오메가-6 지방산이다.

해산물을 많이 섭취하는 사람은 오염물질이 먹이 사슬로 들어가 어류에 농축될 수 있다는 것을 고려해야 한다. 수은 화합물, 다이옥신, PCB 등과 같은 오염물질은 독성이 있다. 예를 들면, 수은은 태아와 어린이에게 유해하다. FDA는 수유를 하거나 임신 중이거나 혹은 임신할 예정인 여성과 어린이는 높은 수준의 수은을 포함하고 있는 상어, 황새치, 킹 메커렐(kng mackerel), 옥돔 등을 먹지 말라고 권고한다(그림 11.5). 비록 수은이 낮은 생선(연어, 메기, 참치 통조림 등)을 먹는다 해도, FDA는 일주일에 12온스 이상을 먹지 말라고 권고한다. 흰날개참치의 섭취를 일주일에 6온스 이하로 제한하는 것이 좋다. 왜냐하면 그것은 참치보다 수은 수치가 더 높기 때문이다.

오메가-6 지방산은 다른 종류의 필수지방산이다. 분자의 끝인 오메가에서 6번째 탄소에 이중결합이 있는 아라키돈산(그림 11.4*b*)이 전형적인 예이다. 리놀레산(표 11.1)은 다른 예이다. 여러분의 몸은 건강을 유지하기 위해 오메가-6 지방산을 필요로 하지만, 너무 많이 섭취하면 문제가 발생할 수 있다. 아라키돈산을 포함하는 몇몇 물질은 염증을 일으키는 분자로 전환될 수 있다(11.6절). 오메가-6 지방산은 달걀, 아보카도, 캐슈, 여러 식물성 기름 등을 포함한 다양한 음식에 존재한다. 4:1 이하의 오메가-3 지방산에 대한 오메가-6의 식이요법 비율이 건강에 가장 좋은 것으로 여겨진다. 미국인은 일반적으로 비율이 10:1 보다 크다.

Digital Archive Japan/Punchstock

■ 그림 11.5

고등어 비록 고등어는 오메가-3 지방산을 함유하고 있지만, 또한 상대적으로 높은 수준의 독소 수은이 축적되어 있다.

11.2 | 왁스

8.10절에서는 카르복실산이 H^+와 함께 알코올과 반응하면 에스테르가 생성된다는 것을 설명하였다. 일례로, 프로판산과 메틸 알코올은 메틸 프로판산염(methyl propanoate)을 형성하도록 반응을 한다.

$$\underset{\text{Propanoic acid}}{CH_3CH_2\overset{O}{\overset{\|}{C}}-OH} + \underset{\text{Methyl alcohol}}{HOCH_3} \xrightarrow{H^+} \underset{\text{Methyl propanoate}}{CH_3CH_2\overset{O}{\overset{\|}{C}}-OCH_3} + H_2O$$

지방산은 똑같은 반응에 참여할 수 있다. 예를 들어, 바이오디젤은 메틸 리놀레산염이 포함된 지방산 메틸 에스테르의 혼합물이며, 리놀레산과 메일 알코올 반응에 의해 형성될 수 있다.

$$\underset{\text{Linoleic acid}}{CH_3(CH_2)_4(CH{=}CHCH_2)_2(CH_2)_6\overset{O}{\overset{\|}{C}}-OH} + \underset{\text{Methyl alcohol}}{HOCH_3} \xrightarrow{H^+} \underset{\text{Methyl linoleate}}{CH_3(CH_2)_4(CH{=}CHCH_2)_2(CH_2)_6\overset{O}{\overset{\|}{C}}-OCH_3} + H_2O$$

지방산이 훨씬 더 큰 알코올과 반응할 때, 생성물은 왁스에서 흔히 발견되는 지질 형태가 될 것이다.

왁스(waxes)는 에스테르, 알코올, 알켄을 포함하는 물에 녹지 않는 화합물의 혼합물이다. 왁스 에스테르는 왁스의 주요 성분인데, 지방산과 긴 사슬의 알코올과 결합되어 형성된다.

■ 왁스 에스테르는 지방산과 긴 사슬 알코올의 결합이다.

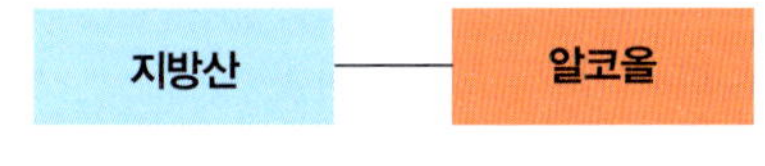

왁스 에스테르의 구조

일반적으로 왁스 에스테르에 있는 지방산 잔기는 14개에서 36개 사이의 탄소를 가지고 있으며, 알코올 잔기는 16개에서 30개 사이의 탄소 원자를 가지고 있다(그림 11.6).

1차적으로 왁스는 보호 기능을 하는데, 대부분의 경우 물이 생체 안으로 들어오거나 밖으로 나가는 것을 막는다. 예를 들면, 식물의 잎에 있는 왁스 층은 물의 증산을 막으며, 깃털에 있는 왁스는 방수제로 작용한다. 보호 역할을 하는 왁스 층이 없으면, 오리나 다른 물새는 뜰 수 없을 것이다(그림 11.7). 왁스의 다른 생물학적 이용은 피부나 머리카락이 부드럽게 유지되도록 방수작용을 하고, 어떤 미생물에서는 에너지 저장 분자로 작용한다.

표 11.2는 몇몇 일반적인 왁스에 있는 중요한 에스테르를 나타내고 있다. 일부 왁스 에스테르에서 발견되는 지방산 잔기는 대부분의 지방산에 대한 전형적인 12~20개 이상의 탄소 원자를 가지고 있다는 것에 주목하자.

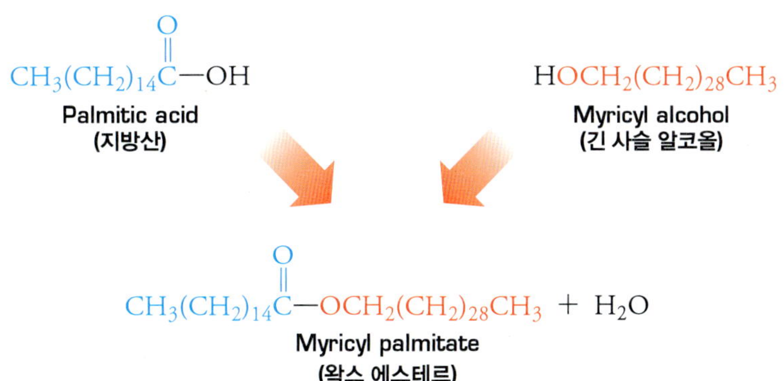

■ **그림 11.6**

왁스 지방산 잔기를 구성하는 왁스 에스테르는 에스테르 결합으로 긴 사슬 알코올에 붙어 있다. 이 에스테르는 30개의 탄소가 있는 알코올과 팔미트산이 결합하여 형성되었으며, 밀랍의 주요 성분이다.

■ 그림 11.7

왁스의 용해도 소수성이기 때문에 왁스는 물에 녹지 않는다. 그러나 석유를 구성하고 있는 탄화수소가 포함된 비극성 용매에 녹는다. 물새가 기름 유출에 노출되면 깃털에 있는 왁스 방어층이 녹으므로, 물새는 건조함을 유지하지 못하게 되서 물에 뜰 수가 없다.

표 | 11.2 왁스에 존재하는 주요 에스테르

이름	구조식	공급원	용도
밀납	$CH_3(CH_2)_{14}C(=O){-}OCH_2(CH_2)_{28}CH_3$	벌집	양초
카나우바 왁스	$CH_3(CH_2)_{24}C(=O){-}OCH_2(CH_2)_{28}CH_3$	야자	가구 왁스
곤충 왁스	$CH_3(CH_2)_{24}C(=O){-}OCH_2(CH_2)_{48}CH_3$	곤충	광택제

예제 11.3

왁스 에스테르

카나우바 왁스 에스테르(표 11.2)가 형성되는 지방산과 알코올의 축소 구조를 그리시오.

전략

에스테르에서 카르복실산 잔기와 알코올 잔기를 확인한다.

해답

카르복실산 잔기 / 알코올 잔기

$$CH_3(CH_2)_{24}\overset{\overset{\displaystyle O}{\|}}{C}{-}OCH_2(CH_2)_{28}CH_3 \qquad CH_3(CH_2)_{24}\overset{\overset{\displaystyle O}{\|}}{C}{-}OH \text{ and } HOCH_2(CH_2)_{28}CH_3$$

Carnauba wax ester　　Carboxylic acid　　Alcohol

연습문제 11.3

특정 사막 관목의 종자에서 추출하는 액체 왁스인 호호바 오일에 존재하는 에스테르 중 하나는 에이코사노이드산[$CH_3(CH_2)_{18}CO_2H$]와 도코사놀[$CH_3(CH_2)_{20}CH_2OH$]로부터 형성된다. 이 에스테르의 축소 구조를 그리시오.

11.3 | 트리글리세리드

카르복실산과 알코올은 에스테르를 형성하기 위해 반응할 수 있다는 것을 보았다. 반응물인 카르복실산이나 알코올이 1개 이상의 같은 작용기를 가지고 있으면, 생성물은 1개 이상의 에스테르 작용기를 가질 수 있다. 예를 들어, 3개의 아세트산 분자는 글리세롤과 반응하여 3개의 —OH기를 가지며, 트리아세틴(triacetin)이라고 하는 트리에스테르(3개의 에스테르기를 가진)가 형성된다. 글리세롤 잔기를 가지고 있기 때문에 이 특정 트리에스테르는 **트리글리세리드(triglyceride)** 또는 **트리아실글리세리드(triacylglyceride)**로 알려져 있다. 트리아세틴은 물을 흡수하여 제품을 촉촉하게 유지하는 데 도움을 주기 때문에 음식과 약품에 첨가된다.

$$
\begin{array}{ccccccc}
CH_3\overset{O}{\overset{\|}{C}}-OH & & HOCH_2 & & CH_3\overset{O}{\overset{\|}{C}}-OCH_2 & & \\
CH_3\overset{O}{\overset{\|}{C}}-OH & + & HOCH & \xrightarrow{H^+} & CH_3\overset{O}{\overset{\|}{C}}-OCH & + & 3H_2O \\
CH_3\overset{O}{\overset{\|}{C}}-OH & & HOCH_2 & & CH_3\overset{O}{\overset{\|}{C}}-OCH_2 & & \\
\text{Acetic acid} & & \text{Glycerol} & & \text{Triacetin (트리글리세롤)} & &
\end{array}
$$

동물성 지방과 식물성 기름은 트리글리세리드이며, 3개의 지방산 잔기가 글리세롤 잔기에 결합되어 있다.

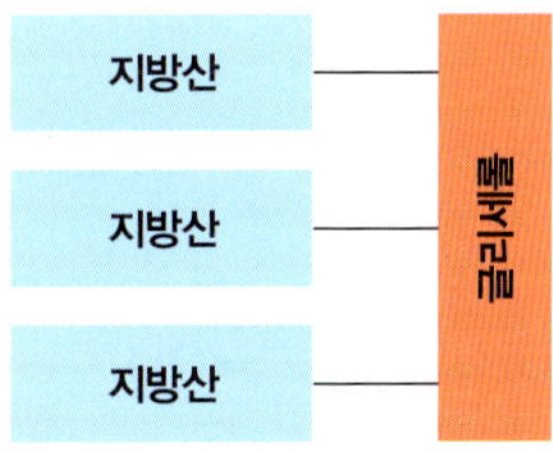

트리글리세리드 구조

트리글리세리드는 일반적으로 2개나 3개의 다른 지방산 잔기를 가지고 있다(그림 11.8). 돼지 기름이나 쇠고기 지방과 같은 트리글리세리드는 불포화지방산 잔기보다는 포화지방산을 더 많이 포함하고 있기 때문에 포화되어 있다고 하는 반면에, 식물성 기름은 대부분 단일불포화나 다중불포화지방산을 포함하고 있기 때문에 불포화되어 있다고 한다. 쇠고기 지방에 있는 주요 지방산은 팔미트산(포화)과 올레산(단일불포화)이다. 올리브 기름에는 올레산이 포함되어 있고, 해바라기 기름은 대부분 다중불포화지방산인 리놀레산을 포함하고 있다. 어류 기름은 상대적으로 오메가-3과 그 외 다른 종류의 다중불포화지방산 잔기를 많이 포함하고 있다(Health Link: 오메가-3 지방산 참조).

■ 포화 트리글리세리드는 불포화지방산 잔기보다 포화지방산 잔기를 더 많이 가지고 있다. 불포화 트리글리세리드는 이와 반대이다.

예제 11.4

트리글리세리드의 구조

슈퍼마켓에서 장을 볼 때, 정육점을 지나가면서 여러 부위의 쇠고기를 볼 수 있다. 쇠고기 지방에서 볼 수 있는 트리글리세리드의 가능한 구조를 그리시오.

전략

트리글리세리드는 3개의 지방산과 글리세롤 분자로 구성되어 있다. 쇠고기 지방은 불포화지방산 잔기보다 포화지방산 잔기를 더 많이 가지고 있다. 주로 팔미트산과 올레산이 존재한다.

해답

가능한 정답 중 하나는 다음과 같다.

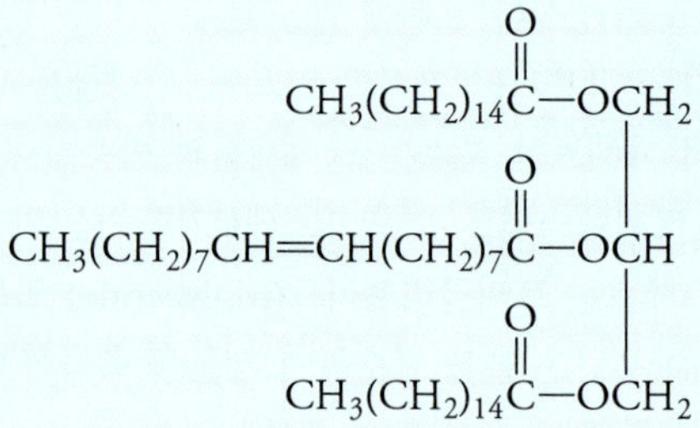

$$\begin{array}{l} CH_3(CH_2)_{14}C(=O)-OCH_2 \\ CH_3(CH_2)_7CH=CH(CH_2)_7C(=O)-OCH \\ CH_3(CH_2)_{14}C(=O)-OCH_2 \end{array}$$

연습문제 11.4

쇠고기 지방에 존재하는 트리글리세리드 중 그 외 2개의 구조를 그리시오.

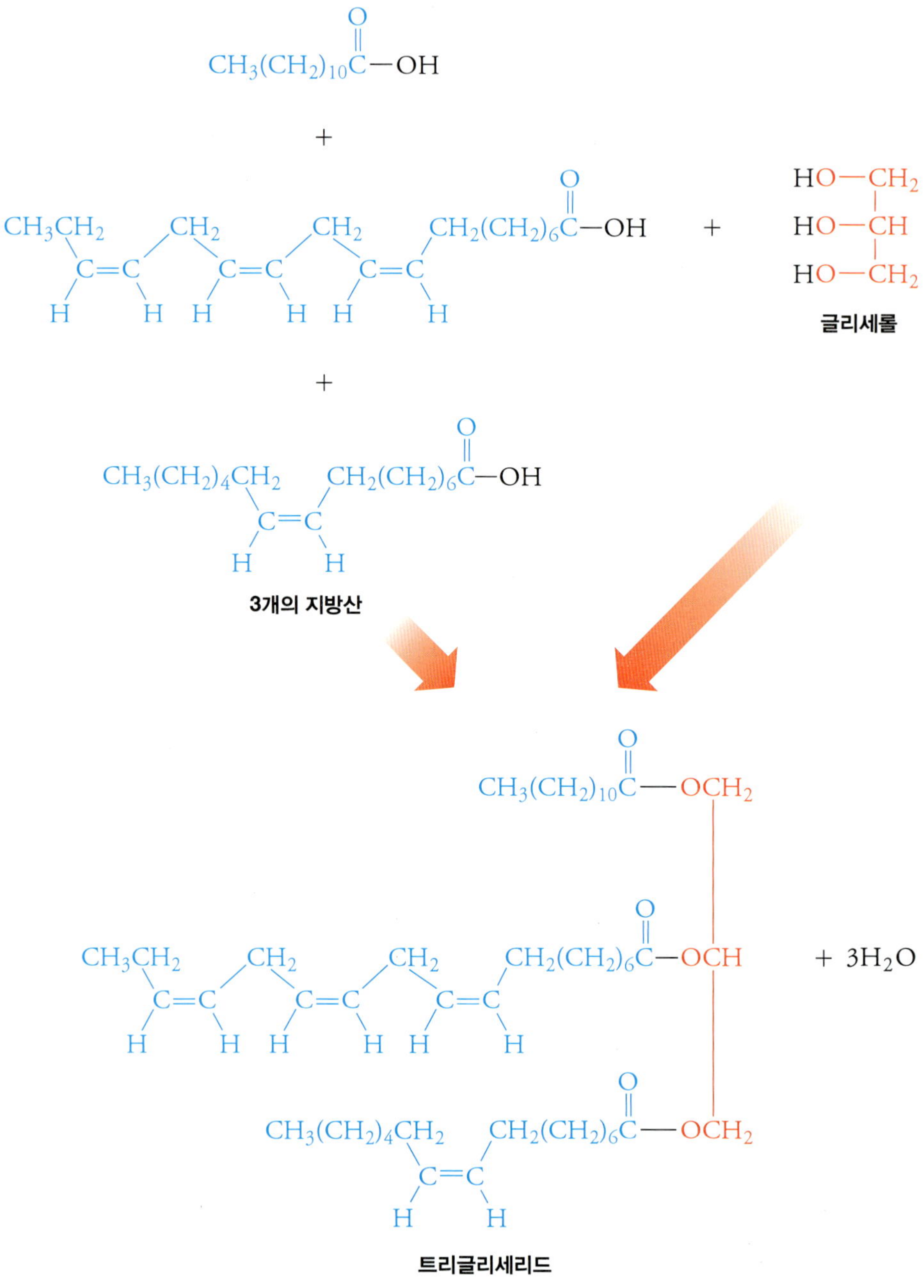

$$CH_3(CH_2)_{10}C(=O)-OH$$

$$+$$

$$CH_3CH_2CH=CHCH_2CH=CHCH_2CH=CHCH_2(CH_2)_6C(=O)-OH \quad + \quad \begin{array}{l} HO-CH_2 \\ HO-CH \\ HO-CH_2 \end{array}$$

글리세롤

$$+$$

$$CH_3(CH_2)_4CH_2CH=CHCH_2(CH_2)_6C(=O)-OH$$

3개의 지방산

$$\begin{array}{l} CH_3(CH_2)_{10}C(=O)-OCH_2 \\ CH_3CH_2CH=CHCH_2CH=CHCH_2CH=CHCH_2(CH_2)_6C(=O)-OCH \\ CH_3(CH_2)_4CH_2CH=CHCH_2(CH_2)_6C(=O)-OCH_2 \end{array} \quad + \ 3H_2O$$

트리글리세리드

■ 그림 11.8

트리글리세리드 트리글리세리드는 1분자의 글리세롤에 3분자의 지방산이 에스테르 결합으로 연결되어 형성된다. 이 그림에 있는 트리글리세리드는 포화지방산보다 불포화지방산이 더 많으므로 불포화이다.

11.1절에서 불포화지방산의 *cis* 이중결합이 어떻게 포화지방산보다 낮은 녹는점을 가지는지 설명하였다. 불포화 트리글리세리드와 포화 트리글리세리드에서도 마찬가지이다. 탄화수소 꼬리에 있는 *cis* 형태는 트리글리세리드 분자가 서로 잘 뭉쳐지지 않게 하므로, 트리글리세리드가 더 많은 불포화지방산을 가지고 있을수록 녹는점이 더 낮아진다. 지방은 포화지방산 잔기를 더 많이 포함하고 녹는점이 상온보다 높기 때문에 고체이다. 한편, 식물성 기름은 높은 비율의 불포화지방산을 가지고 있고 상온 이하의 녹는점을 가지고 있기 때문에 액체이다. 코코넛 기름은 예외인데, 포화지방산 잔기를 가지고 있지만, 불포화 트리글리세리드의 녹는점 특징을 가지고 있다. 코코넛 기름이 낮은 녹는점을 가지는 것은 상대적으로 짧은 포화지방산인 라우르산을 많이 포함하고 있기 때문이다. 지방산의 경우, 탄화수소의 꼬리가 짧아질수록 분자 간의 London forces가 약해지고 녹는점이 낮아진다.

트리글리세리드의 1차적인 생물학적 역할 중의 하나는 에너지를 공급하는 것이다. 1그램당 트리글리세리드는 탄수화물과 단백질보다 2배 이상의 칼로리를 제공한다. 동물에서 트리글리세리드는 지방조직(지방)에 저장해서 나중에 사용한다(그림 11.9). 물개, 펭귄 등과 같은 수생 동물에서 지방층은 단열과 부력을 제공한다. 또한 트리글리세리드는 상처를 막기 위한 완충 물질로 작용하여 우리의 내부 장기를 둘러싸고 있는 지방층을 형성해서 보호 기능을 하기도 한다.

SPL/Photo Researchers, Inc.

■ **그림 11.9**

지방세포 세포는 나중에 사용하기 위하여 지방세포에 지방을 저장한다.

트리글리세리드의 주요 반응

트리글리세리드는 알켄과 에스테르 작용기를 포함하고 있다. 이 절에서 살펴보는 트리글리세리드의 반응 중 두 가지는 이러한 그룹의 변화, 즉 탄소–탄소 이중결합의 촉매 환원과 에스테르의 가수분해와 관련이 있다.

5.4절에서 촉매인 H_2 및 Pt이 알켄과 반응하면 알칸으로 전환되는 것을 살펴보았다. 불포화 트리글리세리드에 있는 탄소–탄소 이중결합도 똑같은 촉매 환원반응을 한다(그림 11.10*a*). 불포화 트리글리세리드에서 탄소–탄소 이중결합은 똑같은 촉매 환원반응이 일어날 수 있다(그림 11.10*b*). 부분적인 수소화는 상업적 응용에서 식물성 기름은 촉매인 H_2와 Pt와 반응하지만, 이 반응은 모든 이중결합이 없어지기 전에 정지된다(그림 11.10*c*). 이 반응은 액체 식물성 기름을 부분적으로 수소화된 식물성 기름이라고 하는 반고체로 전환시키는데, 요리하기에 좋으면서도, 동물에서 유래한 버터나 돼지기름과 같이 고체 트리글리세리드(지방)에 존재하는 콜레스테롤이 없다. 부분적으로 수소화된 식물성 기름은 쇼트닝, 고체 및 액체 마가린, 그리고 다른 많은 음식에서 사용된다(그림 11.11). 식물성 기름보다 탄소–탄소 이중결합이 적어서 부분적으로 수소를 첨가한 식물성 기름은 빠르게 부패(산화)하지 않는다.

알켄이 공기에 노출되면, 자기 산화(autooxidation)라고 하는 느린 반응이 일어난다. 대기 중의 O_2는 탄소–탄소 이중결합의 다음에 있는 탄소 원자에서 수소를 제거하면서 반응을 시작한다, 자기 산화가 계속되면서 탄소–탄소 결합은 끊어진다. 트리글리세리드의 불포화지방산 잔기가 자가 분해될 때, 분해된 생성물은 불쾌한 냄새를 가진 작은 유기 분자들이다(그림 11.12). 이 과정이 일어나면 트리글리세리드는 상하거나 변질된다. 불포화 정도가 커서 식물성 기름은 지방보다 더 빨리 부패한다. 기름을 더 오래 신선하게 유지하기 위하여 냉장고에 보관하거나(온도가 낮으면 산화 반응이 느려진다) 뚜껑을 단단히 막아둔다(O_2에 덜 노출되도록). 부분적인 수소화 반응으로 이중결합이 제거되면 부패가 느려진다. 때때로 산화를 늦추어지는 분자인 항산화제를 식품에 첨가하기도 한다.

트리글리세리드의 3번째 주요 반응은 수용성 NaOH가 존재할 때 에스테르기가 가수분해되는 것이다(11.13*a*). 8.10절에서 처음 설명하였는데, 이 가수분해 반응은 **비누화 반응(saponification)**(비누를 만드는)으로 알려져 있다. 트리글리세리드가 비누화되었을 때, 글리세롤과 지방산염(비누)이 생성된다(그림 11.13*b*). 6.7절에서 살펴본 바와 같이, 비누는 단층으로 미셀(micelle)을 형성하는 양친매성 분자이다.

■ 트리글리세리드는 환원, 산화, 비누화가 일어날 수 있다.

(*a*)

$$\mathrm{H{-}\underset{\displaystyle H}{\underset{|}{C}}{=}\underset{\displaystyle H}{\underset{|}{C}}{-}H} + \mathrm{H_2} \xrightarrow{\mathrm{Pt}} \mathrm{H{-}\overset{\displaystyle H}{\overset{|}{\underset{\displaystyle H}{\underset{|}{C}}}}{-}\overset{\displaystyle H}{\overset{|}{\underset{\displaystyle H}{\underset{|}{C}}}}{-}H}$$

(*b*)

$\mathrm{CH_3(CH_2)_6CH_2}$ — $\mathrm{C{=}C}$ (H, H) — $\mathrm{CH_2(CH_2)_6\overset{O}{\overset{\|}{C}}{-}OCH_2}$

$\mathrm{CH_3(CH_2)_4CH_2}$ — $\mathrm{C{=}C}$ (H, H) — $\mathrm{CH_2(CH_2)_6\overset{O}{\overset{\|}{C}}{-}OCH}$ $\xrightarrow[\mathrm{Pt}]{4\mathrm{H_2}}$

$\mathrm{CH_3(CH_2)_3CH_2}$ — $\mathrm{C{=}C}$ (H, H) — $\mathrm{CH_2}$ — $\mathrm{C{=}C}$ (H, H) — $\mathrm{CH_2(CH_2)_6\overset{O}{\overset{\|}{C}}{-}OCH_2}$

$\mathrm{CH_3(CH_2)_6CH_2CH_2CH_2CH_2(CH_2)_6\overset{O}{\overset{\|}{C}}{-}OCH_2}$

$\mathrm{CH_3(CH_2)_4CH_2CH_2CH_2CH_2(CH_2)_6\overset{O}{\overset{\|}{C}}{-}OCH}$

$\mathrm{CH_3(CH_2)_3CH_2CH_2CH_2CH_2CH_2CH_2CH_2(CH_2)_6\overset{O}{\overset{\|}{C}}{-}OCH_2}$

(*c*)

$\mathrm{CH_3(CH_2)_6CH_2}$ — $\mathrm{C{=}C}$ (H, H) — $\mathrm{CH_2(CH_2)_6\overset{O}{\overset{\|}{C}}{-}OCH_2}$

$\mathrm{CH_3(CH_2)_4CH_2}$ — $\mathrm{C{=}C}$ (H, H) — $\mathrm{CH_2(CH_2)_6\overset{O}{\overset{\|}{C}}{-}OCH}$ $\xrightarrow[\mathrm{Pt}]{2\mathrm{H_2}}$

$\mathrm{CH_3(CH_2)_3CH_2}$ — $\mathrm{C{=}C}$ (H, H) — $\mathrm{CH_2}$ — $\mathrm{C{=}C}$ (H, H) — $\mathrm{CH_2(CH_2)_6\overset{O}{\overset{\|}{C}}{-}OCH_2}$

$\mathrm{CH_3(CH_2)_6CH_2CH_2CH_2CH_2(CH_2)_6\overset{O}{\overset{\|}{C}}{-}OCH_2}$

$\mathrm{CH_3(CH_2)_4CH_2}$ — $\mathrm{C{=}C}$ (H, H) — $\mathrm{CH_2(CH_2)_6\overset{O}{\overset{\|}{C}}{-}OCH}$

$\mathrm{CH_3(CH_2)_3CH_2CH_2CH_2CH_2}$ — $\mathrm{C{=}C}$ (H, H) — $\mathrm{CH_2(CH_2)_6\overset{O}{\overset{\|}{C}}{-}OCH_2}$

■ 그림 11.10

촉매적 수소화 반응 (*a*) 알켄이 H_2 및 Pt과 반응하면 알칸이 생성된다. (*b*) H_2 및 Pt과의 반응은 불포화 트리글리세리드를 포화 트리글리세리드로 전환시킨다. (*c*) 부분적인 수소화 반응을 통하여, 몇 개의 탄소–탄소결합만이 제거된다.

■ 그림 11.11

부분적으로 수소화된 식물성 기름 많은 음식이 부분적으로 수소화된 식물성 기름을 가지고 있다.

비누화 반응에 사용되는 염기의 양이온을 Na^+에서 K^+로 변경하면 생성되는 비누의 특성에 영향을 미칠 수 있다. 수산화나트륨(NaOH)은 고체 비누를, 수산화칼륨(KOH)은 액체 비누를 만든다. 트리글리세리드의 불포화 정도도 중요하다. 불포화의 양이 많을수록 부드러운 비누나 액체 비누가 된다. 비누화 반응의 다른 산물인 글리세롤은 로션이나 크림을 만드는 데 사용된다.

가수분해는 대장에서 일어나는 과정인 지방과 기름의 소화에 중요한 역할을 한다. 소화 효소는 트리글리세리드가 가수분해되는 반응을 촉매하는데, 이 가수분해된 성분은 장벽을 통과해 흡수된다. 이 과정은 제14장에서 자세히 설명할 것이다.

Did You Know?

phospholipase A2는 뱀독에서 발견되는 많은 효소와 다른 단백질 중 하나이다. 이 효소는 트리글리세리드에서 중앙에 있는 지방산 잔기를 제거(가수분해)하는 반응을 촉매한다. 그 결과 생성된 디글리세리드(diacylglyceride)는 리소인지질(lysophospholipid)이라고 하며 계면활성제로 작용하여 백혈구 세포를 포함한 여러 세포막을 분해할 수 있다.

예제 11.5

트리글리세리드의 특성

a. 상온에서 액체로 존재하는 트리글리세리드를 그리시오.
b. 상온에서 고체로 존재하는 트리글리세리드를 그리시오.

전략

트리글리세리드 사이에 존재할 수 있는 London force에 불포화가 미치는 영향을 고려한다.

해답

주로 불포화지방산을 포함하고 있는 트리글리세리드는 액체가 될 것으로 예상되며 주로 포화지방산을 포함하고 있는 트리글리세리드는 고체가 될 것이다. 가능한 정답은 다음 트리글리세리드와 같다.

a.

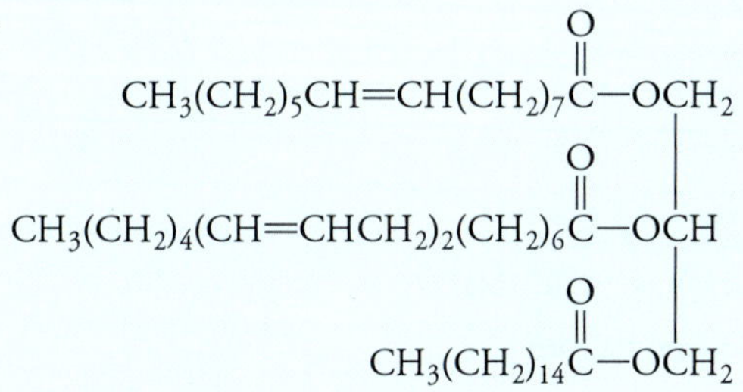

$$CH_3(CH_2)_5CH{=}CH(CH_2)_7\overset{\overset{\large O}{\|}}{C}{-}OCH_2$$
$$CH_3(CH_2)_4(CH{=}CHCH_2)_2(CH_2)_6\overset{\overset{\large O}{\|}}{C}{-}OCH$$
$$CH_3(CH_2)_{14}\overset{\overset{\large O}{\|}}{C}{-}OCH_2$$

b.

$$CH_3(CH_2)_{14}\overset{\overset{\large O}{\|}}{C}{-}OCH_2$$
$$CH_3(CH_2)_{14}\overset{\overset{\large O}{\|}}{C}{-}OCH$$
$$CH_3(CH_2)_{16}\overset{\overset{\large O}{\|}}{C}{-}OCH_2$$

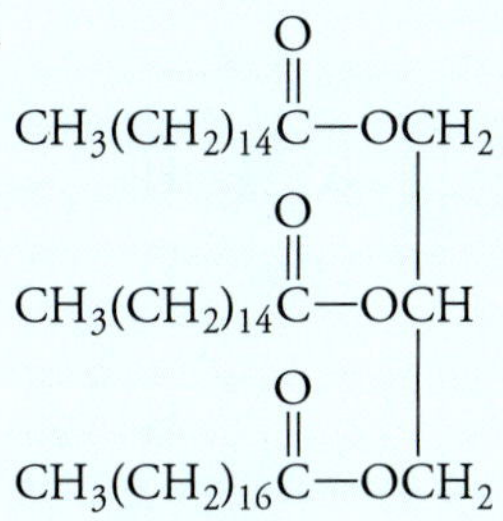

연습문제 11.5

팔미트산 잔기만 함유한 트리글리세리드 또는 팔미톨레산 잔기만 함유한 트리글리세리드 중 어느 것이 더 높은 녹는점을 가질 것인가?

■ 그림 11.12

트리글리세리드의 산화 산소(O_2)는 불포화 트리글리세리드의 탄화수소 꼬리를 산화시켜 불쾌한 냄새가 나는 작은 유기 분자를 생성한다.

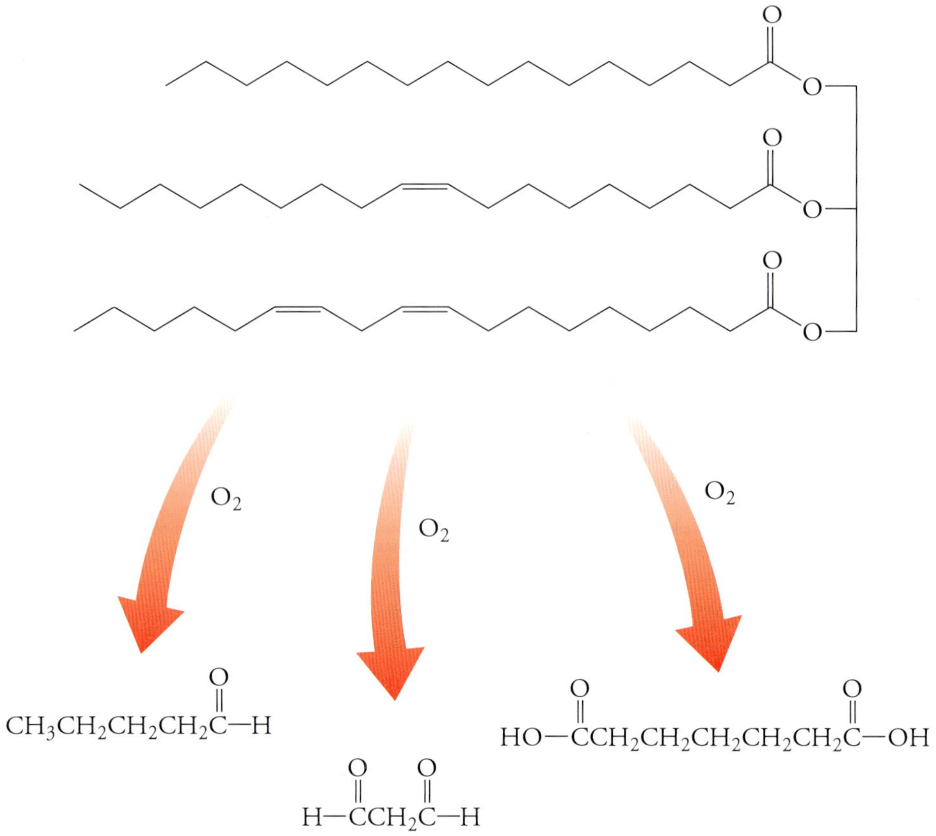

O_2 O_2 O_2

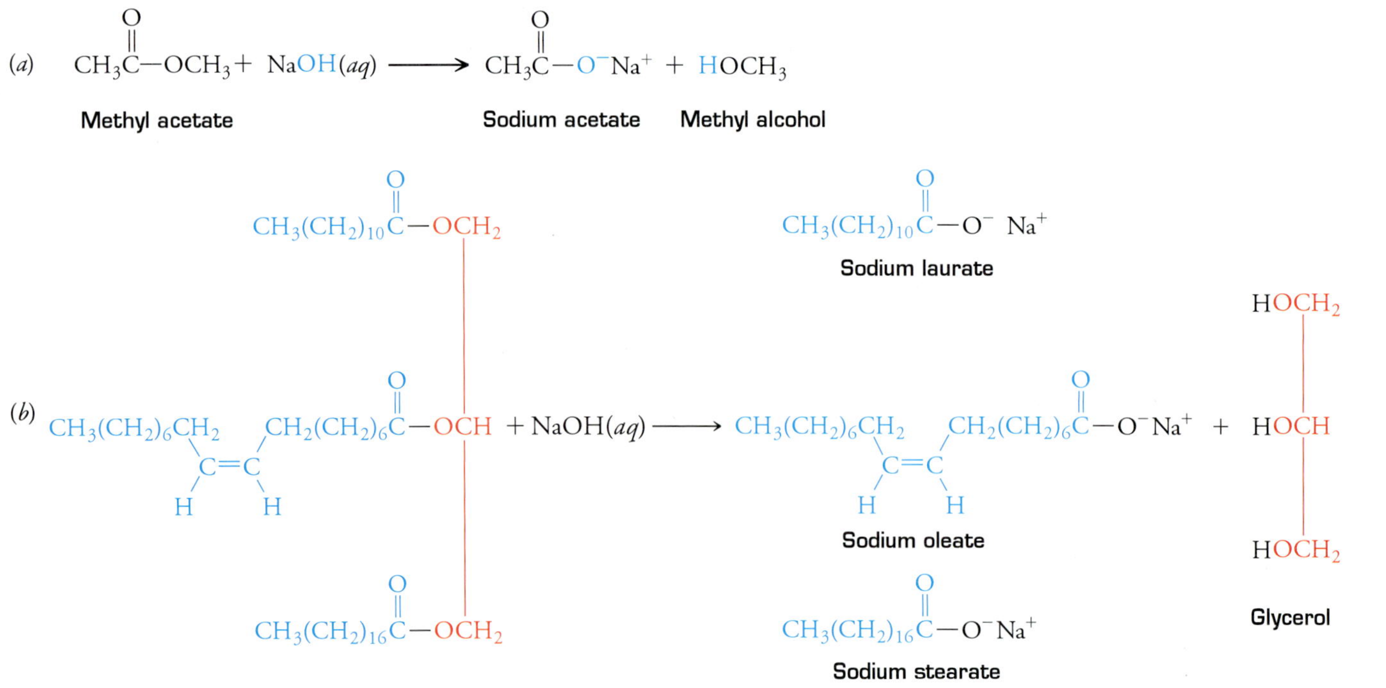

$CH_3CH_2CH_2CH_2C(=O)-H$

$H-C(=O)CH_2C(=O)-H$

$HO-C(=O)CH_2CH_2CH_2CH_2CH_2C(=O)-OH$

(a) $CH_3C(=O)-OCH_3 + NaOH(aq) \longrightarrow CH_3C(=O)-O^-Na^+ + HOCH_3$

Methyl acetate Sodium acetate Methyl alcohol

(b) $CH_3(CH_2)_{10}C(=O)-OCH_2$ / $CH_3(CH_2)_6CH_2CH=CHCH_2(CH_2)_6C(=O)-OCH$ / $CH_3(CH_2)_{16}C(=O)-OCH_2$ $+ NaOH(aq) \longrightarrow$ $CH_3(CH_2)_{10}C(=O)-O^-\ Na^+$ + $CH_3(CH_2)_6CH_2CH=CHCH_2(CH_2)_6C(=O)-O^-Na^+$ + $CH_3(CH_2)_{16}C(=O)-O^-Na^+$ + $HOCH_2$ / $HOCH$ / $HOCH_2$

Sodium laurate

Sodium oleate

Sodium stearate

Glycerol

■ 그림 11.13

비누화 반응 비누화 반응(OH^-가 있을 때 에스테르의 가수분해)은 (*a*) 아세트산메틸을 아세트산나트륨으로, (*b*) 트리글리세리드를 지방산염(비누)과 글리세롤로 전환시킨다.

예제 11.6

트리글리세리드의 반응

예제 11.5의 용액내 분자가 비누화되었을 때 형성되는 생성물을 그리시오.

전략

비누화 반응은 염기 조건에서 에스테르 가수분해의 다른 이름이다. 에스테르가 가수분해될 때 어떤 생성물이 형성되는지, 그리고 일단 형성되면 생성물에 대한 염기의 영향에 대해 생각해 본다.

해답

트리글리세리드는 지방산과 글리세롤로부터 형성되는 에스테르이다. 가수분해는 트리글리세리드를 기본 구성물로 전환시킨다. 지방산은 산성이므로 염기 조건에서 H^+를 잃고 지방산 음이온으로 전환된다.

$$CH_3(CH_2)_5CH{=}CH(CH_2)_7\overset{\overset{\displaystyle O}{\|}}{C}{-}O^-Na^+ \qquad HOCH_2$$

$$CH_3(CH_2)_4(CH{=}CHCH_2)_2(CH_2)_6\overset{\overset{\displaystyle O}{\|}}{C}{-}O^-Na^+ \qquad HOCH$$

$$CH_3(CH_2)_{14}\overset{\overset{\displaystyle O}{\|}}{C}{-}O^-Na^+ \qquad HOCH_2$$

연습문제 11.6

예제 11.5의 해답에서 a의 트리글리세리드는 b의 트리글리세리드보다 더 빨리 부패한다. 이유를 설명하시오.

트랜스 지방

HealthLink 

불포화된 식물성 기름이 부분적으로 수소화될 때(11.3절), 탄소–탄소 이중결합이 단일결합으로 전환되는 것보다 더 많은 화학 반응이 일어난다. 처음에 시스(*cis*) 이중결합을 포함하고 있던 불포화 식물성 기름이 수소화 반응의 촉매와 접촉하면 몇몇 이중결합은 트랜스(*trans*) 이성질체로 전환된다(그림 11.14). 이것은 부분적으로 수소화된 식물성 기름을 포함하는 식품에도 트랜스 지방이 포함되어 있다는 것을 의미한다. 트랜스 지방이 많은 음식은 HDL 수준을 낮추어(11.5절) 심장질환의 위험이 증가되고, 막 구조의 변화를 유발한다(11.7절).

음식에 있는 트랜스 지방과 관련된 건강에 대한 위험을 인식하여 미 식품의약국은 영양분석표에 식품에 있는 트랜스 지방의 양에 관한 정보를 포함하도록 규정하고 있다. 일부 수소화 기술이 트랜스 이성질체를 덜 형성하도록 하지만, 식물성 기름에 부분적인 수소화 반응이 일어나면 트랜스 지방이 생성된다. 때때로 부분적으로 수소화된 식물성 기름을 소량 포함하는 제품의 영양 성분표에는 트랜스 지방이 0그램 포함되어 있다고 표기될 것이다. FDA는 숫자를 반올림할 수 있도록 허용하여 만일 1인분당 트랜스 지방이 0.5 g 미만이면 "0 g"으로 표기할 수 있다.

공중 보건을 위해, 많은 도시와 주들은 식당과 학교 식당에서 트랜스 지방의 사용을 금지했다. 많은 식당과 패스트푸드 체인점은 자발적으로 트랜스 지방의 사용을 중지하였다.

몇몇 트랜스 지방산은 천연적으로 쇠고기와 버터, 우유, 치즈 등과 같은 유제품에 들어 있다. 이 트랜스 이성질체는 소의 소화계에서 일어나는 생물학적 수소화 반응 동안에 생성된다. 이 과정에서 박테리아는 불포화지방산을 포화지방산으로 전환한다. 식물성 기름의 불완전한 촉매적인 수소화 반응 동안에 일어나는 트랜스 지방의 경우와 같이, 불완전한 생물학적 수소화 반응은 천연 트랜스 지방산을 생성한다.

$$CH_3(CH_2)_6CH=CHCH_2(CH_2)_6\overset{O}{\overset{\|}{C}}-OCH_2 \quad (cis)$$
$$CH_3(CH_2)_4CH=CHCH_2(CH_2)_6\overset{O}{\overset{\|}{C}}-OCH \quad (cis)$$
$$CH_3(CH_2)_3CH=CHCH_2CH=CHCH_2(CH_2)_6\overset{O}{\overset{\|}{C}}-OCH_2 \quad (cis, cis)$$

$$\xrightarrow[Pt]{2H_2}$$

$$CH_3(CH_2)_6CH_2CH_2CH_2CH_2(CH_2)_6\overset{O}{\overset{\|}{C}}-OCH_2$$
$$CH_3(CH_2)_4CH=CHCH_2(CH_2)_6\overset{O}{\overset{\|}{C}}-OCH \quad (cis)$$
$$CH_3(CH_2)_3CH_2CH_2CH_2CH=CHCH_2(CH_2)_6\overset{O}{\overset{\|}{C}}-OCH_2 \quad (trans)$$

■ 그림 11.14

트랜스 지방 불포화된 식물성 기름의 부분적인 수소화로 몇 개의 탄소–탄소 이중결합이 시스(*cis*)에서 트랜스(*trans*) 이성질체로 전환된다.

올레스트라

트리글리세리드(지방과 기름)가 탄수화물이나 단백질보다 2배 이상의 열량을 가지고 있기 때문에, 낮은 열량의 지방 대체물 개발에 관심이 많았다. 1996년 미국 식품의약국(FDA)은 지방 대체물인 올레스트라(Olestra)를 식품에 사용하도록 승인하였다(그림 11.15). 트리글리세리드와 유사한 올레스트라가 지방산 에

Olestra

■ 그림 11.15

올레스테라 지방 대체 물질인 올레스트라는 수크로오스가 6개에서 8개의 지방산과 에스테르 결합을 형성한다. 이 올레스트라는 옥타에스테르이다. 올레스트라는 소화효소가 분해할 수 없기 때문에 칼로리가 없다.

스테르이지만, 소화효소는 분해하지 못한다. 결과적으로 이 "유사 지방"은 소화계를 통과하여 열량을 제공하지 않게 된다. 몇몇 건강 전문가는 이 지방 대체물의 사용은 비타민 A, 비타민 E, 지용성 비타민의 흡수를 감소시킨다고 우려를 하였다. 몇몇 올레스트라가 함유된 음식을 섭취한 사람들 중에서 일부는 경미한 위장 통증을 경험하였다. 2003년까지, FDA는 올레스트라가 함유된 식품에는 잠정적인 비타민-부작용과 복부-부작용을 경고하는 문구를 부착하도록 하였다.

이 수크로오스 에스테르의 다른 용도가 알려졌다. 세포스(Sefose)라는 이름으로 페인트와 코팅의 첨가제와 산업용 윤활유로 판매되고 있다.

11.4 | 인지질과 당지질

세포막(cell membrane)은 극성 분자와 이온의 출입을 막는 양친매성 지질의 이중층이다. 그림 11.16은 각 지질의 친수성 머리 그룹이 막의 표면에 있고, 소수성 꼬리 그룹이 안쪽으로 향하고 있는 막의 기본 배치를 보여 주고 있다. 11.7절에서 막에 관하여 더 자세히 설명하겠지만, 지금은 막에서 주로 발견되는 양친매성인 인지질과 당지질의 구조에 초점을 둘 것이다.

인지질

인지질(phospholipid)이라는 이름은 인산염이 구성 성분 중 하나라는 사실에서 온 것이다. "인산염"은 인산과 세 가지 관련된 화합물을 의미한다. 용액의 pH에 따라 인산(H_3PO_4), 이수소인산염 이온($H_2PO_4^-$), 수소인산염 이온(HPO_4^{2-}), 인산염 이온(PO_4^{3-})과 같이 다른 형태로 발견된다. 생리적인 pH(약 pH 7)에서 $H_2PO_4^-$와 HPO_4^{2-}의 농도가 가장 높다.

낮은 pH에서 존재	생리적 pH에서 존재		높은 pH에서 존재
$HO-P(=O)(OH)-OH$	$HO-P(=O)(O^-)-OH$	$^-O-P(=O)(O^-)-OH$	$^-O-P(=O)(O^-)-O^-$
Phosphoric acid	Dihydrogen phosphate ion	Hydrogen phosphate ion	Phosphate ion

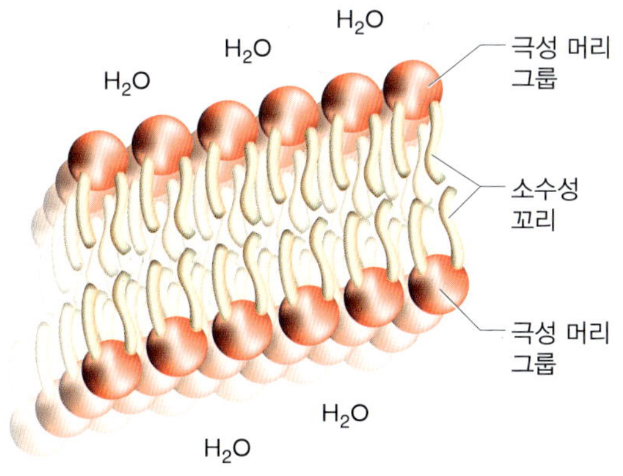

■ 그림 11.16

막 막은 양친매성 지질의 이중층이다.

카르복실산과 같이, 인산염(네 가지 중 하나)은 알코올과 반응하여 에스테르를 형성한다. 인산염-기본 에스테르를 인산염 모노에스테르(Phosphate monoester)라고 한다.

$$CH_3\overset{\overset{\displaystyle O}{\|}}{C}{-}OH + HOCH_3 \longrightarrow CH_3\overset{\overset{\displaystyle O}{\|}}{C}{-}OCH_3 + H_2O$$

Ester

$$HO{-}\underset{\underset{\displaystyle O^-}{|}}{\overset{\overset{\displaystyle O}{\|}}{P}}{-}OH + HOCH_3 \longrightarrow HO{-}\underset{\underset{\displaystyle O^-}{|}}{\overset{\overset{\displaystyle O}{\|}}{P}}{-}OCH_3 + H_2O$$

Phosphate monoester

인산염은 또한 2개의 알코올 분자와 반응하여 인산염 디에스테르(Phosphate diester)를 형성한다.

$$HO{-}\underset{\underset{\displaystyle O^-}{|}}{\overset{\overset{\displaystyle O}{\|}}{P}}{-}OH + 2\,HOCH_3 \longrightarrow CH_3O{-}\underset{\underset{\displaystyle O^-}{|}}{\overset{\overset{\displaystyle O}{\|}}{P}}{-}OCH_3 + 2\,H_2O$$

Phosphate diester

인지질은 글리세로인지질과 스핑고지질의 2종류가 있다. **글리세로인지질(glycerophospholipid)**은 글리세롤, 2개의 지방산, 1개 인산염, 1개의 알코올이 포함된 화합물이다.

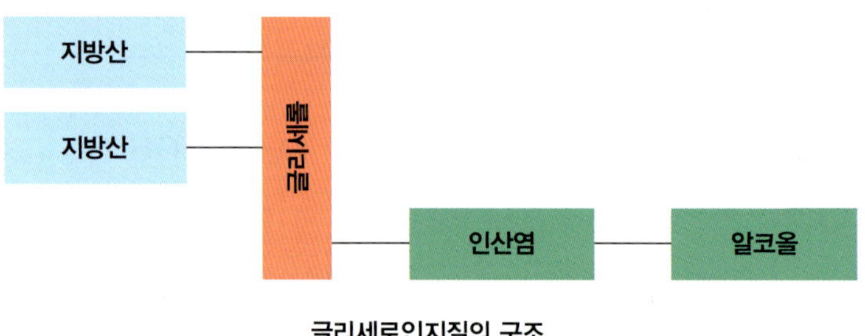

글리세로인지질의 구조

지방산 잔기는 에스테르 결합으로 글리세롤 골격에 붙어 있다. 인산염에스테르 결합은 인산염기를 글리세롤과 알코올 잔기에 연결시킨다(그림 11.17). 이 그림에서 보는 바와 같이, 다른 알코올 성분이 글리세로인지질에 결합될 수 있다.

포스파티딜콜린[phosphatidylcholine; 레시틴(lecithin)]은 식물과 동물에 가장 많이 존재하는 인지질이다. 세포막에 있는 주요 인지질이고 혈액을 통하여 지질을 전달하는 데 관여하는 지질단백질의 주요 지질 성분이다(11.5절).

포스파티딜에탄올아민[phosphatidylethanolamine; 세팔린(cephalin)]은 식물과 동물에서 두 번째로 많이 발견되는 인지질이고, 막 구조에 영향을 주는 물질이다. 대장균에서 이 인지질은 젖당의 능동수송(11.7절)에서 중요한 역할을 하는데, 만일 포스파티딜에탄올아민이 없다면, 젖당 투과효소는 젖당을 세포막을 통해서 세포 안으로 이동시킬 수 없다.

포스파티딜세린(phosphatidylserine)은 위에서 언급한 두 인지질보다 양은 적지만 막 구조에 중요하다. 이 지질은 뇌 조직의 미엘린(myelin; 신경세포를 싸고 있는 보호막)에 가장 많이 존재한다.

위에서 언급한 각각의 인지질은 지방산 성분이 다양하기 때문에 글리세로인지질 부류로 간주한

$$\begin{array}{l} CH_3(CH_2)_7CH{=}CH(CH_2)_7\overset{O}{\overset{\|}{C}}{-}OCH_2 \\ \qquad\qquad\quad CH_3(CH_2)_{14}\overset{O}{\overset{\|}{C}}{-}OCH \\ \qquad\qquad\qquad\qquad\qquad\quad CH_2O{-}\overset{O}{\overset{\|}{P}}{-}X \\ \qquad\qquad\qquad\qquad\qquad\qquad\quad | \\ \qquad\qquad\qquad\qquad\qquad\qquad\quad O^- \end{array}$$

글리세로인지질	X
포스파티딜콜린 (phosphatidylcholine)	$-OCH_2CH_2\overset{+}{N}(CH_3)_3$
포스파티딜에탄올아민 (phosphatidylethanolamine)	$-OCH_2CH_2NH_3^+$
포스파티딜세린 (phosphatidylserine)	$-OCH_2CH(\overset{+}{N}H_3)\overset{O}{\overset{\|}{C}}-O^-$

■ 그림 11.17

일반적인 글리세로인지질 포스파티딜콜린, 포스파티딜에탄올아민, 포스파티딜세린은 글리세로인지질의 세 가지 부류이다. 여기에서 볼 수 있는 것과 다른 지방산 잔기가 글리세로인지질에 존재하기 때문에 같은 부류의 화합물로 간주된다.

다. 예를 들면, 사람의 적혈구는 특정 지방산 잔기가 서로 다른 21개의 다른 포스파티딜콜린을 가지고 있다.

양친매성이기 때문에, 인지질은 유화액을 만들거나 안정화시키는 화합물인 **유화제(emulsifying agents)**로 효과적이다. **유화액(emulsion)**은 2개의 용액이 결합하여 형성되는 콜로이드(6.10절)이다. 예를 들면, 계란 흰자에 존재하는 레시틴으로 기름-물 유화액인 마요네즈가 분리되는 것을 막아준다. 레시틴은 초콜릿, 구운 요리, 화장품에 광범위하게 사용된다.

스핑고지질(sphingolipid)은 인지질의 또 다른 종류이다. 스핑고지질은 모두 알코올 스핑고신(sphingosine)을 포함하고 있으며, 인지질에 속하는 스핑고지질은 스핑고신과 알코올 잔기 모두에 붙어 있는 인산염을 포함되어 있다.

■ 인지질은 글리세롤, 2개의 지방산, 인산염, 알코올이 결합되어 형성된다. 어떤 인지질에서는 스핑고신이 글리세롤과 1개의 지방산을 대체한다.

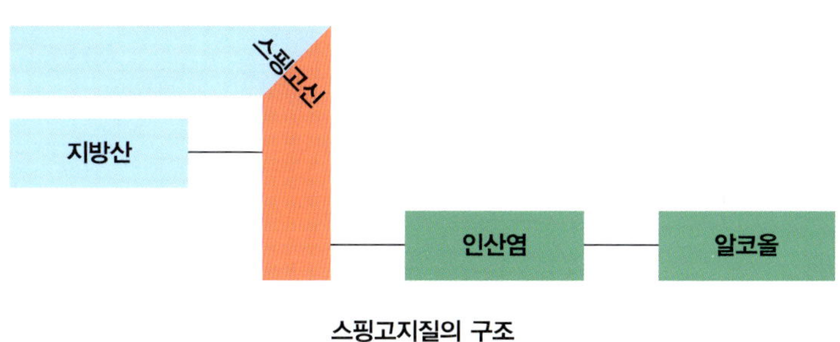

스핑고지질의 구조

명칭에 암시된 바와 같이, 스핑고지질의 스핑고미엘린 종류(그림 11.18)는 신경세포를 둘러싸고 있는 미엘린 수초에 풍부하다.

당지질

당지질(glycolipids)은 당 잔기를 함유하고 있는 지질이다. 많은 경우에 이 잔기는 스핑고신 골격에 붙어 있다.

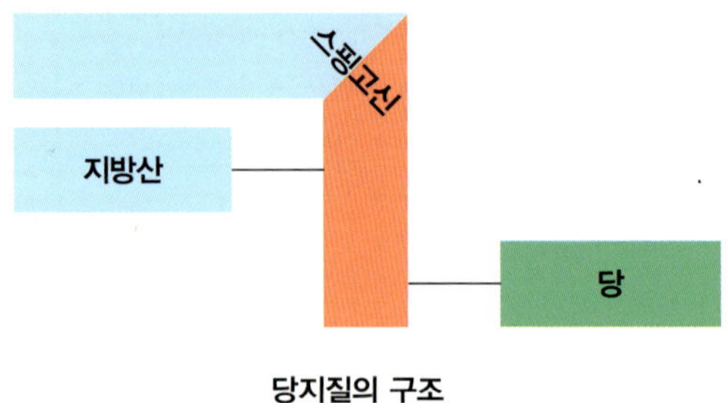

당지질의 구조

단당류는 **세레브로시드(cerebroside)**라고 하는 당지질을 생성하는 데 사용된다. **강글리오시드(ganglioside)**는 올리고당류 잔기를 포함하는 당지질의 다른 종류이다(그림 11.18). 세레브로시드는 뇌에 있는 신경 시냅스에서 발견되는 반면, 강글리오시드는 신경세포 막에서 중요하고 호르몬과 약물에 대한 세포 표면 수용체로 작용한다. 몇몇 강글리오시드에 있는 탄수화물 잔기는 혈액형을 결정하는 데 도움을 준다(10.6절).

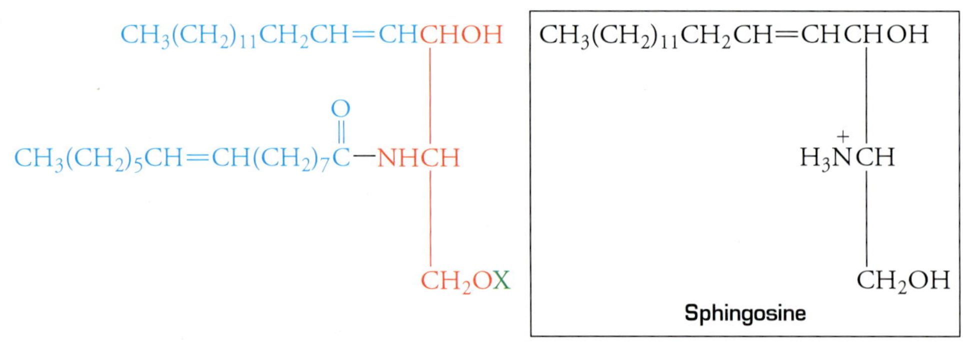

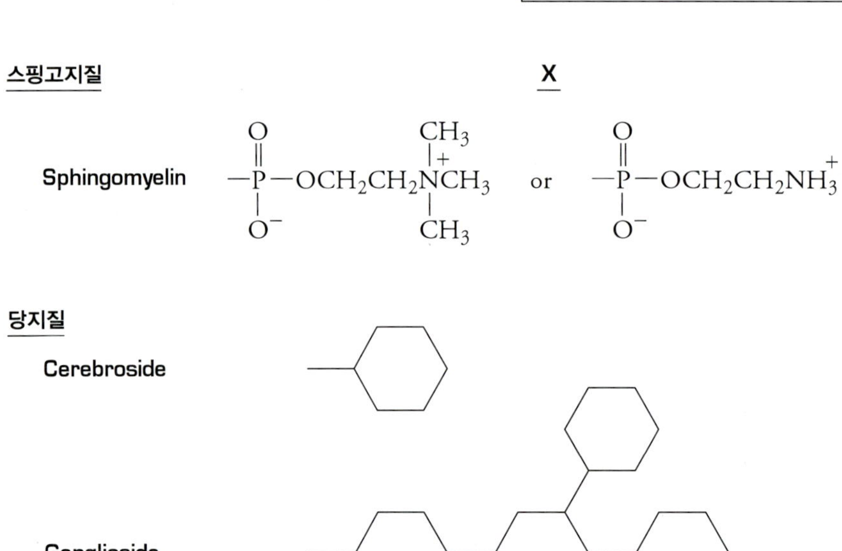

■ 그림 11.18

일반적인 스핑고지질과 당지질 스핑고지질과 대부분의 당지질은 스핑고신 골격을 가지고 있다. 이 종류의 화합물은 여기서 보여주는 것 이외에 다른 지방산 잔기를 가지고 있다. 육각형은 피라노스 형태의 단당류를 나타낸다.

예제 11.7

인지질의 구조

아래에 있는 포스파티딜에탄올아민이 비누화 반응이 일어나면 얼마나 많은 생성물을 얻을 수 있는가? 분자에 있는 각 에스테르 결합은 가수분해된다.

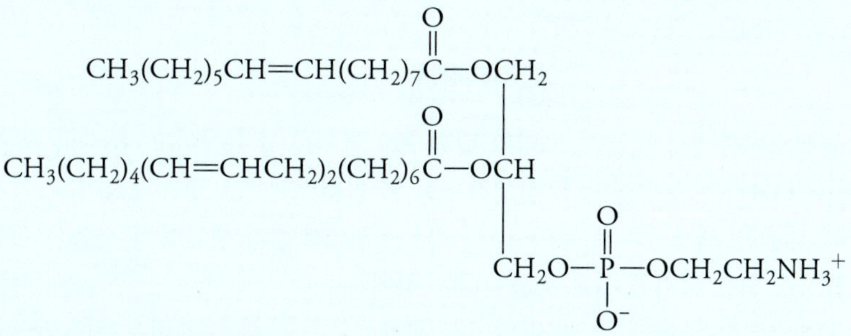

$$\begin{array}{l} CH_3(CH_2)_5CH{=}CH(CH_2)_7\overset{O}{\overset{\|}{C}}{-}OCH_2 \\ CH_3(CH_2)_4(CH{=}CHCH_2)_2(CH_2)_6\overset{O}{\overset{\|}{C}}{-}OCH \\ \qquad\qquad\qquad\qquad\qquad\qquad\quad CH_2O{-}\underset{O^-}{\underset{|}{\overset{O}{\overset{\|}{P}}}}{-}OCH_2CH_2NH_3^+ \end{array}$$

전략

인지질은 2개의 다른 에스테르 결합을 가지고 있는데, 이 중 한 에스테르 결합은 카르복실산이 알코올과 결합하고, 다른 에스테르 결합은 인산염이 알코올과 결합하여 형성된다. 가수분해가 되면 에스테르는 결합되기 이전의 형태로 갈라진다.

해답

5개가 형성된다. 글리세로인지질은 구성요소로 갈라지게 되는데, 이들을 살펴보면 2개의 지방산 음이온, 글리세롤, 인산염, 에탄올아민($HOCH_2CH_2NH_3^+$)이 형성된다.

연습문제 11.7

세포막이 3개의 다른 스핑고미엘린을 포함하고 있다면, 이들은 서로 어떻게 다를까?

11.5 | 스테로이드

스테로이드(steroid)는 3개의 6-탄소 원자 고리와 1개의 5-탄소 원자 고리가 합쳐진 기본 고리를 가지고 있는 지질의 한 종류이다.

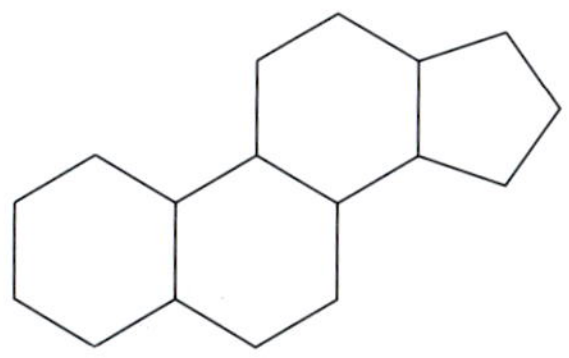

스테로이드의 고리 구조

이 절에서 스테로이드의 중요한 세 가지 형태인 콜레스테롤, 스테로이드 호르몬, 담즙염에 대하여 설명할 것이다.

■ 콜레스테롤, 스테로이드 호르몬, 담즙염은 전형적인 스테로이드 고리 구조를 가지고 있다.

콜레스테롤은 사람과 동물에서 주로 발견되는 스테로이드이다. 스테로이드는 식물에 존재하지 않으므로, 음식물 선택은 섭취하는 콜레스테롤의 양에 영향을 미칠 수 있다. 무엇을 섭취하든지, 여러분의 몸에는 간에서 만들어진 콜레스테롤이 있을 것이다.

Cholesterol

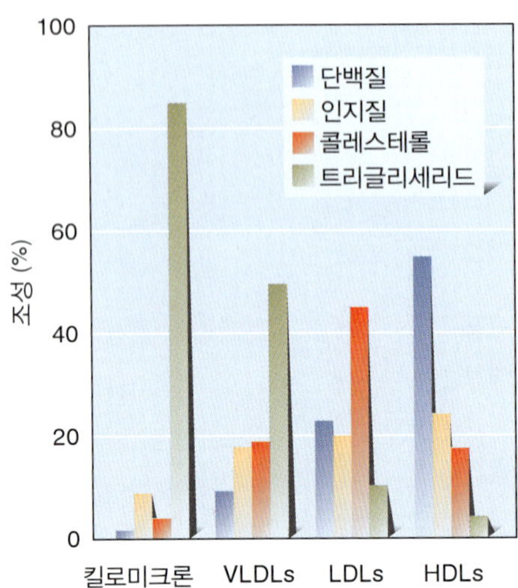

■ 그림 11.19

지질단백질 킬로미크론, VLDLs(초저밀도지방단백질), LDLs(저밀도지방단백질), HDLs(고밀도지방단백질)은 혈액을 통하여 다양한 지질을 운반하는 역할을 한다.

콜레스테롤에서 비극성 고리와 탄화수소 골격은 소수성이고, 분자의 작은 부분을 구성하는 —OH기는 친수성이다. 전체적으로 이 콜레스테롤은 양친매성이고, 인지질과 당지질, 콜레스테롤은 세포막의 성분이다. 그러나 콜레스테롤의 생물학적 사용은 다른 스테로이드의 합성을 위한 초기 물질로 작용한다는 것이다.

콜레스테롤은 물에 잘 녹지 않아서 콜레스테롤과 다른 지질은 지질단백질이라고 하는 지질–단백질 복합체의 현탁액으로 혈액을 통해 운반된다(그림 11.19). 킬로미크론(chylomicron)이라고 하는 지질단백질은 주로 트리글리세리드를 운반하는 반면에 초저밀도지방단백질(VLDLs)은 트리글리세리드, 인지질, 콜레스테롤을 운반한다. 저밀도지방단백질 (LDLs)의 주요 기능은 간에서 세포로 콜레스테롤과 인지질을 운반하는 것인데, 이 세포에서는 막에 합쳐지거나, 혹은 콜레스테롤의 경우 다른 스테로이드로 변형된다. 고밀도지방단백질(HDLs)은 콜레스테롤과 인지질을 세포에서 간으로 운반한다.

혈액에서 낮은 HDL과 높은 LDL 수준은 동맥에 콜레스테롤 침전물이 축적되는 동맥경화증의 경고 신호이다(그림 11.20). 이 침전물은 심장과 기관에 혈액을 공급하는 동맥의 지름을 감소시켜 막히도록 한다. 심장이나 뇌에 혈액의 흐름이 감소되어 O_2와 영양분이 공급되지 않으면, 심장마비와 뇌졸중이 일어날 수 있다.

만일 콜레스테롤 스크리닝 검사를 하였다면, 결과 보고서에는 일반적으로 콜레스테롤의 비율은 물론, HDL, LDL, 총콜레스테롤 수준이 적혀 있을 것이다. 정상 범위에서는 HDL 혈장 농도가 40 mg/dL 이상, LDL 농도는 100 mg/dL 이하, 총콜레스테롤(HDL, LDL, VLDL에 존재하는 콜레스테롤)은 200 mg/dL 이하이다. 건강한 사람의 콜레스테롤의 비율(LDL/HDL)은 2.5 이하이다.

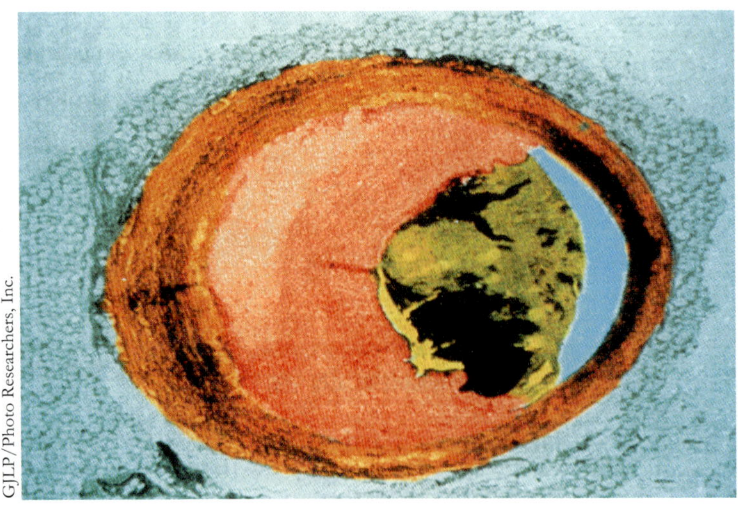

■ 그림 11.20

동맥경화증 동맥경화증은 동맥에 콜레스테롤이 포함된 침전물 형성과 관계가 있다. 사람의 관상동맥의 단면도에서 막히지 않은 부분은 오른쪽에 푸른색 부분이다.

스테로이드 호르몬

호르몬(hormone)은 기관과 조직의 기능을 조절하는 분자이며 다양한 형태로 존재한다. 성호르몬과 아드레노코르티코이드(adrenocorticoid) 호르몬과 같은 것은 스테로이드이다(그림 11.21). 이러한 양친매성 호르몬은 생성된 후 단백질 운반체에 의해 표적조직으로 운반된다.

스테로이드 호르몬의 합성은 콜레스테롤로부터 시작된다. 탄화수소 사슬이 짧아지고 고리에서 변화가 일어나면 콜레스테롤이 여성 **성호르몬(sex hormone)**의 하나인 프로게스테론(progesterone)으로 전환된다. 프로게스테론은 다른 성호르몬과 아드레노코르티코이드 호르몬을 만드는 데 사용된다. 프로게스테론에서 형성된 테스토스테론은 가장 중요한 남성 성호르몬이다. 수염의 생장과 굵은 목소리와

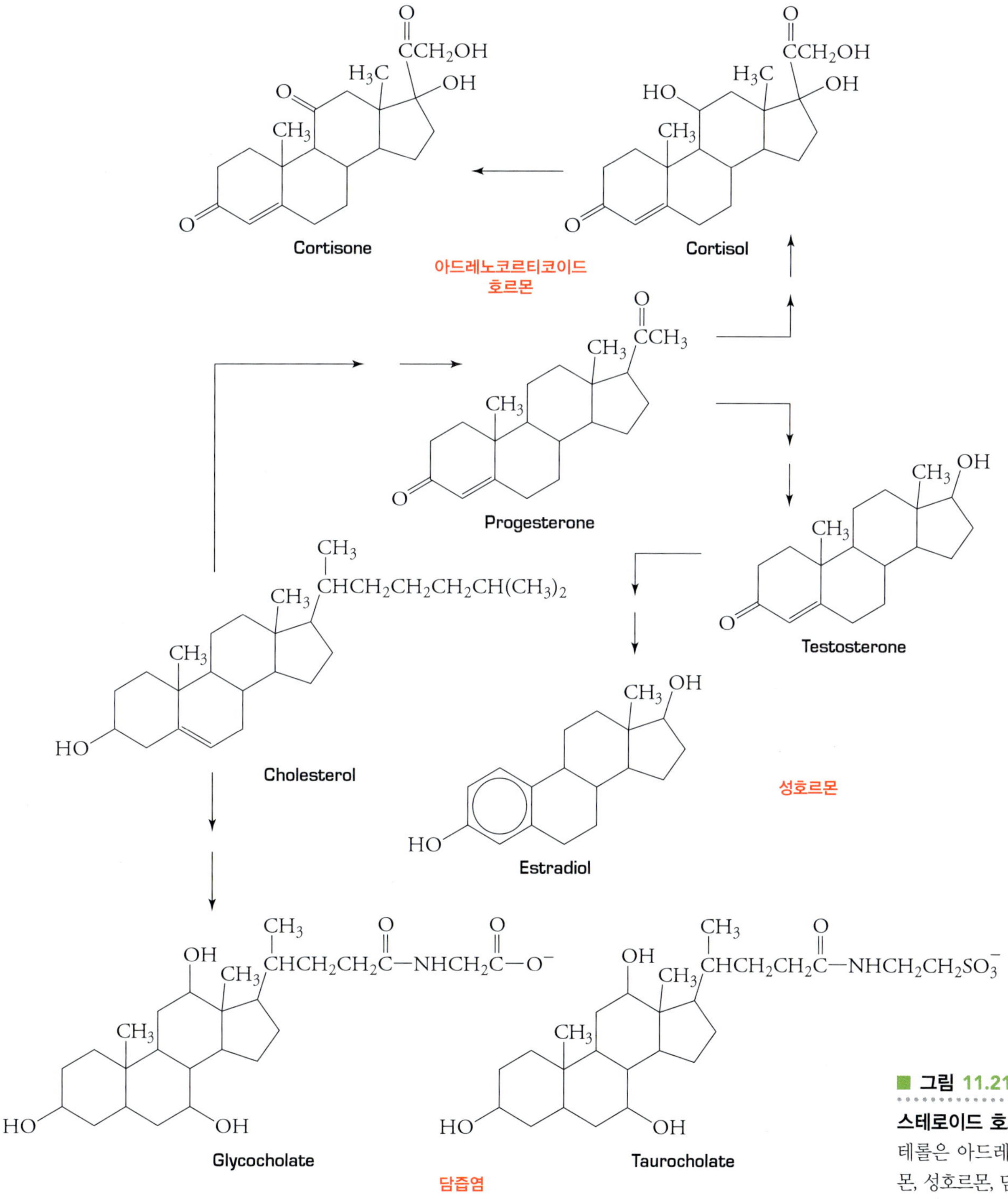

■ 그림 11.21

스테로이드 호르몬과 담즙염 콜레스테롤은 아드레노코르티코이드 호르몬, 성호르몬, 담즙염으로 전환된다.

Did You Know?

비록 스포츠에서 금지되었지만, 단백동화 스테로이드(anabolic steroid)—테스토스테론과 근육 강화 효과가 비슷한 동화성 스테로이드—는 몇 년 동안 운동 경기의 일부였다(Health Link: 대사성 스테로이드 참조). 일부 운동선수들은 어린이와 청소년의 성장을 돕기 위해 인체에 의해 생산되는 단백질인 인간성장호르몬(HGH)을 사용하기 시작하였다. 1985년에 HGH의 합성 버전이 출시되었고, 처방을 받아서 HGH 결핍을 치료하는 데 사용되었다. HGH를 복용하는 선수들은 믿을 만한 경기력 향상 효과와 부상에서 빨리 회복하기 때문에 복용한다. HGH를 장기간 사용하면 말단비대증(턱과 다른 뼈가 두꺼워짐)과 당뇨의 위험이 증가할 수 있다. 합성 HGH를 감지하는 기술의 향상으로 많은 스포츠 단체들에서 이 화합물을 점검하는 것이 약물 검사 프로그램의 일상적인 부분이 되었다.

같은 남성의 성적 특징에 중요한 역할을 한다. 이미 언급한 프로게스테론과 테스토스테론에서 생성된 에스트라디올(estradiol)은 중요한 여성 성호르몬이다. 이 호르몬은 월경, 유방 발달 등과 같은 여성의 특징을 조절한다. **아드레노코르티코이드 호르몬(adrenocorticoid hormone)**은 부신에서 생성되고, 프로게스테론에서 시작된다. 이 호르몬 중에서 코르티솔(cortisol)과 코르티손(cortisone)은 강력한 항염증제이다.

담즙염

담즙염(bile salts)은 콜레스테롤로부터 만들어지고 양친매성이다. 글리코콜산염(glycocholate), 타우로콜산염(taurocholate)(그림 11.21), 담즙염은 담낭에서 소장으로 분비되는데 음식물에 있는 지질에 유화액을 형성하여 소화를 돕는다.

예제 11.8

스테로이드

신체에서 스테로이드 호르몬인 코티손은 코티졸로 만든다(그림 11.21).

a. 이 반응에서 코티졸은 산화된다. 설명하시오.

b. 코티손의 형성을 촉매하는 효소는 코티졸에 있는 3개의 알코올기 중 하나를 산화시킨다. 만일 이 산화가 $K_2Cr_2O_7$을 사용하여 일어나면 어떤 부수적인 산화 산물이 형성될까?

전략

우선 산화의 정의와 제9장의 알코올 산화를 검토한다.

해답

a. 코티손이 코티졸로 전환될 때, 2차 알코올은 케톤으로 된다. 이러한 수소 원자의 소실이 산화이다.

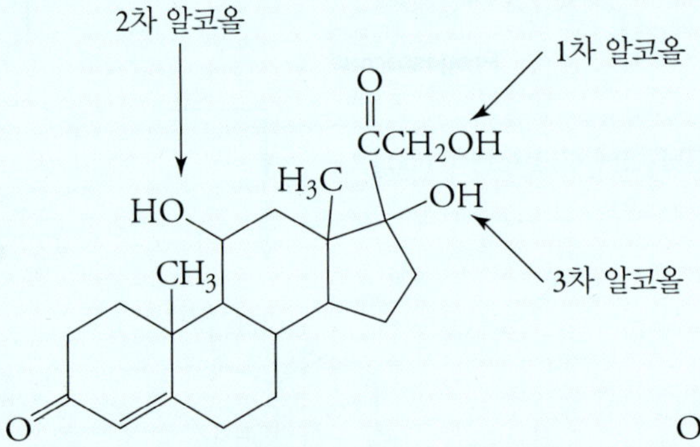

Cortisol 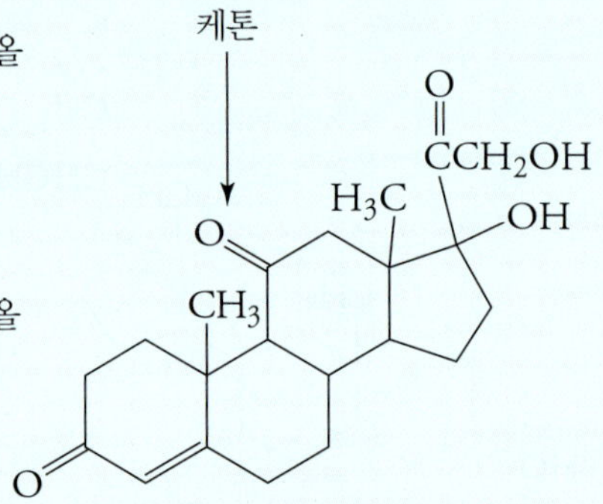   Cortisone

b. 코티졸은 1, 2, 3차 알코올 그룹을 포함하고 있다. $K_2Cr_2O_7$은 1차 알코올을 카르복실산으로, 2차 알코올은 케톤으로 산화시키고, 3차 알코올은 산화시키지 못한다. $K_2Cr_2O_7$은 코티손(2차 알코올을 케톤으로 산화)을 형성할 뿐만 아니라 1차 알코올만 산화하거나 두 가지 알코올 그룹을 모두 산화시킬 수 있다.

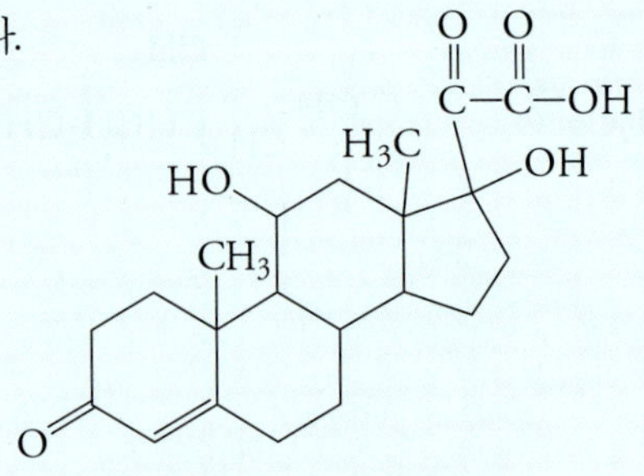

1차 알코올만 산화시켜 형성됨 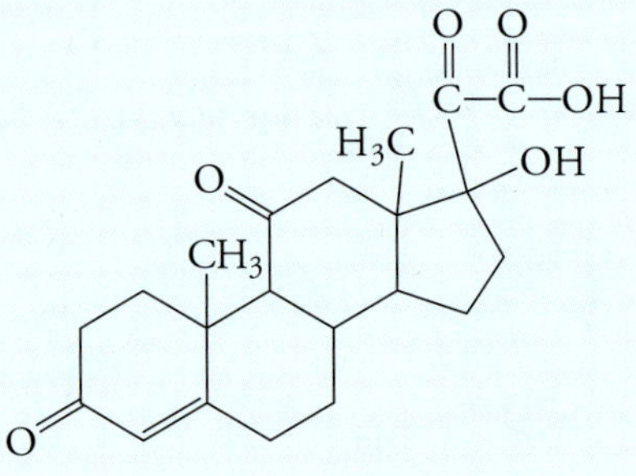   1 및 2차 알코올을 산화시켜 형성됨

연습문제 11.8

a. 신체에서 안드로스텐디온(androstenedione)(그림 11.22)은 테스토스테론(그림 11.21)으로 전환된다. 이 반응에서 안드로스텐디온은 환원된다. 설명하시오.

b. 안드로스텐디온이 테스토스테론으로 전환되는 반응을 촉매하는 효소는 안드로스텐디온에 있는 환원될 수 있는 작용기의 1개만 환원시킨다. 만일 H_2와 Pt를 사용하여 이 반응이 일어나면 어떤 환원 생성물이 형성될 것인가?

단백동화스테로이드

동화 작용(anabolic)이라는 용어는 합성이나 생장을 의미하며, 동화 호르몬은 이 과정을 촉진하는 호르몬이다. 남성 성호르몬인 테스토스테론(그림 11.21)은 동화적이고, 근육 형성은 동화 효과 중 하나이다. 일부 운동선수는 근육량을 증가시키기 위하여 경기력을 향상시키는 단백동화스테로이드(유사 테스토스테론)를 복용하여 경쟁에서 우위를 차지하려고 한다. 이 약물에는 옥산드롤론(oxadrolone), 난드롤론 라우르산(nandrolone laurate), 안드로스텐디온(androstenedione) 등이 있다(그림 11.22). 안드로스텐디온은 테스토스테론으로 전환된다.

이러한 약물 사용을 고려할 때, 운동선수는 복용한 후 자신에게 일어나는 잠재적 손해가 부당한 이득과 견줄만한 가치가 있는지를 스스로에게 묻고 싶을 것이다. 단백동화스테로이드를 사용하면 좌창, 고혈압, 공격성의 증가, 고환수축, 체액정체, 안면방해, 회복이 불가능한 간 손상 등과 같은 건강상의 위험이 초래된다. 단백동화스테로이드를 사용하는 여성은 안면 체모, 대머리, 저음의 목소리, 생리불순 등의 위험이 초래된다. 건강상의 위험 이외에도, 이러한 금지 약물을 복용한 운동선수는 메달이 몰수되거나 경기에 참가하지 못한다.

Oxandrolone

Nandrolone laurate

Androstenedione

■ 그림 11.22

단백동화스테로이드 근육 형성은 테스토스테론과 옥산드롤론(oxandrolone), 난드롤론 라우르산(nandrolone laurate), 안드로스텐디온과 같은 관련된 스테로이드 호르몬의 영향 중 하나이다.

11.6 | 에이코사노이드

에이코사노이드(eicosanoid)라고 하는 지질은 아라키돈산(그림 11.23)과 다른 필수적인 20-탄소 지방산(접두어 *eicos*는 20이라는 뜻)에서 유래한 호르몬이다. '필수적'이라는 용어는 인체에서 생성되지 않아 음식에서 필수적인 영양분이라는 의미로 사용되었다. 호르몬 작용으로 특정 인지질을 가수분해하면 아라키돈산은 프로스타글란딘(prostaglandin), 트롬복산(thromboxane), 루코트리엔(leukotriene)과 같은 다양한 에이코사노이드로 변형된다. 프로스타글란딘은 통증, 염증, 열을 유발하고, 혈압에 영향을

■ 그림 11.23

에이코사노이드 다중불포화지방산인 아라키돈산은 프로스타글라딘, 트롬복산, 루코트리엔으로 전환된다.

Arachidonic acid

PGE_2
(a prostaglandin)

Thromboxane A_2

Leukotriene A_4

주고, 프로스타글란딘 PGE_2는 분만에 관여하는 등 광범위한 생물학적 효과를 나타낸다. 트롬복산 A_2와 같은 트롬복산은 혈액 응고에 관여하는 반면에, 루코트리엔 A_4와 같은 루코트리엔은 폐의 근육 수축을 유도하므로 천식 발작과 관계가 있다. 몇몇 천식 치료약은 루코트리엔 생성을 억제한다(그림 11.24).

Paul Windsor/Taxi/Getty Images, Inc.

■ 그림 11.24

항천식 약물 천식 치료약으로 쓰이는 몇몇 약물은 루코트리엔의 생성을 억제한다.

아스피린과 이부프로펜(ibuprofen)과 같은 비스테로이스성 항염증제(NSAIDs)는 아라키돈산이 프로스타글란딘과 트롬복산으로 전환되는 과정에 관여하는 효소의 작용을 억제하여 통증, 열, 염증 등을 완화시킨다. 이 효소에는 COX-1과 COX-2 두 종류가 있다[COX는 고리산소화효소(cyclooxygenase)를 뜻한다]. 병을 앓거나 상처가 나면 활성화되는 COX-2는 통증, 열, 염증을 일으키는 에이코사노이드 생성을 촉진한다. NSAIDs는 COX-2의 작용을 억제하여 이러한 증상을 완화시켜 준다. NSAIDs는 COX-1 효소도 억제하는데, COX-1은 혈압과 혈액 응고를 조절하는 프로스타글란딘과 트롬복산의 생성에 관여한다. NSAIDs가 COX-1을 억제하기 때문에, 이러한 약물의 사용은 궤양과 신장 장애를 일으킬 수 있으며, 이는 COX-2 특이적인 약물인 Celebrex, Vioxx, Bextra에서는 볼 수 없는 부작용이다. 그러나 이러한 COX-2 억제제의 사용이 안전하지는 않다. 이러한 약제를 사용하면 심장마비가 증가한다는 연구가 있다. 2005년 초에 Vioxx와 Bextra는 시장에서 사라졌다. Celebrex는 사용하면 심장마비를 일으킬 수 있다는 경고와 함께 판매된다.

예제 11.9

NSAIDs 이해하기

아스피린과 이부프로펜은 NSAIDs이다. NSAIDs는 무엇이며, 이 두 약물은 어떻게 통증, 열, 부종을 감소시키는가?

전략

이 절의 마지막 단락을 주의 깊게 읽어라.

해답

NSAIDs는 비스테로이드성 항염증제이다. 아스피린과 이부프로펜은 아라키돈산이 통증, 열, 염증을 일으키는 에이코사노이드인 프로스타글란딘과 트롬복산으로 전환되도록 촉매하는 효소를 억제(작용을 감소시키는)한다.

연습문제 11.9

Cerebrex의 작용이 아스피린과 이부프로펜의 작용과는 어떻게 다른가?

11.7 | 막

막(membrane)은 세포를 둘러싸거나 세포의 일부분을 서로 분리하는 경계이며, 주로 인지질, 당지질, 콜레스테롤과 같은 양친매성 지질로 구성된 이중층이다(그림 11.25). 지질은 친수성 머리가 막의 표면에서 서로 작용하고 세포막 표면의 물과 상호작용하며, 소수성 꼬리는 막의 가운데에서 서로 작용하도록 배열되어 있다. 막 지질에 존재하는 대부분의 지방산 잔기는 불포화되어 있어서, 대부분의 소수성 꼬리는 막 구조가 느슨하게 채워지도록 시스(*cis*) 이중결합을 가지고 있다. 느슨하게 채워진 막 지질은 움직일 수 있는 여유가 있기 때문에 막은 유동성이다. 콜레스테롤의 고리 부분은 매우 고정적이어서 콜레스테롤이 존재하면 막 구조에 견고함을 준다고 생각된다.

단백질은 또 다른 중요한 막 구성 요소이다. 제12장에서 자세히 설명하겠지만, 단백질은 소수성과 친수성 부분을 가지고 있는 큰 생체 분자이다. 단백질은 막에 박혀 있거나 막의 표면에 존재하기도 하고, 한 면에서 다른 면으로 뻗어 있기도 한다. 유동적인 인지질에 단백질이 묻혀 있는 막의 구조를 **유동 모자이크 모형(fluid mosaic model)**이라고 한다(그림 11.25).

■ 그림 11.25

막 구조의 유동 모자이크 모형 막은 글리세로인지질, 스핑고지질, 당지질, 콜레스테롤, 단백질로 구성된다. 막의 내부에 있는 불포화된 탄화수소 꼬리가 꼬여 있어서 밀집되게 채워져 있지 않으므로 막이 움직인다(유동성). 콜레스테롤은 막 구조에 견고성을 부여한다. 단백질은 모자이크에서 타일과 같이 막에 묻혀 있다.

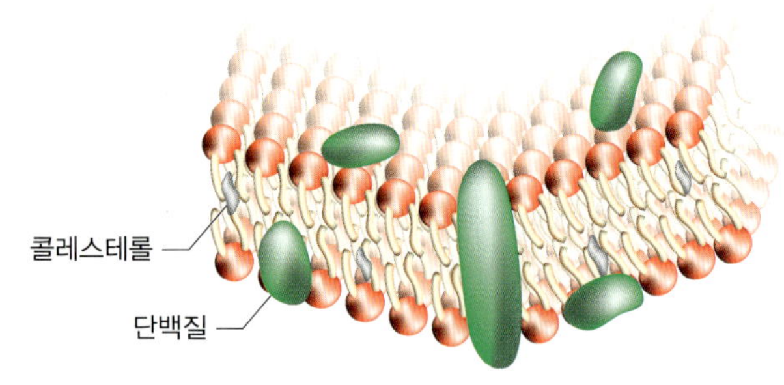

막은 선택적인 투과성이 있다. 물, 작은 비극성 분자(O_2, N_2, CO_2 등), 양친매성 스테로이드는 막을 통하여 직접 확산될 수 있다(그림 11.26*a*). 제6장에서 설명한 바와 같이, 세포막을 통한 물의 이동은 삼투를 일으킨다.

대부분의 경우, 이온, 작은 극성 분자(물은 예외), 큰 생화학적 분자(DNA와 RNA를 포함하여)는 막을 통과할 수 없다. 글루코스와 크기가 작은 이온(K^+, Na^+, Cl^- 등)과 같이 세포막을 통하여 확산되지 못하는 물질은 단백질의 도움을 받아 확산과 같이 높은 농도에서 낮은 농도로 용질이 이동하는 **촉진 확산(faciliated diffusion)**이라고 하는 과정으로 이동한다. 어떤 경우에, 촉진 확산에 관여하는 단백질은 친수성 내부로 이루어진 선택적 막 연결관과 같이 작용한다. 이 관을 통하여 이동하는 특정 분자나 이온은 소수성 막 내부와 접촉하지 않는다. 세포막을 통과하는 일부 물 분자는 아쿠아포린(aquaporin)이라고 하는 관 모양의 단백질의 도움으로 촉진 확산을 한다. 다른 유형의 촉진 확산에서 막 단백질은 이온과 결합하고 막을 통한 이온 수송체의 형태 변화가 일어난다. 이온통로구(ionophore)(제3장 Biochemistry Link: 이온 투과체와 생물 이온 전달 참조)가 이러한 방식으로 기능을 한다.

낮은 농도에서 높은 농도로 이동하는 확산에 반대되는 이동은 **능동 수송(active transport)**이라고 한다(그림 11.26*c*). 능동 수송에서 단백질은 에너지를 필요로 하는 과정을 통해서 화합물(아미노산 등)과 이온(K^+, Na^+ 등)이 막을 통하여 이동하도록 한다. 이와는 반대로 확산과 촉진 확산은 에너지 유입이 필요하지 않다.

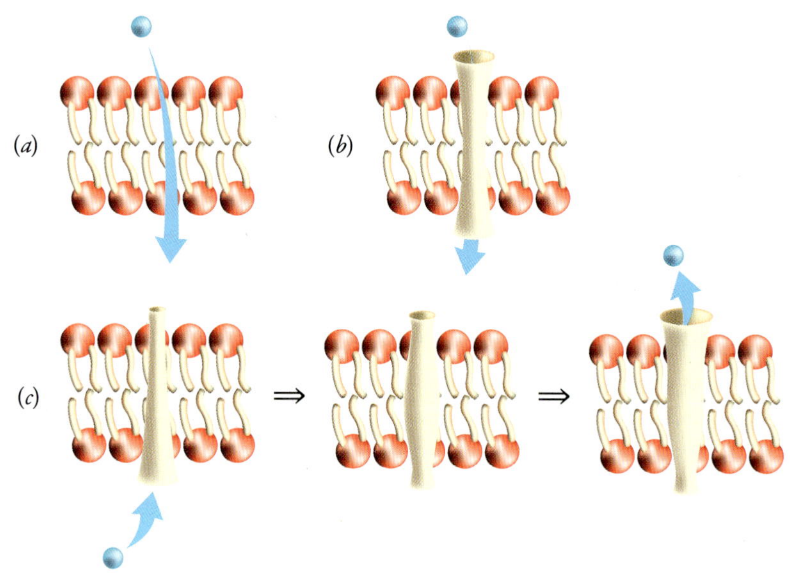

■ 그림 11.26

세포막을 통한 이동 (*a*) 확산. 비극성 분자는 막을 통하여 농도가 높은 곳에서 낮은 곳으로 확산된다. (*b*) 촉진 확산. 어떤 극성 분자는 막에 걸쳐 있는 단백질 통로를 통하여 확산된다. (*c*) 능동수송. 어떤 분자나 이온은 에너지가 필요한 과정으로 농도가 낮은 곳에서 높은 곳으로 막을 통하여 수송된다.

예제 11.10

막 구조

식물 세포막은 동물 세포막보다 불포화지방산 비율이 더 높다. 식물과 동물 중에서 어떤 세포막이 더 유동성을 나타날 것으로 예상되는가?

전략

이 문제를 풀기 위하여 세포막 유동성에 있는 시스(*cis*) 이중결합의 효과를 고려한다.

해답

식물 세포막이 더 유동적이다. 막에 있는 불포화지방산은 막이 더 유동적이 되도록 한다. 그래서 식물 세포막이 동물 세포막보다 더 유동성을 나타낸다. 동물 세포막이 더 견고한 것은 또한 식물 세포막에는 없는 콜레스테롤이 있기 때문이다.

연습문제 11.10

트리글리세리드가 세포막에서 왜 발견되지 않는가?

육상 경기장에서 ... 재방문

© Stefan Schurr/iStockphoto

모든 스테로이드와 마찬가지로, THG의 기본 고리구조는 3개의 6-탄소 원자 고리와 1개의 5-탄소 원자 고리로 구성되어 있다. THG는 트랜볼론(trenbolone)과 유사한데, 트랜볼론은 목동이 소의 생장을 촉진시키거나, 역도선수나 보디빌더가 사용하는 다른 종류의 단백동화스테로이드이다. THG, 트랜볼론, 다른 단백동화스테로이드는 근육량을 증가시키는 남성 성호르몬인 테스토스테론과 관계가 있다.

THG는 자궁내막증 치료제로 사용되는 합성 스테로이드인 제스트리논(gestrinone)의 탄소–탄소 삼중결합을 환원시켜 합성된다고 알려져 있다.

Tetrahydrogestrinone (THG) | Trenbolone | Gestrinone

THINKING IT THROUGH

1. 운동선수인 당신이 방금 경기력을 향상시키는 새로운 합성 스테로이드가 개발되었다는 소식을 들었다고 가정하자. 만일 이 스테로이드제가 약물 검사에서 검출되지 않는다면, 당신은 그것을 복용하겠는가? 복용 여부에 대한 이유를 설명하시오.
2. a. THG는 제스트리논을 환원하여 만든다. 이 장에서 설명한 어떤 반응이 이 환원반응을 수행하는 데 사용될까?
   b. 제스트리논을 THG로 전환시키는 것은 쉽지 않다. 문제 a에서 제스트린이 이 반응을 할 때 형성될 수 있는 다른 생성물은 무엇인가?

CHAPTER 11의 목적

목표		요약	절	예제 연습문제	총정리 문제
1.	**지방산** 구조를 설명하고, 포화지방산, **단일불포화지**방산, **다중불포화**지방산이 서로 어떻게 다른지 설명하시오.	**지방산(fatty acids)**이라고 하는 **지질(lipids)**의 한 종류는 12개에서 20개 사이의 탄소 원자를 가지고 있는 긴 사슬의 카르복실산으로 구성되어 있다. 탄화수소 고리에 탄소–탄소 단일결합만 있으면 **포화(saturated)**지방산이다. **단일불포화(monounsaturated)**지방산은 1개의 탄소–탄소 이중결합을 가지고 있으며, **다중불포화(polyunsaturated)**지방산은 이중결합이 2개 이상이 있다. 지방산에 자연적으로 존재하는 이중결합은 일반적으로 시스(*cis*)이다.	11.1	11.1, 11.2	11.3~11.12
2.	**왁스**의 주된 생물학적 기능을 확인하고 왁스에 많이 있는 에스테르에 대하여 설명하시오.	**왁스(wax)**라고 하는 지질에는 긴 사슬의 알코올과 긴 사슬의 지방산이 결합하여 형성된 에스테르가 있다. 왁스는 기본적으로 생물체의 안과 밖으로 수분을 유지하는 역할을 한다.	11.2	11.3	11.13~11.24
3.	**트리글리세리드**의 구성을 설명하고 생물학적 기능을 쓰시오.	**트리글리세리드(triglyceride)**는 1개의 글리세롤과 3개의 지방산이 결합하여 형성된 트리에스테르이다. 만일 불포화지방산 잔기보다 포화지방산이 더 많으면 트리글리세리드는 포화되었고, 만일 불포화지방산 잔기가 더 많으면 불포화되었다고 한다. 지방(포화 트리글리세리드)은 상온에서 고체이지만, 식물성 기름(불포화 트리글리세리드)은 액체이다. 생물체에서 트리글리세리드는 에너지 저장 분자로 작용하고, 단열, 완충물, 부력을 제공한다.	11.3	11.4~11.6	11.25~11.36
4.	**인지질**과 **당지질**의 구조를 설명하시오.	**인지질(phospholipid)**과 **당지질(glycolipid)**은 막 구조에 중요한 양친매성 화합물이다. 인지질의 두 부류는 글리세롤, 2개의 지방산, 인산, 알코올로 구성된 **글리세롤인지질(glycerophospholipid)**과 스핑고신 잔기, 1개의 지방산, 인산, 알코올로 구성된 **스핑고지질(sphingolipid)**이다. 대부분의 당지질은 스핑고신, 1개의 지방산, 그리고 단당류나 혹은 단당류 사슬로 구성되어 있다.	11.4	11.7	11.37~11.52
5.	기본 **스테로이드** 구조를 확인하고 이 부류의 지질에 속하는 중요한 종류를 쓰시오.	모든 **스테로이드(steroid)**는 3개의 6-탄소 고리와 1개의 5-탄소 고리가 혼합된 기본 구조를 가지고 있다. **콜레스테롤**은 **성호르몬**(프로게스테론, 테스토스테론, 에스트라디올 등), **아드레노코티코이드 호르몬**(코티솔과 코티손), **담즙염**(타우로콜산염, 글리코콜산염) 등과 같은 다른 스테로이드를 만드는 데 사용된다.	11.5	11.8	11.53~11.60
6.	3종류의 **에이코사노이드**를 제시하고 생물학적 기능을 설명하시오.	프로스타글란딘, 트롬복산, 루코트리엔이 **에이코사노이드(eicosanoid**, 20-탄소 지방산에서 유래하였다)이다. 프로스타글란딘은 통증, 염증, 열 등 광범위한 효과를 일으킨다. 트롬복산은 혈액 응고에 관여하고 루코트리엔은 근육 수축에 영향을 준다.	11.6	11.9	11.61~11.66
7.	**세포막**의 구성요소를 설명하고 여러 가지 화합물이 막에 걸쳐 어떻게 존재하는지 설명하시오.	**막(Membrane)**은 인지질, 당지질, 콜레스테롤, 단백질을 포함하는 이중층이다. **유동 모자이크 모형(fluid mosaic model)**에서 단백질은 모자이크와 같이 막을 가로질러 있는 것처럼 보이며, 불포화지방산 잔기의 탄화수소 꼬리는 막 유동성에 관여한다. 몇몇 물질은 확산을 통하여 막을 통과할 수 있다. 어떤 물질은 **촉진 확산(facilitated diffusion)**이라고 하는 과정을 통하여 특수한 단백질의 도움으로 확산된다. **능동수송(active transport)**은 막을 통하여 확산의 방향과 반대로 분자나 이온이 이동하는 에너지가 필요한 과정이다.	11.7	11.10	11.67~11.72

총정리 문제

색으로 표시된 문제의 해답은 부록 C에 있다.
좀 더 어려운 문제는 *표로 표시하였다.

11.1 제8장에서 H^+가 존재할 때 카르복실산과 알코올이 에스테르와 물을 형성하기 위해 반응을 하는 것을 보았다. 트리글리세리드는 같은 반응의 효소 촉매 반응에서 형성된다.

a. 아래 반응에서 물 분자를 형성하기 위하여 결합하는 반응물 원자를 원으로 표시하시오.

b. 반응물의 남아 있는(원으로 표시하지 않은) 부분을 결합하여 트리글리세리드 생성물을 그리시오.

(세 지방산 OH + $HOCH_2$ / HOCH / $HOCH_2$ —효소→ 트리글리세리드 + $3H_2O$)

11.2 제8장에서 H^+가 존재할 때 에스테르는 카르복실산과 알코올로 가수분해가 된다.

a. 아래의 왁스 에스테르가 가수분해될 때 생성되는 지방산과 알코올을 그리시오.

b. 생성물 분자에서 물에서 온 원자에 원을 그리시오.

$$CH_3(CH_2)_{14}\overset{O}{\overset{\|}{C}}-OCH_2(CH_2)_{28}CH_3 + H_2O \xrightleftharpoons{H^+}$$

11.1 지방산

11.3 라우르산(표 11.1)이 미리스트산보다 녹는점이 낮은 이유는?

11.4 팔미톨레산(표 11.1)이 올레산보다 녹는점이 낮은 이유는?

11.5 다음 분자의 선-결합 구조식으로 쓰시오(표 11.1 참조).

a. 라우르산

b. 리놀렌산

11.6 다음 분자의 선-결합 구조식으로 쓰시오(표 11.1 참조)

a. 팔미트산

b. 팔미톨레산

***11.7** 팔미트산 나트륨, $CH_3(CH_2)_{14}CO_2Na$이 팔미트산, $CH_3(CH_2)_{14}CO_2H$보다 녹는점이 높은 이유는?

11.8 **a.** 소수성, 친수성, 양친매성 중 팔미트산을 가장 잘 설명하는 용어는(문제 11.7 참조)?

b. 소수성, 친수성, 양친매성 중 팔미트산 나트륨을 가장 잘 설명하는 용어는(문제 11.7 참조)?

11.9 구조적으로 제8장에서 논의된 카르복실산과 지방산을 구별하는 것은 무엇인가?

11.10 구조적으로 제8장에서 논의된 알켄과 불포화지방산을 구별하는 것은 무엇인가?

11.11 지방산은 일반적으로 12~20개 탄소 원자를 가지고 있는 카르복실산이다. 일부 생물학적 분자는 20개 이상의 탄소 원자보다 긴 카르복실산 잔기를 가지고 있다. 20개 이상의 탄소 원자를 가지고 있는 지방산을 지질로 볼 수 있는가? 설명하시오.

11.12 지방산은 일반적으로 12~20개 탄소 원자를 가지고 있는 카르복실산이다. 일부 생물학적 분자는 12개 이하의 탄소 원자보다 짧은 카르복실산 잔기를 가지고 있다. 이 카르복실산이 지질인지 아닌지를 결정하는 것은 무엇인가?

11.2 왁스

11.13 밀랍 에스테르(표 11.2)가 비누화(가수분해)될 때 형성되는 생성물의 골격 구조를 그리시오.

11.14 카나우바 왁스 에스테르(표 11.2)가 비누화(가수분해)될 때 형성되는 생성물의 골격 구조를 그리시오.

11.15 왁스의 생물학적 기능을 적으시오.

11.16 왁스의 어떤 특성이 왁스의 일차적인 생물학적 기능을 수행하도록 하는가?

11.17 고래가 생성하는 왁스인 경랍의 향기는 향수 산업에 중요하다. 경랍의 주요 구성성분의 하나인 세틸팔미트산이 팔미트산

과 세틸알코올(cetyl alcohol, $CH_3(CH_2)_{14}CH_2OH$)에서 형성된다. 세틸팔미트산의 구조를 그리시오.

11.18 **a.** 곤충 왁스(표 11.2)에 있는 에스테르에서 분리되는 지방산과 알코올을 그리시오.

b. 문제 a의 해답에서 알코올을 형성하기 위해 환원되는 알데히드를 그리시오.

c. 문제 a의 해답에서 카르복실산을 형성하기 위해 산화되는 일차 알코올을 그리시오.

11.19 밀랍에 있는 일부 에스테르 분자는 알코올 잔기의 ω-3 위치에 —OH기를 가지고 있다. 이 에스테르 중에서 가능한 구조 한 가지를 그리시오. ω-3의 의미는 "Health Link: 오메가-3 지방산"을 참조한다.

11.20 폐결핵을 일으키는 박테리아의 독성은 외부 세포막에 있는 특정 부류의 왁스 에스테르가 있어서 일어난다. 이 에스테르는 2개의 지방산 잔기와 1개의 알코올 잔기를 포함하고 있다. 아래에 있는 카르복실산과 알코올 분자에서 형성된 에스테르 중 1개를 그리시오.

$$CH_3(CH_2)_{18}(CH_2CH(CH_3))_4\overset{\overset{\displaystyle O}{\|}}{C}{-}OH$$

$$CH_3(CH_2)_{20}CH(OH)CH_2CH(OH)(CH_2)_4CH(CH_3)CH(OCH_3)CH_3$$

11.21 **a.** 어떤 나방은 테트라데실 아세트산(tetradecyl acetate)을 생성하여 성 페로몬(유인제)로 사용한다. 이 에스테르를 그리시오(힌트: 접두어 "tetradec"는 "14"를 의미한다).

b. 이 에스테르는 전형적인 왁스 에스테르와 어떻게 다른가?

c. tetradecyl acetate 또는 밀납 에스테르 중에서 어느 것이 높은 용해점을 가질 것으로 예상되는가(표 11.2)?

11.22 **a.** 벌집나방은 9-*cis* tetradecenyl acetate를 생성하여 성 페로몬(유인제)로 사용한다. 이 에스테르를 그리시오(힌트: 접두어 "tetradec"는 "14"를 의미한다).

b. 9-*cis* tetradecenyl acetate 또는 tetradecenyl acetate 중에서 어느 것이 녹는점이 높을 것으로 예상되는가(표 11.2)?

11.3 트리글리세리드

11.23 트리글리세리드의 생물학적 기능 네 가지를 쓰시오.

11.24 다음 문장이 옳은지 틀린지 구별하시오.

a. 포화지방은 포화지방산만 가지고 있다.

b. 불포화지방은 불포화지방산만 가지고 있다.

c. 트리글리세리는 카르복실산이다.

11.25 팔미톨레산(표 11.1)의 완전한 수소화 반응에 대한 균형 반응식을 쓰시오.

11.26 리놀렌산(표 11.1)의 완전한 수소화 반응에 대한 균형 반응식을 쓰시오.

11.27 글리세롤과 미리스트산, 팔미트산, 올레산으로 만들어지는 트리글리세리드를 그리시오. 이 트리글리세리드가 실온에서 액체 혹은 고체가 될지 예측하고 설명하시오.

11.28 글리세롤과 리놀레산, 2개의 리놀렌산이 만들어지는 트리글리세리드를 그리시오. 이 트리글리세리드가 실온에서 액체 혹은 고체가 될지 예측하고 설명하시오.

11.29 **a.** 다음 트리글리세리드가 비누화 반응을 하면 생기는 산물을 그리시오.

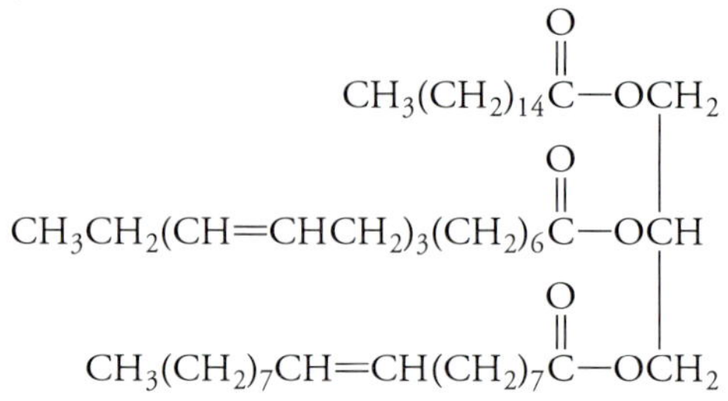

$$CH_3(CH_2)_{14}\overset{\overset{\displaystyle O}{\|}}{C}{-}OCH_2$$
$$CH_3CH_2(CH{=}CHCH_2)_3(CH_2)_6\overset{\overset{\displaystyle O}{\|}}{C}{-}OCH$$
$$CH_3(CH_2)_7CH{=}CH(CH_2)_7\overset{\overset{\displaystyle O}{\|}}{C}{-}OCH_2$$

b. a 문제의 각 생성물이 소수성, 친수성, 혹은 양친매성인지 설명하시오.

11.30 **a.** 다음 트리글리세리드가 비누화 반응을 하면 생기는 산물을 그리시오.

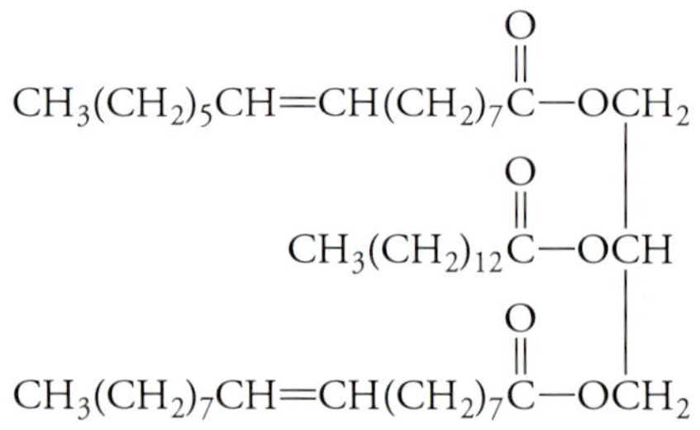

$$CH_3(CH_2)_5CH{=}CH(CH_2)_7\overset{\overset{\displaystyle O}{\|}}{C}{-}OCH_2$$
$$CH_3(CH_2)_{12}\overset{\overset{\displaystyle O}{\|}}{C}{-}OCH$$
$$CH_3(CH_2)_7CH{=}CH(CH_2)_7\overset{\overset{\displaystyle O}{\|}}{C}{-}OCH_2$$

b. a 문제의 각 생성물이 소수성, 친수성, 혹은 양친매성인지 설명하시오.

11.31 식물성 기름은 동물성 지방보다 더 빨리 악취를 풍긴다. 그 이유는?

11.32 식물성 기름의 부패를 느리게 할 수 있는 두 가지 다른 방법을 나열하시오.

11.33 식물성 기름에 부분적으로 수소화시킨다는 것은 어떤 의미인가?

11.34 식품 회사가 식물성 기름을 부분적으로 수소화시키는 이유는?

11.4 인지질과 당지질

11.35 식물과 동물에 가장 풍부한 2개의 인지질은 무엇인가?

11.36 다음 문장이 옳은지 틀린지 구별하시오.

a. 모든 인지질은 인산기를 가지고 있다.

b. 모든 인지질은 2개의 지방산 잔기를 가지고 있다.

c. 모든 인지질은 글리세롤 잔기를 가지고 있다.

11.37 **a.** 다음 글리세로인지질은 어떤 종류에 속하는가?

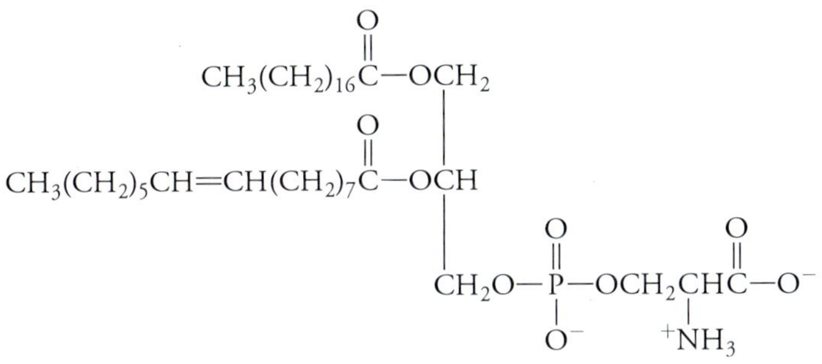

$$\begin{array}{l} CH_3(CH_2)_{16}\overset{O}{\overset{\|}{C}}-OCH_2 \\ CH_3(CH_2)_5CH{=}CH(CH_2)_7\overset{O}{\overset{\|}{C}}-OCH \\ \qquad CH_2O-\overset{O}{\overset{\|}{P}}(O^-)-OCH_2\underset{^+NH_3}{CH}\overset{O}{\overset{\|}{C}}-O^- \end{array}$$

b. 이 종류의 인지질들은 어떻게 서로 다른가?

c. 화합물이 구성 요소로 비누화되었을 때 얻어지는 생성물을 그리시오.

d. 문제 c에서 소수성, 친수성, 혹은 양친매성인지 설명하시오.

11.38 **a.** 다음 화합물은 어떤 인지질에 속하는가?

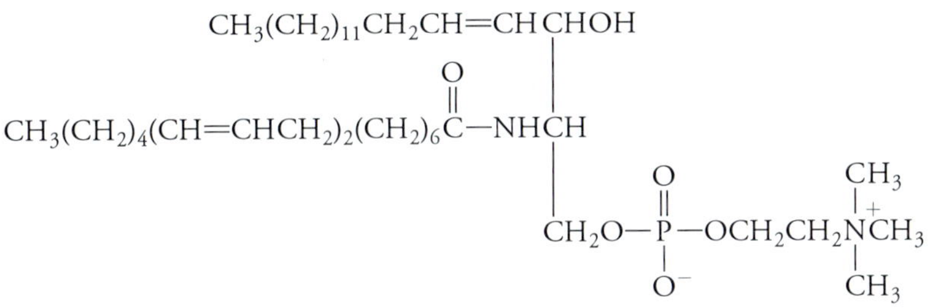

$$\begin{array}{l} CH_3(CH_2)_{11}CH_2CH{=}CH\,CHOH \\ CH_3(CH_2)_4(CH{=}CHCH_2)_2(CH_2)_6\overset{O}{\overset{\|}{C}}-NHCH \\ \qquad CH_2O-\overset{O}{\overset{\|}{P}}(O^-)-OCH_2CH_2\overset{+}{N}(CH_3)_3 \end{array}$$

b. 이 종류의 인지질들은 어떻게 서로 다른가?

c. 화합물이 구성 요소로 비누화되었을 때 얻어지는 생성물을 그리시오.

d. 문제 c에서 소수성, 친수성, 혹은 양친매성인지 설명하시오.

11.39 포스파티딜에탄올아민과 포스파티딜콜린은 어떻게 다른가?

11.40 레시틴(그림 11.17에 있는 포스파티딜콜린)은 유화제이지만 트리글리세리드는 아니다. 이 차이를 설명하시오.

11.41 올레산이 함유된 스핑고미엘린을 그리시오.

11.42 팔미톨레인산이 함유된 스핑고미엘린을 그리시오.

11.43 어떤 세포막에서 스핑고미엘린은 포스파티딜콜린의 대체 물질로 작용한다. 이 두 인지질 사이에 있는 구조적 유사성은 무엇인가?

11.44 포스파티딜에탄올아민과 포스파티딜콜린 중에서 수소결합을 더 잘 형성하는 것은 어느 것인가? 설명하시오.

11.45 특정 세레브로시드(cerebroside)는 β 글리코시드 결합으로 스핑고신 잔기가 붙어 있는 글루코피라노오스(glucopyranose)를 포함하고 있다(10.6절 참조). 그림 11.18에 있는 스핑고지질에 기초하여 이 세레브로시드를 그리시오.

11.46 특정 세레브로시드는 β 글리코시드 결합으로 스핑고신 잔기가 붙어 있는 갈락토피라노오스(galactopyranose)를 포함하고 있다(10.6절 참조). 그림 11.18에 있는 스핑고지질에 기초하여 이 세레브로시드를 그리시오.

11.47 소 뇌에 존재하는 스핑고미엘린은 16에서 32개 탄소를 가지고 있는 포화지방산과 18 혹은 22개의 탄소를 가지고 있는 불포화지방산을 포함하고 있다. 이 중 한 스핑고미엘린 구조를 그리시오.

11.48 동물세포 핵막은 상당한 양의 지방산이 포화된 포스파티딜콜린을 함유하고 있다. 11.7절을 읽고 난 후 이 막 구조의 유동성이 증가할 것인지 혹은 감소할 것인지 예측하시오.

11.49 뱀독에 있는 효소인 phospholipase A2는 트리글리세리드에서 중앙에 있는 지방산 잔기를 가수분해(제거)를 촉매한다. 이 가수분해 반응의 생성물인 디글리세리드를 그리시오.

***11.50** **a.** phospholipase A2의 작용으로 방출되는 지방산(문제 11.49 참조)은 종종 아라키돈산이다. 간접적으로 이 지방산의 방출은 뱀에 물린 자리에서 일어나는 염증과 관계가 있다. 설명하시오.

b. 트리글리세리드의 분해를 촉매하는 phospholipase A2에 의해 형성되는 디글리세리드(리소인지질; lysophospholipid)는 세포막을 파괴할 수 있는 계면활성제로 작용한다. 어느 것이 막의 인지질, 트리글리세리드 혹은 디글리세리드와 가까운가?

11.5 스테로이드

11.51 인체에서 콜레스테롤은 어떻게 이용되는가?

11.52 콜레스테롤이 없는 음식을 먹는 사람도 콜레스테롤 수준이 높을 수 있다. 설명하시오.

11.53 타우로콜산염(그림 11.21)의 소수성 부분과 친수성 부분을 표시하시오.

11.54 글리코콜산염(그림 11.21)의 소수성 부분과 친수성 부분을 표시하시오.

11.55 성호르몬과 담즙염 합성을 위한 초기 물질은 무엇인가?

11.56 담즙염은 유화제로 작용하여 트리글리세리드의 소화를 돕는다. 설명하시오.

11.57 **a.** HDL과 LDL의 생물학적 기능은 무엇인가?

b. 뉴스에서 HDL은 "좋은 콜레스테롤", LDL은 "나쁜 콜레스테롤"이라고 하는 것을 종종 들을 수 있다. HDL과 LDL의 구조적 관점에서 "콜레스테롤"이라는 용어의 사용은 맞는가? 설명하시오.

c. HDL을 "좋게" 하고 LDL을 "나쁘게" 하는 것은 무엇인가?

***11.58** 콜레스테롤 검사 결과에서, 어떤 사람의 혈청에는 35 mg/dL HDL과 150 mg/dL LDL이 포함되어 있다.

a. 이 수치는 정상 범위인가?

b. 혈청 1.0 mL에는 HDL이 몇 그램이 들어 있는가?

c. 혈청 2.5×10^{-4} L에는 LDL이 몇 μg 들어 있는가?

d. LDL/HDL의 비율은 무엇인가? 이 수치는 건강하다고 할 수 있는가?

e. 주어진 HDL과 LDL 농도에서 총콜레스테롤을 계산할 수 있는가? 설명하시오.

11.6 에이코사노이드

***11.59** 코르티솔, 코르티손, 항염증 스테로이드는 막 지질에서 아라키돈산을 포함하여 불포화지방산의 가수분해를 촉매하는 효소의 작용을 막는다. 이런 작용이 어떻게 염증을 감소시키는가?

11.60 아스피린을 소량 복용하면 심장마비의 위험을 감소시킬 수 있지만, 위장 출혈의 위험이 증가한다. 아스피린이 어느 에이코사노이드의 합성에 영향을 주어서 출혈의 위험을 증가시키는가?

11.61 COX-2 억제제 대체물인 덱사메타손은 COX-2 생성을 막는다. COX-2의 생성을 막지만 COX-1에는 효과가 없는 약물을 섭취할 때, 이점은 무엇인가?

11.62 덱사메타손(문제 11.61)은 어느 부류의 지질에 속하는가?

Dexamethasone

11.7 막

11.63 촉진 확산과 능동수송은 어떻게 다른가?

11.64 촉진 확산과 능동수송은 어떻게 유사한가?

11.65 촉진 확산과 확산은 어떻게 다른가?

11.66 촉진 확산과 확산은 어떻게 유사한가?

***11.67** 막은 적절하게 작용하기 위하여 유동성을 가지고 있다. 이러한 사실에 비춰서, 순록의 발과 다리에 있는 세포막이 체내에 있는 세포막보다 불포화지방산을 더 많이 함유하고 있는 이유를 설명하시오.

11.68 찬 물에 살고 있는 어류의 세포막에 존재하는 지질은 육상 동물의 막에서 발견되는 지질보다 불포화지방산을 더 포함한다. 이유를 설명하시오.

HealthLink | 오메가-3 지방산

11.69 올레산(그림 11.1)은 오메가-3 지방산이 아니다. 오메가 지방산은 어떤 종류인가?

11.70 **a.** "eicosapentaenoic acid"에서 접두어 *eicos*는 20개의 탄소를 의미한다(그림 11.4). *pentaen*은 어떤 의미인가?

b. "docosahexaenoic acid"에서 접두어 *docos*는 무엇을 지칭하는가? *hexaen*는 어떤 의미인가?

11.71 오메가-3 지방산을 섭취하면 어떤 건강상의 장점이 있는가?

11.72 오메가-3 지방산의 좋은 공급원인 몇몇 어류를 섭취하지 말라고 하는 이유는 무엇인가?

HealthLink | 트랜스 지방

11.73 11.1절에서 불포화지방산을 설명할 때, 탄소–탄소 이중결합은 일반적으로 *cis*라고 하였다. *trans* 이중결합을 가지고 있는 불포화지방산의 천연 공급원인 식품 한 가지를 쓰시오.

11.74 식물성 기름, 마아가린, 버터 중에서 트랜스 지방을 가장 많이 함유하고 있는 것은 어느 것인가? 설명하시오.

11.75 다음 트리글리세리드에서 부분적인 수소화 반응이 일어난다면 형성될 트랜스 지방을 그리시오.

$CH_3(CH_2)_{12}C(=O)-OCH_2$

$CH_3(CH_2)_4CH_2(H)C=C(H)CH_2(CH_2)_6C(=O)-OCH$

$CH_3(CH_2)_4CH_2(H)C=C(H)CH_2(CH_2)_6C(=O)-OCH_2$

11.76 다음 트리글리세리드에서 부분적인 수소화 반응이 일어난다면 형성될 트랜스 지방을 그리시오.

$CH_3(CH_2)_6CH_2(H)C=C(H)CH_2(CH_2)_6C(=O)-OCH_2$

$CH_3(CH_2)_{16}C(=O)-OCH$

$CH_3(CH_2)_3CH_2(H)C=C(H)CH_2(H)C=C(H)CH_2(CH_2)_6C(=O)-OCH_2$

HealthLink | 올레스트라

***11.77** 만일 올레스트라(그림 11.15)가 비누화 반응이 일어나면 형성

될 생성물을 그리시오.

11.78 올레스트라가 소화계에서 손상되지 않고 통과되어, 비타민 A, 비타민 E, 그 외 지용성 비타민과 함께 섭취한다. 이 비타민과 올레스트라는 어떤 비공유 상호작용을 하는가?

HealthLink | 단백동화스테로이드

11.79 **a.** 난드롤론 라우르산염(그림 11.22)에서 비누화 반응이 일어나면 얻어지는 가수분해 생성물인 난드롤론과 라우르산을 그리시오.

b. 난드롤론의 구조는 테스토스테론의 구조와 얼마나 다른가?

***11.80** **a.** 테스토스테론의 대체 요법은 종종 테스토스테론 에스테르를 사용한다. 테스토스테론 아세트산염(테스토스테론의 알코올이 아세트산과 반응하여 생성되는)과 테스토스테론 스테아르산염을 그리시오.

b. 일단 투입되면 테스토스테론 에스테르는 지방조직으로 이동하며 시간이 지남에 따라 혈류로 방출되어 테스토스테론을 생산하기 위해 가수분해된다. 문제 a에서 어느 테스토스테론 에스테르가 지방 조직에서 더 빨리 분비된다고 생각하는가? 설명하시오.

심화학습

11.81 **a.** 각 분자는 어떤 종류의 지질에 속하는가?

b. a 문제에서 왼쪽에 있는 분자는 에스트라디올이다. 기능이 무엇인가?

c. a 문제에서 오른쪽에 있는 분자가 완전히 수소화되면 형성되는 생성물을 그리시오($3H_2$ 및 Pt와 반응).

d. 문제 a에서 오른쪽에 있는 분자와 문제 c의 해답 중에서 어느 것이 더 높은 녹는점을 가지는가?

e. 신체에서 몇몇 에스트라디올은 지방산과 반응하여 에스테르를 생성한다. 이 에스테르는 나중에 사용할 수 있도록 에스트라디올을 저장한다고 알려져 있다. 문제 a에서 2분자를 사용하여 이 에스테르 중 1개를 그리시오. 에스트라디올의 페놀기가 아니라 알코올기가 에스테르 형성에 관여한다.

f. 에스트라디올과 문제 c의 해답에 있는 에스트라디올 포함 에스테르 중에서 어느 것이 더 친수성일까?

g. 에스트라디올 지방산 에스테르는 혈액을 통하여 지질단백질로 이동되고 지방으로 저장된다. 이 에스테르는 왜 지방에서 녹는가?

11.82 **a.** 식물 스테롤(식물이 만드는 스테로이드)의 특정 지방산 에스테르는 콜레스테롤 수준을 낮추는데 효과적이라고 알려졌다. 아래 스테롤 에스테르에서 지방산 잔기와 스테롤 잔기를 표시하시오.

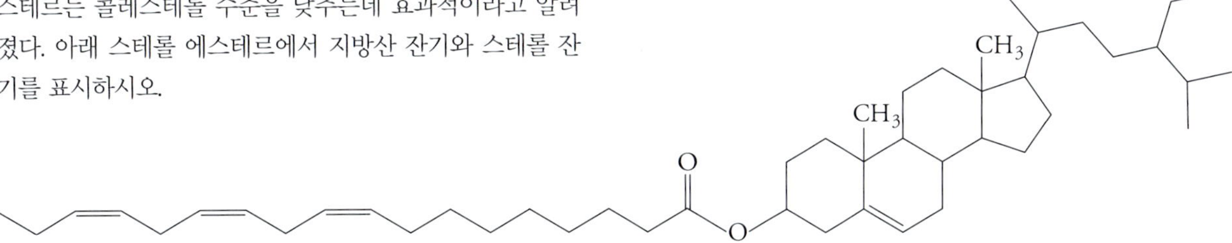

b. 문제 a에 있는 화합물이 NaOH(*aq*)를 사용하여 가수분해될 때 생성되는 지방산염과 스테롤을 그리시오.

c. 문제 b의 해답에서 pH 1, pH 7, pH 12에서 존재하는 지방산을 그리시오.

d. 문제 b의 해답의 화합물에서 어떤 것이 소수성이고 어떤 것이 양친매성인가?

e. 이 문제에서 나타나는 잔기를 가지고 있는 지방산이 부분적으로 수소화($2H_2$ 및 Pt와 반응)되었을 때 형성되는 생성물을 그리시오.

f. 문제 b의 해답에 있는 스테롤이 $K_2Cr_2O_7$과 반응할 때 형성되는 유기 생성물을 그리시오.

연습문제 해답

11.1 리놀레산 분자는 2개의 탄소–탄소 이중결합을 가진 것과 비교하여 리놀렌산은 3개의 탄소–탄소 이중결합을 가지고 있다. 지방산에서 이중결합이 많을수록, 서로 다른 지방산의 탄화수소 꼬리는 서로 더 멀어진다. 따라서 약한 London force 상호작용을 초래하여 녹는점이 낮아진다.

11.2 미리스산염 이온은 음전하를 가지고 있지만, 탄소 원자가 너무 많아 물에 완전히 녹지 않는다. 대신에 양친매성이다. 아세트산염 이온은 음전하를 가지고 있고, 탄소 원자수가 적어 물에 녹는다.

11.3 $CH_3(CH_2)_{18}\overset{O}{\overset{\|}{C}}-OCH_2(CH_2)_{20}CH_3$

11.4

$$CH_3(CH_2)_7CH{=}CH(CH_2)_7\overset{O}{\overset{\|}{C}}-OCH_2 \qquad CH_3(CH_2)_{14}\overset{O}{\overset{\|}{C}}-OCH_2$$

$$CH_3(CH_2)_{14}\overset{O}{\overset{\|}{C}}-OCH \qquad CH_3(CH_2)_{14}\overset{O}{\overset{\|}{C}}-OCH$$

$$CH_3(CH_2)_{14}\overset{O}{\overset{\|}{C}}-OCH_2 \qquad CH_3(CH_2)_{16}\overset{O}{\overset{\|}{C}}-OCH_2$$

11.5 팔미트산 잔기가 있는 트리글리세리드는 녹는점이 더 높다.

11.6 자기 산화가 일어날 때 트리글리세리드는 부패한다. 탄소–탄소 이중결합이 많은 분자일수록 더 빨리 자기 산화가 일어난다.

11.7 인산기[$-OPO_2CH_2CH_2N(CH_3)_3{}^+$ 혹은 $-OPO_2CH_2CH_2NH_3{}^+$]나 다른 지방산 잔기가 붙어 있는 다른 알코올 포함 잔기를 가지고 있다.

11.8 **a.** 안드로스텐디온이 테스토스테론으로 전환될 때 케톤은 2차 알코올로 전환된다. 수소를 얻는 것은 환원이다.

Androstenedione

Testosterone

b. 안드로스텐디온은 2개의 케톤기와 1개의 알켄기를 가지고 있으며, 이들은 수소화 반응(H_2 및 Pt와 반응)이 일어날 수 있다. 테스토스테론을 형성할 뿐만 아니라, H_2와 pt는 다른 케톤기, 알켄 또는 세 가지 조합을 환원시킬 수 있다.

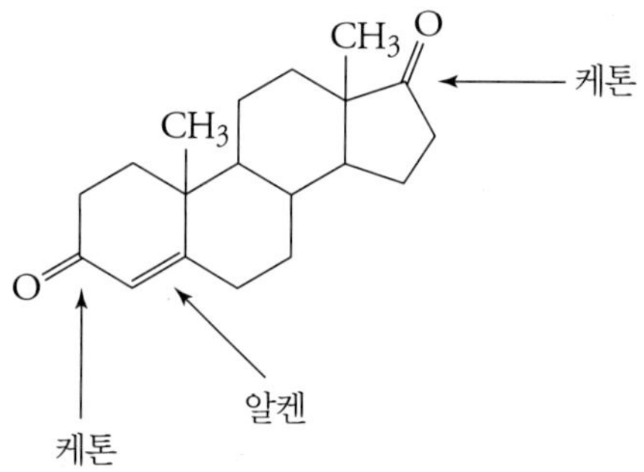

안드로스텐디

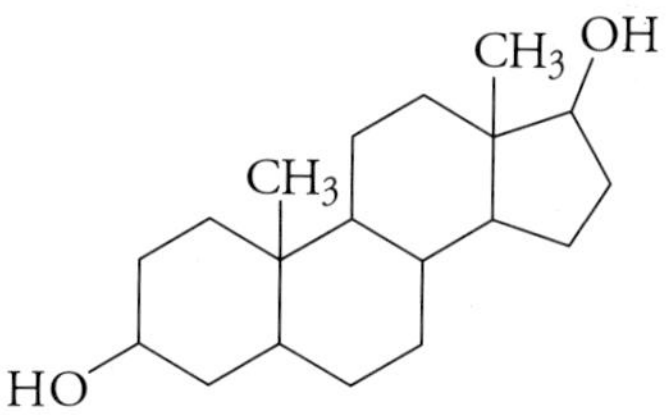

3 작용기 모두 환원되어 형성됨

11.9 아스피린과 이부프로펜은 두 가지 다른 효소를 억제한다. 이 두 가지 효소는 통증, 열, 염증에 관여하는 에이코사노이드 형성에 관여하는 COX-2와 혈압과 혈액 응고를 조절하는 에이코사노이드 생성에 관여하는 COX-1이다. Celebrex는 COX-2를 억제한다.

11.10 막에 존재하는 지질은 양친매성이다. 트리글리세리드는 양친매성이 아니다.

Isabelle Rozenbaum & Frederic Cirou/PhotoAlto/Getty Images, Inc.

커피숍에서

당신은 다가오는 화학시험을 준비하기 위해 커피숍에서 친구와 만나기로 하였다. 커피 한 컵과 땅콩버터쿠키를 구입한 후 자리를 잡고 앉아 있을 때 친구가 도착하였고, 땅콩쿠키를 권했지만 친구는 알레르기가 있어서 거절했다. 비록 정도가 약하지만 땅콩 속의 특정 단백질이 반점을 일으키고 입술과 입을 얼얼하게 만든다고 말했다.

12 펩티드, 단백질, 그리고 효소

본 장에 관하여

펩티드와 단백질은 다른 어떤 물질보다도 생명체 내에서 더욱 다양한 역할을 한다. 그들은 촉매로서 작용할 수 있고, 호르몬, 수송체, 피부, 인대, 뼈의 핵심 구조로 작용한다. 다른 단백질들이 근육에서 시각작용, 면역작용, 신경계에서 작용한다. 우리는 이 장을 펩티드와 단백질을 구성하는 아미노산을 살펴보는 것부터 시작할 것이다.

CHAPTER 12의 목적

이 장을 끝내고 나면, 여러분들은 다음과 같은 것들을 할 수 있을 것이다. 즉:

1. 아미노산의 구조와 분류체계를 설명할 수 있다.
2. 올리고펩티드류, 다중 펩티드류, 단백질을 구별할 수 있으며, 이들 내에 아미노산이 연결되어 있는 결합에 대해 설명할 수 있다.
3. pH의 변화가 펩티드의 실제 전하에 어떻게 영향을 미치는지 설명할 수 있다.
4. 단백질의 1차, 2차, 3차, 4차 구조에 대해 정의할 수 있고, 각 구조에서 공유 혹은 비공유결합에 대해 설명할 수 있다.
5. 단백질 변성의 의미에 대해 설명할 수 있고 단백질 변성이 일어나는 몇 가지 이유를 열거할 수 있다.
6. 절대적 구조 특이성, 상대적 구조 특이성, 입체적 특이성을 구별하고 설명할 수 있다.
7. 전형적인 Michaelis–Menten 효소에서 기질이 생성물로 전환되는 단계에 대해 설명하고, 경쟁적 혹은 비경쟁적 저해제가 이들 효소에 어떤 영향을 주는지를 설명하고, 가역적 저해와 비가역적 저해를 구별하고 설명할 수 있다.
8. 다른자리 입체성조절효소에 대해 설명하고, 이들 효소의 활성 조절에 기여하는 조절자들의 역할에 대해 설명할 수 있다. 되먹임 저해와 공유결합 변형 의미에 대해 설명할 수 있다.

12.1 | 아미노산

유기화학의 관점에서 본다면, **아미노산(amino acids)**은 최소 1개의 카르복실기(—*COOH*)와 1개의 아미노기(—NH_2)를 갖는다. 20개의 아미노산이 1개의 펩티드나 단백질을 갖는데(표 12.1), 이를 **α-아미노산(α-amino acids)**이라고 부른다. 왜냐하면, 아미노기와 카르복실기가 α-탄소 원자에 연결되어 있기 때문이다. 다시 말하면, 아미노기가 α-탄소와 연결되고, 또한 카르복실기도 α-탄소와 연결된다. 사슬기(혹은 R기)와의 차이점은 α-탄소에 연결된 원자 혹은 원자단의 구조적 차이로 다른 아미노산과 구별된다는 것이다.

$$H-\ddot{N}(H)-C(H)(R)-C(=\ddot{O}:)-\ddot{O}H$$

α-아미노산의 예

표 | 12.1 단백질에 존재하는 α-아미노산들

일반명	구조식	일반명	구조식
비극성		메티오닌 (Methionine, Met)	$H-\overset{+}{N}(H)(H)-C(H)(CH_2-CH_2-S-CH_3)-C(=O)-O^-$
글리신 (Glycine, Gly)	$H-\overset{+}{N}(H)(H)-C(H)(H)-C(=O)-O^-$	프로린 (Proline, Pro)	$H-\overset{+}{N}(H)-C(H)-C(=O)-O^-$ (ring: CH_2, CH_2, CH_2)
알라닌 (Alanin, Ala)	$H-\overset{+}{N}(H)(H)-C(H)(CH_3)-C(=O)-O^-$	페닐알라닌 (Phenylalanine, Phe)	$H-\overset{+}{N}(H)(H)-C(H)(CH_2-C_6H_5)-C(=O)-O^-$
발린 (Valine, Val)	$H-\overset{+}{N}(H)(H)-C(H)(CHCH_3-CH_3)-C(=O)-O^-$	트립토판 (Tryptophan, Trp)	$H-\overset{+}{N}(H)(H)-C(H)(CH_2-\text{indole, NH})-C(=O)-O^-$
루신 (Leucine, Leu)	$H-\overset{+}{N}(H)(H)-C(H)(CH_2-CHCH_3-CH_3)-C(=O)-O^-$		
이소루신 (Isoleucine, ILe)	$H-\overset{+}{N}(H)(H)-C(H)(CHCH_3-CH_2-CH_3)-C(=O)-O^-$		

일반명	구조식
극성-산성	
아스팔트산 (Aspartic acid,l Asp)	$H-\overset{+}{N}H_2-CH(CH_2-COO^-)-COO^-$
글루탐산 (Glutamic acid, Glu)	$H-\overset{+}{N}H_2-CH(CH_2-CH_2-COO^-)-COO^-$
극성-염기성	
라이신 (Lysine, Lys)	$H-\overset{+}{N}H_2-CH(CH_2-CH_2-CH_2-CH_2-\overset{+}{N}H_3)-COO^-$
아르기닌 (Arginine, Arg)	$H-\overset{+}{N}H_2-CH(CH_2-CH_2-CH_2-NH-C(NH_2)=\overset{+}{N}H_2)-COO^-$
히스티딘 (Histidine, His)	$H-\overset{+}{N}H_2-CH(CH_2-\text{imidazole: NH, }H\overset{+}{N}=)-COO^-$
극성-중성	
세린 (Serine, Ser)	$H-\overset{+}{N}H_2-CH(CH_2OH)-COO^-$
트레오닌 (Threonine, Thr)	$H-\overset{+}{N}H_2-CH(CHCH_3(OH))-COO^-$
시스테인 (Cysteine, Cys)	$H-\overset{+}{N}H_2-CH(CH_2SH)-COO^-$
티로신 (Tyrosine, Tyr)	$H-\overset{+}{N}H_2-CH(CH_2-C_6H_4-OH)-COO^-$
아스파라긴 (Asparagine, Asn)	$H-\overset{+}{N}H_2-CH(CH_2-C(=O)-NH_2)-COO^-$
글루타민 (Glutamine, Gln)	$H-\overset{+}{N}H_2-CH(CH_2-CH_2-C(=O)-NH_2)-COO^-$

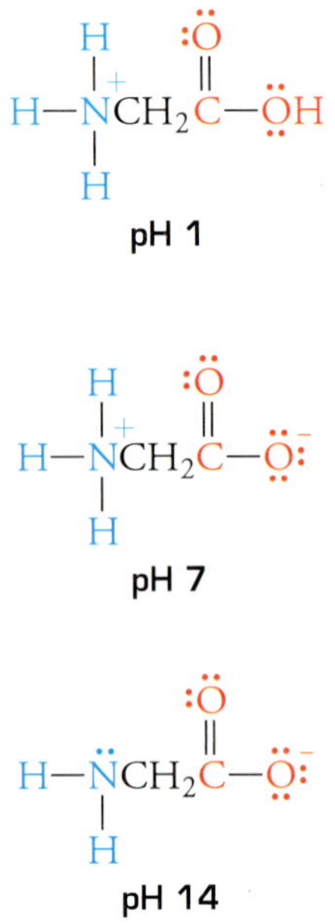

$$H_3\overset{+}{N}CH_2C(=\ddot{O})-\ddot{O}H$$

pH 1

$$H_3\overset{+}{N}CH_2C(=\ddot{O})-\ddot{O}:^-$$

pH 7

$$H_2\ddot{N}CH_2C(=\ddot{O})-\ddot{O}:^-$$

pH 14

■ 그림 12.1

글리신에 대한 pH의 효과 아미노산의 카르복실기와 아미노기의 구조는 pH에 따라 변화한다. 글리신은 pH 1에서 +1, pH 7에서 0, pH 14에서 −1의 실제 전하를 갖는다.

위의 표 12.1에서 그린 구조들은 pH의 영향을 고려하지 않고 그린 것이다. 아미노산은 카르복실기와 아미노기를 가지고 있으므로, 그들의 구조도(카르복실기와 아미노기의) pH에 따라 변화한다. 아미노산의 카르복실기는 pK_a 값이 1.8에서 4.3 정도이므로 pH 7에서 카르복실기는 짝염기의 형태(—COO^{2-})를 취하게 된다. 아미노산의 아민기는 pK_a 값이 대개 9.1에서 12.5 사이이므로, pH 7에서 아미노산의 아민 부분은 짝산의 형태(—NH_3^+)를 가진다. 그래서 글리신의 경우, pH 7에서 +1의 전하와 −1의 전하를 동시에 가진다(그림 12.1). 이렇게 하나의 아미노산에 양전하와 음전하가 1개씩 있는 구조를 **쌍성 이온(zwitter ion)**이라고 부른다(zwei는 독일어로 둘을 의미).

pH가 변화하면서 아미노산의 실제 전하도 변화한다. pH가 1일 때, 즉 카르복실기(—COOH)나 아미노기(—NH_3^+)의 pK_a보다 작을 때 글리신은 +1의 실제 전하를 가지고, pH가 14일 때에는(즉, 2개의 기능기가 갖는 pK_a보다 클 때) −1의 실제 전하를 갖는다(그림 12.1). 생명체 내에서 pH는 1과 14까지 큰 변화를 하지 않고, 좁은 영역에서의 pH 변화만 있으므로 아미노산의 실제 전하 변화도 좁은 영역에서 일어난다.

각 아미노산에서 pK_a의 작은 변화도 이웃의 아미노산에게는 큰 변화가 될 수 있고, 주어진 pH에서 실제 전하의 변화는 아미노산마다 다양하게 나타날 수 있다. 아미노산의 실제 전하가 0이 되는 pH를 **등전점(isoelectric point, pI)**이라고 부른다. 이 장의 후반부에서 다루겠지만, pH의 변화에 따른 아미노산의 구조 변화는 단백질과 펩티드의 생화학적 기능에 중요한 영향을 준다.

예제 12.1

pK_a와 pH

예를 들면, 초산의 pK_a는 4.74이다. 초산이 pH 1일 때, pH 7 일 때, pH 14일 때 구조를 각각 그리시오.

$$\underset{\text{Acetic acid}}{CH_3C(=O)-OH} + H_2O \rightleftharpoons \underset{\text{Acetate ion}}{CH_3C(=O)-O^-} + H_3O^+$$

■ pH < pK_a라면, [HA] > [A^-]. pH > pK_a라면, [A^-] > [HA]

전략

pH와 pK_a를 비교해 본다. pH가 pK_a보다 작다면 초산의 형태(Acetic acid)가 우세하다. 그러나 만약 pH가 pK_a보다 크다면 염기의 형태(Acetate ion)가 우세하다.

■ 아미노산은 등전점에서 실제 전하를 갖지 않는다.

해답

$$\underset{pH = 1}{CH_3C(=O)-OH} \qquad \underset{pH = 7}{CH_3C(=O)-O^-} \qquad \underset{pH = 14}{CH_3C(=O)-O^-}$$

연습문제 12.1

$CH_3NH_3^+$의 경우에 pK_a는 10.62이다. 이 화학물의 구조를 pH 1일 때, pH 7일 때, pH 14일 때 각각 그리시오.

$$CH_3NH_3^+ + H_2O \rightleftharpoons CH_3NH_2 + H_3O^+$$

예제 12.2

아미노산의 구조에 대한 pH의 효과

아미노산 발린의 구조를 pH 1, pH 7, pH 14에서 그리시오(표 12.1 참조).

전략

7.9절에서 설명한 것처럼, pH와 산의 pK_a가 같아지면 산의 농도는 그 짝염기의 농도와 동등해진다. pH가 pK_a보다 작을 때 산이 우세해지고, pH가 pK_a보다 클 때 짝염기가 우세해진다. 발린에 있는 기능기의 pK_a 값을 계산하려면 위의 문장을 다시 보도록 한다.

해답

```
   H  H   :Ö:                H  H   :Ö:                 H   :Ö:
  +|  |    ||               +|  |    ||                 |    ||
H—N—C——C—ÖH             H—N—C——C—Ö:⁻            H—N̈—C——C—Ö:⁻
   |  |                      |  |                    |  |
   H  CHCH3                  H  CHCH3                H  CHCH3
      |                         |                       |
      CH3                       CH3                     CH3
     pH 1                      pH 7                   pH 14
```

연습문제 12.2

아스파르트산의 구조를 pH 1, pH 7, pH 14에서 각각 그리시오.

아미노산의 분류

모든 아미노산은 친수성인데, 그 이유는 극성공유결합이 있고, N, O, H 원자들이 물과 수소결합을 형성할 수 있으며, 전하를 띠기 때문이다($—NH_3^+$ 혹은 $—CO_2^-$). 물에 녹는 성질과 아미노산의 화학은 곁사슬의 종류에 따라 어느 정도 달라지게 되므로, 곁사슬에 따라 아미노산을 분류하는 것이 유용하다.

비극성 아미노산(nonpolar amino acid, 표 12.1)의 결사슬은 대부분 알킬기, 방향족 고리기 혹은 비극성 원자의 모임이다. 비극성 아미노산에는 알라닌(메틸기를 가진다), 발린(이소프로필기를 곁사슬로 가진다), 루신(이소부틸기를 곁사슬로 가진다)이 있다.

- 아미노산은 비극성, 극성-산성, 극성-염기성 혹은 극성-중성으로 나뉘는데, 그들의 곁사슬의 특성에 의해 분류된다.

극성-산성 아미노산(polar-acidic amino acid)의 곁사슬은 카르복실기이다. pH 7에서 카르복실기는 짝염기의 형태($—COO^-$)로 발견되며, 2개의 극성-산성 아미노산들, 아르팔트산과 글루탐산이 있으며, pH 7에서 음전기를 가진다.

극성-염기성 아미노산(polar-basic amino acid)의 곁사슬은 아미노기를 가진다. 라이신(Lys)의 경우와 같이 $—CH_2CH_2CH_2CH_2NH_2$기를 가지거나 또는 다른 염기성 질소를 가지는 원자단들이다. pH 7에서 아민은 그들의 짝염기의 형태로 존재하며, 극성-염기성 아미노산은 pH에서 양전기를 가진다.

- 다른 극성-염기성 아미노산과 달리 히스티딘은 pH가 6 이하일 때만 곁사슬이 양전하를 가진다.

극성-중성 아미노산(polar-neutral amino acid)은 곁사슬로 대개 알코올, 페놀, 혹은 아미드기를 가진다. 이 기능기들은 산성도 염기성도 아니며, pH 7에서 전기를 띠지 않는다. 6개의 극성-중성 아미노산이 있는데, Serine, Tyrosine, Asparagine이 좋은 예이다.

입체이성질체

글리신(glycine)을 제외하고, 표 12.1에 있는 모든 α-아미노산들은 모두 키랄성이다(α-탄소에 4개의 서로 다른 기가 연결된 구조). 이 말의 의미는 그림 12.2에서 alanine의 경우처럼 각 아미노산이 자신의

■ 그림 12.2

피셔 투영식 알라닌은 1개의 키랄 탄소로 구성되고 거울상이성질체의 쌍으로, 즉 D와 L형으로 존재가능하다. 그러나 자연에는 L-형 아미노산이 우세하다.

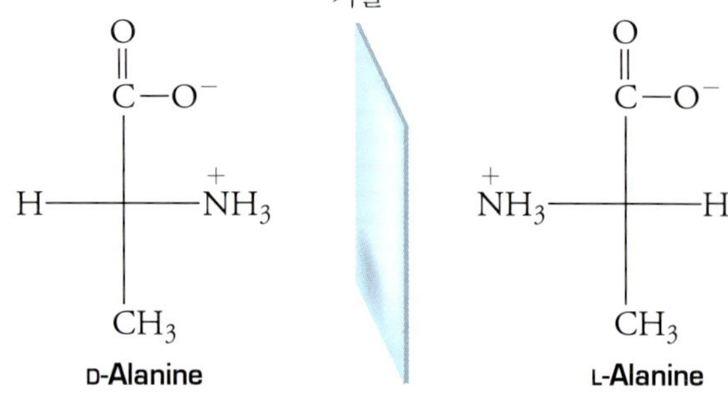

■ 글리신을 제외하고는 모든 아미노산은 D와 L형으로 존재한다.

■ 아미노산의 경우에 피셔 투영식은 탄소 원자를 수직으로 배열하고 카르복실기를 제일 위로 오게 한다. 이러한 방향에서 D-아미노산은 —NH_2가 오른쪽에 존재하며, L-아미노산은 —NH_2가 왼쪽에 존재한다.

거울상과 서로 겹쳐지지 않는다는 것이다. 두 거울상이성질체끼리의 D와 L형 분류는 α-탄소에 연결된 아미노기와 수소 원자의 상대적 위치에 따라 기원하고 있다. 아미노산을 피셔 투영식(10.2절)에 따라 카르복실기를 위로 오게 하고, 곁사슬을 아래로 오게 하여 그리면, **D-형 아미노산(D-amino acid)**은 아미노기가 오른쪽에 위치하고, **L-형 아미노산(L-amino acid)**은 아미노기가 왼쪽에 위치하게 된다.

생명체 내에서는 L-형 아미노산만이 단백질을 구성하는 데 사용되는 것으로 알려져 있다. 하지만 어떤 경우에는 생명체가 단백질의 조립 후에 L-형 아미노산을 D-형 아미노산으로 전환할 수 있는 효소를 생산하는 것으로 알려져 있다. 몇 종류의 D-형 아미노산을 가지는 단백질들이 주로 세균의 세포벽을 구성하는 데 사용되거나 많은 세균의 항생물질 생산에 사용되고 있다.

12.2 | 펩티드 결합

■ 펩티드나 단백질도 아미노산의 집합으로 형성되며 펩티드 결합에 의해 서로 연결된다.

제8장에서 우리는 카르복실산과 아민이 서로 반응하여 아미드를 만드는 것을 보았다. 아미노산은 카르복실과 아미노기를 동시에 가지므로 이들은 다른 아미노산과 반응하여 아미드를 만들 수 있다. 생화학에서는 이 아미드 결합이 아미노산의 결합을 형성하는데, 이것을 **펩티드 결합(peptide bond)**이라고 부른다. 아래와 같은 2개의 샘플 반응에서 pH의 영향은 무시함을 주의하라.

$$CH_3CH_2\overset{\overset{\displaystyle O}{\|}}{C}-OH + H-\underset{\underset{\displaystyle H}{|}}{N}CH_3 \longrightarrow CH_3CH_2\overset{\overset{\displaystyle O}{\|}}{C}-\underset{\underset{\displaystyle H}{|}}{N}CH_3 + H_2O$$

(아미드 결합)

$$H_2N\underset{\underset{\displaystyle CH_3}{|}}{C}H\overset{\overset{\displaystyle O}{\|}}{C}-OH + H-\underset{\underset{\displaystyle H}{|}}{N}CH_2\overset{\overset{\displaystyle O}{\|}}{C}-OH \longrightarrow H_2N\underset{\underset{\displaystyle CH_3}{|}}{C}H\overset{\overset{\displaystyle O}{\|}}{C}-\underset{\underset{\displaystyle H}{|}}{N}CH_2\overset{\overset{\displaystyle O}{\|}}{C}-OH + H_2O$$

(펩티드 결합)

그림 12.3a의 구조는 2개의 아미노산으로 연결된 구조, **dipeptide**를 보여주고 있다. 탄수화물을 표현하는 데 사용한 것과 같은 유사한 체계로 3개의 아미노산이 모이면 **tripeptide**, 4개가 모이면 **tetrapeptide** 등으로 불린다. **올리고펩티드(oligopeptides)**는 2개 혹은 10개의 아미노산을 가지며 **폴리펩티드(polypeptide)**는 10개 이상을 가진다. 올리고펩티드와 폴리펩티드를 부를 때, 통칭하여 **펩티드(peptide)**라고 부른다. 어떤 관점에서는, 물론 모든 찬성을 받는 것은 아니지만, 폴리펩티드가 단백질로 불릴 수 있을 만큼 충분한 아미노산 수를 가지는 경우에, 대개 50개 이상의 아미노산을 가지면 단백질로 정의되기도 한다.

그림 12.3*a*의 dipeptide에 있는 펩티드 결합은 왼쪽의 알라닌이 카르복실기에서 C=O를 공여하고 오른쪽의 글리신이 아미노기에서 NH를 공여하여 형성된다. 13장에서 보게 되겠지만, 아미노산끼리

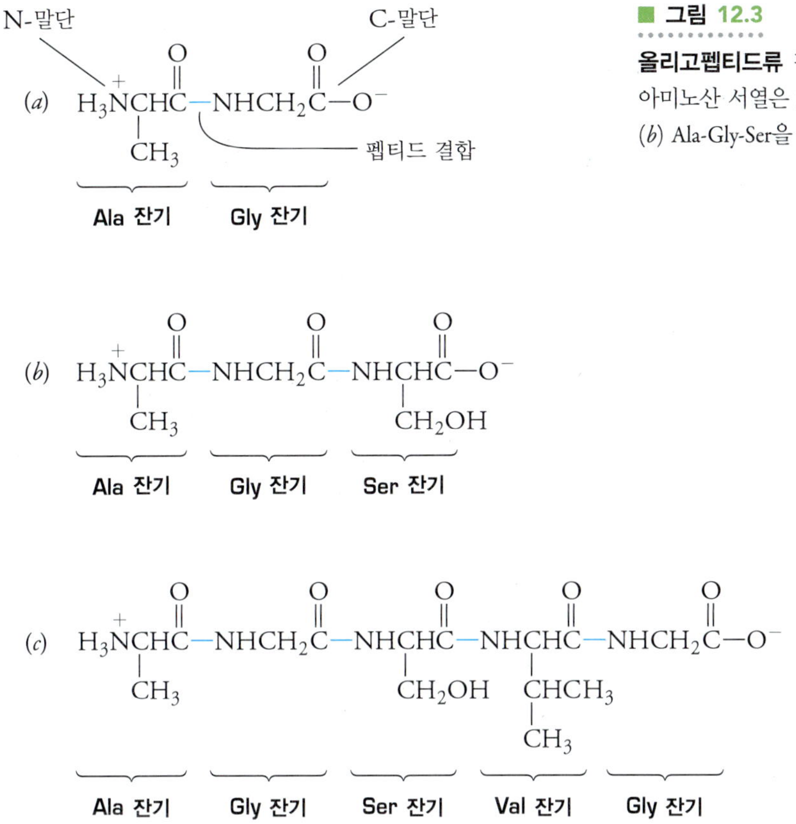

N-말단 C-말단

(*a*) $H_3\overset{+}{N}CH(CH_3)\overset{O}{\overset{\|}{C}}-NHCH_2\overset{O}{\overset{\|}{C}}-O^-$

펩티드 결합

Ala 잔기 Gly 잔기

(*b*) $H_3\overset{+}{N}CH(CH_3)\overset{O}{\overset{\|}{C}}-NHCH_2\overset{O}{\overset{\|}{C}}-NHCH(CH_2OH)\overset{O}{\overset{\|}{C}}-O^-$

Ala 잔기 Gly 잔기 Ser 잔기

(*c*) $H_3\overset{+}{N}CH(CH_3)\overset{O}{\overset{\|}{C}}-NHCH_2\overset{O}{\overset{\|}{C}}-NHCH(CH_2OH)\overset{O}{\overset{\|}{C}}-NHCH(CHCH_3CH_3)\overset{O}{\overset{\|}{C}}-NHCH_2\overset{O}{\overset{\|}{C}}-O^-$

Ala 잔기 Gly 잔기 Ser 잔기 Val 잔기 Gly 잔기

■ **그림 12.3**

올리고펩티드류 펩티드(혹은 아미드) 결합이 아미노산끼리의 결합을 형성. 펩티드의 아미노산 서열은 N-말단부터 C-말단까지 그린다. (*a*) Gly와 Ala를 가지는 dipeptide. (*b*) Ala-Gly-Ser을 가지는 tripeptide. (*c*) Ala-Gly-Ser-Val-Gly를 가지는 peptapeptide.

연결되어 생명체의 복잡한 고차원 구조를 형성하는 것을 알게 될 것이다.

각각의 아미노산은 카르복실기와 α-아미노기를 가지므로, 각 아미노산은 2개의 펩티드 결합에 관여할 수 있다. 위의 dipeptide에서 글리신은 —COOH를 제공하여 세린의 —NH_2와 펩티드 결합하여, tripeptide를 형성한다(그림 12.3*b*). 연속적으로 아미노산을 추가하면 더 긴 사슬의 올리고펩티드나 폴리펩티드를 형성한다(그림 12.3*c*).

일반적으로 펩티드나 단백질의 구조를 그릴 때, **N-말단**(반응에 참가하지 않은 아미노기를 가지는 펩티드 말단)부터 왼쪽에 그리고, 오른쪽 끝에 **C-말단**(반응에 참가하지 않은 카르복실기를 가지는 펩티드 말단)이 위치하도록 그린다. 그림 12.3*b*의 tripeptide는 Ala이 N-말단이고 Ser이 C-말단이다.

펩티드와 단백질은 아미노산 잔기 순서에 따라 나열하며 N-말단에서 C-말단으로 진행한다. 그림 12.3의 dipeptide는 Ala-Gly이며, tripeptide는 Ala-Gly-Ser이다. 올리고펩티드, 폴리펩티드, 단백질의 경우에는 아미노산 서열의 나열이 너무 많이 길어져서 부르기 불편하므로 특정한 관용명으로 불려진다(그림 12.4).

펩티드나 단백질의 아미노산 잔기는, 펩티드 결합을 가수분해하면, 아미노기와 카르복실기가 복원되어 원래의 아미노산 상태가 된다(그림 12.5). 이러한 가수분해는, 8.13절에서 다룬 아미드의 가수분해와 동일한 반응, 단백질의 소화에서 핵심 반응이다.

생화학적 활성이 우수한 펩티드나 단백질은 크기와 무관하다. 즉, 크기가 작아도 강한 활성을 띄는 경우도 많다. Thyrotropin-방출인자(아미노산 잔기 3개)는 thyrotropin(아미노산 잔기 201개)이라는 호르몬 방출을 조절하고; somatostatin(아미노산 잔기 14개)은 성장호르몬(아미노산 잔기 191개)의 방출을 저해하고; 성장호르몬방출인자(아미노산 잔기 44개)는 성장호르몬의 방출을 촉진한다. 키모트립시노겐(chymotrypsinogen)(아미노산 잔기 245개)은 췌장에서 생성되며 초기에는 생물학적 활성이 없는 상태로 만들어진 후 일부 절단되어 활성을 띠는 소화효소인 카이모트립신으로 변화하게 된다. 티틴(Titin, 대략 아미노산 잔기 27,000개)은 근육이 수축-이완 되는 과정에서 탄력을 제공한다.

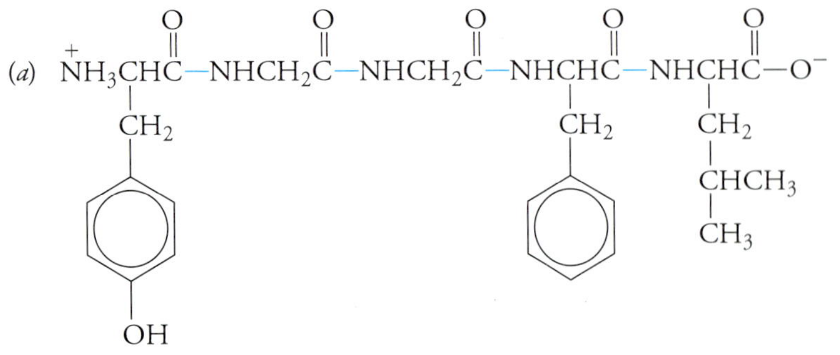

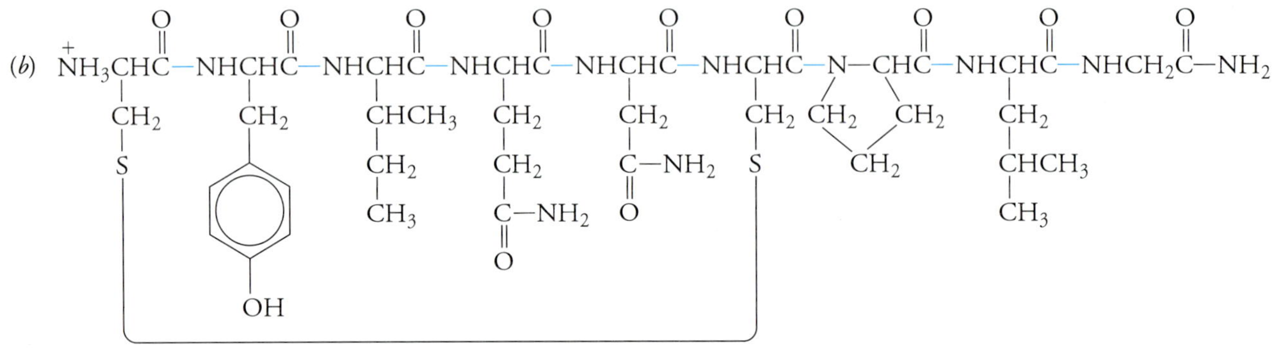

(a) $\overset{+}{N}H_3CH(CH_2C_6H_4OH)C(=O)-NHCH_2C(=O)-NHCH_2C(=O)-NHCH(CH_2C_6H_5)C(=O)-NHCH(CH_2CH(CH_3)CH_3)C(=O)-O^-$

(b) $\overset{+}{N}H_3CH(CH_2S-)C(=O)-NHCH(CH_2C_6H_4OH)C(=O)-NHCH(CHCH_3CH_2CH_3)C(=O)-NHCH(CH_2CH_2C(=O)NH_2)C(=O)-NHCH(CH_2C(=O)NH_2)C(=O)-NHCH(CH_2S-)C(=O)-N(CH_2CH_2CH_2)CHC(=O)-NHCH(CH_2CHCH_3CH_3)C(=O)-NHCH_2C(=O)-NH_2$ (두 S 원자가 서로 연결됨)

■ 그림 12.4

큰 올리고펩티드는 관용명으로 알려져 있다 (*a*) 류신-엔케팔린은 5개 아미노산으로 구성되며, 뇌에서 흔히 발견되는 진통 호르몬이다. (*b*) 옥시토신, 9개 아미노산으로 구성되며, 출산 분만 시의 자궁수축호르몬이다.

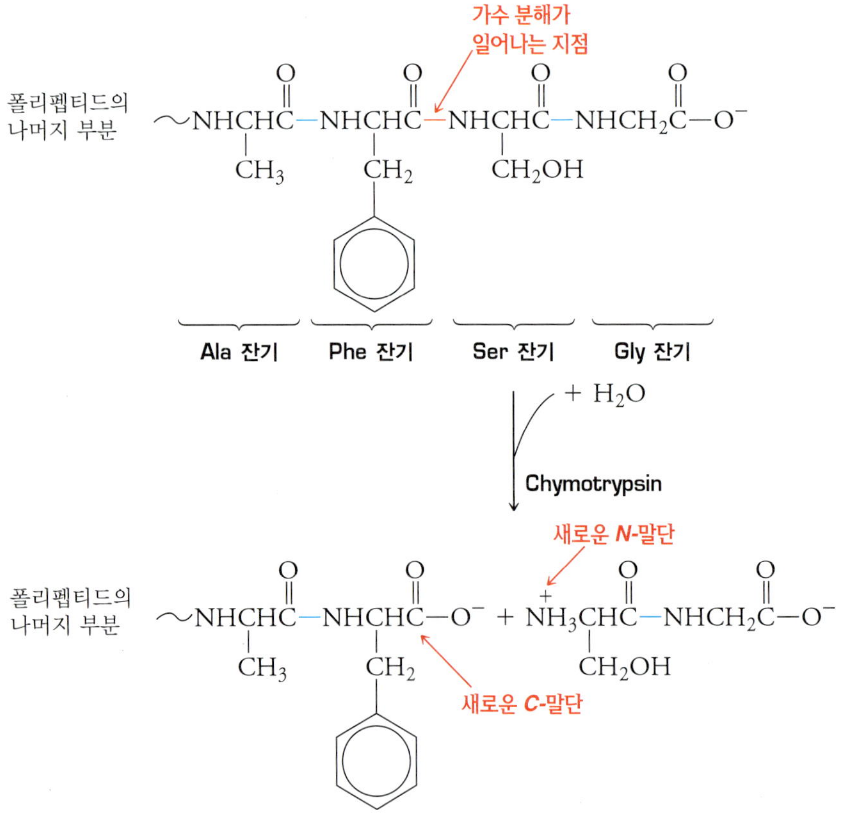

$\sim NHCH(CH_3)C(=O)-NHCH(CH_2C_6H_5)C(=O)-NHCH(CH_2OH)C(=O)-NHCH_2C(=O)-O^-$

$+ H_2O$

$\sim NHCH(CH_3)C(=O)-NHCH(CH_2C_6H_5)C(=O)-O^- + \overset{+}{N}H_3CH(CH_2OH)C(=O)-NHCH_2C(=O)-O^-$

■ 그림 12.5

펩티드 결합과 가수분해 펩티드 결합의 가수분해는 아미노산의 카르복실기와 아미노기를 원상태로 복원시킨다. 키모트립신은 방향족 아미노산의 C-말단쪽 펩티드 결합을 가수분해시키는 소화효소이다. 여기에서는 부분적인 폴리펩티드 구조를 보여준다.

예제 12.3

펩티드

Dipeptide인 Phe-cys의 구조를 그리고 펩티드 결합, N-말단, C-말단을 표시하시오.

전략

표 12.1을 보고 각 아미노산의 구조를 파악한다. 펩티드 결합에 대해서 기억해 보면 한 아미노산이 자신의 카르복실 말단을 제공하고 다른 아미노산이 α-아미노 말단을 제공하여 결합을 이룬다.

해답

N-말단 펩티드 결합 C-말단

$$H_3\overset{+}{N}CH(CH_2C_6H_5)C(=O)-NHCH(CH_2SH)C(=O)-O^-$$

연습문제 12.3

Dipeptide인 Asp-Asn의 구조를 그리고 펩티드 결합, N-말단, C-말단을 표시하시오.

예제 12.4

팹티드 결합의 가수분해

만약 예제 12.3에 있는 Dipeptide에서 가수분해가 일어났다면, 그 생성물의 구조를 그리시오. (최종 용액의 pH 7일 때)

전략

이 문제를 푸는 데 2단계가 필요하다. Dipeptide에서 가수분해가 일어났을 때, 어떤 아미노산이 나타날지를 먼저 정해야 하고, 중성 pH에서 아미노산이 어떤 전하가 나타날지를 정해야 한다.

해답

$$H_3\overset{+}{N}CH(CH_2C_6H_5)C(=O)-O^- \; + \; H_3\overset{+}{N}CH(CH_2SH)C(=O)-O^-$$

연습문제 12.4

만약 Dipeptide Asp-Lys에서 가수분해가 일어났다면, 그 생성물의 구조를 그리시오. (최종 용액의 pH 1일 때)

12.3 | 펩티드, 단백질, 그리고 pH

아미노산과 마찬가지로 펩티드와 단백질 구조는 pH에 매우 민감한데, 산성 혹은 염기성에서 카르복실기나 아미노기가 가지는 형태를 아미노산의 경우와 똑같이 예측할 수 있다. 산성 용액에서 아미노기와 카르복실기는 자신의 산성화 형태, $—NH_3^+$와 —COOH를 보여준다. 중성 용액에서, 아미노기는 산성화 형태로 남아 있고, 카르복실기는 염기화 형태($—COOH^-$)로 바뀌게 된다. 염기성 용액에서 각각의 기는 모두 염기화 형태인 NH_2와 $—COOH^-$형으로 바뀐다. 펩티드 결합은 산성도 염기성도 아니므로, 그들의 구조는 pH에 따라 변하지 않는다.

3개의 아미노산으로 구성된 트리펩티드 Lys-Ser-Asp는 1개의 극성-염기성 아미노산과 1개의 극성-산성 아미노산을 가지고 있어서, 모두 4개의 기능기가 pH의 변화에 따라 구조 변화(전하의 변화)를 일으킬 수 있다(그림 12.6*a*). 낮은 pH에서, 이 펩티드는 실제 전하가 2+를 갖고, pH 7에서는 실제 전하가 0이 되며, 높은 pH에서 실제 전하가 2−가 된다. Ser의 —OH기는 산성화되지 않으므로, 곁사슬의 구조가 pH에 따라 변하지 않는다.

3개 아미노산의 조성을 바꾸면 특정 pH에서의 실제 전하도 바뀌게 된다. 예를 들면, Lys-Lys-Ala(그림 12.6*b*)은 pH 1에서 실제 전하가 3+가 되고, pH 7에서는 2+가 되며, pH 14에서는 1−이 된다. 실제 전하는 펩티드나 단백질의 물에 녹는 정도에 영향을 미치는데, 펩티드가 양이나 음의 실제 전하를 가지면 같은 전기를 띠는 물질끼리는 서로 밀어내는 성질을 가지므로 물에 더 잘 녹는다. 실제 전하가 0인 펩티드끼리는 서로 반발하는 성질이 줄어들므로, 같은 물질끼리 응집하여 용액 속에 침전하려는 경향이 강하다. Lys-Ser-Asp는 pH 7에서 최소한의 용해도를 가지는데, 이 pH에서 실제 전하는 0이기 때문이다. 하지만 Lys-Lys-Ala은 염기성 pH에서 최소의 용해도를 보인다.

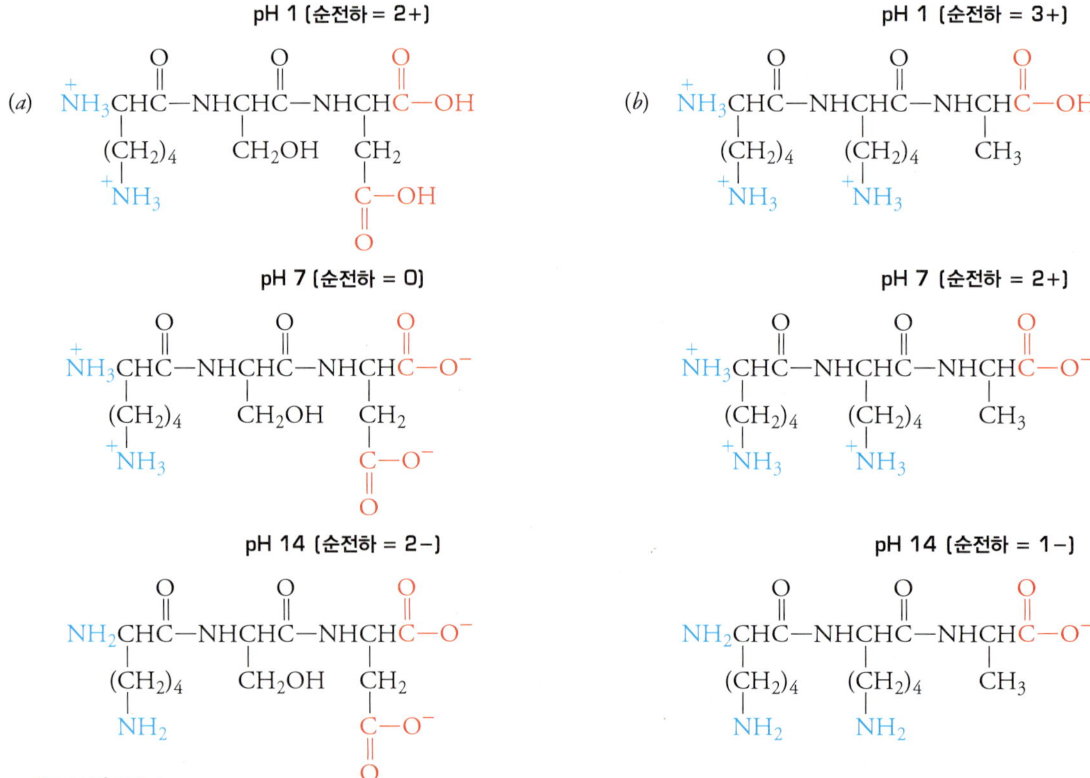

■ 그림 12.6

펩티드 구조에 대한 pH의 효과 N-말단 혹은 C-말단의 기 이외에도 곁사슬의 아미노기와 카르복실기를 가질 수 있으므로, pH에 따라서 영향을 받는다. (*a*) Lys-Ser-Asp는 pH 1에서 2+의 실제 전하, pH 7에서0, pH 14에서 2−의 실제 전하를 갖는다. (*b*) Lys-Lys-Ala은 pH 1에서 3+의 실제 전하, pH 7에서의 2+, pH 14에서 1−의 실제 전하를 갖는다.

예제 12.5

펩티드 구조에서 pH의 효과

트리펩티드인 글루타치온, γ-Glu-Cys-Gly는 조직의 성장을 촉진한다. 이 트리펩티드의 구조를 pH 7 상태에서 그리시오. (γ-글루탐산이 펩티드 결합을 형성할 때, 자신의 α-탄소 원자에 결합된 카르복실기를 사용하지 않는 대신, 자신의 곁사슬 잔기인 카르복실기를 사용하였다.)

전략

전하에 대해 걱정하지 말고 트리펩티드의 구조부터 그린다. N-말단의 아미노기의 구조와 C-말단의 카르복실기의 구조는 pH에 따라 다양해지고, 역시 곁사슬 잔기들도 극성-산성, 극성-염기성 아미노산에 따라 전하가 다양하게 존재한다. 표 12.1이 Glu, Cys, Gly를 분류하는 데 도움을 줄 것이다.

해답

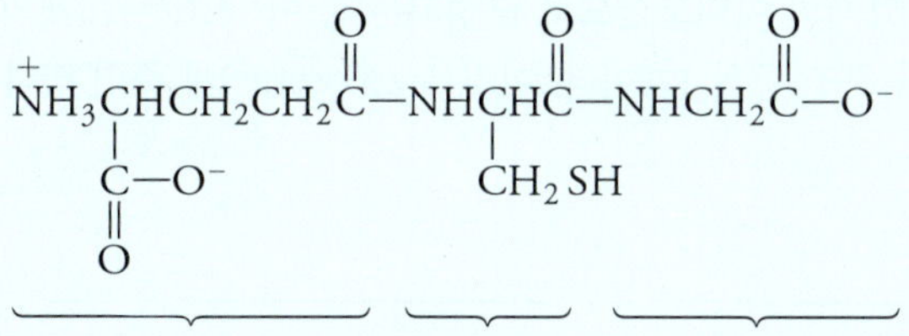

$$\overset{+}{N}H_3CHCH_2CH_2\overset{\overset{O}{\|}}{C}-NHCH\overset{\overset{O}{\|}}{C}-NHCH_2\overset{\overset{O}{\|}}{C}-O^-$$

(첫 번째 CH에 $C(=O)-O^-$, 두 번째 CH에 CH_2SH 결합)

γ-Glu　Cys　Gly

연습문제 12.5

pH 1일 때, 위의 트리펩타이드의 구조를 그리시오.

12.4 | 단백질 구조

일반적인 용어로 단백질을 선형 혹은 구형으로 분류할 수 있다. **선형 단백질(fibrous proteins)**은 긴 섬유 혹은 실의 형태인데, 이들 단백질에는 콜라겐(피부), 케라틴(머리카락) 등이 있고, 튼튼하며 물에 녹지 않는다. **구형 단백질(globular proteins)**은 모양이 둥근 형태이고, 폴딩(folding)이 잘되어 있으며 물에 잘 녹는 경향이 있다.

단백질의 구조는 4단계로 나누어져 있는데, 1차, 2차, 3차, 4차 구조이다.

■ 펩티드나 단백질 내에서 아미노산 서열이 1차 구조가 된다.

1차 구조

펩티드나 단백질 내에서 아미노산의 잔기 배열순서가 **1차 구조(primary structure)**이다. Ala-Gly-Val의 아미노산 순서와 이름이 1차 구조를 의미하며, N-말단으로부터 읽는다. 이 트리펩티드는 알라닌 잔기가 글라이신과 연결되어 있고, 이는 다시 발린에 연결된 3개의 아미노산으로 구성된 구조이다. 다른 5가지의 트리펩티드는 각자 서로 다른 1차 구조로 구성되어 있으며, 이 세 가지 아미노산의 각각 연결로 구성되어 있다(그림 12.7).

펩티드나 단백질의 1차 구조는 단어에서 철자의 배열과 유사하다. 단어에서 철자의 배열을 달리하면 그 의미를 완전히 바꿀 수 있다. 예를 들면, edit는 “diet”, “tide” 혹은 ”tied“가 될 수 있다. 유사하게, 펩티드나 단백질에서 아미노산의 배열을 바꾸면 기능도 변화한다. 인공감미료인 아스파탐(표 10.2)이 좋은 예가 되는데, 1차 구조는 Asp-Phe-OMe이다. 이때 OMe는 페닐알라닌의 카르복실기가 메틸에스테르로 존재함을 의미한다. 아스파탐은 설탕보다 180배 더 단맛을 내지만 1차 구조가 다른 구조 이성질체인 Phe-Asp-OMe는 단맛이 전혀 없다.

Ala–Gly–Val
Ala–Val–Gly
Gly–Ala–Val
Gly–Val–Ala
Val–Ala–Gly
Val–Gly–Ala

■ **그림 12.7**

1차 구조 올리고펩티드 혹은 단백질에서 1차 구조는 아미노산이 나타나는 순서이다. 알라닌, 글리신, 발린을 가지고 조합하면 6개의 tripeptide가 가능하다. 이 tripeptide는 Ala이 Gly에 연결되고, Gly은 Val에 연결된 구조이다, 이 3개의 아미노산이 어떻게 배열되느냐에 따라 5개의 다른 tripeptide가 가능하다.

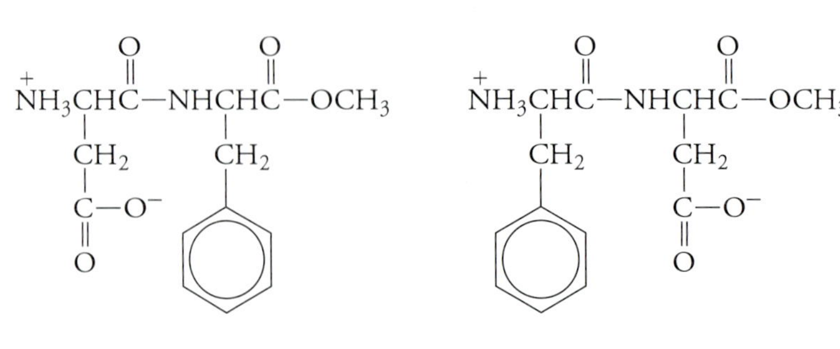

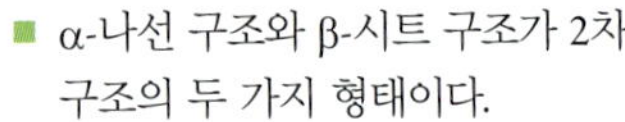
■ α-나선 구조와 β-시트 구조가 2차 구조의 두 가지 형태이다.

좀 더 연장하여, 펩티드나 단백질 내의 아미노산 잔기를 단어를 구성하는 철자로 비유한다면 영어 사전에 있는 수많은 단어의 구성과 같을 것이다. 이들은 모두 26개의 알파벳이 서로 다른 방식으로 조합된 것이다. 따라서 20개의 아미노산으로 조합한다면 1차 구조의 수는 어마어마할 것이다. 포도당 대사에 관여하는 인슐린은 51개의 아미노산으로 구성되는데, 이 구조는 20개의 아미노산으로 구성되는 단백질의 20^{51}개가 가능한 구조 중의 1개이다. 이것은 2.3×10^{66}개 중의 하나를 의미한다.

2차 구조

단백질의 성질은 그들의 아미노산 서열에만 의존하는 것이 아니라 그들이 어떻게 폴딩되어 있고, 뒤틀려 있으며, 굽어 있느냐에도 영향받는다. **2차 구조(secondary structure)**에는 흔히 발견되는 구조로 α-나선 구조와 β-시트 구조가 있다. 2차 구조는 **폴리펩티드 골격(polypeptide backbone)**을 따라 아미드 N—H와 C═O기 사이의 수소결합에 의해 형성된다. 이 골격은 연속적으로 α-탄소 원자와 펩티드(아미드)기가 교대로 반복되면서 형성되는 구조이며, 아미노산의 곁사슬은 이 골격에 붙어 있다.

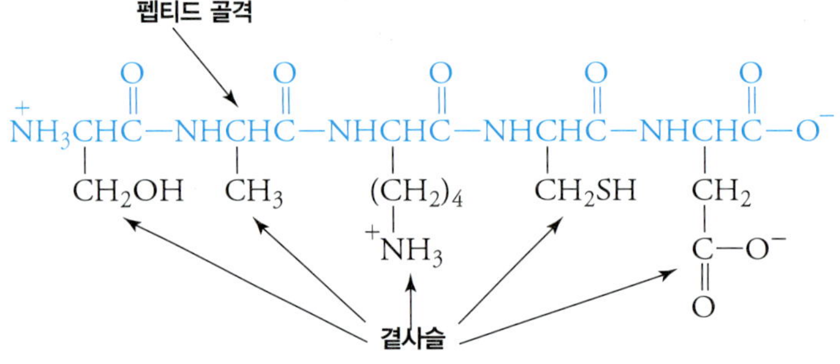

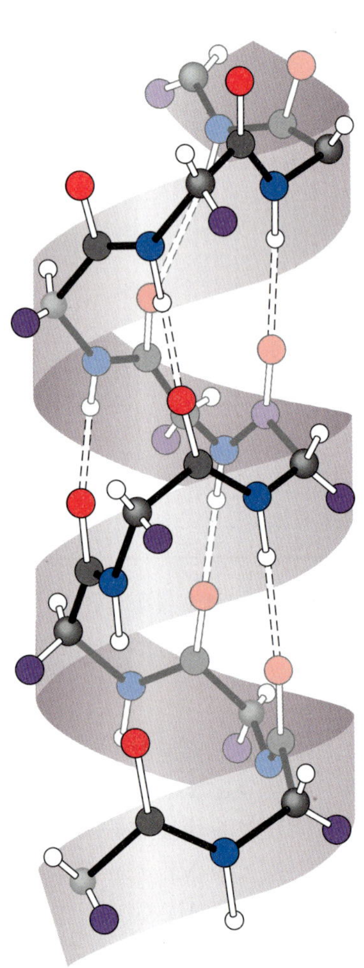

■ 그림 12.8

α-나선 구조 α-나선 구조로 불리우는 2차 구조 형태의 하나이며, 폴리펩티드 골격의 서로 다른 아미노산의 N—H와 C═O기가 수소결합하여 나선형을 이루며 꼬이는 형태이다.

출처: Illustration, Irving Geis. Rights owned by Howard Hughes Medical Institute. Not to be reproduced without permission.

폴리펩티드의 일부가 **α-나선 구조(α-helix)**를 형성하면 꼬여진 스프링(용수철)의 형태와 유사해진다. 나선형태는 한 아미노산의 N—H기와 그 아미노산으로부터 4번째 아미노산의 C═O기가 수소결합하여 형성된다(그림 12.8). 비록 1개의 수소결합은 결합력이 매우 약하지만, 다양한 아미노산들이 수많은 수소결합을 이룸으로써 α-나선 구조를 안정화시킨다. α-나선 구조는 용수철과 유사한 구조를 가지므로, α-나선 구조의 함량이 높은 단백질은 유연성과 신축성이 있다. 좋은 예로써, 케라틴은 양모를 구성하는 단백질이다.

β-시트(β-sheet) 혹은 β-주름 시트는 2개의 분리된 폴리펩티드 서열이 서로 측면으로 나열되어 형성되는 구조이다(그림 12.9). **평행(parallel)** 시트 구조는 모든 폴리펩티드 사슬이 *N*-말단에서 *C*-말단으로 한쪽 방향을 보고 있는 구조이며, **반평행(antiparallel)** 시트는 인접한 사슬끼리 서로 반대 방향, 즉 한 사슬은 N-말단에서 C-말단쪽으로 다른 사슬은 C-말단에서 N-말단으로 위치하게 되는 구조이다. 모든 β-시트 구조에서 폴리펩티드 사슬은 서로 한쪽 아미노산의 —NH기와 다른 쪽 사슬의 아미노산의 C═O기가 서로 수소결합하여 결합한다. α-나선 구조의 경우처럼, 많은 수소결합이 β-시트 구조를 안정화시키는 데 기여하고 있다. 비단(silk)처럼 β-시트 구조가 많은 단백질 구조는 강하지만 신축성은 없다.

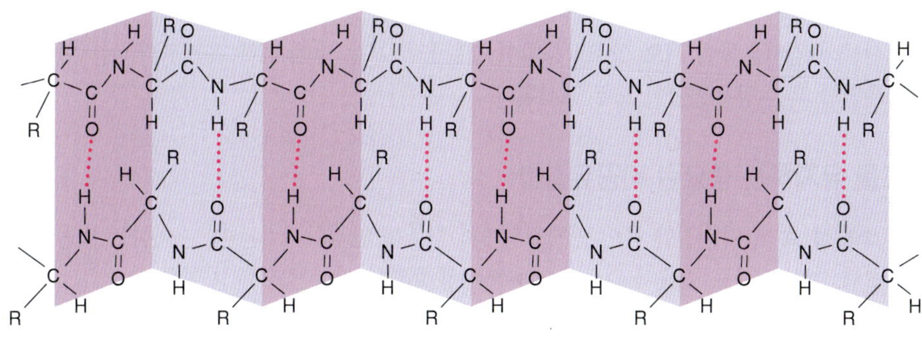

■ 그림 12.9

β-시트 구조 β-시트라고 불리는 2차 구조 형태 폴리펩티드 사슬이 서로 측면으로 보고 있다. α-나선 구조의 경우처럼 이 형태의 2차 구조도 N—H와 C═O기 사이의 수소결합으로 연결되는 사슬 간에 일어나는 것이 차이점이다. 역평행 β-시트 구조는 사슬들이 서로 N-말단과 C-말단을 반대방향으로 보고 있다. 평행 β-시트 구조에서는 인접한 사슬들이 모두 같은 방향을 보고 있다. β-주름 시트 구조는 β-시트 구조들이 가끔 주름을 이루고 있을 경우를 지칭할 때 사용된다.

3차 구조

3차 구조(tertiary structure)는 단백질의 전체적인 구조를 일컬을 때 사용되며, α-나선 구조와 β-시트 구조가 서로 모여 폴딩된 구조이다. 많은 폴딩의 경우 가능한 형태(conformation)가 단백질에 존재하지만, 오직 하나의 폴딩 형태만이 원래의 분자 구조(생물학적 활성이 있는)를 도출한다. 아미노산의 서열(1차 구조)은 최종적으로 그 단백질이 어떤 폴딩 형태가 될지를 결정하므로, 2차 구조나 3차 구조도 1차 구조에 달려 있다.

■ 단백질의 전반적인 3차원적 모양은 그들의 4차 구조이다.

수용액 환경에서 구형 단백질의 고유 형태(native form)는 대개 전형적으로 비극성 아미노산들이 소수성 안쪽으로, 극성 아미노산들이 친수성 표면으로 폴딩되는 과정에 의해 형성된다. 이러한 폴딩의 규칙—“비극성은 안으로, 극성은 밖으로”—은 가장 안정적인 배열이 되는데, 그 이유는 극성 결사슬기들이 단백질의 표면에서 물과 상호작용하면서 소수성 곁사슬기들이 물을 피할 수 있도록 하기 때문이다.

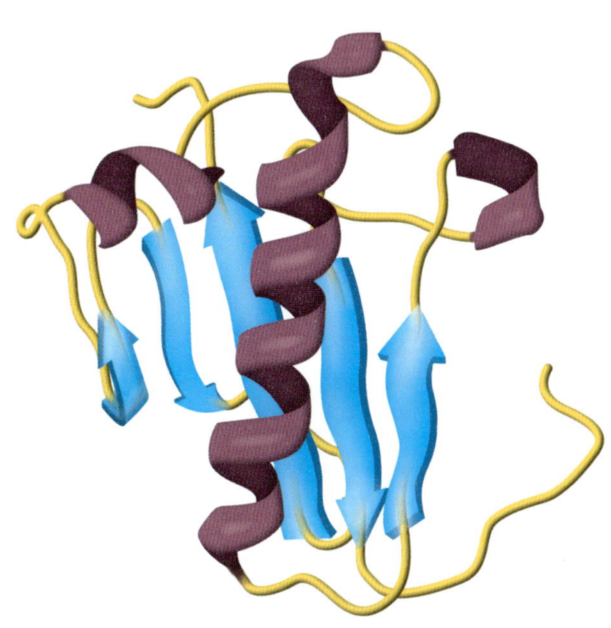

■ 그림 12.10

3차 구조 단백질의 전체적인 3차원적 구조를 통칭할 때 3차 구조라는 용어를 사용한다. 여기서 3차원적 구조를 보여주는데, 파란색 화살표는 β-시트를, 빨간색 코일은 α-나선 구조를 노란색 줄은 단백질의 비틀림과 폴리펩티드 사슬의 회전을 의미한다.

출처: PDB ID: 1AV5, *http://www.pdb.org*. Lima, C.D., Klein, M.G., Hendrickson, W.A.: Structure-based analysis of catalysis and substrate definition in the HIT protein family. *Science* 278, pp. 286 (1997). H.N. Berman, J. Westbrook, Z. Feng, G., Gilliland, T.N. Bhat, H. Weissig, I.N. Shindyalov, P.E. Bourne. The Protein Databank. *Nucleic Acids Research*, 28, pp. 235–242 (2000).

구형 단백질의 표면에는 대개 결합자리가 있다. 움푹 패인 곳 혹은 갈라진 틈이라고도 부르는데, 다른 외부의 화합물과 결합할 수 있는 능력이 있다. 단백질의 3차원 구조는 폴리펩티드 사슬을 구성하는 아미노산들의 곁사슬들이 서로 상호작용하여 결합을 이루는 것에 의해 유지된다. 이러한 상호작용에는 비공유결합 혹은 공유결합이 모두 포함된다.

3차 구조를 유지하는 중요한 비공유결합

수소결합, 소수성 효과, 이온결합 등이 단백질의 3차 구조를 안정화시키는 데 기여하는 비공유성 상호작용이다(그림 12.11). 이들 중에서 수소결합과 소수성 효과가 가장 중요한 기여를 한다.

곁사슬 간에 수소결합이 형성되기 위해서는, 한쪽의 아미노산은 반드시 N—H 혹은 O—H기를 가져야 하며, 다른 한쪽의 아미노산은 질소나 산소 원자를 가져야 한다. 많은 수의 극성, 극성-염기성, 극성-산성 아미노산들은 단백질에 전형적으로 많이 존재하므로 곁사슬 간의 수소결합을 형성할 수 있는 기회가 더 많이 생길 수 있다.

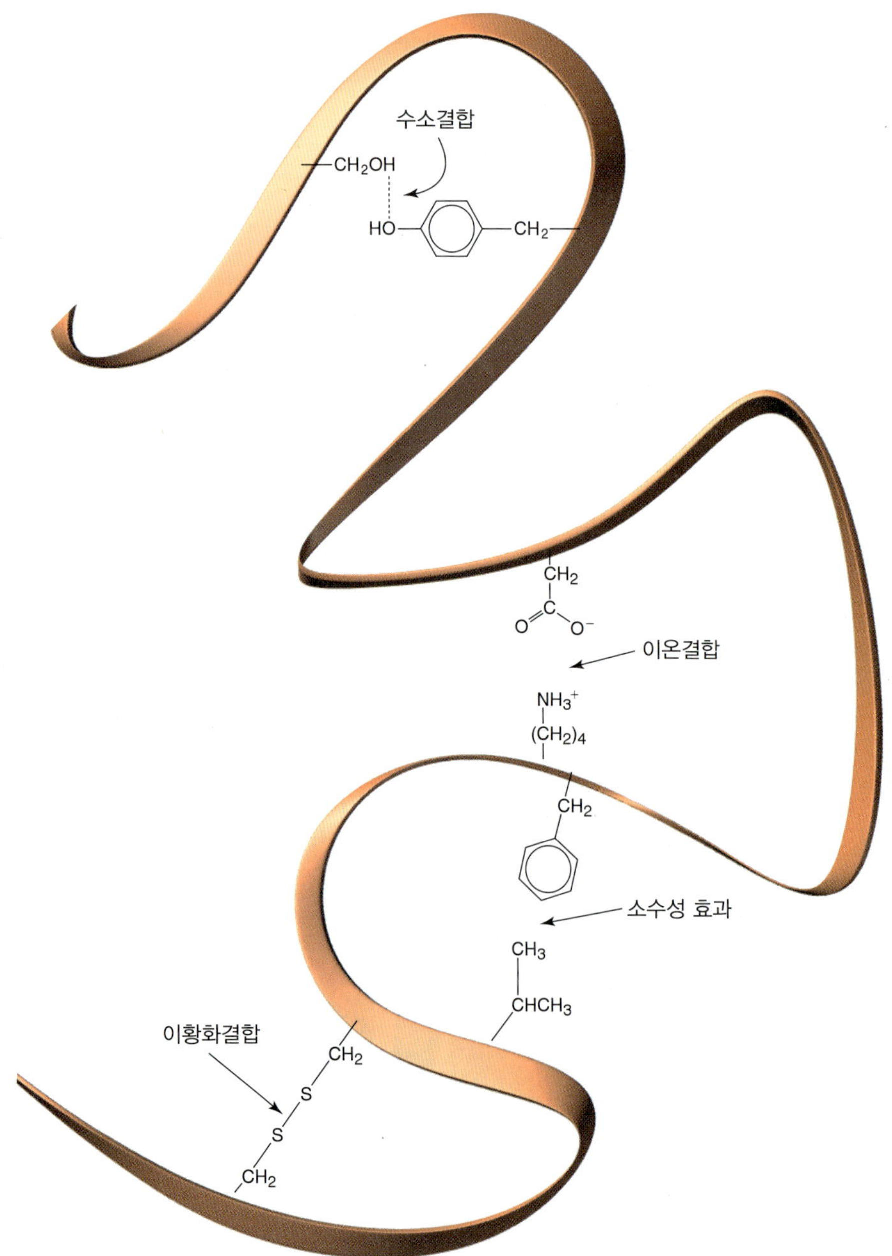

■ 그림 12.11

3차 구조를 유지하는 여러 가지 힘
아미노산 곁사슬 간의 상호작용이 단백질의 3차 구조와 모양을 유지하는 데 가장 중요한데, 이들에는 수소결합과 이온결합, 소수성 효과, 이황화결합(disulfide)들이 있다.

6.7절에 이미 언급한 바와 같이, 소수성 화합물들은 "물을 싫어"하며 물과 섞이지 않는다. 이것을 **소수성 효과(hydrophobic effect)**라고 부르는데, 이는 비극성 물질들끼리 서로 끌리는 현상이며 수용액 환경에 노출되었을 때 물을 기피하는 현상이다. 이러한 배열은 비극성 분자끼리 서로 끌리게 하는 London Force의 유지를 가능하게 하며 물분자 간의 수소결합을 방해하지 않으면서 유지되는 힘이 된다. 3차 구조에 적용될 때는 소수성 효과는 비극성 아미노산들이 단백질의 내부에서 폴딩되면서 물 표면으로 노출되는 것을 피하기 위한 힘이 된다.

이온결합('염다리결합'이라고도 한다)은 양전하를 가진 곁사슬이 음전하를 가진 곁사슬과 정전기적으로 끌리는 현상이다. 아미노산 잔기는 극성-염기성 혹은 극성-산성의 전하를 띠므로 단백질이 표면에서 정전기적인 상호작용이 일어난다.

3차 구조에서 중요한 공유결합들

티올(—SH)기를 가지는 분자가 산화가 일어나면 서로 이황화결합(disulfide)을 형성할 수 있다(9.3절). 2개의 시스테인 아미노산이 같은 반응을 한다면, 생성되는 이황화결합을 이황화다리(연결)이라고 부른다(그림 12.11).

이황화결합은 쉽게 환원되어 티올기를 다시 회복할 수 있다. 세포의 세포질 내부는 환원 물질(NADH, NADPH 혹은 그 외의 것들)을 가지고 있으므로 세포 내부에서는 이황화결합이 발견될 세포 밖보다 확률이 낮다. 이들은 공유결합이므로 이황화결합은 상대적으로 강한 결합이며, 세포 내에서는 흔하지 않고 세포 밖에서 더 많이 발견된다. 세포 밖의 단백질이 자신의 고유한 구조를 유지할 수 있도록 도와주는 결합이다. 예를 들면, 머리카락의 구조는 단백질 사슬 간의 이황화결합에 의존한다.

어떤 단백질은 3차 구조가 **보조기(prosthetic group)**, 펩티드기는 아니지만 리펩티드 사슬에 단단하게 붙어있는 기), 예를 들면, 헴기(heme)(그림 12.12)나 금속이온이 특정 효소에 결합되어 있는 경우이다(12.6절). 단백질이 보조기를 가져야만 생물학적 활성을 가지는 경우를 **복합체(conjugated)**라고 부르며, 보조기가 없는 기능을 **단순 단백질(simple protein)**이라고 부른다.

4차 구조

많은 수의 고유 단백질들이 하나 이상의 폴리펩티드 사슬 조합으로 만들어진다. **4차 구조(Quaternary structure)**는 기능을 갖는 단백질의 이러한 폴리펩티드 사슬들의 배열이며(그림 12.13), 폴리펩티드 사

■ 4차 구조는 다양한 폴리펩티드 사슬들의 배열이며 특별한 기능을 가진다.

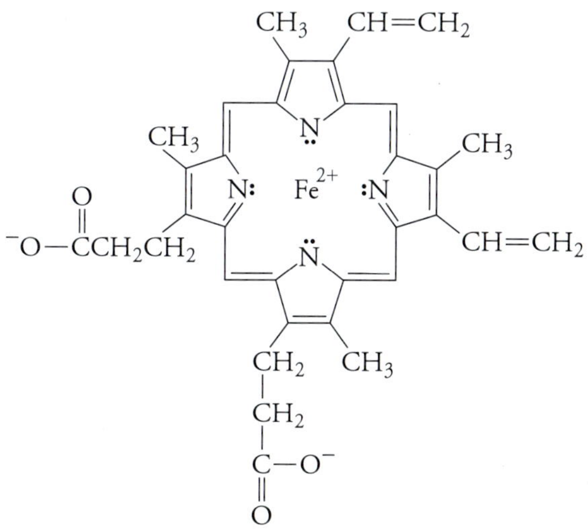

Heme

■ 그림 12.12

보조기 3차원적 구조가 펩티드가 아닌 부분을 포함하고 있을 때 보조기라고 부른다. 헴기(헤모글로빈의 일부분, 적혈구에 존재하는 산소 전달 단백질)가 보조기이다.

■ 그림 12.13

4차 구조 어떤 단백질은 하나 이상의 폴리펩티드 사슬이 생물학적 활성에 필요하다. 4차 구조는 이러한 사슬의 배열을 지칭한다. 여기서는 단백질 2량체를 그림으로 보여준다. 사람 인슐린은 2개의 폴리펩티드 사슬로 구성이 된다: A 사슬(파란색)은 21개의 아미노산으로 구성되고 B 사슬(녹색)은 30개의 아미노산으로 구성된다. 이황화결합은 노란색으로 표시되었다.

출처: Structure of a protein in a kinetic trap, Hua QX, Gozani SN, Chance E, Hoffmann JA, Frank BH, Weiss MA, (1995) *Nat Struct Biol.* 2:129–138. The Protein Data Bank. *http://www.pdb.org*

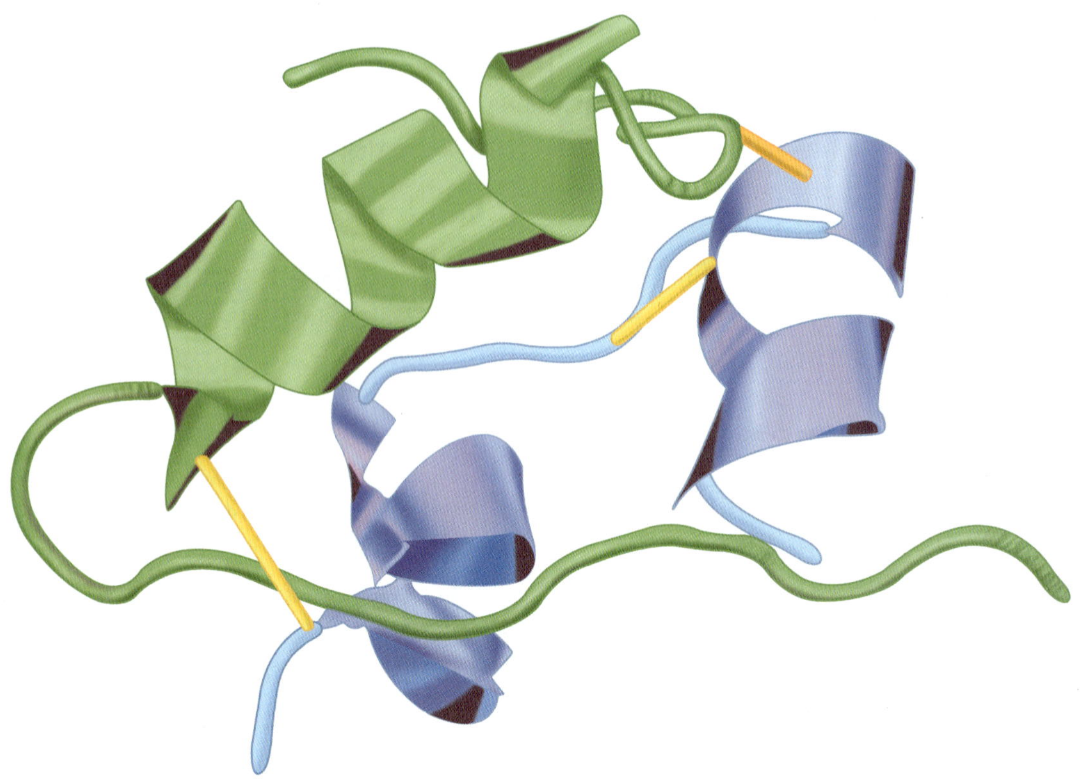

슬의 수는 단백질마다 각각 다르다. 헤모글로빈(Biochemistry Link: 헤모글로빈, 구형 단백질)은 4량체(4개의 소단위)로 구성되며, 2개의 동일한 펩티드 사슬과 또 다른 2개의 동일한 펩티드 사슬로 이루어진다.

4차 구조는 비공유결합에 의해(예를 들면, 수소결합, 소수성 효과, 이온결합, 이황화결합)에 대개의 구조를 유지한다. 4차 구조는 구성 소단위 간의 협동성이 단백질의 활성 조절에 주요 인자라는 점에서 중요하다. 특정 화합물이 단백질의 1개 소단위에 결합하면 다른 소단위의 3차원적 구조에 변화를 가져오고, 특정 화합물과의 친화도에 크게 영향을 주는 변화를 가져온다. 헤모글로빈이나 다른자리 입체성 조절효소(allosteric enzyme)에 대한 설명이 이러한 관점에서 가능하다.

예제 12.6

단백질 구조

다음 중 어느 단계의 단백질 구조에서 수소결합이 중요한 역할을 하는가?

a. 1차 구조 b. 2차 구조 c. 3차 구조 d. 4차 구조

전략

이 문제를 풀기 위해서는, 각 단계의 단백질 구조가 어떻게 정의되었는지 생각해야 한다.

해답

b, c, d. 2차 구조는 폴리펩티드 사슬을 따라 일어나는 수소결합에 의해 형성된다. 3차 단백질 구조(전체적으로 3차원 모양)와 4차 구조(분리된 폴리펩티드 사슬 간의 결합)는 부분적으로 수소결합에 의존한다.

연습문제 12.6

이황화결합이 중요한 역할을 하는 단백질 구조의 단계는 무엇인가?

헤모글로빈은 구형 단백질, 콜라겐은 선형 단백질

BiochemistryLink

헤모글로빈

허파에서 주변 세포로의 대부분 산소 전달은 헤모글로빈(Hemoglobin, 적혈구에서만 발견되는 수송단백질)에 의해서 수송된다. 주변 세포에서 생산된 이산화탄소(CO_2)는 혈류 안으로 들어가며 헤모글로빈에 결합이 되어 다시 허파로 되돌아온다.

하나의 사람 헤모글로빈은 4량체로 구성이 되며, 4개의 서로 다른 폴리펩티드 사슬로 이루어져 있다(그림 12.14). 각 α 사슬은 141개의 아미노산으로 구성되며 7개의 α 나선 구조 영역으로 꼬여 있다. 각 β 사슬은 146개의 아미노산으로 구성되며 8개의 α 나선 구조영역으로 꼬여 있다.

각 α와 β 사슬은 heme 보조기를 가지고 있으며, 극성 아미노산과 heme 구조의 카르복실기에 있는 -2 이온과 철 이온(Fe^{2+})의 $+2$가 결합한다. 각 α와 β 사슬의 표면에는 소수성 아미노산들이 존재하여 헤모글로빈의 4차 구조를 형성하는데, α와 β 사슬의 소수성 영역이 서로 마주하여 주위의 물로부터 멀어진다. 비록 이러한 소수성 상호작용의 힘은 4개의 사슬들을 묶어 주고 결합을 유지하는 힘이지만, 수소결합과 이온결합(공유결합 수의 1/3가량 존재)도 헤모글로빈의 4차 구조를 유지하는 데 상당한 기여를 하고 있다.

헤모글로빈은 1개의 사슬에 있는 철 이온이 하나의 산소와 결합할 수 있으므로 총 4개의 산소결합 자리를 가지고 있다. 헤모글로빈 내의 어떤 사슬이라도 먼저 산소와 결합을 하면 남은 3개의 사슬의 모양에 영향을 주어 그들이 산소와 결합할 수 있는 능력을 증가시키게 된다. 두 번째 산소와 남아 있는 사슬이 결합을 하게 되면 세 번째 산소가 더 빨리 결합할 수 있도록 도와준다. 첫 번째 산소가 헤모글로빈에 결합하고 난 뒤, 남아 있는 3개의 산소는 더 빨리 결합할 수 있게 된다. 이러한 헤모글로빈 내의 산소결합 협동성은 헤모글로빈이 혈액 안에서 4개의 산소를 가지는지 아니면 아예 산소와 결합하지 않는 형태인지를 설명할 수 있는 근거가 된다.

콜라겐

콜라겐(Collagen)은 인체 단백질의 1/3을 구성하며, 인대, 뼈대, 혈관, 치아 등에서 주로 발견되는 단백질이다. 이러한 생물학적 성질 때문에 콜라겐은 튼튼해야 하고, 물에 녹지 않아야 하며 화학적 변형에 저항해야 한다.

콜라겐을 구성하는 기본적인 구성요소는 단백질이고, 1,000개 정도의 아미노산으로 이루어져 있으며, 글리신, 알라닌, 글루탐산, 아르기닌, 프롤린, 수산화프롤린 등이 주된 아미노산이다. 수산화프롤린(HyP)은 20개의 표준 아미노산은 아니지만, 단백질 사슬이 생성된 후에 효소 촉매 반응에 의해 프롤린에 수산기가 첨가되어 형성된다.

$$\sim N-\overset{\displaystyle O}{\overset{\|}{C}}HC\sim \;(\text{ring: } CH_2,\ CH_2,\ CH_2) \xrightarrow{\text{효소}} \sim N-\overset{\displaystyle O}{\overset{\|}{C}}HC\sim \;(\text{ring: } CH_2,\ CH_2,\ CH-OH)$$

Proline 잔기 → Hydroxyproline 잔기

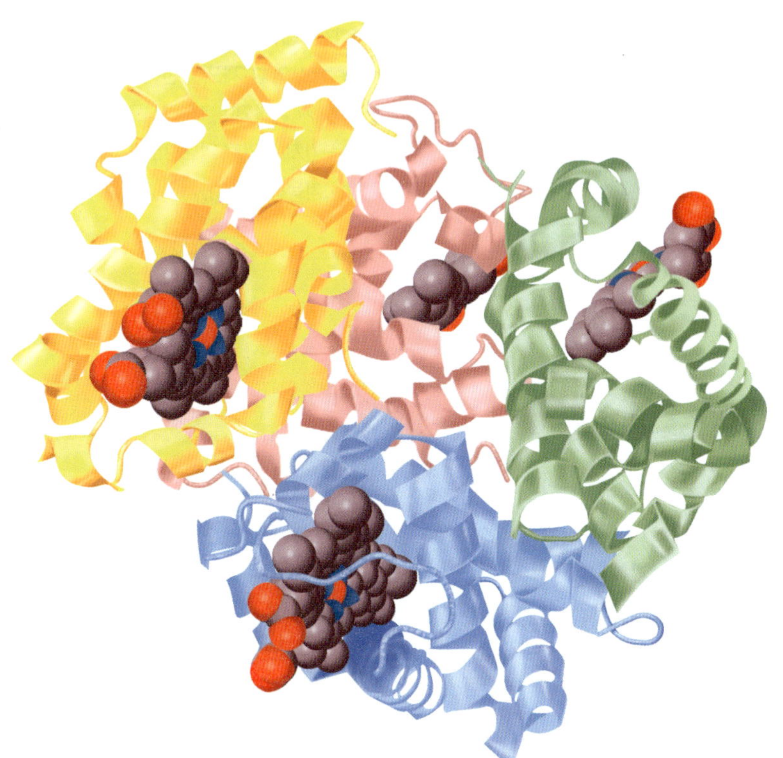

■ 그림 12.14

헤모글로빈 헤모글로빈의 4차 구조는 4개의 폴리펩티드로 구성된다. 2개의 α 사슬(파란색과 분홍색) 그리고 2개의 β 사슬(녹색과 노란색). 각 사슬은 헴 구조를 보조기로 가지고 있다.

출처: The structures of deoxy human haemoglobin and the mutant Hb Tyralpha42His at 120 K, Tame JR, Vallone B, (2000) *Acta Crystallogr.*, Sect.D 56: 805–11. The Protein Databank. *http://www.pdb.org*

콜라겐에서 단백질 사슬이 진행되면서 3번째 아미노산은 대개 글리신이고, Gly-Pro-HyP 순서가 많이 반복하여 출현한다. 이러한 1차 구조는 콜라겐이 나선 구조로 꼬일 수 있게 해주며, 나선 3개가 서로 모여 꼬이면서 3중나선 형태의 용수철을 만든다(그림 12.15) 평행 3중나선 구조는 콜라겐 섬유를 형성하기 위해 모이고 초기에는 소수성 상호작용과 수소결합이 단백질 간의 결합을 유지하지만 콜라겐이 성장하면서 공유 교차결합이 단백질 간에 이루어진다. 이러한 결과로써 콜라겐 섬유는 매우 튼튼하며 1 mm의 직경을 가진 콜라겐이 20파운드의 무게를 들 수 있다. 콜라겐의 표면에 플로린, 알라닌, 혹은 다른 비극성 아미노산 잔기들이 노출되어 있어서 콜라겐이 물에 녹지 않는 것에 기여한다(비극성은 안으로 극성은 밖으로의 규칙은 구형 단백질이 수용액에 있을 때만 적용된다).

■ 그림 12.15

콜라겐 콜라겐은 중요한 구조 단백질이며 3중나선 구조로 존재한다.

비정상적인 콜라겐은 많은 질병을 야기한다. 괴혈병, 비타민 C의 부족에 의해 야기된 피부의 반점, 혈관의 약화, 잇몸에서의 출혈 증상을 보인다. 이러한 증상은 콜라겐에 수산화프롤린이 부족하여 상대적으로 약한 결합을 이루고 밖으로 갈라져 노출되기 때문이다. 골격기형, 호모시스틴뇨증(homocystinuria)은 콜라겐의 교차결합이 완전하지 않아 일어나는 또 다른 질병이다. 글리신 잔기가 세린 잔기로 치환되면 엘러-단로스 증후군(Ehlers-Danlos syndrome)이 유발되는데, 이는 관절 혹은 접합 부위가 느슨해지는 질병이다.

면역치료

만약 당신이 바이러스나 세균에 감염이 된다면, 당신의 면역체계는 어떤 단백질(항원)을 인식하게 되는데, 이 항원 단백질은 "침입자"라는 표시로 표면에 다른 정상적인 단백질과 다른 표식이 붙어 있다. 이 때문에 면역체계에서의 세포들, 예를 들면 대식세포, 헬퍼-T-세포, B-세포는 행동을 개시하여 수백만 개의 항체를 생산하게 된다. 항체는 작은 Y-형태의 4량체 구조인데, 4량체 속에는 2개의 경사슬(각 사슬당 아미노산 215개)과 2개의 중사슬(각 사슬당 아미노산 400개)로 구성되어 있으며, 중사슬과 경사슬은 이황화결합으로 연결되어 있다(그림 12.16*a*). 항원이 당신의 면역체계에 인식이 되면 항체는 그에 대응하여 완벽하게 들어맞는 구조로 만들어진다. 각 항체는 그 자신의 특별한 항원에게 결합한다(그림 12.16*b*). 당신의 면역체계가 항체에 의해 코팅이 되어 있는 어떤 세포를 발견하면 그 세포를 파괴한다.

면역치료 항체는 질병을 치료하는 데 사용된다. 이러한 기술은 단일 클론항체를 이용하는데, 이 항체는 특정한 면역세포의 단일 클론에서 만들어진 항체이다. 그래서 매우 특이성이 높으며 다양하게 섞여 있는 면역세포들의 혼합물(헬퍼-T-세포, B-세포 등)로부터 만들어진 것이 아니다. 단일 클론항체는 실험실에서 만들어진다.

Rituximab은 단일클론 항체로서 비-Hodgkin성 임파종이나 특정한 백혈병을 치료하는 데 쓰인다. 이 질병들의 공통점은 위에서 본 것처럼 정상적인 면역체계에서 면역 B-세포에서 암이 생기는 것이다. 대부분의 성숙한 B-세포는 표면에 CD20이라고 부르는 항원을 가지고 있으며, Rituximab은 이 항원을 인식한다.

주사제로서 투여가 되면, Rituximab은 환자의 B-세포 표면에 있는 CD20 단백질에 결합하고, 이 세포들의 종국적인 파괴가 유발되며, (희망적으로) 종양이 제거될 수 있다. 비성숙한 B-세포는 CD20을 가지고 있지 않으므로 그들은 파괴되지 않고 정상적인 B-세포로 발달할 수 있는 가능성이 있다.

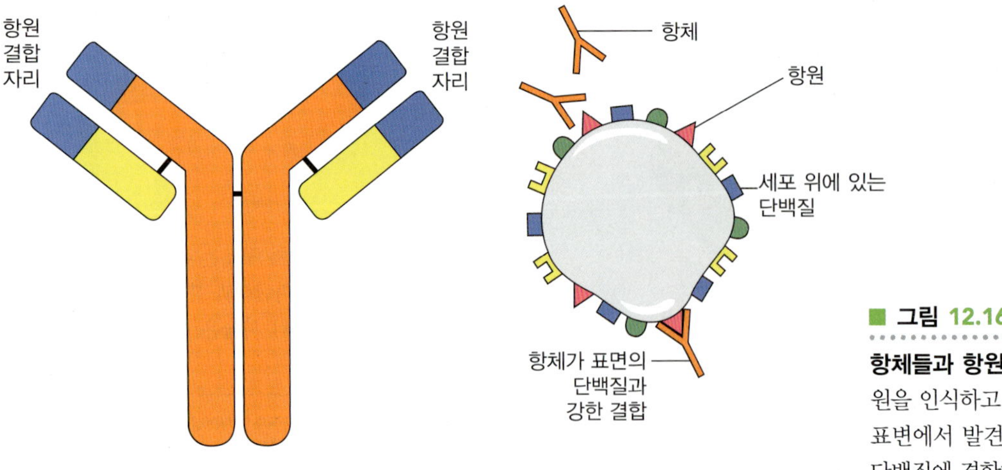

■ 그림 12.16

항체들과 항원들 항체들 (*a*)은 y-모양의 단백질이며 항원을 인식하고 결합한다. (*b*)는 침입세포 혹은 물질들의 표변에서 발견되는 단백질들이다. 항체가 이러한 항원 단백질에 결합하는 것이 면역체계에서 외부 침입세포를 파괴하는 방법이다.

12.5 | 변성

앞에서 본 바와 같이, 단백질의 고유한 형태는 생물학적 활성을 가지는 형태이다. **변성(denaturation)**은 단백질의 형태가 어떻게든 변화되는 것이며, 2차, 3차, 4차 구조를 유지하는 비공유결합 혹은 이황화결합이 해리되는 것을 의미한다(그림 12.17). 생물학적 활성의 상실은 대개 변성을 수반하며, 변성이 약하게 일어나는 경우에만 가역적일 수 있다.

■ 활성을 띄는 어떤 단백질의 3차 모양이나 구조가 바뀌게 되면 그 단백질은 변성된 것이다.

변성은 다양한 인자에 의하여, 특히 온도와 pH의 변화, 교반, 계면 활성제, 비누화 등에 의하여 일어난다. 온도의 증가는 운동에너지의 증가를 가가져 오며, 활발한 분자 움직임은 부분적으로 수소결합이나 기타의 비공유결합을 방해하여 해리시킬 수 있다. pH의 변화는 단백질의 모양을 변화시키는데, 아미노산의 곁사슬들이 전하가 변화되어 염다리결합 등이 사라진다. 계면 활성제나 비누는 양친성 물질이며 소수성 상호작용을 방해한다.

예제 12.7

변성

Miraculin은 4개의 동일한 폴리펩티드 사슬로 구성된 4량체 구조이며, 신맛의 식품을 달게 느끼게 하는 단백질이다. 이 단백질은 100°C의 고온이나 pH 3이하 혹은 pH 10 이상에서 변성된다. 4단계의 단백질 구조(1, 2, 3, 4차) 중에서 이러한 고온이나 극단적인 pH에 영향을 받는 단계는 어디인가?

전략

변성이 진행되는 동안 파괴되는 단백질의 구조를 유지하는 힘이나 결합(12.4절)을 다시 비교한다.

해답

변성이 진행되는 동안, 2, 3, 4차 결합을 유지하는 비공유성결합과 이황화결합은 모두 파괴된다.

연습문제 12.7

Miraculin이 변성되는 동안 영향받을 수 있는 비공유결합들을 나열하시오(예제 12.7).

Did You Know?

기적의 식물이라는 적색 베리류(*Richadella dulcifica*)는 miraculin이라는 단백질을 가지고 있는데, 설탕이나 인공 감미료 같이 우리의 미각 돌기를 자극하여 단맛을 느끼게 한다. 일반적인 감미료와 달리 miraculin은 오직 산성 pH에서만 효과가 있다. 식품들 중에 산성을 가지는 것들 (레몬, 라임, 칠리소스 등)은 주로 신맛을 가진다. 만약 당신이 miraculin을 혀에 먼저 올려 놓는다면 대부분의 신맛을 가진 식품들은 매우 달게 느껴질 것이다.

네이티브 단백질
(활성화 형태)

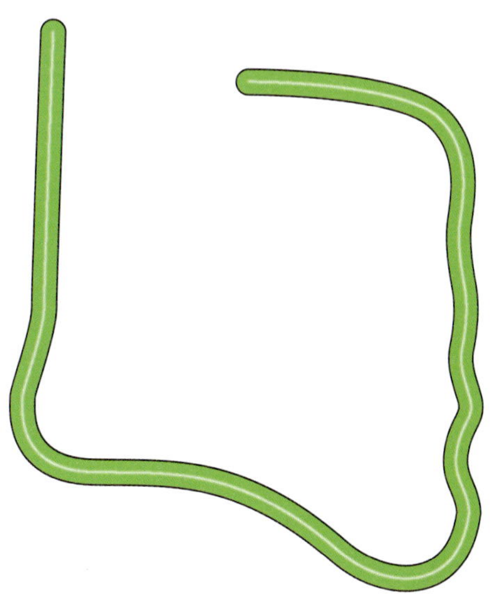

변성된 단백질
(비활성화 형태)

■ **그림 12.17**

변성 열, pH의 변화, 진동, 비누 혹은 계면 활성제와 같은 변성 유도제 등이 단백질의 모양을 파괴할 수 있다.

12.6 | 효소

우리 몸에서는 늘 수천 가지 이상의 화학반응이 일어나고 있다. 이들 대부분의 화학반응들은 효소라는 생물학적 촉매가 존재하지 않는다면 일어나지 않는다. 대부분의 효소는 구형 단백질이며 새로 발견된 몇 가지는 RNA 분자이다(13.8절). 우리는 여기서 단백질 촉매에 대해서만 초점을 집중하고자 한다.

효소를 명명하기 위한 많은 체계가 개발되어져 왔다. 가장 흔한 명명체계는 효소를 그 반응이 일으키는 **기질**[**substrate**, 반응물(반응을 통해 변형되는 물질)]의 이름으로 명명하는 것이다. 예를 들면, 알데히드 탈수소효소(Aldehyde dehydrogenase)는 알데히드를 탈수소(산화)시키는 효소이다. Aldehyde reductase(대부분의 효소들은 이름의 끝이 "-ase"로 끝난다)는 단당류의 알데히드기의 환원을 일으킨다. 말타아제는 말토오스의 가수분해를 일으킨다(그림 12.18). 어떤 효소들의 이름은, 예를 들면, 키모트립신(chymotrypsin)은 폴리펩티드 사슬의 가수분해를 촉매 하지만(그림 12.5), 이름에서 어떤 반응을 일으킬지 예상할 수 없는 경우도 있다.

특이성

효소에 따라서 특이성(선택성)의 정도는 기질에 따라 다양하게 분산되어 있다. 어떤 효소는 **절대적 특이성(absolute specificity)**—효소가 하나의 특이적인 기질하고만 반응하는 경우—을 보인다. Urease(urea를 가수분해하여 CO_2와 NH_3를 생산하는 효소)는 절대적 특이성을 보이는데, urea만 가수분해할 뿐 다른 물질과는 반응하지 않는다(그림 12.19). 대부분의 효소는 특이성이 상대적으로 약하여 같은 기능기나 유사한 구조를 가지는 기질과 반응할 수 있다. 알코올 탈수소효소(Alcohol dehydrogenase)는 다양한 종류의 알코올들을 산화시킬 수 있는데, 이러한 효소들은 **상대적 특이성(relative specificity)**을 보인다.

■ 효소는 입체특이성을 보여주며 절대적 혹은 상대적 기질특이성도 가진다.

많은 효소들은 **입체특이성(stereospecificity)**을 보여주는데, 특정 입체이성질체와만 반응하거나 생산한다. Stearoyl-CoA 9 desaturase는 스테아릭산(포화지방산)을 올레익산의 유도체(불포화지방산)로 전환하는데, 오직 *cis*형의 입체이성질체만 생산한다. 입체특이성을 보이는 다른 효소들은 L형 혹은 D형의 아미노산과 탄수화물하고만 특이적으로 반응한다.

(*a*) D-Glucose + NADPH + H^+ —(알데히드 환원효소)→ Sorbitol + $NADP^+$

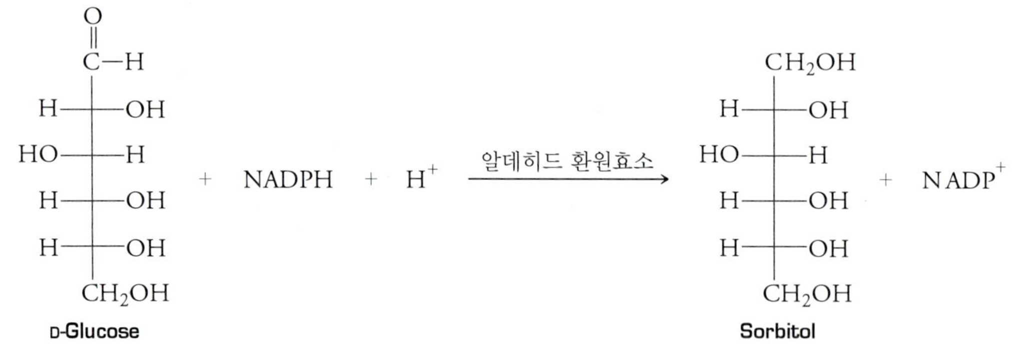

(*b*) (말토오스) + H_2O —(말타아제)→ 2 (글루코오스)

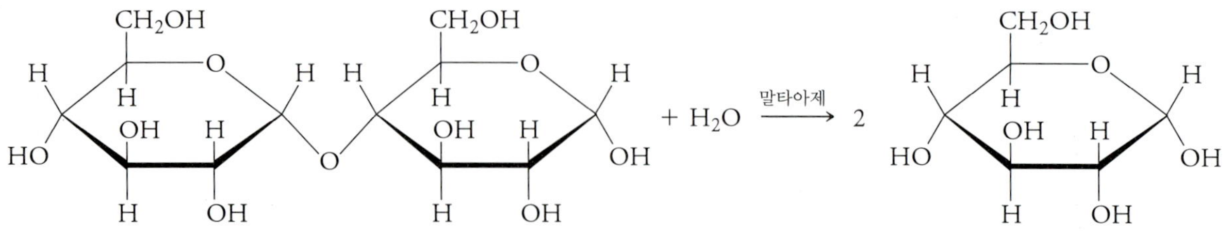

■ **그림 12.18**

추천되는 효소의 이름들 일반적으로 효소의 추천되는 이름은 수행하는 반응 혹은 효소에 의해 인식되는 기질을 암시한다. (*a*) 알데히드 환원효소는 알도오스의 환원을 촉매한다. (*b*) 말타아제는 이당류인 말토오스를 가수분해하는 반응을 촉매한다.

$$(a)\quad H_2N-\overset{\overset{\displaystyle O}{\|}}{C}-NH_2 + H_2O \xrightarrow{\text{urease}} CO_2 + 2NH_3$$

Urea

$$(b)\quad R-\underset{\underset{\displaystyle H}{|}}{\overset{\overset{\displaystyle OH}{|}}{C}}-H + NAD^+ \xrightarrow{\text{알코올 탈수소효소}} R-\overset{\overset{\displaystyle O}{\|}}{C}-H + NADH + H^+$$

$$(c)\quad CH_3(CH_2)_{16}\overset{\overset{\displaystyle O}{\|}}{C}-SCoA$$

Stearoyl-CoA

stearoyl-CoA 9-desaturase

$$CH_3(CH_2)_6CH_2(H)C=C(H)CH_2(CH_2)_6\overset{\overset{\displaystyle O}{\|}}{C}-SCoA$$

Oleyl-CoA

■ 그림 12.19

효소적 특이성 (*a*) urease는 절대적 특이성을 보인다. 왜냐하면 하나의 특이적인 기질인 urea와만 반응하기 때문이다. (*b*) 알코올 탈수소효소는 상대적 특이성을 보이는데, 다양한 종류의 알코올들과 산화반응을 하기 때문이다(여기서 R은 탄소 원자를 가지는 기이다). (*c*) 입체특이적 효소는 특정 입체이성질체와만 반응하거나 생산한다. Stearoyl-CoA 9-desaturase는 포화된 지방산 유도체를 9-*cis*-불포화지방산으로 전환시킨다. (이 반응을 위한 반응물의 몇 개는 여기에 표시되지 않았다.)

예제 12.8

효소적 특이성

효소 헥소키나제는 ATP의 인산기를 D-glucose, D-fructose 혹은 다른 D-hexoses에 전달하는 반응을 촉매한다. 여기서 L-hexoses은 이 효소의 기질이 아니다.

$$\text{D-glucose} + \text{ATP} \xrightarrow{\text{헥소키나아제}} \text{D-glucose 6-phosphate} + \text{ADP}$$

그렇다면, 다음 중 이 효소의 6탄당에 대한 특이성을 잘 설명하는 것은 무엇인가? 절대적 특이성, 상대적 특이성, 입체특이성?

전략

이 효소가 촉매하는 반응이 오직 하나의 기질인가를 생각하고, 유사한 반응을 여러 기와 하는지, 특정한 입체이성질체하고만 반응하는지 등을 생각한다.

해답

다양한 종류의 6탄당에게 인산기를 전달하므로 상대적 특이성을 보이는 것이다. 이 효소는 D-hexoses하고만 반응하므로 입체특이성을 보인다.

연습문제 12.8

효소 phosphoglucokinase는 ATP에서 인산기를 D-glucose-1-phosphate의 6번 탄소에 전달하는 반응을 촉매한다. 오직 이 효소의 기질은 하나뿐이다.

$$\text{D-glucose 1-phosphate} + \text{ATP} \xrightarrow{\text{phosphoglucokinase}} \text{D-glucose 1,6-bisphosphate} + \text{ADP}$$

그렇다면, 다음 중 이 효소 phosphoglucokinase의 특이성을 잘 설명하는 것은 무엇인가? 절대적 특이성, 상대적 특이성, 입체특이성?

촉매작용

5.7절에서 화학반응 속도에 영향을 주는 인자(농도, 촉매)에 대해 학습한 바 있다. 온도를 증가시키면 반응물의 운동에너지가 증가하여 분자 간의 충돌 횟수가 증가한다. 따라서 더 많은 반응물들이 반응의 활성화 장벽을 넘을 수 있는 충분한 에너지를 얻을 수 있음을 의미하며, 속도는 더욱 빨라진다. 반응물의 농도를 증가시키는 것도 역시 반응 속도를 증가시킬 수 있는데, 한정된 공간에 반응물이 더 많이 존재하면 반응물들끼리 충돌할 수 있는 기회가 더 많아져서 활성화 장벽을 더 쉽게 넘을 수 있다. 촉매는 활성화 장벽을 낮춤으로써 반응 속도를 빨라지게 한다.

■ 기질들(반응물들)은 효소의 표면에 있는 활성자리(갈라진 틈)에 결합한다.

반응의 활성화 에너지는 그 반응이 자발적인지($\Delta G < 0$) 혹은 비자발적인지($\Delta G > 0$)와 아무런 관련이 없다. 이 말의 의미는 비자발적인 촉매화되지 않은 반응은 촉매가 존재해도 비자발적이라는 것이다. 제14장에서 배우겠지만, 생명유지에 필요한 많은 반응들은 비자발적이다. 생명체가 이러한 반응을 일어날 수 있도록 하는 방법 중의 하나는 에너지가 높은 상태(높은 화학적 에너지를 가지도록)로 되도록 필요한 에너지를 공급하는 것이다.

효소는 기질과 직접 상호작용하여 반응 결과를 얻는 촉매이며, 기질은 효소의 **활성자리(active site)**라고 부르는 특별한 결합자리에 결합하게 된다.

효소 촉매의 첫 번째 반응 단계는 효소–기질 복합체를 형성하는 것(ES complex, 그림 12.20에서)이고 효소의 활성자리에 기질이 결합하는 것이다. 활성화 자리에 존재하는 아미노산의 곁사슬들이 기질과 상호작용하고, 활성자리에 붙들어 두게 된다. 효소가 존재하면 존재하지 않을 때보다 반응 속도가 더욱 빨라지는데, 그 이유는 기질이 반응에 적당한 방향과 위치로 활성자리에 붙어 있으므로, 반응 과정동안 근처의 다른 원자들에서 관여 결합이 만들어지고 끊어지는 과정이 수월해지기 때문이다. 생산물이 만들어지면 효소로부터 해리되는데(그림 12.20에서 ES가 E + P로 전환), 효소는 원래의 상태로 되돌아가 새로운 반응을 개시할 수 있다.

Did You Know?

Orotidine 5′-monophosphate decarboxylase는 핵산 염기의 생산을 촉매하는 데 관여하는데(13.1절), 어떤 효소보다도 더 촉매 속도를 빠르게 향상시키는 것으로 알려져 있다. 이 효소는 촉매가 존재하지 않을 때보다 1.4×10^{17}배 반응 속도를 향상시킨다.

촉매의 반응 효율은 효소에 따라서 혹은 반응 상태에 따라서 다양하다. 펩티드 결합을 하는 papain은 고기를 부드럽게 해주는 용도로 사용되는데, 반응 속도를 10배 정도 빠르게 해준다. Acetylcholine esterase는 신경 신호전달에 관여하는데, 에스테르를 가수분해하는 반응 속도를 1000배 이상 향상시킨다. Catalase는 H_2O_2의 분해에 관여하는데, 반응 속도를 천만 배 향상시킨다.

보조인자와 조효소

어떤 효소들은 촉매 작용에 폴리펩티드 사슬만 아니라, **보조인자(cofactor)**라고 부르는 무기이온들, Fe^{2+}, Fe^{3+}, Cu^{2+}, Zn^{2+}, Na^{+}, K^{+}와 같은 **조효소(coenzyme)**라고 불리우는 혹은 유기화합물(*organic compounds*)이 필요할 때가 있다(표 12.2). 대부분의 조효소들은 수용성 비타민에서 유래하였다.

우리가 알고 있는 효소의 1/3 정도가 효소에 금속이온이 강하게 붙어 있는 구조이며, 이러한 보조

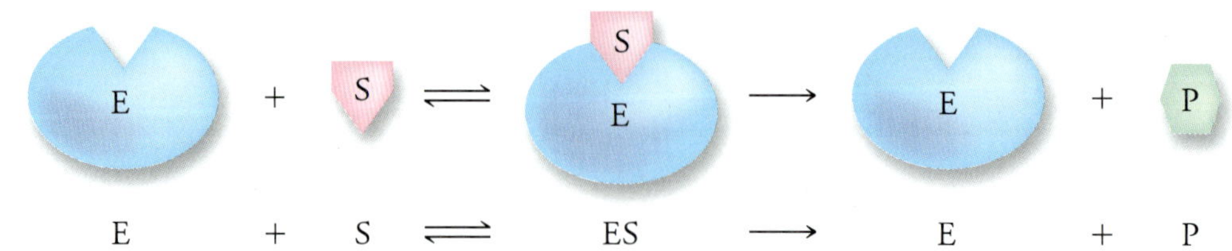

■ 그림 12.20

효소 반응 효소-촉매 반응이 일어나기 위해서는 효소(E)가 반드시 기질(S)에 결합해야 하고 효소-기질 복합체(ES)를 만들어야 한다. 기질이 생산물로 전환되면, 생산물은 해리되며 효소(E)는 원래 상태로 복귀한다. K_M, Michaelis 상수(12.7절)는 이 반응 과정의 첫 번째 단계(E + S ⇌ ES)를 설명하는 데 사용되고, V_{max}, 최대 속도는 두 번째 단계(ES ⟶ E + P)를 설명하는 데 사용된다.

표 | 12.2 몇 개의 효소 보조인자

이온	이온이 필요한 효소들	식품섭취원
Zn^{2+}	알코올 탈수소효소	미량[a]
Fe^{2+}	Peroxidase	미량
Ni^{2+}	Urease	미량

조효소[b]	조효소를 사용하는 반응 양상들	식품섭취원
NADH	산화와 환원	니아신
$FADH_2$	산화와 환원	리보플라빈(B_2)
CoA	반응기의 전달	판토테닉산(B_5)

[a]표 2.3 참고.
[b]그림 14.2의 조효소들의 구조에 그림이 있다.

인자가 부착된 기(prosthetic group)으로 작용한다. (이 장의 전반부에 3차 구조를 다룰 때 이미 배운 내용이다.) 다른 효소들은 보조인자가 부착된 기로 생각되지 않고 있는데, 왜냐하면 상대적으로 약하게 결합되어 있으며 반응하는 동안 쉽게 방출되거나 획득되기 때문이다.

pH와 온도의 효과

효소는 구형 단백질이며, 자신들의 고유한(생물학적 활성이 있는) 형태를 유지하면서 촉매로서 작용하는 것이다. 이런 이유에서 pH와 온도는 효소의 활성에 효과를 준다.

단백질의 형태는 pH의 변화에 민감한데, pH는 아미노산 곁사슬의 전하에 영향을 주고, 3차, 4차 구조 유지에 이들 곁사슬들이 관여하기 때문이다. 대부분의 사람 효소는 pH가 7 근처일 때 이 pH를 생리적 pH라고 부르는데, 이는 사람 체액의 pH가 7 근처일 때 촉매로서 효과적으로 작용하기 때문이다. 그러나 극단적인 pH에서는 변성되거나 불활성화된다(그림 12.21*a*). 효소가 가장 활성을 띠게 될 때의 pH를 **최적 pH(pH optimum)**라고 부른다. 산성혈증(acidosis) 혹은 알칼리혈증(alkalosis)은 치명적인 결과를 야기하는데(7.11절), 대부분 pH에 유도되는 변화로 인해서 효소와 다른 단백질의 형태와 활성에 변화가 생기기 때문이다.

어떤 효소들은 생리적 pH보다 훨씬 멀리 떨어진 범위의 최적 pH를 가지고 있는데, Pepsin(펩신)은 위장 내에서 섭취한 단백질의 가수분해를 촉매하며 pH 1.5 근처에서 최적의 활성을 보여준다.

온도의 증가는 효소 촉매 반응의 속도 증가를 가져오는데, 온도가 단백질 변성을 일으키는 정도까지 도달하기 전에는 효소가 촉매로써 작용한다(그림 12.21*b*). 고열에 의한 사망은 대개 효소와 다른 단백질의 변성 때문이다.

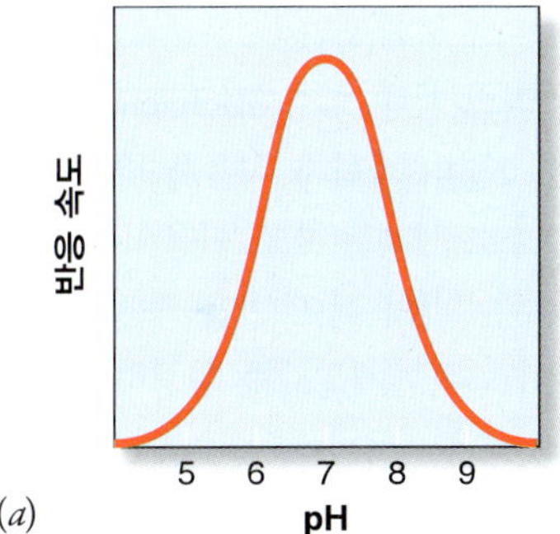

(*a*)

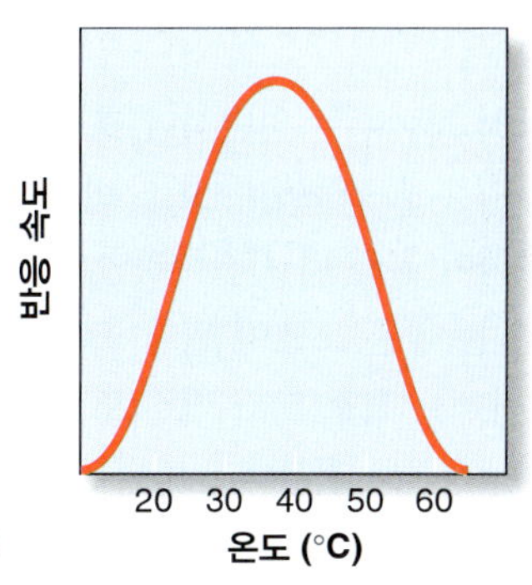

(*b*)

그림 12.21

효소 활성에 대해 pH 및 온도의 효과 (*a*) 각 효소는 자신의 고유한 최적 pH를 가지고 있다. 최적 pH는 최대 활성을 보이는 pH를 말한다. pH의 변화는 아미노산 잔기 곁사슬의 전하를 변화시키며, 변성의 정도를 다양하게 할 수 있다. (*b*) 각 효소는 자신의 최적온도를 가지고 있다. 온도를 증가시키면 반응 속도를 증가시킬 수 있지만, 너무 높은 온도 증가는 변성을 일으키고 촉매 활성의 상실을 일으킨다.

■ 그림 12.22

고온 효소 옐로우스톤 공원의 뜨거운 온천에는 고온균(고온을 좋아하는 세균)이 살고 있고 끓는점 근처의 온도에서도 효소가 활성을 띤다.

비록 대부분 모든 효소가 37°C 근처에서 **최적 온도**(**temperature optimum**, 단백질의 활성이 가장 최고인 온도)를 가지고 있지만, 90°C에 도달하기 전에 모두 불활성화된다. 그러나 옐로우스톤 공원의 온천에서 발견되는 몇몇 세균은 물의 끓는점(100°C) 근처에서도 활성을 보인다(그림 12.22). 이러한 온도저항성 효소는 효소연쇄중합반응(PCR)이라고 불리우는 시료의 DNA의 양을 증폭시키는 과정에서 핵심적인 역할을 한다(13.13절).

12.7 | 효소의 조절: 촉매 반응

화학반응의 속도는 효소에 의한 촉매 반응이든 아니든 간에 얼마나 빨리 반응물이 소비되는지 혹은 생성물이 얼마나 빨리 만들어지는지를 측정하는 것이다. 앞 절에서 본 바와 같이 기질의 농도를 증가시키는 것이 반응 속도를 증가시키는 하나의 방법이다. 이 방법은 효소-촉매 반응에도 적용되지만, 어느 한계가 있다. 기질 농도가 충분한 상태에서 효소가 최대 활성 속도를 보이는 상태에서는 기질을 더 첨가하여도 반응 속도가 더 증가하지 않는다.

많은 효소들은 기질의 농도 변화에 따른 2개의 효소 그룹 중의 하나에 해당된다. Michaelis–Menten 효소와 다른자리 입체성조절효소이다.

Michaelis–Menten 효소

그림 12.20에서 보여주는 일반적인 효소의 반응은 **미카엘리스-멘텐 효소**(**Michaelis-Menten enzyme**)라고 알려져 있는 효소들이며, 효소 반응을 초기에 연구한 2명의 과학자 이름을 따서 붙였다. 많은 다른 효소 반응들이 훨씬 더 복잡하지만, Michaelis–Menten 효소 체계는 효소 반응이 어떻게 조절되는지를 배울 수 있는 좋은 모델이 된다. 그림 12.20에서 보여주는 바와 같이 반응 과정에는 두 단계가 있다. 첫 번째 단계는 효소(E)가 기질(S)과 결합하여 효소–기질 복합체(ES)를 형성하고, 두 번째 단계에서는 기질이 생성물로 전환되고 방출된다(ES → E + P).

첫 번째 단계는 K_M으로 표시되는데, Michaelis 상수라고도 하며 효소와 기질 간의 친화도 강도를 측정

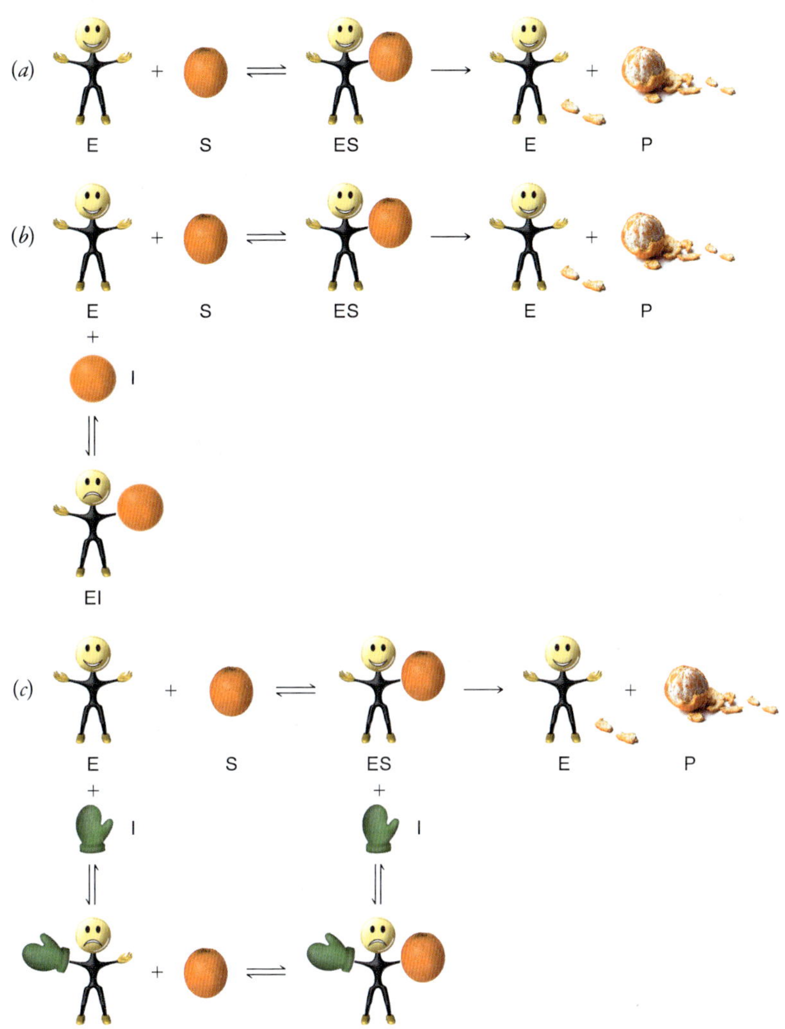

■ 그림 12.23

경쟁적 혹은 비경쟁적 저해 (*a*) 저해제가 없을 경우에 효소는 기질과 결합하여 효소기질 복합체를 형성한다(E + S ⇌ ES). 생성물이 형성된 뒤에, 효소로부터 방출된다(ES → E + P). (*b*) **경쟁적 저해.** E는 경쟁적 저해제(I)와 활성 부위에서 결합하여 효소-저해제 복합체를 형성해서 생성물이 만들어지지 않게 한다. I가 존재하는 것은 S가 E에 결합하는 것에 영향을 준다. 따라서 K_M이 변화한다. 만약 ES가 만들어지면 I가 있을 때나 없을 때나 관계없이 생성물이 형성되므로 V_{max}는 변화하지 않는다. (*c*) **비경쟁적 저해제.** E는 비경쟁적 저해제(I)와 기질의 결합자리 이외의 다른자리에서 결합한다. I는 S의 결합 능력에는 영향을 미치지 않고(K_M은 변하지 않는다), I가 E에 결합하면 반응은 진행하지 않는다(V_{max}가 영향 받는다).

하는 것이다. 두 번째 단계는 $\boldsymbol{V_{max}}$로 표시되는데, 주어진 효소의 농도에서 최대의 속도로 생성물을 만드는 정도이다. K_M과 V_{max}는 단순한 유기화합물의 성질을 녹는점과 끓는점으로 특징짓는 것처럼, 그 효소의 특징이 된다. 모든 효소는 특정 반응조건(pH와 온도 등)에서 각자의 고유한 K_M과 V_{max}를 가진다.

특정 알코올 탈수소효소가 사람의 간세포에서 발견되었다고 생각해보자. 이 효소는 상대적 특이성(그림 12.19)을 보이는데, 다양한 범위의 1차와 2차 알코올을 산화시킨다. 이 효소는 온도 25°C, pH 10에서 1-octanol($CH_3CH_2CH_2CH_2CH_2CH_2CH_2OH$), 에탄올($CH_3CH_2OH$)과 메탄올($CH_3OH$)에 대한 K_M 값이 2,000배 이상의 차이가 날 정도로 다양하다. 이 효소는 1-octanol에게 ethanol보다 200배 더 빠른 결합을 보이고, 메탄올보다 에탄올에게 10배 더 강한 결합을 보인다. 이들 기질에 대해 V_{max}는 20배 정도의 차이를 보인다. 기질이 효소에 결합되면 에탄올과 옥탄올은 생성물로 전환되는데, 메탄올보다 20배 더 빨리 방출된다.

K_M과 V_{max}를 더 잘 이해하기 위하여 예를 들어 보자. 지금 당신은 오렌지 1상자를 가지고 있고 그 껍질을 벗겨야 한다. 상자로 가서 왼손으로 오렌지를 집어 들고 오른손으로 껍질을 벗긴다. 다 벗겨진 오렌지를 다시 상자에 내려 놓고 다른 오렌지를 왼손으로 집어 들고 또 오른손으로 껍질을 벗기는 과정을 반복한다.

이것과 V_{max}와 K_M은 무슨 관계인가? 그림 12.23*a*에서 보는 바와 같이, 당신이 효소이고 오렌지가 기질이라고 가정한다면 오렌지를 잡는 것이 K_M이다. 효소–기질 복합체를 형성하는 것이다. 오렌지 껍질을 벗겨 내려 놓는 것이 V_{max}이다. 효소–기질 복합체가 효소와 생성물로 전환되는 것이다.

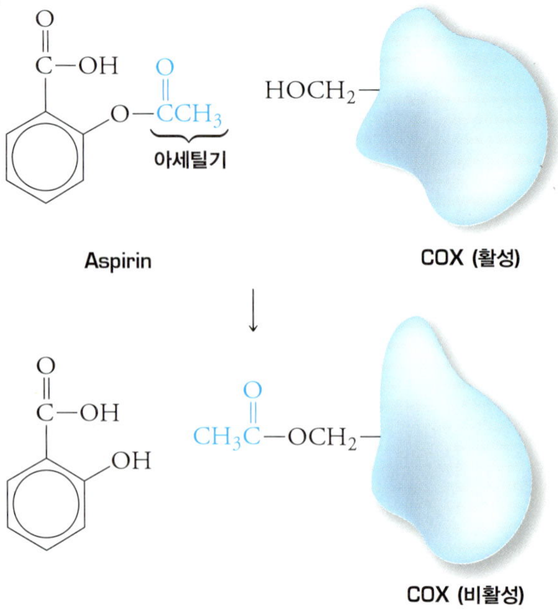

■ 그림 12.24

비가역적 저해 비가역적 저해제는 효소를 영구히 불활성화시킨다. 아스피린으로부터 아세틸을 COX 효소로 전달하여 영구적인 저해를 일으킨다. COX 효소는 프로스타글란딘의 생성을 촉진하여 통증, 고열, 염증을 일으키는데, 아스피린은 비가역적 저해를 통해 이런 증상을 차단한다.

저해

효소의 활성을 감소시키는 화합물을 **저해제(inhibitor)**라고 하며 저해효과는 가역적 혹은 비가역적이다. **비가역적 저해제(irreversible inhibitor)**는 효소와 반응하여, Michaelis–Menten 효소이든 아니든 더 이상의 촉매 작용을 저해한다. 아스피린은 고통과 열과 염증을 감소시키는데, 프로스타글라딘을 생산하는 COX 효소를 비가역적으로 저해한다(11.6절). 아스피린의 아세틸기가 COX 효소의 활성자리에 존재하는 세린 잔기에게 전달되어 COX 효소가 무용지물이 된다(그림 12.24).

가역적 저해(reversible inhibitors)는 효소에 결합하여 촉매 작용을 방해하는 것으로 저해효과가 영원하지 않은데, 왜냐하면 효소와 저해제가 느슨하게 결합하고 있으므로 쉽게 해리되어 원래 상태로 재생되기 때문이다. Michaelis–Menten 효소의 경우 가역적 저해 방식에는 2개의 형태 경쟁적 혹은 비경쟁적 저해 방식이 있다.

경쟁적 저해제(competitive inhibitor)는 효소의 활성자리에 대해 기질과 저해제가 경쟁하는 것이다. 이 저해제는 기질과 유사한 구조를 가지며, 효소는 기질과 경쟁적 저해제를 구별하지 못한다. 어떤 약물은 경쟁적 저해제로 작용하는데, 요산을 생산하는 효소를 저해하는 알로퓨리놀(allopurinol), 그리고 항생물질인 sulfanilamide는 박테리아의 성장인자인 folate의 생산을 저해한다(그림 12.25).

이미 살펴본 것처럼, Michaelis–Menten 효소의 반응은 2단계로 나눌 수 있다. 첫 번째 단계는 K_M으로 표현되고 기질과 효소의 결합에 관한 것이며, 두 번째 단계는 V_{max}로 표현되고 기질이 생성물로 전환된 뒤에 방출되는 것이다(그림 12.23*a*). 이들 두 단계 중의 어느 하나가 저해제에 의해 영향 받는

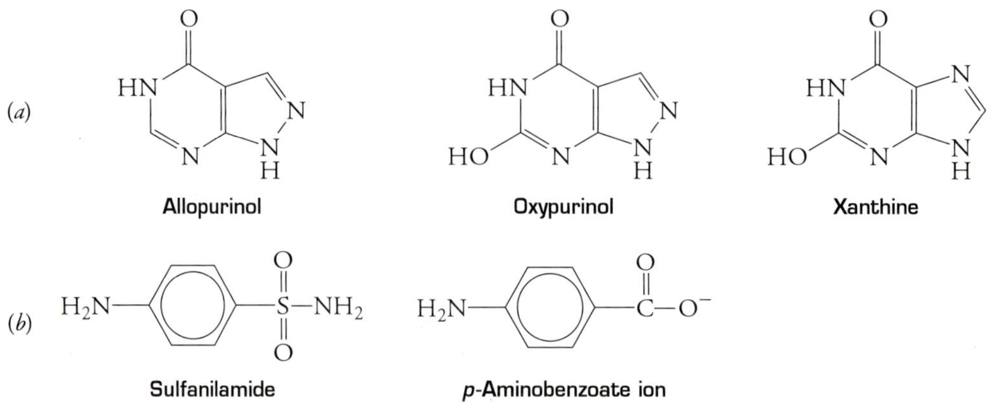

■ 그림 12.25

경쟁적 저해제들 (*a*) 인체에서 allopurinol은 요산 형성에 관여하는 효소의 경쟁적 저해제인 oxypurinol로 전환될 수 있다. 왜냐하면 oxypurinol은 기질인 xanthine과 유사체이기 때문이다. (*b*) 항생물질인 sulfanilamide는 특정 세균의 성장인자를 만드는 효소의 경쟁적 저해제이다. sulfanilamide는 기질인 *p*-aminobenzoate ion과 구조적 유사체이다.

다면 효소 촉매 반응의 속도는 느려질 것이다.

경쟁적 저해제가 어떤 방식으로 K_M과 V_{max}에 영향을 주는지를 설명하기 위하여 위의 예를 다시 생각해보자. 여기 또 다른 오렌지 1상자가 있고, 오렌지 모양의 플라스틱 공과 섞여 있어서 진짜 오렌지와 매우 유사하다면 당신은 오렌지 대신에 플라스틱 공을 잡을 수 있다. 그러면 당신은 공을 내려놓고 상자에 손을 다시 넣어 오렌지를 잡으려고 할 것이다. 이 때문에 당신의 속도는 느려진다(그림 12.23*b*). 효소의 반응 속도론에서 경쟁적 저해제(플라스틱 공)는 효소–기질 복합체의 형성(왼손으로 공을 잡는 행위)을 방해하며 K_M이 변화한다. 경쟁적 저해제는 효소–기질 복합체가 효소와 생성물로 전환되는 것을 방해하지 않는다(왼손으로 오렌지를 쥐었다면, 오른손으로 껍질을 벗기는 행위). 따라서 V_{max}는 변화되지 않는다. 요약하면 **경쟁적 저해제는 K_M을 변화시키지만, V_{max}는 변화시키지 않는다.**

Michaelis–Menten 효소는 **비경쟁적 저해제(noncompetitive inhibition)**에 의해서도 조절받는데, **저해제와 기질이 효소의 서로 다른 부위에 결합된다.** 서로 다른 결합 부위에 결합한다는 것의 의미는 비경쟁적 저해제가 기질과 매우 다른 구조를 가짐을 의미한다. 몇몇 중금속 이온들, 납(Pb^{2+}) 혹은 수은(Hg^{2+})은 비경쟁적 저해제이다. 이들 환경오염 중금속들은 많은 효소의 티올(—SH)기와 가역적 상호작용을 한다.

다시 한 번 더, 오렌지 껍질 벗기기로 돌아가서 비경쟁적 저해제의 효과를 설명하면, 이번에는 오렌지만 있는 상자가 있다. 이때 불규칙적으로 어떤 사람이 옆에 서서 당신의 오른손에 장갑을 끼운다면, 당신의 껍질 벗기는 속도는 느려질 것이다. 효소 반응 속도론의 관점에서, 비경쟁적 저해제가 존재[당신의 오른손에 낀 장갑(그림 12.23*c*)]하면 효소가 기질에 결합하는 능력에는 영향을 주지 않(K_M은 불변)는다. 비경쟁적 저해제는 효소–기질 복합체가 효소와 생성물로 전환되는 속도를 느리게 한다(오른손으로 오렌지 껍질을 벗기는 행위가 방해된다). 따라서 V_{max}가 변화한다. 요약하면 **비경쟁적 저해제는 V_{max}에 영향을 주지만 K_M은 불변이다.**

예제 12.9

효소저해제

다음 중 경쟁적 저해제에 대해 정확하게 설명하는 것은 무엇인가?

a. 효소를 변성시킨다.
b. 효소의 V_{max}를 변화시킨다.
c. 저해된 효소에게 정상적인 기질의 가수분해를 촉진한다.
d. 효소의 K_M을 변화시킨다.

전략

이 문제를 풀기 위해서는 변성과 경쟁적 저해에 대한 설명을 다시 읽어야 한다.

해답

d. 효소의 경쟁적 저해제는 기질과 활성자리를 경쟁한다. K_M은 변화되지만 V_{max}는 변화되지 않는다. 경쟁적 저해제는 효소를 변성시키지 않는다.

연습문제 12.9

비경쟁적 저해에 대해 정확하게 기술한 것은 무엇인가?

a. 효소를 변성시킨다.
b. 효소의 V_{max}를 변화시킨다.
c. 저해된 효소의 정상 기질을 가수분해한다.
d. 효소의 K_M을 변화시킨다.

효소 저해제로서 타미플루와 렐렌자

항감기약 타미플루(Tamiflu)와 렐렌자(Relenza)의 효과는 그들이 저해하는 특정한 효소(감기 바이러스의 확산에 관여하는)와 연관이 있다.

독감 바이러스는 작은 입자 안에 단백질 껍질이 바이러스 RNA를 둘러싸고 있는 형태이다. 이 RNA는 유전정보를 가지고 있는데(제13장), 새로운 세대의 바이러스를 만드는 데 필요하다. 독감 바이러스의 표면을 확대해서 보면, hemagglutinin (H)와 neuraminidase (N) 효소를 가지고 있다(그림 12.26). 이제까지 16종의 hemagglutinin과 9종류의 neuraminidase가 보고되었고 독감 바이러스는 이 두 가지의 특정 형태의 종류에 따라 분류된다. H1N1 바이러스는 2009년에 심각한 독감 유행을 일으켰고, 1918년과 1957년의 독감 대유행에서도 나타났다. H5N1 독감 바이러스(조류 독감)는 최근에 나타난 걱정거리이다.

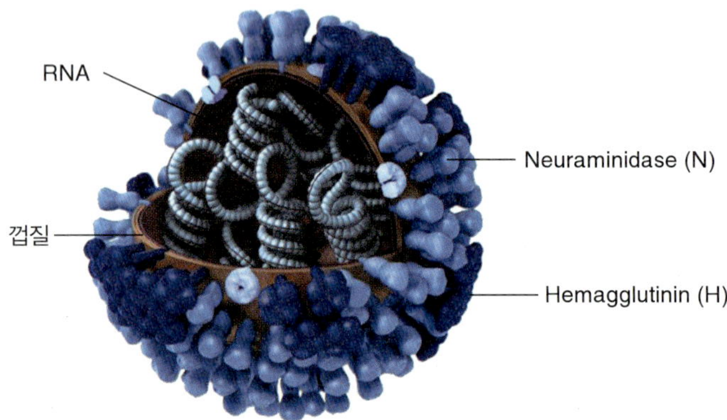

■ 그림 12.26

독감 바이러스 바이러스 내부에 RNA를 유전정보로 가지고 새로운 세대의 바이러스를 합성하는 데 사용한다. RNA를 둘러싸고 있는 단백질들은 hemagglutinin (H)과 neuraminidase (N)이다.

출처: Photo by Dan Higgins. Used by permission of the Center for Disease Control. www.cdc.gov

바이러스가 세포를 감염시킬려면 반드시 세포 외막을 통과하여야만 한다. 독감 바이러스는 감염과 함께 그들의 hemagglutinin 단백질이 호흡기 세포의 표면에 있는 수용체에 강하게 결합한다(그림 12.27*a*).

이렇게 세포막에 달라붙고 난 뒤, 독감 바이러스는 세포와 융합하여 바이러스 RNA를 방출한다. 일단 세포 안으로 들어가면, 바이러스 RNA를 사용하여 새로운 바이러스 물질들을 생산하고 복사본을 만든다(그림 12.27*b*와 *c*). 이러한 복사본들은 세포막으로 이동하여 새로운 바이러스를 만들고 세포 밖으로 빠져 나간다(그림 12.27*d*와 *e*). 일단 밖으로 나가면 새로운 세대의 바이러스들은 세포에 여전히 달라 붙어 있고 이전의 바이러스들을 붙잡았던 것과 동일한 수용체에 결합한다. 이때, 각 바이러스에서 분비된 neuraminidase가 그 수용체를 잘라내는 반응을 일으킨다. 이것은 새롭게 만들어진 바이러스가 쉽게 방출될 수 있도록 한다.

독감 치료제인 타미플루와 렐렌자는 경쟁적 저해제로서 neuraminidase의 활성을 저해하여 막에 있는 수용체를 분산시킨다. 이는 수용체가 부서지고 분산되지 않으면 새로운 바이러스는 세포에서 방출되지 못하고 다른 세포를 감염시키지 못하기 때문이다.

하지만 타미플루와 렐렌자는 모든 독감 바이러스에게 효과가 있는 것은 아니다. 어떤 H1N1 종류들은 이러한 약물에 저항성을 가지고 있다. 저항독감 바이러스는 유전적 변이를 통해 그들의 neuraminidase의 구조를 변형함으로써 더 이상 타미플루와 렐렌자에게 저해 당하지 않기 때문이다.

■ 그림 12.27

독감 바이러스의 감염 (*a*) 독감 바이러스가 hemagglutinin (H)을 세포의 수용체에게 결합하여 강하게 부착. (*b*와 *c*) 바이러스가 세포 안으로 들어가서 자신의 RNA를 방출. (*d*와 *e*) 새로운 복사본 바이러스가 만들어지고 세포 밖으로 방출되어 세포 표면 H-수용체를 통해 강하게 부착. (*f*) 바이러스의 Neuraminidase (N)가 세포수용체를 잘라내면 새로운 바이러스가 해방되어 또 다른 세포를 감염되고 증폭됨.

출처: Photo by Dan Higgins. Used by permission of the Center for Disease Control. www.cdc.gov

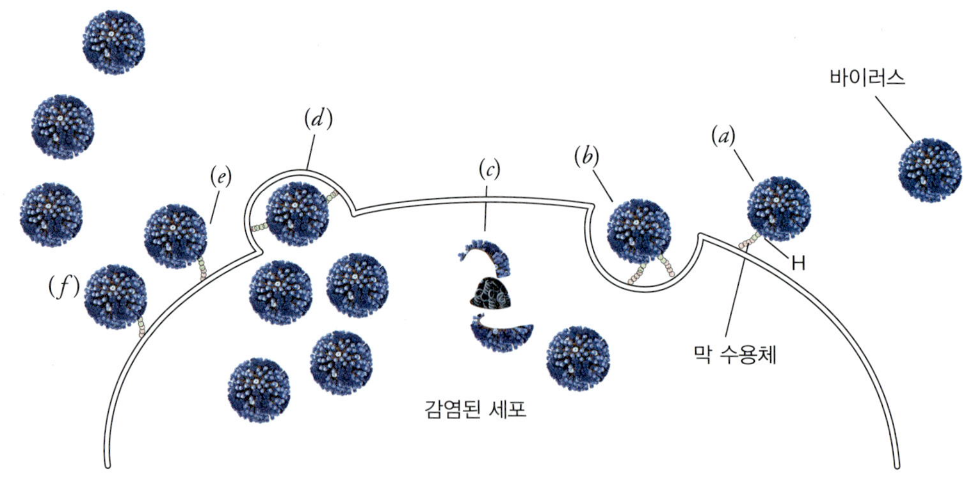

다른자리 입체성조절효소

다른자리 입체성조절효소(Allosteric euzyne)는 우리가 배울 두 번째 분류의 효소이며, 생명이 유지하는 수천 개의 반응을 조절하는 데 중요한 역할을 한다. 전형적으로 이 효소는 1개 이상의 폴리펩티드 사슬로 이루어져 있다. Michaelis–Menten 효소도 4차 구조를 가지지만, 다른자리 입체성조절효소와의 차이점은 이들이 **협동성(cooperativity)**을 보인다는 것인데, 협동성이란 하나의 단백질 소단위에 기질이 결합하면 다른 소단위의 기질결합에 영향을 준다는 것이다.

다른자리 입체성조절효소는 이온이나 분자에 의해서도 조절되는데, 이들을 "**다른자리 조절자(allosteric effectors)**"라고 부른다. 조절자는 기질의 결합자리 이외의 자리에 결합하여 (기질과 다른 구조를 가진다) 효소의 기질결합 활성을 조절한다. 조절자가 결합자리에 결합하면 효소 소단위의 3차원적 구조가 변화하여, 효소가 기질과 결합하는 능력이나 생성물로 전환하는 능력에 영향을 준다.

■ 다른자리 입체성조절효소는 협동성을 보이며, 양의 조절자와 음의 조절자에 의해서 통제된다.

양의 조절자(positive effector)는 기질의 결합과 효소 촉매 반응 속도를 증가시키고, **음의 조절자(negative effector)**는 결합을 감소시키고 반응을 느리게 한다. 다른자리 입체성조절은 효소의 자기조절에서 중요한 형태이며, 조절자가 스위치를 켜고 끌 수 있는 것과 같은 역할을 한다.

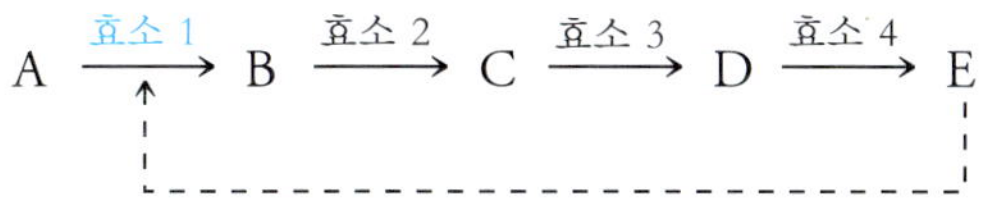

■ **그림 12.28**

되먹임 저해 대사경로에는 그림에서처럼(연속적인 반응) 화합물 A가 E로 전화되는 반응이 있다. 이 경로는 되먹임 저해를 받고 있는데, 최종 생산물인 E가 효소 1에 대해 음의 조절자로 작용하고 있기 때문이다. 만약 E의 농도가 낮다면, 효소 1은 정상적으로 작동하고 대사경로에서 E를 생산한다. 그러나 E의 농도가 높아지면 효소 1은 저해되고 E의 생산은 감소한다.

V_{max}와 K_M의 개념은 Michaelis–Menten 효소의 행동을 설명하기 위해 개발되었으며, 다른자리 입체성조절효소에는 이들의 개념이 통하지 않는다. 예를 들면, K_M은 다른자리 입체성(Allosteric) 효소의 성격을 설명할 수 없는데, 그 이유는 효소와 기질의 상호작용이 얼마나 많은 기질이 존재하느냐와 어떤 조절자가 효소에 이미 결합되어 있느냐에 달려 있기 때문이다. 비슷한 개념에서, 경쟁적 저해 혹은 비경쟁적 저해라는 개념은 다른자리 입체성조절효소에는 잘 적용되지 않는다.

어떤 다른자리 입체성조절효소는 **되먹임 저해(feedback inhibition)**와 연관되어 있다. 이러한 저해 방식은 대사경로가 생성물(연속적인 방응에서)이 자신의 과잉생산을 막기 위해, 합성경로에 존재하는 1개 이상의 효소를 저해하는 것이다. 이러한 생성물은 대개 음의 조절자로 작용하며, 대사경로의 전반부에 위치하는 효소를 표적으로 한다. 이런 방식으로 중간대사체가 축적되고 최종 생산물의 생산은 느려진다 (그림 12.28).

공유결합성 변형

많은 효소의 활성은 **공유결합의 변형(covalent modification)**에 의해 조절된다. 효소 내의 공유결합이 만들어지고 분해되는 것이 대표적이다. 인산화 또는 탈인산화는 공유결합 변형의 가장 흔한 형태이며, 인산 에스테르의 형성(인산화)이나 그 분해(탈인산화)를 포함한다. 인산화는 키나아제라고 부르는 효소에 의해 촉매되며 ATP(제13장)의 인산기를 효소 내의 세린, 트레오닌, 티로신 잔기에게 전달한다. 탈인산화는 phosphatase 효소에 의해 촉매된다. 효소에 따라 다르지만, 인산화 혹은 탈인산화의 한 형태가 다른 형

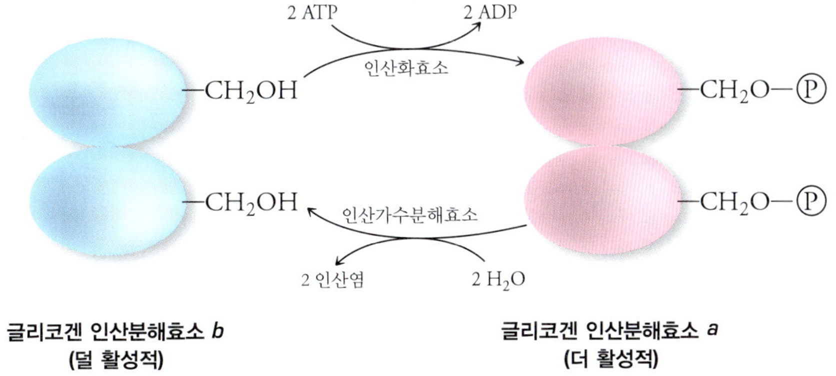

■ **그림 12.29**

인산화와 탈인산화 어떤 효소들은 이런 형의 공유결합 변형으로 활성 조절을 받는데, 활성 부위의 아미노산에 인산기를 제공하거나(인산화), 인산기 제거(탈인산화)에 의해 조절받는다. 2개의 인산기가 글리코겐 인산분해효소에 전달되면 활성이 약한 형(*b*형)에서 활성이 강한 형(*a*형)으로 전환되어 스위치가 켜진다. 가수분해를 통해 인산기가 제거되면 효소의 활성 스위치가 꺼진다. 만약 하나 이상의 반응물이 있다면 생화학적 방정식은 각 반응물들에 대하여 고유의 화살표로 표시되어야 하고 여기 그림에서 보이는 경우와 같다.

태보다 더 우수한 촉매 활성을 가진다.

두 가지 효소 형태(*a*와 *b*)가 있는데, 그 중에서 글리코겐 인산분해효소(glycogen phosphorylase)는 2량체 효소이며 글리코겐의 인산화와 탈인산화에 관여한다. 글리코겐 인산분해효소 *b* 형태는 이 효소의 활성이 약한 형태이며(그림 12.29), 만약 글리코겐을 분해해야 할 대사적 필요가 있을 때는, 키나아제가 인산분해효소 *b*의 형태를 *a*형으로(활성이 강한 형태) 전환시킨다. 글리코겐이 분해가 느려져야 할 필요가 있을 때는, 포스파타아제가 *a*형을 활성이 약한 *b*형으로 전환시킨다. 이러한 공유결합 변형에 의한 조절 이외에도, 글리코겐 인산분해효소 *a*와 *b*는 다른자리 입체성조절효소이다. 이들은 양의 조절자와 음의 조절자가 서로 다르다.

공유결합 변형의 또 다른 형태는 **자이모겐**(**zymogen, 효소의 불활성 형태**)의 형성으로 효소 활성을 조절하는 것이다. 트립신(trypsin)과 키모트립신(chymotripsin)(펩티드 결합을 가수분해하여 소화 작용에 관여하는 효소들)은 자이모겐의 좋은 예가된다. 만약 활성이 강한 형태로 생산되면, 그 효소를 생산하는 췌장세포가 손상될 것이다. 대신에, 각 효소는 불활성 전구체의 형태로 생산되어(트립시노겐, 키모트립시노겐) 소장 내로 들어가기 전까지는 활성형의 형태로 전환되지 않는다. 트립시노겐(trypsinogen)과 키모트립시노겐(trypsinogen chymotrypsinogen)의 조기 활성화가 췌장 내에서 일어나면 췌장염으로 이어질 수 있는데, 이는 치명적 질병이 될 수 있다.

자이모겐의 활성화는 펩티드 결합의 가수분해와 활성자리의 생성 혹은 노출을 포함하는 형태적 변화에 의해 일어난다(그림 12.30). 트립시노겐의 각 폴리펩티드 사슬, 246 아미노산을 가진다는 장내 효소인 enteropeptidase에 의해 절단되고, 6번과 7번 아미노산 사이를 절단하여 6개 아미노산을 가지는 6량체 펩티드를 방출한다. 남아 있는 폴리펩티드는 형태적 변화를 일으켜 활성형 트립신으로 전환된다. 트립신이 한 번 형성되면 트립시노겐과 키모트립신의 활성화를 계속 일으킨다.

키모트립시노겐의 폴리펩티드 사슬은 245개의 아미노산 잔기를 가진다. 트립신은 키모트립시노겐의 15번과 16번 잔기 사이를 절단하여 π-키모트립신을 형성하고, π-키모트립신은 자신의 폴리펩티드 결합을 여러 군데에서 절단하여 2개의 2량체 펩티드를 제거한다. 14번~15번, 147번~148번 이황화결합에 의해 연결되어 키모트립신의 활성형이 된다. 남아 있는 3개의 폴리펩티드 사슬은 서로서로 이황화결합으로 연결되며 키모트립신의 활성형이 된다.

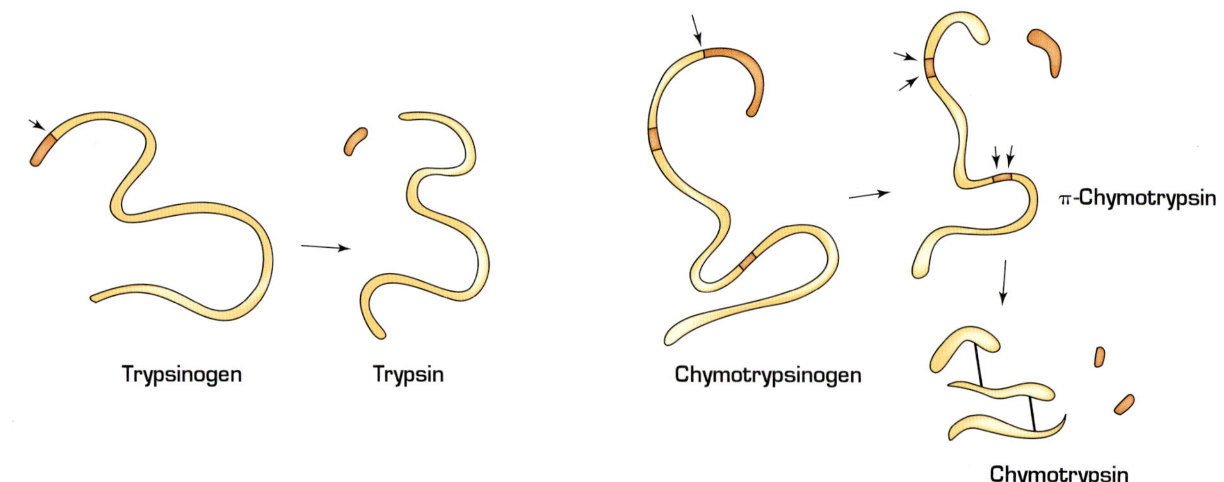

■ 그림 12.30

자이모겐 소화효소인 트립신과 키모트립신은 초기에는 자이모겐의 형태(불활성형 전구체)로 만들어진다. (*a*) 트립시노겐(비활성형)에서 6량체 펩티드를 제거하면 트립신(활성형)이 된다. (*b*) 키모트립시노겐(불활성형)으로부터 폴리펩티드 단편(15개의 아미노산)을 제거하면 π-키모트립신(활성형)으로 전환되고, 다시 작은 폴리펩티드 사슬로 전달되어 활성을 띠는 키모트립신으로 전환된다.

의학에서 단백질

HealthLink

많은 질병들(심장, 간, 신장에서 일어나는)은 혈청에서 정상 농도보다 높게 존재하는 특정 단백질의 존재 여부로 진단가능하다. 이러한 진단의 가장 좋은 예가 심근경색(심장마비)인데, 심장근육이 혈류의 감소로 인해 손상받는 질병이다. 심장세포가 손상되면 자신들의 세포 내용물을 혈액으로 방출하고, 이에 따라 혈액 속에 심장세포의 단백질이 증가하게 된다. 여기에 크레아틴 키나아제(creatine kinase)와 트로포닌(troponin)이 있다.

크레아틴 키나아제는 포스포크레아틴(phosphocreatine)과 ADP로부터 크레아틴과 ATP를 가역적으로 형성하는 효소이다. 이 효소는 근육과 두뇌, 심장 등 에너지 소비가 많은 세포에서 특히 중요하다. 바로 ATP를 신속하게 생산할 수 있는 능력 때문에, 크레아틴 키나아제는 ATP의 갑작스런 농도 감소를 막을 수 있으며 ATP가 매우 중요하게 사용되는 세포의 생명유지에 관여한다. 크레아틴 키나아제는 4량체 구조를 가지고 있으며, 2개의 폴리펩티드 사슬(이들은 서로 1차 구조가 다르다)이 활성형을 구성한다. 이 중 1개의 폴리펩티드 사슬이 M(근육)으로 명명되고, 다른 하나가 B(뇌를 의미)로 명명되었다. 척추근육에서 가장 많은 형태의 크레아틴 키나아제는 CK-MM(2개의 M형 폴리펩티드 사슬을 가지는 크레아틴 키나아제)이다. 두뇌세포에서는 대부분 CK-BB의 형태로 크레아틴 키나아제가 존재한다. 심장근육세포에서는 CK-MB(1개의 M형과 1개의 B형)가 우세한 형태이다.

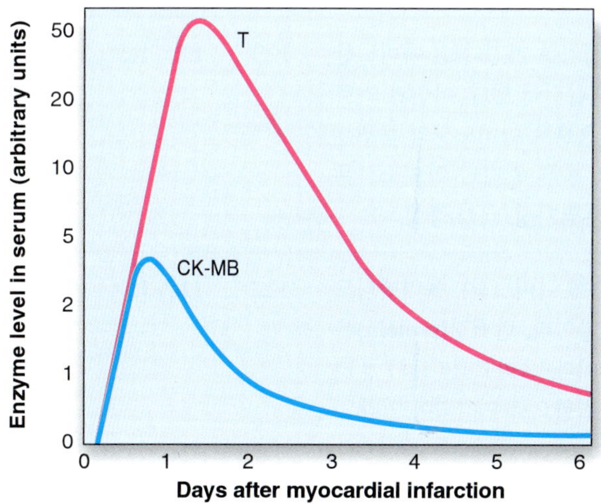

■ 그림 12.31

심장마비(심근경색)의 검출 심장마비가 일어나면 심장세포의 단백질이 혈액으로 노출되어 농도가 높아졌다가 다시 낮아진다. 크레아틴 키나아제(CK-MB)와 심장 특이적 트로포닌 I(T)는 서로 다른 시간 간격으로 높아졌다가 다시 낮아진다.

만약 누군가가 심장마비를 일으켰다면, 그의 혹은 그녀의 혈청 CK-MB 농도는 수 시간 내에 증가하기 시작하여, 하루 정도 지나면 최대치에 도달한다(그림 12.31). 그러나 증가된 CK-MB 농도는 심근경색에 의한 심장근육에서만 유래하는 것이 아닐 수 있다. 예를 들면, 척추근육세포에도 조금의 CK-MB가 존재하므로 척수근육세포의 손상에 의해서도 혈청 내의 CK-MB 농도가 증가할 수 있다. 이러한 CK-MB만의 결과 해석의 불확실성 때문에, 환자의 병력이나 심전도검사(ECG)를 병행하여 심장마비 혹은 심근경색을 진단한다.

심근경색의 진단에 심장 특이적인 트로포닌 I의 혈청 농도를 측정하는 것이 CK-MB보다 더 정확한 진단인자가 된다. 트로포닌은 근육섬유에 결합되어 있는 단백질이며, 근육세포의 수축에 관여하며 3개의 폴리펩티드 사슬로 구성되어 있다. 이들 중 1개의 사슬은 트로포닌 I이고, 심장근육과 척추근육 사이에 다른 1차 구조를 가지고 있다. 심장-특이적인 트로포닌 I의 혈청내 농도 상승은 심장의 손상이 일어났음을 알리는 결정적 증거가 된다. 질병을 치료하기 위한 효소의 응용은 매우 다양하며, 암, 혈액응고 장애, 유전적 질병, 염증, 소화불량, 신장질환 등에 사용된다. 백혈병을 치료하기 위해 asparaginase를 사용하는 것이 좋은 예가 된다.

Asparaginase는 아미노산인 아스파라긴(Asn)을 분해하여 아스팔틱산과 암모니아(NH_3)를 생산한다.

$$\underset{\textbf{Asn}}{H_3\overset{+}{N}CH(CH_2C(=O)NH_2)C(=O)O^-} + H_2O \xrightarrow{\text{asparaginase}} \underset{\textbf{Asp}}{H_3\overset{+}{N}CH(CH_2C(=O)O^-)C(=O)O^-} + NH_3$$

정상 세포는 그들이 필요한 단백질을 만들기 위해 모든 종류의 아스파라긴을 생산할 수 있다. 그런데 백혈병 세포는 아스파라긴을 충분히 생산하지 못하므로, 암세포의 생존은 혈액에서 공급되는 아스파라긴의 양에 의존해야 한다.

백혈병을 치료하는 방법 중의 하나는, 아스파라긴 분해효소를 하나 이상의 항암제와 연결하여 정맥 주사하는 것이다. 아스파라긴 분해효소(Asparaginase)는 혈액에서 아스파라긴을 파괴하여 암세포의 성장에 필요한 필수영양분을 박탈하는 것이다. 아스파라긴 분해효소(Asparaginase)가 주입되면 세포막을 통과하지 못하므로, 정상적인 세포는 그들이 스스로 만든 아스파라긴을 분실하지 않는다. 이러한 아스파라긴 분해효소(Asparaginase) 치료를 받고 있는 환자들의 상태를 면밀하게 관찰해야 하는데, 그 이유는 이 효소가 세균(대장균)에서 생산되었기에 가끔 알레르기 반응을 일으킬 수 있기 때문이다.

커피숍에서 ... 재방문

Isabelle Rozenbaum & Frederic Cirou/PhotoAlto/Getty Images, Inc.

성인의 1~2%, 어린이의 5~6%는 최소 1개 식품에 대한 알레르기를 가지고 있다. 그 중에서도 땅콩에 대한 알레르기는 가장 흔한 형태이다. 사람에 따라 땅콩 알레르기의 정도는 차이가 있지만, 땅콩을 먹고 난 뒤, 약한 경우에는 가려움증, 반점, 위경련, 혀, 입 혹은 입술의 얼얼함 등이 주된 증상이다. 심한 경우에는 얼굴이 붓거나, 호흡곤란, 과민성 쇼크, 죽음까지도 일어날 수 있다. 증상이 심한 사람(어른 혹은 어린이)은 땅콩을 먹은 사람과 피부 접촉만 해도 위의 알레르기 반응을 일으키기에 충분하다.

이 알레르기 반응을 일으키는 데는 땅콩 속의 3개의 단백질(Ara h1, Ara h2, Ara h3)이 관여한다. 이들 3개의 단백질은 땅콩 속에 저장되는 단백질의 형태이며, 그 중에서도 Ara h2는 트립신 저해제이다. 트립신(펩티드 결합을 절단하는 효소)을 저해함에 따라 펩티드 결합이 절단되지 않으므로, Ara h2는 저장된 단백질들을 분해하는 것을 막는다.

알레르기는 외부 물질(혹은 침입자)이라고 생각되는 것(여기서는 Ara h1, h2, h3)에 대한 면역체계의 강한 반응이다. 이 반응에 대한 생화학은 매우 복잡하며, 이 반응을 통해서 많은 종류의 히스타민, 프로스타글란딘 혹은 다른 면역 유발물질을 생산한다.

THINKING IT THROUGH

1. Ara h1(알레르기 유발 물질)은 3량체이며, 1량체끼리의 소수성 상호작용이 가장 큰 힘으로 연결되어 있다. 이러한 소수성 힘에 기여하는 2개의 아미노산 잔기의 이름을 말하시오.
2. Ara h2(알레르기 유발 물질)은 5개의 단백질 사슬이 나선 구조로 쌓여 있다. 이러한 나선 구조는 4개의 이황화결합으로 연결되어 있다. 이 이황화결합의 형성에 관여하는 아미노산 잔기의 이름을 말하시오.

CHAPTER 12의 목적

목표	요약	절	예제와 연습문제	총정리 문제
1. 아미노산의 구조를 기술하고, **아미노산**을 분류하는 체계에 대해 말해보시오.	**아미노산**(amino acids)은 아미노기와 카르복실기를 가진다. **α-아미노산**의 경우 아미노기와 카르복실기는 α-탄소에 결합되어 있다. 아민과 카르복실기 모두 산성과 염기성 형태를 가지고 있으므로 아미노산의 구조는 pH에 의존적이다. α-탄소에 결합된 곁사슬의 종류에 따라 아미노산은 다음과 같이 분류된다. **비극성**, **극성-산성**, **극성-염기성**, **극성-중성**.	12.1	12.1, 12.2	12.3 ~ 12.18
2. **올리고펩티드**, **폴리펩티드**, **단백질**을 구별하고 아미노산 잔기를 연결하는 결합에 대해 설명하시오.	아미노산은 **올리고펩티드**(oligopeptide, 2~10개 아미노산), **폴리펩티드**(polypeptide, 10개 이상 아미노산)의 구성성분이다. **단백질**(protein)은 50개 이상의 아미노산으로 구성된 폴리펩티드이다. 올리고펩티드와 폴리펩티드는 아미노산끼리 서로 **펩티드** (아미드) **결합**으로 연결되어 있다.	12.2	12.3, 12.4	12.19 ~ 12.28
3. pH의 변화가 펩티드의 실제 전하에 어떻게 영향을 주는지를 설명하시오.	각 펩티드는 염기성 **N-말단(N-terminal)** 아미노기와 산성 **C-말단(C-terminal)** 카르복실기를 가지고 있다. 카르복실기는 pH 7 이하에서 —COOH로 존재하고, pH 7 근처 혹은 이상에서는 $—COO^-$로 존재한다. 아미노기는 pH 7 혹은 이하에서는 $—NH_3^+$로 존재하고, pH 7 이상에서는 $—NH_2$로 존재한다. 아미노산의 곁사슬기에 존재하는 산성과 염기성기 역시 같은 방식으로 전하가 바뀐다.	2.3	12.5	12.29~12.34

목표	요약	절	예제와 연습문제	총정리 문제
4. **1차**, **2차**, **3차**, **4차** 구조를 정의하시오. 각 단계의 구조에서 구조 유지에 필요한 공유 혹은 비공유결합에 대해 열거하시오.	**1차 구조**는 펩티드나 단백질 내에서의 아미노산 서열이며, **2차 구조**는 일반적 구조적 특징(α-나선 구조와 β-시트 구조)이다. **3차 구조**는 전반적인 3차원적 모양이며 2차 구조의 특징을 포함한다. **4차 구조**는 1개 이상의 폴리펩티드 사슬이 모여 활성 단백질을 구성한다. 3차 구조도 보조기(단백질에 결합된 비펩티드 성분)를 가진다. 1차 구조는 펩티드 결합으로 서로 유지되고 2차 구조는 폴리펩티드 골격 내에서 원자들 간의 수소결합에 의해 형성되며, 3차 구조는 곁사슬 간의 상호작용(수소결합, 소수성 상호작용, 이온결합, 이황화결합 등)에 의해, 4차 구조는 3차 구조를 유지하는 힘과 같은 힘에 의해 유지된다.	12.4	12.6	12.35~12.48
5. 단백질 **변성**을 정의하고, 변성을 일으키는 원인을 열거하시오.	**변성(denaturation)**은 활성이 있는 단백질의 고유 형태를 유지하는 비공유결합과 이황화결합이 붕괴되는 것이다. 온도와 pH의 변화 교반, 비누의 첨가, 계면 활성제의 첨가 등이 단백질을 변성시키는 원인이다.	12.5	12.7	12.49~12.52
6. **상대적 특이성**과 **절대적 특이성**, **입체특이성**을 구별하여 설명하시오.	효소는 **절대적 특이성**(absolute specificity, 특정 1개의 기질에 대해서만 반응한다)과 **상대적 특이성**(relative specificity, 같은 기능기를 가지거나 유사한 구조를 가지는 기질과 반응한다). **입체적 특이성(stereospecificity)**은 하나의 특정한 이성질체만 생산하는 효소를 지칭할 때 사용한다.	12.6	12.8	12.53~12.62
7. 전형적인 Michaelis–Menten 효소의 반응 기질을 생성물로 전환하는 반응에 필요한 단계를 정의하시오. **경쟁적 저해제**와 **비경쟁적 저해제**가 어떻게 이 효소에게 영향을 주는지 설명하고 **가역적** 그리고 **비가역적 저해제**를 구별하여 설명하시오.	Michaelis–Menten 효소는 촉매 활성을 위하여 **기질**(substratem, S)이 반드시 효소(E)와 결합하여 효소–기질 복합체(ES)를 형성하여야 한다. 이 반응이 일어나면, 생성물(P)은 효소로부터 방출되고, 효소는 원래의 모습으로 되돌아간다. 전반적으로 이 단계들은 $E + S \rightleftharpoons ES \rightarrow E + P$로 요약될 수 있다. $\boldsymbol{K_M}$은 첫 번째 촉매 단계($E + P \rightleftharpoons ES$)를 표시하여 효소와 기질이 얼마나 빨리 결합하고 상호작용하는지를 측정하는 친화도 상수이며, $\boldsymbol{V_{max}}$는 두 번째 단계($ES \rightarrow E + P$)를 표시하여 주어진 효소농도에서 최대속도를 측정한 값이다. **경쟁적(competitive) 저해제**는 Michaelis–Menten 효소의 기질과 유사하며 효소 표면에서 기질과 같은 자리에 결합한다. K_M이 변화해도 V_{max}는 변하지 않는다. **비경쟁적(noncompetitive) 저해제**는 기질과 다른 구조를 하며, 결합자리도 서로 다르다. V_{max}는 변화해도 K_M은 변하지 않는다. **비가역적(irreversible) 저해제**의 경우와 달리(효소 활성을 영구히 파괴) 경쟁적 혹은 비경쟁적 저해제는 가역적으로 효소를 저해한다.	12.7	12.9	12.63~12.70
8. **다른자리 입체성조절효소**를 정의하고 이 효소의 촉매 활성에 영향을 주는 조절자의 역할에 대해 설명하시오. **되먹임 저해**란 무엇이며, **공유결합 변형조절**이란 무엇인지 설명하시오.	**다른자리 입체성조절효소(allosteric enzymes)**는 대개 1개 이상의 폴리펩티드 사슬로 구성되며 활성자리에 기질의 결합이, 다른 소단위의 기질결합에 영향을 준다. 다른자리 입체성조절효소는 **양의 조절자**(positive effector, 반응 속도를 증가시키는)와 **음의 조절자**(negative effector, 반응 속도를 감소시키는)에 의해 조절된다. 이들은 효소 반응 조절에 대한 개념이다. **되먹임 저해(feedback inhibition)**는 대사경로의 생성물이 자신의 과잉생산을 막는 것인데, 일련의 생산단계에서 1개 이상의 효소를 저해한다. **공유결합 변형(covalent modification)**은 효소의 활성 스위치가 켜지거나 혹은 꺼지는 것인데, 효소 내에서 공유결합이 형성되거나 분해되는 것이다. 인산화/탈인산화 그리고 **자이모겐(zymogen)**은 공유결합 변형의 좋은 예이다.	12.7		12.71~12.74

총정리 문제

색으로 표시된 문제의 해답은 부록 C에 있다.
좀 더 어려운 문제는 *표로 표시하였다.

12.1 3개의 아미노산이 결합하여 트리펩티드를 만든다.

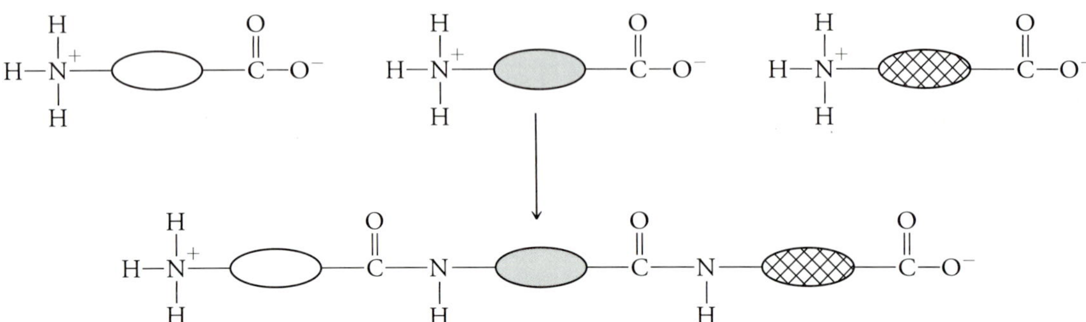

a. 이 트리펩티드에는 몇 개의 펩티드 결합이 있는가?
b. N-말단에는 어떤 아미노산이 있는가?
c. C-말단에는 어떤 아미노산이 있는가?
d. 각 1개의 아미노산을 사용하여 몇 개의 서로 다른 트리펩티드를 만들 수 있는가?
e. 1개 , 2개 혹은 3개의 아미노산을 사용하여 몇 개의 서로 다른 트리펩티드를 만들 수 있는가?

12.2 **a.** 위의 문제 12.1에서 제시된 트리펩티드가 더 긴 펩티드로 확장되었다. 만약 2개의 동일한 펩티드 사슬이 아래 그림과 같이 옆으로 배열되었을 경우에 수소결합의 위치를 표시하시오.

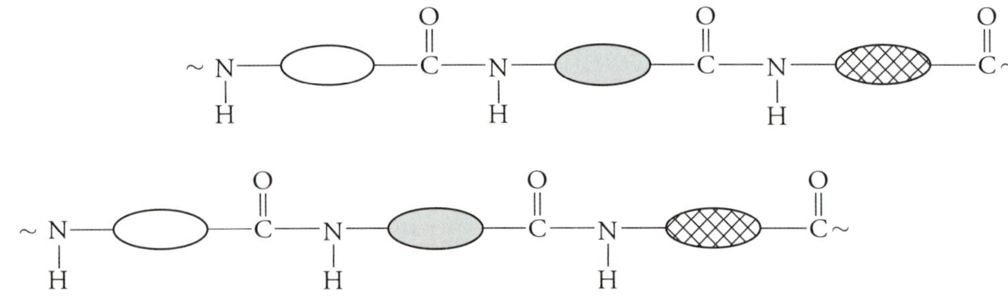

b. 이 수소결합은 α-나선 구조가 될 것인지, β-시트가 될 것인지 예측하시오.
c. 이 펩티드의 사슬의 배열은 평행인지 아니면 역평행인지 예측하시오.

12.1 아미노산

12.3 **a.** 젖산(2-hydroxypropanoic acid)의 pK_a는 3.86이다. pH 7일 때, 이 젖산의 구조를 그리시오.
b. diethylammonium ion의 pK_a는 11.1이다. pH 7일 때, 이 물질의 구조를 그리시오.

12.4 **a.** 4-ethylphenol의 K_a는 1×10^{-10}이다. pH 7일 때, 이 물질의 구조를 그리시오.
b. triethylammonium ion K_a는 1×10^{-11}이다. pH 7일 때, 이 물질의 구조를 그리시오.

12.5 메티오닌이 다음 pH에서 어떤 구조를 가지게 될지를 그리시오.
a. pH 1 **b.** pH 7 **c.** pH 14

12.6 프롤린의 구조가 다음 pH에서 어떻게 될지를 그리시오.
a. pH 1 **b.** pH 7 **c.** pH 14

12.7 **a.** pH 1에서 아르기닌의 실제 전하를 구하시오.
b. pH 7? **c.** pH 14?

12.8 **a.** pH 1에서 발린의 실제 전하는 얼마인가?
b. pH 7? c pH 14?

12.9 피셔 투영식을 사용하여, pH 7에서 다음 아미노산들의 구조를 그리시오.
a. L-isoleucine **b.** L-tyrosine
c. D-aspartic acid **d.** D-phenylalanine

12.10 피셔 투영식을 사용하여, 각 아미노산의 구조를 (pH 7일 때) 그리시오.

a. D-methionine **c.** L-lysine
b. L-Leucine **d.** D-Asparagine

12.11 피셔 투영식을 사용하여 문제 12.9에 제시된 아미노산들의 구조를 (pH 1일 때) 그리시오.

12.12 피셔 투영식을 사용하여 문제 12.10에 제시된 아미노산들의 구조를 (pH 1일 때) 그리시오.

12.13 표 12.1에 있는 2개의 아미노산은 2개의 키랄 탄소를 가진다. 어느 것인가?

12.14 표 12.1에 있는 1개의 아미노산은 키랄 탄소가 없다. 어느 것인가?

***12.15** Monosodium glutamate(MSG)는 특정 음식의 맛을 증가시키는데, 구조는 아래와 같다. 아래의 MSG 구조가 pH 1일 때 어떻게 될지 그리시오.

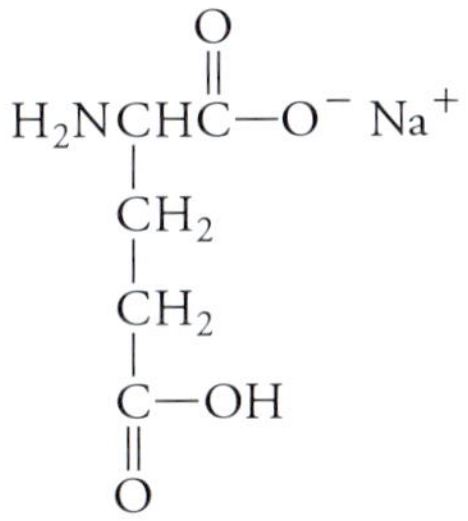

$$\begin{array}{l} \qquad\quad\;\; O \\ \qquad\quad\;\; \| \\ H_2NCHC-O^-\ Na^+ \\ \quad\;\; | \\ \quad\;\; CH_2 \\ \quad\;\; | \\ \quad\;\; CH_2 \\ \quad\;\; | \\ \quad\;\; C-OH \\ \quad\;\; \| \\ \quad\;\; O \end{array}$$

12.16 글루탐산의 대사경로 중의 하나는 γ-aminobutyric acid로 전환되는 것이다. γ-aminobutyric acid의 구조를 그리시오. (힌트: γ-탄소는 β-탄소에게 연결되어 있다.)

***12.17** 단백질에는 표 12.1에 표시한 20개의 아미노산 외에 다른 아미노산도 나타나는데, 그 중 하나인 selenocysteine(Sec)은 Cys와 동일하지만, Cys의 황 원자가 셀레늄 원자로 바뀐 것이 다르다.

a. Sec의 곁사슬도 Asp의 경우처럼 산성을 띤다. Sec가 pH 7에서의 구조를 그리시오.

b. 아미노산의 분류(비극성, 극성-산성, 극성-염기성, 극성-중성)에서 Sec는 어디에 속하는가?

***12.18** 피롤라이신(pyrrolysine)은 특정 세균에서 발견되는 아미노산이다.

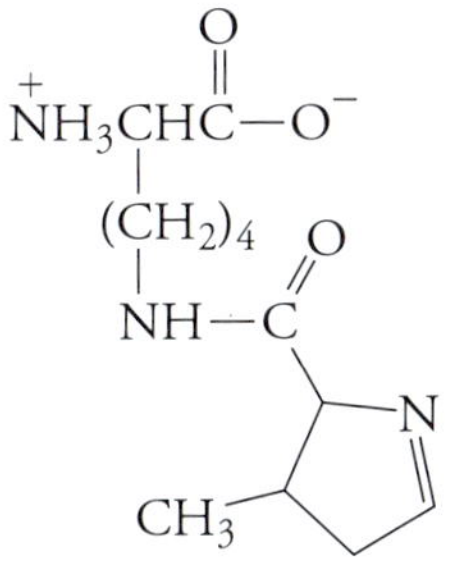

$$\begin{array}{l} \qquad\quad\;\; O \\ \quad +\qquad\; \| \\ NH_3CHC-O^- \\ \quad\;\; | \\ \quad (CH_2)_4 \quad O \\ \quad\;\; | \qquad\quad // \\ \quad NH-C \\ \qquad\qquad \text{(pyrroline ring with } CH_3 \text{ and N)} \end{array}$$

Pyrrolysine

a. 피롤라이신의 아미드 결합이 가수분해되면 어떤 아미노산이 생성되는가?

b. 피롤라이신의 곁사슬이 아르기닌처럼 염기성이라면, pH 7에서 피롤라이신의 구조를 그리시오. 아미드의 질소는 염기와 반영하지 않는다는 것을 상기하시오.

c. 피롤라이신은 어떤 분류(비극성, 극성-산성, 극성-염기성, 극성-중성)에 속하는가?

12.2 펩티드 결합

12.19 단백질의 1차 구조에서 아미노산끼리 붙잡는 결합은 어떤 종류의 결합인가? 이들은 공유결합인가 비공유결합인가?

12.20 **a.** 펩티드 결합은 유기화학에서 어떤 기능기에 해당하는가?

b. 펩티드 결합이 가수분해되면 어떤 2개의 기능기가 생성되는가?

***12.21** Asp-Phe-OMe(12.4절)가 산성 조건에서 가수분해되면 생성물의 구조를 그리시오.

***12.22** Phe-Asp-OMe(12.4절)가 염기성 조건에서 가수분해되면 생성물의 구조를 그리시오.

12.23 **a.** Ala-phe-Thr-Ser은 올리고펩티드인가 폴리펩티드인가?

b. 이 분자의 펩티드 결합은 몇 개인가?

c. N-말단 아미노산은 어느 것인가?

12.24 **a.** 그림 12.4에 보이는 올리고펩티드에는 몇 개의 펩티드 결합이 있는가?

b. 이 올리고펩티드에서 N-말단 아미노산이 무엇인가?

c. 이 올리고펩티드에서 C-말단 아미노산이 무엇인가?

12.25 그림 12.4*a*에 보이는 올리고펩티드의 골격에 동그라미치시오.

12.26 그림 12.4*b*에 보이는 올리고펩티드의 골격에 동그라미치시오.

12.27 그림 12.4*a*에 보이는 올리고펩티드의 아미노산 잔기 이름을 적으시오.

12.28 그림 12.4*b*에 보이는 올리고펩티드의 아미노산 잔기 이름은 무엇인가?

12.3 펩티드, 단백질, 그리고 pH

***12.29** Gly-Phe-Lys-Lys의 구조를 다음 pH에서 그리시오.

a. pH 1 **b.** pH 7 **c.** pH 14

***12.30** Asp-Ser-Lys-Val의 구조를 다음의 pH에서 그리시오.

a. pH 1 **b.** pH 7 **c.** pH 14

12.31 Asp-Lys의 실제 전하를 다음의 각 pH에서 그리시오.

a. pH 1 **b.** pH 7 **c.** pH 14

12.32 Phe-Asp의 실제 전하를 다음의 각 pH에서 그리시오.

a. pH 1 **b.** pH 7 **c.** pH 14

12.33 그림 12.4*a*에 보이는 올리고펩티드의 실제 전하를 아래 pH에

서 구하시오.

a. pH 1? **b.** pH 14?

12.34 그림 12.4*b*에 보이는 올리고펩티드의 실제 전하를 아래 pH에서 구하시오.

a. pH 1? **b.** pH 14?

12.4 단백질 구조

12.35 Asp, Phe, Val으로 구성된 tripeptide의 가능한 1차 구조를 모두 그리시오.

12.36 ser, Met, Arg, tyr을 가지는 tetrapeptide의 구조는 몇 개가 가능한가?

12.37 수용성 환경에서 다음 펩티드 조각은 구형 단백질의 내부 속으로 더 숨어 들어갈 것인지, 아니면 표면에 위치할 것인지 예측하고 설명하시오.

~NHCH(CH$_3$CHCH$_3$)C(=O)–NHCH(CH$_2$–C$_6$H$_5$)C(=O)–NHCH(CHCH$_3$–CH$_2$–CH$_3$)C(=O)–NHCH(CH$_2$–CH$_2$–S–CH$_3$)C(=O)~

12.38 수용성 환경에서 다음 펩티드 조각은 구형 단백질의 내부 속으로 더 숨어 들어갈 것인지, 아니면 표면에 위치할 것인지 예측하고 설명하시오.

~NHCH(CH$_2$OH)C(=O)–NHCH(CH$_2$–C(=O)–O$^-$)C(=O)–NHCH(CH$_3$CHOH)C(=O)–NHCH(CH$_2$–C(=O)–NH$_2$)C(=O)~

12.39 다음 구조를 유지하는 힘 혹은 결합을 나열하시오.

a. 단백질의 1차 구조

b. 단백질의 2차 구조

c. 단백질의 3차 구조

d. 단백질의 4차 구조

12.40 2차 구조에서 두 가지의 형태에 대해 설명하시오.

12.41 pH 7에서 어떤 아미노산의 곁사슬이 이온 결합을 형성할 수 있는가?

12.42 수소결합이 가능한 비극성 아미노산은 무엇인가?

12.43 많은 단백질이 4차 구조를 가지지 않는 이유는 무엇인가?

12.44 단순한 단백질과 복잡한(conjugated) 단백질은 무엇으로 구별되는가?

12.45 다음의 구조를 그리시오.

a. His와 Glu 곁사슬 간의 수소결합

b. Thr와 Ser 곁사슬 간의 수소결합

12.46 다음의 구조를 그리시오.

a. Asp와 Arg 곁사슬 간의 이온결합

b. Trp와 Val 곁사슬 간의 소수성 상호작용

***12.47** 다음 중 단백질의 생물학적 활성이 더 많이 변화될 것 같은 경우는 무엇인지 설명하시오. 1. Leu을 Val으로 교환하는 경우와 2. 같은 자리의 Leu을 Lys으로 교환하는 경우.

***12.48** 특정한 돌연변이(DNA의 영구적인 변화)는 인슐린 A 사슬의 생산에 변화를 가져온다(그림 12.13). 이황화결합을 하는 Cys의 잔기가 Tyr으로 바뀌었다. 이 돌연변이는 인슐린이 1개의 이황화결합을 상실하게 되어 정상적인 기능을 수행할 수 없어서 당뇨와 췌장병으로 연결된다. 인슐린은 3개의 이황화결합을 가지고 있다. 그 중에서도 돌연변이 때문에 일어난 이황화결합 1개의 상실은 오직 B 사슬의 3차 구조에만 영향을 줄 수도 있고, 인슐린 전체의 4차 구조에 영향을 줄 수도 있다. 아니면 둘 다에게 영향을 줄 수도 있다. 설명하시오.

12.5 변성

12.49 효소의 3차 구조 접힘이 풀린 상태를 무엇이라고 정의하는가?

12.50 다음 중 구형 단백질의 변성을 바르게 말한 것은?

a. 생물학적으로 불활성이다.

b. 펩티드 결합이 없다.

c. 비정상적인 1차 구조를 갖는다.

12.51 단백질이 변성되는 동안 어떤 결합이나 상호작용이 와해되는가?

12.52 단백질이 변성되는 이유를 열거하시오.

12.6 효소

12.53 하나의 효소가 기질에 대한 절대적 특이성과 상대적 특이성을 동시에 보이는 것이 가능한가?

12.54 하나의 효소가 상대적 특이성과 입체특이성을 동시에 보이는 것이 가능한가?

12.55 효소 glucokinase는 ATP로부터 인산기를 D-glucose의 6번 탄소에게 전달하는 반응을 촉매한다.

$$\text{D-glucose} + \text{ATP} \xrightarrow{\text{hexokinase}} \text{D-glucose 6-phosphate} + \text{ADP}$$

다음 중 glucokinase의 특이성을 설명하는 용어는 무엇인가: 절대적 특이성, 상대적 특이성, 입체특이성?

***12.56** 효소 aconitase는 citrate를 isocitrate로 전환시키는 반응을 촉매한다. 여러 개의 관련되는 물질이 이 효소의 기질이 될 수 있다.

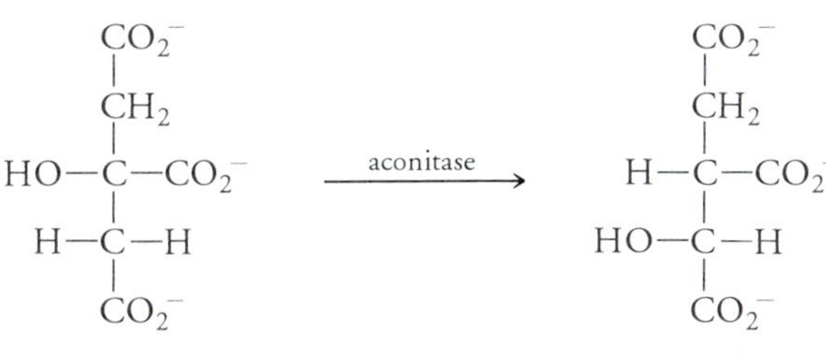

Citrate Isocitrate

a. isocitrate의 입체이성질체는 몇 개까지 가능한가?

b. aconitase는 오직 한 종류의 isocitrate 이성질체를 생성한다. 그렇다면 다음 중 이 효소의 특이성을 설명하는 용어는 무엇인가? 절대적 특이성, 상대적 특이성, 입체특이성?

12.57 소장에서 발견되는 효소인 트립신은 pH 8에서 최적의 활성을 보인다. 그림 12.21*a*와 같이 트립신에 대한 그래프를 그리시오.

12.58 pH의 변화가 효소의 촉매 활성에 영향을 주는 이유를 설명하시오.

12.59 열을 좋아하는 세균은 옐로우스톤 공원 등의 온천에서 주로 발견되는데, 효소의 활성이 98°C에서도 유지된다. 그림 12.21*b*와 같은 그래프를 이 효소에 대해서도 그리시오. 이 효소는 100°C에서 변성된다고 가정하시오.

12.60 온도의 변화가 왜 효소의 촉매 활성에 변화를 줄 수 있는지 설명하시오.

***12.61** NADH 조효소는 보조인자(cofactor)이지만 부속인자(prosthetic group)는 아니다. 이유를 설명하시오.

12.62 Zn^{2+} 이온은 몇몇 효소의 보조인자(cofactor)이지만 coenzyme는 아니다. 이유를 설명하시오.

12.7 효소-촉매 반응의 조절

12.63 Michaelis–Menten 효소에 저해제가 첨가된다면, 그 저해제가 가역적인지 비가역적인지 어떻게 구별할 수 있을까?

12.64 Michaelis–Menten 효소에 저해제가 첨가된다면, 그 저해제가 경쟁적인지 비경쟁적인지 어떻게 구별할 수 있을까?

12.65 경쟁적 저해제가 기질과 유사한 구조를 왜 가지는지, 비경쟁적 저해제는 왜 그렇지 않은지 설명하시오.

12.66 어떤 세균들은 D-아미노산을 가지는데 L-아미노산으로 폴리펩티드가 생성된 이후에 전환된 것들이다. 이처럼 L-alanine이 D-alanine으로 전환되는 것은 alanine racemase 때문이다.

a. 피셔 투영식을 사용하여, 이러한 전환의 반응식을 보여라.

b. racemase는 어떤 용어인가? (힌트: 10.2절을 보라.)

c. 과학자들은 L-fluoroalanine을 항생물질로 사용할 수 있는지에 대해 연구해 왔다. Alanine racemase를 저해함으로써 이 화합물은 박테리아의 성장을 늦출 수 있다. L-fluoroalanine은 alanine racemase에 대해 경쟁적 저해제인가 비경쟁적 저해제인가? 설명하시오.

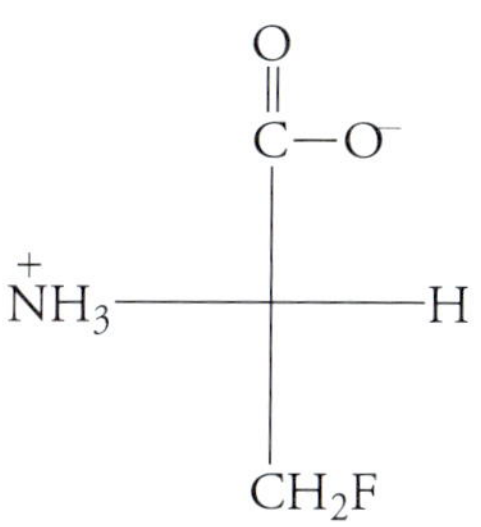

L-fluoroalanine

d. alanine은 어떤 종류의 아미노산(비극성, 극성-산성, 극성-염기성, 극성-중성)에 속하는가?

e. fluoroalanine은 어떤 종류의 아미노산(비극성, 극성-산성, 극성-염기성, 극성-중성)에 속하는가?

***12.67** **a.** 그림 12.24에는 어떤 종류의 반응 형태(합성, 분해, 단일치환, 이중치환 등)가 존재하는가?

b. COX 효소에 대한 작용으로 아스피린은 "자살저해제"로 분류된다. 그 이유를 설명하시오.

c. 아스피린으로부터 아세틸기가 COX 효소의 Ser 잔기로 전달되면 이 효소의 3차원적 구조가 변화되는데, 어떤 결합이 가장 방해받는가? 수소결합? 이온결합? 이황화결합?

***12.68** 저농도 투여의 아스피린으로 COX 효소를 저해하면 심장마비와 중풍의 위험을 낮출 수 있다. 그러나 아스피린과 아세토아미노펜을 동시에 투약하면 아스피린의 긍정적 효과는 사라진다. 아세토아미노펜이 왜 이런 효과를 가지는지 설명하시오. (아세토아미노펜은 COX 효소의 경쟁적 저해제이다.)

***12.69** Celecoxib(Celebrex)는 COX-2 저해제이다(11.6절). 아라키돈산이 COX-2의 기질이라면, celecoxib는 이 효소의 경쟁적 저해제인가 아니면 비경쟁적 저해제인가?

CH_3 CF_3 N N NH_2SO_2

Celecoxib

***12.70** 메탄올은 매우 위험한데, 그 이유는 위에서 흡수되면 알코올 탈수소효소에 의해서 포름알데히드로 산화전환되기 때문이다. 이 포름알데히드는 조직에 손상을 주고 실명하게 된다. 에탄올을 정맥주사하는 것은 메탄올 중독을 치료하는 방법 중의 하나인데, 왜냐하면 알코올 탈수소효소가 에탄올을 분해하느라 매우 바빠져서 메탄올을 분해하지 못해 포름알데히드의 생성이 늦어지기 때문이다.

a. 이들 중 어떤 알코올이 알코올 탈수소효소에 더 잘 결합하

는가? (12.7절)

b. 이들 중 어느 하나가 효소에 결합하면, 누가 더 빨리 생성물로 전환될 수 있을까?

c. 알코올 탈수소효소의 기질로 작용할 수 있는 관점에서 1-octanol도 에탄올처럼 메탄올 중독을 치료하는 데 쓰일 수 있을까?

d. 기질로서의 작용 능력을 떠나, 메탄올 중독을 치료하기 위해 사용하기 전에 기질로서 작용할 수 있다는 것 이외에, 1-octanol에 대해서 어떤 추가적인 정보를 생각할 수 있는가?

12.71 다른자리 입체성조절효소에 대한 양의 조절자와 음의 조절자에 대해 설명하시오.

12.72 효소 활성을 조절하는 인산기의 추가와 제거에 대해 설명하시오.

12.73 **a.** 어떤 효소는 왜 초기에 자이모겐의 형태로 생산되는지 설명하시오.

b. 어떤 사람이 비정상적인 1차 구조의 트립시노겐을 가지는 것으로 발견되었다. 그러나 이 사람의 트립신은 자이모겐으로부터 구조와 기능면에서 정상적으로 합성되었다. 이런 일이 어떻게 가능한가?

12.74 되먹임 저해란 무엇인가?

BiochemistryLink | 헤모글로빈-구형 단백질, 콜라겐-섬유상 단백질

12.75 헤모글로빈의 4차 구조에 대해 설명하시오.

12.76 헤모글로빈의 산소결합은 협동적이다. 이 용어를 설명하시오.

12.77 콜라겐에서 발견되는 비정상적인 아미노산 1개를 열거하시오. 이 잔기는 새로이 형성되는 콜라겐 폴리펩티드에 존재하는가? 설명하시오.

***12.78** 늙은 소의 스테이크가 어린 소의 스테이크보다 더 질긴 이유를 분자수준에서 설명하시오.

HealthLink | 면역치료

12.79 특정 항체의 4차 구조에 대해 설명하시오.

12.80 Rituximab은 CD20 항원의 항체이다.

a. Rituximab은 단일 클론항체이다. 무엇이 단일 클론으로 만들 수 있는가?

b. 무엇이 항원인가?

c. Rituximab이 어떻게 B세포의 파괴에 관여할 수 있는가? 오직 암을 일으키는 B세포만 파괴할 수 있는가?

HealthLink | 효소 저해제로서 타미플루와 렐렌자

12.81 H1N1이나 H5N1 같은 이름들은 독감 바이러스의 구조의 무엇을 지칭하는가?

12.82 호흡기 세포의 어떤 구조적 특징이 독감 바이러스 감염에 민감하게 하는가?

12.83 감염된 세포에서 새로 만들어진 독감 바이러스가 세포로부터 방출되는 데 기여하는 neuraminidase의 역할에 대해 설명하시오.

12.84 백신은 항체의 생산을 촉진하는데, 면역체계의 특별한 단백질들이 외부의 침입자를 중화시키고 동정한다. 독감 백신은 면역체계를 도와 neuraminidase와 hemagglutinin의 반응을 도와준다. 그렇다면 사람들은 왜 매년 서로 다른 독감 백신을 맞아야만 하는가?

***12.85** 타미플루는 전구체 약(prodrug, 투여 당시에는 비활성이지만 체내에서 활성화되는 약, 제6장 Health Link: 전구체 약)이다. 타미플루와 같은 경우처럼 이 약의 에스테르기가 간에서 가수분해되는 활성화가 일어난다. 활성화된 타미플루의 구조를 pH 7에서 그리시오. (힌트: 아미드의 질소 원자는 염기성이 아니다.)

CH_3CH_2 / CH_3CH_2CHO (ring, O), $C(=O)-OCH_2CH_3$, $CH_3C(=O)-NH$, NH_2

Tamiflu

***12.86** 빠르게 작용하는 항독감 전구체 약의 이름이 cs-8958이고 현재 임상시험 중에 있다(제6장 Health Link: 전구체 약). 이 약의 에스테르기가 가수분해될 때, octanoic acid와 Relenza 유도체가 형성된다. 렌렌자 유도체의 구조를 pH 7에서 그리시오. (힌트: 아미드의 질소 원자는 염기성이 아니다. 그림의 6각 고리의 아래에서 이중결합된 질소만 염기성이다.)

$CH_3CH_2CH_2CH_2CH_2CH_2CH_2C(=O)-OCH_2CH(OH)CH(OCH_3)$ (ring, O), $C(=O)-OH$, $CH_3C(=O)-NH$, $NH-C(=NH)-NH_2$

HealthLink | 의학에서의 단백질

12.87 참 또는 거짓? 만약 *x*라는 효소를 간에서만 생산하는 경우에,

x효소가 혈청에서 농도가 증가한다면, 바이러스의 감염에 의한 간조직의 손상 때문이다. 그 이유는 무엇인가?

***12.88** **a.** 아스파라기나아제가 정상세포에는 영향이 없지만 특정 백혈병세포는 죽일 수 있는지 설명하시오.

b. 경구 투여된 아스파라기나아제가 정맥 주사된 아스파라기나아제만큼 혈청 아스파라진의 농도를 낮출 수 있을까? 설명하시오.

심화학습

12.89 **a.** 다음 아미노산들의 완벽한 이름을 말해보시오. Cys, Pro, Phe, Val

b. 위의 아미노산들이 만약 pH 7에서 존재한다면 구조를 그리시오.

c. 위의 아미노산들이 만약 pH 1에서 존재한다면 구조를 그리시오.

d. 위의 아미노산들이 만약 pH 14에서 존재한다면 구조를 그리시오.

e. pentapeptide Cys-Pro-Phe-Val-Cys는 한타바이러스의 성장을 억제하는 것으로 알려져 있다. 이 펩티드의 구조를 pH 7에서 그리시오.

f. 이 펩티드의 N-말단과 C-말단에는 어떤 아미노산이 있는가?

g. 활성 형태에서 위의 펩티드는 말발굽 모양으로 구부러진다. 그리고 이황화결합이 형성된다. 이 구조를 그리시오.

h. 이 펩티드는 1차 구조를 가질 수 있는가? 설명하시오.

i. 위의 h 문제에서 예를 택했다면, 무엇이 1차 구조를 유지하는가?

j. 위의 펩티드가 2차 구조를 가질 수 있는가? 설명하시오.

k. 위의 j 문제에서 예를 택했다면, 무엇이 2차 구조를 유지하는가?

l. 위의 펩티드가 3차 구조를 가질 수 있는가? 설명하시오.

m. 위의 l 문제에서 예를 택했다면, 무엇이 3차 구조를 유지하는가?

n. 위의 펩티드가 4차 구조를 가질 수 있는가? 설명하시오.

o. 위의 n 문제에서 예를 택했다면, 무엇이 4차 구조를 유지하는가?

12.90 **a.** 다음 아미노산의 완벽한 이름을 말해보시오. Gly, Tyr, Asp, Pro, Glu, Thr, Trp.

b. 위의 아미노산들이 만약 pH 7에서 존재한다면 구조를 그리시오.

c. 위의 아미노산들이 만약 pH 1에서 존재한다면 구조를 그리시오.

d. 위의 아미노산들이 만약 pH 14에서 존재한다면 구조를 그리시오.

e. 합성 펩티드인 Chignolin은 다음과 같이 Gly-Tyr-Asp-Pro-Glu-Thr-Gly-Thr-Trp-Gly로 알려져 있다. 이 펩티드의 구조를 pH 7에서 그리시오.

f. 이 펩티드의 N-말단과 C-말단에는 어떤 아미노산이 있는가?

g. Chignolin은 말발굽 모양으로 구부러지고 Tyr-Asp과 Thr-Trp 사이에서 수소결합이 형성되어 아주 짧은 영역이지만 β-시트가 만들어진다. 이 구조를 수소결합이 표시되도록 그리시오.

h. 이 β-시트는 평형인가, 역평형인가?

i. 이 펩티드가 1차 구조를 가질 수 있는가? 설명하시오.

j. 이 펩티드가 2차 구조를 가질 수 있는가? 설명하시오.

k. 이 펩티드가 3차 구조를 가질 수 있는가? 설명하시오.

l. 이 펩티드가 4차 구조를 가질 수 있는가? 설명하시오.

연습문제 해답

12.1 $CH_3NH_3^+$ (pH = 1) $CH_3NH_3^+$ (pH = 7) CH_3NH_2 (pH = 14)

12.2

pH 1: $H_3N^+-CH(CH_2-COOH)-COOH$

pH 7: $H_3N^+-CH(CH_2-COO^-)-COO^-$

pH 14: $H_2N-CH(CH_2-COO^-)-COO^-$

12.3 N-말단 펩티드 결합 C-말단

$\overset{+}{H_3}NCH(CH_2COO^-)C(=O)-NHCH(CH_2C(=O)NH_2)C(=O)-O^-$

12.4 $\overset{+}{N}H_3CH(CH_2C(=O)OH)C(=O)-OH$ + $\overset{+}{N}H_3CH((CH_2)_4\overset{+}{N}H_3)C(=O)-OH$

12.5 $\overset{+}{N}H_3CH(C(=O)OH)CH_2CH_2C(=O)-NHCH(CH_2SH)C(=O)-NHCH_2C(=O)-OH$

pH 1

12.6 3차, 4차 구조.

12.7 수소 결합, 이온 결합, 소수성 효과.

12.8 절대적 특이성과 입체 특이성.

12.9 효소의 V_{max}를 변화시킨다.

Photo courtesy of Worcester Telegram & Gazette

농장에서

매사추세츠 주에 있는 한 농장에서 일꾼들이 지금 막 염소들의 젖을 짜는 일을 마쳤다. 염소젖과 젖을 가공한 식품에 대한 수요가 증가하고 있지만, 방금 짠 염소젖은 이보다 훨씬 소중한 것이다. 유전자 조작을 통해, 이 농장의 염소들은 인간 단백질을 만들어 젖과 함께 배출한다. 2009년 미국 식품안전청의 허가를 얻은 이 인간 단백질은 항트롬빈으로서 혈액응고 질환의 치료제이다.

13 핵산

본 장에 관하여

한 세대로부터 다음 세대로 전해지는 유전 정보는, DNA(deoxyribonucleic acid)가 길게 연결된 유전자를 통하여 전해진다. 이 DNA로부터 염색체가 형성된다. 각각의 유전자에 존재하는 유전정보는 RNA(ribonucleic acid)를 통하여, 지정된 펩티드를 합성하는 데 사용된다. 어떤 효소와 단백질을 만들 것인가를 결정함으로써, DNA는 각 생물의 정체성을 결정한다. 이 장에서, 우리는 핵산의 구조, 유전정보가 전해지는 과정들, 그리고 과학자들이 다양한 유기체들의 DNA를 조절하기 위해서 발전시킨 기술들에 대해서 생각해 볼 것이다.

CHAPTER 13의 목적

이 장을 끝내고 나면, 여러분들은 다음과 같은 것들을 할 수 있을 것이다. 즉:

1. 핵산의 단위체를 알 수 있다.
2. 뉴클레오시드에 2개, 3개 인산기가 붙은, 그리고 고리 뉴클레오티드 구조를 설명할 수 있다.
3. 올리고뉴클레오티드, 폴리뉴클레오티드의 구성을 묘사할 수 있다.
4. DNA와 RNA의 1차 구조와 DNA의 2차, 3차 구조를 묘사할 수 있다.
5. DNA의 변성을 설명할 수 있다.
6. DNA, RNA 그리고 단백질이 만들어지는 과정을 설명할 수 있다.
7. 복제가 이루어지는 과정과 그 과정에서의 DNA 중합효소의 역할을 묘사할 수 있다.
8. 전사(transcription)가 이루어지는 과정과 그 과정에서의 RNA 중합효소의 역할을 묘사할 수 있다.
9. 번역이 일어나는 과정을 설명할 수 있다.
10. 대장균에서 일어나는 유전자 발현의 조절을 설명할 수 있다.
11. 돌연변이라는 용어를 설명할 수 있다.
12. 재조합 DNA를 생산할 때 수반되는 단계들을 설명할 수 있다.
13. PCR(중합효소연쇄반응)의 기능을 설명하고 DNA 지문인식 방법을 설명할 수 있다.

13.1 | 핵산을 만드는 단위체

핵산(nuclei acids)은 뉴클레오티드가 연결된 가닥인데, **뉴클레오티드(nucleotide)**는 단당류, 인산, 염기로 구성된다.

인산

앞 11.4절에서 본 것처럼, 인산은 3개의 수소 원자를 포함하고 있으며, 따라서 용액의 pH에 따라 네 가지 다른 형태—인산(H_3PO_4), 이수소인산 이온($H_2PO_4^-$), 수소인산 이온(HPO_4^{2-}), 인산 이온(PO_4^{3-})—중 하나로 나타나게 된다. 생리적 pH(pH 7에 가깝다)에서는 이수소인산 이온과 수소인산 이온 형태가 우세하다. 인산의 화학적 작용은 뉴클레오티드의 구조를 이해하는 데 중요한데, 인산 일에스테르(monoester)와 이에스테르(diester)를 형성한다(그림 13.1).

단당류

D-Ribose와 D-2-deoxyribose는 뉴클레오티드 구조에 결합한 2개의 단당류이다. 뉴클레오티드에서, 각각은 β-furanose 형태로 나타난다(10.5절).

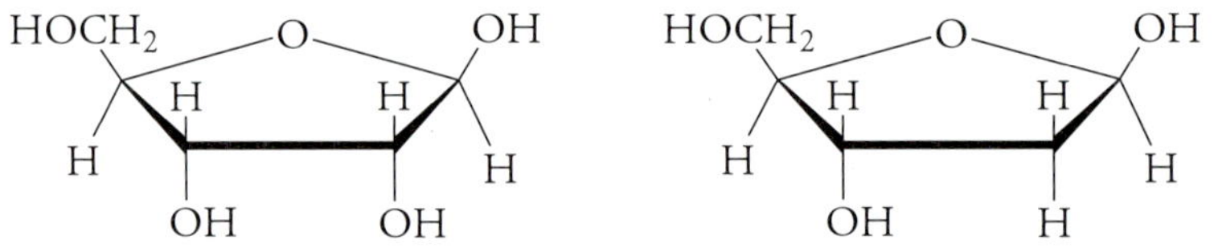

β-D-Ribofuranose   β-D-2-Deoxyribofuranose

뉴클레오티드 구조에 있어서 가장 중요한 단당류의 두 반응은 인산 에스테르의 형성과 *N*-글리코시드의 형성이다. 그림 13.1에서 설명되었던 것처럼, 인산 이온이 하나의 알코올과 반응할 때 인산 일에스테르가 형성된다. 뉴클레오티드에서, 알코올기는 라이보스나 2-디옥시라이보스에 의해서 제공된다(그림 13.2*a*).

글리코시드의 형성은 단당류 아노머(monosaccharide anomer)의 헤미아세탈기(hemiacetal group)가 다른 분자의 수산기(hydroxyl group)와 반응할 때 일어나며(10.6절), β-2-데옥시리보퓨라노오스(β-2-deoxyribofuranose)가 메탄올과 반응할 때도 흔히 일어난다(그림 13.2*b*). 관련된 화합물인 ***N*-글리코시드(*N*-glycoside)**는 이 같은 반응이 알코올 대신 아민과 함께 발생할 때 형성된다(그림 13.2*c*).

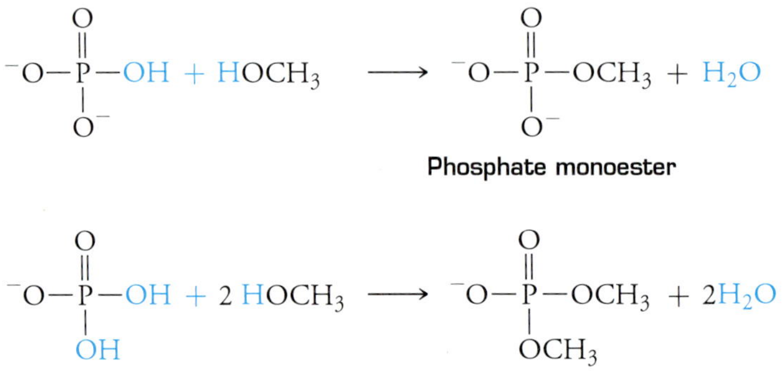

$$^{-}O-\overset{\overset{O}{\|}}{\underset{\underset{O^{-}}{|}}{P}}-OH + HOCH_3 \longrightarrow {}^{-}O-\overset{\overset{O}{\|}}{\underset{\underset{O^{-}}{|}}{P}}-OCH_3 + H_2O$$

Phosphate monoester

$$^{-}O-\overset{\overset{O}{\|}}{\underset{\underset{OH}{|}}{P}}-OH + 2\,HOCH_3 \longrightarrow {}^{-}O-\overset{\overset{O}{\|}}{\underset{\underset{OCH_3}{|}}{P}}-OCH_3 + 2H_2O$$

Phosphate diester

■ 그림 13.1

인산 에스테르 인산이 알코올 분자와 반응할 때, 인산 일에스테르 또는 인산 이에스테르가 형성된다.

(*a*) $^{-}O-P(=O)(O^{-})-OH$ + $HOCH_2$ (ribose) $\longrightarrow$ $^{-}O-P(=O)(O^{-})-OCH_2$ (ribose) + H_2O

A phosphate monoester

(*b*) $HOCH_2$ (2-deoxyribose, OH) + $HOCH_3$ $\longrightarrow$ $HOCH_2$ (2-deoxyribose, OCH_3) + H_2O

A glycoside

(*c*) $HOCH_2$ (2-deoxyribose, OH) + NH_2CH_3 $\longrightarrow$ $HOCH_2$ (2-deoxyribose, $NHCH_3$) + H_2O

An *N*-glycoside

■ 그림 13.2

단당류 유도체 (*a*) 라이보오스와 2-데옥시라이보오스의 —OH기가 인산과 반응하면 인산 일에스테르를 형성할 수 있다. (*b*) 알코올이 단당류의 헤미아세탈 탄소 원자(hemiacetal carbon atom)와 반응할 때 글리코시드가 형성된다. (*c*) 아민이 헤미아세탈 탄소 원자와 반응할 때, *N*-글리코시드가 형성된다.

염기

뉴클레오티드에 결합된 두 종류의 염기(아민)에는 퓨린(purine)과 피리미딘(pyrimidine)이 있다(그림 13.3). 뉴클레오티드에서 볼 수 있는 **주요 염기(major base)**는 2개의 퓨린 염기인 아데닌(A)과 구아닌(G)과 3개의 피리미딘 염기인 시토신(C), 티민(T), 우라실(U)이다.

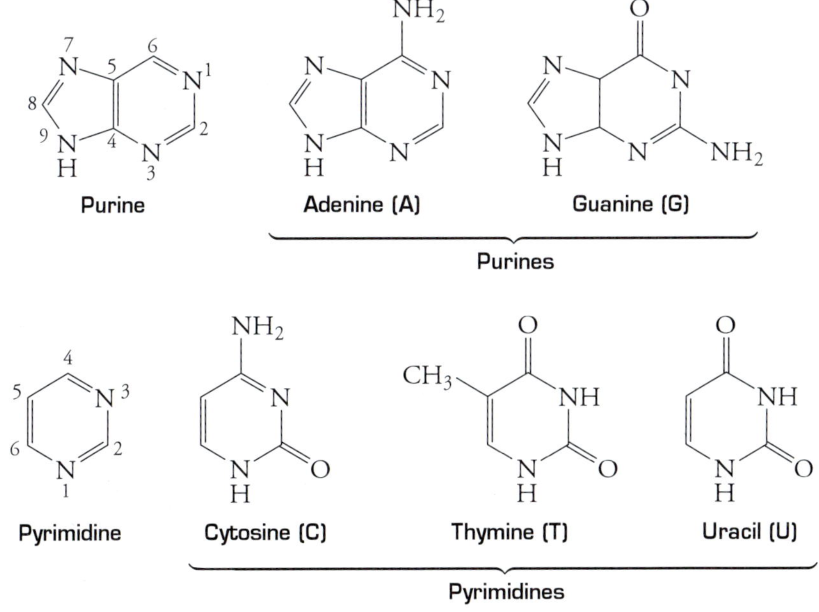

■ 그림 13.3

퓨린과 피리미딘 핵산은 퓨린 염기인 아데닌(A)과 구아닌(G), 그리고 피리미딘 염기인 시토신(C), 티민(T), 우라실(U)을 포함하고 있다. T는 DNA에 존재하고, U는 RNA에 존재하며, A, C, G는 양쪽 모두에 존재한다.

■ 그림 13.4

미량 염기 몇몇 핵산은 여기서 보여지는 세 종류를 포함한 미량 염기들을 함유하고 있다. 미량 염기는 핵산 가닥에 존재하는 염기의 변형에 의해서 형성된다.

7-Methylguanine　Dihydrouracil　4-Thiouracil

위에서 열거된 5개의 주요 염기 외에도, 50개 이상의 다른 염기들이 알려져 있다(그림 13.4). 이 **미량 염기(minor base)**는 그것들이 핵산 가닥으로 결합된 후에 주요 염기의 효소-촉매 조절(*enzyme-catalyzed modification*)에 의해서 형성된다.

뉴클레오시드

라이보오스나 2-데옥시라이보오스가 퓨린 또는 피리미딘 염기와 결합할 때, **뉴클레오시드(nucleoside)**가 형성된다. 라이보오스를 함유하는 뉴클레오시드를 **리보뉴클레오시드(ribonucleoside)**라고 부르고, 2-데옥시라이보오스를 함유하는 뉴클레오시드를 **데옥시리보뉴클레오시드(deoxyribonucleoside)**라고 부른다. 단당류와 염기 잔기는 단당류의 탄소 원자 1′(carbon 1′)와 염기의 질소 원자들 중 하나(피리미딘의 질소 원자 1과 퓨린의 질소 원자 9)가 관여하는 β-*N*-글리코시드 결합에 의해서 연결된다(그림 13.5). 뉴클레오시드 형성을 담당하는 효소는 오직 특정한 당과 염기의 결합만을 형성한다: 라이보오스는 A, G, C 또는 U와 짝을 이루고, 2-데옥시라이보오스는 A, G, C 또는 T와 짝을 이룬다.

■ 그림 13.5

뉴클레오시드 뉴클레오시드는 퓨린 또는 피리미딘 염기와 단당류의 결합에 의해서 형성된 *N*-글리코시드이다. 당 잔기의 원자번호는 염기의 원자번호들로부터 구별하기 위해서 (아데노신에서 당 잔기의 1′에서와 같이) “ ′ ”을 붙인다. 리보뉴클레오시드는 β-리보퓨라노오스와 A, G, C, 또는 U를 함유하는 반면에, 데옥시리보뉴클레오시드는 β-2-데옥시리보퓨라노오스와 A, G, C 또는 T를 함유한다.

(*a*) **Ribonucleosides**

Adenosine　Cytidine

Guanosine　Uridine

(*b*) **Deoxyribonucleosides**

Deoxyadenosine

Deoxycytidine

Deoxyguanosine

Deoxythymidine

■ **그림 13.5**
(*계속*)

뉴클레오티드

인산 이온이 뉴클레오시드의 당 잔기에 있는 —OH기 중 하나와 반응해서 인산 일에스테르를 형성하게 될 때, 뉴클레오티드가 만들어진다(그림 13.6). 뉴클레오티드에서, 당과 인산 잔기는 인산에스테르 결합에 의해서 연결된다. 리보뉴클레오시드가 반응하여 **리보뉴클레오티드(ribonucleotide)**를 형성하

리보뉴클레오티드의 일반적인 구조

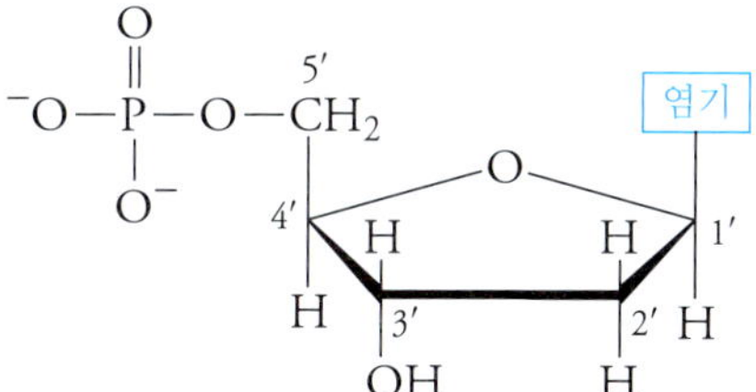

데옥시리보뉴클레오티드의 일반적인 구조

이름	염기
아데노신 5′-일인산 (AMP)	아데닌
구아노신 5′-일인산 (GMP)	구아닌
시티딘 5′-일인산 (CMP)	시토신
우리딘 5′-일인산 (UMP)	우라실

이름	염기
데옥시아데노신 5′-일인산 (dAMP)	아데닌
데옥시구아노신 5′-일인산 (dGMP)	구아닌
데옥시시티딘 5′-일인산 (dCMP)	시토신
데옥시티미딘 5′-일인산 (dTMP)	티민

■ **그림 13.6**
뉴클레오티드 뉴클레오티드는 뉴클레오시드 일인산이다. 뉴클레오시드 5′-일인산이 자연에서 우세한 형태이다.

고, 데옥시리보뉴클레오시드가 반응하여 **데옥시리보뉴클레오티드(deoxyribonucleotide)**를 형성한다. 리보뉴클레오시드 역시 반응해서 2′와 3′ 뉴클레오티드를 형성할 수 있고, 데옥시리보뉴클레오시드는 3′ 뉴클레오티드를 형성할 수 있지만, 시티딘 5′-(CMP)와 데옥시아데노신, 5′-(dAMP)를 포함하는, 5′ 뉴클레오티드가 자연에서 가장 흔한 형태이다.

예제 13.1

5′ 뉴클레오티드를 그리기

디옥시구아노신 5′-일인산을 그리시오.

전략

그림 13.6에서 일반적인 리보-, 디옥시리보뉴클레오티드 구조를 보고, 구아닌의 구조를 연결해서 그린다.

해답

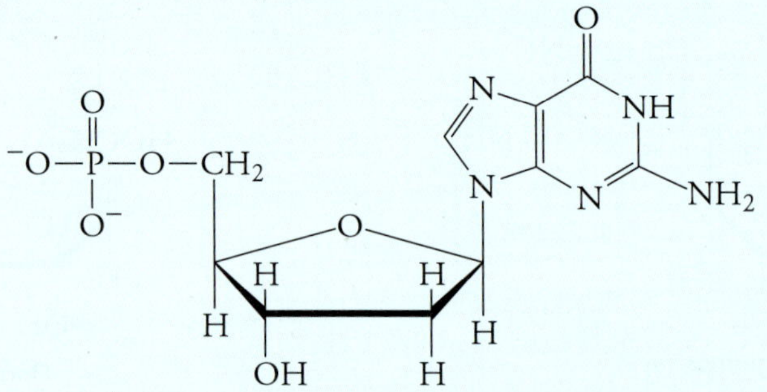

O, $^{-}O-P-O-CH_2$, O^{-}, O, H, H, H, OH, H, H, N, N, N, NH, NH_2, O

연습문제 13.2

디옥시리보구아노신 5′-일인산이 3개의 구성 인자로 가수분해되었을 때의 구조를 그리시오.

예제 13.2

3′ 뉴클레오티드를 그리기

아데노신 3′-일인산을 그리시오. 인산에스테르 결합과 *N*-글리코시드 결합을 표시하시오.

전략

아데노신 3′-일인산 이름에 힌트가 있다. 염기가 결합하고, 인산 일에스테르의 위치도 알려준다.

해답

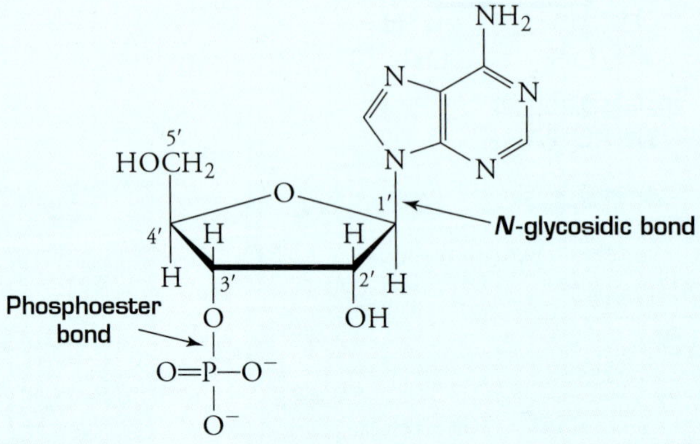

NH_2, N, N, N, N, 5′, $HOCH_2$, O, 1′, ***N*-glycosidic bond**, 4′, H, H, H, 3′, 2′, H, **Phosphoester bond**, O, OH, $O{=}P-O^{-}$, O^{-}

연습문제 13.2

디옥시우리딘 5′-일인산은 왜 그림 13.6에서 빠져 있는는가?

13.2 | 뉴클레오시드 이인산과 삼인산, 싸이클릭 뉴클레오티드

우리가 앞에서 살펴 보았듯이, 하나의 뉴클레오티드(뉴클레오시드 일인산)는 인산에스테르 결합에 의해서 연결된 뉴클레오시드 잔기와 인산 잔기로 구성된다. 첫 번째 인산에 두 번째 인산을 부착시키면 **뉴클레오시드 이인산(nucleoside diphosphate)**이 형성된다. 그리고 세 번째 인산이 추가되면 **뉴클레오시드 삼인산(nucleoside triphosphate)**이 형성된다(그림 13.7*a*). 인산기 사이에서의 결합을 인산무수물 결합(phosphoananhydride bond)이라고 부른다.

우리가 제15장에서 보게 되듯이, 아데노신 삼인산(ATP)과 같은 뉴클레오시드 삼인산은 생물체에서 일어나는 대부분의 에너지를 필요로 하는 (비자발적인) 과정들을 위한 즉각적인 에너지 공급원이다. 뉴클레오시드 삼인산은 폴리뉴클레오티드(13.3절)와 싸이클릭 뉴클레오티드의 효소-촉매 합성(enzyme-catalyzed synthesis)에 있어서 역시 기질로서 사용된다.

인산 이온의 이에스테르를 형성하는 능력은 하나의 인산 잔기가 같은 뉴클레오시드에서 2개의 다른 위치에 부착될 수 있도록 해준다. 아데노신 3′, 5′-싸이클릭(싸이클릭 AMP 또는 cAMP)과 같은 **싸이클릭 뉴클레오티드(cyclic nucleotide)**에서, 하나의 인산 잔기는 같은 단당류 잔기에 2개의 인산에스테르 결합을 갖는다(그림 13.7*b*). 싸이클릭 뉴클레오티드는 그것이 묶여진 특정한 단백질의 활동을 조절함으로써 수많은 생화학 과정을 조정하는 것을 돕는다. 대부분 경우에 있어서, 그것들은 알로스테릭 효소(allosteric enzyme)를 위한 작동체(effector)로서 기능한다(13.7절). cAMP, cGMP와 다른 싸이클릭 뉴클레오티드는 시클라아제(cyclase)라고 불리는 효소의 활동에 의해 뉴클레오시드 삼인산으로부터 만들어진다.

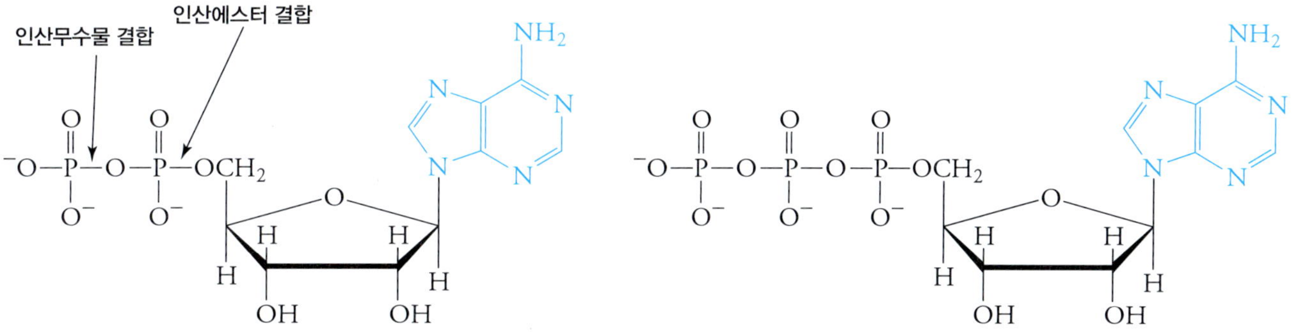

(*a*) Adenosine diphosphate (ADP) Adenosine triphosphate (ATP)

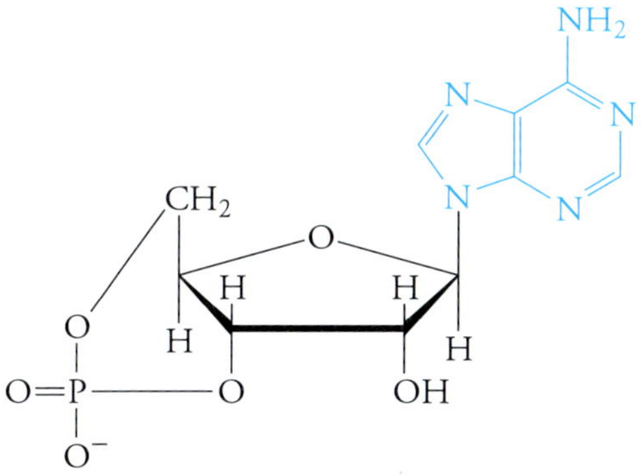

(*b*) Adenosine 3′, 5′-cyclic monophosphate (cAMP)

■ 그림 13.7

뉴클레오티드 유도체 (*a*) 인산무수물 결합의 형성은 뉴클레오티드(뉴클레오시드 일인산)를 뉴클레오시드 이인산 또는 삼인산으로 전환시킨다. (*b*) 몇몇의 싸이클릭 뉴클레오티드는 3′, 5′-싸이클릭 인산이에스테르 결합을 함유한다.

예제 13.3

뉴클레오티드 삼인산

3′-dATP는 대장균내 DNA 합성에 참여하는 효소의 경쟁적 저해제(competitive inhibitor)이다. 3′-dATP의 화학 구조를 그리시오.

전략

3′-dATP가 어떤 염기와 단당류를 가지고 있는지, 단당류의 어디에 인산이 붙어 있는지를 살펴 본다. 그림 13.6을 참고하여 뉴클레오티드 내 원자 위치의 번호를 확인한다.

해답

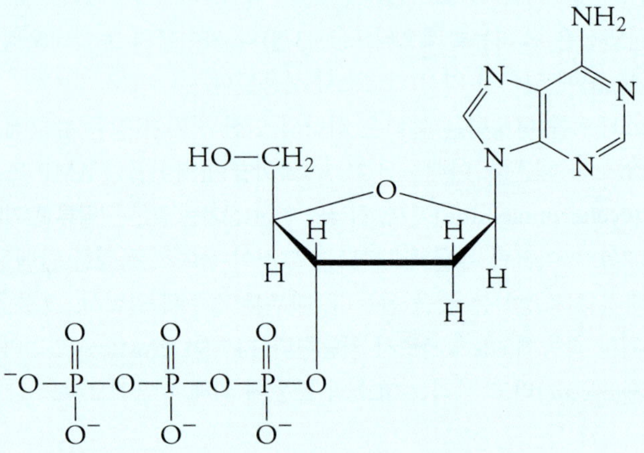

NH_2
N N
HO—CH_2 N N
O
H H
H H
H
O O O
‖ ‖ ‖
$^{-}$O—P—O—P—O—P—O
| | |
O^- O^- O^-

연습문제 13.3

3′-dATP 내에 존재하는 인산에스테르 결합과 인산무수물 결합은 각각 몇 개인가?

13.3 | 폴리뉴클레오티드

뉴클레오티드는 서로서로 결합되어 **올리고뉴클레오티드(oligonucleotide)**(2에서 10까지의 뉴클레오티드 잔기)와 **폴리뉴클레오티드(polynucleotide)**(10 이상의 뉴클레오티드 잔기)를 형성할 수 있다. 이 분자들에서, (RNA의) 리보뉴클레오티드 또는 (DNA의) 데옥시리보뉴클레오티드 잔기는 3′, 5′-인산이에스테르 결합에 의해서 서로 연결될 수 있고, 이 결합에서 하나의 인산 잔기는 한 뉴클레오티드 잔기의 3′ 위치와 또 다른 뉴클레오티드 잔기의 5′ 위치에 부착될 수 있다(그림 13.8*a*). 올리고뉴클레오티드와 폴리뉴클레오티드에 있어서 뉴클레오티드 잔기의 연속은 **5′-말단(5′-terminus)**으로부터 **3′-말단(3′-terminus)**으로 향하도록 이어진다(한 쪽 끝의 —OH기는 뉴클레오티드 잔기에 부착되지 않는다). 전형적으로, 5′말단은 인산 일에스테르이고, 3′말단은 자유 —OH기이다.

■ DNA는 A, G, C와 T가 부착되는 당–인산 골격으로 구성된다.

그림 13.8은 **데옥시리보핵산(deoxyribonucleic acid, DNA)**의 짧은 조각을 보여준다. 검은색으로 그려진 구조의 부분은 **당–인산 골격(sugar–phosphate backbone)**을 나타내는데, 이는 인산이 2–데옥시라이보오스에 부착되고 이것이 계속해서 인산에 부착되는, 반복되는 인산 단위(*units of phosphate*)들로 구성된다. 각각의 데옥시라이보오스 잔기의 탄소 1′에서, 데옥시리보뉴클레오티드에 일반적인 4개의 염기들 중 하나—A, G, C 또는 T—가 부착된다. 각 인산 잔기의 전하는 pH에 따라 달라지며(13.1절), 생리적 pH에서 폴리뉴클레오티드의 당–인산 골격은 음전하를 띤다.

그림 13.9는 **리보핵산(ribonucleic acid, RNA)**의 한 가닥을 보여준다. RNA는 당 잔기에 있어서 (2-데옥시라이보오스 대신에 라이보오스를 갖고), 그리고 염기의 결합에 있어서 (A, G, C와 T 대신에 A, G, C와 U를 갖는다는 점에서) DNA와 차이가 있다.

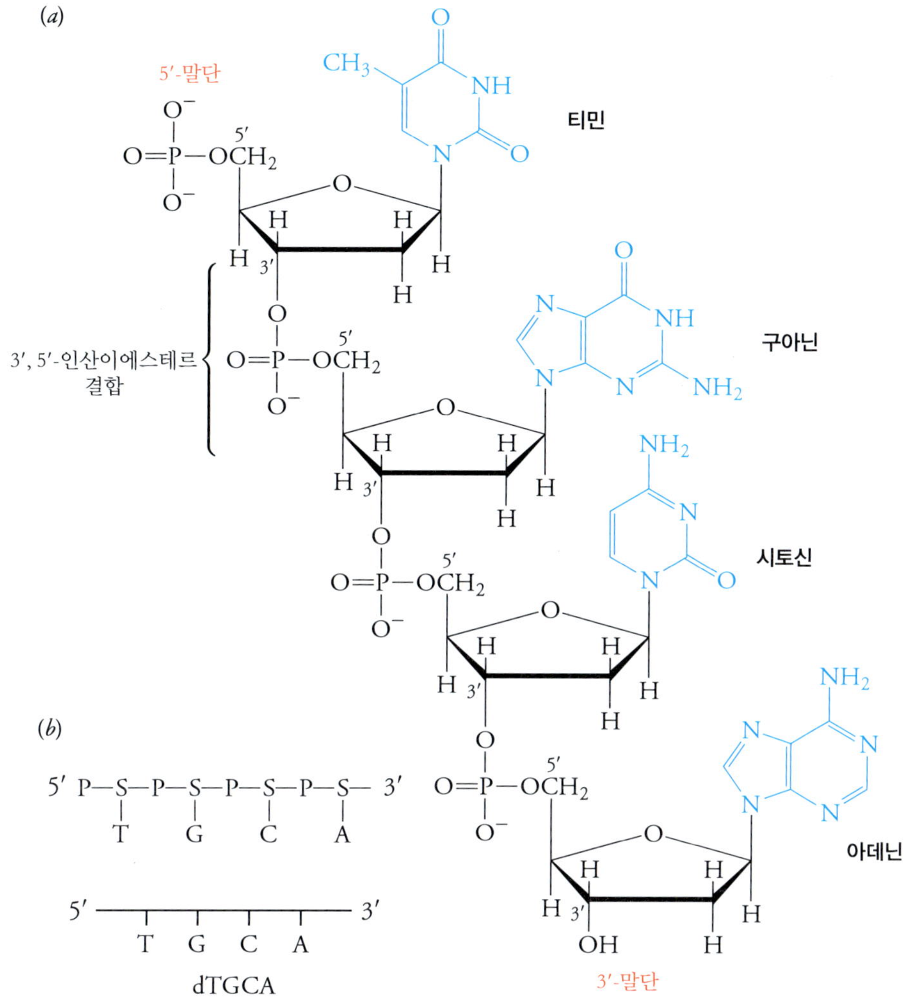

■ 그림 13.8

폴리뉴클레오티드 (*a*) 데옥시리보핵산(DNA)에서, 데옥시리보뉴클레오티드 잔기는 3′, 5′-인산이에스테르 결합에 의해서 연결된다. (*b*) DNA의 구조는 당(S)과 염기(A, G, C, T)가 부착된 인산(P)을 번갈아 가며 나타내는 당–인산 골격을 나타냄으로써 그릴 수 있다. 더욱 간단하게 당–인산 골격을 선으로 표시할 수 있다. 가장 간단한 방법은 염기만 나열하는 것이다. dTGCA의 "d"는 당이 2-데옥시리보오스라는 것을 알려준다.

■ DNA와 RNA에서 뉴클레오티드 잔기는 5′에서 3′ 방향의 순서로 나열한다.

예제 13.4

폴리뉴클레오티드

CGGCACA라는 서열이 있다.

a. 주어진 서열이 DNA인지 RNA인지를 어떻게 정할 수 있는가?
b. 어느 쪽이 5′말단인가? 이는 무엇을 의미하는가?

전략

DNA와 RNA 구조의 서로 다른 점을 생각하라. 그림 13.8과 13.9를 참고한다.

해답

a. RNA이다. DNA라면 dCGGCACA라고 표시한다.
b. DNA와 RNA의 서열은 5′에서 3′으로 읽는다. C가 5′말단이다. 5′말단의 당은 뉴클레오티드와 결합하고 있지 않다.

연습문제 13.4

이 분자는 DNA인가 RNA인가?

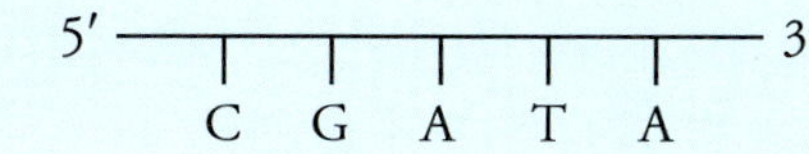

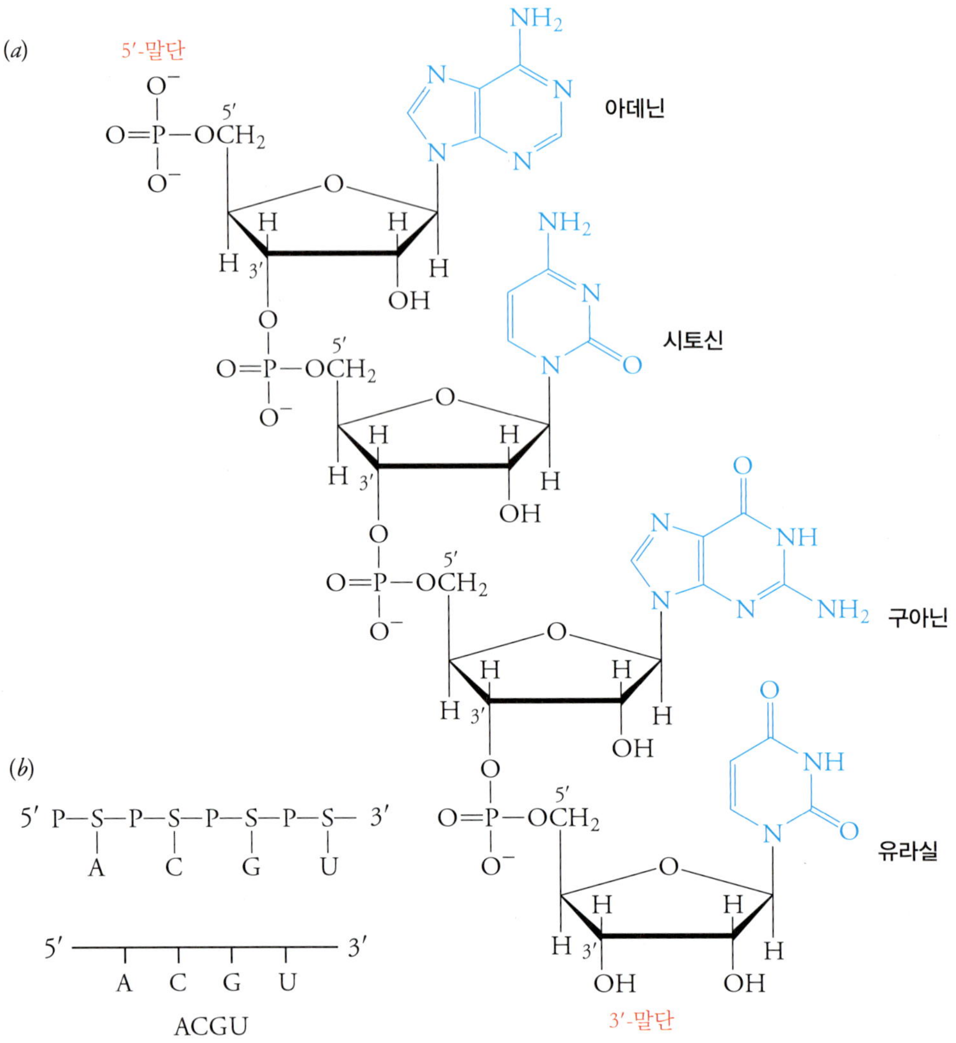

■ 그림 13.9

RNA (*a*) 리보핵산(RNA) 내에는, 리보뉴클레오티드 잔기가 3′,5′-인산에스테르 결합으로 연결되어 있다. (*b*) RNA의 구조는 당(S)과 염기(A, G, C, U)가 부착된 인산(P)을 번갈아 가며 나타내는 당–인산 골격을 나타냄으로써 그릴 수 있다. 더욱 간단하게 당–인산 골격을 선으로 표시할 수 있다. 가장 간단한 방법은 염기만 나열하는 것이다.

예제 13.5

DNA와 RNA

DNA와 RNA 내에 뉴클레오티드가 정렬된 순서는 어떤 단백질을 생성할 것인지에 대한 정보를 제공한다. 유사하게, 아미노산 서열은 단백질이 어떻게 사용될것인 지를 알려준다.

a. DNA와 RNA의 뉴클레오티드 중 서로 다른 것은 몇 개이며 어떻게 다른가?

b. 단백질을 이루는 아미노산은 몇 가지인가?

전략

DNA의 D와 RNA의 R은 무엇을 나타내는지 생각한다. 앞의 문단 내용을 읽으시오.

a. DNA와 RNA는 4개의 뉴클레오티드의 서로 다른 조합으로 이루어진다. DNA내의 뉴클레오티드 잔기는 2-데옥시리보스와 아데닌, 구아닌, 시토신, 티민 중 1개를 갖고 있다. RNA내의 뉴클레오티드 잔

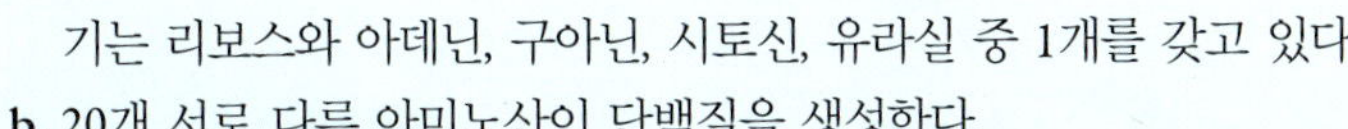

기는 리보스와 아데닌, 구아닌, 시토신, 유라실 중 1개를 갖고 있다.
b. 20개 서로 다른 아미노산이 단백질을 생성한다.

연습문제 13.5

DNA, RNA, 단백질은 자신을 이루는 기초성분(building blocks)이 어떻게 정렬될 수 있는지를 암호화하는 정보를 가지고 있다. 전분과 셀룰로스 같은 다당류 안의 기초성분의 순서에는 그러한 정보가 없다. 왜 그러한가?

13.4 | DNA 구조

특정한 생물체에서 모든 세포는 정확히 똑같은 DNA를 지니며, 식물과 동물 세포에서 DNA의 대부분은 세포핵(cell nucleus)에서 발견된다. 30억의 데옥시리보뉴클레오티드 잔기 쌍을 포함하는(아래의 2차 구조를 보라) 인간의 DNA는 25,000로 추측되는 **유전자(gene)**를 지니고 있는데, 이 유전자는 단백질 합성을 위한 암호를 운반하는 *DNA*의 확장이다. 심지어 이 많은 유전자는 전체 DNA의 오직 5% 정도만을 차지할 뿐이다. "암호화되지 않고(noncoding)" 남아 있는 DNA가 어떤 기능을 하는지는 아직 상세하게 이해되고 있지 않다.

■ 유전자는 단백질 합성을 위해 암호화된다.

1차 구조

단백질에 있어서 핵산이 다른 레벨의 구조에 의하여 구별될 수 있는 것은 흔히 있는 일이다. 핵산의 1차 구조란 그것의 뉴클레오티드 잔기들의 연속을 나타낸다. 그림 13.8에서 보여지는 5′말단으로부터 3′말단의 방향으로 읽혀지는, DNA 조각의 1차 구조는 dTGCA이고, 그림 13.9의 RNA 조각의 1차 구조는 ACGU이다. 이 단축된 명명 체계에서, 오직 당–인산 골격에 부착된 염기 잔기의 순서만이 조건으로 지정된다. dTGCA에서의 "d"는 폴리뉴클레오티드가 DNA임을 가리킨다(2-데옥시라이보오스를 포함한다). 1차 구조의 변경은 핵산이 기능하는 방식을 변화시킬 수 있다.

2차 구조

단백질에 적용될 때, 2차 구조란 α-나선 구조(α-helix)와 β-시트 구조(β-sheet)를 말한다. DNA에서, 2차 구조는 2개의 *DNA* 가닥(*DNA strand*)의 상호작용에 의해서 형성된 나선(*helix*)에 속한다(그림 13.10). 가장 흔하게 발견되는 DNA의 형태에서, 2개의 각각의 가닥은 하나는 *5′*에서 *3′* 방향으로 진행하고 나머지 하나는 *3′*에서 *5′* 방향으로 진행하는, 역평행한 배열(antiparallel arrangement)로 나란히 놓여 있다. 2개의 DNA 가닥들은 당–인산 골격에 부착된 염기들 사이의 수소결합인 **염기 짝짓기(base pairing)**에 의해서 서로 고정된다. 이 염기 짝짓기은 **상보적(complementary)**인데, 이는 *A*가 *T*와 수소결합을 이루고, *G*는 *C*와 수소결합을 이루는 것을 의미한다(그림 13.11). 이 2개의 수소결합을 이루는 가닥은 그들의 전체 길이에 걸쳐서 상보적이다—한 가닥의 각 A는 나머지 한 가닥의 T의 맞은 편에 있고, 각 G는 C의 맞은 편에 있다.

■ 이중가닥 DNA는 상보적 염기 사이에서의 수소결합에 의해서 고정된다.

DNA의 이중가닥은 나선형 계단을 닮은 나선 형태로 꼬여져 있다. 음전하를 띤 인산기와 함께 당–인산 골격은 나선의 바깥쪽에 존재하고, 염기는 안쪽에 존재하는데, 여기에서 염기 짝짓기가 일어난다. 같은 DNA 가닥에서 이웃하는 염기들 사이에서의 소수성 상호작용(hydrophobic interaction)이 2차 구조를 안정화시키는 것을 돕는다.

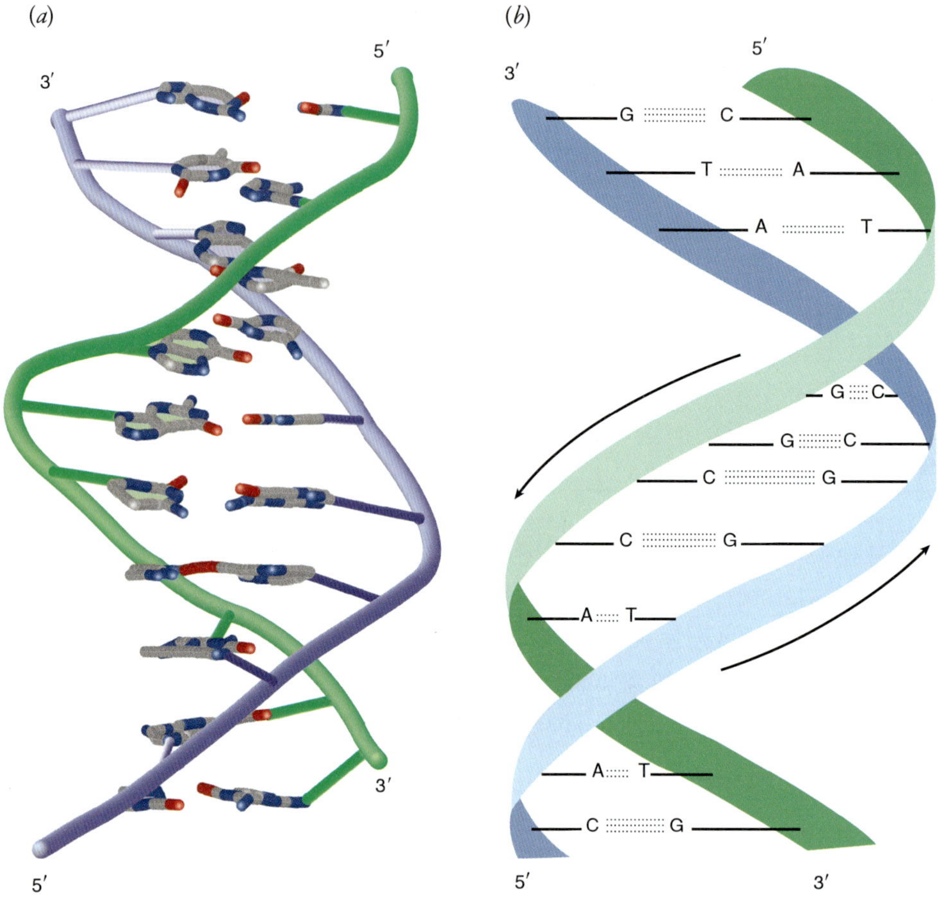

(a) (b)

■ 그림 13.10

이중나선 (*a*) 그림에서 보이는 DNA는 나선 형태로 꼬여진 파란색과 초록색의 이중가닥으로서 각 가닥은 10개의 염기를 갖고 있다. 이중가닥은 5′에서 3′으로 서로 반대 방향으로 지나가며 꽈배기처럼 꼬인다. (*b*) 더 간단하게 표신된 그림은 A와 T, G와 C 잔기 사이에 형성되는 수소결합인 염기 짝짓기를 보여준다.

출처: Crystal Structure of CATGGC-CATG and its implication for A-tract beding models. Goodsell, D.S., Kopka, M. L., Cascio, D., Dickerson, R.E., *Proc Natl Acad Sci USA* 1993 Apr 1; 90(7):2930–4.

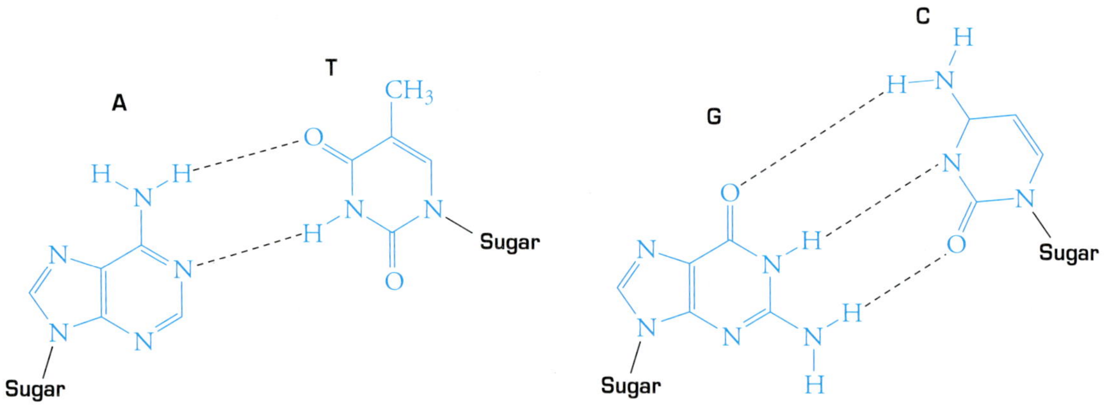

■ 그림 13.11

상보적 염기 DNA에 존재하는 염기(A, G, C와 T)의 구조는 그것들 사이에서 발생하는 특정한 수소결합과 같은 것이다. 아데닌은 티민과 2개의 수소결합을 형성하고, 구아닌은 시토신과 3개의 수소결합을 형성한다.

3차 구조

핵산에 있어서, 3차 구조란 2차 구조의 기여(contribution)를 포함한 전체에 걸친 3차원 형태를 가리킨다. DNA에서 3차 구조란 이중나선이 더 단단하고 더 치밀한 형태로 다시 꼬이는 것을 수반하는, **초나선 형성(supercoiling)**에 기인한다. DNA에 있어서 초나선 형성의 상대적으로 단순한 예는 박테리아에서

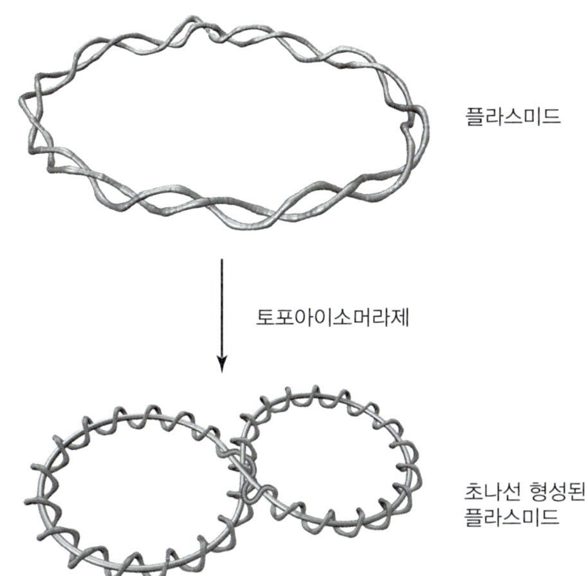

■ 그림 13.12

초나선 형성 박테리아 DNA(플라스미드)의 초나선 형성

발견되는 환상 DNA의 특정 형태인, 플라스미드(plasmid)에서 발생하는 것이다. 토포아이소머라제(topoisomerase)라고 불리는 효소가 플라스미드의 더 치밀하고, 초나선을 형성하는 상태로의 변환을 촉진시킨다(그림 13.12).

식물과 동물의 핵에서 발견되는 DNA의 3차 구조는 DNA 골격의 인산기와 상호작용하는 히스톤(histone)이라고 불리는 단백질의 관여 때문에 더 복잡하다(그림 13.13). DNA 이중나선이 한 그룹의 히스톤들 주변을 감싸서 뉴클레오솜(nucleosome)을 형성하고, 뉴클레오솜을 연결하는 DNA 가닥들

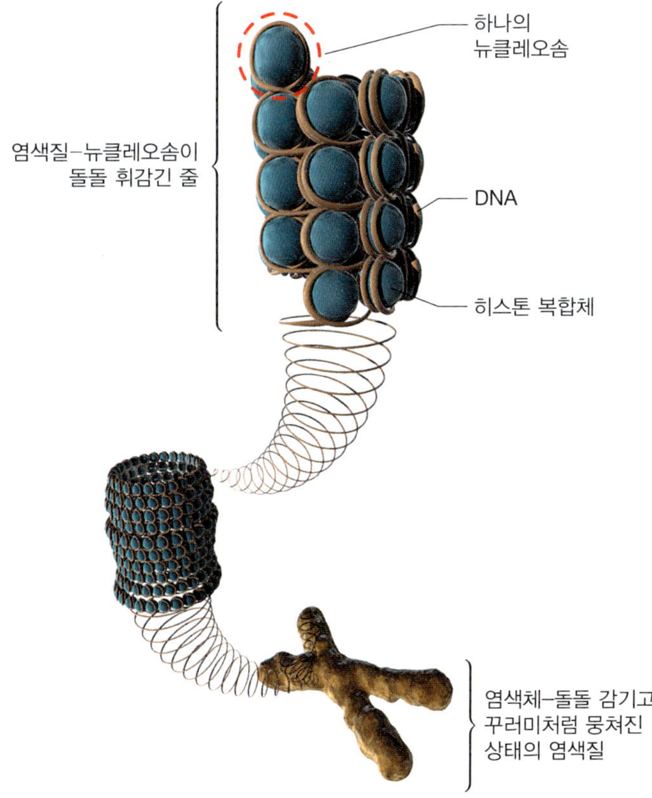

■ 그림 13.13

DNA를 포함하는 더 큰 구조 식물과 동물에 있어서, DNA 이중나선은 히스톤 단백질 주변을 감싸서 뉴클레오솜을 형성한다. 뉴클레오솜은 꼬여서 염색질을 형성하는데, 이것은 세포분열 이전에 더 돌돌 감기고 접혀서 염색체가 된다.

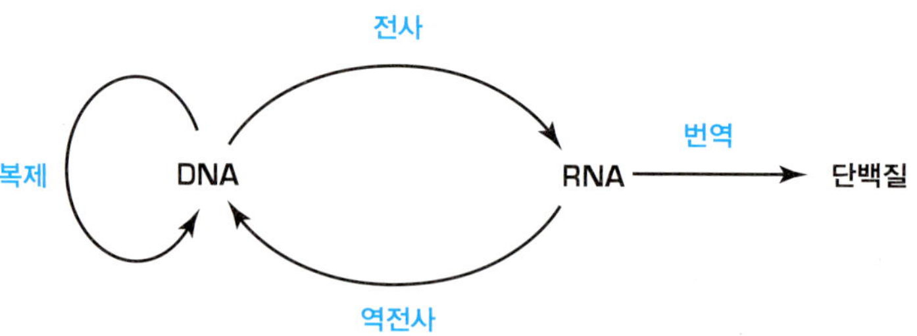

■ 그림 13.15

정보의 흐름 DNA는 단백질을 만들기 위해 필요한 정보를 운반한다. DNA 복제는 유전정보가 새로운 세대의 세포로 전달되는 것을 가능하게 한다. 단백질을 만들기 위해서 DNA를 해독하는 것은 먼저 전사(RNA 분자를 형성함으로써 DNA의 정보를 전사하는 것)와 번역(단백질을 생성할 수 있도록 RNA의 정보를 번역하는 것)의 과정을 수반한다. 몇몇 바이러스는 새로운 DNA를 만들기 위해서 RNA에 존재하는 정보를 사용하는 역전사에 의존한다.

필수적으로 발생해야 한다(그림 13.15). 이 과정은 세포 분열에 앞서서 새로운 *DNA* 분자를 만들기 위해서 이미 존재하는 *DNA*를 주형(*template*)으로 사용하는 것을 포함한다(13.7절). 딸세포가 모세포와 똑같은 특징을 갖도록 하기 위해서는 복제가 가능한 오류 없이 이루어지는 것이 중요하다.

단백질을 만들기 위해서 *DNA*의 정보를 처리하는 과정은 *DNA*의 1차 구조의 일부를 다양한 *RNA* 분자로 도해하는(*mapping*) 것에서 시작한다. DNA를 주형으로서 사용하는 이 과정은 **전사(transcription)**라고 불린다(13.8절). HIV(AIDS를 일으키는 바이러스)와 같은 몇몇 바이러스들은 **역전사(reverse transcription)**가 가능한데, 역전사란 바이러스성의 단백질과 새로운 바이러스 입자를 만들기 위한 정보를 운반하는 새로운 *DNA*를 만들기 위해서 바이러스성의 *RNA*의 정보를 읽는 것이다.

일단 RNA가 DNA로부터 만들어지면, 단백질 합성이 시작된다. **번역(translation)**(13.9절)이라고 불리는 과정에서, 필요한 단백질의 정확한 1차 구조를 만들어내기 위해서 특정 형태 *RNA*의 1차 구조가 읽혀진다.

예제 13.8

DNA 복제

DNA 복제를 하는 동안, DNA 1차 구조에 담긴 정보가 새로운 DNA 복사를 위한 주형으로 사용된다. DNA의 가닥의 1차 구조란 무엇이고, 이것이 어떻게 정보를 담을 수 있는가?

전략

그림 12.7을 참고한다. DNA의 정보 역시 유사하게 사용된다.

해답

DNA의 1차 구조는 뉴클레오티드 잔기의 순서이다. dTGCA, dACGT, dCGAT의 1차 구조가 같은 뉴클레오티드 4개를 보유하고 있지만, 이 세 가닥의 DNA는 서로 다른 정보를 갖고 있다.

연습문제 13.8

번역하는 동안, RNA의 1차 구조에 담긴 정보는 특정 1차 구조를 갖는 단백질을 생성하게 한다. RNA 가닥과 단백질의 1차 구조는 무엇이며, 그 정보는 어떻게 갖고 있는가?

13.7 | DNA 복제

DNA가 복제될 때, 이중나선의 각각의 가닥이 새로운 가닥의 *DNA*를 만들기 위한 주형으로서 이용된다. 각각의 딸 DNA 가닥에는 모 DNA로부터 비롯된 한 가닥이 존재하게 된다. 이것을 **반보존적 복제(semi-conservative replication)**라고 한다.

DNA 복제는 특별한 효소가 DNA의 두 가닥을 분리시키고 기포들(*bubble*) 또는 하나의 *DNA* 가닥이 드러나게 되는 지점인 **복제원점(origin)**을 형성함으로써 DNA의 2차, 3차 구조를 바꿀 때 시작된다(그림 13.16). 박테리아 DNA 분자가 복제될 때 오직 하나의 복제원점이 형성된다. 식물이나 동물의 복제에서는 이중가닥으로 된 DNA 나선을 따라서 한 번에 많은 복제원점이 열린다.

복제원점이 형성될 때, 단일가닥 유지 단백질(SSB)라고 불리는 단백질들이 새롭게 노출된 한 가닥의 DNA에 부착된다. 이 SSB의 기능은 DNA 가닥을 이질적인 DNA를 파괴하는 보호 효소인 내부핵산 가수분해효소(endonuclease)로부터 보호하는 것이다. 기원과 관계없이 어떤 한 가닥의 DNA라도 이 효소의 표적이 될 수 있다. 복제원점의 각 끝에는 복제가 발생하는 지점인 **복제분기점(replication fork)**이 있다.

■ DNA 중합효소는 데옥시리보뉴클레오티드 잔기가 합성 중인 DNA 가닥에 덧붙여지도록 촉매한다.

새로운 *DNA*의 생성은 **DNA 중합효소(DNA polymerase)**에 의해서 수행된다. 이 효소는 복제분기점에서 DNA의 기존의 각각 가닥에 붙어서, dATP, dGTP, dCTP와 dTTP(13.2절)를 기질로 이용하면서, 모 DNA 가닥(parent strand)의 각각의 염기에 적절한 상보적 염기를 대응시켜 준다. 정확한 대

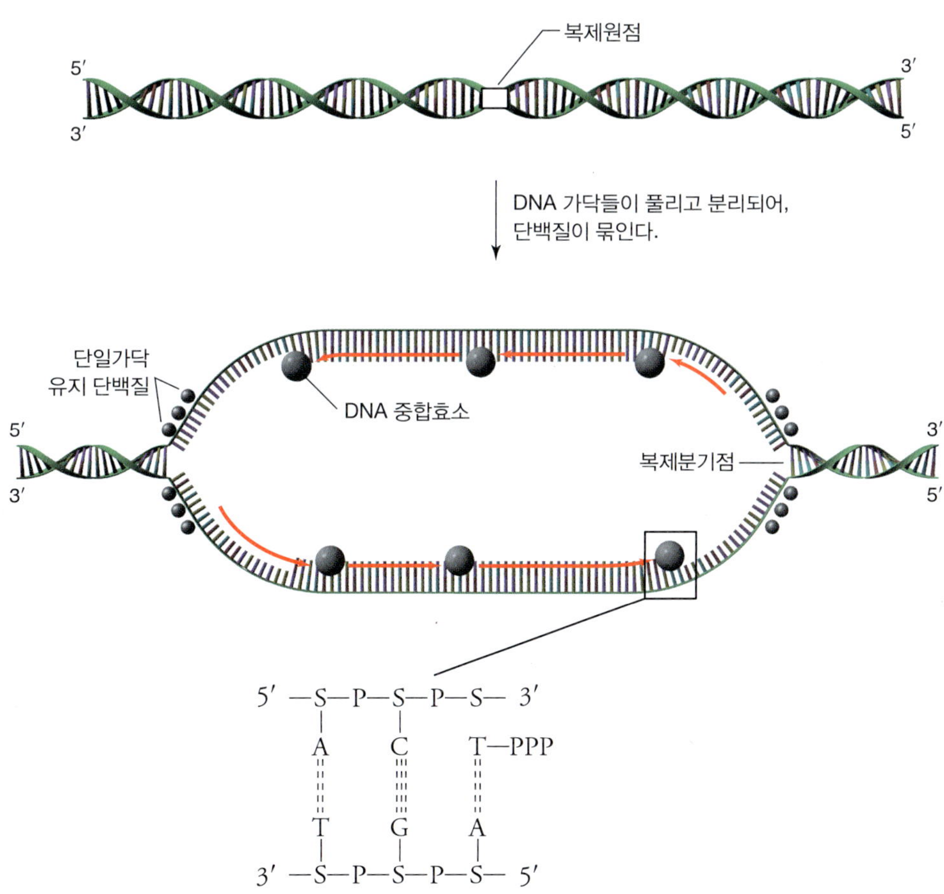

■ 그림 13.16

DNA 복제 복제원점에서, DNA 중합효소가 DNA의 한 가닥에 부착되어, 원래의 DNA에 상보적인 새로운 DNA의 형성을 촉매한다. 복제원점이 확장되면서, 복제분기점이 이동하고 원래의 DNA의 점점 더 많은 부분이 복제된다.

응이 일어나면, 새로운 데옥시리보뉴클레오티드 잔기가 자라나는 가닥에 덧붙여지며, 중합효소는 모 DNA 가닥의 다음 염기를 따라서 이동해 간다. DNA 중합효소는 기존의 DNA 가닥을 따라서 3′말단으로부터 5′말단 방향으로 이동하며 새로운 DNA를 5′말단으로부터 3′말단 방향으로 합성한다.

이 모든 것이 진행되는 동안, 이중나선은 복제분기점에서 계속해서 풀린다. DNA의 새로운 하나의 가닥들이 드러나면서, 추가적인 단일가닥유지단백질과 DNA 중합효소가 부착되고, 마침내 전체 DNA가 복제된다. 복제가 진행될 때 어떤 주어진 시간 동안 하나 이상의 DNA 중합효소가 DNA에 부착되기 때문에, 새롭게 형성된 DNA에는 몇몇 단절(break)이 있게 된다. 리가아제(ligase)라고 불리는 효소가 필요한 인산에스테르 결합을 형성함으로써 이 단절들을 봉합하게 된다.

교정과 수복

합성 중인 DNA 가닥에 새로운 데옥시리보뉴클레오티드를 덧붙일 때, DNA 중합효소는 10,000분의 1보다 약간 작은 확률로 잘못된 잔기를 삽입한다. 효소는 정확한 데옥시리보뉴클레오티드 잔기가 덧붙여졌는지 아닌지를 알아보기 위해서 교정(proofreading)하는 작업을 수행한다; 만약 실수가 발견되면, DNA 중합효소는 그 잘못 삽입된 잔기를 잘라내고 다시 합성을 시도한다.

만약 이 교정 과정에서 오류를 발견하지 못하면, 다른 DNA 수복 효소(repair enzyme)가 그 문제를 잡아낸다. 이 교정과 수복 과정이 있은 후엔 복제 중 오류 비율이 10억 개의 염기 중 하나 이하 꼴로 감소하게 된다.

예제 13.9

교정과 수복

교정과 수복 과정이 있은 후라면, 인간의 DNA (30억 염기쌍) 복제 중 오류가 발생할 비율은 얼마인가?

전략

이 문제를 해결하기 위해서 여러분은 오류 비율을 알아야 한다. DNA의 양쪽 가닥 모두가 복제된다는 사실을 염두에 둔다.

해답

교정과 수복 과정 후라면, 복제의 오류 비율은 10억 분의 1 이하이다. 따라서 6개 이하의 오류가 있게 된다.

$$30\text{억 }\cancel{\text{염기 쌍}} \times \frac{2\text{개의 }\cancel{\text{염기}}}{\cancel{\text{염기쌍}}} \times \frac{1\text{개의 오류}}{10\text{억 개의 }\cancel{\text{염기}}} = 6\text{개의 오류}$$

연습문제 13.2

교정과 수복 과정이 없다면, 인간 DNA의 복제 동안 몇 개의 오류가 발생하게 되는가?

13.8 | 전사와 RNA

RNA는 다른 단당류 잔기(2-데옥시라이보오스 대신에 라이보오스)를 지닌다는 점에서 DNA와 다르다; RNA는 염기에 있어서 A, G, C와 T 대신에 A, G, C와 U를 지닌다는 점에서도 DNA와 다르다; 또한 RNA는 보통은 이중가닥 대신에 하나의 가닥으로 존재한다. 단백질을 합성하기 위해서 DNA에 저장된 정보를 사용하는 첫 단계는 전사—RNA를 만들기 위해서 DNA를 주형으로 사용하는 것—이다.

전사

전사는 **RNA 중합효소(RNA polymerase)**가 DNA 가닥에서 일련의 데옥시리보뉴클레오티드가 RNA를 만들기 위한 주형으로서 사용될 수 있도록 이중나선을 풀어내면서, **프로모터 자리(promoter site)**라고 불리는 일련의 염기들에서 DNA의 한 가닥에 덧붙여질 때 시작된다. *RNA* 중합효소가 읽는 *DNA* 가닥은 **주형가닥(template strand)**라고 불린다(그림 13.17). RNA 중합효소는 ATP, GTP, CTP와 UTP를 기질로 사용하고, 합성 중인 RNA 가닥에 리보뉴클레오티드가 덧붙여지는 것을 촉매한다. 이때 덧붙여져 들어오는 각각의 리보뉴클레오티드에 있는 염기가 주형 DNA 가닥에 있는 대응하는 염기에 상보적이 되도록 한다(G는 C에 상보적이고, A는 T와 U에 상보적이다—그림 13.3에서 T와 U의 구조가 유사함에 주목하자). RNA 중합효소가 주형가닥을 따라 3′에서 5′ 방향으로 내려가며 RNA를 5′에서 3′으로 만들 때, DNA 이중나선이 그 후에 다시 형성된다. RNA 중합효소가 **종결 부위(termination sequence)**—복제될 *DNA*의 확장을 끝내라고 신호하는 일련의 염기들—에 다다르면 효소는 RNA로부터 떨어져 나와 RNA를 풀어준다.

■ RNA 중합효소는 합성되는 RNA 가닥에 뉴클레오티드 잔기를 덧붙이도록 촉매한다.

식물과 동물에서, 전사는 세포핵에서 일어난다. 생성된 후에, RNA는 세포핵으로부터 빠져 나와 단백질 합성이 이루어지는 장소인 세포질 또는 소포체(endoplasmic reticulum)로 이동한다(13.9절).

DNA의 모든 부분이 복제되는 DNA 복제와는 달리, 전사 동안에는 오직 유전자(특정한 단백질을 만들기 위해서 필요한 특정한 RNA를 위한 코드인 DNA의 일정 부분)와 다른 목적을 위해서 단백질 합성에 이용되는 추가적인 RNA들을 만드는 DNA의 일부만이 복제된다.

RNA의 유형

단백질을 합성하기 위해서는 세 가지 유형의 RNA가 필요하다: 전달 RNA(tRNA), 전령 RNA(mRNA), 리보솜 RNA(rRNA). **전달 RNA(transfer RNA)**는 세 유형 중 가장 작고(73~93개의 뉴클레오티드 잔기로 이루어지고), 정확한 아미노산을 단백질 합성 부위로 운반한다. **전령 RNA(messenger RNA)**는, 어떤 단백질이 만들어져야 하는지를 지정하는 정보를 운반하며, 합성될 단백질에 따라 다양한 크기를 지닌다. 이 메시지는 주형 DNA 가닥에 상보적인 일련의 뉴클레오티드를 통해서 운반된다. **리보솜 RNA(Ribosomal RNA)**는 단백질 합성이 이루어지는 다수의 소단위체 복합체(*multisubunit complex*)인 리보솜을 형성하기 위한, 단백질과 결합하는 상대적으로 긴(수백 또는 수천 개의 뉴클레오티드 잔기들로 이루어지는) RNA 가닥이다.

■ 세 가지 유형의 RNA들이 단백질 합성 과정에 수반된다.

박테리아를 제외한 모든 유기체에서, *RNA*는 전사에 이어 변형을 겪는다(**전사 후 변형**, **post-tran-**

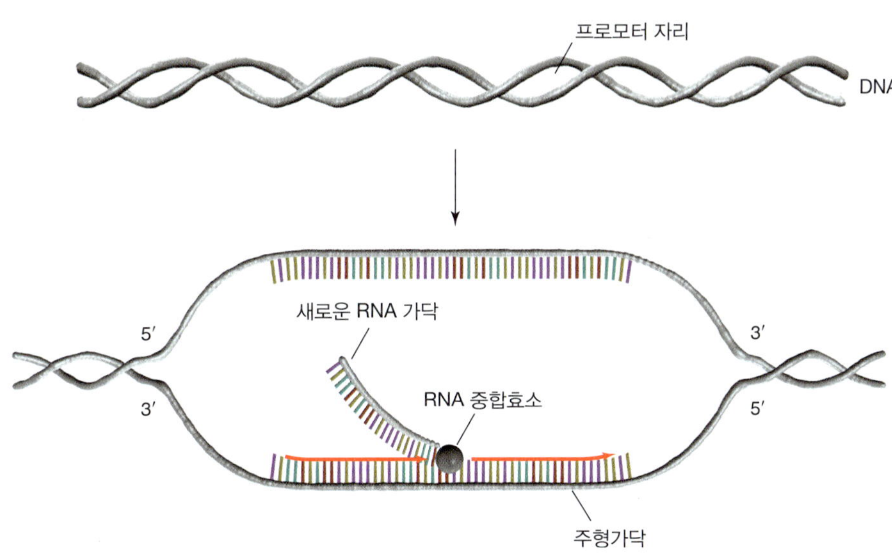

■ **그림 13.17**
전사 DNA의 프로모터 자리에서, RNA 중합효소가 주형 DNA에 상보적인 하나의 RNA 가닥이 형성되는 것을 촉매한다.

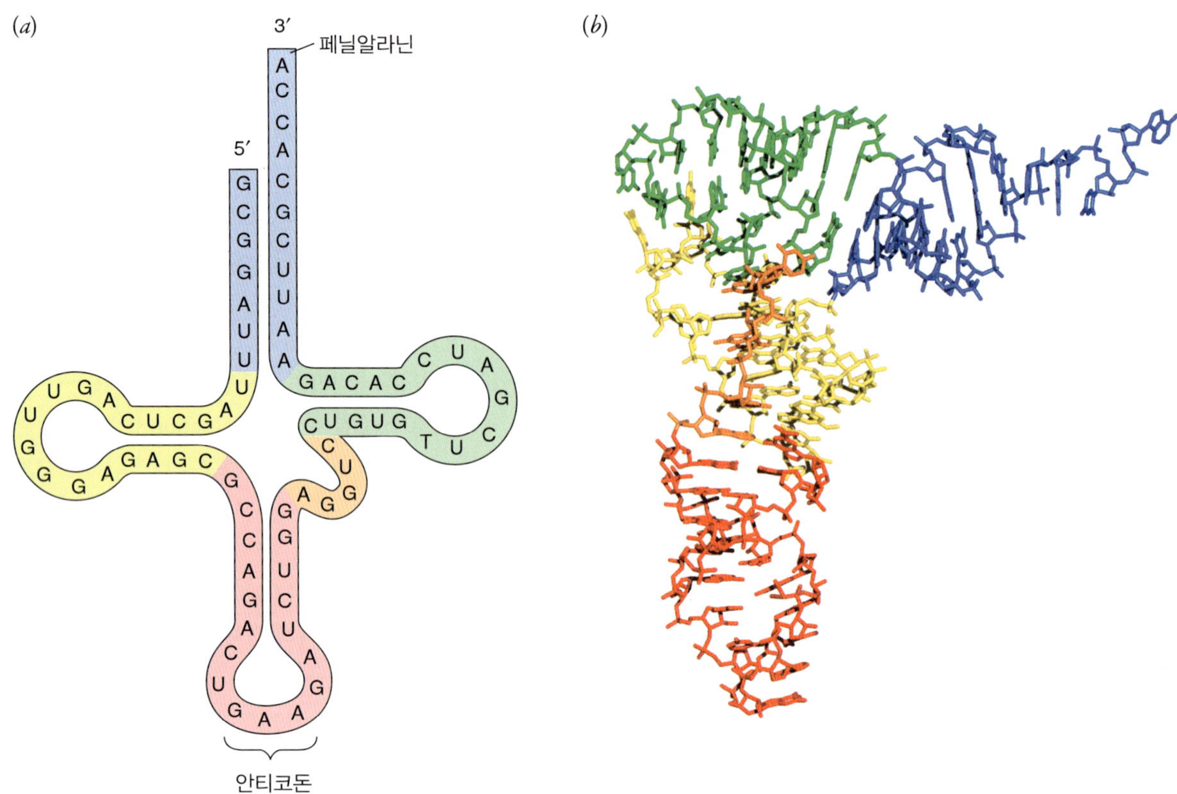

■ 그림 13.18

효모 tRNAPhe (*a*) 1차, 2차 구조. tRNA는 상보적 염기들 사이의 수소결합에 의한 클로버 잎 형태이다. 여기에서 보여지고 있진 않지만, 모든 tRNA 분자의 많은 염기 잔기들이 미량 염기로 변환된다. 각각의 tRNA는 아미노산 잔기를 3′말단에 지닌다. 여기에서 보여지고 있는 효모 tRNA는 페닐알라닌(Phenyalanine)을 위한 것이다. 아미노산 잔기가 있는 곳으로부터 클로버 잎을 가로지르는 안티코돈(anticodon)은 정확한 아미노산이 단백질 합성 부위에 전달되는 것을 보증한다. (*b*) 4차 구조. tRNA의 2차 구조가 4차 구조를 형성하기 위해 접혀 있다. 색상 암호화(color coding)는 a와 b에서 같다.

scriptional modification). 전달 RNA가 짧아지고, 주요 염기(A, G, C와 U)의 일부가 미량 염기로 변환된다(13.1절). mRNA로의 변형은 3′말단과 5′말단의 변경을 수반하며 중간에서부터든 끝에서부터든 간에 단백질 합성에 이용되지 않는 코드를 가진 mRNA 일부를 제거하는 것을 수반한다.

유전자 암호

mRNA가 운반하는 정보는 합성될 단백질의 1차 구조에 따라서 한 번에 3개의 염기씩 읽혀진다. 연속의 세 염기로 이루어지는 **코돈(codon)**은 펩티드 사슬에 특정한 아미노산을 지정한다. 이러한 방식으로 염기들을 조합하는 64가지 방식이 있으며(표 13.1), 오직 20개의 아미노산만이 단백질을 합성하는 데 이용된다. 그래서 **트리플렛 암호(triplet code)**라고도 알려져 있는 그 **유전자 암호(genetic code)**에서, 많은 아미노산들이 2개 이상의 코돈을 갖게 된다. 예컨대, 코돈 AGU와 AGC가 세린(serine)을 지정하고, GGU, GGC GGA와 GGG가 모두 글리신(glycine)을 지정한다. 모든 생물이 같은 아미노산을 지정하기 위해서 같은 세트의 코돈을 사용하기 때문에 거의 예외 없이 이 유전자 코드는 보편적(universal)이다.

AUG라는 한 코돈은 2개의 다른 의미를 지닌다. 아미노산인 메티오닌(methionine)에 해당하는 암호로 작용하고, 특정한 연속의 염기들보다 앞서서 있게 되면 단백질 합성을 시작하는 지점을 지시하

루프스

루프스(전신홍반루프스, Lupus)는 면역체계가 정상 조직을 공격하는 자가면역질환(autoimmune disease)이다. 루프스로 야기된 염증(inflammation)은 인체 어느 조직에서도 나타날 수 있다. 경우에 따라 붉은 반점이 얼굴, 팔, 손, 목, 등에 나타나기도 한다(그림 13.19). 루프스의 다른 증세는 관절 통증, 피로, 빛에 대한 민감도 증가, 탈모, 레이노드증후군(Raynaud's syndrome), 발열 등이 있다. 증세가 심한 경우 신장, 심장, 폐 등의 장기가 손상되기도 한다.

미국 루프스 재단의 보고서에 따르면, 1백50만 명의 미국인이 루프스를 앓고 있고, 발병률은 유색인종에게서 더 높게 나타나며, 90%는 여성이다. 보통 15세에서 44세 사이에서 발병이 시작된다.

루프스 자가면역질환의 원인은 snRNP에 대하여 항체를 형성하기 때문이다. snRNP은 작은 RNA와 단백질로 이루어진 핵내 리보뉴크레오 단백질체인데, RNA 스플라이싱이라고 불리우는 전사 후 변형(post-transcriptional modification)에 관여한다(13.8절). RNA 스플라이싱은 새로 만들어진 RNA의 부분을 제거하고, 나머지를 이어 붙이는 변형이다. 면역 시스템의 행동이 snRNPs의 손실을 초래하면, 스플라이싱에 문제가 생긴다. snRNP 항체와 루프스와의 관련에 대하여서는 그 연구가 현재 진행 중이다.

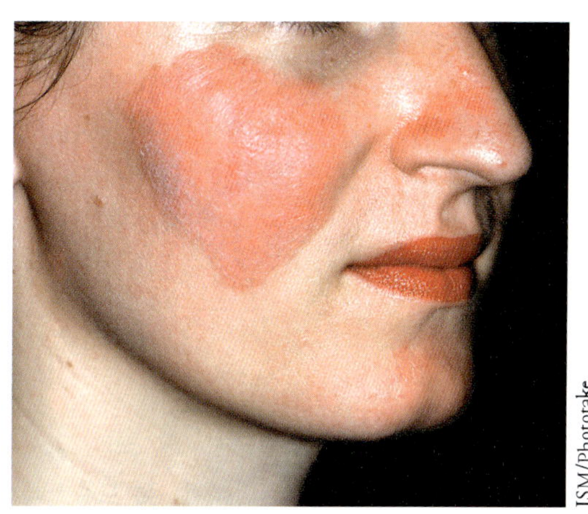

■ 그림 13.19

나비 모양의 붉은 반점 루프스의 가장 흔한 증세 중의 하나이다. 빰과 코 위를 거쳐 형성된다. 루프스 협력 단체(Lupus awareness group)는 완치를 위한 소망의 표현으로 나비를 자신들의 심볼로 삼는다.

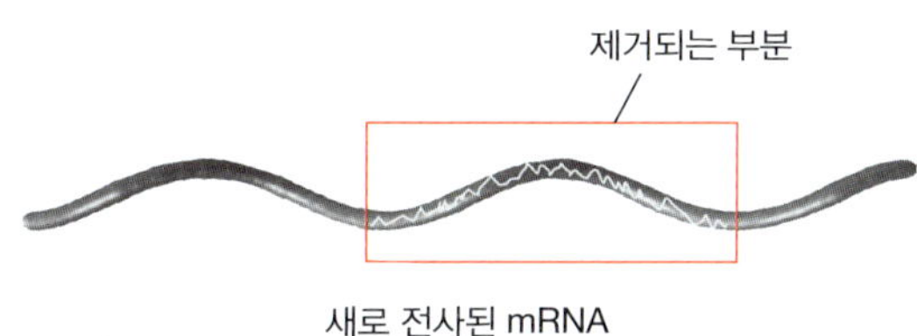

표 13.1 mRNA의 5′에서 3′ 방향 서열의 코돈들

	위치2 (중앙)				
위치1 (5′말단)	U	C	A	G	위치3 (3′말단)
U	Phe	Ser	Tyr	Cys	U
	Phe	Ser	Tyr	Cys	C
	Leu	Ser	(종료)	(종료)	A
	Leu	Ser	(종료)	Trp	G
C	Leu	Pro	His	Arg	U
	Leu	Pro	His	Arg	C
	Leu	Pro	Gln	Arg	A
	Leu	Pro	Gln	Arg	G
A	Ile	Thr	Asn	Ser	U
	Ile	Thr	Asn	Ser	C
	Ile	Thr	Lys	Arg	A
	Met (시작)	Thr	Lys	Arg	G
G	Val	Ala	Asp	Gly	U
	Val	Ala	Asp	Gly	C
	Val	Ala	Glu	Gly	A
	Val	Ala	Glu	Gly	G

게 된다. 하나의 단백질이 합성되고 있을 때, 그 사슬에서의 첫 번째 아미노산 잔기는 항상 메티오닌의 변형체인 *N*-포르밀메티오닌(*N*-formylmethionine, fMet)이다. 그러나 *N*-포르밀메티오닌이 모든 본래의 단백질에서 첫 번째 잔기인 것은 아니다. 왜냐하면 그것은 보통 단백질이 완성되기 전에 제거되기 때문이다. 3개의 코돈인 UAA, UAG, UGA가 단백질 합성을 멈추는 지점을 신호한다.

각 tRNA는 안티코돈을 운반하는데, **안티코돈(anticodon)**이란 하나의 코돈에 상보적인 일련의 3개 염기쌍이다. 예컨대, (mRNA에서) 세린을 지정하는 코돈 중의 하나가 AGC(5′에서 3′ 방향)이다. 이 코돈에 세린을 운반하는 tRNA는 안티코돈 UCG(3′에서 5′ 방향)를 갖는다. DNA와 마찬가지로 RNA 가닥이 염기짝을 이룰 때는 서로 반대 방향으로 정렬한다. 이 관계를 쉽게 알아보기 위하여 코돈은 5′에서 3′, 안티코돈은 3′에서 5′ 방향의 순서로 적는다.

```
3′ ─┬──┬──┬─ 5′  안티코돈 (tRNA)
    U  C  G
    A  G  C
5′ ─┴──┴──┴─ 3′  코돈 (mRNA)
```

코돈과 안티코돈 사이의 염기 짝짓기는 적절한 아미노산이 정확한 시점에 합성 중인 단백질 사슬에 덧붙여지도록 보증한다. 아미노산은 합성 효소(synthetase enzyme)에 의해서 각각의 tRNA와 대응한다.

예제 13.10

코돈과 안티코돈

a. 코돈 CGA에 의해서 지정되는 아미노산이 어떤 것인지 결정하기 위해 표 13.1을 참고한다.
b. 어떤 tRNA 안티코돈(3′에서 5′ 방향)이 위 코돈에 상보적인가?

전략

상보적인 염기들이 서로 염기 짝짓기를 구성한다. (C와 G 등등)

해답

a. 아르기닌(Arginine)
b. GCU. (RNA에서는 A 염기가 U와 상보적임을 기억하라.)

연습문제 13.10

어떤 다른 코돈들이 아르기닌을 지정하는가? 이에 대응하는 안티코돈들도 열거하시오.

13.9 | 번역

■ mRNA, rRNA, tRNA는 번역이 일어나기 위해서 모두 필요하다.

단백질 합성, 혹은 번역은 세 단계로 일어난다. 리보솜과 *mRNA*, *tRNA*가 합쳐져서 하나의 복합체를 형성하는 **개시(initiation)**, 아미노산이 합성되는 폴리펩티드 사슬에 결합되는 **성장(elongation)**, 단백질이 합성되고 리보솜–*mRNA*–*tRNA* 복합체가 분리되는 **종료(termination)**이다.

개시

단백질 합성의 첫 번째 단계는 하나의 mRNA와 하나의 tRNA가 리보솜 소단위체(ribosme subunit)와 결합할 때 일어난다. 이는 개시 코돈(AUG)에서 mRNA의 5′말단 가까이에서 일어난다. 이 개시 코돈과 결합한 tRNA는 안티코돈 UAC를 가지며, 아미노산 fMet(그림 13.20)을 운반한다. fMet는 단백질이 합성되는 과정에서 N-종결 아미노산 잔기(N-terminal amino residue)가 될 것이다.

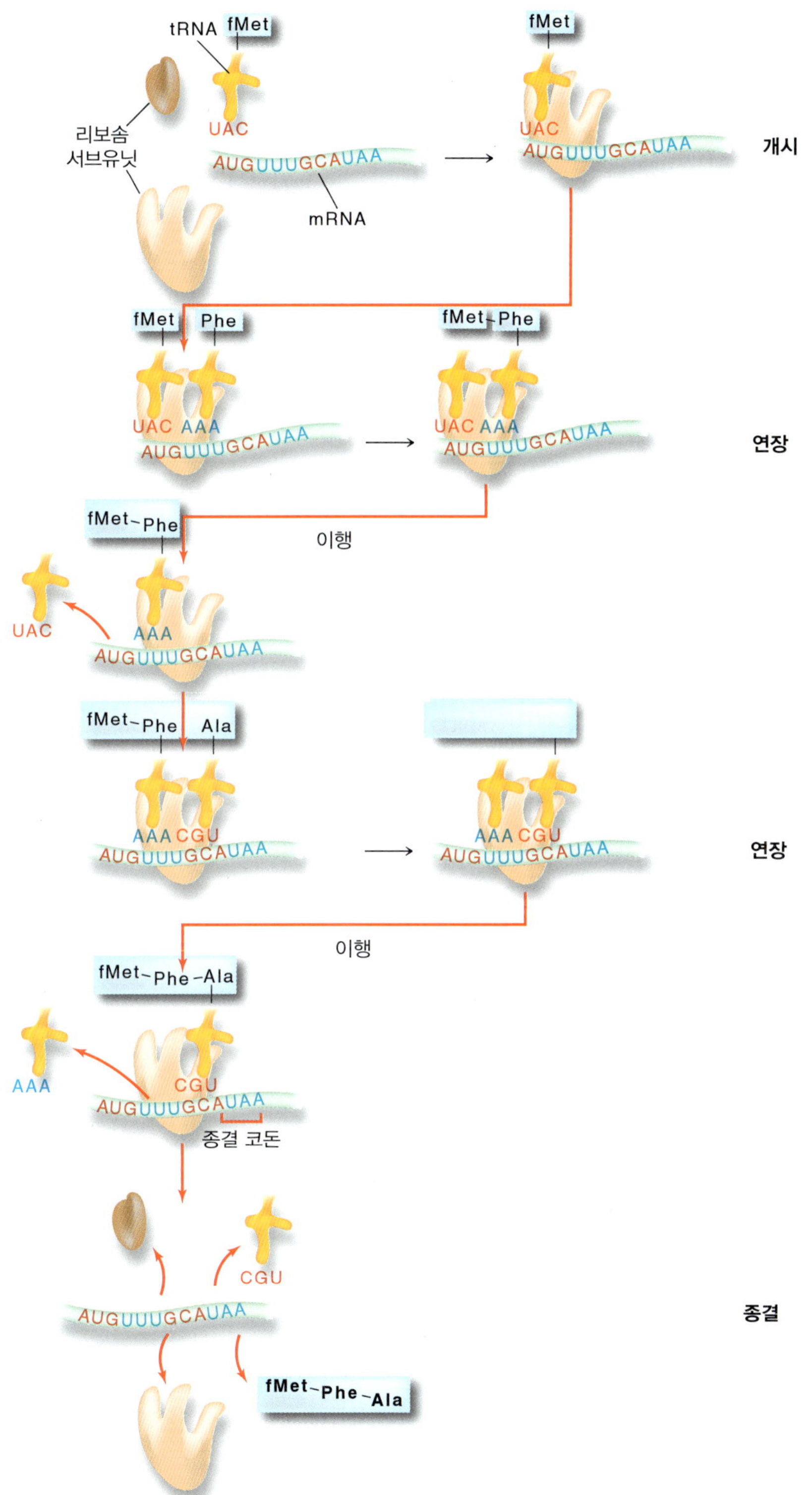

■ 그림 13.20

번역 개시. 리보솜 소단위체가 mRNA와 fMet을 운반하는 tRNA와 결합한다. 연장. 그 안티코돈이 mRNA의 다음 코돈에 상보적인 또 다른 tRNA–아미노산이 덧붙여지고, 리보솜의 효소가 펩티드 결합을 형성하면서 fMet를 두 번째 tRNA의 아미노산 쪽으로 옮긴다. 리보솜은 전좌(mRNA에서 한 코돈만큼 내려가는 것)를 겪으면서, 첫 번째 tRNA를 방출한다. 종결. 종결 코돈에 다다를 때까지 성장단계가 반복된다. 종결 코돈에 다다르면, 새롭게 합성된 단백질이 방출되고, mRNA–리보솜–tRNA 복합체가 분리된다.

Did You Know?

바이러스는 DNA 혹은 RNA를 둘러싼 단백질 껍질(coat)로 이루어져 있고, 간혹 효소와 다른 단백질들도 같이 포함하는 경우도 있다(그림 12.26). 바이러스가 세포막에 부착하고 핵산을 주입하여 세포를 감염시킨다. 바이러스는 숙주가 핵산과 단백질을 합성할 때 사용하는 기계들(machinery)을 사용하여 증식한다. DNA 바이러스의 경우 세포는 그 DNA의 정보를 그대로 사용한다. 레트로바이러스(RNA 바이러스)는 RNA를 DNA로 전환해 주는 역전사효소(reverse transcriptase)를 갖고 있다. 이렇게 만들어진 바이러스의 DNA로부터 전사가 일어나 많은 RNA가 형성되고, 이들이 번역되어 단백질을 만들어낸다. 이들 단백질과 RNA가 조립되어 새로운 바이러스가 만들어지고 세포가 터지면서 감염이 퍼져 나가게 된다.

감기(colds), 천연두(smallpox), 헤르페스(herpes), 폐렴(pneumonia)은 DNA 바이러스에 의하여 발병하고, 독감(influenza), 볼거리(mumps), 소아마비(polio), 에이즈(AIDS, acquired immune deficiency syndrome)는 RNA 바이러스에 의하여 발병한다. 레트로바이러스를 치료하는 데 어려운 점 중 하나는 역전사효소의 교정과 수선 능력이 떨어져 바이러스에 돌연변이가 빠른 속도로 일어나고, 변종을 만들어내는 것이다(13.11절).

연장

일단 개시 복합체(initiation complex)가 형성되면, 두 번째 tRNA–아미노산이 첫 번째 것 옆에 결합한다. 특정 tRNA가 mRNA의 이 부위에서 코돈에 의해 결정된다. 리보솜은 새로운 펩티드 결합(peptide bond)을 형성하고, 첫 번째 아미노산과 tRNA의 결합을 깨뜨림으로써 두 아미노산 사이에서의 반응을 촉매한다.

첫 번째 tRNA가 리보솜으로부터 분리되고, 리보솜이 (5′에서 3′ 방향으로) 다음 코돈을 향해서 mRNA의 3개의 뉴클레오티드만큼 아래로 이동하는데, 이 과정을 전좌(translocation)이라고 부른다. 세 번째 tRNA–아미노산은 자유결합자리(free bonding site)에 부착되며, 그 과정이 전체적으로 다시 반복되고 tRNA–아미노산의 결합을 깨뜨리면서 펩티드 결합이 형성되고 이행(translocation)이 일어난다. 리보솜이 mRNA를 따라 아래로 이동하면서 폴리펩티드가 신장된다.

종결

리보솜이 종결 코돈(stop codon)에 이르면, 단백질 합성이 멈칫하게 된다. 효소가 폴리펩티드에서 마지막 아미노산 잔기로부터 tRNA를 제거하도록 촉매하고, mRNA와 tRNA와 함께 폴리펩티드는 리보솜으로부터 떨어져 나온 후 모두 분리된다.

전사 후 단백질 변형

단백질이 리보솜으로부터 분리된 후에, 활성화되기 전에 처리 과정을 겪는다. **전사 후 변형(post-translational modification)** 동안에, 단백질은 N-말단(N-terminus)에서 fMet를 제거하고, 폴리펩티드 사슬을 잘라내고, 단백질을 적절한 3차원 형태로 접고, 보결족(prosthetic group: 환원 헤마틴(heme), 금속 이온 등)을 추가하고, 이황화물 다리(disulfide bridge)를 형성하고, 아미노산 잔기를 변형하고(L을 D 아미노산으로, 프롤린을 하이드록시프롤린으로 변환하는 등등), 다른 폴리펩티드 가닥과 결합한다(4차 구조).

예제 13.11

번역

아미노산 3개로 이루어진 펩티드는 Phe-Tyr-Cys의 1차 구조를 갖는다. 번역후 수정이 일어나지 않았다고 가정하면, 이 3펩티드를 암호하는 mRNA의 염기 서열을 무엇인가? 시작과 종결 코돈은 무시하고 3′과 5′말단을 표시하시오.

전략

표 13.1을 참고하여 아미노산에 대한 코돈을 찾아본다.

해답

각 아미노산은 1개 이상의 코돈을 가지고 있다. 다음은 가능한 답 중 하나이다.

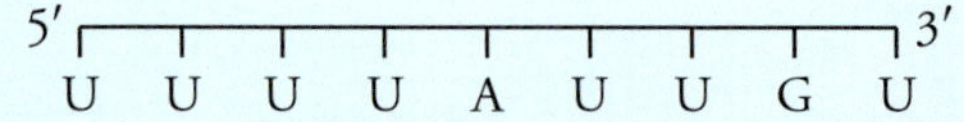

연습문제 13.11

번역후 수정이 일어나지 않았다고 가정하면, 예제 13.11에서의 mRNA를 만드는 데 사용된 DNA의 염기 서열은 무엇인가?

13.10 | 유전자 발현 조절

각 생물체의 DNA는 수천의 유전자를 가지고 있다. 이 유전자들은 계속적으로 **발현**(**expressed**, 해독되어 단백질을 만드는 것)되지 않는데, 이는 불필요한 단백질이 생성되는 것은 자원(resource)을 비효율적으로 이용하는 것이기 때문이다. 유기체(organism)는 유전자 발현을 조절하기 위해 다양한 다른 기술을 사용하는데, 이 기술은 전사의 스위치를 켜거나 끄는 것, RNA의 전사 후 변형(post-transcriptional modification) 속도를 조절하는 것, 단백질의 전사 후 변형 속도를 조절하는 것을 포함한다. 이 절에서 우리는 대장균(*Escherichia coli* bacteria)이 어떻게 유전자 한 세트의 전사를 조절하는지를 한 번 살펴볼 것이다.

■ 유전자 발현 조절은 원치 않는 단백질이 합성되는 것을 막는다.

β-갈락토시다아제(β-galactosidase)는 이당류 젖당(lactose)을 가수분해하여 글루코오스(glucose)와 갈락토오스(galactose)를 생성하는 것을 촉매하는 효소이다. 이 효소는 젖당이 없을 때는 대장균 안에서 아주 적은 양만 생산된다. 젖당이 주어지거나 글루코오스(젖당을 대신하는 에너지 공급원)이 없으면, β-갈락토시다아제의 제조 스위치가 켜진다.

β-갈락토시다아제를 위한 암호가 되는 유전자는 *lac* 오페론(lac operon)의 부분이다(그림 13.21). **오페론(operon)**은 하나의 프로모터 자리(*promoter site*)의 조절 하에 있는 유전자 그룹이다. 이 *lac* 오페론은 그것이 젖당을 분해하기 위한 효소를 위한 암호가 된다는 사실을 따라서 이름 붙여졌다. *lac* 오페론은 3개의 유전자로 구성되는데, *lac Z*는 β-갈락토시다아제를 위한 암호가 되며, *lac Y*는 젖당 투과효소(permease)(젖당 투과효소는 젖당을 박테리아 세포로 전달한다)를 위한 암호가 되고, *lac A*는 트랜스아세틸라아제(transacetylase)(그 기능이 알려져 있지 않다)를 위한 암호가 된다. 이 세 유전자의 전사는, P_{lac}이라고 불리는 프로모터 자리에서 시작되는데, *lacI* 조절 유전자에 의해서 테트라메릭(4가지 단량체로 구성된 중합물) 알로스테릭 단백질이 암호가 되는 억제 단백질(repressor protein)의 조절 하에 있다. 억제 단백질은 작동자리(operator site) O_1과 O_2, DNA의 조절자리(control site)를 프로모터 자리나 근처에 묶어준다. 억제 단백질이 작동자리에 부착되면, *lac* 오페론의 전사가 방해된다. 왜냐하면 RNA 중합효소가 DNA 주형가닥을 따라 아래로 이동해 갈 수 없기 때문이다.

만일 젖당이 부착되면, β-갈락토시다아제(적은 양이 세포 안에 항상 존재한다)가 젖당의 일부분을

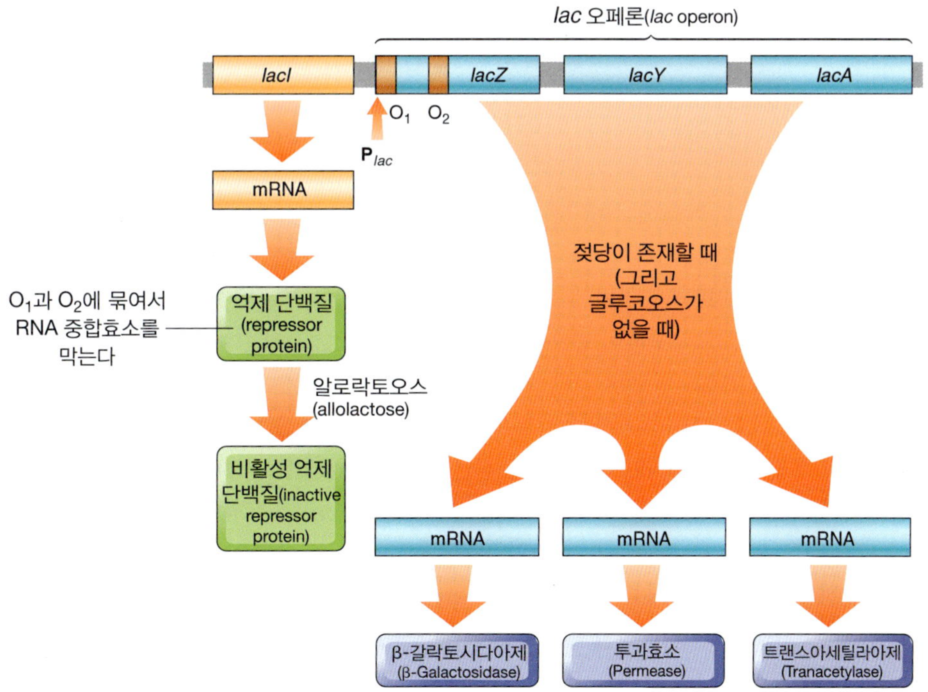

■ **그림 13.21**

***lac* 오페론의 조절** *lac* 오페론은 세 유전자를 포함하고 있는데, 이 세 유전자는 모두 하나의 프로모터 부위(P_{lac})의 조절하에 있다. 그 세 유전자는, *lacZ*, *lacY*, *lacA*인데, 이들은 젖당 대사와 관련된 효소의 생산을 위한 코드가 된다. *lacI* 조절 유전자는 작동 부위(O_1과 O_2)에 묶이는 억제 단백질을 생산하여 RNA 중합효소가 이 세 *lac* 유전자를 전사하는 것을 방해한다. 젖당이 부착되면, 그 대사 산물 중의 하나인 알로락토오스가 억제 단백질이 작동 부위에 묶이는 능력을 방해하게 된다. 이것이 RNA 중합효소가 *lac* 유전자를 전사하도록 해주며, 젖당의 대사를 촉매할 수 있는 효소의 생산을 야기한다.

알로락토오스(allolactose)로 전환하는 촉매작용을 한다. 알로락토오스에서 젖당의 β-(1 → 4) 글리코시드 결합은 β-(1 → 6) 글리코시드 결합으로 재배열된다. 알로락토오스는 억제 단백질을 묶어주고, 억제 단백질의 형태를 더 이상 작동자리에 결합할 수 없는 형태로 변화시킨다. 이것은 RNA 중합효소가 프로모터 부위에 묶이도록 해주며, DNA를 주형가닥을 따라 이동할 수 있게 해줘서 *lacZ*, *lacY*, *lacA* 유전자를 전사하게 해준다.

예제 13.12

lac 오페론

lac 오페론의 유전자 생성물은 무엇이고 대장균에서 어떻게 생성되는가?

전략

오페론은 하나의 프로모터 자리의 조절 하에 있는 유전자 그룹이므로, 하나 이상의 생성물이 있다. 그림 13.21을 참고한다.

해답

3개의 유전자 생성물은 β-갈락토시다아제(β-Galactosidase, 락토오스를 가수분해함), 투과효소(Permease, 락토오스를 대장균 안으로 옮김), 트랜스아세틸라아제(Tranacetylase, 기능 미상)이다.

연습문제 13.12

억제자는 *lac* 오페론이 발현하는 것을 어떻게 저해하는가?

13.11 | 돌연변이

- 돌연변이는 DNA 1차 구조에서 일어난 변화이다.

DNA의 1차 구조(뉴클레오티드 잔기의 연속)에서의 어떤 영구적인 변화를 **돌연변이(mutation)**이라고 한다. 돌연변이는 하나의 염기쌍이 다른 것으로 바뀌거나 염기쌍이 더해지거나 소실되는 것을 포함한다. 복제 상에서의 오류와 돌연변이유발 요인(mutagen)—x ray, 자외선 방사, 핵 방사(nuclear radiation), 화학물질 등을 포함하는 돌연변이를 일으키는 원인—에의 노출이 돌연변이의 일반적 원인들이다. DNA에서 일어나는 변화들 중 많은 것들은 교정된다. 예컨대, 복제가 이루어지는 동안, DNA 중합효소는 합성 중인 DNA 가닥을 교정하며(proofreading), 발생한 오류들을 수정한다. 더욱이, DNA 교정효소(DNA repair enzyme)가 계속해서 기존의 DNA를 검사하여 손상이 발견되면 교정한다.

우리가 이 장의 앞부분에서 살펴보았듯이, DNA의 1차 구조는 전사되어 RNA를 생성하고, RNA의 메시지는 번역되어 단백질을 만든다. 인체에서, 유전자는 전체 DNA 구조의 오직 5%만을 차지하고 있다. 그래서 DNA의 나머지 95%에서 발생하는 돌연변이는 유전자 발현에 영향을 거의 미치지 않는다. 심지어 돌연변이가 한 유전자에서 발생하더라도, 개체가 손상을 입을 것이라고 보장할 수 없다. 왜냐하면 유전자 상의 어떤 변화는 유전자에 의해서 지정되는(specified) 단백질에 영향이 없을 수도 있기 때문이다. 이것은 몇몇의 다른 코돈이 같은 아미노산에 대한 암호로 작용하기 때문이다(표 13.1). 예컨대, GGU, GGC, GGA, GGG가 모두 글리신(glycine)을 지정한다.

몇몇 돌연변이가 오직 하나의 개체에 영향을 주는 반면에, 난자 또는 정자에서 발생한 돌연변이는 유전될 수 있다. **유전병(genetic disease**, 유전된 돌연변이에 의해 유발된 질병)의 목록은 길다—인간에게 발생하는 확인된 유전병은 4,000종이 넘는다. 대장암(colon cancer)과 유방암(breast cancer)에 대한 감수성(감염되기 쉬운 성질)(Health Link: 유방암 유전자)은 DNA 교정효소에서의 돌연변이와 연관되어 있다. 낭포성 섬유증(cystic fibrosis)은 막 단백질(membrane protein)에서의 페닐알라닌(phenylalanine) 잔기의 소실과 관련이 있고, 겸형 적혈구 빈혈증(sickle cell anemia)은 헤모글로빈의 β 사슬에서 글루타민산(glutamic acid) 잔기가 발린(valine) 잔기로 대체된 것과 관련이 있다.

RNA 간섭

이 장에서 우리는 유전자에 의해 옮겨지는 정보가 어떻게 RNA로 전사되는지, 그리고 난 후에 단백질로 어떻게 번역되는지를 살펴보았다. 한 특정한 유전자가 발현되는 정도는 많은 다른 단계에서 조절될 수 있는데, 이 단계들은 전사(13.10절), 전사 후 RNA 조정(post-transcriptional modification of RNA)(13.8절), 전사 후 단백질 조정(post-transcriptional modification of protein)(13.9절)을 포함한다. 유전자 발현이 조절되는 또 다른 방법은 RNA 간섭(RNA Interference: RNAi)라고 불리는 과정 동안에 조절되는 것이다. RNAi에서 특정 유전자로부터 전사된 mRNA가 파괴되고, 이것이 유전자가 단백질을 생성하는 것을 막는다.

RNA 간섭은 특정한 RNA 가닥이 스스로 다시 접히면서 이중가닥 구조(G는 C와 짝을 이루고, A는 U와 짝을 이루는 구조)가 되는 부분을 만들면서 시작된다. RNA의 이중가닥은 뉴클라아제(RNA를 가수분해한다)에 의해서 21~23쌍의 작은 조각으로 잘려진다(그림 13.22). 소간섭 RNA(siRNA)라고 불리는 이 이중가닥 RNA의 작은 단편들에서, 하나의 가닥(guide strand)은 분해될 표적이 되는 mRNA 부분과 상보적이다.

소간섭 RNA는 단일가닥으로 나눠지고, 가이드 가닥은 많은 단백질과 결합하여 RISC(RNA-Induced Silencing Complex, 리보핵단백질복합체)를 형성한다. 염기쌍을 통해서, 가이드 가닥은 적절한 mRNA를 RISC로 이끌어 주는데, 이곳에서 mRNA가 분해된다. 이러한 과정이 반복되면서, 점점 더 많은 mRNA가 파괴되고, mRNA가 단백질로 번역되는 과정이 멈춘다.

RNA 간섭을 질병 치료에 적용시키는 데 많은 관심이 쏠려 있다. 그 계획은 주어진 mRNA의 부분에 상보적인 주요한 구조를 포함하는 소간섭 RNA를 합성함으로써 특정한 병과 관련된 유전자를 침묵하도록 하는 것이다. 노인황반변성(age-related macular degeneration)과 다양한 바이러스성 감염의 치료에 이용할 RNAi 약물의 임상의학적 시도가 계획에 있다.

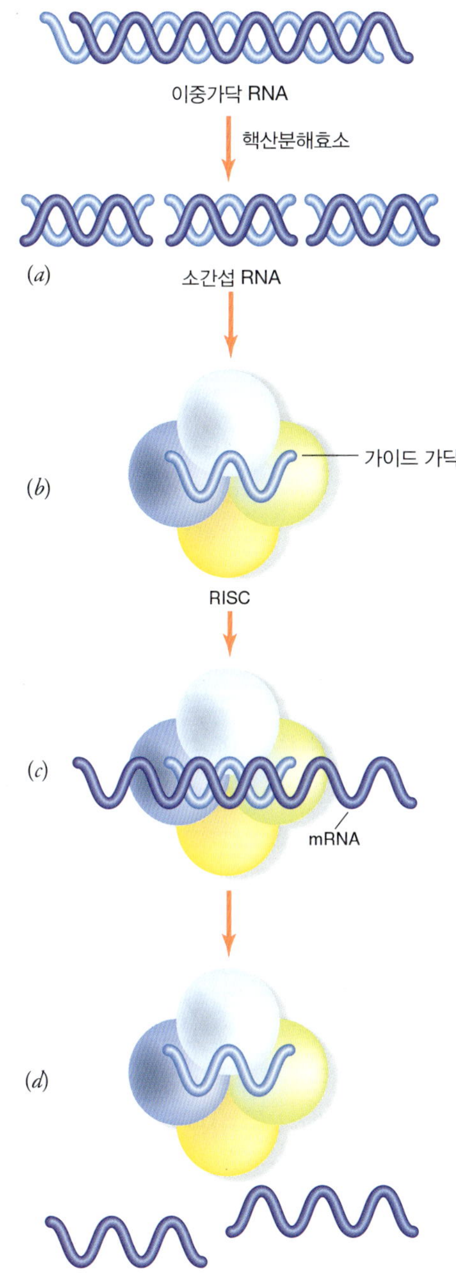

■ 그림 13.22

RNA 간섭(RNAi) (*a*) 이중가닥 RNA 분자가 소간섭 RNA라고 불리는 21~23의 염기쌍 단편으로 나눠진다. (*b*) 소간섭 RNA의 한 가닥인 가이드 가닥(guide strand)은 분해 표적이 되는 mRNA 부분과 상보적이다. 이 가이드 가닥은 RISC라고 불리는 단백질복합체로 혼합된다. (*c*) mRNA는 가이드 가닥과 함께 염기쌍을 형성한다. (*d*) RISC는 mRNA를 분리시키는데, 이것이 mRNA의 암호로 되어있는 정보의 번역을 방해한다.

예제 13.13

돌연변이

점 돌연변이(point mutation)는 DNA 가닥의 뉴클레오티드 1개가 다른 것으로 치환된 것이다. 점 돌연변이는 차이가 없거나(silence, 같은 아미노산의 코돈), 미스센스(다른 아미노산의 코돈), 넌센스(스톱 코돈 형성)가 된다. 1차 구조가 dAGT를 포함하고 있는 유전자가 있는데, 점 돌연변이가 일어나 dGGT가 되었다. 이 돌연변이의 종류는 무엇인가?

전략

주어진 DNA 서열을 코돈으로 생각하고 표 13.1을 참고한다.

해답

dAGT는 코돈 UCA를 만들고 dGGT는 CCA 코돈이 된다. UCA는 세린(serine)의 코돈이고, CCA는 프로린(proline)의 코돈이다. 따라서 미스센스 돌연변이이다.

연습문제 13.13

위의 dAGT가 dAGG로 바뀌었다. 이 돌연변이의 종류는 무엇인가?

13.12 | 재조합 DNA

DNA 복제와 관련된 과정들을 이해하는 것은 **재조합 DNA**(**recombinant DNA**, 둘 이상의 기원으로부터의 *DNA*를 함유하고 있다)를 만들 수 있는 과학적 가능성을 마련해 준다. 다른 기원으로부터의 DNA를 조합하는 것은 새로운 아이디어가 아니다. 수천 년 동안 인류는 식물들을 이종교배(crossbreeding, 식물들 사이의 DNA를 교환하는 것과 관련된 기술)해 왔다. 여기에서 다룰 현대의 기술은 더 빠른 결과를 가능하게 하고, 더 예상 가능한 결과물을 얻는 것을 가능하게 한다.

재조합 DNA를 만드는 과정에서 첫 번째 단계는 관심 있는 DNA를 확인하고, 또 다른 기원으로부터의 DNA와 결합할 수 있는 방식으로 DNA 가닥으로부터 그것을 잘라내는 것이다. 이렇게 잘라내는 것은 제한효소[restriction enzyme, 내부핵산 가수분해효소(endonuclease)]를 사용하는데, 제한효소는 세포에 속한 것으로 인지되지 않는 DNA를 퇴화시키는 박테리아성 보호 효소(bacterial protective enzyme)이다. DNA를 자르기 위해 사용된 특정한 제한효소는 끈적거리는 말단부(sticky end, 상보적 단일가닥 DNA의 가닥들)를 남긴다(그림 13.23).

염기쌍을 통해, 끈적거리는 말단부가 다른 기원으로부터의 DNA 단편들이 서로 붙는 것을 가능하게 한다. 예컨대, 인간 성장호르몬(human growth hormone)을 위한 암호가 되는 유전자는 인간 DNA의 한 가닥으로부터 잘라내져서, 같은 제한효소에 의해 처리된 박테리아 플라스미드(작은 원형 DNA)와 결합될 수 있다. DNA의 결합된 부분이 서로 붙어서 리가아제(13.7절)에 의해 처리되어 당-인산 골격(sugar-phosphate backbone)을 연결하면, 재조합 DNA가 만들어진다. 만약 조합 박테리아-인간 DNA(combined bacteria-human DNA)를 함유하는 플라스미드가 박테리아에 투입되면, DNA가 전사된다. 결과로 얻어진 RNA가 번역될 때, 인간 성장호르몬이 박테리아 단백질을 따라 생산된다. 인간의 유전자는 이제 박테리아 DNA의 일부이기 때문에, 박테리아가 분열할 때 딸세포 역시 인간 유전자를 포함하게 된다.

이 기술의 적용 사례는 많이 있어 왔다. 당뇨병 환자가 사용하는 인슐린이 소나 돼지로부터 얻어지는 것처럼, 성장 장애(growth disorder)를 치료하기 위해 사용되는 인간 성장호르몬은 박테리아에 의해 생산된다. 이전에는 인슐린을 돼지나 소로부터 얻었었는데, 이 동물들에 의해 생산된 인슐린은 인간에 의해 만들어진 것보다는 약간 다른 1차 구조와 약간 다른 생물학적 효과를 지닌다.

재조합 DNA 기술을 사용하는 단백질 제조를 시도할 때 극복해야 할 과제들이 있다. 우리가 앞서 보았던 것처럼, RNA는 종종 전사 후 수정을 겪으며, 단백질은 번역 후 수정을 겪는다. 이러한 변화를 만들기 위해 필요한 효소가 박테리아에는 존재하지 않기 때문에, 특정 단백질을 생산하기 위해 재조합 DNA 기술을 사용하는 것은 종종 관련된 유전자에 변이(alternation)가 요구된다. 예컨대, 인슐린이 인간 세포 안에서 만들어질 때는 번역이 일어나기 전에 mRNA의 중앙 3분점이 제거된다. 번역 후에, 단

Did You Know?

BRCA1과 BRCA2는 재결합 교정(recombination repair)이라고 불리는 DNA 교정 형태에 간접적으로 관련되는 단백질을 위한 암호가 되는 유전자이다. 이 유전자들 중 어느 하나에 손상이 있으면, 유방암이나 다른 형태의 암에 걸릴 위험이 높아진다[BRCA는 BReast CAancer(유방암)을 나타낸다]. BRCA1 혹은 BRCA2의 돌연변이 형태를 유전받은 한 사람이—남성이든 여성이든 관계없이—유방암에 걸리기 쉽긴 하지만, 그 병이 항상 발병하는 것은 아니다.

일반적인 경우에 여성의 13%가 그들의 일생 중 어느 시점에 유방암에 걸리게 된다. BRCA1 혹은 BRCA2의 손상을 입은 복제 유전자를 유전 받은 사람들의 경우는, 그 확률이 36~85%로 3~7배 증가한다. 비슷한 증가가 난소암(ovarian cancer)에서도 발생한다. 일반적인 모든 여성의 경우 난소암은 1.7% 발병하지만, 이 유전자 중 어느 한 쪽에 돌연변이 형태를 가지고 있는 여성의 경우는 16~60%가 발병한다. 대장암과 전립선암(prostate cancer)의 발병률 증가도 역시 BRCA1 혹은 BRCA2의 손상과 관련이 있다.

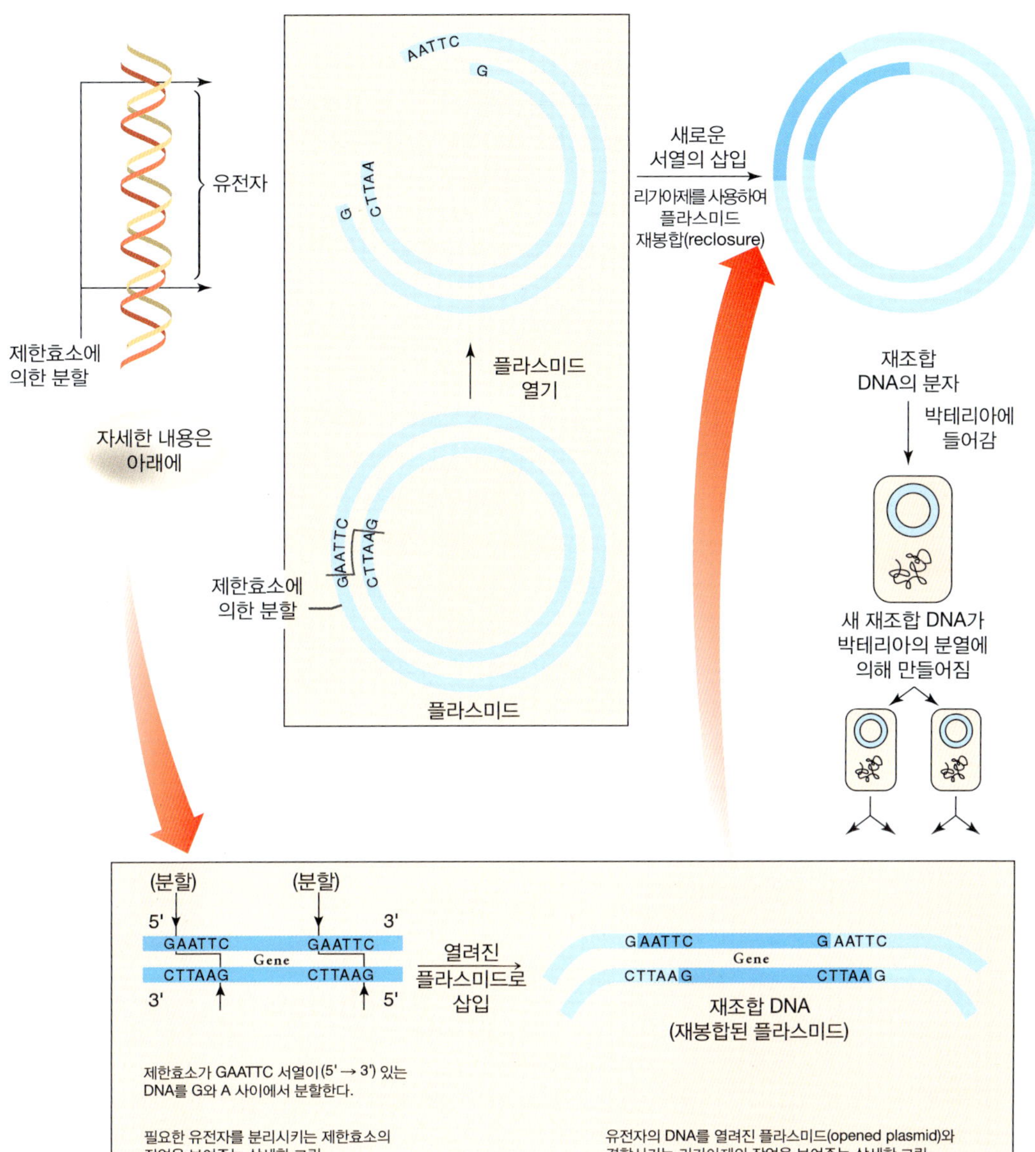

■ **그림 13.23**

재조합 DNA 재조합 DNA를 만드는 첫 번째 단계는 관심 있는 유전자의 1차 구조를 동정하고(identify) 결정하는(determine) 것이다. 이것은 적절한 제한효소가 선택되어 DNA를 유전자의 한쪽 끝에서 분할하는 것을 가능하게 한다. 박테리아 플라스미드(원형 DNA)가 같은 제한효소에 의해 잘려지고, 양쪽 기원으로부터의 DNA 단편이 혼합되는데, 제한효소에 의해 남겨진 끈적거리는 말단부가 염기쌍을 형성한다. 리가아제가 당-인산 골격을 연결하고, 재조합 DNA를 형성한다. 새로운 플라스미드가 박테리아에 삽입되면, 박테리아는 복제하여(reproduce) DNA의 새로운 복사본을 생산하고, 이 DNA의 유전자 산물은 외래 유전자로부터의 산물들을 포함하게 된다.

백질의 중요한 부분이 잘라내진다. 재조합 DNA 경우에는 인슐린 유전자가 분리된다—2개의 다른 플라스미드와 박테리아 균주(bacterial strain)가 만들어지고, 각각이 완성된 단백질의 다른 단편들을 생산한다.

재조합 DNA 기술의 다른 적용 사례들은 제초제에 저항력이 있는 대두(soybean), 해충에 저항력이 있는 면화(cotton), β-카로틴(β-carotene, 비타민 A의 전구체)을 생산하는 쌀이 있다.

유전자변형작물이 시장에서 판매되지 못하게 된 시도 중 하나는 무르지 않는 Flavr-Savrs 토마토이다. 이 이야기 뒤에는 숙성에 관련된 생화학 과정이 있다. 토마토는 숙성되는 동안 폴리갈락투로나제(polygalacturonase, PGU)라고 불리는 효소를 생산한다. 이 효소는 토마토의 세포벽에 존재하는 폴리갈락투로나제의 하나인 펙틴(pectin)의 가수분해를 촉매한다. 펙틴이 분해되면, 숙성 중인 토마토가 부드러워지기 시작한다. 스위치가 켜지고 전사되면, 토마토 DNA는 PGU를 생산하기 위해 필요한 코돈을 갖고 있는 mRNA를 생산하는 유전자를 함유하고 있다.

숙성을 늦추기 위하여 새로운 유전자가 토마토 DNA에 삽입된다. 전사될 때, 이 추가된 유전자가 PGU를 생산하기 위해서 번역되는 “sense” mRNA에 상보적인 “antisense” mRNA를 생산한다. 염기쌍

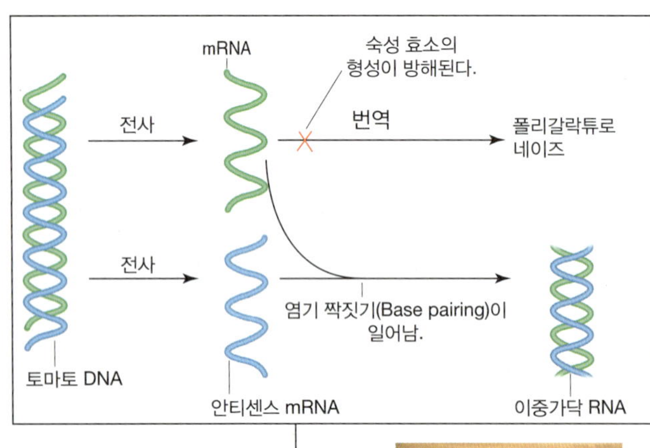

Tom Pantages/Phototake

■ **그림 13.24**

유전자 변형 토마토 토마토는 숙성을 위하여 폴리갈락투로네이즈(polygalacturonase)라고 하는 세포벽을 분해하는 효소를 생성한다. 이 효소의 1차 구조는 토마토 유전자에 암호되어 있다. Flavr-Savr 토마토라고 불리우는 유전자 변형 토마토는 특정 안티센스 RNA가 주입되었는데, 이 RNA가 전사가 되면 숙성 효소를 암호화하는 RNA와 결합하여 이중가닥 RNA를 만들게 된다. 폴리갈라투로네이즈의 생성이 억제된 Flavr-Savr 토마토는 보통 토마토보다 숙성이 훨씬 느리다.

이 안티센스 RNA가 센스 RNA에 부착되도록 하면서, 이중가닥 RNA가 만들어진다. 이중가닥 RNA는 단백질을 만들도록 번역되지 않기 때문에, PGU가 생산될 수 없고 토마토의 숙성이 늦춰진다(그림 13.24). 보통의 토마토는 시장에 나갈 때까지의 시간을 고려하여 초록색일 때 따야 했지만, Flavr-Savr 토마토는 다 익은 후 수확해도 시장 판매대에서 좋은 모양을 유지할 수 있었다.

Flavr-Savr 토마토는 미국에서 오직 1995년부터 1997년 사이에만 이용 가능했다. 농부들은 그 토마토가 보통의 토마토보다 병에 쉽게 감염되며, 산출량도 더 적다는 것을 알게 되었다. 게다가, 이 무르지 않는 토마토가 시장에 출현했을 당시에, 많은 소비자들이 유전자 조작 음식(GM 푸드: genetically modified food)—혹은 몇몇 사람들이 부르던 바에 의하면 "프랑켄슈타인 푸드(Frankenfood)"—의 안전성에 대해서 걱정하기 시작했을 때였다.

빛나는 고양이

BiochemistryLink

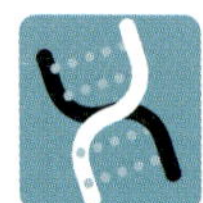

해파리 (jellyfish) 종류들 중 몇몇은 푸른빛을 흡수하여 초록색을 내는 단백질인 GFP(녹색형광단백질, green fluorescent protein)를 생성하는 유전자를 가지고 있다. 과학자들은 GFP를 연구에 이용하는데, 고양이과 에이즈를 일으키는 바이러스인 FIV가 그 최근의 예이다. 미국과 일본의 연구자들은 FIV 발병을 막는 것으로 알려진 붉은털 원숭이(Rhesus Monkey)의 유전자 1개와, 해파리 GFP 유전자를 고양이의 난자에 주입하였다. GFP는 이 난자를 수정하여 발생시킬 때 주입된 유전자들의 위치를 파악할 수 있는 마커(marker)로 사용된다. 후에 탄생한 고양이는 FIV에 대한 저항성을 보였지만, 한 가지 "부작용"은 고양이가 온통 초록색 형광을 띈다는 것이다(그림 13.25).

줄기세포 연구자들은 GFP를 마커로 사용하다가 녹색 형광을 띄는 돼지를 탄생시켰다. 이 유전자를 박테리아에 주입하여 비소(arsenic)에 노출되면 형광을 띄게 만듦으로써 물의 오염도를 알아내는 데 도움이 되기도 한다. 또한 폭약에 함유된 TNT를 감지하는 박테리아도 개발했다. 이 기술을 사용하는 데 많은 의문이 드는 경우도 있다. 형광 쥐와 형광 제브라피시도 구매할 수 있다. 2000년에는 형광백색증 토끼가 "예술과 사회성에 대한 주석(commentary)"라는 이름으로 창작되었다.

Photo by Mayo Clinic/Rex Features (1439500B)/© AP/Wide World Photos

■ **그림 13.25**

형광 고양이 형광 단백질을 생산하는 해파리 유전자를 이용하면 한 동물의 유전자를 다른 동물로 전달할 수 있다는 것을 알 수 있다. 이 빛나는 고양이는 고양이과 HIV인 FIV에 대한 연구 결과로 생성되었다.

예제 13.14

재조합 DNA

제한효소가 촉매하는 반응은 무엇인가? 재조합 DNA를 만들 때 어떻게 사용되는가?

전략

그림 13.23을 참고한다.

해답

제한효소는 1970년 경에 발견되었고, 이중나선 DNA를 잘라낸다. 특정 제한효소는 두 가지 다른 DNA를 잘라 서로 염기 결합을 시킴으로써 하나로 재조합할 수 있게 한다.

연습문제 13.14

1967년경 DNA 리가아제 효소가 발견되었는데, 이는 재조합 DNA에서 사용되는 어떤 반응을 촉매하는가?

13.13 | DNA 지문

경찰이 사용하는 범죄와 싸우는 현대의 도구들 중 하나는 머리카락, 타액, 혈액 또는 다른 DNA를 포함하는 샘플(DNA-containing sample)을 범죄 현장에서 수집하여 용의자의 DNA와 대조하는 것이다. 이 기술에서, 과학수사자(forensic scientist)들은 인간 DNA의 전체 30억 염기쌍을 모두 연구하지 않는다. 대신에 많은 각각의 짧은 단편들을 살펴본다.

우리가 13.4절에서 보았듯이, 유전자는 인간 DNA의 약 5%를 구성하며, 나머지 95%는 암호화되어 있지 않다(noncoding). 암호화되어 있지 않는 DNA의 많은 부분은 염기쌍의 반복되는 시리즈로 구성된다—이것은 인간의 경우 30% 이상을 차지한다. DNA 지문 검사의 가장 최근의 형태는 짧은 직렬식 반복을 분석하는 것인데, **짧은 직렬식 반복(short tandem repeat, STR)**이란 짧은 반복적인 염기 서열을 포함하고 있는 *DNA*가 상대적으로 작게 펼쳐진 형태(*small stretch*)이다. FBI가 DNA 지문 검사를 위해 선택한 13개의 짧은 직렬식 반복은 모두 4개의 염기 반복을 포함하고 있으며, 길이상으로는 500 염기 이하이다. 예컨대, TH01이라고 불리는 짧은 직렬식 반복은 dAATG 서열이 7~11번 반복되는 것을 지니고 있다.

DNA 분석을 실행하는 것은 어떤 최소한 양의 DNA를 필요로 한다. 샘플이 너무 적은 DNA를 가지고 있을 경우, **중합효소연쇄반응(polymerase chain reaction, PCR)**을 이용하면 추가적인 DNA 복제본이 만들어질 수 있다. 전체 DNA가 이 과정을 통해서 만들어지지는 않는다; 대신에 더 확장된 연구를 위해 필요한 부분만이 복제된다. PCR은 증폭하고자 하는 DNA 조각과 데옥시리보뉴클레오시드 삼인산(deoxyribonucleoside triphosphate: dATP, dGTP, dCTP, dTTP; DNA의 기초성분), DNA 중합효소(기초성분을 길어지는 DNA에 붙이는 효소), 그리고 프라이머(primers)를 필요로 한다. 프라이머는 단일가닥의 짧은 DNA 조각인데, 길어지는 DNA의 시작점이고 증폭하고자 하는 DNA 염기서열 3′말단과 상보적이다. 중합효소연쇄반응의 첫 번째 단계는 98°C에 이르는 열로 변성시키는 과정을 포함한다. 이 온도에서 DNA의 두 가닥이 분리되어 프라이머가 추가되는 것을 가능하게 한다. 온도를 60°C까지 낮추면 프라이머가 그 단일가닥 DNA와 함께 염기쌍을 형성한다(잡종을 만든다). 그 다음에는 DNA 중합효소가 프라이머에 붙어서 상보적 DNA 가닥이 기존의 가닥을 따라 합성되면서 길어진다(그림 13.26). 이 하나의 중합효소연쇄반응 순환 후에, 관련된 DNA의 양은 두 배가 된다. 이 과정을

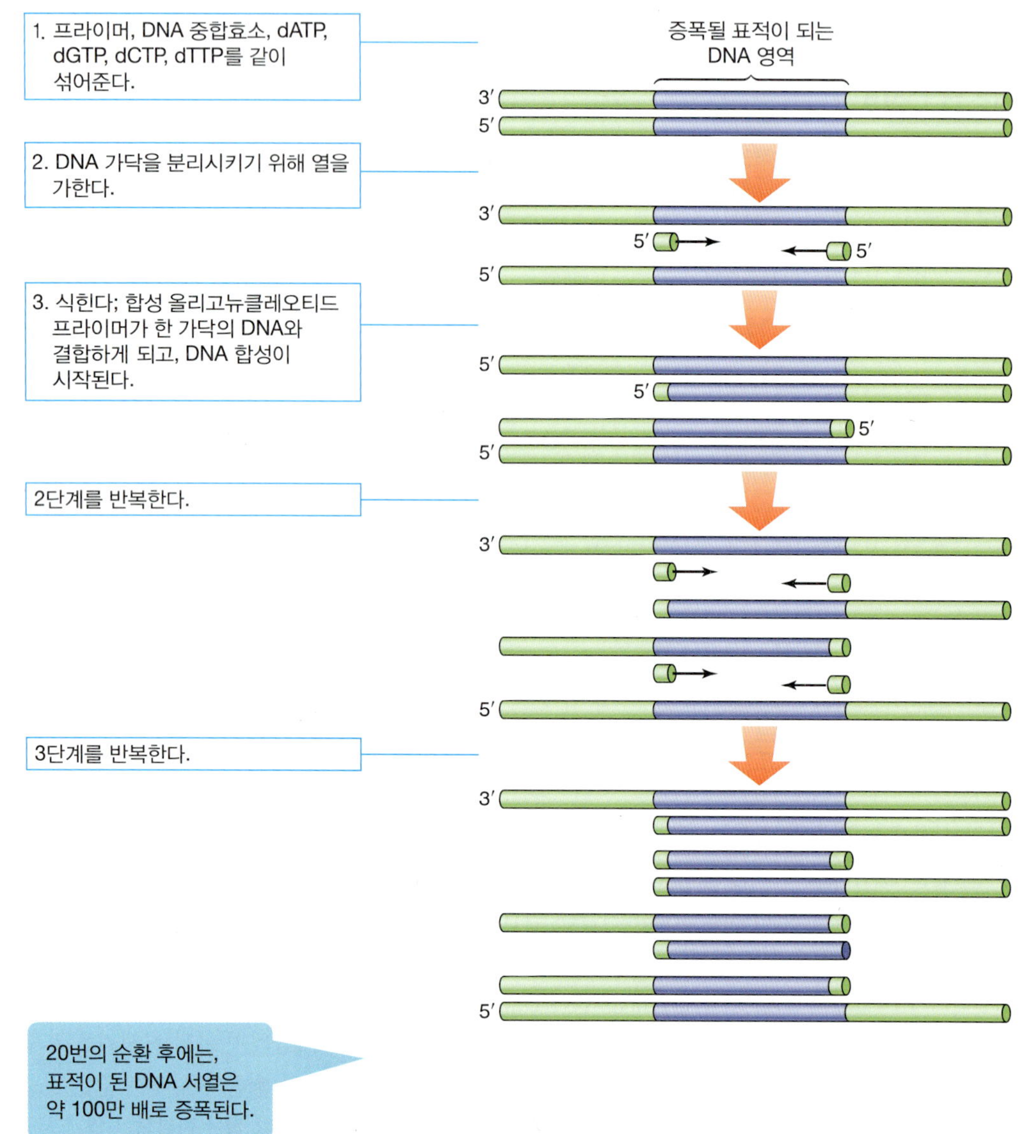

■ **그림 13.26**

중합효소연쇄반응 DNA 샘플을 복제하여 증폭시키기 위해서 사용하는 중합효소연쇄반응법은 세 단계를 포함한다: (1) DNA를 열로 변성한다; (2) DNA 중합효소가 DNA 합성을 어디에서 시작해야 할지를 알려주는 프라이머가 덧붙여지고, DNA를 차갑게 하여 프라이머가 DNA 가닥과 결합할 수 있도록 한다; (3) DNA 중합효소와 그 기질이 추가되고 새로운 DNA가 합성된다. 단계 1~3이 반복된다. 10번의 순환(cycle) 후에, 원래의 DNA는 1000배로 늘어나게 되며, 20번의 순환 후에는 약 100만배로 확장된다.

계속해서 반복함으로써, 반나절 만에도 수백만의 복제본을 만드는 것이 가능하다.

우리는 앞서 온도를 높이는 것은 반응 속도를 증가시킨다는 것을 살펴보았다. 효소-촉매 반응(enzyme-catalyzed reaction)은 이것에 예외적인데, 이는 높은 온도가 대게는 효소를 변성시키기 때문이다. 일반적으로, 중합효소연쇄반응을 위해 사용되는 온도는 DNA 중합효소를 변성시킨다. 그러나 연구자들은 거의 100°C에 가까운 온천에 사는 박테리아로부터 분리한 내열성(thermostable) DNA 중합효소를 이용함으로써 이 문제를 해결해 왔다.

일단 충분한 크기의 DNA 샘플을 얻게 되면, DNA 가닥을 작은 조각으로 나누기 위해 제한효소가 이용된다. 그런 후에 여기서 설명하지는 않는 기술을 이용하여, 각 짧은 직렬식 반복(STR)에서의 반복수를 결정한다.

표 13.2에서 보여지듯이, 임의로 선택된 2개체가 같은 짧은 직렬식 반복 유형을 가지고 있을 확률은 결정되어 있다. 예컨대, 2명의 아프리카계 미국인이 같은 TH01 유형을 가질 확률은 10분의 1의 확률이다. 더 많은 짧은 직렬식 반복이 분석될수록, 임의로 선택한 두 사람의 짧은 직렬식 반복(STR)이 같을 가능성은 더 낮아진다. 코카시안(Caucasian)의 경우, 표 13.2에서 처음 4개의 짧은 직렬식 반복 각각에 대해서 똑같은 짧은 직렬식 반복이 발견될 확률은 60,000분의 1이다(13 × 15 × 28 × 11). 표의

표 | 13.2 짧은 직렬식 반복과 출현(occurance) 확률

짧은 직렬식 반복	아프리카계 미국인	미국 코카시안
D3S1358	1 in 10[a]	1 in 13
vWA	1 in 17	1 in 15
FGA	1 in 29	1 in 28
TH01	1 in 10	1 in 11
TPOX	1 in 12	1 in 5
CSF1PO	1 in 14	1 in 8
D5S818	1 in 10	1 in 7
D13S317	1 in 8	1 in 14
D7S820	1 in 12	1 in 16
D8S1179	1 in 13	1 in 15
D21S11	1 in 30	1 in 22
D18S51	1 in 36	1 in 33
D16S539	1 in 15	1 in 10

[a]임의로 선택된 2명의 아프리카계 미국인이 같은 D3S1358 짧은 직렬식 반복 유형을 가질 확률은 10분의 1이다.

13개의 짧은 직렬식 반복이 모두 일치할 가능성은 400조 분의 1 확률이다.

짧은 직렬식 반복이 암호화되지 않는 영역으로부터 얻어진다는 사실은 DNA 지문 감식이 유전자를 분석하는 것과 같은 기밀 문제(confidentiality problem)를 일으키지 않는다는 것을 의미한다. DNA 지문 감식을 하는 사람들은 유전병, 암에 걸릴 가능성, 혹은 개인이 비밀로 지키고 싶어 하는 유전 정보에 대해서는 아무 것도 알아낼 수가 없다.

예제 13.15

PCR

1965년에 열에 강한 DNA 중합효소가 뜨거운 온천에서 사는 *Thermus aquaticus*라고 하는 박테리아로부터 분리되었다. *Taq* 중합효소라고 하는 이 효소는 왜 PCR에서 중요한 역할을 할까?

전략

PCR하는 동안 이 효소가 겪게 될 상황과 그 역할에 대하여 생각해 본다.

해답

DNA 중합효소는 각 PCR 사이클에서 새로운 DNA의 형성을 촉매한다. PCR에서 사용되는 높은 온도는 대부분의 효소를 변성시키고, 따라서 촉매로서의 역할을 할 수 없게 된다. *Taq* 중합효소는 높은 온도에서도 변성되지 않는다.

연습문제 13.15

다른 DNA 중합효소와는 달리, *Taq* 중합효소(예제 13.15)는 자신의 실수를 확인하는 능력이 없어서, DNA를 합성할 때 매 9,000개마다 맞지 않는 뉴클레오티드를 삽입한다. 이 불량률(error rate)은 다른 DNA 중합효소와 비교할 때 어떠한가?

농장에서 ... 재방문

Photo courtesy of Worcester Telegram & Gazette

간에서 생성되는 항트롬빈(antithrombin)은 혈액 응고에 관여하는 트롬빈(thrombin)이라는 또 다른 단백질의 활성을 조절한다. 항트롬빈 유전적 결핍(hereditary antithrombin deficiency)을 갖고 있는 사람은 항트롬빈을 생성할 수 없거나, 제대로 작동하지 않는다. 이들은 동맥, 정맥, 폐 등에 혈액 응고가 생길 가능성이 있다. 2,000에서 5,000명 중 한 명은 이러한 장애를 갖고 있다.

혈전방지제(anticoagulant)는 항트롬빈 결핍을 치료하는 데 사용된다. 수술이나 혈액 응고가 염려되는 상황에서, 혈전방지제를 혈관으로 주입할 수 있다. 헌혈된 혈액이 혈전방지제의 주공급원이므로, 기증된 혈액은 간염 바이러스, HIV 등의 질병들을 옮기지 않는 상태여야 한다.

GTC Biotherapeutics라는 회사는 사람의 항트롬빈을 생산하는 형질전환염소(transgenic goat)를 생산한다. 주입된 항트롬빈은 전사, 번역을 거쳐 염소젖으로 분비된다. 분리된 항트롬빈은 항트롬빈 결핍치료에 사용된다. 한 마리의 염소가 1년간 생성하는 항트롬빈은 90,000명으로부터 나온 헌혈에서 채취한 양과 맞먹는다.

2009년 2월, 미국 식품의약품국(FDA)은 이 항트롬빈 약을 승인했고, 이는 미국에서 형질전환 동물로부터 생성된 약품이 승인된 첫 번째 사례이다.

THINKING IT THROUGH

당신이 만약 항트롬빈 결핍에 걸렸다면, 헌혈로부터 채취된 항트롬빈과 형질전환 동물의 젖으로부터 분리된 것 중 어느 것을 선택하겠는가?

CHAPTER 13의 목적

목표	요약	절	예제와 연습문제	총정리 문제
1. 핵산의 기초성분을 확인하시오.	핵산은 **뉴클레오티드(nucleotides)**가 결합하여 만들어진다. 뉴클레오티드는 리보스 혹은 2-데옥시리보스; 인산; 아데닌(adenine: A), 구아닌(guanine: G), 시토신(cytosine: C), 티민(thymine), 유라실(uracil: U) 중 하나의 **염기(base)**가 결합하여 만들어진다. 인산기가 없으면, 당-염기 화합물은 **뉴클레오시드(nucleoside)**라고 부른다.	13.1	13.1, 13.2	13.3–.13.18
2. 2- 혹은 3인산 뉴클레오시드와 고리 뉴클레오티드의 형성을 설명하시오.	뉴클레오티드의 인산에 인산기가 추가되면, **뉴클레오시드 이인산(nucleoside diphosphate)**이 형성된다. 세 번째 인산의 추가는 **뉴클레오시드 삼인산(nucleoside triphosphate)**을 형성한다. 뉴클레오시드 삼인산은 **올리고뉴클레오티드(oligo-)**과 **폴리뉴클레오티드(polynucleotide)**를 합성하거나 효소 활동 조절에 중요한 cAMP와 같은 **환상 뉴클레오티드(cyclic nucletide)**를 생성하기 위해 이용되는 에너지가 풍부한 화합물이다. 환상 뉴클레오티드는 하나의 인산이 하나의 리보스 혹은 2-데옥시리보스에 두 번 연결되어 있다.	13.2	13.3	13.19~13.26
3. **올리고뉴클레오티드**와 **폴리뉴클레오티드**의 구조를 설명하시오.	**올리고뉴클레오티드(oligonucleotide)**는 2에서 10개의 뉴클레오티드 잔기를, **폴리뉴클레오티드(polynucleotide)**는 10개 이상의 잔기를 가지고 있다. **데옥시리보핵산(deoxribonucleic acid, DNA)**에 존재하는 뉴클레오티드는 2-데옥시리보스와 A, G, C, T의 염기를 가지고 있다. **리보핵산(ribonucleic acid)**에 존재하는 뉴클레오티드는 리보스와 A, G, C, U의 염기를 가지고 있다. 이 화합물들은 **당–인산 골격(sugar–phosphate backbone)**을 가지고 있다.	13.3	13.4, 13.5	13.27~13.34

목표	요약	절	예제와 연습문제	총정리 문제
4. DNA와 RNA의 1차 구조와 DNA의 2차, 3차 구조를 묘사하시오.	DNA와 RNA 가닥에서의 뉴클레오티드 잔기의 연속은 그것의 1차 구조이다. DNA의 두 가닥은 **염기 짝짓기(base pairing)**의 결과로—상보적인 염기 A와 G 혹은 C와 T 사이의 수소결합—역평행 **이중가닥 DNA(double-stranded DNA)**를 형성한다. 이 이중가닥은 꼬여서 이중나선(helix)(2차 구조)를 더 나아가 **초나선(supercoil)**(3차 구조)를 형성한다.	13.4	13.6	13.35~13.46
5. DNA의 변성을 설명하시오.	DNA 변성은 이중나선이 풀리는 것을 말한다. 예를 들어, 열은 DNA 이중나선을 붙들고 있는 수소결합을 와해시켜 한 가닥의 폴리뉴클레오티드로 분리한다.	13.5	13.7	13.47~13.48
6. DNA, RNA, 그리고 단백질이 형성되는 과정을 설명하시오.	DNA(특정 단백질을 생성하도록 만들어진)는 **복제(replication)**를 통하여 현재 존재하는 DNA로부터 생성된다. **전사(transcription)**는 RNA(DNA가 가지고 있는 정보의 복사체)를 형성하고, **역전사(reverse transcription)**는 RNA로부터 DNA를 형성한다. **번역(translation)**은 RNA가 가지고 있는 정보를 이용하여 특정 단백질을 만들어낸다.	13.6	13.8	13.49~13.50
7. 복제가 이루어지는 과정과 그 과정에서의 DNA 중합효소의 역할을 묘사하시오.	DNA 복제(DNA를 복사하는 것)는 **반보존적(semiconservative)**이다—각각의 이중가닥으로 된 딸 DNA는 모 DNA로부터의 DNA 한 가닥을 포함하고 있다. 복제는 이중가닥 DNA가 분리되며 **복제원점(origin)**(a bubble)을 형성하면서 시작된다. **DNA 중합효소(DNA polymerase)**는 노출된 한 가닥의 DNA에 부착하여 dATP, dGTP, dCTP, dTTP를 기질로서 사용하면서, 모 가닥에 있는 각각의 염기에 상보적인 염기를 합성 중인 DNA 가닥에 붙이면서 이동한다. DNA 중합효소는 그 결과를 교정(proofread)하고 일어난 오류들을 수정한다.	13.7	13.9	13.51~13.53
8. 전사가 이루어지는 과정과 그 과정에서의 **RNA 중합효소**의 역할을 묘사하시오. 단백질 합성을 위해서 필요한 RNA의 세 가지 종류를 말하고, **3중 코드**를 설명하시오.	**전사**(transcription, RNA를 만들기 위해 DNA를 주형으로 사용하는 것)는 **프로모터 자리(promoter site)**에서 시작된다. ATP, CTP, GTP, UTP를 사용하면서, **RNA 중합효소(RNA polymerase)**는 DNA에 있는 그들의 **상보적인 염기**(C, G, A와 U 또는 T)를 뒤이어 생기는 염기에 대응시킴으로써 RNA를 합성한다. **종결 서열(termination sequence)**에 이르면, RNA 중합효소와 생성물 RNA가 DNA로부터 분리된다. 박테리아를 제외한 모든 생물체에서, RNA는 전사에 이어 수정된다. RNA의 세 종류는 아미노산을 전달하는 **전달 RNA**(**transfer RNA**: tRNA), 단백질의 1차 구조가 만들어지도록 정보를 옮기는 **전령 RNA**(**messenger RNA**: mRNA), 단백질과 결합하여 리보솜을 만드는 **리보솜 RNA**(**ribosomal RNA**: rRNA)이다. 단백질의 아미노산 순서는 대응하는 RNA의 염기서열에 의하여 정해지는데, 한 아미노산에 3개의 염기서열이 정한다. 이를 **3중 코드(triplet code)**라고 한다.	13.8	13.10	13.57~13.72
9. **번역**이 어떻게 일어나는지 설명하시오.	번역(translation, RNA를 해독하여 단백질을 만드는 것)은 tRNA와 리보솜 소단위체가 mRNA와 개시 **코돈**(**start codon**: AUG)에서 결합할 때 시작된다. 그런 후에 하나씩, tRNA가 적절한 아미노산을 가져오는데, 그 아미노산은 합성되는 단백질 사슬에 더해진다. 단백질 사슬은 mRNA를 따라 다음 코돈으로 이동하면서 이어진다. 각각의 tRNA에 의해 운반되는 **안티코돈(anticodon)**은 mRNA의 코돈에 상보적이고, 적절한 아미노산이 단백질 합성 지점에 운반되도록 보증한다. 리보솜이 종결 코돈에 이르면, 단백질이 방출된다. 많은 단백질은 전사가 일어난 후에 변형된다.	13.9	13.11	13.73~13.76

목표	요약	절	예제와 연습문제	종합 문제
10. 대장균(*E. coli*)이 유전자 발현을 조절하는 한 방법을 묘사하시오.	생물체는 **유전자 발현**(gene expression, 유전자의 DNA를 전사하고 그 결과물인 RNA를 번역하여 단백질을 합성하는 것)을 조절하는 것이 필수적이다. 대장균에서, 젖당 대사에 중요한 유전자들은 같은 **오페론(operon)**의 부분이다(하나의 프로모터 자리의 조절 하에 있다). 젖당이 없으면 억제 단백질이 DNA에 부착되어 RNA 중합효소가 젖당 대사 효소를 생산하기 위해 필요한 RNA를 합성하는 것을 막는다. 젖당이 있으면, 억제 단백질이 DNA에 부착되는 것을 막는 방식으로 변경되어, RNA 중합효소가 필요한 RNA를 만들고 젖당을 대사시키는 효소가 생성된다.	13.10	13.12	13.77~13.80
11. **돌연변이**를 설명하시오.	**돌연변이(mutation)**는 DNA 1차 구조에 일어난 영구적인 변화를 말하며 돌연변이유발 요인(mutagen)에 의해서 야기된다. 모든 돌연변이가 개체에 해로운 것은 아니다. 만약 돌연변이가 난자나 정자 세포에서 발생한다면 그 돌연변이는 유전될 수 있다.	13.11	13.13	13.81~13.84
12. 재조합 DNA를 생산할 때 수반되는 단계들을 설명하시오.	**재조합 DNA(recombinant DNA)**는 둘 이상의 기원으로부터의 DNA를 갖는다. 재조합 DNA를 만드는 것은 DNA를 자르기 위해 제한효소를 이용하는 것, DNA 단편들을 유사한 방식으로 잘린 다른 DNA와 결합시키는 것, DNA 단편들의 당–인산 골격을 하나의 사슬에 연결하기 위해 리가아제를 사용하는 것과 재조합 DNA를 숙주 세포에 주입하는 것을 포함한다.	13.12	13.14	13.85~13.88
13. DNA 지문에서 **중합효소 연쇄반응**과 **STRs**의 역할을 설명하시오.	**중합효소연쇄반응**(polymerase chain reaction)은 복제(새로운 DNA를 현 DNA로부터 만드는 것)를 여러번 반복하여 아주 적은 양의 DNA를 증폭하는 것이다. **짧은 직렬식 반복(small tandem repeats, STR)**은 염기의 반복 서열을 갖고 있는 DNA 연속 부분이다. 각 개인은 서로 다른 조합의 STRs을 갖고 있어서 DNA 지문의 기반이 된다.	13.13	13.15	13.89~13.92

총정리 문제

색으로 표시된 문제의 해답은 부록 C에 있다.
좀 더 어려운 문제는 *표로 표시하였다.

13.1 아래 그림은 DNA 가닥에 붙어 있는 RNA 중합효소이다.

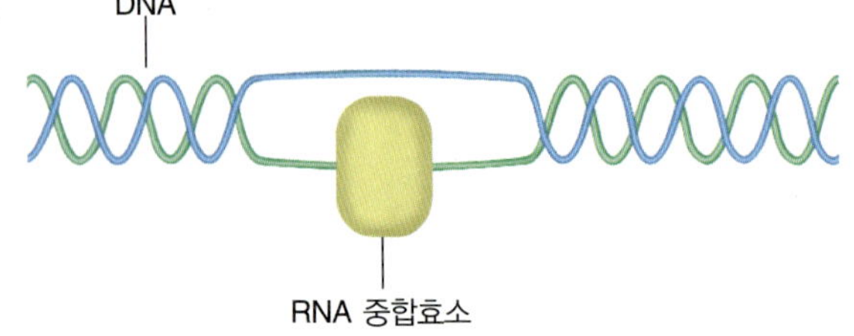

a. RNA 중합효소는 어떤 반응을 촉매하는가?
b. 이러한 과정을 무엇이라 하는가?
c. 생성물을 만드는 기초성분은 무엇인가?
d. RNA 중합효소에 의하여 읽히는 DNA 가닥을 무엇이라 하는가?
e. RNA 중합효소는 DNA 가닥의 어느 방향으로 움직이는가?
f. 연장되는 생성물 가닥의 어느 쪽으로 기초성분이 붙게 되는가?

13.2 아래 그림은 mRNA에 붙어 있는 리보좀(ribosome)이다.

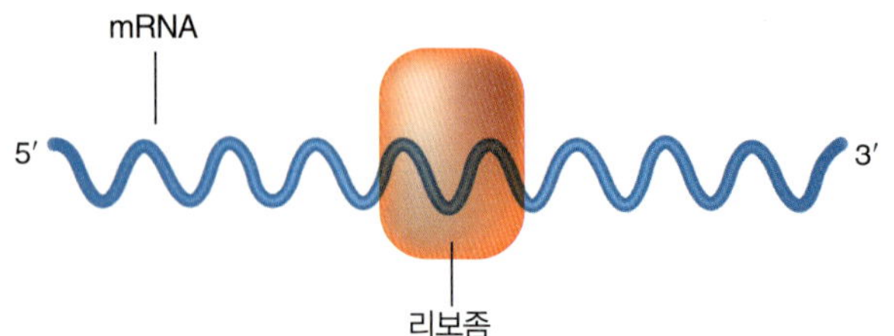

a. 어떤 반응이 리보좀에 의하여 촉매되는가?
b. 이 과정을 무엇이라고 하는가?
c. 생성물을 만드는 기초성분은 무엇인가?
d. 리보좀은 RNA 가닥의 어느 방향으로 움직이는가?
f. 연장되는 생성물 가닥의 어느 쪽으로 기초성분이 붙게 되는가?

13.1 핵산 기초성분

13.3 **a.** DNA를 만들기 위해서 어떤 단당류가 이용되는가?
b. β-퓨라노오스 형태에서의 이 단당류를 그리시오.

13.4 **a.** RNA를 만들기 위해서 어떤 단당류가 이용되는가?
b. β-퓨라노오스 형태에서의 이 단당류를 그리시오.

13.5 DNA에 존재하는 네 염기의 이름을 말하시오.

13.6 RNA에 존재하는 네 염기의 이름을 말하시오.

13.7 뉴클레오티드에 존재하는 어떤 염기가 퓨린인가?

13.8 뉴클레오티드에 존재하는 어떤 염기가 피리미딘인가?

13.9 인산의 구조는 pH에 따라 다르다.
a. 인산이 나타나는 네 가지 형태를 그리시오.
b. 네 가지 중 어느 것이 생리학적 pH에서 나타나는 형태인가?

***13.10** 그림 13.1은 인산 이온에서의 인 원자가 5개의 공유결합을 가지고 있음을 보여준다. 인 원자가 8 원자의 전자를 가질 때의 인산 이온의 형태를 그리시오. 표면적 전하를 표시하시오.

13.11 그림 13.1의 인산 일에스테르를 낮은 pH에서 나타나는 형태로 그리시오.

13.12 그림 13.1의 인산 이에스테르를 낮은 pH에서 나타나는 형태로 그리시오.

13.13 **a.** 몇 개의 다른 인산 일에스테르가 β-D-리보퓨라노오스를 형성할 수 있는가?
b. NH_2CH_3와 반응할 때, 얼마나 많은 다른 *N*-글리코시드가 β-D-리보퓨라노오스를 형성할 수 있는가?

13.14 **a.** 몇 개의 다른 인산 일에스테르가 β-D-2-데옥시리보퓨라노오스를 형성할 수 있는가?
b. NH_2CH_3와 반응할 때, 얼마나 많은 다른 *N*-글리코시드가 β-D-2-데옥시리보퓨라노오스를 형성할 수 있는가?

13.15 **a.** 어떤 구조적인 특징이 핵산에서 발견되는 염기를 퓨린으로 만드는가?
b. 아데닌, 티민, 구아닌, 시토신, 우라실의 염기들 중에서, 어느 것이 퓨린인가?

13.16 **a.** 어떤 구조적인 특징이 핵산에서 발견되는 염기를 피리미딘으로 만드는가?
b. 아데닌, 티민, 구아닌, 시토신, 우라실의 염기들 중에서, 어느 것이 피리미딘인가?

13.17 구아노신 5′-일인산의 완전한 구조를 그리시오(그림 13.6을 보라).

13.18 티미딘 5′-일인산의 완전한 구조를 그리시오(그림 13.6을 보라).

13.2 뉴클레오시드 이인산과 삼인산, 환상 뉴클레오티드

13.19 얼마나 많은 인산에스테르 결합과 인산무수화물(phosphoanhydride) 결합이 다음에 존재하는가?
a. 뉴클레오티드
b. 뉴클레오시드 이인산

13.20 얼마나 많은 인산에스테르 결합과 인산무수화물(phosphoanhydride) 결합이 다음에 존재하는가?
a. 뉴클레오시드 삼인산
b. 환상 뉴클레오티드

13.21 **a.** 3′-dCTP를 그리시오.
b. 3′-CTP를 그리시오.

13.22 **a.** 5′-dGTP를 그리시오.
b. 5′-GTP를 그리시오.

13.23 **a.** ATP가 완전히 가수분해될 때 깨지는 결합의 유형들을 말하시오.
b. ATP가 완전히 가수분해되면 어떤 생성물을 얻을 수 있는가?

13.24 **a.** cAMP가 완전히 가수분해될 때 깨지는 결합의 유형들을 말하시오.
b. cAMP가 완전히 가수분해되면 어떤 생성물을 얻을 수 있는가?

13.25 **a.** 문제 13.21a에 있는 분자가 완전히 가수분해될 때 깨지는 결합의 유형을 말하시오.
b. 문제 13.21a에 있는 분자가 완전히 가수분해되면 어떤 생성물을 얻을 수 있는가?

13.26 **a.** 문제 13.22a에 있는 분자가 완전히 가수분해될 때 깨지는 결합의 유형을 말하시오.
b. 문제 13.22a에 있는 분자가 완전히 가수분해되면 어떤 생성물을 얻을 수 있는가?

13.3 폴리뉴클레오티드

13.27 DNA의 당–인산 골격에서
a. 어떤 당 잔기가 존재하는가?
b. 어떤 유형의 결합이 당과 인산 잔기를 결합시키고 있는가?
c. 염기들은 어디에 부착되는가?

13.28 RNA의 당–인산 골격에서
a. 어떤 당 잔기가 존재하는가?
b. 어떤 유형의 결합이 당과 인산 잔기를 결합시키고 있는가?
c. 염기들은 어디에 부착되는가?

13.29 DNA와 RNA 구조의 관점에서, 3′말단과 5′말단은 무엇을 의미하는가?

13.30 DNA의 한 단일가닥은 RNA의 한 단일가닥과 어떻게 다른가?

13.31 그림 13.10의 DNA 각 가닥은 올리고뉴클레오티드인가 폴리뉴클레오티드인가?

13.32 그림 13.18의 tRNA 각 가닥은 올리고뉴클레오티드인가 폴리뉴클레오티드인가?

13.33 RNA는 어떤 결합으로 연결된 리보뉴클레오티드 잔기로 이루어져 있나?

13.34 RNA는 당-인산 골격내 염기들은 어떤 결합으로 연결되어 있나?

13.4 DNA 구조

13.35 1차 구조라는 용어는 DNA의 무엇의 서열을 말하는 것인가?

13.36 DNA의 2차, 3차 구조를 묘사하시오.

13.37 **a.** DNA 다이뉴클레오티드 dGC의 완전한 구조를 그리시오.
b. 분자의 3′말단과 5′말단을 표시하시오.

13.38 **a.** DNA 트리뉴클레오티드 dTAT의 완전한 구조를 그리시오.
b. 분자의 3′말단과 5′말단을 표시하시오.

13.39 **a.** 염기 짝지음이라는 용어는 무엇을 의미하는가?
b. DNA에서 어떤 염기들이 서로 상보적인가?

13.40 이중가닥 DNA는 역평행이다. 이 용어를 설명하시오.

13.41 그림 13.8*b*에서 보여지는 DNA P–S–P 골격 모양을 이용하여 dGC와 상보적인 이뉴클레오티드를 그리고 3′과 5′을 표시하시오.

13.42 그림 13.8*b*에서 보여지는 DNA P–S–P 골격 모양을 이용하여 dTAT와 상보적인 이뉴클레오티드를 그리고 3′과 5′을 표시하시오.

13.43 가끔은 DNA와 RNA 내의 이중가닥 부분의 모든 염기가 서로 상보적이지는 않다. 그림 13.18의 tRNA 안에서 염기 짝짓기가 딱 맞지 않는 예를 찾으시오.

13.44 회문(palindrome)이란 거꾸로 읽어도 똑같은 말이 되는 것을 말한다. 예를 들면 “Wow”, “never odd or even” 등이 있다. 이중가닥 DNA도 회문을 갖고 있는 경우가 있다. 아래의 DNA 회문은 각 가닥이 dAGCT 서열을 갖고 있다.

```
5′ ┌──┬──┬──┐ 3′
   A  G  C  T
   T  C  G  A
3′ └──┴──┴──┘ 5′
```

그림 13.10과 3.22에서 회문 부분을 찾으시오.

13.45 **a.** 히스톤은 무엇인가?
b. 뉴클레오솜은 무엇인가?
c. 염색질은 무엇인가?

13.46 **a.** 염결합(ionic bonds)는 DNA와 히스톤 사이의 상호작용에서 역할을 한다. 히스톤의 아미노산 곁사슬은 어떤 충전하를 띠는가?
b. 히스톤 아미노산 잔기는 산 극인가? 염기 극인가?

13.5 변성

13.47 DNA가 변성되면, 다음 중 어느 것이 분열되는가?
a. 1차 구조
b. 2차 구조
c. 3차 구조

13.48 DNA를 재생한다는 것은 어떤 뜻인가?

13.6 핵산과 정보의 흐름

13.49 다음 과정 동안에 어떤 분자가 만들어지는가?
a. DNA 복제
b. 전사
c. 번역
d. 역전사

13.50 다음 과정에서 어떤 분자의 1차 구조가 해독되는가?
a. DNA 복제
b. 전사
c. 번역
d. 역전사

13.7 DNA 복제

13.51 반보존적 복제라는 용어를 설명하시오.

13.52 **a.** 복제원점(origin)이란 무엇인가?
b. 식물과 동물에서 DNA 복제 동안에 단 하나의 복제원점만 형성되는가?

13.53 복제 분기점(replication fork)이란 무엇인가?

13.54 DNA 중합효소의 기질이 되는 것은 어떤 뉴클레오시드 삼인산인가?

***13.55** **a.** 기존의 DNA 가닥을 따라 어느 방향으로 DNA 중합효소가 이동하는가?
b. DNA 중합효소가 새로운 DNA 가닥을 어느 방향으로 합성하는가?
c. 만약 복제원점이 열리고 DNA 중합효소가 DNA의 노출된 한 가닥에 각각 붙는다면, 중합효소는 새로운 DNA를 합성하는 동안 같은 방향으로 움직일까? 반대방향으로 움직일까?

13.56 합성되는 DNA 가닥에 뉴클레오티드를 덧붙이는 것 외에도, DNA 중합효소의 또 다른 중요한 기능은 무엇인가?

13.8 전사와 RNA

13.57 RNA의 세 가지 유형을 말하고, 그들의 기능을 설명하시오.

13.58 어떤 뉴클레오시드 삼인산이 RNA 중합효소의 기질이 되는가?

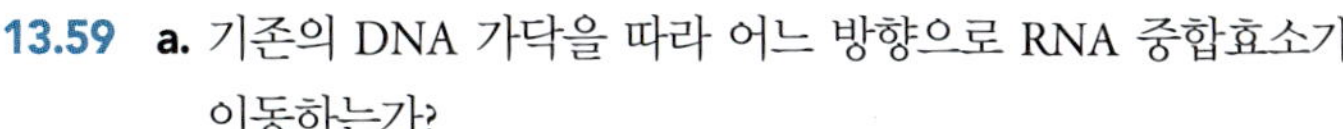

13.59 **a.** 기존의 DNA 가닥을 따라 어느 방향으로 RNA 중합효소가 이동하는가?

b. RNA 합성은 어느 방향으로 진행되는가?

13.60 **a.** RNA의 전사후 변형에는 어떤 종류가 있는가?

b. rRNA와 자이모겐(효소원)은 어떻게 유사한가?

***13.61** 아미노아실 tRNA 합성효소라고 불리는 효소가 아미노산과 적절한 tRNA의 결합을 촉매한다. 이 과정의 첫 단계는 아미노산이 ATP와 반응하여 아미노아실-AMP를 형성하는 것이다. 아미노아실-AMP는 무수결합에 의해 카르복실기를 통해서 AMP의 5′ 인산기에 부착된 아미노산 잔기로 구성된다(그림 13.6). 아미노산 알라닌을 포함하는 아미노아실-AMP를 그리시오.

***13.62** 아미노아실 tRNA 합성효소에 의해 촉매되는 반응들 중 두 번째는 아미노아실-AMP와 tRNA 분자가 반응하여 에스테르를 형성하는 것이다(문제 13.61). 그 에스테르는 (아미노산에 의해 제공된) 카르복실산 잔기와 (tRNA의 3′말단에 있는 라이보오스에 부착된 —OH기에 의해 제공된) 알코올 잔기로 구성된다.

a. 클래스 1 아미노아실 tRNA 합성효소는 뉴클레오티드 잔기의 말단에 있는 2′-OH기에 아미노산을 붙인다. 알라닌이 아래 그림의 tRNA의 3′말단에 있는 2′-OH기에 부착될 때 형성되는 에스테르를 그리시오.

tRNA의 나머지 부분

아데닌

3′말단

b. 클래스 2 아미노아실 tRNA 합성효소는 뉴클레오티드 잔기의 말단에 있는 3′-OH기에 아미노산을 붙인다. 세린이 위 그림의 tRNA의 3′말단에 있는 3′-OH기에 부착될 때 형성되는 에스테르를 그리시오.

***13.63** dGGCAT 서열은 DNA의 주형가닥에서 나타난다.

a. 이 1차 구조의 3′말단에는 어떤 염기가 있는가?

b. 이 서열에 상보적인 DNA 가닥의 서열은 무엇인가? (3′말단과 5′말단을 표시하시오)

c. dGGCAT로부터 합성되는 RNA 가닥의 서열은 무엇인가? (3′말단과 5′말단을 표시하시오.)

***13.64** dATCCCC 서열은 DNA의 주형가닥에서 나타난다.

a. 이 1차 구조의 3′말단에는 어떤 염기가 있는가?

b. 이 서열에 상보적인 DNA 가닥의 서열은 무엇인가? (3′말단과 5′말단을 표시하시오.)

c. dATCCCC로부터 합성되는 RNA 가닥의 서열은 무엇인가? (3′말단과 5′말단을 표시하시오.)

13.65 **a.** 코돈이란 무엇인가?

b. RNA의 어떤 종류가 코돈을 갖는가?

13.66 **a.** 안티코돈이란 무엇인가?

b. RNA의 어떤 종류가 안티코돈을 갖는가?

13.67 어떤 아미노산이 각각의 코돈에 의해서 지정되는가? (5′에서 3′ 방향으로 나열)

a. CCU **c.** GUU
b. AGU **d.** GAA

13.68 어떤 아미노산이 각각의 코돈에 의해서 지정되는가? (5′에서 3′ 방향으로 나열)

a. UUU **c.** AA
b. CCC **d.** GGG

13.69 어느 코돈이 다음 각각의 아미노산을 지정하는가?

a. Phe **c.** Asp
b. Lys

13.70 어느 코돈이 다음 각각의 아미노산을 지정하는가?

a. Asn **c.** Gly
b. Tyr

13.71 문제 13.67의 코돈에 상보적인 안티코돈은 무엇인가? (3′말단과 5′말단 표시)

13.72 문제 13.68의 코돈에 상보적인 안티코돈은 무엇인가? (3′말단과 5′말단 표시)

13.9 번역

13.73 번역의 개시 단계에서 서로 결합하는 구성물들의 이름을 말하시오.

13.74 연장 동안에 일어나는 것을 설명하시오.

***13.75** 트리펩티드는 1차 구조 Ser-Lys-Asp를 갖는다.

a. 전사 후 수정이 일어나지 않는다고 가정할 때, 이 트리펩티드의 코드가 되는 mRNA에서의 염기 서열은 무엇인가? (개시 코돈과 종결 코돈은 무시하고, 3′말단과 5′말단을 표시하시오.)

b. 전사 후 수정이 일어나지 않는다고 가정할 때, 그 mRNA를 만들기 위해서 이용된 DNA 주형가닥에서의 염기 서열은 무엇인가? (3′말단과 5′말단을 표시하시오.)

***13.76** **a.** 문제 13.75에서의 트리펩티드에서, 다시 전사 후 수정이 일어나지 않는다고 가정할 때, 이 트리펩티드의 코드가 되는 mRNA에서의 다른 염기 서열은 무엇인가? (개시 코돈과 종결 코돈은 무시하고, 3′말단과 5′말단을 표시하시오.)

b. 전사 후 수정이 일어나지 않는다고 가정할 때, 그 mRNA를 만들기 위해서 이용된 DNA 주형가닥에서의 염기 서열은

무엇인가? (3′말단과 5′말단을 표시하시오.)

13.10 유전자 발현의 조절

13.77 오페론이란 무엇인가?

13.78 젖당의 존재는 어떻게 *lac* 오페론의 스위치를 켜는 역할로 작용하는가?

13.79 알로락토오스가 어떻게 *lacZ*, *lacY*, *lacA* 유전자의 전사에 영향을 줄 수 있는지 설명하시오.

13.80 **a.** 젖당과 알로락토오스를 그리시오.
b. 알로락토오스가 가수분해되면 어떤 생성물을 얻을 수 있는가?

13.11 돌연변이

13.81 돌연변이라는 용어를 정의하시오.

13.82 **a.** 모든 돌연변이가 개체에 해로운가? 이를 설명하시오.
b. 모든 돌연변이가 자손에게 전달되는가? 이를 설명하시오.

13.83 돌연변이에 의하여 영향을 받는 단백질의 구조는 1, 2, 3, 4차 중 어느 것인가?

13.84 교정과 수선 능력이 떨어지는 DNA 중합효소를 생성하게 하는 돌연변이를 갖고 있는 사람의 건강에는 어떤 영향이 있겠는가?

13.12 재조합 DNA

13.85 재조합 DNA를 만들기 위한 일반적인 과정을 설명하고, 제한효소, 플라스미드, 리가아제의 역할을 설명하시오.

13.86 사람의 DNA를 만드는 기초성분이나 염소 DNA를 만드는 기초성분은 같다. 그럼에도 왜 사람과 염소는 다른가?

13.87 무엇이 센스 RNA이고, 안티센스 RNA인가?

13.88 RNA 간섭이 안티센스 RNA와는 서로 다른 이유를 설명하시오(Health Link: RNA 간섭 참고).

13.13 DNA 지문

13.89 짧은 직렬식 반복(STR)은 무엇이고 DNA 지문에서 어떻게 활용되는가?

13.90 사람의 DNA가 "지문찍혔다(fingerprinted)"면 STR 정보가 데이터베이스에 저장된다. 이는 그 사람이 어떤 병에 걸릴지를 나타내 주는 정보가 담겨 있어서 보험 회사에 전달될 것을 염려해야 하는가? 설명하시오.

13.91 한 가닥 DNA로 시작하여 15 주기를 끝낸 PCR은 몇 개의 이중가닥 DNA를 갖고 있겠는가?

13.92 dCCTAGGCGAATCCG의 서열을 갖는 한 가닥 DNA를 복사하려고 한다면 어떤 프라이머가 유용한가? 뉴클레오티드 서열은 5′에서 3′ 방향으로 적고 읽는다.

a. dCCTAG
b. dGGATC
c. dCGGAT
d. dGGCGC
e. dGCCTA

HealthLink | 루프스

13.93 snRNP란 무엇이고 그 기능은 무엇인가?

13.94 snRNP에 대한 면역 반응이 병과 어떻게 연관되나?

HealthLink | RNA 간섭

13.95 RNA 간섭에서 다음 것들의 역할을 설명하시오.

a. 이중가닥 RNA
b. 뉴클레아제
c. 소간섭 RNA
d. 가이드 가닥
e. RISC

13.96 병을 치료하기 위해 RNA 간섭을 이용하는 것은 적절한 소간섭 RNA를 합성하는 것을 요구한다.
a. 진실 혹은 거짓? 분해 표적이 되는 mRNA의 1차 구조를 아는 것은 적절한 소간섭 RNA가 합성되는 것을 가능하게 할 수 있는가?
b. 진실 혹은 거짓? 분해 표적이 되는 mRNA의 코드가 되는 유전자의 1차 구조를 아는 것은 적절한 소간섭 RNA가 합성되는 것을 가능하게 할 수 있는가?
c. 진실 혹은 거짓? 분해 표적이 되는 mRNA의 코드가 되는 원래의 단백질의 1차 구조를 아는 것은 적절한 소간섭 RNA가 합성되는 것을 가능하게 할 수 있는가?

BiochemistryLink | 빛나는 고양이

13.97 과학자들은 왜 고양이 병을 연구하기 위하여 고양이 난자에 해파리의 유전자를 주입했는가?

13.98 FIV 연구 외에, 과학자들이 GFP 유전자를 이용하는 경우는?

심화학습

13.99 **a.** 인산, β-D-데옥시리보퓨라노오스, 그리고 아데닌을 결합한 5′ 데옥시리보뉴클레오티드를 그리고 그 이름을 말하시오.
b. 이 뉴클레오티드에 대하여 인산과 데옥시리보스 잔기를 연결한 결합, 그리고 데옥시리보스와 아데닌 잔기를 연결한 결합의 이름을 말하시오.
c. a 문제에서의 2개 뉴클레오티드를 결합하여 만든 이뉴클레오티드를 그리고 5′과 3′말단을 표시하시오.
d. 이 뉴클레오티드에 대하여 2개 뉴클레오티드를 연결한 결합의 이름을 말하시오.

e. 삼뉴클레오티드는 a 문제의 뉴클레오티드를 c 문제의 이뉴클레오티드에 붙여서 만들었고, mRNA를 코드하는 DNA 형판 가닥에 끼워 들어가 있다. 이 삼뉴클레오티드가 전사되어 형성하는 코돈은?

f. e에서의 코돈에 의하여 결정되는 아미노산은?

g. f에서의 아미노산을 갖고 있는 tRNA의 안티코돈은?

h. e에서의 삼뉴클레오티드의 5′말단에 염기를 아데닌에서 구아닌으로 변화시키는 돌연변이가 있다면, 새롭게 전사되는 코돈은 무엇인가?

i. h의 코돈이 결정하는 아미노산은?

j. i에서의 아미노산을 갖고 있는 tRNA의 안티코돈은?

13.100 a. 아래는 레트로바이러스의 RNA 일부분이다. 그 RNA가 숙주내에서 역전사 효소에 의하여 생성되는 두 가닥 DNA를 그리시오.

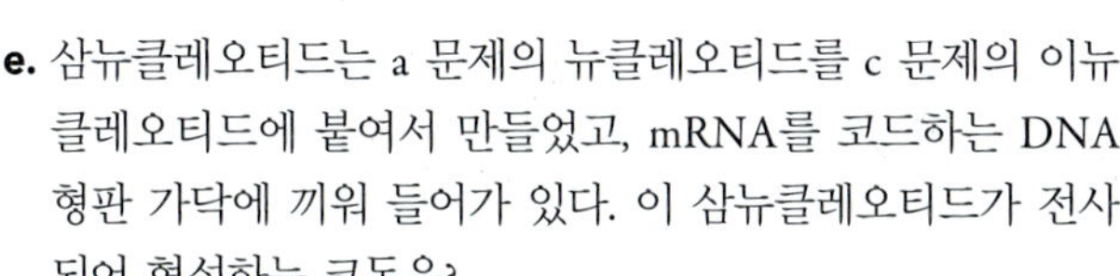

b. 새로운 DNA 가닥은 2개의 아미노산을 코드하는 RNA와 상보적이다. 이 DNA가 mRNA로 전사되었다면 어떤 2개 코돈이 생성되겠는가?

c. b의 코돈이 결정하는 아미노산은?

d. c에서의 아미노산을 갖고 있는 tRNA의 안티코돈은?

e. *N*-글리코시딕 결합(*N*-glycosidic bond)은 RNA의 어느 잔기들을 연결하는가?

f. 3′,5′-인산이에스테르 결합(3′,5′-phosphdiester bond)은 RNA내에서 어느 잔기를 연결하는가?

g. a의 RNA가 완전히 가수분해된다면, 생성되는 세 가지 화합물은 무엇인가?

연습문제 해답

13.1 $^{-}O-P(=O)(OH)-O^{-}$

$HOCH_2$, O, OH, H, H, H, H, OH, H (ribose); N, O, NH, NH_2, N, N, H (guanine)

13.2 우라실은 라이보오스와 결합될 수 있다. 그러나 2-데옥시라이보오스와는 결합하지 않는다.

13.3 1 인산에스테르 결합과 2 인산무수 결합

13.4 DNA

13.5 포도당(glucose)이 유일한 기초성분이다.

13.6 a. dTTACGCAAT

b.

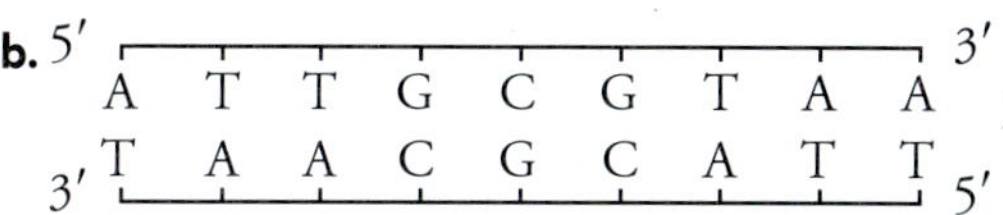

13.7 상보적 염기는 구아닌과 시토신(3개 수소결합); 아데닌과 티민(2개 수소결합)

13.8 RNA의 1차 구조는 뉴클레오티드의 서열이고, 단백질의 1차 구조는 아미노산의 순서이다. 잔기의 순서가 정보를 갖고 있다.

13.9 60,000

13.10 코돈: CGU, CGC, CGG, AGA, AGG;
안티코돈: GCA, GCG, GCC, UCU, UCC

13.11

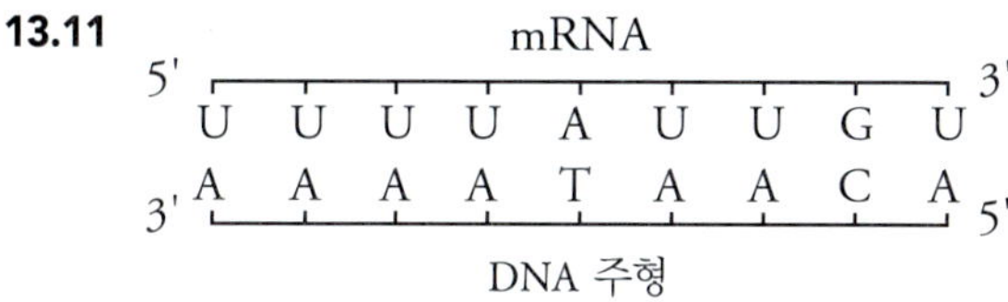

13.12 억제 단백질이 *lac* 오페론의 조절자리에 붙는다. 조절자리는 프로모터(RNA 중합효소 결합자리) 근처이다. 억제 단백질이 조절자리에 붙으면 전사는 일어나지 않는다.

13.13 사일런트(silent)

13.14 DNA 라이게이즈는 뉴클레오티드 사이의 결합을 만들어 두 가닥의 DNA를 서로 연결한다. DNA 재조합 과정에서, DNA 라이게이즈는 서로 다른 생물체에서 유래한 DNA를 연결할 수 있다.

13.15 *Taq* 중합효소의 불량률은 100,000배가 더 높다(1:9,000을 1:1,000,000,000과 비교하시오).

© Valorie Webster/iStockphoto

가족 모임에서

최근의 가족 모임에서 여러분이 화학 수업을 듣고 있다는 이야기가 화제에 올랐다. 열혈 낚시꾼인 한 친척이 당신에게 화학과 관련된 질문이 있다고 말했다. 그가 가장 즐겨 낚시하던 호수가 최근에 원치 않는 물고기들을 송어에 의해 제거되거나 대체될 수 있도록 하기 위해서 '어류와 야생동물 관리국(Fish and Wildlife Department)'에 의해서 폐쇄되었다. 호수의 모든 물고기들을 죽이기 위해 로테논(rotenone)이라고 불리는 화학물질을 이용했고, 그 후 호수는 바라던 물고기 종들로 다시 채워졌다. 당신의 친척은 로테논이 물고기를 질식시킨다고 들었고, 그 로테논이 같은 방식으로 사람들에게도 영향을 주는지를 궁금해 한다.

14 대사

본 장에 관하여

앞 장에서 우리는 지질, 탄수화물, 단백질, 핵산 등 생화학에서 중요한 4대 주요 화합물의 구조와 특성을 살펴보았다. 이제 우리는 이 분자들이 생물체에 의해서 분해되거나 합성되는 과정으로 주의를 돌릴 것이다. 이 과정을 다루는 것은 우리가 어떤 유형의 화합물에 노출되는지에 따른 건강상의 결과를 이해하는 데 도움이 될 수 있다. 예를 들어, 로테논(rotenone)은 어류에 있어서, 전자전달계(electron transport chain)라고 불리는 필수적인 과정을 방해한다.

CHAPTER 14의 목적

이 장을 끝내고 나면, 여러분들은 다음과 같은 것들을 할 수 있을 것이다. 즉:

1. 세 가지 다른 유형의 대사경로를 묘사할 수 있으며, 짝반응이 무엇을 의미하는지 설명할 수 있다.
2. 대사, 이화작용, 동화작용이라는 용어를 정의할 수 있으며, 대사 과정에서 ATP와 조효소의 역할을 표현할 수 있다.
3. 다당류, 중성지방, 단백질이 소화될 때 형성되는 생성물의 이름을 댈 수 있으며, 각각의 소화가 어디에서 일어나는지를 말할 수 있다.
4. 해당과정의 초기 반응물과 최종 생성물을 식별할 수 있으며, 이 경로가 어떻게 조절되는지를 묘사할 수 있다.
5. 포도당신생합성이 해당과정과 어떻게 다른지를 설명할 수 있다.
6. 글리코겐의 형성과 분해가 해당과정 그리고 포도당신생합성과 어떻게 관련되는지를 묘사할 수 있다.
7. 시트르산 회로의 개요를 설명할 수 있으며, 그 회로가 어떻게 조절되는지를 설명할 수 있다.
8. 시트르산 회로의 생성물이 전자전달계와 산화적 인산화에 의해 어떻게 사용되는지를 묘사할 수 있다.
9. 중성지방의 이화작용을 묘사하고, β 산화 나선과 β 산화 나선이 지방산 생합성과 어떻게 다른지를 설명할 수 있다.
10. 아미노산에서 아미노기의 대사 과정에서의 운명을 설명할 수 있다.

14.1 | 대사경로, 에너지와 짝반응

■ 대사경로에는 선형, 순환형, 나선형이 있다.

생물체가 어떻게 탄수화물, 지질, 또는 어떤 다른 생화학 화합물의 요소(members)를 합성하고 분해하는지를 토론하기 위해서는 **대사경로(metabolic pathway)**라고 불리는 일련의 반응들의 관점에서 이야기하는 것이 필요하다. 이 장에서 이야기할 대사경로는 **선형**(linear, 한 반응에서의 생성물이 다음 반응에서 반응물이 되는 연속적인 반응), **순환형**(circular, 마지막 생성물이 최초 반응물이 되는 일련의 반응) 혹은 **나선형**(spiral, 한 분자를 분해하거나 합성하기 위해서 일련의 반복적인 반응이 사용되는 것)이다(그림 14.1).

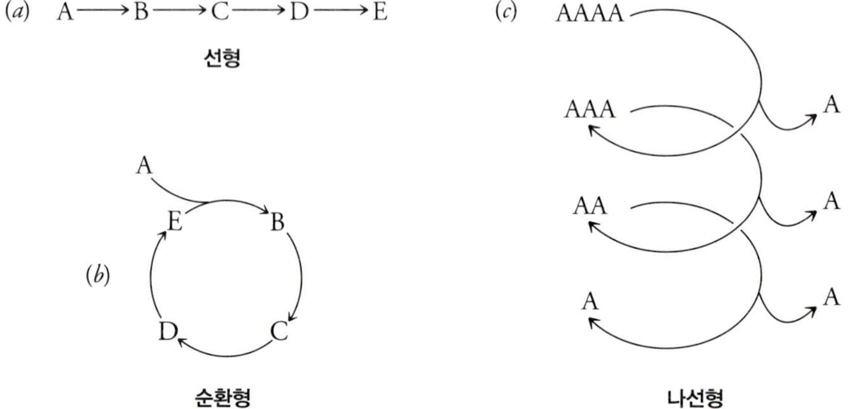

■ **그림 14.1**

대사경로 (*a*) 선형 대사경로는 한 반응에서의 생성물이 다음 반응에서 반응물이 되는 연속적인 반응이다. (*b*) 순환형 대사경로에서는, 마지막 생성물이 이 경로를 다시 시작하기 위해 사용되는 반응물 중 하나가 된다. (*c*) 나선형 대사경로에서는, 일련의 반복적인 반응이 어떤 분자를 분해하거나 합성하기 위해서 이용된다.

■ 자발적 반응은 한 번 시작하면 스스로 계속된다. 비자발적 반응은 무엇인가가 그 반응을 시작하도록 만들고 계속될 수 있도록 하지 않으면, 일어나지 않는다.

우리가 5.7절에서 보았듯이, 자유 에너지 변화(free energy change, ΔG)는 한 반응이 자발적인지(spontaneous, $\Delta G < 0$) 비자발적인지(nonspontaneous, $\Delta G > 0$)를 가늠하는 기준으로서 이용될 수 있다. 이 장에서 소개할 대사경로에서, 우리는 적절한 자발적 반응과 짝지어졌을 때 비자발적인 반응이 어떻게 발생하는지 그 예를 보게 될 것이다. **짝반응(coupled reaction)**에서, 자발적 반응은 비자발적 반응에 필요한 에너지를 제공한다.

아데노신 5′-이인산(ADP)으로부터 아데노신 5′-삼인산(ATP)이 형성되는 것은 짝반응의 한 예이다(그 구조를 보려면 그림 14.2를 참고). ADP가 인산 이온(P_i)과 결합하는 이 특정한 반응은 비자발적이며 에너지 투입 없이는 발생하지 않을 것이다.

$$\text{ADP} + \text{P}_i \longrightarrow \text{ATP} + \text{H}_2\text{O} \qquad \Delta G = +7.3 \text{ kcal}$$

많은 다양한 대사경로에서, ATP는 ADP와 P_i 의 반응을 화합 반응을 자발적으로 만들기 위해 충분한 에너지를 방출하는 다른 반응에 연결시키는 과정에 의해서 생산된다. 우리가 심도 있게 살펴볼 첫 번째 대사경로에서, ATP를 생산하기 위해 사용되는 반응 중 하나인 해당과정(14.4절)은 1,3-이인산글리세르산(1,3-biphosphoglycerate)이 3-인산글리세르산(3-phosphoglycerate)으로 전환되는 것이다. 발생하는 각 과정은 다음과 같다.

$$\text{1,3-이인산글리세르산} + \text{H}_2\text{O} \longrightarrow \text{3-인산글리세르산} + \text{P}_i \qquad \Delta G = -11.8 \text{ kcal}$$

$$\text{ADP} + \text{P}_i \longrightarrow \text{ATP} + \text{H}_2\text{O} \qquad \Delta G = +7.3 \text{ kcal}$$

해당과정에서, 한 효소가 −4.5 kcal/mol의 ΔG로 자발적 짝반응을 일으켜, 이 각각의 반응들을 동시에 촉매작용한다. 결과 반응식(net reaction equation)은 각각의 반응식을 더하고 반응 화살표의 양쪽 모두에 있는 화합물을 제거함으로써 얻을 수 있다. 총자유 에너지 변화는 짝지어진 각각의 반응에 ΔG 값을 더함으로써 계산할 수 있다.

$$\text{1,3-이인산글리세르산} \cancel{+\text{H}_2\text{O}} + \text{ADP} \cancel{+\text{P}_i} \longrightarrow \text{3-인산글리세르산} \cancel{+\text{P}_i} + \text{ATP} \cancel{+\text{H}_2\text{O}}$$

$$\Delta G = (-11.8 \text{ kcal}) + (+7.3 \text{ kcal})$$

$$\text{1,3-이인산글리세르산} + \text{ADP} \longrightarrow \text{3-인산글리세르산} + \text{ATP} \qquad \Delta G = -4.5 \text{ kcal}$$

자발적, 비자발적이라는 용어는 전체 대사경로에도 역시 적용될 수 있다. 이러한 결정은 그 경로의 모든 단계에 ΔG 값을 더하는 것에 근거를 둔다. 그림 14.1*a*에서 볼 수 있는 가상의 경로에서, 만약 각 단계에서의 ΔG 값이 각각 −1 kcal/mol, +5 kcal/mol, −3 kcal/mol, −6 kcal/mol이라고 하면, 그 과정은 $\Delta G = -5$ kcal/mol로 자발적이다.

예제 14.1

짝반응

해당과정의 초기 단계 중 하나는 ATP의 가수분해에 짝지어지는 반응에서 프룩토오스 6-인산(fructose 6-phosphate)을 프룩토오스 1,6-이인산(frutose 1,6-biphosphate)으로 전환하는 것을 포함한다.

$$\text{프룩토오스 6-인산} + P_i \longrightarrow \text{프룩토오스 1,6-이인산} + H_2O \qquad \Delta G = 3.9\ \text{kcal}$$
$$ATP + H_2O \longrightarrow ADP + P_i \qquad \Delta G = -7.3\ \text{kcal}$$

a. ATP가 없다면 프룩토오스 6-인산이 프룩토오스 1,6-이인산으로 전환되는 과정은 자발적인가 비자발적인가?
b. 총짝반응식(coupled reaction equation)을 적고, 프룩토오스 6-인산과 ATP 사이에서 전체 반응에서의 ΔG 값을 계산하시오.
c. 그 짝반응은 자발적인가 비자발적인가?

전략

자발적 과정에서 ΔG 값은 마이너스 값이며, 비자발적 과정에서는 플러스 값임을 상기한다. 모든 반응물을 반응 화살표의 왼쪽에, 모든 생성물을 오른쪽에 두고 나서, 양쪽 모두에 나타나는 화합물을 지우면 그 짝반응의 최종식(the net equation)을 구할 수 있다.

해답

a. 비자발적. ΔG는 플러스 값을 갖는다.
b. 프룩토오스 6-인산 + ATP ⟶ 프룩토오스 1,6-이인산 + ADP
$\Delta G = -3.4$ kcal
c. 자발적. ΔG는 마이너스 값을 갖는다.

연습문제 14.1

포도당생합성(gluconeogenesis)라고 불리는 과정에서, 프룩토오스 1,6-이인산은 프룩토오스 6-인산으로 전환된다. 아래의 반응식 중 어느 쪽이 자발적 과정을 묘사한 것인가? (예제 14.1을 참고)

a. 프룩토오스 1,6-이인산 + ADP ⟶ 프룩토오스 6-인산 + ATP
b. 프룩토오스 1,6-이인산 + H_2O ⟶ 프룩토오스 6-인산 + P_i

14.2 | 대사의 개요

이 장에서 **대사(metabolism)**—생물체에서 일어나는 모든 반응의 총체—에 대한 우리의 논의는 2개의 부분인 **이화(catabolism)**와 **동화(anabolism)**로 나눌 것이다. 화합물은 이화작용에서—보통은 에너지를 방출하면서—더 작은 화합물로 분해된다. 동화작용은 일반적으로 에너지를 흡수하는 과정에서 더 작은 화합물로부터 더 큰 화합물을 생합성하는 것을 수반한다.

ATP(그림 14.2*a*)는 대사의 핵심 역할자이다. 이화작용에서 방출되는 에너지는 이 화합물을 형성하기 위해 사용된다. ATP를 가수분해함으로써 얻어지는 에너지는 동화작용 또는 근수축(muscle contraction)과 같은 에너지를 흡수하는 작용에 이용될 수 있다(그림 14.3). 동화작용에 짝지어진 ATP 가수분해 반응에서 AMP는 아데노신 5′-일인산(adenosine 5′-monophosphate)(그림 14.2)이고, PP_i는 파이로인산(pyrophosphate)이다.

$$\mathrm{ATP} + \mathrm{H_2O} \longrightarrow \mathrm{ADP} + \mathrm{P_i} \qquad \Delta G = -7.3\ \mathrm{kcal}$$
$$\mathrm{ATP} + \mathrm{H_2O} \longrightarrow \mathrm{AMP} + \mathrm{PP_i} \qquad \Delta G = -7.6\ \mathrm{kcal}$$

(*a*)

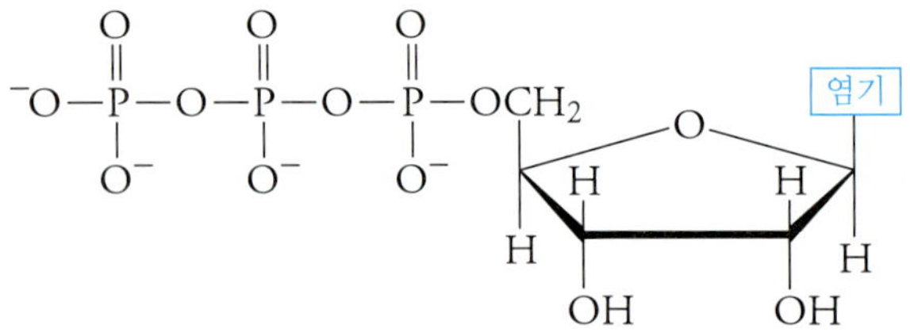

뉴클레오티드 삼인산의 일반적 구조

염기	이름
아데닌	아데노신 5′-삼인산 (ATP)
구아닌	구아노신 5′-삼인산 (GTP)
우라실	우리딘 5′-삼인산 (UTP)

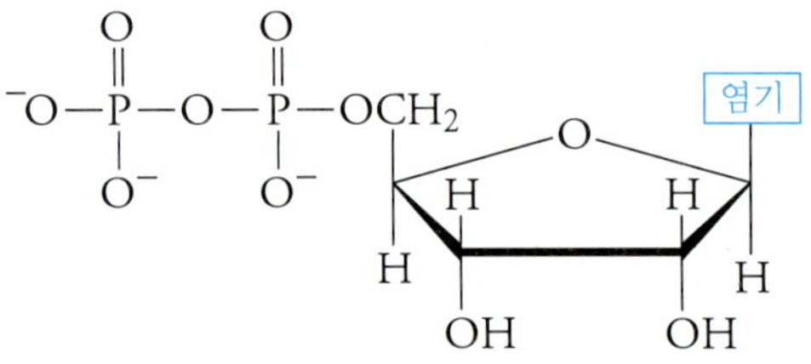

뉴클레오티드 이인산 일반적 구조

염기	이름
아데닌	아데노신 5′-이인산 (ATP)
구아닌	구아노신 5′-이인산 (GTP)
우라실	우리딘 5′-이인산 (UTP)

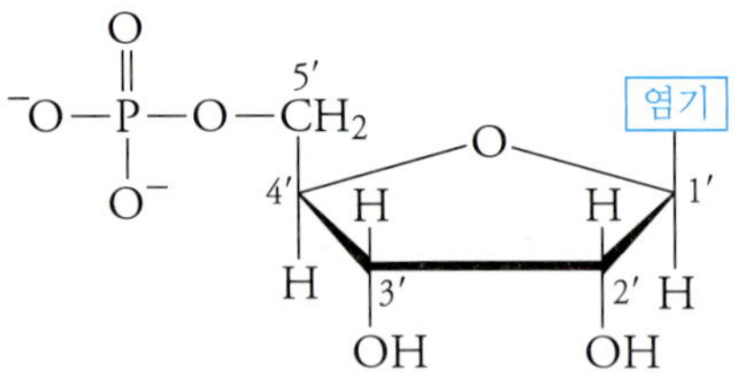

뉴클레오티드의 일반적 구조

염기	이름
아데닌	아데노신 5′-일인산 (ATP)
구아닌	구아노신 5′-일인산 (GTP)
우라실	우리딘 5′-일인산 (UTP)

그림 14.2

대사에 있어서 중요한 화합물들 (*a*) 이화작용에서 방출되는 에너지는 ATP에 저장되고, 어느 정도까지는, GTP와 UTP에 모인다. 이 에너지는 ATP가 ADP 또는 AMP로 가수분해될 때 방출된다. (Adenosyl은 아데노신 잔기를 가리킨다.) (*b*) 산화된 조효소 NAD^+, $NADP^+$, FAD는 이화작용에서 그들의 환원된 대응물로 전환되고, 환원된 조효소 NADH, NADPH, $FADH_2$는 ATP의 생성 혹은 동화작용에서 중요한 역할을 한다. 이화작용에 참여하는 여러 가지 분자들을 조효소 A(CoA) 잔기가 덧붙여진다. 그렇게 활성화된 조효소의 하나인 아세틸-CoA는 탄수화물, 지방산, 몇몇 아미노산의 이화작용 생성물이다.

■ 그림 14.2
(계속)

(*b*)

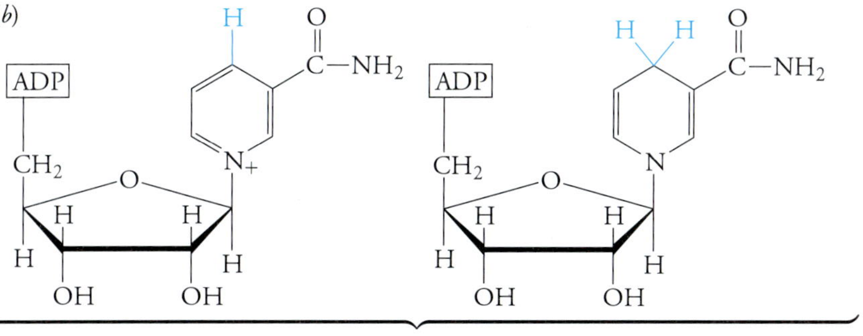

ADP, CH_2, O, N^+, H, OH, $C{-}NH_2$

Nicotinamide adenine dinucleotide

NAD^+
(이화 형태)

NADH
(동화 형태)

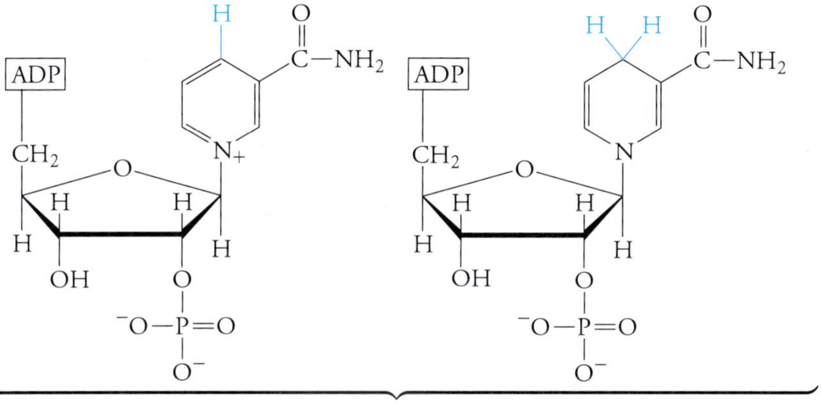

Nicotinamide adenine dinucleotide phosphate

$NADP^+$
(이화 형태)

NADPH
(동화 형태태)

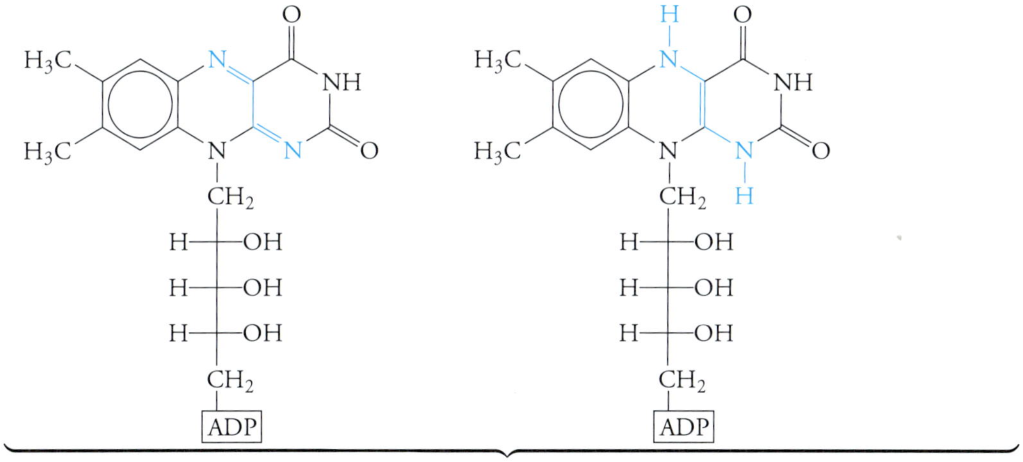

Flavin adenine dinucleotide

FAD
(이화 형태)

$FADH_2$
(동화 형태태)

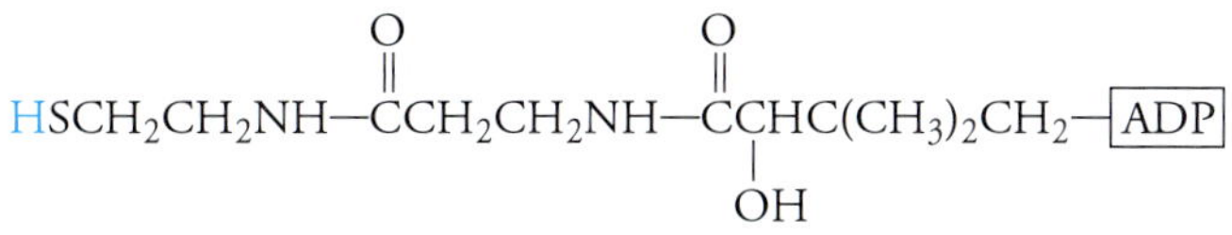

$HSCH_2CH_2NH{-}\overset{O}{\overset{\|}{C}}CH_2CH_2NH{-}\overset{O}{\overset{\|}{C}}CHC(CH_3)_2CH_2{-}$ ADP (OH)

Coenzyme A (CoA)

$CH_3\overset{O}{\overset{\|}{C}}{-}SCH_2CH_2NH{-}\overset{O}{\overset{\|}{C}}CH_2CH_2NH{-}\overset{O}{\overset{\|}{C}}CHC(CH_3)_2CH_2{-}$ ADP (OH) or $CH_3\overset{O}{\overset{\|}{C}}{-}CoA$

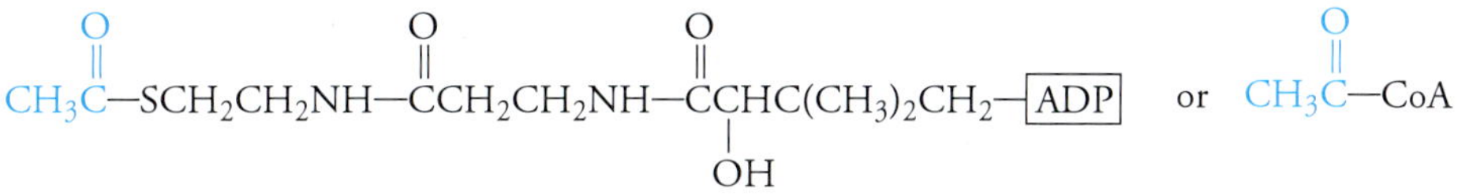

Acetyl-CoA

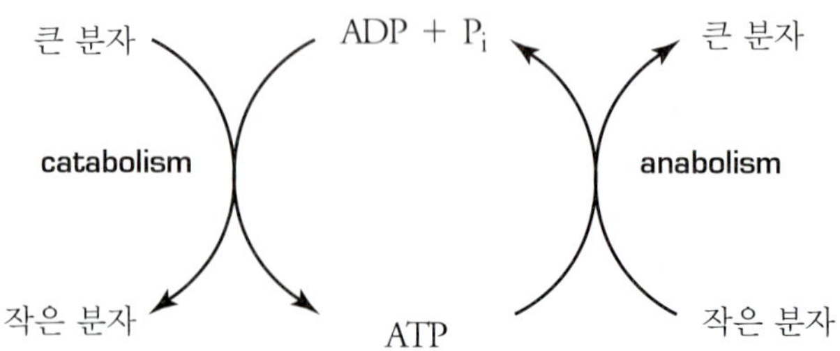

■ 그림14.3

ATP와 대사 ATP는 이화작용에서 방출된 에너지를 사용하면서 생성된다. ADP(혹은 그림에선 나타나 있지 않은 AMP)를 생성하기 위한 ATP의 가수분해는 동화작용을 추진시키기 위해 사용되는 에너지를 제공한다.

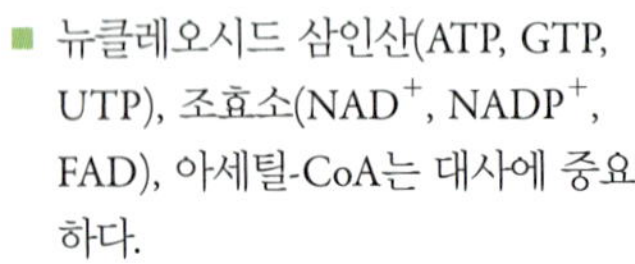

■ 뉴클레오시드 삼인산(ATP, GTP, UTP), 조효소(NAD^+, $NADP^+$, FAD), 아세틸-CoA는 대사에 중요하다.

구아노신 5′-삼인산(guanosine 5′-triphosphate, GTP)와 유리딘 5′-삼인산(uridine 5′-triphosphate, UTP)는 대사에 수반되는 2개의 다른 뉴클레오시드 삼인산(nucleoside triphosphate)이다. 각각의 가수분해로부터 이용가능하게 된 에너지는 대략 ATP에 의해 공급되는 에너지와 같은 값을 갖는다.

조효소 NAD^+, $NADP^+$, FAD(그림 14.2*b*) 역시 대사에 있어서 중요하다. 이화작용에서 발생하는 산화 반응에서 이 산화된 조효소(oxidized coenzyme)는 그들의 환원된 형태인 NADH, NADPH, $FADH_2$로 전환되는데, 이들의 에너지는 ATP를 생성하기 위해 이용되거나 이들의 수소 원자가 동화작용에 이용될 수 있다.

조효소 A(CoA)와 아세틸-CoA 역시 대사의 핵심이다. 몇몇 대사경로에서, 조효소 A 잔기(coenzyme A residue)의 부착에 의해서 반응물이 활성화된다[즉, 그들의 위치에너지(potential energy)가 증가된다]. 이 잔기가 가수분해될 때 방출되는 에너지는 그것이 아니면 비자발적인 반응이 되는 과정을 추진시키기 위해 사용된다. 아세틸-CoA는 탄수화물, 지방산, 몇몇 아미노산의 분해에 공통적인 생성물이며, 시트르산 회로(citric acid cycle)—이화작용으로부터 비롯되는 대부분의 ATP의 생성에 수반되는 생성물을 만드는 대사경로—의 시작점이 된다.

이화작용

이화작용은 음식물의 소화에서 시작되는데, 이화작용이 일어나는 동안에 중성지방(tryglyceride), 탄수화물, 단백질은 각각 그들의 기초성분인 지방산과 글리세롤, 단당류, 아미노산으로 쪼개진다(그림 14.4). 단당류는 **해당(glycolysis)**과정에 들어가지며(14.4절), 이 해당과정은 하나의 6탄당 분자(*hexose molecule*)를 2개의 피루브산염(*pyruvate*)(하나의 피루브산염은 3탄당)으로 전환시키면서 NADH와 ATP를 생성한다. 피루브산염은 아세틸-CoA(2탄당)로 전환될 수 있는데, 이것은 아세틸-CoA의 탄소 원자를 CO_2로 전환시키는 일련의 반응인 **시트르산 회로(citric acid cycle)**의 시작점이 되며(14.7절), 이 과정에서 *GTP*와 환원된 조효소를 생성한다.

■ 음식물 분자의 이화작용은 환원된 조효소와 ATP의 생성을 불러온다.

지방산은 지방산 산화(fatty acid oxidation)를 겪는데(14.9절), 이 과정에서 지방산이 아세틸-*CoA*가 되기 위해 2개의 탄소 단편(*carbon fragment*)으로 나뉘면서 NADH와 $FADH_2$가 생성된다. 아미노산은 그들의 아미노기(14.10절)를 잃어버리고, 아미노산에 따라 피루브산염, 아세틸-CoA, 시트르산 회로의 중간 생성물, 또는 관련된 화합물들로 전환된다.

이 과정들에서 생성된 NADH와 $FADH_2$는 **전자전달계(electron transport chain)**로 들어가는데(14.8절), 이 전자전달계에서 이 조효소들은 그들의 산화된 형태로 재생되어 이용되고, 그 과정에서 방출된(전자의 형태인) 에너지는 **산화적 인산화(oxidative phosphorylation)**에서 *ATP*를 생성하기 위해 이용된다(14.8절).

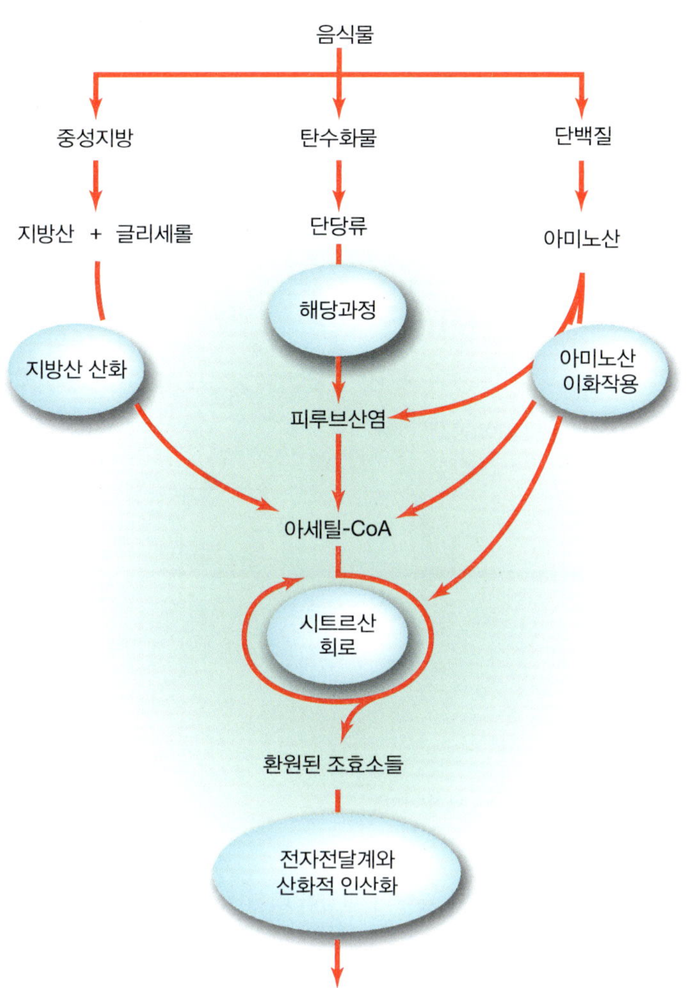

■ **그림 14.4**

이화작용 소화를 통해 얻어진 지방산, 글리세롤, 단당류, 아미노산은 다양한 이화작용의 대사경로로 들어가는데, 이 대사경로에서 환원된 조효소와 ATP가 생성된다. 각 경로의 상세한 사항은 이 장의 후반에 나와 있다.

바로 전에 이야기된 이화작용의 대사경로는 한 세포의 같은 부분에서 모두 발생하지는 않는다. 해당과정은 세포질에서 발생하는, 반면에 지방산 산화와 아미노산의 이화작용, 시트르산 회로, 전자전달계, 산화적 인산화는 모두 식물과 동물 세포에서 찾아볼 수 있는 세포기관인 **미토콘드리아(mitochondria)**에서 일어난다. 이 세포기관은 **대부분의 *ATP*가 생성되는 장소**이기 때문에 세포의 발전소라고 여겨지는데, 막 사이 공간(intermembrane space)에 의해서 외막은 주름이 있는 내막과 분리되어 있다. 외막은 대부분의 이온과 작은 분자들의 자유로운 이동 통로가 되지만, 내막을 통한 물질의 이동은 대개 수송 단백질(transport protein)의 활동이 요구된다. 미토콘드리아 내부의 유동체(fluid)는 기질(matrix)이라고 불린다(그림 14.5).

동화작용

동화작용이 이루어지는 동안에는 피루브산염, 아세틸-CoA, 시트르산 회로의 중간 생성물과 같은 작은 분자들이 지질, 다당류, 단백질로의 결합을 위한 지방산, 단당류, 아미노산을 만들기 위해서 이용된다. 동화작용 대사경로는 그림 14.4에서 보여지는 이화작용 대사경로의 정확한 역반응은 아니다—몇몇은 다른 효소와 조효소를 이용하며, 몇몇은 한 세포의 다른 부분에서 일어난다.

Did You Know?

인간의 모든 세포는 수백에서 수천에 이르는 미토콘드리아를 지니고 있다. 미토콘드리아는 그들만의 DNA(mtDNA)를 갖고 있는데, 이는 각 세포의 핵에서 발견되는 DNA(nuclear DNA)와는 다른 것이다. mtDNA는 박테리아 플라스미드(bacterial plasmid)(13.12절)처럼 원형(circular)이며, (nuclear DNA가 30억 개의 염기쌍을 지니고 있는데 반해서) 대략 17,000개의 염기쌍을 지니고 있고, (nuclear DNA가 대략 25,000의 유전자를 지니는 것에 비해) 37개의 유전자를 지닌다. mtDNA의 유전자는 주로 전자전달계와 산화적 인산화에서 이용되는 단백질 생성을 위한 암호가 된다.

과학자들은 미토콘드리아가 옛날에는 먼 과거의 어느 시점에서 다른 유형의 박테리아나 세포와의 공생 관계에 들어오게 된 박테리아였을 것이라는 가설을 제안한다. 시트르산 회로, 전자전달계, 산화적 인산화의 이용가능성은 그 이전에는 오직 해당과정에 의해서만 생존하고 있던 숙주세포에게 이점이 되었을 것이다.

이와 같은 미토콘드리아의 기원에 관한 아이디어는 많은 논쟁이 있어 왔다. 그러나 이 가설을 지지하거나 무효화시키기 위해서 필요한 실험적 증거들이 이용가능하지 않기 때문에 이 쟁점이 해결될 것 같지는 않다.

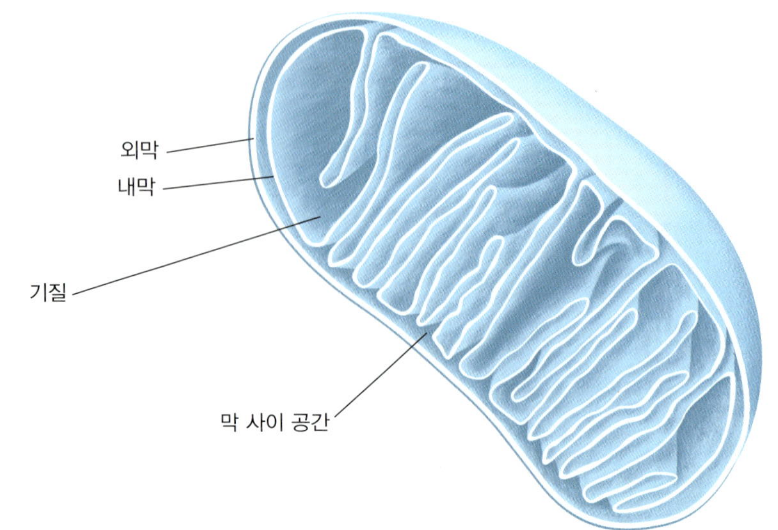

■ **그림 14.5**

미토콘드리아 구조 동물과 식물 세포에서 찾아볼 수 있는 이 세포기관은 지방산 산화, 아미노산 이화작용, 시트르산 회로, 전자전달계, 산화적 인산화를 위해 필요한 효소들과 다른 화합물들을 지니고 있다.

출처: After D. Voet, J.G. Voet, and C.W. Pratt, *Fundamentals of Biochemistry: Life at the Molecular Level*, Second Edition; Copyright 2006, Donald Voet and Judith Voet. Reprinted by Permission of John Wiley & Sons, Inc.

예제 14.2

ATP 가수분해

a. ATP가 가수분해할 때 끊어지는 공유결합의 이름을 쓰시오.
b. 이 반응은 에너지를 방출하는가 아니면, 흡수하는가?

$$\text{ATP} + \text{H}_2\text{O} \longrightarrow \text{ADP} + \text{P}_i$$

전략

그림 14.2의 ATP와 ADP의 구조를 비교한다. 제13장은 ATP와 ADP 내의 결합에 대하여 설명하고 있다.

해답

a. 인산무수화물 결합(phosphoanhydride bond)이 끊어진다.
b. 에너지는 방출된다($\Delta G < 0$).

인산무수화물 아데닌

ATP

아데닌

ADP

연습문제 14.2

a. ADP를 그리고, 인산에스테르 결합, 인산무수화물 결합, *N*-글리코시드 결합을 표시하시오.
b. ADP 내의 존재하는 단당류를 말하고, 그것이 퓨라노즈(furanose)인지 피라노즈(pyranose)인지, a 혹은 b인지 구분하시오.

14.3 소화

소화(digestion) 과정에서는 음식물에 존재하던 큰 분자들이 각각의 기초성분(*building blocks*)으로 분해된다. 관련된 분자들에 따라 소화는 입, 위, 소장에서 이루어진다(그림 14.6).

음식물에 존재하는 녹말(starch)의 소화는 입에서 시작되는데, 입에서는 침 아밀라아제(salivary amyloase)가 아밀로오스(amylose)와 아밀로펙틴(amylopectin)에 존재하는 몇몇 α-(1 ⟶ 4) 글리코시드 결

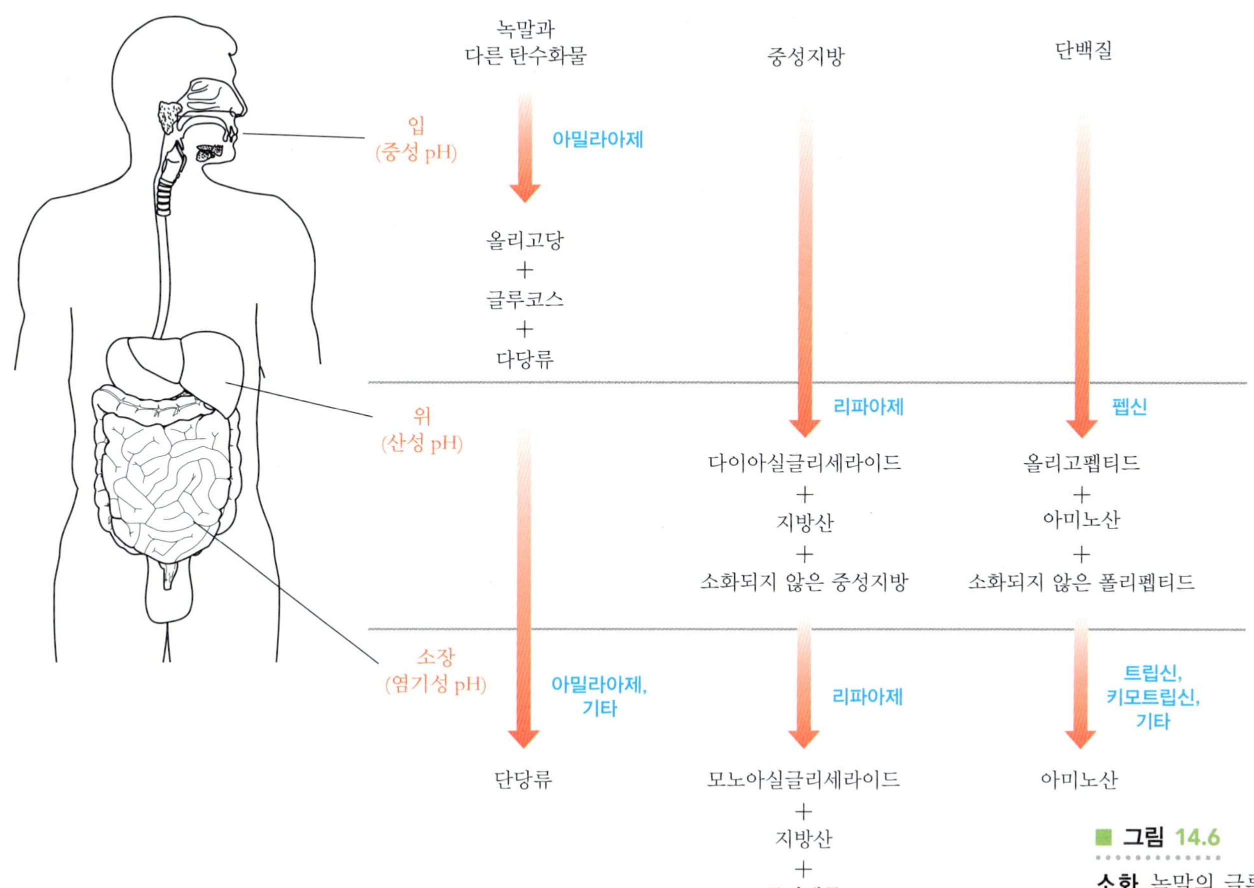

그림 14.6

소화 녹말의 글루코스로의 분해는 부분적으로 입에서 일어나고 대부분은 소장에서 일어난다. 몇몇 중성지방 소화는 위에서 일어나지만 주로 소장에서 이루어진다. 단백질은 위와 소장에서 아미노산으로 분해된다.

합(α-(1 ⟶ 4) glycosidic bond)의 가수분해를 촉매작용한다. 이 효소는 음식물에 존재하는 나머지 올리고당 혹은 다당류의 어떤 것에도 작용하지 않는다. 침 아밀라아제의 작용은 음식물이 삼켜진 후에는 곧 멈추는데, 위의 산성 조건이 급속도로 이 효소를 변성시키기 때문이다. 위를 빠져 나와서 소장으로 들어가면 남아 있던 어떤 녹말이나 다른 올리고당 혹은 다당류도 단당류로 분해된다. 녹말은 아밀라아제의 작용에 의해 가수분해되어 글루코스가 되며[아밀라아제는 α-(1 ⟶ 4) 글리코시드 결합을 끊는다], 효소의 당가지를 제거(debranching)한다[아밀로펙틴에서 α-(1 ⟶ 6) 글리코시드 결합을 끊는다] (그림 14.7*a*). β-갈락토시다아제(β-galactosidase, 젖당을 가수분해한다)와 수크라아제(sucrase, 설탕을 가수분해한다)를 포함해서 다른 효소들은 올리고당과 다당류를 그들의 단당류 기초성분으로 분해한다. 제10장에서도 특별히 언급되었듯이 모든 올리고당과 다당류가 소화 가능한 것은 아니다. 소화 과정에서 생산된 단당류는 장의 내층에 있는 세포에 의해서 흡수되고, 몸 전체에 두루 분배되기 위해 혈액으로 방출된다.

중성지방의 소화는 위에서 시작된다. 침에 존재하는 침 리파아제(lingual lipase)와 (일단 침이 삼켜지면, 위의 산성조건에 의해서 활성화된다) 위에서 분비되는 위 리파아제(gastric lipase)는 중성지방의 가수분해를 촉매작용해서 다이아실글리세라이드(diacylglyceride)와 지방산을 산출한다. 중성지방 소화의 대부분은 소장에서 일어난다. 소장에서 담즙산(bile acid)은 유화제로서 작용하며(11.5절) 지질-물 콜로이드(lipid-water colloid)를 형성하고, 다이아실글리세라이드와 남아 있는 중성지방을 모노글리세라이드(monoglyceride), 지방산과 글리세롤로 분해함에 있어서 이자에서 분비되는 리파아제의 작용을 돕는다(그림 14.7*b*). 이 분자들은 소장 내층에 있는 세포로 건너가 결국 중성지방으로 다시 전환되는데, 중성지방은 처음에는 림프를 통해서 이동하며, 그런 후에는 지단백질(lipoprotein)에 의해 혈액을 통해 이동한다(11.5절).

■ 녹말과 중성지방은 주로 소장에서 소화된다. 단백질은 위와 소장에서 소화된다.

단백질의 소화는 위에서 시작되는데, 위에서 펩신이 아미노산 잔기들을 결합하고 있는 몇몇 펩티드 결합의 가수분해를 촉매 반응한다(그림 14.7*c*). 단백질, 올리고펩티드, 아미노산의 혼합물이 위를 벗어나 소장으로 들어갈 때, 어떤 가수분해되지 않은 펩티드 결합이라도 트립신, 키모트립신, 다른 단백질분해효소에 의해 분해된다. 그 결과로 생긴 자유 아미노산은 흡수되어 혈액으로 이동한다.

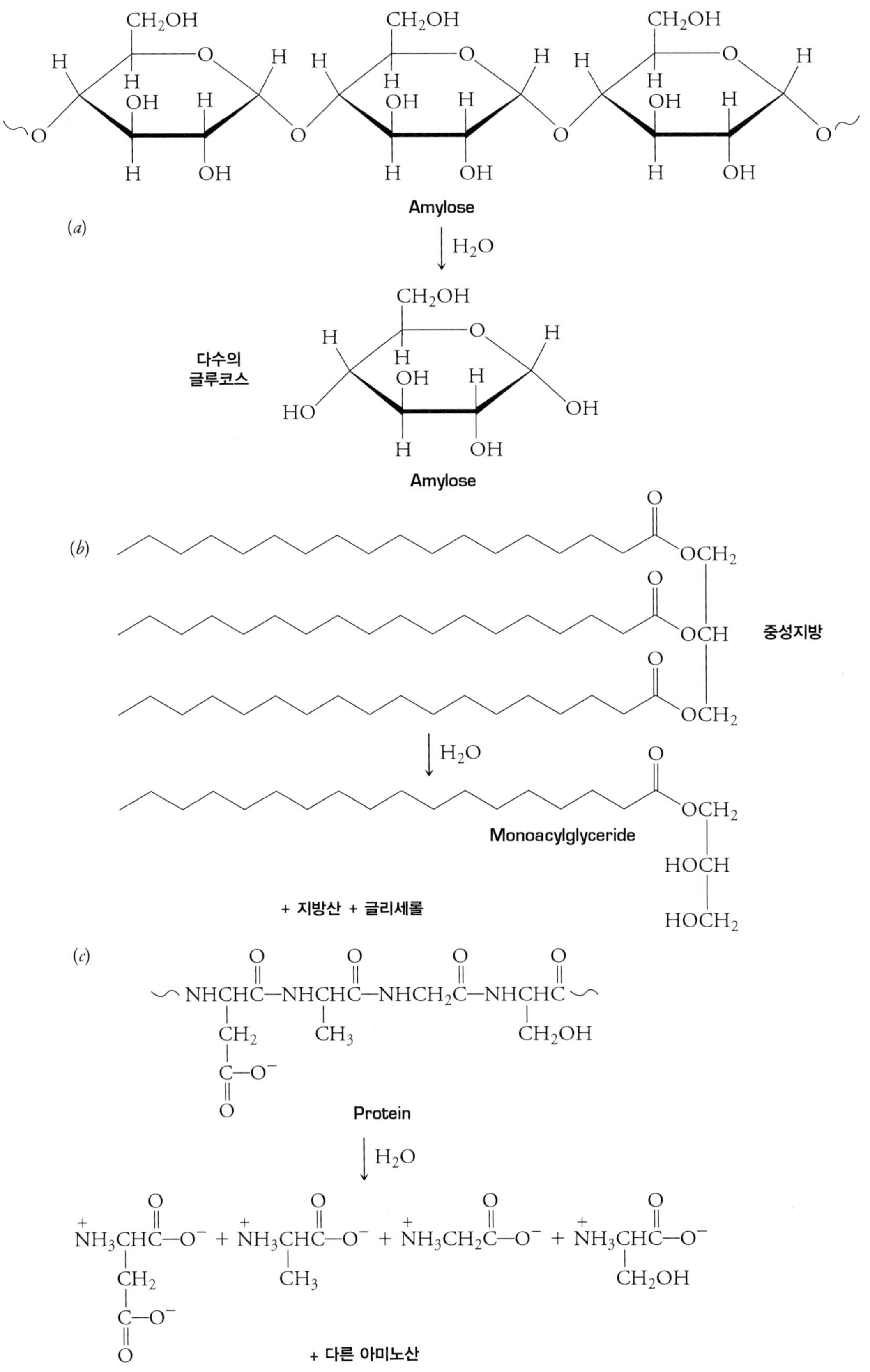

■ 그림 14.7

녹말, 중성지방, 단백질의 가수분해 (*a*) 녹말의 가수분해는 글루코스 분자를 산출한다. 아밀로오스와 아밀로펙틴의 α-(1 ⟶ 4) 글리코시드 결합은 아밀라아제에 의해 가수분해되며, 아밀로펙틴의 α-(1 ⟶ 6) 글리코시드 결합(그림에 나타나있지 않은)은 당가지 제거효소(debranching enzyme)에 의해 가수분해된다. (*b*) 중성지방의 가수분해는 리파아제에 의해 촉매 반응되며, 지방산, 글리세롤, 모노아실글리세라이드(글리세롤에 부착된 하나의 지방산 잔기로 구성된다)를 산출한다. (*c*) 단백질의 가수분해는 단백질분해효소(protease)에 의해서 촉매 반응되며, 아미노산을 산출한다.

예제 14.3

소화

이당류인 젖당의 분해를 위한 화학반응을 쓰시오. 그 반응에서 생성되는 단당류를 말하고, 그 가수 분해 과정에서 끊어지는 결합을 말하시오.

전략

큰 분자를 잘라서 형성구조물을 만드는 분해 과정을 생각하시오. 엿당 구조는 제10장을 참고하시오.

해답

젖당의 분해 과정에서 β(1 ⟶ 4) 결합이 끊어진다. D-유당과 D-포도당이 생성물이다.

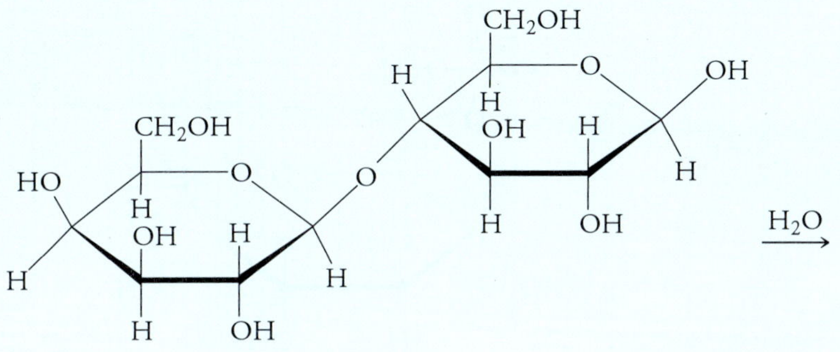

$$\xrightarrow{H_2O}$$

Lactose

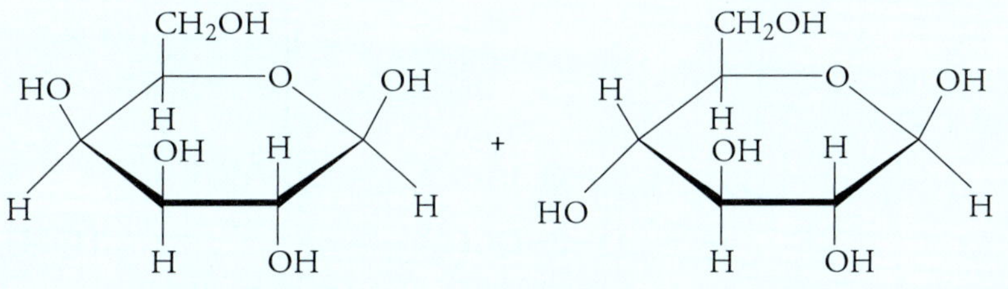

D-Galactose + D-Glucose

연습문제 14.3

불포화 트리글리세리드와 그 것이 분해 후 생성 가능한 모노아실글리세리드를 그리시오.

14.4 | 해당과정

이 절에서는 해당과정을 통한 글루코스의 이화작용에 초점을 둔다(그림 14.8). 이 10단계의 선형 대사경로에서—이 경로는 세포의 세포질에서 발생—하나의 글루코스 분자는 2개의 피루브산염 이온(pyruvate ion)으로 전환되며, 이는 2 ATP와 2 NADH의 생성을 동반한다. 피루브산염(pyruvate)은 피루브산(pyruvic acid)의 복합염기이다[카르복실산이 생리적(physiological) pH에서 복합염기로 존재한다는 사실을 상기하라].

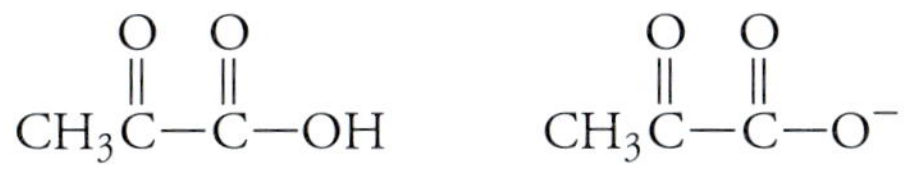

$$CH_3\overset{\overset{\displaystyle O}{\|}}{C}-\overset{\overset{\displaystyle O}{\|}}{C}-OH \qquad CH_3\overset{\overset{\displaystyle O}{\|}}{C}-\overset{\overset{\displaystyle O}{\|}}{C}-O^-$$

Pyruvic acid　　Pyruvate

■ 그림 14.8

해당 해당의 1~5 단계는 하나의 글루코스 분자가 2 ATP를 사용하면서 2개의 글리세르알데히드 3-인산(glyceraldehyde 3-phosphate)로 전환되는 과정이다. 6~10단계는 산화, 재배치, 인산기 전이의 과정을 포함하는데, 경로에 들어온 각 글루코스에 대해 2 NADH와 4 ATP를 생산한다. 전체적으로, 하나의 글루코스가 두 분자의 피루브산염으로 전환되는 과정은 총 2 ATP와 2 NADH를 생성한다.

Glucose

헥소키나아제 1 (ATP → ADP)

음성 효과체:
글루코스 6-인산

Glucose 6-phosphate

인산글루코스 이성화효소 2

Fructose 6-phosphate

인산프룩토키나아제 3 (ATP → ADP)

양성 효과체:
ADP와 AMP
음성 효과체:
ADP와 시트레이트

Fructose 1,6-bisphosphate

알돌라아제 4

■ 그림 14.8

(계속)

$^{-}O-P-OCH_2CCH_2OH$

Dihydroxyacetone phosphate

5

3탄당 인산 이성화효소

$^{-}O-P-OCH_2CHC-H$

Glyceraldehyde 3-phosphate

글리세르알데히드 3-인산 탈수소효소 6 ($NAD^+ + P_i$ → $NADH + H^+$)

$^{-}O-P-OCH_2CHC-O-P-O^{-}$

1,3-Bisphosphoglycerate

인산글리세르산 키나아제 7 (ADP → ATP)

$^{-}O-P-OCH_2CHC-O^{-}$

3-Phosphoglycerate

인산글리세르산 뮤타아제 8

$^{-}O-P-O$

$HOCH_2CHC-O^{-}$

2-Phosphoglycerate

에놀라아제 9 (→ H_2O)

$^{-}O-P-O$

$CH_2=C-C-O^{-}$

Phosphoenolpyruvate

피루브산 키나아제 10 (ADP → ATP)

음성 효과체:

ATP, 프럭토오스 1,6-이인산과 알라닌

CH_3C-C-O^{-}

Pyruvate

해당과정의 총반응(net reaction)은 다음과 같다.

$$\text{글루코스} + 2NAD^{+} + 2ADP + 2P_i \longrightarrow 2\,\text{피루브산염} + 2NADH + 2ATP + \text{에너지}$$

단계 1에서 한 분자의 ATP의 가수분해는 인산의 부착과 짝지어져서 글루코스를 형성한다. 단계 2에서 글루코스 6-인산이 프룩토오스 6-인산으로 이성화된 후에, ATP 가수분해(단계 3)는 인산의 부착과 짝지어져서 프룩토오스 6-인산이 된다.

단계 4에서 하나의 6탄당 분자(프룩토오스 1, 6-이인산)가 2개의 3탄당 분자(다이하이드록시아세톤 인산과 글리세르알데히드 3-인산)로 나뉘어지며, 단계 5에서는 다이하이드록시아세톤 인산이 이성화하여 글리세르알데히드 3-인산이 된다. 하나의 글루코스 분자가 두 분자의 글리세르알데히드 3-인산을 산출하기 때문에, 해당과정에 들어오는 하나의 글루코스 분자마다 단계 6~10은 두 번 일어나게 된다.

■ 해당과정은 하나의 글루코스 분자를 두 분자의 피루브산염 음이온인 2 ATP, 2 NADH로 전환한다.

단계 6~10은 글리세르알데히드 3-인산의 산화를 수반하며(NADH를 만든다), 1,3-이인산글리세르산으로부터 인산을 제거하고(ATP를 만든다), 3-인산글리세르산을 재배치하며, 2-인산글리세르산을 탈수화(dehydration)하고, 인산에놀피루브산염으로부터 인산을 전이한다(ATP를 만든다). 하나의 글루코스 분자가 해당과정에 들어오면, 이 대사경로의 초기 단계는 2 ATP를 소모하고, 후기 단계에서는 4 ATP와 2 NADH를 생성한다(단계 6~10이 두 번 일어난다). 이에 하나의 글루코스 분자로부터 최종적으로 2 ATP와 2 NADH를 얻게 된다.

해당과정의 조절

해당과정의 속도는 단계 1, 3, 10에서 조절되는데, 단계 3—그중 효소 인산프룩토키나아제에 의해 촉매 반응되는 단계 3이 가장 주요한 조절 지점이다. 이 다른자리입체성(allosteric) 효소(12.7절)와 ATP, 시트르산은 음성 효과체(negative effector)이다(그것들은 효소의 스위치를 켠다). 하나의 세포가 에너지가 충분할 때, ATP와 시트르산 이온, 시트르산 회로의 중간 생성물의 농도가 높아진다. 이런 조건에서, 해당과정에 의해 ATP의 더 많은 생성이 억제된다. 하나의 세포가 에너지가 부족할 때는, ADP와 AMP의 농도가 높아지고 인산프룩토키나아제가 활성화되어 해당과정이 진행되도록 한다.

■ 해당과정은 단계 1, 3, 그리고 10에서 조절된다.

헥소키나아제(hexokinase)—해당과정의 단계 1을 촉매반응하는 다른자리입체성 효소—는 글루코스 6-인산을 음성 효과체로 지닌다. 글루코스 6-인산의 농축이 높아지면—이것은 단계 3의 억제에 의해 야기될 수 있다—글루코스를 제조하거나(14.5절) 글리코겐을 분해해서(14.6절) 해당과정의 단계 1이 느리게 진행되도록 한다.

해당과정의 세 번째 조절 지점인 단계 10에서 다른자리입체성 효소인 피루브산염 키나아제는 ATP, 프룩토오스 1,6-이인산(단계 4에서의 반응물), 알라닌(alanine, 피루브산염 농축도가 높아질 때 생성될 수 있는 아미노산; 14.10절)을 음성 효과체로 갖는다.

Did You Know?

암세포에서는 해당작용이 정상 세포에서 보다 약 200배 정도 빠르게 일어난다. 양전자방출 단층 촬영술(PET, 2.9절)을 이용하면 18F가 표시된 포도당을 빠르게 흡수하는 것을 감지함으로써 전문의료진이 암을 진단할 수 있도록 도와준다

예제 14.4

해당과정

해당과정이 일어나려면 에너지의 초기 투입이 있어야만 한다. 어느 짝반응에서 이것이 일어나며, 어느 화합물이 이 반응을 추진하기 위해 사용되는 에너지를 제공하는가?

전략

한 짝반응에서, 하나의 자발적 반응은 비자발적 반응을 추진하기 위해 이용된다.

해답

단계 1과 3. ATP는 에너지의 직접적인 근원이 된다.

연습문제 14.4

해당과정의 어느 단계가 산화와 환원을 둘 다 포함하고 있는가? 무엇이 산화되고 무엇이 환원되는가?

피루브산염

대사는 많은 다양한 방향으로 피루브산염을 취할 수 있다. 효모에서, 피루브산염은 **알코올 발효(alcoholic fermentation)**를 겪는다(그림 14.9*a*). 이 과정에서, 피루브산염은 아세트알데히드(*acetaldehyde*)와 CO_2로 나누어지고, 아세트알데히드는 에탄올(*ethanol*)로 환원된다. 이 반응은 NADH를 재활용하여 NAD^+로 되돌리며, 해당과정이 계속될 수 있도록 해준다. 만약 NADH가 재순환되어 이용되지 않는다면, 해당과정의 단계 6을 위해 이용 가능한 충분한 양의 NAD^+가 있을 수 없게 되고, 그 대사경로의 반응들이 멈추게 된다.

인체에서, 피루브산염은 전력질주나 다른 격심한 운동과 같은 **혐기적 조건(anaerobic condition)**에서(O_2가 충분치 않다) 젖산으로 환원된다(그림 14.9*b*). 알코올 발효와 함께, 이 반응은 NADH를 해당과정이 계속되기 위해 필요한 NAD^+로 전환한다. 일단 생성되면, 젖산은 혈액에서 간으로 보내지는데, 간에서는 젖산을 글루코스를 제조하기 위해 이용될 수 있다[14.5절의 포도당생합성(gluconeogenesis)을 참조].

■ 피루브산염은 에탄올 + CO_2, 젖산, 혹은 아세틸-CoA + CO_2로 전환된다.

유기 호흡 조건(aerobic condition)에서(O_2가 충분히 공급된다), 피루브산염은 시트르산 회로의 첫 단계를 위한 반응물인 아세틸-CoA로 전환된다. 해당과정은 세포의 세포질에서 일어나는데, 아세틸-CoA의 형성과 시트르산 회로는 미토콘드리아 내부에서 일어난다. 피루브산염이 아세틸-CoA로 전환되기 전에, 그것은 확산을 통해 미토콘드리아 외막을 통과해야 하고 수송 단백질의 도움을 받아 미토콘드리아 내막을 통과한다. 일단 미토콘드리아 기질 안으로 들어오면, 피루브산염은 피루브산염 탈수소효소 복합체(pyruvate dehydrogenase complex, 3개의 다른 효소와 5개의 다른 조효소)와 만나게 되는데, 이것이 피루브산염을 아세틸-CoA로 전환하기 위해 필요한 반응을 촉매한다(그림 14.9*c*). 이 반응에서, NAD^+는 NADH로 전환된다. 아세틸-CoA로 전환되기 위해 미토콘드리아로 이동한 피루브산염은 세포질에서 NADH를 재순환하여 이용하기 위해 사용될 수 없는데, 이는 혐기적 조건에서 이루어지기 때문이다. 그러나 해당과정 동안 세포질에서 생성된 NADH는 미토콘드리아 막들과 연결된 셔틀(shuttle)의 작용에 의해 NAD^+로 재순환하여 이용될 수 있다(14.8절).

피루브산염 탈수소효소 복합체는 ATP, NADH, 아세틸-CoA에 의해 억제된다. 한 세포가 에너지가 충분한 상태일 때, 이 복합체의 농도가 높고 그것들에 대한 수요는 감소하게 된다.

(*a*) $CH_3C(=O)-C(=O)-O^- \xrightarrow{-CO_2} CH_3C(=O)-H \xrightarrow[NADH + H^+ \rightarrow NAD^+]{} CH_3CH_2OH$

Pyruvate → Acetaldehyde → Ethanol

(*b*) $CH_3C(=O)-C(=O)-O^- \xrightarrow[NADH + H^+ \rightarrow NAD^+]{} CH_3CH(OH)C(=O)-O^-$

Pyruvate → Lactate

(*c*) $CH_3C(=O)-C(=O)-O^- + CoA \xrightarrow[NAD^+ \rightarrow NADH + H^+]{CO_2} CH_3C(=O)-CoA$

Pyruvate + Coenzyme A → Acetyl-CoA

■ **그림 14.9**

피루브산염의 반응 (*a*) 효모에서, 피루브산염은 탈탄산화해서 아세트알데히드를 형성하는데, 아세트알데히드는 에탄올로 환원된다. (*b*) 혐기적 조건에서, 피루브산염은 젖산(lactate)으로 환원된다. (*c*) 호기적 조건에서, 피루브산염은 미토콘드리아로 이동하여, 그곳에서 아세틸-CoA로 전환된다.

에너지와 해당과정

인체에서 1몰의 글루코스가 해당과정에 들어오면, 혐기적 조건에서 그 대사경로의 최종 생성물은 2몰의 젖산과 2몰의 ATP가 된다(피루브산염이 젖산으로 전환되는 동안 NADH가 NAD^+로 재순환하여 이용된다). 이 일련의 반응을 위한 ΔG가 음의 값을 갖기 때문에, 이 과정은 자발적이다.

$$\text{글루코스} + 2\text{ADP} + 2\text{P}_i \longrightarrow 2\text{젖산} + 2\text{ATP} \qquad \Delta G = -29.4\ \text{kcal}$$

ADP의 ATP로의 전환은 +7.3 kcal/mol의 ΔG를 갖는다. 그래서 2몰의 ATP를 생성하기 위한 에너지 비용은 +14.6 kcal/mol이다. ATP를 생성한 후에도, 해당과정은 여전히 24.9 kcal/mol에 의해 자발적이다. 그래서 1몰의 글루코스가 2몰의 젖산으로 전환되는 과정에 의해 방출된 총자유 에너지(29.4 + 14.6 = 44.0 kcal/mol) 중에서 오직 33.2%(14.6/44.0 × 100)만이 ATP를 생성하기 위해 사용된다. 나머지 에너지는 열로 방출된다.

다른 단당류의 해당과정으로 들어감

보통의 단당류는 모두 어떤 지점에서 해당과정으로 들어간다. 그래서 글루코스는 이 대사경로에 의해 촉매 반응되는 유일한 단당류가 아니다. 일례로, 갈락토오스(galactose)의 글루코스 6-인산(glucose 6-phosphate)으로의 전환, 만노오스의 프룩토오스 6-인산으로의 전환, 프룩토오스(fructose)의 프룩토오스 6-인산(fructose 6-phosphate) 또는 다이하이드록시아세톤 인산(dihydroxyacetone phosphate)으로의 전환을 포함하고 있다. 하나의 특정한 단당류가 해당과정에서 중간 생성물로 전환되기 위해 필요한 반응의 수는 다양한 반면에, 해당과정을 통해 최종적으로 얻는 ATP와 NADH는 대개 글루코스의 경우와 같다.

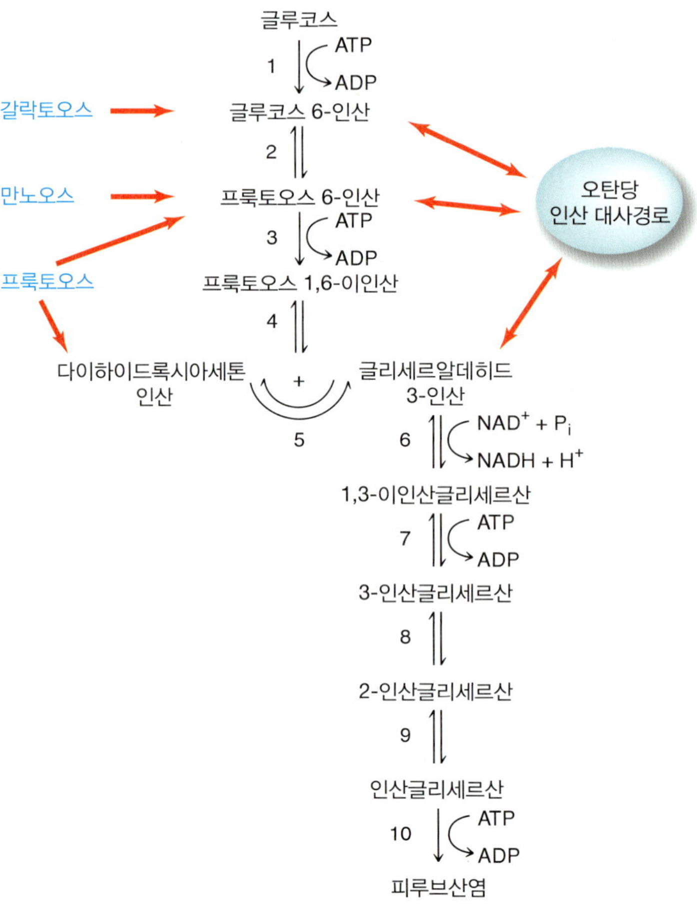

해당과정에서 중간 생성물의 몇몇은 또한 **오탄당 인산 대사경로(pentose phosphate pathway)**를

위한 시작점이 된다. 오탄당 인산 대사경로는 **라이보오스와 2-데옥시라이보오스의 생성, 다른 3-, 4-, 5-, 6-, 7- 탄당 분자들의 생성, 지방산 합성을 위해 필요한 조효소인 NADPH의 생성**을 책임지는 대사경로이다(14.9 절). 이 대사경로는 글루코스 6-인산, 프룩토오스 6-인산, 글리세르알데히드 3-인산(glyceraldehyde 3-phosphate)에 있어서, 해당과정으로부터 갈라져 나온 경로이다.

14.5 | 포도당신생과정

포도당신생과정(gluconeogenesis)은 젖산, 글리세롤, 아미노산과 같은 **비탄수화물 근원으로부터 글루코스를 만드는 과정**에 수반되는 선형 대사경로이며, 대부분 간에서 일어난다. 이 과정이 하는 중요한 역할 중 하나는 혐기적 이화작용에서 생성되는 젖산을 글루코스로 다시 전환시키는 것인데, 이것은 글리코겐으로 변형되기도 하고(14.6절), 혈액으로 가거나 다른 세포로 수송되기도 한다. 젖산을 재순환하여 이용하는 것 이외에도, 포도당생합성은 단식이나 굶주림의 초기 단계에서처럼 글루코스와 글리코겐(글루코스의 한 근원)이 고갈되었을 때, 글루코스의 공급자로서 역할을 한다. 글루코스의 이러한 공급은 특히 뇌세포에 있어서 중요한데, 지질이나 단백질 또한 사용할 수 있는 인체의 다른 세포들과는 달리 뇌세포는 대사를 하기 위해 오직 글루코스만을 사용하기 때문이다.

포도당생합성은 단순히 해당과정의 역반응은 아니다. 이 두 대사경로는 많은 반응과 효소를 공유하고 있지만, 해당과정의 단계 중 세 단계(단계 1, 3, 10)는 너무 자발적이어서 역반응이 가능할 수 없다. 이 자유 에너지 문제를 극복하기 위해, 포도당생합성에서는 이 세 단계의 역반응은 정반응과는 다른 효소에 의해서 촉매 반응되며, 다른 경로를 따르게 된다(그림 14.10). 해당과정의 단계 1에서, 하나의 글루코스 분자를 하나의 글루코스 6-인산으로 전환하는 과정을 촉매하는 헥소키나아제는 하나의 ATP 분자를 소비하는 것과 짝지어진다.

$$\text{글루코스} + \text{ATP} \longrightarrow \text{글루코스 6-인산} + \text{ADP} \qquad \Delta G = -4.0 \text{ kcal}$$

포도당생합성에서, 글루코스 6-인산의 글루코스로의 전환은 글루코스 6-인산 가수분해효소에 의해서 촉매 반응되는 가수분해 반응을 수반한다. 그림으로부터 ATP를 제거하는 것은 역반응을 자발적으로 만든다.

$$\text{글루코스 6-인산} + H_2O \longrightarrow \text{글루코스} + P_i \qquad \Delta G = -3.3 \text{ kcal}$$

이와 같은 접근은 해당과정의 단계 3에서도 이용된다. 정반응 방향의 반응은(프룩토오스 6-인산 ⟶ 프룩토오스 1, 6-이인산 + ADP) ATP의 가수분해와 짝지어진다. 역반응은(프룩토오스 1, 6-이인산 + H_2O ⟶ 프룩토오스 6-인산 + P_i) 다른 효소에 의해서 촉매 반응되며, 오직 인산 에스터 결합의 가수분해만을 수반한다. ATP는 이 반응에 참여하지 않는다.

해당과정 단계 10의 역반응은 몇 개의 단계를 필요로 한다. 정반응에서, 인산에놀피루브산염으로부터 피루브산염이 형성되는 과정은 ADP로부터 ATP가 생성되는 과정과 짝지어진다. 피루브산염으로부터 인산에놀피루브산염을 생성하기 위해서, 피루브산염은 옥살로아세트산(oxaloacetate,

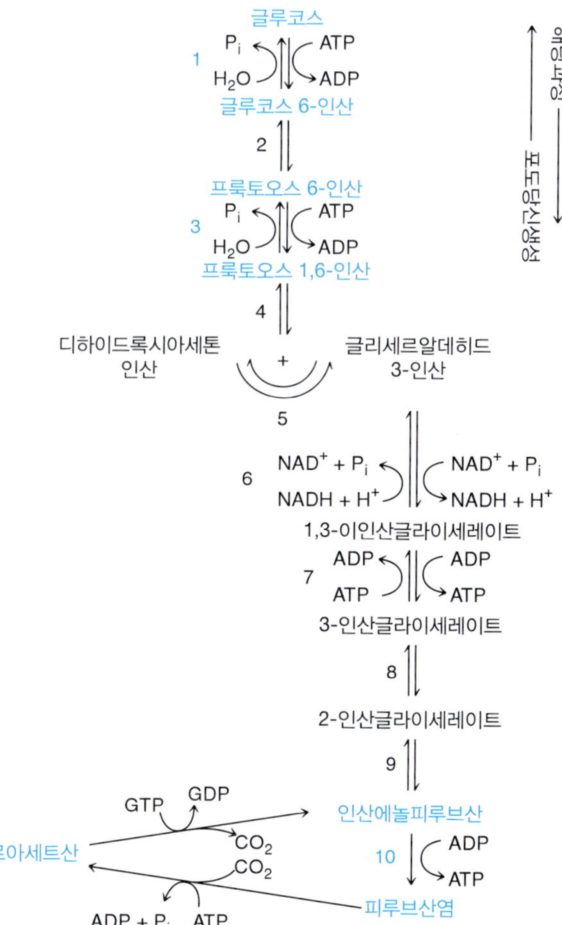

■ 그림 14.10

포도당생합성 피루브산염으로부터 글루코스가 생성되는 것은 해당과정의 정확한 역반응은 아니다. 해당과정의 단계 1, 3, 10에서 일어나는 변화를 역반응하기 위해서는 다른 효소들이 사용되어야 하며, 다른 반응들이 일어나야 한다.

시트르산 회로의 중간 생성물)로 전환되는데, 옥살로아세트산은 인산에놀피루브산염으로 변형된다.

해당과정에서처럼, 화합물은 포도당생합성 대사경로의 다양한 단계로 들어갈 수 있다. 이는 젖산의 피루브산염으로의 전환(그림 14.9*b* 반응의 역반응), 글리세롤의 다이하이드록시아세톤 인산으로의 전환(14.9절), 아미노산의 포도당생합성과 관련된 다양한 화합물로의 전환(14.10절)을 포함한다.

예제 14.5

글루코스 대사

a. 해당과정에서 한 분자의 글루코스가 두 분자의 피루브산염으로 전환될 때, NADH와 ATP(혹은 ATP의 등가물)에 있어서의 총변화는 무엇인가?

b. 포도당생합성에서 두 분자의 피루브산염이 하나의 글루코스로 전환될 때, NADH와 ATP 혹은 ATP의 등가물(equivalent)(GTP는 에너지상 ATP의 등가물이다)에 있어서의 총변화는 무엇인가?

전략

이 과정을 위한 지도로서 그림 14.10을 이용한다. 그리고 각각 NADH와 ATP에 있어서의 변화를 추적한다.

해답

a. +2 NADH 와 +2 ATP

b. −2 NADH 와 −6 ATP(사실상 −4 ATP와 −2 GTP)

연습문제 14.5

a. 해당과정은 이화작용인가? 동화작용인가?

b. 포도당생합성은 이화작용인가? 동화작용인가?

14.6 | 글리코겐 대사

글리코겐(glycogen)—글루코스 잔기에 연결된 α-(1 → 4)와 α-(1 → 6)으로 구성되는 매우 가지가 많은 단일다당류(homopolysaccharide)(10.7절)—은 주로 간과 근육 세포에서 찾아볼 수 있다. 이 탄수화물은 글루코스 저장 분자인데, 필요할 때 빠르게 분해되어 글루코스를 방출한다.

■ 글리코겐은 글루코스 6-인산으로부터 합성되거나 또는 글루코스 6-인산으로 분해된다.

글리코겐 합성(glycogenesis)은 해당과정 초기나 포도당생합성 후반에 형성되는 화합물인 글루코스 6-인산으로 시작된다. 글리코겐을 만들기 위해서, 글루코스 6-인산은 글루코스 1-인산으로 이성화하며, 그런 후에 글루코스 1-인산은 우리딘 5′-삼인산(UTP)와 반응하여 글루코스-UDP를 형성한다. 글루코스-UDP는 글루코스 잔기를 합성되는 글리코겐 사슬의 말단에 덧붙이기 위해 사용될 수 있는 활성화된 분자이다. **글리코겐 분해(glycogenolysis)**에서는 중합체(polymer)의 말단으로부터 글루코스 잔기가 제거되어 글루코스 1-인산이 되는데, 이는 글루코스 6-인산으로 이성화된다(그림 14.11).

글루코스의 농도가 높을 때 글리코겐 합성이 유발되며, 과도한 글루코스는 글리코겐으로 저장된다. 글루코스 농도가 낮을 때 글리코겐 분해가 시작된다. 간세포에서, 생성물 글루코스 6-인산은 글루코스로 가수분해되는데, 글루코스는 혈액으로 들어가거나 신체 전반의 세포에 두루 수송된다. 근육세포에서는 글리코겐 분해로부터 생성된 글루코스 6-인산이 해당과정으로 들어간다.

글리코겐을 만드는 데 관여하는 핵심 효소인 글리코겐 합성효소(glycogen synthase)와 글리코겐을 분해하는 핵심 효소인 글리코겐 가인산분해효소(glycogen phosphorylase)는 공유결합 변이(covalent

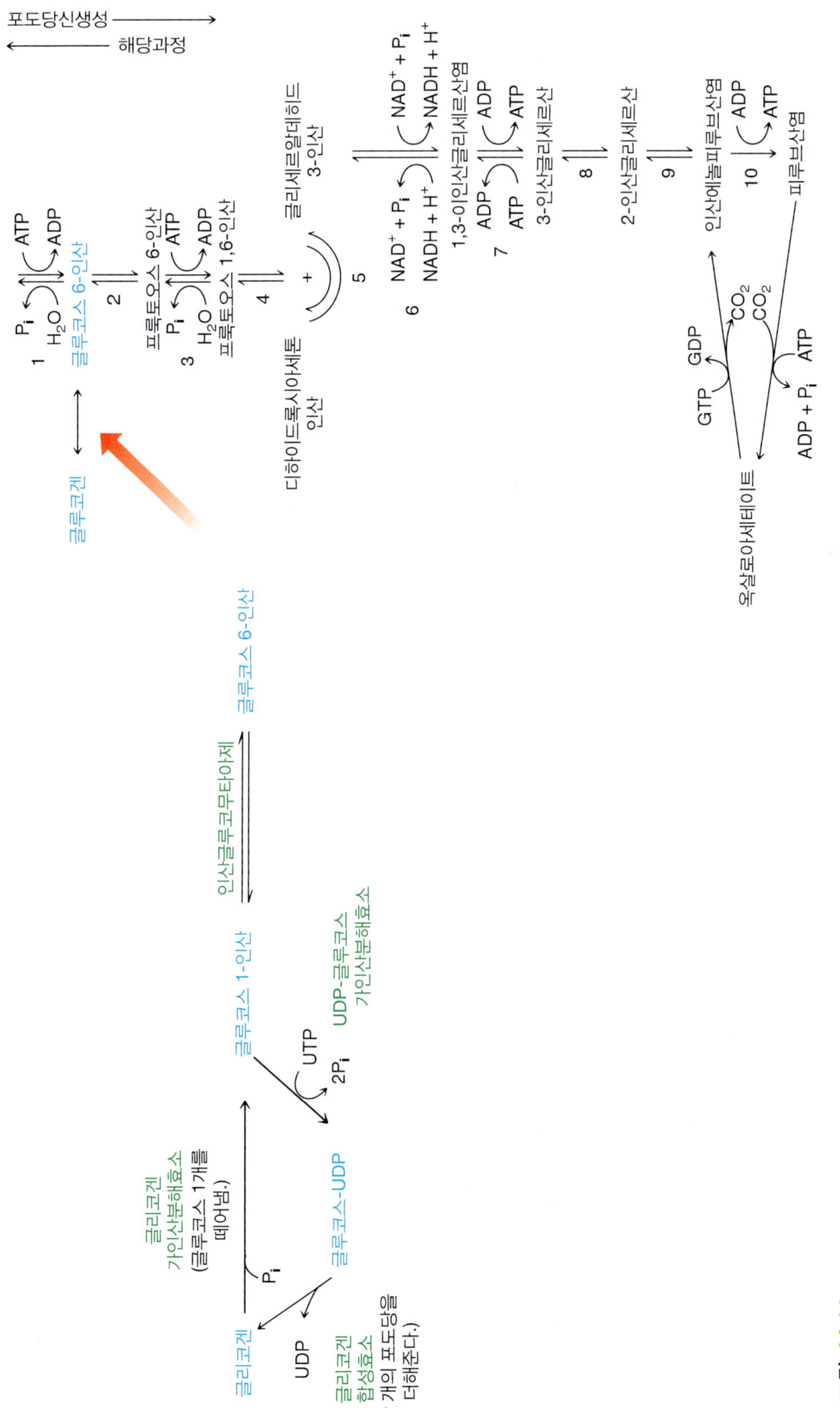

■ 그림 14.11 **글리코겐 대사** 글리코겐 합성은 글루코스 6-인산에서 시작되며, 세 단계가 필요하다. 글리코겐으로부터 글루코스 잔기를 제거하는 것(글리코겐 분해)은 두 단계가 필요하며, 글루코스 6-인산을 생성한다.

modification)에 의해 조절된다(12.7절). 한 효소의 스위치가 켜졌을 때, 나머지 한 효소의 스위치는 꺼진다. 어느 효소가 활성화되는가는 간접적으로 췌장 호르몬인 인슐린과 글루카곤에 의해서 결정된다.

혈당 레벨이 상승할 때, 존재하는 글루코스 양을 감소시키기 위해서 인슐린이 방출된다. 인슐린이 이를 수행하는 한 가지 방법은 글리코겐 합성효소를 활성화시키거나(글리코겐 합성속도를 빠르게 한

다) 글리코겐 가인산분해효소를 비활성화시키는 것이다(글리코겐 분해속도를 늦춘다). 인슐린은 또한 세포에 의해 혈당을 빨아들이는 것을 증가시키거나 해당과정의 속도를 증가시키거나 지질과 단백질의 합성을 증가시킴으로써 혈당을 낮춘다.

글루카곤은 역효과를 갖는다. 혈당 농도가 떨어지면, 글루카곤이 방출되어 혈당치를 증가시킨다. 적절한 효소의 공유결합 변이에 의해 글리코겐 분해의 스위치가 켜지고, 글리코겐 합성의 스위치가 꺼진다. 혈액으로부터 세포로 글루코스가 이동하는 속도가 느려지고, 단백질과 지질의 분해가 가속된다. 후자의 두 반응에서의 생성물은 포도당생합성에 의해 글루코스를 합성하기 위해 이용될 수 있는 아미노산과 글리세롤을 공급한다.

예제 14.6

글리코겐 대사

제5형 글리코겐 저장병(Type 5 glycogen storage disease)이라고 불리우는 유전적 이상을 갖고 있는 사람의 근육은 글리코겐 인산화 효소(glycogen phophorylase)를 생성하지 못한다. 그 결과 혈당치가 낮아져 신체적 움직임을 하기 어려워진다. 글리코겐 인산화 효소 결여가 낮은 혈당을 초래하는 이유를 설명하시오.

전략

그림 14.11의 글리코겐 대사 과정을 복습한다.

해답

글리코겐 인산화 효소는 글리코겐을 1-인산 포도당(glucose 1-phosphate)로 만들어 포도당을 생성하게 한다. 따라서, 이 효소가 없으면 혈당이 낮아지게 된다.

연습문제 14.6

제1형 글리코겐 저장병을 갖고 있는 사람은 6-인산 포도당을 포도당으로 전환하는 포도당 6-탈인산화 효소(glucose 6-phosphatase)를 생성하지 못한다. 이 병의 증세는 과다한 글리코겐 축적으로 인하여 간이 붓고 혈당이 낮아지는 것이다. 포도당 6-탈인산화 효소의 결여가 어떻게 이러한 증세를 일으킬 수 있는가?

14.7 | 시트르산 회로

해당과정 동안 한 글루코스 분자에서 위치에너지가 뽑아내져 2 피루브산염, 2 ATP, 2 NADH와 열에너지를 형성한다. 피루브산염은 그것들을 아세틸-CoA로 전환시킴으로써 더 많이 이화될 수 있는데(그림 14.9*c*), 이 아세틸-CoA가 시트르산 회로로 들어간다. 시트르산 회로는 미토콘드리아에서 일어나는데, 8단계로 이루어지며 순환형 대사경로이다. 왜냐하면 단계 1이 아세틸-CoA와 옥살로아세트산의 결합인데, 이는 그 대사경로의 마지막 반응의 생성물이기 때문이다(그림 14.12). 시트르산 회로의 한 차례 순환의 생성물들은 2 CO_2 분자, 3 NADH, 1 $FADH_2$, 1 GTP이다. 총반응식은 다음과 같다.

$$\text{아세틸-CoA} + 3\text{NAD}^+ + \text{FAD} + \text{GDP} + \text{P}_i \longrightarrow 2\text{CO}_2 + \text{CoA} + 3\text{NADH} + \text{FADH}_2 + \text{GTP}$$
$$\Delta G = -11 \text{ kcal}$$

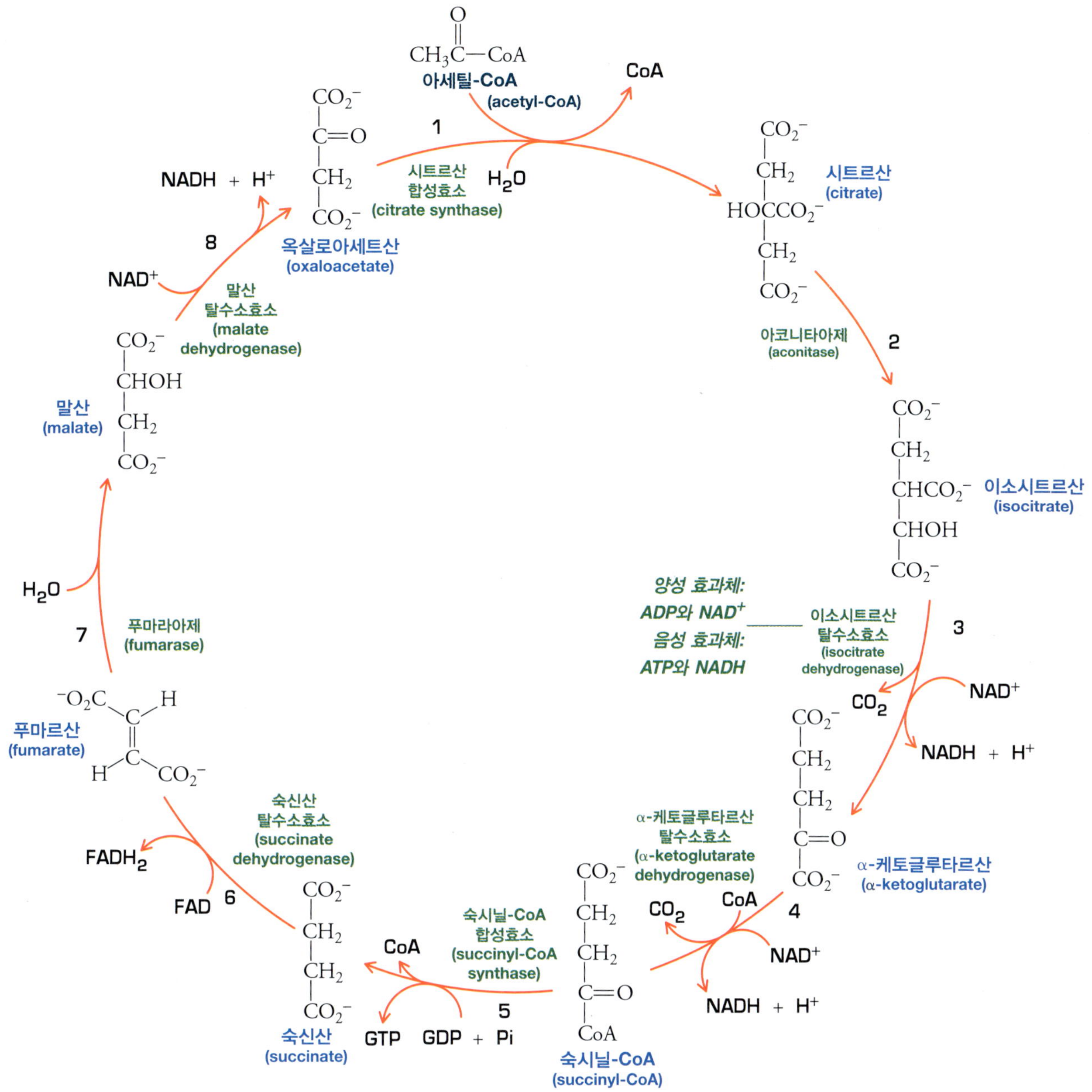

■ 그림 14.12

시트르산 회로 단계 1에서 옥살로아세트산(4탄당)은 아세틸-CoA(2탄당; CoA의 값을 무시할 때)와 반응하여 시트르산(6탄당)을 형성한다. 시트르산 회로의 나머지 7단계에서, 2 탄소 원자가 (CO_2의 형태로) 제거되며, 하나의 GTP가 형성되고, 산화반응은 3 NADH와 1 $FADH_2$의 형성을 설명해준다. 최종 생성물인 옥살로아세트산은 또 다른 아세틸-CoA와 결합하여 다른 회로를 시작한다.

단계 1에서 생성된 시트르산은 단계 2에서 재배치되어 이소시트르산이 된다. 단계 3에서 이소시트르산은 산화되어 α-케토글루타르산이 되며, NADH와 CO_2의 생성이 수반된다. NADH는 단계 4에서도 역시 생성되는데, 단계 4에서 α-케토글루타르산은 CoA와 반응하고 탈탄산화되어 숙시닐-CoA로 전환된다. 단계 5에서 숙시닐-CoA로부터 CoA가 제거되는 과정이 GDP와 P_i로부터 GTP를 형성하는 과정과 짝지어진다. 시트르산 회로의 나머지 단계들은 $FADH_2$의 생성(단계 6), 가수분해(단계 7), 옥살로아세트산과 NADH를 생성하기 위한 산화 과정(단계 8)을 포함한다.

■ 시트르산 회로의 한 차례 순환은 2 CO_2, 3 NADH, 1 $FADH_2$, 1 GTP를 생성한다.

시트르산 회로의 단계 5에서의 반응은 직접적으로 ATP를 생산하는 유일한 과정이다(GTP는 에너지 상으로 ATP와 등가물이다). 회로에서 생성된 환원된 조효소 NADH와 $FADH_2$는 전자전달계(14.8절)로 들어갈 수 있는데, 전자전달계에서 이 조효소들의 에너지는 더 많은 ATP를 생성하기 위해 이용된다.

시트르산 회로의 조절

시트르산 회로로 들어가는 것은 피루브산염이 아세틸-CoA로 전환되는 것에 의해 조절된다. 앞에서 주목했듯이, 이 반응을 촉매하는 다른자리입체성 효소 복합체는 ATP, NADH, 아세틸-CoA를 음성 효과체(negative effector)로 갖는다. 그 회로 자체에서는, 단계 3이—이소시트르산이 α-케토글루타르산으로 전환되는 것이—주요 조절 지점이다. 이 반응을 촉매하는 다른자리입체성 효소인 이소시트르산 탈수소효소는 ATP와 NADH를 음성 효과체로서 갖고 있으며, ADP와 NAD^+를 양성 효과체(positive effector)로서 지닌다.

예제 14.7

시트르산 회로에서의 에너지 변화

시트르산 회로에서, ΔG 는 -11 kcal/mol.

a. 이 대사경로는 자발적인가, 비자발적인가?

b. 이 회로에서 전체적으로 ΔG 값이 마이너스 값을 가지려면 8개 반응에 대한 각각의 ΔG도 모두 마이너스 값을 가져야 하는가?

전략

일련의 반응에 대한 전체적인 ΔG 값이 어떻게 계산되는지를 생각한다.

해답

a. 자발적.

b. 아니다. 이 회로에 대한 전체적인 ΔG 값은 각각의 반응에서의 ΔG 값을 모두 더함으로써 얻을 수 있다. 몇몇은 플러스의 ΔG 값을 가지고, 또 다른 몇몇은 마이너스의 ΔG 값을 가질 수 있다.

연습문제 14.7

시트르산 회로에서 방출되는 모든 에너지가 GTP와 환원된 조효소들을 생성하기 위해 사용되는 것은 아니다. 그러면 나머지 에너지에는 무슨 일이 일어나는가?

14.8 | 전자전달계와 산화적 인산화

우리는 이전 절에서 시트르산 회로의 한 차례의 순환이 2 CO_2, 3 NADH, 1 $FADH_2$, 1 GTP를 생성한다는 것을 보았다. 환원된 조효소(NADH와 $FADH_2$)가 전자전달계와 만나면—전자전달계에 이어 산화적 인산화가 뒤따른다—ATP가 생성된다.

전자전달계는 미토콘드리아 내막에 파묻혀 있는 단백질과 다른 분자들로 이루어지는 그룹을 말한다(그림 14.13). 이들 중 첫 번째로, 복합체 I(complex I)이 NADH가 NAD^+로 산화되는 동안 2개의 전자를 수용한다. $FADH_2$가 전자전달계에 있는 다른 투입점(entry point)인 복합체 II(complex II)에 2

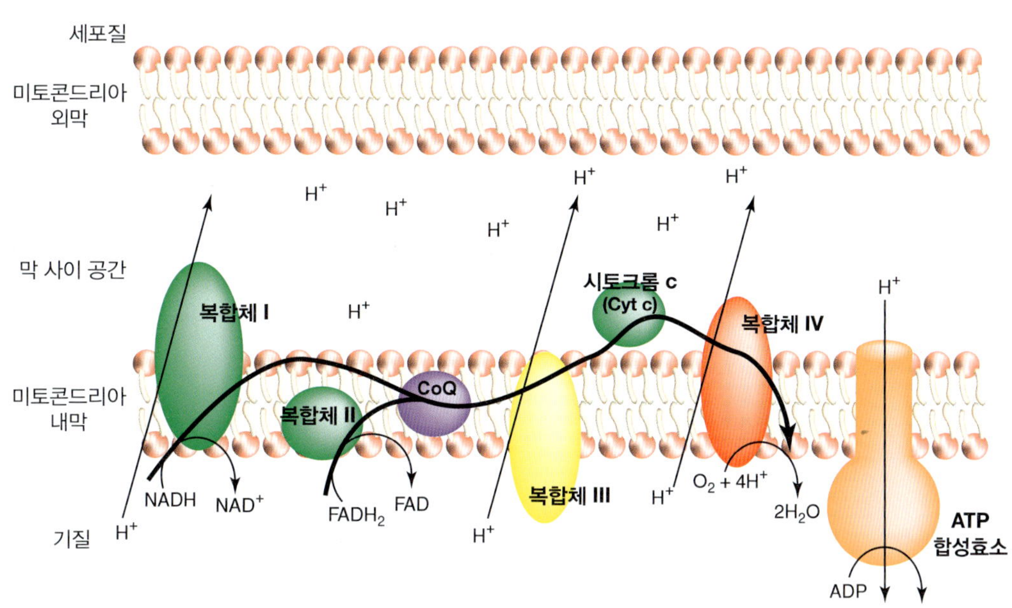

■ 그림 14.13

전자전달계와 산화적 인산화 일련의 단백질과 다른 분자들이 전자전달계를 구성하는데, 이 전자전달계는 NADH와 $FADH_2$로부터 전자쌍을 제거하는 과정을 수반한다. 전자쌍이 전자전달계를 통해 이동되면서 방출되는 에너지는 H^+를 미토콘드리아의 막간 공간으로 이동시키는 데 쓰인다. H^+가 ATP 합성효소 통로(ATP synthase channel)를 통해서 미토콘드리아 내막을 통과해 다시 움직일 때, 방출되는 에너지는 ADP와 P_i로부터 ATP를 합성하는 데 쓰인다.

개의 전자를 준다. 전자쌍들은 전자전달계의 한 분자로부터 다음 분자로 건네지며, 이때 각 단계에서 에너지가 방출된다. 전자의 마지막 수용체(acceptor)는 O_2인데, O_2는 다음의 반응을 겪는다.

$$O_2 + 4H^+ + 4e^- \longrightarrow 2H_2O$$

전자전달계에서의 몇몇 지점에서, 전자 교환 동안에 방출되는 에너지는 능동수송을 위해 쓰여서(11.7절), H^+를 미토콘드리아 내막을 통과해 막 사이 공간으로 이동한다. 그 결과, 미토콘드리아 내막 한쪽 편의 H^+ 농도는 다른 쪽의 농도보다 더 높아지게 되고, 이것에 기회가 주어지면, H^+는 고농도에서 저농도 쪽으로 확산될 것이다.

미토콘드리아 내막은 보통은 H^+가 통과하는 것을 허락하지 않는다. 그러나 ATP 합성효소가 수소 이온이 통과하기 위한 통로를 제공한다. 이 촉진 확산 동안에 방출된 에너지는 산화적 인산화(oxidative phosphorylation)라고 불리는 과정에서 ADP와 P_i로부터 ATP를 합성하는 것과 짝지어진다.

■ 전자전달계와 산화적 인산화는 ATP를 합성하기 위해서 NADH와 $FADH_2$에 존재하는 위치에너지를 이용한다.

NADH로부터의 전자들이 $FADH_2$의 전자들보다 전자전달계에 더 먼저 들어가기 때문에 NADH는 ATP 합성을 위해 사용될 더 많은 에너지를 제공한다. 평균적으로 하나의 NADH 분자는 2.5 ATP의 생성을 책임지고, 하나의 $FADH_2$ 분자는 1.5 ATP의 생성을 책임진다. 이 환원된 효소들에서 이용 가능한 위치에너지의 약 35%가 ATP로 전환되며, 나머지는 열로 방출된다.

전자전달계에서 사용되는 NADH와 $FADH_2$는 미토콘드리아에서 생성된다. 해당과정에서 하나의 글루코스 분자마다 2 NADH가 세포질에서 생성되는데, 이것은 이 전자전달계를 위한 전자를 제공할 수 있다. 그러나 NADH는 미토콘드리아 내막을 통과할 수 없기 때문에 오직 간접적으로만 가능하다. NADH의 2개의 전자를 세포질에서 미토콘드리아로 이동시키기 위해서는 2개의 다른 셔틀 시스템이 사용된다. 하나는 (열과 간세포에서 이루어지는데) 세포질의 각 NADH마다 미토콘드리아 기질에서 하나의 NADH를 생성한다. 나머지 하나는 (다른 세포들에서 이루어지는데) 각 NADH 마다 하나의 $FADH_2$를 생성한다(그림 14.14).

만일 전자전달계의 마지막 단계에서, O_2가 H_2O로 환원되는 과정이 불완전하면, 초과산화물 이온이나 과산화수소(H_2O_2)가 형성될 수 있다. 이 독성 화합물들은 보호효소인 초과산화물 불균등화효소(superoxide dismutase)와 카탈라아제에 의해서 분해된다(제9장 Health Link: 보호 효소).

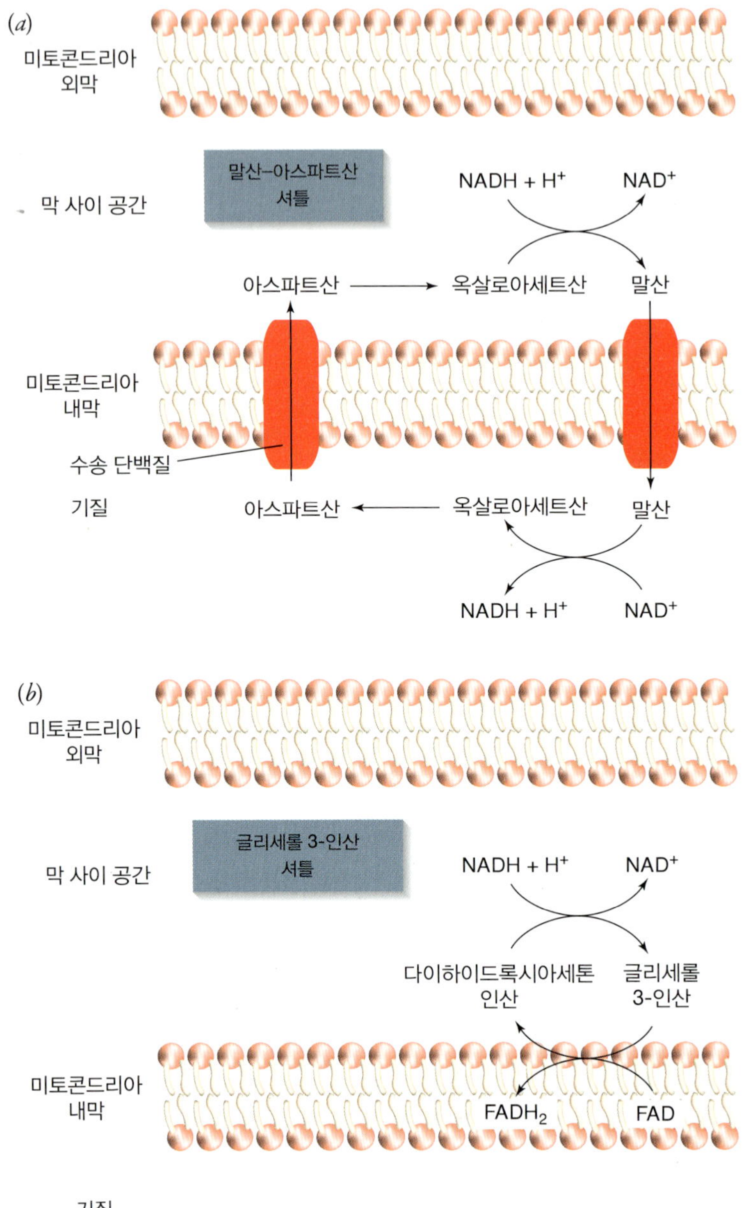

■ **그림 14.14**

NADH 셔틀 NADH는 미토콘드리아 외막을 통과해 막 사이 공간으로 이동할 수 있지만, 미토콘드리아 내막을 통과하지는 못한다. (*a*) 말산-아스파트산 셔틀(여기 그림에서 단순화되어 보여지고 있다)은 막 사이 공간에서 NADH를 NAD^+로 산화시키고, 내막을 통과하는 NADH의 유효한 "이동(moving)"에 있어서, 미토콘드리아 기질에서는 다른 NAD^+를 NADH로 환원시킨다. 이 셔틀에 관련된 두 화합물이 앞서 논의한 다른 대사경로—포도당생합성의 옥살로아세트산과 시트르산 회로의 말산과 옥살로아세트산—에도 관련되어 있다는 점을 주목하라. (*b*) 글리세롤 3-인산 셔틀은 막 사이 공간에서 NADH를 NAD^+로 산화시키고 미토콘드리아 내막에서는 FAD를 $FADH_2$로 환원시킨다. 이런 방식으로 생성된 $FADH_2$의 전자들은 직접 전자전달계의 참여자인 조효소 Q로 이동한다(그림 14.13). 이 셔틀에 수반된 다이하이드록시아세톤 인산은 역시 해당과정과 포도당생합성의 중간 생성물이다. 글리세롤 3-인산은 글리세롤 대사의 중간 생성물이다(그림 14.17*a*).

예제 14.8

전자전달계

전자전달계를 거치면서 $FADH_2$가 NADH보다 ATP를 왜 적게 만드는지 설명하시오.

전략

그림 14.13의 내용을 자세히 본다.

해답

NADH의 전자는 전자전달계 I 복합체로 들어가게 된다. 이 전자가 전자전달계를 통과하면서 H^+가 복합체 I, 복합체 III, 복합체 IV 세 군데에서 막간 공간으로 이동된다. $FADH_2$의 전자는 복합체 I 다음부터 전자전달계로 유입되므로 더 적은 수의 H^+가 이동된다. 막간 공간의 H^+가 ATP 합성에 사용되므로 $FADH_2$는 NADH보다 적은 ATP를 생성하게 된다.

연습문제 14.8

전자가 전자전달계를 지나면서 H^+는 미토콘드리아의 막간 공간으로 옮겨진다. 이 과정을 가장 잘 설명하는 용어는 확산, 촉진 확산, 능동 수송 중 어느 것인가?

글루코스로부터 산출된 ATP 요약

하나의 글루코스 분자가 해당과정을 거치면 직접적으로 2 ATP와 2 NADH를 생성한다. 세포질에서 생성된 각각의 2 NADH마다, 미토콘드리아에서는 미토콘드리아 내막을 통과하는 NADH의 전자가 어떤 시스템의 셔틀을 이용했는지에 따라서 2 NADH 또는 $2FADH_2$가 생성된다. 한 분자의 글루코스로부터 얻어진 두 분자의 피루브산염은 아세틸-CoA를 형성하는 동안 2 NADH를 산출한다. 시트르산 회로 동안에 두 분자의 아세틸-CoA는 6 NADH, 2 $FADH_2$, 2 GTP(=2 ATP)를 산출한다. 전자전달계와 산화적 인산화를 거치고 나면, 하나의 글루코스 분자로부터 생성된 총 ATP는 30–32 ATP가 된다(그림 14.15).

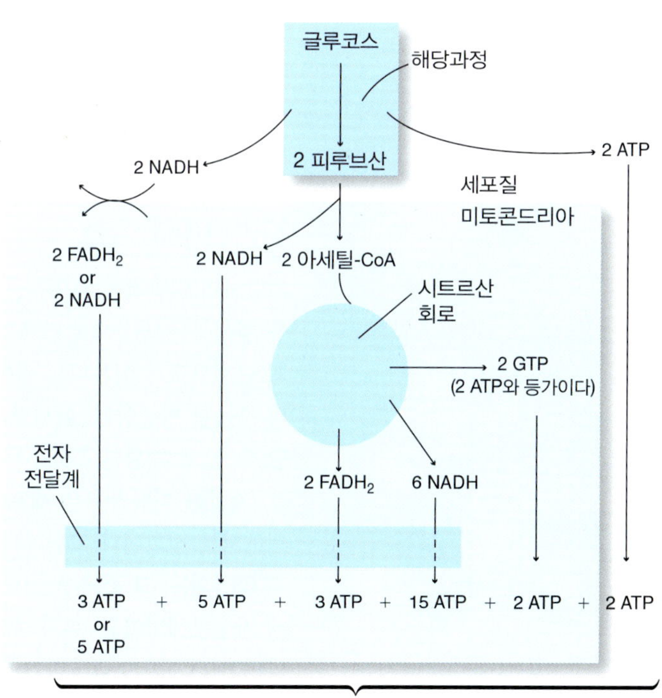

그림 14.15

ATP 생성 하나의 글루코스 분자가 해당과정, 시트르산 회로, 전자전달계에 의해 이화될 때, 30–32 ATP가 생성된다.

갈색지방

여러분의 체온은 정상적인 대사 동안 발산되는 열에 의해서 유지된다. 해당과정, 시트르산 회로, 전자전달계와 또 다른 자발적 대사경로들이 환원된 조효소와 ATP를 생성시키는 것 이외에도 열을 발산한다. 추위를 느낄 때 여러분의 몸이 추가적인 열을 생성하는 방법 중 하나는 몸을 떠는 것(shivering)이다. 부지불식간에 골격근(skeletal muscle)을 떠는 것으로부터 비롯되는 대사가 열을 생성한다.

갓난아기는 어른과 같은 정도의 열을 생성하기 위해서 몸을 떠는 방법에 의존하지 않는다. 대신에, 갓난아기들은 급속한 열 생성을 위한 주요 대사경로로서 갈색지방의 산화를 이용한다(그림 14.16). 모든 지방세포와 마찬가지로, 갈색지방세포는 중성지방을 가지고 있다. 갈색지방을 다른 비장과 구별짓는 것은 갈색지방이 훨씬 더 많은 미토콘드리아를 가지고 있기 때문이며, 이로 인해 갈색을 띠게 된다. 갓난아기가 추위를 느낄 때, 갈색지방에서의 중성지방 가수분해가 시작되며, 그 결과로 생긴 지방산은 급속히 이화하여(증가된 미토콘드리아의 수 덕분에) 아세틸-CoA를 형성한다(14.9절). 아세틸-CoA는 시트르산 회로로 들어가는데, 이 시트르산 회로 다음에 전자전달계가 이어진다(14.8절).

갈색지방은 특히 열을 발생시키기에 좋은데, 이는 갈색지방이 여분의 미토콘드리아 이외에도 써모제닌(thermogenin)이라고 불리는 단백질을 함유하고 있기 때문이다. 써모제닌은 언커플러(uncoupler 산화적 인산화 반응 탈공역제)—미토콘드리아 내막을 수소이온에 대해 투과성이 되도록 만드는 화합물—로서 작용한다. 써모제닌이 존재하면, 수소이온은 미토콘드리아 내막과 미토콘드리아 기질로 직접 통과할 수 있어서, ATP 합성효소가 ATP를 합성하기 위해서 이용되지 않으며 수소이온으로부터의 이용 가능한 에너지가 열로서 방출된다.

생후 1년을 넘어가면, 몸을 떠는 것이 열 생성을 위한 더 중요한 기작이 되는데, 이는 갈색지방의 레벨이 점차 감소하기 때문이다. 성인의 총지방 중 갈색지방은 오직 적은 양만을 차지하고 있다. 여러해 동안 성인은 갈색지방을 거의 가지고 있지 않다고 여겨져 왔다. 그러나 2009년에 발표된 3개의 학술 논문들은 그 견해를 변화시켰다. 이들 연구는 성인들도 쇄골 근처과 목 아래쪽에 갈색지방을 갖고 있다는 것이다. 갈색지방은 그 전에 생각되어졌던 것보다 더 중요하게 대사과정에서 그 역할을 할 것으로 여겨진다.

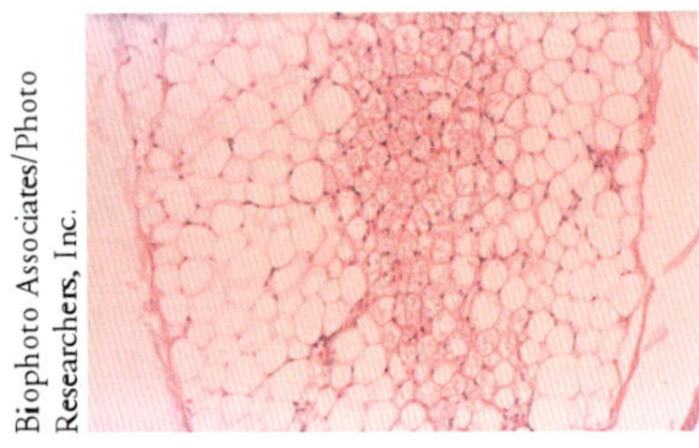

Biophoto Associates/Photo Researchers, Inc.

■ 그림 14.16

갈색지방 백색지방(위쪽 그림)보다 더 높은 농도의 미토콘드리아를 가지고 있어서, 갈색지방(아래쪽 그림)은 지방산을 매우 빠르게 이화시킨다. 갈색지방에는 써모제닌이라는 일종의 단백질이 존재해서 산화적 인산화로부터 전자전달계를 탈공역화(uncouple)시킨다. 미토콘드리아 내막으로 이동되는 수소 이온의 에너지는 ATP를 합성하기 위해서가 아닌, 열을 방출하기 위해 이용된다.

14.9 | 지질 대사

중성지방이 가수분해될 때, 생성된 글리세롤과 지방산은 많은 방법으로 이용될 수 있다. 글리세롤은 글리세롤 3-인산으로 전환될 수 있는데, 이것은 해당과정과 포도당생합성의 중간 생성물인 다이하이드록시아세톤 인산으로 변형된다(그림 14.17*a*). 따라서 세포의 필요에 따라, 글리세롤은 에너지를 생성하거나 저장하기 위해 이용될 수 있다. 글리세롤은 또한 지방산과 결합하여 중성지방(triglycerides)이 될 수 있다.

지방산 이화작용

지방산의 일반적인 운명은 중성지방과 스핑고지질(sphingolipid), 지방산 잔기를 함유하는 다른 지질들을 형성하는 과정에서 반응물로 이용되는 것이다. 지방산이 중요하게 이용되는 또 다른 경우는 에너지의 근원으로서 이용되는 것이다. 한 번에 2개의 탄소 원자, 지방산은 산화되어 NADH, $FADH_2$, 아세틸-CoA를 방출한다. 아세틸-CoA는 시트르산 회로에 들어갈 수 있어서 GTP, NADH, $FADH_2$를 생성할 수 있고, 환원된 조효소들은 ATP를 생성하기 위해서 전자전달계에 의해 이용될 수 있다.

지방산 이화작용은 세포질에서 시작되는데, 세포질에서 분자들은 조효소 A(CoA) 잔기의 부착에 의해서 활성화된다(그림 14.17*a*). 이 반응을 추진하기 위해 필요한 에너지는 ATP의 가수분해에 의해서 공급되고, 그 결과 AMP와 피로인산(pyrophosphate, PP_i)을 형성한다. 새롭게 생성된 피로인산은 즉시 가수분해되어 두 분자의 인산을 생성한다. 피로인산의 이러한 반응은 ATP의 가수분해와 거의 같은 양의 에너지를 방출한다. 이로 인해, 한 지방산의 활성화는 2 ATP(사실은 2 ATP와 에너지 등가물)를 필요로 하는 것으로 고려된다.

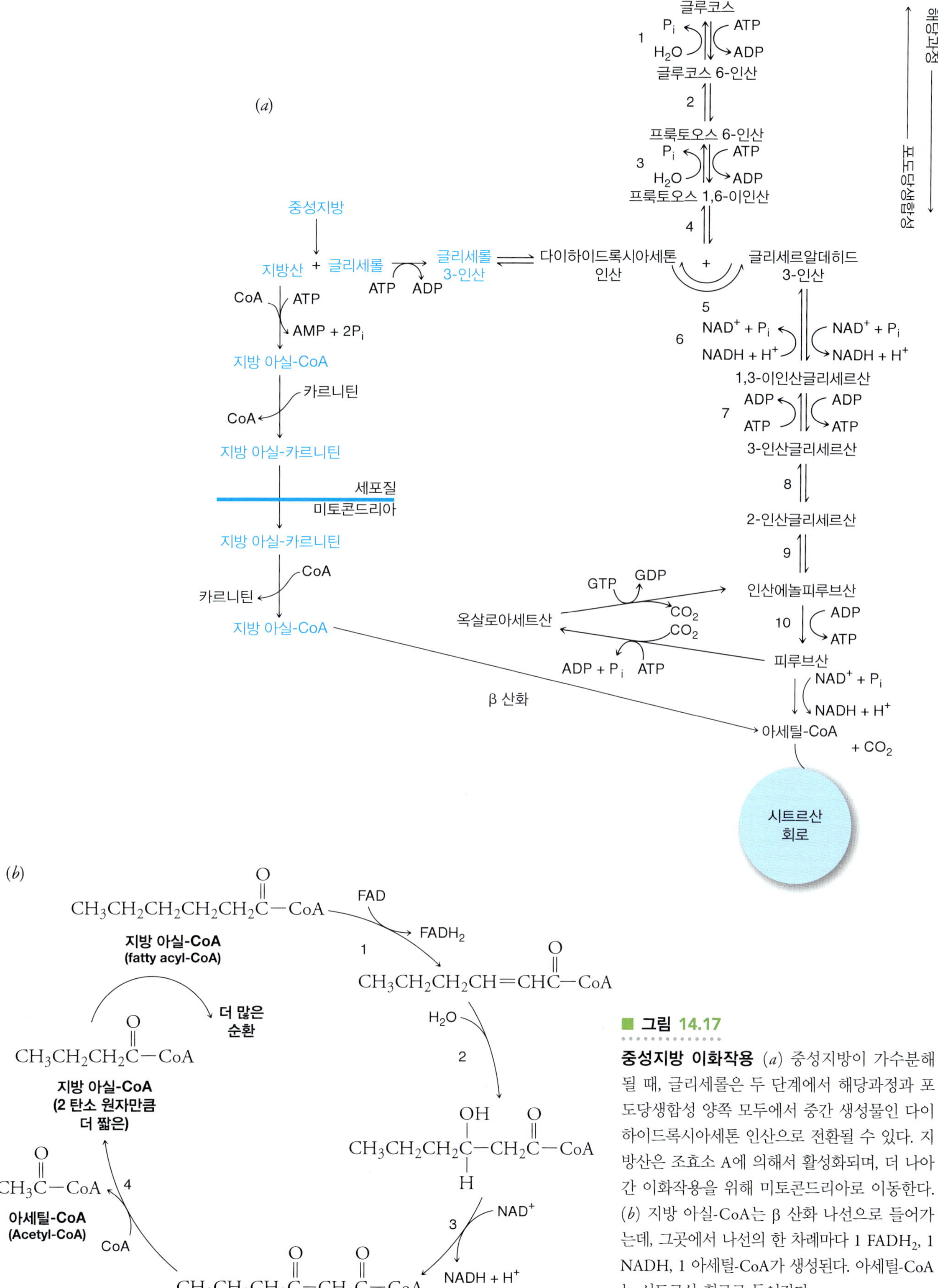

■ **그림 14.17**

중성지방 이화작용 (*a*) 중성지방이 가수분해될 때, 글리세롤은 두 단계에서 해당과정과 포도당생합성 양쪽 모두에서 중간 생성물인 다이하이드록시아세톤 인산으로 전환될 수 있다. 지방산은 조효소 A에 의해서 활성화되며, 더 나아간 이화작용을 위해 미토콘드리아로 이동한다. (*b*) 지방 아실-CoA는 β 산화 나선으로 들어가는데, 그곳에서 나선의 한 차례마다 1 $FADH_2$, 1 NADH, 1 아세틸-CoA가 생성된다. 아세틸-CoA는 시트르산 회로로 들어간다.

$$\text{지방산} + \text{CoA} + \text{ATP} \longrightarrow \text{지방 아실-CoA} + \text{AMP} + \text{PP}_i$$
$$\text{PP}_i + \text{H}_2\text{O} + \longrightarrow 2\text{P}_i$$

지방산 이화작용이 계속되려면, 지방 아실-CoA가 미토콘드리아로 이동해야 한다. CoA 잔기를 카르니틴이라고 불리는 화합물의 잔기로 대체하고, 지방 아실-카르니틴을 수송 단백질을 통해 미토콘드리아로 이동시키는 것을 통해서 이 작용이 일어난다. 일단 미토콘드리아 내부로 이동하면, 지방 아실-CoA는 재생성된다.

지방산 이화작용은 **β 산화 나선(β oxidation spiral)**이라고 불리는 나선형 대사경로를 수반하는데, 이 나선 경로에서 같은 일련의 반응들이 점점 더 짧아지는 반응물에서 반복된다. 이 대사경로는 4단계를 갖는다(그림 14.17*b*). 단계 1에서, 활성화된 지방산은 α와 β 탄소 원자에서 수소 원자가 제거되면서 산화된다. 동시에 FAD는 $FADH_2$로 환원된다. 단계 2는 탄소–탄소 이중결합의 가수분해를 수반하며 β 탄소에 알코올기를 놓는데, 이것은 단계 3에서 산화되어 C=O 기를 산출한다(이 단계 때문에 β 산화 나선이라는 이름이 붙여졌다). 알코올기가 산화되는 동시에, NAD^+가 NADH로 환원된다. 마지막 단계에서, 또 다른 CoA가 더해지면서 아세틸-CoA가 지방산으로부터 떨어져 나오는데, 이것은 원래보다 2 탄소 원자만큼 짧은 활성화된 지방산을 산출한다.

■ β 산화 나선을 한 차례 돌면, 1 아세틸-CoA, 1 $FADH_2$, 1 NADH가 생성된다.

β 산화 나선을 각각 통과하면서, 한 분자의 아세틸-CoA, 한 분자의 $FADH_2$, 한 분자의 NADH가 생성된다. 그림 14.18에서 보여지듯이, 한 분자의 8-탄소 지방산은 나선을 3번 통과할 수 있으며, 총 4 아세틸-CoA, 3 $FADH_2$, 3 NADH를 생성한다. 시트르산 회로에 들어오는 각각의 아세틸-CoA는 1 GTP, 3 NADH, 1 $FADH_2$를 제공한다. 환원된 효소가 모두 전자전달계를 통과해 보내지고 나면, 처

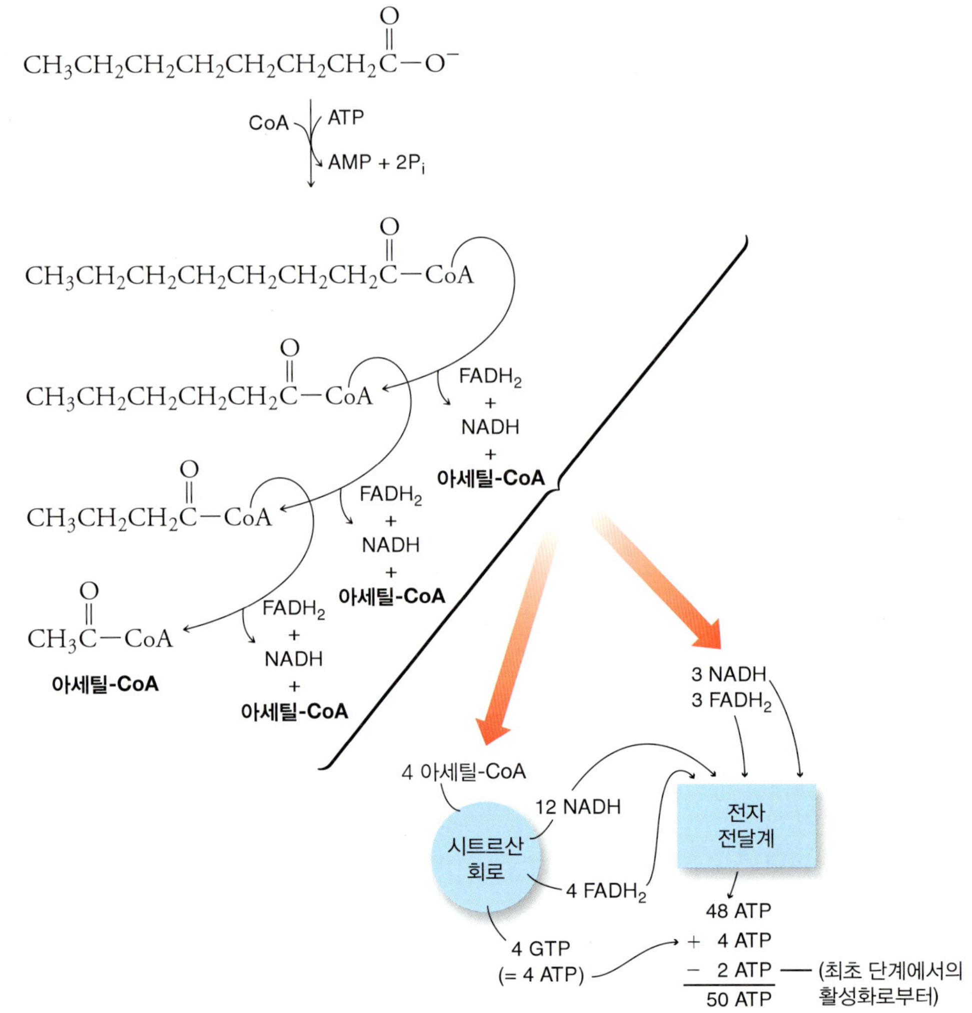

■ **그림 14.18**

옥탄산(octanoic acid)에서의 ATP 생성 하나의 라우르산 분자는 β 산화 나선을 3번 통과할 수 있고, 한 번 통과할 때마다 아세틸-CoA, $FADH_2$, NADH를 생성한다. 시트르산 회로를 통과해 보내진 아세틸-CoA로부터 생성된 GTP와 환원된 조효소를 고려할 때, 옥탄산의 이화작용은 50 ATP를 생성한다.

음의 8-탄소 지방산은 총 50 ATP를 산출한다. 중성지방은 하나의 지방산이 많은 ATP를 생성할 수 있는 전위를 가지고 있기 때문에 에너지를 저장하는 효과적인 형태이다.

예제 14.9

지방산 이화작용

a. 탄소수가 6개인 산(hexanoic acid)으로 시작할 때, β 산화 나선을 통과하는 것은 몇 번 일어날 수 있는가?

b. 문제 a에 대한 여러분의 대답에서, 오직 활성화와 β 산화 나선 통과만을 고려할 때, NADH, $FADH_2$, 아세틸-CoA, ATP의 총변화는 어떻게 되는가?

전략

그림 14.18은 8 탄소 원자를 함유하는 지방산의 이화작용을 추적하고 있다. 6탄소 산(혹은 그것의 짝염기)의 이화작용에 대응하는 이 그림의 부분들을 이용하면서, NADH, $FADH_2$, 아세틸-CoA, ATP의 형성을 추적한다.

해답

a. 2

b. +2 NADH, +2 $FADH_2$, +3 아세틸-CoA, −2 ATP(활성화)

연습문제 14.9

a. 예제 14.9*b*에 대한 대답에서, 일단 모든 아세틸-CoA가 시트르산 회로를 통과하여 이동하고 (시트르산 회로로부터의 것들도 포함해서) 모든 생성된 환원 효소가 전자전달계와 산화적 인산화에서 이용된다고 한다면, 총산출되는 ATP는 어떻게 되는가?

b. 하나의 6 탄산 분자로부터 얻을 수 있는 ATP의 총산출은 한 분자의 글루코스와 비교했을 때 어떠한가?

케톤체

지금까지 우리는 이 장에서 아세틸-CoA가 해당과정과 지방산의 β 산화에 의해 생성된 피루브산염으로부터 형성될 수 있다는 것을 보았다. 시트르산 회로에 당장 쓰일 수 있는 것보다 과도한 아세틸-CoA는 **케톤체(ketone bodies)**—아세토아세트산(*acetoacetate*), *3*-하이드록시부티르산(*3–hydroxybutyrate*)과 아세톤(*acetone*)—로 전환된다(그림 14.19). 2개의 아세틸-CoA 분자가 결합될 때 형성되는 아세토아세트산은 이산화탄소를 잃으면서 아세톤을 형성하거나 혹은 효소에 의해 3-하이드록시부티르산으로 환원된다. 케톤체는 물에 용해되므로 간세포로부터—케톤체는 간세포에서 전형적으로 생성된다—다른 세포들로 쉽게 수송된다. 많은 세포가 아세토아세트산과 3-하이드록시부티르산을 대사의 반응물로 이용할 수 있다.

굶주리게 되거나 당뇨병 때문에 글루코스 대사가 손상될 때, 글루코스 농도가 떨어지고 아세틸-CoA의 농도는 케톤체가 문제를 지니기 시작할 정도로 높은 수치에 이르게 된다. 아세틸-CoA의 농도는 몇몇 반응에서 상승하게 된다. 그 첫 번째는 글루코스가 없는 반응인데, 세포가 ATP의 합성을 위해 다른 분자들에 의존해야 한다. 우리가 앞에서 보았듯이, 지방산의 β 산화는 환원 조효소와 아세틸-CoA의 훌륭한 근원이다. 한 눈에 살펴보아도, 아세틸-CoA의 더 높은 농도는 시트르산 회로의 속도를 더 증가시키고, 심지어 더 많은 환원효소를 생성하며, 결국 더 많은 ATP를 생성한다. 그러나 낮은 글루코스 농도와 관련된 또 다른 물질대사 변화 때문이라면 경우가 다르다.

■ 그림 14.19

케톤체 2개의 아세틸-CoA 분자가 결합하여 케톤체 아세토아세트산을 형성하는데, 아세토아세트산은 나머지 다른 2개의 케톤체로 전환될 수 있다. 아세토아세틸-CoA의 탈탄산화는 아세톤을 산출하며, 이것의 환원작용은 3-하이드록시부티르산을 생성한다.

글루코스 농도가 떨어질 때, 세포들이 이 글루코스라는 연료를 충분히 공급받고 있는지를 확인하기 위해 포도당생합성의 스위치가 켜진다. 이 동화 대사경로의 초기 단계 중 하나는 옥살로아세트산이 인산에놀피루브산염으로 전환되는 것이다(그림 14.10). 옥살로아세트산을 포도당생합성으로 전환한다는 것은 이 반응물이 시트르산 회로를 시작하기 위해 아세틸-CoA와 결합할 양보다 더 적게 존재한다는 것을 의미한다. 만일 시트르산 회로가 느려지는 동시에 지방산 이화작용이 증가한다면, 아세틸-CoA와 케톤체의 농도는 상승한다. 케톤체의 과잉 생산(**케톤증, ketosis**)은 호흡에서의 아세톤 냄새나 소변이나 혈액의 케톤체 존재로 탐지될 수 있다. 케톤체의 높은 농도는 케톤산증(ketoacidosis)을 유발할 수 있는데, 아세토아세트산과 3-하이드록시부티르산에 의해 야기되는 혈액 pH의 하락은 치명적 결과를 낳을 수도 있다.

지방산 동화작용

지방산 생합성(lipogenesis)은 합성되는 지방산에 한 번에 2개의 탄소 원자를 더하는 나선형 대사경로를 수반한다(그림 14.20). 미토콘드리아에서 일어나는 지방산 산화와는 달리, 지방산 생합성은 세포질에서 일어난다. 지방산 이화작용과 생합성의 또 다른 차이들은 각 대사경로에서 사용되는 효소가 다르

■ 그림 14.20

지방산 생합성 지방산은 나선형 동화 대사경로에서 생성된다. 나선을 한 차례 지나면 2개의 탄소 원자가 더해져서 지방산이 합성된다.

고, 조효소 또한 그렇다는 점이다. β 산화의 효소가 NAD^+와 FAD를 필요로 하는 데 반해서, 생합성의 효소들은 NADPH를 이용한다(5탄당 대사경로에서 생성된다; 14.4절). 결국 아실 운반 단백질(acyl carrier protein, ACP)이 다음의 2 탄소 단편을 더하기 위해 합성되는 지방산을 활성화하는 반면에, 조효소 A가 지방산이 분해되도록 활성화한다. 인체에서는 팔미트산(palmitic acid, 16개 탄소 보유)이 이러한 과정에 의해서 생성될 수 있는 가장 큰 지방산이다.

포화 지방산으로부터 불포화 지방산이 형성되는 것은 불포화 효소(desaturase)에 의해 촉매되지만, 인간 불포화효소는 하나의 지방산에 탄소 10을 넘어가는 탄소–탄소 이중결합을 두지 않는다. 이는 리놀레산(linoleic acid)과 리놀렌산(linolenic acid)(표 11.1)이 인체에서 생성되지 않는 **필수지방산(essential fatty acid)**인 이유이다(필수지방산은 반드시 식사를 통해 섭취되어야 한다).

14.10 | 아미노산 대사

위와 소장에서의 음식물 단백질 소화는 몸 전반에 수송을 위한 아미노산을 방출한다. 몇몇은 새로운 펩티드와 단백질을 생성하기 위해 이용되지만, 대부분은 시트르산 회로, 포도당생합성, 또 다른 대사경로에 참여하는 화합물로 전환된다.

아미노기의 제거는 아미노산 이화작용에서 중요한 부분이 된다. 이를 위해 가장 빈번하게 사용되는 두 반응은 아미노기 전달반응과 산화적 아미노기 이탈반응이다. **아미노기 전달반응(transamination)** 반응에서, 아미노산으로부터 α 케톤산으로 아미노기가 이동하는 것은 아미노기 전이 효소(transaminase)에 의해 촉매된다. 예컨대, 알라닌은 보통 아미노기 수용체로 작용하는 α-케토글루타르산과 반응하여 피루브산염과 글루탐산(glutamate)—글루타민산(glutamic acid)의 염기 형태—를 생성한다. 반면에 아스파트산(aspartate)는 반응하여 시트르산 회로 최종 단계의 생성물인 옥살로아세트산을 생성한다(그림 14.21*a*). 종합하면, 아미노기 전달반응은 보통의 20개 아미노산 중에서 11개의 이화작용에 수반된다.

■ 아미노기 전달반응과 산화적 아미노기 이탈반응은 아미노산으로부터 아미노기를 제거하기 위해서 이용된다.

산화적 아미노기 이탈반응(oxidative deamination)에서, 아미노기는 카르보닐기($C{=}O$)로 대체된다. 예를 들어, 글루타르산은 산화적 아미노기 이탈반응을 겪고 α-케토글루타르산과 암모늄 이온(NH_4^+)을 생성한다. 글루타르산의 이 반응은 아미노기 전달반응 동안에 배설을 위해 (암모늄 이온의 형태로) 방출되기 전에 아미노기가 α-케토글루타르산으로 먼저 전이(transfer)되는 것을 가능하게 해주기 때문에

(*a*) $CH_3CH(NH_3^+)C(=O)O^- + {}^-OC(=O)CH_2CH_2C(=O)C(=O)O^- \xrightarrow{\text{아미노기 전이 효소}} CH_3C(=O)C(=O)O^- + {}^-OC(=O)CH_2CH_2CH(NH_3^+)C(=O)O^-$

Alanine, α-Ketoglutarate, Pyruvate, Glutamate

$^-OC(=O)CH_2CH(NH_3^+)C(=O)O^- + {}^-OC(=O)CH_2CH_2C(=O)C(=O)O^- \xrightarrow{\text{아미노기 전이 효소}} {}^-OC(=O)CH_2C(=O)C(=O)O^- + {}^-OC(=O)CH_2CH_2CH(NH_3^+)C(=O)O^-$

Aspartate, α-Ketoglutarate, Oxaloacetate, Glutamate

(*b*) $^-OC(=O)CH_2CH_2CH(NH_3^+)C(=O)O^- \xrightarrow[NADP^+ \;\to\; NADPH + H^+]{H_2O} {}^-OC(=O)CH_2CH_2C(=O)C(=O)O^- + NH_4^+$

Glutamate, α-Ketoglutarate

■ **그림 14.21**

아미노산 이화작용 (*a*) 아미노기 전달반응 반응에서, 아미노산의 아미노기는 α-케토산으로—전형적으로는 α-케토글루타르산—전이된다. (*b*) 산화적 아미노기 이탈반응 반응 동안에, 아미노산은 아미노기를 잃고 α-케토산 + NH_4^+를 생성한다.

■ 그림 14.22

포유동물에서 질소의 배출 아미노기 전달반응을 통해서 아미노산의 아미노기는 α-케토글루타르산으로 전이되는데, α-케토글루타르산은 산화적 아미노기 이탈반응을 겪으며 NH_4^+를 방출한다. 요소 회로(urea cycle)는 이 NH_4^+를 요소로 전환하며, 요소는 소변의 형태로 배출된다.

출처: From Holum, *Fundamentals of GOB*, 6th edition, Fig. 24.17, p. 692. Hoboken, NJ: John Wiley & Sons, Inc.

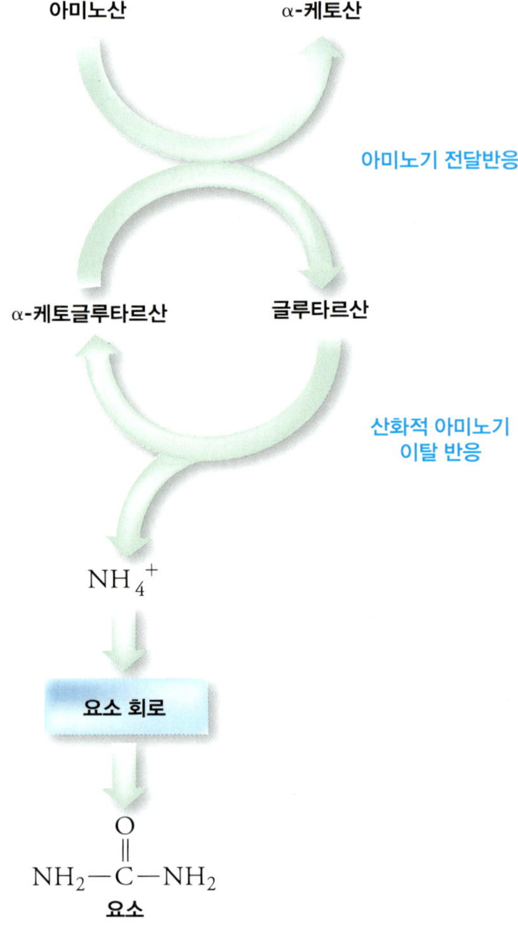

중요하다(그림 14.22). 그 독성 때문에, 암모늄 이온(NH_4^+)은 가능한 빨리 세포로부터 제거되어야 한다. 그리고 포유동물에서 NH_4^+는 요소 회로(urea cycle)에 의해 요소(urea)로 전환된다. 조류와 파충류는 요산(uric acid)을 포함하는 흰색의 반죽(paste) 형태로 질소를 배출하는 반면에, 어류는 아가미를 통해 NH_4^+를 직접 물로 배출한다.

Uric acid

모든 아미노산은 시트르산 회로의 중간 생성물이나 회로로 들어갈 수 있는 화합물로 전환될 수 있다(그림 14.23).

아미노산 동화작용

단백질을 합성하기 위해 사용되는 20종의 아미노산 중에서, 인간은 오직 그 절반만 합성할 수 있다. **필수아미노산(essential amino acid)**이라고 불리는 나머지 아미노산은 반드시 음식물을 통해 섭취되어야 한다(표 14.1). 인체에서, 비필수아미노산(nonessential amino acid, 인체가 합성할 수 있는 아미노산)의 합성은 아미노산 이화작용에 관한 우리의 논의에서 바로 위에서 볼 수 있었던 단계들의 역반응을 수반한다.

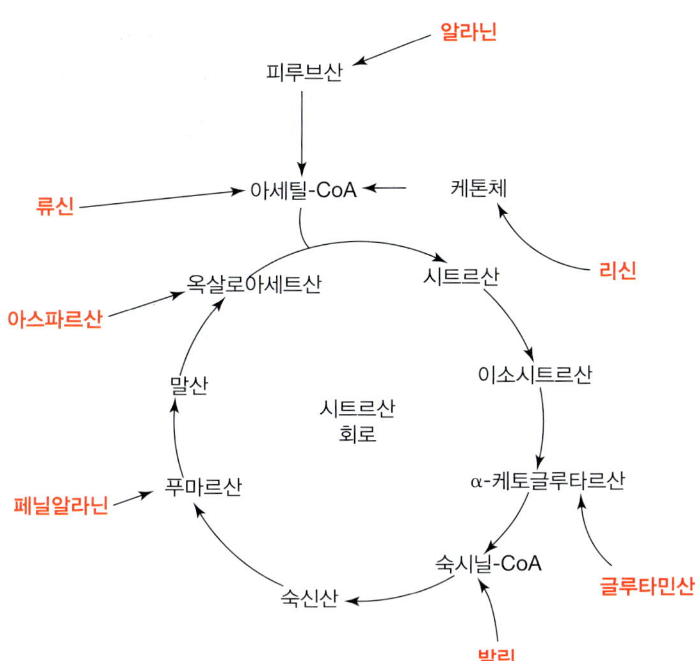

■ 그림 14.23

아미노산 이화작용과 시트르산 회로 펩티드나 단백질에 존재하는 20종의 아미노산 중 7종의 아미노산이 그림에서 보는 것처럼 ATP 생성에 중요한 분자로 전환될 수 있다.

표 | 14.1 인간에게 필수적인 아미노산

히스티딘(histidine)	페닐알라닌(phenylalanine)
이소류신(isoleucine)	트레오닌(threonine)
류신(leucine)	트립토판(tryptophan)
리신(lysine)	발린(valine)
메티오닌(methionine)	아르기닌(arginine)[a]

[a]어린이에게 필수적이다.

예제 14.10

아미노기 전달

발린과 α-케토글루타르산 사이에 일어나는 아미노기 전달의 반응식을 쓰시오.

전략

그림 14.21을 참고한다.

해답

$$\underset{\text{Valine}}{CH_3\underset{\displaystyle CH_3}{\underset{|}{C}H}-\underset{\displaystyle {}^{+}NH_3}{\underset{|}{C}H}-\overset{\displaystyle O}{\overset{\|}{C}}-O^-} + \underset{\alpha\text{-Ketoglutarate}}{{}^-O-\overset{\displaystyle O}{\overset{\|}{C}}CH_2CH_2\overset{\displaystyle O}{\overset{\|}{C}}-\overset{\displaystyle O}{\overset{\|}{C}}-O^-} \longrightarrow CH_3\underset{\displaystyle CH_3}{\underset{|}{C}H}\overset{\displaystyle O}{\overset{\|}{C}}-\overset{\displaystyle O}{\overset{\|}{C}}-O^- + {}^-O-\overset{\displaystyle O}{\overset{\|}{C}}CH_2CH_2\underset{\displaystyle {}^{+}NH_3}{\underset{|}{C}H}\overset{\displaystyle O}{\overset{\|}{C}}-O^-$$

연습문제 14.10

티로신이 아미노기 전달반응에 들어갈 때 형성되는 α-케토산을 그리시오.

가족모임에서 ... 재방문

© Valorie Webster/iStockphoto

로테논(rotenone)은 많은 열대식물의 뿌리나 줄기로부터 얻을 수 있는 자연 발생적 화합물이다. 로테논이 호수에 흩어지면, 물고기가 아가미를 통해 로테논을 흡수해서 죽는다. 물고기의 죽음은 질식 때문이 아니라 전자전달계가 방해를 받았기 때문이다. 로테논은 복합체 I(그림 14.13)을 억제하는데, 이는 NADH로부터의 전자 전이(transfer of electron)를 방해하여 산화적 인산화(oxidative phosphorylation) 동안 ATP의 그 다음의 합성에 영향을 준다. NADH가 그것의 산화된 형태로 재순환하여 이용되지 못하면 시트르산 회로, β 산화 나선, 해당과정, NAD^+를 필요로 하는 다른 이화작용이 모두 닫혀 버린다. 복합체 I의 억제는 물고기에서 치명적이다.

물고기를 죽이기 위해 호수에서 사용되는 로테논의 양은 인간에게 독성이 되지 않는다. 이는 로테논이 인간의 전자전달계를 억제할지라도, 로테논이 독(poison)으로 작용하기 전에 간에 있는 효소가 로테논을 해독(detoxify)하기 때문이다.

OCH_3, CH_3O, O, O, O, O, $C{=}CH_2$, CH_3

Rotenone

THINKING IT THROUGH

로테논이 전자전달계의 복합체 I을 억제한다면, 시트르산 회로와 β-산화 나선 반응, 해당작용 모두 간접적으로 방해할 수 있다. 설명하시오.

CHAPTER 14의 목적

목표	요약	절	예제와 연습문제	총정리 문제
1. 세 가지 다른 유형의 **대사경로**를 묘사하고, **짝반응**이 무엇을 의미하는지 설명하시오.	**대사경로(metabolic pathway)**라고 불리는 일련의 반응은 **선형(linear)**, **순환형(circular)**, **나선형(spiral)**이 가능하다. 대사경로에서 몇몇 반응들은 **짝반응(coupled)**을 이루는데, 짝반응에서 자발적 반응은 비자발적 반응이 발생하기 위해 필요한 에너지를 공급한다.	14.1	14.1	14.3~14.8
2. **대사**, **이화작용**, **동화작용**이라는 용어를 정의하시오.	**대사(metabolism)**—생물체 안에서 일어나는 모든 반응의 총체—는 **이화(catabolism**, 고분자를 저분자로 분해하는 반응으로 대개 에너지를 방출한다)와 **동화(anabolism**, 저분자로부터 고분자를 생합성하는 반응으로 대개 에너지를 소모한다)로 나뉠 수 있다.	14.2	14.2	14.9~14.20

목표	요약	절	예제와 연습문제	총정리 문제
3. 다당류, 중성지방, 단백질이 **소화**될 때 형성되는 생성물의 이름을 대고, 각각의 소화가 어디에서 일어나는지를 말하시오.	탄수화물의 **소화(digestion)**는 올리고당과 다당류를 단당류로 전환시킨다. 녹말 소화는 입 안에서 시작되며, 소장에서 계속된다. 모든 다른 탄수화물은 소장에서만 단독적으로 소화된다. 중성지방의 소화는 글리세롤, 지방산, 모노아실글리세라이드를 산출하며, 위에서 시작된다. 그러나 대부분의 소화는 소장에서 이루어진다. 단백질의 소화는 아미노산을 산출하는데, 위와 소장에서 이루어진다.	14.3	14.3	14.21~14.32
4. **해당과정**의 초기 반응물과 최종 생성물을 식별하고 이 과정이 어떻게 조절되는지 설명하시오.	**해당(glycolysis)** 과정은 세포질에서 발생하는 10단계의 선형 대사경로인데, 하나의 단당류 분자를 2개의 피루브산염으로 전환하며, 그 과정에서 2 ATP와 2 NADH를 생산한다. 이 대사경로는 다른자리입체성 효소에 의해 단계 1, 3, 10에서 조절된다. **무기 호흡(anaerobic)** 조건에서, 피루브산염은 젖산(lactate)으로 전환되거나 효모에서라면 CO_2와 에탄올로 전환된다. 이 반응의 각각은 NADH를 NAD^+로 재순환해서 사용하는 일을 수행하므로 해당과정이 지속될 수 있다. **유기 호흡(aerobic)** 조건에서는 피루브산염은 아세틸-CoA로 전환된다.	14.4	14.4	14.33~14.50
5. **포도당생합성**이 **해당과정**과 어떻게 다른지를 설명하시오.	**포도당생합성(gluconeogenesis)**은 포도당이 젖산과 다른 비탄수화물 근원으로부터 생합성되는 과정인데, **해당과정(glycolysis)**의 단계 1, 3, 10을 제외하면 해당과정의 정확한 역반응이다. 포도당생합성은 그렇지 않았다면 비자발적이었을 이 단계들을 우회하기 위해 다른 효소와 반응을 사용한다.	14.5	14.5	14.51~14.54
6. 글리코겐이 합성되고 분해되는 과정을 설명하고 해당과정 및 포도당생합성과 어떻게 연계되는지 설명하시오.	글리코겐은 해당과정과 포도당생합성 양쪽에서 모두 중간 생성물인 글루코스 6-인산(glucose 6-phosphate)으로부터 생산되기 시작하고 또 글루코스 6-인산으로 분해되기도 한다.	14.6	14.6	14.55~14.58
7. 시트르산 회로의 개요와 그 회로가 어떻게 조절되는지를 설명하고, 이 순환적인 경로의 생성물이 전자전달계와 산화적 인산화에 의해 어떻게 사용되는지를 묘사하시오.	**시트르산 회로(citric acid cycle)**는 **미토콘드리아(mitochondria)**에서 일어나는 8단계의 순환형 대사경로인데, 옥살로아세트산과 아세틸-CoA 사이의 반응에서 시작해서 옥살로아세트산을 만들면서 끝난다. 이 시트르산 회로를 한 번 순환할 때의 생성물은 1 GTP, 3 NADH, 1 $FADH_2$, 2 CO_2이다. 이 회로는 주로 다른자리입체성 효소에 의해 단계 3에서 조절된다.	14.7	14.7	14.59~14.62
8. **전자전달계**와 **산화적 인산화**가 시트르산 회로의 생성물들을 어떻게 이용하는지 설명하시오.	**전자전달계(electron transport chain)**는 미토콘드리아 내막에 묻혀 있는 단백질과 다른 분자들의 연속물인데, NADH와 $FADH_2$로부터 2개의 전자를 제거하고 그 전자들이 전자전달계를 통과하면서 H^+를 미토콘드리아 막 사이 공간으로 펌프하는 동안 방출되는 에너지를 사용한다. H^+가 ATP 합성효소에 의해 제공되는 통로를 통해 미토콘드리아 기질로 다시 돌아갈 때, **산화적 인산화(oxidative phosphorylation)**라고 불리는 과정에서 ATP가 ADP와 P_i로부터 만들어진다. 1개의 포도당이 해당작용에 들어가면 30~32개의 ATP가 만들어지고, 그 다음으로 시트르산 회로, 전자전달계, 산화적 인산화를 거치게 된다.	14.8	14.8	14.63~14.66

***14.28** 아밀로펙틴을 각각의 글루코스 분자로 분해하기 위해서는 어떤 두 유형의 글리코사이드 결합이 가수분해되어야 하는가? 같은 효소가 두 유형의 결합 모두를 가수분해하는가?

14.29 소화에서 담즙산의 역할은 무엇인가?

14.30 담즙산은 어떤 등급의 지방에 속하는가?

14.31 연구 결과들은 신생아에게는 췌장 리파아제가 부족하지만 먹는 것(feeding)에 의해 자극을 받는 침 리파아제(lingual lipase)는 활발하다는 것을 보여준다. 신생아에 의한 중성지방의 소화는 성인의 그것과 어떻게 다른지 설명하시오.

14.32 **a.** 개의 침에는 아밀라제가 없다. 육식 동물에서 이러한 성질이 당연히 여겨지는 이유는 무엇인가?
b. 개는 췌장 아밀라제를 생성하여 장으로 분비한다. 이러한 사실은 개가 완전히 육식만 한다고 보기 어렵다. 그 이유를 설명하시오.

14.4 해당과정

14.33 **a.** 해당과정의 역할은 무엇인가?
b. 하나의 글루코스 분자가 해당과정을 통과하면 ATP와 NADH에 있어서 총변화는 어떤가?

14.34 **a.** 해당과정의 어떤 단계가 주요 조절 지점인가?
b. 어떤 화합물이 이 반응을 촉매하는 효소의 양성 효과체(positive effector)로 작용하는가?
c. 어떤 화합물이 음성 효과체인가?

***14.35** **a.** 글루코스 6-인산과 프룩토오스 6-인산(해당과정 단계 1) 사이의 관계는 어떤가? 그들은 구조 이성질체인가? *cis*/*trans* 이성질체인가? 입체 이성질체인가? 같은 화합물의 다른 구조인가? 혹은 동일한 화합물인가?
b. 이 두 화합물은 환원당(reducing sugar)인가? 설명하시오.
c. 각각이 개방 구조일 때 나타나는 형태를 그리시오.

14.36 **a.** 2-인산글리세르산이 인산에놀피루브산염(해당과정의 단계 9)으로 전환되는 것은 반응의 어떤 단계에 수반되는 것인가: 합성인가? 분해? 치환(single replacement)? 복분해(double replacement)?
b. 낮은 pH에서 이 화합물이 나타나는 모습을 그리시오.

14.37 **a.** 인간에게서 무기호흡 조건일 때 피루브산염은 어떤 화합물로 전환되는가?
b. 이 반응의 목적은 무엇인가?

14.38 **a.** 피루브산염이 알코올 발효를 겪을 때 어떤 생성물이 만들어지는가?
b. 이 반응의 목적은 무엇인가?

14.39 하나의 글루코스 분자가 해당과정을 겪고 피루브산염이 젖산(lactate)으로 전환되는 과정이 이어질 때, ATP와 NADH에 있어서의 총변화는 어떠한가?

14.40 하나의 글루코스 분자가 해당과정을 겪고 피루브산염이 에탄올과 CO_2로 전환되는 과정이 이어질 때, ATP와 NADH에 있어서의 총변화는 어떠한가?

14.41 피루브산과 피루브산염의 산성 구조를 그리시오. 어느 쪽이 생리학적 pH에서 두드러지게 나타나는가? 산성 구조인가? 이 산의 복합염(conjugate base) 구조인가?

14.42 젖산(lactate)의 산성 형태인 젖산(lactic acid)을 그리시오. 어느 쪽이 생리학적 pH에서 두드러지게 나타나는가? 산성 구조인가? 이 산의 복합염(conjugate base) 구조인가?

14.43 **a.** 아세트알데히드가 에탄올로 전환되는 것은 산화인가 환원인가?
b. 이 반응이 알코올 발효에서 일어날 때, 산화제는 무엇인가?
c. 환원제는 무엇인가?

14.44 **a.** 피루브산염이 젖산으로 전환되는 것은 산화인가 환원인가?
b. 이 반응이 세포 안에서 일어날 때, 산화제는 무엇인가?
c. 환원제는 무엇인가?

14.45 **a.** 해당과정은 세포의 어느 부분에서 일어나는가?
b. 피루브산염이 아세틸-CoA로 바뀌는 것은 세포의 어느 부분에서 일어나는가?

14.46 피루브산염이 아세틸-CoA로 바뀌는 것은 산화인가 환원인가?

14.47 해당작용은 나중에 많은 에너지를 얻기 위하여 약간의 에너지를 "선불(up front)"로 투자하는 과정으로 표현할 수 있다. 해당작용의 어느 단계가 "에너지 투자"라고 할 수 있는가?

14.48 해당과정 동안 방출되는 모든 자유 에너지(ΔG)가 결국 ATP가 되는 것은 아니다. 에너지의 나머지 부분에는 어떤 일이 일어나는가?

***14.49** 글루코스를 제외한 다른 단당류는 해당과정에서 중간 생성물인 화합물로 전환된다. 이것이 각각의 단당류들이 피루브산염으로 전환되는 다른 이화작용보다 더 효율적인 것은 왜인가?

14.50 **a.** 해당과정의 어떤 단계에 짝반응이 수반되는가?
b. 짝지어진 반응들은 총반응을 자발적으로 만드는가? 비자발적으로 만드는가?
c. 짝반응에서 ΔG 값은 0보다 더 큰가? 0보다 더 작은가?

14.5 포도당생합성

14.51 **a.** 포도당생합성이라는 용어를 정의하시오.
b. 이 대사경로의 역할은 무엇인가?

14.52 참 또는 거짓? 2개의 피루브산염으로부터 글루코스를 합성할 때는, 1개의 글루코스를 해당과정을 거쳐 2개의 피루브산염을 만들 때 얻을 수 있는 ATP와 NADH의 양보다 더 많은 ATP와 NADH가 필요하다.

14.53 해당과정의 어느 세 단계가 포도당생합성 동안 직접적인 역반응이 아닌가?

14.54 포도당생합성의 어느 단계가 시트르산 회로에서도 사용되는 화합물을 포함하고 있는가?

14.6 글리코겐 대사

14.55 해당과정과 포도당생합성에 의해 공유된 어떤 중간 생성물로부터 글리코겐이 생성되는가?

14.56 글리코겐의 합성(글리코겐 합성) 동안, 글리코겐의 글루코스 잔기 분리는 자발적인가? 글리코겐의 합성 동안, 글리코겐에 글루코스 잔기가 더해지는 것은 역시 자발적인가? 양쪽 과정 모두가 자발적이라면 그것은 어떻게 가능한가?

14.57 **a.** 글리코겐의 합성과 분해에서 인슐린의 역할을 설명하시오.
b. 글리코겐의 합성과 분해에서 글루카곤의 역할을 설명하시오.

***14.58** **a.** 글리코겐 대사에서 글리코겐 포스포릴라아제의 역할을 설명하시오.
b. 글리코겐 포스포릴라아제는 공유 변형에 의해 조절된다. 이를 설명하시오.
c. 글리코겐 포스포릴라아제는 양성, 음성 효과체에 의해 조절되는 다른자리입체성 효소이다. 이를 설명하시오.

14.7 시트르산 회로

14.59 시트르산 회로의 단계 1에서, 시트르산(6탄소 원자)이 형성된다. 이 회로의 최종 생성물은 옥살로아세트산(4탄소 원자)이다. 잃어버린 2탄소 원자는 결국 어떻게 되는가?

14.60 2개의 아세틸-CoA가 시트르산 회로를 통과할 때 GTP, NADH, $FADH_2$에 있어서의 총변화는 어떤가?

14.61 **a.** 시트르산 회로의 어떤 단계가 조절 지점이 되는가?
b. 위 단계에서 일어나는 반응을 촉매하는 효소의 이름을 말하고, 그것의 양성, 음성 효과체의 이름을 말하시오.

14.62 **a.** 시트르산 회로 내에서 사용되는 아세틸-CoA들 중 일부는 피루브산염으로부터 생성될 수 있다. 이 반응의 반응물과 생성물을 열거하시오.
b. 이 반응을 촉매하는 효소의 이름을 대고, 그 음성 효과체를 열거하시오.

14.8 전자전달계와 산화적 인산화

14.63 **a.** 어떤 두 화합물이 전자전달계에 그들의 전자를 제공하는가?
b. 어떤 분자가 전자전달계의 최종 전자 수용체가 되는가?

14.64 수소이온은 ATP 합성효소를 통해서 막 사이 공간으로부터 미토콘드리아 기질로 이동한다. 이 과정을 묘사하는 가장 적절한 용어는 무엇인가? 촉진확산인가 능동수송인가?

14.65 **a.** 전자전달계와 산화적 인산화는 1 NADH로부터 전형적으로 얼마의 ATP를 생성하는가?
b. 전자전달계와 산화적 인산화는 1 $FADH_2$로부터 전형적으로 얼마의 ATP를 생성하는가?

14.66 하나의 글루코스 분자가 해당과정과 시트르산 회로에 의해 이화될 때 생성되는 30–32 ATP를 계산하시오.

14.9 지질 대사

14.67 글리세롤은 해당과정과 포도당생합성에서 사용되는 화합물로 전환될 수 있다. 이를 설명하시오.

14.68 어떻게 지방산이 활성화되어 세포질로부터 미토콘드리아로 이동하는지를 설명하시오.

14.69 β 산화 나선을 한 번 통과할 때 지방 아실-CoA는 2탄소 원자만큼 짧아진다. 어떤 다른 생성물이 형성되는가?

14.70 β 산화 나선은 그 이름을 어떻게 얻게 되었나?

14.71 하나의 14-탄소 지방산이 활성화되어 미토콘드리아로 들어가고 완전한 β 산화를 겪어 아세틸-CoA와 환원 조효소들을 생성할 때 만들어지는 ATP의 총 수를 계산하시오.

14.72 하나의 10-탄소 지방산이 활성화되어 미토콘드리아로 들어가고 완전한 β 산화를 겪어 아세틸-CoA와 환원 조효소들을 생성할 때 만들어지는 ATP의 총 수를 계산하시오.

14.73 **a.** 케톤체 3개의 이름을 말하시오.
b. 그것들은 모두 케톤인가?
c. 산성혈증(acidosis, 혈액의 낮은 pH)은 케톤체의 과생성과 어떻게 연관되어 있는가?

14.74 2004년에 미국을 열광시킨 "저탄수화물(low carb)" 다이어트의 한 결과는 수많은 사람들이 "구역질나게 달콤한(sickeningly sweet)"이라고 묘사되는 지독한 구취를 갖게 되었다는 것이다. 대사의 관점에서 보면, 저탄수화물 고지방 고단백의 다이어트에 의해 생성되는 어떤 분자가 구취를 발생시키는가?

14.75 지방산 생합성에서 사용되는 NADPH는 어디에서 생성된 것인가?

***14.76** **a.** 리놀레산과 리놀렌산을 그리시오.
b. 이 분자들에서 어떤 탄소–탄소 이중결합이 인간 지방산 불포화 효소(desaturase enzyme)에 의해 형성될 수 없는가?

14.77 지방산 생합성은 세포의 어느 부분에서 발생하는가?

14.78 지방산 산화는 세포의 어느 부분에서 발생하는가?

14.10 아미노산 대사

14.79 아미노기 전달반응 중에, 어느 분자가 일반적으로 아미노기를 받아들이는가?

14.80 **a.** 시스테인이 아미노기 전달반응을 겪을 때 생성되는 α-케토산을 그리시오.

b. 페닐알라닌이 아미노기 전달반응을 겪을 때 생성되는 α-케토산을 그리시오.

14.81 글루탐산의 산화적 아미노기 이탈반응일 때, NH_4^+ 이외에 어떤 화합물이 생성되는가?

***14.82** 아스파트산이 아미노기 이탈반응을 겪을 때, 그 반응은 시트르산 회로에 참여해 ATP를 생성하거나 포도당생합성에서 글루코스를 생성할 수 있다. 이를 설명하시오.

14.83 다음에서 질소 배설을 위해 어떤 화합물이 이용되는가?

a. 인간 **c.** 어류

b. 조류

14.84 아미노산 이화작용에서 생성되는 NH_4^+의 기원은 어디인가?

HealthLink | 갈색지방

14.85 추위를 느낄 때 여러분이 추가적인 체열을 발생하는 방법은 유아가 그렇게 하는 방법과는 어떤 차이가 있는가?

14.86 겨울잠을 자는 동물들은 겨울의 몇 달 동안 그들이 살아남을 수 있도록 도와주는 갈색지방을 생성한다. 겨울잠을 자는 동안 다른 지방과는 달리 갈색지방이 어떻게 그 동물의 중성지방 공급을 잘 이용하는지 설명하시오.

심화학습

14.87 **a.** 소화 과정 중, 말토오스 분자는 2개의 글루코스로 분해된다. 이 과정은 입, 위, 소장 중 어느 곳에서 일어나는가?

b. a의 반응을 촉매하는 효소는?

c. b의 2개 글루코스가 해당과정으로 들어가고, 피루브산염으로 분해된다. 혐기성 상태(anaerobic condition)에서 피루브산염이 젖산으로 전환된다. 2개의 글루코스가 젖산이 되면, ATP와 NADH의 합계 변화(net change)는 무엇인가?

d. 산소 공급하에서 c의 피루브산염이 아세틸-CoA로 전환되고 시트르산 회로로 들어간다. 2개 글루코스로 시작하여 아세틸-CoA를 생성하면 ATP(혹은 동격체), NADH, $FADH_2$의 합계 변화(net change)는 무엇인가?

e. d에서의 대답에서 모든 NADH와 $FADH_2$가 전자전달계와 산화적 인산화 과정을 거치면 2개의 글루코스 분자로 시작했을 때, ATP의 합계 생성은 몇 개인가?

14.88 **a.** 아미노기 전달반응에서, 아스파르산(aspartic acid)이 α-케토글루타르산(α-ketoglutarate)과 반응하여 옥살아세트산(oxaloacetate)과 글루타믹산(glutamate)을 생성한다. 반응물과 생성물의 구조를 그리시오.

b. a에서의 글루타믹산은 산화적 아미노기 이탈을 거쳐 α-케토글루타르산을 만든다. 이 과정의 반응식을 쓰시오.

c. 포유류에서는 b에서의 반응에 의하여 생성된 NH_4^+는 어떤 운명이 되는가?

d. a에서 생성된 옥살아세트산은 아세틸-CoA와 반응하여 시트르산 회로의 첫 번째 관문을 통과한다. 한 회로의 마지막 단계에서 옥살아세트산이 다시 형성될 때, 얼마나 많은 NADH, $FADH_2$, ATP(또는 그 동질체)들이 생성되는가?

e. 2개의 옥살아세트산이 포도당생합성 과정에 들어가서 글루코스 6-인산 1개를 생성한다. ATP(또는 그 동질체)와 NADH의 합계 변화(net change)는 몇 개 인가?

f. e에서 생성된 글루코스 6-인산이 글리코겐 합성으로 들어가 글리코겐 분자에 더해진다. 이 과정에 참여하는 두 가지 효소는 무엇인가? 인슐린과 글루카곤 호르몬은 어떻게 이들 두 효소 중 하나의 활성에 영향을 미치는가?

연습문제 해답

14.1 b는 자발적이다($\Delta G = -3.9$ kcal/mol). 그러나 a는 아니다 ($\Delta G = 3.4$ kcal/mol)

14.2 **a.**

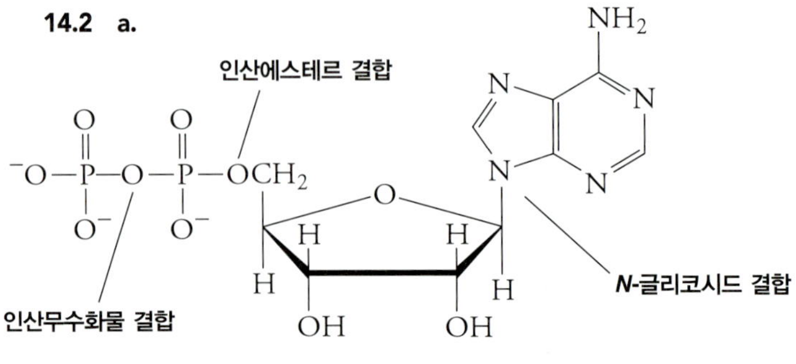

인산에스테르 결합

인산무수화물 결합

N-글리코시드 결합

ADP

b. 단당류 잔기는 D-리보스이고, β-퓨라노스 형이다.

14.3

$$\begin{array}{l} CH_3(CH_2)_6CH{=}CHCH_2(CH_2)_6C(=O){-}OCH_2 \\ CH_3(CH_2)_4CH{=}CHCH_2(CH_2)_6C(=O){-}OCH \\ CH_3(CH_2)_3CH{=}CHCH_2CH{=}CHCH_2(CH_2)_6C(=O){-}OCH_2 \end{array} \xrightarrow{H_2O} \begin{array}{l} CH_3(CH_2)_6CH{=}CHCH_2(CH_2)_6C(=O){-}OCH_2 \\ HOCH \\ HOCH_2 \end{array}$$

중성지방 불포화 화합물 **모노아실글리세리드**

14.4 제6단계. 글리세르알데히드 3-인산(glyceraldehyde 3-phosphate)은 산화하고, NAD^+는 환원한다.

14.5 **a.** 이화; **b.** 동화

14.6 글루코스 6-인산(glucose 6-phosphate)을 글루코스로 전환할 수 없는 상태는 낮은 혈당치를 초래한다. 글루코스 6-인산을 가수분해할 수 없는 상태는 글리코겐 분해(glycogenolysis)를 일으켜 혈당을 올리게 된다.

14.7 열로 발산한다.

14.8 **a.** 36 ATP; **b.** 헥산산(hexanoic acid)으로 36 ATP, 글루코스로 30 또는 32 ATP

14.9 능동수송

14.10 $HO{-}C_6H_4{-}CH_2C(=O){-}C(=O){-}O^-$

APPENDIX A

중요한 유기화합물군

군	예	작용기	설명
알칸(Alkane)	$CH_3CH_2CH_2CH_3$		탄소 원자들이 단일결합으로만 연결된 탄화수소
알켄(Alkene)	$CH_2{=}CHCH_2CH_3$	$-\underset{\mid}{C}{=}\underset{\mid}{C}-$	탄소–탄소 이중결합을 적어도 하나 이상 가진 것
알킨(Alkyne)	$HC{\equiv}CCH_2CH_3$	$-C{\equiv}C-$	탄소–탄소 삼중결합을 적어도 하나 이상 가진 것
아로마틱(Aromatic)	CH_3 CH_3 or CH_3 CH_3	or	고리 안에 이중결합과 단일결합이 번갈아 있는 고리 화합물
알코올(Alcohol)	$CH_3CH_2CH_2CH_2OH$	$-\underset{\mid}{\overset{\mid}{C}}-OH$	알칸 화합물 (탄소 원자가 탄소 혹은 수소 원자에 단일 결합으로 연결됨)의 탄소 원자에 —OH기가 붙은 것
페놀(Phenol)	OH CH_3	OH	—OH기가 붙은 것
에테르(Ether)	$CH_3CH_2OCH_2CH_3$	C—O—C	C—O—C 연결 구조를 지닌 화합물. 이 구조에서 탄소 원자 하나는 카복실산에서, 나머지 탄소는 알코올에서 온 것임
티올(Thiol)	$CH_3CH_2CH_2CH_2SH$	C—SH	알칸 혹은 방향족 탄소에 —SH기가 붙은 것
설파이드(Sulfide)	$CH_3CH_2SCH_2CH_3$	C—S—C	C—S—C 연결 구조를 지닌 화합물. 이 구조에서 탄소 원자는 알칸 혹은 방향족에서 온 것임
디설파이드(Disulfide)	$CH_3CH_2SSCH_2CH_3$	C—S—S—C	C—S—S—C 연결 구조를 지닌 화합물. 이 구조에서 탄소 원자는 알칸 혹은 방향족에서 온 것임
아민(Amine)	$CH_3CH_2NHCH_2CH_3$	$C-\underset{\mid}{N}-$	탄소 원자에 질소 원자가 붙은 것. 질소 원자 하나에 탄소 원자가 최대 3개 붙을 수 있다. C═O 결합에 질소가 붙은 것은 예외
할로겐화 알킬(Alkyl halide)	$CH_3CH_2CH_2Br$	C—X X═F, Cl, Br, I	알칸 화합물의 탄소에 할로겐 원자가 붙은 것

군	예	작용기	설명
케톤(Ketone)	$CH_3CH_2\overset{O}{\overset{\|}{C}}CH_3$	$C-\overset{O}{\overset{\|}{C}}-C$	카보닐기를 지닌 화합물로서 카보닐 탄소에 2개의 탄소가 붙은 구조
알데히드 (aldehyde)	$CH_3CH_2CH_2\overset{O}{\overset{\|}{C}}-H$	$C-\overset{O}{\overset{\|}{C}}-H$ 또는 $H-\overset{O}{\overset{\|}{C}}-H$	카보닐기를 지닌 화합물로서 카보닐 탄소에 탄소와 수소 원자가 각각 하나씩 붙은 구조 혹은 수소 원자 2개가 붙은 구조
카복실산 (Carboxylic acid)	$CH_3CH_2CH_2\overset{O}{\overset{\|}{C}}-OH$	$-\overset{O}{\overset{\|}{C}}-OH$	카보닐기에 —OH기가 붙은 것. 즉, 카복실기를 지닌 물질
에스테르 (Ester)	$CH_3CH_2\overset{O}{\overset{\|}{C}}-OCH_2CH_3$	$-\overset{O}{\overset{\|}{C}}-O-C$	C—O—C 연결 구조를 지니고 있고 이들 탄소중 하나가 카복실기에 속하고 나머지 하나는 알코올의 한 부분임
아미드(Amide)	$CH_3CH_2\overset{O}{\overset{\|}{C}}-NHCH_2CH_3$	$-\overset{O}{\overset{\|}{C}}-\underset{\|}{N}-$	카보닐기에 질소 원자가 붙은 것. 카보닐은 카복실산의 일부이며 질소 원자는 암모니아 혹은 아민의 일부이다
헤미아세탈 (Hemiacetal)	$CH_3CH_2\underset{\underset{OCH_3}{\|}}{\overset{\overset{OH}{\|}}{C}}CH_3$	$-\underset{\underset{O-C}{\|}}{\overset{\overset{OH}{\|}}{C}}-$	—OH와 —OC에 동시에 붙어 있는 헤미아세탈 탄소 원자를 포함. 단당류에 의하여 형성되는 고리 모양 헤미아세탈은 아노머라고 불림
아세탈(Acetal)	$CH_3CH_2\underset{\underset{OCH_3}{\|}}{\overset{\overset{OCH_3}{\|}}{C}}CH_3$	$-\underset{\underset{O-C}{\|}}{\overset{\overset{O-C}{\|}}{C}}-$	2개의 —OC에 붙은 아세탈 탄소 원자를 포함. 아노머가 글리코시드 (—OH를 포함하는 분자)와 반응하여 형성됨
인산 모노에스테르 (Phosphate monoester)	$^{-}O-\underset{\underset{O^{-}}{\|}}{\overset{\overset{O}{\|}}{P}}-OCH_2CH_3$	$^{-}O-\underset{\underset{O^{-}}{\|}}{\overset{\overset{O}{\|}}{P}}-O-C$	P—O—C 연결 구조를 지님. 인 원자는 인산의 일부이고, 탄소 원자는 알코올의 일부임
인산 다이에스테르 (Phosphate diester)	$^{-}O-\underset{\underset{OCH_2CH_3}{\|}}{\overset{\overset{O}{\|}}{P}}-OCH_2CH_3$	$^{-}O-\underset{\underset{O-C}{\|}}{\overset{\overset{O}{\|}}{P}}-O-C$	2개의 P—O—C 연결 구조를 지님. 인 원자는 인산의 일부이고, 탄소 원자는 알코올의 일부임
N-글리코시드 (*N*-glycoside)	HOCH$_2$, O, NHCH$_3$, H, H, H, H, OH, H (5각 고리 구조)	O, N—C, H	아노머가 아민과 반응하면 글리코시드 (아세탈 참고) 형성
인산 무수물 (Phosphate anhydride)	$^{-}O-\underset{\underset{O^{-}}{\|}}{\overset{\overset{O}{\|}}{P}}-O-\underset{\underset{O^{-}}{\|}}{\overset{\overset{O}{\|}}{P}}-OCH_2CH_3$	$^{-}O-\underset{\underset{O^{-}}{\|}}{\overset{\overset{O}{\|}}{P}}-O-\underset{\underset{O^{-}}{\|}}{\overset{\overset{O}{\|}}{P}}-O$	P—O—P 연결 구조를 지님. 인 원자는 인산의 일부임

APPENDIX B

이온, 이온화합물, 이원 분자 및 무기화합물 명명법

A. 이온 명명법

1. 단원자 이온(3.1절)

a. 단원자 양이온(양전하를 지닌 것)은 대표 원소로부터 형성됨(1A~8A군). 원소의 이름과 동일하게 명명하며, 단원자 음이온(음전하를 지닌 것)은 원소 이름의 끝을 *ide*(아이드)로 고친다(도표 B1).

도표 B1. 단원자 양이온과 음이온의 명명법

양이온	이름	음이온	이름
Na^{+}	Sodium ion	F^{-}	Fluoride ion
Mg^{2+}	Magnesium ion	O^{2-}	Oxide ion
Al^{3+}	Aluminum ion	N^{3-}	Nitride ion

b. 전이 금속 원소(1B~8B)는 전하가 다른 양이온을 만들 수 있기 때문에, 원소 이름을 동일하게 명명하면서 로마숫자로 전하수를 표시한다. 또 다른 방법은 접미사를 붙이는 것으로 전하가 작은 것에는 *-ous*를, 전하가 큰 것에는 *-ic*를 붙인다(도표 B2).

도표 A2. 전이원소의 단원자 양이온의 명명법

양이온	이름	대체 이름
Cu^{+}	Copper(I) ion	Cuprous ion
Cu^{2+}	Copper(II) ion	Cupric ion
Fe^{2+}	Iron(II) ion	Ferrous ion
Fe^{3+}	Iron(III) ion	Ferric ion
Sn^{2+}	Tin(II) ion	Stannous ion
Sn^{4+}	Tin(IV) ion	Stannic ion

2. 다원자 이온(3.1절)

도표 B3는 다원자(2개 이상의 원자 포함) 이온 화학식과 명명을 나타낸 것이다. 다원자 이온의 화학명은 특정 원자의 상대적인 개수를 나타낸다. 예를 들어, 탄산 이온과 탄산수소 이온은 수소 원자수 1개가 다르다. 원소가 산소와 결합하여 다원자 이온을 형성할 때, 산소 원자수가 적은 이온에는 접미사 *ite*를, 산소 원자수가 많은 것에는 *ate*를 붙인다.

도표 B3. 다원자 명명법

화학식	이름	화학식	이름
CO_3^{2-}	Carbonate ion	NO_2^-	Nitrite ion
HCO_3^-	Hydrogen carbonate	NO_3^-	Nitrate ion
PO_4^{3-}	Phosphate ion	SO_3^{2-}	Sulfite ion
HPO_4^{2-}	Hydrogen phosphate ion	SO_4^{2-}	Sulfate ion
$H_2PO_4^-$	Dihydrogen phosphate ion	OH^-	Hydroxide ion
H_3O^+	Hydronium ion	NH_4^+	Ammonium ion

B. 이온화합물 명명법(3.3절)

이온화합물은 각 이온의 이름을 그대로 읽는다(다만, 이온이라는 용어만 제거). 명명할 때 양이온부터 읽는다. 화학식에 각 원소의 이온수를 표기하지 않고, 화학식에서 각 원소의 이온수를 판별한다(도표 B4).

도표 B4. 이온화합물 명명법

이온화합물	이름	이온화합물	이름
NaCl	Sodium chloride	Na_2CO_3	Sodium carbonate
$CaSO_4$	Calcium sulfate	$Ca(OH)_2$	Calcium hydroxide
NH_4NO_3	Ammonium nitrate	$(NH_4)_2CO_3$	Ammonium carbonate
CuCl	Copper(I) chloride	$CuCl_2$	Copper(II) chloride
FeO	Iron(II) oxide 또는 ferrous oxide	Fe_2O_3	Iron(III) oxide 또는 ferric oxide

C. 이원자 분자의 명명법(3.5절)

이원자 분자(서로 다른 원소 2개로 구성된 분자)의 명명법은 화학식에 들어 있는 원자와 원자수를 나타낸다(도표 B5, B6). 예외적인 것은 *mono* 용어는 이름 첫머리에는 사용하지 않는다. 예를 들어, 이산화탄소 CO_2는 carbon dioxide로 명명하지 monocarbon dioxide로 명명하지 않는다. 접두사를 붙이는 데 모음이 중첩되면, 접두사 끝에 붙는 *a* 혹은 *o*는 사용하지 않는다(일산화탄소 CO는 carbon monoxide이지 carbon monooxide로 명명하지 않는다).

도표 B5. 이원자 분자를 명명하는 데 사용되는 수를 나타내는 접두사

접두어	원자수	접두어	원자수
Mono	1	Hexa	6
Di	2	Hepta	7
Tri	3	Octa	8
Tetra	4	Nona	9
Penta	5	Deca	10

도표 B6. 이원자 분자 명명법

양이온	이름	음이온	이름
CO	Carbon monoxide	N_2O_3	Dinitrogen trioxide
CO_2	Carbon dioxide	PCl_3	Phosphorus trichloride
SO_2	Sulfur dioxide	PCl_5	Phosphorus pentachloride
SO_3	Sulfur trioxide	SF_6	Sulfur hexafluoride

D. 유기화합물 명명법

유기화합물 명명은 IUPAC 규정에 따라 붙인다. 주사슬(탄소로 이루어짐)과 가지사슬(주사슬에 연결된 원자 혹은 치환체)이 무엇인지 파악한다. 주사슬 및 치환체의 수를 나타내는 접두사를 사용한다(도표 B7).

도표 B7. IUPAC 명명법에 사용되는 접두어

접두어	원자수	접두어	원자수
Meth	1	Hex	6
Eth	2	Hept	7
Prop	3	Oct	8
But	4	Non	9
Pent	5	Dec	10

도표 B8은 유기화합물에 널리 존재하는 알킬 치환체(탄소와 수소로만 이루어짐)의 화학식과 이름을 나타낸 것이다.

IUPAC 규정에 근거하여 알칸을 명명하는 방법을 아래 자세히 소개한다. 규정에 벗어나는 것도 소개될 것이다.

도표 A8. 알킬기의 이름과 화학식

화학식[a]	이름
$-CH_3$	Methyl
$-CH_2CH_3$	Ethyl
$-CH_2CH_2CH_3$	Propyl
$-CH(CH_3)CH_3$ (—CHCH₃ 아래에 CH₃)	Isopropyl
$-CH_2CH_2CH_2CH_3$	Butyl
$-CH_2CH(CH_3)CH_3$	Isobutyl
$-CH(CH_3)CH_2CH_3$	*sec*-Butyl 또는 *s*-butyl
$-C(CH_3)_2CH_3$	*tert*-Butyl or *t*-butyl

[a]각 화학식의 왼쪽에 그려진 결합선은 주사슬에 연결되는 지점이다.

1. 알칸(알케인, 8.1절)

알칸의 주사슬(분자에서 탄소 원자가 일렬로 연결된 제일 긴 사슬)을 도표 B7에 소개된 수를 나타내는 접두사에 ane(안)을 붙인다. 주사슬을 정하면 알킬 치환체를 찾은 후 명명한다(도표 B8). 주사슬의 탄소 원자에 번호를 매기는데, 치환체에서 가까운 탄소 말단에서부터 번호를 매긴다. IUPAC 명명법은 알킬기가 붙은 주사슬의 탄소 원자의 번호를 정한 후 알킬기를 알파벳 순서로 배열한다. 동일한 알

킬기가 2개 이상 붙으면 도표 A5의 di(다이), tri(트라이), tetra(테트라) 등을 붙인다. 도표 B9에 예를 들어 나타냈다. 번호와 번호 사이에는 쉼표(comma)를, 번호와 글자 사이는 hyphen(-)을 붙인다.

도표 A9. 알칸 IUPAC 명

구조식	화학명
6 5 4 3 2 1 $CH_3CH_2CH_2CHCH_2CH_3$ | CH_3	3-Methylhexane
CH_2CH_3 | 1 2 3 4 5 6 7 $CH_3CHCHCH_2CH_2CH_2CH_3$ | CH_3	3-Ethyl-2-methylheptane
CH_3 CH_2CH_3 | | 10 9 8 7 6 5 4 3 2 1 $CH_3CH_2CH_2CH_2CCH_2CHCH_2CH_2CH_3$ | CH_3CCH_3 | CH_3	6-*t*-Butyl-4-ethyl-6-methyldecane
1 CH_3 CH_3 | | 6 5 4 3 2 $CH_2CH_2CHCHCH_2$ 7| | CH_3 CH_3	3,4-Dimethylheptane
CH_3 | CH_3 CH_2 | | 1 2 3 4 5 6 7 8 $CH_3CH_2CCH_2CHCH_2CH_2CH_3$ | CH_3	5-Ethyl-3,3-dimethyloctane

2. 사이클로알칸(사이클로알케인, 8.4절)

사이클로알칸의 주사슬은 고리이다. 주 고리의 이름은 알칸 앞에 사이클로를 붙여 명명한다. 사이클로알칸에 알킬기가 1개 붙어 있으면 알킬기가 붙은 고리의 탄소를 "#1"으로 하며 번호를 붙이지 않는다. 알킬기가 고리에 2개 이상 붙으면, 부착된 곳에서 번호를 붙여 치환체의 번호가 가장 작게 한다(도표 B10).

3. 알켄(8.5절)

IUPAC 방법으로 알켄을 명명할 때, 탄소–탄소 이중결합을 함유한 가장 긴 탄소 사슬을 주사슬로 한다. 주사슬의 번호는 이중결합에서 가장 가까운 탄소 말단에서부터 시작하여 이중결합의 번호를 가장 작게 한다. 탄소 원자 3개 이하로 구성된 알켄 화합물은 이중결합의 위치를 나타내지 않고 명명한다. 알켄 주사슬을 IUPAC 방법으로 명명할 때 도표 B11에 나타낸 것처럼 말미에 ene(엔)을 붙인다. 에틸렌과 프로필렌은 보통 관용명을 붙인다(관용명이란 IUPAC 규정에 준해 명명하지 않은 이름이다).

도표 B10. 사이클로알칸 IUPAC 명

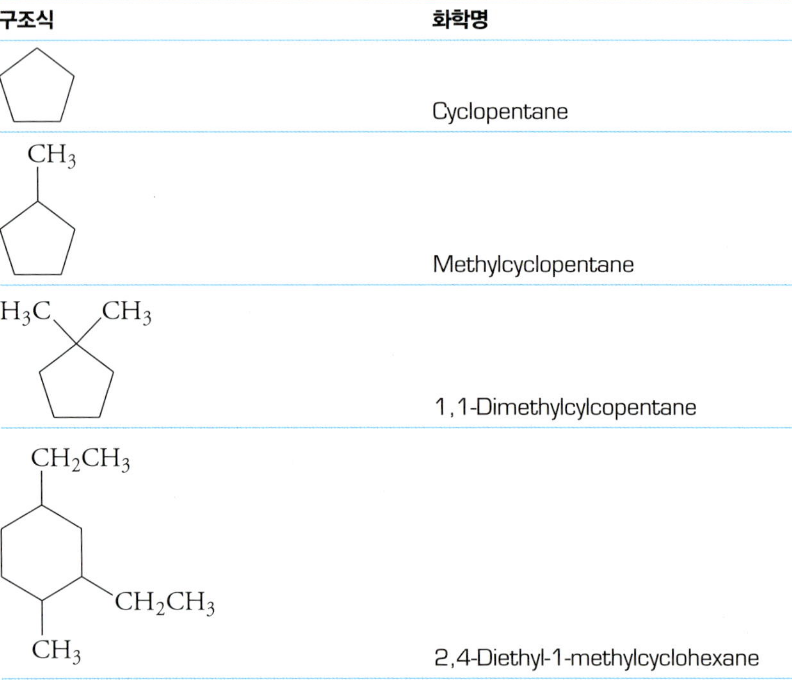

구조식	화학명
	Cyclopentane
CH_3	Methylcyclopentane
H_3C CH_3	1,1-Dimethylcylcopentane
CH_2CH_3, CH_2CH_3, CH_3	2,4-Diethyl-1-methylcyclohexane

도표 B11. 알켄 이름

구조식	화학명	관용명
$H{-}C{=}C{-}H$ (각 C에 H)	Ethene	Ethylene
$H{-}C{=}C{-}CH_3$ (각 C에 H)	Propene	Propylene
$CH_2{=}CHCH_2CHCH_3$ (CH에 CH_3)	4-Methyl-1-pentene	
$CH_3CHCH_2CH{=}CCH_2CH_2CH_2CH_3$ (CH에 CH_3, C에 CH_2CH_3)	5-Ethyl-2-methyl-4-nonene	

4. 알킨(8.5절)

IUPAC 방법으로 알킨을 명명할 때, 탄소–탄소 삼중결합을 함유한 가장 긴 탄소 사슬을 주사슬로 한다. 주사슬의 번호는 삼중결합에서 가장 가까운 탄소 말단에서부터 시작하여 삼중결합의 번호가 가장 작게 한다. 탄소 원자 3개 이하로 구성된 알킨 화합물은 삼중결합의 위치를 나타내지 않고 명명한다. 알킨 주사슬을 IUPAC 방법으로 명명할 때 도표 B12에 나타낸 것처럼 끝에 yne(인)을 붙인다. 아세틸렌은 보통 관용명을 붙인다.

5. 방향족 탄화수소(8.5절)

IUPAC은 벤젠 이름을 채택하여 방향족 탄화수소를 명명한다. 벤젠 구조를 가진 화합물의 주 고리는 벤젠으로 한다. 벤젠 고리에 치환체가 하나 붙으면, 붙은 자리의 번호를 매기지 않고 명명한다. 치환체가 2개 이상이면, 치환체가 붙은 위치에서 번호를 매기며 치환체의 번호가 가장 작은 방향으로 번호를

도표 B12. 알킨 이름

구조식	화학명	관용명
$H{-}C{\equiv}C{-}H$	Ethyne	Acetylene
$CH_3CH(CH_3)CH(CH_3)C{\equiv}C{-}H$	3,4-Dimethyl-1-pentyne	
$CH_3C{\equiv}CCH_2CH(CH(CH_3)_2)CH_2CH_2CH_3$	5-Isopropyl-2-octyne	
$CH_3CH(CH_3)C{\equiv}CCH_2CH(CH_2CH_3)CH_3$	2,6-Dimethyl-3-octyne	

정한다. 벤젠 고리에 치환체가 단지 2개뿐인 벤젠 유도체에 대해서, 치환체의 상대적인 위치가 1, 2이면 오르소(*ortho*)라 하고 *o*로, 1, 3이면 메타(*meta*)라 하고 *m*으로, 1, 4이면 파라(*para*)라 하고 *p*로 표기한다(도표 B13). 톨루엔과 크실렌은 널리 통용되는 관용명이다.

도표 B13. 방향족 탄화수소 이름

구조식	화학명	관용명
(benzene ring)	Benzene	
CH_3 on benzene ring	Methylbenzene	Toluene
CH_3, CH_3 (1,2) on benzene ring	1,2-Dimethylbenzene	*o*-Xylene
CH_3, CH_3 (1,4) on benzene ring	1,4-Dimethylbenzene	*p*-Xylene
CH_2CH_3, CH_3, CH_3, $CH_2CH_2CH_2CH_3$ on benzene ring	2-Butyl-5-ethyl-1,3-dimethylbenzene	

6. 카복실산(8.7절과 8.9절)

IUPAC 방법으로 카복실산을 명명할 때, 카복실기를 함유한 가장 긴 사슬을 주사슬로 한다. 카복실기부터 번호를 시작하는데, 카복실기의 위치는 이름에 표기하지 않는다. 카복실산을 IUPAC 방법으로 명명할 때 도표 B14에 나타낸 것처럼, 알칸의 "-ane"에서 마지막 모음 "e"를 제거하고 "-oic(-오익) acid"를 붙인다. 포름산, 아세트산, 벤조산 등은 널리 사용되는 관용명이다.

카복실산이 해리되어 이온화된 형태를 명명할 때는 카복실산의 "-ic acid" 대신에 "-ate ion"으로 바꾼다(도표 B15).

도표 B14. 카보실산 이름

구조식	화학명	관용명
$H-C(=O)-OH$	Methanoic acid	Formic acid
$CH_3C(=O)-OH$	Ethanoic acid	Acetic acid
$CH_3CH(CH_3)CH_2CH_2CH_2C(=O)-OH$	5-Methylhexanoic acid	
$CH_3CH_2C(CH_2CH_3)_2CH_2CH_2CH_2C(=O)-OH$	5,5-Diethylheptanoic acid	
$C_6H_5-C(=O)-OH$		Benzoic acida[a]

[a]이 문자는 카르복실기가 고리 구조에 붙어 있는 화합물의 IUPAC 명을 나타내지 않는다.

도표 B15. 카르복실레이트 이온 이름

구조식	화학명	관용명
$H-C(=O)-O^-$	Methanoate ion	Formate ion
$CH_3C(=O)-O^-$	Ethanoate ion	Acetate ion

도표 B15. 카르복실레이트 이온 이름 (*계속*)

구조식	화학명	관용명
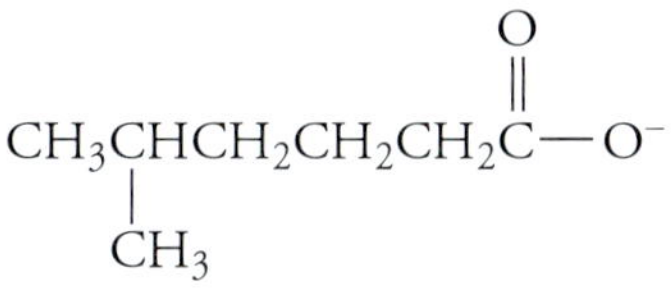 $CH_3CH(CH_3)CH_2CH_2CH_2C(=O)—O^-$	5-Methylhexanoate ion	
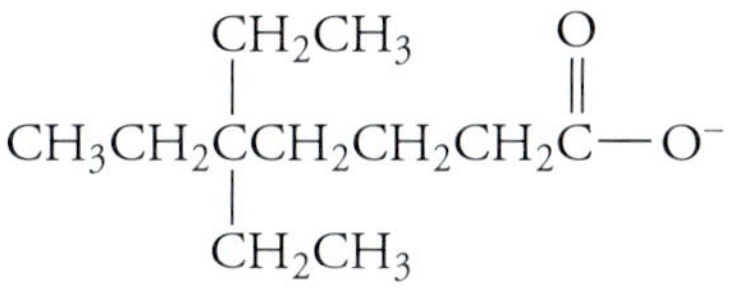 $CH_3CH_2C(CH_2CH_3)_2CH_2CH_2CH_2C(=O)—O^-$	5,5-Diethylheptanoate ion	
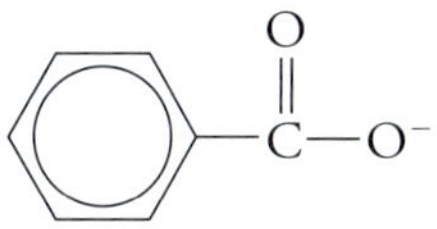 $C_6H_5C(=O)—O^-$		Benzoate ion

7. 페놀(8.8절)과 페녹사이드 이온(8.9절)

페놀의 가장 단순한 형태는 C_6H_5OH이다. 이 분자에 치환체가 붙으면 —OH기를 지닌 탄소 원자를 번호 #1으로 하여 치환체가 붙은 고리의 탄소 원자의 번호가 작은 방향으로 번호를 붙인다. 하지만 —OH기가 붙은 탄소의 위치를 나타내는 번호는 붙이지 않는다. 방향족 탄화수소의 경우처럼 고리에 붙은 치환체가 —OH기를 포함하여 단지 2개일 때는 ortho, meta, para를 사용할 수 있다(도표 B16).

도표 B16. 페놀 이름

구조식	화학명
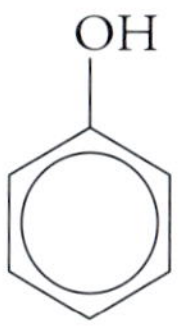 C_6H_5OH	Phenol
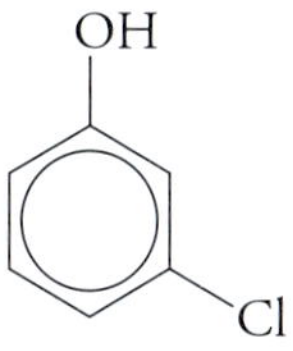 OH, Cl (3-위치) 치환 벤젠 고리	3-Chlorophenol 또는 *m*-chlorophenol
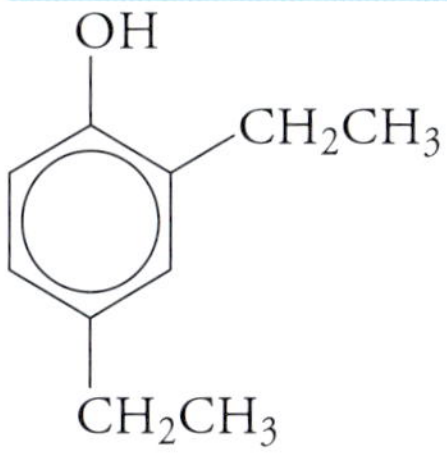 OH, CH_2CH_3 (2-위치), CH_2CH_3 (4-위치) 치환 벤젠 고리	2,4-Diethylphenol

페녹사이드 이온은 페놀에서 유래한 이름으로 페놀의 “ol”을 ”oxide ion”으로 바꾼다(도표 B17).

도표 B17. 페녹사이드 이온 이름

구조식	화학명
O (벤젠 고리)	Phenoxide ion
O (벤젠 고리), Cl	3-Chlorophenoxide ion 또는 *m*-chlorophenoxide ion
O^- (벤젠 고리), CH_2CH_3, CH_2CH_3	2,4-Diethylphenoxide ion

8. 에스테르(8.10절)

에스테르는 알코올 잔기를 지닌 알킬기를 명명한 후 카복실산 잔기를 제공한 카복실산의 이름을 붙인다. 이때 카복실산의 "-ic acid"을 "ate"로 바꾼다(도표 B18).

도표 B18. 에스테르 이름

구조식	화학명	관용명
$H-\overset{O}{\overset{\parallel}{C}}-OCH_3$	Methyl methanoate	Methyl formate
$CH_3\overset{O}{\overset{\parallel}{C}}-OCH_2CH_3$	Ethyl ethanoate	Ethyl acetate
$CH_3\underset{CH_3}{\underset{\mid}{C}}HCH_2CH_2CH_2\overset{O}{\overset{\parallel}{C}}-O\underset{CH_3}{\underset{\mid}{C}}HCH_3$	Isopropyl 5-methylhexanoate	
$CH_3CH_2\overset{CH_2CH_3}{\overset{\mid}{\underset{CH_2CH_3}{\underset{\mid}{C}}}}CH_2CH_2CH_2\overset{O}{\overset{\parallel}{C}}-OC(CH_3)_3$	*t*-Butyl 5,5-diethylheptanoate	
$C_6H_5-\overset{O}{\overset{\parallel}{C}}-OCH_3$		Methyl benzoate

9. 아민(8.11절), 암모늄 이온(8.11절) 및 아민 짝산(8.12절)

IUPAC 방법으로 1°, 2°, 3° 아민을 명명할 때, 아민의 질소 원자를 함유한 가장 긴 사슬을 주사슬로 한다. 주사슬의 번호는 질소 원자가 붙은 위치에서 가장 가까운 탄소 말단에서부터 번호를 붙이며 주사슬의 이름은 해당하는 탄화수소의 "e"를 제거하고 "amine"을 붙인다. 2°, 3° 아민은 질소 원자에 탄소를 함유한 치환체가 붙은 것으로 치환체가 붙은 위치를 "N"을 사용하여 표기한다. 아민의 관용명은 질소 원자에 붙은 그룹을 명명한 후에 아민(amine)을 붙여준다(도표 B19). 4° 암모늄 이온과 아민 짝산을 명명할 때는 질소 원자에 붙은 그룹을 명명한 후에 암모늄 이온(ammonium ion)을 붙여준다(도표 B20).

도표 B19. 아민 이름

구조식	화학명	관용명
$CH_3CH_2NH_2$	Ethanamine	Ethylamine
$CH_3CH(CH_3)CH_2NH_2$	2-Methyl-1-propanamine	Isobutylamine
$CH_3CH_2CH(CH_3)NH_2$	2-Butanamine	*sec*-Butylamine
$CH_3CH_2CH_2NHCH_3$	*N*-Methyl-1-propanamine	Methylpropylamine
$CH_3CH_2CH_2N(CH_2CH_3)CH_2CH_3$	*N*,*N*-Diethyl-1-propanamine	Diethylpropylamine

도표 B20. 암모늄 이온과 아민 짝산 이름

구조식	화학명
$CH_3CH_2\overset{+}{N}(CH_2CH_3)_2CH_2CH_3$	Tetraethylammonium ion
$CH_3CH_2CH_2\overset{+}{N}(CH_3)_2CH_3$	Trimethylpropylammonium ion
$CH_3CH_2\overset{+}{N}H_3$	Ethylammonium ion
$CH_3CH_2CH_2\overset{+}{N}H_2CH_3$	Methylpropylammonium ion
$CH_3CH_2CH_2\overset{+}{N}H(CH_2CH_3)CH_2CH_3$	Diethylpropylammonium ion

10. 아미드(8.13절)

암모니아(NH_3) 잔기를 함유한 아미드를 명명할 때, 카복실산의 "-oic acid (IUPAC)" 혹은 "-ic acid (관용명)" 대신에 "amide(아미드)"를 붙여 명명한다. 아민 잔기를 함유한 아미드도 동일한 방법으로 명명한다. 단, 질소 원자에 붙은 치환체의 위치를 "*N*"으로 표기한다(도표 B21).

도표 B21. 아미드 이름

구조식	화학명	관용명
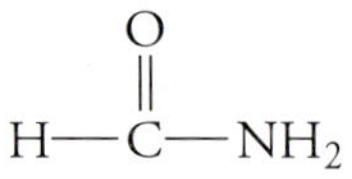 O ‖ $H—C—NH_2$	Methanamide	Formamide
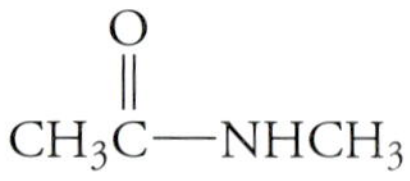 O ‖ $CH_3C—NHCH_3$	*N*-Methylethanamide	*N*-Methylacetamide
CH_3　　　O |　　　　‖ $CH_3CHCH_2CH_2CH_2C—NH_2$	5-Methylhexanamide	
CH_3　O |　　‖ $CH_3CH_2CHCH_2C—NCH_2CH_3$ | CH_3	*N*-Ethyl-*N*-methyl-3-methylpentanamide	
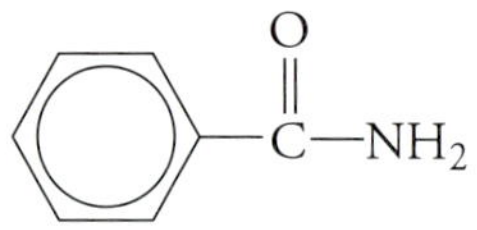 O ‖ $C_6H_5—C—NH_2$		Benzamide

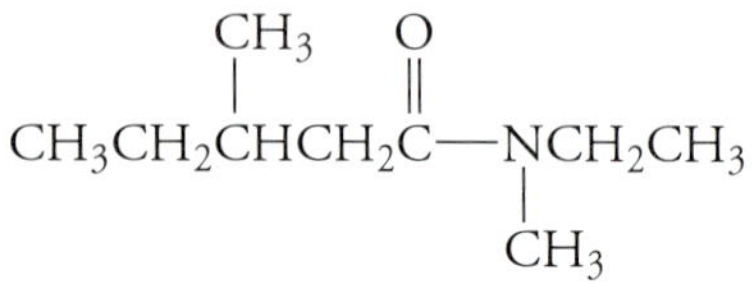

11. 알코올(9.1절)

IUPAC 방법으로 알코올을 명명할 때, —OH기를 함유한 가장 긴 사슬을 주사슬로 하며, 주사슬의 번호는 —OH기에서 가장 가까운 탄소 말단에서부터 시작하여 붙인다. 알칸의 마지막 모음 "e"를 제거하고 "ol"을 붙여 알코올을 명명한다. 주사슬에 탄소 원자가 2개 이상일 때는 —OH기의 위치를 밝힌다. 알코올의 관용명은 —OH기가 붙은 알킬기를 명명한 후에 알코올(alcohol)을 붙여 나타낸다(도표 B22).

도표 B22. 알코올 이름

구조식	화학명	관용명
CH_3CH_2OH	Ethanol	Ethyl alcohol
OH | CH_3CHCH_3	2-Propanol	Isopropyl alcohol
$CH_3CHCH_2CH_2OH$ | CH_3	3-Methyl-1-butanol	
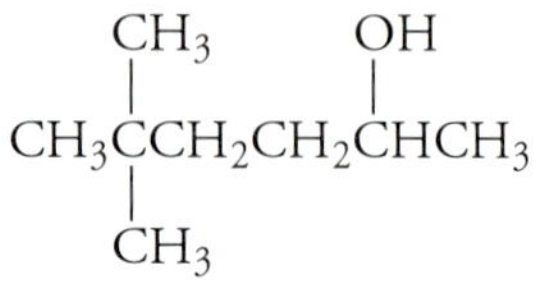 CH_3　　OH |　　　| $CH_3CCH_2CH_2CHCH_3$ | CH_3	5,5-Dimethyl-2-hexanol	
OH | (cyclohexane ring) | CH_2CH_3	3-Ethylcyclohexanol	

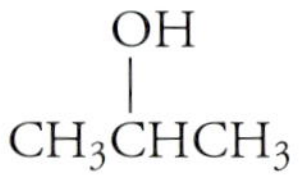

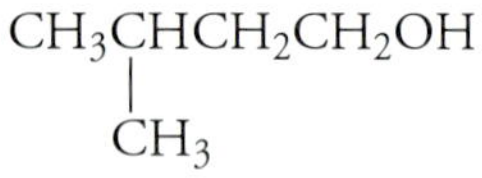

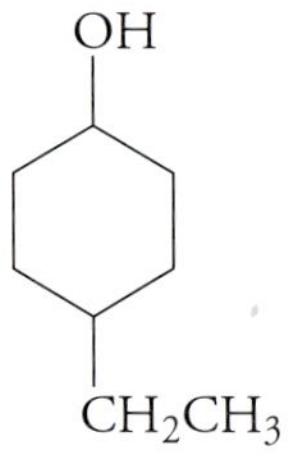

12. 티올(9.1절)

IUPAC 방법으로 티올을 명명할 때, —SH기를 함유한 가장 긴 사슬을 주사슬로 하며, 주사슬의 번호는 —SH기에서 가장 가까운 탄소 말단에서부터 시작하여 붙인다. 알칸의 마지막 모음 "e"를 제거하고 "thiol"을 붙여 명명한다. 주사슬에 탄소 원자가 2개 이상일 때는 —SH기의 위치를 밝힌다. 티올의 관용명은 —SH기가 붙은 알킬기를 명명한 후에 "mercapttan(멀캅탄)"을 붙여 나타낸다(도표 B23).

도표 B23. 티올 이름

구조식	화학명	관용명
CH_3CH_2SH	Ethanethiol	Ethyl mercaptan
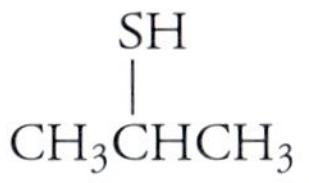 SH (C2에 결합) CH_3CHCH_3	2-Propanethiol	Isopropyl mercaptan
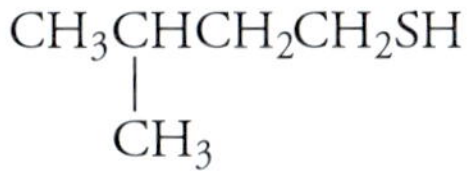 $CH_3CHCH_2CH_2SH$ CH_3 (C3에 결합)	3-Methyl-1-butanethiol	
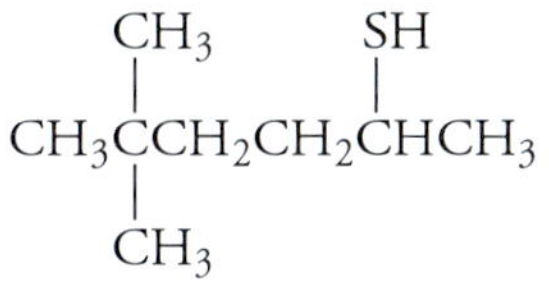 CH_3 (C2에 결합), SH (C5에 결합) $CH_3CCH_2CH_2CHCH_3$ CH_3 (C2에 결합)	5,5-Dimethyl-2-hexanethiol	
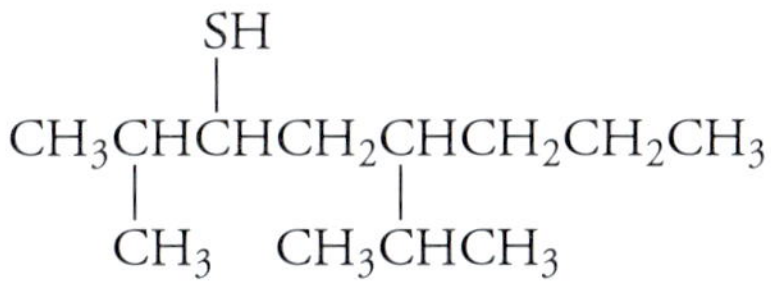 SH (C3에 결합) $CH_3CHCHCH_2CHCH_2CH_2CH_3$ CH_3 (C2에 결합), CH_3CHCH_3 (C5에 결합)	5-Isopropyl-2-methyl-3-octanethiol	

13. 에테르, 설파이드 및 디설파이드(이황화)(9.1절)

에테르의 관용명은 산소 원자에 붙은 알킬기를 명명한 후에 "ether(에테르)"를 붙여 나타낸다. 설파이드의 관용명은 황 원자에 붙은 알킬기를 명명한 후에 "sulfide(설파이드)"를 붙여 나타낸다. 디설파이드의 관용명은 황 원자에 붙은 알킬기를 명명한 후에 "disulfide(디설파이드)"을 붙여 나타낸다(도표 B24).

도표 B24. 에테르, 설파이드 및 디설파이드 이름

구조식	화학명
$CH_3CH_2OCH_2CH_3$	Diethyl ether
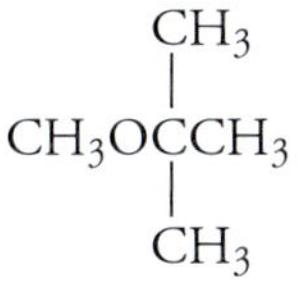 CH_3 CH_3OCCH_3 CH_3	Methyl *t*-butyl ether
$CH_3CH_2SCH_2CH_3$	Diethyl sulfide
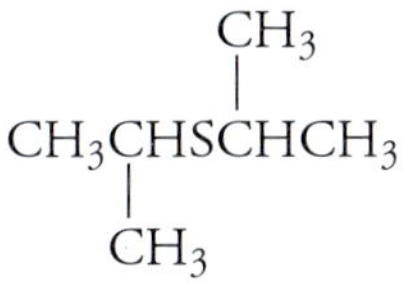 CH_3 (S 오른쪽 CH에 결합) $CH_3CHSCHCH_3$ CH_3 (S 왼쪽 CH에 결합)	Diisopropyl sulfide
$CH_3CH_2SSCH_2CH_3$	Diethyl disulfide
$CH_3CH_2CH_2SSCH_2CH_2CH_3$	Dipropyl disulfide

14. 알데히드(9.4절)

IUPAC 방법으로 알데히드를 명명할 때, 카보닐기(C=O)를 함유한 가장 긴 사슬을 주사슬로 하며, 주사슬의 번호는 C=O에서부터 시작한다. 즉, 카보닐기의 탄소 번호는 #1이지만 명명할 때 표기하지 않는다. 알데히드를 명명하는 법은 알칸의 이름에서 "e"를 제거한 후 "al"을 붙인다. 일부의 알데히드는 관용명이 있는데, 이들은 카복실산의 관용명에 기초하여 붙여졌다. 포름산과 포름알데히드가 하나의 예이다(도표 B25).

도표 B25. 알데히드 이름

구조식	화학명	관용명
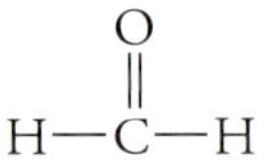 $H-C(=O)-H$	Methanal	Formaldehyde
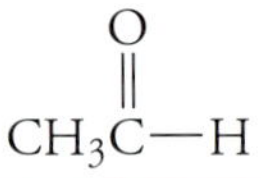 $CH_3C(=O)-H$	Ethanal	Acetaldehyde
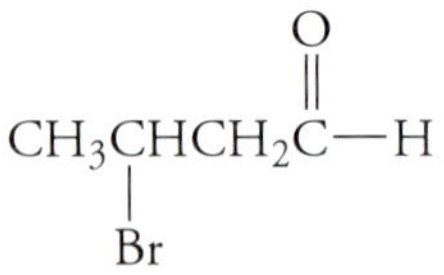 $CH_3CH(Br)CH_2C(=O)-H$	3-Bromobutanal	
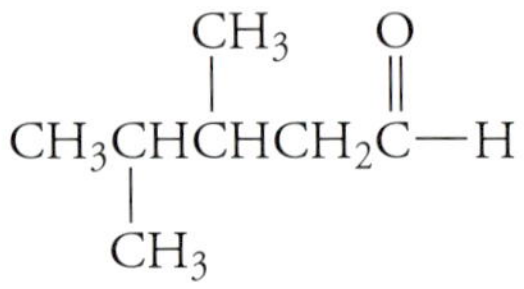 $CH_3CH(CH_3)CH(CH_3)CH_2C(=O)-H$	3,4-Dimethylpentanal	

15. 케톤(9.4절)

IUPAC 방법으로 케톤을 명명할 때, 카보닐기(C=O)를 함유한 가장 긴 사슬을 주사슬로 하며, 주사슬의 번호는 C=O에서 가장 가까운 탄소 말단에서부터 시작한다. 주사슬의 탄소 원자수가 5개 이상이면 C=O 위치를 화학명에 명시하여야 한다. 케톤을 명명하는 법은 알칸의 이름에서 "e"를 제거한 후 "one"를 붙인다. 케톤의 관용명은 카보닐 탄소에 붙은 그룹명 다음에 "ketone(케톤)"을 붙인다(도표 B26).

도표 B26. 케톤 이름

구조식	화학명	관용명
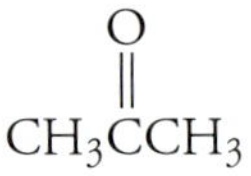 $CH_3C(=O)CH_3$	Propanone	Dimethyl ketone or Acetone
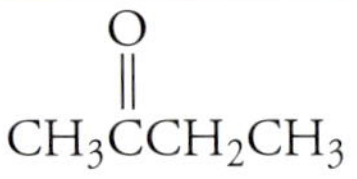 $CH_3C(=O)CH_2CH_3$	Butanone	Methyl ethyl ketone
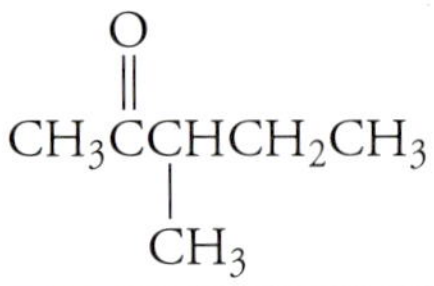 $CH_3C(=O)CH(CH_3)CH_2CH_3$	3-Methyl-2-pentanone	Methyl *s*-butyl ketone
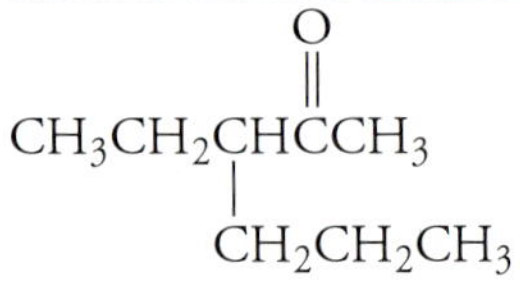 $CH_3CH_2CH(CH_2CH_2CH_3)C(=O)CH_3$	3-Ethyl-2-hexanone	

APPENDIX C

색으로 표시된 문제에 대한 해답

Chapter 1

1.1. 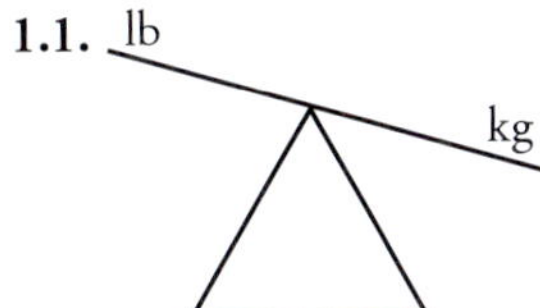

1 kilogram is heavier than 1 pound (1 kilogram = 2.205 lb).

1.3. A law. It describes what is observed but does not explain why it happens.

1.5. A hypothesis is a tentative explanation based on presently known facts while a theory is an experimentally tested explanation that is consistent with existing experimental evidence and accurately predicts the results of future experiments.

1.7. Matter is anything that has mass and occupies space. Energy is the ability to do work or heat up something.

1.9. **(a)** Ice is water in the solid state. It is clear and colorless, hard, and feels cold to the touch.
(b) The ice would slowly melt and turn into liquid water if the iced tea is left to sit in the sun for a while (melting).

1.11. Some examples of physical changes are: a puddle of water evaporating from the ground, rubbing alcohol evaporating from the skin, spilled gasoline evaporating from the ground.

1.13. Potential energy is stored energy.

1.15. As a Ferris wheel goes around, the potential energy of a rider changes relative to the rider's position. When the rider is at the very top of the wheel, the potential energy is highest. As the wheel goes around, the potential energy of the rider decreases as the bottom of the wheel is approached. At the lowest point, the potential energy is lowest.

1.17. **(a)** Kinetic energy is the energy associated with moving objects while potential energy is stored energy. Before the car starts to move up the hill, its kinetic energy is zero. As it begins its motion, the car gains kinetic energy.
(b) At the bottom of the hill, the car has lower potential energy. As the car moves uphill, the car gains potential energy.

1.19. **(a)** Melting snow is a physical change because the chemical composition does not change.
(b) Burning propane is a chemical change because new substances are produced.
(c) The potential energy stored in the propane is lowered as the propane burns.
(d) As the snow melts, the water molecules move faster and so their kinetic energy increases.

1.21. **(a)** Heat of fusion is the energy required for a substance to melt or the energy absorbed as a solid is converted to a liquid.
(b) Heat of vaporization is the energy required for a substance to evaporate or the energy absorbed as a liquid is converted to a gas.

1.23. The heat energy from the arm goes to the ice water and is used to melt the ice.

1.25. False. The temperature of the water remains constant until all of the liquid water has boiled away.

1.27. **(a)** 1 m; **(b)** 1 lb; **(c)** 1 cup

1.29. **(a)** 1 mg; **(b)** 1 gr; **(c)** 1 T; **(d)** 1 fl oz

1.31. **(a)** 1.3×10^3; **(b)** 6.901×10^6; **(c)** 1.3×10^{-4}; **(d)** 6.901×10^{-7}

1.33. **(a)** 0.07; **(b)** 700; **(c)** 830,000,000; **(d)** 0.000000083

1.35. **(a)** 6,000,000,000; **(b)** 3,000,000

1.37. **(a)** 1 millimeter; **(b)** 1 megameter; **(c)** 1 gigameter

1.39. **(a)** 1.5 km = 1.5×10^3 m = 1,500 m; **(b)** 5.67 mm = 5.67×10^{-3} m = 0.00567 m; **(c)** 5.67 nm = 5.67×10^{-9} m = 0.00000000567 m; **(d)** 0.3 cm = 3×10^{-3} m = 0.003 m

1.41. **(a)** 1 kcal; **(b)** 4.184 cal

1.43. **(a)** 1×10^3 m; **(b)** 5×10^3 m; **(c)** 1×10^4 m

1.45. Either b or c could be correct since the pins remain standing. Your throws may or may not have been precise.

1.47. **(a)** 8; **(b)** 5; **(c)** 3; **(d)** 2; **(e)** 2; **(f)** 2

1.49. **(a)** 5.0×10^1; **(b)** 4.0×10^{-4}; **(c)** 47; **(d)** 7.9×10^2

1.51. 35 μm

1.53. **(a)** $\dfrac{12\ \text{eggs}}{1\ \text{dozen}}$ or $\dfrac{1\ \text{dozen}}{12\ \text{eggs}}$;
(b) $\dfrac{1 \times 10^3\ \text{m}}{1\ \text{km}}$ or $\dfrac{1\ \text{km}}{1 \times 10^3\ \text{m}}$;
(c) $\dfrac{0.946\ \text{L}}{1\ \text{qt}}$ or $\dfrac{1\ \text{qt}}{0.946\ \text{L}}$

1.55. **(a)** 4 dozen; **(b)** 0.25 km; **(c)** 2.9 qt

1.57. **(a)** 9.2×10^{-5} g; **(b)** 2.72×10^{-5} mg; **(c)** 3.3×10^5 mg; **(d)** 7.27×10^3 μg

1.59. **(a)** 1×10^{-5} km; **(b)** 2.5×10^{-5} μm; **(c)** 3.0×10^{-6} dm; **(d)** 8.5×10^3 nm

1.61. Your pound weight $\times \dfrac{1\ \text{kg}}{2.205\ \text{lb}}$

1.63. **(a)** 33°C; **(b)** 127°F; **(c)** 273 K; **(d)** 36°C

1.65. 7.5 mi

1.67. 0.068 g

1.69. 95 μg or 9.5×10^{-5} g

1.71. 0.50 mL

1.73. **(a)** 0.60 mL; **(b)** 13 gtt/min

1.75. 2 tablets

1.77. 1.3 tablets

1.79. **(a)** 2.0 g water; **(b)** 2.1 g blood; **(c)** 33.2 g salt; **(d)** 808 g lead

1.81. **(a)** 15.2 mL water; **(b)** 2.4×10^3 mL kerosene; **(c)** 0.12 mL isopropyl alcohol; **(d)** 5.0×10^1 mL chloroform

1.83. 1.06 g/mL

1.85. 1.06

1.87. **(a)** 280 cal; **(b)** 630 cal or 6.30×10^2 cal

1.89. **(a)** 280 cal; **(b)** 630 cal or 6.30×10^2 cal

1.91. **(a)** 150°C; **(b)** 140°C; **(c)** 78°C

1.93. **(a)** 2.89 cm^3; **(b)** 13.5 cm^3; **(c)** 40 lb; **(d)** 8 lb

1.95. **(a)** 21 mL; **(b)** 8.0×10^5 mL; **(c)** 2600 mL

1.97. **(a)** 0.50 gallon; **(b)** 29 gallon; **(c)** 2.0 gallon

1.99. 5×10^6 m

1.101. Insulin became available, the purity of insulin was improved, genetically engineered human insulin was put on the market, and oral drugs were developed.

1.103. **(a)** 23; this BMI falls within the recommended weight; **(b)** Answers will vary. **(c)** 26.6; overweight status

1.105. Yes, because 31°C is considerably lower than average normal temperature (37°C), even after factoring temperature measurement errors (up to 2°C) due to variation in body location from which measurements are made.

1.107. Two hours might not be enough time to rehydrate and to recover from the effects of dehydration.

1.109. **(a)** $\frac{0.522 \text{ lb}}{1 \text{ cup}}$; **(b)** 2.9 lb; No. Losing weight through dehydration can adversely affect endurance, strength, energy, and motivation. Extreme dehydration can lead to kidney failure, heart attack, and death.

1.111. **(a)** $\frac{1 \text{ grain}}{325 \text{ mg}}$ and $\frac{325 \text{ mg}}{1 \text{ grain}}$; **(b)** $\frac{325 \text{ mg}}{1 \text{ grain}}$; **(c)** 3300 mg; **(d)** 3.3 g; **(e)** 3.3×10^6 μg

Chapter 2

2.1. $^{10}_{4}\text{Be} \longrightarrow {}^{6}_{2}\text{He} + {}^{4}_{2}\alpha$

2.3. It consists of protons (positive charge) and neutrons (no charge).

2.5. **(a)** 0.053 nm; 53 pm; **(b)** 4.8×10^8 hydrogen atoms

2.7. 1.45×10^{-3} pm

2.9. iron (Fe), iodine (I), helium (He), hydrogen (H)

2.11. Co is cobalt; Cu is copper; Ca is calcium; C is carbon; Cl is chlorine

2.13. oxygen (O), carbon (C), hydrogen (H), nitrogen (N)

2.15. Adequate Intake or AI is used when an RDA is not available for a given nutrient.

2.17. The RDA for selenium is $\frac{55 \ \mu\text{g}}{\text{day}}$. The UL for selenium is $\frac{40{,}000 \ \mu\text{g}}{\text{day}}$.

2.19. 260 mg of calcium

2.21. **(a)** 9 protons, 10 neutrons; **(b)** 11 protons, 12 neutrons; **(c)** 92 protons, 146 neutrons

2.23. **(a)** atomic number = 2, mass number = 4; **(b)** atomic number = 3, mass number = 6; **(c)** atomic number = 10, mass number = 20

2.25. **(a)** $^{4}_{2}\text{He}$; **(b)** $^{6}_{3}\text{Li}$; **(c)** $^{20}_{10}\text{Ne}$

2.27. **(a)** 22 neutrons; **(b)** 22 neutrons; **(c)** 27 neutrons

2.29. **(a)** 29 electrons; **(b)** 20 electrons; **(c)** 17 electrons

2.31.

calcium	carbon	copper
$^{40}_{20}\text{Ca}$	$^{13}_{6}\text{C}$	$^{63}_{29}\text{Cu}$
20	**6**	29
20	7	34
20	**6**	**29**
40	13	**63**

2.33. b

2.35. $^{64}_{30}\text{Zn}$ and $^{65}_{30}\text{Zn}$ are isotopes.

2.37. $^{85}_{37}\text{Rb}$

2.39. Metals are good conductors of heat and electricity, shiny, malleable, and ductile.

2.41. **(a)** Possible answers are: fluorine, chlorine, bromine, iodine, and astatine; **(b)** Possible answers are: helium, neon, argon, krypton, xenon, and radon.

2.43. Possible answers are: phosphorus, sulfur, chlorine, and argon.

2.45. **(a)** Na; **(b)** Te

2.47. francium

2.49. $\frac{6.02 \times 10^{23} \text{ Li atoms}}{1 \text{ mol Li}}$, and $\frac{1 \text{ mol Li}}{6.02 \times 10^{23} \text{ Li atoms}}$

2.51. **(a)** 0.500 mol Li; **(b)** 3.16×10^{23} Li atoms

2.53. $\frac{40.08 \text{ g Ca}}{1 \text{ mol Ca}}$ and $\frac{1 \text{ mol Ca}}{40.08 \text{ g Ca}}$

2.55. **(a)** 3.14 mol Ca; **(b)** 90.2 g Ca

2.57. 1.20×10^{24} atoms

2.59. 1.20×10^{-11} mol Na

2.61. **(a)** 4.00 amu (rounded to two decimal places); **(b)** 4.00 g/mol; **(c)** 20.0 g He; **(d)** 5.33×10^{19} He atoms; **(e)** 2.25×10^{-3} g He

2.63. **(a)** 3.45×10^{-3} g B; **(b)** 3.19×10^{-4} mol B; **(c)** 1.92×10^{20} B atoms

2.65. The energy levels of a helium atom have different energies than those of a hydrogen atom. This produces a different emission spectrum when helium atoms move from various excited states back to more stable ones.

2.67.

(a)	$n = 1$	$n = 2$	$n = 3$;
	2	**2**	**0**
(b)	$n = 1$	$n = 2$	$n = 3$;
	2	**5**	**0**
(c)	$n = 1$	$n = 2$	$n = 3$
	2	**8**	**7**

2.69. **(a)** 1 valence electron; **(b)** 2 valence electrons; **(c)** 4 valence electrons; **(d)** 7 valence electrons; **(e)** 8 valence electrons

2.71. **(a)** 2 total electrons, 2 valence electrons held in level 1; **(b)** 54 total electrons, 8 valence electrons held in level 5; **(c)** 52 total electrons, 6 valence electrons held in level 5; **(d)** 82 total electrons, 4 valence electrons held in level 6

2.73. **(a)** 112; **(b)** 2; **(c)** 7; **(d)** no

2.75. **(a)** Na· **(b)** :Cl· **(c)** :Ar: **(d)** ·S·

2.77. **(a)** An alpha particle is a type of radiation that can be emitted by radioisotopes. **(b)** Like a helium nucleus, an alpha particle has 2 protons, 2 neutrons, and 2+ charge. **(c)** The alpha particle has a much greater energy than a helium nucleus.

2.79. **(a)** A positron is a subatomic particle that can be emitted by radioisotopes as radiation.
(b) Positrons have the same mass as beta particles and are emitted at speeds of up to 90% of the speed of light like beta particles.
(c) A positron has a 1+ charge but a beta particle has 1− charge.

2.81. **(a)** ${}^{32}_{15}P \longrightarrow {}^{32}_{14}Si + {}^{0}_{1}\beta^+$;
(b) ${}^{40}_{19}K \longrightarrow {}^{40}_{20}Ca + {}^{0}_{-1}\beta$;
(c) ${}^{40}_{19}K \longrightarrow {}^{40}_{18}Ar + {}^{0}_{1}\beta^+$

2.83. **(a)** ${}^{203}_{83}Bi \longrightarrow {}^{199}_{81}Tl + {}^{4}_{2}\alpha$;
(b) ${}^{17}_{9}F \longrightarrow {}^{17}_{8}O + {}^{0}_{1}\beta^+$

2.85. **(a)** ${}^{187}_{80}Hg \longrightarrow {}^{183}_{78}Pt + {}^{4}_{2}\alpha$;
(b) ${}^{226}_{88}Ra \longrightarrow {}^{222}_{86}Rn + {}^{4}_{2}\alpha$;
(c) ${}^{238}_{92}U \longrightarrow {}^{234}_{90}Th + {}^{4}_{2}\alpha$

2.87. ${}^{197}_{80}Hg \longrightarrow {}^{197}_{81}Tl + {}^{0}_{-1}\beta + {}^{0}_{0}\gamma$

2.89. ${}^{128}_{53}I \longrightarrow {}^{128}_{52}Te + {}^{0}_{1}\beta^+$

2.91. ${}^{238}_{92}U \longrightarrow {}^{234}_{90}Th + {}^{4}_{2}\alpha$
${}^{234}_{90}Th \longrightarrow {}^{234}_{91}Pa + {}^{0}_{-1}\beta$
${}^{234}_{91}Pa \longrightarrow {}^{234}_{92}U + {}^{0}_{-1}\beta$

2.93. No. Since alpha particles travel only 4–5 cm in air and smoke detectors are usually on the ceiling, the risk of exposure to alpha radiation is small.

2.95. Alpha particles are relatively large and do not penetrate tissue very deeply. Radiation emissions must be able to pass through the body and reach a detector to be useful for diagnostic purposes.

2.97. **(a)** 0.5 seivert; **(b)** 3 rad; **(a)** 50 rad

2.99. **(a)** 4000 disintegrations; **(b)** 2×10^5 disintegrations

2.101. **(a)** ${}^{59}_{26}Fe \longrightarrow {}^{59}_{27}Co + {}^{0}_{-1}\beta$; **(b)** 90 days

2.103. **(a)** 0.500 μg; **(b)** 0.250 μg; **(c)** 57.2 days

2.105. **(a)** ${}^{19}_{10}Ne \longrightarrow {}^{19}_{9}F + {}^{0}_{1}\beta^+$;
(b) ${}^{24}_{10}Ne \longrightarrow {}^{24}_{11}Na + {}^{0}_{-1}\beta$;
(c) 1 μg of neon-24 would remain; **(d)** 10 half-lives

2.107. **(a)** Exposure to nuclear radiation is harmful to living tissues because of the kinetic energy that radioactive emissions impart to surrounding atoms. This transfer of energy can change the structure of water and important biochemical substances such as proteins, DNA, lipids, and others found within cells, disrupting normal biochemical functions.
(b) The short-term effects of being exposed to a high dose of radiation include nausea to death within a few weeks depending on the dose.
(c) Accidents in nuclear power plants may cause release of high doses of radiation.

2.109. **(a)** alpha particles; **(b)** gamma particles

2.111. **(a)** ${}^{52}_{26}Fe \longrightarrow {}^{52}_{25}Mn + {}^{0}_{1}\beta^+$;
(b) When a positron and an electron collide, two gamma rays are produced.
(c) 16.4 hours;
(d) ${}^{52}_{25}Mn \longrightarrow {}^{52}_{24}Cr + {}^{0}_{1}\beta^+$

2.113. Brachytherapy is a type of cancer treatment in which a radiation source is placed internally near a tumor. The radiation source delivers a high dose of radiation over time killing cancer cells in the process.

2.115. **(a)** ${}^{12}_{6}C$ and ${}^{13}_{6}C$. The ${}^{12}_{6}C$ isotope is more predominant in nature.; **(b)** The lighter ${}^{12}_{6}C$ isotope reacts slightly faster and is therefore incorporated in plants and animals in higher amounts.

2.117. In ancient Rome, lead was used to line containers in which to boil wine. Lead was also used for water pipes, thus the use of the term "plumbing" derived from the Latin name of lead *plumbum*.

2.119. When luciferin is acted on by a particular enzyme in the presence of oxygen gas and ATP, electrons in luciferin are raised to an excited state and, upon returning to the ground state, light is emitted.

2.121. People back then believed that radioactive substances would improve one's beauty by energizing and revitalizing the skin.

2.123. **(a)** Invasive refers to the fact that the imaging technique requires something (x rays in this case) to penetrate the body.; **(b)** CT

2.125. **(a)** Po; **(b)** 84 protons and 126 neutrons; (c) An alpha particle has 2 protons, 2 neutrons, and a 2+ charge.
(d) ${}^{210}_{84}Po \longrightarrow {}^{4}_{2}\alpha + {}^{206}_{82}Pb$;
(e) 0.06 μg; **(f)** The alpha particles are capable of breaking certain chemical bonds within the body which could affect important biochemical processes. Since polonium-210 was *ingested* by the victim, any released alpha particles were readily absorbed by cells and their harmful effects were felt.

Chapter 3

3.1.

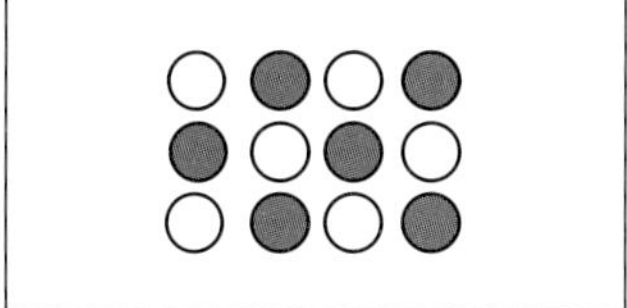
ionic compound

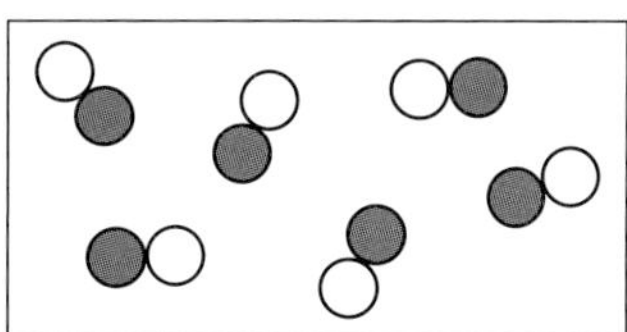
molecules

3.3. **(a)** 19 protons, 18 electrons; **(b)** 12 protons, 10 electrons; **(c)** 15 protons, 18 electrons

3.5. **(a)** 26 protons, 24 electrons, **(b)** 26 protons, 23 electrons; **(c)** 29 protons, 28 electrons; **(d)** 29 protons, 27 electrons

3.7. **(a)** 29 protons, 34 neutrons, 28 electrons; **(b)** 9 protons, 10 neutrons, 10 electrons; **(c)**17 protons, 20 neutrons, 18 electrons

3.9. **(a)** P^{3-}; **(b)** Ca^{2+}; **(c)** N^{3-}; **(d)** Mn^{3+}

3.11. **(a)** fluoride ion; **(b)** oxide ion; **(c)** chloride ion; **(d)** bromide ion

3.13. **(a)** cobalt(II) ion; **(b)** lead(II) ion; **(c)** chromium(III) ion; **(d)** copper(I) ion

3.15. **(a)** carbonate ion; **(b)** nitrate ion; **(c)** sulfite ion; **(d)** acetate ion

3.17. **(a)** HCO_3^-; **(b)** NO_2^-; **(c)** SO_4^{2-}

3.19. H^+

3.21. **(a)** 2; **(b)** 1; **(c)** 2; **(d)** 1

3.23. **(a)** $:\ddot{\underset{..}{O}}:^{2-}$ **(b)** $:\ddot{\underset{..}{F}}:^{1-}$

(c) $:\ddot{\underset{..}{Se}}:^{2-}$ **(d)** $:\ddot{\underset{..}{Br}}:^{1-}$

3.25. **(a)** nitride ion; **(b)** 3 electrons; **(c)** 3–

3.27. **(a)** Na·, Na^+ **(b)** $\cdot\ddot{\underset{..}{Cl}}\cdot$, $:\ddot{\underset{..}{Cl}}:^-$

(c) $:\ddot{\underset{..}{Ar}}:$, no ion formed

3.29. **(a)** magnesium oxide; **(b)** sodium sulfate; **(c)** calcium fluoride; **(d)** sodium sulfide

3.31. **(a)** iron(II) chloride; **(b)** cobalt(II) sulfide; **(c)** cobalt(III) chloride; **(d)** aluminum sulfide

3.33. **(a)** sodium sulfate; **(b)** calcium nitrate; **(c)** potassium phosphate; **(d)** ammonium hydroxide

3.35. **(a)** magnesium hydrogen sulfate; **(b)** sodium dichromate; **(c)** magnesium sulfite; **(d)** calcium hydrogen carbonate

3.37. **(a)** $CaHPO_4$; **(b)** $CuBr_2$; **(c)** $CuSO_4$; **(d)** $NaHSO_4$

3.39. **(a)** lithium sulfate; **(b)** calcium dihydrogen phosphate; **(c)** barium carbonate

3.41. **(a)** MgF_2; **(b)** KBr; **(c)** K_2S; **(d)** Al_2S_3

3.43. potassium phosphate is K_3PO_4; potassium dihydrogen phosphate is KH_2PO_4

3.45. **(a)** 3; **(b)** 1; **(c)** 3

3.47. **(a)**

```
   H   H
H:C:O:C:H
   H   H
```

(b)

```
   H      H  H  Ö:
H:C  :  C : C : C : H
   H  H :N: H
          H
```

3.49.

```
   H :Ö
   |  ||
H—C—C—Cl:
   |
   H
```

This is an example of a bonding pair. Other examples include the C—Cl bond, all C—H bonds, and each of the 2 C—O bonds.

3.51.

```
  H  Ö: Ö:
  |  ||  ||
H—C—C—C—Ö—H
  |
  H
```

3.53. **(a)** nitrogen trichloride; **(b)** phosphorus trichloride; **(c)** phosphorus pentachloride

3.55. phosphorus trihydride

3.57.

```
      H
(a) H:C:H   (b) H:N:H   (c) H:O:H
      H           H
```

3.59. $:\ddot{O}=C=\ddot{O}:$

3.61.

```
H—C=Ö:
  |
  H
```

3.63. **(a)** ionic; **(b)** binary molecule; **(c)** binary molecule; **(d)** ionic; **(e)** binary molecule; **(f)** ionic

3.65. **(a)** barium chloride; **(b)** oxygen dichloride; **(c)** carbon disulfide; **(d)** mercury(II) oxide; **(e)** dinitrogen trioxide; **(f)** copper(I) oxide

3.67. No. If the atoms are of different elements (such as CO), then the diatomic molecule is a compound. If the atoms are the same (such as N_2), then the diatomic molecule is an elemental substance.

3.69. **(a)** 35.06 amu; **(b)** 33.3 g NH_4OH; **(c)** 0.0135 mol NH_4OH

3.71. **(a)** 62.00 amu; **(b)** 1.5×10^{23} oxide ions; **(c)** 3.0×10^{23} sodium ions; **(d)** 2.23×10^{22} oxide ions; **(e)** 4.46×10^{22} sodium ions

3.73. **(a)** 1–; **(b)** 3.61×10^{20} C atoms

3.75. **(a)** 153.81 amu; **(b)** 9.43×10^3 g; **(c)** 3.02×10^{-3} mol; **(d)** 2.15×10^{19} molecules

3.77. 1.0×10^{21} molecules

3.79. **(a)** 1.3×10^{-6} mol; **(b)** 7.8×10^{17} molecules

3.81. Ionophores are molecules that transport ions across cell membranes. Ionophores can be used to kill bacteria (as antibiotics) by forcing the passage of ions across the cell membrane of the bacteria and disrupting the balance of ions which hampers the normal biological functions of the bacterial cell.

3.83. Hawaiian sea salt also contains iron(III) oxide (Fe_2O_3). Black Indian salt also contains small amounts of sodium sulfate (Na_2SO_4), iron(II) sulfide (FeS), and hydrogen sulfide (H_2S).

3.85. The amalgam would likely result in increased thermal sensitivity because metals conduct heat more readily than the nonmetals in composites.

3.87. Nitroglycerin reduces constriction of arteries (angina) by producing nitric oxide which causes blood vessels to dilate. Viagra enhances the effects of nitric oxide. Taking Viagra with nitroglycerin may result in a precipitous, and possibly life-threatening, drop in blood pressure when blood vessel dilation is prolonged or severe.

3.89. **(a)** 2+; **(b)** ferrous ion; **(c)** 1–; **(d)** Yes. The bonds between 1 Fe^{2+} ion and 2 NO_3^- ions are ionic.; **(e)** Yes. The bonds between 1 N and 3 O atoms in NO_3^- and the bonds between 2 H atoms and 1 O atom in each H_2O molecule are all covalent.; **(f)** dihydrogen monoxide; **(g)** 287.99 amu; **(h)** 1.71×10^{-2} mol $Fe(NO_3)_2 \cdot 6H_2O$; **(i)** 184 g $Fe(NO_3)_2 \cdot 6H_2O$; **(j)** 3.10×10^{19} water molecules; **(k)** 9.16×10^{22} Fe^{2+} ions

Chapter 4

4.1. The one with the F atoms on the same side of the molecule is polar. The one with the F atoms opposite each other is nonpolar.

4.3. **(a)** 4; **(b)** 2; **(c)** 3; **(d)** 1

4.5. (a) H—Ö—H (b) H—Ï: (c) H—N̈—H with H below N

4.7. (a) :F̤̈—F̤̈: (b) :Ö=Ö:

4.9. (a) H—C—H with =S̈: above C (b) :F̤̈—N̈—F̤̈: with :F̤̈: below N

4.11. (a) H—C—C—H with H above and below each C (b) H—C=C—H with H below each C (c) H—C≡C—H

4.13. (a) [:Ö—H]$^-$ (b) [H—N—H with H above and below N]$^+$ (c) [:C≡N:]$^-$

4.15. (a) :Ö—S—Ö: with =:O: below S (b) [:Ö—S̈—Ö: with :Ö: below S]$^{2-}$

4.17. H—C—Ö—C—H (three H on each C) H—C—C—Ö—H (H above and below each C)

4.19. **(a)** $CH_3CH_2CH_2CH_3$; **(b)** $CH_3CH_2NH_2$

4.21. (a) (b) N̈ with H, H

4.23. **(a)** O; **(b)** O; **(c)** Cl

4.25. **(a)** 0.5; **(b)** 0.4; **(c)** 1.4; **(d)** 2.0

4.27. **(a)** polar covalent; **(b)** nonpolar covalent; **(c)** polar covalent; **(d)** ionic

4.29. **(a)** nonpolar covalent; **(b)** polar covalent; **(c)** nonpolar covalent

4.31. **(a)** None. The electronegativity difference between H and S is 0.4. **(b)** Each C—O bond is polar covalent because the electronegativity difference between the atoms is 1.0.

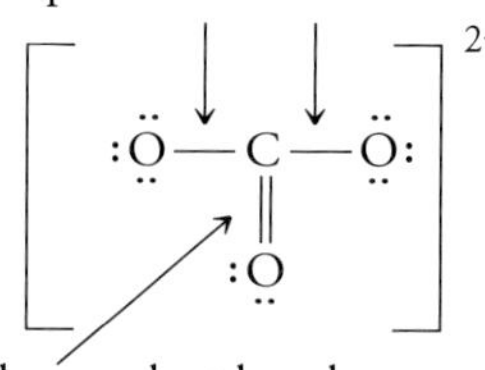

(c) None. The electronegativity difference between N and Cl is 0.

4.33. **(a)** bent; **(b)** trigonal planar; **(c)** pyramidal

4.35. **(a)** trigonal planar; **(b)** pyramidal

4.37. **(a)** and **(b)**

4.39. Only **(b)** NF_3 is polar.

4.41. False. Depending on the number of groups of electrons around an atom, a bent molecular shape can have a bond angle near 110° or near 120°.

4.43. No

4.45. **(c)** and **(d)**

4.47. **(b)**, **(c)**, and **(d)**

4.49. Two $CH_3CH_2CH_2CH_2CH_2CH_2CH_2CH_3$ molecules.

4.51.

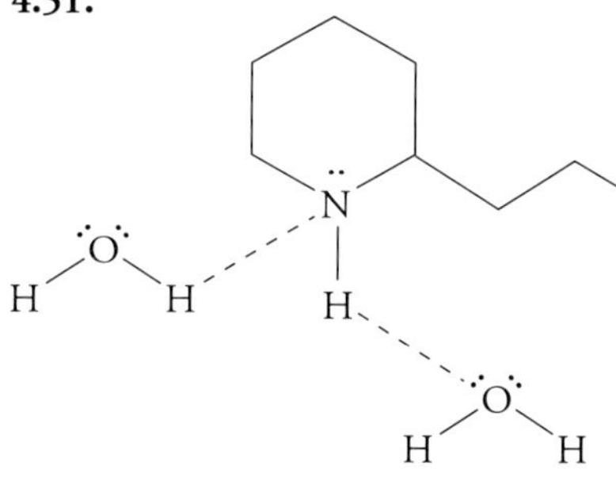

4.53. **(a)** ester; **(b)** ketone

4.55. **(a)** alkene and ketone; **(b)** phenol, alcohol, and amine

4.57. **(a)** amine, aromatic, and ester; **(b)** aromatic, amide, and amine

4.59. **(a)** phenol and amide; **(b)** phenol and ester

4.61. ether, aromatic, and alcohol

4.63. phenol and ether

4.65.
(a) OH OH
(b) O O

4.67.
(a) SH SH
(b) S S
(c) S—S S—S

4.69.
(a) $CH_3—CH_2—CH_2—CH_2—CH_2—C(=O)—OH$

$CH_3—CH(CH_3)—CH_2—CH_2—C(=O)—OH$

(b) $CH_3—CH_2—CH_2—CH_2—O—C(=O)—CH_3$

$CH_3—CH(CH_3)—CH_2—O—C(=O)—CH_3$

(c) $CH_3—CH_2—CH_2—CH_2—CH_2—CH_2—C(=O)—H$

$CH_3—CH(CH_3)—CH_2—CH_2—CH_2—C(=O)—H$

(d) $CH_3—CH_2—CH_2—CH_2—CH_2—C(=O)—CH_3$

$CH_3—CH_2—CH_2—CH_2—C(=O)—CH_2—CH_3$

4.71.
(a) $CH_3—CH_2—CH_2—CH_2—C(=O)—OH$

$CH_3—CH(CH_3)—CH_2—C(=O)—OH$

(b) $CH_3—CH_2—CH_2—C(=O)—O—CH_3$

$CH_3—CH_2—C(=O)—O—CH_2—CH_3$

(c)

$HO-CH_2-CH_2-CH_2-CH_2-\overset{O}{\overset{\|}{C}}-H$

$HO-CH_2-\underset{CH_3}{\underset{|}{CH}}-CH_2-\overset{O}{\overset{\|}{C}}-H$

(d) $CH_3-CH_2-\overset{O}{\overset{\|}{C}}-CH_2-O-CH_3$

$CH_3-\overset{O}{\overset{\|}{C}}-CH_2-O-CH_2-CH_3$

4.73. (a) $H-\underset{H}{\underset{|}{\overset{H}{\overset{|}{C}}}}-\overset{\delta-}{\overset{O}{\overset{\|}{\underset{\delta+}{C}}}}-H$

(b) There are no polar covalent bonds in this molecule because no two bonded atoms have electronegativity differences greater than 0.5.;

(c) $H-\underset{H}{\underset{|}{\overset{H}{\overset{|}{C}}}}-\underset{H}{\underset{|}{\overset{H}{\overset{|}{C}}}}-\overset{\delta-}{\overset{O}{\overset{\|}{\underset{\delta+}{C}}}}-\overset{\delta-}{N}(-\overset{\delta+}{H})-H^{\delta+}$

4.75. (a) [structure: ester with $\delta-$ carbonyl O, $\delta+$ C, $\delta-$ ether O, $\delta+$ ethyl C]

(b) [structure: cyclohexenone ring with CH_3, C=O ($\delta+$ C, $\delta-$ O), and $CH_3-C=CH_2$ substituent]

4.77. (a) [structure: benzaldehyde, $\overset{\delta-}{O}$=$\overset{\delta+}{C}$—H attached to benzene ring]

(b) [structure: benzene ring with $\overset{\delta+}{}\overset{\delta-}{O}-\overset{\delta+}{CH_2}-\overset{\delta+}{CH}(-\overset{\delta-}{O}-\overset{\delta+}{H})-\overset{\delta+}{CH_2}-\overset{\delta-}{O}-\overset{\delta+}{H}$ and $\overset{\delta+}{}\overset{\delta-}{O}-\overset{\delta+}{CH_3}$]

4.79. (a) Trigonal planar with an approximate bond angle of 120º.; (b) Bent with an approximate bond angle of 109º.; (c) Tetrahedral with an approximate bond angle of 109º.

4.81. (a) Yes; (b) Yes; (c) No

4.83. (a) No; (b) No; (c) Yes

4.85. (a) Yes; (b) No; (c) No

4.87. The molecules in parts a and b are nonpolar molecules that interact primarily through London forces.

4.89. The molecules in part c can interact through dipole-dipole forces but not hydrogen bonds. These molecules are polar but have no hydrogen atoms bonded to oxygen, nitrogen, or fluorine.

4.91. No, covalent bonds are not broken when PrP is converted into PrP^{SC}. The conversion occurs through rotations around single bonds which change the overall shape of the PrP molecule.

4.93. The ethylene produced by bananas will build up inside the closed containers causing high levels of ethylene. This may cause the bananas to ripen rapidly and, possibly, spoil.

4.95. The molecules should absorb UV-A and UV-B radiation and should not be toxic when applied to the skin.

4.97. (a) alcohol family; (b) $C_5H_{12}O$; (c) Yes; (d) Yes; (e) Yes; (f) $CH_3CH_2CH_2CH_2-O-CH_3$; (g) Yes; (h) Yes; (i) No

Chapter 5

5.1. (a) $A + 4B \longrightarrow 2C$; (b) B is the limiting reactant and the theoretical yield is 20C.

5.3. $2P + 3Cl_2 \longrightarrow 2PCl_3$

5.5. (a) the formation of a solid; (b) bubbling, indicating the formation of a gas

5.7. (a) $2SO_2 + O_2 \longrightarrow 2SO_3$; (b) $2NO + O_2 \longrightarrow 2NO_2$

5.9. (a) $2K + Cl_2 \longrightarrow 2KCl$; (b) $CH_4 + 2Cl_2 \longrightarrow CH_2Cl_2 + 2HCl$

5.11. (a) $2Al + 3CuO \longrightarrow Al_2O_3 + 3Cu$; (b) $6Mg + P_4 \longrightarrow 2Mg_3P_2$

5.13. (a) $CaCl_2 + 2AgNO_3 \longrightarrow 2AgCl + Ca(NO_3)_2$; (b) $(NH_4)_2SO_4 + CaBr_2 \longrightarrow 2NH_4Br + CaSO_4$

5.15. (a) $Cl_2 + 2NaBr \longrightarrow 2NaCl + Br_2$; (b) $2BiCl_3 + 3H_2O \longrightarrow Bi_2O_3 + 6HCl$

5.17. $2SO_2(g) + O_2(g) + 2H_2O(g) \longrightarrow 2H_2SO_4(aq)$

5.19. $2C_2H_2(g) + 3O_2(g) \longrightarrow 4CO(g) + 2H_2O(g)$

5.21. (a) synthesis; (b) single replacement

5.23. (a) double replacement; (b) single replacement; (c) synthesis; (d) decomposition

5.25. (a) double replacement; (b) single replacement

5.27. (a) single replacement; (b) synthesis

5.29. Decomposition

5.31. Double replacement

5.33.

(a) $H-\overset{O}{\overset{\|}{C}}-OH + HOCH_2CH_3$

(b) $CH_3-\overset{O}{\overset{\|}{C}}-OH + HOCH_2-$ [benzene ring]

(c) $CH_3CH_2-\overset{O}{\overset{\|}{C}}-OH + HOCH_2CH_2CH_3$

5.35. (a) $CH_3CH_2-\overset{O}{\overset{\|}{C}}-O-CH_3$

(b) $H-\overset{O}{\overset{\|}{C}}-O-CH_2-\underset{CH_3}{\underset{|}{CH}}-CH_3$

(c) [benzene ring]$-\overset{O}{\overset{\|}{C}}-O-CH_3$

5.37. **(a)** $CH_3-CH_2-CH_2-CH(OH)-CH_2-CH_3$;

(b) $CH_3-CH_2-CH(OH)-CH_3$

(c) (cyclopentane ring bearing OH and CH_3 on one carbon and CH_3 on the adjacent carbon)

5.39. **(a)** $H-C(H)=C(H)-H$

(b) $H-C(H)=C(H)-CH_3$

(c) (cyclopentene)

5.41. **(a)** $CH_3C(CH_3)=CH_2$

(b) (cyclohexene)

(c) $CH_3CH_2CH=CHCH_3$

5.43. **(a)** (cyclopentene)

(b) (cyclopentyl–C(=O)–O–CH_3)

(c) (cyclopentane ring bearing CH_3 and OH)

5.45. **(a)** (benzene ring bearing C(=O)–OH and, on the adjacent carbon, O–C(=O)CH_3, circled)

(b) (benzene ring bearing C(=O)–OH and OH) + HO–C(=O)–CH_3

5.47. **A** $CH_3-CH_2-CH(CH_3)-C(=O)-OH$

B $HO-CH(CH_3)-CH_3$

C $HC(CH_3)=CH_2$

5.49. **(a)** oxidized; **(b)** reduced; **(c)** Cu^{2+}; **(d)** Zn

5.51. **(a)** $4\ Na + O_2 \longrightarrow 2\ Na_2O$; **(b)** Na; **(c)** O_2; **(d)** O_2; **(e)** Na

5.53. Problem 5.49 is single replacement; Problem 5.51 is synthesis.

5.55. **(a)** $2Fe + O_2 \longrightarrow 2FeO$; **(b)** oxidized; **(c)** reduced

5.57. $CH_3CH_2OH + 3O_2 \longrightarrow 2CO_2 + 3H_2O$

5.59. In this reaction, one Cl atom is oxidized by gaining oxygen atoms to become OCl. The other Cl atom is reduced by gaining an electron to become Cl^-.

5.61. **(a)** $CH_3CH_2CH_2CH_3$;

(b) $CH_3-CH(CH_3)-CH_2-CH_2-CH_3$;

(c) (methylcyclopentane)

5.63. **(a)** (cyclopentane)

(b) (skeletal structure)

5.65. $CH_3(CH_2)_{10}CH_2OH$

5.67. **(a)** 0.33 mol O_2; **(b)** 0.65 mol CO

5.69. **(a)** 6.30 mol O_2; **(b)** 3.15 mol CO_2; **(c)** 6.30 mol H_2O

5.71. **(a)** 0.471 g Fe; **(b)** 22.44 g FeO

5.73. **(a)** 55.7 mol H_2O; **(b)** 1.66 mol H_2O; **(c)** 1.12 mol C_3H_7OH; **(d)** 179 g C_3H_7OH

5.75. **(a)** 281 g KOH; **(b)** 135 g $KHCO_3$

5.77. **(a)** 75 μg dimercaprol

5.79. **(a)** 0.21 g H_2O; **(b)** 1.6 g $C_7H_7NO_2$; **(c)** 1.3 g $C_6H_{15}NO$

5.81. **(a)** $P_4(s) + 5O_2(g) \longrightarrow P_4O_{10}(s)$; **(b)** 71.0 g

5.83. **(a)** I_2 is the limiting reactant; **(b)** 104 g MgI_2; **(c)** 24.7%

5.85. **(a)** oxidized; **(b)** 9.56 g acetaldehyde

5.87. **(a)** $5C(s) + 2SO_2(l) \longrightarrow CS_2(l) + 4CO(g)$; **(b)** SO_2 is the limiting reactant.; **(c)** 6.24 g CS_2; **(d)** 34%

5.89. **(a)** $6CO_2 + 6H_2O \longrightarrow C_6H_{12}O_6 + 6O_2$; **(b)** 0.203 mol of H_2O and 0.203 mol CO_2; **(c)** 0.244 mol CO_2

5.91. **(a)** This is a spontaneous reaction because the ΔG value is negative.; **(b)** This is a nonspontaneous reaction because the ΔG value is positive.

5.93. **(a)** A spontaneous reaction proceeds without outside intervention once started.
(b) A nonspontaneous reaction requires outside intervention to get it started and to keep it going.

5.95.

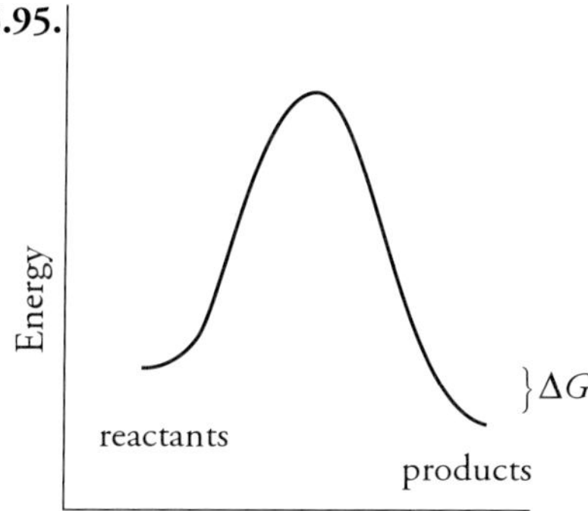

5.97. Reaction energy diagram for the reaction without a catalyst

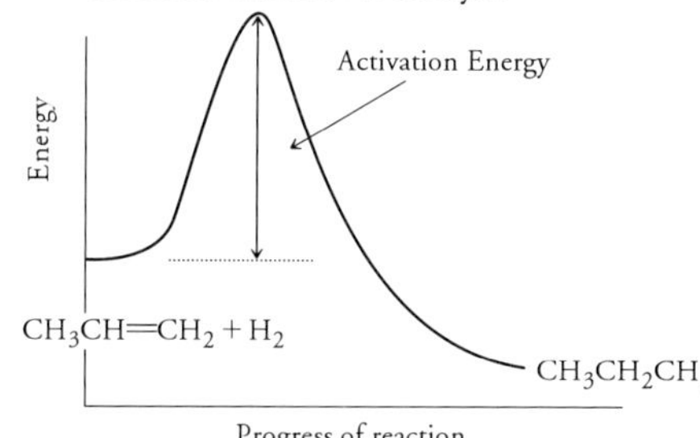

Reaction energy diagram for the reaction with a catalyst

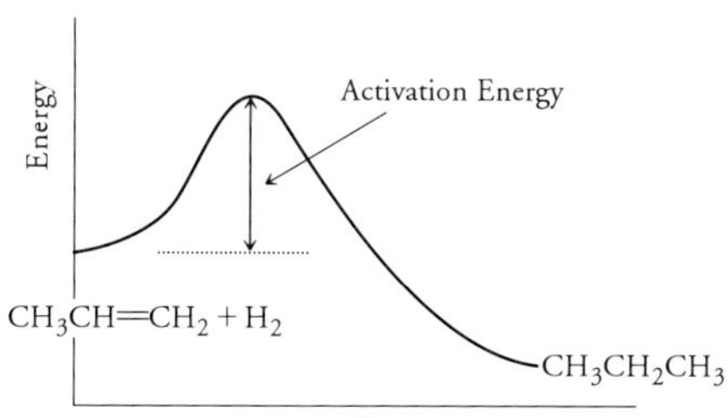

5.99. A catalyst is a substance that increases the rate of a reaction without being changed or consumed itself.

5.101. $2\ H_2O_2(aq) \longrightarrow 2\ H_2O(l) + O_2(g)$

5.103. Carbonic anhydrase is an enzyme that catalyzes the conversion of CO_2 in red blood cells to H_2CO_3, carbonic acid, which breaks apart into the bicarbonate ion HCO_3^- and H^+. The bicarbonate ion is then released into the blood plasma. In the lungs, this process is reversed; carbonic anhydrase catalyzes the conversion of H_2CO_3 back to CO_2 which is exhaled along with additional CO_2 dissolved in blood serum and released from its attachment to hemoglobin.

5.105. **(a)** $Pb + PbO_2 + 2H_2SO_4 \longrightarrow 2PbSO_4 + 2\ H_2O$; **(b)** lead; **(c)** zero; **(d)** + 4; **(e)** +2; **(f)** Pb; **(g)** Pb^{4+}; **(h)** Pb^{4+}; **(i)** Pb; **(j)** 14 g; **(k)** 32%; **(l)** negative; **(m)** exothermic; **(n)** positive

Chapter 6

6.1. **(a)** decreased; **(b)** increased; **(c)** remained the same

6.3. STP or standard temperature and pressure is defined to be 1 atm (or 14.7 psi or 760 torr) and 0°C.

6.5. **(a)** 0.63 atm; **(b)** 480 torr

6.7. **(a)** 1.07 atm; **(b)** 15.7 psi

6.9. **(a)** 131 kPa; **(b)** 0.861 atm; **(c)** 81.6 kPa

6.11. A barometer is an instrument that measures atmospheric pressure. It is constructed by inverting a glass tube containing mercury into a dish that also contains mercury. The height of the mercury inside the tube will go up and down depending on how much atmospheric pressure is pushing down on the mercury in the dish. When the atmospheric pressure is equal to 1 atm, the height of the mercury in the tube will be 760 mm.

6.13. 765 torr

6.15. About 105°C

6.17. 30°C

6.19. 0.46 L

6.21. 1.65 L

6.23. 835 torr

6.25. 0.86 L

6.27. 0.50 L

6.29. 1.06 atm (greater than normal atmospheric pressure)

6.31. **(a)** 36 atm; **(b)** 2.7×10^4 torr; **(c)** 530 psi

6.33. 0.040 g He

6.35. **(a)** 0.086 mol Ar; **(b)** 3.4 g Ar

6.37. **(a)** 1.37×10^3 torr; **(b)** 1.09×10^3 torr; **(c)** 13.2 L; **(d)** 1.82×10^3 torr; **(e)** 0.434 mol

6.39. 1.6×10^7 g H_2 gas

6.41. False. The same number of moles of each gas is present, but the molar mass of each is different.

6.43. The air around us exerts pressure on everything with which it is in contact, including an empty plastic milk bottle. When open to the atmosphere around it, the pressure of the air inside the bottle exerts a pressure on the inside walls of the empty bottle equal to the pressure exerted by the atmosphere on the outside of the bottle. However, when air inside is removed, that balance is lost. The pressure on the outside of the empty bottle pushes the bottle inward and the bottle collapses.

6.45. **(a)** 0.86 atm N_2, 6.5×10^2 torr; 0.29 atm O_2, 2.2×10^2 torr; 0.29 atm He, 2.2×10^2 torr; **(b)** 1.44 atm; 1.09×10^3 torr

6.47. 0.86 atm N_2, 6.5×10^2 torr; 0.29 atm O_2, 2.2×10^2 torr; 0.29 atm He, 2.2×10^2 torr; 0.58 atm CO_2, 4.4×10^2 torr; Total pressure = 2.02 atm = 1.54×10^3 torr

6.49. **(a)** 49 atm O_2, 22 atm He, 1.1×10^2 atm N_2; **(b)** 1.7×10^2 g O_2, 9.6 g He, 3.4×10^2 g N_2; **(c)** 3.2×10^{24} molecules O_2, 1.4×10^{24} He, 7.2×10^{24} molecules N_2

6.51. The solute is the component dissolved in the solution. The solvent is the component in the greatest amount in the solution.

6.53. A pure substance is made up of just one element or compound. A mixture is a combination of two or more pure substances.

6.55. The solubility of sugar, a solid solute, in water is lower at room temperature than at a higher temperature. Thus, when a saturated solution of sugar is heated, the increase in temperature results in higher solubility and all of the sugar dissolves.

6.57. **(a)** Salt in water; **(b)** O_2 in the air

6.59. 0°C water

6.61. **(a)** No. Only 35.9 g of NaCl dissolves per 100 g of water at this temperature.
(b) Heterogeneous because some of the NaCl remains undissolved in the solid form.

6.63. In the cooler part of the lake, more oxygen would remain dissolved because in general, the solubility of a gaseous substance increases with decreasing temperature.

6.65. **(a)** soluble; **(b)** soluble; **(c)** insoluble; **(d)** soluble

6.67. $CuSO_4(aq) + Na_2S(aq) \longrightarrow CuS(s) + Na_2SO_4(aq)$

6.69. **(a)** $CaCl_2(aq) + Li_2CO_3(aq) \longrightarrow CaCO_3(s) + 2\ LiCl(aq)$
(b) $Pb(NO_3)_2(aq) + 2NaCl(aq) \longrightarrow PbCl_2(s) + 2NaNO_3(aq)$

6.71. **(a)** $Na_2CO_3(aq) + Pb(NO_3)_2(aq) \longrightarrow 2NaNO_3(aq) + PbCO_3(s)$;
(b) $2KOH(aq) + MgCl_2(aq) \longrightarrow Mg(OH)_2(s) + 2KCl(aq)$

6.73. $Cu^{2+}(aq) + SO_4^{2-}(aq) + 2Na^+(aq) + S^{2-}(aq) \longrightarrow CuS(s) + SO_4^{2-}(aq) + 2Na^+(aq)$
$Cu^{2+}(aq) + S^{2-}(aq) \longrightarrow CuS(s)$

6.75. **(a)** $Ca^{2+}(aq) + 2Cl^-(aq) + 2Li^+(aq) + CO_3^{2-}(aq) \longrightarrow CaCO_3(s) + 2Li^+(aq) + 2Cl^-(aq)$
$Ca^{2+}(aq) + CO_3^{2-}(aq) \longrightarrow CaCO_3(s)$;
(b) $Pb^{2+}(aq) + 2NO_3^-(aq) + 2Na^+(aq) + 2Cl^-(aq) \longrightarrow PbCl_2(s) + 2Na^+(aq) + 2NO_3^-(aq)$
$Pb^{2+}(aq) + 2Cl^-(aq) \longrightarrow PbCl_2(s)$

6.77. **(a)** increase; **(b)** decrease

6.79. The bottle opened at the top of the mountain will produce more bubbles. The solubility of a gas in a liquid will be lower at the top of a mountain, where the atmospheric pressure is lower.

6.81. Urea has more atoms capable of forming hydrogen bonds with water and does not contain the nonpolar chain of carbon atoms present in hexanamide.

6.83. Molecules of butyl alcohol ($CH_3CH_2CH_2CH_2OH$) are able to form more hydrogen bonds with water.

6.85. hydrophobic

6.87. The molecules of adrenaline have greater hydrogen bonding capability due to more —OH and —NH groups present in the molecule. In addition, the nonpolar part of adrenaline is smaller than that found in dipivefrin.

6.89. Add solid $NaHCO_3$ to water and mix to dissolve all of the $NaHCO_3$. Keep adding $NaHCO_3$ until no more of the solid dissolves.

6.91. 4.0% (w/v)

6.93. 5.0×10^1 ppm; 5.0×10^4 ppb

6.95. **(a)** 0.17 M; **(b)** 7.52 M

6.97. **(a)** 4.0×10^{-6} M; **(b)** 3.0×10^{-5}% (w/v); **(c)** 3.0×10^{-4} ppt; **(d)** 3.0×10^{-1} ppm; **(e)** 3.0×10^2 ppb

6.99. No. The concentration of uric acid in her blood serum is 1.2×10^2 ppm, which is not within the normal range.

6.101. 1.5×10^{-7} M

6.103. 100 ppm

6.105. 3.5–4.9 mmol/L

6.107. **(a)** 15 pg/mL; **(b)** 15 ng/L; **(c)** 19 pmol/L

6.109. 95–107 mEq/L

6.111. 1.9 mEq

6.113. 1.32×10^{-3} mol

6.115. 0.45 M

6.117. 2.50% (w/v)

6.119. 225 mL

6.121. **(a)** 200 mL; **(b)** 114 mL

6.123. In a colloid, the mixture contains particles that are smaller than particles in a suspension.

6.125. When dirt is mixed into water by stirring, a suspension is made because the particles of dirt are heavy enough to separate out upon standing.

6.127. **(a)** Diffusion is the movement of substances from areas of higher concentration to areas of lower concentration.
(b) No. In active transport solutes move in a direction opposite to diffusion.

6.129. Brine, a concentrated salt solution, has a higher concentration of salt than the liquid in cucumber. When a cucumber is soaked in brine, there is a net flow of water from the cucumber into the brine, and a pickle results.

6.131. A decrease in blood vessel volume causes an increase in blood pressure.

6.133. Chest compressions cause the volume of the lungs to decrease. According to Boyle's law, if the volume of the lungs and the gas inside decrease, the pressure of the gas will increase. The gas will then move from the lungs (higher pressure) to the atmosphere that surrounds you (lower pressure).

6.135. The long hydrocarbon chain in chloramphenicol palmitate makes the molecules less polar and therefore less soluble in water.

6.137. Saliva is a homogenous mixture of ionic compounds, proteins, and nucleic acids.

6.139. Dialyzing solution has to be isotonic with blood to ensure that there is no net flow of essential solutes into or out of the blood.

6.141. **(a)** 1.18 atm; **(b)** 17.3 psi; **(c)** 280 torr; **(d)** $P_{N_2} = 685$ torr, $P_{H_2} = 312$ torr, $P_{tot} = 997$ torr; **(e)** 0.0480 mol N_2, 0.0219 mol H_2; **(f)** 1.34 g N_2, 0.0442 g H_2; **(g)** 2.89×10^{22} N_2 molecules, 1.32×10^{22} H_2 molecules; **(h)** H_2 is the limiting reactant; **(i)** 0.249 g NH_3

Chapter 7

7.1. **(a)** $K_{eq} = \frac{[B]}{[A]}$;
(b) As shown in the drawing, the ratio of the concentration of B to A, [B]/[A], is equal to 2. Because this is the same values as the equilibrium constant, $K_{eq} = \frac{[B]}{[A]} = 2$, then this reaction mixture must be at equilibrium.
(c) For this mixture, the ratio of the concentration of B to A changes to:

$$\frac{[B]}{[A]} = \frac{5}{1} = 5$$

The mixture is no longer in equilibrium because [B]/[A] is no longer equal to 2.
(d) A net reverse reaction will take place to consume the additional B's until the ratio of [B]/[A] goes back down to 2. When [B]/[A] = 2, the reaction is at equilibrium.
(e) One B is converted to one A, decreasing the number of B's to 4 and increasing the number of A's to 2 bringing the ratio back to its equilibrium value:

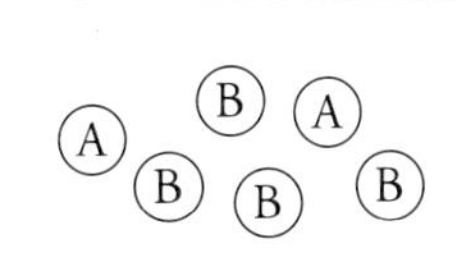

$$\frac{[B]}{[A]} = \frac{4}{2} = 2$$

7.3. **(a)**, **(d)**, and **(e)**

7.5. **(a)** hydrochloric acid, hydrogen chloride; **(b)** hydrobromic acid, hydrogen bromide

7.7. **(a)** HCO_3^-; **(b)** CO_3^{2-}; **(c)** HSO_4^-; **(d)** HPO_4^{2-}

7.9. **(a)** hydrogen carbonate ion; **(b)** carbonate ion; **(c)** hydrogen sulfate ion; **(d)** hydrogen phosphate ion

7.11. **(a)** HF; **(b)** HCN; **(c)** NH_4^+; **(d)** HNO_2

7.13. **(a)** $H_2O + NH_3 \rightleftharpoons OH^- + NH_4^+$; **(b)** OH^-

7.15. **(a)** $HCO_3^-(aq) + HCl(aq) \longrightarrow H_2CO_3(aq) + Cl^-(aq)$; **(b)** $HCO_3^-(aq) + OH^-(aq) \longrightarrow CO_3^{2-}(aq) + H_2O(l)$

7.17. **(a)**

$F^-(aq)$ (base) + $HCl(aq)$ (acid) $\rightleftharpoons$ $HF(aq)$ (acid) + $Cl^-(aq)$ (base)

(b) $CH_3CO_2H(aq)$ (acid) + $NO_3^-(aq)$ (base) $\rightleftharpoons$ $CH_3CO_2^-(aq)$ (base) + $HNO_3(aq)$ (acid)

7.19.

(a) NH_4^+ (acid) + SO_4^{2-} (conjugate base of HSO_4^-) $\rightleftharpoons$ NH_3 (conjugate base of NH_4^+) + HSO_4^- (acid)

(b) CN^- (conjugate base of HCN) + HI (acid) $\rightleftharpoons$ HCN (acid) + I^- (conjugate base of HI)

7.21. (c)

7.23. $CH_4 + H_2O \rightleftharpoons 3H_2 + CO$

$$K_{eq} = \frac{[H_2]^3[CO]}{[CH_4][H_2O]}$$

7.25. $2SO_2 + O_2 \rightleftharpoons 2SO_3$

$$K_{eq} = \frac{[SO_3]^2}{[SO_2]^2[O_2]}$$

7.27. **(a)** $K_{eq} = \frac{[CO]^2}{[CO_2]}$;

(b) $K_{eq} = \frac{[NH_4^+][OH^-]}{[NH_3]}$

7.29. Only concentrations that change should be included in equilibrium constant expressions. The concentration of a solid is constant at a given temperature.

7.31. **(a)** $2NO + Cl_2 \rightleftharpoons 2NOCl$; **(b)** $H_2 + Br_2 \rightleftharpoons 2HBr$

7.33. **(a)** $K_{eq} = \frac{[CH_3NH_3^+][OH^-]}{[CH_3NH_2]}$; **(b)** reactants

7.35. **(a)** reactants; **(b)** products

7.37. **(a)** $K_{eq} = \frac{[H_2CO_3]}{[CO_2]}$; **(b)** No effect. The catalyst increases the rate of the forward and reverse reactions to the same extent.

7.39. **(a)** Increasing [CO] increases the rate of the forward reaction. Decreasing $[H_2]$ slows the rate of the forward reaction. Increasing $[CH_3OH]$ increases the rate of the reverse reaction. **(b)** The reaction would continually proceed to the right to make CH_3OH and would never reach equilibrium.

7.41. **(a)** There would be a net reverse reaction until equilibrium is reestablished.; **(b)** There would be a net forward reaction until equilibrium is reestablished.; **(c)** A net forward reaction (toward fewer moles of gas) would take place to reduce the pressure.; **(d)** There would be a net forward reaction until equilibrium is reestablished to reduce the pressure.; **(e)** There would be a net forward reaction until equilibrium is reestablished.; **(f)** There would be a net reverse reaction until equilibrium is reestablished.

7.43. **(a)** 1.2×10^{-12} M; **(b)** 3.4×10^{-6} M; **(c)** 1.7×10^{-14} M

7.45. **(a)** basic; **(b)** acidic; **(c)** basic

7.47. **(a)** 1.1×10^{-8} M; **(b)** 7.7×10^{-12} M; **(c)** 1.1×10^{-13} M

7.49. **(a)** acidic; **(b)** acidic; **(c)** acidic

7.51. **(a)** 5.0; **(b)** 1.41; **(c)** 7.0; **(d)** 4.15

7.53. **(a)** acidic; **(b)** acidic; **(c)** neutral; **(d)** acidic

7.55. **(a)** 7.82; **(b)** 7.0; **(c)** 9.85; **(d)** 13.0

7.57. **(a)** basic; **(b)** neutral; **(c)** basic; **(d)** basic

7.59. **(a)** 1.0×10^{-7} M; **(b)** 1.8×10^{-2} M; **(c)** 4.3×10^{-10} M; **(d)** 5×10^{-11} M

7.61. **(a)** 1.3×10^{-10} M; **(b)** 2.9×10^{-7} M; **(c)** 6.3×10^{-12} M; **(d)** 4.0×10^{-3} M

7.63. $2Na(s) + 2H_2O(l) \longrightarrow 2NaOH(aq) + H_2(g)$

7.65. H is reduced and Na is oxidized.

7.67. **(a)** 4.5×10^{-8} M; **(b)** 2.2×10^{-7} M; **(c)** 4.5×10^{-11} mol; **(d)** 2.2×10^{-10} mol; **(e)** 2.7×10^{13} H_3O^+; **(f)** 1.3×10^{14} OH^-

7.69. **(a)** 61.3×10^{-6} M; **(b)** 2.1×10^{-10} M; **(c)** 5.51

7.71. **(a)** $NH_4^+(aq) + H_2O(l) \rightleftharpoons H_3O^+(aq) + NH_3(aq)$;

$$K_a = \frac{[H_3O^+][NH_3]}{[NH_4^+]}$$

(b) $HPO_4^{2-}(aq) + H_2O(l) \rightleftharpoons H_3O^+(aq) + PO_4^{3-}(aq)$

$$K_a = \frac{[H_3O^+][PO_4^{3-}]}{[HPO_4^{2-}]}$$

7.73. **(a)** reactants; **(b)** reactants; **(c)** NH_4^+

7.75. **(a)** 7.52; **(b)** 4.19; $C_2O_4H^-$ is the stronger acid.

7.77. **(a)** ClO^-; **(b)** $C_2O_4^{2-}$; ClO^- is the stronger base.

7.79. Hydrofluoric acid. Hydrofluoric acid is the stronger acid, so it is better at releasing H^+ (making an acidic solution) than acetic acid.

7.81. **(a)** 4.91×10^{-3} mol NaOH; **(b)** 4.91×10^{-3} mol HCl; **(c)** 0.327 M

7.83. 0.0229 M

7.85. 0.173 M

7.87. 0.0610 M

7.89. **(a)** $H_3PO_4 + 3NaOH \longrightarrow Na_3PO_4 + 3H_2O$; **(b)** 0.11 M H_3PO_4

7.91. **(a)** $[NH_4^+] = [NH_3]$; **(b)** $[NH_4^+] > [NH_3]$; **(c)** $[NH_4^+] < [NH_3]$

7.93. **(a)** NH_4^+; **(b)** PO_4^{3-}

7.95. **(a)** $H_2N—CH(CH_2—CO_2^-)—CO_2^-$

(b) $NH_3^+—CH(CH_2—CO_2^-)—CO_2^-$

The net charge is −1.

7.97. The $[HCO_3^-]$ increases while the $[H_2CO_3]$ concentration decreases.

7.99. $pH = pK_a \pm 1$

7.101. H_2CO_3 and HCO_3^-

7.103. **(a)** $NH_3 + H_3O^+ \longrightarrow NH_4^+ + H_2O$; **(b)** $NH_4^+ + OH^- \longrightarrow NH_3 + H_2O$

7.105. In response to an increase in $[H_3O^+]$ (a drop in pH) the equilibrium shifts to the left:

$H_2CO_3 + H_2O \longleftarrow HCO_3^- + H_3O^+$

In response to a decrease in $[H_3O^+]$ (a rise in pH) the equilibrium shifts to the right:

$H_2CO_3 + H_2O \longrightarrow HCO_3^- + H_3O^+$

7.107. In response to a drop in blood pH (a rise in $[H_3O^+]$) the rate of respiration increases. As more CO_2 is exhaled, $[H_2CO_3]$ drops, as does $[H_3O^+]$.

$$H_2O + CO_2 \longleftarrow H_2CO_3$$
$$H_2CO_3 + H_2O \longleftarrow HCO_3^- + H_3O^+$$

In response to a rise in blood pH (a drop in $[H_3O^+]$) the rate of respiration slows. As CO_2 accumulates, $[H_2CO_3]$ increases, as does $[H_3O^+]$.

$$H_2O + CO_2 \longrightarrow H_2CO_3$$
$$H_2CO_3 + H_2O \longrightarrow HCO_3^- + H_3O^+$$

7.109. When the pH of blood serum becomes too low (high H_3O^+), the kidneys release HCO_3^- ions that neutralize excess H_3O^+. When the pH of the blood serum becomes too high, the kidneys do the opposite: HCO_3^- is removed from the blood causing the concentration of H_3O^+ to increase, thereby lowering the pH.

7.111. Hyperventilation causes CO_2 to be exhaled faster than it can be formed by the cells. The decrease in CO_2 causes a decrease in H_2CO_3. The pH increases resulting in alkalosis.

7.113. **(a)** When [Mb] increases, the rate of the forward reaction increases and more MbO_2 is produced.; **(b)** When $[O_2]$ increases, the rate of the forward reaction increases and more MbO_2 is produced.; **(c)** When $[MbO_2]$ is increased, the rate of the reverse reaction increases and more Mb and O_2 are produced.

7.115. **(a)** −9.0; **(b)** 12.0; **(c)** −1.47; **(d)** 4.99

7.117. **(a)** 1×10^8; **(b)** 1×10^{-3}; **(c)** 7.9×10^7; **(d)** 2.0×10^{15}

7.119. Add some tumeric to water. Add vinegar (an acid) to some of this mixture. Add ammonia (a base) to another portion of this mixture. If tumeric is a pH indicator, the two solutions should have different colors.

7.121. **(a)** 4.44; **(b)** 5.22; **(c)** 5.35; **(d)** 4.20

7.123. **(a)** 1.5 M; **(b)** 0.33 M; **(c)** 0.010 M

7.125. The concentration of CO_3^{2-} is 10 times that of HCO_3^-.

7.127. **(a)** $HNO_2 + H_2O \rightleftharpoons NO_2^- + H_3O^+$; **(b)** $K_a = \dfrac{[NO_2^-][H_3O^+]}{[HNO_2]}$;

(c) $\left[:\ddot{O}=\ddot{N}-\ddot{O}:\right]^-$;

(d) 3.40; **(e)** reactants; **(f)** HNO_2; **(g)** conjugate base of carbonic acid; **(h)** net reverse reaction; **(i)** pH = 3.40 ± 1

Chapter 8

8.1. Geometric isomers.

8.3. (salicylic acid, C(=O)–(OH) with OH on ring) + (H)OCH$_3$ ⟶ (methyl salicylate, C(=O)–OCH$_3$ with OH on ring) + H_2O

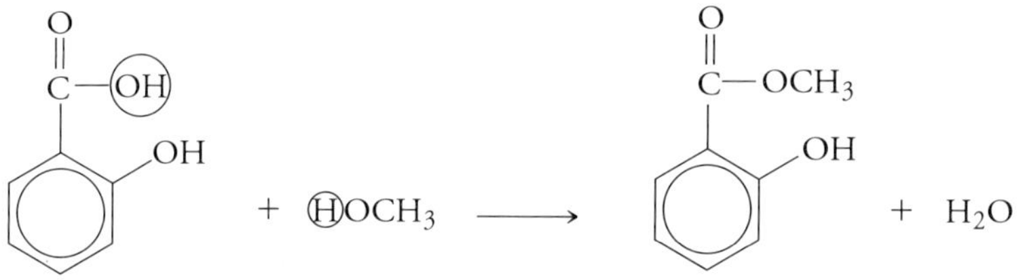

8.5. $CH_3CH_2CH_2CH_2CH_3$; These alkanes interact with like molecules through London forces. While both molecules have five carbons, the one on the left has greater surface area and stronger London force interactions.

8.7. decane > butane > propane

8.9. **(a)** [structural formula: four-carbon chain H–C–C–C–C–H with a CH$_3$ group above and a CH$_3$ group below the third carbon] **(b)** [structural formula: six-carbon chain H–C–C–C–C–C–C–H with a CH$_3$ group above and a CH$_3$ group below the third carbon]

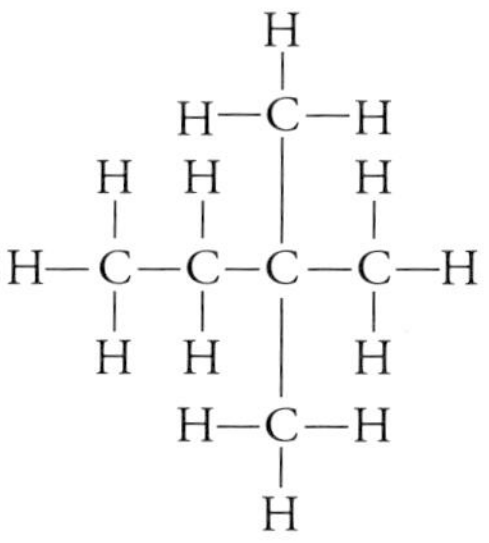

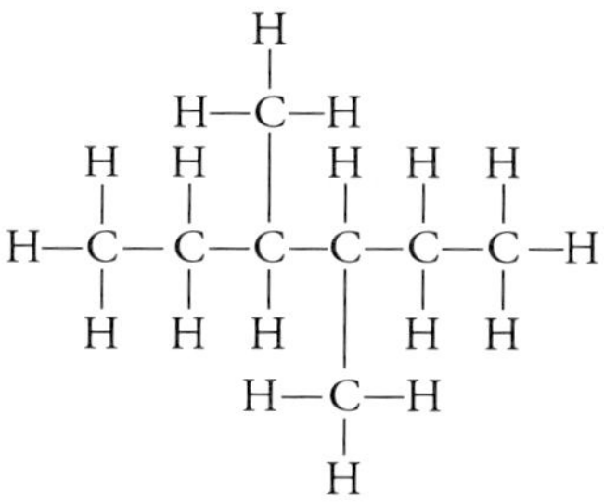

8.11. **(a)** [skeletal structure] **(b)** [skeletal structure]

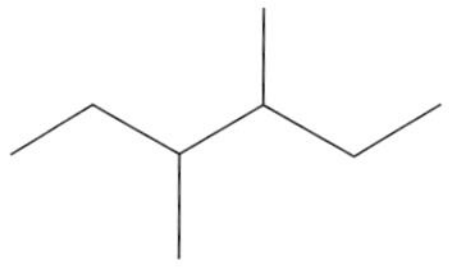

8.13. **(a)** [structural formula: four-carbon chain H–C–C–C–C–H with a CH$_3$ group on the third carbon] **(b)** [structural formula: branched alkane with ethyl, methyl and CH$_3$ substituents]

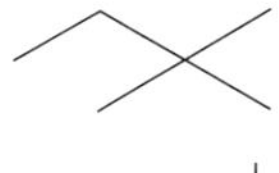

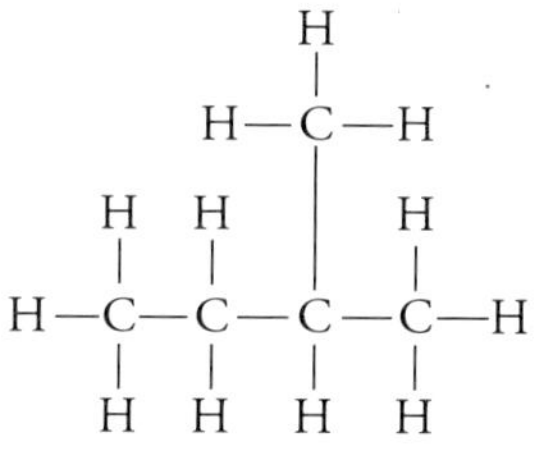

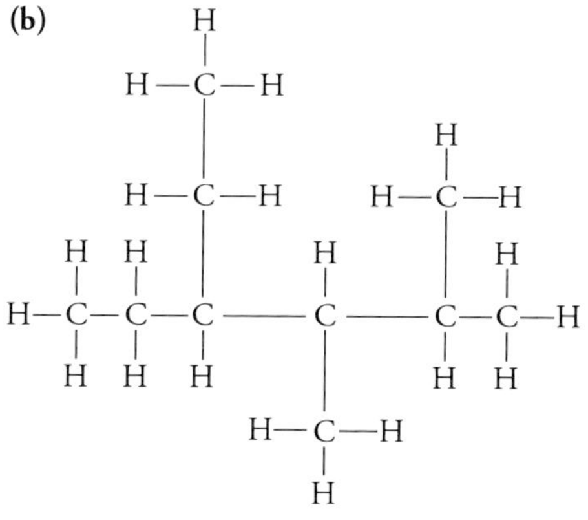

8.15. **(a)** $CH_3CH_2CH(CH_3)_2$; **(b)** $CH_3CH_2CH(CH_2CH_3)CH(CH_3)CH(CH_3)_2$

8.17. **(a)** parent—pentane; name: 3-methylpentane; **(b)** parent—hexane; name: 3-methylhexane; **(c)** parent—heptane; name: 4-ethyl-4-methylheptane.

8.19. **(a)** 2-methylpentane; **(b)** 3-methylpentane; **(c)** hexane; **(d)** 3-methylpentane

8.21. There are 9 constitutional isomers:

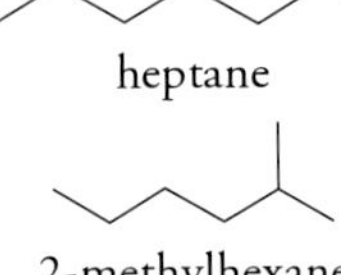

heptane

2-methylhexane

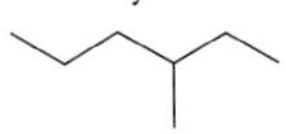

3-methylhexane

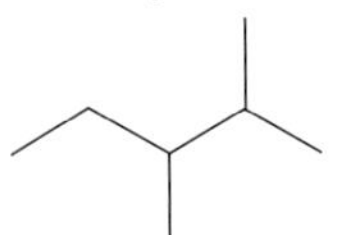

2,3-dimethylpentane

2,2-dimethylpentane

3,3-dimethylpentane

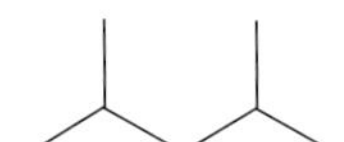

2,4-dimethylpentane

2,2,3-trimethylbutane

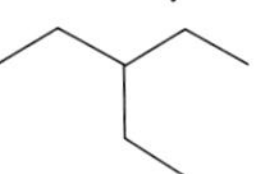

3-ethylpentane

8.23. **(a)** only

8.25. **(a)** constitutional isomers; **(b)** identical molecules; **(c)** constitutional isomers

8.27. **(b)** and **(c)**

8.29. **(a)** different conformations; **(b)** constitutional isomers

8.31. **(a)** In order to be constitutional isomers or conformations, molecules must have the same molecular formula; **(b)** Constitutional isomers have different atomic connections. Conformations have the same atomic connections, but different three-dimensional shapes that are interchanged by bond rotation.

8.33. **(a)** methylcyclobutane; **(b)** 1,3-dimethylcylohexane; **(c)** 1-ethyl-2-methylcyclopentane; **(d)** 1,1-dimethyl-2-propylcyclopropane

8.35. **(b)** and **(c)**

8.37.

1-ethyl-2-methylcyclobutane

1-ethyl-3-methylcyclobutane

1-ethyl-1-methylcyclobutane

8.39. **(a)** C_3H_6;

(b) $H_2C{=}CH{-}CH_3$

8.41. **(a)**

(b)

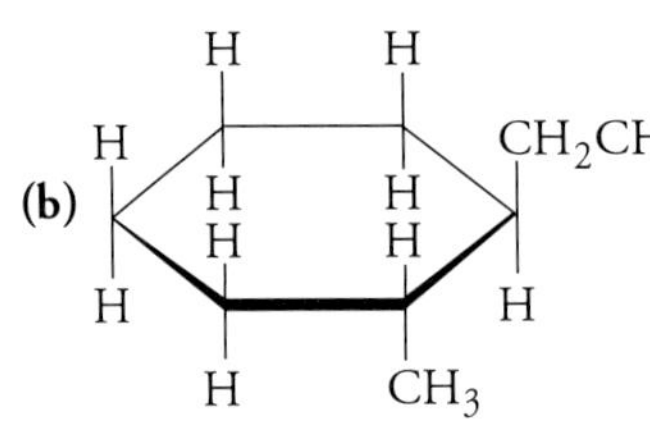

(c)

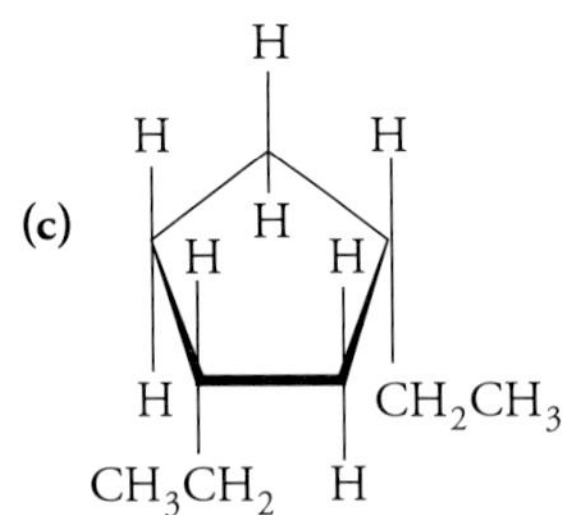

8.43. **(a)** *cis*-1,4-dipropylcyclohexane; **(b)** *trans*-1,3-diethylcyclopentane.

8.45.

8.47. **(a)** 1-butene; **(b)** 2,4-dimethyl-2-pentene; **(c)** 4-methyl-2-pentyne

8.49.

(a) $CH_3CH_2CH_2CH_2CH(CH(CH_3)_2)CH{=}CH_2$

(b) $CH_3C(CH_3){=}C(CH_3)CH_3$

(c) $CH_3CH_2CH_2CH_2CH(CH(CH_3)CH_2CH_3)C{\equiv}CCH_2CH_3$

8.51.

trans, cis, cis, OH

8.53. **(a)** 1-methyl-3-propylbenzene; **(b)** isopropylbenzene; **(c)** 1,2,3-trimethylbenzene

8.55. **(a)** 1,3-dipropylbenzene ($CH_3CH_2CH_2$, $CH_2CH_2CH_3$)

(b) CH_2CH_3, CH_2CH_3 (1,4-diethylbenzene) **(c)** CH_3, CH_3, $CH_2CH(CH_3)CH_3$

8.57. **(a)** CH_3CH_2Cl

(b) $CH_3CH_2CH_2Br$ + $CH_3CHBrCH_3$

(c) $CH_3CH_2CH_2CH_2CH_2Br$ + $CH_3CH_2CHBrCH_2CH_3$ + $CH_3CH_2CH_2CHBrCH_3$

8.59. **(a)** 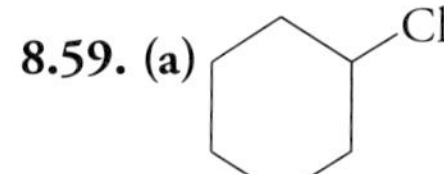

(b) CH_3 Cl; $CH_2—Cl$; CH_3 Cl; CH_3 Cl; CH_3 Cl

(c) CH_3 Br CH_3; CH_3 Br CH_3; CH_3 Br CH_3; $CH_2—Br$ CH_3

8.61. **(a)** $CH_3—CH_2—CH_2—CH_3$

(b)

(c) CH_3

8.63. **(a)** $CH_3—CH(H)—CH(OH)—CH_3$

(b) OH

(c) CH_3 OH H

8.65. **(a)** Br **(b)** OH Cl + OH Cl + OH Cl

(c) CH_3 CH_3 Cl + CH_3 Cl CH_3 + CH_3 Cl CH_3

8.67. **(a)** $CH_2—CH_3$ Br + $CH_2—CH_3$ Br + $CH_2—CH_3$ Br

(b) OH $CH—CH_3$

8.69. **(a)** OH Cl + Cl_2 $\xrightarrow{Fe}$ OH Cl Cl + HCl

(b) OH Cl Cl + OH Cl Cl + OH Cl Cl

8.71. **(a)** 3,5-dimethylhexanoic acid; **(b)** propanoic acid; **(c)** 2-propyldecanoic acid

8.73.

(a) $CH_3(CH_2)_6C(=O)—OH$

(b) $CH_3CH_2CH_2CH_2C(CH_3)_2—CH_2—C(=O)—OH$

(c) $CH_3CH_2CH_2CH(CH_3CHCH_3)—CH_2—C(=O)—OH$

(d) $CH_3CH_2CH_2CH(Br)C(=O)—OH$

8.75. **(a)** 2-methylbutanoic acid; **(b)** 3-methylbutanoic acid; **(c)** 2-methylpentanoic acid

8.77. Acetic acid molecules form more hydrogen bonds with one another than do propyl alcohol molecules.

8.79. (a) 3-bromophenol; **(b)** 4-isopropylphenol; **(c)** catechol

8.81. (a) $HO-C_6H_3(CH_3)_2$ [OH at C1, CH_3 at C2 and C4]

(b) $HO-C_6H_3(CH_3)_2$ [OH at C1, CH_3 at C3 and C5]

(c) $HO-C_6H_4-CH_2CH_2CH_3$ [para]

(d) $HO-C_6H_4-CH_2CH_2CH_3$ [meta]

8.83. Hydroquinone molecules can form more hydrogen bonds with one another than do phenol molecules.

8.85. (a) hydroquinone-containing phenol; **(b)** No; **(c)** *trans*

8.87. $C_6H_3(OH)_2-CH_2(CH_2)_4CH_3$ [OH at C1 and C3, $CH_2(CH_2)_4CH_3$ at C4]

8.89.

$CH_3-CH_2-CH_2-CH_2-CH_2-CH_2-CH_2-C(=O)-OH$

octanoic acid

$CH_3-CH_2-CH_2-CH_2-CH_2-CH_2-CH_2-C(=O)-O^-$

octanoate ion (conjugate base)

8.91. (a) $CH_3-CH_2-C(=O)-O^-$ **(b)** $CH_3-CH_2-CH_2-CH_2-CH_2-C(=O)-O^-$ **(c)** $CH_3-CH_2-CH(Cl)-CH_2-C(=O)-O^-$

8.93. (a) propanoate ion; **(b)** hexanoate ion; **(c)** 3-chloropentanoate ion

8.95.

(a) $CH_3-CH_2-CH(CH_3)-C(=O)-O^-K^+ + H_2O$

(b) $CH_3-C_6H_4-CH_2CH_2C(=O)-O^-Na^+ + H_2O$

8.97. $CH_3CH_2CH(CH_3)-C_6H_2(NO_2)_2-O^-NH_4^+$ [$O^-NH_4^+$ at C1, NO_2 at C2 and C4, $CH_3CH_2CH(CH_3)$ at C6]

8.99. (a) carboxyl group;

(b) $C_6H_4(OH)-C(=O)-O^-Na^+$ [ortho]

8.101. $CH_3-CH_2-C_6H_4-OH$

p-ethylphenol

$CH_3-CH_2-C_6H_4-O^-$

p-ethylphenoxide

8.103. (a) $CH_3CH(Cl)CH_2CH_2C(=O)-OH$

(b) 4-chloropentanoate ion;

$CH_3CH(Cl)CH_2CH_2C(=O)-O^-$

(c) conjugate base

8.105.

(a) $HO-C(=O)-CH_2-CH(OH)-C(=O)-OH$ [the OH on CH is circled]

malic acid

(b) $HO-C(=O)-CH_2-CH(OH)-C(=O)-O^-\ Na^+$

sodium malate

(Losing H^+ from the carboxyl group on the left instead would also be an acceptable answer).

(c) $C_6H_4(OH)-C(=O)-OH$ [ortho; the ring OH is circled]

salicylic acid

(d) $C_6H_4(OH)-C(=O)-O^-\ Na^+$ [ortho]

sodium salicylate

(e) Salicylic acid is more acidic.

8.107.

(a) $C_6H_5-C(=O)-O-CH_2CH_2CH_3 + H_2O$

(b) $CH_3-CH_2-C(=O)-O-CH_2-C_6H_5 + H_2O$

8.109. (a) propyl benzoate; **(b)** benzyl propanoate

8.111. $CH_3CH_2-C_6H_4-C(=O)-O-CH(CH_3)_2$

isopropyl *p*-ethylbenzoate

8.113. (a) $CH_3CH(CH_3)CH_2CH_2C(=O)—OH + HOCH_3$

(b) $C_6H_{11}—C(=O)—OH + HO—C_6H_{11}$

8.115. (a) $CH_3C(=O)—OH + HO—C_5H_9$

(b) $CH_3—C(=O)—O^-Na^+ + HO—C_5H_9$

8.117.

(a) $CH_3—CH_2—CH_2—C(=O)—O^-Na^+ +$ $HO—CH_2—CH_2—CH_3$

(b) $H—C(=O)—O^-K^+ + HO—CH_2—CH_3$

(c) $3\text{-}Cl\text{-}C_6H_4—C(=O)—O^-Na^+$ + $HO—CH_3$

8.119. $CH_3(CH_2)_{14}C(=O)O^-\ Na^+$ + $HO(CH_2)_{29}CH_3$

8.121.

(a) $^+NH_3—C_6H_4—C(=O)—OH$ + $HO—CH_2—CH_2—N^+H(CH_2—CH_3)—CH_2—CH_3$

(b) $NH_2—C_6H_4—C(=O)—O^-Na^+$ + $HO—CH_2—CH_2—N(CH_2—CH_3)—CH_2—CH_3$

8.123.

(a) $CH_3—CH_2—CH_2—CH_2—CH_2—NH_2$

(b) $CH_3—CH_2—CH_2—CH_2—CH_2—NH—CH(CH_3)_2$

(c) $CH_3—CH_2—CH_2—CH_2—CH(N(CH_3)—CH_2—CH_3)—CH_3$

(d) $CH_3—N^+(CH_3)(CH_2—CH_2—CH_3)—CH_2—CH_2—CH_3$

8.125. (a) $CH_3—CH_2—NH_2$

(b) $CH_3—CH(NH_2)—CH_3$

(c) $CH_3—CH_2—CH_2—CH_2—NH—CH_3$

(d) $CH_3—CH_2—N(CH_2—CH_2—CH_3)—CH_2—CH_3$

8.127. (a) methanamine; (b) 2-propanamine; (c) *N*-isopropyl-1-butanamine; (d) *N*-ethyl-*N*-methyl-1-propanamine

8.129. (a) methylamine; (b) isopropylamine; (c) butylisopropylamine; (d) ethylmethylpropylamine

8.131. (a) 1° amine; (b) 1° amine; (c) 2° amine; (d) 3° amine

8.133. (a) 1° amine; (b) 2° amine; (c) 3° amine; (d) 4° amine

8.135. (a) pyrimidine; (b) pyridine

8.137. Although both compounds contain a polar amine group, ethylamine contains a smaller hydrocarbon group than hexylamine, making ethylamine more polar and thus more soluble in water.

8.139.

(a) $H—N^+H_2—H$ ammonium ion

(b) $CH_3—CH_2—CH_2—N^+H_2—H$ propylammonium ion

(c) $CH_3—N^+H_2—CH_2CH_3$ ethylmethylammonium ion

(d) $CH_3—CH_2—N^+H(CH_2CH_3)—CH_2CH_3$ triethylammonium ion

8.141. (a) $CH_3CH_2CH_2NH_2 + H_2O \rightleftharpoons CH_3CH_2CH_2NH_3^+ + OH^-$; (b) its conjugate acid

8.143. (a) $CH_3CH_2CH_2NH_2 + HCl \rightleftharpoons CH_3CH_2CH_2NH_3^+\ Cl^-$; (b) propylammonium chloride

8.145.

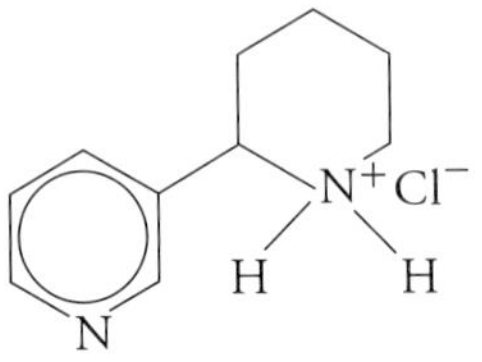

N^{+} Cl^{-}

H H

N

anabasine hydrochloride

8.147. (a)

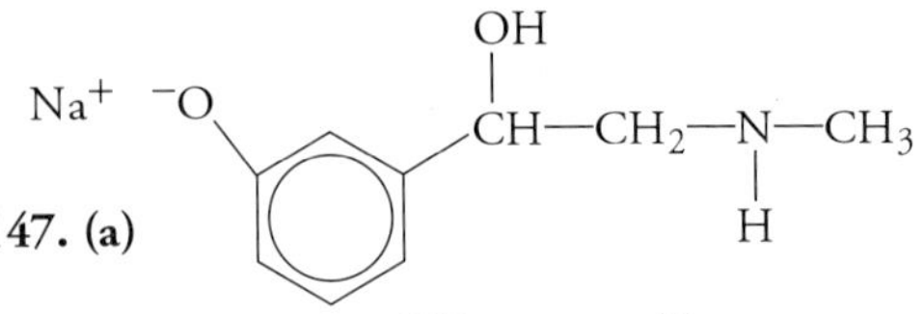

Na^{+} ^{-}O — OH — $CH-CH_2-N-CH_3$ — H

(b) HO — OH — H — $CH-CH_2-\overset{+}{N}-CH_3Cl^{-}$ — H

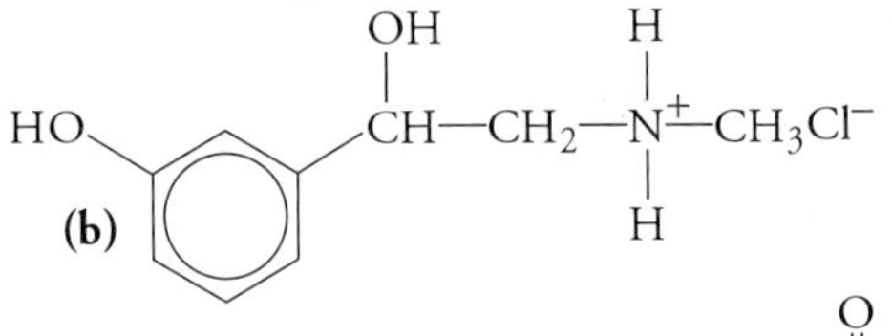

8.149. (a) $CH_3-CH_2-CH_2-CH_2-CH_2-\overset{O}{\overset{\|}{C}}-NH_2$

(b) $CH_3-\overset{O}{\overset{\|}{C}}-NH-CH_2-CH_2-CH_3$

(c) $-\overset{O}{\overset{\|}{C}}-N-CH_2-CH_2-CH_2-CH_3$ (N bears CH_3)

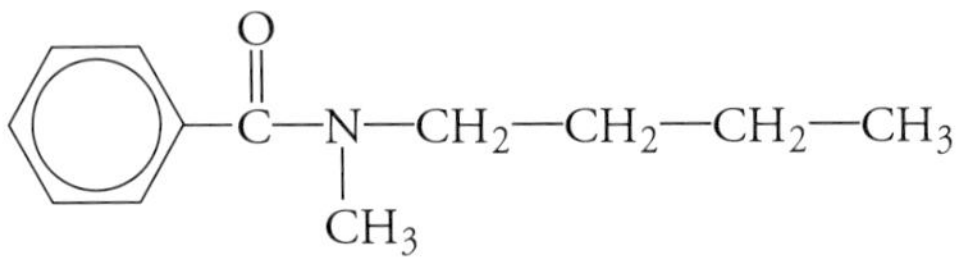

8.151. (a) benzamide;
(b) *N*-ethyl-*N*-methylacetamide;
(c) 2-methylbutanamide

8.153.

(a) CH_3- (ring) $-\overset{O}{\overset{\|}{C}}-NH_2$

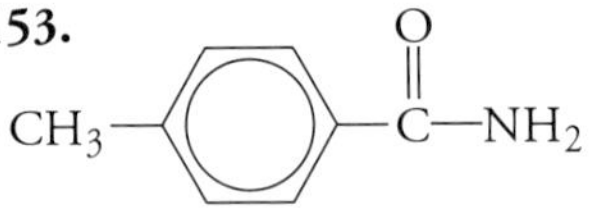

(b) $CH_3-CH_2-CH_2-CH_2-\overset{O}{\overset{\|}{C}}-NH-CH_3$

8.155. CH_3 — NH_2 — CH_3 + $HO-\overset{O}{\overset{\|}{C}}-CH_2-N-CH_2-CH_3$ (N bears CH_2-CH_3)

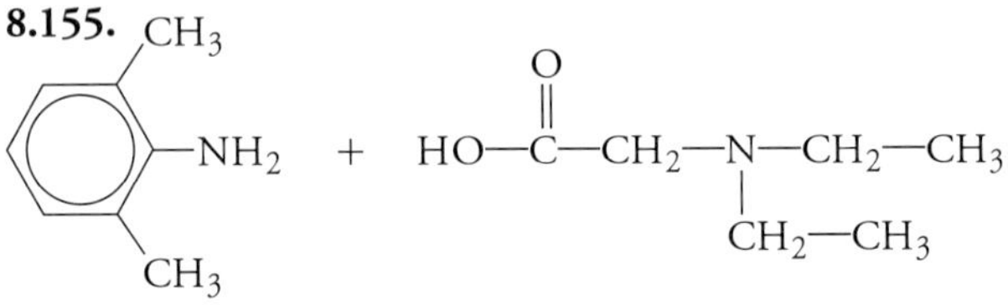

8.157. (a) *p*-methylbenzamide;
(b) *N*-methylpentanamide

8.159. (a) $H_2-CH_2-CH_2-CH_2-CH_3-C\overset{O}{\overset{\|}{C}}-OH + NH_4^{+}$

(b) $CH_3-\overset{O}{\overset{\|}{C}}-OH + H-\overset{+}{N}-CH_2CH_2CH_3$ (N bears H, H)

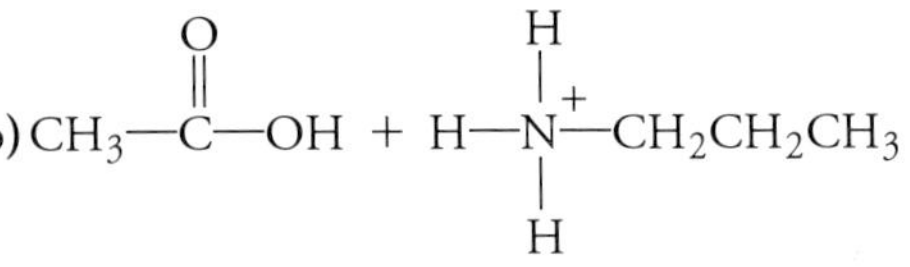

(c) (ring) $-\overset{O}{\overset{\|}{C}}-OH + H-\overset{+}{N}-CH_2CH_2CH_2CH_3$ (N bears H, CH_3)

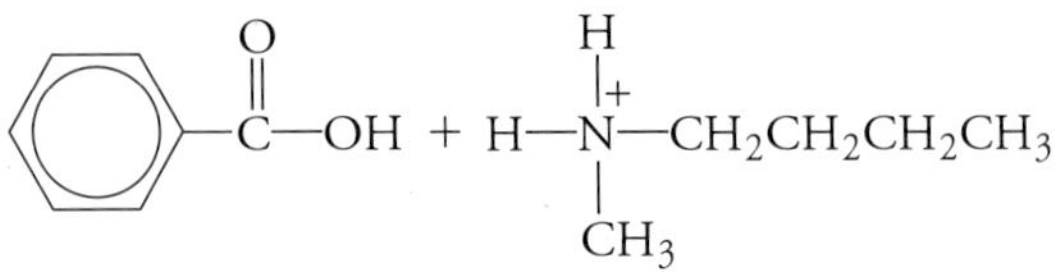

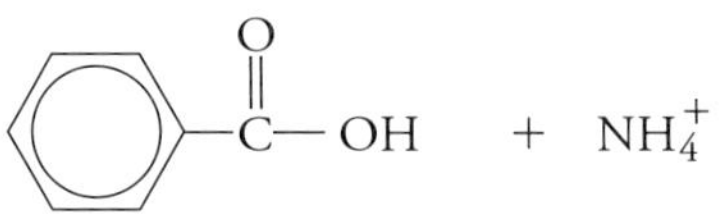

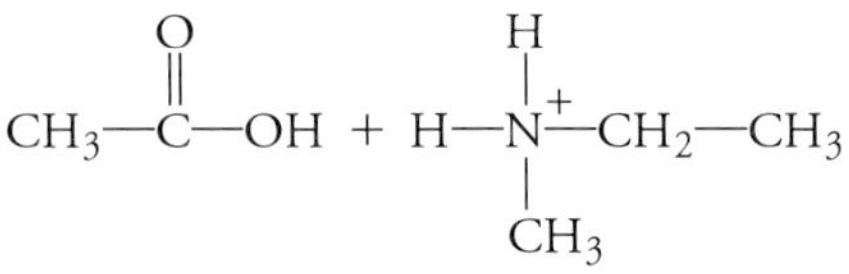

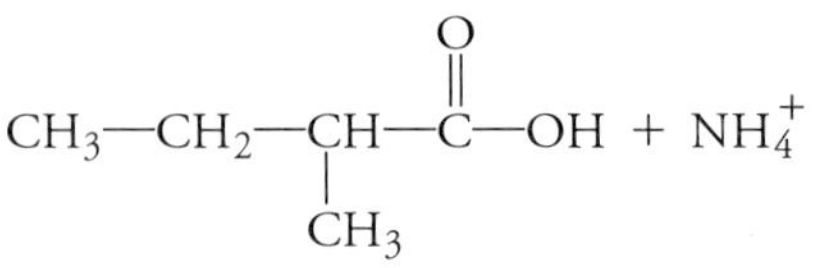

8.161. (a) (ring) $-\overset{O}{\overset{\|}{C}}-OH + NH_4^{+}$

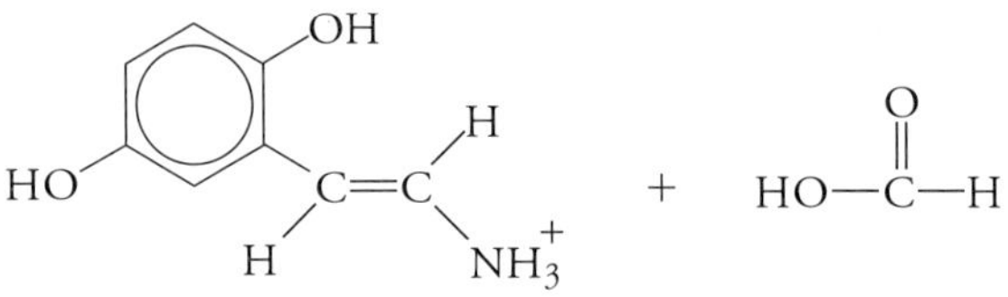

(b) $CH_3-\overset{O}{\overset{\|}{C}}-OH + H-\overset{+}{N}-CH_2-CH_3$ (N bears H, CH_3)

(c) $CH_3-CH_2-CH-\overset{O}{\overset{\|}{C}}-OH + NH_4^{+}$ (CH bears CH_3)

8.163. OH — HO — $C=C$ (H, H, NH_3^{+}) + $HO-\overset{O}{\overset{\|}{C}}-H$

8.165. CH_3 — $NH-\overset{O}{\overset{\|}{C}}-CH_2-N-CH_2-CH_3$ (N bears CH_2-CH_3) — CH_3 $\xrightarrow[H^{+}]{H_2O}$

lidocaine

CH_3 — NH_3^{+} — CH_3 + $HO-\overset{O}{\overset{\|}{C}}-CH_2-\overset{+}{N}-CH_2-CH_3$ (N bears H, CH_2-CH_3)

CH_3 — $NH-\overset{O}{\overset{\|}{C}}-CH_2-N-CH_2-CH_3$ (N bears CH_2-CH_3) — CH_3 $\xrightarrow[OH^{-}]{H_2O}$

lidocaine

CH_3 — NH_2 — CH_3 + $^{-}O-\overset{O}{\overset{\|}{C}}-CH_2-N-CH_2-CH_3$ (N bears CH_2-CH_3)

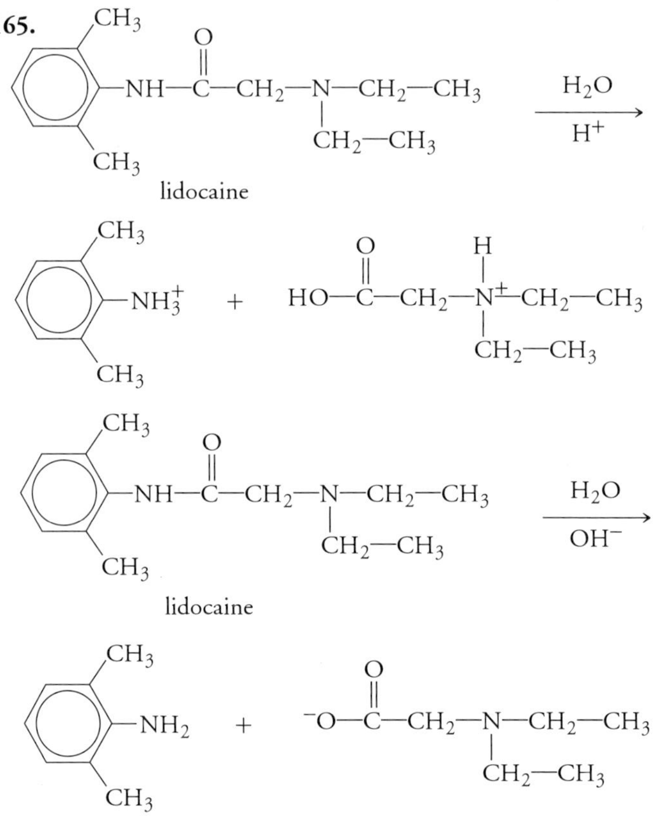

8.167. Boiling points are determined by the strength of noncovalent forces holding the liquid molecules together; the stronger the noncovalent forces, the higher the boiling point for similar size molecules. Propanamide molecules have stronger noncovalent forces because of their ability to hydrogen-bond with each other through their —NH groups. Methyl acetate molecules interact only through the weaker dipole-dipole and London forces.

8.169. amide; alkene; CH_3O–(ring)–$CH_2NH-\overset{O}{\overset{\|}{C}}-CH_2CH_2CH_2CH_2CH_2CH_2CH_2-C(H)=C(H)-CH_2(CH_2)_6CH_3$; HO; phenol

olvanil

8.171. **(a)** Exfoliation is the process of removing the outermost layer of the skin. According to claims made by cosmetic companies, exfoliation "will unblock pores, remove, wrinkles and age spots, repair sun damage, and improve the overall feel of the skin.";
(b) During mechanical exfoliation, the skin is rubbed with abrasive materials to remove the outermost layer. In chemical exfoliation, acids are applied to the skin to peel the outermost layer.;
(c) Exfoliation done at home and done by dermatologists both make use of acids to chemically remove the outermost layer of the skin.;
(d) Exfoliation done at home makes use of less concentrated acids than those used by dermatologists.

8.173. **(a)** epinephrine (2°), amphetamine (1°), methamphetamine (2°), phenylephrine (2°), pseudoephedrine (2°);
(b) Alcohol and phenol groups;
(c) $C_6H_5-CH(OH)-CH_2-NH_2^+(CH_3)\ Cl^-$

pseudoephedrine hydrochloride

8.175. **(a)** Quorum sensing is a switch from individual to group activity among bacteria. **(b)** Autoinducers are signaling molecules. At certain concentrations, autoinducers cause metabolic changes producing compounds that benefit the group initiating quorum sensing. **(c)** The biofilm keeps nutrients close at hand and has channels that expedite water uptake and removal of waste products.

8.177. 2,6-difluorophenyl–$\overset{O}{\overset{\|}{C}}-OH + NH_4^+ + HO-\overset{O}{\overset{\|}{C}}-OH$

$+ H_3^+N$–(2,5-dichlorophenyl)–$O-CF_2-CH(F)-CF_3$

8.179.

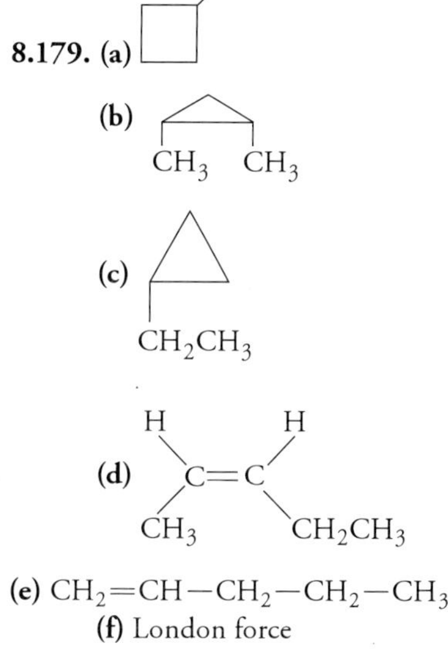

(e) $CH_2{=}CH-CH_2-CH_2-CH_3$;
(f) London force

8.181. **(a)** entirely different molecules; **(b)** *trans*; **(c)** hydrogenation;
(d) CH_3-O, HO (ring)–$CH_2-NH_3^+$ +

$HO-\overset{O}{\overset{\|}{C}}-CH_2-CH_2-CH_2-CH_2-CH_2-CH{=}CH-CH(CH_3)_2$ (H, H)

(e) CH_3-O, $Na^+\ ^-O$ (ring)–CH_2-NH_2

Chapter 9

9.1. **(a)**

menthol (ring with CH_3, H, OH, $CH_3-CH-CH_3$) → alkene products

menthol   alkene products

(b)

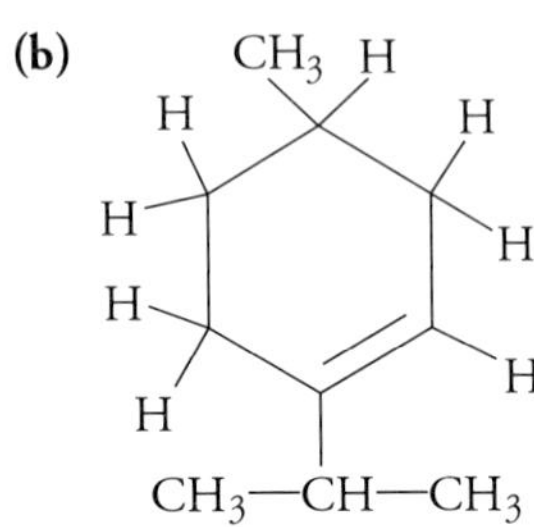

(c)

$$\text{cyclohexane ring bearing } CH_3,\ H \text{ (top)},\ \text{OH (circled)},\ \text{H (circled)},\ CH_3-\underset{\underset{CH_3}{|}}{CH}$$

menthol

9.3. **(a)** 2°; **(b)** 3°; **(c)** 1°

9.5. **(a)** 3-pentanol; **(b)** 3-methyl-3-pentanol; **(c)** 2-methyl-1-butanol

9.7. **(a)** $CH_3CH_2CH_2CH_2\overset{\overset{OH}{|}}{C}HCH_3$

(b) $CH_3CH_2\overset{\overset{CH_3}{|}}{C}HCH_2CH_2OH$

(c) OH on cyclohexane ring, CH_3CHCH_3 at para position

9.9. **(a)** 2°; **(b)** 1°; **(c)** 2°

9.11. **(a)** sulfides; **(b)** ethers; **(c)** alcohols

9.13. **(a)** ethyl propyl sulfide; **(b)** ethyl propyl ether; **(c)** 2-pentanol

9.15. entirely different molecules

9.17. **(a)** bent; **(b)** bent; **(c)** **(a)** is not polar, **(b)** is polar

9.19. **(a)** *s*-butyl propyl ether; **(b)** *s*-butyl methyl ether; **(c)** cyclohexyl methyl ether

9.21. **(a)** CH_3-O-CH_3

(b) cyclopropyl–O–cyclopropyl

(c) $CH_3-CH_2-CH_2-CH_2-O-CH_2-CH_3$

9.23. The IUPAC name is 1-propanethiol and the common name is propyl mercaptan.

9.25. **(a)** $H_2C{=}CH-CH_2-SH$

(b) 2-propen-1-thiol

9.27. **(a)** CH_3CH_2OH; **(b)** Its molecules can hydrogen-bond with each other.

9.29. $CH_3CH_2CH_2CH_2OH$ has a greater capability to hydrogen-bond with water. This enhances its solubility in the solvent.

9.31. Ethanol molecules can hydrogen-bond to each other. Propane molecules are held together only by weaker London forces.

9.33. The molecules of each compound are capable of hydrogen bonding but butanol molecules have stronger London forces due to their larger size.

9.35. Ethanol molecules can hydrogen-bond with each other while methanethiol molecules cannot.

9.37. **(a)** 3 ether groups; **(b)** alkene, aromatic, ester

9.39.

(a) $CH_3-\overset{\overset{CH_3}{|}}{C}H-CH_2-CH_2-OH + Cl^-$

(b) $CH_3-O-CH_2-CH_2-CH_3 + Br^-$

(c) $CH_3-CH_2-\underset{\underset{S-CH_3}{|}}{CH}-CH_3 + Cl^-$

(d) $CH_3-CH_2-CH_2-CH_2-SH + Br^-$

9.41. **(a)** 3-methyl-1-butanol; **(b)** methyl propyl ether; **(c)** *s*-butyl methyl sulfide; **(d)** 1-butanethiol or butyl mercaptan

9.43. **(a)** CH_3-CH_2-Br;

(b) $CH_3-CH_2-CH_2-Br$;

(c) CH_3-CH_2-Br

9.45.

(a) $OH^- + CH_3-CH_2-CH_2-Br \longrightarrow CH_3-CH_2-CH_2-OH$

(b) $^-O-CH_2-CH_2-CH_3 + CH_3-Br \longrightarrow CH_3-O-CH_2-CH_2-CH_3$

or

$^-O-CH_3 + CH_3-CH_2-CH_2-Br \longrightarrow CH_3-O-CH_2-CH_2-CH_3$

9.47. **(a)** ethyl bromide; **(b)** isopropyl fluoride; **(c)** butyl bromide; **(d)** isobutyl chloride

9.49. **(a)**

$$CH_3CH_3 \xrightarrow[\text{light}]{Br_2} CH_3CH_2Br \xrightarrow{^-OCH_3} CH_3CH_2OCH_3$$

alkyl halogenation; nucleophilic substitution

(b)

$$CH_4 \xrightarrow[\text{light}]{Cl_2} CH_3Cl \xrightarrow{^-SCH_3} CH_3SCH_3$$

alkyl halogenation; nucleophilic substitution

9.51. **(a)** cyclohexanone (cyclohexane ring with =O)

(b) $HO-\overset{\overset{O}{\|}}{C}-CH_2-CH_2-CH_2-CH_3$

(c) no reaction;

(d) $CH_3-S-S-CH_3$

(e) $CH_3-\underset{|}{CH}-CH_3$ — S — S — $CH_3-\overset{|}{CH}-CH_3$

9.53. When 1-butanol is oxidized, a carboxylic acid is produced. When 1-butanethiol is oxidized, a disulfide is produced.

9.55. $CH_3-CH_2-\overset{\overset{OH}{|}}{C}H-\underset{\underset{CH_3}{|}}{CH}-CH_3$

9.57. **(a)** $CH_3-\overset{\overset{O}{\|}}{C}-\overset{\overset{O}{\|}}{C}-O^-$

(b) $CH_3-\overset{\overset{OH}{|}}{C}H-\overset{\overset{O}{\|}}{C}-OH$

lactic acid

$CH_3-\overset{\overset{O}{\|}}{C}-\overset{\overset{O}{\|}}{C}-OH$

pyruvic acid

(c) Their p*Ka*'s are below 7.

9.59. **(a)** $CH_3-\underset{\underset{CH_3}{|}}{\overset{\overset{CH_3}{|}}{C}}HC{=}CHCH_3$

(b) 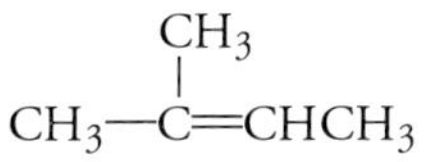 $CH_3{-}\overset{\displaystyle CH_3}{\overset{|}{C}}{=}CHCH_3$

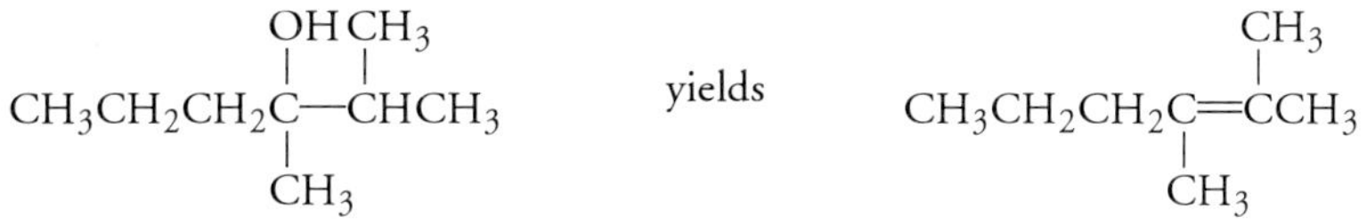

9.61. (a) 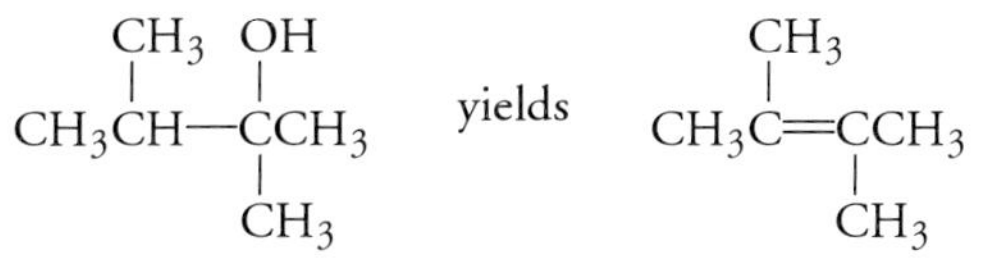 $CH_3CH{-}\overset{\displaystyle OH}{\underset{\displaystyle CH_3}{C}}CH_3$ with CH_3 on CH, yields $CH_3\overset{\displaystyle CH_3}{C}{=}\underset{\displaystyle CH_3}{C}CH_3$

(b) $CH_3CH_2CH_2\overset{\displaystyle OH}{\underset{\displaystyle CH_3}{C}}{-}\overset{\displaystyle CH_3}{C}HCH_3$ yields $CH_3CH_2CH_2\underset{\displaystyle CH_3}{C}{=}\overset{\displaystyle CH_3}{C}CH_3$

(c) 2-methylcyclopentanol (OH, CH_3) yields 1-methylcyclopentene (CH_3)

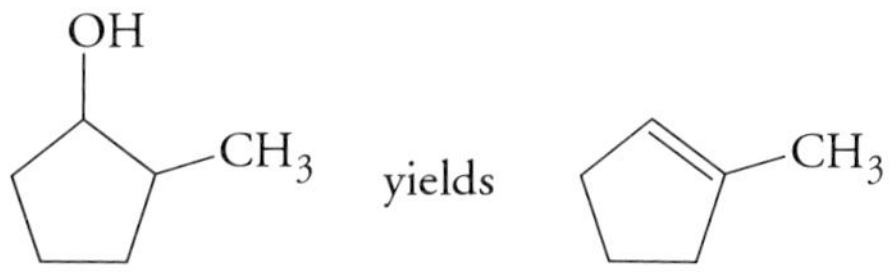

9.63. (a) 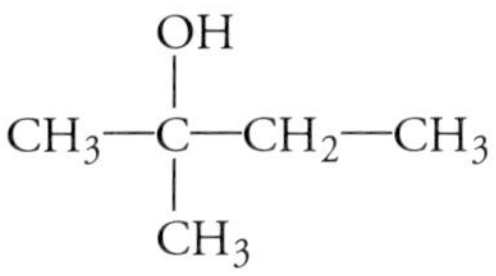 $CH_3{-}\overset{\displaystyle OH}{\underset{\displaystyle CH_3}{C}}{-}CH_2{-}CH_3$ **(b)** $CH_3{-}\underset{\displaystyle CH_3}{CH}{-}\overset{\displaystyle OH}{CH}{-}CH_3$

2-methyl-2-butanol 3-methyl-2-butanol

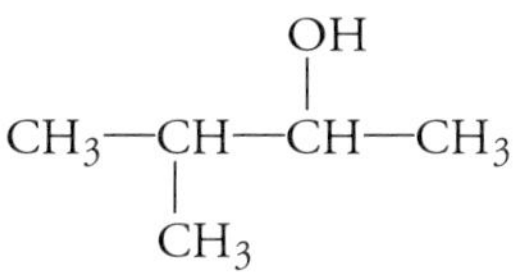

9.65. (a) $CH_2{=}CH{-}CH_2{-}CH_3 \xrightarrow[H^+]{H_2O} CH_3{-}\overset{\displaystyle OH}{CH}{-}CH_2{-}CH_3 \xrightarrow{K_2Cr_2O_7} CH_3{-}\overset{\displaystyle O}{\overset{\|}{C}}{-}CH_2{-}CH_3$

hydration oxidation

(b) $CH_3{-}CH_2{-}CH_2{-}Br \xrightarrow{OH^-} CH_3{-}CH_2{-}CH_2{-}OH \xrightarrow[heat]{H^+} CH_3{-}CH{=}CH_2$

nucleophilic substitution dehydration

9.67. (a) 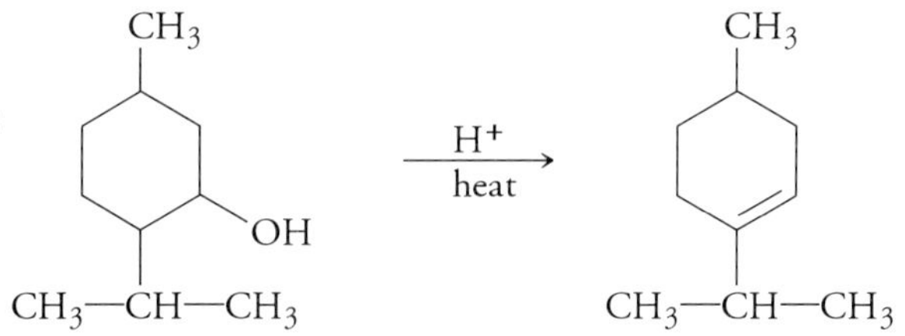 menthol (cyclohexane ring with CH_3, OH, and $CH_3{-}CH{-}CH_3$) $\xrightarrow[heat]{H^+}$ cyclohexene ring with CH_3 and $CH_3{-}CH{-}CH_3$

menthol

(b) 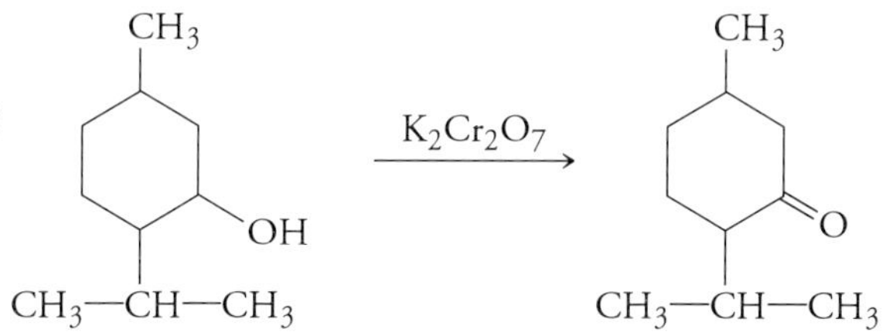 menthol (cyclohexane ring with CH_3, OH, and $CH_3{-}CH{-}CH_3$) $\xrightarrow{K_2Cr_2O_7}$ cyclohexanone ring with CH_3, O, and $CH_3{-}CH{-}CH_3$

menthol

9.69. (a) 2,3-dimethylbutanal; **(b)** 4-ethyl-3-hexanone; **(c)** 2-ethyl-2-methylbutanal; **(d)** 3,3-dimethyl-2-butanone

9.71. (a) $CH_3{-}CH_2{-}CH_2{-}CH_2{-}\overset{\displaystyle O}{\overset{\|}{C}}{-}H$

(b) $CH_3{-}CH_2{-}CH_2{-}\overset{\displaystyle Br}{CH}{-}CH_2{-}\overset{\displaystyle O}{\overset{\|}{C}}{-}H$

(c) $CH_3{-}CH_2{-}CH_2{-}\overset{\displaystyle O}{\overset{\|}{C}}{-}CH_2{-}CH_2{-}CH_3$

(d) 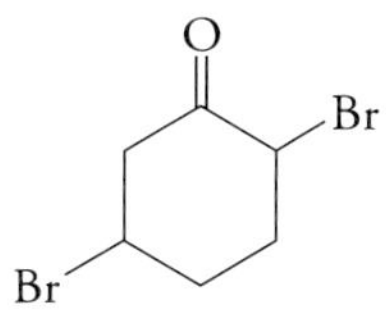 cyclohexanone ring with O, Br (adjacent to carbonyl), and Br

9.73. (a) $CH_3{-}\overset{\displaystyle O}{\overset{\|}{C}}{-}CH_2{-}CH_2{-}CH_2{-}CH_3$

2-hexanone

$CH_3{-}\overset{\displaystyle O}{\overset{\|}{C}}{-}CH_2{-}CH_2{-}CH_3$

2-pentanone

(b) 2-hexanone has a higher boiling point than 2-pentanone because it is a larger molecule and has stronger London dispersion forces between its molecules.

9.75. 1-propanol molecules are able to hydrogen-bond whereas propanone molecules are not.

9.77. **(a)** $CH_3{-}CH_2{-}CH(CH_3){-}CH_2{-}C(=O){-}OH$

(b) $HO{-}C(=O){-}CH_2{-}CH_2{-}C(CH_3)_2{-}CH_3$

(c) $CH_3{-}C(=O){-}CH(CH_3){-}C(=O){-}OH$

9.79. **(a)** $CH_3{-}CH_2{-}C(=O){-}H$ yields $CH_3{-}CH_2{-}C(=O){-}OH$

(b) $CH_3{-}CH_2{-}C(=O){-}CH_3$ no reaction;

(c) $CH_3{-}CH_2{-}CH_2{-}CH_2{-}OH$ yields $CH_3{-}CH_2{-}CH_2{-}C(=O){-}OH$

(d) $CH_3{-}CH_2{-}C(CH_3)(Cl){-}CH_2{-}C(=O){-}H$ yields $CH_3{-}CH_2{-}C(CH_3)(Cl){-}CH_2{-}C(=O){-}OH$

(e) $CH_3{-}CH(OH){-}CH_2{-}C(=O){-}H$ yields $CH_3{-}C(=O){-}CH_2{-}C(=O){-}OH$

9.81. **(a)** $CH_3CH_2CH(OH)CH(CH_2CH_3)CH_3$

(b) CH_3CH_2–(cyclopentane ring)–OH

(c) $(CH_3)_3C{-}O{-}CH_2CH_2OH$ (drawn as $CH_3OCH_2CH_2OH$ with CH_3 above and CH_3 below the first carbon)

9.83. $CH_3{-}CH_2{-}CH_2{-}CH(OH){-}CH_2{-}C(=O){-}ACP$

9.85. **(a)** vanillin: $C(=O){-}H$ (aldehyde) on a benzene ring bearing OCH_3 (ether) and OH (phenol)

aldehyde

phenol

ether

vanillin

(b) vanillin $\xrightarrow{K_2Cr_2O_7}$ ring with $C(=O){-}OH$, OCH_3, OH

vanillin $\xrightarrow{Cu^{2+}}$ ring with $C(=O){-}O^-$, OCH_3, OH

vanillin $\xrightarrow[Pt]{H_2}$ ring with $CH_2{-}OH$, OCH_3, OH

vanillin $\xrightarrow{NaOH}$ ring with $C(=O){-}H$, OCH_3, $O^-\ Na^+$

vanillin (ring with $C(=O){-}H$, OCH_3, OH) $\xrightarrow[Fe]{Br_2}$ ring with $C(=O){-}H$, Br, OCH_3, OH

9.87. **(a)** $CH_3{-}CH_2{-}CH_2{-}C(OH)(H){-}O{-}CH(CH_3){-}CH_3$

(b) $CH_3{-}CH_2{-}CH_2{-}CH_2{-}O$–(cyclohexane carbon)–$O{-}CH_2{-}CH_2{-}CH_2{-}CH_3$

(c) $CH_3{-}CH_2{-}CH(CH_3){-}C(OH)(O{-}\text{cyclopentyl}){-}CH_2{-}CH_2{-}CH_3$

9.89. **(a)** 

$CH_3CH_2\overset{O}{\overset{\|}{C}}CH_2CH_3$

(b) cyclopentanone (O=C in five-membered ring)

(c) $CH_3\overset{O}{\overset{\|}{C}}—H$

9.91. **(a)** $CH_3—CH(CH_3)—OH$

(b) $CH_3—CH_2—CH_2—OH$

(c) $2CH_3—OH$

9.93. **(a)** Cyclic hemiacetals and lactones each have a ring that contains a C—O—C linkage. **(b)** In cyclic hemiacetals, one of the carbon atoms in the C—O—C linkage is also attached to an —OH group. In lactones, this carbon atom is double-bonded to an oxygen atom (C=O).

9.95. **(a)** $CH_3—O—C(O—H)—H$ (attached to benzene ring bearing OCH_3 and OH)

(b) $CH_3—CH_2—O—C(O—CH_2—CH_3)—H$ (attached to benzene ring bearing OCH_3 and OH) + H_2O

9.97. **(a)** CH_3; cyclohexane ring with $CH_3—CH—CH_3$ and $O—C(OH)(CH_3)—CH_3$

(b) CH_3, CH_3; two cyclohexane rings each with $CH_3—CH—CH_3$, joined by $O—C(CH_3)(CH_3)—O$

9.99. CH_3OH — methanol; $H—\overset{O}{\overset{\|}{C}}—H$ — methanal or formaldehyde

9.101. Hydrogen atoms are added to O_2 to form H_2O_2.

9.103. The product that results from reduction of O_2^- is H_2O_2. The change is classified as reduction because it involves a gain of H. The product that results from oxidation of O_2^- is O_2. This change is classified as oxidation because it involves a loss of electrons.

9.105. $F_3C—C_6H_4—OCH(C_6H_5)CH_2CH_2\overset{+}{N}H_2CH_3$ Cl^-

9.107. **(a)** 2×10^{-4} g; **(b)** 5×10^{-2} ppm; **(c)** 50 ppb

9.109. **(a)** $CH_2—Cl$, CH_3, CH_3, CH_3, CH_3 (cyclohexane) + OH^- ⟶ $CH_2—OH$, CH_3, CH_3, CH_3, CH_3 (cyclohexane) + Cl^-

(b) CH_2, CH_3, CH_3, CH_3 (cyclohexane with $=CH_2$)

(c) CH_3, CH_3, OH, CH_3, CH_3 (cyclohexane)

(d) CH_3, CH_3, CH_3, CH_3 (cyclohexene)

(e) 1,2,3,3-tetramethylcyclohexene;

(f) $CH_3—C(OH)(CH_3)—O—CH_2$— (cyclohexane with CH_3, CH_3, CH_3)

(g) $CH_3—C(CH_3)$ bonded through $O—CH_2$ to two cyclohexane rings each with CH_3, CH_3, CH_3

Chapter 10

10.1. **(a)** A and D, B and C; **(b)** B and C, A and B, A and C, B and D, C and D

10.3. Oligosaccharides contain from 2 to 10 monosaccharide residues while polysaccharides contain more than 10.

10.5. **(a)** aldotriose; **(b)** ketotetrose; **(c)** ketohexose; **(d)** aldotetrose

10.7.

(a) 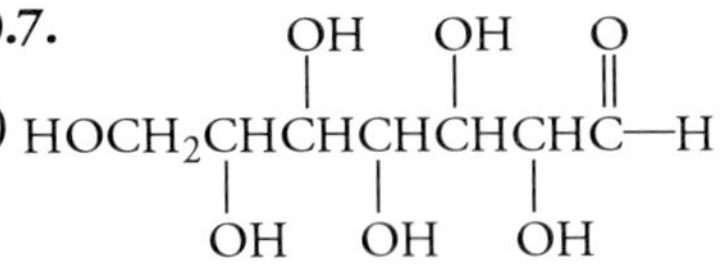 $HOCH_2CH(OH)CH(OH)CH(OH)CH(OH)CH(OH)C(=O)H$

(b) 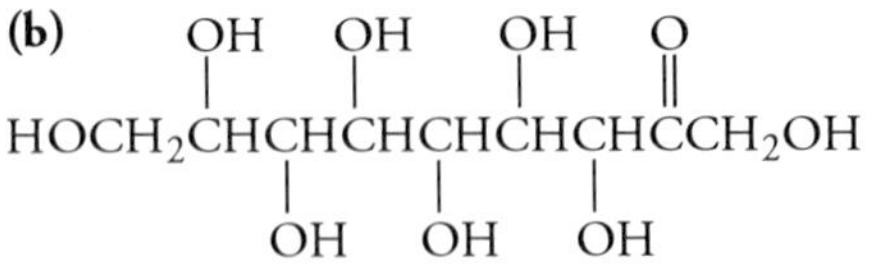 $HOCH_2CH(OH)CH(OH)CH(OH)CH(OH)CH(OH)CH(OH)C(=O)CH_2OH$

10.9. **(a)** 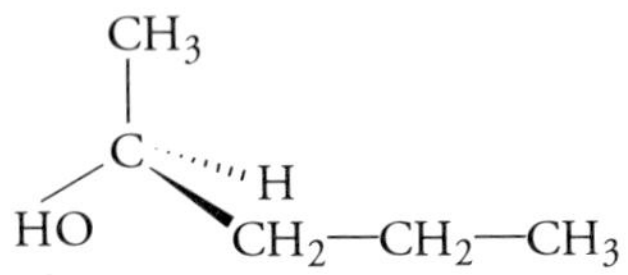 CH_3, HO, H, $CH_2—CH_2—CH_3$ on C

(b) 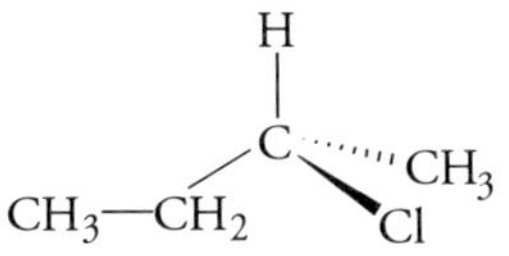 $CH_3—CH_2$, H, CH_3, Cl on C

10.11 **(a)** 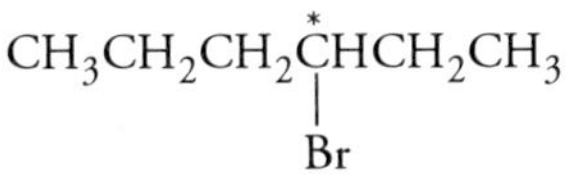 $CH_3CH_2CH_2\overset{*}{C}H(Br)CH_2CH_3$

(b) 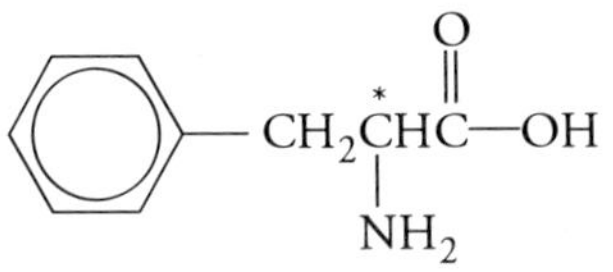 $C_6H_5—CH_2\overset{*}{C}H(NH_2)C(=O)—OH$

10.13. **(a)** 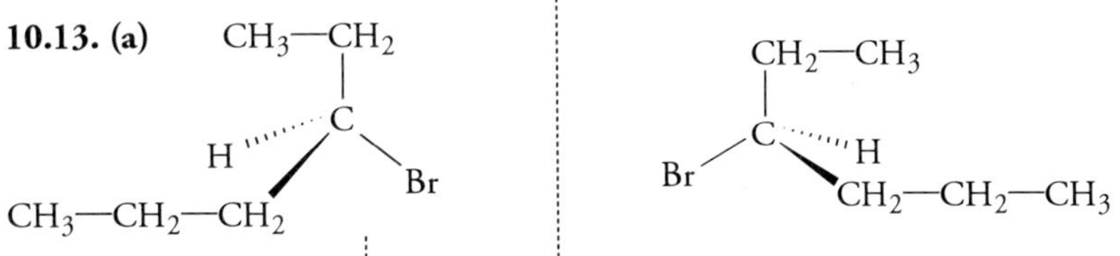 $CH_3—CH_2$, H, Br, $CH_3—CH_2—CH_2$ on C | $CH_2—CH_3$, Br, H, $CH_2—CH_2—CH_3$ on C

(b) 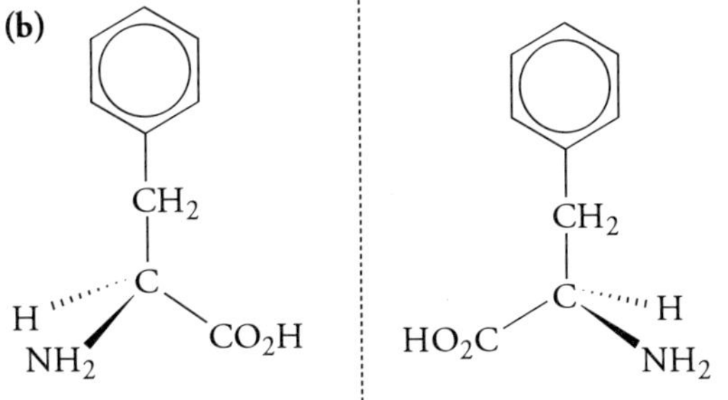 $C_6H_5CH_2$, H, NH_2, CO_2H on C | $C_6H_5CH_2$, HO_2C, H, NH_2 on C

10.15. **(a)** 2 chiral carbon atoms, 4 possible stereoisomers; **(b)** 1 chiral carbon atom, 2 possible stereoisomers; **(c)** 2 chiral carbon atoms, 4 possible stereoisomers

10.17. **(a)** 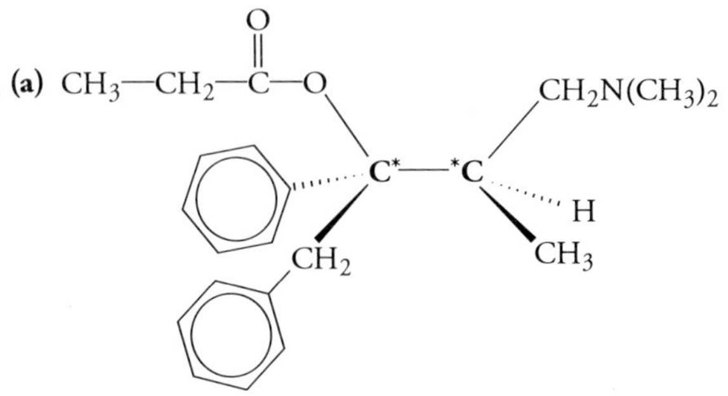 $CH_3—CH_2—C(=O)—O—C^*(C_6H_5)(CH_2C_6H_5)—{}^*C(H)(CH_3)CH_2N(CH_3)_2$

(b) Four stereoisomers exist for propoxyphene. The number of stereoisomers is equal to 2^n where n is the number of chiral carbons in the molecule. For propoxyphene with 2 chiral carbons, the total number of stereoisomers that exist is equal to 2^2 or 4.

(c) 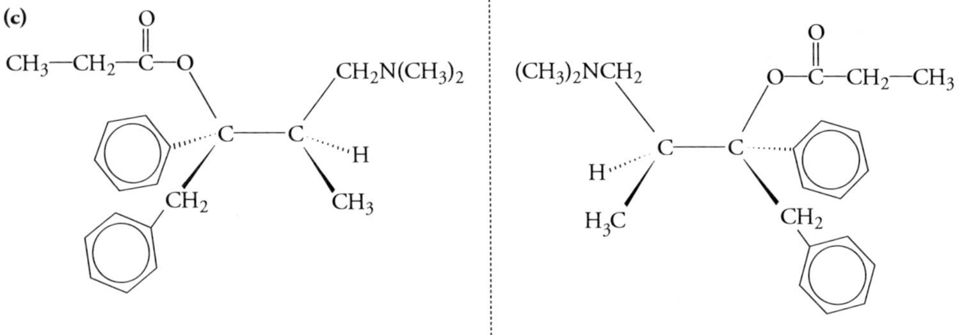 $CH_3—CH_2—C(=O)—O—C(C_6H_5)(CH_2C_6H_5)—C(H)(CH_3)CH_2N(CH_3)_2$ | $(CH_3)_2NCH_2—C(H)(H_3C)—C(C_6H_5)(CH_2C_6H_5)—O—C(=O)—CH_2—CH_3$

(+)-propoxyphene | **enantiomer**

10.19. **(a)** stereoisomers; **(b)** different conformations of the same molecule or identical molecules; **(c)** stereoisomers; **(d)** constitutional isomers

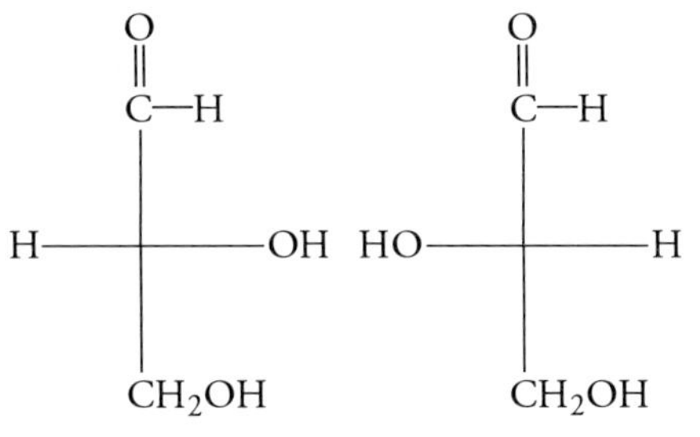

	D	L
	C(=O)—H	C(=O)—H
	H—C—OH	HO—C—H
	CH_2OH	CH_2OH

10.21. **(a)** and **(b)**; **(c)** aldotriose

10.23. **(a)** 3; **(b)** 8;

(c)

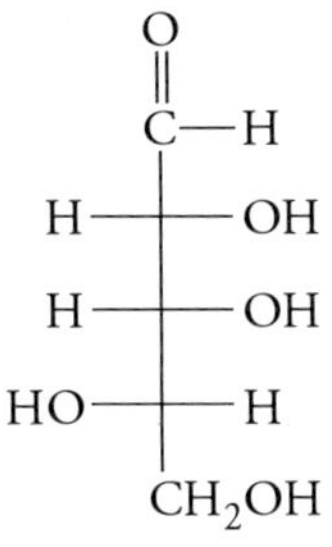

L-lyxose
C(=O)—H
H—OH
H—OH
HO—H
CH_2OH

(d)

C(=O)—H	C(=O)—H
H—OH	HO—H
HO—H	H—OH
H—OH	H—OH
CH_2OH	CH_2OH

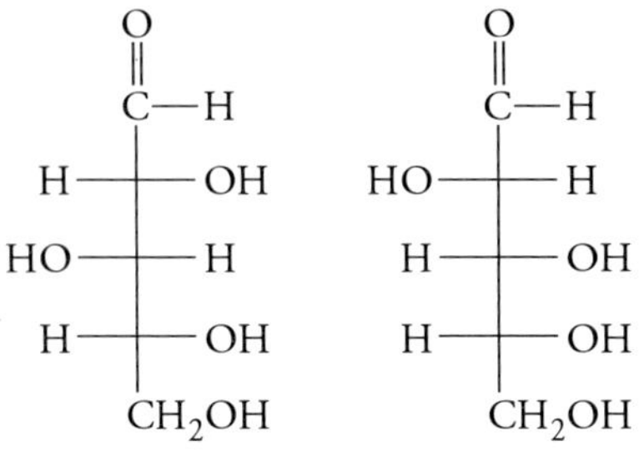

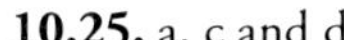

10.25. a, c and d

10.27. (a)

CH_2OH	CH_2OH	CH_2OH	CH_2OH
C=O	C=O	C=O	C=O
H—OH	HO—H	H—OH	HO—H
H—OH	H—OH	HO—H	HO—H
H—OH	H—OH	H—OH	H—OH
CH_2OH	CH_2OH	CH_2OH	CH_2OH

(b)

CH_2OH	CH_2OH	CH_2OH	CH_2OH
C=O	C=O	C=O	C=O
H—OH	HO—H	H—OH	HO—H
H—OH	H—OH	HO—H	HO—H
H—OH	H—OH	H—OH	H—OH
CH_2OH	CH_2OH	CH_2OH	CH_2OH
a pair of epimers		a pair of epimers	

(c)

CH_2OH	CH_2OH	CH_2OH	CH_2OH
C=O	C=O	C=O	C=O
H—OH	HO—H	HO—H	H—OH
H—OH	HO—H	H—OH	HO—H
H—OH	H—OH	H—OH	H—OH
CH_2OH	CH_2OH	CH_2OH	CH_2OH
a pair of diastereomers that are not epimers		a pair of diastereomers that are not epimers	

10.29. (a) enantiomers; **(b)** diastereomers; **(c)** diastereomers; **(d)** molecules that are not stereoisomers or constitutional isomers

10.31.

(a)	(b)
O=C—H	O=C—H
H—H	H—NH_2
HO—H	HO—H
H—OH	H—OH
H—OH	H—OH
CH_2OH	CH_2OH

(c)	(d)
O=C—H	CH_2OH
H—OH	H—OH
HO—H	HO—H
H—OH	H—OH
H—OH	H—OH
C(=O)—OH	CH_2OH

10.33. **(a)**

10.31 a D-2-deoxyglucose	10.31 b D-glucosamine	10.31 c D-glucuronic acid	10.31 d sorbitol
O=C—H	O=C—H	O=C—H	CH_2OH
H—*—H	H—*—NH_2	H—*—OH	H—*—OH
HO—*—H	HO—*—H	HO—*—H	HO—*—H
H—*—OH	H—*—OH	H—*—OH	H—*—OH
H—*—OH	H—*—OH	H—*—OH	H—*—OH
CH_2OH	CH_2OH	C(=O)—OH	CH_2OH
deoxy sugar	**amino sugar**	**carboxylic acid sugar**	**alcohol sugar**

(b) 3 4 4 4

(c) $2^3 = 8$ $2^4 = 16$ $2^4 = 16$ $2^4 = 16$

10.35. aldehyde

10.37. **(a)**

O=C—H	O=C—H	O=C—H	O=C—H
HO—H	H—OH	H—OH	HO—H
H—OH	H—OH	HO—H	HO—H
CH_2OH	CH_2OH	CH_2OH	CH_2OH

(b) D D L L

10.39. **(a)**

O=C—H
H—H
HO—H
HO—H
H—OH
CH_2OH

(b)

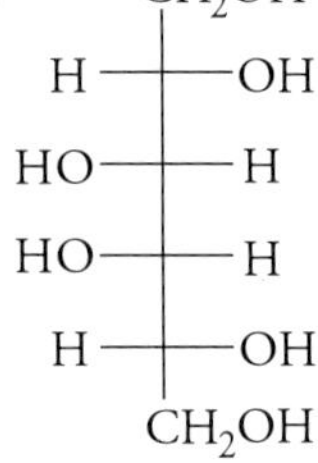

CH_2OH
H—OH
HO—H
HO—H
H—OH
CH_2OH

(c)

O=C—H
H—OH
HO—H
HO—H
H—OH
C(=O)OH

10.41. **(a)**

CH_2OH
HO—H
HO—H
HO—H
H—OH
CH_2OH

(b)

O=C—OH
HO—H
HO—H
HO—H
H—OH
CH_2OH

10.43. A reducing sugar is a carbohydrate that gives a positive Benedict's test (in the process of being oxidized, the sugar reduces Cu^{2+} ion present in the reagent).

10.45. **(a)**

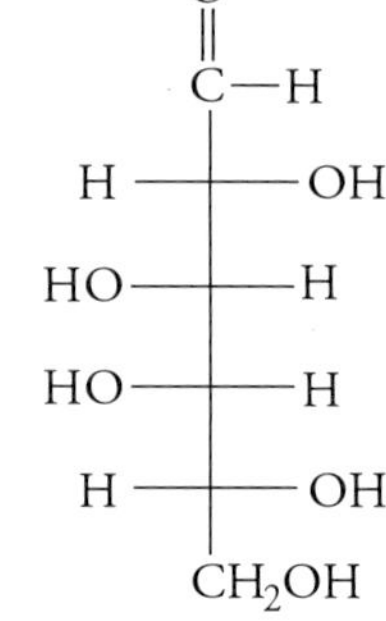

O=C—H
H—OH
HO—H
HO—H
H—OH
CH_2OH

(b) yes; **(c)** no; **(d)** no

(e)

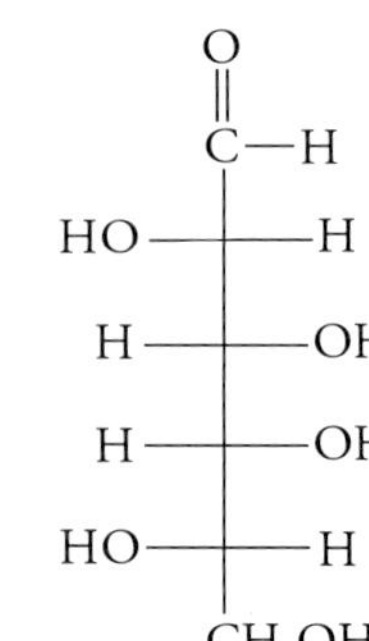

O=C—H
HO—H
H—OH
H—OH
HO—H
CH_2OH

10.47. (a)

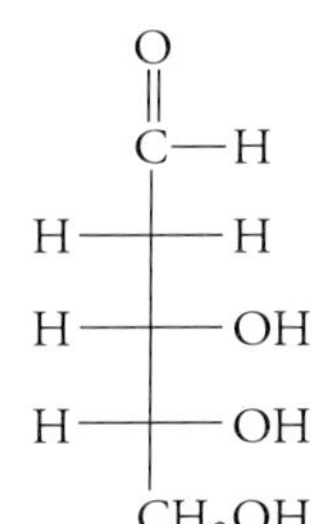

D-2-deoxyribose

the alcohol sugar of D-2-deoxyribose

the aldonic acid of D-2-deoxyribose

the uronic acid of D-2-deoxyribose

(b)

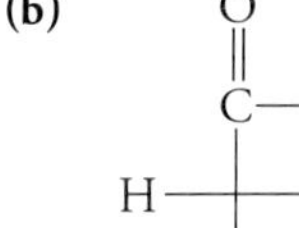

L-2-deoxyribose

the alcohol sugar of L-2-deoxyribose

the aldonic acid of L-2-deoxyribose

the uronic acid of L-2-deoxyribose

(c)

C3 epimer of D-2-deoxyribose

the alcohol sugar of the C3 epimer of D-2-deoxyribose

the aldonic acid of the C3 epimer of D-2-deoxyribose

the uronic acid of the C3 epimer of D-2-deoxyribose

10.49. As pyranoses and furanoses are typically drawn, in an α anomer, the hemiacetal —OH points down. In a β anomer, the hemiacetal —OH points down.

10.51. (a)

(b)

(c)

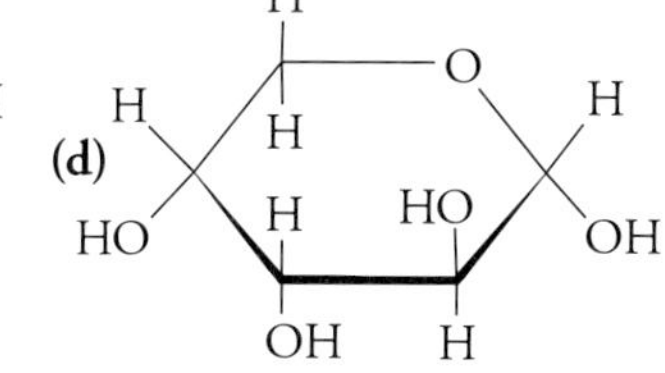

(d)

10.53.

Molecule	Number of Chiral Carbons	Total Number of Stereoisomers
(a) β-D-glucopyranose	5	32
(b) α-D-ribofuranose	4	16
(c) β-D-galactopyranose	5	32
(d) α-D-arabinopyranose	4	16

10.55.

10.57.

10.59. (a)

(b)

10.61. Mutarotation is the process of converting back and forth from an α anomer to the open form to the β anomer.

10.63.

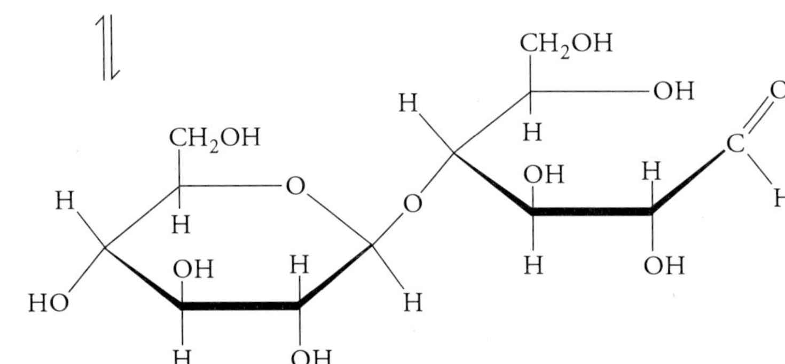

10.65. (a)

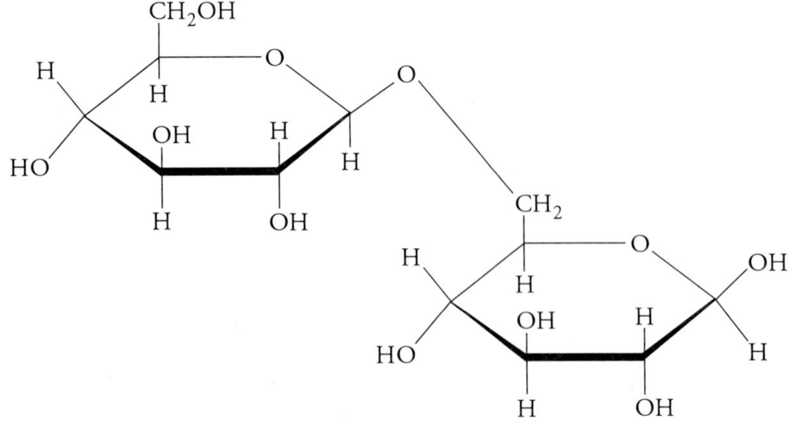

(b) Yes. When the β hemiacetal (at the right side of the molecule, as drawn) undergoes mutarotation, the resulting aldehyde group can be oxidized by Cu^{2+}.

10.67. CH_2OH H H H H O H HO OH OH O O C H CH_3

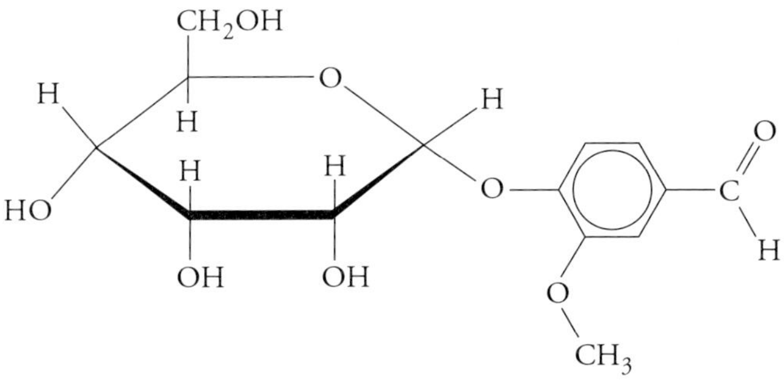

10.69. CH_2OH H H O $O{-}CH_2CH_2CH_2CH_2CH_2CH_2CH_2CH_3$ HO OH H H H OH

10.71. $HO{-}C_6H_4{-}CH{=}CH{-}C(=O){-}OH$ $HO{-}CH_2{-}CH_2{-}C_6H_3(OH){-}OH$

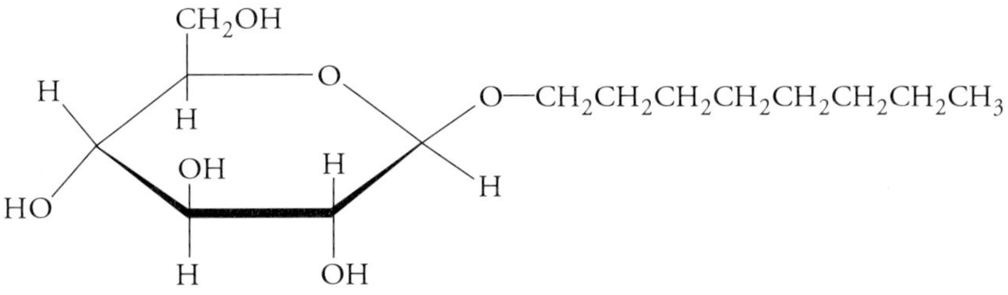

CH_2OH H H O OH HO OH H H H OH or O C—H H—OH HO—H H—OH H—OH CH_2OH

H HO CH_3 O OH H H H H OH OH or O C—H H—OH H—OH HO—H HO—H CH_3

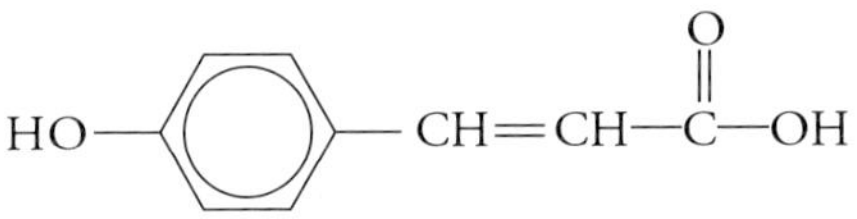

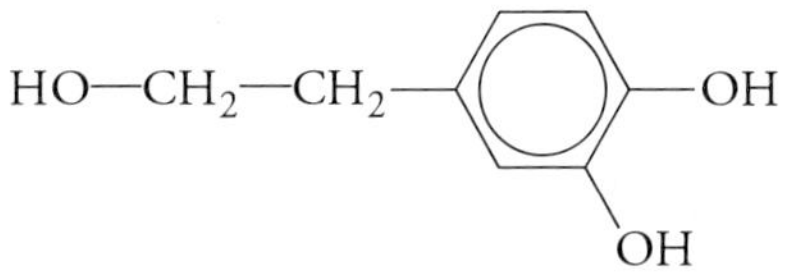

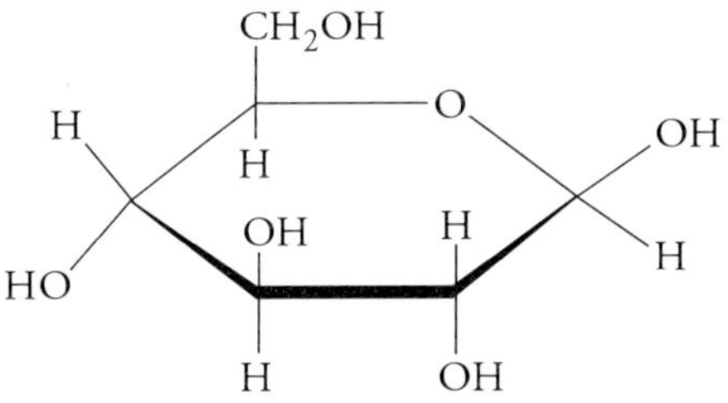

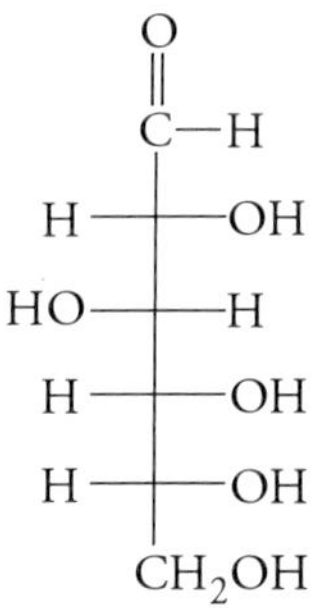

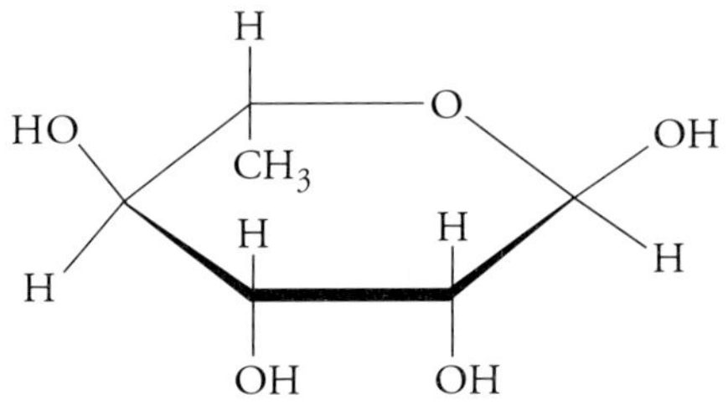

CH_2OH HO H O OH H OH H H H OH or O C—H H—OH HO—H HO—H H—OH CH_2OH

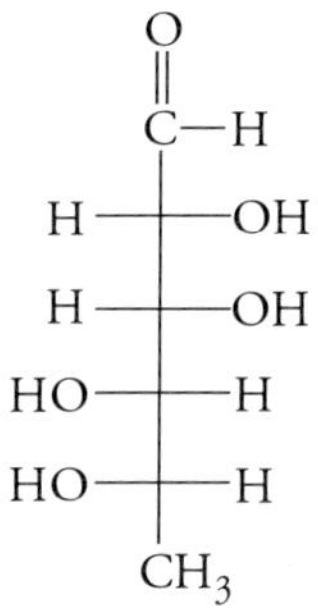

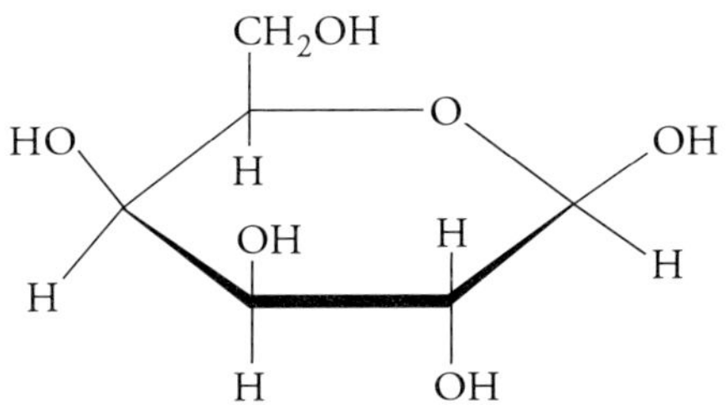

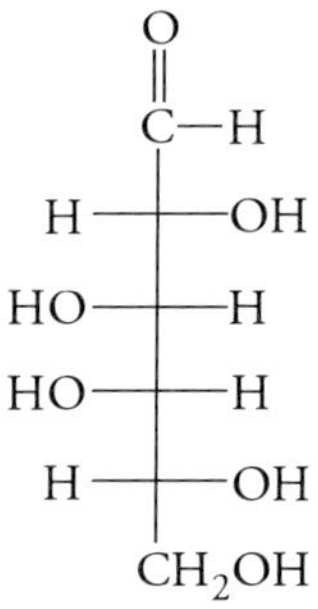

10.73.

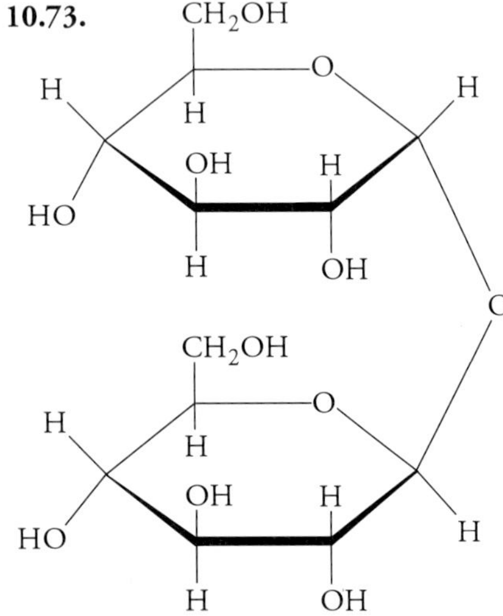

10.75. **(a)** No; **(b)** α, α-(1 ↔ 1)

10.77.

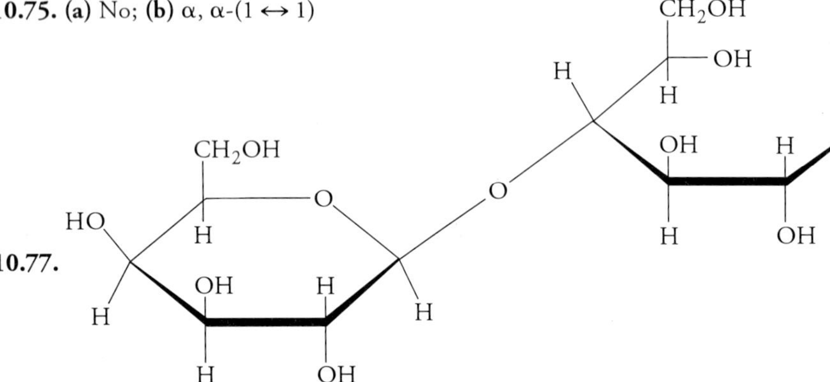

10.79. **(a)** true; **(b)** false; **(c)** true

10.81. Lactose intolerance is a deficiency in β-galactosidase, the enzyme that catalyzes the hydrolysis of the β-(1 ⟶ 4) glycosidic bond in lactose. Persons with this disorder may deal with it by avoiding dairy products, by using dairy products from which lactose has been removed, or by taking tablets containing β-galactosidase.

10.83. **(a)** 1 g; **(b)** 0.2 M; **(c)** 7×10^4 ppm

10.85. **(a)** Amylose and amylopectin each contain of glucose residues connected by α-(1 ⟶ 4) glycosidic bonds. **(b)** Amylose contains only α-(1 ⟶ 4) glycosidic bonds while amylopectin contains α-(1 ⟶ 4) glycosidic bonds and α-(1 ⟶ 6) glycosidic bonds at the branching points.

10.87. Glycogen and amylopectin each consist of glucose residues joined by α-(1 ⟶ 4) and α-(1 ⟶ 6) glycosidic bonds.

10.89. Humans have the enzymes necessary for hydrolyzing and digesting starch (amylase, maltase, and debranching enzymes) but not the enzymes required for hydrolyzing the type of glycosidic bonds found in cellulose.

10.91.

α–(1→3)

α–(1→6)

α–(1→3)

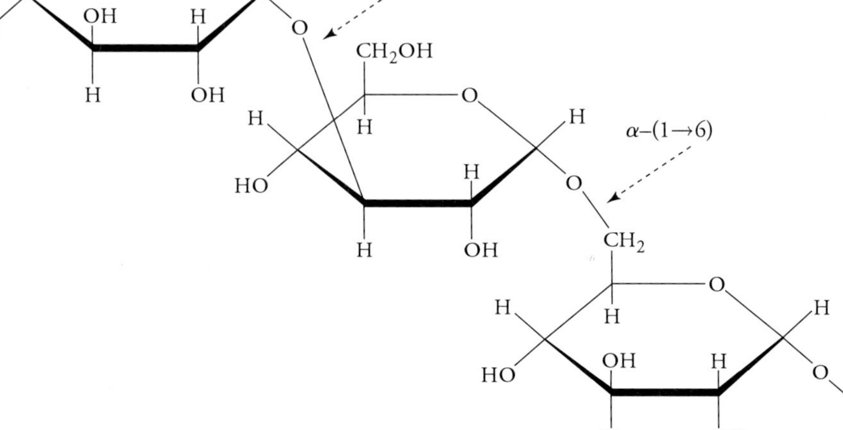

10.93. **(a)** A, B, and C are D-glucose residues (pyranose form); **(b)** Both glycosidic bonds 1 and 2 are β-(1 ⟶ 6); **(c)** homopolysaccharide

10.95. Invert sugar is the sweetening mixture produced when sucrose is hydrolyzed into glucose and fructose. It is used in foods because it is sweeter than sucrose and it is cost-effective.

10.97. Sucralose is a derivative of sucrose, a naturally occurring oligosaccharide.

10.99. **(a)** All monosaccharide residues are D-glucose residues (pyranose). **(b)** β-(1 ⟶ 3) and β-(1 ⟶ 2); **(c)** no

10.101.

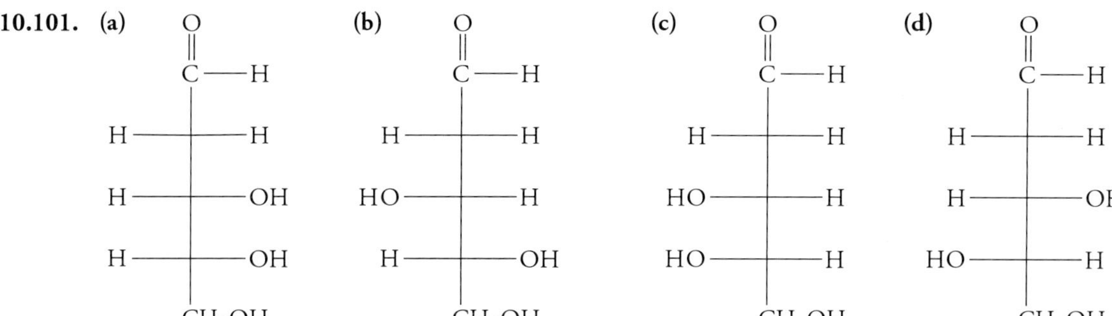

(e) (a) and (c), (b) and (d);
(f) Yes. D-2-Deoxyribose has an aldehyde group that can be oxidized by Cu^{2+}.

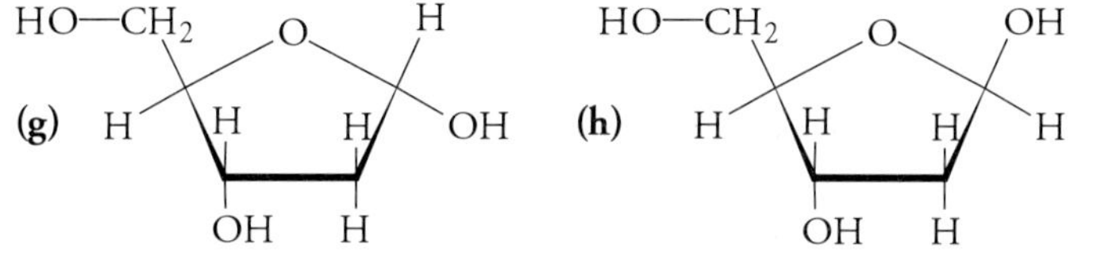

(i) diastereomers; **(j)** Yes. When the α-hemiacetal group undergoes mutarotation, the resulting aldehyde group can be oxidized by Cu^{2+}.

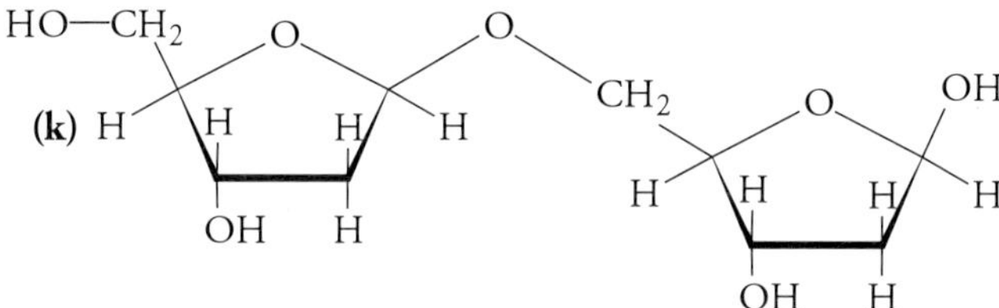

(l) Yes. When the β-hemiacetal group (at the right side of the disaccharide molecule) undergoes mutarotation, the resulting aldehyde group can be oxidized to Cu^{2+}.

Chapter 11

11.1. **(a)**

$\xrightarrow{\text{enzyme}}$ Triglyceride + $3H_2O$

(b)

11.3. Lauric acid has a shorter hydrocarbon tail than myristic acid, so London force interactions between lauric acid molecules are weaker.

11.5. lauric acid

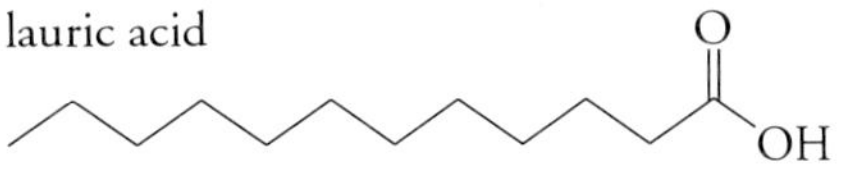

O
OH

linolenic acid

O
OH

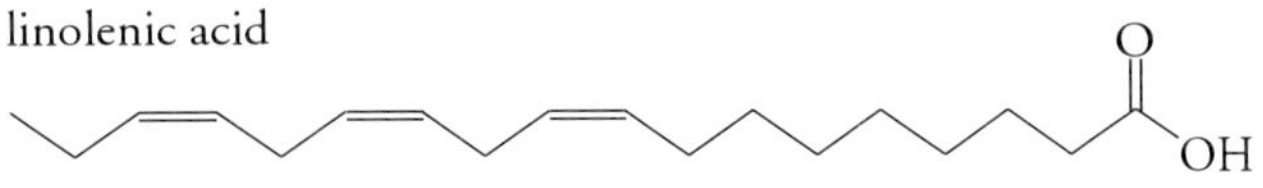

11.7. The ionic bonds that hold the ions in sodium palmitate to one another are stronger than the noncovalent interactions that hold one palmitic acid molecule to another.

11.9. Fatty acids are carboxylic acids that typically have between 12 and 20 carbon atoms.

11.11. Lipids are defined as biochemical compounds that are water insoluble. Fatty acids longer than 20 carbons follow this definition and therefore are considered lipids.

11.13

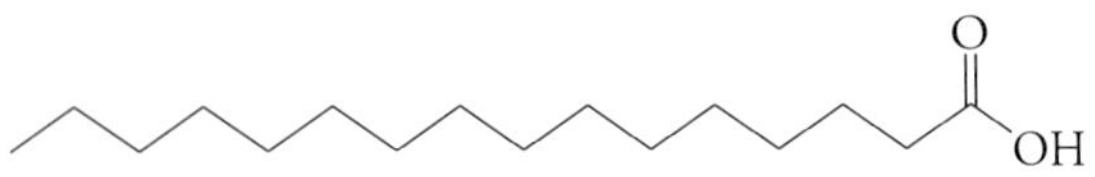

O
OH

and

HO

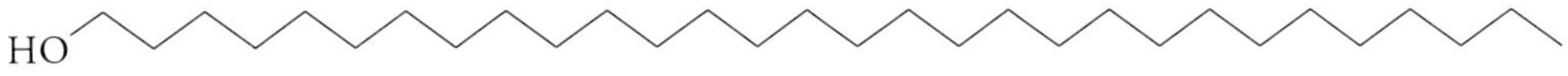

11.15. Some biological functions of waxes include forming a protective layer for retaining water or keeping out water and acting as a form of energy storage.

11.17. $CH_3(CH_2)_{14}C(=O){-}OCH_2(CH_2)_{14}CH_3$

11.19. $CH_3(CH_2)_{14}{-}C(=O){-}O{-}CH_2(CH_2)_{26}{-}CH(OH){-}CH_2{-}CH_3$ or $CH_3(CH_2)_{14}CO_2CH_2(CH_2)_{26}CH(OH)CH_2CH_3$

ω-3 carbon (arrow to the CH in each formula)

11.21. **(a)**

$CH_3{-}C(=O){-}O{-}(CH_2)_{13}CH_3$

(b) The fatty acid residue in a typical wax ester has 14 to 36 carbon atoms and the alcohol residue has 16 to 30 carbon atoms. In tetradecyl acetate, the carboxylic acid residue (the "acetate" component) only has 2 carbon atoms and the alcohol residue (the "tetradecyl" component) only has 14 carbon atoms.; **(c)** The beeswax ester is expected to have the higher melting point because its molecules are larger and attracted by stronger London forces.

11.23. Energy source, thermal insulation, padding, buoyancy

11.25. $CH_3(CH_2)_5CH{=}CH(CH_2)_7CO_2H \xrightarrow[Pt]{H_2} CH_3(CH_2)_5CH_2CH_2(CH_2)_7CO_2H$

11.27.

$CH_3(CH_2)_{12}C(=O){-}OCH_2$
$CH_3(CH_2)_{14}C(=O){-}OCH$
$CH_3(CH_2)_6CH_2CH{=}CHCH_2(CH_2)_6C(=O){-}OCH_2$

This triglyceride contains more saturated than unsaturated fatty acid residues, so it should be a solid at room temperature.

11.29. **(a)** $CH_3(CH_2)_{14}C(=O){-}O^-$

$CH_3CH_2(CH{=}CHCH_2)_3(CH_2)_6C(=O){-}O^-$

$CH_3(CH_2)_7CH{=}CH(CH_2)_7C(=O){-}O^-$

$HOCH_2$
$HOCH$
$HOCH_2$

(b)

$CH_3(CH_2)_{14}C(=O)—O^-$
amphipathic

$CH_3(CH_2)(CH{=}CHCH_2)_3(CH_2)_6C(=O)—O^-$
amphipathic

$CH_3(CH_2)_7CH{=}CH(CH_2)_7C(=O)—O^-$
amphipathic

$HOCH_2—HOCH—HOCH_2$
hydrophilic

11.31. Vegetable oils have more carbon-carbon double bonds than animal fats. It is the oxidation of these bonds that causes oils to become rancid.

11.33. Partial hydrogenation of vegetable oil involves the addition of hydrogen atoms to convert some of the double bonds in unsaturated fatty acid residues into single bonds.

11.35. Phosphatidylcholine (lecithin) and phosphatidylethanolamine (cephalin)

11.37. **(a)** phosphatidylserine; **(b)** The other members of this class have different fatty acids bonded to glycerol.

(c) and **(d)**

$CH_3(CH_2)_{16}—C(=O)—O^-$ + $CH_3(CH_2)_5CH{=}CH(CH_2)_7—C(=O)—O^-$ + $CH_2OH—CHOH—CH_2OH$

amphipathic, amphipathic, hydrophilic

+ $O^-—P(=O)(O^-)—O^-$ + $HO—CH_2—CH(NH_3^+)—C(=O)—O^-$

hydrophilic, hydrophilic

11.39. The two families differ by the alcohol group attached to the phosphate group in a glycerophospholipid. In phosphatidylethanolamines, the alcohol is derived from ethanolamine: $HOCH_2CH_2NH_3^+$. In phosphatidylcholine, it is derived from choline.

11.41.

$CH_3(CH_2)_{11}CH_2CH{=}CH—CH—OH$ (sphingosine backbone); CH bonded to $—NH—C(=O)—CH_2—(CH_2)_6—CH{=}CH—CH_2—(CH_2)_6—CH_3$ (cis, H, H); $CH_2—O—P(=O)(O^-)—O—CH_2—CH_2—NH_3^+$

11.43. Sphingomyelin and phosphatidylcholine have similar structures. They both contain a positively charged ammonium residue.

11.45. $CH_3(CH_2)_{11}CH_2CH{=}CH—CH—OH$; CH bonded to $—NH—C(=O)—(CH_2)_7—CH{=}CH—(CH_2)_5CH_3$; $CH_2—O$— bonded to a pyranose ring (CH_2OH, H, HO, OH, H, H, OH, H)

11.47.

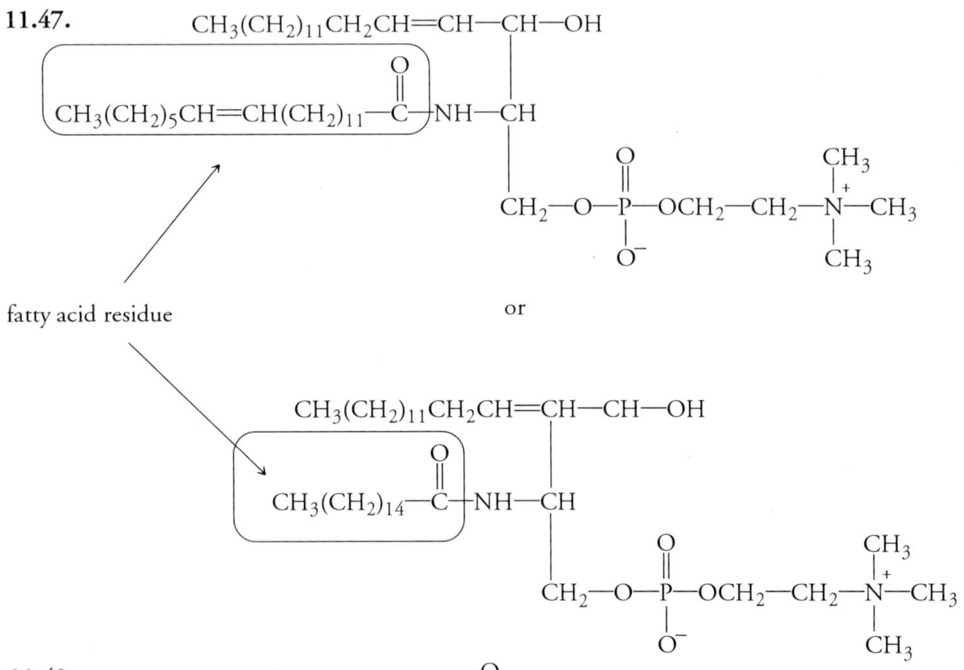

$CH_3(CH_2)_{11}CH_2CH{=}CH{-}CH{-}OH$

$CH_3(CH_2)_5CH{=}CH(CH_2)_{11}{-}\overset{O}{\overset{\|}{C}}{-}NH{-}CH$

$CH_2{-}O{-}\overset{O}{\overset{\|}{P}}(O^-){-}OCH_2{-}CH_2{-}\overset{+}{N}(CH_3)_2{-}CH_3$

fatty acid residue

or

$CH_3(CH_2)_{11}CH_2CH{=}CH{-}CH{-}OH$

$CH_3(CH_2)_{14}{-}\overset{O}{\overset{\|}{C}}{-}NH{-}CH$

$CH_2{-}O{-}\overset{O}{\overset{\|}{P}}(O^-){-}OCH_2{-}CH_2{-}\overset{+}{N}(CH_3)_2{-}CH_3$

11.49.

$CH_3(CH_2)_{12}\overset{O}{\overset{\|}{C}}{-}OCH_2$

$HO{-}CH$

$CH_3{-}(CH_2)_7{-}CH{=}CH{-}(CH_2)_7{-}\overset{O}{\overset{\|}{C}}{-}O{-}CH_2$

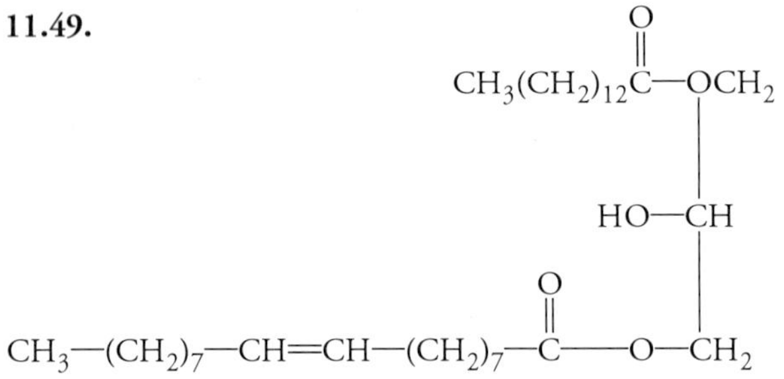

product diglyceride

11.51. The body uses cholesterol primarily as a precursor for the synthesis of other steroids. It is also a com

11.53.

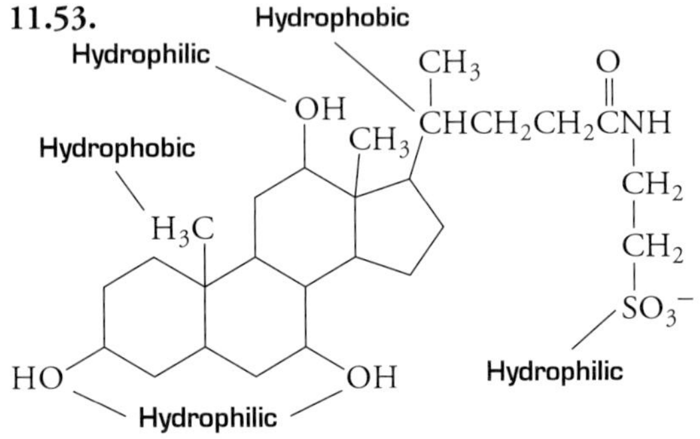

Hydrophobic
Hydrophilic
Hydrophobic
H_3C, CH_3, OH, CH_3, $CHCH_2CH_2\overset{O}{\overset{\|}{C}}NH{-}CH_2{-}CH_2{-}SO_3^-$
HO, OH
Hydrophilic
Hydrophilic

11.55. cholesterol

11.57. **(a)** HDL transports cholesterol and phospholipids from cells back to the liver. LDL transports cholesterol and phospholipids from liver to cells.; **(b)** Partially. Cholesterol is the major component of LDH. HDL contains more protein and phospholipids than cholesterol.; **(c)** Having high LDH and low HDL levels is a warning sign for atherosclerosis and an increased risk of stroke and heart disease.

11.59. Hydrolysis of a particular phospholipid to release arachidonic acid is the first step in the production of prostaglandins. When cortisol, cortisone, and other anti-inflammatory steroids inhibit the enzyme that catalyzes this hydrolysis, the formation of prostaglandins is blocked.

11.61. Drugs that prevent formation of COX-2 but have no effect on COX-1 avoid the side effects associated with the inhibition of COX-1 enzymes like ulcers and kidney damage.

11.63. Facilitated diffusion moves substances from areas of higher concentration to areas of lower concentration, and does not require the input of energy. Active transport moves substances in the opposite direction and requires the input of energy.

11.65. In facilitated diffusion, diffusion across a membrane takes place with the assistance of proteins.

11.67. Reindeer are typically found in cold, snow-covered regions. Since the melting point of fatty acids goes down as the degree of unsaturation goes up, having more unsaturated fatty acids in the feet and legs reduces the likelihood of the fats solidifying. This helps keep the membranes more flexible.

11.69. Omega-9 fatty acid. The first C=C bond from the free end of the hydrocarbon chain occurs at carbon-9.

11.71. The known health benefits of consuming omega-3 fatty acids include increased HDL, lowered LDL and triglycerides, decreased blood pressure, lowered risk for heart disease, and less rheumatoid arthritis inflammation.

11.73. Beef and dairy products contain natural *trans* fatty acids.

11.75.

$CH_3(CH_2)_{12}C(=O){-}OCH_2$

$CH_3(CH_2)_4CH_2CH_2CH_2CH_2(CH_2)_6C(=O){-}OCH$

$H(CH_3(CH_2)_4CH_2)C{=}C(H)CH_2(CH_2)_6C(=O){-}OCH_2$

11.77.

$8\ CH_3{-}(CH_2)_{16}{-}C(=O){-}O^-$ +

CH$_2$OH, H, H, H, HO, OH, H, O, H, OH, HOCH$_2$, O, H, H, OH, CH$_2$OH, OH, H

11.79. **(a)**

CH$_3$ OH, O

and $^-O{-}C(=O){-}(CH_2)_{10}{-}CH_3$

(b) Testosterone has an extra methyl group.

11.81. **(a)**

CH$_3$ OH, HO

steroid

HO, O

fatty acid

(b) Estradiol is a female sex hormone. Female sex hormones regulate menstruation, breast development, and other female traits.

(c)

O, HO

(d) molecule in part **(c)** (completely hydrogenated fatty acid);

(e)

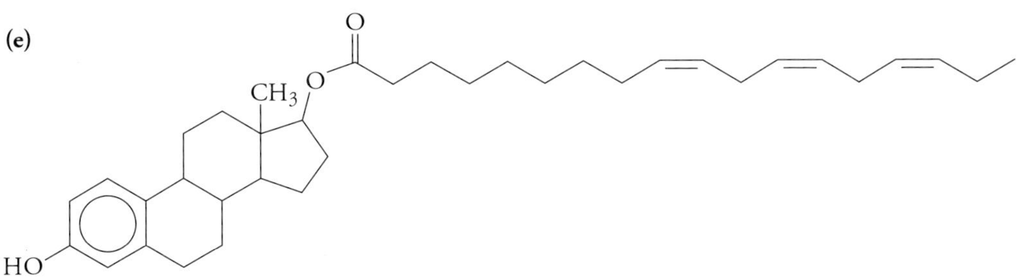

(f) estradiol;

(g) Estradiol fatty acid esters have a significant hydrophobic (nonpolar) component.

Chapter 12

12.1. **(a)** 2;

(b) H_3N^+—(ellipse)—C(=O)—O^-

(c) H_3N^+—(shaded ellipse)—C(=O)—O^-

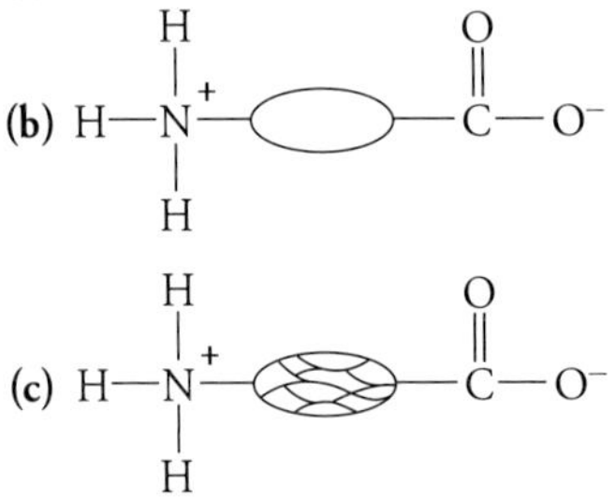

(d) 6; **(e)** 27

12.3. **(a)** CH_3—CH(OH)—C(=O)—O^-

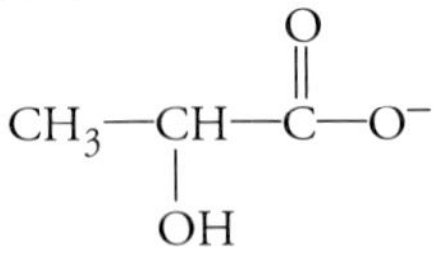

(b) $CH_3—CH_2—N^+H_2—CH_2—CH_3$

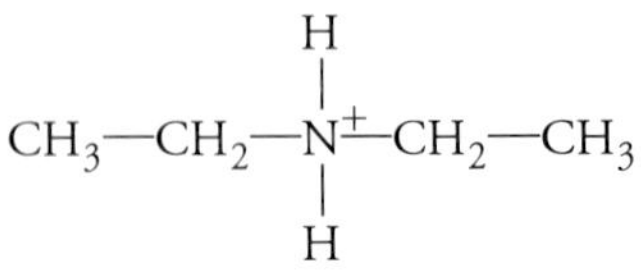

12.5. **(a)** $H_3\overset{+}{N}CHC(=O)—OH$ with side chain $CH_2CH_2SCH_3$

(b) $H_3\overset{+}{N}CHC(=O)—O^-$ with side chain $CH_2CH_2SCH_3$

(c) $H_2NCHC(=O)—O^-$ with side chain $CH_2CH_2SCH_3$

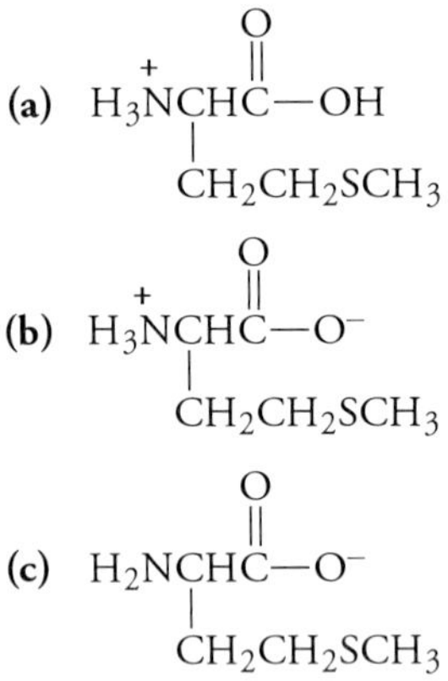

12.7. **(a)** 2+; **(b)** 1+; **(c)** 1–

12.9.

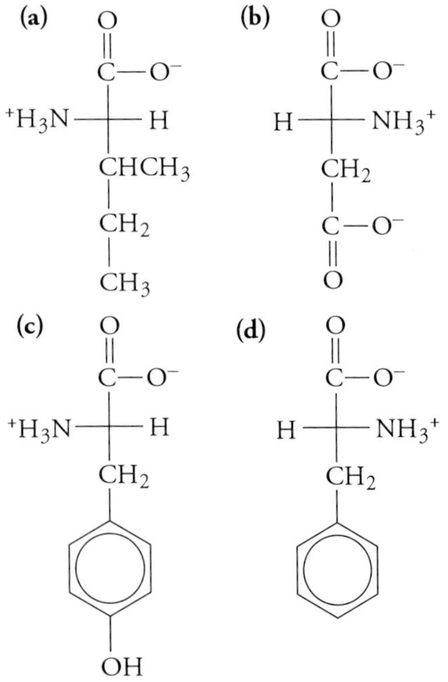

(a) C(=O)—O^-; ^+H_3N—C—H; $CHCH_3$; CH_2; CH_3

(b) C(=O)—O^-; H—C—NH_3^+; CH_2; C(=O)—O^-

(c) C(=O)—O^-; ^+H_3N—C—H; CH_2; benzene ring; OH

(d) C(=O)—O^-; H—C—NH_3^+; CH_2; benzene ring

12.11. **(a)** C(=O)—OH; ^+H_3N—C—H; $CHCH_3$; CH_2; CH_3

(b) C(=O)—OH; H—C—NH_3^+; CH_2; C(=O)—OH

(c) C(=O)—OH; ^+H_3N—C—H; CH_2; benzene ring; OH

(d) C(=O)—OH; H—C—NH_3^+; CH_2; benzene ring

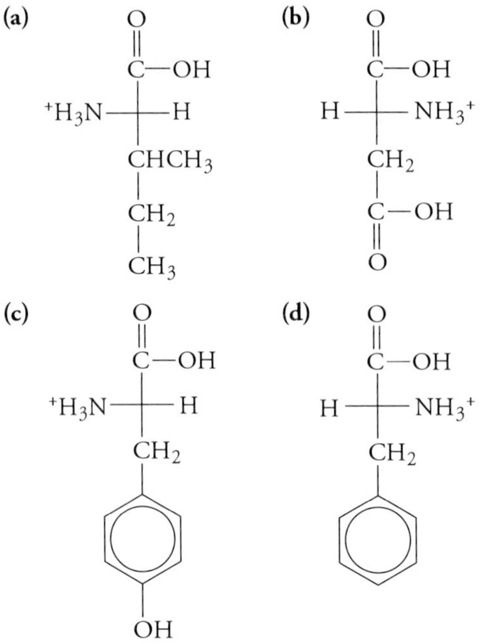

12.13. threonine and isoleucine

12.15. H_3^+N—CH—C(=O)—OH; CH_2; CH_2; C(=O)—OH

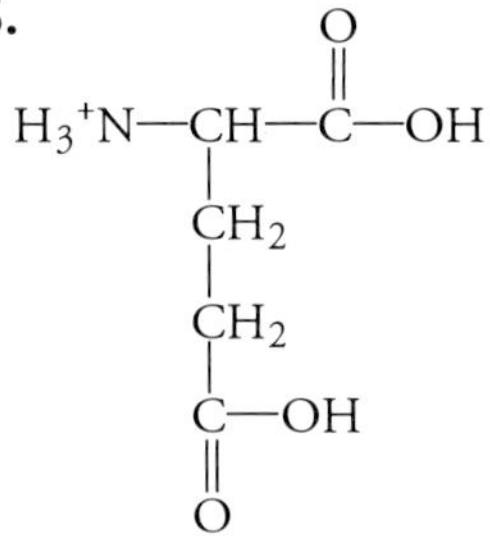

12.17. **(a)** $\overset{+}{N}H_3CHC(=O)—O^-$ with side chain CH_2Se^-

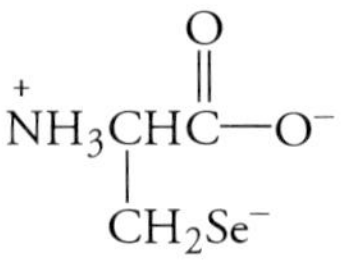

(b) polar acidic, just like Asp

12.19. Peptide bonds, also known as amide bonds; covalent.

12.21. H_3N^+—CH(CH_2—C(=O)—OH)—C(=O)—OH + H_3N^+—CH(CH_2—benzene ring)—C(=O)—OH + $HOCH_3$

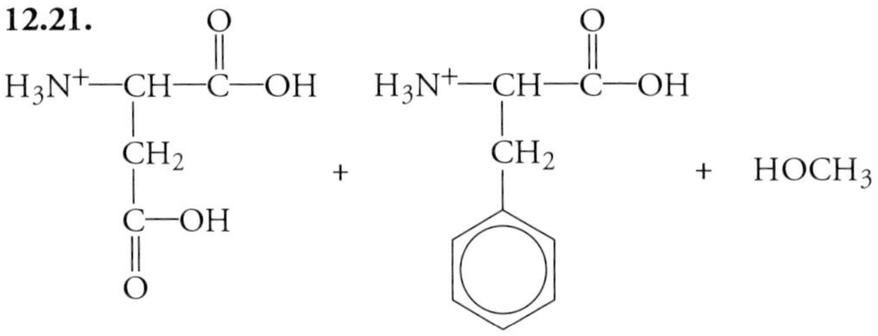

12.23. **(a)** oligopeptide; **(b)** three; **(c)** alanine

12.25. H_3N^+—CH(CH_2—C$_6$H$_4$—OH)—C(=O)—NH—CH(H)—C(=O)—NH—CH(H)—C(=O)—NH—CH(CH_2—benzene ring)—C(=O)—NH—CH(CH—CH_3, CH_3)—C(=O)—O^-

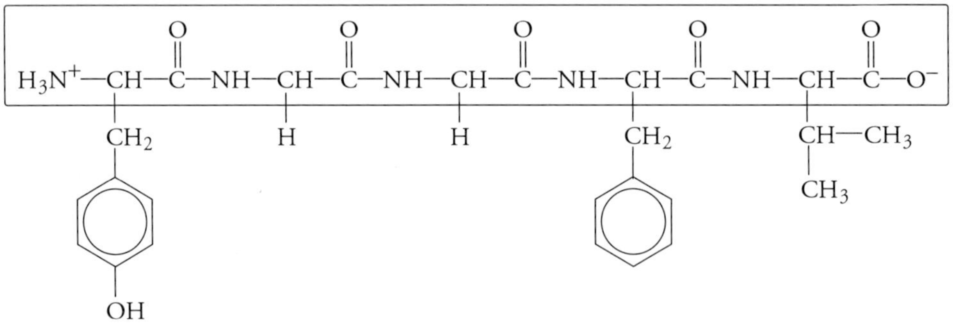

12.27. tyrosine, glycine, glycine, phenylalanine, valine

12.29. **(a)** $\overset{+}{N}H_3CH_2C(=O)$—NHCHC(=O)—NHCHC(=O)—NHCHC(=O)—OH, with side chains CH_2—benzene ring; $CH_2CH_2CH_2CH_2NH_3^+$; $CH_2CH_2CH_2CH_2NH_3^+$

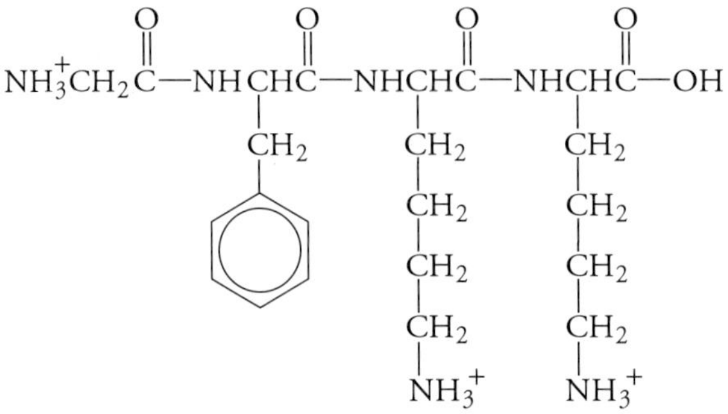

(b)

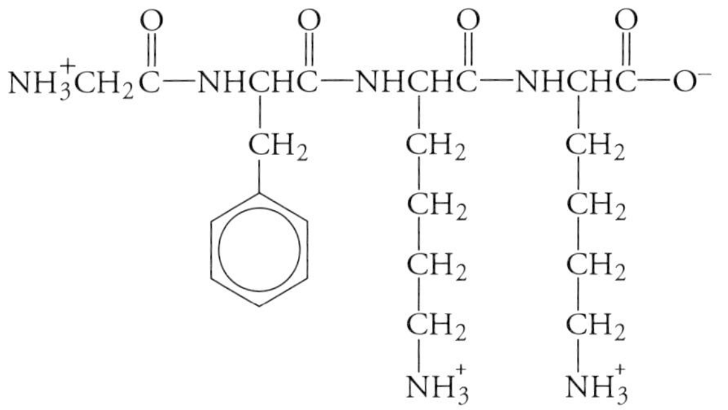

$NH_3^+CH_2\overset{O}{\overset{\|}{C}}-NHCH(CH_2C_6H_5)\overset{O}{\overset{\|}{C}}-NHCH(CH_2CH_2CH_2CH_2\overset{+}{N}H_3)\overset{O}{\overset{\|}{C}}-NHCH(CH_2CH_2CH_2CH_2\overset{+}{N}H_3)\overset{O}{\overset{\|}{C}}-O^-$

(c)

$NH_2CH_2\overset{O}{\overset{\|}{C}}-NHCH(CH_2C_6H_5)\overset{O}{\overset{\|}{C}}-NHCH(CH_2CH_2CH_2CH_2NH_2)\overset{O}{\overset{\|}{C}}-NHCH(CH_2CH_2CH_2CH_2NH_2)\overset{O}{\overset{\|}{C}}-O^-$

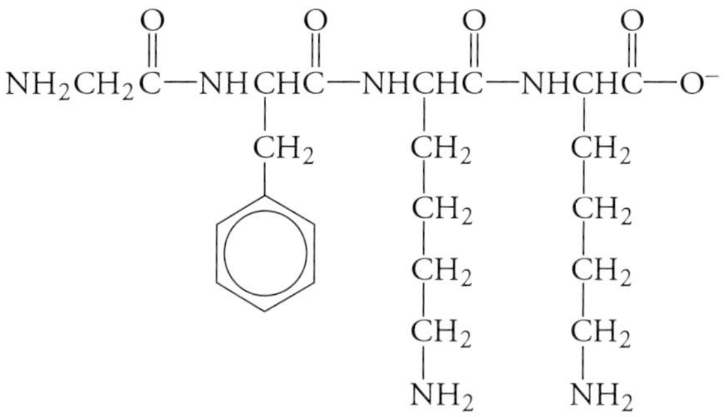

12.31. **(a)** 2+; **(b)** 0; **(c)** 2–

12.33. **(a)** 1+; **(b)** 1–

12.35.

Asp-Phe-Val Asp-Val-Phe Phe-Asp-Val
Phe-Val-Asp Val-Asp-Phe Val-Phe-Asp

12.37. Inside. This arrangement allows the nonpolar side chains to interact through London forces and does not disrupt hydrogen bonding between water molecules.

12.39. **(a)** Peptide bonds; **(b)** Hydrogen bonds; **(c)** Hydrogen bonds, ionic bonds (or salt bridges), hydrophobic effects, and disulfide bonds; **(d)** Hydrogen bonds, hydrophobic effects, disulfide bonds, and ionic bonds (or salt bridges).

12.41. aspartic acid, glutamic acid, lysine, and arginine.

12.43. A protein that has a quaternary structure consists of more than one polypeptide chain whereas a protein that has no quaternary structure consists of only a single polypeptide chain.

12.45. **(a)** $H_3N^+-CH(CH_2-\text{imidazolium})\overset{O}{\overset{\|}{C}}-O^-$ (ring N–H) $\cdots\cdots$ $O^--\overset{O}{\overset{\|}{C}}-CH_2-CH_2-CH(H_3N^+)-C(=O)-O^-$

hydrogen bonding

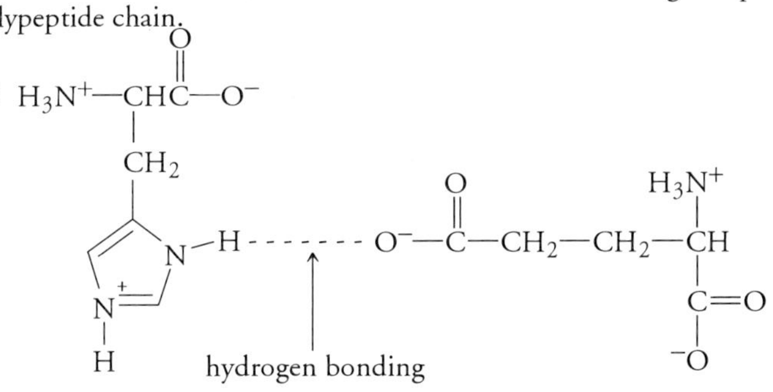

(b) $H_3N^+-CH(CH_2-O-H)-\overset{O}{\overset{\|}{C}}-O^-$ $\cdots\cdots$ $H_3N^+-CH(CH(CH_3)-O-H)-\overset{O}{\overset{\|}{C}}-O^-$

hydrogen bonding

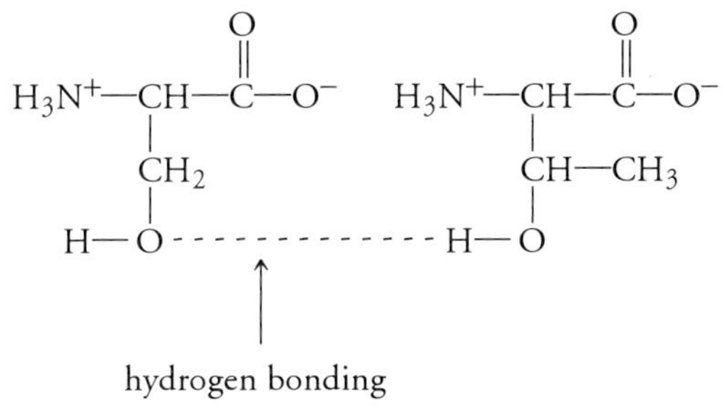

12.47. Both leucine and valine are nonpolar residues while lysine is a polar-basic residue. Replacing leucine with a lysine residue is more likely to lead to a change in the three-dimensional structure of the protein and its biological activity. This is because the two residues differ in the types of noncovalent interactions in which they participate.

12.49. denatured

12.51. The bonds and interactions that are disrupted when a protein is denatured are those that contribute to the secondary, tertiary, and quaternary structures of the protein. These include hydrogen bonds, ionic bonds, disulfide bonds, and hydrophobic interactions.

12.53. No. Absolute specificity means an enzyme can modify only one specific substrate whereas relative specificity allows an enzyme to accept a wider range of substrates that belong to a particular group. The range of substrates cannot be both narrow and wide.

12.55. Both absolute specificity and stereospecificity apply because only D-glucose is the substrate for the enzyme.

12.57.

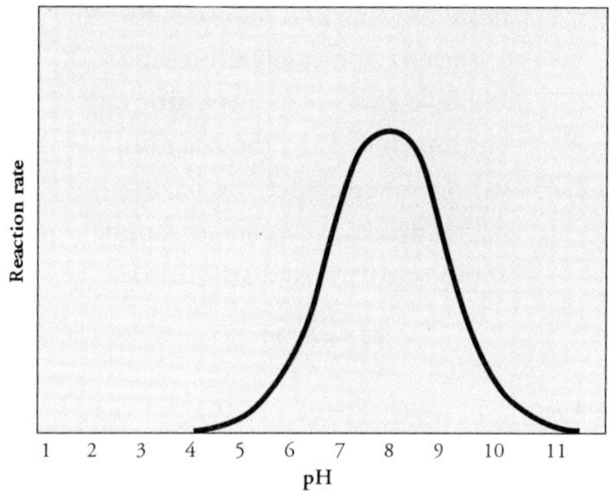

Reaction rate
1 2 3 4 5 6 7 8 9 10 11
pH

12.59.

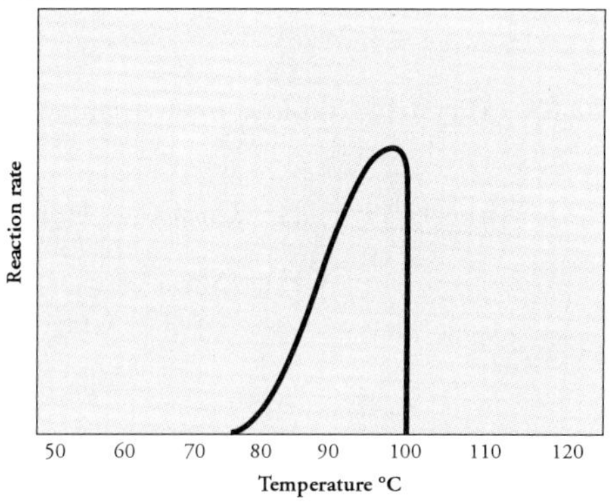

Reaction rate
50 60 70 80 90 100 110 120
Temperature °C

12.61. NADH is a cofactor required by an enzyme for its catalytic action. It is not a prosthetic group because it is not bound to the enzyme protein and does not contribute to its tertiary structure.

12.63. When an irreversible inhibitor acts on an enzyme, its effect on the catalytic activity of the enzyme is permanent. The activity of the enzyme cannot be restored. When a reversible inhibitor binds to an enzyme, it interferes with the catalytic activity only on a temporary basis. When the inhibitor dissociates from the enzyme, the catalytic activity of the enzyme is restored.

12.65. Competitive inhibitors bind at the substrate binding site. They can accomplish this easily if they are structurally similar to the substrate. Noncompetitive inhibitors do not bind at the substrate binding site.

12.67. **(a)** Double replacement.; **(b)** In the process of transferring an acetyl group to COX, the aspirin itself is chemically altered and is no longer able to function as an inhibitor.; **(c)** hydrogen bonding.

12.69. Noncompetitive inhibitor.

12.71. A positive effector enhances substrate binding and increases the rate of the enzyme-catalyzed reaction. A negative effector reduces substrate binding and slows the reaction.

12.73. **(a)** Some enzymes are harmful to internal organs and may catalyze unwanted reactions. To control the activity of these enzymes, they are initially produced in their inactive form called zymogens. The zymogens are converted to their active, catalytic form when their specific substrates are present.; **(b)** The abnormal primary structure is in the part of the polypeptide chain removed during activation of the trypsinogen.

12.75. A hemoglobin molecule is a tetramer consisting of four separate polypeptide chains (two identical α chains and two identical β chains). Each α chain consists of 141 amino acid residues coiled into seven α-helical regions and each β chain consists of 146 amino acid residues coiled to form eight α-helical regions.

12.77. Hydroxyproline (Hyp). No, Hyp is formed by the enzyme-catalyzed oxidation of a hydroxyl group of a proline residue, but this occurs after the protein chain has been formed.

12.79. A typical antibody is a tetrameric protein, consisting of four subunits. Two subunits are light chains that consist of 215 amino acids each. The other two subunits are heavy chains consisting of about 400 amino acids each. The subunits are held together by disulfide bridges.

12.81. The H in the name stands for hemagglutinin, a molecule that extends from the protein surface of a flu virus. The N stands for neuraminidase, an enzyme found on the surface of a flu virus. The number following each of these letters in the names indicates one of 16 types of hemagglutinin and one of 9 versions of neuraminidase.

12.83. The neuraminidase catalyzes the reaction that breaks the bond attaching the newly formed virus to the cell, releasing the virus from the infected cell.

12.85.

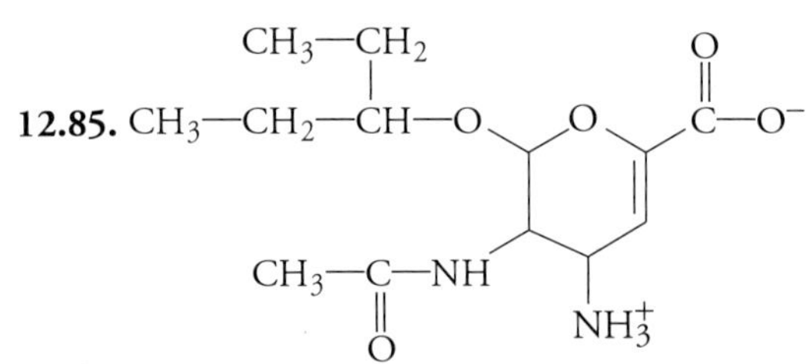

12.87. True. When cells die their contents are released into the bloodstream. If enzyme *x* is detected in the bloodstream in elevated concentrations it probably indicates liver cells have been damaged.

12.89. **(a)** cysteine, proline, phenylalanine, valine

(b) $H_3{}^+N-CH(CH_2-SH)-C(=O)-O^-$; $H_2N^+-CH-C(=O)-O^-$ (ring: $CH_2-CH_2-CH_2$); $H_3{}^+N-CH(CH_2-C_6H_5)-C(=O)-O^-$; $H_3{}^+N-CH(CH(CH_3)-CH_3)-C(=O)-O^-$

(c) $H_3{}^+N-CH(CH_2-SH)-C(=O)-OH$; $H_2N^+-CH-C(=O)-OH$ (ring: $CH_2-CH_2-CH_2$); $H_3{}^+N-CH(CH_2-C_6H_5)-C(=O)-OH$; $H_3{}^+N-CH(CH(CH_3)-CH_3)-C(=O)-OH$

(d) $H_2N-CH(CH_2-SH)-C(=O)-O^-$; $HN-CH-C(=O)-O^-$ (ring: $CH_2-CH_2-CH_2$); $H_2N-CH(CH_2-C_6H_5)-C(=O)-O^-$; $H_2N-CH(CH(CH_3)-CH_3)-C(=O)-O^-$

(e) 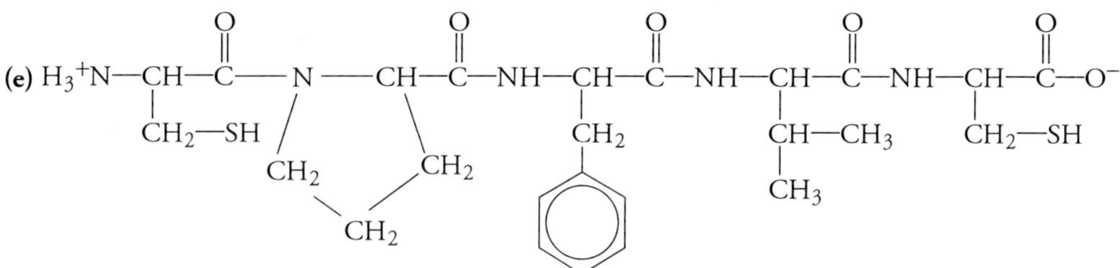

(f) cysteine is at the N-terminus and cysteine is also at the C-terminus;

(g)

(h) Yes. The sequence of amino acids (Cys-Pro-Phe-Val-Cys) gives the primary structure.
(i) Peptide bonds.
(j) No. There is no H-bonding that takes place between amide N-H and C=O groups along the polypeptide backbone.
(k) No secondary structure.
(l) Yes. The overall three-dimensional shape of the pentapeptide is horseshoe shape.
(m) Disulfide bond.
(n) No. There is only one polypeptide chain.
(o) No quaternary structure.

Chapter 13

13.1. **(a)** Addition of nucleotide residues to a growing RNA strand; **(b)** Transcription; **(c)** Ribonucleotides; **(d)** Template strand; **(e)** 3′ to 5′ on the template strand; **(f)** 3′ end.

13.3. **(a)** 2-Deoxyribose;

(b) 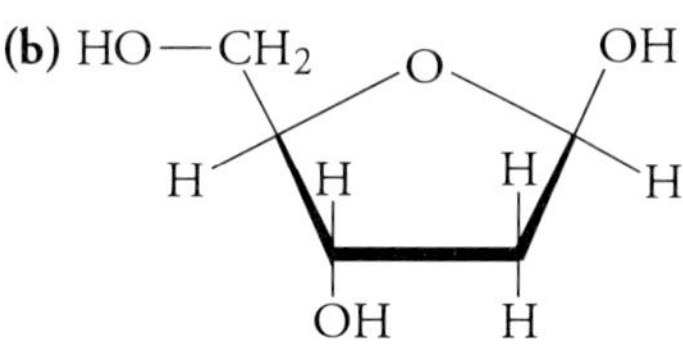

β-2-deoxyribofuranose

13.5. Cytosine, guanine, thymine, and adenine

13.7. Adenine and guanine are purines.

13.9. **(a)**

phosphoric acid | dihydrogen phospate ion | hydrogen phosphate ion | phosphate ion

(b) At physiological pH, phosphate exists in the forms of the dihydrogen phosphate ion and the hydrogen phosphate ion.

13.11. $CH_3O-P(=O)(OH)-OH$

13.13. **(a)** Four phosphate esters can form because it has four –OH groups. **(b)** One β-*N*-glycoside can form when an amine reacts at the hemiacetal carbon atom of the β-D-ribofuranose.

13.15. **(a)** the presence of the purine structure

(b) Adenine and guanine.

13.17

13.19. **(a)** One phosphoester bond and no phosphoanhydride bond.; **(b)** One phosphoester bond and one phosphoanhydride bond.

13.21. (a) [structure: triphosphate nucleotide with cytosine base, $HOCH_2$, 2'-deoxy sugar; $^-O-P(=O)(O^-)-O-P(=O)(O^-)-O-P(=O)(O^-)-O$] (b) [structure: triphosphate nucleotide with cytosine base, $HOCH_2$, ribose with OH]

13.23. **(a)** phosphoanhydride, phosphoester, *N*-glycoside; **(b)** 3 phosphates, D-ribose, adenine

13.25. **(a)** phosphoanhydride, phosphoester, and *N*-glycosidic bonds; **(b)** three phosphate ions, a β-D-2-deoxyribofuranose molecule, and a cytosine molecule

13.27. **(a)** 2-deoxyribose; **(b)** phosphoester bonds; **(c)** at C-1′

13.29. At 3′-terminus of a DNA or RNA strand, the 3′ hydroxyl group has no attached nucleotide residue. At the 5′-terminus, the 5′ phosphate group has no attached nucleotide residue.

13.31. oligonucleotide

13.33. phosphodiester bonds

13.35. Sequence of nucleotide residues in DNA.

13.37. **(a)** and **(b)**

5' end — guanine — cytosine — 3' end

13.39. **(a)** Hydrogen bonding that occurs between two complementary bases attached to the two sugar-phosphate backbones of a double-stranded DNA molecule. **(b)** In DNA, cytosine (C) is complementary to guanine (G) and thymine (T) is complementary to adenine (A).

13.41. 3' —C—G— 5'

13.43.

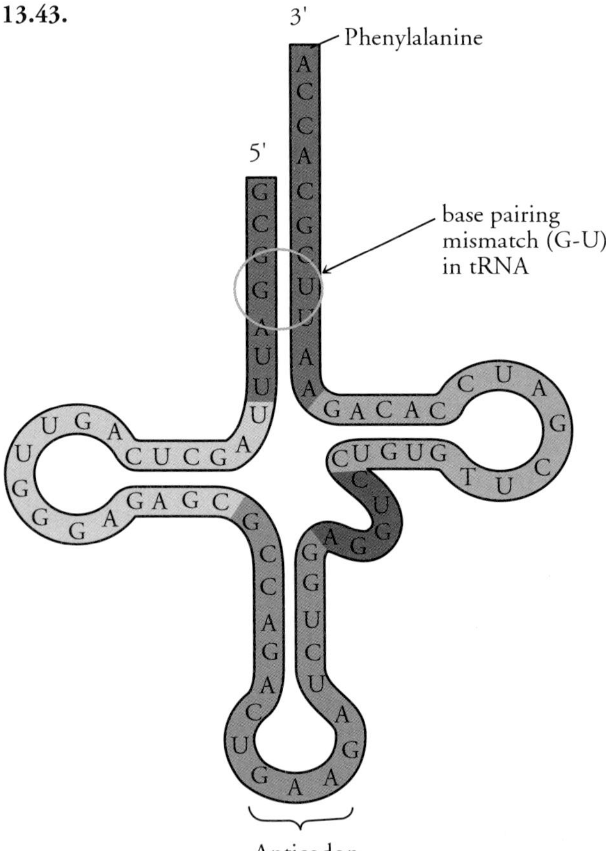

13.45. **(a)** Proteins that interact with the phosphate groups of the DNA backbone. **(b)** Groups of histones wrapped by DNA. **(c)** A coiled string of nucleosomes.

13.47. **(b)** and **(c)**

13.49. **(a)** new DNA molecules; **(b)** RNA molecules; **(c)** protein molecules; **(d)** DNA molecules

13.51. In semiconservative replication, a double-stranded DNA is synthesized from a daughter DNA strand and a parent DNA strand. The inclusion of a parent DNA as one of the two strands ensures the correct passing on of information contained in the parent DNA.

13.53. A replication fork, found at each end of the origin, is where replication takes place.

13.55. **(a)** 3′ to 5′ direction; **(b)** 5′ to 3′ direction; **(c)** opposite directions

13.57. Transfer RNAs carry the correct amino acid to the site of protein synthesis. Messenger RNAs carry the information that specifies which protein should be made. Ribosomal RNAs combine with proteins to form ribosomes, the multi-subunit complexes in which protein synthesis takes place.

13.59. **(a)** from 3′ to 5′ on the DNA template strand; **(b)** 5′ to 3′

13.75.

(a) Possible sequences of mRNA bases (5′ end) Ser – Lys – Asp (3′ end)	**(b)** Possible sequences of DNA bases (3′ end) (5′ end)
UCUAAAGAU	AGATTTCTA
UCCAAAGAU	AGGTTTCTA
UCAAAAGAU	AGTTTTCTA
UCGAAAGAU	AGCTTTCTA
AGUAAAGAU	UCATTTCTA
AGCAAAGAU	UCGTTTCTA
UCUAAGGAU	AGATTCCTA
UCCAAGGAU	AGGTTCCTA
UCAAAGGAU	AGTTTCCTA
UCGAAGGAU	AGCTTCCTA
AGUAAGGAU	TCATTCCTA
AGCAAGGAU	TCGTTCCTA
UCUAAAGAC	AGUTTTCTG
UCUAAAGAC	AGGTTTCTG
UCAAAAGAC	AGTTTTCTG
UCAAAAGAC	AGCTTTCTG
AGUAAGGAC	TCATTTCTG
AGUAAGGAC	TCGTTTCTG
UCUAAGGAC	AGATTCCTG
UCCAAGGAC	AGGTTCCTG
UCAAAGGAC	AGTTTCCTG
UCGAAAGAC	AGCTTCCTG
AGUAAGGAC	TCATTCCTG
AGCAAGGAC	TCGTTCCTG

13.61. $\overset{+}{N}H_3\underset{\underset{CH_3}{|}}{C}H\overset{\overset{O}{\|}}{C}-O-\underset{\underset{O^-}{|}}{\overset{\overset{O}{\|}}{P}}-OCH_2$ (ribose ring: O, H, H, H, H, OH, OH; attached to adenine base with NH_2, N, N, N, N)

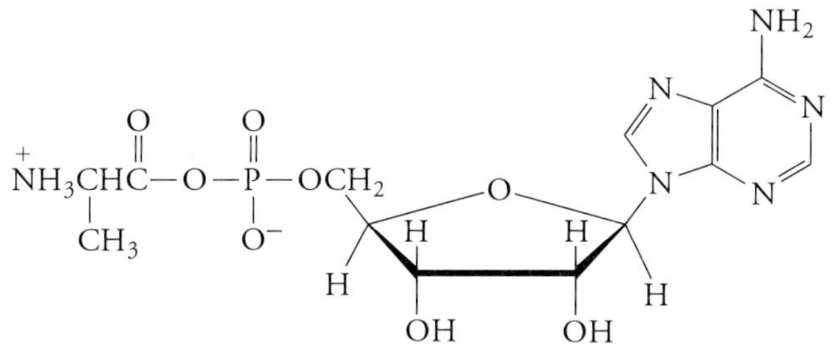

13.63. **(a)** Thymine; **(b)** 3′-terminus: dCCGTA : 5′-terminus; **(c)** 3′ terminus: CCGUA : 5′ terminus

13.65. **(a)** A codon is a series of three bases carried by mRNA that specifies a particular amino acid in the genetic code. **(b)** messenger RNA

13.67. **(a)** Pro; **(b)** Ser; **(c)** Val; **(d)** Glu

13.69. **(a)** UUU and UUC; **(b)** AAA and AAG; **(c)** GAU and GAC

13.71. **(a)** GGA; **(b)** UCA; **(c)** CAA; **(d)** CUU

13.73. An mRNA and a tRNA combine with ribosome subunits.

13.77. An operon is a group of genes whose expression is controlled by one promoter site. The transcription of this group of genes is initiated at the promoter site.

13.79. Allolactose is a modified form of lactose. Its formation is catalyzed by a small amount of β-galactosidase in the cells when lactose is present. Allolactose binds to the repressor protein that controls the transcription of the *lacZ*, *lacY*, and *lacA* genes. Upon binding, allolactose modifies the shape of the repressor protein so that it is no longer able to attach to and repress the operator sites. Once the repressor protein is released from the operator sites, RNA polymerase can bind and begin the transcription of the three *lac* genes.

13.81. A mutation is any permanent modification of the primary structure of DNA.

13.83. A mutation directly affects primary structure. A change in primary structure can affect secondary, tertiary, and quaternary structure.

13.85. Recombinant DNA is formed by combining DNA segments from two different sources. A common type of recombinant DNA synthesis is the insertion of human DNA segments into bacterial plasmids. In this technique, the DNA segment of interest is cleaved from one source using a restriction enzyme specific to the isolation of the segment of interest. The same restriction enzyme can be used to cleave the bacterial plasmid at the appropriate site. Using ligases, these two segments attach to each other to form the recombinant DNA.

13.87 A sense RNA is an RNA that would normally be translated to produce a particular protein. An antisense RNA is a complementary RNA that is transcribed from a new gene inserted into a piece of DNA. The antisense RNA base-pairs with the sense RNA locking it into a double-stranded RNA, preventing translation of the sense RNA and production of the protein.

13.89. Short tandem repeats are relatively small stretches of DNA that contain short repeating sequences of bases. Restriction enzymes are used to cut the DNA into small segments and the number of base repeats of the STRs is determined.

13.91. 32,768 double-stranded DNA's

13.93. snRNPs are small nuclear ribonucleoproteins that consist of RNA and proteins. They function in a form of post-transcriptional modification called RNA splicing.

13.95. **(a)** The double-stranded DNA is the source of small interfering RNA (siRNA).; **(b)** Nuclease cuts double-stranded RNA into 21-23 base pair fragments called small interfering RNA.; **(c)** Small interfering RNA's, the 21-23 base pair fragments created by nuclease, are the source of guide strands.; **(d)** A guide strand, one strand of each small interfering RNA, is complementary to the mRNA targeted for destruction.; **(e)** RISC (RNA-Induced Silencing Complex) binds a guide strand to itself. When complementary mRNA binds to the guide strand, RISC cuts the mRNA, preventing it from undergoing translation and silencing the gene that produced the mRNA.

13.97. The jellyfish gene inserted into unfertilized cat eggs codes for the production of a protein that glows green when exposed to blue light. The gene acted as a marker that allowed the scientists to detect that gene transfer has occurred.

13.99. **(a)**

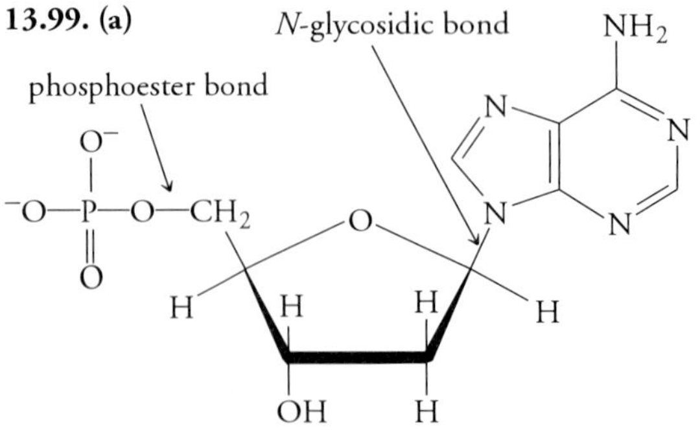

N-glycosidic bond

phosphoester bond

deoxyadenosine 5'-monophosphate

(b) see figure in (a)

(c)

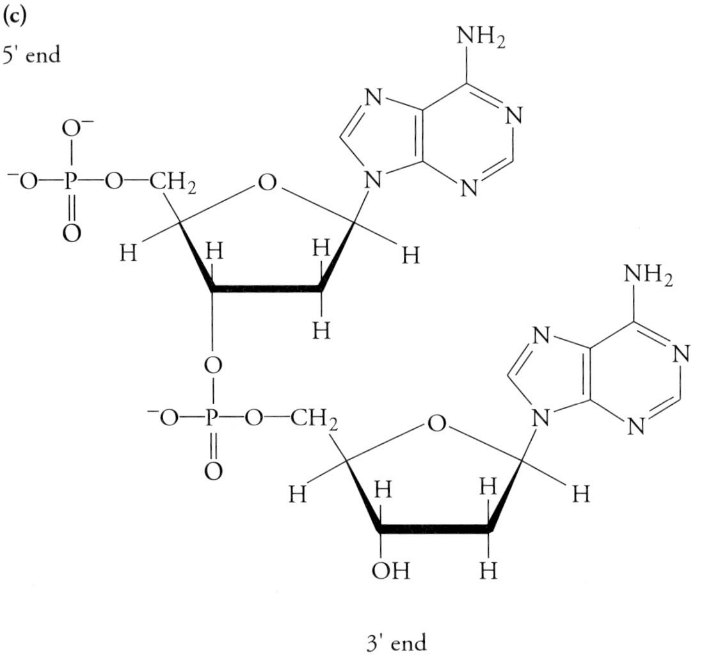

5' end

3' end

(d) phosphodiester bond
(e) (listed 5′-3′) UUU
(f) phenylalanine
(g) (listed 3′-5′) AAA
(h) (listed 5′-3′) UUC
(i) phenylalanine
(j) (listed 3′-5′) AAG

Chapter 14

14.1. 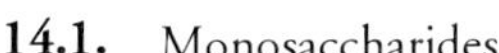
Monosaccharides

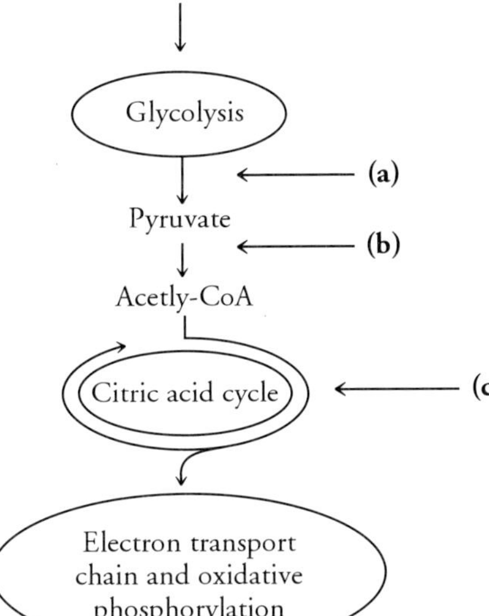

14.3. A metabolic pathway is a group of biochemical reactions.

14.5. **(a)** No; **(b)** glucose + ATP $\longrightarrow$ glucose 6-phosphate + ADP $\Delta G = -4.0$ kcal; **(c)** Yes

14.7. A catalyst lowers the activation energy. A lower activation energy increases the rate of reaction. The catalyst does not affect the ΔG value, however.

14.9. Metabolism is the sum of all reactions that take place in a living thing.

14.11. catabolism

14.13. Reduction is the gain of electrons. In organic and biochemical molecules, the gain of hydrogen and/or the loss of oxygen is indication that reduction has taken place. NADH, the reduced form of the coenzyme, has one more hydrogen atom than NAD^+, the oxidized form of the coenzyme.

14.15. In the oxidation reactions that take place in catabolism, the oxidized coenzymes NAD^+ and FAD are converted to their reduced forms, NADH and $FADH_2$, by accepting hydrogen atoms. The energy of these reduced forms can be used to produce ATP and the hydrogen atoms can be used during anabolism.

14.17.

(a) 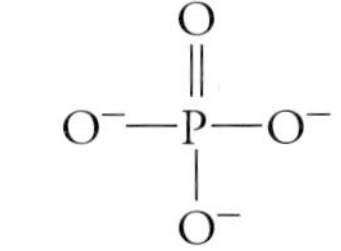

(b)

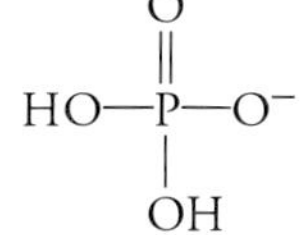

hydrogen phosphate ion | dihydrogen phosphate ion | phosphoric acid

14.19. $GTP + H_2O \longrightarrow GDP + P_i$

14.21. **(a)** Monosaccharides; **(b)** Fatty acids, glycerol, and monoacylglycerides; **(c)** Amino acids

14.23. **(a)** Glycosidic bonds; **(b)** Ester bonds; (c) Amide bonds

14.25. **(a)** Amylopectin contains α-(1 $\rightarrow$ 6) glycosidic bonds. Amylose does not. **(b)** Both amylose and amylopectin contain glucose units connected by α-(1 $\rightarrow$ 4) glycosidic bonds.

14.27. Sucrose $\longrightarrow$ glucose + fructose

Maltose $\longrightarrow$ 2 glucose

Lactose $\longrightarrow$ glucose + galactose

14.29. Bile acids are emulsifying agents in the digestion of triglycerides in the small intestine.

14.31. In newborns, the hydrolysis of triglycerides begins in the stomach using lingual lipase, whereas in adults the triglyceride digestion occurs mostly in the small intestine using pancreatic lipases.

14.33. **(a)** Glycolysis converts a glucose molecule into 2 pyruvate ions with accompanying production of 2 ATP and 2 NADH. **(b)** 2 ATP molecules and 2 NADH molecules are produced from one glucose molecule that undergoes glycolysis.

14.35. **(a)** Constitutional isomers. Glucose 6-phosphate and fructose 6-phosphate have the same chemical formulas but different atomic connections. **(b)** Yes, the two compounds are reducing sugars. Glucose 6-phosphate opens up into an aldose form and fructose 6-phosphate opens up into a ketose form, which is transformed into an aldose in the basic conditions of the Benedict's reagent.

(c)

open form of glucose 6-phosphate

open form of fructose 6-phosphate

14.37. **(a)** Under anaerobic conditions, pyruvate is reduced to lactate in humans. **(b)** Reduction of pyruvate to lactate results in the oxidation of NADH under anaerobic conditions to produce the NAD^+ required to continue glycolysis. The lactate is sent to the liver and used to make glucose.

14.39. 2 ATP molecules and 2 NADH molecules are produced when one glucose molecule goes through glycolysis and produces 2 pyruvate molecules. The conversion of the 2 pyruvate ions to 2 lactate ions uses up the 2 NADH formed in glycolysis. The net change is a gain of 2 ATP and no change in NADH.

14.41. $CH_3-\overset{\displaystyle O}{\overset{\|}{C}}-\overset{\displaystyle O}{\overset{\|}{C}}-OH$

pyruvic acid

Physiological pH (7.4) is a slightly basic condition. Under this pH, the conjugate base form of pyruvic acid will predominate.

14.43. **(a)** reduction; **(b)** acetaldehyde; **(c)** NADH

14.45. **(a)** In the cytoplasm of the cell. **(b)** In the mitochondria of the cell.

14.47. Steps 1 and 3

14.49. Each different pathway would require a different set of enzymes.

14.51. **(a)** Gluconeogenesis is a metabolic pathway that synthesizes glucose from noncarbohydrate sources such as amino acids, lactate, and glycerol. **(b)** One role of this pathway is to recycle lactate into glucose. This pathway is the main source of glucose during fasting or starvation.

14.53. Steps 1, 3, and 10.

14.55. Glucose 6-phosphate

14.57. **(a)** Insulin activates glycogen synthetase (speeds us glycogenesis) and deactivates glycogen phosphorylase (slows down glycogenolysis); **(b)** Glucagon deactivates glycogen synthetase (slows down glycogenesis) and activates glycogen phosphorylase (speeds up glycogenolysis).

14.59. The 2 carbon atoms are released as CO_2 molecules in steps 3 and 4.

14.61. **(a)** Step 3; **(b)** The enzyme that catalyzes this reaction is isocitrate dehydrogenase. The negative effectors for this allosteric enzyme are ATP and NADH and the positive effectors are ADP and NAD^+.

14.63. **(a)** NADH and $FADH_2$; **(b)** O_2

14.65. **(a)** 2.5 ATP; **(b)** 1.5 ATP

14.67. Glycerol can be converted into glycerol-3-phosphate which is transformed into dihydroxyacetone phosphate, an intermediate in both glycolysis and gluconeogenesis.

14.69. One acetyl-CoA, one $FADH_2$, and one NADH

14.71. 92

14.73. **(a)** acetoacetate, 3-hydroxybutyrate, and acetone; **(b)** no; **(c)** Two of the ketone bodies are carboxylic acids.

14.75. NADPH is produced in the pentose phosphate pathway which occurs in the cytoplasm.

14.77. cytoplasm

14.79. α-ketoglutarate

14.81. α-ketoglutarate

14.83. **(a)** urea; **(b)** uric acid; **(c)** NH_4^+

14.85. Adults primarily generate heat by shivering. The heat is produced by the metabolism resulting from muscle action. Newborn infants rely on the oxidation of triglycerides in brown fat cells to produce body heat.

14.87. **(a)** small intestine; (b) maltase; (c) 4 ATP and 0 NADH.; (d) 4 ATP, 4 GTP, 16–20 NADH, and 4–8 $FADH_2$; (e) 60–64 ATP.

APPENDIX D

용어설명

1° Primary 참고

2° Secondary 참고

3° Tertiary 참고

3′ terminus(3′말단) 올리고- 또는 폴리뉴클레오티드의 최종 3′ 탄소 원자에 뉴클레오티드가 연결되지 않은 올리고- 또는 폴리뉴클레오티드 말단

4° Quaternary 참고

5′ terminus(5′말단) 올리고- 또는 폴리뉴클레오티드의 최종 5′ 탄소 원자에 뉴클레오티드가 연결되지 않은 올리고- 또는 폴리뉴클레오티드 말단

α-amino acid(알파 아미노산) 알파 탄소에 붙은 아미노기(—NH_2)를 갖고 있는 아미노산

α-anomer(알파 아노머) 아노머 생성 중 생겨나는 입체이성질체 2개 중 하나. 피라노스와 퓨라노스의 헤미아세탈 —OH가 아래 쪽으로 그려지면 알파 아노머임: 피라노스 고리의 산소가 오른쪽 뒤에서 그려지고 헤미아세탈 탄소 원자가 오른쪽에 그려진 것. 퓨라노스 고리의 산소가 뒤에 그려지고 헤미아세탈 탄소 원자가 오른쪽에 그려진 것

α-carbon atom(알파 탄소 원자) 카르복실기에 바로 붙은 탄소 원자

α-helix(알파 헬릭스) 폴리펩티드 사슬이 나선형으로 이루어진 단백질의 2차 구조

Absolute specificity(절대 특이성) 효소의 활성이 특정 기질에만 한정되는 것

Accuracy(정밀도) 측정 값이 실제 값에 얼마나 근접한가를 나타내는 척도

Acetal(아세탈) 탄소 원자에 —OC(—OR)기가 붙어 있는 유기화합물

Acid(산) Bronsted–Lowry 산 참조

Acidic solution(산성 용액) H_3O^+의 농도가 1.0×10^{-7} M(pH < 7)보다 큰 용액

Acidity constant(K_a)(산성도 K_a) 산과 물의 반응에 대한 평형상수

Actinide elements(악티나이드원소) 원자번호가 90–103인 원소

Activation energy(E_{act})(활성화 에너지) 반응물과 생성물 사이의 에너지 장벽을 넘는 데 필요한 에너지

Active site(활성자리) 기질과 결합하는 효소의 부위

Active transport(능동수송) 분자와 이온들이 확산의 반대 방향으로 막을 관통하여 수송되는 현상. 이 과정에서 에너지가 소모됨

Actual yield(실제 수율) 반응에서 얻어지는 생성물의 양

Adequate Intake AI 하루에 필요한 영양소의 양

Adrenocorticoid hormone(부신피질 호르몬) 부신피질에서 분비되는 스테로이드 호르몬

Aerobic condition(유산소 조건) 산소가 존재하는 조건

AI adequate intake 참고

Alcohol(알코올) 알칸-형태의 탄소 원자에 —OH 그룹이 연결된 유기화합물

Alcohol sugar(알코올 당) 단당류의 알데히드와 케톤기가 알코올로 환원된 것

Alcoholic fermentation(알코올 발효) 피루브산이 아세트알데히드와 이산화탄소로 분해된 후, 아세트알데히드가 다시 에탄올로 환원되는 대사 과정. 아세트알데히드가 환원될 때, NADH는 NAD^+로 산화된다.

Aldehyde(알데히드) 카보닐기를 가진 유기화합물. 이때 카보닐 탄소는 수소 원자 2개와 결합하거나, 또는 수소 원자 1개, 탄소 원자 1개와 결합한다.

Aldohexose(알도헥소오스) 알데히드기를 가진 단당류로 6개의 탄소 원자로 구성되어 있다.

Aldonic acid(알돈산) 알데히드가 산화되어 카르복실기를 형성한 알도스

Aldose(알도오스) 알데히드기를 가진 단당류

Alkali metals(알칼리 금속) 그룹 1A에 속하는 금속들

Alkaline earth metals(알칼리 토류 금속) 그룹 2A의 원소들

Alkalosis 높은 혈중 산도(pH)

Alkane(알칸, 알케인) 탄소 간의 연결이 단일결합인 탄화수소

Alkane-type carbon atom(알칸형 탄소 원자) 탄소 또는 수소 원자와 단일결합으로 연결된 탄소 원자

Alkene(알켄) 탄소–탄소 이중결합을 1개 이상 가진 탄화수소

Alkyl group(알킬기) 탄소와 수소 원자로만 구성된 치환기. 탄소–탄소 사이의 결합은 단일결합이다.

Alkyl halide(알킬 할라이드) 할로겐 원자가 알칸형 탄소 원자에 결합된 유기화합물

Alkyne(알킨) 탄소–탄소 사이에 삼중결합을 1개 이상 가진 탄화수소

Allosteric effector(다른자리 조절자) 다른자리 입체성효소를 조절하는 이온이나 분자로 효소에 결합하여 효소의 입체형태를 변화시키며 효소-기질 결합과 효소의 촉매작용에 영향을 미침

Allosteric enzyme(다른자리 입체성효소) 양성/음성적 영향자에 의하여 서브유닛 사이에 영향력을 주고 받을 수 있도록 조절되는 효소

Alpha particle($^4_2\alpha$)(알파 입자) 양성자 2개와 중성자 2개로 구성된 핵 방사(nuclear radiation)

Amide(아미드) 카보닐 탄소 원자에 직접 결합된 질소 원자를 가진 유기화합물

Amine(아민) 하나 또는 둘 이상의 탄소 원자에 직접 결합된 질소 원자를 가진 유기화합물(카보닐기에 결합된 경우는 제외)

Amino acid(아미노산) 카복실기와 아미노기를 가진 화합물로서 펩티드와 단백질의 기본 구성 단위가 됨

Amino sugar(아미노 당) 수산기(—OH) 대신에 아미노기(—NH_2)로 치환된 단당류. 일부 아미노 당의 경우 아미노기가 아미드로 전환됨

Amphipathic(양쪽성) 친수성과 소수성 성질을 모든 가진 경우를 지칭하는 용어

Amphoteric compound(양친매성 화합물) 산 또는 염기로 작용할 수 있는 화합물

amu atomic mass unit 참고

Anabolism(동화작용) 작은 화합물로부터 큰 화합물이 만들어지는 대사 과정. 일반적으로 동화작용에는 에너지가 필요함

Anaerobic conditions(무산소 조건) 산소가 존재하지 않는 조건

Anion(음이온) 음전하를 가진 이온

Anomer(아노머) 알코올기가 알데히드나 케톤기와 결합하여 헤미아세탈을 형성할 때 생성되는 고리 형태의 단당류

Anticodon(안티코돈) tRNA에 있는 세 가지 염기로 mRNA의 코돈과 상보적이다. tRNA의 안티코돈과 mRNA의 코돈 사이의 염기결합이 맞게 이루어져야 적합한 아미노산이 펩티드 사슬에 결합할 수 있음

Antiparallel(역평행) 단백질의 2차 구조에서 β-sheet 상의 이웃하는 가닥들의 진행 방향이 반대일 때를 가리킴. DNA의 2차 구조에서 역평행은 이중나선의 여러 가닥이 3′ → 5′ 방향으로 진행하는 것을 가리킴

Aromatic hydrocarbon(방향족 탄화수소) 이중결합과 단일결합이 순차적으로 배열된 고리를 가진 탄화수소

Aromatic substitution reaction(방향성 치환 반응) 방향족 화합물의 고리에 붙은 수소 원자가 다른 원자나 잔기로 치환되는 반응

Atom(원자) 물질의 구성 단위

Atomic mass unit(amu)(원자질량 단위) 원자와 소립자의 질량을 나타내는 단위. 양성자와 중성자는 대략 1 amu의 질량을 가지며 전자는 1/2000 amu를 가진다.

Atomic notation(원자기호법) 원자의 구성을 표시하는 방법으로 원자번호는 아랫첨자로, 질량번호는 윗첨자로 원자기호의 왼쪽에 표시함

Atomic number(원자번호) 원자핵에 있는 양성자의 수

Atomic orbital(원자 오비탈) 원자핵의 3차원적 공간에서 전자를 발견할 확률이 높은 지역

Atomic symbol(원자기호) 알파벳 한 글자 또는 두 글자로 표시되는 원소의 이름

Atomic weight(원자량) 자연계에서 발견된 원소들에서 원자들의 평균 질량

Avogadro's law(아보가드로 법칙) 일정한 온도와 압력에서 기체가 차지하는 부피는 그 기체의 몰 수에 비례한다는 법칙

Avogadro's number(아보가드로 수) 1몰을 구성하는 입자의 수(6.02×10^{23})

β anomer(베타 아노머) 피라노스 고리의 산소 원자를 오른쪽 뒤에 그리고 헤미아세탈 탄소가 오른쪽에 있을 때, 또는 퓨라노스 고리의 산소 원자가 뒤에 있고 헤미아세탈 탄소가 오른쪽에 있을 때 헤미아세탈 수산기(—OH)가 위를 향해 있는 이성질체

β carbon atom(베타 탄소 원자) 카복실산의 두 탄소 원자가 제거되고 남은 탄소 원자

β oxidation spiral(베타 산화) 지방산이 아세틸-CoA 형태의 두 탄소 단위로 제거되는 대사 과정으로 반복적으로 일어남. 1회당 아세틸-CoA, $FADH_2$, NADH가 각각 1분자씩 생성된다.

β particle($_{-1}^{0}\beta$)(베타 입자) 핵 방사의 한 형태로 전자로 구성됨

β-sheet(베타 병풍구조) 단백질 2차 구조의 한 형태로 폴리펩티드 사슬의 여러 부분들이 종이와 같은 평면 배열을 이룬 것. 베타-병풍구조라고 불림

Balanced(균형) 화학반응에서 화살표의 양쪽에 있는 원소의 원자수가 같은 경우. 또는 핵반응식에서 화살표의 양쪽에 있는 질량수의 합이나 원자핵과 소립자들의 전하의 합이 같은 경우

Barometer(기압계) 대기압을 측정하는 도구로 수은이 든 용기와 한쪽 끝이 막힌 관으로 구성되어 있다. 대기압이 높을수록 수은은 관 안으로 높이 올라간다.

Base pair(염기쌍) 핵산을 구성하는 염기들의 조합으로 수소결합으로 이루어짐. DNA에서 아데닌은 티민과 구아닌은 시토신과 쌍을 이룬다.

Base Bronstead-Lowry 참고

Basic(염기성) H_3O^+ 이온의 농도가 1.0×10^{-7} M보다 낮은 용액(pH > 7)

Benedict's reagent(베네딕트 시약) Cu^{2+} 이온을 포함한 산화제. 베네딕트 시약은 알데히드를 카복실산으로 산화시키지만 알코올과는 반응하지 않는다.

Bent shape(구부림 모형) 다음과 같은 원자 배열을 가리킴: (a) 정사면체의 중심에 한 원자가 놓이고 다른 두 원자가 정사면체의 두 꼭지점에 위치한 경우, (b) 정삼각형의 중심에 한 원자가 놓이고 다른 두 원자가 정삼각형의 두 꼭지점에 위치한 경우

Bile salt(담즙염) 친수성/소수성 성질을 가진 스테로이드로 담낭에서 작은창자로 분비되어 식이지방의 유화(emulsion)를 도움

Binary(이원자) 서로 다른 원소 두 가지로만 구성된 이온이나 화합물을 지칭함

Binding site(결합자리) 구형단백질의 표면에 있는 틈으로 분자나 이온이 결합함

Biochemistry(생화학) 생물의 화학을 공부하는 학문

Bohr model of the atom(보어의 원자 모델) 전자가 핵 주위의 특정 궤도를 따라 회전한다는 초기의 원자 모델

Boiling point(끓는점) 액체가 증발할 때의 기체 압력이 대기압과 같아지는 온도

Boyle's law(보일의 법칙) 일정한 온도에서 기체의 압력은 부피에 반비례한다는 법칙

Brøsted–Lowry acid H^+ 이온을 내놓는 화합물

Brøsted–Lowry base H^+ 이온을 받아들이는 화합물

Buffer(완충용액) 적은 양의 산 또는 염기가 첨가되었을 때 pH가 쉽게 변하지 않는 용액

C-terminus(C 말단) 반응하지 않는 카르복실기를 가지고 있는 펩티드 사슬의 끝

Carbohydrate(탄수화물) 단당류, 올리고당, 다당류를 가리키는 통칭

Carbonyl group(카보닐기) 탄소와 산소 사이의 결합이 이중결합인 그룹(C=O)

Carboxyl group(카복실기) 카보닐기의 탄소 원자에 수산기가 연결된 그룹

Carboxylate ion(카복실 이온) 카복실산의 짝염기

Carboxylic acid(카복실산) 카복실산을 가진 유기화합물

Carboxylic acid sugar(카복실산 당) 단당류에 결합된 알데히드나 알코올기가 카복실산으로 산화된 것

Catabolism(이화작용) 큰 화합물이 작은 화합물로 분해되는 대사 과정. 일반적으로 에너지르 방출함

Catalyst(촉매) 반응의 속도를 증가시키는 물질. 물질 자체는 변화가 없음

Catalytic hydrogenation(촉매 수소화 반응) 불포화 화합물이 H_2에 의해 환원되는 반응. 촉매를 필요로 함

Cation(양이온) 양전하를 가진 이온

Cerebroside(세레브로사이드) 단당류를 포함한 당지질

Chain reaction(연쇄반응) 하나 또는 여러 생성물이 새로운 반응을 개시하는 반응

Charles'law 일정한 압력에서 기체의 부피는 온도에 반비례한다는 법칙

Chemical change(화학변화) 화학조성의 변화를 수반하는 물질의 변화

Chemical composition(화학조성) 물질을 구성하는 각 원자의 비율

Chemical equation(화학반응식) 화학반응 동안 일어나는 변화를 나타내는 식. 반응물은 화살표의 왼쪽에 생성물은 오른쪽에 표시된다.

Chemical properties(화학성질) 원소나 화합물이 수반하는 화학적 변화

Chemical reaction(화학반응) 화합물을 유지하는 공유결합이나 이온결합이 끊어지고 새로운 결합이 생성되는 반응

Chemistry(화학) 물질과 그 물질이 수반하는 변화에 관한 연구

Chiral(키랄) 거울에 나타난 상과 포개어질 수 없는 대상을 가리키는 말. 키랄 탄소가 있을 경우 그 분자는 일반적으로 키랄 특성을 나타낸다.

Chiral carbon atom(키랄 탄소 원자) 탄소 원자에 결합한 네 가지 원자가 모두 다를 때의 탄소 원자를 지칭하는 용어

Ci curie 참조

Circular metabolic pathway(순환적 대사경로) 최종산물이 다시 반응물이 되는 일련의 반응들로 구성된 대사경로

***Cis*(시스)** *Cis-trans* 기하 이성질체 중의 하나. Cycloalkane에서 *cis* 기하이성질체 고리의 한 쪽 방향에 2개의 치환기가 위치함. 알켄의 이중결합 탄소에 연결된 알킬기들이 이중결합 선으로 나뉘어진 위아래 중 같은 편에 위치할 때

Citric acid cycle(시트르산 회로) 탄소 원자를 아세틸-CoA와 CO_2로 전환시켜 GTP를 생성하고, 조효소를 환원시키는 순환적 대사경로

Codon(코돈) mRNA 상의 연속된 세 염기로 펩티드 사슬에 결합하는 아미노산의 종류를 결정함. 또한 단백질 번역의 개시와 종결에 대한 정보를 포함

Coefficient(계수) 화학반응식에서 반응물이나 생성물에 관한 식 앞에 붙는 상수로, 반응 과정에서 얼마나 많은 반응물이 사용되며 또 생성물이 만들어지는지를 나타냄

Coenzyme(조효소) 유기 보조인자

Cofactor(보조인자) 효소의 촉매작용에 필요한 무기 이온이나 유기화합물

Colligative property(총괄성) 용액내 용질의 농도에 의존하는 성질. 삼투압, 어는점이 낮아지는 것, 끓는점이 올라가는 것 등이 이에 속한다.

Colloid(콜로이드) 현탁액(suspension)보다는 입자의 크기가 작고, 용액(solution)보다는 입자의 크기가 큰 혼합물로 가만히 두어도 침전되지 않음

Combined gas law(통합 기체 법칙) 기체의 압력(P), 부피(V), 온도(T)에 관한 법칙으로

$$\frac{P_1V_1}{T_1} = \frac{P_2V_2}{T_2}$$

Combustion(연소) 산화제로 산소를 사용하는 산화반응

Common name(관용명) IUPAC 규칙을 따르지 않는 분자의 이름

Competitive inhibitor(경쟁적 저해제) 효소의 활성자리에서 기질과 경쟁하는 가역적 저해제. K_M 값은 변화시키지만 V_{max}는 변화가 없음

Complementary base(상보적 염기) 염기쌍에서 염기–염기 사이의 관계. 예로 시토신은 구아닌과 상보적이다.

Compound(화합물) 두 가지 이상의 원소로 화학적으로 구성된 물질

Concentration(농도) 용매에 녹아 있는 용질의 양

Condensed structural formula(축소구조식) 원자들 사이의 연결을 나타내는 구조식으로 원자–원자 간의 결합은 나타내지 않음. 탄소 원자에 결합한 수소 원자 3개는 "CH_3"로 나타냄

Conformations(입체형태) 공유결합의 회전으로 인해 분자가 가질 수 있는 여러 가지 모양

Conjugated protein(복합단백질) 보결분자단이 있어야 활성을 나타내는 단백질

Conjugates(쌍) 산–염기쌍으로 H^+ 이온 1개의 유무가 차이점

Constitutional isomers(구조이성질체) 분자식은 같으나 원자 간 연결이 다른 분자

Conversion factor(환산계수) 서로 다른 두 단위를 전환시킬 때 사용하는 비율

Cooperativity(협동적 결합) 단백질의 한 부위에 리간드가 결합하여 다른 부위의 리간드 결합에 영향을 미치는 것

Coupled reaction(연결반응) 자발적 반응과 비자발적 반응의 조합으로 일어나는 반응. 자발적 반응에서 나오는 에너지가 비자발적 반응을 일으키는 데 사용된다.

Covalent bond(공유결합) 두 원자가 원자가전자 한 쌍을 공유하는 결합

Covalent compound(공유화합물) molecule 참고

Covalent modification(공유변형) 효소 활성을 조절하는 한 방법으로 효소 내에 공유결합을 생성 또는 분해하여 효소의 기능을 변화시킴

Crenation(원거치상 적혈구) 세포가 고장액에 놓일 때 수분 손실로 인해 생기는 세포의 구김

Crystal lattice(결정격자) 양이온과 음이온이 3차원 공간에 반복적으로 배열된 것

Curie(큐리) 동위원소가 와해되는 속도에 기초한 방사능 단위. 1큐리는 1초당 3×10^{10}의 동위원소가 와해되는 양

Cyclic nucleotide(고리형 뉴클레오티드) 1개의 인산이 포스포에스테르 결합 2개로 단당류에 연결된 뉴클레오티드

Cycloalkane(고리 알칸) 탄소 원자 고리를 가진 알칸

D amino acid(D 아미노산) 특정한 입체이성질체 그룹에 속하는 아미노산. D 아미노산을 피셔 투영법으로 그리면, 카보닐기는 위쪽, 곁사슬은 아래쪽, 알파 아미노기는 오른쪽을 향함

D sugar(D 단당류) 특정한 입체이성질체 그룹에 속하는 단당류. D 단당류를 피셔 투영법으로 그리면, 탄소 원자는 수직으로 배열되고

알데히드나 케톤은 맨 위에 표시된다. 카보닐기(C═O)에서 가장 멀리 떨어진 키랄 탄소에 결합된 —OH가 오른쪽을 향함

Dalton(달톤) 원자량의 다른 이름

Dalton's atomic theory(달톤의 원자 이론) 원자는 더 이상 쪼개어질 수 없다고 본 원자 구조에 대한 초기 이론. 지금의 원자는 작은 소립자들인 양성자와 중성자, 전자로 구성되어 있음

Dalton's law of partial pressure(달톤의 분압설) 혼합 기체의 전체 압력은 각 성분 기체의 부분압력의 합이다.

Decomposition reaction(분해반응) 어떤 화합물이 분해되어 원소나 간단한 화합물을 형성하는 반응

Dehydration(탈수반응) 알코올에서 물을 제거하여 알켄을 형성하는 반응

Denaturation(변성) 단백질이나 폴리펩티드의 3차 구조를 유지하는 힘이 파괴되어 일어나는 변화

Density(밀도) 질량/부피

Deoxy sugar(탈산소 당) —OH기 대신에 수소로 치환된 단당류

Deoxyribonucleic acid(DNA)(디옥시리보핵산) 2-디옥시리보오스와 염기로 구성된 뉴클레오티드의 중합체. 염기에는 아데닌, 구아닌, 시토신, 티민이 있다.

Deoxyribonucleoside(디옥시리보뉴클레오시드) 2-디옥시리보오스를 가지는 뉴클레오시드

Deoxyribonucleotide(디옥시리보뉴클레오티드) 2-디옥시리보오스를 가지는 뉴클레오티드

Deposition(석출) 기체를 액체 상태를 거쳐서 고체로 만드는 과정

Dextrorotatory(우선성) 편광판을 통과한 빛이 오른쪽으로 회전하는 키랄 화합물

Diastereomers(부분입체이성질체) 거울상이 아닌 입체이성질체

Diatomic(이원자) 원자 2개로 구성된 분자

Diffusion(확산) 고농도에서 저농도로의 물질 이동

Digestion(소화) 음식물에 포함된 큰 분자들이 작은 단위들로 분해되는 과정

Dilution(희석) 용액에 용매가 첨가되어 용액의 농도가 감소하는 과정

Dipeptide(다이펩티드) 아미노산 2개로 구성된 펩티드

Dipole-dipole force(쌍극자 쌍극자 인력) 이웃한 극성기를 끌어당기는 비공유 상호작용

Disaccharide(이당류) 단당류 2개로 구성된 올리고당

Dissociate(해리) 화합물이 용매에 녹아서 이온으로 되는 과정

Disulfide(이황화물) C—S—S—C 연결을 가지는 화합물

DNA deoxyribonucleic acid 참고

DNA polymerase(DNA 중합효소) DNA를 형성하는 효소

DNA replication(DNA 복제) replication 참고

Double bond(이중결합) 두 원자가 두 쌍의 전자를 공유하는 것

Double replacement reaction(이중 치환 반응) 2개의 반응물의 부분이 서로 치환되는 반응

Eicosanoid(에이코사노이드) 아라키돈산 또는 20개의 탄소를 가지는 지방산으로부터 유도된 호르몬(eico는 20을 의미함). 에이코사노이드에는 프로스타글란딘, thromboxanes, leukotriene 등이 있음

Electromagnetic radiation(전자기 방사선) 에너지가 파동의 형태로 이동하는 것으로 전파, 마이크로파, 적외선, 가시광선, 초음파, X-선, 감마선 등이 있음

Electron(전자) 원자의 핵 밖에서 발견되는 소립자. 전자는 −1의 전하와 1/2000 amu를 가진다.

Electron dot structure(전자 점구조) 원자가전자를 원자기호 주위에 점으로 표시하는 방법

Electron transport chain(전자전달계) 미토콘드리아 내막에 위치한 단백질과 분자들을 가리키며 NADH와 $FADH_2$로부터 전자를 수송한다. 이때 방출된 에너지를 미토콘드리아의 외막/내막 사이의 공간으로 수소이온을 이동시킨다.

Electronegativity(전기음성도) 결합에 관여하는 전자를 끌어당기는 원자의 능력을 가리킴

Element(원소) 한 종류의 원자만을 가지는 물질

Elongation(신장) 단백질 번역에서 아미노산이 합성되고 있는 펩티드 사슬에 연결되는 것

Emulsifying agent(유화제) 에멀전을 형성하거나 안정화시키는 화합물

Emulsion(에멀젼) 두 액체의 조합에 의해 형성된 콜로이드

Enantiomers(거울상이성질체) 중첩될 수 없는 거울상을 가진 입체이성질체

Endothermic(흡열) 열 에너지를 흡수

Energy(에너지) 일을 하고 열을 전달할 수 있는 능력

English units(영미식 단위) 무게, 부피, 길이를 파운드, 쿼트, 피트로 표시하는 영미식 단위

Enzyme(효소) 생화학적 촉매(일반적으로 단백질)

Epimers(에피머) 단당류의 부분입체이성질체 중 1개의 비대칭 탄소만 다른 것

Eq equivalent 참조

Equilibrium(평형) 정반응과 역반응의 속도가 같은 가역적인 반응. 평형상태에서는 반응물과 생성물 농도의 순변화는 없다.

Equilibrium constant(K_{eq})(평형상수) aA + bB $\rightleftharpoons$ cC + dD라는 일반적인 반응에서 평형상수는 다음과 같이 표시된다.

$$K_{eq} = \frac{[C]^c[D]^d}{[A]^a[B]^b}$$

Equivalent(Eq)(당량) 1몰의 용질 중에서 용액에 실제 기여하는 정도를 나타내는 몰 수

Essential amino acid(필수아미노산) 체내에서 합성되지 못하는 아미노산으로 음식을 통해 섭취해야만 함

Essential fatty acid(필수지방산) 체내에서 합성되지 못하는 지방산으로 음식을 통해 섭취해야만 함

Ester(에스테르) C—O—C 연결을 가지는 화합물로 탄소 원자 둘 중의 하나는 카보닐기를 가짐

Ether(에테르) C—O—C 연결을 가지는 화합물

Exact numbers(완전수) 정확한 계산 또는 정의에 의해 구한 숫자. 완전수의 유효숫자는 무한대이다.

Exited state(여기 상태) 원자핵에서 기저 상태보다 불안정한 전자의 배열 상태

Exothermic(발열) 열 에너지를 냄

Experiment(실험) 가설을 검증하는 조사 과정

Expressed(발현) 유전자의 DNA가 전사되고 그 결과 생성되는 mRNA가 번역되어 단백질을 만드는 과정

Facilitated diffusion(촉진 확산) 막을 경계로 고농도에서 저농도로 용질이 이동하는 현상

Factor-label method(팩터라벨법) 단위 환산시 환산 계수를 사용하는 방법

Fatty acid(지방산) 탄소 수가 12~20개인 카복

실산

Feedback inhibition(피드백 억제) 효소의 활성을 조절하는 방법으로 대사 과정의 최종 생성물이 첫 번째 생성물을 합성하는 효소를 억제하는 것

Fibrous protein(섬유성 단백질) 긴 섬유 모양을 하고 있는 단백질. 일반적으로 강하고 물에 잘 녹지 않음

Fisher projection(피셔 투영도) 정사면체 구조를 간략하게 표시하는 방법. 피셔 투영법에서 탄소 원자는 "+" 표시의 중심에 위치한다. 수평선은 평면에서 독자를 향해 앞으로 나오고, 수직선은 평면에서 독자로부터 멀어짐을 의미함

Fluid mosaic model(유동성 모자이크 모델) 세포막 구조에 대한 모델로 세포막은 인지질, 당지질, 콜레스테롤 등으로 구성되어 있다.

Formula weight(화학식량) 그 화합물의 화학식에 나타나 있는 원소들 질량의 총합

Free energy change(자유에너지변화) 물질이 변화할 때 발산되거나 흡수되는 에너지

Functional group(작용기) 분자에 결합하였을 때 특정한 화학성질을 나타내게 하는 원자나 원자 그룹

Furanose(퓨라노스) 오각형의 아노머(산소 1개와 탄소 4개로 구성)

ΔG 자유에너지 변화를 말함. 보통 자발적 반응은 ΔG가 마이너스 수를 갖고, 자발적으로 일어나지 않는 반응은 양수를 갖음

Gamma ray ($^{0}_{0}\gamma$)(감마선) 핵방사의 한 형태로 특정한 전자기 방사선으로 구성

Ganglioside(강글리오시드) 올리고당 또는 다당류를 포함하는 당지질

Gas(기체) 다양한 형태와 부피를 가지는 물질의 형태

Gas constant(기체 상수) 이상기체의 상태방정식에서 상수 $R(PV = nRT)$. 이상기체에서 $R = 0.0821$ L atm/mol K.

Gay-Lussac's law 일정한 부피를 가진 기체에서 압력은 온도에 직접 비례한다.

Gene(유전자) 단백질 합성에 필요한 정보를 가진 DNA의 한 부분

General chemistry(일반화학) 화학의 기본적 원리를 공부하는 학문

Genetic code(유전암호) 코돈과 해당하는 아미노산과의 관계

Genetic disease(유전질환) 유전된 돌연변이에 의해 생긴 질병

Geometric isomers(기하이성질체) 결합의 회전으로 인한 입체이성질체. 사이클로알칸과 알켄은 *cis* 또는 *trans* 기하이성질체를 가질 수 있다.

Globular proteins(구형 단백질) 전체적인 모양이 구형이고 접힘이 많은 단백질. 일반적으로 수용성의 성질을 가짐

Gluconeogenesis(당 신생) 아미노산, 글리세롤, 젖산과 같이 탄수화물이 아닌 분자로부터 포도당을 만드는 대사경로

Glycerophospholipid 인지질의 한 종류로 글리세롤을 골격으로 하여 지방산 2분자, 인산 1분자, 알코올 1분자로 구성되어 있다.

Glycogenesis(글리코겐 합성) 글리코겐을 만드는 과정

Glycogenolysis(글리코겐 분해) 글리코겐에서 포도당을 만드는 가수분해 반응

Glycolipid(당지질) 탄수화물을 포함하는 지질

Glycolysis(해당작용) 포도당 1분자를 2분자의 피루브산으로 만드는 대사경로. 이 과정에서 2 NADH, 2 ATP가 생성됨

Glycoside(글리코시드) 알코올과 아노머의 헤미아세탈 —OH가 반응하여 생성된 아세탈

Glycosidic bond(글리코시드결합) 알코올을 글리코시드의 아세탈 탄소에 연결시키는 아세탈 결합

Gray 흡수된 양에 기초하는 방사능 단위. 1 gray는 100 rad와 같다.

Ground state(기저 상태) 원자핵에서 가정 안정적인 전자의 배열 상태

Group(그룹) 원소의 주기율표에서 같은 족에 위치한 원소들

Gy gray 참고

Half-life(반감기) 방사성 동위원소 원자의 절반이 붕괴하는 데 걸리는 시간

Halogenation(할로겐화) 할로겐 원자가 다른 원자 혹은 다른 원자단과 치환하는 반응

Halogens(할로겐) 7A족에 위치한 원소들

Heat of fusion(융해열) 금속을 녹이는 데 필요한 에너지

Heat of vaporization(기화열) 액체의 증발에 필요한 에너지

Hemiacetal(헤미아세탈) 탄소 원자가 —OC 또는 —OH에 결합된 유기화합물

Hemolysis(용혈) 저장액에서 물이 적혈구 세포내로 유입되어 적혈구가 터지는 현상

Henry's law(헨리의 법칙) 액체 속에서 기체의 압력은 액체 위에서의 그 기체의 압력에 비례한다는 법칙

Heteroatom(이종 원자) 화합물내 탄소나 수소가 아닌 다른 원자. 알코올내 산소, 아민의 질소가 예

Heterogeneous(이종) 균일하게 분포되어 있지 않는 것

Heteropolysaccharide(복합다당류) 두 종류 이상의 단당류를 가진 다당류

Homogeneous(균질) 균일하게 분포됨

Homopolysaccharide(다당류) 한 종류의 단당류로만 구성된 다당류

Hormone(호르몬) 기관과 조직의 작용을 조절하는 화합물

Hydration(수화) 알켄에 물이 첨가되어 알코올이 생기는 반응

Hydrocarbon(탄화수소) 탄소 원자와 수소 원자로만 이루어진 유기화합물

Hydrogen bond(수소결합) 질소, 산소, 인 원자가 다른 질소, 산소, 인 원자에 결합된 수소와 하는 비공유결합

Hydrolysis(가수분해) 어떤 분자를 분해하는데 물 분자가 사용되는 반응

Hydrophilic(친수성) 물에 녹는 물질을 기술하는 용어

Hydrophobic(소수성) 물에 녹지 않는 물질을 기술하는 용어

Hydrophobic effect(소수성 효과) 분자들이 물에 녹아 있을 때 분자들의 비극성 부분끼리 서로 끌어당기는 힘

Hydroxyl group(수산기) —OH기

Hypertonic(고장액) 막을 경계로 두 용액이 나누어져 있을 때 그 중 농도가 높은 쪽을 가리킴

Hypothesis(가설) 알려진 사실에 대한 임시적인 설명

Hypotonic(저장액) 막을 경계로 두 용액이 나누어져 있을 때 그 중 농도가 낮은 쪽을 가리킴

Ideal gas(이상기체) 이상기체의 상태방정식을 따르는 기체

Ideal gas law(이상기체 법칙) 어떤 기체에 대하여 압력, 부피, 몰 수, 온도의 관계식, $PV = nRT$. R은 기체 상수

Inert gases(불활성 가스) 8A족의 원소들

Inhibitor(저해제) 촉매로서의 효소 활성을 감

소시키는 물질

Initiation(개시) 단백질 번역의 처음 단계로 리보솜, mRNA, tRNA가 복합체를 형성함

Insoluble(비용해성) 주어진 용매에 녹지 않음

Ion(이온) 전하를 띠는 원자 또는 원자들

Ionic bond(이온결합) 양이온과 음이온 사이의 결합

Ionic compound(이온화합물) 양이온과 음이온으로 구성된 화합물

Ionic equation(이온 반응식) 전해질을 구성하는 각 이온들로 된 반응식

Ionization(이온화) 이온 형성 과정

Irreversible inhibitor(비가역적 저해제) 영구적인 효과를 미치는 효소 저해제

Isoelectric point(등전점) 아미노산의 순전하가 0인 pH

Isotonic(등장액) 막을 경계로 나누어진 두 용액의 용질에 대한 농도가 같음

Isotopes(동위원소) 같은 원소에 속하지만 중성자 수가 다른 원자들

IUPAC rules(유팩규칙) 국제순수 및 응용화학연맹에서 유기화합물의 명명에 관해 정한 규칙

K_a acidity constant 참고

K_{eq}(평형상수) equilibrium constant 참고

K_M(Michaelis constant) 효소–기질 사이의 친화도를 나타내는 값. K_M은 E + S $\rightleftharpoons$ ES 반응에서 첫 번째 단계와 관련이 있음

K_w 물이 $2H_2O(l)$ $H_3O^+(aq)$ + $OH^-(aq)$와 같이 이온화될 때의 평형상수. K_w는 다음과 같이 표시된다. $K_w = [H_3O^+][OH^-] = 1.0 \times 10^{-14}$

Ketone(케톤) 카보닐기를 가진 유기화합물. 카보닐기의 탄소는 다른 탄소 2원자에 결합되어 있음.

Ketone bodies(케톤체) Acetyl-CoA로부터 만들어진 화합물; acetoacetate, 3-hydroxybutyrate, acetone

Ketose(케토스) 케톤기를 함유한 단당류

Ketosis(케톤증) 케톤체의 과잉 생산

Kinetic energy(운동에너지) 운동에너지

L amino acid(L 아미노산) 특정한 입체이성질체 그룹에 속하는 아미노산. L 아미노산을 피셔 투영법으로 그리면, 카보닐기는 위쪽, 곁사슬은 아래쪽, 알파 아미노기는 왼쪽을 향한다.

L sugar(L 단당류) 특정한 입체이성질체 그룹에 속하는 단당류. L 단당류를 피셔 투영법으로 그리면, 탄소 원자는 수직으로 배열되고 알데히드나 케톤은 맨 위에 표시된다. 카보닐기(C=O)에서 가장 멀리 떨어진 키랄 탄소에 결합된 —OH가 왼쪽을 향한다.

Lanthanide elements(라탄족 원소) 원자번호가 57에서 71인 원소

Law(법칙) 어떤 현상이 항상 일정하고 재연이 가능할 때 그 현상을 기술한 것

Le Châtelier's principle 평형에 관련된 원리. 어떤 가역반응을 평형에서 멀어지게 하면, 그 반응은 다시 평형으로 돌아온다.

Leaving group(이탈기) 친핵 치환반응에서 친핵기에 의하여 바뀌치기되는 원자 혹은 원자단

Levorotatory(좌선성) 편광판을 통과한 빛이 왼쪽으로 회전하는 키랄 화합물

Lewis method 루이법 공유 결합을 선으로 표시하는 분자 표기법

Like dissolves like(유사한 것끼리 잘 녹음) 용해도에 관한 일반적인 기준으로, 한 물질이 다른 물질에 녹을 때 두 물질이 비슷한 크기를 가지며 비공유 힘에 의해 상호작용할 때 잘 녹음

Limiting reactant(제한반응물) 어떤 반응에서 반응물이 생성물의 양을 결정할 때 그 반응물을 가리킴

Linear metabolic pathway(선형 대사경로) 반응들이 연속하여 이루어진 대사경로로 한 반응의 생성물이 다음 반응의 반응물이 됨

Linear shape 원자들이 선형으로 배열되어 있는 것

Lipid(지질) 물에 녹지 않는 생화학적 화합물

Lipogenesis(지방합성) 탄소 원자를 2개씩 첨가하여 지방산을 만드는 대사경로

Liquid(액체) 다양한 형태와 고정된 부피를 가진 물질의 형태

London force(런던 인력) 순간적인 쌍극성으로부터 생성된 비공유 상호작용으로 원자나 분자내 전자들의 연속된 운동에 기인함

Major bases(주 염기) DNA와 RNA를 구성하는 5가지 염기: 시토신(C), 티민(T), 우라실(U), 아데닌(A), 구아닌(G)

Manometer(압력계) 기체 압력을 측정하는 도구. 한쪽 끝이 열린 manometer에서 도구 내의 압력은 대기압과 같음

Markovnikov's rule(말코브니코프의 규칙) 알켄과 H_2O/H^+의 반응산물을 예측하는 규칙. H^+ 이온은 이중결합에서 수소가 많은 쪽 탄소에 결합하고 —OH는 그 반대쪽 탄소에 결합함

Mass number(질량 수, 질량번호) 원자핵에 있는 양성자와 중성자의 총합

Matter(물질) 질량이 있고 공간을 차지하는 아무 것

Membrane(막) 이중층으로 인지질, 당지질, 콜레스테롤, 단백질을 포함하고 있음

Messenger RNA(mRNA) 단백질에 대한 정보를 가지고 있는 RNA로 DNA에서 만들어짐

Metabolic pathway(대사경로) 연속된 생화학 반응들

Metabolism(대사) 생물체 내에서 일어나는 모든 반응을 가리킴

Metal(금속) 전기와 열을 잘 전도하는 원소. 일반적으로 고체이고, 광택이 있으며 굽힐 수 있고 당겨서 늘릴 수 있음

Metric system(미터법) 그램(무게), 리터(부피), 미터(길이)를 기본 단위로 사용하는 측정시스템

Michaelis–Menten enzyme(미카엘리스–멘텐 효소) 다음과 같은 반응을 촉진시키는 효소: E + S $\rightleftharpoons$ ES $\longrightarrow$ E + P (E, 효소; S, 기질; ES, 효소-기질복합체; P, 생성물)

Minor bases 아데닌, 구아닌, 시토신, 티민, 우라실 이외에 DNA, RNA에 있는 염기들. 주로 위 5가지 염기들이 뉴클레오티드에 첨가된 후 효소 반응에 의한 변형에 의해 생성됨

Mitochondrion(미토콘드리아) 식물과 동물에서 시트르산 회로, 전자전달계, 산화적 인산화, 지방산 산화가 일어나는 곳

Mixture(혼합물) 두 종류 이상의 순수한 물질이 혼합된 것

Molarity(M)(몰 농도)

$$\text{몰 농도} = \frac{\text{moles of solute}}{\text{liters of solution}}$$

Molar mass(몰 질량) 어떤 물질 1몰의 질량. 원자량, 분자량과 동일함

Mole(몰) 수량 6.02×10^{23}개

Molecular formula(분자식) 분자내 각 원자들의 수를 표시한 식

Molecular weight(분자량) 분자식에 표시된 원소들의 원자 질량의 합

Molecule(분자) 비극성 원자들이 공유결합에 의해 연결된 것

Monoatomic ion(단원자 이온) 원자 1개로부터 생성된 이온

Monounsaturated fatty acid 탄소–탄소 이중결합이 1개인 지방산

Monosaccharide(단당류) 탄소수가 3 이상이고 알데히드나 케톤기를 가지고 있으며 많은 수산기를 가짐. 탄수화물의 주 구성성분

mRNA messenger RNA 참고

Mutarotation(변광회전) 탄수화물에서 알파, 베타 아노머 사이의 전환

Mutation(돌연변이) DNA의 구조에 있어 영구적인 변화

***N*-glycoside** 아민과 단당류(알파, 베타 아노머)의 헤미아세탈기가 반응하여 형성된 글리코시드

***N*-terminus** 단백질내 반응하지 않은 아미노기가 있는 말단.

Native(protein) 변성이 일어나지 않은 자연 상태의 생물학적인 기능을 하는(단백질)

Negative effect(부정적 효과) 기질 결합이나 효소의 촉매작용을 감소시키는 다른자리 조절자

Net ion equation(알짜 이온 반응식) 구경꾼 이온들이 제거된 이온식

Neutral(중성) H_3O^+ 이온의 농도가 1.0×10^{-7} M(pH = 7)인 상태

Neutralization(중화) 산과 염기가 반응하여 물과 염(이온화합물)을 만드는 반응

Neutron(중성자) 원자핵에서 발견되는 소립자로 전하는 없고 질량은 대략 1 amu

Noble gases inert gases 참고

Nonbonding electrons(고립전자쌍) 공유결합에 관여하지 않는 원자가전자

Noncompetitive inhibitors 효소의 활성자리가 아닌 다른 부위에 결합하는 가역적 저해제. V_{max}는 변하는 K_M 값에는 영향을 미치지 않음

Noncovalent interactions(비공유 상호작용) 서로 다른 분자들 사이의 작용, 또는 같은 분자 내에서 원자가전자를 공유하지 않는 다른 부분들 사이의 작용

Nonmetal(비금속) 전기와 열을 잘 전도하지 못하는 원소. 고체로서 광택이 없고 잘 부서짐

Nonpolar amino acids(비극성 아미노산) 곁사슬이 알킬기나 방향족 고리, 소수성기를 가진 아미노산

Nonspontaneous reaction(비자발적 과정) 비자발적 반응. 반응이 일어나기 위해서는 다른 반응을 필요로 함

Normal(alkane) 알칸이 단일 사슬로 연결되어 있을 때 표현하는 용어

Nuclear change(핵 변화) 핵 방사선이 방출될 때 원자핵 내에서 일어나는 변화

Nuclear equation(핵 반응식) 핵반응 동안 일어나는 변화를 나타내는 식. 처음의 방사성 동위원소를 화살표의 왼쪽에, 생성물을 오른쪽에 표시

Nuclear radiation(핵 방사) 방사성 동위원소에 핵에서 방출되는 고에너지 입자(알파 입자, 베타 입자, 양전자)들과 고에너지 전자기 방사선

Nucleophile(친핵성 인자) 전자가 풍부하여 새로운 공유결합을 위해 전자를 제공할 수 있는 원자나 원자들

Nucleophilic substitution reaction(친핵 치환반응) 친핵기가 이탈기를 바꿔치기 하는 반응

Nucleoside(뉴클레오시드) 리보오스의 베타-퓨라노즈(RNA 경우)나 2-디옥시리보오스(DNA 경우)가 다음의 염기들 중의 하나와 글리코시딕 결합에 의해 연결된 화합물: 아데닌(A), 구아닌(G), 시토신(C), 티민(T-DNA 경우), 우라실(U-RNA 경우)

Nucleoside diphosphate(뉴클레오시드 2인산) 인산 2개가 무수인산결합에 의해 연결된 뉴클레오시드

Nucleoside triphosphate(뉴클레오시드 3인산) 인산 3개를 가지며 인산들 사이의 결합이 무수인산결합인 뉴클레오시드

Nucleotide(뉴클레오티드) 뉴클레오시드에 인산기가 인산에스터 결합으로연결되어 있는 것

Nucleus(핵) 양성자와 중성자가 위치한 원자의 핵

Nutrition Facts label(식품성분표) 한 번 섭취량에 들어 있는 영양소의 하루 권장량의 백분율 값. 식품 포장에 적혀 있음

Octet rule(옥테트 규칙) 원자는 전자를 획득, 방출, 치환하여 8개의 원자가전자를 가진다는 규칙

Oligonucleotide(올리고뉴클레오티드) 2~10개의 뉴클레오티드로 구성된 화합물

Oligopeptide(올리고펩티드) 2~10개의 아미노산으로 구성된 펩티드

Oligosaccharide(올리고당) 2~10개의 단당류로 구성된 화합물

Operon(오페론) 1개 프로모터에 의해 발현이 조절되는 여러 유전자들을 가리킴

Organic chemistry(유기화학) 탄소를 포함한 화합물에 대한 연구 학문

Origin(원점) DNA에서 복제가 시작되는 부분으로 DNA의 두 가닥이 벌어지는 부위

Osmosis(삼투) 막을 경계로 저농도 용액에서 고농도 용액 방향으로 물 분자의 이동

Osmotic pressure(삼투압) 막을 통해 흐르는 물에 의한 압력

Oxidation(산화) 전자를 방출하는 현상

Oxidative deamination(산화적 탈아미노 반응) 아미노산 대사과정에서 아미노기가 카보닐기로 치환되는 반응

Oxidative phosphorylation(산화적 인산화) ATP 합성효소가 관여하는 반응으로, 미토콘드리아의 막간 공간에서 내막으로 H^+ 이온이 이동할 때 방출된 에너지가 ADP와 P_i로부터 ATP를 합성하는 대사 과정

Oxidizing agent(산화제) 다른 반응물을 산화시키는 반응물

Parallel(평행) 단백질 2차 구조에서 베타-병풍 구조 속의 베타-가닥들이 N-말단 또는 C-말단 쪽으로 같은 방향으로 진행하는 것을 가리킴

Parent chain(주사슬) IUPAC 규칙에 따라 유기화합물을 명명할 때 기준이 되는 탄소 사슬

Partial pressure(분압) 혼합기체에서 각 성분 기체가 나타내는 압력

Parts per billion(ppb) 10억 개 중에서 차지하는 비율

$$\text{parts per billion} = \frac{\text{용질의 g}}{\text{수용액의 mL}} \times 1{,}000{,}000{,}000$$

Parts per million(ppm) 백만 개 중에서 차지하는 비율

$$\text{parts per million} = \frac{\text{용질의 g}}{\text{수용액의 mL}} \times 1{,}000{,}000$$

Parts per thousand(ppt) 1,000개 중에서 차지하는 비율

$$\text{parts per thousand} = \frac{\text{용질의 g}}{\text{수용액의 mL}} \times 1{,}000$$

PCR polymerase chain reaction 참고

Pentose(펜토오스) 탄소 원자가 5개인 단당류

Pentose phosphate pathway 대사경로로 다음의 물질을 생성한다. 리보오스, 2-디옥시리보

오스, 탄소 숫자가 3, 4, 5, 6, 7인 당, NADPH

Peptide(펩티드) 올리고펩티드와 폴리펩티드에 대한 통칭

Peptide bond(펩티드결합) 펩티드나 단백질의 아미노산과 아미노산을 연결하는 아미드결합의 다른 이름

Percent yield(퍼센트 수율)

$$\text{퍼센트 수율} = \frac{\text{actual yield}}{\text{theoretical yield}} \times 100$$

Period(주기) 원소의 주기율표에서 같은 가로줄에 위치한 원소들

Periodic table of the elements(원소의 주기율표) 작은 원자번호에서 큰 원자번호 순으로 배열된 원소들의 표로 같은 성질을 가진 원소들끼리 그룹으로 묶여 있음

pH $pH = -\log[H_3O^+]$

pH optimum 효소 활성이 최적인 pH

Phenol(페놀) 방향성고리에 수산기가 붙은 유기화합물

Phospholipid(인지질) 인을 포함한 지질

Physical change(물리적 변화) 화학적 조성에는 변화가 없는 물질 변화

Physical property(물리적 성질) 화학적 조성의 변화 없이 결정될 수 있는 물질의 성질

pI isoelectric point 참고

pK_a $pK_a = -\log K_a$ (K_a는 산성도 상수)

Plane polarized light(평면 편광) 특정한 필터를 통과한 빛. 이 필터는 한쪽 방향으로 진동하는 빛만 통과시키고 나머지는 모두 차단함

Polar-acidic amino acid(극성-산성 아미노산) 곁사슬에 카복실기를 가진 아미노산

Polar-basic amino acid(극성-염기성 아미노산) 곁사슬에 아미노기나 질소 원자를 포함한 아미노산

Polar covalent bond(극성 공유결합) 두 원자 사이의 전자가 한쪽으로 치우쳐 있는 공유결합

Polar molecule(극성 분자) 물질의 한쪽은 부분적으로 양전하를 띠고, 다른 쪽은 부분적으로 음전하를 띠는 물질

Polar-neutral amino acid(극성-중성 아미노산) 곁사슬이 극성을 띠나 중성인 아미노산. 곁사슬에 알코올, 페놀, 아미드기가 속함

Polyatomic ion(다원자 이온) 2개 이상의 원자로 구성된 이온

Polycyclic aromatic hydrocarbon(PAH) 벤젠고리가 서로 융합된 방향성 화합물로 벤젠고리의 탄소–탄소 결합을 서로 공유

Polymerase chain reaction(PCR) 원하는 DNA 조각을 여러 번 반복하여 복제하여 증폭하는 기술

Polynucleotide 10개 이상의 뉴클레오티드를 포함한 화합물

Polypeptide 10개 이상의 아미노산으로 이루어진 화합물

Polypeptide backbone(폴리펩티드 골격) 폴리펩티드에서 알파 탄소와 펩티드기가 반복적으로 배열되어 있는 것

Polysaccharide(다당류) 10개 이상의 단당류를 포함한 화합물

Polyunsaturated fatty acid(다가 불포화지방산) 탄소–탄소 이중결합수가 2개 이상인 지방산

Positive effector(양성 효과체) 기질 결합이나 효소의 촉매작용을 증가시키는 다른자리 조절자

Positron($^{0}_{1}\beta^{+}$)(양전자) 양전하를 가진 전자로 구성된 핵 방사선

Post-transcriptional modification(전사 후 변형) 전사 후 RNA에 일어나는 변형

Post-translational modification(번역 후 변형) 번역 후 펩티드에 일어나는 변형

Potential energy(위치에너지) 위치에너지

ppb parts per billion 참고

ppm parts per million 참고

ppt parts per thousand 참고

Precipitate(침전) 화학반응 동안 고체의 형성

Precision(정밀성) 같은 실험이 여러 번 반복될 때 측정치의 유사한 정도

Pressure(압력) 기체 입자와 물체 사이에 작용하는 충돌시의 힘

Primary(1°) 아민이나 알코올의 구조를 표현할 때 쓰는 접두어 중 하나. —OH기를 가진 탄소의 이웃한 탄소가 1개일 때 1차 알코올, 질소 원자의 이웃한 탄소가 1개일 때 1차 아민이라고 함

Primary structure(1차 구조) 단백질에서는 아미노산 서열을 가리키고, DNA에서는 디옥시리보뉴클레오티드의 서열, RNA에서는 리보뉴클레오티드의 서열을 가리킴

Product(생성물) 반응후 생성된 물질

Promoter site(프로모터 자리) 전사가 시작되는 DNA의 부위

Prosthetic group(보결단) 단백질이 아닌 분자로 단백질의 3차 구조 형성에 기여함

Protein(단백질) 50개 이상의 아미노산을 가진 폴리펩티드

Proton(양자) 원자핵의 소립자로 1+의 전하와 1 amu의 질량을 가진다.

Pure substance(순수물) 한 종류의 원소나 화합물로 된 물질

Pyramidal shape(파라미드 모형) 정사면체의 중심에 한 원자가 있고 나머지 원자 3개가 정사면체의 세 꼭지점에 있을 때의 모양

Pyranose(파이라노오스) 산소 1개와 탄소 5개가 육각형을 이룬 아노머

Quantum mechanics(양자역학) 원자 궤도를 돌고 있는 전자들에 관한 이론

Quaternary(4차의) 암모니움의 구조를 설명할 때 사용하는 접두어. 질소 원자가 탄소 원자 4개와 결합하여 양전하를 나타낼 때 4차 암모니움이라고 함

Quaternary structure(4차 구조) 2개 이상이 폴리펩티드사슬이 기능을 가지고 있는 단백질 복합체를 이루는 구조

Racemic mixture(라세미 혼합물) 광학이성질체의 50:50 혼합물

Rad 흡수된 에너지의 양을 기반으로하는 방사능의 양. 1 rad는 0.01 J/kg의 무게를 가지고 있는 물체가 받는 방사능 양에 해당함.

Radioactive isotope(radioisotope)(방사성 동위원소) 핵 방사선을 방출하는 원소

Radioisotope radioactive isotope 참고

RDA recommended dietary allowance 참고

Reactant(반응물) 반응이 시작할 때 존재하는 물질

Reaction energy diagram(반응에너지 도표) 반응의 에너지는 y 축, 반응의 진행 정도는 x 축에 나타낸 도표

Reaction rate(반응속도) 반응의 생성물이 만들어지는 속도

Recombinant DNA(재조합 DNA) 구성 DNA가 서로 다른 두 곳 이상에서 온 DNA 분자

Recommended Dietary Allowance 97~98%의 건강한 사람들이 하루에 필요로 하는 영양분을 충족할 수 있는 양

Reducing agent(환원제) 다른 반응물을 환원시키는 반응물

Reducing sugar(환원당) 베네딕트 시약과 반응하는 탄수화물

Reduction(환원) 전자의 획득

Relative specificity(상대적 특이성) 효소의 활성이 특정한 작용기를 가진 기질에 제한되는 경우

Rem 생물학적 효과가 나타날 수 있는 방사능의 양 1 rem은 방사능의 종류에 따라 정해지는 팩터를 곱한 rad 값과 같음

Replication(복제) 기존의 DNA 가닥으로부터 새로운 DNA 가닥이 형성되는 것

Replication fork(복제분기점) 복제기점의 양 말단 중 하나로 복제가 시작되는 곳

Representative elements(주족 원소) 1A–8A족에 속하는 원소

Residue(잔기) 반응물 분자의 한 부분으로 나중에 더 큰 구조를 형성하는 데 관여함

Reverse transcription(역전사) RNA를 주형으로 DNA를 합성하는 과정

Reversible inhibitor(가역적 저해제) 저해제-효소의 결합이 약하여 작용이 영구적이지 않은 저해제

Ribonucleic acid(RNA) 올리고- 또는 폴리뉴클레오티드의 일종으로 리보오스와 다음 네 가지 염기 중의 하나로 구성됨(아데닌, 구아닌, 시토신, 우라실)

Ribonucleoside 리보오스를 가진 뉴클레오시드

Ribonucleotide 리보오스를 가진 뉴클레오티드

Ribosomal RNA(rRNA) 단백질과 결합하여 리보솜을 형성하는 RNA

Ribosome(리보솜) 단백질 번역이 시작되는 곳으로 rRNA와 단백질로 구성된 복합체

RNA ribonucleic acid 참고

RNA polymerase(RNA 중합효소) RNA 합성을 촉매하는 효소

rRNA ribosomal RNA 참고

Saponification(비누화) 에스터 결합의 가수분해. OH^-가 반응에 필요함

Saturated fatty acid(포화지방산) 탄소–탄소 결합이 단일결합만으로 구성된 지방산

Saturated hydrocarbon(포화탄화수소) 단일결합 탄소 원자로만 구성된 탄화수소

Saturated solution(포화용액) 특정 온도에서 용질이 최대로 녹은 상태의 용액

Scientific method(과학적 방법) 세상에 관한 정보를 수집하고 해석하는 과정. 관찰, 실험, 법칙, 가설, 이론 등의 방법을 사용

Scientific notation(과학적 기수법) 10의 지수로 값을 나타내는 방법

Secondary(2°)(amine) 아민이나 알코올의 구조를 표현할 때 사용함. 아민의 질소 원자, 혹은 알코올의 산소 원자에 결합한 탄소가 2개인 경우를 지칭함. —OH기가 붙은 탄소에 결합한 탄소가 2개인 알코올

Secondary structure(2차 구조) 단백질에서 2차구조는 단백질의 여러 부분에 위치한 N—H기와 C═O기 사이의 수소결합으로 인해 접힘이 생긴 것으로 크게 알파-나선과 베타-병풍구조가 있음. 폴리뉴클레오티드에서 2차 구조는 두 DNA 가닥의 상호작용에 의해 생긴 나선을 말함

Semiconservative replication(반보존적 복제) DNA 복제에서 새로 생성된 DNA의 두 가닥 중 한 가닥은 원래 있던 DNA 가닥에서 온 것임

Semimetal(반도체) 금속과 비금속의 물리적 성질을 반반씩 지닌 원소

Sex hormone(성호르몬) 제2차 성징을 나타내는 스테로이드 호르몬

Short tandem repeats(STRs) 단백질 생성 정보를 갖고 있지 않은 지역의 반복 염기서열을 포함하고 있는 일련의 짧은 DNA

SI system 킬로그램, 제곱미터, 미터 등을 질량, 부피, 길이 등을 측정할 때 쓰는 단위 체계

Significant figures(유효숫자) 측정값에서 믿을 수 있는 수와 의심이 가는 첫 번째 수. 이들 값은 측정을 반복하여도 항상 일정한 수와 변동이 있는 첫 번째 수

Simple protein(단순단백질) 보결단 없이도 생물학적 활성을 나타내는 단백질

Single bond(단일결합) 원자 2개가 공유한 한 쌍의 전자쌍

Skeletal structure(골격구조) 탄소 원자를 표시하지 않고 직선으로 공유결합을 나타내는 구조식. 탄소 이외의 원자에 수소가 결합한 경우는 수소 원자를 표기

Solid 굳어진 모양과 부피를 갖는 물질의 상태

Solubility(용해도) 특정 온도에서 용매에 녹는 용질의 양을 나타내는 척도

Soluble(용해성) 용질이 녹을 수 있는 성질

Solute(용질) 용액에서 용매보다 적게 존재하는 물질

Solution(용액) 균질액과 같은 의미

Solvent(용매) 용액에 많이 존재하는 물질

Specific gravity(비중) 물질을 밀도를 물의 밀도로 나눈 값

Specific heat(비열) 물질 1그램의 온도를 1°C 높이는 데 필요한 열량

Spectator ion(구경꾼 이온) 이온 방정식에서 양변에 똑같이 존재하는 이온

Sphingolipid(스핑고리피드) 스핑고신 잔기를 지닌 지방

Sphygmomanometer(혈압계) 혈압을 재는 데 필요한 혈압계와 연결된 팔에 차 부풀릴 수 있는 팔토시 같은 도구

Spiral metabolic pathway(나선형 대사 경로) 분자를 만들거나 분해할 수 있는 일련의 반응들이 반복해서 나타나는 대사경로

Spontaneous reaction(자발적 반응) 반응이 시작되면 연속하여 일어나는 반응

Standard temperature and pressure(STP) 0°C와 1기압

Stereoisomers(입체이성질체) 분자식과 원자들의 결합 방식은 같으나 3차 구조가 다른 분자

Stereospecificity(특이성) 효소 활성이 특정 입체이성질체에만 작용하여 특정 이성질체 생성물을 만드는 성질

Steroid(스테로이드) 6각형 고리 3개와 5각형 고리 1개가 겹쳐 있는 고리 구조의 지방

STP standard temperature and pressure 참고

STR short tandem repeats 참고

Structural formula(구조식) 원자들의 연결된 형태를 나타낸 분자 구조

Subatomic particle 아원자 입자. 원자보다 더 작은 물질을 이루는 입자

Sublimation(승화) 고체가 기체로 되는 현상

Substituent(치환체) 유기화합물의 주사슬에 붙어 있는 원자나 원자단

Substitution reaction(치환 반응) 한 원자나 원자단이 다른 원자 혹은 원자단에 의하여 치환되는 반응

Substrate(기질) 효소 촉매반응에서 반응물

Sugar–phosphate backbone(당-인산 골격) 올리고뉴클레오티드와 폴리뉴클레오티드 분자 안에서 2-데옥시리보스(DNA) 혹은 리보스(RNA)와 연결된 인산의 반복적 단위로 길게 연결된 등뼈 같은 구조

Sulfide(설파이드) C—S—C 연결을 가진 유기화합물

Supercoiling(초나선) DNA의 이중나선을 더 작고 꽉 끼는 모양으로 만들기 위하여 꼬아 놓은 상태

Suspension(혼탁액) 액체에 입자가 섞여 있어서 그냥 두면 가라 앉는 혼합액

Sv seivert 참고

Synthesis reaction(합성반응) 원소 혹은 화합물 2개 이상이 결합하여 복잡한 물질 1개로 되는 반응

Temperature optimum 효소의 활성이 가장 높은 온도

Template strand(주형가닥) DNA의 이중가닥 중에서 RNA 중합효소가 작용하여 RNA를 만드는 DNA 가닥

Termination(종결) 번역의 마지막 과정, 단백질이 합성되면 리보솜을 떠남

Termination sequence(종결염기서열) 전사가 종결되는 위치를 알려주는 DNA 상의 일련의 염기서열

Tertiary (3°) 알코올이나 아민의 구조를 설명하는 용어. 알코올의 산소 원자와 아민의 질소가 탄소 3개와 연결된 상태. 3차 알코올에서는 수산기가 부착된 탄소가 3개의 다른 탄소에 부착되어 있음.

Tertiary structure(3차 구조) 단백질 혹은 폴리뉴크레오티드의 3차원 모양

Tetrahedral shape 한 원자가 정사면체의 중앙에 놓여 있고 나머지 원자가 사면체의 꼭지점에 위치하는 구조

Tetrapeptide 4개의 아미노산을 함유한 올리고펩티드

Tetrose(4탄당) 탄소 4개로 구성된 단당류

Theoretical yield(이론적 수율) 반응에서 이론적으로 얻을 수 있는 최대 생성물량

Theory 관찰된 상황을 설명할 수 있는 실험적으로 시험 가능한 설명. 이론은 실험적 증거와 맞아 떨어지며 관련한 여러 가지 예측을 가능하도록 함

Thiol(티올) —SH기를 지닌 유기화합물

Titration(적정) 산성 혹은 알칼리성 용액의 농도를 결정하는 데 사용되는 과정

Tolerable Upper Intake(UL) 매일 안전하게 섭취할 수 있는 영양소의 최대량

Torr(토르) 압력의 단위, 760 torr = 1 atm = 14.7 psi

Trace element(미량 원소) 신체에서 극소량을 필요로 하는 원소

Trans 두 가지 기하이성질체 중 한 가지. 사이클로알칸의 경우 trans 이성질체는 2개의 고리의 양면에 2개의 치환기가 서로 반대 방향으로 부착됨. 알켄의 경우 이중 공유결합을 이루는 탄소 원자에 붙은 알킬기가 결합선을 두고 서로 반대 방향으로 위치함

Transamination 아미노산의 아미노기가 α-케토산으로 전달하여 새로운 α-케토산과 새로운 아미노산을 생성하는 대사의 반응

Transcription(전사) DNA에서 RNA를 만드는 과정

Transfer RNA(tRNA) 단백질 합성자리에 아미노산 잔기를 운반하는 RNA

Transition metals(전이원소) 1B–8B 그룹에 속하는 원소

Translation(번역) mRNA에서 단백질이 만들어지는 과정

Triacylglyceride triglyceride 참고

Triglyceride(중성 지방) 3개의 지방산과 1개의 글리세롤로 이루어진 트리에스터

Trigonal planar 한 원자가 정삼각형의 중앙에 놓여 있고 나머지 3개의 원자가 꼭지점에 위치한 구조.

Triose(3탄당) 탄소 3개로 구성된 단당류

Tripeptide 3개의 아미노산으로 이루어진 올리고펩티드

Triple bond(삼중결합) 원자 2개가 공유한 원자쌍 3개

Triplet code genetic cod 참고

tRNA transfer RNA 참고

UL tolerable upper intake 참고

Unit 측정 기준으로 사용되는 양

Unit conversion(단위 변환) 표현되는 값을 한 단위에서 또 다른 단위로 전환하는 것

Unsaturated hydrocarbon(불포화탄화수소) 이중 혹은 삼중결합을 지닌 탄화수소

Unsaturated solution(불포화용액) 포화용액을 만드는 데 필요한 용질보다 적게 들어 있는 용액

Uronic acid(우론산) 알도스의 일종으로서 알데히드기의 반대편 끝에 있는 알코올기가 카르복실기로 산화된 것

Valence electron(원자가전자) 원자의 최외각에 존재하는 전자

Valence shell(원자가 전자각) 원자내 전자를 함유한 가장 높은 에너지 수준의 전자 껍질

Vapor pressure(증기압) 액체가 증발할 때 형성된 가스에 의해 나타나는 압력

V_{max} 효소 반응에서 효소가 할 수 있는 최대 반응속도. Michaelis-Menten의 반응을 따르는 효소가 촉매하는 반응의 두 번째 단계: $ES \longrightarrow E + P$

Wax(왁스) 물에 녹지 않는 물질들의 혼합체. 왁스 에스터는 탄소 14~36개로 구성된 지방산과 탄소성 알코올 16~30개로 구성됨

Weight/volume percent 다음과 같이 정의된 농도 단위

$$\text{무게/부피 백분율} = \frac{\text{용질의 g}}{\text{수용액의 mL}} \times 100$$

Work(일) 변화를 만들 수 있는 에너지의 일종

Zwitterion(양쪽성 이온) 양전하 하나와 음전하 하나를 지닌 아미노산의 형태

Zymogen(효소원) 활성이 없는 효소 선구체

찾아보기

THE ELEMENTS

NAME	SYMBOL	ATOMIC NUMBER	ATOMIC WEIGHT[1]
Actinium	Ac	89	(227)
Aluminum	Al	13	26.98154
Americium	Am	95	(243)
Antimony	Sb	51	121.760
Argon	Ar	18	39.948
Arsenic	As	33	74.92160
Astatine	At	85	(210)
Barium	Ba	56	137.327
Berkelium	Bk	97	(247)
Beryllium	Be	4	9.012182
Bismuth	Bi	83	208.9804
Bohrium	Bh	107	(264)
Boron	B	5	10.811
Bromine	Br	35	79.904
Cadmium	Cd	48	112.411
Calcium	Ca	20	40.078
Californium	Cf	98	(251)
Carbon	C	6	12.0107
Cerium	Ce	58	140.116
Cesium	Cs	55	132.9054
Chlorine	Cl	17	35.453
Chromium	Cr	24	51.9961
Cobalt	Co	27	58.9332
Copernicium	Cn	112	(285)
Copper	Cu	29	63.546
Curium	Cm	96	(247)
Darmstadtium	Ds	110	(281)
Dubnium	Db	105	(262)
Dysprosium	Dy	66	162.50
Einsteinium	Es	99	(252)
Erbium	Er	68	167.259
Europium	Eu	63	151.964
Fermium	Fm	100	(257)
Fluorine	F	9	18.99840
Francium	Fr	87	(223)
Gadolinium	Gd	64	157.25
Gallium	Ga	31	69.723
Germanium	Ge	32	72.64
Gold	Au	79	196.9665
Hafnium	Hf	72	178.49
Hassium	Hs	108	(269)
Helium	He	2	4.00260
Holmium	Ho	67	164.93032
Hydrogen	H	1	1.00794
Indium	In	49	114.818
Iodine	I	53	126.9045
Iridium	Ir	77	192.217
Iron	Fe	26	55.845
Krypton	Kr	36	83.80
Lanthanum	La	57	138.9055
Lawrencium	Lr	103	(262)
Lead	Pb	82	207.2
Lithium	Li	3	6.941
Livermorium	Lv	116	(293)
Lutetium	Lu	71	174.967
Magnesium	Mg	12	24.3050
Manganese	Mn	25	54.93805
Meitnerium	Mt	109	(268)

NAME	SYMBOL	ATOMIC NUMBER	ATOMIC WEIGHT[1]
Mendelevium	Md	101	(258)
Mercury	Hg	80	200.59
Molybdenum	Mo	42	95.94
Neodymium	Nd	60	144.24
Neon	Ne	10	20.1797
Neptunium	Np	93	(237)
Nickel	Ni	28	58.6934
Niobium	Nb	41	92.9063
Nitrogen	N	7	14.0067
Nobelium	No	102	(259)
Osmium	Os	76	190.23
Oxygen	O	8	15.9994
Palladium	Pd	46	106.42
Phosphorus	P	15	30.97376
Platinum	Pt	78	195.078
Plutonium	Pu	94	(244)
Polonium	Po	84	(209)
Potassium	K	19	39.0983
Praseodymium	Pr	59	140.90765
Promethium	Pm	61	(145)
Protactinium	Pa	91	231.0359
Radium	Ra	88	(226)
Radon	Rn	86	(222)
Rhenium	Re	75	186.207
Rhodium	Rh	45	102.9055
Roentgenium	Rg	111	(272)
Rubidium	Rb	37	85.4678
Ruthenium	Ru	44	101.07
Rutherfordium	Rf	104	(261)
Samarium	Sm	62	150.36
Scandium	Sc	21	44.95591
Seaborgium	Sg	106	(266)
Selenium	Se	34	78.96
Silicon	Si	14	28.0855
Silver	Ag	47	107.868
Sodium	Na	11	22.98977
Strontium	Sr	38	87.62
Sulfur	S	16	32.065
Tantalum	Ta	73	180.9497
Technetium	Tc	43	(98)
Tellurium	Te	52	127.60
Terbium	Tb	65	158.92534
Thallium	Tl	81	204.383
Thorium	Th	90	232.0381
Thulium	Tm	69	168.93421
Tin	Sn	50	118.710
Titanium	Ti	22	47.867
Tungsten	W	74	183.84
Ununtrium[2]	Uut	113	(284)
Ununpentium[2]	Uup	115	(288)
Ununseptium[2]	Uus	117	(294)
Uranium	U	92	238.0289
Vanadium	V	23	50.9415
Xenon	Xe	54	131.293
Ytterbium	Yb	70	173.04
Yttrium	Y	39	88.9058
Zinc	Zn	30	65.39
Zirconium	Zr	40	91.224

[1] For elements that do not have stable isotopes, the mass number of the most stable isotope is given in parentheses.
[2] Elements 113, 115, and 117 have been given temporary names, using the prefixes un (1), tri (3), pent (5), and sept (7).

PERIODIC TABLE OF ELEMENTS

Representative elements (1A–2A) · Transition metals (3B–2B) · Representative elements (3A–8A)

Metals · Semimetals · Nonmetals

	1A	2A	3B	4B	5B	6B	7B	8B	8B	8B	1B	2B	3A	4A	5A	6A	7A	8A
1	1 **H** 1.00794																	2 **He** 4.00260
2	3 **Li** 6.941	4 **Be** 9.012182											5 **B** 10.811	6 **C** 12.0107	7 **N** 14.0067	8 **O** 15.9994	9 **F** 18.99840	10 **Ne** 20.1797
3	11 **Na** 22.98977	12 **Mg** 24.3050											13 **Al** 26.98154	14 **Si** 28.0855	15 **P** 30.97376	16 **S** 32.065	17 **Cl** 35.453	18 **Ar** 39.948
4	19 **K** 39.0983	20 **Ca** 40.078	21 **Sc** 44.95591	22 **Ti** 47.867	23 **V** 50.9415	24 **Cr** 51.9961	25 **Mn** 54.93805	26 **Fe** 55.845	27 **Co** 58.9332	28 **Ni** 58.6934	29 **Cu** 63.546	30 **Zn** 65.39	31 **Ga** 69.723	32 **Ge** 72.64	33 **As** 74.92160	34 **Se** 78.96	35 **Br** 79.904	36 **Kr** 83.80
5	37 **Rb** 85.4678	38 **Sr** 87.62	39 **Y** 88.9058	40 **Zr** 91.224	41 **Nb** 92.9063	42 **Mo** 95.94	43 **Tc** [98]	44 **Ru** 101.07	45 **Rh** 102.9055	46 **Pd** 106.42	47 **Ag** 107.868	48 **Cd** 112.411	49 **In** 114.818	50 **Sn** 118.710	51 **Sb** 121.760	52 **Te** 127.60	53 **I** 126.9045	54 **Xe** 131.293
6	55 **Cs** 132.9054	56 **Ba** 137.327	57 ***La** 138.9055	72 **Hf** 178.49	73 **Ta** 180.9479	74 **W** 183.84	75 **Re** 186.207	76 **Os** 190.23	77 **Ir** 192.217	78 **Pt** 195.078	79 **Au** 196.9665	80 **Hg** 200.59	81 **Tl** 204.383	82 **Pb** 207.2	83 **Bi** [208.9804]	84 **Po** [209]	85 **At** [210]	86 **Rn** [222]
7	87 **Fr** [223]	88 **Ra** [226]	89 **†Ac** [227]	104 **Rf** [261]	105 **Db** [262]	106 **Sg** [266]	107 **Bh** [264]	108 **Hs** [269]	109 **Mt** [268]	110 **Ds** [281]	111 **Rg** [272]	112 **Cn** [285]	113 **Uut** [284]	114 **Fi** [289]	115 **Uup** [288]	116 **Lv** [293]	117 **Uus** [294]	

*Lanthanide elements	58 **Ce** 140.116	59 **Pr** 140.90765	60 **Nd** 144.24	61 **Pm** [145]	62 **Sm** 150.36	63 **Eu** 151.964	64 **Gd** 157.25	65 **Tb** 158.92534	66 **Dy** 162.50	67 **Ho** 164.93032	68 **Er** 167.259	69 **Tm** 168.93421	70 **Yb** 173.04	71 **Lu** 174.967
†Actinide elements	90 **Th** 232.0381	91 **Pa** 231.0359	92 **U** 238.0289	93 **Np** [237]	94 **Pu** [244]	95 **Am** [243]	96 **Cm** [247]	97 **Bk** [247]	98 **Cf** [251]	99 **Es** [252]	100 **Fm** [257]	101 **Md** [258]	102 **No** [259]	103 **Lr** [262]

For elements that do not have stable isotopes, the mass number of the most stable isotope is given in parentheses. Elements 113, 115, and 117 have been given temporary names.

QUICK REFERENCE GUIDE

ACIDS AND BASES

Acid (HA) and conjugate base (A^-) concentrations, as a function of pH, Table 7.6
Interpreting equilibrium constants (K_{eq}), Table 7.2
K_a and pK_a values for selected acids, Table 7.4
Common acids and bases, Table 7.1
pH values of common solutions, Table 7.3
Relative strengths of some acids and their conjugate bases, Table 7.5

AMINO ACIDS, PROTEINS, AND ENZYMES

α-Amino acids present in proteins, Table 12.1
Amino acids that are essential for humans, Table 14.1
Selected enzyme cofactors, Table 12.2

ATOMS

Subatomic particles, Table 2.1
The ground state electron distribution for the first 20 elements, Table 2.6

BONDING

Bond types, Table 4.1

CARBOHYDRATES

Monosaccharides, Table 10.1
Relative sweetness, Table 10.2

ENERGY

Specific heat, Table 1.8

GASES, LIQUIDS, AND SOLIDS

Density of common substances, Table 1.7
Solutions, colloids, and suspensions, Table 6.5
The solubility of ionic compounds in water, Table 6.3
The vapor pressure of water at various temperatures, Table 6.1

HEALTH

Adult body mass index, Table 1.6
Blood pressure guidelines, Table 6.2
Concentration ranges for some blood serum solutes, Table 6.4
Dietary reference intakes (DRIs) for some essential elements, Table 2.4
The biochemical significance of selected elements, Table 2.3

IONS AND IONIC COMPOUNDS

Common polyatomic ions, Table 3.2
Some transition metal ions, Table 3.1
The uses of some ionic compounds, Table 3.4

LIPIDS

Common fatty acids, Table 11.1
Key esters found in some waxes, Table 11.2

MATH

Conversion factors and the factor label method, Section 1.6
Logs and antilogs, Chapter 7 Math Support
Measurements and significant figures, Section 1.5
Scientific notation, SI and metric prefixes, Section 1.4
Significant figures, Table 1.5

NUCLEIC ACIDS

Codons in the 5′ to 3′ sequence of mRNA, Table 13.1
Short tandem repeats (STRs) and the probability of their occurrence, Table 13.2

ORGANIC COMPOUNDS

Common molecular shapes, Table 4.2
Formulas and names of alkyl groups, Table 8.3
Physical properties of selected alcohols, ethers, thiols, sulfides, and alkanes, Table 9.1
Physical properties of selected aldehydes and ketones, Table 9.2
Physical properties of selected amines, Table 8.7
Physical properties of selected phenols, Table 8.5
Physical properties of some small carboxylic acids, Table 8.4
Structure, name, and properties of selected hydrocarbons, Table 8.1
The first ten numbering prefixes for IUPAC naming, Table 8.2

RADIOACTIVITY

Common forms of nuclear radiation, Table 2.7
Half life and decay type for selected radioisotopes, Table 2.10
Health effects of short term exposure to radiation, Table 2.9
Some uses of radioisotopes in medicine, Table 2.11

CONVERSION FACTORS

Mass

1 kilogram	= 1000 grams
	= 2.205 pounds
1 pound	= 453.59 grams
	= 16 ounces
1 milligram	= 1000 micrograms
1 grain	= 65 milligrams
1 ounce	= 28.3 grams

Length

1 meter	= 1000 millimeters
	= 3.281 feet
	= 39.37 inches
1 kilometer	= 0.621 mile
1 mile	= 1.609 kilometers
	= 5280 feet
1 inch	= 2.54 centimeters

Volume

1 liter	= 1000 milliliters
	= 1.057 quarts
1 quart	= 0.946 liter
1 gallon	= 3.785 liters
1 milliliter	= 1 centimeter^3
	= 1 cubic centimeter
	= 15 drops
1 teaspoon	= 5 milliliters
1 tablespoon	= 15 milliliters
	= 0.5 fluid ounces

Energy

1 calorie	= 4.184 joule
1 joule	= 0.2390 calorie

Temperature

K	= °C + 273.15
0 K	= −273.15 °C
	= −459.67°F
°C	$= \dfrac{°F-32}{1.8}$
0°C	= 273.15K
	= 32°F
°F	= (1.8 × °C) + 32

Pressure

1 atmosphere	= 14.7 pounds per square inch
	= 760 torr
	= 760 millimeters Hg

SI AND METRIC PREFIXES

Prefix	Symbol	Multiplier	
giga	G	1,000,000,000	$= 10^{9}$
mega	M	1,000,000	$= 10^{6}$
kilo	k	1,000	$= 10^{3}$
hecto	h	100	$= 10^{2}$
deka	da	10	$= 10^{1}$
		1	$= 10^{0}$
deci	d	0.1	$= 10^{-1}$
centi	c	0.01	$= 10^{-2}$
milli	m	0.001	$= 10^{-3}$
micro	μ	0.000001	$= 10^{-6}$
nano	n	0.000000001	$= 10^{-9}$
pico	p	0.000000000001	$= 10^{-12}$